CONTESTS IN HIGHER MATHEMATICS:
MIKLÓS SCHWEITZER COMPETITIONS (1962—1991)

大学生数学竞赛系列

高等数学竞赛:1962—1991年
米克洛什·施外策竞赛

[美]伽伯·J.泽克里 著

冯贝叶 译

U0223060

哈尔滨工业大学出版社
HITP HARBIN INSTITUTE OF TECHNOLOGY PRESS

黑版贸登字 08 - 2023 - 003

First published in English under the title

Contests in Higher Mathematics: Miklós Schweitzer Competitions 1962 - 1991

edited by Gabor J Szekely, edition: 1

Copyright © Springer Science + Business Media New York , 1996*

This edition has been translated and published under licence from

Springer Science + Business Media , LLC , part of Springer Nature.

Springer Science + Business Media , LLC , part of Springer Nature takes no responsibility and shall not be made liable for the accuracy of the translation.

图书在版编目(CIP)数据

高等数学竞赛:1962—1991 年米克洛什·施外策竞赛/(美)伽伯·J.泽克里著;冯贝叶译.—哈尔滨:哈尔滨工业大学出版社,2024.9

ISBN 978 - 7 - 5767 - 1568 - 2

Ⅰ.013

中国国家版本馆 CIP 数据核字第 2024GM9936 号

GAODENG SHUXUE JINGSAI:1962—1991NIAN MIKELUOSHI · SHIWAICE JINGSAI

策划编辑　刘培杰　张永芹
责任编辑　李广鑫
封面设计　孙茵艾
出版发行　哈尔滨工业大学出版社
社　　址　哈尔滨市南岗区复华四道街 10 号　邮编 150006
传　　真　0451 - 86414749
网　　址　http://hitpress.hit.edu.cn
印　　刷　哈尔滨市石桥印务有限公司
开　　本　787 mm×1 092 mm　1/16　印张 43.5　字数 667 千字
版　　次　2024 年 9 月第 1 版　2024 年 9 月第 1 次印刷
书　　号　ISBN 978 - 7 - 5767 - 1568 - 2
定　　价　128.00 元

(如因印装质量问题影响阅读,我社负责调换)

◎

"我曾与 Leo Szilárd(利奥·西拉德)谈论数学和物理学会的竞赛,以及后来这些竞赛的获胜者几乎都成为杰出的数学家和物理学家的事实……"

(J. Neumann(J. 纽曼)致 L. Fejér(L. 费耶尔)的信,柏林,1929 年 12 月 7 日.)

我们很少能够轻易地找到深层科学问题的解决方案.因此,激励学生从一开始就努力解决这类问题是很重要的.科学竞赛已被证明是对智力训练的一种有效的方法.这方面成功的例子包括法国的"Grandes Écoles"、英国剑桥的"Mathematical Tripos"等著名的竞赛.在 20 世纪与 21 世纪之交,数学竞赛帮助匈牙利成为数学世界的前沿国家之一.

随着 1848 年的革命和 1867 年的协议,匈牙利摆脱了土耳其人和哈布斯堡王朝几个世纪的统治,成为一个与邻国奥地利有平等地位的国家.到 19 世纪末,匈牙利进入了一个文化和经济大发展的时期.1891 年,杰出的匈牙利物理学家 Lorand Eötvös Baron (洛朗·埃奥特沃斯)男爵创立了数学与物理学会,

1

该学会又先后创办了两本杂志,即 1892 年创办的《数学与物理杂志》和 1893 年创办的《中学数学杂志》. 后者为高中生提供了丰富多样的初等数学问题. 该杂志的第一批编辑中的 László Rátz(拉斯洛·拉茨)后来成为 John Neumann 和 Eugene Wigner(尤金·魏格纳)(诺贝尔物理学奖获得者)的老师. 1894 年,该学会为高中生举办了一场数学竞赛. 在优胜者中,包括了 Lipót Fejér(李波特·费耶尔)、Alfréd Haar(阿尔佛雷德·哈尔)、Tódor Karman(托多尔·卡尔曼)、Marcel Riesz(马歇尔·里斯)、Gabor Szegö(伽伯·舍贵)、Tibopr Radó(提伯·拉多)、Ede Teller(伊德·泰勒)和许多其他的世界著名的科学家.

高中竞赛的成功促使数学学会组织了大学级别的竞赛. 第一届这类竞赛是在 1949 年举办的,并且以 Miklós Schweitzer(米克洛什·施外策)命名,Miklós Schweitzer 是一位年轻的数学家,死于第二次世界大战. Schweitzer 在 1941 年举办的高中数学竞赛中获得第二名,但当时法西斯政权禁止他进入大学. Schweitzer 竞赛问题由匈牙利最杰出的数学家提出和选择. 因此,Schweitzer 竞赛问题反映了这些数学家的兴趣以及当时匈牙利主流数学的一些方面. 学会主席团轮流指定 Budapest(布达佩斯)大学、Debrecen(德布勒森)大学和 Szeged(塞格德)大学 Schweitzer 竞赛. 竞赛委员会由在主办城市工作的相关大学数学系的数学家组成. 竞赛委员会向匈牙利顶尖数学家发出邀请,请他们提交适合比赛的题目. 由竞赛委员会选出的问题清单张贴在数学系和数学学会当地分支机构的公告板上(副本提供给任何感兴趣的人),学生可以使用图书馆或家中可用的任何材料解决竞赛问题. 在十天内将解答连同学生的姓名、教师、课程、年份、大学或学校的成绩记录等相关材料一并提交竞赛委员会.

Schweitzer 竞赛是世界上最独特的竞赛之一. 竞赛的获胜者后来都成为世界级的科学家. 因此,所有年龄段的数学历史学家和数学家都对 Schweitzer 竞赛非常感兴趣. 1949—1961 年的竞赛反映了匈牙利的数学趋势并且成为许多有趣的数学研究问题的起点. 之前已出版的以《高等数学竞赛(1949—1961年)》为标题的书收集了 1949—1961 年的 Schweitzer 竞赛问题(Akadémiai

Kiadó，Budapest，1968，此书的第 4 章总结了 Schweitzer 的数学工作）. 我们这本书是该书的后续.

我们希望本书能为许多年轻的数学家和数学专业的学生提供指导，其中各种各样的研究问题可能会引起经验丰富的数学家和数学史专家的兴趣.

最后，我想对责任编辑 Marianna Bolla（玛丽安娜·波拉）博士所做的杰出工作表示感谢. 此外我也要感谢技术编辑 Dezsö Miklós（德估·米克罗斯）博士，如果没有他的持续协助，我们也不可能拥有这本书.

Gábor J. Székély（伽伯·J. 泽克里）
1995 年 8 月 26 日
于美国俄亥俄州 Bowling Green 市

译 者 说 明

本书是一本几十年前出版的老书的译本,其内容是 1962 年至 1991 年间匈牙利举办的大学生数学竞赛的试题.每次竞赛大约有 10 道题,后来中国科学院应用数学所的王寿仁等人曾介绍并翻译过一部分,但全书的译本始终未有.到了 21 世纪,哈尔滨工业大学出版社决定出版中文版(现在英文版已经出版),并约请中国科学院数学与系统科学研究院的朱尧辰研究员翻译,但是不幸的是此书尚未译完,朱尧辰老友便因心脏病去世,后哈尔滨工业大学出版社又请我翻译此书,我接受了这一任务.由于朱尧辰的突然去世,我从未见过他未完成的译稿,完全是自己独立翻译的,但我的水平不如尧辰老友,那也只能勉为其难,以此书向尧辰老友献丑了,本人仅以此书献给老友朱尧辰教授,以表怀念.

原书虽是几十年前出版的老书,但仍因其水平之高,内容之独特至今仍散发着光辉.与近年来美国、中国等国家举办的大学生数学竞赛相比,本书的一些内容明显超出了目前理工科大学数学系的教学内容,达到了研究生水平,有部分内容甚至达到了研究水平,特别是在测度论、拓扑和集合论方面.例如,S.9 便研究了是否存在一个周期为 2π 的连续函数 $f(x)$,使得 $f(x)$ 的 Fourier(傅里叶)级数在 $x=0$ 处发散,但是 $f^2(x)$ 的 Fourier 级数在 $[0,2\pi]$ 上一致收敛的问题.本书的命题者都是像 Erdös(厄多斯)这样在匈牙利国内乃至国际上都著名的数学专家,很多参赛者后来都成了国际上知名的专家,这也从侧面证明了这个竞赛的水平.

书中的试题分为代数(A)、组合学(C)、函数论(F)、几何(G)、测度论(M)、数论(N)、算子理论(O)、概率论(P)、序列和级数(S)、拓扑(T)和集合论(ℵ)11 个方面(括号中的字母是本书问题分类中代表相应领域的代号),没有列入不等式、图论、实变函数、复变函数、Fourier 级数、变分法、微分几何、泛函分析几方面,但实际在试题中包括了这些方面的一些问题.例如,几何部分包括了一些微分几何的问题(例如 G.13,G.17),函数论部分包括了一些复变函数

1

的函数论和泛函分析方面的问题.另外,每种编号的题目中实际上也交叉包括了一些其他编号的问题,例如在组合论部分就包括了不少图论问题,其中 C.23 就提出了一个有趣的图论问题,概率论部分也包括了一些纯粹数学分析的问题,例如 P.5,P.6 就提出了两个特殊函数的定积分求值问题,另外,序列和级数部分也包括了一些拓扑问题(例如 S.3),不等式问题(例如 S.6)和集合论中的基数问题(例如 S.26).

虽然本书中的部分问题达到了很高的水平并有相当的难度,但是其中也有一些比较初等的,现已经常出现在各类中学数学竞赛的问题中.例如 A.4,A.5,A.6,A.7,A.9 都是一些在高等代数、近世代数方面的比较初等的问题和练习题,A.12 是一道初等的不等式问题,C.1 是一道组合极值问题,G.47 是一道有关多边形的问题,现已经常出现在各类中学数学竞赛和杂志的问题征解中.

本书也包括了一些相当令人感兴趣的问题,例如 A.1 研究了 $p-$ adic 数域的单位根问题,A.17 涉及理想的有限生成问题,A.22 给出了一个有限群的阶数的特征,A.26 提出了一个分圆域中的代数整数的表示问题,C.3 提出了一个组合计数问题,C.15 给出了一个涉及数论中的数的逼近理论的结果,尤其是 N.20,给出了一个整数的倒数级数的无理性判定准则,现在这类问题经常发表在各类数学杂志上.G.3 给出了一个有关重心的有趣性质,F.5 给出了函数逼近方面的一个结果,G.27 是一道关于正方形中点的距离的问题,S.23 提出了一个确定由 1 和 2 组成的数列的通项公式的问题,这类问题现在也出现在美国大学生竞赛中.A.22 中的引理 1"R 的每一个幂等元 e 都在 R 的中心里"是近世代数中的一个熟知的基本但很有用的性质,现在已出现了一些类似的结果和推广.F.9 给出了一个有关复数逼近的结果,F.13 推广了 Markov 和 Bernstein 的同类结果,F.18 给出了一个有关函数的简明的不等式,F.19 给出了一个数学分析中的积分不等式,F.20 给出了一个可微函数的导数的上界估计,F.30,F.36 给出了两个常微分方程定性理论方面的结果(从事常微分的研究者可以试试自己是否能独立地给出一个证明),F.49 给出了一个变系数微分方程的结果,F.57 给出了一个时滞型微分方程的结果,此结果作为一个数学分析方面的问题也是有趣的,而且其证明并不复杂.F.21 推广了中值定理,F.10 给出了一类函数的极限性质,F.45 给出了一个由无穷乘积定义的函数的极限性质,F.40

给出了一个类似于 Schwarz 定理的结果. 相信不同的读者在本书中都会发现一些自己感兴趣的问题.

函数方程是数学分析中的一个古老的问题, Cauchy (柯西) 等学者都曾研究过. 本书中的 F.3 推广了这方面的结果.

在本书的解答中引用了大量文献, 专门的研究论文就不一一列举了, 读者可在有关问题的解答和注记中找到. 作为经常引用的一般性专著, 译者建议读者在阅读本书时手头常备以下参考书, 定会方便不少:

1. Г. М. 菲赫金哥尔茨. 微积分学教程 (一至三卷, 共八册), 北京:人民教育出版社, 出版年份不一 (其中一卷一分册中有关于函数方程的结果).

2. 哈代 (G. H. Hardy), (英) 利特尔伍德 (J. E. Littlewood), (美) 波利亚 (G. Polya). 不等式. 越民义 译. 北京:人民邮电出版社, 2008 年 12 月 (其中有函数方程的结果).

3. 斯迈尔. 函数方程及其解法. 冯贝叶 译. 哈尔滨:哈尔滨工业大学出版社, 2015.

4. 那汤松 И. П. 实变函数论 (修订本). 上, 下册. 北京:高等教育出版社, 1958.

5. 那汤松 И. П. 函数构造论 (上). 徐家福 译. 哈尔滨:哈尔滨工业大学出版社, 2019.

6. 那汤松 И. П. 函数构造论 (中). 何旭初, 唐述钊 译. 北京:科学出版社, 1958.

7. 那汤松 И. П. 函数构造论 (下). 徐家福 译. 哈尔滨:哈尔滨工业大学出版社, 2017.

8. 波利亚 G, 舍贵 G. 数学分析中的问题和定理, 第一卷, 第二卷. 张奠宙, 宋国栋, 魏国强 译. 上海:上海科学技术出版社, 1981, 1985.

有任何指正和问题请告知.

冯贝叶于北京 2023 年 8 月
(E-mail:fby@amss. ac. cn)

第 1 章　竞赛问题 //1

第 2 章　竞赛的结果 //57

第 3 章　问题的解答 //65

　　3.1 代数　//65

　　3.2 组合学　//142

　　3.3 函数论　//176

　　3.4 几何　//281

　　3.5 测度论　//373

　　3.6 数论　//409

　　3.7 算子理论　//439

　　3.8 概率论　//457

　　3.9 序列和级数　//526

　　3.10 拓扑　//585

　　3.11 集合论　//627

编辑手记　//641

目

录

竞赛问题

下面问题内容后面括号中的字母是指在第 3 章问题解答中这一问题所属的数学领域. 这些领域包括:

A:代数.

C:组合学.

F:函数论.

G:几何.

M:测度论.

N:数论.

O:算子理论.

P:概率论.

S:序列和级数.

T:拓扑.

ℵ:集合论.

例如,P. 3 表示问题在"概率论"那一节中.

本书尽量在每个问题后面的括号中都注明问题的提出者.

1962 年

1. 设 f 和 g 都是具有有理系数的多项式,并设 F 和 G 分别表示 f 和 g 在有理数处的值的集合. 证明 $F = G$ 的充分必要条件是存在两个适当的有理数 $a \neq 0$ 和 b,使得 $f(x) = g(ax + b)$. (N. 1)

1

[E. Fried]

2. 确定 p – adic 数域中的单位根. (A.1) [L. Fuchs]

3. 设 A 和 B 是两个 Abel 群, 并对所有的 $a \in A$ 定义两个从 A 到 B 的同态 η 和 χ 的加法如下

$$a(\eta + \chi) = a\eta + a\chi$$

所有从 A 到 B 的同态构成一个 Abel 群 H. 现在设 A 是一个 p 群(p 是一个素数). 证明这时如果把子群 $p^k H (k = 1, 2, \cdots)$ 定义成 0 的邻域基, 则 H 构成一个拓扑群. 证明在这个拓扑下 H 是完备的并且 H 的每个连通分量由单个的元素组成. 在这个拓扑下, H 何时是紧致的? (A.2) [L. Fuchs]

4. 证明对每个使得 $p \equiv 3 \pmod 4$ 的素数 p 成立

$$\prod_{1 \le x < y \le \frac{p-1}{2}} (x^2 + y^2) \equiv (-1)^{\left[\frac{p+1}{8}\right]} \pmod p$$

($[\cdot]$ 表示一个实数的整数部分.) (N.2) [J. Surányi]

5. 设 f 是一个一元的有限的实函数. 设 $\overline{D}f$ 和 $\underline{D}f$ 分别表示它的上导数和下导数, 即

$$\overline{D}f(x) = \limsup_{\substack{h,k \to 0 \\ h,k \ge 0 \\ h+k > 0}} \frac{f(x+h) - f(x-k)}{h+k}$$

$$\underline{D}f(x) = \liminf_{\substack{h,k \to 0 \\ h,k \ge 0 \\ h+k > 0}} \frac{f(x+h) - f(x-k)}{h+k}$$

证明 $\overline{D}f$ 和 $\underline{D}f$ 是 Borel 可测的函数. (M.1) [Á. Császár]

6. 设 E 是实直线的一个有界子集, 而 Ω 是一组非退化的闭区间, 使得对每个 $x \in E$ 都存在一个 $I \in \Omega$ 以 x 作为其左端点. 证明任给一个 $\varepsilon > 0$, 在 Ω 中都存在有限个不重叠的区间, 使得除去一些外测度小于 ε 的子集后, 这有限个不重叠的区间可以覆盖 E. (M.2) [J. Czipszer]

7. 证明函数

$$f(\vartheta) = \int_1^{\frac{1}{\vartheta}} \frac{\mathrm{d}x}{\sqrt{(x^2 - 1)(1 - \vartheta^2 x^2)}}$$

(其中的平方根取正值) 在区间 $0 < \vartheta < 1$ 上是单调递减的. (F.1) [P. Turán]

2

8. 用 $M(r,f)$ 表示超越整函数 $f(z)$ 在圆 $|z| = r$ 上的最大模,而用 $M_n(r,f)$ 表示 $f(z)$ 的幂级数的第 n 个部分和在圆 $|z| = r$ 上的最大模. 证明存在一个整函数 $f_0(z)$ 和一个正数的序列 $0 < r_1 < r_2 < \cdots \to + \infty$,使得

$$\limsup_{n \to \infty} \frac{M_n(r_n, f_0)}{M(r_n, f_0)} = + \infty$$

（F. 2）［P. Turán］

9. 求一个所有的面都与一个单位球面相切的直棱柱底面边长的和的最小值.（G. 1）［Müller-Pfeiffer］

10. 在一个单位面积的三角形中选两个一致分布的独立无关的点. 连接这些点的直线以概率 1 把三角形分成了一个三角形和一个四边形,计算这两部分面积的期望值.（P. 1）［A. Rényi］

1963 年

1. 证明一个四面体的任意平面截面的周长小于该四面体的某一个面的周长.（G. 2）［Gy. Hajós］

2. 证明平面中一个凸区域的重心至少平分该区域的三条弦.（G. 3）［Gy. Hajós］

3. 设 $R = R_1 \oplus R_2$ 是环 R_1 和 R_2 的直和,并设 N_2 是 R_2 中的零化子理想. 证明当且仅当从 R_1 到 N_2 的唯一同态是零同态时,R_1 在每个包含 R 作为理想的环 $\bar{R}$ 中都是一个理想.（A. 3）［Gy. Pollák］

4. 如果一个多项式可被表示成两个非常数的具有正的实系数的多项式的乘积,那么称这个多项式是正可约的. 设 $f(x)$ 是一个多项式,且 $f(0) \neq 0$. 证明如果对某个正整数 $n,f(x^n)$ 是正可约的,那么 $f(x)$ 本身也是正可约的.（A. 4）［L. Rédei］

5. 设 H 是一个不包含 0 的实数集合,并且对于加法是封闭的. 此外,设 $f(x)$ 是一个定义在 H 上的满足下述性质的实值函数:

若 $x \leq y$,则 $f(x) \leq f(y),f(x + y) = f(x) + f(y)(x,y \in H)$.

3

证明在 H 上 $f(x) = cx$，其中 c 是一个非负实数. （F.3）[M. Hosszú，R. Borges]

6. 设 $f(x)$ 是半直线 $0 \leqslant x < \infty$ 上的实值连续函数，并且

$$\int_0^\infty f^2(x) \mathrm{d}x < \infty$$

证明函数

$$g(x) = f(x) - 2\mathrm{e}^{-x} \int_0^x \mathrm{e}^t f(t) \mathrm{d}t$$

满足关系式

$$\int_0^\infty g^2(x) \mathrm{d}x = \int_0^\infty f^2(x) \mathrm{d}x$$

（F.4）[B. Szökefalvi-Nagy]

7. 证明对每个定义在区间 $-1 \leqslant x \leqslant 1$ 上的绝对值至多为1的凸函数 $f(x)$，都存在一个线性函数 $h(x)$ 使得

$$\int_{-1}^1 |f(x) - h(x)| \mathrm{d}x \leqslant 4 - \sqrt{8}$$

（F.5）[L. Fejes-Tóth]

8. 设函数 $f(x)$ 的 Fourier 级数

$$\frac{a_0}{2} + \sum_{k \geqslant 1} (a_k \cos kx + b_k \sin kx)$$

是绝对收敛的，并设

$$a_k^2 + b_k^2 \geqslant a_{k+1}^2 + b_{k+1}^2 \quad (k = 1, 2, \cdots)$$

证明

$$\frac{1}{h} \int_0^{2\pi} (f(x+h) - f(x-h))^2 \mathrm{d}x \quad (h > 0)$$

对 h 是一致有界的. （S.1）[K. Tandori]

9. 设 $f(t)$ 是区间 $0 \leqslant t \leqslant 1$ 上的连续函数，并且定义两个点集如下

$$A_t = \{(t, 0) : t \in [0, 1]\}, B_t = \{(f(t), 1) : t \in [0, 1]\}$$

证明所有线段 $\overline{A_t B_t}$ 的集合是 Lebesgue 可测的并且求出关于所有函数 f 的测度的最小值. （M.3）[Á. Császár]

4

10. 在一个圆上选 n 个独立的一致分布的点. 设 P_n 是圆心在这 n 个点的凸包内部的概率. 计算 P_3 和 P_4 的值. (P.2)[A. Rényi]

1964 年

1. 把一个正整数 n 表示成 $n = \sum_{i=1}^{k} a_i$ 的形式,其中 k 是一个正整数,并且 $a_1 < a_2 < \cdots < a_k$,问在所有这种形式中,哪种形式可使得乘积 $\prod_{i=1}^{k} a_i$ 最大? (C.1)

2. 设 p 是一个素数,并设

$$l_k(x,y) = a_k x + b_k y \quad (k = 1,2,\cdots,p^2)$$

是整系数的线性齐次多项式. 假设对每一个不能都被 p 整除的整数对 (ξ,η), $\ell_k(\xi,\eta)(1 \le k \le p^2)$ 恰表示了模 p 的剩余类 p 次. 证明:数对的集合 $\{(a_k,b_k): 1 \le k \le p^2\}$ 在模 p 下和集合 $\{(m,n):0 \le m,n \le p-1\}$ 重合. (N.3)

3. 证明一个环的所有最大左理想的交是一个(双边的)理想. (A.5)

4. 设 $A_1,A_2,\cdots,A_n$ 是一个连续编号的凸 n 边形 K 的顶点. 证明至少有 $n-3$ 个顶点 A_i 具有以下性质:A_i 关于 $\overline{A_{i-1}A_{i+1}}$ 的中点的反射点包含在 K 内(下标在模 n 意义下理解). (G.4)

5. 是否在任意一个同胚于开圆盘的曲面上都存在两条全等的同胚于一个圆周的曲线?(G.5)

6. 设 $y_1(x)$ 是 $[0,A]$ 上的任意连续正函数,其中 A 是一个任意的正数. 又设

$$y_{n+1}(x) = 2\int_0^x \sqrt{y_n(t)}\,\mathrm{d}t \quad (n = 1,2,\cdots)$$

证明函数 $y_n(x)$ 在 $[0,A]$ 上一致收敛到函数 $y = x^2$. (S.2)

7. 求出所有具有(在整个数轴上)连续函数系数的齐次微分方程,使得如果 $f(t)$ 是一个解,而 c 是一个任意的实数,则 $f(t+c)$ 也是一个解. (F.6)

8. 设 F 是一个 n 维的 Euclid 空间中的闭集. 构造一个在 F 上是 0,在 F 外是正值的函数,并且其偏导数全部存在. (F.7)

9. 设 E 是 $I = [0,1]$ 上所有实函数的集合. 证明不可能在 E 上定义一个拓扑, 使得 $f_n \to f$ 成立的充分必要条件是 f_n 几乎处处收敛到 f. (S.3)

10. 设 $\varepsilon_1, \varepsilon_2, \cdots, \varepsilon_{2n}$ 是独立的随机变量, 使得对所有的 $i, P(\varepsilon_i = 1) = P(\varepsilon_i = -1) = \dfrac{1}{2}$. 定义 $S_k = \sum_{i=1}^{k} \varepsilon_i, 1 \leqslant k \leqslant 2n$. 设 N_{2n} 表示 $k \in [2, 2n]$ 并且使得 $S_k > 0$ 或 $S_k = 0, S_{k-1} > 0$ 的整数 k 的个数, 计算 N_{2n} 的方差. (P.3)

1965 年

1. 设 p 是一个素数, n 是一个正整数, 而 S 是基数为 p^n 的集合. 设 P 是 S 的部分元素的组构成的族, 这些部分元素的组中的元素个数都可被 p 整除, 且任意两个组的交至多只含一个元素. 问 P 的元素个数能有多少? (N.4)

2. 设 R 是一个有限的交换环. 证明 R 具有乘法单位元(1)的充分必要条件是 R 的零化子等于 0(那就是说, $aR = 0, a \in R$ 蕴含 $a = 0$). (A.6)

3 设 $a, b_0, b_1, \cdots, b_{n-1}$ 是复数, A 是一个 p 阶的复的方阵, E 是 p 阶的单位矩阵. 假设 A 的特征值已给定, 确定矩阵

$$
B = \begin{pmatrix}
b_0 E & b_1 A & b_2 A^2 & \cdots & b_{n-1} A^{n-1} \\
a b_{n-1} A^{n-1} & b_0 E & b_1 A & \cdots & b_{n-2} A^{n-2} \\
a b_{n-2} A^{n-2} & a b_{n-1} A^{n-1} & b_0 E & \cdots & b_{n-3} A^{n-3} \\
\vdots & \vdots & \vdots & & \vdots \\
a b_1 A & a b_2 A^2 & a b_3 A^3 & \cdots & b_0 E
\end{pmatrix}
$$

的特征值. (O.1)

4. 平面被 n 条一般意义下的直线分成了若干区域, 其中 $n \geqslant 3$. 确定这些区域中角域的最大可能和最小可能的数目. (G.6)

5. 设 $A = A_1 A_2 A_3 A_4$ 是一个四面体, 并设对每个 $j \neq k, [A_j, A_{jk}]$ 是一条从 A_j 沿 A_k 方向延伸的长度为 ρ 的线段. 设 p_j 是平面 $[A_{jk} A_{jl} A_{jm}]$ 和平面 $[A_k A_l A_m]$ 的交线. 证明存在无限多条直线, 使得它们同时和直线 p_1, p_2, p_3, p_4 相交. (G.7)

6. 考虑一个曲面在两个共轭方向上(关于 Dupin 指标)的一个点 P_0 处的法

6

曲率半径,证明它们的和不依赖于共轭方向的选择. (我们在双曲点的情况下排除选择渐近的方向.)(G. 8)

7. 证明 n 维 Euclid 空间的任何不可数子集都包含一个具有以下性质的不可数子集:在这个不可数子集中不同的点对之间的距离是不同的(即对于这个子集中的任何点 $P_1 \neq P_2$ 和 $Q_1 \neq Q_2$, $\overline{P_1P_2} = \overline{Q_1Q_2}$ 蕴含 $P_1 = Q_1$ 且 $P_2 = Q_2$, 或者 $P_1 = Q_2$ 且 $P_2 = Q_1$). 证明如果把 n 维 Euclid 空间换成(可分的)Hilbert 空间,则类似的命题不成立. (T. 1)

8. 设在区间 $[a,b]$ 上定义连续函数 $f_n(x)$, $n = 1,2,3,\cdots$, 使得区间 $[a,b]$ 中的每个点对某个 $n \neq m$, 都是方程 $f_n(x) = f_m(x)$ 的根. 证明存在 $[a,b]$ 的一个子区间,使得在该子区间上的这些函数中有两个是相等的. (S. 4)

9. 设 f 是一个连续的非常数的实函数,并设对所有的实数 x 和 y, 存在一个二元实函数 F, 使得 $f(x + y) = F(f(x),f(y))$, 证明 f 是严格单调的. (F. 8)

10. 一个人按以下规则玩掷硬币游戏,他可以下注一笔任意金额为正数的钱,然后抛掷一枚公平的硬币,他的输赢取决于抛掷硬币的结果. 他最开始下了 x 福林(福林是匈牙利货币名称)的注,其中 $0 < x < 2C$, 然后按照以下策略下注:如果在一个给定的时间,他的资本是 $y < C$, 那么他准备冒输光的风险下注; 如果他的资本是 $y > C$, 那么他只下注 $2C - y$. 如果他正好有 $2C$ 福林,那么他就退出游戏. 设 $f(x)$ 是他(在输光之前)达到 $2C$ 的概率. 确定 $f(x)$ 的值. (P. 4)

1966 年

1. 证明一段长度为 h 的线段可以至多穿过或与 $2\left[\dfrac{h}{\sqrt{2}}\right] + 2$ 个不重叠的单位球体相切. ([·] 表示整数部分)(G. 9)[L. Fejes-Tóth, A. Heppes]

2. 设有 n 条共面的直线,问应如何安置这些直线才能使每两对直线之间的夹角之和达到最大?(G. 10)[L. Fejes-Tóth, A. Heppes]

3 设 $f(n)$ 表示由 n 个共面的点确定的直角三角形的最大可能数目,证明

$$\lim_{n \to \infty} \frac{f(n)}{n^2} = \infty$$

7

并且

$$\lim_{n \to \infty} \frac{f(n)}{n^3} = 0$$

（G.11）［P. Erdös］

4. 设 I 是整系数多项式环的具有以下性质的理想：

（1）I 的元素没有次数大于 0 的公因式，

（2）I 含有一个常数项是 1 的元素.

证明：I 包含多项式 $1 + x + x^2 + \cdots + x^{r-1}$，其中 r 是一个正整数.（A.7）
［Gy. Szekeres］

5. 在 $x - y$ 平面中 x 轴的点 A 处放置的一个"字母 T"表示在与 x 轴垂直的上半平面中的线段 AB 和一段其内部包含 B，并且平行于 x 轴的线段 CD 的并集.证明不可能在 x 轴的每个点处都放置一个字母 T，使得在有理点处放置的 T 的并和放置在无理点处的 T 的并是不相交的.（M.4）［Á. Császár］

6. 在匈牙利的天气预报里经常听到以下类型的句子："昨晚的最低气温在 -3 度和 $+5$ 度之间."证明只需说"-3 度和 $+5$ 度都会出现在昨晚的最低气温中"即可（假设温度作为地点和时间的双变量函数是连续的）.（T.2）
［Á. Császár］

7. 是否存在取正整数为函数值的两个实变量的函数 $f(x, y)$，使得 $f(x, y) = f(y, z)$ 可以蕴含 $x = y = z$?（$\aleph.1$）［A. Hajnal］

8. 证明一个 Euclid 环 R 的商和余数是唯一确定的充分必要条件是 R 是一个在某个域上的多项式环并且作为多项式次数的函数的范数的值是严格单调的.（说得更确切一些，存在两种平凡情况：R 可以是一个域或一个零环.（A.8）
［E. Fried］

9. 如果 $\sum_{m=-\infty}^{+\infty} |a_m| < \infty$，那么关于下面的表达式

$$\lim_{n \to \infty} \frac{1}{2n+1} \sum_{m=-\infty}^{+\infty} |a_{m-n} + a_{m-n+1} + \cdots + a_{m+n}|$$

可以说什么?（S.5）［P. Turán］

10. 对区间 $(0,1)$ 中的实数 x，用 $n(x)$ 表示它的十进制表示

8

$$0. a_1(x) a_2(x) \cdots a_n(x) \cdots$$

中使得

$$\overline{a_{n(x)+1} a_{n(x)+2} a_{n(x)+3} a_{n(x)+4}} = 1\,966$$

成立的最小非负整数. 求 $\int_0^1 n(x) \mathrm{d}x.$ ($\overline{abcd}$ 表示各位数字分别为 a, b, c, d 的四位数.)(P.5)[A. Rényi]

1967 年

1. 设

$$f(x) = a_0 + a_1 x + a_2 x^2 + a_{10} x^{10} + a_{11} x^{11} + a_{12} x^{12} + a_{13} x^{13} \quad (a_{13} \neq 0)$$

和

$$g(x) = b_0 + b_1 x + b_2 x^2 + b_3 x^3 + b_{11} x^{11} + b_{12} x^{12} + b_{13} x^{13} \quad (b_3 \neq 0)$$

都是同一个域上的多项式. 证明它们的最大公因式的次数至多是 6. (A.9) [L. Rédei]

2. 设 G 是一个群,且 G 不是它的某个真子群的左陪集的并. 设 K 是 G 的子集. 证明如果 G 是一个挠群或者 K 是一个有限集,那么子集

$$\bigcap_{k \in K} k^{-1} K$$

仅由单位单独组成. (A.10)[L. Rédei]

3. 证明如果一个无限的非交换群 G 包含一个具有交换因子群的真正规子群,那么 G 也包含一个无限的真正规子群. (A.11)[B. Csákány]

4. 设 $a_1, a_2, \cdots, a_N$ 是和等于 1 的正实数,设 n_i 表示使得 $2^{1-i} \geqslant a_k > 2^{-i}$ 成立的 a_k 的数目,其中 i 是一个正整数. 证明

$$\sum_{i=1}^{\infty} \sqrt{n_i 2^{-i}} \leqslant 4 + \sqrt{\log_2 N}$$

(A.12)[L. Leindler]

5. 设 f 是单位区间 $[0, 1]$ 上的连续函数. 证明

$$\lim_{n \to \infty} \int_0^1 \cdots \int_0^1 f\left(\frac{x_1 + \cdots + x_n}{n}\right) \mathrm{d}x_1 \cdots \mathrm{d}x_n = f\left(\frac{1}{2}\right)$$

和

$$\lim_{n \to \infty} \int_0^1 \cdots \int_0^1 f\left(\sqrt[n]{x_1 \cdots x_n}\right) \mathrm{d}x_1 \cdots \mathrm{d}x_n = f\left(\frac{1}{\mathrm{e}}\right)$$

(P.6)

6. 设 A 是带有以包含关系定义的全序(那就是说,如果 $L_1, L_2 \in A$,那么 $L_1 \subseteq L_2$ 或者 $L_2 \subseteq L_1$)的 Hilbert 空间 $H = l^2$ 的一族真的闭子空间,证明存在一个向量 $x \in H$,它不被包含在任何属于 A 的子空间 L 中. (T.3)[B. Szökefalvi-Nagy]

7. 设 U 是一个 $n \times n$ 的正交矩阵,证明对任何 $n \times n$ 矩阵 A,当 $m \to \infty$ 时,矩阵

$$A_m = \frac{1}{m+1} \sum_{j=0}^m U^{-j} A U^j$$

按矩阵的元素收敛. (O.2)[I. Kovács]

8. 设平面的有界子集 S 是全等的、位似的、闭的三角形的并. 证明 S 的边界可被有限个可求长的弧所覆盖. (G.12)[L. Gehér]

9. 设 F 是一个曲率不等于零的曲面. 它可以在它的一个点 P 周围用幂级数表示并且关于平行于点 P 处的主方向的法平面对称. 证明关于点 P 的任意法线曲率的弧长的导数在点 P 为零. 问是否可以把上述的对称性换成较弱的条件? (G.13)[A. Moór]

10. 设 $\sigma(S_n, k)$ 表示内接于单位圆的凸 n 边形 S_n 的边长的 k 次幂之和. 证明对任意大于 2 的正整数,都存在一个在 1 和 2 之间的实数 k_0,使得 $\sigma(S_n, k_0)$ 对任意正 n 边形都可达到最大值. (G.14)[L. Fejes-Tóth]

1968 年

1. 考虑一个无扭的(扭的)Abel 群 G 的自同态环. 证明这个环是 Neumann 正规的充分必要条件是 G 是一个离散的关于有理数加法群同构的群的直和(离散的关于素数阶的循环群同构的群的直和). (如果对每一个 $\alpha \in R$,存在一个 $\beta \in R$ 使得 $\alpha\beta\alpha = \alpha$,则称环 R 是 Neumann 正规的.)(A.13)[E. Fried]

2. 设 $a_1, a_2, \cdots, a_n$ 是非负实数,证明

$$\Big(\sum_{i=1}^n a_i \Big) \Big(\sum_{i=1}^\infty a_i^{n-1} \Big) \leqslant n \prod_{i=1}^n a_i + (n-1) \sum_{i=1}^n a_i^n$$

(S. 6)［J. Surányi］

3. 设 K 是一个紧致的拓扑群,F 是定义在 K 上的连续函数的集合,其基数大于连续统. 证明存在一个 $x_0 \in K$ 和 $f \neq g \in F$,使得

$$f(x_0) = g(x_0) = \max_{x \in K} f(x) = \max_{x \in K} g(x)$$

(T. 4)［I. Juhász］

4. 设 f 是一个具有完全乘性的数论函数,又设存在一个正整数的无穷的递增数列 N_k,使得

$$f(n) = A_k \neq 0 \text{ 且 } N_k \leqslant n \leqslant N_k + 4\sqrt{N_k}$$

证明 $f = 1$. (N. 5)［I. Kátai］

5. 设 k 是一个正整数,z 是一个复数,而 $\varepsilon < \dfrac{1}{2}$ 是一个正实数. 证明对无穷多个正整数 n 成立下面的不等式

$$\left| \sum_{0 \leqslant \ell \leqslant \frac{n}{k+1}} \binom{n-k\ell}{\ell} z^\ell \right| \geqslant \left(\frac{1}{2} - \varepsilon \right)^n$$

(F. 9)［P. Turán］

6. 设 $\mathfrak{A} = \langle A; \cdots \rangle$ 是一个任意的可数的代数结构(即 $\mathfrak{A}$ 可以有任意多个有限运算和关系). 证明 $\mathfrak{A}$ 有尽可能多的连续自同构的充分必要条件是对于 A 的任何有限子集 A',存在一个 $\mathfrak{A}$ 的不是恒同的自同构 $\pi_{A'}$,使得对每一个 $x \in A'$ 都有

$$(x)\pi_{A'} = x$$

(A. 14)［M. Makkai］

7. 对于每个正整数 r,正整数的 r 元组的集合是一个把此正整数分成 r 个元素的集合分划的类. 证明如果 $f(r)$ 是一个使得 $f(r) \geqslant 1$ 并且 $\lim\limits_{r \to \infty} f(r) = +\infty$ 成立的函数,则对所有的 r,都存在一个正整数的无穷集合,使得这个集合都包含一个至多有 $f(r)$ 个类的 r 元组. 证明如果 $f(r) \nrightarrow +\infty$,那么就存在一族分划,使

得对这族分划不存在这样的无限集. (C.2)[P. Erdös, A. Hajnal]

8. 设 n 和 k 是两个给定的正整数,并且设 A 是一个使得

$$|A| \leqslant \frac{n(n+1)}{k+1}$$

成立的集合. 对 $i = 1, 2, \cdots, n+1$,设 A_i 是 A 的元素个数等于 n 的子集,且

$$|A_i \cap A_j| \leqslant k \quad (i \neq j)$$

$$A = \bigcup_{i=1}^{n+1} A_i$$

求 A 中元素的个数. (C.3)[K. Corrádi]

9. 设 $f(x)$ 是一个使得

$$\lim_{x \to +\infty} \frac{f(x)}{e^x} = 1$$

以及对所有充分大的 x,使得 $|f''(x)| < c|f'(x)|$ 成立的实函数. 证明

$$\lim_{x \to +\infty} \frac{f'(x)}{e^x} = 1$$

(F.10)[P. Erdös]

10. 设 h 是周长为 1 的三角形,H 是一个周长为 λ 的,以 h 为中心位似的三角形. 设 $h_1, h_2, \cdots$ 是 h 的平移,对于所有的 i, h_i 和 h_{i+2} 不相同且和 H 以及 h_{i+1} 相接触(即不重叠的相交). 对哪些 λ 的值可以这样选择这些三角形,使得序列 $h_1, h_2, \cdots$ 是周期的?如果 $\lambda \geqslant 1$ 是那种值,确定周期链 $h_1, h_2, \cdots$ 中不同的三角形的数量以及这种三角形链环绕三角形 H 的次数. (G.15)[L. Fejes - Tóth]

11. 设 $A_1, \cdots, A_n$ 是概率场中的任意事件,用 C_k 表示 $A_1, \cdots, A_n$ 中至少发生 k 次的事件. 证明

$$\prod_{k=1}^{n} P(C_k) \leqslant \prod_{k=1}^{n} P(A_k)$$

(P.7)[A. Rényi]

1969 年

1. 设 G 是一个由幂零的正规子群生成的无限群. 证明 G 的每个极大的 Abel

正规子群都是无限的. (如果一个 Abel 正规子群不被包含在另一个 Abel 正规子群中,那么称这个 Abel 正规子群是极大的.) (A. 15) [J. Erdös]

2. 设 $p \geq 7$ 是一个素数, ζ 是一个 p 次单位原根, c 是一个有理数. 证明由数 $1, \zeta, \zeta^2, \zeta^3 + \zeta^{-3}$ 生成的加群只有有限多个模等于 c 的元素. (模是在 p 次分圆域中的模.) (A. 16) [K. Györy]

3. 设 $f(x) \geq 0$ 是定义在 Abel 群 G 上的非零的有界的实函数, $g_1, \cdots, g_k$ 是 G 的给定的元素并且 $\lambda_1, \cdots, \lambda_k$ 是实数. 证明如果对所有的 $x \in G$ 成立下面的不等式

$$\sum_{i=1}^{k} \lambda_i f(g_i x) \geq 0$$

则

$$\sum_{i=1}^{k} \lambda_i \geq 0$$

(S. 7) [A. Máté]

4. 证明对所有的 $k \geq 1$, 实数 $a_1, a_2, \cdots, a_k$ 和正数 $x_1, x_2, \cdots, x_k$ 成立下面的不等式

$$\ln \frac{\sum_{i=1}^{k} x_i}{\sum_{i=1}^{k} x_i^{1-a_i}} \leq \frac{\sum_{i=1}^{k} a_i x_i \ln x_i}{\sum_{i=1}^{k} x_i}$$

(S. 8) [L. Losonczi]

5. 求出所有定义在正实数集上的对所有 $x > 0$ 和 $y > 0$ 满足以下关系

$$f(x + y) + g(xy) = h(x) + h(y)$$

的连续实函数 f, g 和 h. (F. 11) [Z. Daróczy]

6. 设 x_0 是一个固定的实数, f 是一个定义在左半平面 $\operatorname{Re} z > x_0$ 上的正规的复函数. 又设在左半平面上存在一个非负的函数 $F \in L_1(-\infty, +\infty)$, 它具有以下性质: $| f(\alpha + \mathrm{i}\beta) | \leq F(\beta)$, 其中 $\alpha > x_0, -\infty < \beta < +\infty$. 证明

$$\int_{\alpha-\mathrm{i}\infty}^{\alpha+\mathrm{i}\infty} f(z)\,\mathrm{d}z = 0$$

(F. 12) [L. Czách]

7. 证明如果一个形如 $\mu e^{-\lambda s}$（λ 和 μ 是非负实数，s 是微分算子）的 Mikusiński算子的序列在 Mikusiński 意义下收敛，则它的极限也具有这种形式。(O.3)[E. Gesztelyi]

8. 设 f 和 g 都是定义在区间 $[0,\infty)$ 上的连续的正函数，又设 $E \subseteq [0,\infty)$ 是一个正测度的集合。证明由关系

$$F(x,y) = \int_0^x f(t)\,\mathrm{d}t + \int_0^y g(t)\,\mathrm{d}t$$

定义的 $E \times E$ 上的函数的值域具有非空的内部。(M.5)[L. Losonczi]

9. 在 n 维 Euclid 空间中，任意（具有正半径）的闭球的集合的并在 Lebesgue 意义下都可测的。(M.6)[Á. Császár]

10. 在 n 维 Euclid 空间中，有界的闭的（二维）平面集合的二维 Lebesgue 测度的平方等于所给集合在具有 n 个坐标的超平面上的正交投影测度的平方和。(M.7)[L. Tamássy]

11. 设 $A_1, A_2, \cdots$ 是对 $i \neq j$ 使得 $|A_i \cap A_j| \leq 2$ 的无穷集合的序列。证明脚标的序列可以被分成两个不相交的序列 $i_1 < i_2 < \cdots$ 和 $j_1 < j_2 < \cdots$ 使得对某两个集合 E 和 F 成立 $|A_{i_n} \cap E| = 1$，并且 $|A_{j_n} \cap F| = 1$ $(n = 1, 2, \cdots)$。(C.4) [P. Erdös]

12. 设 A 和 B 都是 p 维的非异矩阵，并设 $\boldsymbol{\xi}$ 和 $\boldsymbol{\eta}$ 是 p 维的无关的随机向量。证明如果 $\boldsymbol{\xi}, \boldsymbol{\eta}$ 和 $\boldsymbol{\xi}A + \boldsymbol{\eta}B$ 的分布相同，它们的一阶矩和二阶矩存在，它们的协方差矩阵是恒同矩阵，那么这些随机向量是正态分布的。(P.8)[B. Gyires]

1970 年

1. 设给定交换环 R 中的 $2n+1$ 个元素 $\alpha, \alpha_1, \cdots, \alpha_n, \rho_1, \rho_2, \cdots, \rho_n$，然后定义如下的元素

$$\sigma_k = k\alpha + \sum_{i=1}^n \alpha_i \rho_i^k$$

证明理想 $(\sigma_0, \sigma_1, \cdots, \sigma_k, \cdots)$ 是有限生成的。(A.17)[L. Rédei]

2. 设 G 和 H 是可数的 Abel p 群（其中 p 是一个任意的素数）。证明如果对任

14

意正整数 n 有

$$p^n G \neq p^{n+1} G$$

则 H 是 G 的同态像. (A.18)[M. Makkai]

3. 在一个正三角形中制定了如下的交通规则：只允许沿着平行于三角形的一条高线的线段移动. 我们定义三角形两点之间的距离是连接这两点之间的最短路径的长度. 设计一种把 C_{n+1}^2 个点放到三角形中去的方式,使得任意两点之间的距离都达到最大. (G.16)[L. Fejes – Tóth]

4. 设 c 是一个正整数,p 是一个奇素数. 问

$$\sum_{n=0}^{\frac{p-1}{2}} \binom{2n}{n} c^n \pmod{p}$$

的最小绝对剩余是什么?(N.6)[J. Surányi]

5. 证明紧致度量空间中的两个点可用一条可求长的弧连接的充分必要条件是存在一个正数 K 使得对任意 $\varepsilon > 0$,这些点可用一条不长于 K 的 ε – 链连接. (T.5)[M. Bognár]

6. 设实直线上的一个点 x 的邻域基由所有在 x 处的密度等于 1 的包含 x 的 Lebesgue 可测集合所组成. 证明这个要求定义了一个正则的但不是正规的拓扑. (T.6)[Á. Császár]

7. 对一个定义在正整数的所有子集上的非负的、具有有限可加性的非负函数,我们用 N – 测度这个词来表示在有限集合上等于 0,在整个集合上等于 1 的测度. 我们说集合的一个系统 $\mathfrak{A}$ 确定了 N – 测度 μ,如果任何在 $\mathfrak{A}$ 的所有元素上的 N – 测度必定恒同于 μ. 证明存在一个 N – 测度 μ,它不可能由一个基数小于连续统的系统确定. (M.8)[I. Juhász]

8. 设 $\pi_n(x)$ 是一个次数不超过 n 的实系数多项式,且对 $-1 \leq x \leq 1$,有

$$|\pi_n(x)| \leq \sqrt{1 - x^2}$$

则 $\qquad |\pi'_n(x)| \leq 2(n-1)$

(F.13)[P. Turán]

9. 构造一个周期为 2π 的连续函数 $f(x)$,使得 $f(x)$ 的 Fourier 级数在 $x = 0$ 处发散,但是 $f^2(x)$ 的 Fourier 级数在 $[0, 2\pi]$ 上一致收敛. (S.9)[P. Turán]

15

10. 证明对每个 $\vartheta, 0 < \vartheta < 1$, 都存在一个正整数的序列 λ_n 和一个级数 $\sum\limits_{n=1}^{\infty} a_n$, 使得:

(1) $\lambda_{n+1} - \lambda_n > (\lambda_n)^\vartheta$.

(2) $\lim\limits_{r \to 1-0} \sum\limits_{n=1}^{\infty} a_n r^{\lambda_n}$ 存在.

(3) $\sum\limits_{n=1}^{\infty} a_n$ 发散.

(S. 10) [P. Turán]

11. 设 $\xi_1, \xi_2, \cdots$ 是独立的随机变量, 使得 $E\xi_n = m > 0$ 并且 $\mathrm{Var}(\xi_n) = \sigma^2 < \infty$ $(n = 1, 2, \cdots)$. 设 $\{a_n\}$ 是使得 $a_n \to 0$ 且 $\sum\limits_{n=1}^{\infty} a_n = \infty$ 的正数的序列. 证明

$$P\left(\lim_{n \to \infty} \sum_{k=1}^{n} a_k \xi_k = \infty \right) = 1$$

(P. 9) [P. Révész]

12. 设 $\vartheta_1, \vartheta_2, \cdots, \vartheta_n$ 是单位区间 $[0,1]$ 上独立的、均匀分布的随机变量, 定义

$$h(x) = \frac{1}{n} \#\{k : \vartheta_k < x\}$$

证明存在一个 $x_0 \in (0,1)$, 使得 $h(x_0) = x_0$ 的概率等于 $1 - \dfrac{1}{n}$. (P. 10)

[G. Tusnády]

1971 年

1. 设 G 是一个具有 Hausdorff 拓扑的无限紧致的拓扑群. 证明 G 包含一个元素 $g \neq 1$, 使得 g 的所有的幂组成的集合或者是一个在 G 内处处稠密的集合或者是一个在 G 内无处稠密的集合. (A. 19) [J. Erdös]

2. 证明存在一个有序集, 其中每个不可数的子集都包含一个不可数的良序

子集,并且这个子集不可能表示成可数个良序子集族的并.（ℵ.2）［A. Hajnal］

3. 设 $0 < a_k < 1, k = 1, 2, \cdots$,给出对每个 $0 < x < 1$,存在一个正整数的排列 π_x 的充分必要条件,使得

$$x = \sum_{k=1}^{\infty} \frac{a_{\pi_x(k)}}{2^k}$$

（S.11）［P. Erdös］

4. 设 V 是一个不存在紧致集的可数覆盖的局部紧致的拓扑空间. 设 C 表示空间 V 的所有紧致子集的集合, $\mathcal{U}$ 表示空间 V 的所有不被包含在任何紧致集合中的开子集的集合. 设 f 是一个从 $\mathcal{U}$ 到 C 的函数,使得对所有的 $U \in \mathcal{U}, f(U) \subseteq U$. 证明

（1）存在一个非空的紧致集合 C,使得 $f(U)$ 不是 C 的真子集,但是 $C \subseteq U \in \mathcal{U}$.

（2）对于某个紧致集合 C,集合

$$f^{-1}(C) = \cup \{U \in \mathcal{U} : f(U) \subseteq C\}$$

是 $\mathcal{U}$ 的一个元素,那就是说 $f^{-1}(C)$ 不包含在任何紧致集合中. (T.7)［A. Máté］

5. 设 $\lambda_1 \leq \lambda_2 \leq \cdots$ 是正数的序列, K 是一个常数,使得

$$\sum_{k=1}^{n-1} \lambda_k^2 < K\lambda_n^2 \quad (n = 1, 2, \cdots)$$

证明存在一个常数 K',使得

$$\sum_{k=1}^{n-1} \lambda_k < K'\lambda_n \quad (n = 1, 2, \cdots)$$

（S.12）［L. Leindler］

6. 设 $a(x)$ 和 $r(x)$ 是定义在区间 $[0, \infty)$ 上的正的连续函数,并设

$$\liminf_{x \to \infty}(x - r(x)) > 0$$

设 $y(x)$ 是在整个实轴上连续,在 $[0, \infty)$ 上可微,并满足

$$y'(x) = a(x)y(x - r(x))$$

的函数. 证明极限

$$\lim_{x \to \infty} y(x)\exp\left(-\int_0^x a(u)\mathrm{d}u\right)$$

17

存在且有限. (F. 14) [I. Györi]

7. 设 $n \geqslant 2$ 是一个正整数, S 是一个包含 n 个元素的集合. 又设 $A_i(1 \leqslant i \leqslant m)$ 是 S 的元素个数至少为 2 的不同的子集, 它们具有以下性质

$$A_i \cap A_j \neq \varnothing, A_i \cap A_k \neq \varnothing, A_j \cap A_k \neq \varnothing$$

蕴含
$$A_i \cap A_j \cap A_k \neq \varnothing$$

证明: $m \leqslant 2^{n-1} - 1$. (C. 5) [P. Erdös]

8. 证明一个强连通的双极图的边可以按如下方式定向: 对于任何边 e, 都有一条包含 e 的从极点 p 到极点 q 的有向路径. (强连通的双极图是一个有两个特殊顶点 p 和 q 的有限连通图, 其中没有点 $x, y, x \neq y$, 使得所有从 x 到 p 以及所有从 x 到 q 的路径包含 y.) (C. 6) [A. Ádám]

9. 给定 $(0, \infty)$ 上的一个正的单调函数 $F(x)$, 使得 $\dfrac{F(x)}{x}$ 是单调不减的, 而对某个正数 d, $\dfrac{F(x)}{x^{1+d}}$ 是单调不增的, 设 $\lambda_n > 0$, 以及 $a_n \geqslant 0, n \geqslant 1$, 证明如果

$$\sum_{n=1}^{\infty} \lambda_n F\left(a_n \sum_{k=1}^{n} \frac{\lambda_k}{\lambda_n} \right) < \infty$$

或

$$\sum_{n=1}^{\infty} \lambda_n F\left(\sum_{k=1}^{n} a_k \frac{\lambda_k}{\lambda_n} \right) < \infty$$

则 $\sum_{n=1}^{\infty} a_n$ 是收敛的. (S. 13) [L. Leindler]

10. 设 $\{\phi_n(x)\}$ 是一个属于 $L^2(0,1)$ 的函数的序列并且具有小于 1 的模, 使得对于它的任何子序列 $\{\phi_{n_k}(x)\}$, 集合

$$\left\{ x \in (0,1) : \left| \frac{1}{\sqrt{N}} \sum_{k=1}^{N} \phi_{n_k}(x) \right| \geqslant y \right\}$$

的测度当 y 和 N 趋于无穷大时趋于 0. 证明 ϕ_n 在函数空间 $L^2(0,1)$ 中弱收敛到 0. (M. 9) [F. Móricz]

11. 设 C 是一条具有单调曲率的简单弧, C 和它的渐屈线恒同. 证明在适当的可微性条件下, C 是摆线或者具有极坐标方程 $r = ae^{\vartheta}$ 的对数螺线的一部分.

18

(G.17)[J. Szenthe]

1972 年

1. 设 $\mathcal{F}$ 是具有下列性质的非空集合的族:

(1) 对每个 $X \in \mathcal{F}$,存在 $Y \in \mathcal{F}$ 和 $Z \in \mathcal{F}$,使得 $Y \cap Z = \varnothing$ 而 $Y \cup Z = X$.

(2) 如果 $X \in \mathcal{F}, Y \cup Z = X, Y \cap Z = \varnothing$,那么或者 $Y \in \mathcal{F}$ 或者 $Z \in \mathcal{F}$.

证明:在 $\mathcal{F}$ 中存在一个包含的序列 $X_0 \supseteq X_1 \supseteq X_2 \supseteq \cdots, X_n \in \mathcal{F}$,使得

$$\bigcap_{n=0}^{\infty} X_n = \varnothing$$

(C.7)[F. Galvin]

2. 设 $\leqslant$ 是一个有限集合 A 上的自反的、反对称的关系. 证明这个关系可扩展到 A 的适当的有限超集 B 上,使得 $\leqslant$ 在 B 上仍旧是自反的、反对称的关系,并且 B 的任意两个元素具有最小上界以及最大下界. (称关系 $\leqslant$ 可扩展到 B 上,如果 $x, y \in A, x \leqslant y$ 在 A 中成立的充分必要条件是它在 B 中成立.)($\aleph.3$)[E. Fried]

3. 设 $\lambda_i (i = 1, 2, \cdots)$ 是一个趋于无穷的由不同的正数组成的数列. 考虑所有形如

$$\mu = \sum_{i=1}^{\infty} n_i \lambda_i$$

的数组成的集合,其中 $n_i \geqslant 0$ 是整数,但是只有有限个 n_i 为 0. 令

$$L(x) = \sum_{\lambda_i \leqslant x} 1, M(x) = \sum_{\mu \leqslant x} 1$$

(在后一个和中,每个 μ 出现的次数与其在上面的表示式中表示的次数一样多.)

证明如果

$$\lim_{x \to \infty} \frac{L(x+1)}{L(x)} = 1$$

则

$$\lim_{x \to \infty} \frac{M(x+1)}{M(x)} = 1$$

(F. 15) [G. Halász]

4. 设 G 是一个可解的挠群, 已知它的每个 Abel 子群都是有限生成的, 证明 G 是有限的. (A. 20) [J. Pelikán]

5. 称一个定义在区间 $(0,1)$ 上的实值函数 $f(x)$ 在 $(0,1)$ 上是近似连续的, 如果对任意 $x_0 \in (0,1)$ 和 $\varepsilon > 0$, 点 x_0 在集合

$$H = \{x : |f(x) - f(x_0)| < \varepsilon\}$$

中的内密度是 1. 设 $F \subseteq (0,1)$ 是一个可数闭集, $g(x)$ 是定义在 F 上的实值函数. 证明存在 $(0,1)$ 上的近似连续函数 $f(x)$, 使得对所有的 $x \in F, f(x) = g(x)$. (M. 10) [M. Laczkovich, Gy. Petruska]

6. 设 $P(z)$ 是一个次数等于 n 的复系数多项式, 且满足以下条件

$$P(0) = 1, |P(z)| \leqslant M, 对 |z| \leqslant 1$$

证明: $P(z)$ 的每个在闭的单位圆盘中的根的重数至多是 $c\sqrt{n}$, 其中 $c = c(M) > 0$ 是一个仅依赖于 M 的常数. (F. 16) [G. Halász]

7. 设 $f(x,y,z)$ 是 $\mathbb{R}^3$ 中单位球上的非负调和函数, 对某个 $0 \leqslant x_0 < 1$ 和 $0 < \varepsilon < (1 - x_0)^2$, 不等式 $f(x_0, 0, 0) \leqslant \varepsilon^2$ 成立. 证明在中心为原点, 半径为 $(1 - 3\varepsilon^{\frac{1}{4}})$ 的球内成立 $f(x,y,z) \leqslant \varepsilon$. (F. 17) [P. Turán]

8. 在平面上给了 4 个点 A_1, A_2, A_3, A_4, 设 A_4 是 $\triangle A_1 A_2 A_3$ 的重心. 在平面上求第 5 个点 A_5, 使得比率

$$\frac{\min\limits_{1 \leqslant i < j < k \leqslant 5} T(A_i A_j A_k)}{\max\limits_{1 \leqslant i < j < k \leqslant 5} T(A_i A_j A_k)}$$

最大. (其中 $T(ABC)$ 表示 $\triangle ABC$ 的面积.) (G. 18) [J. Surányi]

9. 设 K 是 n 维 Euclid 空间中的一个紧致的凸体. $P_1, P_2, \cdots, P_{n+1}$ 是内接于 K 的所有单纯形中体积最大的单纯形的顶点. 定义点 $P_{n+2}, P_{n+3}, \cdots$ 依次是 K 中使得 $P_1, \cdots, P_k$ 的凸包体积最大的点, 用 V_k 表示这个体积. 对不同的 n, 确定命题 "序列 $V_{n+1}, V_{n+2}, \cdots$ 是凹的" 是否正确? (G. 19) [L. Fejes – Tóth, E. Makai]

10. 设 T_1 和 T_2 是集合 E 上的第二可数拓扑. 我们希望找到一个定义在 $E \times E$ 上的实函数 σ, 使得

$$0 \leqslant \sigma(x,y) < +\infty, \sigma(x,x) = 0$$

20

$$\sigma(x,z) \leqslant \sigma(x,y) + \sigma(y,z) \quad (x,y,z \in E)$$

并且对任意 $p \in E$, 集合

$$V_1(p,\varepsilon) = \{x : \sigma(x,p) < \varepsilon\} \quad (\varepsilon > 0)$$

构成 p 的关于拓扑 T_1 的邻域基, 而集合

$$V_2(p,\varepsilon) = \{x : \sigma(p,x) < \varepsilon\} \quad (\varepsilon > 0)$$

构成 p 的关于拓扑 T_2 的邻域基. 证明存在那样一个函数 σ 的充分必要条件是对任意 $p \in E$ 和 T_i – 开集 $G, p \in G, i = 1,2$, 存在一个 T_i – 开集 G' 和一个 T_{3-i} – 闭集 F, 使得 $p \in G' \subseteq F \subseteq G$. (T.8) [Á. Császár]

11. 我们一个接一个地独立且一致地把 N 个球扔到 n 个罐中, 设 $X_i = X_i(N,n)$ 是扔到第 i 个罐中的球的总数, 考虑随机变量

$$y(N,n) = \min_{1 \leqslant i \leqslant n} \left| X_i - \frac{N}{n} \right|$$

验证下面三个命题：

(1) 如果 $n \to \infty$ 且 $\dfrac{N}{n^3} \to \infty$, 那么对所有的 $x > 0$ 有

$$P\left(\frac{y(N,n)}{\dfrac{1}{n}\sqrt{\dfrac{N}{n}}} < x \right) \to 1 - e^{-x\sqrt{2/\pi}}$$

(2) 如果 $n \to \infty$ 并且 $\dfrac{N}{n^3} \leqslant K$($K$ 是常数), 那么对任意 $\varepsilon > 0$, 存在一个常数 $A > 0$, 使得

$$P(y(N,n) < A) > 1 - \varepsilon$$

(3) 如果 $n \to \infty$ 且 $\dfrac{N}{n^3} \to 0$, 那么

$$P(y(N,n) < 1) \to 1$$

(P.11) [P. Révész]

1973 年

1. 称一个群 G 的秩至多是 r, 如果 G 的每个子群至多由 r 个元素生成. 证明

存在一个整数 s，使得对于每个秩为 2 的有限群 G,G 的换位子序列的长度都小于 s.（A.21）[J. Erdös]

2. 设 R 是一个具有单位的 Artin 环. 假设 R 的每个幂等元和 R 的每个平方为 0 的元素可交换，又设 R 是两个理想 A 和 B 的和，证明 $AB = BA$.（A.22）[A. Kertész]

3. 求一个常数 $c > 1$，使得对任意正整数 n 和 k，当 $n > c^k$ 时，$\binom{k}{n}$ 的不同素因子个数至少是 k.（N.7）[J. Erdös]

4. 设 $f(n)$ 是使得 n^k 可整除 $n!$ 的最大整数 k，并设 $F(n) = \max\limits_{2 \leqslant m \leqslant n} f(n)$. 证明

$$\lim_{n \to \infty} \frac{F(n) \log n}{n \log \log n} = 1$$

（N.8）[P. Erdös]

5. 验证：对每个 $x > 0$ 成立

$$\frac{\Gamma'(x + 1)}{\Gamma(x + 1)} > \log x$$

（F.18）[P. Medgyessy]

6. 设 f 是区间 $[0,1]$ 上的使得 $f(0) = 1$ 的非负的连续凹函数，则

$$\int_0^1 x f(x) \, \mathrm{d}x \leqslant \frac{2}{3} \Big[\int_0^1 f(x) \, \mathrm{d}x \Big]^2$$

（F.19）[Z. Daróczy]

7. 在一个单位圆内，通过（圆所在的平面内的）直径小于 1 的连通子集把单位圆的内接正七边形的连续顶点连接起来. 证明（在圆的平面上的）每个直径大于 4 并包含圆心的连续统必和这些连通集合之一相交.（G.20）[M. Bognár]

8. 用有限多个半径为 1 的闭圆盘可以覆盖的最大圆盘的半径是多少？要求每个圆盘至多和另外 3 个圆盘相交.（G.21）[L. Fejes – Tóth]

9. 求

$$\sup_{1 \leqslant \xi \leqslant 2} \big[\log E\xi - E\log \xi \big]$$

的值，其中 ξ 是随机变量，E 表示数学期望.（P.12）[Z. Daróczy]

22

10. 求出随机变量的序列 η_n 的极限分布,已知 η_n 的分布为

$$P\left(\eta_n = \arccos\left(\cos^2\frac{(2j-1)\pi}{2n}\right)\right) = \frac{1}{n} \quad (j = 1,\cdots,n)$$

(其中 $\arccos(\cdot)$ 表示主值.)(P. 13)[B. Gyires]

1974 年

1. 设 $\mathcal{F}$ 是基础集 X 的子集族,使得 $\bigcup_{F \in \mathcal{F}} F = X$,并且

(1) 如果 $A,B \in \mathcal{F}$,则对某个 $C \in \mathcal{F}$ 有 $A \cup B \subseteq C$;

(2) 如果 $A_n \in \mathcal{F}(n = 0,1,\cdots)$,$B \in \mathcal{F}$ 并且 $A_0 \subseteq A_1 \subseteq \cdots$,那么对某个 $k \geqslant 0$ 和所有的 $n \geqslant k$ 成立 $A_n \cap B = A_k \cap B$.

证明存在两两不相交的集合 $X_\gamma(\gamma \in \Gamma)$,$X = \cup \{X_\gamma : \gamma \in \Gamma\}$ 使得每个 X_γ 都被包含在 $\mathcal{F}$ 的某个元素内. ($\aleph$.4)[A. Hajnal]

2. 设 G 是一个有 $2n$ 个顶点的 2 - 连通的非二分图. 证明 G 的顶点集可以分成两个都有 n 个元素的类,使得连接这两个类的边形成一个连通的生成子图. (C. 8)[L. Lovász]

3. 证明存在具有以下性质的集合 $S \subseteq \{1,\cdots,n\}$:整数 $0,1,\cdots,n-1$ 都有奇数个形如 $x - y(x,y \in S)$ 的表示的充分必要条件是 $2n - 1$ 是形如 $2 \cdot 4^k - 1$ 的数的倍数. (N. 9)[L. Lovász,J. Pelikán]

4. 设 R 是一个无限环,它的每一个不是 $\{0\}$ 的子环都具有有限的指标. (一个子环的指标是指它的加群在 R 的加群中的指标.)证明 R 的加群是循环群. (A. 23)[L. Lovász,J. Pelikán]

5. 设 $\{f_n\}_{n=0}^{\infty}$ 是定义在 $[0,1]$ 上的实值可测函数的一致有界序列,它满足

$$\int_0^1 f_n^2 = 1$$

此外,设 $\{c_n\}$ 是一个使得

$$\sum_{n=0}^{\infty} c_n^2 = +\infty$$

的实数序列. 证明级数 $\sum_{n=0}^{\infty} c_n f_n$ 的某个重排在一个正测度集合上是发散的. (M.

11)[J. Komlós]

6. 设 $f(x) = \sum\limits_{n=1}^{\infty} \dfrac{a_n}{x+n^2}(x \geqslant 0)$,其中对某个 $\alpha > 2$,$\sum\limits_{n=1}^{\infty} |a_n| n^{-\alpha} < \infty$. 假设对某个 $\beta > \dfrac{1}{\alpha}$,当 $x \to \infty$ 时有 $f(x) = O(\mathrm{e}^{-x^\beta})$. 证明 a_n 恒等于 0. (S.14)[G. Halász]

7. 给定一个正整数 m 和 $0 < \delta < \pi$,构造一个阶数为 m 的三角级数 $f(x) = a_0 + \sum\limits_{n=1}^{m}(a_n\cos nx + b_n\sin nx)$ 使得 $f(0) = 1$,并且对某个通有的常数 c 有

$$\int_{\delta \leqslant |x| \leqslant \pi} |f(x)| \, \mathrm{d}x \leqslant \dfrac{c}{m} \text{ 以及 } \max_{-\pi \leqslant x \leqslant \pi} |f'(x)| \leqslant \dfrac{c}{\delta}. \text{ (S.15)[G. Halász]}$$

8. 证明存在一个包含实直线作为子集的拓扑空间 T,使得 Lebesgue 可测函数并且仅有 Lebesgue 可测函数可以连续地扩展到 T 上. 证明在这种空间 T 中,实直线不可能是它的处处稠密的子集. (T.9)[Á. Császár]

9. 设 A 是平面上的有界闭集,而 C 表示到 A 的距离等于单位距离的点的集合. 设 $p \in C$ 并设 A 和中心在 p 的单位圆 K 的交可以被一条长度短于半个 K 的周长的弧所覆盖. 证明 C 和 p 的适当的邻域的交是一条不以 p 为端点的简单弧. (T.10)[M. Bognár]

10. 设 μ 和 ν 是平面上的 Borel 集上的两个概率测度. 证明存在随机变量 ξ_1,ξ_2, η_1, η_2 使得:

(1)(ξ_1, ξ_2) 的分布是 μ 而 (η_1, η_2) 的分布是 ν.

(2) 当且仅当对所有形如 $G = \bigcup\limits_{i=1}^{k}(-\infty, x_i) \times (-\infty, y_i)$ 的集合有 $\mu(G) \geqslant \nu(G)$ 时才几乎处处 $\xi_1 \leqslant \eta_1, \xi_2 \leqslant \eta_2$ 成立. (P.14)[P. Major]

1975 年

1. 证明存在一个基数为 $\aleph_1$ 的竞赛 $(T, \to)$,它不含有基数为 $\aleph_1$ 的传递的子竞赛. (称结构 $(T, \to)$ 是一个竞赛,如果 $\to$ 是一个二元的、非自反的、不对称和三分的关系. 称竞赛 $(T, \to)$ 是传递的,如果 $\to$ 是传递的,也就是说,如果它

24

排序 $T.$)($\aleph.5$)[A. Hajnal]

2. 设 $\mathcal{A}_n$ 表示映射 $f: \{1,2,\cdots,n\} \rightarrow \{1,2,\cdots,n\}$ 的集合,使得 $f^{-1}(i):=\{k:f(k)=i\} \neq \varnothing$ 蕴含 $f^{-1}(j) \neq \varnothing, j \in \{1,2,\cdots,i\}$. 证明

$$| \mathcal{A}_n | = \sum_{k=0}^{\infty} \frac{k^n}{2^{k+1}}$$

(C.9)[L. Lovász]

3. 设 S 是一个没有真的双边理想的半群. 假设对每个 $a,b \in S$,乘积 ab,ba 之中至少有一个要等于元素 a,b 之中的某一个. 证明对所有的 $a,b \in S$,或者成立 $ab = a$ 或者成立 $ab = b$. (A.24)[L. Megyesi]

4. 证明一个函数值取有理数的乘性算术函数的集合和函数值取复有理数的乘性算术函数的集合构成同构群,其中两个函数 f 和 g 的卷积运算 $f \circ g$ 由下式定义

$$(f \circ g)(n) = \sum_{d|n} f(d)g\left(\frac{n}{d}\right)$$

(称一个复数是复有理的, 如果这个复数的实部和虚部都是有理数.)
(N.10)[B. Csákány]

5. 设 $\{f_n\}$ 是 $[0,1]$ 上的 Lebesgue 可积函数的序列,使得对 $[0,1]$ 的任意一个 Lebesgue 可测的子集 E,序列 $\int_E f_n$ 收敛,同时还假设 $\lim_n f_n = f$ 几乎处处存在. 证明 f 是可积的并且 $\int_E f = \lim_n \int_E f_n$. 如果 E 只是一个区间,但是我们假设 $f_n \geqslant 0$,那么上述断言是否仍然成立?如果把区间 $[0,1]$ 换成 $[0,\infty)$,结论又是什么?
(M.12)[J. Szücs]

6. 设 f 是一个可微的实函数并设 M 是一个正实数. 证明如果对所有的 x 和 t,成立

$$| f(x + t) - 2f(x) + f(x - t) | \leqslant Mt^2$$

则

$$| f'(x + t) - f'(x) | \leqslant M | t |$$

(F.20)[J. Szabados]

7. 设 $a < a' < b < b'$ 是实数,并设实函数 f 在区间 $[a,b']$ 上连续,在其内

25

部可微. 证明存在 $c \in (a,b), c' \in (a',b')$, 使得

$$f(b) - f(a) = f'(c)(b - a)$$

$$f(b') - f(a') = f'(c')(b' - a')$$

并且 $c < c'$. (F. 21) [B. Szökefalvi − Nagy]

8. 证明如果不等式

$$\sum_{n=1}^{m} a_n \leqslant N a_m \quad (m = 1,2,\cdots)$$

对非负实数序列 $\{a_n\}$ 和某个正整数 N 成立, 则对 $i,p = 1,2,\cdots$ 成立 $\alpha_{i+p} \geqslant p\alpha_i$, 其中

$$\alpha_i = \sum_{n=(i-1)N+1}^{iN} a_n \quad (i = 1,2,\cdots)$$

(S. 16) [L. Leindler]

9. 设 l_0, c, α, g 都是正常数, 并设 $x(t)$ 是微分方程

$$\left([l_0 + ct^\alpha]^2 x'\right)' + g[l_0 + ct^\alpha]\sin x = 0, t \geqslant 0, -\frac{\pi}{2} < x < \frac{\pi}{2} \quad (1)$$

的满足初始条件 $x(t_0) = x_0, x'(t_0) = 0$ 的解. (这是摆长按照规律 $l = l_0 + ct^\alpha$ 变化的数学摆的方程.) 证明 $x(t)$ 的定义域是区间 $[t_0, \infty)$ 即在 $[t_0, \infty)$ 上的定义域有意义; 此外如果 $\alpha > 2$, 那么对每个 $x_0 \neq 0$, 存在一个 t_0, 使得

$$\liminf_{t \to \infty} |x(t)| > 0$$

(F. 22) [L. Hatvani]

10. 证明 Hilbert 空间的幂等线性算子是自伴的充分必要条件是它的模是 0 或 1. (O. 4) [J. Szücs]

11. 设 $X_1, X_2, \cdots, X_n$ 是离散的 (不必是独立的) 随机变量, 证明至少存在 $\frac{n^2}{2}$ 个对 (i,j), 使得

$$H(X_i + X_j) \geqslant \frac{1}{3} \min_{1 \leqslant k \leqslant n} \{H(X_k)\}$$

其中 $H(X)$ 表示 X 的 Shannon 熵. (P. 15) [Gy. Katona]

12. 设一个凸多面体 P 的每个面和其他的面都有公共边, 证明存在一个简

单的闭多边形,使得它由 P 的边组成并且通过所有的顶点. (G. 22)[L. Lovász]

1976 年

1. 假设 R 是 $\mathbb{N}^*$ 上的递归的二元关系($\mathbb{N}^*$ 表示正整数的集合),将 $\mathbb{N}^*$ 排成 ω 序型. 证明如果 $f(n)$ 表示在这个次序下的第 n 个元素,那么 f 不一定是递归的. ($\aleph$. 6)[L. Pósa]

2. 设 G 是一个无限图,对它的任意可数无限的顶点集 A,都存在一个连接无穷多个 A 的元素的顶点 p. 证明 G 有一个可数无限的顶点集 A,使得 G 含有不可数多个连接着无穷多个 A 的元素的顶点 p. (C. 10)[P. Erdös, A. Hajnal]

3. 设 H 表示使得 $\tau(n)$ 整除 n 的正整数的集合,证明:

(1) 对充分大的 n, $n! \in H$.

(2) H 的密度为 0.

(N. 11)[P. Erdös]

4. 设 $\mathbb{Z}$ 是有理整数环,构造一个具有下列性质的整数集合 I.

(1) $\mathbb{Z} \subsetneqq I$.

(2) $I \backslash \mathbb{Z}$ 中没有一个元素在 $\mathbb{Z}$ 上是代数的(即 $I \backslash \mathbb{Z}$ 中没有系数属于 $\mathbb{Z}$ 的多项式的根).

(3) I 中只有平凡的自同态.

(A. 25)[E. Fried]

5. 设 $S_v = \sum_{j=1}^{n} b_j z_j^v (v = 0, \pm 1, \pm 2, \cdots)$,其中 b_j 是任意的而 z_j 是非零复数. 证明

$$|S_0| \leqslant n \max_{0 < |v| \leqslant n} |S_v|$$

(S. 17)[G. Halász]

6. 设 $0 \leqslant c \leqslant 1$, η 表示有理数集合的序型. 假设对每一个有理数 r,我们令 r 对应一个在区间 $[0,1]$ 的测度为 c 的 Lebesgue 可测子集 H_r,证明存在一个测度为 c 的 Lebesgue 可测子集 $H \subseteq [0,1]$ 使得对每个 $x \in H$,集合

$$\{r : x \in H_r\}$$

包含一个序型为 η 的子集. (M.13)[M. Laczkovich]

7. 设 $f_1, f_2, \cdots, f_n$ 是复平面的某个区域上的,在复域上线性无关的正则函数. 证明函数 $f_i \overline{f_k}(1 \leqslant i, k \leqslant n)$ 也是线性无关的. (F.23)[L. Lempert]

8. 证明多项式组 $\{x^n + x^{n^2}\}_{n=0}^{\infty}$ 的所有(实系数的)线性组合的集合在 $C[0, 1]$ 中是稠密的. (F.24)[J. Szabados]

9. 设 D 是 n 维空间中的一个凸子集,D' 是取一个正的中心扩张再平移后从 D 所得的集合. 还假设 D 和 D' 的体积之和为 1,并且 $D \cap D' \neq \varnothing$. 对所有的 D 和 D',确定 $D \cup D'$ 的凸包的体积的上确界. (G.23)[L. Fejes – Tóth, E. Makai]

10. 设 τ 是一个基数小于或等于连续统的集合 X 上的可度量化拓扑. 证明在 X 上存在一个可分的并且可度量化的拓扑,使得它是比 τ 更粗糙的拓扑. (T.11)[I. Juhász]

11. 设 $\xi_1, \xi_2, \cdots$ 是满足分布

$$P(\xi_1 = -1) = P(\xi_1 = 1) = \frac{1}{2}$$

的独立同分布的随机变量. 令

$$S_n = \xi_1 + \xi_2 + \cdots + \xi_n (n = 1, 2, \cdots), S_0 = 0$$

以及

$$T_n = \frac{1}{\sqrt{n}} \lim_{0 \leqslant k \leqslant n} S_k$$

证明 $\liminf_{n \to \infty}(\log n) T_n = 0$ 的概率等于 1. (P.16)[P. Révész]

1977 年

1. 考虑一个椭球和通过椭球中心 O 的平面 σ 的交线. 在通过点 O 并垂直于 σ 的直线上,标记两个点,使得它们到 O 的距离等于交线所围成的面积. 当 σ 遍历所有可能的平面时,确定标记点的轨迹. (G.24)[L. Tamássy]

2. 在实投影平面上构造一条不是直线的由简单点组成的连续曲线,使得它

28

和一个给定的圆锥曲线的每一条切线和每一条割线都相交在一个点.
（G. 25）［F. Kárteszi］

3. 设 a,x,y 都是非零的 p - adic 整数,并满足 $p \mid x, pa \mid xy$. 证明

$$\frac{1}{y}\frac{(1+x)^y - 1}{x} \equiv \frac{\log(1+x)}{x} \quad (\bmod\ a)$$

（N. 12）［L. Rédei］

4. 设 $p > 5$ 是一个素数. 证明 p 次分圆域中的每个代数整数都可表示成这个域中的所有代数整数组成的环的不同的单位之和.（A. 26）［K. Györy］

5. 设有限无向图 $X = (P,E)$ 的自同构群同构于（8 阶）四元群. 证明 X 的邻接矩阵至少具有一个重数至少为 4 的特征根.（设 $P = \{1,2,\cdots,n\}$ 是图 X 的顶点集. 边集 E 是 P 的所有元素的无序对的集合的子集. X 的自同构群由所有 P 的那些将边映射为边的排列组成. 邻接矩阵 $\boldsymbol{M} = [m_{ij}]$ 是一个 $n \times n$ 的 $0 - 1$ 矩阵,其中如果 $\{i,j\} \in E$,则 $m_{ij} = 1$,否则 $m_{ij} = 0$.）（A. 27）［L. Babai］

6. 设 f 是一个定义在正半实轴上的实值函数,且对每对正数 x,y 满足 $f(xy) = xf(y) + yf(x)$,对每个正数 x 满足 $f(x + 1) \leqslant f(x)$. 证明如果 $f\left(\frac{1}{2}\right) = \frac{1}{2}$,则对每个 $x \in (0,1)$ 都成立

$$f(x) + f(1 - x) \geqslant -x\log_2 x - (1 - x)\log_2(1 - x)$$

（F. 25）［Z. Daróczy,Gy. Maksa］

7. 设 G 是一个局部紧致的可解群,$c_1,\cdots,c_n$ 是复数,并设复值函数 f 和 g 在 G 上对所有的 $x,y \in G$ 满足

$$\sum_{k=1}^n c_k f(xy^k) = f(x)g(y)$$

证明 f 是有界函数,并且如果对 G 的某个连续的（复的）特征 χ,满足
$$\inf_{x \in G} \operatorname{Re} f(x)\chi(x) > 0$$
则 g 是连续的.（F. 26）［L. Székelyhidi］

8. 设 $p \geqslant 1$ 是实数,$\mathbb{R}_+ = (0,\infty)$. 对什么样的连续函数 $g:\mathbb{R}_+ \to \mathbb{R}_+$ 可使得下面的函数

$$M_n(x) = \left[\frac{\sum_{i=1}^{n} g\left(\frac{x_i}{x_{i+1}}\right) x_{i+1}^p}{\sum_{i=1}^{n} g\left(\frac{x_i}{x_{i+1}}\right)} \right]^{\frac{1}{p}}$$

$$\boldsymbol{x} = (x_1, \cdots, x_{n+1}) \in \mathbb{R}_+^{n+1} (n = 1, 2, \cdots)$$

都是凸的?(S. 18)[L. Losonczi]

9. 假设向量 $\boldsymbol{u} = (u_0, \cdots, u_n)$ 的分量都是定义在闭区间 $[a, b]$ 上的实函数, 它们的每个非平凡的线性组合在区间 $[a, b]$ 上都至多有 n 个零点. 证明如果 σ 是一个在 $[a, b]$ 上递增的函数, 并且算子

$$A(f) = \int_a^b u(x) f(x) \mathrm{d}\sigma(x), f \in C[a, b]$$

的秩 $r \leqslant n$, 那么 σ 恰有 r 个递增点. (F. 27)[E. Gesztelyi]

10. 设随机变量 $\{X_m, m \geqslant 0\}, X_0 = 0$ 的序列是一个在带有转移概率

$$p_i = P(X_{m+1} = i + 1 \mid X_m = i) > 0, i \geqslant 0$$

$$q_i = P(X_{m+1} = i - 1 \mid X_m = i) > 0, i > 0$$

的非负整数集上的无限的随机行走. 证明对任意 $k > 0$, 存在一个 $\alpha_k > 1$, 使得

$$P_n(k) = P(\max_{0 \leqslant j \leqslant n} X_j = k)$$

满足极限关系

$$\lim_{L \to \infty} \frac{1}{L} \sum_{n=1}^{L} P_n(k) \alpha_k^n < \infty$$

(P. 17)[J. Tomkó]

1978 年

1. 设 $\mathcal{H}$ 是一个无限集合 X 的有限子集的族, 使得 X 的每个有限子集都可表示成 x 中的两个不相交的集合的并. 证明对任意正整数 k, X 中必存在一个子集, 它至少可用 k 种不同的方式表示成 $\mathcal{H}$ 中的两个不相交的集合的并. (C. 11)[P. Erdös]

2. 对一个分配格 L, 考虑下面两个命题:

30

高等数学竞赛:
1962 —1991 年米克洛什·施外策竞赛

(1) L 的每个理想都至少是两个不同的同态的核.

(2) L 不含极大理想.

问上述的两个命题哪个蕴含另一个?

(L 的每个同态 φ 都在 L 上诱导出一个等价关系：$a \sim b$ 的充分必要条件是 $a\varphi = b\varphi$. 那就是说，如果两个同态蕴含同样的等价关系，我们就认为它们是相同的.)(A. 28)[J. Varlet, E. Fried]

3. 设 $1 < a_1 < a_2 < \cdots < a_n < x$ 是使得 $\sum_{i=1}^{n} \dfrac{1}{a_i} \leq 1$ 的正整数. 又设 y 表示小于 x 且不能被任何 a_i 整除的正整数的个数. 证明

$$y > \frac{cx}{\log x}$$

其中 c 是一个适当的不依赖于 x 和数 a_i 的正常数. (N. 13)[I. Z. Ruzsa]

4. 设 $\mathbb{Q}$ 和 $\mathbb{R}$ 分别表示有理数集和实数集，并设 $f:\mathbb{Q} \to \mathbb{R}$ 是一个具有以下性质的函数：对任意 $h \in \mathbb{Q}$ 和 $x_0 \in \mathbb{R}$，当 $x \in \mathbb{Q}$ 且 $x \to x_0$ 时

$$f(x + h) - f(x) \to 0$$

由此是否可以得出 f 在某个区间上是有界的?(F. 28)[M. Laczkovich]

5. 设 $R(z) = \sum_{n=-\infty}^{\infty} a_n z^n$ 在复平面的单位圆 $\{z:|z| = 1\}$ 的一个邻域中收敛，并且 $R(z) = \dfrac{P(z)}{Q(z)}$ 在此邻域内是有理函数，其中 P 和 Q 是次数至多为 k 的多项式. 证明存在一个不依赖于 k 的常数 c 使得

$$\sum_{n=-\infty}^{\infty} |a_n| \leq ck^2 \max_{|z|=1} |R(z)|$$

(S. 19)[H. S. Shapiro, G. Somorjai]

6. 设函数 $g:(0,1) \to \mathbb{R}$ 可以被具有非负系数的多项式一致逼近. 证明 g 必定是解析的. 如果把区间 $(0,1)$ 换成 $(-1,0)$，请问上述命题是否仍然成立? (F. 29)[J. Kalina, L. Lempert]

7. 设 T 是双曲平面到其自身的一个满射，它将共线点映射到共线点. 证明 T 一定是等距的. (G. 26)[M. Bognár]

8. 设 $X_1,\cdots,X_n$ 是单位正方形中的 $n(n > 1)$ 个点. 设 r_i 表示 X_i 到距离它最

近的点(不包括点 X_i 本身)的距离,证明

$$r_1^2 + \cdots + r_n^2 \leqslant 4$$

(G. 27)[L. Fejes – Tóth, E. Szemerédi]

9. 设一个拓扑空间的所有基数至多为 $\aleph_1$ 的子空间是第二可数的. 证明全空间是第二可数的. (T. 12)[A. Hajnal, I. Juhász]

10. 设 Y_n 是满足参数为 n 和 p 的二项式分布的随机变量. 设正整数的某个集合 H 有一个密度,并且这个密度等于 d. 证明下列命题:

(1) 如果 H 是算术级数,则 $\lim\limits_{n\to\infty} P(Y_n \in H) = d$.

(2) 上面的极限关系对任意的 H 不成立.

(3) 如果 H 使得 $P(Y_n \in H)$ 收敛,则这个极限必须等于 d.

(P. 18)[L. Pósa]

1979 年

1. 称定义在集合 $\{1,2,\cdots,n\}$ 上的 k 个变量的算子 f 对于定义在同一集合上的二元关系 ρ 是友好的,如果关系

$$f(a_1, a_2, \cdots, a_k)\rho f(b_1, b_2, \cdots, b_k)$$

蕴含至少对一个 $i(1 \leqslant i \leqslant k)$,成立关系 $a_i\rho b_i$. 证明如果算子 f 对于关系"等于"和"小于"是友好的,那么它对所有的二元关系就都是友好的. (C. 12)[B. Csákány]

2. 设 $\mathscr{V}$ 是一族幺半群的集合,但是 $\mathscr{V}$ 的成员并不都是群. 证明如果 $A \in \mathscr{V}$ 并且 B 是 A 的子幺半群,那么存在幺半群 $S \in \mathscr{V}$ 和 C 以及满同态 $\varphi:S \to A, \varphi_1: S \to C$ 使得 $((e)\varphi_1^{-1})\varphi = B$(其中 e 是 C 的单位元). (A. 29)[L. Márki]

3. 设 $g(n,k)$ 表示具有 n 个顶点和 k 条边的简单有向图的强连通数(简单表示图中没有圈和重边). 证明

$$\sum_{k=n}^{n^2-n} (-1)^k g(n,k) = (n-1)!$$

(C. 13)[A. A. Schrijver]

4. 对 n 维 Euclid 空间中的所有行列式等于 1 的正交变换群 $SO(n)$ 的哪些 n 的值,群 $SO(n)$ 具有封闭的正规子群?(称 $G \leqslant SO(n)$ 是正规的,如果对单位球面上的任意 x, y,存在 $\varphi \in G$ 使得 $\varphi(x) = y$.)(A. 30) [Z. Szabó]

5. 在 3 维空间中构造一个具有 10 个非共面点 $P_1, \cdots, P_5, Q_1, \cdots, Q_5$ 构成的刚性系统的例子,使得每个 P_i 和 Q_j 之间都有刚性杆连接. (G. 28) [L. Lovász]

6. 我们用以下的度量张量对 Euclid 空间 $\mathbb{E}^3$ 中的点定义一个不依赖于 z 轴的伪 Rieman 度量

$$\begin{pmatrix} 1 & 0 & 0 \\ 0 & 1 & 0 \\ 0 & 0 & -\sqrt{x^2 + y^2} \end{pmatrix}$$

其中 (x, y, z) 是点在 $\mathbb{E}^3$ 中的坐标. 证明这个 Rieman 空间的几何测地线在 (x, y) 平面上的正交投影是一条直线或一条焦点在原点的圆锥曲线. (G. 29) [P. Nagy]

7. 设 T 是 n 维球面上的一个三角剖分,对 T 的每个顶点我们让它对应线性空间 V 中的一个非零向量. 证明如果 T 有一个 n 维单纯形,其顶点所对应的向量是线性无关的,则 T 必存在另一个类似的单纯形. (C. 14) [L. Lovász]

8. 设 $K_n(n = 1, 2, \cdots)$ 是周期为 2π 的连续函数,令

$$k_n(f; x) = \int_0^{2\pi} f(t) K_n(x - t) \, dt$$

证明下列命题是等价的:

(1) 对所有的 $f \in L_1[0, 2\pi]$,$\int_0^{2\pi} | k_n(f; x) - f(x) | \, dx \to 0 (n \to \infty)$.

(2) 对所有连续的周期为 2π 的函数 f,成立 $k_n(f; 0) \to f(0)$. (S. 20) [Y. Totik]

9. 设对所有的 $z \in \mathbb{C}$,全纯函数的级数 $\sum_{k=1}^{\infty} f_k(z)$ 是绝对收敛的. 设 $H \subseteq \mathbb{C}$ 是使得上面的和函数不正则的点组成的集合. 证明 H 是无处稠密的,但不必是可数的. (S. 21) [L. Kérchy]

10. 设 $a_i(i = 1, 2, 3, 4)$ 是 4 个正常数,且 $a_2 - a_4 > 2, a_1 a_3 - a_2 > 2$. 又设

$(x(t), y(t))$ 是下列微分方程组

$$\begin{cases} \dot{x} = a_1 - a_2 x + a_3 xy \\ \dot{y} = a_4 x - y - a_3 xy \end{cases}$$

（其中 $x, y \in \mathbb{R}$）的满足初始条件 $x(0) = 0, y(0) \geq a_1$ 的解，证明函数 $x(t)$ 在区间 $[0, \infty)$ 上恰有一个严格的局部极大值.（F.30）［L. Pintér, L. Hatvani］

11. 设 $\{\xi_{kl}\}_{k,l=1}^{\infty}$ 是随机变量的二重序列，使得

$$E\xi_{ij}\xi_{kl} = O\left((\log(2 \mid i - k \mid + 2)\log(2 \mid j - l \mid + 2))^{-2}\right) \quad (i, j, k, l = 1, 2, \cdots)$$

证明当 $\max(m, n) \to \infty$ 时

$$\frac{1}{mn} \sum_{k=1}^{m} \sum_{l=1}^{n} \xi_{kl} \to 0$$

的概率等于 1.（P.19）［F. Móricz］

1980 年

1. 对实数 x，我们用 $\parallel x \parallel$ 表示距离 x 最近的整数. 设 $0 \leq x_n < 1 (n = 1, 2, \cdots), \varepsilon > 0$. 证明存在无限多对下标 (n, m) 使得 $n \neq m$，且

$$\parallel x_n - x_m \parallel < \min\left(\varepsilon, \frac{1}{2 \mid n - m \mid}\right)$$

（C.15）［V. T. Sós］

2. 设 $\mathcal{H}$ 是所有至多有 $2\aleph_0$ 个顶点但不包含基数为 $\aleph_1$ 的完全子图的图的类. 证明不存在 $H \in \mathcal{H}$，使得 $\mathcal{H}$ 中的所有图都是 H 的子图.（$\aleph$.7）［F. Galvin］

3. 在一个格中，只要 a 和 b 是不可比较的，就在元素 $a \wedge b$ 和 $a \vee b$ 之间连一条边，证明在这样所得到的图中，每一个连通分支都是一个子格.（A.31）［M. Ajtai］

4. 设 $T \in SL(n, \mathbb{Z})$，G 是一个元素为整数的非异 $n \times n$ 矩阵，并令 $S = G^{-1}TG$. 证明存在一个正整数 k，使得 $S^k \in SL(n, \mathbb{Z})$.（N.14）［Gy. Szekeres］

5. 设 G 是对称群 S_{25} 的一个传递子群，但 $G \neq S_{25}, G \neq A_{25}$. 证明 G 的阶不能被 23 整除.（A.32）［J. Pelikán］

6. 称连续函数 $f:[a,b] \to \mathbb{R}^2$ 是可约的,如果它有一个双弧(即存在 $a \leqslant \alpha < \beta \leqslant \gamma < \delta \leqslant b$ 和严格单调的连续函数 $h:[\alpha,\beta] \to [\gamma,\delta]$,使得对每个 $\alpha \leqslant t \leqslant \beta$ 满足 $f(t) = f(h(t))$),否则称 f 是不可约的. 构造一个不可约的 $f:[a,b] \to \mathbb{R}^2$ 和 $g:[c,d] \to \mathbb{R}^2$ 使得 $f([a,b]) = g([c,d])$,并且:

(1) f 和 g 都是可求长的,但是它们的长度不同.

(2) f 是可求长的,但是 g 不是.

(F. 31)[Á. Császár]

7. 设 $n \geqslant 2$ 是一个正整数,而 $p(x)$ 是一个满足以下条件的次数至多为 n 的实系数多项式,

$$\max_{-1 \leqslant x \leqslant 1} |p(x)| \leqslant 1, p(-1) = p(1) = 0$$

证明

$$|p'(x)| \leqslant \frac{n\cos \frac{\pi}{2n}}{\sqrt{1 - x^2 \cos^2 \frac{\pi}{2n}}} \quad \left(-\frac{1}{\cos \frac{\pi}{2n}} < x < \frac{1}{\cos \frac{\pi}{2n}}\right)$$

(F. 32)[J. Szabados]

8. 设 $f(x)$ 是 $(0,2\pi)$ 上的非负可积函数,其 Fourier 级数是 $f(x) = a_0 + \sum_{k=1}^{\infty} a_k \cos(n_k x)$,其中没有一个正整数 n_k 能整除另一个. 证明 $|a_k| \leqslant a_0$.

(S. 22)[G. Halász]

9. 用直线将一个面积等于 1 的四边形划分为 n 个子多边形,并在每个子多边形中画一个圆. 证明所有圆的周长之和至多为 $\pi \sqrt{n}$. (直线不允许切割子多边形的内部). (G. 30)[G. and L. Fejes – Tóth]

10. 设 T_3 – 空间 X 没有孤立点并且在 X 中任何一族两两不相交的非空开集是可数的. 证明 X 可以被至多连续统多个无处稠密集所覆盖. (T. 13)[I. Juhász]

1981 年

1. 给定一个由 1 和 2 组成的无穷序列,它具有以下性质:

（1）这个序列的第一个元素是 1.

（2）这个序列中没有两个连续的 2 或三个连续的 1.

（3）如果我们把连续的 1 换成一个单独的 2，保留单独的 1，再去掉原来的 2，就得到一个覆盖原序列的序列.

问这个序列的前 n 项中有多少个 2?(S.23)[P. P. Pálfy]

2. 考虑一个从简单图 G（将 G 看成顶点对的集合）关于包含和相交关系的简化而得的格 L，设 $n \geqslant 1$ 是一个任意的整数，证明恒等式

$$x \wedge \left(\bigvee_{i=0}^{n} y_i \right) = \bigvee_{j=0}^{n} \left(x \wedge \left(\bigvee_{\substack{0 \leqslant i \leqslant n \\ i \neq j}} y_i \right) \right)$$

当且仅当 G 没有顶点数至少为 $n+2$ 的环时成立. (C.16)[A. Huhn]

3. 构造一个不可数的 Hausdorff 空间，在其中任何非空开集的闭包的补集是可数的. (T.14)[A. Hajnal, I. Juhász]

4. 设 G 是一个有限群，而 $\mathcal{K}$ 是生成 G 的共轭类，证明下面两个命题等价：

（1）存在一个正整数 m，使得 G 的每个元素都可表示成 $\mathcal{K}$ 中的（不一定是不同的）m 个元素的乘积.

（2）G 等于它的换位子群.

（A.33）[J. Dénes]

5. 设 K 是 n 维实向量空间 $\mathbb{R}^n$ 中的一个凸锥. 考虑集合 $A = K \cup (-K)$ 和 $B = (\mathbb{R}^n \backslash A) \cup \{0\}$（0 是原点）. 证明可以找到 $\mathbb{R}^n$ 的两个子空间，使得这两个子空间合起来可以生成 $\mathbb{R}^n$，并且一个子空间在 A 中而另一个子空间在 B 中. (G.31)[J. Szücs]

6. 设 f 是从 $I = [0,1]$ 到自身的严格递增的连续函数，证明对所有的 $x, y \in I$，成立以下不等式

$$1 - \cos(xy) \leqslant \int_0^x f(t) \sin(tf(t)) \mathrm{d}t + \int_0^y f^{-1}(t) \sin(tf^{-1}(t)) \mathrm{d}t$$

（F.33）[Zs. Páles]

7. 设 U 是一个实赋范空间，使得对于任何有限维的实赋范空间 X，U 包含一个与 X 等距同构的子空间. 证明 U 的每个余维数有限的（不一定是闭的）子空

间 V 具有同样的性质（称 V 的余维数是有限的，意为存在 U 的有限维子空间 N 使得 $V + N = U$）.

（F. 34）[Á. Bosznay].

8. 设 W 是实直线 $\mathbb{R}$ 的稠密的开子集. 证明下面的两个命题是等价的：

（1）每个函数 $f: \mathbb{R} \to \mathbb{R}$ 在 $\mathbb{R} \backslash W$ 的所有点上是连续的并且在包含在 W 中的每个开区间上不减的函数 f 在整个 $\mathbb{R}$ 上是不减的.

（2）$\mathbb{R} \backslash W$ 是可数的.

（T. 15）[E. Gesztelyi]

9. 设 $n \geqslant 2$ 是一个整数，X 是一个连通的 Hausdorff 空间，使得 X 的每个点都有一个同胚于 Euclid 空间 $\mathbb{R}^n$ 的邻域. 设 X 的任意离散的（但不一定是闭的）子空间 D 可被一族 X 的两两不相交的开集所覆盖，使得这些开集恰包含 D 的一个元素. 证明 X 是至多 $\aleph_1$ 个紧致子空间的并集. （T. 16）[Z. Balogh]

10. 设 P 是定义在实直线的 Borel 集上的概率分布，P 关于原点是对称的，关于 Lebesgue 测度是绝对连续的，并且它的密度函数 p 在区间 $[-1,1]$ 之外等于 0 而在此区间内部则位于正数 c 和 d 之间（$c < d$）. 证明不存在卷积的平方等于 P 的分布. （P. 20）[T. F. Móri，G. J. Székely]

1982 年

1. 设 $P(X)$ 表示 X 的所有子集的集合，称映射 $F: P(X) \to P(X)$ 是 X 上的一个封闭算子，如果对任意 $A, B \subseteq X$ 满足以下条件：

（1）$A \subseteq F(A)$.

（2）$A \subseteq B \Rightarrow F(A) \subseteq F(B)$.

（3）$F(F(A)) = F(A)$.

称最小值 $\min\{|A|: A \subseteq X, F(A) = X\}$ 为 F 的密度，并用 $d(F)$ 表示它，其中 $|A|$ 表示 A 的基数. 称集合 $H \subseteq X$ 是离散的，如果对所有的 $u \in H$ 有 $u \notin F(H \backslash \{u\})$. 证明如果一个封闭算子 F 的密度是一个奇异基数，那么对任何非负整数 n，存在一个基数等于 n 的关于 F 的离散集. 证明当存在一个所需的无限

的离散子集时,即使 F 是满足 T_1 分离公理的拓扑空间中的封闭算子,这一命题也不成立. (T.17)[A. Hajnal]

2. 考虑复数域 $\mathbb{C}$ 的所有代数闭子域构成的格,设它(关于 $\mathbb{Q}$)的超越度是有限的. 证明这个格不是一个模. (A.34)[L. Babai]

3. 设 $G(V,E)$ 是一个连通图,令 $d_G(x,y)$ 表示连接 G 中 x 和 y 的最短路径的长度. $r_G(x) = \max\{d_G(x,y):y \in V\}$,再令 $r(G) = \min\{r_G(x):x \in V\}$. 证明如果 $r(G) \geqslant 2$,那么 G 包含一个路径长度为 $2r(G) - 2$ 的诱导子图. (C.17)[V. T. Sós]

4. 设

$$f(n) = \sum_{\substack{p\,|\,n \\ p^\alpha \leqslant n < p^{\alpha+1}}} p^\alpha$$

证明

$$\limsup_{n \to \infty} f(n)\,\frac{\log \log n}{n \log n} = 1$$

(N.15)[P. Erdös]

5. 构造一个具有正测度的完满集 $H \subseteq [0,1]$ 和一个定义在 $[0,1]$ 上的连续函数 f,使得对于任何定义在 $[0,1]$ 上的二次可微函数 g,集合 $\{x \in H:f(x) = g(x)\}$ 是有限的. (M.14)[M. Laczkovich]

6. 对任意正数 α,正整数 n 和至多 αn 个点 x_i,构造一个次数最多为 n 的三角多项式 $P(x)$,有

$$P(x_i) \leqslant 1, \int_0^{2\pi} P(x)\,\mathrm{d}x = 0, \text{并且} \max P(x) > cn$$

其中常数 c 仅依赖于 α. (F.35)[G. Halász]

7. 设 V 是 $\mathbb{R}^n$ 中的一个有界闭凸集,并用 r 表示其外接球的半径(即包含 V 的半径最小的球),证明 r 是具有以下性质的唯一实数:对于 V 中的任意有限个点,存在 V 中的一个点,使得它与其他点的距离的算术平均值等于 r. (G.32)[Gy. Szekeres]

8. 证明对于任意正整数 n 和任意实数 $d > \dfrac{3^n}{3^n - 1}$,可以找到 n 个点的面积

38

小于 d 的可覆盖住一个单位正方形的位似三角形. (G. 33)

9. 设 K 是一个紧致 Hausdorff 空间并且 $K = \bigcup_{n=0}^{\infty} A_n$,其中 A_n 是可度量的,并且当 $n < m$ 有 $A_n \subseteq A_m$. 证明 K 是可度量的. (T. 18) [Z. Balogh]

10. 设 $p_0, p_1, \cdots$ 是非负整数集上的概率分布. 根据这个分布,选一个数并且独立地重复选数,直到得出 0 或一个已经选择的数. 按照选择的顺序将所选的数写成一行,但不写最后一个数. 在这一行下面,重新按递增的方式写出这些数. 设 A_i 表示在两行中都在同一位置出现已被选中的数字 i 的事件. 证明事件 $A_i (i = 1, 2, \cdots)$ 是相互独立的,并且 $P(A_i) = p_i$. (P. 21) [T. F. Móri]

1983 年

1. 给定一条直线上的 n 个点,使得所产生的任何一种两点间的距离至多出现两次,证明恰只出现一次的那种距离的数目至少为 $\left[\dfrac{n}{2}\right]$. (C. 18) [V. T. Sós, L. Székely]

2. 设 I 是环 R 的理想,k 是一个正整数,f 是集合 $\{1, 2, \cdots, k\}$ 的非恒同置换. 设对任意 $0 \neq a \in R$ 有 $aI \neq 0, Ia \neq 0$,此外对任意 $x_1, x_2, \cdots, x_k \in I$ 还有

$$x_1 x_2 \cdots x_k = x_{1f} x_{2f} \cdots x_{kf}$$

成立. 证明 R 是交换环. (A. 35) [R. Wiegandt]

3. 设 $f: \mathbb{R} \to \mathbb{R}$ 是一个二次可微的 2π – 周期的偶函数. 证明如果对任意 x 有

$$f''(x) + f(x) = \cfrac{1}{f\left(x + \dfrac{3\pi}{2}\right)}$$

则 f 是 $\dfrac{\pi}{2}$ – 周期的. (F. 36) [Z. Szabó, J. Terjéki]

4. 对哪些基数 κ 存在一个基数为 κ 的反度量空间?称空间 (X, ρ) 是反度量的,如果 X 是非空的集合,$\rho: X^2 \to [0, \infty)$ 是对称映射,当且仅当 $x = y$ 时 $\rho(x, y) = 0$ 并且对 X 的任意 3 个元素的子集 $\{a_1, a_2, a_3\}$ 和 $\{1, 2, 3\}$ 的某个置换 f 成

立

$$\rho(a_{1f}, a_{2f}) + \rho(a_{2f}, a_{3f}) < \rho(a_{1f}, a_{3f})$$

（א.8）[V. Totik]

5. 设 $g: \mathbb{R} \to \mathbb{R}$ 是一个使得 $x + g(x)$ 为严格单调（递增或递减）的连续函数，$u: [0, \infty) \to \mathbb{R}$ 是一个有界连续函数，使得在 $[1, \infty)$ 上

$$u(t) + \int_{t-1}^{t} g(u(s)) \mathrm{d}s$$

是一个常数. 证明极限 $\lim_{t \to \infty} u(t)$ 存在. （F.37）[T. Krisztin]

6. 设 T 是 Hilbert 空间 H 上的有界线性算子，并设对某个正整数 n，$\|T^n\| \leqslant 1$. 证明存在一个 H 上的不变线性算子 A 使得 $\|ATA^{-1}\| \leqslant 1$. （O.5）[E. Druszt]

7. 证明如果函数 $f: \mathbb{R}^2 \to [0, 1]$ 是连续的并且它在任意半径等于 1 的圆上的平均值都等于它在圆心处的函数值，则 f 是一个常函数. （F.38）[V. Totik]

8. 证明任何对每个有限 n – 分配格都成立的恒等式也适用于 $n-1$ 维 Euclid 空间的所有凸子集所组成的格. 对于凸子集，格的运算是集合的交集和集合的并集的凸包. 我们称一个格是 n – 分配的，如果对所有格的元素都成立

$$x \wedge \left(\bigvee_{i=0}^{n} y_i \right) = \bigvee_{j=0}^{n} \left(x \wedge \left(\bigvee_{\substack{0 \leqslant i \leqslant n \\ i \neq j}} y_i \right) \right)$$

（A.36）[A. Huhn]

9. 证明如果 $E \subseteq \mathbb{R}$ 是一个具有正的 Lebesgue 测度的有界集，那么对任意充分小的正的 h 和每个 $u < \dfrac{1}{2}$，都可以找到一个点 $x = x(u)$ 使得

$$|(x - h, x + h) \cap E| \geqslant uh$$

以及

$$|(x - h, x + h) \cap (\mathbb{R} \backslash E)| \geqslant uh$$

（M.15）[K. I. Koljada]

10. 设 R 是平面上一个面积等于 t 的有界区域，C 是它的重心. 用 T_{AB} 表示直径为 AB 的圆，K 表示一个包含所有 T_{AB} 的圆（$A, B \in R$）. 问一般来说，K 必包含中心在 C、面积为 $2t$ 的圆这个命题是否正确？（G.34）[J. Szücs]

40

11. 设 $M^n \subseteq \mathbb{R}^{n+1}$ 是一个嵌入在 Euclid 空间中的完备的、连通的超曲面. 证明 M^n 作为一个 Riemann 流形可以分解成非平凡的、全局的度量直积的充分必要条件是它是一个实的圆柱,即 M^n 可以分解为形如 $M^n = M^k \times \mathbb{R}^{n-k}(k < n)$ 的直积,这里 M^k 是某个 $k + 1$ 维子空间 $E^{k+1} \subseteq \mathbb{R}^{n+1}$ 中的超曲面,$\mathbb{R}^{n-k}$ 是 E^{k+1} 的正交补. (G. 35) [Z. Szabó]

12. 设 $X_1, \cdots, X_n$ 是独立同分布的非负的随机变量,其共同的分布是一个连续的分布函数 F. 此外还设函数 F 的逆是一个分位点函数 Q,它也是连续的,并且 $Q(0) = 0$. 设

$$0 = X_{0:n} \leqslant X_{1:n} \leqslant \cdots \leqslant X_{n:n}$$

是按上述随机变量的顺序选取的样本. 证明如果 EX_1 是有限的,则随机变量

$$\Delta = \sup_{0 \leqslant y \leqslant 1} \left| \frac{1}{n} \sum_{i=1}^{[ny]+1} (n + 1 - i)(X_{i:n} - X_{i-1:n}) - \int_0^y (1 - u)\,\mathrm{d}Q(u) \right|$$

当 $n \to \infty$ 时,依概率 1 趋于 0. (P. 22) [S. Csörgö, L. Horváth]

1984 年

1. 设 κ 是一个任意的基数. 证明存在竞赛图 $T_\kappa = (V_\kappa, E_\kappa)$ 使得对边的集合 E_κ 的任意一种染色 $f: E_\kappa \to \kappa$,存在 3 个不同的顶点 $x_0, x_1, x_2 \in V_\kappa$,满足

$$x_0 x_1, x_1 x_2, x_2 x_0 \in E_\kappa$$

并且

$$| \{f(x_0 x_1), f(x_1 x_2), f(x_2 x_0)\} | \leqslant 2$$

(竞赛图是一个有向图,使得对任意顶点 $x, y \in V_\kappa, x \neq y$,关系 $xy \in E_\kappa$ 和 $yx \in E_\kappa$ 恰只成立一种.)(C. 19)[A. Hajnal]

2. 证明存在一个紧致集合 $K \subseteq \mathbb{R}$ 和一个 F_σ 类型的集合 $A \subseteq \mathbb{R}$,使得集合

$$\{x \in \mathbb{R} : K + x \subseteq A\}$$

不是 Borel 可测的(其中 $K + x = \{y + x : y \in K\}$. (M. 16)[M. Laczkovich]

3. 设 a 和 b 都是正整数,当用任意一个素数 p 去除它们时,a 的余数总是小于或等于 b 的余数. 证明 $a = b$. (N. 16)[P. Erdös, P. P. Pálfy]

41

4. 设 $x_1, x_2, y_1, y_2, z_1, z_2$ 为超越数, 假设其中任意 3 个数都是代数无关的, 而在 15 个四元组中, 只有 $\{x_1, x_2, y_1, y_2\}$, $\{x_1, x_2, z_1, z_2\}$ 和 $\{y_1, y_2, z_1, z_2\}$ 是代数相关的. 证明存在一个超越数 t, 它对 $\{x_1, x_2\}$, $\{y_1, y_2\}$ 和 $\{z_1, z_2\}$ 代数相关. (A.37)[L. Lovász]

5. 设 $a_0, a_1, \cdots$ 是非负的实数, 使得

$$\sum_{n=0}^{\infty} a_n = \infty$$

对任意的 $c > 0$, 设

$$n_j(c) = \min\left\{k : c \cdot j \leqslant \sum_{i=0}^{k} a_i\right\} \quad (j = 1, 2, \cdots)$$

证明: 如果 $\sum_{i=0}^{\infty} a_i^2 < \infty$, 那么存在一个 $c > 0$ 使得 $\sum_{j=1}^{\infty} a_{n_j(c)} < \infty$; 如果 $\sum_{i=0}^{\infty} a_i^2 = \infty$, 那么存在一个 $c > 0$ 使得 $\sum_{j=1}^{\infty} a_{n_j(c)} = \infty$. (S.24) [P. Erdös, I. Joó, L. Székely]

6. 对实直线上的哪些 Lebesgue 可测子集 E, 存在一个正常数 c, 使得对所有 E 上的可积函数 f 都成立

$$\sup_{-\infty < t < \infty} \left| \int_E e^{itx} f(x)\, dx \right| \leqslant c \sup_{n=0,\pm 1,\cdots} \left| \int_E e^{inx} f(x)\, dx \right| \qquad (*)$$

(M.17)[G. Halász]

7. 设 V 是 $C[0,1]$ 的有限维子空间, 使得每个非零的 $f \in V$ 都在某个点达到正值. 证明存在一个在 $[0,1]$ 上严格正的并且正交于 V 的多项式 P, 这就是说对每个 $f \in V$ 都成立

$$\int_0^1 f(x) P(x)\, dx = 0$$

(F.39)[A. Pinkus, V. Totik]

8. 在平面上的所有与每个具有单位宽度的闭凸区域相交的格点中, 哪些点的基本平行四边形的面积最大?(G.36)[L. Fejes - Tóth]

9. 设 $X_0, X_1, \cdots$ 是独立同分布的非退化的随机变量, $0 < \alpha < 1$ 是一个实数. 假设

42

$$\sum_{k=0}^{\infty} \alpha^k X_k$$

依概率 1 收敛. 证明和的分布函数是连续的. (P. 23)［T. F. Móri］

10. 设 $X_1, X_2, \cdots$ 是独立同分布的随机变量,其共同的分布函数为

$$P(X_i = 1) = P(X_i = -1) = \frac{1}{2} \quad (i = 1,2,\cdots)$$

定义

$$S_0 = 0, S_n = X_1 + X_2 + \cdots + X_n \quad (n = 1,2,\cdots)$$

$$\xi(x,n) = |\ \{k: 0 \le k \le n, S_k = x\}\ | \quad (x = 0, \pm 1, \pm 2, \cdots)$$

以及

$$\alpha(n) = |\ \{x: \xi(x,n) = 1\}\ | \quad (n = 0,1,\cdots)$$

证明

$$P(\liminf \alpha(n) = 0) = 1$$

并且存在一个数 $0 < c < \infty$ 使得

$$P\left(\limsup \frac{\alpha n}{\log n} = c\right) = 1$$

(P. 24)［P. Révész］

1985 年

1. 称有限集 S 的一些真分划 $P_1, \cdots, P_n$（即至少包括两个部分的分划）是独立的,如果无论我们怎样从每个分划中选择一个类,所选的类的交集都是非空的. 证明如果对一些独立的分划成立下面的不等式

$$\frac{|S|}{2} < |\ P_1\ | \cdots |\ P_n\ | \tag{1}$$

那么 $P_1, \cdots, P_n$ 在没有分划 P 使得 $P, P_1, \cdots, P_n$ 是独立的意义下是最大的. 另一方面,证明不等式(1) 对最大化不是必要条件. (C. 20)［E. Gesztelyi］

2. 设 S 是 $\mathbb{R}^n$ 中一个给定的超平面的有限集,O 是一个点. 证明存在一个包含 O 的紧致集合 $K \subseteq \mathbb{R}^n$,使得 K 的任意一点到 S 中的任意一个超平面的正交

43

投影也在 K 中. (G.37)[Gy. Pap]

3. 设 k 和 K 是平面上的两个同心圆,且设 k 被包含在 K 中. 假设 k 被一组顶点在 K 中的凸的角域所覆盖,证明这些角域的角度之和不小于从 K 中的一个点可以看到 k 的角度. (G.38)[Zs. Páles]

4. 称集合 $\{1,\cdots,n\}$ 的子集 S 是例外的,如果 S 中的元素是两两互素的. 考虑(对固定的 n,在所有的例外集中)元素之和最大的例外集,证明如果 n 充分大,则 S 的每个元素至多有两个不同的素因子. (N.17)[P. Erdös]

5. 设 $F(x,y)$ 和 $G(x,y)$ 是互素的齐次的整系数多项式. 证明存在一个仅依赖于次数和 F 和 G 的系数的绝对值的最大值的数 c,使得对任意互素的整数 x 和 y 有 $F(x,y) \neq G(x,y)$ 并且 $\max\{|x|,|y|\} > c$. (A.38)[K. Györy]

6. 确定所有具有自同构 φ 的有限群 G,使得对所有 G 的真子群 $H, H \not\subseteq \varphi(H)$. (A.39)[B. Kovács]

7. 设 p_1 和 p_2 都是正实数. 证明存在函数 $f_i: \mathbb{R} \to \mathbb{R}$,使得 f_i 的最小正周期是 $p_i (i = 1,2)$,并且 $f_1 - f_2$ 也是周期函数. (A.40)[J. Rimán]

8. 设 $\dfrac{2}{\sqrt{5}+1} \leq p < 1$,并设实数序列 $\{a_n\}$ 具有以下性质:对每个由 0 和 ± 1 组成的并使得 $\sum\limits_{n=1}^{\infty} e_n p^n = 0$ 的序列 $\{e_n\}$,都有 $\sum\limits_{n=1}^{\infty} e_n a_n = 0$. 证明存在一个数 c 使得对所有的 n 有 $a_n = cp^n$. (S.25)[Z. Daróczy, I. Kátai]

9. 设 $D = \{z \in \mathbb{C} : |z| < 1\}$ 和 $B = \{w \in \mathbb{C} : |w| = 1\}$. 证明如果对函数 $f: D \times B \to \mathbb{C}$,对所有的 $z \in D, w \in B$ 成立

$$f\left(\frac{az+b}{bz+a}, \frac{aw+b}{bw+a}\right) = f(z,w) + f\left(\frac{b}{a}, \frac{aw+b}{bw+a}\right) \tag{1}$$

并且对 $a,b \in \mathbb{C}$,成立 $|a|^2 = 1 + |b|^2$,那么存在一个函数 $L:[0,\infty) \to \mathbb{C}$,满足对所有的 $p,q > 0$,有

$$L(pq) = L(p) + L(q)$$

使得对所有的 $z \in D, w \in B, f$ 可表示成

$$f(z,w) = L\left(\frac{1-|z|^2}{|w-z|^2}\right)$$

44

(F. 40)[Gy. Maksa]

10. 证明任何两个具有正长度的区间 $A,B \subseteq \mathbb{R}$ 可以可数地互相剖分,那就是说它们可写成可数个两两不相交的集合的并 $A = A_1 \cup A_2 \cup \cdots$ 和 $B = B_1 \cup B_2 \cup \cdots$,其中对每个 $i \in \mathbb{N}$,A_i 和 B_i 是全等的. (M. 18)[Gy. Szabó]

11. 设 $\xi(E,\pi,B)(\pi:E \to B)$ 是一个有限秩的实向量丛,并设

$$\tau_E = V\xi \oplus H\xi \qquad (*)$$

是 E 的切丛,其中 $V\xi = \mathrm{Ker}\, d\pi$ 是 τ_E 的垂直子丛. 我们用 v 和 h 表示对应于式 $(*)$ 的分解的投影算子. 构造 $V\xi$ 上的一个线性连接 ∇ 使得

$$\nabla_X \vee Y - \nabla_Y \vee X = v[X,Y] - v[hX,hY]$$

(其中 X 和 Y 是 E 上的向量域,$[\cdot]$ 是 Lie 括号并且所有的算子都在 C^∞ 类中)(G. 39)[J. Szilasi]

12. 设 $(\Omega,\mathcal{A},P)$ 是概率空间,设 $(X_n,\mathcal{F}_n)$ 是 $(\Omega,\mathcal{A},P)$ 中相容的序列(那就是说,对 σ – 代数 $\mathcal{F}_n$,有 $\mathcal{F}_1 \subseteq \mathcal{F}_2 \subseteq \cdots \subseteq \mathcal{A}$,并且对所有的 n,X_n 是一个 $\mathcal{F}_n$ – 可测的和可积的随机变量). 假设

$$E(X_{n+1} \mid \mathcal{F}_n) = \frac{1}{2}X_n + \frac{1}{2}X_{n-1} \quad (n = 2,3,\cdots)$$

证明 $\sup\limits_n E \mid X_n \mid < \infty$ 蕴含当 $n \to \infty$ 时 X_n 依概率 1 收敛. (P.25)[I. Fazekas]

1986 年

1. 如果 $(A , <)$ 是一个偏序集,它的维数 $\dim(A , <)$ 是使得存在一个 κ 在 A 上用 $< = \cap_{\alpha < \kappa < \alpha}$ 全序化 $\{<_\alpha:\alpha < \kappa\}$ 的最小的基数 κ. 证明如果 $\dim(A , <) > \aleph_0$,那么存在不相交的 $A_0,A_1 \subseteq A$ 使得 $\dim(A_0 , <)$,$\dim(A_1 , <) > \aleph_0$. ($\aleph$. 9)[D. Kelly,A. Hajnal,B. Weiss]

2. 设 $k \leq \dfrac{n}{2}$ 并且 F 是一个 $n \times n$ 矩阵的一族两两相交的 $k \times k$ 子矩阵. 证明

$$| F | \leqslant \binom{n-1}{k-1}^2$$

（C. 21）［Gy. Katona］

3. （1）证明对每一个正整数 k,存在 k 个正整数 $a_1 < a_2 < \cdots < a_k$ 使得对任意 $1 \leqslant i,j \leqslant k, i \neq j$ 有 $a_i - a_j$ 整除 a_i.

（2）证明存在一个绝对常数 $C > 0$ 使得对任意满足上述可除性条件的数列 $a_1 < a_2 < \cdots < a_k$ 有 $a_1 > k^{Ck}$. （N. 18）［A. Balogh, I. Z. Ruzsa］

4. 确定所有使得下面的命题成立的实数 x:复数域$\mathbb{C}$ 包含一个真子域 F,使得把 x 添加到 F 中后就得到$\mathbb{C}$. （A. 41）［M. Laczkovich］

5. 证明存在一个具有下面性质的常数 c:对任意合数 n,存在一个阶可被 n 整除并且小于 n^c 的群,且这个群不包含阶等于 n 的元素. （A. 42）［P. P. Pálfy］

6. 设 $U = \{f \in C[0,1]:$对所有的 $x \in [0,1]$ 有 $| f(x) | \leqslant 1\}$. 证明不存在 $C[0,1]$ 上的拓扑,它连同 $C[0,1]$ 上的线性结构可使得 $C[0,1]$ 成为一个拓扑向量空间,使得在这个空间中 U 是紧致的. （T. 19）［Y. Totik］

7. 证明遍历素数求和的级数 $\sum_p c_p f(px)$ 对任意限制在 $[0,1]$ 并属于 $L^2[0,1]$ 的 1 - 周期函数 f 在 $L^2[0,1]$ 中是无条件收敛的充分必要条件是 $\sum_p | c_p | < \infty$. （无条件收敛是指级数在任意重排下收敛.）（F. 41）［G. Halász］

8. 设 $a_0 = 0, a_1, \cdots, a_k$ 和 $b_0 = 0, b_1, \cdots, b_k$ 是任意实数. 证明:

（1）对所有充分大的 n,存在次数至多为 n 的多项式 p_n,使得

$$p_n^{(i)}(-1) = a_i, p_n^{(i)}(1) = b \quad (i = 0,1,\cdots,k) \tag{1}$$

$$\max_{|x| \leqslant 1} | p_n(x) | \leqslant \frac{c}{n^2} \tag{2}$$

其中常数 c 仅依赖于 a_i, b_i.

（2）一般来说,不可能用下式

$$\lim_{n \to \infty} n^2 \max_{|x| \leqslant 1} | p_n(x) | = 0 \tag{3}$$

代替（2）. （F. 42）［J. Szabados］

9. 考虑凸区域 K 的平移的铺砌的格. 设 t 是铺砌所定义的格的基本平行四边形的面积,并设 $t_{\min}(K)$ 表示格中所有铺砌的块的面积的最小值. 问是否存在一个自然数 N 使得对于任何 $n > N$ 以及对于任何不同于平行四边形的 K, $nt_{\min}(K)$ 要比任何把 K 经过 n 次没有重叠的平移形成的凸域的面积更小?(K 的平移的铺砌的格意为沿着格的所有方向通过平移 K 所得的集合.)(G.40) [G. and L. Fejes – Tóth]

10. 设 $X_1, X_2, \cdots$ 是独立同分布的非负的随机变量. 设 $EX_i = m, \mathrm{Var}(X_i) = \sigma^2 < \infty$. 证明对所有的 $0 < \alpha \leqslant 1$ 成立

$$\lim_{n \to \infty} n\mathrm{Var}\left(\left[\frac{X_1 + \cdots + X_n}{n}\right]^{\alpha}\right) = \frac{\alpha^2 \sigma^2}{m^{2(1-\alpha)}}$$

(P.26) [Gy. Michaletzki]

1987 年

1. 设用 3 种颜色给整数 $1, 2, \cdots, N$ 染色,每种颜色所染的数字的数目都要超过 $\dfrac{N}{4}$. 证明用这些数字所构成的方程 $x = y + z$ 有一个使得 x, y, z 颜色都不同的解. (C.22) [Gy. Szekeres]

2. 称二元关系 $\prec$ 是一个拟序,如果它是自反的和传递的. 拟序 $(Q, \prec)$ 的下确界是满足以下性质的最大子集 $J \subseteq Q$:

(1) 对每个 $B \in Q$,存在一个 $A \in J$ 使得 $A \prec B$;

(2)$A \prec B, A, B \in J$ 蕴含 $B \prec A$.

设 X 是有限的非空的字母表,X^* 是由 X 中的字母组成的有限单词的集合,$\mathscr{P}$ 是 X^* 的无限子集组成的集合. 对 $A, B \in \mathscr{P}$,定义 $A \prec B$ 表示 A 的每个元素是 B 的某个元素的(连通的) 子单词,证明$(\mathscr{P}, \prec)$ 有一个下确界并刻画它的元素. ($\aleph.10$) [Gy. Pollák]

3. 设 A 是一个有限单广群,使得 A 的每个真子广群的基数为 1,单元素子广群的数量至少是 3,并且 A 的自同构群没有不动点. 证明在 A 生成的族中,每个有限生成的自由代数同构于 A 的某个直幂. (A.43) [Á. Szendrei]

47

4. 设有限射影几何 P(即有限的有补模格)是有限模格 L 的子格. 证明 P 可以嵌入到射影几何 Q 中,其中 Q 是保覆盖的 L 的子格. (即只要在 Q 中 Q 的一个元素覆盖 Q 的另一个元素,那么它也在 L 中覆盖那个元素.)(A. 44)[E. Fried]

5. 设 f 和 g 都是连续的实函数,并且设 $g \neq 0$ 是紧支的. 证明存在一个 g 的平移的线性组合序列,它在 $\mathbb{R}$ 的紧子集的并上一致收敛到 f. (F. 43)[Sz. Gy. Révész,V. Totik]

6. 是否成立以下命题:如果 A 和 B 是复 Hilbert 空间 $\mathcal{H}$ 中酉等价的和自伴的算子并且 $A \leqslant B$,那么 $A^+ \leqslant B^+$ (这里 A^+ 表示 A 的正部). (O. 6)[L. Kérchy]

7. 设 $x:[0,\infty) \to \mathbb{R}$ 是可微函数,在 $[1,\infty)$ 上满足

$$x'(t) = -2x(t) \sin^2 t + (2 - |\cos t| + \cos t) \int_{t-1}^{t} x(s) \sin^2 s ds$$

证明 x 在 $[0,\infty)$ 上是有界的,并且 $\lim_{t \to \infty} x(t) = 0$.

如果把上述条件改成 $x:[0,\infty) \to \mathbb{R}$ 是可微函数,在 $[1,\infty)$ 上满足

$$x'(t) = -2x(t)t + (2 - |\cos t| + \cos t) \int_{t-1}^{t} x(s) s ds$$

那么上述结论是否仍然成立?(F. 44)[L. Hatvani]

8. 设 $c > 0,c \neq 1$ 是一个实数,对 $x \in (0,1)$,定义函数

$$f(x) = \prod_{k=0}^{\infty} (1 + cx^{2^k})$$

证明极限

$$\lim_{x \to 1-0} \frac{f(x^3)}{f(x)}$$

不存在. (F. 45)[Y. Totik]

9. 证明存在一个常数 c_k 使得对于 k 维单位球面的任何有限子集 V,存在一个连通图 G 使得 G 的顶点集与 V 重合,G 的边是直线段,而边长的 k 次方之和小于 c_k. (G. 41)[V. Totik]

10. 设 F 是一个关于原点对称的概率分布函数,使得当 $x \geqslant 5$ 时 $F(x) = 1 - \frac{K(x)}{x}$,其中

48

$$K(x) = \begin{cases} 1, x \in [5, \infty) \setminus \bigcup_{n=5}^{\infty} (n!, 4n!) \\ \dfrac{x}{n!}, x \in (n!, 2n!], n \geq 5 \\ 3 - \dfrac{x}{2n!}, x \in (2n!, 4n!), n \geq 5 \end{cases}$$

构造一个正整数的子序列 $\{n_k\}$ 使得如果 $X_1, X_2, \cdots$ 是独立同分布的随机变量,其共同的分布函数是 F,那么对所有的实数 x 有

$$\lim_{x \to \infty} P\left\{ \frac{1}{n_k} \sum_{j=1}^{n_k} X_j < \pi x \right\} = \frac{1}{2} + \frac{1}{\pi} \arctan x$$

(P. 27) [S. Csörgö]

1988 年

1. 对所有的函数 $f: \mathbb{R} \to \mathbb{R}$ 定义一个偏序 $\prec$, $f \prec g$ 表示对所有的 $x \in \mathbb{R}$ 成立 $f(x) \leqslant g(x)$. 证明这个偏序集包含一个基数大于 $2^{\aleph_0}$ 的全序子集,但是后者的子集不可能是良序的. ($\aleph$. 11) [P. Komjáth]

2. 设图 G 是三棵树的并,问 G 是否能够被两个平面图所覆盖? (C. 23) [L. Pyber]

3. 设 G 为有限 Abel 群, $x, y \in G$. 假设 G 关于由 x 生成的子群的因子群和关于由 y 生成的子群的因子群是同构的,证明 G 有一个把 x 映成 y 的自同构.

(A. 45) [E. Lukács]

4. 设 Φ 是一族定义在集合 X 上的实函数,使得 $k \circ h \in \Phi$, 其中 $f_i \in \Phi$ ($i \in I$) 和 $h: X \to \mathbb{R}^I$ 由公式 $h(x)_i = f_i(x)$ 定义,并且

(1) $k: h(X) \to \mathbb{R}$ 关于从 $\mathbb{R}^I$ 的积拓扑继承的拓扑是连续的. 证明 $f = \sup\{g_j: j \in J, g_j \in \Phi\} = \inf\{h_m: m \in M, h_m \in \Phi\}$ 蕴含 $f \in \Phi$. 如果把 (1) 换成下面的条件,这一命题是否仍然成立?

(2) $k: \overline{h(X)} \to \mathbb{R}$ 在 $h(X)$ 的闭包上关于积拓扑是连续的.

(T. 20) [Á. Császár]

5. 在平面上以除了原点之外的每个整点为圆心画一个半径为 r 的圆,设 E_r 表示这些圆的并. 用 d_r 表示从原点发出的但不与 E_r 相交的最长的线段的长度. 证明

$$\lim_{r \to 0} \left(d_r - \frac{1}{r} \right) = 0$$

(G. 42)［M. Laczkovich］

6. 设 $H \subseteq \mathbb{R}$ 是一个具有正 Lebesgue 测度的可测集,证明

$$\liminf_{t \to 0} \frac{\lambda((H + t) \setminus H)}{|t|} > 0$$

其中 $H + t = \{x + t : x \in H\}$,而 λ 是 Lebesgue 测度.

(M. 19)［M. Laczkovich］

7. 设 S 是使得恰存在一个满足

$$\sum_{n=1}^{\infty} a_n q^{-n} = 1$$

的 $0 - 1$ 序列 $\{a_n\}$ 的实数 q 的集合. 证明 S 的基数是 $2^{\aleph_0}$. (S. 26) ［P. Erdös, I. Joó］

8. 设 f 和 g 是开的单位圆盘 D 上的全纯函数,又设

$$|f|^2 + |g|^2 \in Lip \, 1$$

证明 $f, g \in Lip \, \frac{1}{2}$.

(称一个函数 $h: D \to \mathbb{C}$ 属于(或在)$Lip \, \alpha$ 类(中),如果对任意 $z, w \in D$,存在常数 K 使得

$$|h(z) - h(w)| \leqslant K |z - w|^{\alpha})$$

(F. 46)［L. Lempert］

9. 称点 (a_1, a_2, a_3) 在点 (b_1, b_2, b_3) 之上(之下),如果 $a_1 = b_1, a_2 = b_2$,并且 $a_3 > b_3 (a_3 < b_3)$. 又设 $e_1, e_2, \cdots, e_{2k} (k \geqslant 2)$ 是成对的和 $z -$ 轴不平行的斜线. 还假设它们在 $(x, y) -$ 平面上的正交投影没有两个平行且没有三个共面的. 问是否有可能沿着任何一条线交替地低于或高于另一条线 e_i? (G. 43)［J. Pach］

50

10. 设 $a \in \mathbb{C}$，$|a| \leqslant 1$. 求出所有的 $b \in \mathbb{C}$，使得存在一个以 ϕ 为特征函数的概率测度满足 $\phi(1) = b, \phi(2) = a$. (P. 28) [T. F. Móri]

1989 年

1. 设 p 是一个任意的素数. 在 Gauss 整数环 G 中考虑子环

$$A_n = \{pa + p^n bi : a, b \in \mathbb{Z}\}, n = 1, 2, \cdots$$

设对某个 $n, R \subseteq G$ 是 G 的子环，R 包含 A_{n+1} 作为一个理想. 证明这蕴含下列命题之一必定成立: $R = A_{n+1}, R = A_n$ 或 $1 \in R$. (A. 46) [R. Wiegandt]

2. 设 $n > 2$ 是一个正整数，Ω_n 表示由所有的映射 $g:\{0,1\}^n \to \{0,1\}^n$ 组成的半群. 考虑具有下列性质的映射 $f \in \Omega_n$: 存在 n 个映射 $g_i:\{0,1\}^2 \to \{0,1\}$，$(i = 1, 2, \cdots, n)$ 使得对所有的 $(a_1, a_2, \cdots, a_n) \in \{0,1\}^n$ 成立

$$f(a_1, a_2, \cdots, a_n) = (g_1(a_n, a_1), g_2(a_1, a_2), \cdots, g_n(a_{n-1}, a_n))$$

设 Δ_n 表示 Ω_n 的由这些 f 生成的子半群，证明 Δ_n 包含一个子半群 Γ_n，使得它的阶数为 n 的完全变换半群是 Γ_n 的同态像. (A. 47) [P. Dömösi]

3. 设 $n_1 < n_2 < \cdots$ 是正整数的无穷序列，其中 $n_k^{1/2^k}$ 单调递增趋于无穷. 证明

$\sum\limits_{k=1}^{\infty} \dfrac{1}{n_k}$ 是无理数.

证明这个命题在以下意义下是最好的: 任给 $c > 0$，序列 $n_1 < n_2 < \cdots$ 使得对所有的 k 都有 $n_k^{1/2^k} > c$，则 $\sum\limits_{k=1}^{\infty} \dfrac{1}{n_k}$ 是无理数. (N. 19) [P. Erdös]

4. 取消.

5. 刻画集合 $A \subseteq \mathbb{R}$，使得如果 $B \subseteq \mathbb{R}$ 是无处稠密的集合，则

$$A + B = \{a + b : a \in A, b \in B\}$$

是无处稠密的. (T. 21) [M. Laczkovich]

6. 求出所有的函数 $f: \mathbb{R}^3 \to \mathbb{R}$，使它们满足平行四边形法则

$$f(\boldsymbol{x} + \boldsymbol{y}) + (\boldsymbol{x} - \boldsymbol{y}) = 2f(\boldsymbol{x}) + 2f(\boldsymbol{y}) \quad (\boldsymbol{x}, \boldsymbol{y} \in \mathbb{R}^3)$$

并且在 $\mathbb{R}^3$ 的单位球面上是常数. (F. 47) [Gy. Szabó]

7. 设 K 是无限维实赋范线性空间 $(X, \| \cdot \|)$ 的紧致子集. 证明 K 可以作为一个连续函数 $g: [0,1[\to X$ 的在 1 处的所有左极限点的集合而得出(译者注:$[0,1[$ 表示 1 是一个左极限点),那就是说,$x \in K$ 的充分必要条件是存在序列 $t_n \in [0,1[(n = 1, 2, \cdots)$ 满足 $\lim\limits_{n \to \infty} t_n = 1$ 和 $\lim\limits_{n \to \infty} \| g(t_n) - x \| = 0$. (O.7)

[B. Garay]

8. 对任意固定的正整数 n,求出所有无穷次可微的函数 $f: \mathbb{R}^n \to \mathbb{R}$,使得它满足下面的偏微分方程组

$$\sum_{i=1}^{n} \partial_i^{2k} f = 0 \quad (k = 1, 2, \cdots)$$

(F.48) [L. Székelyhidi]

9. 假设 HTM 是在流形 M 的切丛 TM 的全空间上的垂直丛 VTM 的直和补,设 v 和 h 表示对应于分解 $TTM = VTM \oplus HTM$ 的投影. 构造一个丛对合 $P: TTM \to TTM$ 使得 $P \circ h = v \circ P$,并证明,对于丛 VTM 上的任何伪 Riemann 度量,存在一个唯一的度量连接 ∇,使得如果 X 和 Y 是丛 HTM 的部分,则

$$\nabla_X PY - \nabla_Y PX = P \circ h[X, Y]$$

并且如果 X 和 Y 是丛 VTM 的部分,则

$$\nabla_X Y - \nabla_Y X = [X, Y]$$

(G.44) [J. Szilasi]

10. 设 $Y(k) (k = 1, 2, \cdots)$ 是期望为 0 的 m 维稳态 Gauss – Markov 过程,满足

$$Y(k+1) = \boldsymbol{A} Y(k) + \varepsilon(k+1) \quad (k = 1, 2, \cdots)$$

设 H_i 表示假设 $\boldsymbol{A} = \boldsymbol{A}_i$,设 $P_i(0)$ 是 H_i 的先验概率,$i = 0, 1, 2$. 假设 H_1 的后验概率 $P_1(k) = P(H_1 \mid Y(1), \cdots, Y(k))$ 是使用假设 $P_1(0) > 0, P_2(0) > 0$,$P_1(0) + P_2(0) = 1$ 来计算的.

如果 H_0 成立,刻画所有使得 $P\{\lim\limits_{k \to \infty} P_1(k) = 1\} = 1$ 的矩阵 $\boldsymbol{A}_0$. (P.29)

[I. Fazekas]

52

1990 年

1. 设 A 是维数 $d \geqslant 2$ 的 Euclid 空间中的一个有限点集. 对 $j = 1, 2, \cdots, d$, 设 B_j 表示 A 到 $d - 1$ 维子空间 $x_j = 0$ 的正交投影. 证明

$$\prod_{j=1}^{d} |B_j| \geqslant |A|^{d-1}$$

（G. 45）[I. Z. Ruzsa]

2. 证明对每个正数 K, 存在无限多个正整数 m 和 N 使得在 $m + 1, m + 4, \cdots$, $m + N^2$ 之间至少有 $\dfrac{KN}{\log N}$ 个素数. (N. 20)[I. Z. Ruzsa]

3. 设 $n = p^k$（p 是一个素数, $k \geqslant 1$）, G 是对称群 S_n 的传递子群. 证明 G 在 S_n 中的正规化子的阶至多为 $|G|^{k+1}$. (A. 48)[L. Pyber]

4. 设 P 是一个所有的实根都满足条件 $P(0) > 0$ 的多项式. 证明如果 m 是一个正奇数, 则对所有的实数 x 成立

$$\sum_{k=0}^{m-1} \frac{f^{(k)}(0)}{k!} x^k > 0$$

其中 $f = P^{-m}$. (F. 49)[J. Szabados]

5. 称实数 x 和 y 可被一条长度为 k 的 δ - 链（其中 $\delta: \mathbb{R} \to (0, \infty)$ 是一个给定的函数）所连接, 如果存在实数 $x_0, x_1, \cdots, x_k$ 使得 $x_0 = x, x_k = y$, 且

$$|x_i - x_{i-1}| < \delta\left(\frac{x_{i-1} + x_i}{2}\right) \quad (i = 1, \cdots, k)$$

证明对任意函数 $\delta: \mathbb{R} \to (0, \infty)$, 存在一个区间, 其中任意两个元素都可被一条长度等于 4 的 δ - 链所连接. 同时证明不可能总是找到一个区间, 使得其中任意两个元素都可被一条长度等于 2 的 δ - 链所连接. (F. 50)[M. Laczkovich]

6. 在单位圆盘上求出亚纯函数 ϕ 与 ψ, 使得对任意单位圆盘上的正则函数 f, 函数 $f - \phi$ 和 $f - \psi$ 之中至少有一个函数有根. (F. 51)[G. Halász]

7. 分别用 $B[0, 1]$ 和 $C[0, 1]$ 表示区间 $[0, 1]$ 上的所有有界函数的带有最大模的 Banach 空间和所有连续函数的带有最大模的 Banach 空间. 问是否存在一个有界线性算子

$$T: B[0, 1] \to C[0, 1]$$

使得对所有的 $f \in C[0,1]$ 成立 $Tf = f$?(O.8)〔G. Halász〕

8. 设 $A_1^{(0)}, \cdots, A_n^{(0)}$ 是 Euclid 平面 $\mathbb{R}^2$ 上的 n 个点,$n \geq 3$. 归纳地定义序列 $A_1^{(i)}, \cdots, A_n^{(i)}(i = 1, 2, \cdots)$ 如下:$A_j^{(i)}$ 是线段 $A_j^{(i-1)} A_{j+1}^{(i-1)}$ 的中点,其中 $A_{n+1}^{(i-1)} = A_1^{(i-1)}$. 证明除了一个 Lebesgue 零测集外,对初始序列 $(A_1^{(0)}, \cdots, A_n^{(0)}) \in (\mathbb{R}^2)^n$, 总存在一个正整数 N,使得点 $A_1^{(N)}, \cdots, A_n^{(N)}$ 是一个多边形的相继的顶点. (G. 46)〔B. Csikós〕

9. 证明如果 Hausdorff 空间 X 的所有子空间都是 σ - 紧致的,那么 X 是可数的. (T.22)〔1. Juhász〕

10. 设 X 和 Y 是期望有限的独立同分布的实值随机变量,证明

$$E \mid X + Y \mid \geq E \mid X - Y \mid$$

(P.30)〔T. F. Móri〕

1991 年

1. 为了分割一笔遗产,n 个兄弟求助于一位公正的法官(那就是说,如果法官给出一个公正的判决,则每个兄弟都会收到 $\frac{1}{n}$ 的遗产). 但是,为了使判决对自己更有利,每个兄弟都想通过出一笔钱来影响法官. 这样每个兄弟的遗产在下述意义下将由一个严格单调的 n 个变量的连续函数所描述:每个兄弟的函数是他自己所出的钱的单调递增函数,同时是任何其余兄弟所出的钱的单调递减函数. 证明只要大哥出的钱不太多,那么其他人可以选择一个出钱的数目使得判决是公正的. (F.52)〔V. Totik〕

2. 假设在单位圆上给定了 n 个点,使得圆上的任何一点到这些点的距离的乘积不大于 2. 证明这些点是正 n 边形的顶点. (G.47)〔L. I. Szabó〕

3. 证明如果有限群 G 是具有指数 3 的 Abel 群和具有指数 2 的 Abel 群的扩张,那么 G 可以嵌入到对称群 S_3 的某个有限直幂中. (A.49)〔G. Czédli,B. Csákány〕

4. 设 $n \geq 2$ 是一个整数,考虑广群 $G = (\mathbb{Z}_n \cup \{\infty\}, \circ)$,其中

$$x \circ y = \begin{cases} x + 1, \text{如果 } x = y \in \mathbb{Z}_n \\ \infty, \text{其他} \end{cases}$$

($\mathbb{Z}_n$ 表示模 n 下的整数环). 证明 G 是唯一的由 G 生成的簇中的子直接不可约代数.（A.50）[Á. Szendrei]

5. 构造一个无穷集合 $H \subseteq C[0,1]$，使得 H 的任意无穷子集的线性包集在 $C[0,1]$ 中是稠密的.（F.53）[V. Totik]

6. 设 $\alpha > 0$ 是一个无理数，证明：

（1）存在 4 个实数 a_1, a_2, a_3, a_4，使得函数 $f: \mathbb{R} \to \mathbb{R}$

$$f(x) = e^x [a_1 + a_2 \sin x + a_3 \cos x + a_4 \cos(\alpha x)]$$

对所有充分大的 x 总是正的，并且有

$$\lim_{x \to +\infty} \inf f(x) = 0$$

（2）如果 $a_2 = 0$，上述命题是否仍然成立？

（F.54）[T. Krisztin]

7. 给定 $a_n \geq a_{n+1} > 0$ 和正整数 μ，使得

$$\limsup_n \frac{a_n}{a_{\mu n}} < \mu$$

证明对所有的 $\varepsilon > 0$ 都存在正整数 N 和 n_0，使得对所有的 $n > n_0$ 成立下面的不等式

$$\sum_{k=1}^{n} a_k \leq \varepsilon \sum_{k=1}^{Nn} a_k$$

（S.27）[L. Leindler]

8. 证明如果 $\{a_k\}$ 是一个满足以下条件的实数的序列

$$\sum_{k=1}^{\infty} \frac{|a_k|}{k} = \infty, \quad \sum_{n=1}^{\infty} \left[\sum_{k=2^{n-1}}^{2^n-1} k(a_k - a_{k+1})^2 \right]^{\frac{1}{2}} < \infty$$

则

$$\int_0^{\pi} \left| \sum_{k=1}^{\infty} a_k \sin(kx) \right| dx = \infty$$

（F.55）[F. Móricz]

9. 设 $h: [0, \infty) \to [0, \infty)$ 是一个可测的、局部可积的函数，并令

55

$$H(t) := \int_0^t h(s)\,\mathrm{d}s \quad (t \geqslant 0)$$

证明如果存在常数 B,使得对所有的 t 成立 $H(t) \leqslant Bt^2$,则有

$$\int_0^\infty \mathrm{e}^{-H(t)} \int_0^t \mathrm{e}^{H(u)}\,\mathrm{d}u\mathrm{d}t = \infty$$

(F. 56)[L. Hatvani, V. Totik]

10. 考虑方程 $f'(x) = f(x+1)$,证明:

(1) 它的每个解 $f:[0,\infty) \to (0,\infty)$ 是指数阶增长的,即存在数 $a > 0, b > 0$,满足 $|f(x)| \leqslant a\mathrm{e}^{bx}, x \geqslant 0$.

(2) 存在解 $f:[0,\infty) \to (-\infty,\infty)$ 是非指数增长的.

(F. 57)[T. Krisztin]

11. 是否存在 Hilbert 空间 H 上的有界线性算子 T 使得

$$\bigcap_{n=1}^\infty T^n(H) = \{0\}$$

但是

$$\bigcap_{n=1}^\infty T^n(H)^- \neq \{0\}$$

其中右上角的短杠表示闭包. (O. 9)[L. Kérchy]

12. 设 $X_1, X_2, \cdots$ 是独立同分布的随机变量,使得对某个常数 $0 < \alpha < 1$,有

$$P\{X_1 = 2^{k/\alpha}\} = 2^{-k} \quad (k = 1, 2, \cdots)$$

通过给出它们的特征函数或用任何其他的方法确定一个无限可分的. 非退化的分布函数的序列 G_n,使得当 $n \to \infty$ 时

$$\sup_{-\infty < x < \infty} \left| P\left\{ \frac{X_1 + \cdots + X_N}{N^{1/\alpha}} \leqslant x \right\} - G_n(X) \right| \to 0$$

(P. 31)[S. Csörgö]

56

竞赛的结果

第 2 章

小　结

竞赛的年份	问题的数目	参赛人数	得出正确解的数目
1962	10	23	50
1963	10	56	402
1964	10	34	188
1965	10	52	321
1966	10	43	333
1967	10	34	258
1968	11	37	169
1969	12	33	191
1970	12	27	161
1971	11	26	159
1972	11	18	95
1973	10	35	184
1974	10	14	47
1975	12	63	441
1976	11	17	104

竞赛的年份	问题的数目	参赛人数	得出正确解的数目
1977	10	30	138
1978	10	25	74
1979	11	34	84
1980	10	19	64
1981	10	42	137
1982	10	29	56
1983	12	28	138
1984	10	17	41
1985	12	34	183
1986	10	20	62
1987	10	21	84
1988	10	28	128
1989	10	40	224
1990	10	17	46
1991	12	17	74

得奖名单和表扬名单

(注:1. 一等奖,2. 二等奖,3. 三等奖,H. 表扬)

1962

1. Gábor Halász

2. ——

3. ——

H. Béla Bollobás, Árpád Elbert, István Juhász, György Petruska, Domokos Szász

1963

1. Árpád Elbert

2. Gyula Katona, Domokos Szász

3. —

H. Gábor Halász, János Komlós, Miklós Simonovits, József Szücs

1964

1. Béla Bollobás, Péter Vámos

2. Gábor Halász, István Juhász, Gerzson Kéry, Miklós Simonovits, Domokos Szász

3. —

1965

1. Béla Bollobás, József Fritz, Miklós Simonovits

2. Gerzson Kéry, Attila Máté, József Pelikan

3. —

H. László Gerencsér, Elöd Knuth, László Lovász, Lajos Pósa, György Vesztergombi

1966

1. Béla Bollobás, Endre Makai, Miklós Simonovits

2. László Lovász, Lajos Pósa

3. László Gerencsér, Miklós Laczkovich, József Pelikán, Ferenc Szigeti

1967

1. László Lovász, Attila Máté

2. László Gerencsér, Eörs Máté

3. —

H. László Babai, Róbert Freud, Miklós Laczkovich, Miklós Simonovits, Ferenc Szigeti

1968

1. Péter Gács, László Lovász, Endre Makai

59

2. Miklós Laczkovich, Lajos Pósa

3. László Babai

1969

1. Péter Gács, László Lovász

2. Miklós Laczkovich

3. László Babai, Endre Makai, József Pelikán, Lajos Pósa, Imre Z. Ruzsa

1970

1. László Lovász

2. László Babai, Miklós Laczkovich

3. Péter Gács, Endre Makai, József Pelikán, Lajos Pósa, Imre Z. Ruzsa

1971

1. Zsigmond Nagy, László Babai

2. Lajos Pósa

3. József Pelikán, Imre Z. Ruzsa, Jenö Deák

1972

1. Imre Z. Ruzsa

2. Zsigmond Nagy

3. László Babai, Péter Frankl, János Pintz

1973

1. László Babai, Péter Komjáth

2. János Pintz

3. Péter Frankl, Zsigmond Nagy, Imre Z. Ruzsa

H. Ervin Bajmóczi, Zoltán Balogh, József Beck, Ervin Györi, Emil Kiss, Támas Móri, Zsolt Tuza, Endre Boros, László Lempert, János Revizcky

1974

1. László Lempert, Imre Z. Ruzsa

2. Péter Frankl

3. Ervin Györi

1975

1. Imre Z. Ruzsa

2. Péter Komjáth, László Lempert, Vilmos Totik

3. Zoltán Füredi, Gábor Somorjai

H. Ervin Bajmóczi, Ervin Györi, Tamás Móri, Péter Pál Pálfy, Mária Szendrei

1976

1. Imre Z. Ruzsa

2. Péter Komjáth

3. —

H. Vilmos Totik, Ervin Bajmóczi, Zoltán Füredi, Mihály Geréb, Ervin Györi, Emil Kiss, János Kollár

1977

1. Ferenc Göndöcs, Vilmos Totik

2. Zoltán Füredi

3. Gábor Czédli, Péter Pál Pálfy

H. Tamás Bara, Vilmos Komornik, András Sebö, Nándor Simányi, Sándor Veres

1978

1. Vilmos Totik

2. Zoltán Füredi, János Kollár, Nándor Simányi

3. Emil Kiss

H. Tibor Krisztin, Zoltán Magyar

1979

1. János Kollár, Péter Pál Pálfy

2. —

3. Mihály Geréb, Gábor Ivanyos, Ákos Seress

H. Emil Kiss, Tibor Krisztin, Zsolt Páles, Nándor Simányi

1980

1. János Kollár

2. Ákos Seress

3. Nándor Simányi

H. Gábor Ivanyos, Zoltán Magyar

1981

1. Gábor Ivanyos, Zoltán Magyar

2. Balázs Csikós, Ákos Seress

3. Péter Hajnal, Dezsö Miklós, Márió Szegedy

H. Gábor Moussong, Zalán Bodó, András Zempléni

1982

1. Zoltán Magyar, Gábor Tardos

2. Ákos Seress

3. Balázs Csikós, András Szenes

H. Péter Hajnal, Dezsö Miklós, Márió Szegedy, András Zempléni

1983

1. Zoltán Magyar

2. Balázs Csikós, Gábor Tardos

3. Márió Szegedy, József Varga

H. Péter Hajnal, Zoltán Buczolich, András Szenes, Ákos Seress

1984

1. Gábor Tardos

2. Márió Szegedy

3. Zoltán Buczolich

H. Balázs Csikós, András Szenes

1985

1. Gábor Tardos

2. András Szenes

3. Géza Bohus, Gábor Elek, Gyula Károlyi

H. Ferenc Beleznay, László Erdös, Miklós Mócsy, Tibor Ódor, Endre

Szabó, László Szabó, Zoltán Szabó

1986

1. Gábor Tardos

2. Gabor Elek, Endre Szabó, Zoltán Szabó

3. László Erdös, Jenö Töröcsik

H. Gyula Károlyi, Ákos Magyar

1987

1. Ákos Magyar

2. István Sigray

3. Gyula Károlyi

H. László Erdös, Gábor Hetyei, Sándor Kovács, Jenö Töröcsik

1988

1. Géza Kós, Zoltán Szabó

2. László Erdös

3. István Sigray, Jenö Töröcsik

H. Sándor Kovács, Ákos Magyar, András Benczúr, Tamás Keleti,

Miklós Mócsy

1989

1. László Erdös

2. Sándor Kovács

3. —

H. András Benczúr, György Birkás, András Bíró, Gábor Drasny, Géza

Kós, Ákos Magyar, László Majoros, Miklós Mócsy, Tibor Szabó, Zoltán

Szabó

1990

1. András Benczúr

2. Gábor Drasny

3. András Bíró

H. Tamás Hausel, Géza Makay

1991

1. András Bíró

2. —

3. Tamás Fleiner, Géza Kós

H. Mátyás Domokos, Gábor Hajdú, Gergely Harcos, Tamás Keleti

Vu Ha Van

问题的解答

3.1　代　　数

问题 A.1　确定 p – adic 数域中的单位根.

解答　p – adic 数 $a_{-m}p^{-m} + \cdots + a_{-1}p^{-1} + a_0 + a_1 p + \cdots + a_n p^n + \cdots (0 \leqslant a_i < p)$ 是一个 p – adic 整数的充分必要条件是它的所有具有负下标的系数都等于 0. 它是一个 p – adic 整数环中的单位,此外还要求 $a_0 \neq 0$. 显然每个 p – adic 数 α 都可表示成 $\alpha = \beta p^r$ 的形式,其中 β 是一个 p – adic 单位,r 是一个整数. 由于 p – adic 单位的乘积仍然是一个 p – adic 单位,我们就得出一个 p – adic 数是一个单位根仅当它是一个 p – adic 单位时才有可能.

每个单位根都可表示成 $\varepsilon = a + \alpha p^r$ 的形式,其中 r 是一个正整数,α 是一个 p – adic 单位,并且 $0 < a < p$. 现在如果 $\varepsilon^n = 1$,那么 $a^n \equiv 1 (\bmod\ p)$,因此 a 的指数可整除 n.

考虑 $p \neq 2$ 的情况. 设 $\exp(a) = k$,我们来证明 $k = n$. 设 $\beta = \varepsilon^k$,并设 $\beta \neq 1$,那么 β 具有形式 $\beta = 1 + \gamma p^s$,其中 γ 是一个 p – adic 单位. 如果 $k \neq n$,那么 β 的某个幂将等于 1. 为了证明不可能发生这种情况,只需证明一个具有素数指数的形如 $\beta = 1 + \gamma p^s$(γ 是一个 p – adic 单位) 的数的幂不可能是 1 即可. 设 q 是一个素数,利用二项式定理就得出

$$\beta^q = 1 + q\gamma p^s + \delta p^{2s} = 1 + \varphi p^s \quad (q \neq p)$$

65

在 $q = p$ 的情况下,利用 $p > 2$,我们得到

$$\beta^p = 1 + \gamma p^{s+1} + \delta p^{2s+1} = 1 + \varphi p^{s+1}$$

其中,γ 是一个 $p-\text{adic}$ 整数,而 φ 易证是一个 $p-\text{adic}$ 单位. 这就保证了 β^q 不是 1. 这样,我们已经证明了在 $p-\text{adic}$ 数域中每个单位根必须是一个 $(p-1)$ 次单位根. 现在我们证明,那种根确实存在.

设 g_0 是模 p 的一个单位原根. 我们来证明可以确定一些数 $0 \leqslant a_i < p$,使得 $p-\text{adic}$ 数

$$\varepsilon = g_0 + a_1 p + \cdots + a_n p^n + \cdots$$

是一个 $p-1$ 次单位原根. 显然 ε 的任何指数小于 $p-1$ 的幂都不等于 1,所以只需证明对适当选择的数 a_j,正整数 $g_j = g_0 + a_1 p + \cdots + a_j p^j$ 满足 $g_j^{p-1} \equiv 1 \pmod{p^{j+1}}$ 即可. 我们将用归纳法证明这一点. 对 $j = 0$ 命题显然成立,因为 g_0 是一个原根. 现在假设命题对某个 j 成立,那就是说

$$g_j^{p-1} = 1 + c_j p^{j+1}$$

设 a_{j+1} 是同余式 $g_0 x \equiv c_j \pmod{p}$ 的解,那么

$$g_{j+1}^{p-1} \equiv (g_j + a_{j+1} p^{j+1})^{p-1} \equiv 1 + c_j p^{j+1} - g_j a_{j+1} p^{j+1}$$
$$\equiv 1 + (c_j - g_j a_{j+1} p^{j+1}) \equiv 1 \pmod{p^{j+2}}$$

因此 ε 和它的幂是不同的 $p-1$ 次单位根;它们的数目是 $p-1$. 不可能再有其他单位根,因为多项式 $x^{p-1} - 1$ 在交换域中至多只可能有 $p-1$ 个根.

现在考虑 $p = 2$ 的情况. 类似于奇素数的情况,我们可以证明一个形如 $1 + \cdots$ 的二进制数的奇指数幂等于 1 只能在它本身等于 1 时才可能. 因此如果一个二进制数是 n 次单位原根,那么 n 不可能有奇素因子. 有两个 2 次单位根,一个是 1,另一个是 $-1 = 1 + 2 + 2^2 + \cdots + 2^r + \cdots$. 不可能再有其他 2 次单位根,因为多项式 $x^2 - 1$ 在交换域中至多只可能有两个根.

我们证明在二进制数域中不可能再有其他单位根. 假设不然,那么这必然是一个属于 2 的某个幂的单位原根,因此再进一步,必然存在一个单位原根,即一个二进制数 η 使得 $\eta^2 = -1$,显然 η 必须具有形式 $\eta = 1 + 2^r + \cdots$,其中 $r \geqslant 1$. 这就给出

$$-1 \equiv (1 + 2^r)^2 \equiv 1 + 2^{r+1} + 2^{2r} \pmod{2^{r+2}}$$

66

因此

$$- 2 \equiv 2^{r+1} + 2^{2r} \quad (\bmod 4)$$

即

$$2^r + 2^{2r-1} \equiv 1 \quad (\bmod 2)$$

这显然是不可能的,这就完成了证明.

问题 A.2　设 A 和 B 是两个 Abel 群,并对所有的 $a \in A$ 定义两个从 A 到 B 的同态 η 和 χ 的加法如下

$$a(\eta + \chi) = a\eta + a\chi$$

所有从 A 到 B 的同态构成一个 Abel 群 H. 现在设 A 是一个 p 群(p 是一个素数). 证明这时如果把子群 $p^k H(k = 1,2,\cdots)$ 定义成 0 的拓扑基,则 H 构成一个邻域群. 证明在这个拓扑下 H 是完备的并且 H 的每个连通分量由单个的元素组成. 在这个拓扑下, H 何时是紧致的?

解答　H 显然是一个交换群,它的 0 元素是一个同态,这个同态把 A 中的每个元素映为 $0 \in B$. 又设 $\eta \in H$,我们用 $a(-\eta) = -a\eta$ 来定义映射 $-\eta$.

为了证明 H 是一个拓扑群,我们必须验证以下条件:

(1)0 的邻域的交是单点集 $\{0\}$. 假设 $\eta \in p^k H(k = 1,2,\cdots)$. 由于 A 是一个 p 群,因此任意 $a \in A$ 的阶是 p^n 形式的数,其中 n 是某个依赖于 a 的非负整数. 由于 $\eta \in p^n H$,因此我们有 $\eta = p^n \chi$,其中 $\chi \in H$,因而有

$$a\eta = a(p^n \chi) = (p^n a)\chi = 0\chi = 0$$

这就证明了 $\eta = 0$.

(2) 对任何 0 的邻域 U,存在一个 0 的邻域 V,使得 $V + (-V) \subseteq U$,这只要选 $V = U$ 即可.

(3) 如果 a 包含在 0 的某个邻域 U 中,那么存在 0 的某个邻域 V 使得 $a + V \subseteq U$. 像(2)中那样,我们仍然选 $V = U$ 即可.

(4) 任意两个 0 的邻域的交包含一个 0 的邻域,因为任意两个这种邻域,其中必有一个包含另一个.

现在我们来证明完备性. 我们必须证明如果 $\eta_1, \eta_2, \cdots, \eta_n, \cdots$ 是一个 Cauchy 序列,则它必收敛到某个 H 的元素. 由于序列的元素是重复的,因此这

67

一条件是必要的,我们可以假设 $\eta_{i+1} - \eta_i \in p^i H$,那就是说 $\eta_{i+1} = \eta_i + p^i \vartheta_i$,此外,定义 $\eta_0 = 0$.

现在定义一些映射 $\chi_i (i = 0, 1, 2, \cdots)$ 如下.

如果 $a \in A$ 的阶是 p^k,那么设

$$a\chi_i = a(\vartheta_i + p\vartheta_{i+1} + \cdots + p^{k-1}\vartheta_{i+k-1})$$

易于验证 χ_i 是 A 到 B 的同态,并且

$$\chi_i = \vartheta_i + p\chi_{i+1}$$

现在我们将证明序列 $\eta_1, \eta_2, \cdots, \eta_n, \cdots$ 的极限是 χ_0. 为此只需证明 $\chi_0 - \eta_i \in p^i H$ 即可. 实际上 $\chi_0 - \eta_i = p^i \chi_i$,我们用归纳法证明这一等式. 对 $i = 0$,我们有 $\chi_0 - \eta_0 = \chi_0 - 0 = p^0 \chi_0$. 利用我们以前的观察和归纳法假设就得出

$$\chi_0 - \eta_{i+1} = \chi_0 - \eta_i - p^i \vartheta_i = p^i \chi_i - p^i \vartheta_i = p^i (\chi_i - \vartheta_i) = p^{i+1} \chi_{i+1}$$

这就证明了 H 的完备性.

我们现在证明 0 的连通分量只包含单点集 $\{0\}$. 为此,只需证明所有既开又闭集合的交集中所包含的 0 是 $O(\{0\})$. 由于 $p^k H$ 既是开子群,又是闭子群,并且它们的所有交集(对于 $k = 1, 2, \cdots$)已经是 $\{0\}$,我们就得到了想要的结果.

对紧致性,我们将证明下面的结果:H 是紧致的充分必要条件是对每一个 $k, p^k H$ 的指标是有限的.

必要性是易于证明的:陪集 $\chi + p^k H (\chi \in H)$ 覆盖 H. 如果 H 是紧致的,那么已经有有限个陪集覆盖了 H. 这正是条件中所说的.

现在假设所有的子群 $p^k H$ 都有有限的指标. 我们将要证明如果 H 的一个闭子集族具有以下性质:有限个 H 的闭子集有一个非空的交集,那么整个集族也有一个非空的交集.

首先我们设 $U_\lambda (\lambda \in \Lambda)$ 是集合 H 的使得任何有限集合的交集都是非空的子集. 假设 H 是两个不相交的子集 S 和 T 的并集,那么在 $S \cap U_\lambda (\lambda \in \Lambda)$ 和 $T \cap U_\lambda (\lambda \in \Lambda)$ 之中至少有一个继承了相同的上述的交集性质(特别地,S 或 T 和所有的 U_λ 相交). 如果上述所说的两个族都没有继承相同的上述的交集性质,那么我们将有两组值 $\lambda_1, \lambda_2, \cdots, \lambda_r$ 和 $\lambda_{r+1}, \lambda_{r+2}, \cdots, \lambda_{r+s}$ 使得 $S \cap U_{\lambda_i}$ 和 $T \cap U_{\lambda_{r+j}}$ 都是空集 $(i = 1, 2, \cdots, r; j = 1, 2, \cdots, s)$. 换句话说,集合

68

$$\left(\bigcap_{i=1}^{r} U_{\lambda_i}\right) \cap S \text{ 和} \left(\bigcap_{j=1}^{s} U_{\lambda_{r+j}}\right) \cap T$$

都是空集,或等价地

$$\left(\bigcap_{i=1}^{r} U_{\lambda_i}\right) \subseteq T \text{ 并且} \left(\bigcap_{j=1}^{s} U_{\lambda_{r+j}}\right) \subseteq S$$

因此

$$\left(\bigcap_{i=1}^{r+s} U_{\lambda_i}\right) \subseteq T \cap S = \varnothing$$

矛盾. 然后对 H 的任何有限的两两不相交的子集分解,我们就得到同样的结论.

现在让我们考虑拓扑群 H 的满足有限交集条件的闭子集 $U_\lambda (\lambda \in \Lambda)$. 反复应用上述过程,我们看出存在一个序列 $\eta_1, \eta_2, \cdots, \eta_k, \cdots (\eta_2 \in H)$,使得

$$\eta_1 + pH \supseteq \eta_2 + p^2 H \supseteq \cdots \supseteq \eta_k + p^k H \supseteq \cdots \tag{1}$$

以及对任何 $k, U_\lambda(\lambda \in \Lambda)$ 和 $\eta_k + p^k H$ 的交满足有限交条件,特别地,U_λ 和 $\eta_k + p^k H$ 有一个公共元素 $\chi_{k,\lambda}$.

根据(1)和 H 的完备性,序列 $\eta_1, \eta_2, \cdots, \eta_k, \cdots$ 有一个极限 η,其中 $\eta_k + p^k H = \eta + p^k H$. 对任何 λ,我们有 $\chi_{k,\lambda} \in \eta + p^k H$. 因此序列 $\chi_{1,\lambda} \chi_{2,\lambda}, \cdots, \chi_{k,\lambda}, \cdots$ 的极限是 η. 由于 U_λ 是闭的并且 $\chi_{k,\lambda} \in U_\lambda$,我们就得出 η 被包含在每个 U_λ 中,这就证明了 H 的紧致性.

问题 A.3 设 $R = R_1 \oplus R_2$ 是环 R_1 和 R_2 的直和,并设 N_2 是 R_2 中的零化子理想. 证明当且仅当从 R_1 到 N_2 的唯一同态是零同态时,R_1 在每个包含 R 作为理想的环 $\bar{R}$ 中都是一个理想.

解答 首先设存在一个环 $\bar{R}$ 包含 R 作为理想并设 R_1 不是 $\bar{R}$ 的理想. 由于 R 是 $\bar{R}$ 中的理想,所以对每个 $\bar{r} \in \bar{R}$ 有 $R_1 \bar{r} \subseteq R$ 和 $\bar{r} R_1 \subseteq R$. 不妨设对某个 $\bar{r} \in \bar{R}$ 有 $\bar{r} R_1 \not\subseteq R_1$($R_1 \bar{r} \not\subseteq R_1$ 的情况可类似处理). 利用元素 $\bar{r}$,我们将定义一个从 R_1 到 N_2 的非零同态. 直和性质蕴含对每个 $r_1 \in R_1$,元素 $\bar{r} r_1 \in R$ 可以唯一地分解成 $\bar{r} r_1 = g(r_1) + h(r_1)$,其中 $g(r_1) \in R_1, h(r_1) \in R_2$. h 就是我们想要的同态. 显然,此定义对所有的 R_1 中的元素都可同样定义. 此外还有

(1) 对每个 $r_1 \in R_1, h(r_1) \in N_2$.

也就是,对每个 $r_2 \in R_2$,我们有

$$h(r_1)r_2 = g(r_1)r_2 + h(r_1)r_2 = [g(r_1) + h(r_1)]r_2 = (\bar{r}r_1)r_2 = \bar{r}(r_1r_2) = 0$$

以及

$$r_2h(r_1) = r_2(\bar{r}r_1) = (r_2\bar{r})r_1 \in RR_1 \subseteq R_1$$

但是另一方面又有 $r_2h(r_1) \in R_2$，这就证明了 $r_2h(r_1) = 0$，这就给出了(1).

(2) 对每个 $r_1, r_1' \in R_1$，有 $h(r_1 + r_1') = h(r_1) + h(r_1')$. 由于

$$\bar{r}(r_1 + r_1') = g(r_1 + r_1') + h(r_1 + r_1') = \bar{r}r_1 + \bar{r}r_1'$$
$$= g(r_1) + h(r_1) + g(r_1') + h(r_1')$$
$$= g(r_1) + g(r_1') + h(r_1) + h(r_1')$$

其中 $g(r_1) + g(r_1') \in R_1, h(r_1) + h(r_1') \in R_2$，这就证明了(2).

(3) 对每个 $r_1, r_1' \in R_1, h(r_1r_1') = h(r_1)h(r_1')$.

我们将证明等式的两边都等于 0. 对右边，这是显然的，因为 $h(r_1)$ 是 R_2 的零化子以及 $h(r_1') \in R_2$. 对左边，我们必须考虑乘积 $\bar{r}(r_1r_1')$:

$$\bar{r}(r_1r_1') = (\bar{r}r_1)r_1' = [g(r_1) + h(r_1)]r_1' = g(r_1)r_1' \in R_1$$

因此 $h(r_1r_1') = 0$.

以上证明了命题的第一部分.

对于逆命题，我们使用相同的想法. 假设存在从 R_1 到 N_2 的非零同态 h，我们按照可以产生 h 的方式构造元素 $\bar{r}$.

我们用 R_0 表示整数加群上的零环，用 $\bar{n}$ 表示 R_0 的对应于 $n \in \mathbb{Z}$ 的元素. 环 $\bar{R}$ 的加群由 $\bar{R}^+ = R_0^+ \oplus R_1^+ \oplus R_2^+$ 定义，根据此定义，对 $\bar{R}$ 的元素 r, r' 有分解

$$r = \bar{n} + r_1 + r_2, \quad r' = \bar{n}' + r_1' + r_2'$$

我们用下式定义乘法

$$rr' = r_1r_1' + r_2r_2' + nh(r_1') + n'h(r_1)$$

验证 $\bar{R}$ 是环以及 R 是它的子环是一件例行的手续，事实上，从 $\bar{R}R \subseteq R$ 看出，R 甚至是 $\bar{R}$ 的理想.

为验证 R_1 不是 $\bar{R}$ 的理想，取 $r_1 \in R_1$，其中 $h(r_1) \neq 0$，那么 $\bar{1}r_1 = h(r_1) \notin R_1$，因为 $h(r_1) \in R_2$. 这就证明了 R_1 不是 $\bar{R}$ 的理想.

问题 A.4 如果一个多项式可被表示成两个非常数的具有正的实系数的多项式的乘积，那么称这个多项式是正可约的. 设 $f(x)$ 是一个多项式，且 $f(0)$

$\neq 0$. 证明如果对某个正整数 n, $f(x^n)$ 是正可约的,那么 $f(x)$ 本身也是正可约的.

解答 由于 $f(x^n)$ 是正可约的,因此可把 $f(x^n)$ 表示成以下乘积形式

$$
\begin{aligned}
f(x^n) &= g(x)h(\dot{x}) \\
&= (g_0 + g_1x + \cdots + g_rx^r)(h_0 + h_1x + \cdots + h_sx^s) \\
&= f_0 + f_1x + \cdots + f_{r+s}x^{r+s}
\end{aligned} \tag{1}
$$

其中 $g_i \geq 0(i = 1,2,\cdots,r)$, $h_j \geq 0(j = 1,2,\cdots,s)$, $f_k \geq 0(k = 1,2,\cdots,r+s)$. 由于 $f(0) \neq 0$,所以 $g_0 > 0$, $h_0 > 0$.

由于 $g_i \geq 0(i = 1,2,\cdots,r)$, $h_j \geq 0(j = 1,2,\cdots,s)$,因此如果已知乘积 gh 中会出现某个形如 $l_k x^k(l_k > 0)$ 的项,那么它是不可能被乘积展开式中其余的项所抵消的,因此在合并同类项后的最后表达式中仍然会有 x^k 形式的项,只不过系数 l_k 会增大(至少不变).

现在我们证明 $g(x)$, $h(x)$ 中所有的非常数项中的 x 的指数全部是 n 的倍数. 由于 $g(x)$ 和 $h(x)$ 的地位是对称的,因此我们只需对 $g(x)$ 证明这一点即可.

现在假设 $g(x)$ 的展开式中有一项 $g_k x^k$,其中 $g_k > 0$, $k \nmid n$,那么由于乘积 gh 的展开式中显然会出现 $h_0 g_k x^k$ 这一项,因此在合并同类项后的最后结果中必然会出现一项 $f_k x^k$,其中 $f_k > 0$, $k \nmid n$. 这是不可能的,由于 $f_0 + f_1x + \cdots + f_{r+s}x^{r+s}$ 就是 $f(x^n)$ 的展开式,而 $f(x^n)$ 的展开式中非常数的项中 x 的指数显然都是 n 的倍数.

因此必有 $g(x) = p(x^n)$, $h(x) = q(x^n)$,因而

$$
f(x^n) = gh = p(x^n)q(x^n)
$$
$$
f(x) = p(x)q(x)
$$

其中 p,q 的系数就是 g,h 中原来的系数,当然都是大于 0 的,因此 $f(x)$ 本身是正可约的.

(注:此解答由译者根据原解答重新编写.)

问题 A.5 证明一个环的所有最大左理想的交是一个(双边的)理想.

解答 用 B 表示环 R 的所有最大左理想的交集. B 显然是一个左理想,所

71

以我们只需要证明 $b \in B$ 和 $r \in R$ 蕴含 $br \in B$, 或等价地, $br \notin B$ 蕴含 $b \notin B$ 即可. 由于一个元素不在 B 中的充分必要条件是有一个最大左理想不包含它, 我们实际上必须证明以下命题:

如果对某个元素 $b \in B$ 和 $r \in R$ 存在一个最大左理想 M 使得 $br \notin M$, 那么必存在一个最大左理想 N 使得 $b \notin N$. 设

$$N = \{ x \in R \mid xr \in M \}$$

我们来证明 N 就具有所需的性质.

(1) N 是一个左理想: 如果 $s \in R, x \in N$, 那么 $xr \in M$ 蕴含 $sxr \in M$ (M 是左理想), 此式反过来又蕴含 $sx \in N$. 还有 $x \in N, y \in N$ 显然蕴含 $x - y \in N$.

(2) 由于 $br \notin M$, 所以 $b \notin N$.

(3) N 是最大的. 为了证明这一点, 我们必须证明对于任何 R 的使得 $a \notin N$ 的元素 a, R 的同时包含 a 和 N 的唯一左理想只能是 R 本身. 我们有 $ar \notin M$, 因为 $a \notin N$. 因为 M 是最大的, 所以 R 的每个元素都必须被包含在由 ar 和 M 生成的左理想中; 特别地, 对于每个 $c \in R, cr$ 可表示成

$$cr = yar + nar + m$$

的形式, 其中 $y \in R, m \in M$, 而 n 是一个整数. 这蕴含

$$(c - ya - na)r = m \in M$$

因此

$$d = c - ya - na \in N$$

但是这说明 $c = ya + na + d$ 被包含在由 a 和 N 生成的左理想中, 这正是我们要证明的.

问题 A.6 设 R 是一个有限的交换环. 证明 R 具有乘法单位元 (1) 的充分必要条件是 R 的零化子等于 0 (那就是说, $aR = 0, a \in R$ 蕴含 $a = 0$).

解答 1

如果 R 有一个单位元 e, 那么 $aR = 0 (a \in R)$ 蕴含 $0 = ae = a$. 因此 R 的零化子确实是 0.

反过来, 假设 R 是一个有限交换环, 其零化子是 0. 这蕴含对 R 的任何不为 0 的元素 a 存在 R 的一个元素 b 使得 $ab \neq 0$. 如果 $R = (0)$, 那么 R 必定有一个单

高等数学竞赛:
1962—1991 年米克洛什·施外策竞赛

位元素. 因此我们可设 $R \neq (0)$, 又设 a_0 是 R 的任意不为 0 的元素, 那么上面的论证说明, 对于任意正整数 n, 我们可以找到一个元素 $a_n \in R$, 使得成立以下关系式

$$a_0 a_1 \neq 0, a_0 a_1 a_2 \neq 0, \cdots, a_0 a_1 a_2 \cdots a_n \neq 0, \cdots$$

由于 R 是有限的, 因此存在数 m 和 $n(0 \leqslant m < n)$, 使得

$$a_0 a_1 \cdots a_m = (a_1 \cdots a_m)(a_{m+1} \cdots a_n) \tag{1}$$

设环 R 的元素 $e \neq 0$ 具有性质: 存在一个元素 $0 \neq d \in R$, 使得

$$de = d \tag{2}$$

E 是那种 e 的集合, (1) 说明 E 是非空的. 选择 E 的一个元素 e 使得对应于 e 的满足 (2) 的元素 $0 \neq d \in R$ 的数目最大 (由于 R 是有限的, 因此那种 e 必定存在). 我们将证明 e 就是 R 的单位元素.

假设不然, 那么对某个 $a \in R$, 我们就有 $ae - a \neq 0$. 那么根据 (1) 就存在 r, $s \in R$ 使得

$$0 \neq (ae - a)r = (ae - a)rs \tag{3}$$

方程 (3) 蕴含

$$ar(e - es + s) = ar \neq 0 \tag{4}$$

因此 $0 \neq e - es + s \in E$. 如果 $de = d$, 那么

$$d(e - es + s) = de - des + ds = d - ds + ds = d \tag{5}$$

因而

$$are - ar = (ae - a)r \neq 0 \tag{6}$$

方程 $(4)(5)(6)$ 合起来就说明元素 $e - es + s \in E$ 除了 e 之外, 还对其他不等于 e 的元素 $d \in R$ 满足条件的, 这与 $d \in R$ 的最大性矛盾, 对更多的 $d \in R$ 满足条件 (2), 矛盾. 这就说明在 R 中存在单位元素.

解答 2

假设有 $n(n \geqslant 2)$ 个元素的交换环 R 有零化子 0, 那么 R 不可能是幂零的. 否则就存在一个正整数 $k \geqslant 2$ 使得 $R^k = 0, R^{k-1} \neq 0$, 但是这将蕴含 R^{k-1} 是 R 的某个非零的零化子, 矛盾.

下面, 我们将证明存在 R 的一个元素 a 使得 a 的任何幂都不等于 0. 假设不

然,那么对于 R 的每个元素 $a_i(i = 1,2,\cdots,n)$ 就都存在一个 l_i 使得 $a_i^{l_i} = 0$. 设 $l = \max(l_1,\cdots,l_n)$. 如果 R 中的一个积不等于 0,那么每个 a_i 在这个乘积中至多出现 $l - 1$ 次. 所以任意具有 $n(l - 1) + 1$ 个因子的乘积都等于 0,换句话说 $R^{n(l-1)+1} = 0$,这与 R 不可能是幂零的矛盾.

因此可设 a 是 R 中的使得 $a^j \neq 0 (j = 1,2,\cdots)$ 的元素. 由于 R 是有限的,所以这些幂不可能都是不同的. 因此必然存在正整数 k 和 l 使得 $a^k = a^{k+l} = a^{k+2l} = a^{k+3l} = \cdots$,选择 m 充分大,使得 $ml > k$,我们就有

$$(a^{ml})^2 = a^{ml} \cdot a^{ml} = a^{k+ml} \cdot a^{ml-k} = a^k \cdot a^{ml-k} = a^{ml}$$

因此 a^{ml} 是 R 的非零的幂等元. 为简单起见,设 $a^{ml} = e$.

我们可把 R 写成理想 A 和 B 的直和:

$$R = A \oplus B \tag{7}$$

其中 A 是所有形如 $re(r \in R)$ 的元素的集合,而 B 是所有形如 $r - re(r \in R)$ 的元素的集合. 显然 A 和 B 都是 R 的理想. R 中的任何元素 r 都可以写成 $r = re + (r - re)$ 的形式,因而 $R = A + B$. 此外对 A 中的所有 a 有 $ea = a$,而对 B 中的所有 b 有 $eb = 0$. 这蕴含 $A \cap B = 0$. 因此式(7)确实成立. 如果 $B = 0$,那么 $R = A$,因而 e 就是我们想要的 R 中的单位元素. 如果 $B \neq 0$,那么由于 $0 \neq e \in A$,R 就是两个环的直和,其中每个环的元素个数都小于 n.

现在考虑 $B \neq 0$ 的情况. 用归纳法可以证明所有元素个数小于 n 的、具有零化子 0 的交换环都具有单位元素(一个元素的环显然具有单位元素). 如果 $z \in A$ 使得 $zA = 0$,那么由于 $AB = 0$,我们就有 $zR = z(A + B) = zA + zB = 0$,这蕴含 $z = 0$. 类似地,从 $w \in B$,$wB = 0$ 我们得出 $w = 0$. 这表示 A 和 B 的零化子都是 0. 因此 A 有一个单位元素 e_1,B 有一个单位元素 e_2,因而 $e_1 + e_2$ 就是环 $R = A \oplus B$ 的单位元素.

注记 此问题中的命题对交换的 Artin 环也成立.(见 R. Baer, Inverses and zerodivisors, Bull. Amer. Math. Soc.,48(1942),630-638.)

问题 A.7 设 I 是整系数多项式环的具有以下性质的理想:

(1) I 的元素没有次数大于 0 的公因式.

(2) I 含有一个常数项是 1 的元素.

证明:I 包含多项式 $1 + x + x^2 + \cdots + x^{r-1}$，其中 r 是一个正整数.

解答

根据假设(2)，对适当的 $f \in \mathbb{Z}[x]$，我们有

$$1 + xf \in I$$

由于对任何 $r \geqslant 0$，成立

$$(1 + xf)x^r + x^{r+1}(-f) = x^r$$

所以我们有

$$x^r \in (1 + xf, x^{r+1})$$

重复应用上述关系，我们就得出

$$(1 + xf, x^{r+1}) \supseteq (1 + xf, x^r) \supseteq \cdots \supseteq (1 + xf, x) \ni 1$$

因此

$$1, x, \cdots, x^r \in (1 + xf, x^{r+1})$$

这反过来就表示我们可以找到 $g_r, h_r \in \mathbb{Z}[x]$，使得

$$1 + x + \cdots + x^r = (1 + xf)g_r + x^{r+1}h_r \tag{1}$$

我们断言，可以用下述方式选择 g_r 和 h_r

$$\deg h_r \leqslant \deg f \tag{2}$$

为证明这一点，我们看出(1)中的 g_r 可以写成

$$g_r = x^{r+1}q + p$$

其中 $p, q \in \mathbb{Z}[x]$，并且 $\deg p \leqslant r$. 从(1)我们得出

$$1 + x + \cdots + x^r = (1 + xf)p + x^{r+1}\big[(1 + xf)q + h_r\big]$$

现在我们选择 p(对应$(1 + xf)q + h_r$)作为新的 g_r(对应h_r)，我们显然就得出一个满足关系式(2)的 h_r，因为 $\deg p \leqslant r$.

设 $s > r$ 并且

$$1 + x + \cdots + x^s = (1 + xf)g_s + x^{s+1}h_s \tag{3}$$

其中 $\deg h_s \leqslant \deg f$. 从式(3)减去式(1)的 x^{s-r} 倍，我们得到

$$1 + x + \cdots + x^{s-r-1} = (1 + xf)(g_s - g_r x^{s-r}) + x^{s+1}(h_s - h_r)$$

这表示，如果存在指标 $s > r$ 使得

$$h_s - h_r \in I$$

75

那么就也成立

$$1 + x + \cdots + x^{s-r-1} \in I$$

我们证明理想包含非零的常数多项式. 取 $p \in I, p \neq 0$ 并且 $\deg p$ 最小(由于 $1 + xf \neq 0$,因此那种 p 肯定存在). 对任意 $q \in I$,设

$$q = pu + v$$

其中 $u, v \in \mathbb{Q}[x]$ 并且 $\deg v < \deg p$. 对上式乘以适当的非零整数 α 后,我们得出

$$\alpha q = pu_1 + v_1$$

其中 $u_1, v_1 \in \mathbb{Z}[x]$ 并且 $\deg v_1 < \deg p$. 这给出 $v_1 = \alpha q - pu_1 \in I$,因此根据 p 的选择和 $\deg v_1 < \deg p$,我们就有 $v_1 = 0$,这表示对任意 $q \in I$,我们可以找到一个 $u \in \mathbb{Q}[x]$ 使得 $q = pu$. 设 $p = \varphi p_1$,其中 p_1 是一个本原多项式而 $\varphi \in \mathbb{Z}$,那么 $q = p_1(\varphi u)$,由 Gauss 引理得出 $\varphi u \in \mathbb{Z}[x]$. 这反过来蕴含对任意 $q \in I$,我们有 $p_1 \mid q$. 根据条件(1),这当且仅当 $p_1 = 1$ 时才可能. 因此 $\varphi \in I$,故 $(\varphi) \subseteq I$.

最后我们证明,存在 $s > r$ 使得

$$h_s - h_r \in (\varphi)$$

实际上,在模 φ 下,任何一个多项式的系数都至多可以取 φ 个值;此外 $\deg h_r < \deg f (r = 1, 2, \cdots)$,因此存在 $r < s(\leqslant \varphi^{\deg f + 1} + 1)$ 使得 $h_s - h_r$ 的所有系数都被 φ 整除,由此即可得出所需的命题.

注记 可以证明下面的更一般的命题.

设 R 是一个唯一的因子分解域,它的真因子环都是有限的. 设 I 是多项式环 $R[x]$ 中的满足以下两个性质的理想:

(1) I 的元素没有次数大于 0 的公因式.

(2) I 含有一个常数项是 1 的元素.

那么对每个正整数 N,存在一个正整数 $r \geqslant N$ 使得 $N \mid r + 1$,并且

$$1 + x + \cdots + x^r \in I$$

问题 A.8 证明一个 Euclid 环 R 的商和余数是唯一确定的充分必要条件是 R 是一个在某个域上的多项式环并且作为多项式次数的函数的范数的值是严格单调的.(说得更确切一些,存在两种平凡情况: R 可以是一个域或一个零

76

环.)

解答 我们在下面的定义的基础上证明此命题.

设 R 表示一个环, N 是非负整数的集合. 称 R 是一个商和余数都唯一的 Euclid 环, 如果存在一个具有以下性质的映射 $\varphi:R \rightarrow N$

(1) $\varphi(a) = 0 \Leftrightarrow a = 0.$

(2) 对任意 $a,b \in R(b \neq 0)$, 存在 $q,r \in R$, 使得

$$a = bq + r, \quad \varphi(r) < \varphi(b)$$

(3) 如果 $a = bq + r = bq_1 + r_1$, 并且 $\varphi(r) < \varphi(b), \varphi(r_1) < \varphi(b)$, 那么 $r = r_1$ 并且 $q = q_1$.

在此定义的基础上, 我们将证明如果 R 是一个交换的商和余数都唯一的 Euclid 环, 则 R 或者是一个由单个的 0 组成的零环, 或者是一个交换域, 或者是一个交换域上的多项式环.

注意尽管 R 的交换性通常都被包含在 Euclid 环的定义中, 但是我们却不预先假设这个性质. 在下面的 16 步证明的前 15 步中, 我们从未使用过 R 的交换性. 在证明之后的注记中我们将花一些篇幅讨论非交换情况.

在开始证明之前, 我们先做一个简化. 如果 φ 的值实际上是 $0 = n_0 < n_1 < \cdots < n_k < \cdots$, 我们将把 $\varphi(a) = n_k$ 记成 $\varphi'(a) = k.$ φ' 在下述意义下是等价于 φ 的: $\varphi(a) < \varphi(b)$ 的充分必要条件是 $\varphi'(a) < \varphi'(b)$, 以及 φ' 也满足条件(1)(2)(3). 因此从现在起, 我们将设 $n_k = k.$

现在开始证明.

1. R 没有零因子. 假设不然, 那么存在 $a \neq 0, b \neq 0$ 使得 $ab = 0$, 那么由 $0 = a \cdot 0 + 0 = ab + 0$, 这将与(3) 矛盾.

2. 如果 $c \neq 0$, 那么 $\varphi(ac) \geq \varphi(a)$.

假设 $\varphi(ac) < \varphi(a)$, 那么 $ac = ac + 0 = a \cdot 0 + ac$, 这将和(3) 矛盾.

引入下列记号

$$T_i = \{a:a \in R, \varphi(a) \leq i\} \quad (i = 0,1,2,\cdots)$$

显然有 $T_0 = \{0\}$, $T_0 \subseteq T_1 \subseteq \cdots \subseteq T_k \subseteq \cdots$, 以及 $R = \bigcup_{i=0}^{\infty} T_i.$

3. 显然, 如果 $R = T_0$, 那么 R 就是零环.

因此以下设 $R \neq T_0$.

4. R 有一个单位元 1,并且 $1 \in T_1$.

由于 $R \neq T_0$,所以存在一个 $a \neq 0, a \in T_1$. 如果 $a = aq + r$,我们就有 $\varphi(r) < \varphi(a) = 1$,因此 $r = 0, a = aq$. 两边乘以某个 b 并且利用第 1 步,就得出 $ab = aqb, b = qb$,因此 q 是左单位元,类似地,对任意 c,我们有 $cb = cqb, c = cq$,因此 q 又是右单位元,因而是一个双边的单位元. 用 1 表示这个单位元. 如果 $\varphi(a) < \varphi(1)$,那么由 $a = 1 \cdot a + 0 = 1 \cdot 0 + a$ 和余数的唯一性就得出 $a = 0$,矛盾. 因此 $\varphi(1) = 1$.

5. $\varphi(a - b) \leqslant \max\{\varphi(a), \varphi(b)\}$.

假设不然,则 $\max\{\varphi(a), \varphi(b)\} < \varphi(a - b)$,那么 $a = (a - b) \cdot 1 + b = (a - b) \cdot 0 + a$,结合 $1 \neq 0$,和 (3) 矛盾.

因此,我们有:

6. T_i 是一个加群.

7.
$$\varphi(-a) = \varphi(a)$$

$$\varphi(-a) = \varphi(0 - a) \leqslant \max\{\varphi(0), \varphi(a)\} = \varphi(a)$$

同理

$$\varphi(a) \leqslant \varphi(-a)$$

因此
$$\varphi(-a) = \varphi(a)$$

8. 如果 $\varphi(b) < \varphi(a)$,那么 $\varphi(a - b) = \varphi(a)$.

第 5 步已给出 $\varphi(a - b) \leqslant \varphi(a)$,另一方面
$$\varphi(a) = \varphi(b - (b - a)) \leqslant \max\{\varphi(b), \varphi(b - a)\} = \max\{\varphi(b), \varphi(a - b)\}$$
由于 $\varphi(b) < \varphi(a)$,因此 $\varphi(a) \leqslant \varphi(a - b)$,这就得出 $\varphi(a - b) = \varphi(a)$.

9. 当且仅当 $\varphi(a) = 1$ 时称 R 的元素 a 为(双边的)单位(等价地,$a \in T_1$ 并且 $a \neq 0$).

设 $\varphi(a) = 1$ 而 b 是 R 的一个任意的元素. 那么我们有 $b = aq + r$ 以及 $\varphi(r) < \varphi(a) = 1$,因此 $r = 0, b = aq$. 特别地,如果 $b = 1$,那么 $1 = aa_1$,这又蕴含 $a_1 = a_1 aa_1, 1 = a_1 a$,因而 $a_1 = a^{-1}$. 反之,如果 $ab = 1$,那么第 1 步给出 $a \neq 0, b \neq 0$,而第 2 步给出 $\varphi(a) \leqslant \varphi(ab) = \varphi(1) = 1$,因而 $\varphi(a) = 1$.

78

10. T_1 是一个非交换域.

如果 $R = T_1$,那么我们的论证再次结束.(实际上,我们看出,只要 $a \neq 0$,每个非交换域(不仅是交换的)满足(1)(2)(3)以及 $\varphi(a) = 1$.)现在设 $R \supsetneq T_1$,下面我们将证明 R 是 T_1 上的多项式环.

11. 如果 $\varphi(b) = 1$,那么 $\varphi(ab) = \varphi(a)$.

第2步显然蕴含 $\varphi(ab) \geqslant \varphi(a) = \varphi((ab) \cdot b^{-1}) \geqslant \varphi(ab)$,因此 $\varphi(ab) = \varphi(a)$.

下一步中的命题是这个命题的逆命题.

12. 如果对某个 $a \neq 0$ 有 $\varphi(ab) = \varphi(a)$,那么 $\varphi(b) = 1$.

设 $a = (ab)q + r$,其中 $\varphi(r) < \varphi(ab)$,那么 $r = a(1 - bq)$.如果 $\varphi(b) \neq 1$,那么 $1 - bq \neq 0$,因此根据第2步有 $\varphi(r) \geqslant \varphi(a)$,因此 $\varphi(a) < \varphi(ab)$,矛盾.

13. 如果 $\varphi(x) = 2$,那么 $\varphi(x^k) = k + 1$.

我们对 k 做归纳法.对 $k = 1$ 命题显然正确.假设 $\varphi(x^{k-1}) = k$,那么利用第2步和第12步,我们有 $\varphi(x^k) = \varphi(x^{k-1} \cdot x) > \varphi(x^{k-1})$,因此 $\varphi(x^k) \geqslant k + 1$.另一方面,设 $\varphi(a) = k + 1$ 以及 $a = x^{k-1} \cdot b + r$,其中 $\varphi(r) < \varphi(x^{k-1}) = k$,那么就有 $\varphi(x^{k-1} \cdot b) = \varphi(a - r) = \varphi(a) = k + 1 > k = \varphi(x^{k-1})$.利用第12步,我们有 $b \notin T_1$.因此如果 $b = xc + s$,其中 $\varphi(s) < \varphi(x) = 2$,那么从 $\varphi(b) \geqslant 2 > \varphi(s)$ 就得出 $\varphi(xc) = \varphi(b - s) = \varphi(b)$,因而 $\varphi(xc) \geqslant 2$,由此得出 $c \neq 0$.经过代换,我们得出 $a = x^k c + x^{k-1} s + r$.这里有 $\varphi(a) = k + 1$;在 $\varphi(s) = 1$ 的情况下,我们有 $\varphi(x^{k-1}s) = \varphi(x^{k-1}) = k$,在 $\varphi(s) = 0$ 即 $s = 0$ 的情况下,我们有 $\varphi(x^{k-1} \cdot s) = 0$,不管怎样,最后我们都有 $\varphi(r) < k$.总而言之 $\varphi(a) > \max\{\varphi(x^{k-1}s), \varphi(s)\}$.因此利用第8步,我们就得出 $\varphi(x^k) \leqslant \varphi(x^k c) = \varphi(a - x^{k-1}s - r) = \varphi(a) = k + 1$.

14. 如果 $\varphi(a) = k + 1$,那么可以把 a 表示成 $a = \alpha_0 + x\alpha_1 + \cdots + x^k \alpha_k$ 的形式,其中 $\alpha_i \in T_1 (i = 0, 1, \cdots, k), \alpha_k \neq 0$.

如果 $k = 0$,那么命题是显然的.假设命题对 $k - 1$ 成立.对 $k > 0$,设 $a = x^k b + r$,其中 $\varphi(r) < \varphi(x^k) = k + 1$,因此 $\varphi(x^k b) = \varphi(a - r) = \varphi(a) = k + 1 = \varphi(x^k)$,因而 $\varphi(b) = 1$.这说明 $b \in T_1, b \neq 0$.由于 $\varphi(r) \leqslant k$,所以我们就

有 $r = x^{k-1}\alpha_{k-1} + \cdots + x\alpha_1 + \alpha_0$，其中 $\alpha_i \in T_1$.

15. x 在 T_1 上是超越的.

假设 $x^k\alpha_k + \cdots + x\alpha_1 + \alpha_0 = 0 (\alpha_i \in T_1)$，那么根据 $\varphi(x^k\alpha_k) = \varphi(x^{k-1}\alpha_{k-1} + \cdots + x\alpha_1 + \alpha_0) \leqslant k$，就得出 $\alpha_k = 0$. 重复上述过程就得出 $\alpha_{k-1} = \cdots = \alpha_1 = \alpha_0 = 0$.

16. 如果 R 是交换的，那么 $R = T_1[x]$，并且模的 Euclid 值是多项式次数的严格单调的函数，这可从第 10,14 和 15 步得出.

最后我们强调一个交换域上的多项式环的商和余式的确是唯一的 —— 它们只可能是我们用通常的除法所得的式子.

注记

1. 非交换的情况是很棘手的. 问题的关键是，虽然作为一个集合的 R 与 $T_1[x]$ 相同，但 R 实际上并不与配备了通常乘法的 $T_1[x]$ 同构. 如果我们按通常的法则来定义两个多项式的乘积，即把两个多项式 $\sum_{i=0}^{n} a_i x^i$ 和 $\sum_{i=0}^{m} b_i x^i$ 的乘积定义成

$$\sum_{i=0}^{m+n} c_i x^i$$

其中

$$c_i = a_0 b_i + a_1 b_{i-1} + \cdots + a_i b_0$$

（定义 $a_{-1} = a_{-2} = \cdots = b_{-1} = b_{-2} = \cdots = 0$），那么本问题中的命题就不再成立. 但是通过适当地重新定义多项式的乘积可使命题仍然成立. 对任意 $a \in R$，存在 a^σ 和 a^τ 满足

$$ax = xa^\sigma + a^\tau$$

其中
$$\varphi(a^\tau) < \varphi(x) = 2$$

因此 $a^\tau \in T_1$. 显然

$$(a+b)^\sigma = a^\sigma + b^\sigma, \quad (a+b)^\tau = a^\tau + b^\tau$$

此外

$$(ab)^\sigma = a^\sigma b^\sigma, \quad (ab)^\tau = a^\tau b^\tau$$

因此 $a \to a^\sigma$ 是一个自同态，而 $\sigma: T_1 \to T_1$ 是一个自同构，由于对 $a \in T_1 (a \neq 0)$

80

存在 a 的一个逆以及 $1x = x1$ 蕴含 $1^\sigma = 1$(因此 $T_1^\sigma \neq 0$),我们得出 $1 = (aa^{-1})^\sigma$ $= a^\sigma(a^{-1})^\sigma$,这蕴含 $a^\sigma \in T_1$ 以及 T_1 成为一个域,因此每一个自同态实际上是一个自同构. 如果我们现在取 T_1 的一个适当的自同构 $a \to a^\sigma$ 以及一个适当的导数 $a \to a^\tau$(关于 σ,我们的确切意思是指 T_1 到它自身的一个映射,它满足 $(a + b)^\tau = a^\tau + b^\tau$ 和 $(ab)^\tau = a^\tau b^\sigma + ab^\tau$). 那样,我们就在多项式环中通过 $ax = xa^\sigma + a^\tau$ 定义了两个多项式的乘积. 可以看出 $T_1[x]_{\sigma,\tau}$ 就有所需的性质.

2. 在问题表述中的"多项式次数的函数的范数的值是严格单调的"这一条不是多余的. 例如,如果我们有多项式 f 和 g,满足 $\deg f = \deg g$,但是 $\varphi(f) > \varphi(g)$,那么 R 仍然是 Euclid 环. 但是存在一个适当的常数 α 使得 $\deg(\alpha f + g) = \deg f$ 和 $\alpha f + g = fq + r$,其中 $\deg r < \deg f$,但是同时也有 $\alpha f + g = f\alpha + g$,其中 $\varphi(g) < \varphi(f)$. 由于 $r \neq g$,因此余数仍然是唯一的.

问题 A.9 设
$$f(x) = a_0 + a_1 x + a_2 x^2 + a_{10} x^{10} + a_{11} x^{11} + a_{12} x^{12} + a_{13} x^{13} \quad (a_{13} \neq 0)$$
和
$$g(x) = b_0 + b_1 x + b_2 x^2 + b_3 x^3 + b_{11} x^{11} + b_{12} x^{12} + b_{13} x^{13} \quad (b_3 \neq 0)$$
都是同一个域上的多项式. 证明它们的最大公因式的次数至多是 6.

解答

设
$$f_1(x) = a_0 + a_1 x + a_2 x^2, \quad f_2(x) = a_{10} + a_{11} x + a_{12} x^2 + a_{13} x^3$$
$$g_1(x) = b_0 + b_1 x + b_2 x^2 + b_3 x^3, \quad g_2(x) = b_{10} + b_{11} x + b_{12} x^2 + b_{13} x^3$$
(在问题中 $b_{10} = 0$,但是我们不需要用到这一点). 这蕴含
$$f(x) = f_1(x) + x^{10} f_2(x), \quad g(x) = g_1(x) + x^{10} g_2(x)$$
因此
$$f(x)g_2(x) - g(x)f_2(x) = f_1(x)g_2(x) - f_2(x)g_1(x)$$

由于上式的左边可被 $f(x)$ 和 $g(x)$ 的最大公因式整除,因此上式的右边也可以被 $f(x)$ 和 $g(x)$ 的最大公因式整除. 但是右边的多项式中,$f_1(x)g_2(x)$ 的次数至多是 5,而 $f_2(x)g_1(x)$ 的次数恰是 $6(a_{13} \cdot b_3 \neq 0)$,因此右边的多项式的次数是 6. 这说明 $f(x)$ 和 $g(x)$ 的最大公因式整除一个次数等于 6 的多项式,因

而它们的最大公因式的次数至多是 6.

注记

1. 最大公因式的次数的上界不可能被改进,因为多项式 $x^{10} + x^{13}$ 和 $x^3 + x^{12}$ 的最大公因式是 $x^3 + x^6$.

2. 可以用类似的方法证明下面的更一般的结论:设多项式 $f(x)$ 和 $g(x)$ 的系数在同一个域中,$\operatorname{grad} f = n$,$\operatorname{grad} g \leqslant n$,$g(x)$ 有次数等于 k 的项,但是两个多项式都缺少次数等于 $k + 1, \cdots, k + r - 1$ 的项($k + r \leqslant n$),那么 f 和 g 的最大公因式的次数至多是 $n - r$.

(译者注:注记 2 中条件 $\operatorname{grad} f = n$,$\operatorname{grad} g \leqslant n$ 的含义不太清楚,一般 grad 是表示梯度的意思,但是梯度只对向量有意义,而这里的 $f(x)$ 和 $g(x)$ 都是数量. 是否可以把数量理解为一维的向量,如果这样理解,那么 $\operatorname{grad} f = n$ 就表示 f 的导数. 到底是什么意思,请读者自己研究.)

问题 A. 10 设 G 是一个群,且 G 不是它的某个真子群的左陪集的并. 设 K 是 G 的子集. 证明如果 G 是一个挠群或者 K 是一个有限集,那么子集

$$\bigcap_{k \in K} k^{-1} K$$

仅由单位单独组成.

解答

假设命题不成立,则存在一个不是单位的元素 $a \in G$ 使得 $a \in \bigcap_{k \in K} k^{-1} K$,那么对每一个 $k \in K$ 就有 $ka \in K$,那就是说 $Ka \subseteq K$.

首先我们看出,如果在上面的包含关系中成立等号,那么 K 就是由 a 生成的子群 H 的一些左陪集的并. 实际上 $Ka = K$ 蕴含对所有的整数 i,$Ka^i = K$,所以 $KH = K$,这反过来就意味着 $K = \bigcup_{k \in K} kH$.

现在我们只需证明,在上面所提到的情况下,我们实际上有 $Ka = K$. 当 K 是有限的时候,这是显然的,因为 Ka 和 K 有同样的基数,并且 Ka 又是 K 的子集. 另一方面,如果 a 有有限的阶 n,那么 $K \supseteq Ka$ 蕴含

$$K \supseteq Ka \supseteq Ka^2 \supseteq \cdots \supseteq Ka^n = K$$

由此就又证明了 $Ka = K$.

注记 如果 G 是一个 Abel 群,那么 G 是一个挠群的假设可以换成更弱的

假设: K 的每个元素的阶都是有限的.

问题 A. 11　证明如果一个无限的非交换群 G 包含一个具有交换因子群的真正规子群,那么 G 也包含一个无限的真正规子群.

解答

我们首先证明下面的引理.

引理　如果无限群 G 具有一个真正规子群 N 满足 $N \nsubseteq Z(G)$($Z(G)$ 表示群 G 的中心),那么 G 就有一个无限的真正规子群.

引理的证明　不妨设 N 是有限的(否则引理已成立). 对每个 $g \in G$,映射

$$\varphi_g : n \to g^{-1}ng \quad (n \in N)$$

显然是 N 的自同构. 此外,映射 $g \to \varphi_g$ 是整个群 G 到 G 的所有自同构组成的群 N 的某个子群 Φ 的同态. 由于 N 是有限的, 所以 Φ 显然是有限的. 由于 $N \nsubseteq Z(G)$,所以 Φ 包含一个非恒同的自同构. 因此同态 $g \to \varphi_g$ 的核 F 是 G 的一个真的正规子群. 由于 $G/F \backsimeq \Phi$,所以 F 是无限的.

现在设 H 是一个无限的非交换的真正规子群,群 G 的非交换性使得 G/H 是交换的. 如果 $H \nsubseteq Z(G)$,那么我们可以应用引理. 另一方面,如果 $H \subseteq Z(G)$ 并且 h 是 G 的任何不包含在 $Z(G)$ 中的元素,那么利用 G/H 的交换性,我们得到 $[H, h]$ 是 G 的正规子群. 显然,$[H, h] \nsubseteq Z(G)$. 另一方面,由于 G 的非交换性,所以有 $[H, h] \neq G$. 对 $N = [H, h]$ 应用引理就完成了证明.

注记　不可交换性的条件是不能去掉的. 例如,看群 Z_{p^∞}. 相反,可数无穷度的交替群的例子表明存在具有交换因子群的真正规子群的条件也不能去掉.

问题 A. 12　设 $a_1, a_2, \cdots, a_N$ 是和等于 1 的正实数,设 n_i 表示使得 $2^{1-i} \geqslant a_k \geqslant 2^{-i}$ 成立的 a_k 的数目,其中 i 是一个正整数. 证明

$$\sum_{i=1}^{\infty} \sqrt{n_i 2^{-i}} \leqslant 4 + \sqrt{\log_2 N}$$

解答

我们有

$$\sum_{i=1}^{\infty} \frac{n_i}{2^i} < \sum_{j=1}^{N} a_j = 1$$

和

$$\sum_{i=1}^{\infty} n_i = N$$

因此,根据 Cauchy 不等式就得出

$$\sum_{i=1}^{\infty} \sqrt{\frac{n_i}{2^i}} = \sum_{i=1}^{[\log_2 N]} \sqrt{\frac{n_i}{2^i}} + \sum_{i=[\log_2 N]+1}^{\infty} \sqrt{\frac{n_i}{2^i}}$$

$$\leqslant \Big(\sum_{i=1}^{[\log_2 N]} 1\Big)^{\frac{1}{2}} \Big(\sum_{i=1}^{[\log_2 N]} \frac{n_i}{2^i}\Big)^{\frac{1}{2}} + \Big(\sum_{i=[\log_2 N]+1}^{\infty} n_i\Big)^{\frac{1}{2}} \Big(\sum_{i=[\log_2 N]+1}^{\infty} \frac{1}{2^i}\Big)^{\frac{1}{2}}$$

$$\leqslant \sqrt{\log_2 N} + \sqrt{N} \frac{1}{2^{\frac{[\log_2 N]+1}{2}}} \Big(\sum_{i=1}^{\infty} \frac{1}{2^i}\Big)^{\frac{1}{2}} \leqslant \sqrt{\log_2 N} + \sqrt{2}$$

由于 $\sqrt{2} < 4$,所以我们已经证明了一个比命题中更强的不等式.

注记

1. 如果我们从下面的分解开始

$$\sum_{i=1}^{\infty} \sqrt{\frac{n_i}{2^i}} = \sum_{i=1}^{K} \sqrt{\frac{n_i}{2^i}} + \sum_{i=K+1}^{\infty} \sqrt{\frac{n_i}{2^i}}$$

其中

$$K = [\log_2 N + \log_2 \log_2 N]$$

那么我们可以得出一个更强的估计

$$\sum_{i=1}^{\infty} \sqrt{\frac{n_i}{2^i}} \leqslant \sqrt{\log_2 N} + O\Big(\frac{\log_2 \log_2 N}{\sqrt{\log_2 N}}\Big)$$

2. 如果我们应用 Hölder 不等式而不是 Cauchy 不等式,那么我们可以得出一个类似的估计

$$\sum_{i=1}^{\infty} \Big(\frac{n_i}{2^i}\Big)^{\frac{1}{p}} \leqslant (\log_2 N)^{\frac{1}{q}} + C(p)$$

其中 $p > 1, \frac{1}{p} + \frac{1}{q} = 1$,而 $C(p)$ 是一个仅依赖于 p 的正常数.

问题 A.13 考虑一个无挠的(挠的)Abel 群 G 的自同态环. 证明这个环是 Neumann 正规的充分必要条件是 G 是一个离散的关于有理数加法群同构的群的直和(离散的关于素数阶的循环群同构的群的直和). (如果对每一个 $\alpha \in R$,存在一个 $\beta \in R$ 使得 $\alpha\beta\alpha = \alpha$,则称一个环 R 是 Neumann 正规的.)

84

解答

以下的"群"将始终指"交换群",其中的运算写成加法,同时把 Neumann 正规的简称为正规的.

首先,我们来证明条件的必要性. 如果群 G 是无挠的,则它为 G_0,如果 G 是挠群,则可将其写成(离散的) 直和:$G = G_1 \oplus \cdots \oplus G_i \oplus \cdots$,其中群 G_i 的所有元素的阶都是 p_i 的幂(p_i 表示第 i 个素数).

设 p 是一个素数,Φ_p 是 G 中由 $\Phi_p: a \rightarrow pa (a \in G)$ 定义的映射. Φ_p 显然是一个自同态. 根据正规性可知,存在一个自同态 Ψ_p 使得

$$\Phi_p \Psi_p \Phi_p = \Phi_p$$

因此对任意 $a \in G$ 就有

$$pa = p^2 \Psi_p(a) \tag{1}$$

从(1) 和 Ψ_p 是自同态就得出如果 $p^2 a = 0$,那么就有 $pa = 0$. 因此 $G_i (i > 0)$ 的每个(非零的) 元素的阶都是 p_i.

在 $G = G_0$ 的情况下,我们可在(1) 的两边都消去 p,然后看出 G_0 的每个元素 a 都可被任一个素数所整除,因此 G_0 是一个可除群. 此外由于 G_0 是无挠的,因此商是唯一确定的. 令 $p_0 = 0$,并用 K_0 表示有理数域. 对于 $i = 1, 2, \cdots$,用 K_i 表示具有 P_i 个元素的域.

根据我们之前的观察可知 G_i 是域 $K_i (i = 0, 1, 2, \cdots)$ 上的向量空间. 利用 Zorn 引理,我们看出 G_i 有一个基,它恰好等价于问题中所说的直和分解.

如果我们能证明下述的更强的命题,则充分性将随之而来:自同态环的直和 $G(G = G_0 \oplus G_1 \oplus \cdots \oplus G_i \oplus \cdots)$ 是正规的,如果 G_i 是 $K_i (i = 0, 1, 2, \cdots)$ 上的向量空间. 这里的 $\oplus$ 可以表示离散或完全的直和. 首先,我们证明每个 G_i 的自同态环是正规的.

设 α 是 G_i 的自同态,那么 α 是作为向量空间的 G_i 的一个线性变换. 由于在向量空间中,每个子空间都是直和项,因此存在子空间 U_i, V_i 使得

$$G_i = \text{Ker } \alpha \oplus U_i = V_i \oplus \text{Im } \alpha$$

显然,α 将 U_i 的元素以 1 对 1 的方式映射到 $\text{Im } \alpha$ 上,我们通过条件"对 $a \in V_i$,令 $\beta(a) = 0$,而对 $a \in \text{Im } \alpha$,令 $\beta(a) = b$" 来定义一个映射 $\beta: G_i \rightarrow G_i$,其中 b

是 U_i 中唯一使得 $\alpha(b) = a$ 的元素. 显然 β 是 G_i 的自同态,且具有性质 $\alpha\beta\alpha = \alpha$. 这就证明了 $G_i(i = 0,1,2,\cdots)$ 的每个自同态环都是正规的.

现在设 α 是 G 的一个自同态. 因为对于每个素数 p,如果 $a \in G$ 的阶是 p,那么 $\alpha(a)$ 或者是 0,或者 $\alpha(a)$ 的阶仍然是 p. 如果 $i \geqslant 1$,α 将 G_i 映到自身. 现在设 $a \in G_0$,并设 $\alpha(a) \in G_i (i \geqslant 1)$. 我们知道 $p_i\alpha(a) = 0$,由于 G_0 是 K_0 上的向量空间,所以存在一个 $x \in G_0$ 使得 $p_i x = a$,因此 $p_i^2\alpha(x) = 0$,从而 $\alpha(x) \in G_i$,因此 $p_i\alpha(x) = \alpha(a) = 0$. 这一论述不仅适用于 α 本身,而且适用于和投影到 $G_i(i \geqslant 1)$ 的子序列. 这样我们就看出,$\alpha(a)$ 的每个属于某个 $G_i(i \geqslant 1)$ 的分量都是 0,因此 α 把 G_0 映到自身.

上述观察意味着每个 α 唯一地确定了一个向量 $(\alpha_0, \alpha_1, \alpha_2, \cdots)$,其中 α_i 是 G_i 的自同态,反之每个这样的向量唯一地确定了 G 的一个自同态 α,从它我们又回到原来的向量. 显然我们有 $(\alpha\beta)_i = \alpha_i\beta_i$. 现在设 α 是 G 的自同态,$(\alpha_0, \alpha_1, \alpha_2, \cdots)$ 是对应的向量,则我们已经证明存在 G_i 的自同态 β_i 使得 $\alpha_i\beta_i\alpha_i = \alpha_i$ $(i = 0,1,2,\cdots)$,属于 $(\beta_0, \beta_1, \beta_2, \cdots)$ 的自同态 β 显然就满足 $\alpha\beta\alpha = \alpha$,因此 G 的自同态环是正规的.

问题 A.14　设 $\mathfrak{A} = \langle A; \cdots \rangle$ 是一个任意的可数的代数结构(即 $\mathfrak{A}$ 可以有任意多个有限运算和关系). 证明 $\mathfrak{A}$ 有尽可能多的连续自同构的充分必要条件是对于 A 的任何有限子集 A',存在一个 $\mathfrak{A}$ 的不是恒同的自同构 $\pi_{A'}$,使得对每一个 $x \in A'$ 都有

$$(x)\pi_{A'} = x$$

解答

首先假设问题中的条件不满足. 令 A' 是 A 的有限子集,它具有性质"对 $\mathfrak{A}$ 的自同构,当 A' 固定时,逐点的成为恒同",那么对任意两个满足 $(x)\pi_1 = (x)\pi_2$ 的自同构 π_1, π_2,其中 $x \in A'$,$\pi_1\pi_2^{-1}$ 是恒同,因此 $\pi_1 = \pi_2$. 因此 $\mathfrak{A}$ 的自同构的数目小于或等于 A' 到 A 的映射的数目,因而自同构的数目是可数的.

现在假设问题的条件得到满足. 设 $A = \{1, 2, \cdots\}$,我们归纳地定义 A 的有限子集的递增序列:$A_0 \subseteq A_1 \subseteq \cdots \subseteq A_n \subseteq \cdots$ 和 $\mathfrak{A}$ 的自同构的序列 $\pi_1, \cdots, \pi_n, \cdots$. 设 $A_0 = \varnothing$,并令 $n \geqslant 0$. 设我们已经定义了 A_n,它是有限的,并对于所有的 $i < n$

都定义了 π_i.

令 π_n 是 $\mathfrak{A}$ 的自同构，当 A_n 固定时，它不是逐点恒同的，则我们设

$$A_{n+1} = \{1,\cdots,n\} \cup \bigcup_{\substack{(\varepsilon_1,\cdots,\varepsilon_n) \\ \varepsilon_i \in \{0,1\}}} (A_n)\pi_1^{\varepsilon_1}\cdots\pi_1^{\varepsilon_n} \cup \{\min\{k \mid (k)\pi_n \neq k\}\}$$

这时 A_{n+1} 仍然是有限的，由上述过程我们就对所有的 n 就逐步地定义了 A_n 和 π_n. 所定义的序列有以下性质：

（a）π_n 是 A_n 上的恒同，但是和 A_{n+1} 上的恒同不一样.

（b）如果 $\varepsilon_i \in \{0,1\}$（$i = 1,2,\cdots,n$），那么

$$(A_n)\pi_1^{\varepsilon_1}\cdots\pi_n^{\varepsilon_n} \subseteq A_{n+1}$$

（c）$\bigcup_{n=1}^{\infty} A_n = A$，并且所有的 A_n 都是有限的.

设 $\varepsilon_n \in \{0,1\}$（$n = 1,2,\cdots$），$(\varepsilon_1,\cdots,\varepsilon_n,\cdots)$ 是一个任意的无穷序列. 我们用下列方式定义乘积 $\prod_{n=1}^{\infty} \pi_n = \pi$，如果 $k \in A$，则令

$$(k)\pi = (k)\pi_1^{\varepsilon_1}\cdots\pi_{n_k}^{\varepsilon_{n_k}} \tag{1}$$

其中 n_k 表示使得 $k \in A_{n_k}$ 的最小的正整数. 由于（c），π 是一个从 A 到自身的映射. 对任意 $n > n_k$，我们有

$$(k)\pi = (k)\pi_1^{\varepsilon_1}\cdots\pi_n^{\varepsilon_n} = ((k)\pi_1^{\varepsilon_1}\cdots\pi_{n_k}^{\varepsilon_{n_k}})\pi_{n_k+1}^{\varepsilon_{n_k+i}}\cdots\pi_n^{\varepsilon_n} = (k)\pi_1^{\varepsilon_1}\cdots\pi_{n_k}^{\varepsilon_{n_k}} \tag{2}$$

由于（b），$(k)\pi_1^{\varepsilon_1}\cdots\pi_{n_k}^{\varepsilon_{n_k}} \in A_{n_k+1}$，而由于（a），我们有 $\pi_{n_k+1},\cdots,\pi_n$ 都等于 A_{n_k+1} 上的恒同映射. 考虑到 $\mathfrak{A}$ 中只有有限个运算和关系以及由于（2），我们看出 π 保持这些运算和关系. 对任何 $l \in A$，存在一个 n 使得 $l \in A_{n+1}$，因而存在一个 k 使得 $(k)\pi_1^{\varepsilon_1}\cdots\pi_n^{\varepsilon_n} = l$. 由于（a），对任意 $m > n$，我们有 $(k)\pi_1^{\varepsilon_1}\cdots\pi_m^{\varepsilon_m} = l$，因此由（2）得出 $(k)\pi = l$，这说明 π 是一个自同构. 下面我们要证明，对 $(\varepsilon_1,\cdots,\varepsilon_n,\cdots) \neq (\varepsilon_1',\cdots,\varepsilon_n',\cdots)$，成立

$$\pi = \prod_{n=1}^{\infty} \pi_n^{\varepsilon_n} \neq \prod_{n=1}^{\infty} \pi_n^{\varepsilon_n'} = \pi'$$

设 n 是使得 $\varepsilon_n \neq \varepsilon_n'$ 成立的最小的正整数，我们不妨设 $\varepsilon_n = 0,\varepsilon_n' = 1$，那么

$$\pi_1^{\varepsilon_1}\cdots\pi_{n-1}^{\varepsilon_{n-1}} = \pi_1^{\varepsilon_1'}\cdots\pi_{n-1}^{\varepsilon_{n-1}'}$$

设 $l \in A_{n+1}$ 是一个使得 $(l)\pi_n \neq l$ 的元素，k 是使得 $(k)\pi_1^{\varepsilon_1}\cdots\pi_{n-1}^{\varepsilon_{n-1}} = l$ 的数，由于（a）和（2），我们有 $(k)\pi = (k)\pi_1^{\varepsilon_1}\cdots\pi_n^{\varepsilon_n} = (k)\pi_1^{\varepsilon_1}\cdots\pi_{n-1}^{\varepsilon_{n-1}} = l$，因此 $(k)\pi' = (l)\pi_n \neq (k)\pi = l$. 这说明 $\mathfrak{A}$ 中不同的自同构的数目至少和由 0 和 1 组成的无穷序列一样多. 由于 A 是可数的，因此 $\mathfrak{A}$ 的自同构集合的基数是连续统.

注记 下面的例子说明了如果我们允许具有无限多个变量的关系，则本题中的命题不再成立. 设 $\mathfrak{A} = [A, R]$，其中 A 是正整数的集合，并且 $R(a_1, \cdots, a_n, \cdots)$ 具有可数多个变量，当且仅当除了有限多个例外之外，$a_n = n$ 成立. 因而对任何 $\mathfrak{A}$ 的自同构 π，除了有限多个例外之外，成立 $(n)\pi = n$. 因而尽管对 $\mathfrak{A}$，这个问题陈述中的有限性条件得到满足，但是 $\mathfrak{A}$ 只有可数多个自同构.

问题 A.15 设 G 是一个由幂零的正规子群生成的无限群. 证明 G 的每个极大的 Abel 正规子群都是无限的.（如果一个 Abel 正规子群不被包含在另一个 Abel 正规子群中，则称这个 Abel 正规子群是极大的.）

解答

设群 G 是由幂零的正规子群生成的并设 A 是 G 的一个有限的极大的 Abel 正规子群.

A 的中心 C 是 G 的正规子群，它在 G 中有有限指标. 实际上，如果我们将 G 的每个元素 g 映射到 A 中的一个映射 $x \rightarrow g^{-1}xg$，那么这是从 G 到 A 的自同构群的一个同态，这个同态的核是 C. 因此 G/C 是有限的.

设 B 是 G 的 Abel 正规子群，则 $|B| \leq n$，其中 $n = |A| \cdot |G : C|$. 实际上我们有 $C \cap B = A \cap B$，否则 G 的 Abel 正规子群 $A(C \cap B)$ 将严格包含 A. 因此由于 $B/A \cap B = B/C \cap B \simeq CB/C \leq G/C$，就会得出 $|B : A \cap B| \leq |G : C|$. 由此即可得出 $|B| = |A \cap B| \cdot |B : A \cap B| \leq |A| \cdot |G : C|$.

设 H 是 G 的幂零的正规子群. 我们断言 H 的幂零类至多有 $2n - 2$ 个. 考虑 H 的下降的中心链序列的成员

$$H = H_1 > H_2 > \cdots > H_k > H_{k+1} = 1$$

众所周知，对下降的中心链序列的成员，成立 $[H_i, H_j] \leq H_{i+j}$，所以只要 $r > \dfrac{k}{2}$，

我们就有 $[H_r, H_r] \leqslant H_{2r} = H_{k+1} = 1$. 那就是说 H 的特征子群 H_r 是 Abel 群. 根据上面的论述可知这蕴含 $|H_r| \leqslant n$. 这又显然蕴含至多可能存在 n 个 H_r, 其中 $k+1 \geqslant r > \dfrac{k}{2}$, 因而成立 $k+1 \leqslant 2n-1$.

我们证 G 也是幂零的. 实际上, 对 G 的任何元素 $g_1, g_2, \cdots, g_{2n-1}$, 成立

$$[[\cdots[[g_1, g_2], g_3], \cdots], g_{2n-1}] = 1$$

由于 $g_1, g_2, \cdots, g_{2n-1}$ 都属于 G 的某个子群, 而它们的幂零类至多有 $2n-2$ 个.

我们再证 $A = C$. 假设不然, 幂零群 G/A 将包含非恒同的正规子群 C/A. 根据熟知的定理, 这蕴含 G/A 的中心和 C/A 将有非恒同的交, 换句话说, 存在一个元素 $g \in C/A$ 使得 Ag 包含在 G/A 的中心内, 因而子群 $[A, g]$ 将是一个真包含 A 的 Abel 正规子群.

所有这些就蕴含 G 是一个有限群. 实际上, 恒同于 A 的子群 C 是有限的, 而我们知道, 它在 G 中有有限的指标, 因而 $|G| = |C| \cdot |G:C|$ 是有限的.

问题 A. 16　设 $p \geqslant 7$ 是一个素数, ζ 是一个 p 次单位原根, c 是一个有理数. 证明由数 $1, \zeta, \zeta^2, \zeta^3 + \zeta^{-3}$ 生成的加法群只有有限多个模等于 c 的元素. (模是在 p 次分圆域中的模.)

解答

设

$$L^{(k)}(x) = x_1 + \zeta^k x_2 + \zeta^{2k} x_3 + (\zeta^{3k} + \zeta^{-3k}) x_4 \quad (k = 1, \cdots, p-1)$$

那么只需证明不等式

$$|L^{(1)}(x) \cdots L^{(p-1)}(x)| \leqslant |c| \tag{1}$$

只有有限个有理整数解 x_1, x_2, x_3, x_4 即可.

对任意那种解, 我们有

$$2^{p-1} |c| \geqslant 2^{p-1} \prod_{k=1}^{p-1} |L^{(k)}(x)| \geqslant 2^{p-1} \prod_{k=1}^{p-1} |\operatorname{Im} L^{(k)}(x)|$$

$$= \prod_{k=1}^{p-1} |(\zeta^k - \zeta^{-k}) x_2 + (\zeta^{2k} - \zeta^{-2k}) x_3|$$

$$= \prod_{k=1}^{p-1} (\zeta^k - \zeta^{-k}) \left| \prod_{k=1}^{p-1} [x_2 + (\zeta^k + \zeta^{-k}) x_3] \right|$$

$$= p \mid F(x_2, x_3) \mid$$

但是对任意使得 $p \nmid k$ 的 k，我们知道 $\zeta^k + \zeta^{-k}$ 是一个次数为 $\frac{p-1}{2} \geqslant 3$ 的代数数. 因此应用 Thue 定理，我们看出具有有理整系数的齐次多项式 $F(x_2, x_3)$ 只能在有限个地方取有理整数值，因此 x_2 和 x_3 只可能有有限多个值.

因此，只需证明对任何固定的 x_2 和 x_3，数 x_1 和 x_4 的可能值的个数也是有限的即可. 对 $x_2 = x_3 = 0$，证明类似于上面的论述. 如果 x_2 和 x_3 之一不为 0，则由于 $\mid L^k(x) \mid \geqslant \mid \mathrm{Im} L^k(x) \mid$ 以及 x_1 和 x_4 的正的界是无关的，因此每个 $L^k(x)$ 的绝对值都是有界的. 由 (1) 可知，它们的乘积是有界的. 同样由 x_1 和 x_4 的正的界是无关的得出它们的绝对值也是上有界的. 但是方程组

$$x_1 + (\zeta^3 + \zeta^{-3}) x_4 = L^{(1)}(x) - (\zeta x_2 + \zeta^2 x_3)$$
$$x_1 + (\zeta^6 + \zeta^{-6}) x_4 = L^{(2)}(x) - (\zeta^2 x_2 + \zeta^4 x_3)$$

保证 $\mid x_1 \mid$ 和 $\mid x_4 \mid$ 是上有界的，所以 x_1 和 x_4 的可能的值就是有限的.

问题 A.17 设给定交换环 R 中的 $2n+1$ 个元素 $\alpha, \alpha_1, \cdots, \alpha_n, \rho_1, \cdots, \rho_n$，然后定义如下的元素

$$\sigma_k = k\alpha + \sum_{i=1}^{n} \alpha_i \rho_i^k$$

证明理想 $(\sigma_0, \sigma_1, \cdots, \sigma_k, \cdots)$ 是有限生成的.

解答

首先我们要证明 R 是一个有单位元的环. 有一种标准的方法可以将一个任意的环 R 作为理想嵌入到具有单位元的环 R^+ 中：作为一个集合，R^+ 由所有的有序对 (a, n) 组成，其中 $a \in R$，而 n 是整数. 此集合上的加法和乘法运算由以下方式定义

$$(a, n) + (b, m) = (a + b, n + m)$$
$$(a, n)(b, m) = (ab + ma + nb, nm)$$

所有形如 $(a, 0)$ 的元素形成 R^+ 的一个理想，让 R 恒同于这个理想，则 R 就是 R^+ 中的理想，并且 R 的一个子集在 R 和 R^+ 中生成同样的理想. 为验证这个命题，取 R 的一个子集 H，并且分别用 I 和 J 表示 H 在 R 和 R^+ 中生成的理想. 显然 $I \subseteq R \cap J \subseteq J$.

90

另一方面，I 是由形如 $(a,0)$ 的元素组成的，用形如 (b,m) 的元素乘以这些元素，我们再次得到 I 的元素，因此 I 也是 R^+ 的一个理想，因而 $J \subseteq I$.

这证明了问题中所说的 R 的理想也是 R^+ 的一个理想. 如果它作为 R^+ 的理想是有限生成的，那么同样的元素显然像生成 R 的一个理想一样生成这个理想. 因此，从现在起我们不妨设 R 是一个有单位元的环.

我们将证明这个问题的以下推广：

定理 设给定多项式 $f_i(x)$ $(i = 0, \cdots, n)$，其系数都在（具有单位元的）环 R 中. 利用这些多项式和 R 中的固定元素 $\rho_0, \cdots, \rho_n$ 形成如下元素

$$\sigma_k = \sum_{i=0}^{n} f_i(k) \rho_i^k \quad (k = 0, 1, 2, \cdots)$$

那么理想 $(\sigma_0, \sigma_1, \sigma_2, \cdots, \sigma_k, \cdots)$ 就等于理想 $(\sigma_0, \cdots, \sigma_s)$，其中 $s = \sum (\deg f_i + 1)$.

特别地，取 $f_0(x) = x, f_i(x) = \alpha_i (i = 1, \cdots, n)$ 和 $\rho_0 = 1$，我们就得到原来的问题.

证明 设 r_i 是 $f_i(x)$ 的次数，令

$$F(x) = \prod_{i=0}^{n} (x - \rho_i)^{r_i+1} = x^s - \sum_{j=0}^{s-1} \beta_j x^j$$

而 D 是关于 x 求导然后再乘以 x 的算子，那么当 $m \leqslant r_i$ 时，$D^m(x^k F(x))$ 在 ρ_i 处等于0.（我们可以通过以下考虑看出这一点，多项式 $P(x)$ 的 t 重根也是多项式 $D(P(x))$ 的至少 $t - 1$ 重根.）由于 $D^m(x^k) = k^m x^k$，我们有

$$D^m(x^k F(x)) = (s + k)^m x^{s+k} - \sum_{j=0}^{s-1} \beta_j (j + k)^m x^{j+k}$$

因而有

$$(s + k)^m \rho_i^{s+k} = \prod_{j=0}^{s-1} \beta_j (j + k)^m \rho_i^{j+k}$$

设

$$f_i(x) = \sum_{m=0}^{r_i} \gamma_{m,i} x^m$$

那么就有

$$\sigma_{s+k} = \sum_{i=0}^{n} f_i(s+k)\rho_i^{s+k} = \sum_{i=0}^{n} \sum_{m=0}^{r_i} \gamma_{m,i}(s+k)^m \rho_i^{s+k}$$

$$= \sum_{i=0}^{n} \sum_{m=0}^{r_i} \sum_{j=0}^{s-1} \gamma_{m,i}\beta_j(j+k)^m \rho_i^{j+k} = \sum_{j=0}^{s-1} \beta_j \sum_{i=0}^{n} \sum_{m=0}^{r_i} \gamma_{m,i}(j+k)^m \rho_i^{j+k}$$

$$= \sum_{j=0}^{s-1} \beta_j \sum_{i=0}^{n} f_i(j+k)\rho_i^{j+k} = \sum_{j=0}^{s-1} \beta_j \sigma_{j+k}$$

这表示 σ_{s+k} 被包含在由 σ_t 具有更小下标的 σ_t 所生成的理想之中,这就证明了定理.

问题 A.18 设 G 和 H 是可数的 Abel p 群(其中 p 是一个任意的素数). 证明如果对任意正整数 n 有

$$p^n G \neq p^{n+1} G$$

则 H 是 G 的同态像.

解答

称 G 的一个元素 $g \in G (g \neq 0)$ 是无限高的,如果对每个正整数 n 都存在一个 $x \in G$ 使得 $p^n x = g$. G 的所有无限高的元素和 0 一起构成 G 的一个子群 A. 设 $G^* = G/A$ 是 G 关于 A 的因子群,显然 G^* 是一个有限的或者可数无穷的 Abel p 群. G^* 不包含任意无限高的元素. 为说明这点,假设结论不成立,那么我们可选出一个 $g^* \in G^*$,使得对每个正整数 n,方程 $p^n x^* = g^*$ 都有一个解 $x^* \in G^*$. 取一个元素 $g \in G$,设通过自然的同态 $G \to G^*$,g 被映射到 g^*,x 被映射到 x^*(对固定的 n). 我们看出 $p^n x - g$ 被映射到 0,即 $p^n - x \in A$,因此对某个 $y \in G$ 有 $p^n x - g = p^n y$,由此得出 $g = p^n(x - y)$,而这反过来又蕴含 $g \in A$,因而 $g^* = 0$.

现在著名的 Prüfer 定理给出 G^* 是循环群的直和(在 G^* 是有限的情况下,这可以更简单地从有限 Abel 群的基本定理得出).

现在我们证明对每个自然数 n,成立

$$p^n G^* \neq p^{n+1} G^*$$

我们已知 $p^n G \neq p^{n+1} G$,因此对某个 $h \in G$,方程 $p^n h = p^{n+1} x$ 在 G 中无解. 我们证 $p^n h^* = p^{n+1} y^*$ 在 G^* 中没有解 y^*(h^* 表示在自然同态下,h 在 G^* 中的同态像). 假设不然,则对某个适当的 $y \in G$,$p^n h - p^{n+1} y$ 将被映到 $0 \in G^*$,因此对某个 $z \in G$ 将有 $p^n h - p^{n+1} y = p^{n+1} z$,这和 $p^n h = p^{n+1}(y+z)$ 矛盾. (由此顺便得出,

92

G^* 不可能是有限的.）

假设 G^* 的直和分解是

$$G^* = \bigoplus_{i=1}^{\infty} C_i$$

其中 C_i 是阶为 p^{k_i} 的循环群,那么集合 $\{k_1, k_2, \cdots\}$ 不可能是有界的. 这可以从以下事实得出:如果对某个 n,所有的 C_i 的阶都至多是 p^n,那么就将有 $p^n G^* = p^{n+1} G^* = 0$,这和我们前面的观察结果相矛盾. 假设 c_i 生成 C_i,那么每个元素 $g^* \in G^*$ 就可以用唯一的形式写成

$$g^* = \sum_{i=1}^{\infty} \alpha_i c_i$$

其中 α_i 是一个模 p^{k_i} 下的整数,并且除了有限多个例外,所有的 α_i 都等于0.

现在取一个有限或可数无穷的 Abel p 群 H,其元素为 $0, h_1, h_2, \cdots$. 选择序列 $c_{i_1}, c_{i_2}, \cdots$ 使得 c_{i_j} 的阶大于 h_i 的阶,那么我们有一个从 C_{i_j} 到由 h_j 生成的循环子群上的同态. 我们将所有其他的 C_l 映到0. 由于 G^* 是这些循环子群的直和,就存在一个从 G^* 到 H 的同态,它是上述循环子群的同态的扩张. 由于每个 h_j 都是 C_{i_j} 的某个元素的像,这个扩张同态显然是映上的. 因此 $G \rightarrow G^*$ 的同态的复合就是我们所需的从 G 到 H 的同态.

问题 A. 19 设 G 是一个具有 Hausdorff 拓扑的无限紧致的拓扑群. 证明 G 包含一个元素 $g \neq 1$,使得 g 的所有的幂组成的集合或者是一个在 G 内处处稠密的集合或者是一个在 G 内无处稠密的集合.

解答

设 G 是一个无限的紧致群,具有以下性质:其每个循环子群($\neq 1$)的闭包都有一个内点,即 G 的每个闭的子群($\neq 1$)都是开的,那么我们可以证明 G 有一个稠密的循环子群.

首先,设 G 是可交换的. 其循环子群 $A \neq 1$ 的闭包是开的,因此它在 G 中有有限的指标 n. 因此,连续的同构 $\varphi: x \rightarrow x^n (x \in G)$ 把 G 映到这个子群. $G^n \neq 1$ 是紧致的,因此是闭的,从而是 G 的开子群. 因此 $G^n \cap A$ 在 G^n 中是稠密的,所以循环子群 $\varphi^{-1}(G^n \cap A)$ 在 G 中是稠密的.

现在我们证明 G 的每个开子群的指标是一个相同的素数的幂. 如果 p 是 n

的素因子,那么由于$G^p \neq G$,所以开子群$G^{p^i}(i = 0,1,2,\cdots)$构成一个严格递减的链,所以它们的交集是一个指标无限的闭子群,所以这个交集就是单位元. 我们可以通过选择子群G^{p^i}作为1的邻域的拓扑基而得出G的拓扑比G的原始紧致拓扑更粗糙,因此二者相等. 因而,G的每个开子群的指标都是p的幂,因为它包含了某个G^{p^i}的子群.

以下,我们不再假设G是可交换的. G的中心Z是一个开子群. 实际上,G的循环子群($\neq 1$)的闭包是开子群并且覆盖了G,因此它们中的有限个已经覆盖了G,这有限个循环子群($\neq 1$)的交集是Z的子集,因此Z是一个开子群.

群G/Z是一个p群. 实际上,如果Z的每个开子群的指标都是p的幂,并且$H \leqslant G$作为一个指标为q(q是素数,因此H是可交换的)的子群是包含Z的子群,那样因子群$H^q/H^{q^2}(\neq 1)$的所有元素($\neq 1$)就构成了我们所用的Z的开子群,它的阶是q. 因此$p = q$,由此就得出有限群G/Z是一个p群.

最后,我们证明G实际上是可交换的. 设V是一个使得$Z \leqslant V \leqslant G$并且$G/Z$的中心是$V/Z$的子群,那么对每个$g \in G$,取由$x \to [x,g] (x \in V)$所定义的$V$的自同态,则$V$的像将是有限的(由于自同态的核包含了子群$Z$,而它本身具有有限的指标),所以这个像是单位元的,因而$V = Z, G = Z$. 因为G/Z是有限p群.

注记

1. 如果我们使用Baer定理,这个定理断言如果关于(离散)群G的中心的因子群是有限的,那么G的换位子群也是有限的,则上述解法中的第3、5和6段可以省略.

2. József Pelikán 注意到下述方案 —— 如果我们使用命题:每个无限紧致群有一个真的闭子群,则问题可以通过以下方式重新表述:

命题　如果G是一个无限的紧致拓扑群,其每个闭子群($\neq 1$)是开的,则G拓扑同构于p - adic 整数(p是素数)的拓扑群.

问题 A.20　设G是一个可解的挠群,已知它的每个 Abel 子群都是有限生成的,证明G是有限的.

解答

94

一个有限生成的 Abel 扭群是有限的. 所以, 此问题等价于以下问题: 如果在可解的扭群中每个 Abel 子群都是有限的, 那么 G 本身也是有限的. 我们将证明以下更强的命题:

加强的命题　如果在一个可解的扭群中每个 Abel 正规子群是有限的, 那么 G 本身也是有限的.

首先我们证明一个引理: 如果 G 有一个可交换的正规子群和一个可交换的因子群, 而且 G 的每一个 Abel 正规子群是有限的, 那么 G 本身也是有限的.

设 H 是一个这种正规子群. 使用 Zorn 引理, 我们看到包含 H 的 G 的所有 Abel 正规子群的偏序集有一个最大元素 F. 如果一个元素 g 和 F 的每个元素是可交换的, 则 F 和 g 生成一个交换放入正规子群(由于 G/H 是交换的, 所以它是正规的), 所以根据 F 的最大性我们有 $g \in F$, 即 F 是自己的中心化子, 因此 G/F 同构于 $\mathrm{Aut}(F)$ 的子群, 由于 F 的有限性, 所以 $\mathrm{Aut}(F)$ 本身是有限的, 因而 G 也是有限的.

现在我们对从 G 中导出的序列的长度使用归纳法来证明这个命题. 如果这个长度为 1, 则已经没有什么可证明的了. 如果长度为 2, 那么命题可从前面的引理得出. 在一般情况下, 考虑导出序列中的不同于恒同的最后一项 P, 派生级数的最后一项, P 是一个交换的正规子群(因此是有限的)并且 G/P 的导出序列的长度比 G 的长度小 1. 因此我们只需验证 G/P 的每个交换的正规子群是有限的即可. 但是如果 N/P 是 G/P 的一个交换的正规子群, 那么 N 满足引理的条件, 所以 N 是有限的(因此 N/P 也是有限的), 这就完成了证明.

注记　问题中可解性的条件(或某种较弱的形式)不能去掉: Novikov 和 Adian 构建了元素阶数是有限事实上是有界的, 但每个 Abel 子群都是有限的(实际上是循环的)无限群的例子.

问题 A. 21　称一个群 G 的秩至多是 r, 如果 G 的每个子群至多由 r 个元素生成. 证明存在一个整数 s, 使得对于每个秩为 2 的有限群 G 的换位子序列的长度都小于 s.

解答

我们从证明 G 是一个秩为 2 的有限群开始. 设 N 是 G 的正规子群, N^* 是 N

的所有指标为素数的正规子群的交,那么我们有下面的命题:

命题 如果 N/N^* 的每个秩 -2 的自同构群中交换子序列的长度至多为 $n(>0)$,那么 $h(G)$,即 G 的交换子序列的长度至多为 $n+2$.

证明 所给的条件蕴含通过限制在从 G/N^* 到 N/N^* 的内自同构所获得的交换子序列的长度至多为 n. 换句话说,取交换子序列 $G \geqslant G' \geqslant G'' \geqslant \cdots$ 的成员 $G^{(n)}$ 并以此构成交换子群 $[N,G^{(n)}]$,它是 N^* 的子群. 现在,在 $N \leqslant G^{(n)}$ 的情况下,把 N 换成 N',对 N' 应用上述观察,我们看出群 N'/N'^* 是循环的. 由于如果 a 和 b 生成 N 则交换子 $[a,b]$ 和 $[N',N]$ 生成 N',因此 N'/N'' 是循环的. 因而 N'/N''^* 是可交换的. 由于再次应用第一次的观察得出 N''/N''^* 是 N'/N''^* 中心的子群,这就给出 $N''^* = N''$,因此 $N''' = N''$. 因此,$h(G) \leqslant n+2$.

我们现在知道,对 p 个元素(p 素数)的域上的 2×2 可逆矩阵的群 $L = GL_2(p)$ 的每个子群 A,我们有 $h(A) \leqslant 5$(这个界不是最好的).

在阶为 $(p^2-1)p(p-1)$ 的群 L 中,行列式等于 1 的矩阵构成一个正规子群 $S = SL_2(p)$,并且因子群 L/S 是可交换的. 如果 c 是有 p 个元素的域的乘法群的生成元,那么对角线元素为 c 或 c^{-1} 的对角矩阵是 S 中的 $p-1$ 阶元素. 通过和具有 p^2 个元素的域的乘法群的生成元素相乘,我们得到同一个域的 p^2-1 阶自同构. 这蕴含 S 有一个 $p+1$ 阶元素. 因此,我们看出每个 S 的奇数次 Sylow 子群是循环的,由于任何奇数次的整除 $(p-1)p(p+1)$ 的素数的幂恰好整除这 3 个因子之一. 因此,如果 A 是 L 的秩为 2 的子群,那么对于 $A \cap S$ 的每个正规子群 N,任意 N/N^* 的自同构群的交换子序列的长度至多是 2(由于 N/N^* 是奇数阶循环群的直积,并且至多有两个 2 阶群). 因此,根据我们首先证明的命题,我们就有 $h(A \cap S) \leqslant 4$,因而 $h(A) \leqslant 5$.

现在对于秩为 2 的有限群 G 的每个正规子群 N 成立 N/N^* 的每个 Sylow 子群或者本身是素数阶的,或者是两个素数阶群的直积. 因此每个 N/N^* 的秩为 2 的自同构群 B 同构于上述的群 A 的直积的子群,这蕴含着 $h(B) \leqslant 5$,然后,再一次应用首先证明的命题,我们就得出 $h(G) \leqslant 7$(这仍然不是最好的界).

注记

1. 也可不用上面的直接证明而用关于秩为 2 的有限 $p-$ 群的 Blackburn 定

96

理和可解的矩阵群的 Zassenhaus 定理来得出问题中的命题.

2. 如果我们把条件中的秩为 2 的有限群换成秩为 3 的群,则问题中的命题不再成立. 两个 p^n 阶的循环群($p > 2$ 是素数,$n = 1,2,\cdots$) 的直积的自同构群的 p - Sylow 子群给出一个反例.

问题 A.22 设 R 是一个具有单位的 Artin 环. 假设 R 的每个幂等元和 R 的每个平方为 0 的元素可交换,又设 R 是两个理想 A 和 B 的和,证明 $AB = BA$.

解答

我们要使用下面两个引理:

引理 1 R 的每一个幂等元 e 都在 R 的中心里.

引理 1 的证明 设 r 是 R 的一个任意元素,那么 $(er - ere)^2 = 0$,因此 $er - ere$ 和 e 可交换.

$$er - ere = e(er - ere) = (er - ere)e = 0, er = ere$$

同理可得 $re = ere$,因此就有 $er = re$,这就证明了引理.

引理 2 设 A 是一个右 Artin 环 R 的非幂零的右理想,那么 A 可以表示成直和 $A = eR \oplus N$,其中 e 是 A 的一个幂等元,N 是 R 的某个适当的幂零的右理想.

引理 2 的证明 这个引理的证明可在例如 A. Kertész,Vorlesungen uber artinsche Ringe, Akadémiai Kiadó, Budapest, 1968,VEB,Deutsche Verlag, Berlin, 1975, Theorem 6.23, p.155. 中找到.

现在我们转向命题的证明. 我们看出,只需对任意 $a \in A, b \in B$ 证明 $ab \in BA$ 即可. 由于 R 是理想 A 和 B 的和,因此存在元素 $a_0 \in A$ 和 $b_0 \in B$ 使得 $1 = a_0 + b_0$. 这给出

$$ab = 1 \cdot ab = (a_0 + b_0)^k ab = a_0^k ab + \sum b_i a_i \quad (b_i \in B, a_i \in A)$$

如果 A 是幂零的,那么对充分大的 k,就有 $a_0^k ab = 0$,即 $ab \in BA$. 如果 A 不是幂零的,那么根据引理 2 就有 $A = eR \oplus N$;特别 $a_0 = er + na_0 = er + n(r \in R, n \in N)$. 利用引理 1,我们就得出对 R 的适当的元素 x_k 有 $a_0^k = ex_k + n^k$.

由于 n 是幂零的,所以对充分大的 k,就有 $n^k = 0$,即 $a_0^k = ex_k$,因此就得出

$$ab = ex_k ab + \sum b_i a_i = b'e + \sum b_i a_i \in BA \quad (b' \in B)$$

97

问题 A.23 设 R 是一个无限环, 它的每一个不是 $\{0\}$ 的子环都具有有限的指标(一个子环的指标是指它的加群在 R 的加群中的指标). 证明 R 的加群是循环群.

解答

选择一个元素 $a \in R$ 使得 a 在加群 R^+ 中的阶数或者是无限的, 或者是一个素数 p. 当 a 在加群 R^+ 中的阶数无限时, 令 M 表示整数环, 而当 a 在加群 R^+ 中的阶数是一个素数 p 时, 令 M 表示由 p 个元素组成的有限域, 那么由 a 生成的子环 R_a 由形式为 $f(a)$ 的元素组成, 其中 f 是一个多项式, 其系数是 M 中的元素, 而常数项是 0.

假设对每个 $f \neq 0$ 都有 $f(a) \neq 0$, 那么所有形如 $f(a^2)$ 的元素就构成一个在 R_a 中有无限指标的子环, 因此这个子环在 R 中的指标也是无限的, 因而存在一个常数项为 0 的, 在 M 上的非零多项式 f 使得 $f(a) = 0$. 取一个次数尽可能小的那种多项式, 我们就有

$$f(x) = x(c + h(x))$$

其中 $h \neq 0$(由于对 $c \in M, c \neq 0$, 可知 $ca \neq 0$). h 也是 M 上的常数项为 0 的多项式. 设 $b = h(a)$, 由于 f 的次数是最小的, 所以 $b \neq 0$, 于是就有

$$b^2 = h(a) \cdot h(a) = h(a)(c + h(a)) - c \cdot h(a) = -c \cdot h(a) = -c \cdot b$$

这蕴含由 b 生成的子环 R_b 仅由形如 $c \cdot b$ 的元素组成, 因此加群 R_b^+ 是循环的.

由问题中的假设可知 R_b^+ 在 R^+ 中有有限的指标, 所以 R^+ 是有限生成的, 而由于 R^+ 是无限的, 所以 R_b^+ 也是无限的, 所以 a 在 R^+ 中的阶数不可能是有限的, 因而 R^+ 是无扭的. 根据有限生成的 Abel 群的基本定理可知, R^+ 可以表示成无限循环群的直和. 但是 R^+ 包含一个具有有限指标的无限循环群, 即 R_b^+, 因此 R^+ 的秩为 $1, R^+$ 是无限循环群.

问题 A.24 设 S 是一个没有真双边理想的半群. 假设对每个 $a, b \in S$, 乘积 ab, ba 之中至少有一个要等于元素 a, b 之中的某一个. 证明对所有的 $a, b \in S$, 或者成立

$$ab = a$$

98

或者成立

$$ab = b$$

解答 1

S 显然是一个幂等半群. 应用 McLean 的一个定理(见 A. H. Clifford 和 G. B. Preston, The Algebmic Theory of Semigroups, vol. I. , AMS, Providence, R. I. , 1961, p. 129), 我们得出在 S 上存在一个同余关系 Θ 使得 S/Θ 是一个半格并且 Θ 的每个同余类都是一个矩形带. 容易看出, S/Θ 本身没有真的双边理想, 因此它由一个元素组成; 换句话说, S 是一个矩形带. 根据定义, 这表示存在集合 X 和 Y 使得 S 同构于半群 $\langle X \times Y; \cdot \rangle$, 其中的乘法由下述规则定义

$$(x_1,y_1)(x_2,y_2) = (x_1,y_2) \quad (x_i \in X, y_i \in Y)$$

但是问题所给的条件等价于 X 或 Y 是仅由单个的元素组成的情况. 这就证明了命题.

解答 2

从问题所给的条件得出

(1) S 是幂等的.

(2) 对任何元素 $a,b \in S$, 存在元素 $x,y \in S$ 使得 $b = xay$.

设我们在 S 上按照下列方式定义了关系 L,R

$$aLb \xrightleftharpoons{\text{def}} ab = a$$

$$aRb \xrightleftharpoons{\text{def}} ab = b$$

根据 (1), L 显然是传递的, 它也是反射的. 现在假设对某个 $a,b \in S$ 成立 aLb, 那么利用 (1) 和 (2) 我们看出

$$a = ab = axay = axay^2 = (axay)y = ay$$

$$b = xay = x(ay)(ay) = (xay)(ay) = ba$$

因此 bLa. 我们已经证明了 L(类似的 R) 是一个等价关系. 从 L 和 R 的定义以及问题中的第 2 个条件就得出:

(3) 当且仅当 $a = b$ 时, 关系 aLb 和 aRb 同时成立.

（4）对任何 $a,b \in S$，aLb 和 aRb 二者之中必有一个成立.

但是对等价关系 L,R 来说，（3），（4）同时成立的充分必要条件是 L 和 R 之一是 $S \times S$ 上的等价关系.

问题 A.25 设 $\mathbb{Z}$ 是有理整数环，构造一个具有下列性质的整数集合 I.

（1）$\mathbb{Z} \subsetneqq I$.

（2）$I \backslash \mathbb{Z}$ 中没有一个元素在 $\mathbb{Z}$ 上是代数的（即 $I \backslash \mathbb{Z}$ 中没有系数属于 $\mathbb{Z}$ 的多项式的根）.

（3）I 中只有平凡的自同态.

解答 1

选一个超越的实数 a，设 A 为所有形如 $\dfrac{f(a)}{g(a)}$ 的数的集合，其中 $f,g \in \mathbb{Z}[x]$，并且 g 是一个本原多项式，即其系数的最大公约数为 1. A 是一个具有单位的整域，满足

（1）$A \backslash \mathbb{Z}$ 不包含代数数.

（2）对每个 $\alpha \in A (\alpha \neq 0)$，存在一个 $\beta \in A (\beta \neq 0)$ 使得 $\alpha\beta \in \mathbb{Z}$.

设 M 是所有满足条件（1）和（2）且 $\mathbb{Z} < I < \mathbb{R}$ 的整域的集合，那么 M 满足 Zorn 引理的条件，因此它包含一个最大元素 J，我们将要证明：

（3）对每个 $\alpha \in J (\alpha > 0)$，存在元素 $\beta_1, \beta_2, \cdots, \beta_k \in J$ 以及 $\gamma_1, \gamma_2, \cdots, \gamma_k \in J$ 使得

$$\alpha \sum_{i=1}^{k} \beta_i^2 = \sum_{j=1}^{k} \gamma_j^2$$

事实上，设 $\alpha \in J$，$\alpha > 0$ 是任意的. 如果 α 是一个整数或 $\sqrt{\alpha} \in J$，那么命题平凡地成立. 现在设 $\alpha \in J \backslash \mathbb{Z}$，$\alpha \neq \beta^2 (\beta \in J)$，看整域 $J\sqrt{\alpha}$，它满足（2）. 如果 $\beta + \gamma \sqrt{\gamma} \neq 0 (\beta, \gamma \in J)$，那么有一个 $\delta \in J (\delta \neq 0)$ 使得 $\delta(\beta^2 - \gamma^2\alpha) \in \mathbb{Z}$ 成立（我们可以假设 $\beta^2 - \gamma^2\alpha \neq 0$，所以 $(\beta + \gamma\sqrt{\alpha})(\delta\beta - \delta\sqrt{\alpha}) \in \mathbb{Z}$）.

由于 $J \subsetneqq J[\sqrt{\alpha}]$ 且 $J \neq J[\sqrt{\alpha}]$，因此 J 的最大性蕴含 $J[\sqrt{\alpha}]$ 不可能满足（1），因此存在 $\beta, \gamma \in J$，$\gamma \neq 0$ 使 $\beta + \gamma\sqrt{\alpha}$ 是代数数，那就是说，存在一个多项式 $f(x) = \sum_{i=0}^{N} a_i x^i \in \mathbb{Z}[x]$ 使得 $f(\beta + \gamma\sqrt{\alpha}) = 0$，这样我们就有

100

$$f(\beta + \gamma \sqrt{\alpha}) = \sum_{i=0}^{N} a_i (\beta + \gamma \sqrt{\alpha})^i = C + D \sqrt{\alpha}$$

其中 C 和 D 是关于 α, β 和 γ 的整系数多项式,因此 $C, D \in J$. 如果 $D = 0$,那么 $C = 0$,因此 $f(\beta - \gamma \sqrt{\alpha}) = C - D \sqrt{\alpha} = 0$,即 $\beta - \gamma \sqrt{\alpha}$ 也是代数数. 这蕴含 $\gamma \sqrt{\alpha}$,因此 $\gamma^2 \alpha$ 都是代数数,根据(1)就得出 $\gamma^2 \alpha = n$ 是一个整数,因而命题(3)对 α 成立. 另一方面,如果 $D \neq 0$,那么 $C + D \sqrt{\alpha} = 0$ 蕴含 $\alpha D^2 = C^2$,因此命题(3)再次满足.

现在我们证明 J 满足问题的要求. 设 ϕ 是 J 的非平凡的自同态. 显然, $\phi(1) = 1$,因此对于每个 $n \in \mathbb{Z}$ 成立 $\phi(n) = n$. 如果 $\alpha \in J (\alpha \neq 0)$,则(2)蕴含 $\phi(\alpha) \neq 0$. 如果 $\alpha > 0$,那么容易从(3)中推出 $\phi(\alpha) > 0$,这说明 ϕ 是保序的. 但是那样 ϕ 只能是恒同,易于验证如果我们能用保持运算的方式把 ϕ 扩展到 J 的商域并且看出这样 ϕ 就成了一个固定所有有理数不变的保序映像.

解答 2

我们证明整域

$$J = \mathbb{Z}\left[x, \frac{1}{x}, \frac{1}{x+3}, \frac{1}{x+10}\right]$$

满足问题的要求. $J \backslash \mathbb{Z}$ 的元素显然是超越的,因此我们只需证明 J 没有非平凡的自同构即可. J 显然是形如 $\dfrac{f(x)}{x^k (x+3)^n (x+10)^m}$ 的有理函数的集合,其中 $f(x) \in \mathbb{Z}[x]$ 并且 $k, n, m \geq 0$. 这说明 J 的可逆元素恰好是形如 $\varepsilon x^k (x+3)^n$ $(x+10)^m$ 的元素,其中 $\varepsilon = \pm 1$,而 k, n, m 是任意整数. 设 ϕ 是 J 的自同态. 如果 ϕ 不恒等于零,则 $\phi(1) = 1$,所以可逆元素的像是可逆的. 这蕴含

$$\phi(x) = \varepsilon_1 x^{k_1} (x+3)^{n_1} (x+10)^{m_1} \tag{1}$$

$$\phi(x+3) = \varepsilon_2 x^{k_2} (x+3)^{n_2} (x+10)^{m_2} = \phi(x) + 3 \tag{2}$$

$$\phi(x+10) = \varepsilon_3 x^{k_3} (x+3)^{n_3} (x+10)^{m_3} = \phi(x) + 10 \tag{3}$$

其中 $\varepsilon_i = \pm 1$,而 k_i, n_i, m_i 是适当的整数 $(i = 1, 2, 3)$. 如果 $k_1 < 0$,那么式(1)和式(2)蕴含 $k_2 = k_1$(式(2)的右边在 0 处有一个 $-k_1$ 阶的极点,因此左边也必须在 0 处有一个 $-k_1$ 阶的极点),这给出

$$\varepsilon_2 x^{k_2} (x+3)^{n_2} (x+10)^{m_2} = \varepsilon_1 (x+3)^{n_1} (x+10)^{m_1} + 3x^{-k_1} \tag{4}$$

101

把 $x = 0$ 代入式(1) ~ (3) 就得出

$$\varepsilon_2 3^{n_2} 10^{m_2} = \varepsilon_1 3^{n_1} 10^{m_1}$$

由此就得出 $\varepsilon_1 = \varepsilon_2, n_1 = n_2, m_1 = m_2$. 但是根据式(4)可知这不可能. 因此必须 $k_1 \geqslant 0$. 类似地得出 $k_i \geqslant 0, n_i \geqslant 0$ 和 $m_i \geqslant 0(i = 1, 2, 3)$.

如果 $n_1 > 0$, 那么在式(3)中令 $x = -3$ 就得出 $n_3 = 0$ 以及 $\varepsilon_3 \cdot (-3)^{k_3} \cdot 7^{m_3} = 0$, 这显然是不可能的, 因此 $n_1 = 0$. 类似地得出 $m_1 = 0$. 我们不可能有 $k_1 = 0$, 由于那样就会得出 $\phi(x) = \varepsilon_1$, 因而 $\phi(x + 3) = 2$ 或 4, 这与式(2)矛盾, 因此 $k_1 > 0$. 在式(2)中令 $x = 0$ 就得出 $k_2 = 0$ 以及 $\varepsilon_2 \cdot 3^{n_2} \cdot 10^{m_2} = 3$. 这给出 $\varepsilon_2 = 1, n_2 = 1$ 和 $m_2 = 0$. 因此

$$\phi(x + 3) = x + 3 = \phi(x) + 3$$

即

$$\phi(x) = x$$

由此就得出对所有的 $a \in J$ 成立 $\phi(a) = a$, 这正是我们要证的结果.

问题 A.26 设 $p > 5$ 是一个素数. 证明 p 次分圆域中的每个代数整数都可表示成这个域中的所有代数整数组成的环的不同的单位之和.

解答

令 $\zeta = e^{\frac{2\pi i}{p}}$ 并用 $K_p = \mathbb{Q}(\zeta)$ 表示 p 次分圆域. 众所周知, $1 + \zeta, 1 + \zeta^2, \cdots, 1 + \zeta^{p-1}$ 和 ζ 是 K_p 中的单位, 因此 $\varepsilon_1 = (\zeta + \zeta^{-1})^2$ 和 $\varepsilon_2 = -(\zeta + \zeta^{-2})$ 也是单位, 此外还有

$$\varepsilon_1 + \varepsilon_2 = 2 \tag{1}$$

我们证明 ε_1 和 ε_2 是独立的, 那就是说不存在不同时为零的有理整数 a 和 b, 使得

$$\varepsilon_1^a \varepsilon_2^b = 1 \tag{2}$$

假设不然, 设 $4a = a', -2b = b'$. 从式(2)得出

$$(\zeta + \zeta^{-1})^{a'} = -(\zeta^2 + \zeta^{-2})^{b'} \tag{3}$$

设 d 表示使得 $2^d \equiv 1 \pmod{p}$ 成立的最小的正整数, 则显然 $3 \leqslant d \leqslant p - 1$. 众所周知 K_p 是 $\mathbb{Q}$ 的正规扩张, 且 K_p 的自同构由 $\zeta \to \zeta^i (i = 1, 2, \cdots, p - 1)$ 确定. 对式(3)反复应用自同构 $\zeta \to \zeta^2$ 就得出

$$(\zeta^2 + \zeta^{-2})^{a'} = (\zeta^{2^2} + \zeta^{-2^2})^{b'}$$

$$(\zeta^{2^2} + \zeta^{-2^2})^{a'} = (\zeta^{2^3} + \zeta^{-2^3})^{b'}$$

$$\vdots$$

$$(\zeta^{2^{d-1}} + \zeta^{-2^{d-1}})^{a'} = (\zeta^{2^d} + \zeta^{-2^d})^{b'} = (\zeta + \zeta^{-1})^{b'} \qquad (4)$$

式(3)和式(4)蕴含

$$(\zeta + \zeta^{-1})^{a'd - b'd} = 1$$

如果 $a'^d \neq b'^d$,那么 $\zeta + \zeta^{-1}$ 是单位根. 但是 $\zeta + \zeta^{-1}$ 是一个实数,因此它是单位根的唯一方式只能是它等于 1 或 – 1. 但是这将蕴含 ζ 是 6 次或 3 次单位根,这是不可能的. 因此必有 $a'^d = b'^d$,因而有 $a' = \pm b' \neq 0$. 但是式(3)蕴含

$$[(\zeta + \zeta^{-1})(\zeta^2 + \zeta^{-2})]^{a'} = 1 \qquad (5)$$

或

$$\left(\frac{\zeta + \zeta^{-1}}{\zeta^2 + \zeta^{-2}}\right)^{a'} = 1 \qquad (6)$$

但是在式(5)和式(6)的左边都是一个实数的幂,其指数 $a' \neq 0$. 这样一个实数的幂等于 1 的充分必要条件是这个实数本身等于 1 或 – 1,然而这将蕴含 ζ 是 $\mathbb{Z}[x]$ 中的次数至多是 6 的多项式的根,它不可能是 7 次分圆多项式的根,这就说明 ε_1 和 ε_2 确实是独立的.

正如我们所熟知的那样,$\zeta_1 = 1, \zeta_2 = \zeta, \cdots, \zeta_{p-1} = \zeta^{p-2}$ 构成 K_p 的一组整数基,这表示,每个 K_p 中的代数整数都可表示成这些单位根的整系数线性组合. 因此每个 K_p 中的代数整数都可表示成形如 $\pm \zeta_k \varepsilon_1^j \varepsilon_2^i (1 \leq k \leq p - 1, i, j \in \mathbb{Z})$ 的单位之和,而且从前面的观察可知这些单位是两两不同的.

现在设 α 是 K_p 中的一个任意的代数整数,并且设

$$\alpha = \sum_{i=l}^{m} \sum_{j=n}^{q} \sum_{k=1}^{p-1} a_{ijk} \zeta_k \varepsilon_1^j \varepsilon_2^i \qquad (7)$$

其中 $a_{ijk}, l, m, n, q \in \mathbb{Z}$. 我们可以假设 $a_{ijk} \neq 0$ 以及表达式(7)使得值

$$M = \sum_{i,j,k} |a_{ijk}| \qquad (8)$$

是最小的.

对 M 使用归纳法,我们可以证明

$$\alpha = \sum_{i=l}^{r} \sum_{j=n}^{s} \sum_{k=1}^{p-1} a'_{ijk} \zeta_k \varepsilon_1^j \varepsilon_2^i$$

其中 $r, s \in \mathbb{Z}$，$a'_{ijk} = -1, 0$，或 1. 对 $M = 1$，这是平凡的. 假设对于 $M \geq 2$ 上述命题成立，因而对所有上式中的 α 有

$$\sum_{i,j,k} |a_{ijk}| < M$$

设 α 是 K_p 中的一个代数整数，它可以表示成形式 (7) 并且具有性质 (8)（如果那种元素存在）. 根据 (1)，显然有

$$2\zeta_k \varepsilon_1^j \varepsilon_2^i = \zeta_k \varepsilon_1^{j+1} \varepsilon_2^i + \zeta_k \varepsilon_1^j \varepsilon_2^{i+1} \tag{9}$$

对 (7) 反复应用 (9)，任何使得 $\sum_{i,j,k} |a_{ijk}| \geq 2$ 的项最终将化为 $-1, 0$，或 1. 此外根据 M 的最小性可知 $\sum_{i,j,k} |a_{ijk}|$ 在反复应用 (9) 的过程中始终保持不变，因此经过有限步之后，我们就可把 α 表示成

$$\alpha = \sum_{j=n}^{t} \sum_{k=1}^{p-1} a'_{ljk} \zeta_k \varepsilon_1^j \varepsilon_2^l + \sum_{i=l+1}^{u} \sum_{j=n}^{v} \sum_{k=1}^{p-1} b_{ljk} \zeta_k \varepsilon_1^j \varepsilon_2^i \tag{10}$$

其中 $b_{ijk}, t, u, v \in \mathbb{Z}$，而 $a'_{ljk} = -1, 0$，或 1. 此外

$$\sum_{j,k} |a'_{ljk}| + \sum_{i,j,k} |b_{ijk}| = M$$

以及

$$\sum_{j,k} |a'_{ijk}| \geq 1$$

因此我们可对 (10) 中的第二项应用归纳法假设，这就完成了证明.

问题 A.27 设有限无向图 $X = (P, E)$ 的自同构群同构于 (8 阶) 四元群. 证明 X 的邻接矩阵至少具有一个重数至少为 4 的特征根.（设 $P = \{1, 2, \cdots, n\}$ 是图 X 的顶点集. 边集 E 是 P 的所有元素的无序对的集合的子集. X 的自同构群由所有 P 的那些将边映射为边的排列组成. 邻接矩阵 $M = (m_{ij})$ 是一个 $n \times n$ 的 $0 - 1$ 矩阵，其中如果 $\{i, j\} \in E$，则 $m_{ij} = 1$，否则 $m_{ij} = 0$.）

解答

设 π 是集合 P 的置换，而 A_π 是对应的置换矩阵，即如果 $i\pi = j$，则令 $a_{ij} = 1$，否则是 0. 我们看出 A_π 是一个正交矩阵，即 $A_\pi^T = A_\pi^{-1}$. 我们也易于看出 $A_\pi^{-1} M A_\pi$ 的第 i 行第 j 列的元素恰是 $m_{i\pi, j\pi}$. 这表示

(1) $\pi \in Aut(X) \Leftrightarrow A_\pi^{-1} M A_\pi = M$；

我们还需要知道下面的众所周知的(也是平凡的)事实：

(2) 如果 $AB = BA$(A 和 B 都是 $n \times n$ 矩阵)，那么属于 B 的某个特征值的子空间("特征子空间")是 A 的不变子空间．

设 M 的在 $\mathbb{R}^n$ 中的特征子空间是 $V_1, \cdots, V_s$，$\dim V_i = n_i$．又设子空间 V_i(关于通常的数量积)是两两正交的，并且它们的直和是 $\mathbb{R}^n$(这可从 M 是实对称矩阵得出)．因此，应用(2)我们看出与 M 可交换的正交矩阵的群是群 $O(V_1) \times \cdots \times O(V_s)$ 的子群．(其中 $\times$ 表示直积，$O(V)$ 表示 Euclid 空间 V 的正交变换群，以后 $O(k)$ 将表示 $k \times k$ 实正交矩阵群) 由(1)可知 $Aut(X)$ 同构于群 $O(n_1) \times \cdots \times O(n_s)$ 的子群．由于 $O(1) < O(2) < O(3)$ 只需证明以下命题即可：

(3) 四元数群不与 $O(3) \times \cdots \times O(3)$ 的任何子群同构．为了证明这一点，假设四元数群 $H = \{\pm 1, \pm i, \pm j, \pm k\}$ 可以嵌入 $O(3) \times \cdots \times O(3)$，即存在一个映射

$$f:H \to O(3) \times \cdots \times O(3)$$

设 p_r 表示群 $O(3) \times \cdots \times O(3)$ 到 $O(3)$ 的第 r 个投影．现在 $f_r = f \circ p_r$：$H \to O(3)$ 是一个同态．我们断言下面的：

(4) 任何同态 $h:H \to O(3)$ 的核包含 $-1 \in H$．这蕴含(3)，由于对所有的 r，这给出 $-1 \in Ker f_r$，因此 $-1 \in Ker f$，这证明 f 不可能是一个单射．为了证明(4)，让我们回顾一下 $O(3)$ 的有限子群的全部列表：

(5) $O(3)$ 的有限子群同构于

$$A_5 \times Z_2, S_4 \times Z_2, A_4 \times Z_2, Z_n \times Z_2, D_n \times Z_2, A_5, S_4, A_4, D_n, Z_n$$

其中 A_t 表示阶数为 t 的交替群，S_t 表示阶数为 t 的对称群，Z_t 表示阶数为 t 的循环群，D_t 表示阶数为 t 的二面体群(因而阶数为 $2t$)．(见 H. S. M. Coxeter，Introduction to Geometry，Wiley，New York，1969，Table III)

(6) 结论：$O(3)$ 没有同构于 H 的子群．因此 $h:H \to O(3)$ 不可能是一个嵌入．因此 $Ker h$ 含有一个不同于恒同的 $x \in H$．但是那样 x 或者 x^2 就要等于 -1，由此就得出必须 $-1 \in Ker h$．

这就完成了证明．

问题 A.28　对一个分配格 L,考虑下面两个命题:

(1)L 的每个理想都至少是两个不同的同态的核.

(2)L 不含极大理想.

问上述的两个命题哪个蕴含另一个?

(L 的每个同态 ϕ 都在 L 上诱导出一个等价关系:$a \sim b$ 的充分必要条件是 $a\phi = b\phi$. 那就是说,如果两个同态蕴含同样的等价关系,我们就认为它们是相同的.)

解答

(1) 蕴含(2). 假设 L 包含一个最大理想 M. 又设我们有一个同态 φ,其核等于 M. 我们将证明由 φ 得到的 $L\backslash M$ 的像是一个单点. 由于我们也知道在 φ 所引出的等价关系下,M 的所有元素是等价的,并且 $L\backslash M$ 的任何元素都不等价于 M 的元素,我们就得出至多有一个核为 M 的同态. 设 a 和 b 是 $L\backslash M$ 的两个元素. 下面对由 M 和 a 生成的理想 (M,a) 的描述是众所周知的

$$(M,a) = \{x \in L \mid \exists m \in M : x \le a \vee m\}$$

根据 M 的最大性可知 $(M,a) = L$. 因此对某个元素 $m \in M$ 就有 $b \le a \vee m$,因此 $b\varphi \le a\varphi \vee m\varphi = a\varphi$,类似的有 $a\varphi \le b\varphi$,因此就得出我们开始断言的 $a\varphi = b\varphi$.

(2) 不蕴含(1). 我们构造如下的反例.

$$L = \{V \mid V \subseteq \mathbb{R} \text{ 有限}\} \cup \{(-\infty, x] \cup V \mid x \in \mathbb{R}, V \subseteq \mathbb{R} \text{ 有限}\}$$

L 上的运算应该是集合论的并和交. 按照这种看法 L 是 $\mathbb{R}$ 子集的格的一个子格,因此 L 是分布式的. 我们断言它没有最大理想,但另一方面,理想 $\{\emptyset\}$ 是一个单个同态的核.

设 J 是 L 的真理想,那么不是所有形如 $(-\infty, x]$ 的半直线都能出现在 J 中,因为否则 $\mathbb{R}$ 的所有有限子集都将是 J 的元素,这就迫使 $J = L$,所以必有一个 $x \in \mathbb{R}$ 使得 $(-\infty, x] \notin J$,这当然蕴含对所有的 $y \ge x$ 有 $(-\infty, y] \notin J$,所以理想

$$J^* = \{(-\infty, z] \cup V \mid z \le x, V \subseteq \mathbb{R} \text{ 有限}\} \cup \{V \mid V \subseteq \mathbb{R} \text{ 有限}\}$$

是一个包含 J 的真理想. 因此,J 不是最大理想.

为了证明其他的断言,设 φ 是核为 $\{\emptyset\}$ 的同态. 我们证明 φ 是一个单同态,这表示由 φ 所导出的等价关系使得每个元素仅与其自身等价. 这与(1)矛盾. 反过来,设 $a, b \in L, a \neq b$,但是 $a\varphi = b\varphi$. 由于 a 和 b 的对称差是非空的,所以存在一个 $p \in \mathbb{R}$ 使得例如 $p \in a$,但 $p \notin b$. 这蕴含

$$\{p\}\varphi = (\{p\} \wedge a)\varphi = \{p\}\varphi \wedge a\varphi = \{p\}\varphi \wedge b\varphi = (\{p\} \wedge b)\varphi = \emptyset\varphi = 0$$

这与 $\mathrm{Ker}\,\varphi = \{\emptyset\}$ 矛盾,因而 φ 确实是一个单同态.

问题 A.29 设 $\mathcal{V}$ 是一族幺半群的集合,但是 $\mathcal{V}$ 的成员并不都是群. 证明如果 $A \in \mathcal{V}$ 并且 B 是 A 的子幺半群,那么存在幺半群 $S \in \mathcal{V}$ 和 C 以及满同态 φ: $S \to A, \varphi_1: S \to C$ 使得 $C((e)\varphi_1^{-1})\varphi = B$(其中 e 是 C 的单位元).

解答

取 $D \in \mathcal{V}, D$ 不是群,那么存在一个元素 $x \in D$ 不是可逆的. x 的正整数幂和恒等元构成 D 的子幺半群,前面描述这个子幺半群的二分关系是一个它上面的同余关系. 取自然同态,我们看出族 $\mathcal{V}$ 包含幺半群 $E = \{f, g\}$ $(f \neq g)$,其上的运算由

$$f \cdot f = f, \quad f \cdot g = g \cdot f = g, \quad g \cdot g = g$$

定义.

考虑集合

$$S = \{(a, g) \mid a \in A\} \cup \{(b, f) \mid b \in B\}$$

关于幺半群 A 和 E 的直积 $A \times E$,我们有

$$(a_1, g)(a_2, g) = (a_1 a_2, g), \quad (b_1, f)(b_2, f) = (b_1 b_2, f)$$

$$(a_1, g)(b_1, f) = (a_1 b_1, g) \quad (a_i \in A, b_i \in B)$$

所以 S 实际上是 $A \times E$ 的子幺半群,并且 $S \in \mathcal{V}$. 我们同时看出定义 S 的两个集合给出了 S 上的同余关系. 设 φ_1 是关于这个同余的自然同态,并用 C 表示 S 的像. 显然,S 的被映到 C 的单位的元素的集合就等于 $\{(b, f) \mid b \in B\}$.

如果我们用 φ 表示一个有序对到它的第一个分量的投影,我们看出 $\varphi: S \to A$ 是一个满同态,并且我们有 $\{(b, f) \mid b \in B\}\varphi = B$. 证明完成.

问题 A.30 对 n 维 Euclid 空间中的所有行列式等于 1 的正交变换群 $SO(n)$ 的哪些值 n,群 $SO(n)$ 具有封闭的正规子群?(称 $G \leqslant SO(n)$ 是正规的,

如果对单位球面上的任意 x,y，存在 $\varphi \in G$ 使得 $\varphi(x) = y$.）

解答

答案是当且仅当 $n = 2$ 或 $n = 4$ 时存在这种子群，即对于 $n = 2$ 是群 $SO(2)$ 本身，而对于 $n = 4$ 是用 $Sp(1)$ 表示的辛群，这个群我们可通过绝对值为 1 的四元数的乘法得出.

我们证明问题没有其他的解. 对于奇数 n，$SO(n)$ 肯定不包含正规子群，因为这时，$SO(n)$ 中每个变换 φ 有一个不动的向量.

因此我们可假设 n 是一个偶数，$n = 2m$. 这时，对于每个 $\varphi \in G$（G 是问题中的子群），空间 $\mathbb{R}^{2m}$ 可分解成 m 个关于 φ 不变的两两正交的二维子空间的直和：$\mathbb{R}^{2m} = h_1 \oplus \cdots \oplus h_m$. 显然，在每个子空间 h_i 上，φ 引导出一个角度为 α_i 的旋转 φ_i.

下面我们证明两个引理.

引理 1 对于每个 $\varphi \in G$，存在一个 Jordan 分解 $\mathbb{R}^{2m} = h_1 \oplus \cdots \oplus h_m$ 使得 $\alpha_1 = \cdots = \alpha_m$.

引理 1 的证明 G 有一个一维子群 Φ 使得 $\varphi \in \Phi$（这是众所周知的）. 同样众所周知的是，存在一个元素 $g \in \Phi$，它的幂在 Φ 中是稠密的. 设 $\mathbb{R}^{2m} = h_1 \oplus \cdots \oplus h_m$ 是 g 的 Jordan 的分解，g 在 h_i 上的限制为 g_i，那么 g_i 是一个在 h_i 上角度为 β_i 的旋转. 在 β_i 中至少有一个 β_i 是 2π 的无理倍数，因此每个其他的 β_j 也都是 2π 的无理倍数；否则对于某个 k，$g^k \neq id$ 将在 h_i 上有一个不动的元素. 这就得出 Φ 在 h_i 上的限制 Φ_i 对所有的 i 都是群 $SO(2)$. 让我们考虑群同态 $\lambda: \Phi_i \to \Phi_j$，它把每个元素 $g_i^* \in \Phi_i$（其中 $g^* \in \Phi$）映到 $g_j^* \in \Phi_j$. 因此根据 G 的正规性和紧致性，λ 是连续的和 $1 - 1$ 的. 所以它导出一个拓扑群 $SO(2)$ 的自同构. 但是只有两个这样的自同构：恒同和（把 $SO(2)$ 等同于 $\mathbb{C}$ 上的单位圆）共轭. 这些自同构将角度为 α 的旋转映射到角度为 α 的旋转. 因此利用 $\lambda(\varphi_i) = \varphi_j$，我们就得出 $\alpha_i = \alpha_j$，这正是我们要证明的.

由这个引理立即得出：

引理 2 如果某个 $\varphi \in G$ 将一个单位向量映射到一个正交于它的向量，那么 $\varphi^2 = -id$ 并且 φ 把任何其他的向量 y 映射到与它正交的向量；此外，向量 y，

108

$\varphi(y)$ 生成一个关于 φ 不变的平面.

引理 2 的证明 设 $\mathbb{R}^{2m} = h_1 \oplus \cdots \oplus h_m$ 是一个直和分解,其存在性已由引理 1 证明. 设 x 正交于 $\varphi(x)$ 并且 $x = x_1 + \cdots + x_m, \varphi(x) = \varphi(x_1) + \cdots + \varphi(x_m)$ 是关于 φ 的 Jordan 分解. 考虑内积 $(x, \varphi(x)) = \sum_{i=1}^{m} (x_i, \varphi(x_i)) = 0$, 引理 1 保证对所有的项 $(x_i, \varphi(x_i)) \geq 0$, 因此必须对所有的项成立 $(x_i, \varphi(x_i)) = 0$. 因而, 引理 1 蕴含在每个子空间 h_i 上, φ 旋转角度 $\frac{\pi}{2}$. 从这个命题立即得出要证的引理.

现在本题的答案可由下面的命题得出:

命题 如果群 $SO(2m)(2m \geq 4)$ 有一个封闭的正规子群 G, 则 $2m = 4$(此外 G 是 $SO(3)$ 即 $Sp(1)$ 的通有的覆盖群.)

证明 设 e_0, e_1 是两个任意的正交的单位向量, $\varphi_1 \in G$ 是使得 $\varphi_1(e_0) = e_1$ 的元素组成的群, e_2 是正交于由 e_0 和 e_1 生成的平面的单位向量, $e_3 = \varphi_1(e_2)$. 由引理 2 可知向量 e_0, e_1, e_2, e_3 是两两正交的(正交于一个不变子空间的子空间本身也是不变的). 用 $\varphi_i \in G$ 表示使得 $\varphi_i(e_0) = e_i$ 的元素组成的群, 那么成立以下式子

$$\varphi_1^2 = -\mathrm{id}, \varphi_2^2 = -\mathrm{id}, \varphi_3^2 = -\mathrm{id}$$

$$\varphi_1\varphi_2 = -\varphi_2\varphi_1 = \varphi_3, \varphi_1\varphi_3 = -\varphi_3\varphi_1 = -\varphi_2, \varphi_2\varphi_3 = -\varphi_{32} = \varphi_1$$

最后一行中的式子 $\varphi_i\varphi_j = -\varphi_j\varphi_i$ 可立即从关系式 $(\varphi_i\varphi_j)^2 = -\mathrm{id}$ 得出. 对 $2m = 4$ 的情况的证明完成.

以下我们将证明 $2m > 4$ 的情况不可能发生. 假设 $2m > 4$, 并设 K 是由 e_0, e_1, e_2, e_3 生成的子空间. 选择一个正交于 K 的单位向量 e_4 并定义 $e_5 = \varphi_1(e_4)$, $e_6 = \varphi_2(e_4), e_7 = \varphi_3(e_4)$, 那么向量 e_4, e_5, e_6, e_7 是两两正交的并生成了一个子空间 K^*, K^* 是正交于 K 的, 因此向量 $e_0, e_1, \cdots, e_7$ 是一组正交的单位向量系. 用 $\varphi_i \in G$ 表示使得 $\varphi_i(e_0) = e_i(i = 0, 1, \cdots, 7)$ 的元素所组成的群, 那么变换 φ_i 有下面的乘法表:

	φ_0	φ_1	φ_2	φ_3	φ_4	φ_5	φ_6	φ_7
φ_0	id	φ_1	φ_2	φ_3	φ_4	φ_5	φ_6	φ_7
φ_1	φ_1	$-\,$id	φ_3	$-\varphi_2$	φ_5	$-\varphi_4$	φ_7	$-\varphi_6$
φ_2	φ_2	$-\varphi_3$	$-\,$id	φ_1	φ_6	$-\varphi_7$	$-\varphi_4$	φ_5
φ_3	φ_3	φ_2	$-\varphi_1$	$-\,$id	φ_7	φ_6	$-\varphi_5$	$-\varphi_4$
φ_4	φ_4	$-\varphi_5$	$-\varphi_6$	$-\varphi_7$	$-\,$id	φ_1	φ_2	φ_3
φ_5	φ_5	φ_4	φ_7	$-\varphi_6$	$-\varphi_1$	$-\,$id	φ_3	$-\varphi_2$
φ_6	φ_6	$-\varphi_7$	φ_4	φ_5	$-\varphi_2$	$-\varphi_3$	$-\,$id	φ_1
φ_7	φ_7	φ_6	$-\varphi_5$	φ_4	$-\varphi_3$	φ_2	$-\varphi_1$	$-\,$id

从这个乘法表可得出以下恒等式

$$(\varphi_4\varphi_5)\varphi_6 = (\varphi_4\varphi_1\varphi_4)\varphi_6 = (-\varphi_4\varphi_4\varphi_1)\varphi_6 = \varphi_1\varphi_6$$

$$= \varphi_1(\varphi_2\varphi_4) = (\varphi_1\varphi_2)\varphi_4 = \varphi_3\varphi_4 = \varphi_7$$

$$\varphi_4(\varphi_5\varphi_6) = \varphi_4(\varphi_1\varphi_4\varphi_2\varphi_4) = \varphi_4(-\varphi_1\varphi_2\varphi_4\varphi_4)$$

$$= \varphi_4(\varphi_1\varphi_2) = \varphi_4\varphi_3 = -\varphi_3\varphi_4 = -\varphi_7$$

这与乘法结合律矛盾,这就说明不可能发生 $2m > 4$ 的情况.

问题 A.31　在一个格中,只要 a 和 b 是不可比较的,就在元素 $a \wedge b$ 和 $a \vee b$ 之间连一条边,证明在这样所得到的图中每一个连通分支都是一个子格.

解答

我们用 $a \sim b$ 表示元素 a 和 b 属于图的同一个连通部分. 本题就是要证明只要 $b_1,\cdots,b_n$ 是图中的一条路径,就有 $b_1 \sim b_1 \vee b_n$,这反过来又得出 $b_1 \vee b_{n-1} \sim b_1 \vee b_n$. 我们还用 $x \parallel y$ 表示两个元素 x 和 y 是不可比较的. 我们首先证明下面的引理.

引理　设 $x \parallel y, a = x \vee y, b = x \wedge y, z$ 是任意的. 那么,下面两种情况之一成立.

(1) $a \vee z \sim b \vee z$.

(2) a,b,z 之一 $\sim a \vee z$,同时 a,b,z 之一 $\sim b \vee z$.

由这个引理就可证明本题的结论. 在 $b_{n-1} = x \vee y$ 并且 $b_n = x \wedge y$ 的情况下,我们可以对 $a = b_{n-1}, b = b_n, z = b_1$ 应用引理. 如果发生情况(1),证明立即结束,而如果发生情况(2),我们就得出 b_1, b_{n-1}, b_n 之一 $\sim b_1 \vee b_n$,这足以推出结论. 对 $b_{n-1} = x \wedge y$ 并且 $b_n = x \vee y$ 的情况,证明类似.

我们将分 6 步证明引理.

1. 如果 $a > z$ 或 $a < z$,那么 $a \vee z = a$ 或 z,因此第一部分的(2) 成立.

2. 设 $a \not\leq z \vee y$,那么 $x \parallel z \vee y$,由于 $x \geq z \vee y$ 将蕴含 $x \geq y$,而在 $x \leq z \vee y$ 的情况下我们将有 $a = x \vee y \leq z \vee y$. 因此 $a \vee z = x \vee y \vee z > x \wedge (y \vee z)$. 根据 $x \wedge a = x$,我们可以进一步得出 $x \wedge (y \vee z) = x \wedge (a \wedge (y \vee z)) < x \vee (a \wedge (y \vee z))$,由此立刻得出 $x \parallel a \wedge (z \vee y)$. 为证明后一命题,首先设 $x \leq a \wedge (z \vee y)$,那么根据 $y \leq a \wedge (z \vee y)$,我们就有 $a = x \vee y \leq a \wedge (z \vee y)$. 这与开始的假设矛盾. 另一方面,如果 $x \geq a \wedge (z \vee y)$,那么 $y \leq a \wedge (z \vee y)$,这蕴含 $y \leq x$,这不是我们讨论的情况.

由于 $x, a \wedge (y \vee z) \leq a$ 和 $a \wedge (z \vee y) \geq y$,所以 $x \vee (a \wedge (y \vee z)) = a$,因而 $x \vee (a \wedge (y \vee z)) \geq x \vee y = a$,这样就得出 $a \sim a \vee z$.

$a \not\leq z \vee x$ 的情况可以类似处理.

3. 因此我们可以假设 $a \leq z \vee x, a \leq z \vee y$ 以及 $a \parallel z$. 因而 $x \leq z \vee y$,这蕴含 $z \vee a = z \vee y$,类似的有 $z \vee a = z \vee x$,因而有 $z \vee x = z \vee y = z \vee a$. 我们可以进一步假设 $x \parallel z$ 和 $y \parallel z$. (假设 $x \leq z$ 会给出 $a \vee z = y \vee z \sim a$,矛盾. $y \leq z$ 的情况是类似的. 在 $x \geq z$ 或 $y \geq z$ 的情况下,我们得出 $a \geq z$,再次得出矛盾.)

现在设 $z \parallel (z \vee b) \wedge a$,这蕴含

$$z \vee a \sim z \wedge a = ((z \vee b) \wedge z) \wedge a = ((z \vee b) \wedge a) \wedge z$$
$$< ((z \vee b) \wedge a) \vee z = z \vee b$$

由于最后一个等式,$\leq$ 成立是显然的,而由 $b \leq (z \vee b) \wedge a$,我们得出另一个方向的不等式,因此最终我们得出等式 $z \vee a = z \vee b$.

那么关于 z 和 $(z \vee b) \wedge a$ 是什么关系我们能说什么呢?首先,我们可以排除 $z \leq (z \vee b) \wedge a \leq a$,因此 z 和 $(z \vee b) \wedge a$ 可比较仅在 $z > (z \vee b) \wedge a \geq$

b,因而 $z = z \vee b$ 可能发生.

4. 因而,我们可以假设 $z = z \vee b, z \vee x = z \vee y = z \vee a$. 如果我们有 $z \wedge x = b$,我们将得出 $z \vee a = z \vee x > z \wedge x = b$,这给出 $z \vee a \sim b$. 情况 $z \wedge y = b$ 是类似的.

5. 在其余情况下,设 $t = ((x \wedge z) \vee (y \wedge z))$,那么由于 $z \geq t$ 和 $z \wedge x \leq t$,所以 $z \vee a = z \vee x > z \wedge x = x \wedge t$. 由于 $x \leq t \leq z$ 将蕴含 $x \leq z$ 和 $x \geq t$,这又蕴含 $x \wedge y \geq y \wedge z > b$,而这是不可能的,因此我们当然有 $x \parallel t$. 因此就得出 $x \wedge t < x \vee t = x \vee (y \wedge z)$. 由于 $x \leq y \wedge z \leq y$ 是不可能的,因此我们有 $x \parallel y \wedge z$. 而 $x \geq y \wedge z$ 给出 $x \wedge y \geq y \wedge z > b$,矛盾.

因此最后由于 $b \leq z$ 我们得出 $x \vee (y \wedge z) > x \wedge (y \wedge z) = b$,这给出 $a \vee z \sim b$.,即引理中涉及 $a \vee z$ 的部分.

6. 现在让我们处理关于 $b \vee z$ 的命题. 在 $b > z$ 或 $b < z$ 的情况下,我们有 $b \vee z = b, z$,否则 $b \vee z > b \wedge z$,然后对对偶格应用已经证明了的命题,我们得出 $b \wedge z \sim a, b, z$ 之一,或 $b \wedge z \sim a \wedge z$. 在 $a > z$ 或 $a < z$ 的情况下,我们有 $a \wedge z \sim a, z$,而在 $a \parallel z$ 的情况下,利用 $a \vee z > a \wedge z$ 我们得出 $a \vee z \sim b \vee z$,这就最后结束了引理的证明.

问题 A.32 设 G 是对称群 S_{25} 的一个传递子群,但 $G \neq S_{25}$,$G \neq A_{25}$. 证明 G 的阶不能被 23 整除.

解答

假设 $23 \mid |G|$(译者注:前面的 $\mid$ 表示整除,而后面的 $\mid$ 与 G 和最右面的 $\mid$ 组成一个符号,$|G|$ 表示群 G 的势,即在势有限的情况下,表示群 G 的元素的个数),我们试图从这个假设开始得出矛盾. 用 $\mathrm{Stab}(x)$ 表示点 x 的稳定化子.

(译者注:群作用在一个集合上其实就是群中的每一个元素都对应这个集合自身的一个置换,只不过这个对应关系是和群结构相容. 比如设 g, h 是群中两个元素,它们分别在集合上的置换的复合,要等于 gh 这个元素在集合上的置换. 理解了这一点之后就不难看出如下定理成立:

设 X 是由 n 个元素构成的有限集,则群 G 在 X 上的作用与 G 的置换群 S_n 的同态 $1 - 1$ 对应.

112

所以有限群在有限集上的作用是有限的.

下面我们把群 G 作用的集合 X 叫作 G - 集合,对于 X 中的两个元素 x,y,如果存在 G 中的元素 g,使得 $gx = y$,那么我们就称它们在同一个轨道中. 你可以直观地想象成 x,y 在同一个轨道中,就是用一条线将它们连在了一起,g 就是这条线,于是集合 X 中的元素都可以通过这样的"线"彼此相连,或者不相连,不严谨地说,这些被连在一起的元素全体,就是 X 的一条轨道. 将 x 所在的轨道记为 Gx.

于是可以得出 X 在群的作用下被分成了若干条互不相交的轨道.

如果 X 内只有一条轨道,那么我们就称 X 是可迁的. 由上面的结论就可以知道,要研究 G - 集合,只要研究可迁的就可以. 显然,不需要区别同构的 G - 集合,两个 G - 集合同构的意思是它们之间存在保持群作用的双射. 下面我们引入稳定化子的概念. 定义 X 中元素 x 的稳定化子为 $S(x) = \{g \mid gx = x, g \in G\}$ (于是 x 的稳定化子就是 G 中使得 x 保持不动的那些元素的集合). 显然这是 G 的一个子群,对于稳定化子,我们有如下重要的结论(读者自己可以验证)

$$S(gx) = gS(x)g^{-1}$$

即同一个轨道中的元素的稳定化子都是共轭的,这个事实其实就是在告诉我们 G - 集合 X 应该和商群 $G/S(x)$ 是同构的. 同构映射为

$$\varphi:X \rightarrow G/S(x),y \rightarrow gS(x)$$

这样我们就弄清楚了所有可迁的 G - 集合都同构于 G 自然作用的一个商群. 至于一般的 G - 集合,就是一些可迁的 G - 集合的并. 这里不妨想一想一个有限群 G 能否可迁地作用于一个无限集合上. 由上面结论,我们就可以得到轨道长度、稳定化子的阶和群 G 的阶的关系. 现在我们来说一下群作用有什么用. 一般而言,对于不同的目的,我们会选取特殊的群作用来达到. 最常见的就是共轭作用于自己本身,这时群中一个元素的稳定化子就是其自己的中心,常见的还有作用于自己的左乘右乘. 举一个群作用应用的例子. 我们来证明 A_5 是单群,让其共轭作用于自己,则每一个轨道是它的一个共轭类,我们可以直接计算出每个轨道的长度,注意到一个群的正规子群必然是这个群的一些共轭类的并,所以如果 A_5 有正规子群,那么这个正规子群的阶一定是某几条轨道的长度

113

的和,同时还要是 A_5 的阶的因子. 而我们任取若干条轨道,它们的长度和都不能整除 A_5 的阶,所以 A_5 没有正规子群. 证明 A_5 没有正规子群也可以直接算,这里举这个例子只是说明群作用可以如何应用. 再比如我们可以用群作用来定义群代数上的模,群 G 在 K 向量空间上的线性作用和 KG 模是一一对应的,K 是一个域.)

通过传递性和我们的假设,所有的 Stab(x) 都是同构的,包含 23 个循环的置换群. 假设 Stab(x) 不是传递的,那么取 Stab(x) 的不动点 y,我们看出 Stab(y) 的不动点是 x. 这将给出 25 个点的配对,这是不可能的,所以 G 是 2 - 传递的,并且由于 Stab(x,y) 包含一个 23 - 循环,G 实际是 3 - 传递的. 我们已经看到,G 的 23 - 循环是起到传递作用的,所以我们可以把 G 作为它们生成的群. 那样我们就知道 $G \leqslant A_{25}$ 并且 G 是 3 - 传递的.

根据一个著名的定理(参见 H. Wielandt,Finite Permutation Groups,Academic Press, New York, 1964, 13.10),G 的阶不可能被 11 整除. 我们知道 Stab(x,y) 是素数阶的并且是传递的. 根据 Burnside 定理(Wielandt,7.3),它或者是 2 - 传递的或者同构于所有仿射映像 $z \to az + b$($z \to az + b$) 的群的一个子群.

在第一种情况下,G 是 4 传递的,因此它的阶数可以被 $25 \cdot 24 \cdot 23 \cdot 22$ 整除,因此可被 11 整除,这已经被排除在外,所以 Stab(x,y) 是一个阶为 $2 \cdot 11 \cdot 23$ 的群的子群. 再次排除 11,其 2 阶元素将具有 $z \mapsto -z + b$ 的形式,它是 11 个转置的乘积并且因此不可能被包含在 A_{25} 中. 因此,Stab(x,y) 的阶数只能是 23,G 的传递数的最佳数为 3(即 G 是 3 - 传递的但不可能是 2 - 传递的),但根据 Zassenhaus 定理(Wielandt,20.5),$25 - 1 = 24$ 必须是素数的幂,与事实矛盾.

问题 A.33 设 G 是一个有限群,而 K 是生成 G 的共轭类,证明下面两个命题等价.

(1)存在一个正整数 m,使得 G 的每个元素都可表示成 K 中的 m 个元素(不一定是不同的)的乘积.

(2)G 等于它的换位子群.

解答

(1)$\Rightarrow$(2)

考虑自然的同态 $\varphi: G \to G/G'$，由于对任意 $h, k \in K$，存在一个 $g \in G$ 使得 $k = g^{-1}hg$，我们有 $\varphi(h^{-1}k) = \varphi(h^{-1}g^{-1}hg) = 1$. 因而 K 被包含在余集 $hG' = \varphi(h)(h \in K)$ 中.

现在设 $g = h_1 \cdots h_m, g' = h'_1 \cdots h'_m (h_1 \cdots h_m, h'_1 \cdots h'_m \in K)$ 是 G 中的任意两个元素，根据上面的结论就有

$$\varphi(g) = \varphi(h_1) \cdots \varphi(h_m) = \varphi(h)^m = \varphi(h_1') \cdots \varphi(h_m') = \varphi(g')$$

换句话说，G/G' 中只有一个元素，即 $G = G'$.

$(2) \Rightarrow (1)$

设 $|G| = n$. 由于 $G = G'$，因此 G 的每个元素 g 都可以写成一个换位子的乘积

$$g = a_1^{-1}b_1^{-1}a_1 b_1 \cdots a_r^{-1}b_r^{-1}a_r b_r = a_1^{n-1}b_1^{n-1} \cdots a_r^{n-1}b_r^{n-1}a_r b_r \tag{1}$$

由于 K 生成 G 以及 K 的元素的逆可以换成它的 $(n-1)$ 次方，因此每个元素 $a_i, b_i (i = 1, \cdots, r)$ 可以被写成 K 的元素的乘积. 把这种表示代入 (1)，我们可以推导出存在一个自然数 k_g，使得 g 可以写成 K 中 $k_g \cdot n$ 个元素的乘积. 但是对任何 $k \geqslant k_g$，我们也可以简单地添加若干个 $h^n = 1 (h \in K)$ 类型的因子把 g 写成 K 中的 $k \cdot n$ 个元素的乘积. 设 $l = \max\{k_g \mid g \in G\}$，那么 G 的每一个元素都可以写成 K 中 $m = n \cdot l$ 个元素的乘积.

注记 在 $(2) \Rightarrow (1)$ 的证明中，我们仅用到 K 是 G 的生成子这一性质.

问题 A.34 考虑复数域 $\mathbb{C}$ 的所有代数闭子域构成的格，设它（关于 $\mathbb{Q}$）的超越度是有限的. 证明这个格不是一个模.

解答

对任何数集 $H \subseteq \mathbb{C}$，我们用 $A(H)$ 表示 $\mathbb{C}$ 的包含 H 的最小的代数闭域. 考虑一个在 $\mathbb{Q}$ 上代数无关的数组 $\alpha, \beta, \gamma_\xi (\xi < \omega_1)$. 由于可数数集的代数闭包仍然是可数的，因此那种数组是存在的. 我们将证明，对适当的 $\xi < \omega_1$，图 A.1 确实是 $\mathbb{C}$ 的代数闭域的子格的一个 Hasse 图，而这将解答我们的问题.

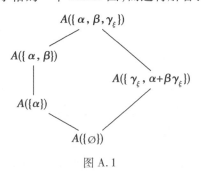

图 A.1

115

图中直线所连接的集合之间的包含关系是显然的,此外我们还有

$$A(A(\{\alpha\}) \cup A(\{\gamma_\xi, \alpha + \beta\gamma_\xi\})) = A(\{\alpha, \beta, \gamma_\xi\})$$

上式的右边显然包含左边,而左边包含数 $\alpha, \beta, \gamma_\xi$. 根据原来的假设,我们有 $A(\{\alpha\}) \neq A(\{\alpha, \beta\})$,因此剩下的事就是要证明对某个 ξ 有

$$A(\{\alpha, \beta\}) \cap (A(\{\gamma_\xi, \alpha + \beta\gamma_\xi\})) = A(\varnothing)$$

为此,只需证明

$$A(\{\alpha, \beta\}) \cap (A(\{\gamma_\xi, \alpha + \beta\gamma_\xi\}) \backslash A(\varnothing)) = \varnothing \tag{1}$$

即可. 假设 $\xi_1 \neq \xi_2$,那么

$$A(A(\{\gamma_{\xi_1}, \alpha + \beta\gamma_{\xi_1}\}) \cup A(\{\gamma_{\xi_2}, \alpha + \beta\gamma_{\xi_2}\}) = A(\{\gamma_{\xi_1}, \gamma_{\xi_2}, \alpha, \beta\})$$

的超越度是 4(译者注:超越度又称超越次数:设 F 为 K 的扩域,则 F 在 K 上的超越次数为 F 在 K 上任一超越基的基数),因此

$$A(\{\gamma_{\xi_1}, \alpha + \beta\gamma_{\xi_1}\}) \cap A(\{\gamma_{\xi_2}, \alpha + \beta\gamma_{\xi_2}\})$$

的超越度等于 0,这表示

$$(A(\{\gamma_{\xi_1}, \alpha + \beta\gamma_{\xi_1}\}) \backslash A(\varnothing)) \cap (A(\{\gamma_{\xi_2}, \alpha + \beta\gamma_{\xi_2}\}) \backslash A(\varnothing)) = \varnothing$$

现在,集合 $A(\{\alpha, \beta\})$ 是可数的并且集合 $A(\{\gamma_\xi, \alpha + \beta\gamma_\xi\}) \backslash A(\phi)$ 是两两不相交的,因此存在一个使(1)成立的 ξ,这就证明了本题的结论.

问题 A.35 设 I 是环 R 的理想,k 是一个正整数,f 是集合 $\{1, 2, \cdots, k\}$ 的非恒同置换. 设对任意 $0 \neq a \in R$ 有 $aI \neq 0, Ia \neq 0$,此外对任意 $x_1, x_2, \cdots, x_k \in I$ 还有

$$x_1 x_2 \cdots x_k = x_{1f} x_{2f} \cdots x_{kf}$$

成立. 证明 R 是交换环.

解答

设 $m \in \{1, 2, \cdots, k\}$ 是最小的使得 $mf \neq m$ 的整数,那么显然 $m < mf$,那么我们就有 $x_1 x_2 \cdots x_k = x_1 \cdots x_{m-1} x_{mf} \cdots x_{kf}$,那就是说对任何 $x_1, \cdots, x_k \in I$,成立 $x_1 \cdots x_{m-1} (x_m \cdots x_k - x_{mf} \cdots x_{kf}) = 0$. 固定元素 $x_2, \cdots, x_k$,我们看出 $x_2 \cdots x_{m-1} (x_m \cdots x_k - x_{mf} \cdots x_{kf})$ 化零 I,因此必须是 0. 重复上述论述,我们得出对任意 $x_m, \cdots, x_k \in I$ 成立 $x_m \cdots x_k = x_{mf} \cdots x_{kf}$.

设 $n = mf$,那么对任意 $a \in R$ 和 $x_m \cdots x_k \in I$ 我们得出

116

$$ax_m x_{m+1} \cdots x_k = ax_{mf} x_{(m+1)f} \cdots x_{kf} = x_m x_{m+1} \cdots x_{n-1} ax_n x_{n+1} \cdots x_k$$

（我们利用 $ax_{mf} \in I$ 得出第二个等式.）重复上述过程我们得出对任意 $a \in R$ 和 $x_m \cdots x_k \in I$,有

$$(ax_m \cdots x_{n-1} - x_m \cdots x_{n-1} a) x_n \cdots x_k = 0$$

再次应用前面的论述,我们得到对任意 $a \in R$ 和 $x_m \cdots x_{n-1} \in I$ 有

$$ax_m \cdots x_{n-1} = x_m \cdots x_{n-1} a$$

现在设 $a, b \in R$ 和 $x_m \cdots x_{n-1} \in I$ 是任意元素,那么我们有

$$(ab) x_m \cdots x_{n-1} = x_m \cdots x_{n-1} (ab) = (x_m \cdots x_{n-1} a) b$$
$$= (ax_m \cdots x_{n-1}) b = (ax_m) x_{m+1} \cdots x_{n-1} b$$
$$= b(ax_m) x_{m+1} \cdots x_{n-1} = (ba) x_m \cdots x_{n-1}$$

再次应用上面的论述就得出恒等式

$$(ab - ba) x_m \cdots x_{n-1} = 0 \quad (a, b \in R, x_m \cdots x_{n-1} \in I)$$

由此就得出 $ab - ba = 0$,或 $ab = ba$. 这就是我们要证的结论.

注记 这个证明并没有使用 I 是环 R 的双边理想这一事实,而只使用了 I 是环 R 的乘法半群的左理想这一事实.

问题 A.36 证明任何对每个有限 n – 分配格都成立的恒等式也适用于 $n - 1$ 维 Euclid 空间的所有凸子集所组成的格.（对于凸子集,格的运算是集合的交集和集合的并集的凸包. 我们称一个格是 n – 分配的,如果对所有格的元素都成立

$$x \wedge \left(\bigvee_{i=0}^{n} y_i \right) = \bigvee_{j=0}^{n} \left(x \wedge \left(\bigvee_{\substack{0 \leqslant i \leqslant n \\ i \neq j}} y_i \right) \right)$$

解答

设 E^{n-1} 表示 $n - 1$ 维的 Euclid 空间,对 $X \subseteq E^{n-1}$,设 $C(X)$ 表示 X 的凸包; L 是 E^{n-1} 的凸子集的格. 对于任意 $H \subseteq E^{n-1}$,用 $L(H)$ 表示偏序集($\{X \cap H : X \in L\}, \subseteq$).

$L(H)$ 是一个完全格,由于 $L(H)$ 关于其中形成的任意的交是封闭的并且有一个最大的元素,所以 $L(H)$ 是一个完全格. 如果我们用 $\vee_H$ 和 $\wedge_H$ 表示 $L(H)$ 中格的运算,那么我们看出对 $X, Y \in L(H)$,我们有 $X \wedge_H Y = X \cap Y$ 和

$X \vee_H Y = C(X \cup Y) \cap H$. 由于 $|L(H)| \leqslant 2^{|H|}$，所以对于有限的 H，$L(H)$ 也是有限的.

首先我们证明，对于有限的 $H \subseteq E^{n-1}$，$L(H)$ 是一个 $n -$ 分布. 设 $X, Y_0, \cdots, Y_n \in L(H)$ 是 $L(H)$ 中的任意元素，根据 Carathéodory 定理对任意 E^{n-1} 的子集 U 有

$$C(U) = \bigcup_{\substack{V \subseteq U \\ |V| \leqslant n}} C(V)$$

因此

$$C(Y_0 \cup \cdots \cup Y_n) = \bigcup_{j=0}^n C\left(\bigcup_{\substack{i=0 \\ i \neq j}}^n Y_i \right)$$

也成立，并且因此

$$X \wedge_H \bigvee_{i=0}^n Y_i = X \cap H \cap C\left(\bigcup_{i=0}^n Y_i \right) = H \cap X \cap H \cap \bigcup_{j=0}^n C\left(\bigcup_{\substack{i=0 \\ i \neq j}}^n Y_i \right)$$

$$= H \cap \bigcup_{j=0}^n \left(X \cap H \cap C\left(\bigcup_{\substack{i=0 \\ i \neq j}}^n Y_i \right) \right)$$

$$= \bigvee_{j=0}^n {}_H \left(X \wedge_H \bigvee_{\substack{i=0 \\ i \neq j}}^n {}_H Y_i \right)$$

这就表示 $L(H)$ 是一个 $n -$ 分布.

设 p 是一个有 k 个变量的格论中的项，$H \subseteq E^{n-1}$，并用 $p(p_H)$ 表示由 p 在 $L(L(H))$ 上导出的项函数. 对任意的 $X_1, \cdots, X_k \in L$，$p_H(X_1 \cap H, \cdots, X_k \cap H)$ 是 H 的单调函数，那就是说 $H_1 \subseteq H_2$ 蕴含

$$p_{H_1}(X_1 \cap H_1, \cdots, X_K \cap H_1) \subseteq p_{H_2}(X_1 \cap H_2, \cdots, X_K \cap H_2)$$

这易于从 $\cup$，$\cap$ 和 C 的单调性并对项 p 的长度 k 应用归纳法而得出.

我们断言对于任意的 $X_1, \cdots, X_k \in L$ 和 $h \in P(X_1, \cdots, X_k)$ 存在一个有限的 $H \subseteq E^{n-1}$ 使得 $h \in H$ 并且 $h \in p_H(X_1 \cap H, \cdots, X_k \cap H)$. 我们将对 p 的长度应用归纳法来证明这个断言. 如果 p 只有一个变量，那么我们可以选 $H = \{h\}$. 现在假设断言已对长度小于 p_n 的项成立，并设 $p = p' \wedge p''$，那么存在有限集 H_1 和

118

H_2 使得 $h \in p'_{H_1}(X_1 \cap H_1, \cdots, X_k \cap H_1)$, $h \in p''_{H_2}(X_1 \cap H_2, \cdots, X_k \cap H_2)$, 并且 $h \in H_1$, $h \in H_2$. 设 $H = H_1 \cup H_2$, 那么我们有

$$h \in p'_{H_1}(X_1 \cap H_1, \cdots, X_K \cap H_1) \cap p''_{H_2}(X_1 \cap H_2, \cdots, X_K \cap H_2)$$

$$\subseteq p'_H(X_1 \cap H_1, \cdots, X_K \cap H) \cap p''_H(X_1 \cap H, \cdots, X_K \cap H)$$

$$= p_H(X_1 \cap H, \cdots, X_K \cap H)$$

现在设 $p = p' \vee p''$, 那么

$$h \in p(X_1, \cdots, X_k) \subseteq C(p'(X_1, \cdots, X_k) \cup p''(X_1, \cdots X_k))$$

根据 Carathéodory 定理, 存在有限多个点 $h'_1, \cdots, h'_u \in p'(X_1, \cdots, X_k)$ 和 $h''_1, \cdots, h''_v \in p''(X_1, \cdots, X_k)$ 使得

$$h \in C(\{h'_1, \cdots, h'_u, h''_1, \cdots, h''_v\})$$

并且 $u + v \leq n$.

(实际上, 我们可以得出 $u \leq 1$, $v \leq 1$, 但我们现在不需要用到这一点.) 根据归纳法假设, 存在有限集合 $H_1, \cdots, H_u, G_1, \cdots, G_v \subseteq E^{n-1}$ 使得 $h'_i \in p'_{H_i}(X_1 \cap H_i, \cdots, X_k \cap H_i)$ 以及 $h''_j \in p''_{G_j}(X_1 \cap G_j, \cdots, X_k \cap G_j)$ $(1 \leq i \leq u, 1 \leq j \leq v)$. 设 $H = \{h\} \cup H_1 \cup \cdots \cup H_u \cup G_1 \cup \cdots \in \cup G_v$, 现在

$$h \in C(h'_1, \cdots, h'_u, h''_1, \cdots, h''_v) \cap H$$

$$\subseteq C(h'_H(X_1 \cap H, \cdots, X_k \cap H) \cup p''_H(X_1 \cap H, \cdots, X_k \cap H) \cap H$$

$$= p_H(X_1 \cap H, \cdots, X_k \cap H)$$

现在设 $p(x_1, \cdots, x_k) = q(x_1, \cdots, x_k)$ 是格的恒等式, 即它满足每个 n 分布格, 设 $X_1, \cdots, X_k \in L$ 是任意的. 我们必须证明 $p(X_1, \cdots, X_k) = q(X_1, \cdots, X_k)$. 为了证明包含关系 $p(X_1, \cdots, X_k) \subseteq q(X_1, \cdots, X_k)$, 任取一个 $h \in p(X_1, \cdots, X_k)$. 那么对于一个适当的有限的 $H \subseteq E^{n-1}$, 我们有 $h \in p_H(X_1 \cap H, \cdots, X_k \cap H)$. 由于 $L(H)$ 是有限的并且是 n 分布的, 我们就有

$$h \in q_H(X_1 \cap H, \cdots, X_k \cap H) \subseteq q_{E^{n-1}}(X_1 \cap E^{n-1}, \cdots, X_k \cap E^{n-1})$$

$$= q(X_1, \cdots, X_k)$$

这就证明了包含关系 $p(X_1, \cdots, X_k) \subseteq q(X_1, \cdots, X_k)$. 相反的包含关系可以类似证明.

问题 A. 37　设 $x_1, x_2, y_1, y_2, z_1, z_2$ 为超越数, 假设其中任意 3 个数都是代数

无关的,而在 15 个四元组中,只有 $\{x_1,x_2,y_1,y_2\}$,$\{x_1,x_2,z_1,z_2\}$ 和 $\{y_1,y_2,z_1,z_2\}$ 是代数相关的. 证明存在一个超越数 t,它对 $\{x_1,x_2\}$,$\{y_1,y_2\}$ 和 $\{z_1,z_2\}$ 代数相关.

解答

取 3 个非零的有理系数多项式 p,q,r,使得

$$p(x_1,x_2,y_1,y_2) = 0$$
$$q(x_1,x_2,z_1,z_2) = 0$$
$$r(y_1,y_2,z_1,z_2) = 0$$

由于单变量多项式 $p_1(X) = p(X,x_2,y_1,y_2)$ 和单变量多项式 $q_1(X) = q(X,x_2,z_1,z_2)$ 有公根,因此它们的结式等于 0

$$R(p_1,q_1) = 0$$

但是正如众所周知的那样,$R(p_1,q_1)$ 是 p_1 和 q_1 的整系数多项式. 因此,它也是 x_2,y_1,y_2,z_1,z_2 的有理系数多项式

$$R(p_1,q_1) = f(x_2,y_1,y_2,z_1,z_2)$$

由已知条件可知 x_2 不代数地依赖于 y_1,y_2,z_1,而 z_2 代数地依赖于它们,x_2 不代数地依赖于 y_1,y_2,z_1,z_2. 因此 $f(x_2,y_1,y_2,z_1,z_2) = 0$ 蕴含 $f(X,y_1,y_2,z_1,z_2)$ 恒等于 X 的零多项式.

现在,任取一个有理数 u,我们就有

$$f(u,y_1,y_2,z_1,z_2) = 0$$

因而多项式

$$p_2(X) = p(X,u,y_1,y_2)$$

和

$$q_2(X) = q(X,u,z_1,z_2)$$

有公根 t(由于多项式 $p_2(X)$ 和 $q_2(X)$ 的结式等于 $f(u,y_1,y_2,z_1,z_2)$).

现在定义 3 个变量的多项式 p^* 和 q^* 如下

$$p^*(X,Y_1,Y_2) = p(X,u,Y_1,Y_2)$$
$$q^*(X,Y_1,Y_2) = q(X,u,Y_1,Y_2)$$

显然我们可以选择 u 使得 p^*,q^* 都不是 0 多项式(如果对每个有理数 u,

p^*, q^* 中至少有一个是 0 多项式, 那么对每个复数 u, 上述结论同样成立. 特别对 $u = x_2$ 结论成立, 即对 $u = x_2, p^*, q^*$ 中至少有一个是 0 多项式, 情况当然不是这样).

那样, 我们就有

$$p^*(t, y_1, y_2) = 0$$

因此 t, y_1, y_2 代数相关, 但是 y_1, y_2 是代数无关的, 这就说明 t 是一个超越数并且是代数地依赖于对 $\{y_1, y_2\}$. 类似地 t 代数地依赖于对 $\{z_1, z_2\}$.

为了证明 t 是代数地依赖于对 $\{x_1, x_2\}$, 假设不然, 那么 $\{x_1, x_2, t\}$ 将是由 $\{x_1, x_2, y_1, y_2\}$ 生成的代数闭域的超越基, 类似地它也是由 $\{x_1, x_2, z_1, z_2\}$ 生成的代数闭域的超越基. 但是这两个域不可能是同构的, 例如 $\{x_1, x_2, y_1, z_1\}$ 是代数无关的.

问题 A.38 设 $F(x, y)$ 和 $G(x, y)$ 是互素的齐次的整系数多项式, 证明存在一个仅依赖于次数和 F 和 G 的系数的绝对值的最大值的数 c, 使得对任意互素的整数 x 和 y 有 $F(x, y) \neq G(x, y)$ 并且 $\max\{|x|, |y|\} > c$.

解答

在下面证明的过程中, 我们将用 c, c_1, c_2, c_3 表示仅依赖于 F 和 G 的次数以及系数的绝对值的最大值的数.

设 x 和 y 是方程

$$F(X, Y) = G(X, Y) \tag{1}$$

的任意互素的整数解. 我们将证明对适当的 c 成立 $\max\{|x|, |y|\} < c$, 这就是我们要证明的命题. 不妨设 $xy \neq 0$, 否则由于 $(x, y) = 1$, 我们将得出 $\max\{|x|, |y|\} \leq 1$. 设 m 和 n 分别表示 F 和 G 的次数, 并设 $m \geq n$, 又设 $f(X) = F(X, 1), g(X) = G(X, 1)$. 由假设可知, F 和 G 是互素的齐次多项式, 因此至少 $f(X)$ 和 $g(X)$ 之一是非零的多项式. 实际上我们可以假设它们都不是常数. 如果 $f(X)$ 是一个常数, 用 a 表示 G 中 X^n 的系数, 那么 $a \neq 0$. (1) 和 $(x, y) = 1$ 蕴含 $y \mid a$, 并且由于 $F(X, a) - G(X, a)$ 是不恒等于 0 的多项式, 我们就得出 $\max\{|x|, |y|\} < c_1$.

由于 F 和 G 是互素的, 所以 f 和 g 也是互素的. 因而, 如果用 R 表示 f 和 g 的

结式,我们就有 $R \neq 0$,此外 $|R| \leqslant c_2$. 根据一个众所周知的定理(例如可见 L. Rdei, Algebra, Akademiai Kiad6, Budapest, 1954, Thm. 196, p.316) 可知存在整系数多项式 $A(X)$ 和 $B(X)$ 使得 $\deg A < \deg g \leqslant n$, $\deg B < \deg f \leqslant m$, 以及

$$A(X)f(X) + B(X)g(X) = R$$

这蕴含存在整系数齐次多项式 $A_1(X,Y)$, $B_1(X,Y)$ 和 $A_2(X,Y)$, $B_2(X,Y)$ 使得

$$A_1(X,Y)F(X,Y) + B_1(X,Y)G(X,Y) = R \cdot X^{m+n-1} \tag{2}$$

以及

$$A_2(X,Y)F(X,Y) + B_2(X,Y)G(X,Y) = R \cdot Y^{m+n-1} \tag{3}$$

但是那样利用 (1), (2), (3) 和 $(x,y) = 1$, 我们就可看出 $F(x,y)$ 和 $G(x,y)$ 都不恒同于 0 并且都是 R 的因式. 因此, 在 $F(x,y) = G(x,y) = d$ 的情况下, 我们将有 $d \mid R$, 因而 $|d| \leqslant c_2$. 由于 f 和 g 是互素的, 这蕴含 $\dfrac{x}{y}$ 是不恒等于 0 的整系数多项式

$$h(t) = d^{m-n}f^n(t) - g^m(t)$$

的根.

根据 Rolle 定理, 我们将有 $\max\{|x|, |y|\} < c_3$, 然后我们选 $c = \max\{c_1, c_3\}$ 即得所欲证.

注记 利用 F 和 G 的次数和系数的绝对值的最大值, 不难得出 c_1, c_2, c_3 的确切表达式.

问题 A.39 确定所有具有自同构 φ 的有限群 G, 使得对所有 G 的真子群 H

$$H \not\subseteq \varphi(H)$$

解答

如果 φ 有一个不动点 $a \in G$, $a \neq 1$, 那么 $\varphi(\langle a \rangle) = \langle a \rangle$, 因此 $G = \langle a \rangle$, 并且由于 $\langle a \rangle$ 的每个子群也是不动的, $G = \langle a \rangle$ 不可能有任何真子群, 所以它是素数阶的循环群.

现在设 φ 没有不动点, 那么根据一个众所周知的结果(例如可见

122

D. Gorenstein, Finite Groups, Harper & Row, New York, 1968, Theorem 10.1. 2) 可知, 对每一个素数 p, 都存在一个 G 的 p – Sylow 子群 P 使得 $\varphi(P) = P$, 因此 G 有一个 p – 群. 此外, 由于中心是一个特征子群以及 p – 群有非平凡的中心, 因此 G 必须是一个 Abel 群. 另外还有, 在一个 Abel p – 群中, 所有的 p 阶元素构成一个特征子群, 因此 $G(\neq 1)$ 的每个元素的阶也必须等于 p, 即 G 是一个初等的 Abel 群

$$G = \bigoplus_{i=1}^{n} Z_p \qquad (1)$$

我们现在证明, 具有形式 (1) 的群确实有一个具有所需性质的自同构 φ. 可以把 G 看成是一个在有限域 $GF(p)$ 上的 n 维的向量空间, 而自同构可以看成是这个空间中的可逆线性变换群. 此外, 子群可以看成是子空间. 现在对于子群 H, 条件 $H \nsubseteq \varphi(H)$ 表示 H 不是 φ 的不变子空间. 众所周知一个具有不可约特征多项式的线性变换不可能有不变子空间. 同样众所周知的是, 对于每一个 n, 在 $GF(p)$ 上都存在一个 n 次的不可约多项式. 最后, 一个初等的结果是每个多项式都有一个这个多项式作为特征多项式的线性变换. 综合这些观察, 我们看到具有所需性质的 φ 确实存在.

所以具有所需性质的群是初等的阿贝尔群 (包括一元素群).

问题 A.40 设 p_1 和 p_2 都是正实数. 证明存在函数 $f_i : \mathbb{R} \to \mathbb{R}$, 使得 f_i 的最小正周期是 p_i ($i = 1,2$), 并且 $f_1 - f_2$ 也是周期函数.

解答

如果 $\dfrac{p_1}{p_2}$ 是有理数, 那么存在两个正整数 m, n 使得 $np_1 = mp_2$. 构造两个函数 f_i ($i = 1,2$) 如下

$$f_i(x) = \begin{cases} 1, & x = kp_i, k \in \mathbb{Z} \\ 0, & \text{其他情况} \end{cases}$$

f_i 的最小正周期是 p_i, 因此 $f_1 - f_2$ 也是周期为 $np_1 = mp_2 = p$ 的周期函数, 故对 $\dfrac{p_1}{p_2}$ 是有理数的情况, 本题的结论成立.

现在设 $\dfrac{p_1}{p_2}$ 是无理数, 对 $i, j = 1, 2$, 定义如下函数

$$f_i(x) = \begin{cases} \alpha_j, x = \alpha_1 p_1 + \alpha_2 p_2, \alpha_1, \alpha_2 \in \mathbb{Z}, i \neq j \\ 1, \text{其他情况} \end{cases}$$

由于 $x = \alpha_1 p_1 + \alpha_2 p_2 = \alpha_1' p_1 + \alpha_2' p_2 \, (\alpha_i, \alpha_i' \in \mathbb{Z}, \alpha_i \neq \alpha_i')$ 蕴含 $\dfrac{p_1}{p_2}$ 是有理数,因此 f_i 是良定义的.

现在由于

$$f_i(x + p_i) = \begin{cases} \alpha_j = f_i(x), x = \alpha_1 p_1 + \alpha_2 p_2 \\ 1 = f_i(x), \text{其他情况} \end{cases}$$

所以 f_i 是周期为 p_i 的周期函数. 显然从定义可知

$$f_i(x) = 0 \Leftrightarrow x = \alpha_i p_i$$

因此 f_i 的最小正周期是 p_i. 另一方面,由于

$$(f_1 - f_2)(x + p_1 + p_2)$$

$$= \begin{cases} (\alpha_2 + 1) - (\alpha_1 + 1) = (f_1 - f_2)(x), x = \alpha_1 p_1 + \alpha_2 p_2 \\ 1 - 1 = (f_1 - f_2)(x), \text{其他情况} \end{cases}$$

所以 $f_1 - f_2$ 是周期为 $p_1 + p_2$ 的周期函数.

综上两种情况就证明了本题的结论.

问题 A.41 确定所有使得下面的命题成立的实数 x:复数域 $\mathbb{C}$ 包含一个真子域 F,使得把 x 添加到 F 中后就得到 $\mathbb{C}$.

解答

我们将证明存在具有命题中所述性质的域 F 的充分必要条件是 x 是超越数或者 x 是代数数,但是它的共轭数不是实数. 首先,设 x 属于上述两类数中的某一类,那么存在 $\mathbb{C}$ 的一个自同构 φ 使得 $x \notin \varphi(\mathbb{R})$,那样 $F = \varphi(\mathbb{R})$ 将是一个合适的真子域:$\mathbb{C} = F(x)$.

反过来,我们证明如果 x 是一个代数数,并且其所有的共轭都是实数,那么便不存在具有所需性质的子域. 假设不然,对 $\mathbb{C}$ 的某个真子域 L 有 $\mathbb{C} = L(x)$,那么 x 也是 L 上的代数数,因此 $\mathbb{C}$ 是 L 的有限扩张. 我们将利用下面的众所周知的定理:

定理 如果 K 是一个代数闭域,$\operatorname{char} K = 0$(译者注:$\operatorname{char} K$ 表示 K 的特

征),而且 K 是某个真子域 L 的有限扩张,那么 $|K:L| = 2$.

根据这个定理,我们有 $|\mathbb{C}:L| = 2$. 下面我们证明 $i \notin L$. 假设 $x^2 + cx + d = 0$,其中 $c,d \in L$,并且也有 $i \in L$. 这蕴含,对某两个 $c',d' \in L$ 有 $x = c' + \sqrt{d'}$. 因此 $\mathbb{C} = L(d')$. 但是这反过来又蕴含对适当的 $a,b \in L$ 有 $\sqrt[4]{d} = a + b\sqrt{d}$,因而 $\sqrt{d} = a^2 + b^2 d + 2ab\sqrt{d}$,所以 $a^2 + b^2 d = 0$ 而 $2ab = 1$. 由此又得出 $4a^4 + 4a^2 b^2 d = 0$ 和 $4a^2 b^2 = 1$,这给出 $4a^4 + d = 0, d = -4a^4$,因此 $\sqrt{d} = \pm i2a^2$,这说明 $\sqrt{d} \in L$,这最后导致 $L = L(\sqrt{d})$,矛盾. 这就证明了 $i \notin L$.

因此 $\mathbb{C} = L(i)$,这蕴含 L 是实封闭的,因此 L 可以是有序的. 现在考虑 $A = \{y \in L \mid y$ 是代数数$\}$,那么也可以使 A 是有序的. 但是一个著名的定理指出,所有代数数的域任何子域的每个序都满足 Archimedes 公理的序,所以 A 是一个满足 Archimedes 公理的序的域. 因此存在嵌入 $\varphi: A \to \mathbb{R}$. 但是那样就存在一个 φ 的扩张 φ',使得 φ' 是所有代数数到 $\mathbb{C}$ 的嵌入. 现在 $L(i) = \mathbb{C}$ 蕴含 $A(i)$ 是所有代数数的集合,显然 $\varphi'(i) = \pm i$. 同样显然的是 φ' 置换 x 和它们自身之间的共轭,所以 $\varphi'(x) \in \mathbb{R}$. 现在我们肯定有 $\varphi'(x) \in \varphi'(A(i))$,所以 $\varphi'(x) \in \varphi'(A(i)) \cap \mathbb{R} = \varphi'(A)$. 所以 $\varphi'(x) \in \varphi'(A)$,那就是说 $x \in A$,矛盾. 所得的矛盾就证明了本题中的命题.

问题 A.42 证明存在一个具有下面性质的常数 c. 对任意合数 n,存在一个阶可被 n 整除并且小于 n^c 的群,且这个群不包含阶等于 n 的元素.

解答

如果 $n = p^k (k \geq 2)$,那么 $G = Z_p^k$ 就是所需的群(Z_p 表示 p 阶循环群). 现在设 $n = p_1^{k_1} p_2^{k_2} \cdots p_r^{k_r} (r \geq 2)$. 我们取

$$G = PSL_2(q) \times Z_{\frac{n}{p_1 p_2}}$$

其中 q 是一个满足 $q \equiv 1 (\mathrm{mod}\, p_1)$ 和 $q \equiv -1 (\mathrm{mod}\, p_2)$ 的素数,那么我们就有

$$|G| = \frac{(q-1)q(q+1)}{2} \cdot \frac{n}{pp_2} = \frac{q-1}{p_1} \cdot \frac{q+1}{p_2} \cdot \frac{1}{2} \cdot q \cdot n$$

这个数可被 n 整除且 $|G| < \dfrac{q^3 n}{p_1 p_2}$. 如果 G 中有一个 n 阶的元素,则 $PSL_2(q)$

将包含 p_1p_2 阶的元素. 但根据一个著名的 Dickson 定理(例如,参见 B. Huppert, Endliche Gruppen I, Springer Berlin, 1967, Hauptsatz II. 8. 27. , 第 213 页)可知 $PSL_2(q)$ 的任何循环子群的阶可整除 q 或 $\dfrac{q-1}{2}$ 或 $\dfrac{q+1}{2}$. 由于这些数字是两两互素的素数,并且 $p_1 \left| \dfrac{q-1}{2}, p_2 \right| \dfrac{q+1}{2}$, 这里的"$|$"表示整除,因此我们看出 $PSL_2(q)$ 不含 p_1p_2 阶的元素;因此,G 不含 n 阶的元素.

在我们的构造中,q 为上述的模 p_1p_2 的剩余类中的任意素数. 一个著名的 Linnik 定理(例如, 参见 K. Pmchar, Primzahlverteilung, Springer, Berlin, 1957, Satz X. 4. 1. , 第 364 页)断言最小的此类素数满足 $q < (p_1p_2)^C$, 其中 C 是某个常数,那样我们就有

$$| G | < (p_1p_2)^{3C} \frac{n}{p_1p_2} = (p_1p_2)^{3C-1} n \leqslant n^{3C}$$

问题 A. 43 设 A 是一个有限单广群,使得 A 的每个真子广群的基数为 1, 单元素子广群的数量至少是 3,并且 A 的自同构群没有不动点. 证明在 A 生成的族中,每个有限生成的自由代数同构于 A 的某个直幂.

解答

我们将证明 A 的有限直幂的每个子代数都同构于 A 的某个直幂.　　　($*$)

对任意一个正整数的组 $\mathbf{k} \overset{\text{def}}{=\!=\!=} \{1, 2, \cdots, k\}$ 和任意 $I \subseteq \mathbf{k}$, 用 pr_I 表示投影

$$A^k \to A^I : (a_1, \cdots, a_k) \to (a_i)_{i \in I}$$

显然,如果 B 是 A^k 的子广群,那么 $pr_I B$ 是 A^I 的子广群.

用 U 表示 A 的使得 $\{u\}$ 是 A 的子广群的元素 u 的集合. 此外,我们将使用下面的符号:如果 $B \subseteq A^k, 1 \leqslant i < k, a_{i+1}, \cdots, a_k \in A$, 那么

$$B(x_1, \cdots, x_i, a_{i+1}, \cdots, a_k)$$
$$= \{(x_1, \cdots, x_i) \in A^i \mid (x_1, \cdots x_i, a_{i+1}, \cdots, a_k) \in B\}$$

显然,如果 B 是 A^k 的子广群,$a_{i+1}, \cdots, a_k \in U$, 那么 $B(x_1, \cdots, x_i, a_{i+1}, \cdots, a_k)$ 将是 A^i 的子广群. 我们将用"。"表示 A 的子广群中的运算.

我们的第一个观察是。是一个满射. 它不可能是一个常数,否则 A 将是一个单独的单元素子广群. 另一方面作为运算。的结果的那些元素的集合是一个

126

子广群,因此只可能是 A 自己.

现在我们证明两个引理:

引理1 对每个正整数 $n \geq 1$,如果 B 是 A^n 的子广群并且 $U^n \subseteq B$,那么 $B = A^n$.

引理1的证明 假设对某个正整数 n,存在 A^n 的子广群 B 使得 $U^n \subseteq B \subseteq A^n$,那么选择 n 是使上面的事实成立的最小者. 显然 $n \geq 2$. 现在,对任意的 $u \in U$,$B(x_1,\cdots,x_{n-1},u)$ 是 A^{n-1} 的包含 U^{n-1} 的子广群. 因此根据 n 的最小性,我们就得出 $B(x_1,\cdots,x_{n-1},u) = A^{n-1}$. 因此 U 是集合

$$S = \{a \in A : A^{n-1}x\{a\} \subseteq B\}$$

的子集,这蕴含 $|S| \geq 3$. 另一方面,由于 $B \subseteq A^n$,我们有 $S \subseteq A$. 最后,利用。的满射性质,我们易于验证 S 是子广群. 矛盾,这个矛盾就证明了引理.

引理2 A^2 的子广群只有以下 4 种:

(1) 单元素的子广群.

(2) $\{u\} \times A$ 以及 $A \times \{u\}$ $(u \in U)$.

(3) A 的自同构.

(4) A^2.

引理2的证明 设 C 是 A^2 的不是上述类型的子广群. 显然 $\mathrm{pr}_i C = A(i = 1,2)$. 此外,对每个 $u \in U$,$C(x,u)$(类似的 $C(u,x)$)是集合 A,$\{v\}$ $(v \in U)$ 之一. 根据引理1可知 $U^2 \not\subseteq C$. 因此根据前面的观察可知,只可能出现以下两种情况

$$C = (\{a\} \times A) \cup (A \times \{b\}) \cup C' \tag{1}$$

其中

$$C' \subseteq (A \backslash U)^2, \text{并且 } a,b \in U$$

或者

$$C = \{(u,u\sigma) : u \in U\} \cup C' \tag{2}$$

其中

$$C' \subseteq (A \backslash U)^2$$

而 σ 是 U 的某个排列.

在情况(1)中,令 $T = \{a \in A \mid (a,a) \in C\}$,显然 T 是 A 的子广群. 由于 $T \cap U = \{a,b\}$,所以 T 是一个真子广群,因此 $|T| = 1, a = b$. 根据我们的假设,存在一个 A 的自同构 π,并且 $a \neq a\pi$. 现在考虑

$$\tilde{C} = \{x \in A \mid \exists y \in A \text{ 使得}(x,y),(x\pi^{-1},y\pi^{-1}) \in C\}$$

易于看出 $\tilde{C}$ 是 A 的子广群,并且 $\tilde{C} \cap U = \{a,a\pi\}$,因而 $2 \leqslant |\tilde{C}| < |A|$,这是不可能的.

在情况(2)中,设

$$D = \{(x,y) \in A^2 : \exists z \in A \text{ 使得}(x,z),(y,z) \in C\}$$

并用 Δ 表示 A 的对角线,即 $\Delta = \{(a,a) \mid a \in A\}$. 易于验证 D 是 A^2 的子广群,并且 $D \cap U^2 \subseteq \Delta$. 由于 $\mathrm{pr}_1 C = \mathrm{pr}_2 C = A$,并且 C 本身不是一个排列,我们就有 $\Delta \subseteq D$. 所以 D 的传递闭包是 A 的非平凡的同余类,这是不可能的.

现在我们证明($*$). 我们对 n 使用归纳法来证明如果 B 是 A^n 的子广群,那么 B 就同构于 A 的某个直幂. 当 $n = 1$ 时,结论是平凡的. 因此我们设 $n \geqslant 2$,如果 $B = A^n$,那么结论已经成立,而如果对某个指标 $i \in \mathbf{n}$,我们有 $|\mathrm{pr}_i B| = 1$,那么 $B \simeq \mathrm{pr}_{n-\{i\}} B$,因此由归纳法结论已经得出. 所以我们可以假设 $B \neq A^n$,并且对每个 $i \in \mathbf{n}$ 有 $\mathrm{pr}_i B = A$. 选一个最小的指标集合 $I \subseteq \mathbf{n}$ 使得 $\mathrm{pr}_I B \neq A^I$,并设 $k = |I|, I = \{i_1 < \cdots < i_k\}, C = \mathrm{pr}_I B$. 显然 $k > 1$,并且对每个 $j \in \mathbf{k}$.

$$\mathrm{pr}_{\mathbf{k}-\{j\}} C = \mathrm{pr}_{I-\{ij\}} B = A^{k-1} \tag{3}$$

考虑 A^2 的形式为

$$C(u_1,\cdots,u_{k-2},x,y)(u_1,\cdots,u_{k-2} \in U)$$

的子广群,由于(3),$C(u_1,\cdots,u_{k-2},x,y)$ 具有两个投影都是 A 的性质. 因此根据引理 2,它或者是 A^2 或者是 A 的一个自同构. 由于引理 1,我们关于 C 的假设蕴含 $U^k \not\subseteq C$,存在 $(u_1',\cdots,u_{k-2}') \in U^{k-2}$ 使得 $C(u_1',\cdots,u_{k-2}',x,y)$ 是一个自同构. 假设存在某个 $(u_1'',\cdots,u_{k-2}'') \in U^{k-2}$ 使得 $C(u_1'',\cdots,u_{k-2}'',x,y) = A^2$,那么在序列

$$C(u_1'',\cdots,u_i'',u_{i+1}',\cdots,u_{k-2}',x,y) \quad (i = 0,\cdots,k-2)$$

中存在两个相继的项使得第一个是 A 的一个自同构而第二个是 A^2,因此我们可以假设

$$u_2' = u_2'', \cdots, u_{k-2}' = u_{k-2}''$$

看 A^2 的子广群

$$C' = C(x, u_2', \cdots, u_{k-2}', y, u_1')$$

显然

$$C'(u_1', y) = 1, C'(u_1'', y) = A$$

根据引理 2 可知这是不可能的,因此可知对每个

$$u_1, \cdots, u_{k-2} \in U$$

$$C(u_1, \cdots, u_{k-2}, x, y) \text{ 是 } A \text{ 的一个自同构} \tag{4}$$

现在设

$$D = \{(x, y) \in A^2 : \exists z_1, \cdots, z_{k-1} \in A \text{ 使得}$$

$$(z_1, \cdots, z_{k-1}, x), (z_1, \cdots, z_{k-1}, y) \in C\}$$

易于验证 D 是 A^2 的子广群并且 $\Delta \subseteq D$(为证明这一点,我们可以应用(3) 的如下推论: $\mathrm{pr}_k C = A.$).因此根据引理 2 就有 $D = \Delta$ 或者 $D = A^2$.

假设 $D = A^2$,并且固定任意的元素 $u, v \in U, u \neq v.$ 由于 $(u, v) \in D$,所以存在元素 $a_1, \cdots, a_{k-1} \in A$ 使得

$$(a_1, \cdots, a_{k-1}, u), (a_1, \cdots, a_{k-1}, v) \in C$$

因此对 A^{k-1} 的子广群 C^*,我们有 $(a_1, \cdots, a_{k-1}) \in C^*$,其中

$$C^* = C(x_1, \cdots, x_{k-1}, u) \cap (x_1, \cdots, x_{k-1}, v)$$

另一方面,由于(4),我们有

$$C^* \cap U^{k-1} = \varnothing \tag{5}$$

这蕴含 $a_1, \cdots, a_{k-1}$ 并不都是 U 的元素.因此,不妨设 $a_1 \in A \backslash U.$ 由于 a_1 是包含在 A 的子广群 $\mathrm{pr}_1 C^*$,所以我们有 $\mathrm{pr}_1 C^* = A.$ 因此对 $u_1 \in U, C^*(u_1, x_1, \cdots, x_{k-2}) \neq \varnothing.$ 设 $l \leq k-2$ 是使得存在元素 $u_1, \cdots, u_l \in U$,且使得集合

$$E = C^*(u_1, \cdots, u_l, x_1, \cdots, x_{k-l-1})$$

非空的最大下标.在 $l < k-2$ 的情况下,l 的最大性表明 $(\mathrm{pr}_1 E) \cap U = \varnothing$,而在 $l = k-2$ 的情况下,(5)保证 $(\mathrm{pr}_1 E) \cap U = \varnothing.$ 另一方面,由于 $E \neq \varnothing$,所以 $\mathrm{pr}_1 E \neq \varnothing$,因而 $\mathrm{pr}_1 E$ 是 A 的不同于单元素子广群 $\{u\} (u \in U)$ 的子广群.矛盾, 这一矛盾便证明了 $D = \Delta.$

等式 $D = \Delta$ 说明投影 $C \to \mathrm{pr}_{\mathbf{k}-\{k\}} C (= A^{k-1})$ 是单射,所以它是一个同构. 同理,投影 $B \to \mathrm{pr}_{\mathbf{n}-\{i_k\}} B$ 也是一个同构. 利用归纳假设,我们立即得到我们对 B 的断言. 这就最后证明了($*$).

由于在有限代数生成的族中,每个有限生成的自由代数同构于原来的代数的某个有限直幂的子代数,($*$)便证明了问题中的命题.

问题 A.44 设有限射影几何 P(即有限的有补模格)是有限模格 L 的子格. 证明 P 可以嵌入到射影几何 Q 中,其中 Q 是保覆盖的 L 的子格(即只要在 Q 中 Q 的一个元素覆盖 Q 的另一个元素,那么它也在 L 中覆盖那个元素).

解答

我们用 0 表示 P 的最小元素. 设 $L' = \{a \in L \mid 0 \leqslant a\}$,那么 L'(显然是一个模)是 L 的保覆盖子格. 显然,如能用 L' 代替 L 则问题就已解决. 设 Q 是由 L' 的小于 1_P 的原子生成的 L' 的子格(1_P 表示 P 的最大元素). 又设 δ 是 Q 上的维函数. 取一个 $q \in Q$,那么存在一个 L' 的原子的有限集合 $\alpha_1, \cdots, \alpha_n \in Q$ 使得 $1_Q = q \vee \alpha_1 \vee \cdots \vee \alpha_n$,并且使得 n 的值最小,那么

$$\delta(\alpha_1 \vee \cdots \vee \alpha_n) = n$$

(Q 是模)并且使得 $\delta(1_Q) = \delta(q) + n$. 利用众所周知的关系

$$\delta(x \vee y) + \delta(x \wedge y) = \delta(x) + \delta(y) \tag{1}$$

我们就得出 $\delta(q \wedge (\alpha_1 \vee \cdots \vee \alpha_n)) = 0$,那就是说 $\alpha_1 \vee \cdots \vee \alpha_n$ 是 q 的补,因此 Q 是一个射影几何. 现在设 $\beta \in Q$ 是 Q 的一个原子,那么就存在一个 L' 的原子 $\alpha \in L'$ 使得 $\alpha \leqslant \beta (\leqslant 1_P)$,因此 $\alpha \in Q$. 由于 β 是一个原子,所以 $\beta = \alpha$,因而 β 也是 L' 的原子.

现在,如果 $q_1, q_2 \in Q$ 并且 $q_1 <_Q q_2$,那么就存在一个原子 $\beta \in Q$ 使得 $q_2 = q_1 \vee \beta$(利用 Q 是射影几何这一事实),但是那样 L' 是一个模蕴含 $q_1 <_{L'} q_2$,因此 Q 是 L' 的保覆盖的子格.

我们现在将把 P 嵌入到 Q 中去. 对一个元素 $p \in P$,设 $f(p) = \vee \{\alpha \in L' : \alpha \leqslant p ; \alpha$ 是一个原子$\}$. 映射 f 是一个单射. 如果对两个元素 $p_1, p_2 \in P$ 我们有 $p_1 \not\leqslant p_2$,那么就存在一个元素 $\alpha \in L'$ 使得 $\alpha \leqslant r$,因而 $\alpha \leqslant f(p_1)$ 并且 $\alpha \wedge f(p_2) \leqslant r \wedge p_2 = 0$,这就证明了 $f(p_1) \neq f(p_2)$.

130

下面我们证明 $f(p_1 \vee p_2) = f(p_1) \vee f(p_2)$. 从 f 的定义立即得出 $f(p_1 \vee p_2) \leqslant f(p_1) \vee f(p_2)$. 为了证明另一个方向的不等式,设 $p_2' \leqslant p_2$ 是 P 的使得 $p_1 \vee p_2' = p_1 \vee p_2$ 并且 $p_1 \wedge p_2' = 0$ 的原子,显然,$f(p_2') \leqslant f(p_2)$ 并且 $f(p_1 \vee p_2') = f(p_1 \vee p_2)$. 这表明为了证明另一个方向的不等式,我们可以假设 $p_1 \wedge p_2 = 0$,设 $\alpha \leqslant p_1 \vee p_2$ 是 Q 的一个原子. 我们必须证明 $\alpha \leqslant f(p_1) \vee f(p_2)$. 在 $\alpha \leqslant p_1$ 或 $\alpha \leqslant p_2$ 的情况下,这是显然的. 假设 $\alpha \wedge p_1 = \alpha \wedge p_2 = 0$,设 $\alpha_1 = p_1 \wedge (\alpha \vee p_2)$,$\alpha_2 = p_2 \wedge (\alpha \vee p_1)$,利用 L' 是模的性质,我们看出 α_1 和 α_2 是原子并且 $\alpha \vee p_2 = \alpha_1 \vee p_2$ 以及 $\alpha \wedge p_1 = \alpha_2 \wedge p_1$. 对元素 $x = p_1 \vee \alpha$ 和 $y = p_2 \vee \alpha$ 再次使用关系式(1)(其中 δ 表示 L' 的维函数),我们得出元素 $(p_1 \vee \alpha) \wedge (p_2 \vee \alpha)$ 在 L' 中的维数是 2. 由于 $\alpha_1 \neq \alpha_2$ 和 $\alpha_1, \alpha_2 \leqslant (p_1 \vee \alpha) \wedge (p_2 \vee \alpha)$,我们看出 $\alpha_1 \vee \alpha_2 = (p_1 \vee \alpha) \wedge (p_2 \vee \alpha)$. 但这蕴含 $\alpha \leqslant \alpha_1 \vee \alpha_2$,因而 $\alpha \leqslant f(p_1) \vee f(p_2)$.

剩下的是证明 $f(p_1) \wedge f(p_2) = f(p_1 \wedge p_2)$. 从 f 的定义显然有 $f(p_1 \wedge p_2) \leqslant f(p_1) \wedge f(p_2)$. 由于 Q 是射影几何,只需证明如果 $\beta \leqslant f(p_1) \wedge f(p_2)$ 是一个原子,那么就有 $\beta \leqslant f(p_1 \wedge p_2)$. 但是如果对原子 β 我们有 $\beta \leqslant f(p_1)$ 和 $\beta \leqslant f(p_2)$,那么就有 $\beta \leqslant p_1$ 和 $\beta \leqslant p_2$,因而 $\beta \leqslant p_1 \wedge p_2$,所以 $\beta \leqslant f(p_1 \wedge p_2)$. 这就完成了证明.

问题 A.45　设 G 为有限 Abel 群,$x, y \in G$. 假设 G 关于由 x 生成的子群的因子群和关于由 y 生成的子群的因子群是同构的,证明 G 有一个把 x 映成 y 的自同构.

解答

解法 1　只需处理 G 是 p - 群的情况即可. 用 $X(Y)$ 表示由 $x(y)$ 生成的子群. 假设 $a_1, \cdots, a_n$ 是 G 的基,那么 G 中的每一个元素都可唯一地写成 $k_1 a_1 + \cdots + k_n a_n$ 的形式,其中 $0 \leqslant k_i < o(a_i)$. 对给定的元素 x,选择一组基,使得其中非零的系数最少. 通过把系数都乘以适当的和 p 互素的整数,我们可使得所有这些非零的系数都是 p 的幂. 我们将其重排成降幂的形式

$$x = p^{e_1} a_1 + \cdots + p^{e_k} a_k \tag{1}$$

其中 $e_1 \geqslant e_2 \geqslant \cdots \geqslant e_k \geqslant 0 (k \leqslant n)$. 如果 $i > k$,我们用 p^{d_i} 表示 a_i 的阶,而如果 $i \leqslant k$,则用 $p^{e_i + f_i}$ 表示 a_i 的阶,其中 $f_i > 0$.

我们首先证明必须有 $e_1 > e_2 > \cdots > e_k$. 假设不然,则有 $e_i = e_{i+1}$,我们先设

$f_i \geqslant f_{i+1}$，那么把 a_i 换成 $a_i + a_{i+1}$，我们将得到另一组基，在这组基下表达式(1) 中的非零项将更少，矛盾. 下面我们证 $f_1 > f_2 > \cdots > f_k$. 假设不然，则有 $f_i \leqslant f_{i+1}$，把 a_{i+1} 换成 $p^{e_i - e_{i+1}} a_i + a_{i+1}$，我们将得到另一组基，在这组基下表达式 (1) 中的非零项将更少，矛盾.

现在，我们确定 G/X 的不变量(也就是确定直和同构于 G/X 的循环群的阶). 对 $i \leqslant k$ 取

$$a_i' = p^{e_1 - e_i} a_1 + \cdots + p^{e_{i-1} - e_i} a_{i-1} + a_i \tag{2}$$

对 $i > k$，取 $a_i' = a_i$，那么 $a_1', a_2', \cdots, a_n'$ 是一个生成子的集合. 此外 $p^{e_i + f_{i+1}} a_i' = p^{f_{i+1}} x \in X$，因此在因子群中 a_i' 的像的阶至多是 $p^{e_i + f_{i+1}}$(我们定义 $f_{k+1} = 0$). 由于 $o(x) = p^{f_1}$，我们就得出 a_i' 的像构成 G/X 的一组基，并且它们的阶分别是

$$p^{e_1 + f_2}, p^{e_2 + f_3}, \cdots, p^{e_{k-1} + f_k}, p^{e_k}, p^{d_{k+1}}, \cdots, p^{d_n}$$

因此，如果我们知道 G 和 G/X 之间的同构，我们就能唯一地确定 $f_1, e_1, \cdots, f_k, e_k$，即我们省略了公共的不变量并且使用了事实

$e_1 + f_1 > e_1 + f_2 > e_2 + f_2 > e_2 + f_3 > \cdots > e_{k-1} + f_k > e_k + f_k \geqslant 0$

因此，如果 G/X 和 G/Y 同构，那么在使得 $o(b_i) = o(a_i)$ 的一组适当的基下，我们就有

$$y = p^{e_1} b_1 + \cdots + p^{e_k} b_k$$

上式中的指数和式(1)中的相同，都是 $e_1, \cdots e_k$.

这表明 G 的把 a_i 映成 b_i 的自同构把 x 映成了 y.

解法2

我们仍然假定 G 是一个 p - 群并使用归纳法证明，根据 X 是否被包含在 pG 中，我们分两种情况讨论.

在第一种情况中(即 X 被包含在 pG 中的情况)，$p(G/X) = pG/X$ 并且 $(G/X)/p(G/X) \simeq G/pG$. 在第二种情况中，$p(G/X) = (pG + X)/X$ 并且 $(G/X)/p(G/X) \simeq G/(pG + X)$ 的阶要比 G/pG 的阶更小. 此外 $pG/pX = pG/(X \cap pG) \simeq (pG + X)/X = p(G/X)$. 由于 $G/X \simeq G/Y$，因此无论在哪种情况下，我们都可以应用上述的关系式.

在第一种情况中，$pG/X = p(G/X) \simeq p(G/Y) = pG/Y$，因此根据归纳法假

132

设，存在一个把 x 映成 y 的 pG 的自同构. 易于看出每个 pG 的自同构都可以扩展成一个 G 的自同构，因此对这种情况，证明已完成.

在第二种情况下，$pG/pX \simeq pG/pY$，根据前面的论述，我们可以假设 $px = py$. 易于看出，在初等 Abel 群 G/pG 中（实际上，这是一个包含 p 个元素的域上的向量空间）存在一个既不包含 x 的像也不包含 y 的像的极大子群 M. 我们有

$$| G:M | = p, M \cap X = pX = pY = M \cap Y$$

和

$$G = M + X = M + Y$$

现在显然，G 在 M 上有一个作为单位映射的自同构将 x 映成 y.

注记　对于 p 群，解决问题的第三种可能的方法是证明存在所要的自同构当且仅当对于每一个 k，成立 $h(p^k x) = h(p^k y)$，其中 $h(g) = h$ 表示群里存在一个元素 z 满足 $p^h z = g$ 并且不存在 z 使得 $p^{h+1} z = g$（h 是 g 的"高度"）. 称整数 d 为 Abel 群的元素 g 的因子，如果存在一个群里的元素 z，使得 $dz = g$. 易于看出，对于有限 Abel 群，上面的命题表示存在所要的自同构当且仅当 x 的因子与 y 的因子是相同的. 这次竞赛的一个选手，Balázs Montágh，后来证明了以下推广：如果 G 是一个有限生成的 Abel 群并且 $x_1, x_2, \cdots, x_n, y_1, y_2, \cdots, y_n \in G$，那么存在一个 G 的自同构 f 使得对每个 i 都成立 $f(x_i) = y_i$ 当且仅当 $a_1 x_1 + \cdots + a_n x_n$ 和 $a_1 y_1 + \cdots + a_n y_n$ 的因子是相同的.

问题 A.46　设 p 是一个任意的素数. 在 Gauss 整数环 G 中考虑子环

$$A_n = \{pa + p^n bi : a, b \in \mathbb{Z}\}, n = 1, 2, \cdots$$

设对某个 n，$R \subseteq G$ 是 G 的子环，R 包含 A_{n+1} 作为一个理想. 证明这蕴含下列命题之一必定成立：$R = A_{n+1}$，$R = A_n$ 或 $1 \in R$.

解答

由于 $p \in A_{n+1}$ 以及 A_{n+1} 是 R 的理想，我们有，对任意 $x = a + bi \in R$ 成立 $pa + pbi = p(a + bi) \in A_{n+1}$. 这蕴含 $pb = p^{n+1} b'$，也就是 $b = p^n b'$，因此 R 的所有元素都具有 $x = a + p^n bi$ 的形式.

以下分两种情况讨论.

首先设对 R 的所有元素 $x = a + p^n bi$ 有 $p \mid a$，那么 $a = pa'$，其中 a' 是一个适当的整数，那样 $x = pa' + p^n bi \in A_n$。由于 x 是任意的，这表明 $R \leqslant A_n$。显然 A_{n+1} 是 A_n 的理想并且因子环 A_n / A_{n+1} 具有 p 个元素，因而 $A_{n+1} \leqslant R \leqslant A_n$ 蕴含 $R = A_{n+1}$ 或 $R = A_n$。

现在我们设在 R 中存在一个元素 $x = a + p^n bi$ 使得 $p \nmid a$，那么就存在两个整数 u 和 v 使得

$$pu + av = 1$$

这蕴含

$$xv = av + p^n bvi = 1 - pu + p^n bvi$$

由于 $p \in A_{n+1}$，这给出

$$1 + p^n bvi = xv + pu \in R + A_{n+1} = R$$

令 $z = xv + pu$，我们就有

$$p^n bvi = z - 1$$

因此

$$-p^{2n} b^2 v^2 = z^2 - 2z + 1$$

由于 $n \geqslant 1$ 和 $z \in R$，我们最后得出

$$1 = -p(p^{2n-1} b^2 v^2) - z^2 + 2z \in A_{n+1} + R + R = R$$

即 $1 \in R$。

问题 A.47 设 $n > 2$ 是一个正整数，Ω_n 表示由所有的映射 $g : \{0,1\}^n \to \{0,1\}^n$ 组成的半群。考虑具有下列性质的映射 $f \in \Omega_n$：存在 n 个映射 $g_i : \{0,1\}^2 \to \{0,1\}$ $(i = 1, 2, \cdots, n)$ 使得对所有的 $(a_1, a_2, \cdots, a_n) \in \{0,1\}^n$ 成立

$$f(a_1, a_2, \cdots, a_n) = (g_1(a_n, a_1), g_2(a_1, a_2), \cdots, g_n(a_{n-1}, a_n))$$

设 Δ_n 表示 Ω_n 的由这些 f 生成的子半群，证明 Δ_n 包含一个子半群 Γ_n，使得它的阶数为 n 的完全变换半群是 Γ_n 的同态像。

解答

我们证明本题的推广，即把一个 $\{0,1\}$ 换成任何阶至少为 2 的群 $(G, +)$ 的情况（具有模 2 加法的 $\{0,1\}$ 就是一个这样的群）。这个推广不会导致额外的复杂性。

所以可设 Ω_n 带有以下运算

$$f,g \in \Omega_n, a_1, \cdots, a_n \in G : (fg)(a_1, \cdots, a_n) = g(f(a_1, \cdots, a_n))$$

的所有映像 $G^n \to G^n$ 构成的半群.

设 H 表示下述映射 $f \in \Omega_n$ 的集合, 存在映像 $g_1, \cdots, g_n : G^2 \to G$ 使得对任意 $a_1, \cdots, a_n \in G$ 成立

$$f(a_1, \cdots, a_n) = (g_1(a_n, a_1), g_2(a_1, a_2), \cdots, g_n(a_{n-1}, a_n))$$

设 Δ_n 表示 Ω_n 的由 H 生成的子半群. 最后, 设 T_n 表示具有算子

$$p, q \in T_n, 1 \leqslant i \leqslant n : (pq)(i) = q(p(i))$$

的变换 $p : \{1, \cdots, n\} \to \{1, \cdots, n\}$ 组成的半群.

考虑映射 $\psi : T_n \to \Omega_n$:

$$p \in T_n, a_1, \cdots, a_n \in G : \psi(p)(a_1, \cdots, a_n) = (a_{p(1)}, \cdots, a_{p(n)})$$

我们将证明 ψ 具有以下性质:

(1) ψ 是同态.

(2) ψ 是单射.

(3) $\psi(T_n) \subseteq \Delta_n$.

那样 $\psi(T_n) = \Gamma_n$ 将是 Δ_n 的子半群, 并且根据上述的 3 条性质 ψ 的逆将把 $\psi(T_n)$ 同态地映到 T_n 上, 这就是问题中的命题.

现在我们证明性质 (1)(2) 和 (3).

(1) 设 $p, q \in T_n, a_1, \cdots, a_n \in G$, 则

$$
\begin{aligned}
\psi(pq)(a_1, \cdots, a_n) &= (a_{(pq)(1)}, \cdots, a_{(pq)(n)}) \\
&= (a_{q(p(1))}, \cdots, a_{q(p(n))}) = \psi(q)(a_{p(1)}, \cdots, a_{p(n)}) \\
&= \psi(q)[\psi(p)(a_1, \cdots, a_n)] = [\psi(p)\psi(q)](a_1, \cdots, a_n)
\end{aligned}
$$

这就证明了 ψ 是一个同态.

(2) 设 p, q 是 T_n 的不同的元素, 我们证明 $\psi(p) \neq \psi(q)$. 换句话说, ψ 是一个单射. $p \neq q$ 表示存在一个 $i(1 \leqslant i \leqslant n)$ 使得 $p(i) \neq q(i)$. 由于 G 至少有两个元素, G 中就存在元素 $a_1, \cdots, a_n$ 使得 $a_{p(i)} \neq a_{q(i)}$, 由此就得出

$$
\begin{aligned}
\psi(p)(a_1, \cdots, a_n) &= (a_{p(1)}, \cdots, a_{p(n)}) \\
&\neq (a_{q(1)}, \cdots, a_{q(n)}) = \psi(q)(a_1, \cdots, a_n)
\end{aligned}
$$

135

(3) $p \in T_n, \psi(p) \in \Delta_n$ 的证明将分成以下 5 步.

(a) 首先,我们证明当 p 是对换的情况下命题成立. 一个对换是(循环的)交换排列 $1, 2, \cdots, n$ 中的两个相邻元素,即变换 $(1,2), (2,3), \cdots, (n-1, n)$, $(n, 1)$ 中的一个. 例如,可设 $p = (1, 2)$ 对于其他情况,证明类似. 我们把映射

$$\psi(p)(a_1, a_2, a_3, \cdots, a_n) = (a_2, a_1, a_3, \cdots, a_n)$$

表示成 H 的元素的乘积. 以下 "$\rightarrow$" 总表示 H 中的映射

$$(a_1, a_2, a_3, a_4, a_5, \cdots, a_n) \rightarrow$$
$$\rightarrow (-a_n, a_1, a_3 + a_2, a_4 - a_3, a_5 - a_4, \cdots, a_n - a_{n-1}) \rightarrow$$
$$\rightarrow (-a_n, a_1, a_3 + a_2, a_4 + a_2, a_5 - a_4, \cdots, a_n - a_{n-1}) \rightarrow \cdots \rightarrow$$
$$\rightarrow (-a_n, a_1, a_3 + a_2, a_4 + a_2, a_5 + a_2, \cdots, a_n + a_2) \rightarrow$$
$$\rightarrow (a_2, a_1, a_3 + a_2, a_4 + a_2, a_5 + a_2, \cdots, a_n + a_2) \rightarrow$$
$$\rightarrow (a_2, a_2 + a_1, a_3 + a_2 + a_1, a_4 - a_3, a_5 - a_4, \cdots, a_n - a_{n-1}) \rightarrow$$
$$\rightarrow (a_2, a_1, a_3, a_4 - a_3, a_5 - a_4, \cdots, a_n - a_{n-1}) \rightarrow$$
$$\rightarrow (a_2, a_1, a_3, a_4, a_5 - a_4, \cdots, a_n - a_{n-1}) \rightarrow \cdots \rightarrow$$
$$\rightarrow (a_2, a_1, a_3, a_4, a_5, \cdots, a_n)$$

以上步骤对 $n \geq 5$ 都是正确的,对 $n < 5$,可以用更简单的步骤得出.

(b) 如果 p 是一个任意的对换,那么可以把它表示成交换相邻元素的步骤的乘积. 由于 ψ 是一个同态以及上述变换的像是 H 中元素的乘积,所以上述对 p 的结论对 $\psi(p)$ 也成立.

(c) 现在设 $p \in T_n$ 对某个 i,使得 $p(i) \neq i$,但是对所有的 $j \neq i$,有 $p(j) = j$. 不失一般性,可设 $p(i) = 1$. 考虑以下变换

$$(a_1, a_2, a_3, \cdots, a_{i-1}, a_i, a_{i+1}, \cdots, a_n) \rightarrow$$
$$\rightarrow (a_1, a_2 + a_1, a_3 - a_2, \cdots, a_{i-1} - a_{i-2}, -a_{i-1}, a_{i+1}, \cdots, a_n) \rightarrow$$
$$\rightarrow (a_1, a_2 + a_1, a_3 + a_1, \cdots, a_{i-1} - a_{i-2}, -a_{i-1}, a_{i+1}, \cdots, a_n) \rightarrow$$
$$\rightarrow \cdots \rightarrow$$
$$\rightarrow (a_1, a_2 + a_1, a_3 + a_1, \cdots, a_{i-1} + a_1, -a_{i-1}, a_{i+1}, \cdots, a_n) \rightarrow$$
$$\rightarrow (a_1, a_2, a_3 - a_2, \cdots, a_{i-1} - a_{i-2}, a_1, a_{i+1}, \cdots, a_n) \rightarrow$$
$$\rightarrow (a_1, a_2, a_3, \cdots, a_{i-1} - a_{i-2}, a_1, a_{i+1}, \cdots, a_n) \rightarrow \cdots \rightarrow$$

高等数学竞赛:

$$\rightarrow (a_1, a_2, a_3, \cdots, a_{i-1}, a_1, a_{i+1}, \cdots, a_n).$$

对情况 $i = 2,3$ 可以用更简单的步骤得出同样的结论.

（d）现在设 p 是一个在像集上是恒同的变换:$p(p(i)) = p(i)(i = 1, \cdots, n)$. 设 $p_{k,i}$ 表示下面的类型(c) 中的变换

$$p_{k,i}(i) = k, p_{k,i}(j) = j, j \neq i$$

那么这个 p 可以表示成下面的形式

$$p = p_{p(1),1} \cdots p_{p(n),n}$$

为证明这一点, 注意右边从左数起的第一个变换就是 $p_{p(i),i}$, 它把 i 映到 $p(i)$. 如果后面的某个 $p_{p(k),k}(k > i)$ 改变了这个元素, 那么就必须有 $k = p(i)$. 但是那样, $p_{p(k),k}$ 就把 $k = p(i)$ 映成 $p(k) = p(p(i)) = p(i)$. 因而, 无论怎样, 实际上它保持 $p(i)$ 不动.

现在由于(c), 每个 $p_{p(k),k}$ 都是 H 的元素的乘积, 因此 p 也是 H 的元素的乘积.

（e）为完成证明, 现在设 p 是 T_n 中的一个任意的变换. 我们将证明存在一个置换 q 使得 $r = qp$ 在它的像集内是一个恒同映射. 由于在这种情况下, $p = q^{-1}r$(一个置换有一个逆), 所以 $\psi(p) = \psi(q^{-1})\psi(r)$, 然后(b) 和(d) 说明 $\psi(q^{-1})$ 和 $\psi(r)$ 属于 Δ_n, 因此 $\psi(p)$ 也属于 Δ_n. 这将建立所需的命题.

为了对给定的 p, 构造合适的 q, 我们使用归纳法. 设 $p_0 = p$, 而 q_0 是恒同置换. 假设我们已经按下述方式构造好了 p_i 和 q_i, 其中 q_i 是一个置换并且如果 $k \leq i$ 属于 p 的像, 那么 $p_i(k) = k$. 现在如果 $i + 1$ 不属于 p 的像, 设 $p_{i+1} = p_i$, $q_{i+1} = q_i$. 然而, 如果 $i + 1$ 属于 p 的像, 那么它也属于 p_i 的像, 因此对某个 j, $p_i(j) = i + 1$, 在这种情况下设 $p_{i+1} = (i + 1, j)p_i, q_{i+1} = (i + 1, j)q_i$, 其中 $(i + 1, j)$ 表示 $i + 1$ 和 j 之间的对换. 那么 q_{i+1} 仍然是一个置换, $p_{i+1}(i + 1) = i + 1$, 并且如果对 p 的像集中的某个元素 $k < i + 1$ 成立 $p_i(k) = k$, 那么也成立 $p_{i+1}(k) = k$. 这是由于 $k < i + 1$ 当然蕴含 $k \neq i + 1$, 并且由于 $p_i(k) = k < i + 1 = p_i(j)$, 所以不可能成立 $k = j$. 最后, 我们选 $q = q_n$, 那么 q 是一个置换, 并且 $p_n = q_n p = qp$ 在它的像集中是恒同映射.

问题 A.48 设 $n = p^k$(p 是一个素数, $k \geq 1$), G 是对称群 S_n 的传递子群.

证明 G 在 S_n 中的正规化子的阶至多为 $|G|^{k+1}$.

解答

首先我们证明如果 T 是 G 的最小的转移子群,那么 T 可以由 k 个元素生成. 由于 T 是转移的,我们有 $p^k \mid\mid T\mid$. 设 P 是 T 的 Sylow $- p$ 子群,我们将证明 P 是转移的,因此 P 必须是一个 p 群.

用 G_α 表示 G 中的一个点 α 的中心化子,我们有 $|G:G_\alpha| = p^k$,因此

$$p^k \big| \mid G:G_\alpha\mid \cdot \mid G_\alpha:G_\alpha \cap P\mid = \mid G:P\mid \cdot \mid P:G_\alpha \cap P\mid$$

由于 $(\mid G:P\mid, p) = 1$,我们得出 $p^k \mid \mid P:G_\alpha \cap P\mid$ 即 $p^k \mid\mid P:P_\alpha\mid$,这就证明了 P 是转移的.

现在设 M 是 T 的极大子群,那么 M 不是转移的,所以 MT_α 也不可能是转移的,因此 $MT_\alpha = M$. 那就是说 $T_\alpha \leqslant M$. 这说明 T_α 被包含在 T 的所有极大子群的交之中,也就是 T 的 Frattini 子群 $\Phi(T)$ 之中. 因此 $\mid T:\Phi(T)\mid \leqslant \mid T:T_\alpha\mid = p^k$. 因而根据 Burnside 的一个众所周知的定理可知 T 是由 k 个元素生成的,$T = [g_1, \cdots, g_k]$.

接下来,我们看出,G 在 S_n 中的正规化子 $N(G)$ 的元素通过共轭作用于 G 的元素,在它们之中排列的 G 元素. 所有 k 元组 $(g_1, \cdots, g_k)$ 的可能的像的数目至多为 $\mid G\mid^k$. 元素 $n, m \in N(G)$ 的共轭在 $(g_1, \cdots, g_k)$ 上具有相同的作用的充分必要条件是 $n^{-1}m \in C(T)$,其中 $C(T)$ 是 T 在 S_n 中的中心化子. 因此,$\mid N(G)\mid \leqslant \mid G\mid^k \mid C(T)\mid$. 但是容易说明群 $C(T)$ 是半正规的. 假设 $s \in C(T)$ 固定点 α,对于其他点 β 选择一个 $t \in T$ 使得 $\alpha t = \beta$,那么 $\beta = \alpha t = (\alpha)sts^{-1} = (\beta)s^{-1}$,即 $\beta s = \beta$. 所以 s 是恒同元,这就证明了 $C(T)$ 是半正规的. 这说明 $\mid C(T)\mid \leqslant p^k$,因此

$$\mid N(G)\mid \leqslant \mid G\mid^k \cdot p^k \leqslant \mid G\mid^{k+1}$$

问题 A.49 证明如果有限群 G 是具有指数 3 的 Abel 群和具有指数 2 的 Abel 群的扩张,那么 G 可以嵌入到对称群 S_3 的某个有限直幂中.

解答

应用 Schur $-$ Zassenhaus 定理,我们可以看出所说的扩张实际上是一个分

裂扩张, 也就是半直积. 应用有限 Abel 群的基本定理, 我们得出 G 实际上具有 $G = \mathbb{Z}_3^m \overset{\xi}{\times} \mathbb{Z}_2^n$ 的形式, 其中 ξ 是同态 $\xi: \mathbb{Z}_2^n \to \mathrm{Aut}(\mathbb{Z}_3^m) = \mathrm{GL}_m(3)$ ($\mathrm{GL}_m(3)$ 是 $\mathbb{Z}_3^m$ 的自同构群, 可以看成是 3 个元素的域上的向量空间). 对表示 ξ 应用 Maschke 定理我们看出向量空间 $\mathbb{Z}_3^m$ 有一组基 $b_1, b_2, \cdots, b_m$, 这组基的元素都是 $\xi(\mathbb{Z}_2^n)$ 的特征向量. 设 $a_1, a_2, \cdots, a_n$ 是 $\mathbb{Z}_2^n$ 的基, 那么 b_j 是 $\xi(a_i)$ 的一个特征向量, 其特征值是 $c_{ij} \in \{1, 2\}$. 比如用 σ 和 τ 来分别表示 S_3 的元素 $(1, 2, 3)$ 和 $(1, 2)$ 的元素. 对于任意的 $b = \sum_{i=1}^{m} \lambda_i b_i \in \mathbb{Z}_3^m$, 设

$$\bar{b} = (\sigma^{\lambda_1}, \cdots, \sigma^{\lambda_m}, 1, \cdots, 1) \in S_3^{m+n}$$

$$\hat{a}_i = (\tau^{c_{i1}-1}, \tau^{c_{i2}-1}, \cdots, \tau^{c_{im}-1}, 1, \cdots, \overset{m+i}{\tau}, 1, \cdots, 1) \in S_3^{m+n}$$

那么 $B = \{\bar{b} \mid b \in \mathbb{Z}_3^m\}$ 是 S_3^{m+n} 的正规子群, 它与 $\mathbb{Z}_3^m$ 同构; 映射 $a_i \to \hat{a}_i$ 可以扩张成一个同态 $\mathbb{Z}_2^n \to S_3^{m+n}$. 因而 $A = \{\hat{a} \mid a \in \mathbb{Z}_2^n\}$ 是 S_3^{m+n} 的子群, 它与 $\mathbb{Z}_2^n$ 同构. 让我们考虑同态 $\eta: A \to \mathrm{Aut}(B)$, 它把每个 $x \in A$ 映成 x 的共轭. 那么对于 S_3^{m+n} 的子群 BA, 我们就有 $BA \cong B \overset{\eta}{\times} A$. 另一方面, 对于任何 $a \in \mathbb{Z}_2^n$ 和 $b \in \mathbb{Z}_3^m$ 我们有

$$\overline{b^{\xi(a)}} = \bar{b}^{\eta(\hat{a})}$$

(只需对基的元素 b_i 和 a_j 验证即可.) 这就证明了确实有 $G \cong BA$.

问题 A. 50 设 $n \geq 2$ 是一个整数, 考虑广群 $G = (\mathbb{Z}_n \cup \{\infty\}, \circ)$, 其中

$$x \circ y = \begin{cases} x + 1, & \text{如果 } x = y \in \mathbb{Z}_n \\ \infty, & \text{其他} \end{cases}$$

($\mathbb{Z}_n$ 表示模 n 下的整数环.) 证明 G 是唯一的由 G 生成的簇中的子直接不可约代数.

解答

(以下用 $\mathcal{G}$ 表示作为问题中的变量的成员的广群 G.)

取成常数值 ∞ 的单位算子是 $\mathcal{G}$ 中的一个多项的表达式. 例如

$$\infty = (x \circ x) \circ x \tag{0}$$

(这个单位算子将也用 ∞ 表示.)

此外易于验证对 $\mathcal{G}$ 中的多项表达式

$$f(x) = x \circ x \text{ 和 } x \vee y = f^{n-1}(x \circ y) \tag{1}$$

以下命题成立

$$\vee \text{ 是一个半格算子而 } \infty \text{ 是这个算子的最大成员} \tag{2}$$

$$f \text{ 是关于 } \vee \text{ 的自同构} \tag{3}$$

并且成立以下等式

$$f^n(x) = x$$

如果

$$k \neq l \quad (0 \leqslant k, l \leqslant n)$$

那么

$$f^k(x) \vee f^l(x) = \infty \tag{4}$$

由于在 G 中成立

$$x \circ y = f(x \vee y) \tag{5}$$

所以原来的算子。可以用 $\vee$ 和 f 表示.

现在,在由 G 生成的族中,取一个任意的代数 $C = (C; \circ)$ 并且考虑代数 $C' = (C; \vee, f, \infty)$,它的基算子是由 (0) 和 (1) 所定义的 C 中的多元表达式. 由于上面所讨论的所有性质都是由恒等式描述的,所以它们对 C(相应的对 C')也同时成立. 恒等式 (5)(连同 (0) 和 (1) 中的定义)保证映射 $\varphi : C \to \mathbb{Z}_n \cup \{\infty\}$ 产生一个同态 $\varphi : C \to G$ 的充分必要条件是 $\varphi : C' \to G'$ 是同态. 所以代替 C 和 G,我们可以在代数 C' 和 G' 中证明. 由于在 C' 和 G' 中处理起来更方便一些. 我们用 $\leqslant$ 表示在半格 $(C; \vee)$ 中的自然的偏序关系.

设 a 是集合 C 中的一个任意的不同于 ∞ 的元素,并考虑下面的 C 的子集

$$C_i = \{c \in C \mid c \leqslant f^i(a)\} (i \in \mathbb{Z}_n), \quad C_\infty = C \setminus \bigcup_{i \in \mathbb{Z}_n} C_i$$

我们将证明 $\{C_0, \cdots, C_{n-1}, C_n\}$ 是 C 的一个分划. 显然,这些集合的并就是 C,并且由于 $f^i(a) \in C_i (i \in \mathbb{Z}_n)$ 以及 $\infty \in C_\infty$,所以这些集合都不是空集. 如果对某个 $c \in C_i \cap C_j (0 \leqslant i \leqslant j < n)$,即 $c \leqslant f^i(a)$ 并且 $c \leqslant f^j(a)$,那么利用 (2) 和 (3) 我们就得出

$$f^{j-i}(c) \vee c \leqslant f^{j-i}(f^i(a)) \vee f^j(a) = f^j(a) \vee f^j(a) = f^j(a) < \infty$$

根据 (4),上式蕴含 $j - i = 0$. 因此 $C_0, \cdots, C_{n-1}$ 是两两不相交的,并且显然

140

C_∞ 和它们都不相交.

因此,映射 $\varphi : C' \to G'$

$c\varphi_a = i$,如果 $c \in C_i$ 是良定义的.

显然,φ_a 是满射,它可以与运算 f 互换,并且 $\infty \varphi_a = \infty$. 对于任意 $c, d \in C$ 和 $l \in \mathbb{Z}_n$,我们有

$$(c \vee d)\varphi_a = l \Leftrightarrow c \vee d \leqslant f^l(a) \Leftrightarrow c, d \leqslant f^l(a) \Leftrightarrow c\varphi_a = l, d\varphi_a = l$$

这蕴含 φ_a 也是和 $\vee$ 可交换的,因此 $\varphi_a : C' \to G'$ 是一个满同态.

由于 $a\varphi_a = 0$,对每一个元素 $b \in C$,我们有 $a\varphi_a = b\varphi_a \Leftrightarrow b \leqslant a$. 因此如果 a, b 是代数 C' 的不同的元素(不妨设 $a \neq \infty$),那么当 $b \leqslant a$ 时,我们有 $a\varphi_a \neq b\varphi_a$,而当 $b < a$(这蕴含 $b \neq \infty$)时,我们就有 $a\varphi_b \neq b\varphi_b$. 所以同态 $\varphi_a (a \in C \backslash \{\infty\})$ 作为 G' 的子直幂给出了 C' 的表示. 这就证明了仅当 C' 同构于 G' 时,它才是一个 G' 的不可约的子直幂.

易于验证 G' 是简单的,因此其子直幂必须是不可约的. 即对 G' 的某个同余关系 σ,我们有 $a\sigma b, a \neq b$(不妨设 $a \neq \infty$),那样 $a = a \vee a\sigma a \vee b = \infty$,因此对任意 $0 \leqslant k < n$,我们有 $f^k(a)\sigma f^k(\infty) = \infty$.

141

3.2 组　　合

问题 C.1　把一个正整数 n 表示成 $n = \sum\limits_{i=1}^{k} a_i$ 的形式,其中 k 是一个正整数,并且 $a_1 < a_2 < \cdots < a_k$,问在所有这种形式中,哪种形式可使得乘积 $\prod\limits_{i=1}^{k} a_i$ 最大?

解答

首先,我们研究最大整数集合的性质. 设 $A_n = \{a_1, a_2, \cdots, a_k\}$ 是一个最大整数集合.

断言 1　不存在整数 i 和 j 使得 $a_1 < i < j < a_k$ 并且 $i \notin A_n, j \notin A_n$.

假设不然,那么必存在两个元素 $a_r, a_s \in A_n$ 使得 $a_r + 1 \notin A_n, a_s - 1 \notin A_n$ 并且 $a_r + 3 \leqslant a_s$,那样就有

$$(a_r + 1)(a_s - 1) = a_r a_s + (a_s - a_r) - 1 \geqslant a_r a_s + 2 > a_r a_s$$

因此,用 $a_r + 1$ 和 $a_s - 1$ 代替 a_r 和 a_s 将使和不变而积变大,这和 A_n 是最大集合矛盾.

断言 2　如果 $k > 1$,那么 $a_1 \geqslant 2$.

如果 $a_1 = 1$,那么把 a_1, a_k 也就是 $1, a_k$ 换成 $a_k + 1$ 将会得出一个更好的组,这与 A_n 是最大集合矛盾.

断言 3　如果 $n \geqslant 5$,那么 $a_1 = 2$ 或 $a_1 = 3$.

如果 $a_1 > 4$,那么把 a_1 换成 2 和 $a_1 - 2$ 后,由于

$$2(a_1 - 2) = 2a_1 - 4 = a_1 + (a_1 - 4) > a_1$$

因此和不变而积更大,这与 A_n 是最大集合矛盾.

如果 $a_1 = 4$,那么由 $n \geqslant 5$ 得出 $k > 1$,把 a_1, a_2 换成 $2, a_1 - 1$ 和 $a_2 - 1$ 后,由于

$$2(a_1 - 1)(a_2 - 1) = 2a_1 a_2 - 2(a_1 + a_2) + 2 = a_1 a_2 + (a_1 - 2)(a_2 - 2) - 2$$
$$\geqslant a_1 a_2 + 6 - 2 = a_1 a_2 + 4 > a_1 a_2$$

142

因此和不变而积更大,这与 A_n 是最大集合矛盾.

断言4   如果 $a_1 = 3$,那么 i 是一个使得 $a_1 < i < a_k, i \notin A_n$ 的整数,因而 $i = a_k - 1$.

假设不然,那么根据断言1就有 $i + 2 \in A_n$,那样把 $i + 2$ 换成 2 和 i 后,由于

$$2i \geq i + a_1 + a = i + 4 > i + 2$$

因此和不变而积更大,这与 A_n 是最大集合矛盾.

下面,我们来确定最大集合. 设 $A(i,j,l)$ 表示集合 $\{i, i+1, \cdots, l-1, l+1, \cdots, i+j-1, i+j\}$, $s(i,j,l)$ 表示 $A(i,j,l)$ 的元素之和. 对 $k = 2,3,\cdots$,设 $s(2,k+2,k+2) = 2 + 3 + \cdots + k + (k+1) = C_{k+2}^2 - 1 = L_k$,根据断言1到断言4,如果 $n \geq 5$,那么 A_n 至少有两个元素,因此 $k \geq 2$,那么可能的最大集合如下:$A(2,k+2,k+2)$,$A(2,k+2,k+1)$,$\cdots$,$A(2,k+2,3)$,$A(2,k+2,2)$,$A(3,k+2,k+1)$. 显然 $s(2,k+2,k+2) = L_k, s(2,k+2,k+1) = L_k + 1, \cdots, s(2,k+2,3) = L_k + (k-1), s(2,k+2,2) = L_k + k$ 以及 $s(3,k+3,k+1) = L_k + (k+1) = L_{k+1} - 1$. 因此上述集合的元素之和是区间 $[L_k, L_{k+1})$ 之间的整数,并且每个整数都恰出现一次. 因而对任意 $n \geq 5$,就恰有一个上述类型的集合,而这个集合就是最大集合 A_n,而对于 $1 \leq n \leq 4$,显然 $A_n = \{n\}$ 是仅有的最大集合.

注记   考虑以下的推广问题:设 $f(x)$ 是一个在区间 $(0, +\infty)$ 内上凸的任意函数(在本题中 $f(x) = \log x$). 设 $n = \sum_{i=1}^{k} a_i$,其中 $a_1 < a_2 < \cdots < a_k$ 是正整数,k 不固定. 对给定的 n,什么时候和 $\sum_{i=1}^{k} f(a_i)$ 最大?可以证明在这种情况下,每个最大集合都可以从上述连续的正整数序列中至多删除一个元素而得出.

(译者注:这一问题经常在各类数学竞赛中出现. 考虑更一般的问题,把正实数 x 分成若干部分,使它们的积最大. 根据均值不等式,设若干个实数之和为定值 x,则当所有的数都相等时,它们的积最大. 所以实际上,我们就是求当把 x 均分成几部分 k 时,函数 $f(x) = \left(\dfrac{x}{k}\right)^k$ 的值最大?对 $f(x)$ 求导得

$$f'(k) = \left[\left(\frac{x}{k}\right)^k\right]' = (e^{k\ln(\frac{x}{k})})' = e^{k\ln(\frac{x}{k})}\left(\ln\frac{x}{k} - 1\right)$$

令 $f'(k) = 0$ 得 $\dfrac{x}{k} = e = 2.7182\cdots$. 但 e 不是一个正整数,所以根据连续性,实际分时,应当使每个部分取最接近 e 的正整数 3. 于是应将 n 尽量分解成若干个 3,直到不能分解出 3 时,再做出适当的调整. n 必为 $3m, 3m+1$ 或 $3m+2$ 型的正整数. 当 $n = 3m$ 时,可将其分解为若干个 3 之和;当 $n = 3m+1$ 时,最后会剩下一个 4,对 4 不做分解或将其分解为 $2+2$;当 $n = 3m+2$ 时,最后会剩下一个 5,将 5 分解为 $3+2$. 在后两种情况中,3 的个数均为 $\left[\dfrac{n}{3}\right]$,即 $\dfrac{n}{3}$ 的整数部分.)

问题 C.2 对于每个正整数 r,正整数的 r 元组的集合是一个把此正整数分成 r 个元素的集合分划的类. 证明如果 $f(r)$ 是一个使得 $f(r) \geqslant 1$ 并且 $\lim\limits_{r \to \infty} f(r) = +\infty$ 成立的函数,则对所有的 r,都存在一个正整数的无穷集合,使得这个集合都包含一个至多有 $f(r)$ 个类的 r 元组. 证明如果 $f(r) \nrightarrow +\infty$,那么就存在一族分划,使得对这族分划不存在这样的无限集.

解答

设 $\mathbb{N}^*$ 表示正整数的集合. 我们将应用下面的众所周知的 Ramsey 定理. 如果把正整数的 r - 组分成了有限多个类,那么存在 $\mathbb{N}^*$ 的无限子集 $\mathbb{N}^{*'}$ 使得在 $\mathbb{N}^{*'}$ 中每个 r - 组都被包含在同样的类中. 为了证明第一个命题,我们对 r 使用归纳法来定义一个子集的序列 $\mathbb{N}_0^* \supseteq \cdots \supseteq \mathbb{N}_r^* \supseteq \cdots$ 和一个正整数的序列 $x_1, \cdots, x_r, \cdots$. 令 $\mathbb{N}_0^* = \mathbb{N}^*$. 设 $r \geqslant 0$ 并且 $\mathbb{N}_r^*$ 和 $x_i (i < r)$ 已被定义好了. $\mathbb{N}_r^*$ 是无限的. 令 x_r 是 $\mathbb{N}_r^*$ 的一个任意的元素并令 $\mathbb{N}^{*'} = \mathbb{N}_r^* \backslash \{x_1, \cdots, x_r\}$. 对任意集合 $A' \subseteq \{x_1, \cdots, x_r\}$,把 $\mathbb{N}^{*'}$ 中的 $(r-s)$ - 组分成有限多个类,其中 $s = |A'|$. 对两个 $(r-s)$ - 组,当且仅当把 A' 组的元素添加到这两个组中后所得的组在原来的分划中在同一类时把它们放到同一类. 应用 Ramsey 定理 2^r 次,我们得到存在集合 $\mathbb{N}_r'$ 的一个子集 $\mathbb{N}_{r+1}$,使得

$$|A| = |B| = r \tag{1}$$

$$A, B \subseteq \{x_1, \cdots, x_r\} \cup \mathbb{N}_{r+1}, A \cap \{x_1, \cdots, x_r\} = B \cap \{x_1, \cdots, x_r\} \tag{2}$$

蕴含 A 和 B 在同一类.

这样,我们就定义了序列 $\mathbb{N}_0 \supseteq \cdots \supseteq \mathbb{N}_r \supseteq \cdots$；$x_1, \cdots, x_r, \cdots$. 令 $X = \{x_1, \cdots,$ $x_r, \cdots\}$,则(1)(2)蕴含 X 具有下面的性质.

(*) 设 $|A| = |B| = r$,$A, B \subseteq X$,对任意 r,$A \cap \{x_1, \cdots, x_r, \cdots\} = B \cap \{x_1,$ $\cdots, x_r, \cdots\}$,那么 A 和 B 在同一类. 由于 $f(r) \geqslant 1$ 以及当 $r \to +\infty$ 时 $f(r) \to +\infty$,因而存在一个 $x_1, \cdots, x_r, \cdots$ 的单调子序列 x_{r_k} 使得

$$|\{x_{r_k} : r_k \leqslant r\}| \leqslant \log_2 f(r)$$

设 $X' = \{x_{r_1}, x_{r_2}, \cdots\}$,那么这个集合显然是无限的并且由于(*),它满足问题中的要求.

现在,我们证明一个比这个问题的第二部分更强的命题. 我们证明一个基数是连续统的集合也具有所需的分划. 设 $S = [0,1]$,对任意 r,我们把 S 的具有 r 个元素的子集的集合分成 r 个类. 设 $X = \{x_0, \cdots, x_{r-1}\}$ 是 S 的一个具有 r 个元素的子集,其中 $x_0 < \cdots < x_{r-1}$. 如果恰有 i 个区间 (x_j, x_{j+1})($j = 0, 1, \cdots, r-2$) 的长度大于 $\dfrac{1}{r}$,我们就将 X 放入第 i 类. 如果 S' 是 S 的任意一个无限的子集,那么利用 S' 具有凝聚点,易于看出对于任何 i,都存在一个数 r_0 使得对 $r > r_0$,集合 S' 包含了一个超出了第 i 类 r – 组的集合,矛盾. 这就完成了证明.

问题 C.3 设 n 和 k 是两个给定的正整数,并且设 A 是一个使得

$$|A| \leqslant \frac{n(n+1)}{k+1}$$

成立的集合. 对 $i = 1, 2, \cdots, n+1$,设 A_i 是 A 的元素个数等于 n 的子集,且

$$|A_i \cap A_j| \leqslant k \quad (i \neq j)$$

$$A = \bigcup_{i=1}^{n+1} A_i$$

求 A 中元素的个数.

解答

解答 1 设 ϕ_x 表示包含点 x 的集合 A_i 的数目. 显然

$$\sum_{x \in A_j} \phi_x = \sum_{i=1}^{n+1} |A_i \cap A_j| = n + \sum_{i \neq j} |A_i \cap A_j|$$

并且因此

$$\sum_{x \in A_j} \phi_x \leq n + nk = n(k+1) \qquad (1)$$

对所有的 j 把这些式子加起来就得到

$$\sum_{j=1}^{n+1} \sum_{x \in A_j} \phi_x = \sum_{x \in A} \sum_{x \in A_j} 1 = \sum_{x \in A} \phi_x^2$$

利用算数平均和平方平均之间的不等式,我们得出

$$\sum_{x \in A} \phi_x^2 \geq |A| \left(\frac{\sum_{x \in A} \phi_x}{|A|} \right)^2 = \frac{1}{|A|} \left(\sum_{i=1}^{n+1} |A_j| \right)^2 = \frac{n^2(n+1)^2}{|A|}$$

对所有的 j,把(1)的右边加起来得出 $n(n+1)(k+1)$,因而

$$\frac{n^2(n+1)^2}{|A|} \leq n(n+1)(k+1)$$

由此就得出

$$|A| \geq \frac{n(n+1)}{k+1}$$

根据假设,成立反方向的不等式,这就得出所要证的等式. 自然,存在那样一族集合的必要条件是 $k+1 \mid n(n+1)$.

解法 2　我们将使用下面的定理:设 $F_1, \cdots, F_N$ 是某些事件 $A_1, \cdots, A_n$ 的多项式,并设 $c_1, \cdots, c_N$ 是任意的实数,那么在任意概率空间中成立不等式

$$\sum_{k=1}^{N} c_k p(F_k) \geq 0$$

并且对任意事件 $A_1, \cdots, A_n$ 在平凡的概率空间内成立.

因而,只需对 $A_i = \varnothing$ 或 Ω 验证不等式

$$p(A_1 \cup \cdots \cup A_{n+1}) \geq \frac{2k+1}{(k+1)^2} \sum_{i=1}^{n+1} p(A_i) - \frac{2}{(k+1)^2} \sum_{1 \leq i < j \leq n+1} p(A_i \cap A_j)$$

即可. 如果对所有的 $i, A_i = \varnothing$,那么我们得出 $0 \geq 0$,它显然成立. 如果恰有 l 个 A_i 是 $\Omega(l \geq 1)$,那么我们必须证明

$$1 \geq \frac{2k+1}{(k+1)^2} l - \frac{2}{(k+1)^2} C_l^2$$

也就是

$$\frac{l^2-1}{(k+1)^2} - \frac{2k+1}{(k+1)^2} l + 1 = \left(\frac{l}{k+1} - 1 \right)^2 \geq 0$$

146

这个不等式显然也成立. 现在设 $A_i(i = 1,\cdots,n + 1)$ 是问题中的集合并且考虑概率空间

$$\Omega = A = \bigcup_{i=1}^{n+1} A_i$$

那么每个点的概率就是 $\dfrac{1}{|A|}$,因此对这个空间中的事件成立

$$p(A) = 1 \geqslant \frac{2k + 1}{(k + 1)^2} \sum_{i=1}^{n+1} \frac{|A_i|}{|A|} - \frac{2}{(k + 1)^2} \sum_{1 \leqslant i < j \leqslant n+1} \frac{|A_i \cap A_j|}{|A|}$$

$$\geqslant \frac{2k + 1}{(k + 1)^2} \frac{(n + 1)n}{|A|} - \frac{2}{(k + 1)^2} \binom{n + 1}{2} \frac{k}{|A|}$$

化简后得出 $|A| \geqslant \dfrac{n(n + 1)}{k + 1}$,由于我们假设 $|A| \leqslant \dfrac{n(n + 1)}{k + 1}$,因此 $|A| = \dfrac{n(n + 1)}{k + 1}$.

问题 C.4 设 $A_1, A_2, \cdots$ 是对 $i \neq j$ 使得 $|A_i \cap A_j| \leqslant 2$ 的无穷集合的序列. 证明脚标的序列可以被分成两个不相交的序列 $i_1 < i_2 < \cdots$ 和 $j_1 < j_2 < \cdots$,使得对某两个集合 E 和 F 成立 $|A_{i_n} \cap E| = 1$ 并且 $|A_{j_n} \cap F| = 1(n = 1,2,\cdots)$.

解答

假设对 $k \geqslant 3$,存在两个不相交的有限集合 E_k 和 F_k 使得

$$|A_i \cap E_k| = 1 \text{ 或} |A_i \cap F_k| = 1 \tag{1}$$

如果 $i > k$,那么

$$|A_i \cap E_k| \leqslant 1$$

或

$$|A_i \cap F_k| \leqslant 1 \tag{2}$$

对 $k = 3$,易于构造集合 E_3 和 F_3. 如果我们能证明存在某两个不相交的有限集合 $E_{k+1} \supseteq E_k$ 和 $F_{k+1} \supseteq F_k$,它们满足(1),并且对 A_{k+1} 满足(2),那么集合 $E = \bigcup_{k=1}^{\infty} E_k$ 和 $F = \bigcup_{k=1}^{\infty} F_k$ 就具有所需的性质.

首先,假设 A_{k+1} 同时和 E_k 和 F_k 相交. 根据(2),这仅当,比如说 $|A_{k+1} \cap E_k| = 1$ 时才可能,那样就有 $E_{k+1} = E_k, F_{k+1} = F_k$,因此满足条件(1)和(2).

147

现在设 A_{k+1} 和集合 E_k 和 F_k 中至少一个，比如说 E_k 不相交. 考虑所有和 $E_k \cup F_k$ 相交，且交集中至少含 3 个元素的集合 A_i. 由于这 3 个元素只能被包含在有限多个集合中，因此这些集合的个数也是有限的，用 $A_{i_1}, \cdots, A_{i_m}$ 表示这些集合. 设 e_{k+1} 表示无限集合

$$A_{k+1} \setminus \left(\bigcup_{r=1}^{m} A_{i_r} \right) \cup \left(\bigcup_{i=1}^{k} A_i \right) \cup F_k$$

中的一个任意的元素，并设 $E_{k+1} = E_k \cup \{e_{k+1}\}$，$F_{k+1} = F_k$. 这些集合显然满足 (1). 此外，如果 $i > k+1$ 并且 $e_{k+1} \notin A_i$，那么 (2) 也成立. 如果 $e_{k+1} \in A_i$，那么由 e_{k+1} 的选法可知 A_i 不同于集合 $A_{i_1}, \cdots, A_{i_m}$ 中的任何一个，因而 $\mid A_i \cap (E_k \cup F_k) \mid \leqslant 2$，由此就得出 (2).

问题 C.5　设 $n \geqslant 2$ 是一个正整数，S 是一个包含 n 个元素的集合. 又设 $A_i (1 \leqslant i \leqslant m)$ 是 S 的元素个数至少为 2 的不同的子集，它们具有以下性质

$$A_i \cap A_j \neq \varnothing, A_i \cap A_k \neq \varnothing, A_j \cap A_k \neq \varnothing$$

蕴含

$$A_i \cap A_j \cap A_k \neq \varnothing$$

证明：$m \leqslant 2^{n-1} - 1$.

解答

解法 1　我们将对 n 使用归纳法来证明这一命题. 对 $n = 2$ 命题是显然的，假设 $n > 2$ 并设 $A_1 \neq S$ 是集合

$$K = \{A_i : 1 \leqslant i \leqslant k\}$$

中的最大元素. 那就是说，如果 $A_1 \subseteq A_i$，那么 $i = 1$ 或 $A_i = S$. 在集合 $S \setminus A_1$ 中任选一个元素 x 并设

$$K_1 = \{A_i \in K : x \notin A_i\}$$
$$K_2 = \{A_i \in K : x \in A_i, A_1 \cap A_i = \varnothing\}$$
$$K_3 = \{A_i \in K : x \in A_i, A_1 \subseteq A_i\}$$
$$K_4 = \{A_i \in K : x \in A_i, A_1 \cap A_i \neq \varnothing, A_1 \nsubseteq A_i\}$$

显然

$$K = K_1 \cup K_2 \cup K_3 \cup K_4 \tag{1}$$

我们将估计集合 K 的基数. 归纳法假设蕴含

$$|K_1| \leqslant 2^{n-2} - 1 \qquad\qquad (2)$$

设 $|A_1| = l$,那么

$$|K_2| \leqslant 2^{n-l-1} - 1 \qquad\qquad (3)$$

由于 K 的每个元素都是一个至少有两个元素的集合,因此由 A_1 的最大性可知 K_2 中唯一可能的元素是 S. 那也就是说

$$|K_3| \leqslant 1 \qquad\qquad (4)$$

最后,集合 K_4 中可能和集合 $S \backslash A_1$ 相交的元素以及 A_1 中的元素分别至多为 2^{n-l-1} 和 $2^l - 2$ 个不同的集合(它们不能和 A_1 或 $\varnothing$ 相交). 以各种可能的方式将这些交集配对,我们得到

$$|K_4| \leqslant 2^{n-l-1}(2^l - 2) = 2^{n-1} - 2^{n-l}$$

实际上,这个估计可能是最佳的. 如果 $X \in K_4$,那么由于集合 A_1, X, Y 关于集合 A_i 不满足相交条件(集合 $A_1 \cap X, A_1 \cap Y, X \cap Y$ 不空,但 $A_1 \cap X \cap Y$ 是空的),所以

$$Y = (X \backslash A_1) \cup (A_1 \backslash X) \notin K_4$$

由于映射

$$X \to Y = (X \backslash A_1) \cup (A_1 \backslash X)$$

对固定的集合 A_1 而言是 $1 - 1$ 的,并且如果 $x \in X, A_1 \cap X \neq \varnothing$ 以及 $A_1 \subseteq X$,那么对 Y 成立同样的结论,因此 K_4 的基数至多是上述估计的一半,即

$$|K_4| \leqslant 2^{n-2} - 2^{n-l-1} \qquad\qquad (5)$$

综合(1) ~ (5),我们就得到所需的不等式 $|K| \leqslant 2^{n-1} - 1$.

解法 2 我们将对 n 使用归纳法来证明这一命题. 对 $n = 2$ 命题是显然的,假设 $n > 2$,我们将分两种情况讨论.

情况 1 不存在 i 和 j 使得 $A_i \cup A_j = S$ 并且 $A_i \cap A_j$ 只有一个元素.

不难证明命题这时成立. 考虑集合 S 中的一个任意的元素 x,根据归纳法假设,不含 x 的集合的成员数目至多为 $2^{n-2} - 1$. 含有 x 的集合 $X \subseteq S$ 的数目是 2^{n-1}. 由于如果 $X = A_i$,其中一半,即至多 2^{n-2} 出现在 A_i 中. 那么根据上面的假设,不存在 j 使得 $A_j = (S \backslash X) \cup \{x\}$. 因而集合 A_i 的数目至多为 $2^{n-1} - 1$.

情况 2 存在一个元素 $x \subseteq S$ 使得 $A_1 \cup A_2 = S$ 并且 $A_1 \cap A_2 = \{x\}$.

设 s 和 r 分别表示集合 A_1 和 A_2 的成员的数目,显然 $s + r = n + 1$. 根据归纳法假设,使得 $A_i \subseteq A_1$ 的集合 A_i 的数目至多为 $2^{r-1} - 1$. 同理使得 $A_i \subseteq A_2$ 的集合 A_i 的数目至多为 $2^{s-1} - 1$. 如果 A_i 不是 A_1 或 A_2 的子集,那么 $A_1 \cap A_i \neq \varnothing$, $A_2 \cap A_i \neq \varnothing$,并且自然也有 $A_1 \cap A_2 \neq \varnothing$. 因而根据问题的条件就有 $A_1 \cap A_2 \cap A_i \neq \varnothing$,即 $x \in A_i$. 现在 $A_i = \{x\} \cup (A_i \backslash A_1) \cup (A_i \backslash A_2)$ 并且由于 $A_i \backslash A_1$ 和 $A_i \backslash A_2$ 是非空的,我们可以选择 $2^{s-1} - 1$ 和 $2^{r-1} - 1$ 种方式使得这种 A_i 的数目至多为 $(2^{s-1} - 1)(2^{r-1} - 1)$. 把配对的结果加起来,我们就得出所有的 A_i 的数目至多为 $2^{n-1} - 1$.

注记 可以证明,如果 $k = 2^{n-1} - 1$,则集合 A_i 正好是包含一个给定元素 $x \in S$ 的至少有两个元素的集合. 这可以通过归纳法来证明,比如说,就像我们在情况 1 中所做的那样.

问题 C.6 证明一个强连通的双极图的边可以按如下方式定向:对于任何边 e,都有一条包含 e 的从极点 p 到极点 q 的有向路径.(强连通的双极图是一个有两个特殊顶点 p 和 q 的有限连通图,其中没有点 $x, y, x \neq y$,使得所有从 x 到 p 以及所有从 x 到 q 的路径包含 y.)

解答

首先我们证明存在一个定义在顶点上的实值函数 f 使得:

(1) $f(p) = 1, f(q) = 0$.

(2) 如果 $f(x) = f(y)$,那么 $x = y$.

(3) 如果 $x \neq p$,那么存在一条边 xy 使得 $f(y) > f(x)$.

(4) 如果 $x \neq q$,那么存在一条边 xy 使得 $f(y) < f(x)$.

由于图 G 是连通的,因此存在一条从 p 到 q 的路径 $p = x_0, \cdots, x_m = q$. 在这个子集中,$f(x_k) = 1 - \dfrac{k}{m}$ 就是所需的函数.

现在设 f 是一个在真子集 $V_1 \subseteq V(G)$ 上的所需的函数,我们证明 f 可被扩展到某个更大的集合上. 设 $z \in V_2 = V(G) \backslash V_1$,由于图 G 是连通的,因此存在一条从 z 到 p 的路径. 设 x_1 是这条路径上最后一个离开 V_2 的顶点并设 x_0 是这条路径

上紧挨着 x_1 的下一个点. 由于图 G 是强连通的,因此存在一条不含 x_0 的从 x_1 到 p 的或从 x_1 到 q 的路径. 设 $x_1, x_2, \cdots$ 是一条那样的路径,并设 $n > 1$ 是使得 $x_i \in V_1$ 的最小的脚标 i(由于 p, q 在 V_1 中,所以必然存在一个那样的点). x_n, x_0 是 V_1 中不同的点,因此以 $f(x_0), f(x_n)$ 为端点的开区间是非空的. 根据(2),即使我们在 V_1 中删去 f 的值后,它仍然包含无穷多个点. 因而,我们可以重新排列点 $x_1, \cdots, x_{n-1}$ 的次序而得出一个严格单调的序列 $f(x_0), f(x_1), \cdots, f(x_n)$. 现在,在扩展的区域中,(1) ~ (4) 仍然成立,并且在 $x \in V_1$ 中成立(3) ~ (4). 最后如果 $x = x_i(1 \leqslant i \leqslant n - 1)$,我们可以分别对 y 选 x_{i-1} 和 x_{i+1} 即可.

由于 G 是有限的,因此存在一个满足(1) ~ (4)的函数 f.

现在,我们对 G 的边定向如下:当且仅当 $f(x) > f(y)$ 时,连接 x 和 y 的边是从 x 到 y 定向的. 我们证明这一定向具有所需的性质. 设 e 是一条从 x_1 到 y_1 的边. 对 $n \geqslant 1$,如果 $x_n \neq p$,设 x_{n+1} 是和 x_n 相邻的使得 $f(x_{n+1}) > f(x_n)$ 的点(由于(3),那种点必然存在). 类似的,如果 $y_n \neq q$,设 y_{n+1} 是和 y_n 相邻的使得 $f(y_{n+1}) < f(y_n)$ 的点(由于(4),那种点必然存在). 由于 G 是有限的,经过若干步后,我们将得出 $x_r = p, y_s = q(r, s \geqslant 1)$,那么 $x_r, x_{r-1}, \cdots, x_2, x_1, y_1, y_2, \cdots, y_{s-1},$ y_s 就是一条所需的通过 e 的路径.

问题 C. 7 设 $\mathcal{F}$ 是具有下列性质的非空集合的族,

(1) 对每个 $X \in \mathcal{F}$,存在 $Y \in \mathcal{F}$ 和 $Z \in \mathcal{F}$,使得 $Y \cap Z = \varnothing$ 而 $Y \cup Z = X$.

(2) 如果 $X \in \mathcal{F}, Y \cup Z = X, Y \cap Z = \varnothing$,那么或者 $Y \in \mathcal{F}$ 或者 $Z \in \mathcal{F}$.

证明:在 $\mathcal{F}$ 中存在一个包含的序列 $X_0 \supseteq X_1 \supseteq X_2 \supseteq \cdots, X_n \in \mathcal{F}$,使得

$$\bigcap_{n=0}^{\infty} X_n = \varnothing$$

解答

用反证法证明. 假设命题不成立,即如果 $X_0 \supseteq X_1 \supseteq X_2 \supseteq \cdots$,而却有某个 $X_n \in \mathcal{F}$ 使得 $\bigcap_{n=0}^{\infty} X_n \neq \varnothing$.

分以下两种情况讨论:

(a) 对任意集合 $A \in \mathcal{F}$,都存在一个集合 $A' \in \mathcal{F}$ 使得 $A' \subseteq A$ 并且 $A' = \bigcup_{i=1}^{\infty} A_i, A_i$ 是 $\mathcal{F}$ 中两两不相交的元素. 由条件(1)可知,存在集合 $A_1, A_1' \in \mathcal{F}$ 使得

$A_1 \cup A_1' \subseteq A, A_1 \cap A_1' = \varnothing$. 同理,存在集合 $A_2, A_2' \in \mathcal{F}$ 使得 $A_2 \cup A_2' \subseteq A_1, A_2$ $\cap A_2' = \varnothing$,等等. 如果 $\bigcup\limits_{i=1}^{\infty} A_i \in \mathcal{F}$,我们就可以这样做下去. 如果情况不是这样,那么由条件(2),集合 $A_0 = A \setminus \bigcup\limits_{i=1}^{\infty} A_i \in \mathcal{F}$ 和 $A' = A = \bigcup\limits_{i=0}^{\infty} A_i$ 就具有所需的性质.

(b) 对任何集合 $A \in \mathcal{F}$,存在集合 $B, C \in \mathcal{F}$ 使得 $B \cap C = \varnothing, B \cup C \subseteq A$ 并且如果 $B \subseteq P \subseteq B \cup C$,那么就有 $P \subseteq \mathcal{F}$.

考虑集合 A_i(其存在性由 1 保证). 我们按如下方式定义一个集合的序列 N_i,设 $N_1 = A'$,又设 N_{i-1} 已经定义好了,那么令 N_i 是满足下面 4 个条件的任意一个集合

$$N_i \in \mathcal{F}$$
$$N_i \subseteq N_{i-1}$$
$$N_i \subseteq \sum_{j=i}^{\infty} A_j$$
$$N_i \cap A_j \in \mathcal{F}, \text{对无穷多个 } j$$

根据第三个条件,如果上述序列是无穷的,那么 $\bigcap\limits_{i=1}^{\infty} N_i = \varnothing$,因此存在一个 n 使得 N_n 有定义,但是 N_{n+1} 无法定义. 设 $B = N_n \cap A_n$ 而 $C = N_n \cap A_k$,其中 $k > n$ 使得 $N_n \cap A_k \in \mathcal{F}$. 假设存在一个集合 P 使得 $B \subseteq P \subseteq B \cup C$,但是 $P \notin \mathcal{F}$,那么 $N_n \setminus P \in \mathcal{F}$,那么容易看出 $N_{n+1} = N_n \setminus P$ 就将是一个合适的集合. (由选法 $P = B$ 可知 $B \in \mathcal{F}$.)

因而对 $A \in \mathcal{F}$,存在集合 $B_1, C_1 \in \mathcal{F}$ 使得 $B_1 \cup C_1 \subseteq A, B_1 \cap C_1 = \varnothing$. 同理,对 $C_1 \in \mathcal{F}$,存在集合 $B_2, C_2 \in \mathcal{F}$ 使得 $B_2 \cup C_2 \subseteq C_1, B_2 \cap C_2 = \varnothing$,依此类推,等等. 对 $i = 1, 2, \cdots$,设 $P_i = \bigcup\limits_{j=i}^{\infty} B_j$,那么 $P_i \supseteq P_{i+1}, \bigcap\limits_{i=1}^{\infty} P_i = \varnothing$,并且由于 $B_i \subseteq P_i \subseteq B_i \cup C_i$,所以 $P_i \in \mathcal{F}$,矛盾.

注记 提出这个问题的动机来自如下集合论游戏,在此游戏中有两名玩家:黑方和白方. 设 X_1 是一个给定的集合. 白方首先将其分成两组 Y_1 和 Z_1. 然后黑方选择其中一个集合,用 X_2 表示这个集合,并将其又分成两个集合 Y_2 和 Z_2. 然后白方再选择其中一个集合(用 X_3 表示)并将其又分成两个集合 Y_3 和 Z_3,依此类推. 这样,玩家构造了一个可数无限个集合的序列 $X_1, X_2, X_3, \cdots$. 如

果 $\bigcap\limits_{i=1}^{\infty} X_i \neq \varnothing$,白方获胜. 如果 $\bigcap\limits_{i=1}^{\infty} X_i = \varnothing$,则黑方获胜. 如果问题的陈述是错误的,即如果有一个满足(1)和(2)的集合的族 $\mathcal{F}$,使得对任何递减的集合 X_i 的序列 $\bigcap\limits_{i=1}^{\infty} X_i \neq \varnothing$,那么白方对任何集合 $X_1 \in \mathcal{F}$ 有了获胜的策略:白方可将 X_{2k+1} 划分成 Y_{2k+1} 和 Z_{2k+1} ,使得 Y_{2k+1} , $Z_{2k+1} \in \mathcal{F}$ 并且从 Y_{2k} 和 Z_{2k} 之中选择一个包含在 $\mathcal{F}$ 中的集合. 寻找这种集合的动机是基于以下事实:我们不知道在不同基数的集合 X_1 中谁才能有获胜的策略.

问题 C. 8   设 G 是一个有 $2n$ 个顶点的 2 – 连通的非二分图. 证明 G 的顶点集可以分成两个都有 n 个元素的类,使得连接这两个类的边形成一个连通的生成子图.

解答

设 F 是图 G 的生成树. 我们可以把 F 的每个顶点都染成红色或蓝色,使得相邻的点的颜色都不相同. 实际上, F 的顶点恰有两种这样的染色法,这可通过交换颜色来得出. 注意,问题中的命题等价于:在 G 中存在着一个生成树 F 使得红色和蓝色的顶点的数目是相同的.

设 F_1 和 F_2 是 G 中的两棵生成树, x 是一个在两个生成树中都是叶子(度数是 1 的顶点) 的顶点. 如果 $F_1 \backslash x = F_2 \backslash x$,称生成树 F_1 和 F_2 在 x 处相邻我们将证明以下引理,可以看出它蕴含上面的命题.

引理   设 F 和 F' 是 G 的两棵生成树, T 是它们的公共子树,那么存在一个生成树的序列 $F_0 = F, F_1, \cdots, F_k = F'$ 使得 $T \subseteq F_i$,并且 F_i 和 F_{i+1} 在某个不在 T 中的顶点 x 处相邻.

引理的证明   我们将通过对 T 中顶点数目的逆向归纳法来证明引理. 如果 T 有 $2n – 1$ 个顶点,则 F 和 F' 相邻. 现在假设 T 有 $2n – l (l \geq 2)$ 个顶点. 又设 xy 和 uv 分别是 F 和 F' 的离开 T 的边,因此 $x, u \in T$. 如果 $xy = uv$,则 $T' = T \cup xy$ 是一个公共子树,因此根据归纳法假设有一个所需的生成树的序列. 如果 $y \neq v$,则设 F'' 是包含了树 $T \cup xy \cup uv$ 作为子图的生成树,那么 $T \cup xy \subseteq F \cap F''$,因此由归纳法假设,存在一个生成树的序列 $F = F_0, F_1, \cdots, F_m = F''$ 使得 F_i 和 $F_{i+1} (i = 0, 1, \cdots, m – 1)$ 是相邻的,并且 $T \subseteq T \cup xy \subseteq F_i$.

同理 $T \cup uv \subseteq F' \cap F''$,根据归纳假设,存在一个生成树的序列

$$F'' = F_m, F_{m+1}, \cdots, F_k = F'$$

使得 F_i 和 $F_{i+1}(i = m, m + 1, \cdots, k - 1)$ 相邻,并且 $T \subseteq T \cup uv \subseteq F_i$,因此 $F = F_0, F_1, \cdots, F_k = F'$ 就是一个所需的生成树的序列.

最后,假设 $xy \neq uv$,但是 $y = v$. 由于 $G \backslash y$ 是连通的,因此它有一个顶点 $z \notin T$ 和顶点 $w \in T$ 相连. 现在,设 F'' 和 F''' 分别是包含 $T \cup xy \cup wz$ 和 $T \cup uv \cup wz$ 的生成树. 那么,如上所述,就存在一个从 F 到 F'',再从 F'' 到 F''',从 F''' 到 F' 的生成树的序列,而这些序列的并集就是所需的从 F 到 F' 的生成树的序列.

由于 G 不是二分图,因此它包含一个奇数长度的环 C. 设 x 是 C 的一个顶点,y 和 z 是它在 C 中的邻居. T_0 是 $G \backslash x$ 的包含 $C \backslash x$ 的生成树. $F = T_0 \cup xy$,$F' = T_0 \cup xz$. 对 F 染色使得 x 的颜色是红的.

根据引理,存在一个生成树的序列 $F = F_0, F_1, \cdots, F_k = F'$,使得 F_i 和 F_{i+1} 在某个顶点 $x_i \neq x$ 处相邻. 把 F_i 和 F_{i+1} 染成红蓝两色使得除了在 x_i 处它们的颜色是相同的外,在其他顶点处都是不同的. 这定义了从 $F_0 = F$ 开始的生成树 $F_1, \cdots, F_k$ 的染色,使得 x 在每种染色中都是红的. 显然,除了 x 外,在 F 和 F' 的染色中,每个顶点的颜色都是不同的. 设 a_i 表示 F_i 中红色顶点的数量,那么

$$|a_{i+1} - a_i| \leqslant 1$$

$$a_0 + a_k = 2n + 1$$

因而

$$a_0 \leqslant n < a_k$$

或

$$a_k \leqslant n < a_0$$

因此,存在一个下标 $0 \leqslant i \leqslant k$ 使得 $a_i = n$,而这正是我们要证明的.

问题 C.9 设 $\mathcal{A}_n$ 表示映射 $f: \{1, 2, \cdots, n\} \rightarrow \{1, 2, \cdots, n\}$ 的集合,使得 $f^{-1}(i) := \{k: f(k) = i\} \neq \varnothing$ 蕴含 $f^{-1}(j) \neq \varnothing, j \in \{1, 2, \cdots, i\}$. 证明

$$|A_n| = \sum_{k=0}^{\infty} \frac{k^n}{2^{k+1}}$$

解答

154

解答 1   设 a_n 表示集合 A_n 的元素个数,那么使得 $f(i) = 1$ 恰好对 l 个整数 i 成立的映射 $f \in A_n$ 的数目就等于 $C_n^l a_{n-l}$. 由于对任何函数 f, l 都是正的,所以对 $n \geq 1$,我们有

$$a_n = \sum_{l=1}^{n} C_n^l a_{n-l} = \sum_{l=0}^{n-1} a_l$$

令 $b_n = \dfrac{a_n}{n!}$,则 $b_0 = 1$ 并且

$$b_n = \sum_{l=0}^{n-1} \frac{1}{(n-l)!} b_l$$

显然 $b_n < 2^n$. 因此如果 $|z| < \dfrac{1}{2}$,则 $\sum_{n=0}^{\infty} b_n z^n$ 是绝对收敛的. 对这个级数的和 $f(z)$,我们有

$$f(z) = \sum_{n=0}^{\infty} b_n z^n = 1 + \sum_{n=1}^{\infty} \sum_{l=0}^{n-1} \frac{1}{(n-l)!} b_l z^n$$

$$= 1 + \sum_{l=0}^{\infty} \left[\sum_{n=l+1}^{\infty} \frac{1}{(n-l)!} z^n \right] b_l$$

$$= 1 + \sum_{l=0}^{\infty} (e^z - 1) b_l z^l = 1 + (e^z - 1) f(z)$$

这蕴含

$$f(z) = \frac{1}{2} \cdot \frac{1}{1 - e^z/2} = \sum_{k=0}^{\infty} \frac{e^{kz}}{2^{k+1}} = \sum_{k=0}^{\infty} \sum_{n=0}^{\infty} \frac{1}{n!} \frac{k^n}{2^{k+1}} z^n$$

$$= \sum_{n=0}^{\infty} \left(\frac{1}{n!} \sum_{k=0}^{\infty} \frac{k^n}{2^{k+1}} \right) z^n$$

因而

$$b_n = \frac{1}{n!} \sum_{k=0}^{\infty} \frac{k^n}{2^{k+1}}$$

这正是我们要证的.

解答 2

设 $s_{n,i}$ 表示从集合 $\{1, 2, \cdots, n\}$ 到集合 $\{1, 2, \cdots, i\}$ 上的满射的数目,那么,集合 A_n 的基数就是

$$\sum_{i=1}^{n} s_{n,i}$$

计数从集合 $\{1,2,\cdots,n\}$ 到集合 $\{1,2,\cdots,k\}$ 的映射的数目,我们得到量

$$k^n = \sum_{i=1}^{n} C_k^i s_{n,i}$$

现在,我们必须证明

$$\sum_{i=1}^{n} s_{n,i} = \sum_{k=1}^{\infty} \sum_{i=1}^{k} \frac{C_k^i}{2^{k+1}} s_{n,i}$$

那就是说,我们要利用 $s_{n,n+1} = s_{n,n+2} = \cdots = 0$ 并假设重排不改变和数,因此我们必须证明

$$\sum_{i=1}^{n} s_{n,i} = \sum_{i=1}^{n} \left(\sum_{k=i}^{\infty} \frac{C_k^i}{2^{k+1}} \right) s_{n,i}$$

在括号中,我们得到了负二项式分布的求和($\frac{C_k^i}{2^{k+1}}$ 是掷硬币事件的概率,我们在第 $k+1$ 次投掷后出现第 $i+1$ 个头),因此右边的每一项 $s_{n,i}$ 的系数都是 1,由于括号中的级数是绝对收敛的,重排不会改变总和. 这就完成了证明.

问题 C.10 设 G 是一个无限图,对它的任意可数无限的顶点集 A,都存在一个连接无穷多个 A 的元素的顶点 p. 证明 G 有一个可数无限的顶点集 A,使得 G 含有不可数多个连接着无穷多个 A 的元素的顶点 p.

解答

我们用反证法. 假设 G 是一个图,其顶点集为 V,使得:

(∗) 对任何可数无限个顶点的集合 $A \subseteq V$,顶点 $p \in V \backslash A$ 的连接着无穷多个 A 的元素的集合 H_A 是非空的可数集合.

集合 H_A 显然是无限的,否则对集合 $B = A \cup H_A$ 就没有顶点 $p \in V \backslash B$ 连接到无穷多个 B 的元素. 这蕴含从 G 中去掉有限多个顶点后,所得的图仍具有性质(∗).

由于(∗)对 $A = V$ 也成立,所以顶点集合 V 显然是不可数的.

现在,我们证明可以从 G 中去掉有限多个顶点,使得除了一个可数集合的例外情况外所得的图 G_1 没有有限顶点集 X 覆盖 V(一个顶点集 X 覆盖 X 元素的邻域的并集),假设情况并非如此,那么除了一个可数集外,存在一个有限集合 X_0 覆盖 V 的所有元素.

高等数学竞赛:
1962—1991 年米克洛什·施外策竞赛

去掉 X_0 后,所得的图仍然必具有一个有限集 X_1 具有同样的性质,依此类推,等等. 所以,如果我们在有限步后没有得到所需的图,那么除了某个可数集外,我们可以定义有限多个两两不相交的有限集合 X_n 覆盖 V. 设 $A = \bigcup_{i=0}^{n} X_i$,那么 V 的每个元素(除了一个可数集合的元素之外)都与 A 的无穷多个元素相连,即 $V \backslash H_A$ 是可数的. 由于根据 $(*)$ H_A 是可数的,这说明 V 是可数的,矛盾.

如我们所见,G_1 也具有性质 $(*)$,因此我们可以假设 $G_1 = G$. 设 $A \subseteq V$ 是任意可数无穷集合. 我们证明了存在一个可数无限集合 $F(A) \subseteq V \backslash A$ 使得 $H_A \subseteq F(A)$ 并且对 A 的任意有限子集 $\{a_1, \cdots, a_n\}$,集合 $F(A)$ 有无穷多个元素不和任何顶点 $a_i(i=1,\cdots,n)$ 相连. 设 $A = \{a_1, a_2 \cdots\}$ 并且对每个 n,把无限多个 $V \backslash A$ 中的不和 $\{a_1, \cdots, a_n\}$ 的任何一个相连的元素放到 $F(A)$ 中去. 正如我们所看到的,这是可以做到的. 然后,取 H_A 和所得集合的并集.

现在设 $A_0 \subseteq V$ 是任意可数无限集合,并设

$$A_i = F(A_0 \cup A_1 \cup \cdots \cup A_{i-1}) \quad (i = 1, 2, \cdots)$$

$$A_\omega = F\left(\bigcup_{i=0}^{\infty} A_i\right)$$

对任意元素 $p \in A_\omega$ 和任意下标 i,p 连接到无穷多个 A_i 的元素. 实际上 $p \in A_\omega \subseteq V \backslash \bigcup_{i=0}^{\infty} A_i \subseteq V \backslash A_{i+1}$,因而 $p \notin F(A_0 \cup A_1 \cup \cdots \cup A_{i-1}) \supseteq H_{A_i}$.

设 $\bigcup_{i=0}^{\infty} A_i = \{a_1, a_2, \cdots\}$,$A_\omega = \{b_1, b_2, \cdots\}$. 我们定义一个无穷集和 $C = \{c_1, c_2, \cdots\}$,使得如果 $C \subseteq \bigcup_{i=0}^{\infty} A_i$,并且 $n < m$,那么 c_m 就既不连接到 a_n 也不连接到 b_n. 由于 $p \notin \bigcup_{i=0}^{\infty} A_i$,这就得出矛盾. 对 $p \in H_C$(如果 $p = a_n$,那么它至多连接到 n 个元素 c_m),并且因此

$$p \in H_C \subseteq H_{\bigcup_{i=0}^{\infty} A_i} \subseteq F(\bigcup_{i=0}^{\infty} A_i) = A_\omega$$

然而,这再次得出矛盾,由于如果 $p = b_n$,那么它就至多连接到 C 的元素 $c_1, c_2, \cdots, c_n$.

那样,设 c_1 是 A_0 的任意一个元素,并设 $c_1, c_2, \cdots, c_n$ 是给定的使得对某个 N,有

$$\{a_1, a_2, \cdots, a_n, c_1, c_2, \cdots, c_n\} \subseteq A_0 \cup A_1 \cup \cdots \cup A_N$$

那么 A_{N+1} 就具有无限多个子集 T 使得 T 的元素不和任何 $a_1, a_2, \cdots, a_n$ 相连. 正如我们已经看到的那样,$b_1, b_2, \cdots, b_n$ 中的每个元素都和无穷多个 T 的元素相连,所以在 T 的其余部分选择 c_{n+1},就得出我们所需的结论.

注记   如果连续统假设成立,那么可以构造一个满足问题条件的图 G,在这个图中每一个可数无限集合 A 有一个可数无限子集 B,使得 H_B 是可数的.

问题 C.11   设 $\mathcal{H}$ 是一个无限集合 X 的有限子集的族,使得 X 的每个有限子集都可表示成 $\mathcal{H}$ 中的两个不相交的集合的并. 证明对任意正整数 k,X 中必存在一个子集,它至少可用 k 种不同的方式表示成 $\mathcal{H}$ 中的两个不相交的集合的并.

解答

解答是基于下面的 Ramsey 定理:

定理   设 Y 是一个任意的无限集合,n 是一个任意的正整数. 把 Y 的所有含 n 个元素的子集分成两类,那么存在一个无限的集合 $Y' \subseteq Y$,使得 Y' 的每个 n 元素子集都属于同一类.

对集合 A,设 $[A]^n$ 表示 A 的所有 n 元素子集的集合. 对给定的正整数 k,我们证明存在一个正整数 $m \geqslant k$ 和一个无限集 $Z \subseteq Y$ 使得 $[Z]^m \subseteq \mathcal{H}$. 这蕴含问题中的命题,由于那样集合 Z 的任意 $2m$ 个元素的子集都可以以至少 $C_{2m}^m \geqslant k$ 种方式作为 $\mathcal{H}$ 的两个不相交的并而得出.

我们按如下步骤找出所需的集合 Z. 根据是否含有 $\mathcal{H}$ 的元素的原则,把 $[X]^2$ 分成两类. 再根据 Ramsey 定理,存在一个无限集合 $X_2 \subseteq X$ 使得

$$[X_2]^2 \subseteq \mathcal{H}$$

或者

$$[X_2]^2 \cap \mathcal{H} = \varnothing$$

然后再把 X_2 的三元素子集按照是否属于 $\mathcal{H}$ 分类,然后再根据 Ramsey 定理可知,存在一个无限集合 $X_3 \subseteq X_2$ 使得

$$[X_3]^3 \subseteq \mathcal{H}$$

或者

$$[X_3]^3 \cap \mathcal{H} = \varnothing$$

继续这一过程,我们就可得出一个 X 中的无限集合的序列 $X \supseteq X_2 \supseteq \cdots \supseteq X_{2k}$,这些集合对 $2 \leqslant m \leqslant 2k$ 具有如下性质

$$[X_m]^m \subseteq \mathcal{H}$$

或者

$$[X_m]^m \cap \mathcal{H} = \varnothing$$

对这种 m,我们自然也有

$$[X_{2k}]^m \subseteq \mathcal{H}$$

或者

$$[X_{2k}]^m \cap \mathcal{H} = \varnothing$$

如果我们能证明上述第二种可能不会发生,那么我们就已得出所需的结论. 实际上,选择一个集合 X_{2k} 中的 $2k$ 个元素的子集. 根据问题的条件(它仅在这时使用),对某两个集合 $B,C \subseteq \mathcal{H}$,有 $A = B \cup C$. 其中一个集合,例如 B,至少有 k 个元素. 因而对 $m = |B|$,我们就有 $B \in [X_{2k}]^m \cap \mathcal{H}$,那就是说 $[X_{2k}]^m \cap \mathcal{H} \neq \varnothing$,因而 $[X_{2k}]^m \subseteq \mathcal{H}$,这就是我们要证明的.

注记

1. 在证明中我们并没有使用 X 的每个有限子集都可表示成 $\mathcal{H}$ 中的两个不相交的集合的并这个条件,因此这个条件可以省略. 此外,我们只需使用对于固定的整数 $c. X$ 的有限子集可以都可表示成至多 c 个 $\mathcal{H}$ 中的成员的并集这一假设就够了.

2. 把问题中的集合换成正整数,把集合的并换成整数的和,我们得到了以下类似问题:设 H 是任意正整数的集合,假设每个正整数都是两个 H 中的元素的和. 问这是否蕴含对于任何正整数 k,都存在一个可以用至多 k 种方式表示成 H 中两个元素之和的正整数?S. Sidon 的这个问题是公开的,然而问题的乘法形式(其中我们把上述问题中的所有的"和"换成"积")已得到肯定回答. 以下是问题的原始陈述:设 X 为所有素数的集合,并在 H 中把素数集合看成任意正整数的因子. 这样我们得到了一个满足最初的问题的族 $\mathcal{H}$ 因此,存在一个集合 $A \subseteq X$,它可以用至少 k 种不同的方式表示成 $\mathcal{H}$ 中两个不相交的成员的并. 因

而,在 A 中素数的乘积可以用至少 k 种不同的方式表示成 H 中两个元素的积.

问题 C.12 称定义在集合 $\{1,2,\cdots,n\}$ 上的 k 个变量的算子 f 对于定义在同一集合上的二元关系 ρ 是友好的,如果关系

$$f(a_1,a_2,\cdots,a_k)\rho f(b_1,b_2,\cdots,b_k)$$

蕴含至少对一个 $i,1 \leqslant i \leqslant k$,成立关系 $a_i\rho b_i$. 证明如果算子 f 对于关系"等于"和"小于"是友好的,那么它对所有的二元关系就都是友好的.

解答

由于 f 对于关系"等于"和"小于"是友好的,因此我们有

$$f(1,\cdots,1) < f(2,\cdots,2) < \cdots < f(n,\cdots,n)$$

因此对所有的 i 成立 $f(i,\cdots,i) = i$. 因而成立下面的性质:

(*)如果 $f(a_1,\cdots,a_k) = a$,就存在某个 i,使得 $a_i = a$.

(由于 $f(a_1,\cdots,a_k) = a = f(a,\cdots,a)$,并且 f 对于(*)关系"等于"是友好的.)

只需证明如果 $f(a_1,\cdots,a_k) = a$ 并且 $f(b_1,\cdots,b_k) = b$,那么就存在一个脚标 i 使得 $a_i = a$ 并且 $b_i = b$ 即可. 设 $I = \{i| a_i = a\}$, $J = \{j| b_j = b\}$. 性质(*)表明 $I,J \neq \varnothing$. 然而,我们需要的是 $I \cap J \neq \varnothing$. 这对 $n = 1$ 显然成立. 现在设 $n \geqslant 2$ 并假设 $I \cap J = \varnothing$,我们分两种情况讨论.

情况 1 $a \neq b$. 设对 $i \in I, c_i = b$,否则 $c_i = a$,又设如果 $i \in J$,则 $d_i = a$,否则 $d_i = b$,那么 $f(c_1,\cdots,c_k) \neq f(a_1,\cdots,a_k) = a$(如果 $i \in I$,就有 $c_i = b \neq a = a_i$;如果 $i \notin I$,则有 $c_i = a \neq a_i$). 同理 $f(d_1,\cdots,d_k) \neq f(b_1,\cdots,b_k) = b$. 性质(*)蕴含 $f(c_1,\cdots,c_k)$ 和 $f(d_1,\cdots,d_k)$ 不能只等于 a 或 b. 因此 $f(c_1,\cdots,c_k) = b$ 并且 $f(d_1,\cdots,d_k) = a$. 不失一般性,不妨设 $a < b$,即 $f(d_1,\cdots,d_k) < f(c_1,\cdots,c_k)$. 由于 f 对关系"小于"是友好的,因此必须存在一个 i 使得 $d_i < c_i$. 然而另一方面如果 $i \in I$ 或 $i \in J$,则 $c_i = d_i$,否则 $c_i = a < b = d_i$,矛盾.

情况 2 $a = b$. 如果 $i \in I$,设 $c_i = c(\neq a)$,否则设 $c_i = a$. 类似的,如果 $i \in J$,设 $d_i = c$,否则设 $d_i = a$. 并且最后,如果 $i \in J$,令 $e_i = a$,否则令 $e_i = c$. 与情况 1 类似,我们有 $f(c_1,\cdots,c_k) \neq f(a_1,\cdots,a_k) = a$, $f(d_1,\cdots,d_k) \neq f(b_1,\cdots,b_k) = b = a$ 以及 $f(e_1,\cdots,e_k) \neq f(d_1,\cdots,d_k)$. 然而 $f(c_1,\cdots,c_k)$, $f(d_1,\cdots,d_k)$ 和 $f(e_1,\cdots,e_k)$ 都只能

等于 a 或 c. 因而 $f(c_1, \cdots, c_k) = f(d_1, \cdots, d_k) = c$, 所以 $f(c_1, \cdots, c_k) = a$. 像情况 1 中一样, 只需看出如果 $a < b$, 即如果 $f(e_1, \cdots, e_k) < f(c_1, \cdots, c_k)$, 那么就会蕴含存在一个下标 i 使得 $e_i < c_i$. 但是如果 $i \in I$, 就有 $c_i = e_i = c$, 如果 $i \in J$, 则 $c_i = e_i = a$, 否则 $c_i = a < c = e_i$. 这再次得出矛盾. 这就完成了证明.

问题 C. 13 设 $g(n, k)$ 表示具有 n 个顶点和 k 条边的简单有向图的强连通数(简单表示图中没有圈和重边). 证明

$$\sum_{k=n}^{n^2-n} (-1)^k g(n, k) = (n-1)!$$

解答

解答 1

我们通过对 n 实行归纳法来证明问题中的命题. 对 $n = 2$, 命题显然正确. 我们把左边写成

$$\sum_G (-1)^{|E(G)|} \tag{1}$$

其中 G 遍历上述的图. 在式(1)中, 对每个 G 在第 n 个顶点处考虑只有一个端点的边, 我们区分两种情况:

情况 1 G 恰好有两条边入射到 n 并且这两条边的另一个端点都是相同的顶点 p.

在这种情况中 $G \setminus \{n\}$ 仍然是严格连通的, 因此

$$(-1)^{|E(G \setminus \{n\})|} = (-1)^{|E(G)|}$$

因而, 对固定的 p, 根据归纳法假设, 这些项的和是 $(n-2)!$, 然后对 $p = 1, \cdots, n-1$ 求和, 我们恰得出 $(n-1)!$.

情况 2 G 中有多于两条的边入射到 n 或者虽然只有两条边入射到 n, 但它们的另一个端点是不同的.

必有两个端点 $p \neq q$, $1 \leqslant p, q \leqslant n-1$ 使得 $pn \in E(G)$, $nq \in E(G)$. 在这种情况下, 除了这个图有 pq 边, 如果 G 没有 pq 边, 或者这个图没有 pq 边, 如果 G 有 pq 边之外, 所得的图和 G 一样具有同样的边集, 这时, 所得的图是强连通的充分必要条件是 G 是强连通的. 因此我们可以将这些图配对, 使得每个不包含 pq 边的图 G 和 $G \cup pq$ 配对. 对于每个图, 我们都有一个这样的对, 并且对于这样

的对,式(1)中的和为0;因此,对这种情况,图的和为0.

在情况1和情况2中对$(-1)^{|E(G)|}$求和,我们都得出(1)是$(n-1)!$.

解法2

设$\mathcal{G}$表示满足问题条件的所有图的集合. 我们定义

$$\mu(\mathcal{G}) = \sum_{G \in \mathcal{G}} (-1)^{|E(G)|}$$

对一个任意的图G,指定一个顶点集合的排列$\{a_1 = 1, a_2, \cdots, a_n\}$与之对应,如果$a_k$已经选定,则令$a_{k+1}$是使得从集合$\{a_1, a_2, \cdots, a_k\}$到它的边数最小的数. (由于图是强连通的,所以那种边和顶点总是存在的.)

对一个任意的给定的排列π,设$\mathcal{G}_\pi$表示所有以π为排列的图的集合. 由于

$$\sum_{G \in \mathcal{G}} (-1)^{|E(G)|} = \sum_{\pi \in S_{n-1}} \mu(\mathcal{G}_\pi)$$

以及由于集合$\{2, \cdots, n\}$的排列数是$(n-1)!$,因此只需证明对所有的π,$\mu(\mathcal{G}_\pi) = 1$即可.

现在把沿着排列π走的边染成蓝色(即蓝边具有形式$a_i a_j, i < j$),其余的边染成红色.

显然,对每个顶点$v \neq 1$,存在一条指向v的蓝边,但是如果

$$k < j < l, a_l < a_j, 则不存在蓝边 a_k a_l \qquad\qquad (*)$$

对一个给定的排列π,设$\mathcal{G}_\alpha$表示具有一个固定的蓝边集合α的图的集合,即它的蓝边恰属于α且只有属于α的蓝边,那么我们有

$$\mu(\mathcal{G}_\pi) = \sum_{\mathcal{G}_\alpha \in \mathcal{G}_\pi} \mu(\mathcal{G}_\alpha)$$

现在让我们考虑这些$\mu(\mathcal{G}_\alpha)$的总和. 如果在任何图$\mathcal{G}_\alpha$中,存在一条红色的边$a_i a_j$,使得$i - j > 1$,那么先把j最小的边选出来,然后从中挑出一条i最大的边. 设$\mathcal{G}_\alpha^{i,j}$是$\mathcal{G}_\alpha$的子集,其中的图中$a_i a_j$是红边,设$G \in \mathcal{G}_\alpha^{i,j}$. 这种选择$j$的方式保证$a_i a_j, a_j a_{j-1}, \cdots, a_2 a_1$是$G$中的边,此外,根据我们构造$\pi$的方式,我们可以仅通过蓝边从顶点$a_1 = 1$到达$a_{i-1}$. 除了$a_i a_{i-1}$之外,跟$G$具有相同的边的图是强连通的充分必要条件是$G$是强连通的. 因此,我们可以将$\mathcal{G}_\alpha^{i,j}$中的图配对,使得配对的图对仅仅是在边$a_i a_{i-1}$上不同. 这样一对对的图对总和的贡献为0;因

此 $\mu(G_\alpha^{i,j}) = 0$, $\sum_{i,j} \mu(G_\alpha^{i,j}) = 0$.

恰好有一个红边的集合不包含任何我们选出的红边,即 $\{a_i a_{i-1} \mid i = 2, \cdots, n\}$,因此

$$\mu(G_\alpha) = (-1)^{|\alpha|}(-1)^{n-1} = (-1)^{|\alpha|-(n-1)}$$

容易看出,任何满足性质(*)且具有所有沿着排列连接的边都可以被选择出来作为蓝边的集合 α. 因而,我们有

$$\mu(G_\pi) = \sum_{G_\alpha \subseteq G_\pi} (-1)^{|\alpha|-(n-1)}$$

$$= \sum_{l_2=1}^{p_2} \sum_{l_3=1}^{p_3} \cdots \sum_{l_n=1}^{p_n} \binom{p_j}{l_j}(-1)^{l_j-1} = \prod_{j=2}^{n} \sum_{l_j=1}^{p_j} (-1)^{l_j-1} \binom{p_j}{l_j}$$

其中 p_k 表示顶点 k 的最大的内度数. 由于我们有

$$\sum_{l_j=1}^{p_j} (-1)^{l_j-1} \binom{p_j}{l_j} = (-1)\left(\sum_{l_j=0}^{p_j} (-1)^{l_j} \binom{p_j}{l_j} - \binom{p_j}{0}\right) = (-1)(0-1) = 1$$

我们就得出 $\mu(G_\pi) = 1$,这就完成了证明.

问题 C.14 设 T 是 n 维球面上的一个三角剖分,对 T 的每个顶点我们让它对应线性空间 V 中的一个非零向量. 证明如果 T 有一个 n 维单纯形,其顶点所对应的向量是线性无关的,则 T 必存在另一个类似的单纯形.

解答

解答 1

设 $A = (a_0, \cdots, a_n)$ 是 T 中的单纯形,对应于 A 的顶点的向量 $v(a_0), \cdots, v(a_n)$ 是线性无关的. 我们将称一个 $(n-1)$ 维单纯形是红色的,如果对于任何下标 $0 \leqslant i \leqslant n-1$,集合

$$X_i = [v(a_0), \cdots, v(a_i)] \setminus [v(a_0), \cdots, v(a_{i-1})]$$

中有唯一的向量对应于它的顶点. (这里 $[v_1, \cdots, v_k]$ 表示由向量 $v_1, \cdots, v_k$ 生成的子空间.) 显然 $(a_0, \cdots, a_n)$ 是红色的.

引理 如果对应于 T 中的一个 n 维单纯形的向量不是线性无关的,那么它的红色面的数目是 0 或 2.

引理的证明 如果对应于 S 的顶点的向量集合 $v(S)$ 不包含集合 $X_0, \cdots,$

163

X_{n-1} 中的任何一个向量,那么 S 显然没有红色的面. 如果 $v(S)$ 包含集合 $X_0,\cdots,$ X_{n-1} 中的每个集合中的一个元素并且包含一个不在 $X_0 \cup \cdots \cup X_{n-1}$ 中的向量,那么对应于 S 的顶点的向量是线性无关的,矛盾. 因此,我们可以假设 $v(S)$ 包含每个集合 $X_j(j=0,1,\cdots,n-1)$ 中的一个元素,并且恰包含,例如 X_i 中的两个元素和另一个 X_j 的一个元素. 那么 S 有两个红色的面,删去一个 X_i 中的顶点和对应于它的向量就证明了引理.

现在,考虑顶点是 T 中的 n 维单纯形的图 G,并且如果两个顶点共享一个共同的红色面,则有一条边连接这两个顶点. 在这个图中,单纯形 A 的度是 1. 因而 G 包含不止一个奇数阶的顶点. 根据上述引理对应于单纯形的顶点的向量是线性无关的,这正是我们要证明的.

解法 2

我们证明以下更一般的命题:设 K 是一个边界为 0 的任意 n 维复形(即 K 是一个模 2 的环),如果我们把线性空间 V 的非零向量和 K 的 0 维单纯形(即顶点)对应起来,那么具有线性无关向量的 n 维单纯形的数目不可能是 1.

我们通过对 n 实行归纳法来证明这一命题. 对 $n=1$ 命题显然成立. 假设 $n \geqslant 2$ 并设对 $A \in K$ 有 $v(A) = n+1$. 我们必须证明 K 包含不止一个那种单纯形. 设 B 是 A 的一个 $(n-1)$ 维的面. 如果 $C \neq A$ 是一个使得 B 是它的面的那种单纯形,那么 $v(C) \not\subseteq v(B)$ 蕴含 $\dim v(C) > \dim v(B) = n$,即 C 具有所需的性质. 因此我们可以假设如果 $C \neq A$ 并且 B 是 A 的一个面,那么 $v(C) \subseteq v(B)$.

设 $K_0 = \{S \in K \mid v(S) \subseteq v(B)\}$ 以及 $K_1 = \delta(K_0)$,其中 δ 表示边界. 显然,$\delta(K_1) = \delta(\delta(K_0)) = 0$,由于 $A \notin K_0$ 以及 $\delta(K) = 0$,所以 B 是 K_0 中奇数个单纯形的面,即 $B \in K_1$. 根据归纳法假设,K_1 中存在一个单纯形 $B_1 \neq B$ 使得 $\dim v(B_1) = \dim v(B)$,因此 $v(B_1) = v(B)$. 由于 $B_1 \in \delta(K_0)$ 但是 $B_1 \notin \delta(K)$,因而在 K 中存在一个单纯形 A_1 使得 B_1 是 A_1 的一个面但是 $v(A_1) \not\subseteq v(B)$,因此 $\dim v(A_1) > \dim v(B_1) = n$. 从而对应于 A_1 顶点的向量是线性无关的. 为完成证明,注意如果 $A = A_1$,则 A 具有两个面 B 和 B_1 使得 $v(B) = v(B_1)$,因此,$\dim v(A) = \dim v(B) = n$,这和假设矛盾,因而 A 不可能等于 A_1. 矛盾.

问题 C.15 对实数 x,我们用 $\|x\|$ 表示距离 x 最近的整数. 设 $0 \leqslant x_n <$

$1(n = 1,2,\cdots),\varepsilon > 0.$ 证明存在无限多对下标(n,m) 使得 $n \neq m$,且

$$\| x_n - x_m \| < \min\left(\varepsilon,\frac{1}{2 \mid n - m \mid}\right)$$

解答

固定 $\varepsilon > 0$. 我们证明,如果 n 充分大,$0 \leq x_i < 1(i = 1,\cdots,n)$,那么就存在一对下标$(i,j)$ 使得

$$\| x_i - x_j \| < \min\left(\varepsilon,\frac{1}{2 \mid i - j \mid}\right)$$

这个不等式就足以推出我们所需的结论,由于只需把无穷的序列 $x_1,x_2,\cdots$ 分成无限多个块,其中每个块中有 n 项,如果我们把每个块中的下标的对换成整个序列的下标的对,我们就可在每个块中找到所需的下标的对并且差 $\mid i-j \mid$ 不变.

设 $f:\{1,\cdots,n\} \rightarrow \{1,\cdots,n\}$ 是一个使得

$$0 \leq x_{f(1)} \leq \cdots \leq x_{f(n)} < 1$$

的排列.

对 $i = 1,\cdots,n$,我们不妨假设

$$\| x_{f(i)} - x_{f(i+1)} \| < \min\left(\varepsilon,\frac{1}{2 \mid f(i) - f(i + 1) \mid}\right)$$

由于如果情况不是这样,我们可以再进行以下的做法. 设 A 表示下标 $1 \leq i \leq n$ 中使得 $\| x_{f(i)} - x_{f(i+1)} \| \geq \varepsilon$ 的集合. 由于半开区间 $[x_{f(1)},x_{f(2)})$,$[x_{f(2)},x_{f(3)})$,$\cdots$,$[x_{f(n)},x_{f(1)})$ 的组可以覆盖半开区间$[0,1)$,所以

$$1 \geq \sum_{i=1}^{n} \| x_{f(i)} - x_{f(i+1)} \| \geq \sum_{i \in A} \varepsilon + \sum_{i \notin A} \frac{1}{2 \mid f(i) - f(i + 1) \mid}$$

以及 $\mid A \mid \leq \dfrac{1}{\varepsilon}$,因此

$$1 - \mid A \mid \varepsilon \geq \frac{1}{2} \sum_{i \notin A} \frac{1}{\mid f(i) - f(i + 1) \mid}$$

应用算数 – 几何平均不等式,我们得出

$$\sum_{i \notin A} \mid f(i) - f(i + 1) \mid \geq \frac{(n - \mid A \mid)^2}{2(1 - \mid A \mid)\varepsilon}$$

165

在和式 $\sum_{i=1}^{n} \mid f(i) - f(i+1) \mid$ 中,每个带有整数 $j \in \{1, \cdots, n\}$ 的项恰出现两次,其中一次前面是正号,另一次前面是负号,因此这种项的总和是0. 显然,当大数前面的系数等于2,小数前面的系数等于 -2 时,和最大. 因此当 n 是偶数时

$$\sum_{i=1}^{n} \mid f(i) - f(i+1) \mid \leqslant \frac{n^2}{2}$$

而当 n 是奇数时

$$\sum_{i=1}^{n} \mid f(i) - f(i+1) \mid \leqslant \frac{n^2 - 1}{2}$$

联合前面得出的不等式,我们得出 $1 - \mid A \mid \varepsilon \geqslant \left(1 - \frac{\mid A \mid}{n}\right)^2$,$\mid A \mid \geqslant 1$ 以及 n 充分大矛盾. 如果 $A = \varnothing$,那么我们得出 $1 = 1$,这表明 n 是偶数并且数 $\mid f(i) - f(i+1) \mid$ 是相等的(平均不等式). 然而如果 $f(i) > \frac{n}{2}$,那么 $f(i)$ 将出现两次并都带有正号,即 $f(i) > f(i-1)$,$f(i) > f(i+1)$,这蕴含 $f(i+1) = f(i-1)$,这只在 $n \leqslant 2$ 时才可能. 但是容易看出等号在这种情况下不可能成立,因此在所有的情况下,我们都得出矛盾.

注记 如果 $c \leqslant \sqrt{5}$,则使得 $\parallel x_i - x_j \parallel < \min\left(\varepsilon, \frac{1}{c \mid i - j \mid}\right)$ 的对 (i, j) 的存在性可以得到改进(证明将更复杂). 如果 $c > \sqrt{5}$,命题将不再成立,由于这将蕴含对一个无理数 α,存在无穷多个有理数 $\frac{p}{q}$ 使得 $\left| \alpha - \frac{p}{q} \right| < \frac{1}{cq^2}$(译者注:这在 $c > \sqrt{5}$ 时是不可能的. 例如可参见:辛钦. 连分数. 上海:上海科学技术出版社,1965).

问题 C.16 考虑一个从简单图 G(将 G 看成顶点对的集合)关于包含和相交关系的简化而得的格 L,设 $n \geqslant 1$ 是一个任意的整数,证明恒等式

$$x \wedge \left(\bigvee_{i=0}^{n} y_i \right) = \bigvee_{j=0}^{n} \left(x \wedge \left(\bigvee_{\substack{0 \leqslant i \leqslant n \\ i \neq j}} y_i \right) \right)$$

当且仅当 G 没有顶点数至少为 $n+2$ 的环时成立.

166

解答

可以看出，$a,b \in \bigvee_{i=0}^{k} z_i$ 的充分必要条件是存在一个正整数 l 和一条路径 $a = u_0, u_1, \cdots, u_l = b$ 使得对每一个 $0 \le j < l, (u_i, u_{i+1}) \in z_i$，其中 i 是某一个满足 $0 \le i < k$ 的整数. 此外 $(a,b) \in z_1 \wedge z_2$ 的充分必要条件是存在一个正整数 l 和一条路径 $a = u_0, u_1, \cdots, u_l = b$ 使得对每一个 $0 \le i < l, (u_i, u_{i+1}) \in z_1$ 并且 $(u_i, u_{i+1}) \in z_2$. 在问题要证的等式(以后简称等式(1))中 $\ge$ 号总是成立的，因此我们必须证明当且仅当在图 G 没有至少有 $n + 2$ 个顶点的环时 $\le$ 号成立. 假设 $v_0, \cdots, v_k$ 是一个使得 $k \ge n + 1$ 的环，如果 x 缩并 $(v_0, v_k), y_i$ 缩并 (v_i, v_{i+1}) $(0 \le i < 1)$，并且 y_n 缩并顶点 $v_n, v_{n+1}, \cdots, v_k$，那么式(1)的左边就是 x 而它的右边不是，由于 (v_0, v_k) 并不缩并右边.

反之，假设 G 没有至少有 $n + 2$ 个顶点的环，并且设 $(a,b) \in x \wedge \bigvee_{i=0}^{n} y_i$. 我们证明 (a,b) 也是式(1)右边的元素. 假设 $(a,b) \in x \wedge \bigvee_{i=0}^{n} y_i$ 蕴含在 G 中存在一条路径 $a = v_0, v_1, \cdots, v_k = b$ 使得对 $0 \le t < k, (v_t, v_{t+1}) \in x$ 并且 $(v_t, v_{t+1}) \in \bigwedge_{i=0}^{n} y_i$. 固定 t，那么就存在一条路径 $v_t = u_0, u_1, \cdots, u_l = v_{t+1}$ 使得对每个 $0 \le s < l$ 有 $(u_s, u_{s+1}) \in y_m$. 由于顶点 $u_0, u_1, \cdots, u_l$ 构成一个环，并且 $l + 1 < n + 2$，即 $l \le n$，并且某些 y 不出现在这些 y_m 中. 因而对某个 j

$$(v_t, v_{t+1}) \in \bigvee_{i=0, \cdots, j-1, j+1, \cdots n} y_i$$

因此 (a,b) 被包含在式(1)的右边.

问题 C.17 设 $G(V,E)$ 是一个连通图，令 $d_G(x,y)$ 表示连接 G 中 x 和 y 的最短路径的长度. $r_G(x) = \max\{d_G(x,y) : y \in V\}$，再令 $r(G) = \min\{r_G(x) : x \in V\}$. 证明如果 $r(G) \ge 2$，那么 G 包含一个路径长度为 $2r(G) - 2$ 的诱导子图.

解答

解答 1

设 $n = r(G)$，并设 x 是 G 的使得 $r_G(x) = n$ 并且使得集合 $\{y : d(x,y) = n\}$ 的基数最小的顶点. 设 x_n 是使得 $d(x, x_n) = n$ 的顶点，又设 $x = x_0, x_1, y = x_2, \cdots, x_n$ 是连接 x 和 x_n 的一条路径. 我们证明如果 G 不含一条长度为 $2n - 2$ 的

路径作为诱导子图，那么 $r_G(y) = n$ 并且 $d(x,z) < n(z \in V)$ 蕴含 $d(y,z) < n$，这和 x 的选法相矛盾。从另一个命题就得出 $d(y,x_n) = n-2, r_G(y) = n$，因此只需证明其中一个命题即可。

由于 $d(y,z) \leqslant d(x,z) + 2$，所以只需考虑 $d(x,z) = n-2$ 和 $d(x,z) = n-1$ 这两种情况即可。设 $x = z_0, z_1, \cdots, z_k = z(k = n-2$ 或 $n-1)$ 是 x 和 z 之间的一条长度为 $d(x,z)$ 的路径。由路径的最小性可知如果 $x_i = y_j(i > 0, j > 0)$，那么 $i = j$，但是那样路径 $y = x_2, \cdots, x_i = z_i, \cdots, z_k$ 的长度至多为 k，结论已成立。类似的，如果 $x_i z_j$ 是图的一条边，那么 $i - 1 \leqslant j$。如果这是 G 的边并且 $i \geqslant 2$，那么路径 $y = x_2, \cdots, x_i, z_j, \cdots, z_k$ 的长度至多是 $k(< n)$，而如果 $i = 1$，那么路径 $y, x_1, z_j, \cdots, z_k$ 的长度为 $k - j + 2$，在这些情况下，结论都已成立。对情况 $j \geqslant 2$ 或 $k = n-2$，结论也已成立，因此我们可设 $j = 1$ 和 $k = n-1$，那样 $x_n, \cdots, x_1$，$z_1, \cdots, z_k$ 就是一条长度为 $2n-2$ 的诱导子图。如果 G 不含任何边 $x_i z_j$，那么 x_n，$\cdots, x_1, x_0, z_1, \cdots, z_k$ 就是一条长度为 $2n-2$ 或 $2n-1$ 的诱导子图，这就是我们要证明的。

解答 2

（梗概）每个 $r(G) = n$ 的图 G 都含有一个连通的诱导子图 G' 使得 $r(G') = n$，并且对 G' 的每个连通的诱导的真子图 G'' 都有 $r(G'') < n$。以下，我们只需取一个那种 G' 即可。

1. 如果 G' 是一条路径，那么它的长度是 $n-1$。

2. 如果 $G' \backslash \{x\}$ 不连通，那么它有两个部分，其中之一是一条路径。

3. 设 C 是顶点的那样一种集合，其中没有另一个使得 $G \backslash \{y\}$ 不连通的顶点 y，并且 $G \backslash \{y\}$ 的包含 x 的部分是一条路径，那么 C 诱导出一个 2 - 连通的子图。

4. 对每个顶点 $x \in C$，如果我们删除 $G \backslash \{x\}$ 的包含 $C \backslash \{x\}$ 的那部分的顶点，那么我们得到一条长度为 k 的路径。

5. 对每个顶点 $x \in C$，恰存在一个顶点 $y \in C$ 使得 $d(x,y) = n-k$。

6. 对那样一个顶点的对 $\{x,y\}$，由 $C \backslash \{x,y\}$ 诱导出的图是不连通的，即在它的两个部分中连接 x 和 y，我们就得到一个长度至少为 $2(n-k)$ 的环。

7. 对某个 $0 \leqslant k \leqslant n-2$，图 G' 是长度为 $2(n-k)$ 的环，在它的每个顶点处

有一条长度为 k 的未知路径.

注记

1. 第二个解答说明本题的结果是最好的,即如果把问题中的 $2n - 2$ 换成 $2n - 1$,则命题不再成立.

2. 存在一个无限图 G,使得 $r(G) = 3$,并且 G 中的每条诱导路径的长度至多是 3.

问题 C.18　给定一条直线上的 n 个点,使得所产生的任何一种两点间的距离至多出现两次,证明恰只出现一次的那种距离的数目至少为 $\left[\dfrac{n}{2}\right]$.

解答

假设所给的 n 个点在实轴上所表示的数为 $p_1 < p_2 < \cdots < p_n$. 对任意下标 $1 \leqslant i \leqslant n$,我们取从 p_i 到右边所有的点所组成的线段的长度的集合 A_i,即 $A_i = \{p_j - p_i : i < j\}$,显然 $|A_i| = n - i$.

我们用反证法证明对 $i < j$, $|A_i \cap A_j| \leqslant 1$. 假设 $u,v \in A_i \cap A_j, u \neq v$,并且不妨设 $u = p_{k_1} - p_i = p_{k_2} - p_j$ 以及 $v = p_{m_1} - p_i = p_{m_2} - p_j$,那么 $p_j - p_i = p_{k_2} - p_{k_1} = p_{m_2} - p_{m_1}$ 就出现了 3 次,矛盾.

以下,我们来估计长度出现的数目.

$$
\begin{aligned}
|A_i - (A_1 \cup \cdots \cup A_{i-1})| &= |A_i - ((A_i \cap A_1) \cup \cdots \cup (A_i \cap A_{i-1}))| \\
&= |A^i| - |(A_i \cap A_1) \cup \cdots \cup (A_i \cap A_{i-1})| \\
&\geqslant n - i - (i - 1) = n - 2i + 1
\end{aligned}
$$

因此

$$|A_1 \cup \cdots \cup A_n|$$
$$= |A_1 \cup (A_2 - A_1) \cup (A_3 - (A_1 \cup A_2)) \cup \cdots \cup (A_n - (A_1 \cup \cdots \cup A_{n-1}))|$$
$$\geqslant n - 1 + n - 3 + n - 5 + \cdots + n - 2[n/2] + 1$$

那就是说

$$
|A_1 \cup \cdots \cup A_n| \geqslant
\begin{cases}
\dfrac{n^2}{4}, & n\ \text{是偶数} \\[2mm]
\dfrac{n^2 - 1}{4}, & n\ \text{是奇数}
\end{cases}
$$

现在分别用 d_1 和 d_2 表示出现一次和出现两次的长度的数目,显然

$$d_1 + 2d_2 = C_n^2$$

并且

$$d_1 + d_2 \geqslant \begin{cases} \dfrac{n^2}{4}, n \text{ 是偶数} \\[2mm] \dfrac{n^2 - 1}{4}, n \text{ 是奇数} \end{cases}$$

把下面的不等式乘以 2 再减去上面的等式就得出所要的不等式

$$d_1 \geqslant \left[\frac{n}{2}\right]$$

问题 C.19 设 κ 是一个任意的基数. 证明存在竞赛图 $T_\kappa = (V_\kappa, E_\kappa)$ 使得对边的集合 E_κ 的任意一种染色 $f: E_\kappa \to \kappa$, 存在 3 个不同的顶点 $x_0, x_1, x_2 \in V_\kappa$, 满足

$$x_0 x_1, x_1 x_2, x_2 x_0 \in E_\kappa$$

并且

$$|\,\{f(x_0 x_1), f(x_1 x_2), f(x_2 x_0)\}\,| \leqslant 2$$

(竞赛图是一个有向图,使得对任意顶点 $x, y \in V_\kappa, x \neq y$, 关系 $xy \in E_\kappa$ 和 $yx \in E_\kappa$ 恰只成立一种.)

解答

根据 Erdös 和 Rado 的一个著名的定理可知,存在一个色数为 2^κ 的无三角形的图 $G = (V, F)$. 以任意方式对这个图 G 的顶点集 V 排序,并且设 $<$ 表示这个次序. 现在我们对 V 上的竞赛关系定义如下. 对于 $x, y \in V, x < y$, 如果 $xy \in F$, 则令 $xy \in E$, 如果 $xy \notin F$, 则令 $yx \in E$.

我们证明这样所产生的竞赛图 (V, E) 满足问题的要求. 设 $f: E \to \kappa$ 是 E 上的任意着色. 对每个 $x \in V$, 考虑集合 $A_x = \{f(yx): y < x, yx \in E\} \subseteq k$. 我们固定一个顶点 $x \in V$. 集合 $\{y \in V: y < x, yx \in F$ 或 $x < y, xy \in F\}$ 的基数是大于 2^κ 的,因此存在顶点 x', 使得 $A_x = A_{x'}$, 并且如果 $x' < x$, 则 $x'x \in E$, 如果 $x < x'$, 则 $xx' \in E$. 设 x_1 和 x_2 分别表示 x 和 x' 之中较小的和较大的元素,那么 $f(x_1 x_2) \in A_{x_1} = A_{x_2}$, 那就是说,存在顶点 $x_0 \in V$, 使得

170

$$x_0 < x_1, x_0 x_1 \in E$$

并且

$$f(x_0 x_1) = f(x_1 x_2)$$

然而由 E 的定义可知

$$x_0 x_1, x_1 x_2 \in F$$

因此

$$x_2 x_0 \notin F$$

因而

$$x_2 x_0 \in E$$

这就证明了顶点 x_0, x_1, x_2 具有所需的性质.

注记 容易看出,我们不能在叙述中用1代替2. 对于任何竞赛图 $T = (V, E)$ 和 V 的任何次序 $<$,定义一个 E 的染色 f 如下:设 $x < y$,如果 $xy \in E$,则令 $f(xy) = 0$,如果 $yx \in E$,则令 $f(yx) = 1$. 显然,不存在3个顶点 $x, y, z \in V$ 使得 $xy, yz, zx \in E$ 并且 f 在这3条边上是常数.

问题 C.20 称有限集 S 的一些真分划 $P_1, \cdots, P_n$(即至少包括两个部分的分划)是独立的,如果无论我们怎样从每个分划中选择一个类,所选的类的交集都是非空的. 证明如果对一些独立的分划成立下面的不等式

$$\frac{|S|}{2} < |P_1| \cdots |P_n| \tag{1}$$

那么 $P_1, \cdots, P_n$ 在没有分划 P 使得 $P, P_1, \cdots, P_n$ 是独立的意义下是最大的. 另一方面,证明不等式(1)对最大化不是必要条件.

解答

我们用反证法证明这一命题,假设式(1)成立并且存在 S 的真分划 $P_0, P_1, \cdots, P_n$ 是独立的. 从每个分划中选一个类并取它们的交. 为了简洁起见,我们将这些交称为类交. 显然,类交的总数是 $|P_0||P_1| \cdots |P_n|$,并且由于任何两个类交的类有两个类属于同一分区,所以任何两个类交都是不相交的. 另一方面由于 $P_0, P_1, \cdots, P_n$ 是独立的,所以所有的类交都是非空的. 因而,我们有

$$|P_0||P_1| \cdots |P_n| \leq |S| \tag{2}$$

171

联合式(1)和式(2)并利用 $|S| \neq 0$ 这一事实,我们得出 $|P_0| < 2$,这与 P_0 是真分划的假设矛盾,因此我们证明了式(1)蕴含最大性.

另一方面,下面的例子表明式(1)对于最大性并不是必要的. 设 $S = \{a_1, \cdots, a_8\}$, $P_1 = \{S_{11}, S_{12}\}$,$P_2 = \{S_{21}, S_{22}\}$ 是 S 的一个分划,其中

$$S_{11} = \{a_1, a_2, a_3, a_4\}$$
$$S_{12} = \{a_5, a_6, a_7, a_8\}$$
$$S_{21} = \{a_1, a_5\}$$
$$S_{22} = \{a_2, a_3, a_4, a_5, a_7, a_8\}$$

那么

$$S_{11} \cap S_{21} = \{a_1\} \tag{3}$$

并且其他的类交也都不是空的,因而 P_1,P_2 是独立的. 由于 $|P_1||P_2| = 4 = \dfrac{|S|}{2}$,所以式(1)不成立. 但我们可证明 $\{P_1, P_2\}$ 是最大的. 假设对某个真分划 $P_0 = \{S_{01}, S_{02}, \cdots\}$,$P_0$,$P_1$,$P_2$ 是独立的,那么 S_{01} 和集合(3)的交是非空的,因而 $a_1 \in S_{01}$. 类似的,我们可以得出 $a_1 \in S_{02}$,但是那样就有 $S_{01} \cap S_{02} \neq \varnothing$,这与 P_0 是分划的假设矛盾.

问题 C. 21 设 $k \leqslant \dfrac{n}{2}$ 并且 $\boldsymbol{F}$ 是一个 $n \times n$ 矩阵的一族两两相交的 $k \times k$ 子矩阵. 证明

$$|\boldsymbol{F}| \leqslant \binom{n-1}{k-1}^2$$

解答

对 $\boldsymbol{M} \in \boldsymbol{F}$ 的任意 $k \times k$ 子矩阵,设 R_M 和 C_F 分别表示它的行和列构成的 k - 组. 显然 R_M 和 C_M 以唯一的方式确定了 $\boldsymbol{M}$. 由条件可知对任意两个矩阵 M_1,$M_2 \in F$,有

$$R_{M_1} \cap R_{M_2} \neq \varnothing$$

并且

$$C_{M_1} \cap C_{M_2} \neq \varnothing$$

取一族

172

$$\mathscr{R} = \{R_M : \boldsymbol{M} \in \mathscr{F}\}$$

和

$$C = \{C_M : \boldsymbol{M} \in \mathscr{F}\}$$

那么 $\mathscr{R}$ 和 C 分别是 n 个元素的集合的 k 个元素的子集的族,并且 $\mathscr{R}$ 和 C 的任意两个成员的交不空,因而

$$|\mathscr{R}|, |C| \leqslant \binom{n-1}{k-1}$$

根据著名的 Erdös – Ko – Rado 定理,因此有

$$|\mathscr{F}| \leqslant \binom{n-1}{k-1}^2$$

显然,界 $\binom{n-1}{k-1}^2$ 是可以达到的,因而是最好的,由于这正好是包含所给元素的 $k \times k$ 子矩阵的数目.

问题 C. 22   设用 3 种颜色给整数 $1, 2, \cdots, N$ 染色,每种颜色所染的数字的数目都要超过 $\dfrac{N}{4}$. 证明用这些数字所构成的方程 $x = y + z$ 有一个使得 x, y, z 颜色都不同的解.

解答

我们用反证法证明. 假设我们用红、绿和蓝 3 种颜色给数字 $1, 2, \cdots, N$ 染了色,且每种颜色所染的数字的数目都要超过 $\dfrac{N}{4}$,而方程 $x = y + z$ 没有使得 $x, y,$ z 颜色都不同的解. 我们不妨设 1 是红色的,那么根据我们的假设可知,不存在蓝色和绿色的整数使得它们的差是 1. 称非空的集合 $S \subseteq \{1, \cdots, N\}$ 是一个区间,如果它由连续的整数组成. 那就是说,存在某个整数 $1 \leqslant a \leqslant b \leqslant N$,使得 $S = \{s : a \leqslant s \leqslant b\}$. 如果我们删去红色的数字,那么剩下的数字就可以分成一些区间. 此外,由于如果某个区间包含了两种颜色的数字 $x < y$,那么在 $x, x +$ $1, \cdots, y$ 之中就会出现两个不同颜色的相继的整数,所以每个区间都是单色的.

假设存在至少两个都是绿色和蓝色的整数组成的区间. 设 A 和 B 分别表示最长的绿色和蓝色区间,如果 $a \in A$ 并且 $b \in B$,则 $|a - b| (= a - b$ 或 $b - a)$

不是红色的. 因此, 集合 $C = \{|a - b| : a \in A, b \in B\}$ 不包含任何红色的整数.
如果 $A = [a_1, a_2]$, $B = [b_1, b_2]$, 则

$$
C = \begin{cases}
|b_1 - a_2, b_2 - a_1|, a_2 < b_1 \\
|a_1 - b_2, a_2 - b_1|, b_2 < a_1
\end{cases}
$$

所以这是一个 $|A| + |B| - 1 > |A|, |B|$ 个整数的区间. 正如我们前面所看到的那样, 集合 C 不包含任何红色整数, 因此它是单色的. 但这与区间 A 和区间 B 的最大性矛盾.

另一方面, 绿色整数和蓝色整数中至少有一种包含两个连续整数, 否则红色整数的数量将大于或等于绿色或蓝色整数的数量. 那样的话蓝色或绿色整数的数量至多为 $\frac{N}{2}$, 这和每种颜色的整数的数量都大于 $\frac{N}{4}$ 的假设矛盾.

现在假设没有两个连续的绿色整数但是有两个连续的蓝色整数, 即对最长的蓝色区间 B 有 $|B| \geqslant 2$. 如果 $1 \leqslant s < N$ 为绿色, 那么 $s \geqslant 2$ 并且 $s - 1$ 和 $s + 1$ 都是红色的. 现在假设任意两个绿色整数之间的距离至少为 3, 那么区间 $[s - 1, s + 1]$ 对于绿色整数来说是两两不相交的, 并且每一个都包含两个红色整数. 如果 N 不是绿色的, 那么这蕴含红色整数的数量至少是绿色整数的两倍, 由于每种颜色的整数的个数都大于 $\frac{N}{4}$, 因此这是不可能的. 如果 N 是绿色的, 则表示 $n_r \geqslant 2n_g - 1$, 其中 n_r 和 n_g 分别表示红色和绿色整数的数目. 如果 2 不是绿色的, 则在上述区间中 1 不算在内, 因此 $n_r \geqslant 2n_g$, 与上面类似, 我们再次得出矛盾. 如果 2 是绿色的, 则取蓝色区间 $B = [b_1, b_2]$, 使得 $|B| \geqslant 2$, $b_2 < N$. 现在, $b_2 - 1$ 是蓝色的, $b_2 + 1$ 是红色, 2 是绿色的, 它们构成方程 $x = y + z$ 的颜色不同的解, 矛盾.

因而, 我们可以假设存在一个绿色的整数 s, 使得 $s + 2$ 也是绿色的. 由于 $|B| \geqslant 2$ 并且 $B \cap \{s, s + 2\} = \varnothing$, 所以 $b_1 > s + 2$ 或 $b_2 < s$, 我们不妨假设 $b_1 > s + 2$ 考虑集合

$$
C = \{b - s : b \in B\} \cup \{b - s - 2 : b \in B\}
$$

由于 $b_1 < b_2$, 所以 C 是一个使得 $|C| = |B| + 2$ 的区间, 这个区间不包含任何红色整数, 因此它是单色的. 但是由于 $|C| > 2$, 所以 C 不是绿色的, 同时由

于 B 的最大性,所以它也不是蓝色的,矛盾.

问题 C.23 设图 G 是 3 棵树的并,问 G 是否能够被两个平面图所覆盖?

解答

答案是否定的. 我们构造一个图,它是 3 个无环图的并,但不能被两个平面图覆盖. 由于任何无环图可以扩展成一棵树,因此这就蕴含了问题中的命题.

设 A 和 B 分别是有 n 个和 C_n^3 个元素的集合,其中 n 的值将在下文中给出. 设 $A \cup B$ 表示图的顶点集合. 以所有可能的方式选择 A 的 3 个元素并把每个这样的三元组连接到一个 B 的元素上面去,因而不同的三元组被连接到 B 中的不同顶点上去. 设 G 表示所得的二分图. 它可以通过以下方式得出 3 个无环图的并集:对于任何顶点 $b \in B$,入射到 b 的 3 条边被分到 3 个不同的子图中. 在所得的 3 个子图中每个顶点 $b \in B$ 的度数都是 1. 因此这些子图不含任何环.

假设 G 是两个平面图 G_1 和 G_2 的并集,我们可设 G_1 和 G_2 没有公共边.

下一步,对于任何顶点 $b \in B$,删除一条 G 的入射到 b 的边,使得其余的两条边属于同一个图 G_i(由于入射到 B 的两条边总是属于某个相同的子图,所以这总是可以办到的). 现在,在 A 中用一条连接到这两条边的端点的边去替换顶点 b 和其余两条入射到 b 的边,如果 G_1 和 G_2 是平面的,那么所得的图也是平面的. 这个所得的图是在 A 上定义的. 替换的总数是 C_n^3,并且由于一个对至多可以扩展 3 倍. 因此,一条边至多用 $n-2$ 种不同的方式得出,因而所得的图形 H 中至少有

$$\frac{C_n^3}{n-2} = \frac{n(n-1)}{6}$$

条边. 已知有 n 个顶点的平面图最多有 $3n-6$(如果 $n \geqslant 3$)条边. 因此,H 至多有 $6n-12$ 个顶点. 根据这些估计,我们得到

$$\frac{n(n-1)}{6} \leqslant 6n - 12$$

即

$$n^2 - 37n + 72 \leqslant 0$$

但如果 $n \geqslant 35$,上式并不成立. 因此,如果 $n \geqslant 35$,G 就不能被两个平面图覆盖.

175

3.3 函 数 论

问题 F.1　证明函数

$$f(\vartheta) = \int_1^{\frac{1}{\vartheta}} \frac{\mathrm{d}x}{\sqrt{(x^2 - 1)(1 - \vartheta^2 x^2)}}$$

（其中的平方根取正值）在区间 $0 < \vartheta < 1$ 上是单调递减的.

解答

解答 1

做变量替换

$$t = \sqrt{\frac{x^2 - 1}{1 - \vartheta^2 x^2}}$$

那么 x 在区间 $\left(1, \frac{1}{\vartheta}\right)$ 递增, t 在区间 $(0, +\infty)$ 中递增. 由微分关系式

$$\vartheta^2 t^2 x^2 - t^2 + x^2 - 1 = 0$$

得出

$$\frac{\mathrm{d}x}{\mathrm{d}t} = \frac{t(1 - \vartheta^2 x^2)}{x(1 + \vartheta^2 t^2)}$$

因此

$$
\begin{aligned}
f(\vartheta) &= \int_1^{\frac{1}{\vartheta}} \frac{\mathrm{d}x}{\sqrt{(x^2 - 1)(1 - \vartheta^2 x^2)}} \\
&= \int_1^{\frac{1}{\vartheta}} \frac{\mathrm{d}x}{t(1 - \vartheta^2 x^2)} = \int_0^{+\infty} \frac{\mathrm{d}x}{\mathrm{d}t} \cdot \frac{\mathrm{d}t}{t(1 - \vartheta^2 x^2)} \\
&= \int_0^{+\infty} \frac{\mathrm{d}t}{x(1 + \vartheta^2 t^2)} = \int_0^{+\infty} \frac{\mathrm{d}t}{\sqrt{(1 + t^2)(1 + \vartheta^2 t^2)}}.
\end{aligned}
$$

现在对增加的 ϑ, 被积函数是递减的. 由于积分的极限是依赖于 ϑ 的, 因此积分是单调递减的.

解答 2

函数

$$w = \int_0^z \frac{\mathrm{d}\zeta}{\sqrt{(1 - \zeta^2)(1 - \vartheta^2\zeta^2)}}$$

把 z – 平面的第一象限（去掉 $z = 1$ 点和 $z = \frac{1}{\vartheta}$ 点），映为 w – 平面上的下方是开的半圆（在正半轴上，平方根取正值）. 当 $z = x + \mathrm{i}y$ 从 0 开始遍历线段 $0 \leqslant z \leqslant 1$ 时，$w = u + \mathrm{i}v$ 显然遍历线段

$$0 \leqslant w \leqslant \int_0^1 \frac{\mathrm{d}x}{\sqrt{(1 - x^2)(1 - \vartheta^2x^2)}} = A$$

当 $1 \leqslant z \leqslant \frac{1}{\vartheta}$ 时，显然 w 遍历线段

$$u = A, 0 \leqslant v \leqslant \int_0^{\frac{1}{\vartheta}} \frac{\mathrm{d}x}{\sqrt{(x^2 - 1)(1 - \vartheta^2x^2)}} = B$$

当 z 遍历线段 $\frac{1}{\vartheta} \leqslant z < \infty$ 时，w 从 $A + B\mathrm{i}$ 开始沿着水平直线 $v = B$ 跑到 $(A - C) + B\mathrm{i}$ 点，其中

$$C = \int_{\frac{1}{\vartheta}}^{+\infty} \frac{\mathrm{d}x}{\sqrt{(x^2 - 1)(\vartheta^2x^2 - 1)}}$$

另一方面，当 z 从 0 开始遍历虚轴的正部时，w 遍历线段

$$u = 0, 0 \leqslant v \leqslant D$$

其中

$$D = \int_0^{+\infty} \frac{\mathrm{d}y}{\sqrt{(1 + y^2)(1 + \vartheta^2y^2)}}$$

由于所给的映射是保区域的，因此

$$A = C, B = D$$

后一等式就蕴含了要证的命题.

问题 F. 2 用 $M(r, f)$ 表示超越整函数 $f(z)$ 在圆 $|z| = r$ 上的最大模，而用 $M_n(r, f)$ 表示 $f(z)$ 的幂级数的第 n 个部分和在圆 $|z| = r$ 上的最大模. 证明存在一个整函数 $f_0(z)$ 和一个正数的序列 $0 < r_1 < r_2 < \cdots \rightarrow + \infty$，使得

$$\limsup_{n \to \infty} \frac{M_n(r_n, f_0)}{M(r_n, f_0)} = + \infty$$

177

解答

根据 Fejér 定理,存在一个幂级数

$$f(z) = \sum_{n=0}^{\infty} a_n z^n$$

它在开圆盘 $|z| < 1$ 上定义了一个正则函数使得 $|f(z)| \leqslant 1$ 并且使得部分和的序列

$$s_r(z) = \sum_{n=0}^{r} a_n z^n$$

在 $z = 1$ 点处是无界的.

我们将利用函数 $f(z)$ 去构造一个满足问题要求的函数 $f_0(z)$.

我们定义数字序列 n_k, m_k 和 c_k 如下. 设 $n_0 = m_0 = c_0 = 0$,并设 n_{k-1}, m_{k-1} 和 c_{k-1} 已经定义好了.

我们首先定义 m_k. 由于 $\limsup_{n \to +\infty} s_n(1) = \infty$,因此存在一个 m_k 使得

$$|s_{m_k}(1)| > k \sum_{l=0}^{k-1} \max_{|z|=k} |s_{n_l}(z)|$$

并且使得 $m_k > n_{k-1}$.

其次,我们定义 c_k. 由于 $s_{m_k}(z)$ 是连续的,对充分接近于 1 的 c_k,我们有

$$|s_{m_k}(c_k)| > k \sum_{l=0}^{k-1} \max_{|z|=k} |s_{n_l}(z)|$$

我们设 c_k 是实数,并且设

$$c_k > c_{k-1}$$

以及

$$c_k \geqslant 1 - \frac{1}{2^k}$$

最后,我们定义 n_k 如下:由于在开圆盘 $|z| < 1$ 中,$s_n(z) \to f(z)$,因此对充分大的 n_k,我们有

$$\max_{|z|=c_k} |s_{n_k}(z)| < 1$$

另一方面,$f(z)$ 的幂级数的绝对收敛性蕴含 $\sum_{n=0}^{\infty} |a_n| c_k^n$ 的收敛性,因而对充分大的 n_k,我们有

$$\sum_{n > n_k} |a_n| c_k^n < 1$$

除了以上两个不等式外,我们还要求 n_k 满足 $n_k > m_k$.

现在,考虑幂级数

$$\sum_{n=1}^{n_1} a_n z^n + \sum_{n=n_1+1}^{n_2} a_n \left(\frac{z}{2}\right)^n + \cdots$$

$$= \sum_{k=1}^{\infty} \sum_{n=n_{n-1}+1}^{n_k} a_n \left(\frac{z}{k}\right)^n = \sum_{k=1}^{\infty} \left\{ s_{n_k}\left(\frac{z}{k}\right) - s_{n_{k-1}}\left(\frac{z}{k}\right) \right\}$$

我们证明由这个幂级数定义的函数 $f_0(z)$ 具有所需的性质.

设 R 是一个充分大的正数,$k > 2R$,$|z| \leqslant R$,那么我们有 $\left| a_n \left(\frac{z}{k}\right)^n \right| \leqslant$
$\frac{|a_n|}{2^n}$. 由于 $\sum_{n=0}^{\infty} \frac{|a_n|}{2^n}$ 收敛,所以 $f_0(z)$ 的幂级数在 $|z| < R$ 中绝对收敛. 因而
$f_0(z)$ 是一个超越的整函数.

我们对 $f_0(z)$ 在 $|z| = kc_k$ 上的上界给出一个估计

$$|f_0(z)| \leqslant \left| \sum_{l=1}^{k-1} \left\{ s_{n_l}\left(\frac{z}{k}\right) - s_{n_{l-1}}\left(\frac{z}{k}\right) \right\} - s_{n_{k-1}}\left(\frac{z}{k}\right) \right| + \left| s_{n_k}\left(\frac{z}{k}\right) \right| +$$

$$\left| \sum_{l=k+1}^{\infty} \sum_{n=n_{l-1}+1}^{n_k} a_n \left(\frac{z}{k}\right)^n \right|$$

$$\leqslant 2 \sum_{l=0}^{k-1} \max_{|z|=kc_k} |s_{n_l}(z)| + \max_{|z|=c_k} |s_{n_k}(z)| + \sum_{l=k+1}^{\infty} \sum_{n=n_{l-1}+1}^{n_k} |a_n| \left(\frac{kc_k}{l}\right)^n$$

$$\leqslant 2 \sum_{l=0}^{k-1} \max_{|z|=k} |s_{n_l}(z)| + \max_{|z|=c_k} |s_{n_k}(z)| + \sum_{n>n_k} |a_n| c_k^n$$

$$\leqslant 2 \sum_{l=0}^{k-1} \max_{|z|=k} |s_{n_l}(z)| + 1 + 1$$

令 $\sum_{l=0}^{k-1} \max_{|z|=k} |s_{n_l}(z)| = T_k$,那么我们得出

$$M(kc_k, f_0) \leqslant 2T_k + 2$$

下面我们在 $|z| = kc_k$ 上对相应的部分和给出一个下界的估计. 由于我们使用的是最大值,所以只要在 $z = kc_k$ 点处做这个估计即可.

第 m_k 阶的部分和的模是

$$\left| s_{m_k}\left(\frac{z}{k}\right) - s_{n_{k-1}}\left(\frac{z}{k}\right) + \sum_{l=1}^{k-1}\left\{ s_{n_l}\left(\frac{z}{k}\right) - s_{n_{l-1}}\left(\frac{z}{k}\right) \right\} \right|$$

$$\geqslant |s_{m_k}(c_k)| - 2\sum_{l=0}^{k-1}\max_{|z|=k}|s_{n_l}(z)| \geqslant (k-2)T_k$$

即

$$M_{m_k}(kc_k, f_0) \geqslant (k-2)T_k$$

现在由于 $\limsup\limits_{l \to +\infty} |s_{n_l}(1)| = +\infty$，数

$$T_k = \sum_{l=0}^{k-1}\max_{|z|=k}|s_{n_l}(z)| \to +\infty$$

因而对充分大的 k，我们有 $T_k > 1$，并且因此

$$\frac{M_{m_k}(kc_k, f_0)}{M(kc_k, f_0)} \geqslant \frac{(k-2)T_k}{2(T_k+1)} > \frac{k-2}{4}$$

因此如果取 $r_{m_k} = kc_k$，并且出于单调性的考虑选择 r_n 使得 n 不同于 m_k，否则任意即可，我们就得出

$$\limsup_{n \to +\infty}\frac{M_n(r_n, f_0)}{M(r_n, f_0)} \geqslant \limsup_{k \to +\infty}\frac{M_{m_k}(r_{m_k}, f_0)}{M(r_{m_k}, f_0)} \geqslant \limsup_{k \to +\infty}\frac{k-2}{4} = +\infty$$

问题 F.3 设 H 是一个不包含 0 的实数集合，并且对于加法是封闭的. 此外，设 $f(x)$ 是一个定义在 H 上的满足下述性质的实值函数.

若 $x \leqslant y$，则

$$f(x) \leqslant f(y), f(x+y) = f(x) + f(y) \quad (x, y \in H)$$

证明在 H 上 $f(x) = cx$，其中 c 是一个非负实数.

解答

设 x_0 是 H 的一个元素，否则是 $0, c = \dfrac{f(x_0)}{x_0}$. 用归纳法可以证明对每个 $x \in H$，成立 $f(nx) = nf(x) (n = 1, 2, \cdots)$，因此

$$f(nx_0) = cnx_0 \tag{1}$$

设 y 是 H 中的一个任意的元素，那么存在一个正整数 n_0 使得 $(y + n_0 x_0) \cdot x_0 > 0$. 如果 n 是一个充分大的正整数，那么存在两个正整数 m_n 和 μ_n 使得

$$m_n x_0 \leqslant n(y + n_0 x_0) \leqslant \mu_n x_0$$

并且

180

$$| m_n - \mu_n | = 1 \qquad (2)$$

根据函数 $f(x)$ 的单调性,我们有

$$f(m_n x_0) \leqslant f(n(y + n_0 x_0)) \leqslant f(\mu_n x_0)$$

因此根据式(1)又有

$$cm_n x_0 \leqslant nf(y + n_0 x_0) \leqslant c\mu_n x_0$$

由此得出

$$c \frac{m_n}{n} x_0 \leqslant f(y + n_0 x_0) \leqslant c \frac{\mu_n}{n} x_0. \qquad (3)$$

根据式(2)得出

$$\frac{m_n}{n} x_0 \rightarrow y + n_0 x_0, \frac{\mu_n}{n} x_0 \rightarrow y + n_0 x_0$$

因而,从式(3)我们得出 $f(y + n_0 x_0) = c(y + n_0 x_0)$,因此

$$f(y) = f(y + n_0 x_0) - f(n_0 x_0) = c(y + n_0 x_0) - cn_0 x_0 = cy$$

从函数 $f(x)$ 的单调性可得 $c \geqslant 0$.

问题 F.4　设 $f(x)$ 是半直线 $0 \leqslant x < \infty$ 上的实值连续函数,并且

$$\int_0^\infty f^2(x) \, dx < \infty$$

证明函数

$$g(x) = f(x) - 2e^{-x} \int_0^x e^t f(t) \, dt$$

满足关系式

$$\int_0^\infty g^2(x) \, dx = \int_0^\infty f^2(x) \, dx$$

解答

设函数 $f(x)$ 在半直线 $(0, \infty)$ 上在 Lebesgue 意义上是平方可积的. 关系式

$$f(x) - g(x) = 2e^{-x} \int_0^x e^t f(t) \, dt \qquad (1)$$

蕴含几乎处处成立

$$(f(x) - g(x))' = f(x) + g(x) \qquad (2)$$

利用 Schwarz 不等式,我们得出

$$e^{-\omega}\left|\int_0^\omega e^t f(t)\,dt\right| \le e^{-\omega}\left|\int_0^{\omega/2} e^t f(t)\,dt\right| + e^{-\omega}\left|\int_{\omega/2}^\omega e^t f(t)\,dt\right|$$

$$\le e^{-\omega}\left(\int_0^{\omega/2} e^{2t}\,dt\right)^{\frac{1}{2}}\left(\int_0^{\omega/2} f^2(t)\,dt\right)^{\frac{1}{2}} +$$

$$e^{-\omega}\left(\int_{\omega/2}^\omega e^{2t}\,dt\right)^{\frac{1}{2}}\left(\int_{\omega/2}^\omega f^2(t)\,dt\right)^{\frac{1}{2}}$$

$$\le e^{-\omega/2}\int_0^\infty f^2(x)\,dx + \int_{\omega/2}^\infty f^2(t)\,dt$$

由此得出

$$\lim_{\omega\to\infty} e^{-\omega}\int_0^\omega e^t f(t)\,dt = 0 \tag{3}$$

关系式(1)保证$f(x) - g(x)$,因而保证$\dfrac{1}{2}(f(x) - g(x))^2$在$(0,\infty)$的每个有界的子区间上是绝对连续的. 由式(1)和式(2)就有

$$\int_0^\omega (f^2(x) - g^2(x))\,dx = \int_0^\omega \left(\frac{(f(x) - g(x))^2}{2}\right)' dx$$

$$= \left[\frac{(f(x) - g(x))^2}{2}\right]_0^\omega = 2e^{-2\omega}\left(\int_0^\omega e^t f(t)\,dt\right)^2$$

再利用(3)就得出要证的命题.

问题 F.5 证明对每个定义在区间$-1 \le x \le 1$上的绝对值至多为1的凸函数$f(x)$,都存在一个线性函数$h(x)$使得

$$\int_{-1}^1 |f(x) - h(x)|\,dx \le 4 - \sqrt{8}$$

解答

我们证明更一般的结论,即证明存在常数k使得

$$\int_{-1}^1 |f(x) - k|\,dx \le 4 - \sqrt{8} \tag{1}$$

不失一般性,可设$f(x)$在$[-1,1]$上连续并且$f(-1) \ge f(1)$. 由于$f(x)$在$[-1,1]$上是连续并且凸的,因此存在一个最大区间$[c_1,c_2]$($-1 \le c_1 \le c_2 \le 1$)使得$f(x)$在此区间上有最小值.

设

$$\min_{x\in[-1,1]} f(x) = p, \quad \max_{x\in[-1,1]} f(x) = q$$

182

设 $\phi_1(y)$ 是函数 $f(x)$ 在区间 $[-1,c_1]$ 上的限制的逆,并设

$$\phi_2(y) = \begin{cases} f^{-1}(y), p \leqslant y \leqslant f(1) \\ 1, f(1) \leqslant y \leqslant q \end{cases}$$

其中 $f^{-1}(y)$ 表示函数 $f(x)$ 在区间 $[c_2,1]$ 上的限制的逆. 显然函数 $\phi(y) = \phi_2(y) - \phi_1(y)$ 是连续的并且在区间 $[p,q]$ 上是严格递增的. 此外 $\phi(p) = \phi_2(p) - \phi_1(p) = c_2 - c_1$,而 $\phi(q) = \phi_2(2) - \phi_1(1) = 2$. 以下我们分两种情况讨论:

(a) $c_2 - c_1 \leqslant 1$. 那么根据函数 $\phi(y)$ 的上述性质可知存在且仅存在一个数 $(k \in [p,q])$ 使得 $\phi(k) = 1$. 可以证明 k 满足式(1). 设 $\phi_1(k) = d, \phi_2(k) = e, D = (d,k), E = (e,k), G = (-1,k), H = (1,k), A = (-1,1), B = (1,1)$. 直线 AD 和 BE 交于一点 F. 由 $f(x)$ 的凸性和 $|f(x)| \leqslant 1$ 可知,显然 $f(x)$ 限制在线段 $[-1,d], [d,e]$ 和 $[e,1]$ 上的图形分别位于 $\triangle AGD, \triangle DFE$ 和 $\triangle EHB$ 内,因此

$$\int_{-1}^{1} |f(x) - k| \, dx = \int_{-1}^{d} |f(x) - k| \, dx + \int_{d}^{e} |f(x) - k| \, dx + \int_{e}^{1} |f(x) - k| \, dx$$

$$\leqslant t(AGD_{\triangle}) + t(DFE_{\triangle}) + t(EHB_{\triangle})$$

其中 t 表示面积. 如果点 F 位于直线 $y = -1$ 上方,则 DE 就是 $\triangle ABF$ 的中位线,因而所讨论的三角形的垂直于 GH 的高是相等的,因此三角形的面积之和是

$$\frac{1}{2}m \cdot GD + \frac{1}{2}m \cdot DE + \frac{1}{2}m \cdot EH = \frac{1}{2}m(GD + DE + EH) = m \leqslant 1 \quad (2)$$

其中 $m = BH$. 如果 F 位于直线 $y = -1$ 下方,那么(用 J 表示直线 $y = -1$ 和线段 AF 的交点,用 K 表示直线 $y = -1$ 和线段 BF 的交点),那么显然函数 $f(x)$ 限制在 $[d,e]$ 上的图形位于由 D,J,K,E 所确定的四边形之内,因此

$$\int_{-1}^{1} |f(x) - k| \, dx \leqslant t(AGD_{\triangle}) + t(T) + t(EHB_{\triangle})$$

其中 $m = BH \geqslant 1$. 那样就有

$$t(AGD_{\triangle}) + t(EHB_{\triangle}) = \frac{1}{m} \cdot GD + \frac{1}{2}m \cdot EH = \frac{1}{2}m$$

由于 $JK = \frac{2m-2}{m}$,我们就有

$$t(T) = \frac{1}{2}\left(\frac{2m-2}{m}+1\right)(2-m)$$

由此得出

$$\int_{-1}^{1} |f(x) - k| \, dx \leqslant \frac{4m - 2 - m^2}{m} = 4 - \left(\frac{2}{m} + m\right)$$

$$\leqslant 4 - 2\left(\frac{2}{m}m\right)^{1/2} = 4 - \sqrt{8} \tag{3}$$

关系式(2)和(3)蕴含(1).

(b)$c_2 - c_1 > 1$. 设 $k = p$. 令 $A = (-1,1), B = (1,1), D = (c_1,p), E = (c_2, p), G = (-1,p)$ 以及 $H = (1,p)$, 像上面那样可得出

$$\int_{-1}^{1} |f(x) - p| \, dx \leqslant t(AGD_\triangle) + t(EHB_\triangle)$$

$$\leqslant \frac{1}{2}m \cdot GD + \frac{1}{2}m \cdot EH = \frac{1}{2}m[1 - (c_2 - c_1)] < 1$$

这就完成了证明.

注记

1. 一些研究者已经注意到,一般来说这一估计不可能再加以改进,例如当取下面的函数时

$$f(x) = \begin{cases} -1, 0 \leqslant x \leqslant 1 - \dfrac{\sqrt{2}}{2} \\ 1 + \sqrt{8}(x - 1), 1 - \dfrac{\sqrt{2}}{2} < x \leqslant 1 \end{cases}$$

所给的估计就是最好的.

2. Paul Thrán 提请组委会注意下述事实, S. Bernstein(Doklady Akad. Nauk SSSR, 1927, 405 – 407) 证明了以下定理:

定理 设 $f(x)$ 是区间 $[-1,1]$ 上的 $n+1$ 次可微的且满足在 $[-1,1]$ 上使得 $f^{(n+1)}(x) > 0$ 的函数, 则表达式

$$\int_{-1}^{1} |f(x) - R_n(x)| \, dx$$

当 $R_n(x)$ 等于分点在 $\cos\left(\dfrac{h\pi}{n+2}\right)(h = 1,2,\cdots,n+1)$ 处的 Lagrange 插值

多项式时最小,其中 $R_n(x)$ 表示一个次数为 n 的多项式.

问题 F.6 求出所有具有(在整个数轴上)连续函数系数的齐次微分方程,使得如果 $f(t)$ 是一个解,而 c 是一个任意的实数,则 $f(t+c)$ 也是一个解.

解答

像通常在文献中那样,我们仅限于讨论最高阶系数等于 1 的微分方程.

设微分方程

$$y^n(x) + f_1(x)y^{n-1}(x) + \cdots + f_n(x)y(x) = 0 \tag{1}$$

具有所需的性质,并设 $\phi(x)$ 是它的一个解. 设 c 是一个任意的实数,显然有

$$\frac{d^i\phi(x+c)}{dx^i} = \left(\frac{d^i\phi(t)}{dt^i}\right)_{t=x+c} \quad (i = 1,2,\cdots,n) \tag{2}$$

由于 $\phi(x)$ 和 $\phi(x+c)$ 都满足方程(1),因此就得出

$$\left(\frac{d^n\phi(t)}{dt^n}\right)_{t=x+c} + f_1(x)\left(\frac{d^{n-1}\phi(t)}{dt^{n-1}}\right)_{t=x+c} + \cdots + f_n(x)(\phi(t))_{t=x+c} = 0$$

也就是

$$\phi^n(t) + f_1(t-c)\phi^{n-1}(t) + \cdots + f_n(t-c)\phi(t) = 0$$

上面的方程对任意实数 c 和实值的 t 都成立. 这表示(1)的所有的解,例如(1)的 n 个线性无关的解都满足下面的微分方程

$$y^{(n)}(x) + f_1(x-c)y^{(n-1)}(x) + \cdots + f_n(x-c)y(x) = 0 \tag{3}$$

因此,像众所周知的那样,微分方程(1)和(3)的系数应该相等

$$f_i(x) = f_i(x-c) \quad (i = 1,2,\cdots,n) \tag{4}$$

令 $x = 0$ 就得出对任意 c 成立 $f_i(0) = f_i(-c)(i = 1,2,\cdots,n)$,因而 $f_i(x) \equiv f_i(0)$,这表示微分方程(1)的系数都是常数.

反之,如果微分方程(1)的系数都是常数,那么从(2)就得出对任意(1)的解 $\phi(x)$ 以及任意实数 c,$\phi(x+c)$ 也是解.

注记

1. 假设条件仅对单独的 c 满足,那么从式(4)我们得到系数函数具有周期 c.

2. 如果对于任何解 $\phi(x)$,$\phi(x+c_1)$ 和 $\phi(x+c_2)$ 也是解,那么显然 $\phi(x)$ 和 $\phi((x+c_1)+c_2) = \phi(x+c_1+c_2)$ 也是解. 因此,假设条件对(有限或无限的)

集合 $\{c_\alpha\}$ 满足,则条件也将对包含数字 c_α 的最小可加半群的元素满足. 根据前面的注记,这意味着可以仅假设条件是生成可加半群的 c 值的集合包含一个趋向于零的序列即可.

问题 F.7 设 F 是一个 n 维的 Euclid 空间中的闭集. 构造一个在 F 上是 0,在 F 外是正值的函数,并且其偏导数全部存在.

解答

定义一个函数 $\phi_r(y)$ 如下

$$\phi_r(y) = \begin{cases} \mathrm{e}^{\frac{1}{y-r^2}} & , \quad |y| < r^2 \\ 0 & , \quad |y| \geqslant r^2 \end{cases}$$

显然,当 $|y| < r^2$ 时,$\phi_r(y)$ 是正的并且在区间 $(-\infty, r^2)$ 和 $(r^2, +\infty)$ 中是无限次可微的. 此外同样显然的是 $\dfrac{d^k \phi_r(y)}{dy^k}$ 具有形式 $R_k(y)\phi_r(y)$,其中 $R_k(y)$ 是一个有理分式函数. 因此

$$\lim_{x \to r^2+0} \frac{d^k \phi_r(y)}{dy^k} = \lim_{x \to r^2-0} \frac{d^k \phi_r(y)}{dy^k} = 0$$

所以 $\dfrac{d^k \phi_r(y)}{dy^k}$ 在区间 $(-\infty, r^2)$ 和 $(r^2, +\infty)$ 中是连续的并且在点 $y = r^2$ 处具有左极限和右极限. 由此由归纳法可以得出 $\phi_r(y)$ 在点 $y = r^2$ 处具有任意阶的连续导数,从而在实轴上的每一个点 y 处都是如此.

用 $\mathbb{E}_n$ 表示 n 维 Euclid 空间. 对 $a = (a_1, a_2, \cdots, a_n) \in \mathbb{E}_n$ 和 $x = (x_1, x_2, \cdots, x_n) \in \mathbb{E}_n$,令

$$y_a(x) = (x_1 - a_1)^2 + (x_2 - a_2)^2 + \cdots + (x_n - a_n)^2$$

显然,对任意 x,$y_a(x)$ 的所有偏导数都存在.

最后,设 $G \subseteq \mathbb{E}_n$ 是一个中心在 a 点,半径 r 可任意选择的开球,令

$$f_G(x) = \phi_r(y_a(x))$$

由于 $\phi_r(y)$ 对于任何 y 都是无限次可微的并且对任意 x,$y_a(x)$ 的所有偏导数都存在,所以对任意 x,$f_G(x)$ 的所有偏导数都存在. 此外,下述事实也是明显的,即如果 $x \in G$,则 $0 \leqslant y_a(x) < r^2$,因此 $f_G(x) > 0$,而如果 $x \notin G$,则 $f_G(x) =$

0. 最后,由于 $f_G(x)$ 是处处连续的并且在 G 外为零,所以 $f_G(x)$ 的每个偏导数是有界的.

F 相对于 $\mathbb{E}_n$ 的余集 $\overline{F}$ 是一个开集,因此它可以被表示成 $\overline{F} = \bigcup_{k=1}^{\infty} G_k$ 的形式,其中 $G_1, G_2, \cdots$ 都是开球.

由于函数 $f_{G_1}(x), f_{G_2}(x), \cdots$ 的所有偏导数都是有界的,因此存在正常数 $c_k(k = 1, 2, \cdots)$,使得函数 $f_{G_k}(x)$ 在任意 x 处的不高于 k 阶的偏导数(包括 $f_{G_k}(x)$ 本身)的绝对值小于 $\dfrac{1}{2^k c_k}$. 显然,函数级数

$$\sum_{k=1}^{\infty} c_k f_{G_k}(x)$$

是绝对收敛的. 令

$$F(x) = \sum_{k=1}^{\infty} c_k f_{G_k}(x)$$

看级数的项的第 i 阶偏导数,c_k 的定义保证从第 i 项开始每个项的绝对值都以 $\dfrac{1}{2^k}$ 为上界,因此偏导数的和是绝对收敛的. 由此可见,$F(x)$ 的所有偏导数存在. 最后,显然,对于 $x \in F, F(x) = 0$,对于 $x \notin F, F(x) > 0$. 因此函数 $F(x)$ 具有所需的性质.

注记 设 F_1 和 F_2 是 n 维 Euclid 空间中的两个不相交的闭集. 用类似的方法可以构造一个无穷次可微的函数使得它在 F_1 上等于 0,在 F_2 上等于 1,而在 F_1 和 F_2 是小于 1 的正数.

问题 F.8 设 f 是一个连续的非常数的实函数,并设对所有的实数 x 和 y,存在一个二元实函数 F,使得 $f(x + y) = F(f(x), f(y))$,证明 f 是严格单调的.

解答

假设 f 不是严格单调的,那么由 f 的连续性可知存在实数 $s_1 < s_2$ 使得 $f(s_1) = f(s_2)$. 设 $\varepsilon > 0$ 是一个任意的正实数,那么仍然由 f 的连续性可知在闭区间 $[s_1, s_2]$ 中存在值 $t_1 < t_2$ 使得 $t_2 - t_1 < \varepsilon$ 并且 $f(t_1) = f(t_2)$. 然而,那样一来对所有的实数 t 就有

$$f[t + (t_2 - t_1)] = f[(t - t_1) + t_2] = F[f(t - t_1), f(t_2)]$$

$$= F[f(t - t_1), f(t_1)] = f[(t - t_1) + t_1] = f(t)$$

因而 $\tau = t_2 - t_1$ 是 f 的周期. 由于 $\tau < \varepsilon$ 而 $\varepsilon > 0$ 是任意的,由此得出连续函数 f 具有任意小的正周期,从而 f 是一个常数,这与假设矛盾. (译者注:其实从 $\varepsilon > 0$ 是任意的本身已经可得出矛盾,这只要取 $\varepsilon > 0$ 是一个比 τ 小的正实数,例如 $\dfrac{\tau}{2}$ 本身便已得出矛盾了.)

问题 F.9 设 k 是一个正整数,z 是一个复数,而 $\varepsilon < \dfrac{1}{2}$ 是一个正实数. 证明对无穷多个正整数 n 成立下面的不等式

$$\left| \sum_{0 \leqslant \ell \leqslant \frac{n}{k+1}} \binom{n - k\ell}{\ell} z^\ell \right| \geqslant \left(\frac{1}{2} - \varepsilon \right)^n$$

解答

设

$$a_n(z) = a_n = \sum_{0 \leqslant \ell \leqslant \frac{n}{k+1}} \binom{n - k\ell}{\ell} z^\ell \quad (n = 1, 2, \cdots)$$

我们必须证明 $\limsup \sqrt[n]{|a_n|} \geqslant \dfrac{1}{2}$.

如果 $|w + w^{k+1}z| < 1$,那么

$$\frac{1}{1 - (w + w^{k+1}z)} = 1 + \sum_{m=1}^{\infty} \sum_{\ell=0}^{m} \binom{m}{l} (z^\ell w^{m+\ell k}) = 1 + \sum_{n=1}^{\infty} a_n w^n \qquad (1)$$

因此级数 $1 + \sum\limits_{n=1}^{\infty} a_n w^n$ 是函数 $\dfrac{1}{1 - (w + w^{k+1}z)}$ 在点 $w = 0$ 处的幂级数. 根据 Hadamard 判据,我们只需证明这个幂级数的收敛半径不大于 2 即可.

为此,只需证明多项式 $1 - w - w^{k+1}z(k \geqslant 1)$ 有某个绝对值不大于 2 的零点即可. 如果 $\left| \dfrac{1}{z} \right| \leqslant 2^{k+1}$,那么这可从多项式零点的积等于 $\dfrac{1}{z}$ 得出. 如果 $\left| \dfrac{1}{z} \right| > 2^{k+1}$,那么在圆盘 $|w| = 2$ 上 $|w^{k+1}z| < 1 \leqslant |1 - w|$,因此根据 Rouché 定理所考虑的多项式和多项式 $1 - w$ 在此圆盘内有相同数量的零点.

在 $z = -\dfrac{1}{4}, k = 1$ 的情况下,利用关系式(1)易于看出 $a_n\left(-\dfrac{1}{4}\right) = \dfrac{n+1}{2^n}$.

这表明关于 lim sup 的断言不可能再加以改进.

注记

1. 一个参赛者证明了下面的更强的命题

$$\limsup \sqrt[n]{|a_n|} \geqslant \frac{k}{k+1}$$

并且对每一个 k, 上述结果都是最佳的. 当 $z = -\dfrac{k^k}{(k+1)^{k+1}}$ 时, $\limsup \sqrt[n]{|a_n|}$ 达到最小值. (由于这个证明相当长, 我们在此省略了.)

2. 一些参赛者证明了 a_n 满足下面的递推定义:

$$a_0 = \cdots = a_k = 1, \text{当} n \geqslant k \text{ 时}, a_{n+1} = a_n + a_{n-k}z$$

问题 F.10　设 $f(x)$ 是一个使得

$$\lim_{x \to +\infty} \frac{f(x)}{\mathrm{e}^x} = 1$$

以及对所有充分大的 x, 使得 $|f''(x)| < c|f'(x)|$ 成立的实函数. 证明

$$\lim_{x \to +\infty} \frac{f'(x)}{\mathrm{e}^x} = 1$$

解答

解答 1　假设当 $x \geqslant x_0$ 时, $|f''(x)| < c|f'(x)|$. 我们首先证明 $x \geqslant x_0$ 和 $t < \dfrac{1}{c}$ 蕴含

$$|f'(x+t)| \leqslant \frac{1}{1-ct}|f'(x)| \qquad (1)$$

我们不妨设 $|f'(x+t)| > |f'(x)|$, 否则 (1) 就是平凡的不等式. 令

$$t_0 = \min\{t': t' > 0, |f(x+t')| = |f(x+t)|\}$$

由于函数 $f'(\xi)$ 是连续的且当 $\xi \in [x, x+t_0)$ 时不与纵坐标为 $f'(x+t)$ 的水平线相交, 而它在点 x 处仍位于这条水平线之下, 因此在整个区间 $[x, x+t_0]$ 上 $|f'(\xi)| \leqslant |f'(x+t)|$. 根据拉格朗日中值定理有

$$|f'(x+t)| - |f'(x)| \leqslant |f'(x+t_0)| - |f'(x)| = t_0|f''(\xi)|$$
$$\leqslant t_0 c|f'(\xi)| \leqslant t_0 c|f'(x+t)|$$

由此就得出 (1).

从(1) 看出,如果对某个 $x \geqslant x_0$ 有 $f'(x) = 0$,那么对所有的 $x' \geqslant x$ 就有 $|f'(x')| = 0$;但这是不可能的,否则将有 $e^{-x} f(x) \to 0$. 所以对所有的 $x \geqslant x_0$, $f'(x)$ 或者是正的或者是负的. 然而由于 $e^{-x} f(x) \to 1$, 所以函数 $f(x)$ 不可能是单调递减的,因而对所有的 $x \geqslant x_0$ 有

$$f'(x) > 0 \tag{2}$$

从式(1) 和式(2) 我们得出当 $x \geqslant x_0 + \dfrac{1}{c}$ 和 $t < \dfrac{1}{c}$ 时,对 $0 \leqslant u \leqslant t$ 有

$$(1 - ct) f'(x + u) \leqslant f'(x) \leqslant \frac{1}{1 - ct} f'(x - u)$$

因此两边积分就得出

$$(1 - ct)[f(x + t) - f(x)] \leqslant t f'(x) \leqslant \frac{1}{1 - ct}[f(x) - f(x - t)]$$

那也就是

$$\frac{1 - ct}{t}\Big[\frac{f(x + t)}{e^{x+t}} e^t - \frac{f(x)}{e^x}\Big] \leqslant \frac{f'(x)}{e^x}$$

$$\leqslant \frac{1}{t(1 - ct)}\Big[\frac{f(x)}{e^x} - \frac{f(x - t)}{e^{x-t}} e^{-t}\Big] \tag{3}$$

我们首先考虑式(3) 的左边. 对固定的 t

$$\lim_{x \to \infty}\Big[\frac{f(x + t)}{e^{x+t}} e^t - \frac{f(x)}{e^x}\Big] = e^t - 1$$

因此

$$\liminf_{x \to \infty} \frac{f'(x)}{e^x} \geqslant (1 - ct)\frac{e^t - 1}{t}$$

因而有

$$\liminf_{x \to \infty} \frac{f'(x)}{e^x} \geqslant \lim_{t \to +0}\Big[(1 - ct)\frac{e^t - 1}{t}\Big] = 1$$

从式(3) 的右边类似地得出

$$\limsup_{x \to \infty} \frac{f'(x)}{e^x} \leqslant \lim_{t \to +0}\Big(\frac{1}{1 - ct}\frac{1 - e^{-t}}{t}\Big) = 1$$

这就证明了命题.

解答 2 我们将利用下面的众所周知并且容易证明的定理:

190

定理 设 g 是一个二次可微的函数,使得 $\lim\limits_{x \to +\infty} g(x)$ 存在且有限,而当 $x > x_0$ 时,$|g''(x)| \leq C$,其中 C 是一个适当的正实数,则 $\lim\limits_{x \to +\infty} g'(x) = 0$.

现在设 $g(x) = \dfrac{f(x)}{\mathrm{e}^x}$,那么

$$g'(x) = \frac{f'(x) - f(x)}{\mathrm{e}^x}, g''(x) = \frac{f''(x) - 2f'(x) + f(x)}{\mathrm{e}^x}$$

由假设不妨设 $\lim\limits_{x \to +\infty} g(x) = 1$,而由另一个假设可知对充分大的 x,导数 $f'(x)$ 不变号. 由于 $\lim\limits_{x \to +\infty} f(x) = +\infty$,因此 $f'(x)$ 必须是正的. 因而,如果 x_1 充分大并且 $x \geq x_1$,那么就有

$$|f'(x) - f'(x_1)| \leq \int_{x_1}^{x} |f''(t)| \, \mathrm{d}t \leq c \int_{x_1}^{x} f'(t) \mathrm{d}t = f(x) - f(x_1)$$

因此 $|f''(x)| \leq c'f(x)$ 并且 $|f'(x)| \leq c'f(x)$,其中 c' 是一个适当的常数并且因此当 $x \geq x_1$ 时,$|g''(x)| \leq (3c' + 1)g(x)$. 由此得出对某个 C 和 x_0,当 $x \geq x_0$ 时有 $|g''(x)| \leq C$.

由上面所述的定理就得出

$$\lim\limits_{x \to +\infty} g'(x) = \lim\limits_{x \to +\infty} \frac{f'(x) - f(x)}{\mathrm{e}^x} = 0$$

其中

$$\lim\limits_{x \to +\infty} [f'(x)\mathrm{e}^x] = 1$$

注记 在某种意义上必须假设 $\left|\dfrac{f''}{f}\right|$ 和 $|g''|$ 有界. 为说明这点,设

$$g(x) = 1 + \frac{\sin x^2}{x}$$

那么

$$g'(x) = \frac{-\sin x^2}{x^2} + 2\cos x^2$$

并且

$$\liminf\limits_{x \to +\infty} g'(x) = -2 < 2 = \limsup\limits_{x \to +\infty} g'(x)$$

问题 F.11 求出所有定义在正实数集上的对所有 $x > 0$ 和 $y > 0$ 满足以下关系

$$f(x + y) + g(xy) = h(x) + h(y)$$

的连续实函数 f, g 和 h.

解答

在方程中令 $y = 1$ 得出对 $x > 0$ 有

$$g(x) = h(x) - f(x + 1) + h(1) \tag{1}$$

把式(1)代入原方程得出

$$h(x) + h(y) - h(xy) = f(x + y) - f(xy + 1) + h(1) \tag{2}$$

令

$$H(x, y) = h(x) + h(y) - h(xy)$$

那么对任何正数 x, y 和 z 有

$$H(xy, z) + H(x, y) = H(x, yz) + H(y, z) \tag{3}$$

由(2)得出

$$H(x, y) = f(x + y) - f(xy + 1) + h(1)$$

把上式代入式(3)得出

$$f(xy + z) - f(xy + 1) + f(yz + 1) = f(x + yz) + f(y + z) - f(x + y)$$
$$(x, y, z > 0) \tag{4}$$

由于 f 在正数集合上是连续的,在式(4)中令 $z \to 0 (z > 0)$ 就得出

$$f(xy) - f(xy + 1) + f(1) = f(x) + f(y) - f(x + y) \tag{5}$$

再令

$$f^*(t) = f(t) - f(t + 1) + f(1) \quad (t > 0)$$

和

$$F(x, y) = f(x) + f(y) - f(x + y)$$

那么就有

$$F(x + y, z) + F(x, y) = F(x, y + z) + F(y, z) \quad (x, y, z > 0) \tag{6}$$

从式(5)又有

$$F(x, y) = f^*(xy) \tag{7}$$

把式(7)代入式(6)得出

$$f^*(xz + yz) + f^*(xy) = f^*(xy + xz) + f^*(yz) \quad (x, y, z > 0) \tag{8}$$

192

在上式中令 $z = \dfrac{1}{y}$,并令

$$u = \frac{x}{y}, v = xy \qquad (9)$$

就得出对所有的正数 u 和 v 成立.

$$f^*(u+1) + f^*(v) = f^*(u+v) + f^*(1) \qquad (10)$$

在式(10)中交换 u 和 v 的位置得出

$$f^*(u+1) + f^*(v) = f^*(v+1) + f^*(u)$$

因此,令 $v = 1$ 就得出

$$f^*(u+1) = f^*(u) + f^*(2) - f^*(1)$$

把上式代入式(10)得

$$f^*(u+v) + f^*(1) = f^*(u) + f^*(v) + f^*(2) - f^*(1)$$

因此,根据 f^* 的连续性就得出

$$f^*(t) = \alpha t + \beta$$

其中 α 和 β 是常数. 因而根据式(5)就有

$$\alpha xy + \beta = f(x) + f(y) - f(x+y)$$

所以,令 $\tilde{f}(x) = f(x) + \dfrac{\alpha}{2}x^2 - \beta$,我们就求出 $\tilde{f}(x+y) = \tilde{f}(x) + \tilde{f}(y)$,因而

$$\tilde{f}(x) = \gamma x$$

$$f(x) = -\frac{\alpha}{2}x^2 + \gamma x + \beta \qquad (11)$$

把式(11)代入式(2),我们看出函数

$$\tilde{h}(x) = h(x) + \frac{\alpha}{2}x^2 - \gamma x - \delta \quad (\delta = \frac{\alpha}{2} - \gamma - \beta + h(1))$$

满足函数方程

$$\tilde{h}(x) + \tilde{h}(y) = \tilde{h}(xy) \quad (x, y > 0)$$

由此得出 $\tilde{h}(x) = \kappa \ln x$,因此

193

$$h(x) = -\frac{\alpha}{2}x^2 + \gamma x + \kappa \ln x - \delta \qquad (12)$$

最后,利用式(11)和式(12),从式(1)就得出

$$g(x) = \kappa \ln x + \alpha x - 2\delta - \beta \qquad (13)$$

我们已经证明,方程的解只能是形如(11)、式(12)和式(13)的函数. 另一方面,容易看出函数式(11)、式(12)和式(13)是常数 $\alpha, \beta, \gamma, \delta$ 和 κ 任意选择的方程的解.

注记　大多数参赛者首先证明了 f, g 和 h 是两次连续可微的函数,然后将问题归结为微分方程. 其中一些人注意到,当使用这种方法时,只需假设 f, g 和 h 在每个正数集合的有界的闭子区上的可积性即可.

(译者注:以上证明中使用了经典的 Euler 函数方程的结果,可参见:Γ. M. 菲赫金哥尔茨. 微积分学教程(修订本). 第一卷,第一分册. 北京:人民教育出版社,1959;斯迈尔. 函数方程及其解法. 冯贝叶 译. 哈尔滨:哈尔滨工业大学出版社,2005.)

问题 F. 12　设 x_0 是一个固定的实数,f 是一个定义在左半平面 $\mathrm{Re}\, z > x_0$ 上的正规的复函数. 又设在左半平面上存在一个非负的函数 $F \in L_1(-\infty, +\infty)$,它具有以下性质:$|f(\alpha + i\beta)| \leqslant F(\beta)$,其中 $\alpha > x_0, -\infty < \beta < +\infty$. 证明

$$\int_{\alpha - i\infty}^{\alpha + i\infty} f(z)\,\mathrm{d}z = 0$$

解答

设 $x_0 < \alpha_1 < \alpha_2$,又设 $\{\beta_n\}$ 和 $\{\gamma_n\}$ 是趋于 $+\infty$ 的实数序列,使得 $F(\beta_n) \to 0$ 和 $F(-\gamma_n) \to 0$. 根据 Cauchy 积分定理有

$$\int_{\alpha_1 - i\gamma_n}^{\alpha_1 + i\beta_n} f(z)\,\mathrm{d}z + \int_{\alpha_1 + i\beta_n}^{\alpha_2 + i\beta_n} f(z)\,\mathrm{d}z + \int_{\alpha_2 + i\beta_n}^{\alpha_2 - i\gamma_n} f(z)\,\mathrm{d}z + \int_{\alpha_2 - i\gamma_n}^{\alpha_1 - i\gamma_n} f(z)\,\mathrm{d}z = 0$$

(积分路径总是由线段连接而成的) 由于

$$\left| \int_{\alpha_1 - i\beta_n}^{\alpha_2 + i\beta_n} f(z)\,\mathrm{d}z \right| = \left| \int_{\alpha_1}^{\alpha_2} f(\alpha + i\beta_n)\,\mathrm{d}\alpha \right| \leqslant (\alpha_2 - \alpha_1) F(\beta_n) \to 0$$

以及类似的

$$\left| \int_{\alpha_2 - i\gamma_n}^{\alpha_1 - i\gamma_n} f(z)\,\mathrm{d}z \right| \leqslant (\alpha_2 - \alpha_1) F(-\gamma_n) \to 0$$

194

因此有

$$\int_{\alpha_1-i\infty}^{\alpha_1+i\infty} f(z)\,\mathrm{d}z \ = \ \int_{\alpha_2-i\infty}^{\alpha_2+i\infty} f(z)\,\mathrm{d}z \tag{1}$$

上式表示问题中的积分是不依赖于 α 的.(这里,上述反常积分的存在性是由这两个积分具有优积分保证的.)用 A 表示式(1)中的两个积分的共同值.

对 $\dfrac{f(z)}{z}$(这个函数例如在半平面 $\operatorname{Re} z \geqslant 1$ 上是解析的)应用式(1)就得出

$$B \ = \ \int_{\alpha-i\infty}^{\alpha+i\infty} \frac{f(z)}{z}\,\mathrm{d}z \ = \ \mathrm{i}\int_{\infty}^{\infty} \frac{f(\alpha+\mathrm{i}\beta)}{\alpha+\mathrm{i}\beta}\,\mathrm{d}\beta ; \alpha > \max\{1,x_0\}$$

是不依赖于 α 的. 令 $\alpha \to \infty$,由于

$$\left| \frac{f(\alpha+\mathrm{i}\beta)}{\alpha+\mathrm{i}\beta} \right| \leqslant F(\beta) \quad (\alpha > 1)$$

所以根据 Lebesgue 定理,我们可以交换积分和去极限的次序,从而得出 $B = 0$,因而

$$A \ = \ A - \alpha B \ = \ \int_{\alpha-i\infty}^{\alpha+i\infty} f(z)\left(1 - \frac{\alpha}{z}\right)\mathrm{d}z \ = \ -\int_{-\infty}^{\infty} f(\alpha+\mathrm{i}\beta)\frac{\beta}{\alpha+\mathrm{i}\beta}\mathrm{d}\beta$$

这里 $F(\beta)$ 再次成为积分的共同的优函数,并且对固定的 β,当 $\alpha \to \infty$ 时,积分趋于 0. 因此根据 Lebesgue 定理,积分趋于 0,由此就得出 $A = 0$.

注记 所有的参赛者首先都证明了所考虑的积分是不依赖于 α 的,然后一些参赛者选择 $\dfrac{f(z)}{z}$ 并如上那样进行,而另一些参赛者则利用 $\mathrm{e}^{-tz}f(z)$ 进行证明,其中 $t > 0$ 是一个实数(利用这个函数也满足问题的条件并当 $\operatorname{Re} z \to \infty$ 时趋于0),它们建立了类似的式子

$$\int_{\alpha-i\infty}^{\alpha+i\infty} \mathrm{e}^{-tz}f(z)\,\mathrm{d}z \ = \ 0$$

然后令 $t \to 0$ 就得到所需的式子.

问题 F.13 设 $\pi_n(x)$ 是一个次数不超过 n 的实系数多项式,且对 $-1 \leqslant x \leqslant 1$ 有

$$| \pi_n(x) | \leqslant \sqrt{1 - x^2}$$

则

$$| \pi_n'(x) | \leqslant 2(n - 1)$$

解答

问题的背景是 Markov 所给出的不等式:如果 n 次多项式 $P(x)$ 的绝对值在区间 $(-1,1)$ 上小于 1,则其导数的绝对值在同一区间上小于 n^2. 类似类型的是 Bernstein 定理:如果一个 n 阶的三角多项式的绝对值在区间 $(-1,1)$ 上不大于 1,那么其导数的绝对值在同一区间上不大于 n.

我们加强了 Markov 定理的假设,希望能证明一个比 Markov 定理更精确的估计. 在证明的末尾我们将需要上面所引用的 Bernstein 的下述定理.

定理 如果 k 次多项式 $Q(x)$ 满足

$$| Q(x) | < \frac{1}{\sqrt{1-x^2}}, \ -1 < x < 1$$

那么,对某个 x 就成立

$$| Q(x) | < k + 1$$

以上两个定理,例如可见 I. P. Natanson,Constructive Function Theory 1 – 3,1964 – 1965(译自俄文)第 V. 1 和 VI. 6 节(译者注:有中译本,可见 И. П. 那汤松. 函数构造论(上). 徐家福 译. 哈尔滨:哈尔滨工业大学出版社,2019;И. П. 那汤松. 函数构造论(中). 何旭初,唐述钊 译. 北京:科学出版社,1958;И. П. 那汤松. 函数构造论(下). 哈尔滨:徐家福 译. 哈尔滨工业大学出版社,2017).

现在我们来证明问题中的命题. 我们可假设 $\pi_n(x)$ 不是一个常数. 从 $\pi_n(\pm 1) = 0$ 得出 $\pi_n(x) = (1 - x^2)f(x)$,其中 $f(x)$ 是一个次数不超过 $n - 2$ 的多项式.

$$| f(x) | < \frac{1}{\sqrt{1-x^2}}, \ -1 < x < 1$$

因此 $| f(x) | \leqslant n - 1$. 设 $x = \cos \vartheta$. 众所周知,在这种情况下 $f(x) = f(\cos \vartheta) = F(\vartheta)$ 是一个阶不超过 $n - 2$ 的三角多项式. 令 $G(\vartheta) = F(\vartheta)\sin \vartheta$. 由于通过代换 $x = \cos \vartheta$ 可从 $f(x)\sqrt{1-x^2}$ 得出 $G(\vartheta)$,所以 $| G(\vartheta) | \leqslant 1$. 由于三角多项式 $F(\vartheta)$ 的阶不超过 $n - 2$,所以 $G(\vartheta)$ 的阶不超过 $n - 1$,那也就是

$$| G'(\vartheta) | \leqslant n - 1 \tag{1}$$

我们用两种方法计算 $\pi_n(\cos \vartheta)$ 关于 ϑ 的导数. 一方面,我们有

196

$$\frac{\mathrm{d}}{\mathrm{d}\vartheta}\pi_n(\cos\vartheta) = \pi_n'(\cos\vartheta)(-\sin\vartheta) \tag{2}$$

另一方面,我们又有

$$\frac{\mathrm{d}}{\mathrm{d}\vartheta}\pi_n(\cos\vartheta) = \frac{\mathrm{d}}{\mathrm{d}\vartheta}(G(\vartheta)\sin\vartheta) = G'(\vartheta)\sin\vartheta + G(\vartheta)\cos\vartheta$$

$$= G'(\vartheta)\sin\vartheta + F(\vartheta)\sin\vartheta\cos\vartheta \tag{3}$$

比较式(2)和式(3)就得出

$$-\pi_n'(\cos\vartheta) = G'(\vartheta) + F(\vartheta)\cos\vartheta \tag{4}$$

那也就是

$$|\pi_n'(x)| \leqslant (n-1) + (n-1)|x| = (1+|x|)(n-1) \leqslant 2(n-1) \tag{5}$$

这就完成了证明.

注记 值得注意的是,当 $\sin\vartheta = 0$ 时,我们不能用它做除数. 但是 $\pi_n'(x)$ 的连续性保证了问题的断言在这种情况下也仍然是正确的. 等号当且仅当 $\pi_n(x) = (1-x^2)Q_{n-2}(x)$ 时成立,其中 $Q_{n-2}(x)$ 表示第二类 $n-2$ 阶的 Chebyshev 多项式. 这一条件等价于 $G(\vartheta) = \pm\sin(n-1)\vartheta$. 那样在 Bernstein 不等式中对与 $|x| = 1$ 对应的 ϑ,等号成立. 对式(5)应用三角形不等式时,其中的项应有相同的符号,因此对这种 π_n,等号确实成立.

问题 F. 14 设 $a(x)$ 和 $r(x)$ 是定义在区间 $[0,\infty)$ 上的正的连续函数,并设

$$\liminf_{x\to\infty}(x - r(x)) > 0 \tag{1}$$

设 $y(x)$ 是在整个实轴上连续,在 $[0,\infty)$ 上可微,并满足

$$y'(x) = a(x)y(x - r(x)) \tag{2}$$

的函数. 证明极限

$$\lim_{x\to\infty} y(x)\exp\left(-\int_0^x a(u)\mathrm{d}u\right)$$

存在且有限.

解答

积分式(2)得出

$$y(x) = y(u) + \int_u^x a(t)y(t - r(t))\,\mathrm{d}t \quad (x \geq u \geq 0) \tag{3}$$

如果 $y(x)$ 是任意区间 $(-\infty, 0]$ 上的连续函数,那么容易看出 $y(x)$ 可以唯一的方式扩展到整个实直线上,因此式(3)在整个实直线上有效. 事实上,假设 x_0 是可能唯一扩展的这些值的上确界,那么在 x_0 的某个半径为 δ 的邻域附近,函数 $r(t)$ 将大于某个正数 ε,用 η 表示 ε 和 δ 中的较小者. 那么,由式(3)可知,$y(x)$ 在 $x \leq x_0 - \dfrac{\eta}{2}$ 上的值唯一地确定了区间 $\left(x_0 - \dfrac{\eta}{2}, x_0 + \dfrac{\eta}{2}\right)$ 中的 $y(x)$ 的值. 这与 x_0 的选法矛盾.

同理,如果 $y(x)$ 在 $(-\infty, 0]$ 上是正的,那么它在整条实直线上也是正的. 因而根据(2),我们得出 $y(x)$ 在 $[0, \infty)$ 上单调递增. 令

$$z(x) = y(x)\mathrm{e}^{-\int_0^x a(t)\,\mathrm{d}t} \quad (x \geq 0) \tag{4}$$

微分上式并利用(2),我们得出

$$z'(x) = a(x)\mathrm{e}^{-\int_0^x a(t)\,\mathrm{d}t}[y(x - r(x)) - y(x)] \tag{5}$$

为了证明问题中的命题,首先假设 $y(x)$ 在 $(-\infty, 0]$ 上是正的,那么正如我们所看出的,$y(x)$ 在任何地方都是正的,并且对 $x \geq 0$ 是递增的,因而 $z(x)$ 对所有的 $x \geq 0$ 是正的;此外,$z(x)$ 对于充分大的 x 是单调递减的. 方程(1)蕴含如果 x 充分大,那么 $x - r(x) > 0$.

所以从式(5)根据 $y(x)$ 的单调性得出 $z'(x)$ 是负的. 由于 $z(x)$ 是正的并且是递减的,所以 $\lim\limits_{x \to \infty} z(x)$ 存在.

为了证明一般情况,把 $(-\infty, 0]$ 上的 $y(x)$ 表示成

$$y(x) = y_1(x) - y_2(x) \tag{6}$$

的形式,其中 $y_1(x)$ 和 $y_2(x)$ 都是正的连续函数. 正如我们所看到的,$y_1(x)$ 和 $y_2(x)$ 都可以扩展到整个实直线,使得它们对 $x \geq 0$ 满足微分方程(2). 根据前面提到的(2)的解的唯一性,显然(6)在整个实直线上仍然有效. 用类似于(6)的方式,定义函数 $z_1(x)$ 和 $z_2(x)$,如上所述就得出极限 $\lim\limits_{x \to \infty} z_1(x)$ 和 $\lim\limits_{x \to \infty} z_2(x)$ 存在,这蕴含极限

$$\lim_{x \to \infty} z(x) = \lim_{x \to \infty}(z_1(x) - z_2(x))$$

198

的存在. 这就完成了证明.

问题 F. 15 设 $\lambda_i(i = 1,2,\cdots)$ 是一个趋于无穷的由不同的正数组成的数列. 考虑所有形如

$$\mu = \sum_{i=1}^{\infty} n_i \lambda_i$$

的数组成的集合,其中 $n_i \geq 0$ 是整数,但是只有有限个为 0. 令

$$L(x) = \sum_{\lambda_i \leq x} 1, \quad M(x) = \sum_{\mu \leq x} 1$$

(在后一个和中,每个 μ 出现的次数与其在上面的表示式中表示的次数一样多.)

证明如果

$$\lim_{x \to \infty} \frac{L(x + 1)}{L(x)} = 1$$

则

$$\lim_{x \to \infty} \frac{M(x + 1)}{M(x)} = 1$$

解答

(在下面的解答中,当我们提到 μ 时,我们不仅指它的数值,而且也指表示 μ 的一个固定的序列 $\{n_i\}$. 我们时刻都要在脑子中想到,一个数可以有几种不同的表示方式.)

如果 $\mu_1 = \sum n_i^{(1)} \lambda_i, \mu_2 = \sum n_i^{(2)} \lambda_i$,那么我们约定 $\mu_1 \mid \mu_2$ 表示 $n_i^{(1)} \leq n_i^{(2)}(i = 1,2,\cdots)$,那样

$$\mu = \sum_{\substack{\text{对} n \geq 1 \text{是整数和} \lambda_i \text{求和,使得} \\ n\lambda_i \mid \mu}} \lambda_i$$

以及

$$\sum_{\mu \leq x} \mu = \sum_{\mu \leq x} \sum_{\substack{n \geq 1, \lambda_i \\ n\lambda_i \mid \mu}} \lambda_i$$

在内部的和中 $\mu' = \mu - n\lambda_i$ 也是一个 μ - 数. 我们对这个 μ - 数求和,那么就有

199

$$\sum_{\mu \leqslant x} \mu = \sum_{\mu' \leqslant x} \sum_{\substack{n \geqslant 1, \lambda_i \\ n\lambda_i \leqslant x - \mu'}} \lambda_i$$

令

$$\sum_{\substack{n \geqslant 1, \lambda_i \\ n\lambda_i \leqslant y}} \lambda_i = \pounds (y)$$

（用 μ 代替 μ'）我们就有

$$\sum_{\mu \leqslant x} \mu = \sum_{\mu \leqslant x} \pounds (x - \mu) \qquad (1)$$

对 $x + 1$ 应用上式并将两式相减就得出

$$\sum_{x < \mu \leqslant x+1} \mu = \sum_{\mu \leqslant x} \left[\pounds (x + 1 - \mu) - \pounds (x - \mu) \right] + \sum_{x < \mu \leqslant x+1} \pounds (x + 1 - \mu)$$

左边小于 $x [M(x + 1) - M(x)]$，而右边的第二个和至多为 $\pounds (1) [M(x + 1) - M(x)]$（由于 $\pounds (y)$ 是递增的），因此

$$[x - \pounds (1)] [M(x + 1) - M(x)] \leqslant \sum_{\mu \leqslant x} \left[\pounds (x + 1 - \mu) - \pounds (x - \mu) \right]$$

这里 $\pounds (y)$ 可通过序列 λ_i 单独表示. 根据对 λ_i 的关系的假设，我们将导出

$$\frac{\pounds (y + 1)}{\pounds (y)} \to 1 \qquad (y \to \infty) \qquad (2)$$

当 K 充分大时如果 $y \geqslant K$，则 $\pounds (y + 1) - \pounds (y) \leqslant \varepsilon \pounds (y)$. 所以，把和分成 $\mu \leqslant x - K$ 和 $\mu > x - K$ 两部分并再次应用式(1) 就得出

$$\sum_{\mu \leqslant x-K} \left[\pounds (x + 1 - \mu) - \pounds (x - \mu) \right] \leqslant \varepsilon \sum_{\mu \leqslant x-K} \pounds (x - \mu)$$

$$\leqslant \varepsilon \sum_{\mu \leqslant x} \pounds (x - \mu) = \varepsilon \sum_{\mu \leqslant x} \mu \leqslant \varepsilon x M(x)$$

和

$$\sum_{x-K < \mu \leqslant x} \left[\pounds (x + 1 - \mu) - \pounds (x - \mu) \right] \leqslant \pounds (K + 1) M(x)$$

因而我们就得出

$$[x - \pounds (1)] [M(x + 1) - M(x)] \leqslant \varepsilon x M(x) + \pounds (K + 1) M(x)$$

$$\frac{M(x + 1) - M(x)}{M(x)} \leqslant \frac{\varepsilon x + \pounds (K + 1)}{x - \pounds (1)}$$

$$\lim_{x \to \infty} \sup \frac{M(x + 1) - M(x)}{M(x)} \leqslant \varepsilon$$

200

由于 $\varepsilon > 0$ 是任意的，因此就有

$$\limsup_{x \to \infty} \frac{M(x+1) - M(x)}{M(x)} \leqslant 0$$

剩下的是证明式（2），我们有下面的表达式

$$\pounds(x) = \sum_{\lambda_i \leqslant x} \lambda_i \sum_{1 \leqslant n \leqslant \frac{x}{\lambda_i}} 1 \geqslant \sum_{\lambda_i \leqslant \frac{x}{2}} \lambda_i \frac{x}{2\lambda_i} + \sum_{\frac{x}{2} < \lambda_i \leqslant x} \lambda_i. \qquad (3)$$

$$\geqslant \frac{x}{2} L\left(\frac{x}{2}\right) + \frac{x}{2}\left[L(x) - L\left(\frac{x}{2}\right)\right]$$

$$= \frac{1}{2} x L(x)$$

现在

$$\pounds(x+1) - \pounds(x) = \sum_{\substack{n \geqslant 1, \lambda_i \\ x < n\lambda_i \leqslant x+1}} \lambda_i$$

对固定的 $\varepsilon > 0$，把和分成 $\lambda_i \leqslant \varepsilon(x+1)$ 和 $\lambda_i > \varepsilon(x+1)$ 两部分

$$\sum_{\lambda_i \leqslant \varepsilon(x+1)} \lambda_i \sum_{\frac{x}{\lambda_i} < n \leqslant \frac{(x+1)}{\lambda_i}} 1 \leqslant \frac{1}{\min \lambda_i} \sum_{\lambda_i \leqslant \varepsilon(x+1)} \lambda_i$$

（由于对应于 n 的区间的长度不大于常数 $\dfrac{1}{\min \lambda_i}$），进而应用式（3）就得出

$$\frac{1}{\min \lambda_i} \sum_{\lambda_i \leqslant \varepsilon(x+1)} \lambda_i \leqslant \frac{\varepsilon(x+1)}{\min \lambda_i} L(\varepsilon(x+1))$$

$$\leqslant \frac{2\varepsilon x}{\min \lambda_i} L(x) \leqslant \frac{4\varepsilon}{\min \lambda_i} \pounds(x)$$

在另一部分 $n \leqslant \dfrac{x+1}{\varepsilon(x+1)} = \dfrac{1}{\varepsilon}$，因此

$$\sum_{1 < n \leqslant \frac{1}{\varepsilon}} \sum_{\frac{x}{n} < \lambda_i < \frac{x+1}{n}} \lambda_i \leqslant \sum_{1 \leqslant n \leqslant \frac{1}{\varepsilon}} \frac{x+1}{n}\left[L\left(\frac{x+1}{n}\right) - L\left(\frac{x}{n}\right)\right]$$

对固定的 $\varepsilon > 0$，内部的和只有有限多个项，根据假设，当 $x \to \infty$ 时，它们都满足下面的关系

$$L\left(\frac{x+1}{n}\right) - L\left(\frac{x}{n}\right) \leqslant L\left(\frac{x}{n} + 1\right) - L\left(\frac{x}{n}\right) = o\left(L\left(\frac{x}{n}\right)\right) = o(L(x))$$

因此，再根据（3），整个的和就是 $o((x+1)L(x)) = o(\pounds(x))$. 由此得出

$$\pounds(x+1) - \pounds(x) \leqslant \frac{4\varepsilon}{\min \lambda_i} \pounds(x) + o(\pounds(x))$$

因此

$$\frac{\mathcal{L}(x+1) - \mathcal{L}(x)}{\mathcal{L}(x)} \to 0$$

这就完成了证明.

注记 上面的证明的基础是式(1). 应用式(1)的动机来自于下面的思考：

如果 $\lambda_i = \log p_i$, 其中 p_i 是第 i 个素数, 那么 μ 就是 $\log n$, 其中 $n \geq 1$ 是一个整数, 每个只出现一次. 尽管关于 $L(x)$ 的条件, 即 $\frac{L(x+1)}{L(x)} \to e$ 在这种情况下不成立, 然而从素数分布定理中的公式, 例如 $n!$ 中的素因子个数公式开始（例如 Chebyshev 定理的证明）是很自然的想法.

问题 F.16 设 $P(z)$ 是一个次数等于 n 的复系数多项式, 且满足以下条件

$$P(0) = 1, |P(z)| \leq M, \text{对} |z| \leq 1$$

证明：$P(z)$ 的每个在闭的单位圆盘中的根的重数至多是 $c\sqrt{n}$, 其中 $c = c(M) > 0$ 是一个仅依赖于 M 的常数.

解答

解答1 只需验证数字 1 作为方程的根的多重性即可. 事实上, 如果我们对 1 证明了什么, 那么我们可以将结果应用于多项式 $p(z) = P(\alpha z), |\alpha| \leq 1$. 这样我们对于单元圆盘中的所有的根就得出了相同的估计.

解答的思想如下. 考虑积分

$$F(P) = \int_0^{2\pi} \log |P(e^{i\phi})| \, d\phi$$

并证明它的存在性和非负性. 然后从上面的估计, 先在 1 的邻域中利用 1 的多重性和 P 的次数, 再在其他点利用条件 $|P(z)| \leq M$.

只需对 $z - z_0$ 的多项式证明多项式积分的存在性即可. 如果

$$P(z) = c \prod_{i=1}^{n} (z - z_i)$$

那么

$$\log |P(z)| = \log |c| + \sum_{i=1}^{n} \log |z - z_i|$$

202

如果 $|z_0| \neq 1$,那么积分

$$\int_0^{2\pi} \log |\, e^{i\phi} - z_0 \,|\, d\phi$$

的存在性是显然的. 下面设 $|z_0| = 1$. 不失一般性,可设 $z_0 = 1$(做替换 $\phi = \eta + \Phi_0$),那么

$$\log |\, e^{i\phi} - 1 \,| = 2\sin\frac{\phi}{2}$$

并且积分

$$\int_0^{2\pi} \log\left(2\sin\frac{\phi}{2}\right) d\phi$$

存在并等于 0.

下面对 $\alpha \neq 1$ 计算积分

$$f(\alpha) = \int_0^{2\pi} \log\left|\, 1 - \frac{e^{i\phi}}{\alpha} \,\right| d\phi \quad (\alpha \neq 0)$$

显然,它的值仅依赖于 α 的绝对值(我们可再次应用上面的变换),因此,对 $\alpha\varepsilon_1, \alpha\varepsilon_2, \cdots, \alpha\varepsilon_n$ 同样如此,其中 ε_j 是 1 的 n 次单位根,所以

$$nf(\alpha) = \sum_{j=1}^n f(\alpha\varepsilon_j) = \int_0^{2\pi} \log\left|\, \prod_{j=1}^n \left(1 - \frac{e^{i\phi}}{\alpha\varepsilon_j}\right) \,\right| d\phi$$

$$= \int_0^{2\pi} \log\left|\, 1 - \frac{e^{in\phi}}{\alpha^n} \,\right| d\phi$$

现在,如果 $|\alpha| > 1$,那么当 $n \to \infty$ 时,由于 $1 - \dfrac{e^{in\phi}}{\alpha^n} \to 1$ 一致地成立,所以右边的积分趋于 0,因而 $f(\alpha) = 0$. 另一方面,如果 $|\alpha| < 1$,那么由于 $1 - |\alpha|^n < |\alpha^n - e^{in\phi}| < 1 + |\alpha|^n$,所以在这种情况下,只可能有 $f(\alpha) = -2\pi\log|\alpha|$. 在以上三种情况中,都有 $f(\alpha) \geq 0$.

在我们的情况下,$P(0) = 1$ 蕴含

$$P(z) = \prod_{j=1}^n \left(1 - \frac{z}{z_j}\right)$$

由此得出

$$E(P) = \sum_{j=1}^n f(z_j) \leq 0 \tag{1}$$

现在设 $P(z) = (z-1)^k Q(z) = a_0 + a_1 z + \cdots + a_n z^n$,其中 $Q(1) \neq 0$. 我们利用 k, n 和 M 来估计 $F(P)$. 设

$$F(P) = \int_0^{2\pi} = \int_{-\varepsilon}^{\varepsilon} + \int_{\varepsilon}^{2\pi-\varepsilon} = F_1 + F_2$$

那么

$$F_2 \leqslant \int_0^{2\pi} \log M \mathrm{d}\phi = 2\pi \log M \tag{2}$$

我们把 F_1 再分成两部分

$$F_1 = \int_{-\varepsilon}^{\varepsilon} \log |(z-1)^k| \, \mathrm{d}\phi + \int_{-\varepsilon}^{\varepsilon} \log |Q(\mathrm{e}^{\mathrm{i}\phi})| \, \mathrm{d}\phi = F_3 + F_4 \tag{3}$$

显然

$$F_3 = K \int_{-\varepsilon}^{\varepsilon} \log\left(2\sin\frac{|\phi|}{2}\right) \mathrm{d}\phi < 2k \int_0^{\varepsilon} \log\phi \mathrm{d}\phi$$

$$= 2k\varepsilon(\log\varepsilon - 1) \tag{4}$$

为估计 F_4,我们需要估计 Q,对此我们可从 Q 关于 1 的展开式得出. 设 $Q(1+z) = R(z)$. 我们利用公式 $R(z) = \dfrac{P(z+1)}{z^k}$ 从 P 的系数来计算 R 的系数:

$$P(z+1) = \sum_{j=0}^{n} a_j (z+1)^j = \sum_{j=0}^{n} \sum_{m=0}^{j} a_j \binom{j}{m} z^m$$

$$= \sum_{m=k}^{n} z^m \sum_{j=m}^{n} a_j \binom{j}{m}$$

由于根据假设,对 $m < k, z^m$ 的系数是 0,因而

$$R(z) = \sum_{m=0}^{n-k} b_m z^m, b_m = \sum_{j=m+k}^{n} a_j \binom{j}{m+k} \tag{5}$$

此外,根据 Cauchy 不等式,有 $|a_j| = \dfrac{|P^{(j)}(0)|}{j!} \leqslant M$. 将此代入式(5),我们求出

$$|b_m| \leqslant M \sum_{j=m+k}^{n} \binom{j}{m+k} = M \binom{n+1}{m+k+1} \tag{6}$$

如果 $|z| = \delta$ 并且 $\dfrac{\delta(n-k)}{k+2} < 1$,那么根据(6)就有

204

$$\frac{\mid R(z) \mid}{M} \leqslant \sum_{m=0}^{\infty} \delta^m \binom{n+1}{m+k+1}$$

$$= \binom{n+1}{k+1}\left(1 + \delta\frac{n-k}{k+2} + \delta^2\frac{n-k}{k+1}\cdot\frac{n-k-1}{k+3} + \cdots\right)$$

$$\leqslant \binom{n+1}{k+1}\sum_{j=0}^{\infty}\left(\delta\frac{n-k}{k+2}\right)^j = \binom{n+1}{k+1}\frac{1}{1 - \delta\dfrac{n-k}{k+2}}$$

由于 $\mid e^{i\phi} - 1 \mid = 2\left|\sin\dfrac{\phi}{2}\right| \leqslant \mid \phi \mid$,因此如果 $\varepsilon < \dfrac{k+2}{2(n-k)}$,则对 $\mid \phi \mid \leqslant$

ε 就有

$$\mid Q(e^{i\phi}) \mid = \mid R(e^{i\phi} - 1) \mid \leqslant M\binom{n+1}{k+1}\frac{1}{1 - \varepsilon\dfrac{n-k}{k+2}} < 2M\binom{n+1}{k+1}$$

如果 $k \geqslant 2$,那么利用 $t! > t^t e^{-t}$ 就得出

$$\binom{n+1}{k+1} = \frac{(n+1)n(n-1)\cdots(n-k+1)}{(k+1)!}$$

$$= \frac{(n^2-1)n(n-2)\cdots(n-k+1)}{(k+1)!} < \frac{n^{k+1}}{(k+1)!} < \left(\frac{en}{k+1}\right)^{k+1}$$

因而

$$\log\mid Q(e^{i\phi}) \mid < \log(2M) + (k+1)\log\frac{en}{k+1}$$

因此

$$F_4 < 2\varepsilon\left[\log(2M) + (k+1)\log\frac{en}{k+1}\right]$$

由式(1),(2),(3)和(4)就得出

$$(\pi + \varepsilon)\log M + \varepsilon\log\frac{2en}{k+1} + \varepsilon k\log\frac{\varepsilon n}{k+1} \geqslant 0 \qquad (7)$$

现在如果 $n = \dfrac{k^2}{2c}$,设 $\varepsilon = \dfrac{c}{k}$(这与条件 $\varepsilon < \dfrac{k+2}{2(n-k)}$ 符合),那么式(7)就

成为

$$\left(\pi + \frac{c}{k}\right)\log M + \frac{c}{k}\log\frac{ek^2}{c(k+1)} + c\log\frac{k}{2(k+1)} \geqslant 0$$

205

如果我们也用 k 代替 $k+1$,情况只会更差. 此外,$\dfrac{c}{k} = \dfrac{k}{2n} \leqslant \dfrac{1}{2}$ 给出 $\pi +$

$\dfrac{c}{k} < 4$, $\dfrac{c}{k}\log\dfrac{ek}{c} < \dfrac{c}{k}\cdot\dfrac{ek}{c} = e < 3$,因此最后

$$4\log M + 3 \geqslant c\log 2$$

$$c < 8\log M + 6 \tag{8}$$

由于 $k = \sqrt{2cn}$,所以式(8)表示,我们已经证明了问题中的断言,这里

$$c(M) = \sqrt{16\log M + 12}$$

解答2　像解答1中那样,我们仍要利用作为方程的根的1的重根性质. 首先,我们给出以下引理.

引理　设 n 次多项式 $\omega_n(z)$ 满足如果 $|z| \leqslant 1$,则 $|\omega_n(z)| \leqslant M$,又设 $z = 1$ 是 $\omega_n(z)$ 的 ℓ 重根,那么存在一个绝对常数 c_1($c_1 = \dfrac{4e}{\pi} + \varepsilon$)使得对 $z = e^{i\psi}$,当 $|\psi| < \dfrac{\ell\pi}{2n}$ 时,有

$$\frac{\omega_n(z)}{(z-1)^\ell} < M\left(\frac{c_1 n}{\ell}\right)^\ell$$

引理的证明　令 $\omega_n^2(z) = \omega_{2n}(z)$,那么引理中的断言等价于

$$\left|\frac{\omega_{2n}(z)}{(z-1)^{2\ell}}\right| < M^2\left(\frac{c_1 n}{\ell}\right)^{2\ell}$$

我们将对所有的 $2n$ 次多项式证明上面的式子. 设方程 $z^{2n} + 1 = 0$ 的根是

$$z_k = e^{i\frac{2k-1}{2n}\pi} \quad (k = 1,2,\cdots,2n)$$

性质　存在复数 $a_k(k = \ell, \ell+1, \cdots, 2n-\ell+1)$,使得

$$\frac{\omega_{2n}(z)}{(z-1)^{2\ell}} = \sum_{k=\ell}^{2n-\ell+1}\left(\frac{z - \dfrac{1}{2}}{z_k - \dfrac{1}{z_k}} + 1\right)\frac{a_k}{2}\omega_{2n}(z_k)\prod_{\substack{j=\ell \\ j\neq k, 2n+1-k}}^{2n-\ell+1}(z - z_j)$$

假设 $\omega_{2n}(z_v) \neq 0$($\ell \leqslant v \leqslant 2n-\ell+1$)(由于 ω_{2n} 至多有 $2n-2\ell$ 个不同于1的根,那种 v 肯定是存在的). 对 $\ell \leqslant i \leqslant 2n-\ell+1$,$i \neq v$,令

$$a_i = \frac{1}{(z_i - 1)^{2\ell}\prod_{\substack{j=\ell \\ j\neq i, 2n+1-i}}^{2n-\ell+1}(z_i - z_j)(z_i - z_j)}$$

那么对 $z = z_i (i \neq v)$，左边等于右边. 实际上除了 $k = i$ 的项之外,右边的和式中的项都是 0. (译者注:注意这里所说的左边和右边,不是指 a_i 的式子,而是假设上面的式子.) 如果 $k \neq 2n - i + 1$,那么由于有下面的等于 0 的因子

$$\prod_{\substack{j = \ell \\ j \neq k, 2n+1-k}}^{2n-\ell+1} (z_i - z_j) = 0$$

所以刚才所说的事情成立. 而如果 $k = 2n - i + 1$,那么由于因子

$$\frac{z_i - \dfrac{1}{z_i}}{z_k - \dfrac{1}{z_k}} + 1 = 0$$

因此上面所说的事情仍然成立.

对 $k = i$,由 a_i 的定义可知两边相等. 现在选择剩下的那些 a_v 使得 $z^{2n-2\ell+1}$ 的系数和 $\dfrac{1}{z}$ 的系数的和都是 0. 由于对所有的 k

$$\prod_{\substack{j = \ell \\ j \neq k, 2n+1-k}}^{2n-\ell+1} (- z_j) = 1$$

乘积中的每个 $- z_j$,它的倒数 $- z_{2n+1-j}$ 也出现,所以两个系数是互相相反的,因而这是可以做到的.

因而由于 $\omega_{2n}(z_v) \neq 0$,只要我们选择适当的 a_v,就可使条件

$$\frac{1}{2} \sum_{k = \ell}^{2n-\ell+1} a_k \varepsilon_{2n}(z_k) = 0$$

满足. 但是左边和右边都是一个次数为 $2n - 2\ell$ 的多项式的成员,它们在 $2n - 2\ell + 1$ 个点(点 $z = z_i, \ell \leq i \leq 2n - 2\ell + 1, i \neq v$)上重合,因此它们是恒等的. (当然由此自然得出,对 $z = z_v$,它们也是相等的. 对 $i \neq v$ 的情况,类似的

$$a_v = \frac{1}{(z_v - 1)^{2\ell} \displaystyle\prod_{\substack{j = \ell \\ j \neq v, 2n-v+1}}^{2n-\ell+1} (z_v - z_j)}$$

也成立.)

由于 $| z_i^2 - 1 | = \left| z_i - \dfrac{1}{z_i} \right| = | z_i - z_{2n+1-i} |$ 以及

207

$$\prod_{\substack{j=1 \\ j \neq i}}^{2n} (z_i - z_j) = |(z^{2n} + 1)'_{z=z_i}| = 2n$$

我们就有

$$\left| (z_i^2 - 1) \prod_{\substack{j=1 \\ j \neq i, 2n+1-i}}^{2n} (z_i - z_j) \right| = 2n$$

有赖于此并令 $\phi = \dfrac{\pi}{n}$,我们就得出下面的关于 $|a_i|$ 的估计(对 $\ell \leqslant i \leqslant n$, 由于对称性,所以也对 $i > n$)

$$|a_i| = \left| \frac{1}{(z_i - 1)^{2\ell} \displaystyle\prod_{\substack{j=\ell \\ j \neq i, 2n+1-i}}^{2n-\ell+1} (z_i - z_j)} \right|$$

$$= \left| \frac{\left[\displaystyle\prod_{j=1}^{\ell-1} (z_i - z_j) \prod_{j=2n-\ell+2}^{2n} (z_i - z_j) \right] (z_i^2 - 1)}{(z_i - 1)^{2\ell}} \cdot \frac{1}{2n} \right|$$

$$\leqslant \frac{\displaystyle\prod_{j=1}^{\ell-1} [(i-j)\phi] \prod_{j=0}^{\ell-2} [(i+j)\phi] \cdot 2}{\left[\left(i - \dfrac{1}{2}\right) \dfrac{\phi}{2} \right]^{2\ell-1}} \cdot \frac{1}{2n}$$

$$\leqslant \frac{\left(i - \dfrac{1}{2}\right)^{2\ell-2} \cdot 2^{2\ell-1} \cdot \phi^{2\ell-2}}{\left(i - \dfrac{1}{2}\right)^{2\ell-1} \cdot \phi^{2\ell-1} \cdot n} \leqslant 2^{2\ell}$$

(这里我们利用了关系式 $\dfrac{\tau}{2} \leqslant \sin \tau \leqslant \tau, \tau \leqslant \dfrac{\pi}{2}$)

现在我们给出表达式上界的估计

$$\left| \prod_{\substack{j=\ell \\ j \neq i, 2n-i+1}}^{2n-\ell+1} (z - z_j) \right| \leqslant 4 \left| \prod_{j=\ell}^{2n-\ell+1} (z - z_j) \right|$$

对 $z = e^{i\psi}, |\psi| \leqslant \dfrac{\ell\pi}{2n}$,考虑下面的对的乘积并令 $z = e^{i\psi}, z_j = e^{i\vartheta}$,我们求出

$$|(z - z_j)(z - z_{2n-j+1})| = 4\sin\frac{\vartheta - \psi}{2} \sin\frac{\vartheta + \psi}{2}$$

$$= 2(\cos\psi - \cos\vartheta) \leqslant 2(1 - \cos\vartheta)$$

208

那就是说,在区间 $|\psi| \leqslant \dfrac{\ell\pi}{2n}$ 中,表达式在 $z = 1$ 处达到最大值. 另一方面

$$4 \left| \prod_{j=\ell}^{2n-\ell+1} (1 - z_j) \right| = 4 \frac{\left| \prod_{j=1}^{2n} (1 - z_j) \right|}{\left| \prod_{j=1}^{\ell-1} (1 - z_j) \right|^2} \leqslant \frac{4(1^{2n} + 1)}{\left[\prod_{j=1}^{\ell-1} \left(j - \frac{1}{2}\right)\frac{\phi}{2} \right]^2}$$

$$\leqslant \frac{8}{\left[\frac{1}{2}(\ell - 2)! \left(\frac{\phi}{2}\right)^{\ell-1} \right]^2} \leqslant \left(\frac{c_0 n}{\ell\pi} \right)^{2\ell-2}$$

由于 $z = e^{i\psi}$,其中 $|\psi| \leqslant \dfrac{\ell}{2} \cdot \dfrac{\pi}{n}$,对所有的 $i \geqslant \ell$,我们有

$$\frac{z - \dfrac{1}{z}}{z_i - \dfrac{1}{z_i}} = \left| \frac{2\,\mathrm{Im}\,z}{2\,\mathrm{Im}\,z_i} \right| \leqslant 1$$

因此

$$\left| \frac{\omega_{2n}(z)}{(z - 1)^{2\ell}} \right| \leqslant n \cdot 2 \cdot \frac{2^{2\ell}}{2} \cdot M^2 \cdot \left(\frac{c_0 n}{\ell\pi} \right)^{2\ell-2} < M^2 \left(\frac{c_1 n}{\ell} \right)^{2\ell}$$

这就证明了引理.

为了证明问题中的断言,设

$$g(\vartheta) = |\omega_n(e^{i\vartheta})|^2$$

$$\omega_n(z) = c \prod_{|z_v| < 1} (z - z_v) \prod_{|z_\mu| \geqslant 1} (z - z_\mu)$$

$$\omega_n^*(z) = c \prod_{|z_v| < 1} (1 - z\bar{z}_v) \prod_{|z_\mu| \geqslant 1} (z - z_\mu)$$

根据 Example 43 in Gy. Pólya, and G. Szego, Problems and Theoremsin Analysis, Springer, Berlin, 1976, vol. 2, p. 82, 例 43(译者注:有中译本 ——G. 波利亚,G. 舍贵. 数学分析中的问题和定理,第一卷. 张奠宙,宋国栋,魏国强 译.上海:上海科学技术出版社;G. 波利亚,G. 舍贵. 数学分析中的问题和定理,第二卷. 张奠宙,宋国栋,魏国强 译. 上海:上海科学技术出版社,1985),对 $|z| = 1$ 就有 $|\omega_n(z)| = |\omega_n^*(z)|$ (这是显然的),以及

$$\frac{\omega_n(0)}{\omega_n^*(0)} = \prod_{|z_v| < 1} |z_v| \leqslant 1$$

因此

$$|\omega_n^*(0)| \ge |\omega_n(0)| = 1$$

根据同一本书的 vol. 2, p. 84,例 53 有

$$\frac{1}{2\pi}\int_0^{2\pi} \log g(\vartheta)\mathrm{d}\vartheta = \log|\omega_n^*(0)|^2 \ge \log 1 = 0$$

另一方面对所有的 ϑ，$g(\vartheta) \le M^2$ 并且对 $|\vartheta| \le \frac{\ell\pi}{2n}$，有

$$g(\vartheta) = |\omega_{2n}(\mathrm{e}^{\mathrm{i}\vartheta})| \le M^2\left(\frac{c_1 n}{\ell}|z-1|\right)^{2\ell} \le M^2\left(\frac{c_1 n}{\ell}\vartheta\right)^{2\ell}$$

因此在这个区间里

$$\log g(\vartheta) \le 2\log M + 2\ell\log\frac{c_1 n}{\ell}\vartheta$$

我们仅对 $|\vartheta| \le \frac{\ell}{nc_1}(< \frac{\ell}{n}\cdot\frac{\pi}{2})$，利用这一关系，在其余的点，我们利用 $\log g(\vartheta) \le 2\log M$ 得出

$$0 \le \int_0^{2\pi}\log g(\vartheta)\mathrm{d}\vartheta \le 2\pi\cdot 2\log M + 2\cdot 2\ell\int_0^{\frac{\ell}{nc_1}}\log\left(\frac{c_1 n}{\ell}\vartheta\right)\mathrm{d}\vartheta$$

$$= 2\pi\cdot 2\log M + 2\cdot 2\ell\cdot\frac{\ell}{c_1 n}\int_0^1\log\tau\mathrm{d}\tau = 4\pi\log M + 4\frac{\ell^2}{c_1 n}(-1)$$

这就是

$$4\frac{\ell^2}{c_1 n} \le 4\pi\log M$$

$$\ell^2 \le \pi c_1\log M\cdot n$$

$$\ell \le \sqrt{\pi c_1}\sqrt{\log M}\sqrt{n} = c(M)\sqrt{n}$$

这就完成了证明.

注记　如果 n 充分大,则可选 $c_1 = \frac{4\mathrm{e}}{\pi} + \varepsilon$.

问题 F. 17　设 $f(x,y,z)$ 是 $\mathbb{R}^3$ 中单位球上的非负调和函数,对某个 $0 \le x_0 < 1$ 和 $0 < \varepsilon < (1-x_0)^2$,不等式 $f(x_0,0,0) \le \varepsilon^2$ 成立. 证明在中心为原点,半径为 $(1-3\varepsilon^{\frac{1}{4}})$ 的球内成立 $f(x,y,z) \le \varepsilon$.

解答

我们只在单位球的内部考虑 f. 我们用 x_0 表示 $(x_0, 0, 0)$,用 x 表示 (x, y, z),并用 $|x|$ 表示 $\mathbb{R}^3$ 中的向量 (x, y, z) 的长度. 设 $0 \leqslant A < 1, 0 \leqslant B < 1, \max(A, B) < R < 1$,并假设 $|x| \leqslant A$ 和 $|x_0| \leqslant B$. 根据 Poisson 公式(例如参见后面注记 1 中的参考文献), f 在以原点为中心半径为 R 的球体 $S(0, R)$ 内部的值由下面的公式给出

$$f(x) = \frac{R^2 - |x|^2}{4\pi R} \int_{S(0,R)} \frac{f(\xi)}{|x - \xi|^3} \mathrm{d}S\xi$$

$$= \frac{R^2 - |x|^2}{4\pi R} \int_{S(0,R)} \left(\frac{|x_0 - \xi|}{|x - \xi|} \right)^3 \cdot \frac{f(\xi)}{|x_0 - \xi|^3} \mathrm{d}S_\xi$$

其中 S_ξ 表示在 $S(0, R)$ 上的曲面元素.

由于 $|x_0 - \zeta| \leqslant R + |x_0|, |x - \zeta| > R - |x|$,从 f 的非负性就得出对所有的 $R < 1$ 成立

$$f(x) \leqslant \left(\frac{R + |x_0|}{R - |x|} \right)^3 \cdot \frac{R^2 - |x|^2}{4\pi R} \int_{S(0,R)} \frac{f(\xi)}{|x_0 - \xi|^3} \mathrm{d}S_\xi$$

$$= \left(\frac{R + |x_0|}{R - |x|} \right)^3 \cdot \frac{R^2 - |x|^2}{R^2 - |x_0|^2} f(x_0)$$

$$= \frac{(R + |x_0|)^2}{R - |x_0|} \cdot \frac{R + |x|}{(R - |x|)^2} f(x_0) \leqslant f(x_0) \frac{(R + B)^2}{R - B} \frac{R + A}{(R - A)^2}$$

令 $1 - A = \alpha, 1 - B = \beta$,因此令 $R \to 1 - 0$ 就有

$$f(x) \leqslant f(x_0) \frac{(1 + B)^2}{1 - B} \frac{1 + A}{(1 - A)^2} = f(x_0) \frac{(2 - \beta)^2 (2 - \alpha)}{\alpha^2 \beta} \leqslant f(x_0) \frac{8}{\alpha^2 \beta}$$

因而,对 $\alpha^2 \beta \geqslant 8\varepsilon$,我们有 $f(x) \leqslant \dfrac{f(x_0)}{\varepsilon}$. 在问题中 $\varepsilon < (1 - x_0)^2$,因此 $|x_0| < 1 - \varepsilon^{\frac{1}{2}}$ 并且 $|x| < 1 - 3\varepsilon^{\frac{1}{4}}$. 所以只要选择 $\alpha = 3\varepsilon^{\frac{1}{4}}$ 和 $\beta = \varepsilon^{\frac{1}{2}}$,那么由于 $\alpha^2 \beta = 9\varepsilon > 8\varepsilon$,从前面的不等式就可得出

$$f(x) \leqslant \frac{1}{\varepsilon} \cdot \varepsilon^2 = \varepsilon$$

注记 1. 上述解答实际上与使用 Harnack 不等式的通常证明是相同的(例如可参见 W. K. Hayman, 和 P. B. Kennedy, Subharmonic Functions, Math. Soc. Monographs, 9, London, Academic Press, 1976),根据这一公式,如果 f 是一个

在 $\mathbb{R}^m$ 的单位球中的非负的调和函数,则对 $|\xi| < \rho < 1$ 就有

$$\frac{1-\rho}{(1+\rho)^{m-1}}f(0) \leqslant f(\xi) \leqslant \frac{1+\rho}{(1-\rho)^{m-1}}f(0)$$

2. 定理的陈述是对调和函数最大值原理的某种强化. 事实上,最大值原理断言如果 f 在单位球中是非负调和的,那么 $f(x_0) = 0$ 蕴含 f 恒等于 0. 这就产生了本题的问题,如果 f 在单位球中是非负调和的并且 $f(x_0)$ 是"小的",那么在围绕原点的半径"几乎是 1"的圆盘中 f 也是"小的". 在这种形式下,这一命题对任意的有界的、连通的区域成立(这种形式通常也称为 Harnack 定理),它可以通过使用重叠的圆盘链的标准论述来得出.

问题 F.18 验证:对每个 $x > 0$ 成立

$$\frac{\Gamma'(x+1)}{\Gamma(x+1)} > \log x$$

解答

众所周知(例如,可参见 Erdélyi et al.,Bateman,Manuscript Project,McGraw－Hill, New York, 1953 中的 1.7.(3)),如果 $x > 0$,则 $\Gamma(x) > 0$,并且

$$\frac{\Gamma'(x)}{\Gamma(x)} = -C - \frac{1}{x} + \sum_{v=1}^{\infty}\left(\frac{1}{v} - \frac{1}{x+v}\right)$$

其中 C 是 Euler 常数. 由此得出

$$\left(\frac{\Gamma'(x)}{\Gamma(x)}\right)' = \sum_{v=0}^{\infty}\frac{1}{(x+v)^2} > 0$$

这表示 $\dfrac{\Gamma'(x)}{\Gamma(x)}$ 是严格递增的. 另一方面

$$\int_x^{x+1}\frac{\Gamma'(t)}{\Gamma(t)}\mathrm{d}t = \log\Gamma(x+1) - \log\Gamma(x) = \log x$$

这里我们用到了对所有的 x 都成立 $\Gamma(x+1) = x\Gamma(x)$ 这一性质. 因此,由积分中值定理可知对某个 $x < \xi < x+1$ 就有

$$\log x = \int_x^{x+1}\frac{\Gamma'(t)}{\Gamma(t)}\mathrm{d}t = \frac{\Gamma'(\xi)}{\Gamma(\xi)}$$

因此

$$\frac{\Gamma'(x+1)}{\Gamma(x+1)} > \frac{\Gamma'(\xi)}{\Gamma(\xi)} = \log x$$

问题 F.19　设 f 是区间 $[0,1]$ 上的使得 $f(0) = 1$ 的非负的连续凹函数,则

$$\int_0^1 xf(x)\,\mathrm{d}x \leqslant \frac{2}{3}\Big[\int_0^1 f(x)\,\mathrm{d}x\Big]^2$$

解答

设 $A = \int_0^1 f(x)\,\mathrm{d}x, B = \int_0^1 xf(x)\,\mathrm{d}x.$ 由分部积分法得出

$$B = A - \int_0^1 \Big(\int_0^x f(t)\,\mathrm{d}t\Big)\mathrm{d}x \tag{1}$$

由于 f 是下凸函数,因此表示它的曲线在连接 $(0,f(0))$ 点和 $(x,f(x))$ 点的弦的上方,那就是说,对 $0 \leqslant t \leqslant x$,有

$$f(t) \geqslant \frac{f(x) - 1}{x}t + 1 \tag{2}$$

利用 $f(0) = 1$ 并积分式(2) 就得出

$$\int_0^x f(t)\,\mathrm{d}t \geqslant \frac{f(x) - 1}{x} \cdot \frac{x^2}{2} + x = \frac{1}{2}xf(x) + \frac{1}{2}x \tag{3}$$

利用式(1) 和式(2) 就得出

$$A - B = \int_0^1 \Big(\int_0^x f(t)\,\mathrm{d}t\Big) \geqslant \frac{1}{2}B + \frac{1}{4}$$

由此可得

$$B \leqslant \frac{2}{3}\Big(A - \frac{1}{4}\Big) \tag{4}$$

从不等式 $0 \leqslant (2A - 1)^2 = 4A^2 - 4A + 1$ 得出 $A - \frac{1}{4} \leqslant A^2.$ 把此式代入式(4),我们最后就得出

$$B \leqslant \frac{2}{3}\Big(A - \frac{1}{4}\Big) \leqslant \frac{2}{3}A^2 \tag{5}$$

这正是我们要证的结果.

注记

1. 这一结果没有用到 f 的正性.

2. 等号

$$B = \frac{2}{3}A^2 \tag{6}$$

当且仅当

$$f(x) = 1 - x \tag{7}$$

时成立.

显然式(7) 蕴含式(6),反之,如果式(6) 成立,那么由式(5) 得出

$$A = \frac{1}{2} \tag{8}$$

此外,由于f的连续性,对所有的$0 < t < x$,式(2) 都是一个等式. 但是那样一来就有

$$\frac{f(t) - 1}{t} = \frac{f(x) - 1}{x} = c \text{ 是一个常数}$$

因而f必须具有$f(x) = cx + 1$ 的形式. 利用式(8) 我们就可推出

$$\frac{1}{2} = A = \int_0^1 f(x)\,\mathrm{d}x = \frac{c}{2} + 1$$

从上式即可得出$c = -1$,因而$f(x) = 1 - x$.

3. 这一命题是下面的定理的一个特例,这个定理可在 I. M. Jaglom, and V. I. Boltjainskii,Convex Figures,Gostehizdat,Moscow,1957,I(I. M. 雅格罗姆) 和 V. I. Boltjanskii(V. I. 波特加恩斯基),ConvexFigures《凸图形》(俄语) 一书中找到,Gostehizdat 出版社,莫斯科,1951);如果一个凸区域的边界包含一个长度为 1 的线段,则这个区域的重心与这个线段的距离至多为面积$\frac{2}{3}$.

问题 F.20 设f是一个可微的实函数并设M是一个正实数. 证明如果对所有的x 和t,成立

$$|f(x + t) - 2f(x) + f(x - t)| \leqslant Mt^2$$

则

$$|f'(x + t) - f'(x)| \leqslant M|t|$$

解答

我们将证明更强的结果,即以下我们不再假设f的可微性.

不等式

$$|f(x + t) - 2f(x) + f(x - t)| \leqslant M \cdot t^2$$

表示对所有的 x 和 t 我们有

$$f(x + t) - 2f(x) + f(x - t) \leqslant M \cdot t^2 \tag{1}$$

和

$$f(x + t) - 2f(x) + f(x - t) \geqslant - M \cdot t^2 \tag{2}$$

设 $h_1(x) = f(x) - \dfrac{M}{2}x^2$,对此函数,从式(1) 得出

$$h_1(x + t) - 2h_1(x) + h_1(x - t) = f(x + t) - 2f(x) + f(x - t) - Mt^2 \leqslant 0$$

这表示 h_1 是连续的具有非负的二阶对称差分的函数. 由于 h_1 是下凸的,利用式(2) 做同样的论述就得出 $h_1(x) = f(x) + \dfrac{M}{2}x^2$ 的凸性. 众所周知,由此可以得出 h_1 和 h_2 是单侧可微的,对它们成立

$$h_1^-(x) \geqslant h_1^{(+)}(x) \tag{3}$$

$$h_2^-(x) \geqslant h_2^{(+)}(x) \tag{4}$$

由此得出在每个点 $f^{(+)}$ 和 $f^{(-)}$ 的存在性,并且满足

$$f^{(-)}(x) \equiv h_1^{(-)}(x) + Mx \tag{5}$$

$$f^{(+)}(x) \equiv h_1^{(+)}(x) + Mx \tag{6}$$

$$f^{(-)}(x) \equiv h_2^{(-)}(x) - Mx \tag{7}$$

$$f^{(+)}(x) \equiv h_2^{(+)}(x) - Mx \tag{8}$$

由式(3),(5),(6) 得出 $f^{(-)} \geqslant f^{(+)}$,而由式(4),(7),(8) 又得出 $f^{(-)} \leqslant f^{(+)}$,因此 $f^{(-)} = f^{(+)}$. 这表示 f 是可微的,因而 h_1 和 h_2 也是可微的.

由于可微的上凸(下凸) 函数的导数是递减(递增) 的,因此我们可以推出当 $x \leqslant y$ 时有

$$h_1'(y) - h_1'(x) = f'(y) - f'(x) - M \cdot (y - x) \leqslant 0 \tag{9}$$

和

$$h_2'(y) - h_2'(x) = f'(y) - f'(x) + M \cdot (y - x) \leqslant 0 \tag{10}$$

式(9) 和式(10) 可以综合成

$$| f'(y) - f'(x) | \leqslant M | y - x |$$

而这就等价于要证的命题.

注记　此命题可推广如下. 设

$$\triangle^r_t f(x) = \sum_{k=0}^r (-1)^k \binom{r}{k} f\left(x + \left(\frac{r}{2} - k\right)t\right)$$

是 f 的 r 阶的对称差分. 如果对所有的 x 和 t 成立

$$|\triangle^r_t(x)| \leqslant Mt^r$$

那么

$$|\triangle^{r-j}_t f^{(j)}(x)| \leqslant Mt^{r-j} \quad (1 \leqslant j < r)$$

这可以从下面的公式

$$\triangle^k_t f(x) = \int_0^t \cdots \int_0^t f^{(k)}\left(x - \frac{k}{2}t + u_1 + \cdots + u_k\right) du_1 \cdots du_k$$

导出, 其中 f 的 $k - 1$ 阶导数是绝对连续的.

问题 F.21　设 $a < a' < b < b'$ 是实数, 并设实函数 f 在区间 $[a, b']$ 上连续, 在其内部可微. 证明存在 $c \in [a, b]$, $c' \in [a', b']$, 使得

$$f(b) - f(a) = f'(c)(b - a)$$

$$f(b') - f(a') = f'(c')(b' - a')$$

并且 $c < c'$.

解答

解答 1　首先我们验证下面的命题:

命题　设 p, q, q' 是满足关系 $p < q < q'$ 的实数. 又设实函数 f 在区间 $[p, q']$ 上连续并在其内部可微, 那么对任意 $r \in (p, q)$ 并使得

$$f(q) - f(p) = f'(r)(q - p)$$

成立的 r, 存在 $r' \in (p, q')$ 使得

$$f(q') - f(p) = f'(r')(q' - p)$$

并且 $r' > r$.

证明　为证此命题, 不妨设 $f(p) = f(q') = 0$, 否则我们可以研究函数

$$f(x) - f(p) - (x - p)\frac{f(q') - f(p)}{q' - p}$$

如果 $f(q) = 0$, 那么命题显然成立, 因此我们可进一步假设 $f(q) > 0$. 现在我们选一个点 $r \in (p, q)$ 使得

216

$$f(q) = f(q) - f(p) = f'(r)(q - p)$$

如果 $f(r) \leqslant 0$，那么在区间 $[r,q]$ 中存在一个点 p' 使得 $f(p') = 0$. 因此在区间 (p',q') 中存在一个 r' 使得 $f(r') = 0$，而这个 r' 就满足要求.

现在设 $f(r) > 0$. 由于

$$f'(r) = \frac{f(q) - f(p)}{q - p} > 0$$

因此存在一个 $p' \in (r,q')$ 使得

$$\frac{f(p') - f(r)}{p' - r} > 0$$

因此 $f(p') > f(r)$. 但是那样一来，就在区间 (p',q') 中又存在一个点 q'' 使得 $f(q'') = f(r)$，因此在区间 (r,q'') 中存在一个适当的点 r' 使得 $f(r') = 0$，这就验证了命题.

现在，我们来解答问题本身. 首先我们选一个点 $d \in (a',b)$，使得

$$f(b) - f(a') = f'(d)(b - a')$$

应用上面的命题，我们得出存在一个 $c' \in (a',b')$，使得

$$f(b') - f(a') = f'(c')(b' - a')$$

并且 $c' > d$. 同理存在一个 $c \in (a,b)$ 使得

$$f(b) - f(a) = f'(c)(b - a)$$

并且 $d > c$，这就证明了问题的断言.

注记   从这个证明中可以看出，问题的断言在 $a \leqslant a' < b < b'$ 的情况和 $a < a' < b \leqslant b'$ 的情况下也成立.

解答2   设

$$D = \frac{f(b) - f(a)}{b - a}, \quad D' = \frac{f(b') - f(a')}{b' - a'}$$

$$r = \inf\{c \in (a,b) : f'(c) = D\}, r' = \sup\{c' \in (a',b') : f'(c') = D'\}$$

我们的目的是证明 $r < r'$. 假设不然，则 $r \geqslant r'$，那么

$$a < a' < r' \leqslant r < b < b'$$

由导数的 Darboux 性质可知，对所有的 $x \in (a,r), f'(x)$ 都位于 D 的一侧. 不妨设对所有那种 x 有 $f'(x) > D$. 同理，在 $(r,b') (\subseteq (r',b'))$ 上 $f'(x)$ 都位

于 D' 的一侧,以下分两种情况讨论.

情况 1　对所有的 $x \in (r,b')$, $f'(x) > D'$. 由中值定理,我们有

$$f(r) - f(a) > D(r-a), \quad f(b') - f(r) > D'(b'-r)$$

根据定义

$$f(b) - f(a) = D(b-a), \quad f(b') - f(a') = D'(b'-a')$$

由减法得出

$$f(b) - f(r) < D(b-r), \quad f(r) - f(a') < D'(r-a') \tag{1}$$

另一方面,再次应用中值定理得出

$$f(b) - f(r) > D'(b-r), \quad f(r) - f(a') > D(r-a') \tag{2}$$

由 $b-r > 0$ 和 $r-a' > 0$,从式(1)和(2)的左边我们可以推出 $D > D'$,而从右边又得出 $D' > D$,矛盾.

情况 2　对所有的 $x \in (r,b')$, $f'(x) < D'$. 类似于前面,我们得出

$$D'(b-a') < f(b) - f(a') < D(b-a')$$

由此得出 $f'(b) < D' < D < f'(a')$. 设 $T \in (D',D)$ 使得 $T \neq f'(r)$. 由 Darboux 性质可知,必然有一个 $t \in (a',b)$ 使得 $f'(t) = T$. 然而,这既不可能发生在 (a',r) 中(由于 $f'(x) > D > T$),也不可能发生在 (r,b) 中(由于 $f'(x) < D' < T$),同时 t 也不可能等于 r. 矛盾.

综合以上两种情况,所得的矛盾就证明了要证的断言.

问题 F.22　设 l_0, c, α, g 都是正常数,并设 $x(t)$ 是微分方程

$$\left([l_0 + ct^\alpha]^2 x'\right)' + g[l_0 + ct^\alpha]\sin x = 0, t \geq 0, -\frac{\pi}{2} < x < \frac{\pi}{2} \tag{1}$$

的满足初始条件 $x(t_0) = x_0, x'(t_0) = 0$ 的解. (这是摆长按照规律 $l = l_0 + ct^\alpha$ 变化的数学摆的方程.)证明 $x(t)$ 的定义域是区间 $[t_0, \infty)$ 即在 $[t_0, \infty)$ 上的定义或有意义。此外如果 $\alpha > 2$,那么对每个 $x_0 \neq 0$,存在一个 t_0,使得

$$\liminf_{t \to \infty} |x(t)| > 0$$

解答

令 $y = [l_0 + ct^\alpha]^2 x'$,则原方程变换为

$$x' = \frac{y}{[l_0 + ct^\alpha]^2}$$

218

$$y' = -g[l_0 + ct^\alpha]\sin x \quad \left(t \geq 0, |x| < \frac{\pi}{2}, y \in \mathbb{R}\right)$$

对此系统应用 Picard – Lindelöf 定理,我们得出满足给定初始条件的解在右邻域中存在. 从"边界延拓"定理(参见 L. Sz. Pontriagin, Ordinary Differential Equations, Addison – Wesley,London, 1962)(译者注:有中译本 —— 庞特里亚金.常微分方程.林武忠,倪明康 译.北京:高等教育出版社, 2006),可以得出,如果 $x(t)$ 在区间 $[t_0, T]$ 上存在,但不能连续地延拓到 T,则从方程(1)可以得出 $x'(t)$ 在有界区间上是有界的,因此当 $t \to T - 0$ 时必须有 $|x(t)| \to \frac{\pi}{2}$.

令 $l(t) = l_0 + ct^\alpha$ 并考虑函数

$$V(t, x, x') = \frac{l(t)}{g}(x')^2 + 2(1 - \cos x)$$

这不是别的,而恰是除以摆长 $l(t)/2$ 之后摆的总机械能(译者注:动能加势能,前一项是动能 $\frac{1}{2}mv^2$,后一项是势能 mgh,其中 m 取某个比例数值),从方程(1)通过微分得出 $V(t, x(t), x'(t))$ 是不增的函数,因此

$$2 > v(t_0) = 2(1 - \cos x_0) \geq v(t) \geq 2(1 - \cos x(t))$$

这与当 $t \to T - 0$ 时,$|x(t)| \to \frac{\pi}{2}$ 矛盾,因此 $x(t)$ 在整个区间 $[t_0, \infty)$ 上有定义.

为了证明第二个命题,我们从方程

$$x(t) = x_0 - g\int_{t_0}^t \frac{1}{[l_0 + cs^\alpha]^2}\int_{t_0}^s [l_0 + c\tau^\alpha]\sin x(\tau)\mathrm{d}\tau\mathrm{d}s$$

开始,这个方程是把(1)积分两次并考虑到初条件而得出的. 如果 $\alpha > 2$,那么

$$\int_{t_0}^\infty \frac{1}{[l_0 + ct^\alpha]^2}\int_{t_0}^t [l_0 + cs^\alpha]\mathrm{d}s\mathrm{d}t < \infty$$

并且对大的 t_0 和在区间 $[t_0, \infty)$ 中的所有的 t 成立

$$|x(t)| \geq |x_0| - g\int_{t_0}^t \frac{1}{[l_0 + cs^\alpha]^2}\int_{t_0}^s [l_0 + c\tau^\alpha]\mathrm{d}\tau\mathrm{d}s > \frac{|x_0|}{2}$$

而这正是我们所要证的.

注记 可以证明,如果 $0 < \alpha \le 2$,那么方程(1)的定义在整个区间 $[t_0, \infty)$ 上的解,成立

$$\lim_{t \to \infty} x(t) = 0$$

(见 L. Hatvani, On absence of asymptotic stability with respect to a part of the variables, J. Anal. Math. Mech., 40(1976), 223-225.)

问题 F.23 设 $f_1, f_2, \cdots, f_n$ 是复平面的某个区域上的,在复域上线性无关的正则函数. 证明函数 $f_i \bar{f}_k (1 \le i, k \le n)$ 也是线性无关的.

解答

首先我们证明下面的引理.

引理 设 $f_i, g_i, 1 \le i \le n$ 是区域 D 中的正则函数,并设不是所有的 g_i 都恒等于 0,那么如果 $\sum_{i=1}^{n} f_i \bar{g}_i = 0$,$f_i$ 就是线性相关的.

引理的证明 实际上,对任意 $h \ne 0$ 和 $z \in D$ 成立

$$0 = \sum_{i=1}^{n} \frac{f_i(z+h)\overline{g_i(z+h)} - f_i(z)\overline{g_i(z)}}{h}$$

$$= \sum_{i=1}^{n} \overline{g_i(z+h)} \frac{f_i(z+h) - f_i(z)}{h} + \sum_{i=1}^{n} f_i(z)\left(\overline{\frac{g_i(z+h) - g_i(z)}{h}}\right) \cdot \frac{\bar{h}}{h}$$

让 h 先在实轴上趋于 0,再在虚轴上趋于 0 就得出对所有的 $z \in D$ 成立

$$\sum_{i=1}^{n} f_i'(z)\overline{g_i(z)} + \sum_{i=1}^{n} f_i(z)\overline{g_i'(z)} = 0$$

和

$$\sum_{i=1}^{n} f_i'(z)\overline{g_i(z)} - \sum_{i=1}^{n} f_i(z)\overline{g_i'(z)} = 0$$

由此得出 $\sum_{i=1}^{n} f_i'\bar{g}_i = 0$. 重复上面的论证得出对任意 m 有 $\sum_{i=1}^{n} f_i^{(m)}\bar{g}_i = 0$

不失一般性,不妨设 $0 \in D$. 设

$$f_i(z) = \sum_{j=0}^{\infty} a_j^{(i)} z^j$$

以及

$$g_i(z) = \sum_{j=0}^{\infty} b_j^{(i)} z^j$$

220

上面的级数在某个圆盘 $\{z：|z|<\delta\}$ 中收敛. 我们可设至少对一个 i，$b_0^{(i)} \neq 0$（否则我们可从每个 g_i 中提出 z 的某个幂）. 对任意 m，函数 $\sum_{i=1}^{n} f_i^{(m)} \overline{g_i} = 0$ 在 $z = 0$ 处取值为

$$m! \sum_{i=1}^{\infty} a_m^{(i)} \overline{b_0^{(i)}} = 0$$

因此 $\sum_{i=1}^{\infty} \overline{b_0^{(i)}} f_i = 0$，由于在它的幂级数中每个系数都是 0. 这就证明了引理.

现在我们证明，如果除了定理的假设外，函数 $g_j, 1 \leq j \leq m$ 在 D 上也是正则的和线性无关的，那么组 $f_i \overline{g_j}, 1 \leq i \leq n, 1 \leq j \leq m$ 也是正则的和线性无关的. 这个结论显然要比问题中的命题更强.

事实上，设

$$\sum_{i=1}^{\infty} \sum_{j=1}^{\infty} c_{ij} f_i \overline{g_j} = 0$$

那么

$$\sum_{i=1}^{n} f_i \overline{\left(\sum_{j=1}^{m} \overline{c_{ij}} g_j \right)} = 0$$

因此从引理得出对所有的 i 成立 $\sum_{j=1}^{m} \overline{c_{ij}} g_j = 0$，由函数 g_j 的线性无关性和 $\sum_{i=1}^{n} f_i \overline{\left(\sum_{j=1}^{m} \overline{c_{ij}} g_j \right)} = 0$ 就得出对每一个 i 和 j 有 $c_{ij} = 0$. 而这恰是我们要证明的.

问题 F. 24 证明多项式组 $\{x^n + x^{n^2}\}_{n=0}^{\infty}$ 的所有（实系数的）线性组合的集合在 $C[0,1]$ 中是稠密的.

解答

设 P 是所有线性组合的集合. 由于多项式的集合在 $C[0,1]$ 中是稠密的（Weierstrass 定理），因此只需证明所有的幂 $x^n, n = 0,1,2,\cdots$ 都可用 P 中的多项式逼近即可.

对 $n = 0,1$，我们有 $x^n \in P$. 如果 $n > 1$，那么设

$$f_m^n(x) = \sum_{i=0}^{m-1} (-1)^i \frac{m-i}{m} (x^{n^{2i}} + x^{n^{2i+1}})$$

221

$$= x^n + \frac{1}{m}\sum_{i=1}^{m}(-1)^{i+1}x^{n2^i} : = x^n + \frac{1}{m}\cdot A(x)$$

显然 $f_m^n \in P$. 由上面的和所定义的 $A(x)$ 是由符号交替,绝对值递减的项所组成,并且其第一项的值位于 0 和 1 之间,所以 $0 \leqslant A(x) \leqslant 1$. 由此得出对所有的 $x \in [0,1]$ 有

$$|x^n - f_m^n(x)| \leqslant \frac{1}{m}$$

这就证明了我们的断言.

注记 这个问题可以推广如下. 设 $g(n)$ 为定义在并且取值在非负整数集合上的严格递增函数,那么多项式组 $\{x^n + x^{g(n)}\}$ 的所有的(实系数的)线性组合构成 $C[0,1]$ 中的稠密集合. 证明方法与上面所给出的证明相同.

问题 F.25 设 f 是一个定义在正半实轴上的实值函数,且对每对正数 x,y 满足 $f(xy) = xf(y) + yf(x)$,对每个正数 x 满足 $f(x+1) \leqslant f(x)$. 证明如果 $f\left(\frac{1}{2}\right) = \frac{1}{2}$ 对每个 $x \in (0,1)$ 都成立,则

$$f(x) + f(1-x) \geqslant -x\log_2 x - (1-x)\log_2(1-x)$$

解答

设 $\varphi(n) = \frac{f(n)}{n}$,那么对所有的 $n,m \in \mathbb{N}$,成立 $\varphi(nm) = \varphi(n) + \varphi(m)$ 并且 $(n+1)\varphi(n+1) \leqslant n\varphi(n)$. 因此存在一个 $c \in \mathbb{R}$ 使得对每个 $n \in \mathbb{N}$ 都有 $\varphi(n) = c\log_2 n$. (见 J. Aczel, and Z. Daróczy, On Measures of Information and Their Characterizations, Academic Press, New York, 1975, p. 19) 由于

$$f\left(\frac{1}{2}\right) = \frac{1}{2}$$

以及

$$0 = f(1) = \frac{1}{2}f(2) + 2f\left(\frac{1}{2}\right) = \frac{1}{2}(f(2) + 2)$$

我们就得出

$$f(n) = -n\cdot\log_2 n \quad (n \in \mathbb{N})$$

因为对每个正的 x 和 y,我们有

$$f(x + y) - f(x) - f(y) = y\left[f\left(\frac{x}{y} + 1\right) - f\left(\frac{x}{y}\right)\right] \leq 0$$

所以有

$$f(x + y) \leq f(x) + f(y)$$

设 $n \in \mathbb{N}$ 和 $0 < x < 1$,由前面所得的结果就有

$$0 = f(1) = f\left[(x + 1 - x)^n\right]$$

$$= f\left[\sum_{k=0}^{n}\binom{n}{k}x^k(1 - x)^{n-k}\right] \leq \sum_{k=0}^{n}f\left[\binom{n}{k}x^k(1 - x)^{n-k}\right]$$

$$= -\sum_{k=0}^{n}\binom{n}{k}\log_2\binom{n}{k} \cdot x^k(1 - x)^{n-k} + \sum_{k=0}^{n}\binom{n}{k}f(x^k(1 - x)^{n-k})$$

$$= I + II$$

从关于 f 的函数方程得出

$$f(x^k) = kx^{k-1}f(x)$$

和

$$f((1 - x)^k) = k(1 - x)^{k-1}f(1 - x)$$

因此,表示 II 的和可以看成是 $nf(x) + nf(1 - x)$,由此得出

$$f(x) + f(1 - x) \geq \frac{1}{n}\sum_{k=0}^{n}\binom{n}{k}x^k(1 - x)^{n-k}\log_2\binom{n}{k} = : S_n(x) \qquad (1)$$

现在设

$$p_k^{(n)}(x) = \binom{n}{k}x^k(1 - x)^{n-k} \quad (k = 0, 1, \cdots, n)$$

由于对固定的 x,上面的这些式子当 $k = [nx]$ 或 $k = [nx] + 1$ 时达到最大值,所以对二项式中的因子我们易于从 Stirling 公式推出对 k 一致地有 $\lim\limits_{n\to\infty} p_k^{(n)}(x) = 0.$ 利用这个结果和 $\lim\limits_{t\to 0+0} t\log_2 t = 0$ 就得出

$$\lim_{n\to\infty}\frac{1}{n}\sum_{k=0}^{n}p_k^{(n)}(x)\log_2 p_k^{(n)}(x) = 0 \qquad (2)$$

另一方面

$$\frac{1}{n}\sum_{k=0}^{n}p_k^{(n)}(x)\log_2 p_k^{(n)}(x)$$

$$= \frac{1}{n}\sum_{k=0}^{n}\binom{n}{k}x^k(1 - x)^{n-k}\left[\log_2\binom{n}{k} + k\log_2 x + (n - k)\log_2(1 - x)\right]$$

$$= S_n(x) + x\log_2 x + (1 - x)\log_2(x - 1)$$

由上面的式子和(2)就得出

$$\lim_{n \to \infty} S_n(x) = -x\log_2 x - (1 - x)\log_2(1 - x)$$

再由(1)就得出我们要证的命题.

问题 F.26 设 G 是一个局部紧致的可解群, $c_1, \cdots, c_n$ 是复数, 并设复值函数 f 和 g 在 G 上对所有的 $x, y \in G$. 满足

$$\sum_{k=1}^{n} c_k f(xy^k) = f(x)g(y)$$

证明 f 是有界函数, 并且如果对某个 G 的连续的(复的)特征 χ 满足

$$\inf_{x \in G} \mathrm{Re}\, f(x)\chi(x) > 0$$

则 g 是连续的.

解答

我们将给出两种解答. 其中每一种都不使用局部紧致性. 第二种解答也不使用 G 的可解性. 因此断言对任何拓扑群都成立.

解答 1

我们已知由于 G 的可解性, 在 G 上的复值有界函数的空间上存在一个右不变的平均 m(例如可见 F. R. Greenleaf, Invariant Means on Topological Groups, Van Nostrand, Princeton, 1969), 也就是说 m 具有以下性质: m 是复线性的; $m(1) = 1$; $m(\bar{f}) = \overline{m(f)}$; 如果 $f \geq 0$, 那么 $m(f) \geq 0$; 此外对每个定义在 G 上的有界函数 $f, m(f_x) = m(f)$, 其中对每个 $x, t \in G, f_x(t) = f(tx)$.

设 f, g 和 χ 如问题中所述. 由于 $\mathrm{Re}\, f\chi \geq \inf_{x \in G} \mathrm{Re}\, f(x)\chi(x) > 0$, 我们有

$$m(\mathrm{Re}\, f\chi) \geq m(\inf_{x \in G} \mathrm{Re}\, f(x)\chi(x)) = \inf_{x \in G} \mathrm{Re}\, f(x)\chi(x) > 0$$

由此得出

$$m(f\chi) = m(\mathrm{Re}\, f\chi) + im(\mathrm{Im}\, f\chi) \neq 0$$

现在设 $x, y \in G$ 是任意的, 用 $\chi(x)$ 去乘等式

$$\sum_{k=1}^{n} c_k f(xy^k) = f(x)g(y)$$

的两边得出

$$\sum_{k=1}^{n} c_k f(xy^k)\chi(x) = f(x)\chi(x)g(y)$$

我们在左边应用恒等式

$$\chi(x) = \chi(xy^k)\chi(y^{-k}) = \chi(xy^k)\overline{\chi}^k(y)$$

由此得出对所有的 $x, y \in G$ 成立

$$\sum_{k=1}^{n} c_k f(xy^k)\chi(xy^k)\overline{\chi}^k(y) = f(x)\chi(x)g(y) \tag{1}$$

把两边都看成 x 的函数并应用平均 m,并利用

$$m_x(f(xy^k)\chi(xy^k)) = m(f\chi) \neq 0$$

(这里的 m_x 表示必须把应变量看成 x 的函数). 由此就得出

$$\sum_{k=1}^{n} c_k \overline{\chi}^k(y) = g(y) \tag{2}$$

从上式就显然可以看出 g 的连续性.

注记 我们可以用同样的方法去证明此问题的推广,那就是左边的函数 f_k 可以是不同的,而在原来的问题中,我们假设它们是相等的.

解答 2

在解答 2 中,我们将不用到平均 m 的存在性;然而在其他方面,证明是类似于解答 1 的,我们从下面的恒等式开始

$$\sum_{k=1}^{n} c_k f(xy^k)\chi(xy^k)\overline{\chi}^k(y) = f(x)\chi(x)g(y)$$

这个式子是从解答 1 的式(1)得出的. 对 $x = y^{-1}, \cdots, x = y^{-m}$ 应用上式,将所得的等式相加并记

$$S_m(y) = \sum_{j=1}^{m} f(xy^{-j})\chi(xy^{-j})$$

就得出恒等式

$$\sum_{k=1}^{n} c_k \Big[S_m(y) + \Big(\sum_{j=0}^{k-1} - \sum_{j=m-k+1}^{m} \Big) f(xy^j)\chi(xy^j) \Big] \overline{\chi}^k(y) = S_m(y)g(y) \tag{3}$$

根据假设,当 $m \to \infty$ 时,有

$$\mathrm{Re}\, S_m(y) \geqslant mc \to \infty$$

其中 c 表示乘积 $f(x)\chi(x)$ 的实部的正下界. 因此, 当 $m \to \infty$ 时, 数

$|S_m(y)| \to \infty$. 现在用式(3)除以$S_m(y)$并令$l \to \infty$, 根据f的有界性, 我们就再次得出式(2), 这就完成了证明.

问题 F.27   假设向量 $\boldsymbol{u} = (u_0, \cdots, u_n)$ 的分量都是定义在闭区间$[a, b]$上的实函数, 它们的每个非平凡的线性组合在区间$[a, b]$上都至多有n个零点. 证明如果 σ 是一个在$[a, b]$上递增的函数, 并且算子

$$A(f) = \int_a^b u(x)f(x)\mathrm{d}\sigma(x), f \in C[a, b]$$

的秩是 $r \leqslant n$, 那么 σ 恰有r个递增点.

解答

根据假设, 存在一个 $0 \neq c \in \mathbb{R}^{n+1}$ 使得c正交于A的值域, 那就是说, 对每一个$f \in C[a, b]$成立$(c, A(f)) = 0$. 这表示对每个$[a, b]$上的连续函数, 成立

$$\int_a^b (c, u(t)f(t)\mathrm{d}\sigma(t)) = 0$$

特别

$$\int_a^b (c, u(t))^2 \mathrm{d}\sigma(t) = 0$$

由此得出 σ 的每个递增点是$(c, u(t))$的零点. 由于$c \neq 0$, 因此假设蕴含σ具有至多n个递增的零点. 设它们是$x_1 < \cdots < x_m, m \leqslant n$, 并设对应的跃度为$\Delta\sigma_1, \cdots, \Delta\sigma_m$, 那么

$$A(f) = \sum_{i=1}^m u(x_i)f(x_i)\Delta\sigma_i$$

由关于 $\boldsymbol{u}$ 的假设易于看出$u(x_1), \cdots, u(x_m)$是线性无关的. 此外, 对每个$i = 1, \cdots, m, \Delta\sigma_i > 0$, 因此$A$的值域是由向量$u(x_1), \cdots, u(x_m)$生成的子空间. 因而它的秩是$m$, 这就是我们要证的.

问题 F.28   设$\mathbb{Q}$和$\mathbb{R}$分别表示有理数集和实数集, 并设$f: \mathbb{Q} \to \mathbb{R}$是一个具有以下性质的函数: 对任意$h \in \mathbb{Q}$和$x_0 \in \mathbb{R}$, 当$x \in \mathbb{Q}$且$x \to x_0$时

$$f(x + h) - f(x) \to 0$$

由此是否可以得出f在某个区间上是有界的?

解答

答案是否定的. 考虑下面的函数

$$f\left(\frac{p}{q}\right) = \log\log 2q$$

其中 $\frac{p}{q}$ 是一个有理数,它本身是一个既约分数,分母是正的. 显然,这个函数在任何区间上都不是有界的. 另一方面,设 $x = \frac{p}{q}, h = \frac{k}{m}$, 那么 $x + h = \frac{pm + qk}{qm}$, 不妨设此分数已经是既约分数. 在任何情况下 $f(x + h) < \log\log 2qm$, 因此

$$f(x + h) - f(x) \leqslant \log\frac{\log 2q + \log m}{\log 2q}$$

现在,如果 $x \to x_0$, 那么 $q \to \infty$, 因此

$$\limsup_{x \to x_0}[f(x + h) - f(x)] \leqslant 0$$

现在在上式中把 h 和 x_0 分别换成 $-h$ 和 $x_0 + h$ 就得出

$$\liminf_{x \to x_0}[f(x + h) - f(x)] \geqslant 0$$

因而 f 就是一个反例.

问题 F.29 设函数 $g:(0,1) \to \mathbb{R}$ 可以被具有非负系数的多项式一致逼近. 证明 g 必定是解析的. 如果把区间 $(0,1)$ 换成 $(-1,0)$, 请问上述命题是否仍然成立?

解答

设 $p_1, p_2, \cdots$ 是具有非负系数的多项式, 并设在 $(0,1)$ 上 $\lim_{n \to \infty} p_n(x) = g(x)$ 点点成立. 我们将证明 g 是解析的. 这个结论比问题中要证的更强, 由于我们不假设极限是一致的.

我们断言多项式 p_n 在每个圆盘 $\{z: |z| \leqslant \rho < 1\}$ 上是一致有界的. 事实上, 设 $p_n(z) = \sum a_k z^k$, 那么对 $|z| \leqslant \rho$ 就有

$$|p_n(z)| \leqslant \sum a_k |z|^k \leqslant \sum a_k \rho^k = p_n(\rho) < K = K(\rho)$$

由于序列 $\{p_n(\rho)\}$ 是收敛的, 所以它是有界的.

我们也知道序列 $\{p_n\}$ 在单位圆盘的一个线段上是收敛的, 所以根据 Vitaly 定理可以推出 $\{p_n\}$ 在单位圆盘的内部是收敛的并且在开的单位圆盘的每个紧

致子集上是一致收敛的. 这蕴含 $G(z) = \lim\limits_{n \to \infty} p_n(z) = g(z)$ 在单位圆盘内部是解析的,因此它在 $(0,1)$ 上的限制也是解析的. 这就证明了问题的第一部分.

对问题的第二部分的回答是否定的. 事实上,我们将要证明的更多,即我们将证明下面的结果成立.

结果 一个连续函数 $g:[-1,0] \to \mathbb{R}$ 可以被具有非负系数的多项式一致逼近的充分必要条件是 $g(0) \geqslant 0$.

条件的必要性是显然的,因此我们只证明充分性. 设 G 是所有在 $[-1,0]$ 上连续并且是具有非负系数的多项式的一致的极限的函数的集合. 显然 G 对加法、乘法和形成一致极限是封闭的,此外 G 包含了所有具有非负系数的多项式.

首先,我们证明函数 $-x$ 在 G 中. 这可立即从多项式 $x(1+x)^n - x$ 具有非负系数以及对所有的 $-1 \leqslant x \leqslant 0$ 成立 $| x(1+x)^n | < \dfrac{1}{n}$ 这些事实得出,而后面的不等式容易通过微分来验证. 但是这样一来,对任意 $n \geqslant 1$, $-x^n = (-x)x^{n-1}$ 就也属于 G,因此 G 包含了所有常数项非负的多项式.

现在设 g 是一个任意的在 $[-1,0]$ 上连续并且 $g(0) \geqslant 0$ 的函数. 根据 Weierstrass 定理,存在一个多项式的序列 p_n 在 $[-1,0]$ 上一致收敛到 g,于是序列

$$P_n(x) = p_n(x) - p_n(0) + g(0)$$

在 $[-1,0]$ 上也一致收敛到 g,因此 g 也属于 G. 这就证明了充分性.

问题 F.30 设 $a_i(i = 1,2,3,4)$ 是 4 个正的常数,且 $a_2 - a_4 > 2, a_1 a_3 - a_2 > 2$. 又设 $(x(t), y(t))$ 是下列微分方程组

$$\dot{x} = a_1 - a_2 x + a_3 xy$$

$$\dot{y} = a_4 x - y - a_3 xy$$

(其中 $x, y \in \mathbb{R}$)的满足初始条件 $x(0) = 0, y(0) \geqslant a_1$ 的解,证明函数 $x(t)$ 在区间 $[0, \infty)$ 上恰有一个严格的局部极大值.

解答

x 在 $t = 0$ 的邻域内是严格递增的,因此只需证明 $\dot{x}$ 恰只变号一次即可.

在相平面 (x,y) 的第一象限内画出水平等倾线和竖直等倾线 $\dot{x} = 0$ 和 $\dot{y} =$

0(图 F. 1)

$$\dot{x} = 0：a_3 x\left(y - \frac{a_2}{a_3}\right) + a_1 = 0$$

$$\dot{y} = 0：- a_3\left(x + \frac{1}{a_3}\right)\left(y - \frac{a_4}{a_3}\right) - \frac{a_4}{a_3} = 0$$

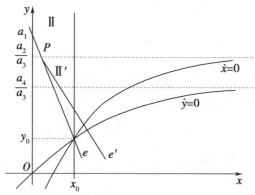

图 F. 1

用(x_0, y_0) 表示这些曲线的交点. 解曲线不可能离开由曲线 $\dot{x} = 0, \dot{y} = 0$,
$y \geqslant y_0$ 所界定的区域 I. 因此只需证明 $y(t) > y_0, t \geqslant 0$ 和轨线交于 $\dot{x} = 0$ 即可.
如果和半直线 $x = x_0, y > y_0$ 相交的轨线离开由直线 $x = 0, x = x_0, e = (a_4 -$
$a_2)x - y + a_1 = 0$ 所界定的区域 II,那么它必须和曲线 $\dot{x} = 0$ 相交,即在相反的
情况下

$$y(t) \downarrow z_1, x(t) + y(t) \downarrow$$

常数 > 0,因此

$$x(t) \nearrow x_1 \quad (t \rightarrow \infty)$$

由此得出 $x_1 = x_0, y_1 = y_0$,由于点(x_1, y_1) 必须位于曲线 $\dot{x} = 0, \dot{y} = 0$ 上.
但这和当 t 充分大时 $x(t) > x_0$ 矛盾.

下面我们证明,轨线必须确实和半直线 $x = x_0, y > y_0$ 相交. 把函数 $\frac{\dot{y}}{\dot{x}}$ 写成
形式

$$\frac{\dot{y}}{\dot{x}} = \frac{- a_3 xy + a_4 x - y}{a_3 xy - a_2 x + a_1} = - 1 + \frac{(a_4 - a_2)x - y + a_1}{a_3 xy - a_2 x + a_1}$$

229

由此得出 $\dfrac{\dot{y}}{\dot{x}}$ 在直线 e 上必须等于 -1,这比 $a_4 - a_2$ 要大,因此轨线无法与 e

相交. 我们还可以看出,$\dfrac{\dot{y}}{\dot{x}}$ 在区域 $II' = \{(x,y) \in II : y < \dfrac{a_2}{a_3}\}$ 中,沿着直线

$(a_4 - a_2)x - y + C = 0\,(a_1 < C = 常数)$ 是 x 的递减函数,由于

$$
\begin{aligned}
\left.\frac{\dot{y}}{\dot{x}}\right|_{x=x_0} &= \frac{-a_3 x_0 y + a_4 x_0 - y}{a_3 x_0 y - a_2 x_0 + a_1} \\
&= \frac{-a_3 x_0 (y - y_0) - (y - y_0)}{a_3 x_0 (y - y_0)} = -\left(1 + \frac{1}{a_3 x_0}\right)
\end{aligned}
$$

由此得出

$$
\left.\frac{\dot{y}}{\dot{x}}\right|_{(x,y) \in II'} \geqslant \left(1 + \frac{1}{a_3 x_0}\right)
$$

现在我们证明

$$
1 + \frac{1}{a_2 x_0} < a_2 - a_4
$$

通过简单地计算可以得出公式

$$
x_0 = \frac{(a_1 a_3 - a_2) + \sqrt{(a_1 a_3 - a_2)^2 + 4a_1 a_3 (a_2 - a_4)}}{2a_3 (a_2 - a_4)}
$$

由此得出

$$
a_3 x_0 > \frac{a_1 a_3 - a_2}{a_2 - a_4}
$$

因此为了推出所需的不等式,只需验证

$$
a_1 a_3 - a_2 > \frac{1}{1 - \dfrac{1}{a_2 - a_4}}
$$

即可,而这根据假设是显然的.

现在设 e' 是通过点 P,且斜率介于 $-(a_2 - a_4)$ 和 $-\left(1 + \dfrac{1}{a_3 x_0}\right)$ 之间的直线.

由于

$$
\left.\frac{\dot{y}}{\dot{x}}\right|_{(x,y) \in e' \cap II'} \geqslant -\left(1 + \frac{1}{a_3 x_0}\right)
$$

从区域 II 来的轨线不可能和 e' 在上方相交. 如果它也不和直线 $x = x_0$ 相

交,那么就会得出当 $t \to \infty$ 时, $(x(t), y(t)) \to (x_1, y_1) \neq (x_0, y_0)$,矛盾. 这就完成了证明.

问题 F.31 称连续函数 $f:[a,b] \to \mathbb{R}^2$ 是可约的,如果它有一个双弧(即存在 $a \leq \alpha < \beta \leq \gamma < \delta \leq b$ 和严格单调的连续函数 $h:[\alpha,\beta] \to [\gamma,\delta]$,使得对每个 $\alpha \leq t \leq \beta$ 满足 $f(t) = f(h(t))$),否则称 f 是不可约的. 构造一个不可约的 $f:[a,b] \to \mathbb{R}^2$ 和 $g:[c,d] \to \mathbb{R}^2$ 使得 $f([a,b]) = g([c,d])$ 并且.

(1) f 和 g 都是可求长的,但是它们的长度不同.

(2) f 是可求长的,但是 g 不是.

解答

在(1)和(2)中的曲线都将如下:设 $A \subseteq [0,1]$ 是 Cantor 三分集, E 是看成平面曲线的单位区间 $[0,1]$. 众所周知,存在一个连续递增的满射 $\varphi:A \to E$ (这里把 $x \in A$ 写成二进制形式 $x = 0. \varepsilon_1 \varepsilon_2 \cdots$,其中 ε_j 是 0 或 2,那么 $\varphi(x)$ 就可定义成二进制形式 $0. \left(\frac{\varepsilon_1}{2}\right)\left(\frac{\varepsilon_2}{2}\right)\cdots$). 设 φ 是 f 在 A 上的限制. 在 A 的长度为 3^{-n} 的余区间内,设 f 连续地穿过半径为 3^{-n} 的圆,则容易看出 f 是连续的、不可约的,并且是可求长的.

在情况(1)中,设 $g:[-1,1] \to \mathbb{R}^2$ 在 $[-1,0]$ 上由 $g(t) = E(-t)$ 定义,而在 $[0,1]$ 上和 f 相同,那么 g 是不可约的,但是它的长度比 f 多 1.

在情况(2)中,我们在 $[-1,1]$ 中分出二进有理数的集合,在这个集合和 A 的余区间之间存在一个单调的对应关系. 因此 f 穿过的圆就被分成了一些集合 $S_0, S_1, \cdots$,其中每个集合都在 $[-1,1]$ 中稠密. 让我们把 $g:[-1,1] \to \mathbb{R}^2$ 的参数区间也分成一些相继的长度为 $2^{-n}, n = 0,1,\cdots$ 的区间. 在 I_1 上让 g 从 $E(0)$ 跑到 $E\left(\frac{1}{2}\right)$,同时也跑过 $S_1 \cap I_1$ 的点所对应的圆. 在 I_2 上,让 g 从 $E\left(\frac{1}{2}\right)$ 跑到 $E(0)$,同时也跑过 $S_2 \cap I_2$ 的点所对应的圆. 在 I_3 上,让 g 从 $E(0)$ 跑到 $E\left(\frac{1}{3}\right)$ 等等,依此类推. 最后,在 I_0 上,让 g 从 $E(1)$ 跑到 $E(0)$,同时也跑过 S_0 的点所对应的圆. 显然,我们只需在点 1 处验证 g 的连续性即可,而这很容易做到. 由于每个

集合 S_i 是稠密的, g 是不可约的. 但是 g 是不可求长的, 由于对每个 n, 我们可以画一个顶点为 $E(0), E\left(\dfrac{1}{2}\right), E(0), E\left(\dfrac{1}{3}\right), \cdots, E\left(\dfrac{1}{n}\right), E(0)$ 的多边形, 其长度为 $2\left(\dfrac{1}{2} + \dfrac{1}{3} + \cdots + \dfrac{1}{n}\right)$.

注记 如果我们愿意, 也可假设 $[a, b] = [c, d]$.

问题 F.32 设 $n \geq 2$ 是一个正整数, 而 $p(x)$ 是一个满足以下条件的次数至多为 n 的实系数多项式, 则

$$\max_{-1 \leq x \leq 1} | p(x) | \leq 1, p(-1) = p(1) = 0$$

证明

$$| p'(x) | \leq \frac{n\cos\dfrac{\pi}{2n}}{\sqrt{1 - x^2\cos^2\dfrac{\pi}{2n}}} \quad \left(-\frac{1}{\cos\dfrac{\pi}{2n}} < x < \frac{1}{\cos\dfrac{\pi}{2n}}\right)$$

解答

设 $c = \cos\left(\dfrac{\pi}{2n}\right)$, 那么只需证明当 $| x | \leq \dfrac{1}{c}$ 时, 我们有 $| p(x) | \leq 1$ 即可, 然后根据经典的 Bernstein 不等式, 在区间 $\left[-\dfrac{1}{c}, \dfrac{1}{c}\right]$ 上就有

$$| p'(x) | \leq \frac{n}{\left(\dfrac{1}{c} - x\right)\left(\dfrac{1}{c} + x\right)} = \frac{nc}{\sqrt{1 - c^2x^2}} \quad \left(| x | < \frac{1}{c}\right)$$

设 $\tau, | \tau | > 1$ 是区间 $[-1, 1]$ 之外使得 $| p(\tau) | = 1$ 的绝对值最小的数. 我们必须证明 $\tau \geq \dfrac{1}{c}$. 如果我们应用一个线性变换, 这就等同于证明如果对 $-1 \leq x \leq 1, | p(x) | \leq 1$ 并且 $| p(1) | = 1$, 那么对 $c < x \leq 1$, 多项式 $p(x)$ 不可能变为 0, 即 $p(x) \neq 0$.

假设不然, 并设 $T_n(x) = \cos(n\arccos x)$ 是 n 次的 Chebyshev 多项式. 根据 Chebyshev 多项式的性质可知, 存在某个序列 $1 = x_0 > x_1 > \cdots > x_n = -1$ 使得 $T_n(x_i) = (-1)^i$. 此外, $T_n(c) = 0$, 并且 T_n 在 c 的右边是正的. 我们将通过证明多项式 $p - T_n$ 有 $n + 1$ 个零点而得出矛盾. 一个零点是 $x = 1$. 如果 $i > 0$, 那么

在区间$[x_i,x_{i+1}]$中存在一个零点. 如果这些零点之一在区间的端点,那么它是一个二重零点,并且因此在区间$[-1,x_1]$中至少存在$n-1$个零点(数根时,可能的根x_1只数一次). 根据我们的假设,存在一个$x_1 < x < 1$,使得$0 = p(x) < T_n(x)$,因此$p - T_n$必须在$[x_1,x]$中的至少一个点等于零(记住$p(x_1) - T_n(x_1) \geqslant 0$),因而$p - T_n$至少有$n+1$个根. 但是由于它的次数至多是$n$,这只可能在$p \equiv T_n$时发生,而由于$p(x) < T_n(x)$,这是不可能的. 所得的矛盾就证明了我们的断言.

问题 F. 33　设f是从$I = [0,1]$到自身的严格递增的连续函数,证明对所有的$x,y \in I$,成立以下不等式

$$1 - \cos(xy) \leqslant \int_0^x f(t)\sin(tf(t))\,dt + \int_0^y f^{-1}(t)\sin(tf^{-1}(t))\,dt$$

解答

设

$$T_1 = \{(u,v):0 \leqslant u \leqslant x, 0 \leqslant v \leqslant y\}$$
$$T_2 = \{(u,v):0 \leqslant u \leqslant x, 0 \leqslant v \leqslant f(u)\}$$
$$T_3 = \{(u,v):0 \leqslant v \leqslant y, 0 \leqslant u \leqslant f^{(-1)}(v)\}$$

那么$T_1 \subseteq T_2 \cup T_3, T_2 \cap T_3 = \varnothing$,并且这些集合都是 Borel 集,因此对$[0,1] \times [0,1]$上的任意非负的 Lebesgue – 可积的函数$g$,我们都有

$$\int_0^y \int_0^x g(u,v)\,du\,dv \leqslant \int_0^x \int_0^{f(u)} g(u,v)\,dv\,du + \int_0^y \int_0^{f^{-1}(v)} g(u,v)\,du\,dv$$

现在令

$$g(x,y) = \frac{\partial^2(1 - \cos(xy))}{\partial y \partial x} = \sin xy + xy\cos xy \geqslant 0$$

我们就得出

$$1 - \cos(xy) \leqslant \int_0^x f(u)\sin(u \cdot f(u))\,du + \int_0^y f^{-1}(v)\sin(v \cdot f^{-1}(v))\,dv$$

问题 F. 34　设U是一个实赋范空间,使得对于任何有限维的实赋范空间X,U包含一个与X等距同构的子空间. 证明U的每个余维数有限的(不一定是闭的)子空间V具有同样的性质(称V的余维数是有限的,意为存在U的有限维子空间N使得$V + N = U$).

解答

根据归纳法,我们不妨假设 V 的余维数是 1. 设 W 是一个有限维赋范空间,并考虑范数为 $\|(w_1, w_2)\| = \max\{\|w_1\|, \|w_2\|\}$ 的空间 $W \oplus W$. 设 $W_1 \oplus W_2$ 是 $W \oplus W$ 在 U 内的等距的同构像,那么只需证明 $V \cap (W_1 \oplus W_2)$ 包含一个和 W 等距同构的子空间即可.

如果 $V \cap (W_1 \oplus W_2) = W_1 \oplus W_2$,那么结论已成立. 如果 $V \cap (W_1 \oplus W_2)$ 在 $W_1 \oplus W_2$ 中有余维 1,那么存在一个非零的线性泛函 $0 \neq f: W_1 \oplus W_2 \to \mathbb{R}$ 使得它的核是 $V \cap (W_1 \oplus W_2)$. 令 $f_1(w_1) = f(w_1 \oplus 0)$,$f_2(w_2) = f(0 \oplus w_2)$,我们得到两个分别定义在 W_1 和 W_2 上的线性泛函,并且

$$f(w_1 \oplus w_2) = f_1(w_1) + f_2(w_2)$$

不失一般性,我们可设 $|f_1\| \geqslant \|f_2\|$ 以及 $0 < \|f_1\|$. 考虑线性泛函

$$\lambda f_1 \to - \lambda \|f_2\|$$

根据 Hahn-Banach 定理,存在一个 $\varphi \in W_1^{**}$ 使得 $\|\varphi\| = \dfrac{\|f_2\|}{\|f_1\|}$,并且 $\varphi(f_1) = -\|f_2\|$. 如果 $\|f_2\| \neq 0$,那么设 $B(g) = \dfrac{\varphi(g)f_2}{\|f_2\|}(g \in W_1^*)$,而在 $\|f_2\| = 0$ 的情况下,设 $B \equiv 0$. 这个 $B: W_1^* \to W_2^*$ 是一个范数至多为 1 的线性映射. 由于我们的空间是有限维的,我们有 $B = A^*$,其中 $A: W_2 \to W_1$ 是一个线性算子.

由于 $\|A\| = \|A^*\| = \|B\| \leqslant 1$,映射 $w_2 \to Aw_2 \oplus w_2$ 是一个 $W_2 \to W_1 \oplus W_2$ 内的同构,此外,这个映射的值域是 $V \cap (W_1 \oplus W_2)$ 的一部分,由于

$$f_1(Aw_2) + f_2(w_2) = (A^*f_1)(w_2) + f_2(w_2) = -f_2(w_2) + f_2(w_2) = 0$$

那样,我们已发现了一个从 W_2 到 $V \cap (W_1 \oplus W_2)$ 的同构,由这个同构,我们就验证了 $V \cap (W_1 \oplus W_2)$ 包含一个等距的同构于 W 的子空间.

问题 F.35 对任意正数 α,正整数 n 和至多 αn 个点 x_i,构造一个次数最多为 n 的三角多项式 $P(x)$,则

$$P(x_i) \leqslant 1, \int_0^{2\pi} P(x)\mathrm{d}x = 0, \text{并且} \max P(x) > cn$$

其中常数 c 仅依赖于 α.

解答

我们将用 $2n$ 代替 n，这如同用 2α 代替 α 一样.

不失一般性，我们可设由 x_i 确定的最大的相邻区间的中点在 0 点（如果不是这样，我们将首先按如下的步骤对三角多项式进行变换），这表示不存在位于 $\left(-\dfrac{\pi}{\alpha n},\dfrac{\pi}{\alpha n}\right)$ 中的 x_i. 设

$$P_1(x) = \frac{1}{2} + \sum_{v=1}^{n}\cos vx = \frac{\sin\left(n+\dfrac{1}{2}\right)x}{2\sin\dfrac{x}{2}} = D_n(x)$$

是第 n 个 Dirichlet 核. 对它有 $P_1(0) = n+\dfrac{1}{2}$. 此外 P_1 在区间 $\left(0,\dfrac{\pi}{n}\right)$ 上对 $\pi \geqslant$

$|x| > \dfrac{\pi}{n}$ 单调递减. 其绝对值小于 $\dfrac{1}{2}\sin\dfrac{\pi}{2n} \sim \dfrac{\pi}{n}$，它在 $\dfrac{\pi}{\alpha n}$ 处的值为

$$\frac{\sin\left(n+\dfrac{1}{2}\right)\dfrac{\pi}{\alpha n}}{2\sin\dfrac{\pi}{2\alpha n}} \sim n\frac{\sin\dfrac{\pi}{\alpha}}{\dfrac{\pi}{a}}$$

其中 n 的系数小于 1，而 $A \sim B$ 的含义是当 $n\to\infty$ 时，比率 $\dfrac{A}{B}\to 1$. 因此存在一个 $c < 1$ 使得 $P_1(x) - cn$ 在每个 x_i 处是负的，但是 $P_1(0) - cn > n(1-c)$ 是正的. 设

$$P_2(x) = \frac{1}{n+1}\sum_{v=0}^{n}D_v(x) = \frac{2}{n+1}\left\{\frac{\sin\dfrac{1}{2}(n+1)x}{2\sin\dfrac{x}{2}}\right\}^2$$

是 Fejér 核. 我们有

$$P_2(0) = \frac{n+1}{2}$$

和

$$\frac{1}{\pi}\int_0^{2\pi}P_2(x)\,\mathrm{d}x = 1$$

因此，如果令 $P_3(x) = P_2(x)(P_1(x) - cn)$，则

$$P_3(0) > c'n^2, \quad P_3(x_i) < 0$$

并且

$$\left| \frac{1}{2\pi} \int_0^{2\pi} P_3(x)\,\mathrm{d}x \right| \leqslant c''n \frac{1}{\pi} \int_0^{2\pi} P_2(x)\,\mathrm{d}x = c''n$$

最后,设

$$P(x) = \left(P_3(x) - \frac{1}{2\pi} \int_0^{2\pi} P_3(x)\,\mathrm{d}x \right) \cdot \frac{1}{c''n}$$

那么

$$\int_0^{2\pi} P(x)\,\mathrm{d}x = 0, \quad P(x_i) \leqslant 1$$

由前面的估计就得出

$$P(0) > \frac{c'}{c''}n - 1$$

问题 F.36 设 $f: \mathbb{R} \to \mathbb{R}$ 是一个二次可微的 2π – 周期的偶函数. 证明如果对任意 x 有

$$f''(x) + f(x) = \frac{1}{f\left(x + \dfrac{3\pi}{2} \right)}$$

则 f 是 $\dfrac{\pi}{2}$ – 周期的.

解答

由于 $\dfrac{1}{f\left(x + \dfrac{3\pi}{2} \right)}$ 是已定义的,并且对所有的 x, f 是连续的,因此 f 在 $\mathbb{R}$ 上的符号是相同的. 从 f 是偶函数可知 $f''(-x) = f''(x)$. 在 $-x$ 处应用问题中的恒等式得出

$$f''(-x) + f(x) = \frac{1}{f(-x + 3\pi/2)}$$

因此对每个 x 都成立

$$f\left(x + \frac{3\pi}{2} \right) = f\left(-x + \frac{3\pi}{2} \right) = f\left(x - \frac{3\pi}{2} \right)$$

因而 f 是 3π 周期的,并且由于它也是 2π 周期的,这就得出 f 是 π 周期的. 因此,

236

问题的条件可写成

$$f''(x) + f(x) = \frac{1}{f(x + \pi/2)}$$

考虑函数 $g(x) = f\left(x + \frac{\pi}{2}\right)$，这也是一个偶函数

$$g(-x) = f\left(-x + \frac{\pi}{2}\right) = f\left(x - \frac{\pi}{2}\right) = f\left(x + \frac{\pi}{2}\right) = g(x)$$

由于

$$g'(x) = f'\left(x + \frac{\pi}{2}\right)$$

和

$$g''(x) = f''\left(x + \frac{\pi}{2}\right)$$

因此我们有

$$f''(x) + f(x) = \frac{1}{g(x)} \tag{1}$$

$$g''(x) + g(x) = \frac{1}{f(x)} \tag{2}$$

把两式分别乘以 g 和 f 并且用式(1) 减去式(2) 就得出

$$0 = f''g - fg'' = (f'g - fg')'$$

因此 $c = f'g - fg'$ 是一个常数. 更进一步, 由于偶函数的导数是奇函数, 我们发现 c 必须是一个奇函数, 因此 $c = 0.$ 由于 g 没有零点, 我们可以算出 $\left(\frac{f}{g}\right)' = \frac{c}{g^2} = 0,$ 因此 $\frac{f}{g}$ 是一个常数.

由于 f 是连续的和周期的, 因此它在某个点 x_1 和 x_0 分别取得最大值和最小值, 因此

$$g(x_0) = f\left(x_0 + \frac{\pi}{2}\right) \geqslant f(x_0)$$

以及

$$g(x_1) = f\left(x_1 + \frac{\pi}{2}\right) \leqslant f(x_1)$$

这些不等式以及 $\frac{f}{g}$ 是一个常数表明这个常数就是 1, 这表示对每一个 x 成

立 $f(x) = g(x)$，这正是我们要证的.

问题 F.37 设 $g:\mathbb{R} \to \mathbb{R}$ 是一个使得 $x + g(x)$ 为严格单调（递增或递减）的连续函数，$u:[0,\infty) \to \mathbb{R}$ 是一个有界连续函数使得在 $[1,\infty)$ 上

$$u(t) + \int_{t-1}^{t} g(u(s))\mathrm{d}s$$

是一个常数. 证明极限 $\lim\limits_{t\to\infty} u(t)$ 存在.

解答

由于 $x + g(x)$ 是连续的并且是严格递增的，所之只需证明 $\lim\limits_{t\to\infty}(u(t) + g(u(t)))$ 的存在性即可.

在区间 $[1,\infty)$ 上考虑函数 $v(t) = \int_{t-1}^{t} g(u(s))\mathrm{d}s$，那么就有

$$v'(t) = g(u(t)) - g(u(t-1))$$

由于 u 是有界的，比如可设 $u:[0,\infty) \to [a,b]$，因此我们得出 v' 也是有界的，因此 v 在 $[0,\infty)$ 上是一致连续的，但是我们已经假设 $u(t) + v(t)$ 是一个常数，这就得出 u 也是一致连续的. 另一方面，g 在 $[a,b]$ 上是一致连续的，因此根据前面的公式就得出 v' 的一致连续性.

下面我们证明 v' 在无穷远处的极限为 0. 这只需证明积分 $\int_{1}^{\infty} (v'(s))^2 \mathrm{d}s$ 是有限的即可，由于此积分是非负的并且是一致连续的. 我们有

$$\int_{1}^{t} (v'(s))^2 \mathrm{d}s = \int_{1}^{t} (g(u(s)) - g(u(s-1)))^2 \mathrm{d}s$$

$$= 2\int_{1}^{t} g(u(s))(g(u(s)) - g(u(s-1)))\mathrm{d}s -$$

$$\int_{1}^{t} g(u(s))^2 \mathrm{d}s + \int_{1}^{t} g(u(s-1))^2 \mathrm{d}s$$

$$= 2\int_{1}^{t} g(u(s))v'(s)\mathrm{d}s - \int_{t-1}^{t} g(u(s))^2 \mathrm{d}s + \int_{0}^{t} g(u(s))^2 \mathrm{d}s$$

由于 g 是有界的，因此第二项和第三项关于 t 是有界的依赖. 利用 $v' = -u'$（这可从 $u(t) + v(t)$ 是一个常数得出），所以第一项也是有界的. 这样我们就得出

$$2\int_{1}^{t} g(u(s))v'(s)\mathrm{d}s = -2\int_{1}^{t} g(u(s))u'(s)\mathrm{d}s = -2\int_{u(1)}^{u(t)} g(x)\mathrm{d}x$$

238

而 g 在 $[a,b]$ 上是有界的. 这样, 我们已经验证了前面我们所说的积分是有限的, 此外

$$\lim_{t\to\infty} u'(t) = -\lim_{t\to\infty} v'(t) = 0$$

现在我们注意

$$u(t) + g(u(t)) = (u(t) + v(t)) + \left(g(u(t)) - \int_{t-1}^{t} g(u(s))\,ds\right)$$

$$= (u(t) + v(t)) + \int_{t-1}^{t} (g(u(t)) - g(u(s)))\,ds$$

根据假设, 第一项是一个常数. 对第二项, 从中值定理得出对每个 $s \in [t-1,t)$, 都存在一个 $\chi \in (s,t)$ 使得

$$|u(t) - u(s)| = |(t-s)u'(\chi)| \leqslant |u'(\chi)|$$

因此

$$\lim_{t\to\infty} \sup_{s\in[t-1,t]} |u(t) - u(s)| = 0$$

由此就得出, 当 $t \to \infty$ 时, 前面公式中的积分连同其第二项都趋于 0, 因而极限 $\lim_{t\to\infty}(u(t) + g(u(t)))$ 存在, 这就完成了证明.

问题 F.38 证明如果函数 $f:\mathbb{R}^2 \to [0,1]$ 是连续的并且它在任意半径等于 1 的圆上的平均值都等于它在圆心处的函数值, 则 f 是一个常函数.

解答

设

$$g_a(z) = g(z) = \frac{1}{4a^2}\int_{-a}^{a}\int_{-a}^{a} f(z + x + iy)\,dxdy$$

那么我们只需证明对每个 $0 < a < 1$, 函数 $g_a(z)$ 是一个常数即可, 由于利用这一结论再令 $a \to 0$ 即可得出 f 是一个常数. 注意 g 也满足假设, 因而由 Fubini 定理就得出

$$\frac{1}{2\pi}\int_{0}^{2\pi} g(z + e^{it})\,dt = \frac{1}{2\pi}\int_{0}^{2\pi}\frac{1}{4a^2}\int_{-a}^{a}\int_{-a}^{a} f(z + e^{it} + x + iy)\,dxdydt$$

$$= \frac{1}{4a^2}\int_{-a}^{a}\int_{-a}^{a}\frac{1}{2\pi}\int_{0}^{2x} f(z + x + iy + e^{it})\,dtdxdy$$

$$= \frac{1}{4a^2}\int_{-a}^{a}\int_{-a}^{a} f(z + x + iy)\,dxdy = g(z) \tag{1}$$

显然 g 是一致连续的,因此存在一个正函数 δ 使得

$$\lim_{\varepsilon \to 0} \delta(\varepsilon) = 0$$

并且,对每一个 $z, z' \in \mathbb{R}^2 = \mathbb{C}$ 成立

$$|g(z) - g(z')| \leq \delta(|z - z'|) \tag{2}$$

现在设 $\mathcal{G}$ 是所有满足平均值性质 (1) 和光滑性 (2)(其中的 δ 我们现在认为是固定的)的函数 $g: \mathbb{R}^2 \to [0,1]$ 的集合. $\mathcal{G}$ 是由一致有界和等同连续的函数组成的,因此 $\mathcal{G}$ 关于一致模是紧致的. 因而,泛函 $g(1) - g(0)$ 在 $\mathcal{G}$ 中在某个 g_0 达到其上确界 α. 由于 $\mathcal{G}$ 显然是平移不变和旋转不变的,因此我们就可以推出对每个 $\mathcal{G}$ 中的 g 和每个使得 $|z - z'| = 1$ 的 z, z',不等式

$$|g(z) - g(z')| \leq \alpha \tag{3}$$

成立. 但是那样,对 g_0 应用平均值性质 (1),我们就得出

$$\alpha = g_0(1) - g_0(0) = \frac{1}{2\pi} \int_0^{2\pi} (g_0(1 + e^{it}) - g_0(e^{it})) \, dt \leq \frac{1}{2\pi} \int_0^{2\pi} \alpha \, dt = \alpha$$

根据函数的连续性,上式只可能在积分号下处处取等式的条件下成立,即

$$g_0(1 + e^{it}) - g_0(e^{it}) \equiv \alpha$$

特别,$g_0(2) - g_0(1) = \alpha$.

对上面的等式应用同样的过程可以推出 $g_0(3) - g_0(2) = \alpha$,一般地,对 $k = 1, 2, \cdots$ 有 $g_0(k + 1) - g_0(k) = \alpha$. 把这些等式加起来就得出 $g_0(n) - g_0(0) = n\alpha$,由 g_0 的有界性就得出必须有 $\alpha = 0$.

回到 (3) 这表明对每一个 $\mathcal{G}$ 中的 g 和 $|z - z'| = 1$,我们有 $g(z) = g(z')$. 但是对于平面上的任意两个点,我们都可用一个相邻的点的距离等于 1 的链将这两个点连接起来,因此我们就可以得出,$\mathcal{G}$ 中的每个函数都是常数,因而函数 g_a 也是常数,由于它也是 $\mathcal{G}$ 的成员. 这就证明了我们的断言.

注记

1. 如果我们只假设 f 的非负性,结论仍然成立. 这是 H. Shockey 和 J. Deny 的结果.

2. 这个命题是下述事实的加强,这个事实就是平面上的一个有界的和调和的函数是一个常数,调和函数是在每个圆(不只是半径为 1 的圆)上都具有平

240

均值性质的函数.

3. 此命题是下述众所周知的问题的连续版本,这个问题也可用上述的路线解决. 这个问题就是,如果我们将 $[0,1]$ 中的数字写成平面上的格点,使得每个数字等于 4 个相邻数字的平均值,那么所有的数字都是相同的.

问题 F. 39 设 V 是 $C[0,1]$ 的有限维子空间,使得每个非零的 $f \in V$ 都在某个点达到正值. 证明存在一个在 $[0,1]$ 上严格正的并且正交于 V 的多项式 P,这就是说对每个 $f \in V$ 都成立

$$\int_0^1 f(x)P(x)\,\mathrm{d}x = 0$$

解答

设 $f_1,\cdots,f_k$ 是 V 的基,并定义一个映射如下 $f:[0,1] \to \mathbb{R}^k, f(x) = (f_1(x),\cdots, f_k(x))$,又设 $\lambda = (\lambda_1,\cdots,\lambda_k)$,那么

$$\boldsymbol{\lambda}^\mathrm{T} f(x) = \sum \boldsymbol{\lambda}_i f_i(x) \in V$$

因此,存在一个 $x \in [0,1]$ 使得

$$\boldsymbol{\lambda}^\mathrm{T} f(x) > 0$$

那就是说,如果 L 是任意一个包含原点的半空间,那么对某个 $x, f(x)$ 是 L 的内点,因此原点被包含在

$$\{f(x) \mid x \in [0,1]\}$$

的凸包中.

但是由此就可以推出,存在一个 $\varepsilon > 0$ 使得上述集合包含以原点为中心,ε 为半径的球. 我们考虑形如

$$(\varepsilon e_1,\cdots,\varepsilon e_k)$$

的点,其中 $e_i = \pm 1$. 对任意选定的一组 $e_1,\cdots,e_k$ 的值,存在数 $c_1 \geqslant 0,\cdots,c_{k+1} \geqslant 0, \sum c_i = 1, x_1,\cdots,x_{k+1} \in [0,1]$,使得

$$\sum c_j f_i(x_j) = \varepsilon e_i$$

首先用正函数对分布 $\sum_j c_j \delta_{x_j}$ 逼近,然后用多项式对这些函数逼近,我们得出,存在一个严格正的多项式 p 使得

241

$$\left| \sum c_j f_i(x_j) - \int_0^1 f_i(x) p(x) \mathrm{d}x \right| < \frac{\varepsilon}{2}$$

现在设 $J \subseteq \{1, \cdots, k\}$，我们选数 e_j 如下

如果 $i \in J$，那么令 $e_i = 1$；如果 $i \notin J$，那么令 $e_i = -1$.

并设 p_J 是对应于这一选择的多项式，那么就有

$$\int p_J f_i > \frac{\varepsilon}{2}, i \in J$$

以及

$$\int p_J f_i < -\frac{\varepsilon}{2}, i \notin J$$

因此对空间 $\mathbb{R}^k$ 的每个象限，都存在一个形如

$$\left(\int p_J f_1, \cdots, \int p_J f_k \right)$$

的点，原点属于这些点的凸包. 那就是说，存在 $d_J > 0$ 使得

$$\int \left(\sum_J d_J p_J \right) f_i = 0, i = 1, \cdots, k$$

同时多项式 $\sum_J d_J p_J$ 在 $[0,1]$ 上是严格正的.

注记 更多的信息可见 A. Pinkus, and V. Totik, One – sided L1 – approximation, Can. Bull. Math., 25 (1986), 84 – 90.

问题 F.40 设 $D = \{z \in \mathbb{C} : |z| < 1\}$ 和 $B = \{w \in \mathbb{C} : |w| = 1\}$. 证明如果对函数 $f: D \times B \to \mathbb{C}$，对所有的 $z \in D, w \in B$ 成立

$$f\left(\frac{az+b}{\bar{b}z+\bar{a}}, \frac{aw+b}{\bar{b}w+\bar{a}} \right) = f(z,w) + f\left(\frac{b}{\bar{a}}, \frac{aw+b}{\bar{b}w+\bar{a}} \right) \tag{1}$$

并且对 $a, b \in \mathbb{C}$ 成立 $|a|^2 = 1 + |b|^2$，那么存在一个函数 $L: [0, \infty) \to \mathbb{C}$，对所有的 $p, q > 0$ 满足对所有的 $p, q > 0$，有

$$L(pq) = L(p) + L(q)$$

使得对所有的 $z \in D, w \in B, f$ 可被表示成

$$f(z,w) = L\left(\frac{1 - |z|^2}{|w - z|^2} \right)$$

解答

242

首先我们证明,如果 f 满足方程(1),那么存在一个 $\varphi:D \to \mathbb{C}$ 使得

$$f(z,w) = \varphi(z\overline{w}), \quad (z,w) \in D \times B \tag{2}$$

$$\varphi\left(\frac{t(1-s) + s(1-\bar{s})}{t\bar{s}(1-s) + 1 - \bar{s}}\right) = \varphi(t) + \varphi(s), t,s \in D \tag{3}$$

对 $(z,w) \in D \times B, b = 0$ 和 $a \in \mathbb{C}$,设 $a^2 = \overline{w}$,那么从(1)得出

$$f(z\overline{w},1) = f(z,w) + f(0,1) \tag{4}$$

令 $z = 0, w = 1$ 得 $f(0,1) = 0$,因此得出对以下函数 $\varphi:D \to \mathbb{C}$

$$\varphi(z) = f(z,1), \quad z \in D$$

式(2),(4)成立.

利用式(2)从式(1)得出

$$\varphi\left(\frac{az + b}{bz + a} \cdot \frac{\overline{aw} + \overline{b}}{b\overline{w} + a}\right) = \varphi(z\overline{w}) + \varphi\left(\frac{b}{a} \cdot \frac{\overline{aw} + \overline{b}}{b\overline{w} + a}\right) \tag{5}$$

其中

$$(z,w) \in D \times B, \quad |a|^2 = 1 + |b|^2$$

设 $t,s \in D$,在式(5)中做代换

$$a = \frac{1}{\sqrt{1 - |s|^2}}, \quad b = as, \quad w = \frac{1-s}{1-\bar{s}}, \quad z = tw$$

那么从事实 $\dfrac{\overline{aw} + \overline{b}}{b\overline{w} + a} = 1$ 得出式(3).

设 $A = \{u \in \mathbb{C} : \text{Re } u > 0\}$ 以及

$$\psi(u) = \varphi\left(\frac{u-1}{u+1}\right), \quad u \in A \tag{6}$$

对 $(u,v) \in A$,做替换 $t = \dfrac{u-1}{u+1}, s = \dfrac{v-1}{v+1}$,从式(3)得出

$$\psi(u\text{Re } v + i\text{Im } v) = \psi(u) + \psi(v), \quad u,v \in A \tag{7}$$

下面,我们将证明

$$\psi(u) = \psi(\text{Re } u), \quad u \in A \tag{8}$$

设 $x \in (0, +\infty), y \in \mathbb{R}$,那么从式(7)得出

$$\psi(1 + 2iy) = \psi((1+iy)1 + iy) = \psi(1 + iy) + \psi(1 + iy) = 2\psi(1 + iy)$$

和

$$\psi(1+2\mathrm{i}y) = \psi(2) + \psi(1+2\mathrm{i}y) - \psi(2) = \psi(2+2\mathrm{i}y) - \psi(2)$$
$$= \psi((1+\mathrm{i}y)2) - \psi(2) = \psi(1+\mathrm{i}y) + \psi(2) - \psi(2) = \psi(1+\mathrm{i}y)$$

因此 $\psi(1+\mathrm{i}y) = 0$,从式(7)就得出

$$\psi(x+\mathrm{i}y) = \psi(x \cdot 1 + \mathrm{i}y) = \psi(x) + \psi(1+\mathrm{i}y) = \psi(x)$$

最后,设 $L(p) = \psi(p), p \in (0, +\infty)$,那么从(6)就得出

$$L(pq) = L(p) + L(q), \quad p, q \in (0, +\infty)$$

另一方面,从式(2),(6)和(8)又得出对所有的 $(z,w) \in D \times B$ 成立

$$f(z,w) = \varphi(z\overline{w}) = \psi\left(\frac{1+z\overline{w}}{1-z\overline{w}}\right) = \psi\left(\mathrm{Re}\,\frac{1+z\overline{w}}{1-z\overline{w}}\right)$$
$$= \psi\left(\frac{1-|z|^2}{|w-z|^2}\right) = L\left(\frac{1-|z|^2}{|w-z|^2}\right)$$

问题 F.41 证明遍历素数求和的级数 $\sum_p c_p f(px)$ 对任意限制在 $[0,1]$ 并属于 $L^2[0,1]$ 的 1 – 周期函数 f 在 $L^2[0,1]$ 中是无条件收敛的充分必要条件是 $\sum_p |c_p| < \infty$.(无条件收敛是指级数在任意重排下收敛.)

解答

设 $f_p(x) = f(px)$.首先设方程中的和是有限的.由于我们有 $\|f_p\| = \|f\|$,其中 $\| \cdot \|$ 表示 $L^2[0,1]$ 模,我们就得出

$$\sum \|c_p f_p\| \leqslant \sum c_p \|f_p\| = \|f\| \sum |c_p| < \infty$$

因此,$L^2[0,1]$ 的完备性就蕴含 $\sum c_p f_p$ 在任意重排下都是收敛的.

反过来,设 $\sum |c_p|$ 是发散的.设 A_p 表示保范算子 $f \to f_p$.如果 δ 表示一个任意的实数,那么就存在一个素数的有限子集 $p_i, i \in I$,使得 $\left| \sum_{i \in I} c_{p_i} \right| > \delta$.设 $S_I = \sum_{i \in I} c_{p_i} A_{p_i}$ 以及 $H = \{ \prod_{i \in J} p_i : J \subseteq I \}$.如果 $n \in H$,那么设 $J_n = \{ i \in I : p_i \mid n \}$,$\overline{n} = \prod \{ p_i : i \in I \backslash J_n \}, v_n = \sum \{ c_p : p \in J_n \}$.

考虑函数 $\mathrm{e}^{2\pi \mathrm{i}nt} \in L^2[0,1], n \in H$.这些函数构成一个正交系并且 $A_p(\mathrm{e}^{2\pi \mathrm{i}nt}) = \mathrm{e}^{2\pi \mathrm{i}npt}$.函数 $\sum_{n \in H} \mathrm{e}^{2\pi \mathrm{i}nt}$ 具有范数 $2^{\frac{|H|}{2}}$.对这个函数应用算子 S_I,那么对 n

$\in H$, 在所得的函数中如果对某个 $i \in I, lp_i = n, \mathrm{e}^{2\pi int}$ 的系数是 $\sum\limits_{p_i|n} c_{p_i}$, 否则是 0.

因此, 这个系数恰等于 v_n, 因而

$$\| S_I (\sum_{n \in H} \mathrm{e}^{2\pi int}) \|^2 \geqslant \sum_{n \in H} v_n^2 = \frac{1}{2} \sum_{n \in H} (v_n^2 + v_{\bar{n}}^2)$$

$$\geqslant \frac{1}{4} \sum_{n \in H} (v_n + v_{\bar{n}})^2 = 2^{|H|-2} (\sum_{n \in I} c_{p_i})^2$$

那就是说

$$\| S_I \| \geqslant \frac{1}{2}\delta$$

由 δ 的任意性, 我们可以构成某个算子的序列 S_{I_k}, 其中 $I_1 \subseteq I_2 \subseteq \cdots$ 是正整数的子集的递增序列. 这些子集的并包含每个正整数使得当 $k \to \infty$ 时 $\| S_{I_k} \|$ $\to \infty$. 因此由 Banach – Steinhaus 定理可知, 存在一个 f 使得序列 $S_{I_k}(f)$, $k = 1$, $2, \cdots$ 在 $L^2[0,1]$ 中不收敛, 这就证明了条件的必要性.

问题 F.42 设 $a_0 = 0, a_1, \cdots, a_k$ 和 $b_0 = 0, b_1, \cdots, b_k$ 是任意实数. 证明

(a) 对所有充分大的 n, 存在次数至多为 n 的多项式 p_n, 使得

$$p_n^{(i)}(-1) = a_i, \quad p_n^{(i)}(1) = b_i \quad (i = 0,1,\cdots,k) \tag{1}$$

$$\max_{|x| \leqslant 1} | p_n(x) | \leqslant \frac{c}{n^2} \tag{2}$$

其中常数 c 仅依赖于 a_i, b_i.

(b) 一般来说, 不可能用下式

$$\lim_{n \to \infty} n^2 \max_{|x| \leqslant 1} | p_n(x) | = 0 \tag{3}$$

代替式 (2).

解答

我们来寻找形如

$$p_n(x) = \frac{1}{n^2} \sum_{s=0}^{2k+1} c_{s,n} T_{(2m+1)s}(x) \tag{4}$$

的多项式 p_n, 其中

$$m = \left[\frac{n}{4k+2} - \frac{1}{2} \right] \quad (n > 4k-1) \tag{5}$$

而 $T_j(x) = \cos(j\arccos x)$ 是 j 次的 Chebyshev 多项式,那么 p_n 的次数至多是 n,而条件(1)导致方程组

$$\sum_{s=0}^{2k+1} c_{s,n} T_{(2m+1)s}^{(i)}(-1) = a_i n^2, \quad \sum_{s=0}^{2k+1} c_{2s,n} T_{(2m+1)s}^{(i)}(1) = b_i n^2 \quad (i = 0, \cdots, k) \quad (6)$$

我们将要证明,对足够大的 n,方程组(6)有唯一的解.

首先,由于 $T_j^{(i)}(-1) = (-1)^{i+j} T_j^{(i)}(1)$,从(6)通过加法我们可得出条件

$$\sum_{s=0}^{k} c_{2s,n} T_{2(2m+1)s}^{(i)}(-1) = \frac{(-1)^i a_i + b_i}{2} n^2 \quad (i = 0, \cdots, k) \quad (7)$$

如果我们对关于 Chebyshev 多项式的众所周知的微分方程

$$(1 - x^2) T_j''(x) - x T_j'(x) + j^2 T_j(x) = 0$$

微分 $(i-1)$ 次,然后用 $x = 1$ 代入,我们就得出

$$T_j^{(i)}(1) = \frac{j^2 - (i-1)^2}{2i - 1} T_j^{(i-1)}(1) = \cdots = \frac{j^2 (j^2 - 1) \cdots (j^2 - (i-1)^2)}{(2i - 1)!!}$$

$$= \frac{j^{2i}}{(2i - 1)!!} + O(j^{2i-2}), \quad i = 1, \cdots, k; j \to \infty$$

从上面的方程和(5)就得出方程(7)取形式

$$\sum_{s=0}^{k} c_{2s,n} \{ s^{2i} + O(n^{-2}) \} = \frac{(-1)^i a_i + b_i}{2^{2i}(2m+1)^{2i}} (2i - 1)!! n^2 \quad (i = 0, \cdots, k) \quad (8)$$

现在令 $n \to \infty$,那么取极限后(8)就成为(记住 $a_0 = b_0 = 0$)

$$\sum_{s=0}^{k} c_{2s} s^{2i} = \frac{b_1 - a_1}{2} (2k + 1) \delta_{i1} \quad (i = 0, \cdots, k)$$

由于上面的方程组的行列式是元素为 $1^2, 2^2, \cdots, k^2$ 的 Vandermonde 行列式,显然不为 0,因此上面的方程组有唯一解. 因此对充分大的 n,式(8)有唯一解并且 $c_{2s,n} = O(1)$, $s = 0, \cdots, k$. 同理,从式(6)得出 $c_{2s+1,n} = O(1)$, $s = 0, \cdots$, k. 因此,只要我们选择 c 充分大,使得 $c \geq \sum_{s=0}^{2k+1} |c_{s,n}|$,式(4)就满足式(2).

一般来说,式(3)不可能总是成立,由于从 Markov 不等式

$$\max_{x \in [-1,1]} |p_n'| \leq n^2 \max_{x \in [-1,1]} |p_n|$$

我们可以看出式(3)蕴含

$$\lim_{n \to \infty} \max_{|x| \leq 1} |p_n'(x)| = 0 |$$

246

除非 $a_1 = 0$ 并且 $b_1 = 0$，这将得出矛盾.

问题 F. 43 设 f 和 g 都是连续的实函数，并且设 $g \not\equiv 0$ 是紧支的. 证明存在一个 g 的平移的线性组合序列，它在 $\mathbb{R}$ 的紧子集的并上一致收敛到 f.

解答

设 $\{g_n\}$ 是 g 的平移的线性组合构成的序列，这种平移的线性组合对 $x \in [-n, n]$ 满足 $|g_n(x) - f(x)| \leqslant \dfrac{1}{n}$，那么这个序列在实直线的每个紧支子集上一致收敛到 f. 因此，只需验证任意 f 都可在任意的闭区间 I 上被 g 的平移的线性组合足够好地逼近即可.

假设不然，并且 I 是一个使得 g 的平移的凸包在 $C(I)$ 上不稠密的闭区间. 那么根据 Hahn – Banach 定理就存在一个线性泛函 $L \in C^*(I)$，它在每个 g 的平移上等于 0. 根据 Riesz 表示定理，L 恒同于一个关于支集为 I 的带符号的测度 μ 的积分. 设 $h(x) = g(-x)$，那么

$$(h * \mathrm{d}\mu)(t) = \int_{-\infty}^{\infty} h(t - x)\mathrm{d}\mu(x) = \int_{-\infty}^{\infty} g(x - t)\mathrm{d}\mu(x) = \int_{-n}^{n} g(x - t)\mathrm{d}\mu(x) = 0$$

对上式做 Fourier 变换（由于 h 和 μ 都具有紧支集，因此这是可以做到的），我们求出 $\mathcal{F}(h) \cdot \mathcal{F}(\mu) \equiv 0$. 然而函数 $\mathcal{F}(h)$ 和 $\mathcal{F}(\mu)$ 都是解析的，因此它们之一必须恒等于 0，由于 h 和 μ 都不恒等于 0，这就得出矛盾. 这一矛盾便证明了问题中的命题.

问题 F. 44 设 $x : [0, \infty) \to \mathbb{R}$ 是可微函数，在 $[1, \infty)$ 上满足

$$x'(t) = -2x(t)\sin^2 t + (2 - |\cos t| + \cos t)\int_{t-1}^{t} x(s)\sin^2 s\,\mathrm{d}s$$

证明 x 在 $[0, \infty)$ 上是有界的，并且 $\lim\limits_{t \to \infty} x(t) = 0$.

如果把上述条件改成 $x : [0, \infty) \to \mathbb{R}$ 是可微函数，在 $[1, \infty)$ 上满足

$$x'(t) = -2x(t)t + (2 - |\cos t| + \cos t)\int_{t-1}^{t} x(s)\,\mathrm{d}s$$

那么上述结论是否仍然成立？

解答

考虑方程

$$x'(t) = -2a(t)x(t) + (2 - |\cos t| + \cos t)\int_{t-1}^{t} a(s)x(s)\,ds$$

其中 $a(t) \geqslant 0$ 是一个连续函数. 如果 $x(t)$ 是上述方程的解, 那么我们来估计 $|x(t)|$ 的上右导数 $D^+|x(t)|$:

$$D^+|x(t)| \leqslant -2a(t)|x(t)| + (2 - |\cos t| + \cos t)\int_{t-1}^{t} a(s)|x(s)|\,ds$$

$$= -2a(t)|x(t)| + 2\int_{t-1}^{t} a(s)|x(s)|\,ds -$$

$$(|\cos t| - \cos t)\int_{t-1}^{t} a(s)|x(s)|\,ds$$

$$= -2\Big(\int_{-1}^{0} a(t)|x(t)|\,ds - \int_{-1}^{0} a(t+s)|x(t+s)|\,ds\Big) -$$

$$(|\cos t| - \cos t)\int_{t-1}^{t} a(s)|x(s)|\,ds$$

$$= -2\frac{d}{dt}\int_{-1}^{0}\int_{t+s}^{t} a(u)|x(u)|\,du\,ds -$$

$$(|\cos t| - \cos t)\int_{t-1}^{t} a(s)|x(s)|\,ds$$

因此

$$D^+\Big(|x(t)| + 2\int_{-1}^{0}\int_{t+s}^{t} a(u)|x(u)|\,du\,ds\Big)$$

$$\leqslant -(|\cos t| - \cos t)\int_{t-1}^{t} a(s)|x(s)|\,ds \tag{1}$$

由于式(1)的右边是非正的, 所以函数

$$|x(t)| + 2\int_{-1}^{0}\int_{t+s}^{t} a(u)|x(u)|\,du\,ds \tag{2}$$

是递减的, 因此 $|x(t)|$ 是有界的.

对 $k = 0, 1, \cdots$, 设 $H_k = [(2k+1)\pi - 1, (2k+1)\pi + 1]$. 我们证明

$$\max_{t \in H_k}\int_{t-1}^{t} a(s)|x(s)|\,ds \to 0 \quad (k \to \infty) \tag{3}$$

假设式(3)不成立, 那么就存在一个 $\alpha > 0$, 使得 $t_n \in \bigcup_{k=0}^{\infty} H_k, t_n \to \infty$, 并且

$$\int_{t_n-1}^{t_n} a(s)|x(s)|\,ds \geqslant \alpha$$

248

那么,下面的两个不等式

$$\int_{t_n-1}^{t_n-1/2} a(s) \mid x(s) \mid \mathrm{d}s \geqslant \alpha/2, \int_{t_n-1/2}^{t_n} a(s) \mid x(s) \mid \mathrm{d}s \geqslant \alpha/2$$

之中,至少有一个成立. 由于在区间 $H_k = \left[(2k+1)\pi - \dfrac{3}{2}, (2k+1)\pi + \dfrac{3}{2} \right]$ 上,

$\mid \cos t \mid - \cos t > 0$,因此存在一个 $\beta > 0$ 使得在包含 t_n 的长度为 $\dfrac{1}{2}$ 的区间的每

个点处有

$$(\mid \cos t \mid - \cos t) \int_{t-1}^{t} a(s) \mid x(s) \mid \mathrm{d}s > \beta$$

然而,这和式(1) 蕴含

$$\mid x(t) \mid + 2 \int_{-1}^{0} \int_{t+s}^{t} a(u) \mid x(u) \mid \mathrm{d}u \mathrm{d}s \to -\infty \quad (t \to \infty)$$

这是不可能的. 因此式(3) 成立.

从式(3) 就得出

$$\max_{t \to H_k} \int_{-1}^{0} \int_{t+s}^{t} a(u) \mid x(u) \mid \mathrm{d}u \mathrm{d}s \to 0, k \to \infty \tag{4}$$

利用式(4) 和式(2) 中函数的单调性和非负性,我们可以看出,要证明

$x(t)$ 在无穷远处的极限的存在性,只需证明存在集合 $\bigcup\limits_{k=0}^{\infty} H_k$ 中的点的序列 $\{t_n\}$

使得当 $n \to \infty$ 时 $t_n \to \infty$,$x(t_n) \to 0$ 即可. 如果不存在这样的序列,那么将存在

一个 $k_0 \in \mathbb{N}$ 和一个 $\gamma > 0$ 使得对每个 $t \in H_k$ 和 $k \geqslant k_0$ 有 $\mid x(t) \mid > \gamma$. 然而,

无论 $a(t) = \sin^2 t$ 还是 $a(t) = t$,这都与式(3) 矛盾.

这就证明了问题中的断言,如果我们使用问题下半部分的方程,我们便可

得到同样的结论也成立.

问题 F.45 设 $c > 0, c \neq 1$ 是一个实数,对 $x \in (0,1)$,定义函数

$$f(x) = \prod_{k=0}^{\infty} (1 + cx^{2^k})$$

证明极限

$$\lim_{x \to 1-0} \frac{f(x^3)}{f(x)}$$

不存在.

解答

用反证法,假设所说的极限存在. 在一般情况下,设 S 是所有使得极限

$$\lim_{x \to 1-0} \frac{f(x^q)}{f(x)} =: g(q)$$

存在的正实数 q 的集合并设 $3 \in S$. 首先我们证明这蕴含 $S = \mathbb{R}_+$,同时我们也得出了函数 g 的确切的表达式.

注意由于

$$\lim_{x \to 1-0} \frac{f(x^2)}{f(x)} = \lim_{x \to 1-0} \frac{1}{1+cx} = \frac{1}{1+c} \tag{1}$$

所以 $2 \in S$. 此外,由代入容易验证 S 是实数域的乘法子群,即对 $q_1, q_2 \in S$ 成立

$$g(q_1 q_2) = g(q_1) g(q_2) \tag{2}$$

形如 $2^m 3^l, m, l = 0, \pm 1, \cdots$ 构成 S 的子群 S_1,S_1 在正实数集中是稠密的. (利用素数分解定理和 $\frac{\log 2}{\log 3}$ 是无理数这一事实即可得出,形如 $m \log 2 + l \log 3$ 的数是 $\mathbb{R}$ 的稠密集.)

利用 f 的单调性,可以看出,如果 $q \geq 1$,那么 $g(q) \leq 1$,而如果 $q \leq 1$,那么 $g(q) \geq 1$. 这蕴含对 $q \in S_1$ 和某个 $\gamma < 0, g(q) = q^\gamma$. 事实上设 $g(2) = a$,$g(3) = b$,并选 γ 满足 $a = 2^\gamma$. 如果 $b \neq 3^\gamma$,比如说 $b < 3^\gamma$,那么在区间 $[1, 2]$ 中选择一个数 $q = 2^m 3^l, l < 0$,使得 $\left(\frac{b}{3^\gamma}\right)^l > 1$,我们就得到一个 $q \in S_1$,其中 $q \geq 1$ 以及 $g(q) > 1$,这是不可能的. 因此,对于 $q = 2, 3, g(q) = q^\gamma$. 由此,根据群性质 (2) 就得出对所有的 $q \in S_1$ 成立同样的结论.

现在易于证明 $S = \mathbb{R}_+$,并且对每个 $q \in \mathbb{R}_+$ 有

$$g(q) = q^\gamma \tag{3}$$

事实上,如果 $q \in \mathbb{R}_+$ 是任意的,那么对任意 $\varepsilon > 0$,存在 $q_1, q_2 \in S_1$ 使得

$$q_1 < q < q_2, 1 \leq \frac{g(q_1)}{g(q_2)} < 1 + \varepsilon$$

但是 f 的单调性蕴含

$$g(q_1) \geq \limsup_{x \to 1-0} \frac{f(x^q)}{f(x)} \geq \liminf_{x \to 1-0} \frac{f(x^q)}{f(x)} \geq g(q_2)$$

250

而且只要我们取 ε 充分小,上式中的左边和右边就都可以任意接近 q^γ,这就对所有的 q 验证了式(3). 我们将不用到这一结论,但是显然从式(1) 可以得出

$$\gamma = -\log_2(1 + c)$$

由于

$$\lim_{x \to 1-0} \frac{(1 - x^q)^\gamma}{(1 - x)^\gamma} = q^\gamma$$

我们可以从式(3) 推出 f 具有以下形式

$$f(x) = (1 - x)^{-\rho}L(x) \tag{4}$$

(其中 $\rho = -\gamma$) 而 L 在下述意义下是慢变的,对每个 $q > 0$

$$\lim_{x \to 1-0} \frac{L(x^q)}{L(x)} = 1$$

设

$$f(x) = \sum_{k=0}^{\infty} a_k x^k \quad (0 < x < 1)$$

以及 $s_n = \sum_{k=0}^{n} a_k$. 由众所周知的 Tauber 定理(见 G. H. Hardy,Divergent Series, Clarendon Press, Oxford, 1989, Ch. VII, Theorem 108),我们可以从式(4) 导出对任何固定的 $q \in (0,1)$ 和某个 $p > 0$ 有

$$s_n \sim pf(q^{1/n})$$

其中 $a_n \sim b_n$ 表示比 $\dfrac{a_n}{b_n}$ 趋于 1. 然而

$$s_{2^m} = \prod_0^{m-1}(1 + c) + c = (1 + c)^m + c$$

以及

$$s_{2^m + 2^{m-1}} = (1 + c)^m + c(1 + c)^{m-1} + c^2$$

由此推出当 $m \to \infty$ 时有

$$1 + \frac{c}{1 + c} \sim \frac{s_{2^m + 2^{m-1}}}{s_{2^m}} \sim \frac{f(q^{1/(2^{m-1} \cdot 3)})}{f(q^{1/(2^{m-1} \cdot 2)})}$$

$$\sim \frac{(1 - q^{1/(2^{m-1} \cdot 3)})^{-\rho}}{(1 - q^{1/(2^{m-1} \cdot 2)})^{-\rho}} \sim \left(\frac{2 \cdot 2^{m-1}}{3 \cdot 2^{m-1}}\right)^{-\rho} \sim \left(\frac{3}{2}\right)^{\rho}$$

因此

$$1 + \frac{c}{1+c} = \left(\frac{3}{2}\right)^{\rho}$$

同时由式(1)和式(4)可以得出

$$1 + c = 2^{\rho}$$

那样 $1 + 2c = 3^{\rho}$,因此 ρ 必须满足方程

$$3^{\rho} - 2 \cdot 2^{\rho} + 1 = 0$$

此方程对 $\rho = 0$ 和 $\rho = 1$ 显然成立,但是对其他任何 ρ 都不成立,由于函数 $3^t - 2 \cdot 2^t + 1$ 在区间 $[0, \infty)$ 上是凸的. 如果 $\rho = 0$,那么 $c = 0$,而如果 $\rho = 1$,那么 $c = 1$. 而这些 c 值都是不允许的. 所得的矛盾便证明了问题中的断言.

注记　如果 $c = 1$,那么 $f(x) = \dfrac{2}{1-x}$,这时,对任意 $q > 0$,极限

$$\lim_{x \to 1-0} \frac{f(x^q)}{f(x)}$$

存在.

问题 F.46　设 f 和 g 是开的单位圆盘 D 上的全纯函数,又设

$$|f|^2 + |g|^2 \in Lip\, 1$$

证明 $f, g \in Lip\, \dfrac{1}{2}$. (称一个函数 $h: D \to \mathbb{C}$ 属于(或在)$Lip\, \alpha$ 类(中),如果对任意 $z, w \in D$,存在常数 K 使得

$$|h(z) - h(w)| \leqslant K|z - w|^{\alpha})$$

解答

我们将使用下面的 Hardy – Littlewood 定理:如果一个函数 $h: D \to \mathbb{C}$ 满足

$$|h'(z)| < \frac{M}{\sqrt{1 - |z|}} \tag{1}$$

其中 M 是一个常数,那么 $h \in Lip\, \dfrac{1}{2}$. 事实上,为了验证 Hardy – Littlewood 定理,只需证明如果 $|z - z'| \leqslant \delta < \dfrac{1}{2}$,那么

$$|f(z) - f(z')| \leqslant C\sqrt{\delta} \tag{2}$$

即可. 但是如果 $w = (1 - \delta)z, w' = (1 - \delta)z'$, 那么易于证明式(1) 蕴含

$$| f(z) - f(w) | \leqslant \int_{(1-\delta)|z|}^{|z|} \frac{M}{\sqrt{1 - t}} dt$$

$$= 2M(\sqrt{|z|} - \sqrt{(1 - \delta)|z|}) \leqslant \frac{M\delta}{\sqrt{1 - (1 - \delta)|z|}} \leqslant M\sqrt{\delta}$$

同理可证

$$| f(z') - f(w') | \leqslant C\sqrt{\delta}$$

和

$$| f(w) - f(w') | \leqslant C\sqrt{\delta}$$

从以上式子就得出(2).

我们将证明

$$| f'(z) |^2 + | g'(z) |^2 < \frac{K}{1 - | z |}$$

其中 K 是对应于 $| f |^2 + | g |^2$ 的 Lipschitz 常数. 从这一式子根据 Hardy – Littlewood 定理即可得出我们要证的命题.

设 $z \in D$ 和 $r > 0$ 是圆心在 z 并且被包含在 D 内的圆的半径. 我们在这个圆上应用 Parseval 恒等式

$$\frac{1}{2\pi}\int_0^{2\pi} | f(z + e^{i\theta}r) |^2 d\theta = \sum_{n=0}^{\infty} \left| \frac{f^{(n)}(z)}{n!} \right|^2 r^{2n} \geqslant | f(z) |^2 + | f'(z) |^2 r^2$$

或者经过移项后的形式

$$\frac{1}{2\pi}\int_0^{2\pi} (| f(z + e^{i\theta}r) |^2 - | f(z) |^2) d\theta \geqslant | f'(z) |^2 r^2$$

把 f 换成 g 应用同样的不等式后再把二者相加就得出

$$\frac{1}{2\pi}\int_0^{2\pi} ((| f(z + e^{i\theta}r) |^2 + | g(z + e^{i\theta}r) |^2) - (| f(z) |^2 + | g(z) |^2)) d\theta$$

$$\geqslant (| f'(z) |^2 + | g'(z) |^2)r^2$$

但是由于 $| f |^2 + | g |^2 \in Lip\, 1$, 所以左边的积分的模至多为 $K| e^{i\theta}r | = Kr$, 因此, 积分至多为 $2\pi Kr$. 因而

$$\frac{1}{2\pi}2\pi Kr = Kr \geqslant (| f'(z) |^2 + | g'(z) |^2)r^2$$

那也就是

$$|f'(z)|^2 + |g'(z)|^2 \leqslant \frac{K}{r}$$

由于 r 可以是小于 $1-|z|$ 的任意的数,让 r 趋于 $1-|z|$ 就得出

$$|f'(z)|^2 + |g'(z)|^2 \leqslant \frac{K}{1-|z|}$$

这就是我们要证的.

注记 $f \equiv 0, g(z) = (1-z)^{\frac{1}{2}}$ 的例子表明常数 $Lip\ \frac{1}{2}$ 是可以达到的.

问题 F.47 求出所有的函数 $f: \mathbb{R}^3 \to \mathbb{R}$,使它们满足平行四边形法则

$$f(x+y) + (x-y) = 2f(x) + 2f(y) \quad (x, y \in \mathbb{R}^3)$$

并且在 $\mathbb{R}^3$ 的单位球面上是常数.

解答

假设函数 $f: \mathbb{R}^3 \to \mathbb{R}$ 满足函数方程

$$f(x+y) + f(x-y) = 2f(x) + 2f(y) \quad (x, y \in \mathbb{R}^3) \tag{1}$$

并且在单位球面上是一个常数

$$f(u) = c, u \in \mathbb{R}^3, \|u\| = 1 \tag{2}$$

我们将借助于加性函数 $a: \mathbb{R} \to \mathbb{R}$,证明:$f$ 可以写成下面的形式

$$f(x) = a(\|x\|^2) \quad (x \in \mathbb{R}^3) \tag{3}$$

我们先证明 f 在模相等的向量上取相等的值. 因此首先设 $x, y \in \mathbb{R}^3$, $\|x\| = \|y\| < 1$. 那么存在一个向量 $z \in \mathbb{R}^3$ 使得 $\|x\|^2 + \|z\|^2 = 1 = \|y\|^2 + \|z\|^2$ 并且 $z \perp x, z \perp y$. 由 Pythagoras 定理得 $\|x+z\| = 1 = \|y+z\|$,并且由式(1) – 式(2) 得

$$2f(x) = f(x+z) + f(x-z) - 2f(z) = c + c - 2f(z)$$
$$= f(y+z) + f(y-z) - 2f(z) = 2f(y)$$

因而 $f(x) = f(y)$.

另一方面,在式(1) 中令 $y = 0$ 得

$$2f(x) = f(x+0) + f(x-0) = 2f(x) + 2f(0)$$

因此 $f(0) = 0$. 用 $y = x$ 代入就得出关系式

$$f(2\boldsymbol{x}) = f(\boldsymbol{x} + \boldsymbol{x}) + f(\boldsymbol{x} - \boldsymbol{x}) = 2f(\boldsymbol{x}) + 2f(\boldsymbol{x}) = 4f(\boldsymbol{x}) \quad (\boldsymbol{x} \in \mathbb{R}^3)$$

因而,如果对某个正数 r 和所有满足 $\|\boldsymbol{x}\| = \|\boldsymbol{y}\| < r$ 的 $\boldsymbol{x}, \boldsymbol{y} \in \mathbb{R}^3$ 有

$f(\boldsymbol{x}) = f(\boldsymbol{y})$,那么对任意满足 $\|\boldsymbol{x}'\| = \|\boldsymbol{y}'\| < 2r$ 的 $\boldsymbol{x}', \boldsymbol{y}' \in \mathbb{R}^3$,令 $\boldsymbol{x} = \dfrac{\boldsymbol{x}'}{2}$,

$\boldsymbol{y} = \dfrac{\boldsymbol{y}'}{2}$ 就得出 $\|\boldsymbol{x}\| = \|\boldsymbol{y}\| < r$,因此也就有

$$f(\boldsymbol{x}') = f(2\boldsymbol{x}) = 4f(\boldsymbol{x}) = 4f(\boldsymbol{y}) = f(2\boldsymbol{y}) = f(\boldsymbol{y}')$$

因此,由归纳法对 $\|\boldsymbol{x}\| = \|\boldsymbol{y}\|$ 的 $\boldsymbol{x}, \boldsymbol{y} \in \mathbb{R}^3$,就有 $f(\boldsymbol{x}) = f(\boldsymbol{y})$.

由上面已经证明的结论得出 $f(\boldsymbol{x})$ 仅依赖于 $\|\boldsymbol{x}\|$,或等价的,仅依赖于 $\|\boldsymbol{x}\|^2$,换句话说,存在一个函数 $a:\mathbb{R} \to \mathbb{R}$ 使得

$$f(\boldsymbol{x}) = a(\|\boldsymbol{x}\|^2) \quad (\boldsymbol{x} \in \mathbb{R}^3)$$

剩下的是验证函数 a 的加性. 固定任意 $\lambda, \mu \in \mathbb{R}_+$ 并且选择向量 $\boldsymbol{x}, \boldsymbol{y} \in \mathbb{R}^3$ 使得 $\lambda = \|\boldsymbol{x}\|^2, \mu = \|\boldsymbol{y}\|^2$ 并且 $\boldsymbol{x} \perp \boldsymbol{y}$. 那样,根据(1)和 Pythagoras 定理就有

$$2a(\lambda) + 2a(\mu) = 2a(\|\boldsymbol{x}\|^2) + 2a(\|\boldsymbol{y}\|)^2 = 2f(\boldsymbol{x}) + 2f(\boldsymbol{y})$$
$$= f(\boldsymbol{x} + \boldsymbol{y}) + f(\boldsymbol{x} - \boldsymbol{y}) = a(\|\boldsymbol{x} + \boldsymbol{y}\|^2) + a(\|\boldsymbol{x} - \boldsymbol{y}\|^2)$$
$$= a(\|\boldsymbol{x}\|^2 + \|\boldsymbol{y}\|^2) + a(\|\boldsymbol{x}\|^2 + \|\boldsymbol{y}\|^2) = 2a(\lambda + \mu)$$

因而 a 在 $\mathbb{R}_+$ 上是加性的并且我们在 $\mathbb{R}_-$ 上可以任意选择它的值. 令 $a(-\lambda) = -a(\lambda), \lambda \in \mathbb{R}_+$,我们就得出所需的加性函数.

反过来,简单地代入证明形如(3)的函数是问题(1),(2)的解.

注记

1. 如果我们仅对满足 $\|\boldsymbol{y}\| = 1$ 的 $\boldsymbol{y}$ 假设(1),则得到相同的解. 更一般的,考虑维数至少为 3 的实内积空间中的向量. 当然,在这种情况下,我们会遇到额外的一些本质上的困难.

2. 事实证明,二维情况是更加困难的. 在这种情况下,问题(1),(2)是否有适合的不同于(3)的解是一个开放的问题.

问题 F.48 对任意固定的正整数 n,求出所有无穷次可微的函数 $f:\mathbb{R}^n \to \mathbb{R}$,使得它满足下面的偏微分方程组

$$\sum_{i=1}^{n} \partial_i^{2k} f = 0 \quad (k = 1, 2, \cdots)$$

解答

设 $n \in \mathbb{N}$ 并对无限次可微的未知函数 $f\colon \mathbb{R}^n \to \mathbb{R}$ 考虑偏微分方程组

$$\sum_{i=1}^n \partial_i^{2k} f = 0 \quad (k = 1, 2, \cdots) \qquad (1/n)$$

显然解的偏导数的任意线性组合仍然是解. 我们证明存在一个通解使得所有的解都是这个通解的偏导数的线性组合. 首先, 我们给出以下重要观察:

引理 1 如果 f 是系统 $(1/n)$ 的解, 那么 $\partial_i^{2n} f = 0 (i = 1, 2, \cdots, n)$, 因此 f 是每个变量的不高于 $2n - 1$ 次的多项式.

引理 1 的证明 对可交换的偏微分算子 $\partial_1^2, \partial_2^2, \cdots, \partial_n^2$, 考虑幂的和

$$P_k = \partial_1^{2k} + \partial_2^{2k} + \cdots + \partial_n^{2k} \quad (k = 1, 2, \cdots)$$

以及初等的对称多项式

$$S_1 = \partial_1^2 + \partial_2^2 + \cdots + \partial_n^2$$

$$S_2 = \partial_1^2 \partial_2^2 + \partial_1^2 \partial_3^2 + \cdots + \partial_{n-1}^2 \partial_n^2$$

$$S_3 = \partial_1^2 \partial_2^2 \partial_3^2 + \partial_1^2 \partial_2^2 \partial_4^2 + \cdots + \partial_{n-2}^2 \partial_{n-1}^2 \partial_n^2$$

$$\cdots\cdots$$

$$S_n = \partial_1^2 \partial_2^2 \cdots \partial_n^2$$

那么微分方程可以写成如下形式

$$P_k f = 0 \quad (k = 1, 2, \cdots)$$

此外, 根据 Newton 公式有

$$P_1 - S_1 = 0$$

$$P_2 - S_1 P_1 + 2S_2 = 0$$

$$\cdots\cdots$$

$$P_n - S_1 P_{n-1} + \cdots + (-1)^{n-1} S_{n-1} P_1 + (-1)^n n S_n = 0$$

因此得出

$$S_1 f = P_1 f = 0$$

$$S_2 f = \frac{1}{2}(S_1 P_1 f - P_2 f) = 0$$

$$\cdots\cdots$$

256

$$S_n f = \frac{1}{2}(S_{n-1}P_1 f - S_{n-2}P_2 f + \cdots + (-1)^{n-1}P_n f) = 0$$

现在,对固定的 $i \in \{1,2,\cdots,n\}$ 考虑微分算子

$$P(\partial_i^2) = (\partial_i^2 - \partial_1^2)(\partial_i^2 - \partial_2^2)\cdots(\partial_i^2 - \partial_n^2)$$

$$= \partial_i^{2n} - S_1\partial_i^{2n-2} + S_2\partial_i^{2n-4} - \cdots + (-1)^n S_n$$

我们看出 $P(\partial_i^2) \equiv 0$,因此

$$\partial_i^{2n}f = S_1\partial_i^{2n-2}f - S_2\partial_i^{2n-4}f + \cdots + (-1)^{n-1}S_n f = 0$$

引理 2　设 $n \in \mathbb{N}$ 以及由以下式子的行列式定义的的函数 $Q_n:\mathbb{R}^n \to \mathbb{R}$

$$Q_n(x_1,x_2,\cdots,x_n) = \det\begin{pmatrix} x_1^{2n-1} & x_1^{2n-3} & \cdots & x_1 \\ x_2^{2n-1} & x_2^{2n-3} & \cdots & x_2 \\ \vdots & \vdots & & \vdots \\ x_n^{2n-1} & x_n^{2n-3} & \cdots & x_n \end{pmatrix}.$$

那么 $f = Q_n$ 是方程组$(1/n)$ 的解.

引理 2 的证明　我们对 n 实行归纳法.

当 $n = 1$ 时,断言是显然的

$$Q_1(x_1) = x_1, Q_1''(x_1) = 0$$

假设对 $n - 1$ 断言成立,那也就是说,假设

$$\sum_{i=1}^{n-1} \partial_i^{2k} Q_{n-1}(x_1,x_2,\cdots,x_{n-1}) = 0 \quad (k = 1,2,\cdots)$$

按第一列展开行列式

$$Q_n(x_1,x_2,\cdots,x_n) = \sum_{j=1}^{n} (-1)^{j-1} x_j^{2n-1} Q_{n-1}(x_1,\cdots,x_{j-1},x_{j+1},\cdots,x_n)$$

由此得出

$$\sum_{i=1}^{n} \partial_i^{2k} Q_n(x_1,x_2,\cdots,x_n)$$

$$= \sum_{i=1}^{n}\sum_{j=1}^{n} (-1)^{j-1} \partial_i^{2k}\left[x_j^{2n-1} Q_{n-1}(x_1,\cdots,x_{j-1},x_{j+1},\cdots,x_n)\right]$$

$$= \sum_{j=1}^{n}\left[(-1)^{j-1}\left(\frac{\mathrm{d}^{2k}}{\mathrm{d}x_j^{2k}}\right)x_j^{2n-1} Q_{n-1}(x_1,\cdots,x_{j-1},x_{j+1},\cdots,x_n)\right] +$$

$$\sum_{j=1}^{n} \left[(-1)^{j-1} x_j^{2n-1} \sum_{i \neq j} \partial_i^{2k} Q_{n-1}(x_1, \cdots, x_{j-1}, x_{j+1}, \cdots, x_n) \right]$$

根据归纳法假设,第二个和等于0. 显然,如果 $k \geqslant n$,第一个和也是0. 而对于 $k < n$,这个和等于按照下面的行列式的第一列展开

$$(2n-1)(2n-2)\cdots(2n-2k) \cdot \det \begin{pmatrix} x_1^{2n-2k-1} & x_1^{2n-3} & \cdots & x_1 \\ x_2^{2n-2k-1} & x_2^{2n-3} & \cdots & x_2 \\ \vdots & \vdots & & \vdots \\ x_n^{2n-2k-1} & x_n^{2n-3} & \cdots & x_n \end{pmatrix}$$

由于行列式的第一列和第 $k+1$ 列相同,因此也是0.

定理 当且仅当函数 $f: \mathbb{R}^n \to \mathbb{R}$ 是 Q_n 的偏导数的线性组合时,它才满足偏微分方程组 $(1/n)$.

证明 引理2表明 Q_n 满足方程组 $(1/n)$,因此它的每个偏导数以及这些偏导数的线性组合也是解.

Q_n 的凸性可以通过对 n 实行归纳法证明.

对 $n=1$,这是显然的,由于 $f'' = 0$ 蕴含

$$f(x_1) = ax_1 + b = aQ_1(x_1) + b\partial_1 Q_1(x_1)$$

假设断言对于所有不大于 n 的正整数成立,又设 f 是系统 $(1/n+1)$ 的解. 由引理1,$\partial_{n+1}^{2n+2} f = 0$,因此 $\partial_{n+1}^{2n+2} f$ 是不依赖于 x_{n+1} 的

$$\partial_{n+1}^{2n+1} f(x_1, x_2, \cdots, x_n, x_{n+1}) = \phi_0(x_1, x_2, \cdots, x_n)$$

由于任意解及其偏导数也是解,ϕ_0 满足 $(1/n+1)$,并且由于它不依赖于 x_{n+1},它也满足 $(1/n)$. 因而,根据归纳法假设,我们就有表达式

$$\phi_0(x_1, x_2, \cdots, x_n) = \sum_{\alpha} c_0^{\alpha} \partial_1^{\alpha_1} \partial_2^{\alpha_2} \cdots \partial_n^{\alpha_n} Q_n(x_1, x_2, \cdots, x_n)$$

这里 $c_0^{\alpha} \in \mathbb{R}$ ($\alpha \in \mathbb{N}_0^n$) 是适当的常数,其中只有有限多个是不等于0的. 另一方面,我们注意

$$Q_n(x_1, \cdots, x_n) = \frac{(-1)^n}{(2n+1)!} \partial_{n+1}^{2n+1} Q_{n+1}(x_1, \cdots, x_{n+1})$$

它可以看成是 Q_{n+1} 按照第一行的展开式.

258

$$Q_{n+1}(x_1, x_2, \cdots, x_{n+1}) = \sum_{k=0}^{n} x_{n+1}^{2k+1}(-1)^k D_k(n)$$

这里 $D_k(n)$ 是子式,显然,$D_n(n) = Q_n(x_1, x_2, \cdots, x_n)$.

比较上面的结果就得出

$$\phi_0 = \sum_{\alpha} c_0^{\alpha} \frac{(-1)^n}{(2n+1)!} \partial_1^{\alpha_1} \partial_2^{\alpha_2} \cdots \partial_n^{\alpha_n} \partial_{n+1}^{2n+1} Q_{n+1}$$

现在,通过下面的关系定义一个函数 $g_0: \mathbb{R}^{n+1} \to \mathbb{R}$

$$g_0 = \sum_{\alpha} c_0^{\alpha} \frac{(-1)^n}{(2n+1)!} \partial_1^{\alpha_1} \partial_2^{\alpha_2} \cdots \partial_n^{\alpha_n} \partial_{n+1}^{0} Q_{n+1}$$

显然,g_0 是 $(1/n+1)$ 的解并且 $\partial_{n+1}^{2n+1}(f - g_0) = \phi_0 - \phi_0 = 0$. 因而 $f_1 = f - g_0$ 是 $(1/n+1)$ 的解并且 $\partial_{n+1}^{2n+1} f_1 = 0$. 那样 $\partial_{n+1}^{2n} f_1$ 不依赖于 x_{n+1}:

$$\partial_{n+1}^{2n} f_1(x_1, x_2, \cdots, x_{n+1}) = \phi_1(x_1, x_2, \cdots, x_n)$$

持续这一过程,我们得出函数 $\phi_0, \phi_1, \cdots, \phi_{2n}, g_0, g_1, \cdots, g_{2n}$ 和 $f_1, f_2, \cdots, f_{2n+1}$. 这里每个函数 $g_0, g_1, \cdots, g_{2n}$ 都是 Q_{n+1} 的偏导数的线性组合. 因此根据引理 2,我们通过归纳法看出对于 $k = 1, 2, \cdots, 2n$, 函数 $f_{k+1} = f_k - g_k$ 是系统 $(1/n+1)$ 的解并且 $\partial_{n+1}^{2n-k+1} f_{k+1} = \partial_{n+1}^{2n-k+1}(f_k - g_k) = \phi_k - \phi_k = 0$. 因此,$f_{2n+1}$ 不依赖于 x_{n+1}, 那就是说

$$f_{2n+1}(x_1, x_2, \cdots, x_n, x_{n+1}) = \phi_{2n+1}(x_1, x_2, \cdots, x_n)$$

类似于上面的论述,可以证明 ϕ_{2n+1} 是 Q_{n+1} 的偏导数的线性组合. 最后,表达式

$$f = g_0 + g_1 + \cdots + g_{2n} + f_{2n+1}$$

就证明了定理.

问题 F.49 设 P 是一个所有的实根都满足条件 $P(0) > 0$ 的多项式. 证明如果 m 是一个正奇数,则对所有的实数 x 成立

$$\sum_{k=0}^{m-1} \frac{f^{(k)}(0)}{k!} x^k > 0$$

其中 $f = P^{-m}$.

解答

设

$$F(x) = \sum_{k=0}^{m-1} \frac{f^{(k)}(0)}{k!} x^k$$

并考虑多项式 $Q(x) = P^m(x) \cdot F(x)$，设 P 的次数是 n. 对 P^m 做因式分解（包括重根），我们得出 Q 的 $n \cdot m$ 个实根. 假设问题的断言不成立，则 F 也有实根，以下分两种情况讨论：

(1) F 的次数是 $m-1$，那么由于 F 的次数是偶数，所以 F 至少有两个实根.

(2) F 的次数不大于 $m-2$.

根据 Rolle 定理，在第一种情况下 Q' 至少有 $mn+1$ 个根（包括重根），而在第二种情况下，至少有 mn 个根. 由于 $P(0) \neq 0$ 和 $F(0) \neq 0$，0 根至多数一次. 由于对 $j = 1, 2, \cdots, m-1$，我们有

$$Q^{(j)}(0) = \sum_{l=0}^{j} \binom{j}{l} \left[(P^m)^{(l)}(0) \right] \left[F^{(j-l)}(0) \right]$$

$$= \sum_{l=0}^{j} \binom{j}{l} \left[(P^m)^{(l)}(0) \right] \left[f^{(j-l)}(0) \right] = (p^m \cdot f)^{(j)}(0) = 0$$

所以 0 根的重数不小于 $m-1$，因而 0 实际上是 Q' 的根. 这说明函数 $P^m \cdot f$ 等于常数 1.

因此到现在为止，至少可数出 $m-2$ 个根，因而在第一种情况下 Q' 至少有 $nm+m-1$ 个根，而在第二种情况下，至少有 $nm+m-2$ 个根. 然而由于在第一种情况下，Q' 的次数等于 $nm+m-2$，而在第二种情况下不大于 $nm+m-3$，我们就得出 Q' 恒等于 0. 因此 Q 是常数，恒等于 0，这与 $Q(0) \neq 0$ 矛盾.

因而 F 没有实根，由于 $F(0) = P^{-m}(0) > 0$，这样对所有的实数 x，我们就有 $F(x) > 0$.

问题 F.50 称实数 x 和 y 可被一条长度为 k 的 δ-链（其中 $\delta : \mathbb{R} \to (0, \infty)$ 是一个给定的函数）所连接，如果存在实数 $x_0, x_1, \cdots, x_k$ 使得 $x_0 = x, x_k = y$，且

$$|x_i - x_{i-1}| < \delta \left(\frac{x_{i-1} + x_i}{2} \right) \quad (i = 1, \cdots, k)$$

证明：对任意函数 $\delta : \mathbb{R} \to (0, \infty)$，存在一个区间，其中任意两个元素都可被一条长度等于 4 的 δ-链所连接. 同时证明不可能总是找到一个区间，使得其中任意两个元素都可被一条长度等于 2 的 δ-链所连接.

260

解答

为了证明第一个断言,我们使用 Baire 范畴定理. 选择一个正整数 n 和一个区间 I 使得 $H_n = \left\{ x : \delta(x) > \dfrac{1}{n} \right\}$ 在 I 中是稠密的. 我们也可以假设长度 $|I| < \dfrac{1}{10n}$. 设 K 是 I 的中间三分之一, 我们证明在其中任意两个元素可以通过一个长度为 4 的 δ 链连接. 设 $x, y \in K$, 如果 $c \in K \cap H_n$ 并且 $b = c + \dfrac{y - x}{2}$, 那么在 K 中以 b 为中心反射一次再接着以 c 为中心反射一次就得到平移 $x - y$. 如果我们在这两个反射之间插入一个以 a 为中心的反射, 我们就得到平移 $y - x$, 它将 x 变成 y. 通过这种方式, 我们得到了连接 x 和 y 的 δ 链, 我们只需注意以下两件事:首先, 我们要求 $a \in H_n$, 其次 $2a - x$ 应该落在 b 的 $\dfrac{\delta(b)}{2}$ 邻域中, 由于 H_n 在 I 中是稠密的, 因此这是容易实现的.

证明问题的后半部分需要更长的论证. 设 B 是所有可以用有限的二进制数写成的实数的集合. 我们指定 B 的某些点使得适当的 δ 不能通过长度至多为 2 的 δ 链连接, 并且每个区间都包含这样一对点. 为此, 设 $P = \bigcup\limits_{i=1}^{\infty} P_i$, 其中

$$P_i = \left\{ \left(\frac{-2^{2^i}}{2^{2^i}}, \frac{-2^{2^i}+2}{2^{2^i}} \right), \cdots, \left(\frac{2^{2^i}-2}{2^{2^i}} \right), \frac{2^{2^i}}{2^{2^i}} \right\}$$

我们首先以下面的方式定义适合 B 中元素的 δ. 如果 $x \in B$ 以 $\dfrac{1}{2^i}$ 结尾, 那么设 $\delta(x) = \dfrac{1}{2^{i+1}}$ (如果 x 是一个整数, 则取 $i = 0$), 那么显然 P 的点对不可能用长度为 1 的 $\delta -$ 链连接, 也不可能通过 B 的元素用长度为 2 的 $\delta -$ 链连接.

我们用以下方式把 δ 扩展到 $\mathbb{R}$ 上去. B 是 $\mathbb{R}$ 的加性子群, 因此 $\mathbb{R}$ 是形如 $a + B$ 的同余类的不相交的并. 如果 $a \notin B$, 我们在 $a + B$ 上定义 δ 使得对 $b \in a + B_i$ 以及对所有的 $(x, y) \in \bigcup\limits_{j=1}^{i} P_j$, $\delta(b)$ 的值小于 $\min\{2|x - b|, 2|y - b|\}$, 这里 $B = \bigcup\limits_{i=0}^{\infty} B_i$ 而 B_i 是由分数部分恰由 i 个数字组成. 容易看出, δ 可能用这种方式定义. 为结束证明, 我们验证对任意 $(x, y) \in P$ 和 $z \in a + B$, 数 $x, 2z, y$ 不可能构成

261

一个 δ - 链. 假设 $(x, y) \in P_j$, 那么 $\dfrac{y - x}{2} = \dfrac{1}{2^i}$, 如果 $x, 2z, y$ 构成一个 δ - 链, 那么

$$\delta\left(\frac{x}{2} + z\right) > |x - 2z| = 2\left|x - \left(\frac{x}{2} + z\right)\right|$$

但是根据 δ 的定义, 对 $j \geqslant i$ 我们又得出 $\dfrac{x}{2} + z \notin a + B_j$, 同理 $\dfrac{y}{2} + z \notin a + B_j$, 然而这样一来 $\dfrac{y - x}{2}$ 的分数部分至多含有 $i - 1$ 个数字, 这与关系式 $\dfrac{y - x}{2} = \dfrac{1}{2^i}$ 矛盾.

注记 现在还不清楚, 如果我们要求存在长度不大于 3 的 δ - 链会出现什么结果.

问题 F. 51 求出单位圆盘中的亚纯函数 ϕ 和 ψ, 使得对任何单位圆盘中的正则函数 f, 函数 $f - \phi$ 和 $f - \psi$ 中至少有一个函数有根.

解答

引入记号

$$\begin{aligned}
\kappa(z) &= \psi(z) - \phi(z) \not\equiv 0 \\
g(z) &= f(z) - \phi(z) \\
h(z) &= \frac{g(z)}{\kappa(z)}
\end{aligned}$$

验证以上函数满足下面的条件

(1) $f = h\kappa + \phi$ 是正则的.

(2) $h\kappa$ 处处不为 0.

(3) $(h - 1)\kappa$ 处处不为 0.

我们断言在单位圆盘中存在亚纯函数 ϕ 和 κ 满足如果 $|z| < 1$, 则 $\kappa(z) \neq 0$ 且使得任何 h 不可能满足上述条件. 这立即给出问题的断言.

如果我们选择 ϕ 和 κ, 使得它们的极点的位置和顺序重合, 则满足条件 (1) 蕴含 h 的正则性. 如果所有这 3 个条件都满足, 则 $h(z)$ 在 κ 的极点处的值只能为 1, 我们甚至可以通过适当地选择 κ 和 ϕ 来保证这一点. 假设极点是一阶的,

我们只需要注意,如果用$A(z_0)$和$B(z_0)$分别表示κ和ϕ在极点z_0处的留数,那么值$\dfrac{B(z_0)}{A(z_0)}$不等于-1.实际上,根据条件1就有$h(z_0) = -\dfrac{B(z_0)}{A(z_0)} \neq 1$.

因而,正则函数h在单位圆盘中不取值0和1.根据Schottky定理,可以得出$|h(z)|$保持有界限,且此上界仅依赖于$|h(0)|$和$|z|$,我们证明这是不可能的.考虑下面的函数序列

$$\phi_n = \phi = \frac{1}{z} + \frac{1}{z - \dfrac{1}{2}}$$

$$\kappa_n = \phi = \frac{(1-z)^n}{z\left(z - \dfrac{1}{2}\right)}$$

计算在两个极点处的留数值

$$A_n(0) = -2, \quad B_n(0) = 1, \quad A_n\left(\frac{1}{2}\right) = 2^{-n+1}, \quad B_n\left(\frac{1}{2}\right) = 1$$

因此,容易看出到目前为止函数都满足上述要求,然而,如果以上3个条件都满足,则$h_n(0) = \dfrac{1}{2}$以及$h_n\left(\dfrac{1}{2}\right) = -2^{n-1}$,这与Schottky定理的结论相矛盾.因此,如果n充分大,则κ_n,ϕ_n满足问题的陈述,而由它们即可得出函数$\psi_n = \kappa_n + \phi_n$.

问题 F.52 为了分割一笔遗产,n个兄弟求助于一位公正的法官(那就是说,如果法官没有被贿赂,并给出一个公正的判决,则每个兄弟都会收到$\dfrac{1}{n}$的遗产).但是,为了使判决对自己更有利,每个兄弟都想通过出一笔钱来影响法官.这样每个兄弟的遗产在下述意义下将由一个严格单调的n个变量的连续函数所描述:每个兄弟的函数是他自己所出的钱的单调递增函数,同时是任何其余兄弟所出的钱的单调递减函数.证明只要大哥出的钱不太多,那么其他人可以选择一个出钱的数目使得判决是公正的.

解答 1

用函数的说法,问题可用下述方式表述:给了定义在$[0,\infty)^n$上的连续函数

263

$$g_1(x_1,\cdots,x_n),\cdots,g_2(x_1,\cdots,x_n),\cdots,g_n(x_1,\cdots,x_n)$$

(这里 $g_j(x_1,\cdots,x_n)$ 是第 j 个兄弟所得的遗产和整个遗产的 $\dfrac{1}{n}$ 的偏差. 其中的变量表示法官判决给第一个兄弟 x_1 个单位的份额的遗产,判决给第二个兄弟 x_2 个单位的份额的遗产,等等.) 函数之和为 0 并且函数 $g_j(x_1,\cdots,x_n)$ 对变量 x_j 是严格递增的,但在对所有其他 $x_k,k \neq j$ 是严格递减的. 此外,我们知道法官最初是公正的,即 $g_j(0,\cdots,0)=0$. 我们必须证明 $a_n>0$,使得对于任何 $0 \leqslant x_n \leqslant a_n$,存在值 $x_1=x_1(x_n),\cdots,x_{n-1}=x_{n-1}(x_n)$,对于所有的 j,有 $g_j(x_1,\cdots,x_n)=0$. 我们证明更多的结论,即除了证明存在值 $x_1=x_1(x_n),\cdots,x_{n-1}=x_{n-1}(x_n)$,满足上述关系外,我们还要证明当 $x_n \to 0$ 时这些值都趋于 0.

我们对 n 实行归纳法. 对 $n=1$,已没什么需要证的了. 我们假设断言对 $n-1$ 个函数成立. 我们断定,必存在一个数 $b>0$ 使得如果 $0 \leqslant x_2,\cdots,x_n \leqslant b$ 是任意的,那么就存在一个并且仅仅一个 $y=y(x_2,\cdots,x_n)$ 满足 $g_1(y,x_2,\cdots,x_n)=0$,其中 y 是变量 $x_2,\cdots,x_n$ 的连续的严格递增的函数. 实际上,y 的唯一性可从 g_1 是关于第一个变量的严格递增函数得出. 如果 $x_2=x_3=\cdots=x_n=0$,那么我们可选 $y=0$,而 y 的其他值的存在性可如下看出:由于 $g_1(1,0,\cdots,0)>0$,因此连续性保证存在一个数 $b>0$ 使得当 $0 \leqslant x_2,\cdots,x_n \leqslant b$ 时,我们有

$$g_1(1,x_2,\cdots,x_n)>0$$

另一方面,我们又有

$$g_1(0,x_2,\cdots,x_n)<0$$

因此,仍由连续性就得出 y 的存在性. 如果 $x'_j>x_j,j \neq 1$,那么

$$g_1(y(x_2,\cdots,x'_j,\cdots,x_n),x_2,\cdots,x'_j,\cdots,x_n)=$$
$$0=g_1(y(x_2,\cdots,x_n),x_2,\cdots,x_n)>$$
$$g_1(y(x_2,\cdots,x_n),x_2,\cdots,x'_j,\cdots,x_n)$$

这说明 $y(x_2,\cdots,x_n)$ 是 x_j 的严格递减函数. 下面我们验证 y 的连续性. 由于

$$g_1(y(x_2,\cdots,x_n)-\varepsilon,x_2,\cdots,x_n)<0<g_1(y(x_2,\cdots,x_n)+\varepsilon,x_2,\cdots,x_n)$$

所以存在一个 $\delta>0$ 使得当 $|x_j-x'_j| \leqslant \delta,j=2,3,\cdots,n$ 时我们有

$$g_1(y(x_2,\cdots,x_n)-\varepsilon,x'_2,\cdots,x'_n)<0<g_1(y(x_2,\cdots,x_n)+\varepsilon,x'_2,\cdots,x'_n)$$

综上所述,这就证明了不等式

$$y(x_2,\cdots,x_n) - \varepsilon < y(x_2',\cdots,x_n') < y(x_2,\cdots,x_n) + \varepsilon$$

在有了上述准备后,考虑 $n-1$ 个函数

$$h_j(x_2,\cdots,x_n) = g_j(y(x_2,\cdots,x_n),x_2,\cdots,x_n) \quad (j = 2,\cdots,n)$$

由 y 的性质,它们是连续的,和为0并且对所有的 j 满足 $h_j(0,\cdots,0) = 0$ 的函数. 我们断言,它们是严格单调的. 实际上如果 $k \neq j$ 并且 x_k 递增,那么 $y(x_2,\cdots,x_n)$ 也递增,因此 h_j 递减. 因而,如果 x_j 递增,那么所有的 $h_k, k \neq j$ 将递减,由于 h_l 的和是0,因此 h_j 必须递增. 故这 $n-1$ 个函数 h_j 满足问题的假设. 因此由归纳法假设,存在一个 $a_n' > 0$ 使得对任意 $0 \leqslant x_n \leqslant a_n'$ 存在 $x_2 = x_2(x_n)$, $\cdots, x_{n-1} = x_{n-1}(x_n)$,对所有的 $j \geqslant 2$ 满足 $h_j(x_2,\cdots,x_n) = 0$,并且当 $x_n \to 0$ 时,这里的每一个 $x_j(x_n)$ 都趋于0. 因此存在 $\min\{a_n',b\} > a_n > 0$ 使得如果 $0 \leqslant x_n \leqslant a_n$,那么对 $j = 2,\cdots,n-1$ 就有 $0 \leqslant x_j(x_n) \leqslant b$,其中 b 是在前面的准备过程中用到的常数. 然而那样,取值

$$x_1 = x_1(x_n) := y(x_2(x_n),\cdots,x_{n-1}(x_n),x_n)$$

$$x_2 = x_2(x_n),\cdots,x_{n-1} = x_{n-1}(x_n)$$

的关系式 $g_j(x_1,\cdots,x_n) = 0$ 就必须对所有的 j 成立(对 $j = 1$,从 y 的定义可知关系式成立). 这样,我们已经证明了对 n 个函数的命题.

解答 2

设 $g_i(i = 1,2,\cdots,n)$ 是解答1中定义的函数.

设 $\boldsymbol{e}_i = (0,\cdots,0,1,0,\cdots,0)$ 是 $\mathbb{R}^n$ 中的第 i 个单位向量(第 i 个坐标是1,其余坐标是0). 由假设可知,如果 $i > 1$,则 $g_1(\boldsymbol{e}_i) < 0$. 根据 g_1 的连续性可知,存在一个数 $\varepsilon_i > 0$ 使得 $0 \leqslant x_1 < \varepsilon_i$ 蕴含 $g_1(x_1\boldsymbol{e}_1 + \boldsymbol{e}_i) < 0$. 令 $\varepsilon = \min\{\varepsilon_i : 2 \leqslant i \leqslant n\}$. 我们证明如果 $0 \leqslant x_1 < \varepsilon$,那么存在非负的数 $x_2,x_3,\cdots,x_n$ 使得对 $1 \leqslant i \leqslant n$ 成立 $g_i(x_1,x_2,\cdots,x_n) = 0$. 或者只需证明对 $i \geqslant 2$ 有 $g_i(x_1,x_2,\cdots,x_n) = 0$ 即可(回忆这些函数的和是0).

设 $0 \leqslant x_1 < \varepsilon$ 是一个任意的数,在下面,它是固定的. 令

$$G(x_2,\cdots,x_n) = \max_{2 \leqslant i \leqslant n} g_i(x_1,x_2,\cdots,x_n)$$

以及

$$H = \{(x_2, \cdots, x_n) \in \mathbb{R}^{n-1} \geq 0 : G(x_1, x_2, \cdots, x_n) \leq 0\}$$

那么:

(1) 由于如果对某个 $i \geq 2$, $x_i \geq 1$, 那么 $0 > g_1(x_1 e_1 + e_i) \geq g_1(x_1, x_2, \cdots, x_n)$, 所以 $\sum_i g_i \equiv 0$ 给出 $G(x_2, \cdots, x_n) > 0$, 因此 $H \subseteq [0,1]^{n-1}$.

(2) H 是闭的某一连续函数的水平集.

(3) 由于 $(0, 0, \cdots, 0) \in H$, 所以 H 是非空的. 由此得出, $g_1(x_1, x_2, \cdots, x_n)$ 在 H 的某个点 $(x_2^0, x_3^0, \cdots, x_n^0)$ 处取得最小值.

我们证明, 对所有的 $i \geq 2$ 有
$$g_i(x_1, x_2^0, x_3^0, \cdots, x_n^0) = 0$$

根据 H 的定义, 显然有
$$g_i(x_1, x_2^2, \cdots, x_n^0) \leq 0 \quad (i = 2, \cdots, n)$$

假设对某个 $i \geq 2$, 我们有
$$g_i(x_1, x_2^0, \cdots, x_n^0) < 0$$

那么取 x_i^0 稍微大一点, 我们仍在 H 中, 但是 g_1 的值将会变得稍微小一点, 这和 $g_1(x_1, x_2, \cdots, x_n)$ 在 $(x_2^0, x_3^0, \cdots, x_n^0)$ 处取得最小值矛盾. 这一矛盾便证明了命题.

注记

1. 容易举例说明, 如果把条件严格单调性换成较弱的单调性, 结论将不再成立.

2. 这里给出一个简单的例子, 如果 $a > 0$ 是一个任意的数, 在老大 (比如第 n 个兄弟) 同意给法官至少 a 个单位的货币的情况下不可能给出公正的判决. 设

$$g_j(x_1, \cdots, x_n) = (n-2)x_j + \frac{ax_j}{x_j + 1} - x_1 - \cdots - x_{j-1} - x_{j+1} - \cdots - x_n$$

如果 $j = 1, 2, \cdots, n-1$, 并设

$$g_n(x_1, \cdots, x_n) = (n-1)x_n - \frac{ax_1}{x_1 + 1} - \frac{ax_2}{x_2 + 1} - \cdots - \frac{ax_{n-1}}{x_{n-1} + 1}$$

问题 F.53 构造一个无穷集合 $H \subseteq C[0,1]$, 使得 H 的任意无穷子集的线

性包集在 $C[0,1]$ 中是稠密的.

解答

设 $\{g_k\}_{k=1}^\infty$ 在 $C[0,1]$ 中稠密($g_k \not\equiv 0$). 我们证明集合 $H = \{h_n\}_{n=2}^\infty$ 就满足要求,其中

$$h_n = \sum_{k=1}^\infty \left(\frac{g_k}{\|g_k\|_\infty}\right)\frac{1}{n^k}$$

设 L 是 $C[0,1]$ 中的有界线性泛函,令

$$h_L(z) = \sum_{k=1}^\infty \left(\frac{L_{g_k}}{\|g_k\|_\infty}\right)z^k$$

那么 h_L 在单位圆盘上是解析的并且 $Lh_n = h_L\left(\frac{1}{n}\right)$. 设

$$H' = \{h_{n_1}, h_{n_2}, h_{n_3}, \cdots\}$$

是 H 的无限子集并且 $L \in C[0,1]^*$ 是任何零化 H' 的泛函,那么对所有的 m 就有 $h_L\left(\frac{1}{n_m}\right) = Lh_{n_m} = 0$,因此由 h_L 的解析性得出 $h_L \equiv 0$. 所以 $Lg_k \equiv 0(k = 1, 2, \cdots)$,由此就得出 $L \equiv 0$. 然而,这恰表示 H' 的线性包集在 $C[0,1]$ 中是稠密的.

注记 自然,这一证明适用于任何可分的 Banach 空间.

问题 F.54 设 $\alpha > 0$ 是一个无理数,证明:

(1) 存在 4 个实数 a_1, a_2, a_3, a_4,使得函数 $f: \mathbb{R} \to \mathbb{R}$

$$f(x) = e^x[a_1 + a_2\sin x + a_3\cos x + a_4\cos(\alpha x)]$$

对所有充分大的 x 总是正的,并且有

$$\liminf_{x \to +\infty} f(x) = 0$$

(2) 如果 $a_2 = 0$,上述命题是否仍然成立?

解答

(1) 设

$$f(x) = e^x[2 - \cos(x - 2\pi a) - \cos\alpha x]$$

其中 a 将在下面定义.那么 $f(x) \geqslant 0$,而如果 $x = 2k\pi$ 并且 $x - 2\pi a = 2n\pi$,则 $f(x) = 0$,这里 k 和 n 是任意整数,因此 $\alpha(n + a) = k$. 假设对某个 $x' \neq x$ 还有

$f(x') = 0$,我们就得出对某两个整数 $n' \neq n$ 和 $k' \neq k$ 成立 $\alpha(n' + a) = k'$. 由关系式 $\alpha(n + a) = k$ 和 $\alpha(n' + a) = k'$ 得出 $\alpha = \dfrac{k - k'}{n - n'}$,这与 α 是无理数矛盾. 因而对所有充分大的 x,$f(x) > 0$.

选择 $a \in [0,1)$ 使得对某个正整数的序列 $\{n_k\}$ 有

$$\left| \frac{n_k}{\alpha} - a \right| \leqslant \frac{\mathrm{e}^{-n_k\pi/\alpha}}{n_k} \quad (\bmod 1)$$

这一类 a 的存在性可估计如下:设 K 是一个直径等于 1 的圆并且 $p_0 \in K$. 从 p_0 开始(在一个给定的方向上)在 K 内放置一个长度为 $\dfrac{1}{\alpha}$ 的线段 n 次得到 p_n. 用 I_n 表示 K 内的区间

$$\left[p_n - \frac{\mathrm{e}^{-n\pi/\alpha}}{n}, p_n + \frac{\mathrm{e}^{-n\pi/\alpha}}{n} \right]$$

设 $n_0 = 1$,并且设 $\{n_k\}_{k=0}^m$ 已给定. 定义 n_{m+1} 使得 $n_{m+1} > n_m$,$I_{n_{m+1}} \subseteq I_{n_m}$. 由于 $\{p_n\}_{n=k}^{\infty}$ 在 K 中稠密并且 $\dfrac{\mathrm{e}^{-\frac{n\pi}{\alpha}}}{n} \to 0 (n \to \infty)$,所以存在一个这种 n_{m+1}. 我们有 $I_{n_0} \supseteq I_{n_1} \supseteq \cdots$ 以及 $|I_n| \to 0 (n \to \infty)$. 设 $a \in \bigcap_{k=0}^{\infty} I_{n_k}$,那么

$$f\left(\frac{2n_k\pi}{\alpha} \right) = \mathrm{e}^{2n_k\pi/\alpha} \left[2 - \cos\left(\frac{2n_k\pi}{\alpha} - 2\pi a \right) - \cos 2n_k\pi \right]$$

$$= \mathrm{e}^{2n_k\pi/\alpha} \left[1 - \cos 2\pi\left(\frac{n_k}{\alpha} - a - m_k \right) \right]$$

其中 m_k 是一个满足关系

$$\left| \frac{n_k}{\alpha} - a - m_k \right| \leqslant \frac{\mathrm{e}^{-n_k\pi/\alpha}}{n_k}$$

的整数.

这样,利用不等式 $\cos u \geqslant 1 - \dfrac{u^2}{2}$ 就得出

$$f\left(\frac{2n_k\pi}{\alpha} \right) \leqslant \mathrm{e}^{2n_k\pi/\alpha} \frac{1}{2} \left[2\pi\left(\frac{n_k}{\alpha} - \alpha - m_k \right) \right]^2$$

$$\leqslant \frac{2\pi^2}{n_k^2} \to 0 \quad (k \to \infty)$$

268

因此

$$\liminf_{x \to +\infty} f(x) = 0$$

（2）我们证明当且仅当对任意 $\varepsilon > 0$，以下不等式

$$\left| \alpha - \frac{m}{n} \right| < \varepsilon \frac{\mathrm{e}^{-\pi n/2}}{n} \qquad (*)$$

对无限多个有理数 $\frac{m}{n}(m, n \in \mathbb{N})$ 成立时，在 $\mathrm{e}^x, \mathrm{e}^x \cos x, \mathrm{e}^x \cos \alpha x$ 的线性包中存在一个具有所需性质的函数. 设

$$g(x) = \mathrm{e}^x(a_1 + a_3 \cos x + a_4 \cos \alpha x)$$

是那个函数，那么必须 $a_1 = |a_3| + |a_4|$ 并且对 $i = 1, 3, 4, a_i \neq 0$. 设 $\{x_k\}$ 是一个趋于 ∞ 的序列，并且满足当 $k \to \infty$ 时 $g(x_k) \to 0$. 由于 $a_1 = |a_3| + |a_4|$，我们就有

$$x_k = \pi n_k + \delta_k, \quad \alpha x_k = \pi m_k + \Delta_k$$

其中 n_k 和 m_k 都是正整数，当 $k \to \infty$ 时，$n_k \to \infty, m_k \to \infty, \delta_k \to 0$ 以及 $\Delta_k \to 0$.
设 $\beta \in (0, 1), b = \min\{|a_3|, |a_4|\}$. 如果 k 充分大，那么

$$\beta \geqslant g(x_k) = \mathrm{e}^{\pi n_k + \delta_k}(a_1 + a_3 \cos(\pi n_k + \delta_k) + a_4 \cos(\pi m_k + \Delta_k))$$

$$= \mathrm{e}^{\pi n_k + \delta_k}(a_1 - |a_3| \cos \delta_k - |a_4| \cos \Delta_k)$$

$$= \mathrm{e}^{\pi n_k + \delta_k}\left(a_1 - |a_3| + |a_3| \frac{\delta_k^2}{2} + \sigma(\delta_k^2) - |a_4| + |a_4| \frac{\Delta_k^2}{2} + \sigma(\Delta_k^2)\right)$$

$$\geqslant \mathrm{e}^{\pi n_k - 1} \frac{1}{3}(|a_3| \delta_k^2 + |a_4| \Delta_k^2) \geqslant \mathrm{e}^{\pi n_k} \frac{b}{3\mathrm{e}}(\delta_k^2 + \Delta_k^2)$$

由于当 $u \to 0$ 时，$\cos u = 1 - \frac{u^2}{2} + o(u^2)$，因此对充分大的 k 就有

$$|\delta_k|, |\Delta_k| \leqslant \sqrt{\frac{3\mathrm{e}\beta}{b}} \mathrm{e}^{-\pi n_k/2}$$

因而

$$\left| \alpha - \frac{m_k}{n_k} \right| = \left| \frac{\pi m_k + \Delta_k}{\pi n_k + \delta_k} - \frac{m_k}{n_k} \right| = \left| \frac{\Delta_k - \frac{m_k}{n_k} \delta_k}{\left(\pi + \frac{\delta_k}{n_k}\right) n_k} \right|$$

$$\leqslant \frac{|\Delta_k| + 2\alpha |\delta_k|}{(\pi - 1)n_k} \leqslant \frac{2\alpha + 1}{\pi - 1} \sqrt{\frac{3e\beta}{b}} \frac{e^{-\pi n_k/2}}{n_k}$$

由于 $\beta \in (0,1)$ 是任意的,我们就得出对任意 $\varepsilon > 0$,关系式($*$)对无限多个有理数 $\frac{m}{n}$ 成立.

下面设 $\varepsilon > 0$ 是固定的并设关系式($*$)有无限多个有理数解 $\frac{m_k}{n_k}, m_k \in \mathbb{N},$ $n_k \in \mathbb{N}, k = 1,2,\cdots$. 如果必要,我们可以过渡到子序列,因此可设所有的 n_k 的奇偶性相同,所有的 m_k 的奇偶性也相同,并且

$$\left| \alpha - \frac{m_k}{n_k} \right| < \varepsilon \frac{e^{-\pi n_k/2}}{n_k} \quad (k = 1,2,\cdots)$$

设 $a_1 = 2$,此外还设

$$a_3 = \begin{cases} 1, \{n_k\} \text{ 的成员是奇数} \\ -1, \{n_k\} \text{ 的成员是偶数} \end{cases}$$

以及

$$a_4 = \begin{cases} 1, \{m_k\} \text{ 的成员是奇数} \\ -1, \{m_k\} \text{ 的成员是偶数} \end{cases}$$

那么,当 $x > 0$ 时,$g(x) = e^x(a_1 + a_3\cos x + a_4\cos \alpha x) > 0$ 并且对充分大的 k 成立

$$g(n_k\pi) = e^{n_k\pi}[2 + a_3\cos n_k\pi + a_4\cos \alpha n_k\pi]$$

$$= e^{n_k\pi}[1 - \cos \pi(\alpha n_k - m_k)]$$

$$= e^{n_k\pi}\left[\frac{1}{2}\pi^2(\alpha n_k - m_k)^2 + o((\alpha n_k - m_k)^2) \right]$$

$$\leqslant e^{n_k\pi}\pi^2\varepsilon^2 e^{-\pi n_k} = \varepsilon^2\pi^2$$

因此

$$\liminf_{x \to +\infty} g(x) \leqslant \varepsilon^2\pi^2$$

因而如果对任意 $\varepsilon > 0$,关系式($*$)有无限多个解,则

$$\liminf_{x \to +\infty} g(x) = 0$$

如果 α 是代数数,那么根据 Thue – Siegel – Roth 定理,对任意 $\delta > 0$,只存

270

在有限多个 $\dfrac{m}{n}$ 使得

$$\left| \alpha - \frac{m}{n} \right| < \frac{1}{n^{2+\delta}}$$

因此如果对任意 $\varepsilon > 0$，关系式（ $*$ ）有无限多个解 $\dfrac{m}{n}$，则 α 必须是超越数，显然存在那种 α. 例如设 $N > \mathrm{e}^{\frac{\pi}{2}}$ 是一个整数，$n_1 = N, n_{k+1} = N^{n_k}, k = 1,2,\cdots,$ $\alpha = \displaystyle\sum_{i=1}^{\infty} \frac{1}{n_i}$，则

$$\alpha_k = \sum_{i=1}^{k} \frac{1}{n_i} = \frac{m_k}{n_k}$$

我们就有

$$\alpha - \alpha_k < \frac{2}{n_{k+1}} = \frac{2}{N^{n_k}}$$

因此

$$\left| \alpha - \frac{m_k}{n_k} \right| < \frac{2}{N^{n_k}} = \frac{2n_k}{(Ne^{-\pi/2})^{n_k}} = \frac{\mathrm{e}^{-\pi n_k/2}}{n_k}$$

由于

$$\frac{2n_k}{(Ne^{-\pi/2})^{n_k}} \rightarrow 0 \quad (k \rightarrow \infty)$$

这就得出对任意 $\varepsilon > 0$ 和所有充分大的下标 k 有

$$\left| \alpha - \frac{m_k}{n_k} \right| < \varepsilon \frac{\mathrm{e}^{-\pi n_k/2}}{n_k}$$

问题 F.55　证明如果 $\{a_k\}$ 是一个满足以下条件的实数的序列

$$\sum_{k=1}^{\infty} \frac{|a_k|}{k} = \infty, \quad \sum_{n=1}^{\infty} \left[\sum_{k=2^{n-1}}^{2^n - 1} k(a_k - a_{k+1})^2 \right]^{\frac{1}{2}} < \infty$$

则

$$\int_0^{\pi} \left| \sum_{k=1}^{\infty} a_k \sin(kx) \right| \mathrm{d}x = \infty$$

解答

尽管条件

$$\lim_{k \to \infty} a_k = 0 \tag{1}$$

没有出现在问题的陈述中,但是由众所周知的 Cantor Lebesgue 定理可知这一条件可从级数

$$\sum_{k=1}^{\infty} a_k \sin kx \tag{2}$$

几乎处处收敛得出. 我们注意,为了应用这一定理,只需级数(2) 在一个正测度集上收敛即可. 为了便于参考,我们列出其余的条件

$$\sum_{k=1}^{\infty} \frac{|a_k|}{k} = \infty \tag{3}$$

$$\sum_{n=1}^{\infty} \left(\sum_{k=2^{n-1}}^{2^n - 1} k |\Delta a_k|^2 \right)^{1/2} < \infty \tag{4}$$

其中

$$\Delta a_k := a_k - a_{k+1} \quad (k = 1, 2, \cdots)$$

从式(4) 得出序列 $\{a_k\}$ 是有界变差的,也就是

$$\sum_{k=1}^{\infty} |\Delta a_k| < \infty \tag{5}$$

实际上,由 Cauchy 不等式得

$$\sum_{k=1}^{\infty} |\Delta a_k| = \sum_{n=1}^{\infty} \sum_{k=2^{n-1}}^{2^n - 1} |\Delta a_k|$$

$$\leqslant \sum_{n=1}^{\infty} \left(2^{n-1} \sum_{k=2^{n-1}}^{2^n - 1} k |\Delta a_k|^2 \right)^{1/2}$$

$$\leqslant \sum_{n=1}^{\infty} \left(\sum_{k=2^{n-1}}^{2^n - 1} k |\Delta a_k|^2 \right)^{1/2}$$

考虑第 n 个部分和,根据 Abel 重排公式,我们得出

$$\sum_{k=1}^{n} a_k \sin kx = \sum_{k=1}^{n} \widetilde{D}_k(x) \Delta a_k + a_{n+1} \widetilde{D}_n(x) \tag{6}$$

其中 $\widetilde{D}_n(x)$ 是共轭的 Dirichlet 核

$$\widetilde{D}_n(x) := \sum_{k=1}^{n} \sin kx = \frac{\cos \dfrac{x}{2} - \cos \left(n + \dfrac{1}{2} \right) x}{2 \sin \dfrac{x}{2}} \quad (n = 1, 2, \cdots)$$

272

引入记号

$$\overline{D}_n(x) := -\frac{\cos\left(n + \frac{1}{2}\right)x}{2\sin\frac{x}{2}} \quad (n = 0,1,\cdots)$$

那么

$$\tilde{D}_n(x) = \overline{D}_n(x) - \overline{D}_0(x) \quad (n = 0,1,\cdots; \tilde{D}_0(x) = 0)$$

从式(6) 得出

$$\sum_{k=1}^{n} a_k\sin kx = \sum_{k=1}^{n} \overline{D}_k(x)\Delta a_k - \overline{D}_0(x)\sum_{k=1}^{n} \Delta a_k + a_{n+1}\overline{D}_n(x) - a_{n+1}\overline{D}_0(x)$$

$$= \sum_{k=1}^{n} \overline{D}_k(x)\Delta a_k - a_1\overline{D}_0(x) + a_{n+1}\overline{D}_n(x)$$

$$= \sum_{k=0}^{n} \overline{D}_k(x)\Delta a_k + a_{n+1}\overline{D}_n(x)$$

这里按照惯例用到了 $a_0 := 0$ 和 $\Delta a_0 = -a_1$. 由此得出级数(2) 对每个 x 以及可能的例外 $x = 0(\bmod 2\pi)$ 收敛

$$\sum_{k=1}^{\infty} a_k\sin kx = \sum_{k=0}^{\infty} \overline{D}_k(x)\Delta a_k =: f(x) \tag{7}$$

下面,我们将应用 Sidon 型不等式:对任意整数 $n \geqslant 2$ 和数值序列 $\{b_k\}$,有

$$\int_{\pi/n}^{\pi} \Big| \sum_{k=n}^{2n-1} b_k\overline{D}_k(x) \Big|\,\mathrm{d}x \leqslant C\Big(\sum_{k=n}^{2n-1} kb_k^2 \Big)^{1/2} \tag{8}$$

其中 C 是一个正常数. 为看出此不等式,我们先应用 Cauchy-Schwarz 不等式,然后再利用函数系 $\left\{\cos\left(k + \frac{1}{2}\right)x\right\}$ 的正交性得

$$\int_{\pi/n}^{\pi} \Big| \sum_{k=n}^{2n-1} b_k\overline{D}_k(x) \Big|\,\mathrm{d}x = \int_{\pi/n}^{\pi} \left| \sum_{k=n}^{2n-1} b_k\frac{\cos\left(k + \frac{1}{2}\right)x}{2\sin\frac{x}{2}} \right|\,\mathrm{d}x$$

$$\leqslant \left(\int_{\pi/n}^{\pi}\left(\frac{\mathrm{d}x}{\left(2\sin\frac{x}{2}\right)^2}\right) \right)^{1/2} \left(\int_0^{\pi}\Big(\sum_{k=0}^{2n-1} b_k\cos\left(k + \frac{1}{2}\right)x\Big)^2\mathrm{d}x \right)^{1/2}$$

$$\leqslant Cn^{\frac{1}{2}}\Big(\sum_{k=n}^{2n-1} b_k^2 \Big)^{1/2} \leqslant C\Big(\sum_{k=n}^{2n-1} kb_k^2 \Big)^{1/2}$$

设 $s \geq 1$ 是一个整数, 根据式(7) 就得出

$$\int_{\pi 2^{-s}}^{\pi} |f(x)| \, dx \geq \sum_{j=1}^{2^s-1} \int_{\pi/(j+1)}^{\pi/j} \left| \sum_{k=0}^{j-1} \bar{D}_k(x) \Delta a_k \right| dx$$

$$\sum_{j=1}^{2^s-1} \int_{\pi/(j+1)}^{\pi/j} \left| \sum_{k=j}^{\infty} \bar{D}_k(x) \Delta a_k \right| dx := I_1 - I_2 \tag{9}$$

利用不等式

$$\left| \bar{D}_k(x) + \frac{1}{x} \right| \leq k + 1 \quad (0 < x \leq \pi; k = 0, 1, \cdots)$$

我们得出

$$I_1 \geq \sum_{j=1}^{2^s-1} \int_{\pi/(j+1)}^{\pi/j} \left| \sum_{k=0}^{j-1} \Delta a_k \right| \frac{dx}{x} - \sum_{j=1}^{2^s-1} \int_{\pi/(j+1)}^{\pi/j} \sum_{k=0}^{j-1} (k+1) |\Delta a_k| \, dx$$

$$:= I_{11} - I_{12}$$

由于

$$\ln\left(1 + \frac{1}{j}\right) \geq \frac{1}{j} - \frac{1}{j(j+1)}$$

因此根据前面的式子就得出

$$I_{11} \geq \sum_{j=1}^{2^s-1} \left(\frac{|a_j|}{j} - \frac{|a_j|}{j(j+1)} \right)$$

容易看出

$$\sum_{j=1}^{2^s-1} \frac{|a_j|}{j(j+1)} \leq \lim_{j \geq 1} |a_j| \sum_{j=1}^{\infty} \frac{1}{j(j+1)} \leq \sum_{k=1}^{\infty} |\Delta a_k|$$

因此就有

$$I_{11} \geq \sum_{j=1}^{2^s-1} \frac{|a_j|}{j} - \sum_{k=1}^{\infty} |\Delta a_k|$$

类似地有

$$I_{12} = \pi \sum_{j=1}^{2^s-1} \sum_{k=0}^{j-1} \frac{k+1}{j(j+1)} |\Delta a_k| \leq \pi \sum_{k=0}^{\infty} |\Delta a_k| \leq 2\pi \sum_{k=1}^{\infty} |\Delta a_k|$$

因此就有

$$I_1 \geq \sum_{j=1}^{2^s-1} \frac{|a_j|}{j} - (1 + 2\pi) \sum_{k=1}^{\infty} |\Delta a_k| \tag{10}$$

下面我们估计 I_2

274

$$I_2 = \sum_{l=1}^{s} \sum_{j=2^{l-1}}^{2^l-1} \int_{\pi/(j+1)}^{\pi/j} \left| \left(\sum_{k=j}^{2^l-1} + \sum_{n=l+1}^{\infty} \sum_{k=2^{n-1}}^{2^n-1} \right) \bar{D}_k(x) \Delta a_k \right| dx$$

$$\leqslant \sum_{l=1}^{s} \sum_{j=2^{l-1}}^{2^l-1} \int_{\pi/(j+1)}^{\pi/j} \left| \sum_{k=j}^{2^l-1} \bar{D}_k(x) \Delta a_k \right| dx +$$

$$\sum_{l=1}^{s} \sum_{j=2^{l-1}}^{2^l-1} \sum_{n=l+1}^{\infty} \int_{\pi/(j+1)}^{\pi/j} \left| \sum_{k=2^{n-1}}^{2^n-1} \bar{D}_k(x) \Delta a_k \right| dx =: I_{21} + I_{22}$$

利用初等不等式

$$\sin x \geqslant \frac{2}{\pi} x \quad \left(0 \leqslant x \leqslant \frac{\pi}{2} \right)$$

我们得出

$$I_{21} \leqslant \sum_{l=1}^{s} \sum_{j=2^{l-1}}^{2^l-1} \int_{\pi/(j+1)}^{\pi/j} \frac{1}{2\sin \dfrac{x}{2}} \sum_{k=2^{l-1}}^{2^l-1} | \Delta a_k | \, dx$$

$$\leqslant \sum_{l=1}^{s} \int_{\pi 2^{-l}}^{\pi 2^{-l+1}} \frac{\pi}{2x} \sum_{k=2^{l-1}}^{2^l-1} | \Delta a_k | \, dx = \frac{\pi \ln 2}{2} \sum_{k=1}^{2^s-1} | \Delta a_k |$$

现在,利用式(8) 得出

$$I_{22} = \sum_{l=1}^{s} \sum_{n=l+1}^{\infty} \int_{\pi 2^{-l}}^{\pi 2^{-l+1}} \left| \sum_{k=2^{n-1}}^{2^n-1} \bar{D}_k(x) \Delta a_k \right| dx$$

$$\leqslant \sum_{n=2}^{\infty} \sum_{l=1}^{n-1} \int_{\pi 2^{-l}}^{\pi 2^{-l+1}} \left| \sum_{k=2^{n-1}}^{2^n-1} \bar{D}_k(x) \Delta a_k \right| dx$$

$$= \sum_{n=2}^{\infty} \int_{\pi 2^{-n+1}}^{\pi} \left| \sum_{k=2^{n-1}}^{2^n-1} \bar{D}_k(x) \Delta a_k \right| dx$$

$$\leqslant C \sum_{n=2}^{\infty} \left[\sum_{k=2^{n-1}}^{2^n-1} k | \Delta a_k |^2 \right]^{1/2}$$

因此

$$I_2 \leqslant \frac{\pi \ln 2}{2} \sum_{k=1}^{2^s-1} | \Delta a_k | + C \sum_{n=2}^{\infty} \left(\sum_{k=2^{n-1}}^{2^n-1} k | \Delta a_k |^2 \right)^{1/2} \tag{11}$$

在(9)(10)(11) 的基础上,我们发现

$$\int_{\pi 2^{-s}}^{\pi} \left| \sum_{k=1}^{\infty} a_k \sin kx \right| dx \geqslant \sum_{k=1}^{2^s-1} \frac{| a_k |}{k} -$$

$$\left(1 + 2\pi + \frac{\pi \ln 2}{2} \right) \sum_{k=1}^{\infty} | \Delta a_k | - C \sum_{n=2}^{\infty} \left(\sum_{k=2^{n-1}}^{2^n-1} k | \Delta a_k |^2 \right)^{1/2}$$

根据(3)(4)和(5),由此就已经得出了我们所要的结论.

问题 F.56 设 $h:[0,\infty)\to[0,\infty)$ 是一个可测的,局部可积的函数,并令

$$H(t):=\int_0^t h(s)\,\mathrm{d}s \quad (t\geqslant 0)$$

证明如果存在常数 B,使得对所有的 t 成立 $H(t)\leqslant Bt^2$,则有

$$\int_0^\infty \mathrm{e}^{-H(t)}\int_0^t \mathrm{e}^{H(u)}\,\mathrm{d}u\mathrm{d}t=\infty$$

解答

解答 1

交换积分的次序得出

$$\int_0^\infty \mathrm{e}^{-H(t)}\int_0^t \mathrm{e}^{H(u)}\,\mathrm{d}t\mathrm{d}t=\int_0^\infty\int_0^t \mathrm{e}^{[-H(t)-H(u)]}\,\mathrm{d}u\mathrm{d}t$$

$$=\int_0^\infty\int_u^\infty \mathrm{e}^{[-H(t)-H(u)]}\,\mathrm{d}t\mathrm{d}u$$

$$=\int_0^\infty\int_u^\infty \exp\Big[-\int_u^t h(s)\,\mathrm{d}s\Big]\mathrm{d}t\mathrm{d}u$$

只需证明对充分大的 T,存在常数 $c>0$ 使得

$$I(T):=\int_T^{2T}\int_u^{u+1/T}\exp\Big[-\int_u^t h(s)\,\mathrm{d}s\Big]\mathrm{d}t\mathrm{d}u\geqslant c$$

即可. 我们有

$$I(T)\geqslant\int_T^{2T}\int_u^{u+1/T}\exp\Big[-\int_u^{u+1/T}h(s)\,\mathrm{d}s\Big]\mathrm{d}t\mathrm{d}u$$

$$=\frac{1}{T}\int_T^{2T}\exp\Big[-\int_u^{u+1/T}h(s)\,\mathrm{d}s\Big]\mathrm{d}u$$

引入记号

$$Q_t:=\Big\{u\in[T,2T]:\int_u^{u+1/T}h(s)\,\mathrm{d}s\geqslant 10B\Big\}$$

并且找出集合 Q_T 的 Lebesgue 测度 $\mu(Q_T)$ 的上界的估计

$$10B\mu(T)\leqslant\int_T^{2T}\int_u^{u+1/T}h(s)\,\mathrm{d}s\mathrm{d}u\leqslant\int_T^{2T+1/T}\int_{s-1/T}^s h(s)\,\mathrm{d}u\mathrm{d}s$$

$$=\frac{1}{T}\int_T^{2T+1/T}h(s)\,\mathrm{d}s\leqslant\frac{1}{T}\Big(2T+\frac{1}{T}\Big)^2$$

因此

$$\mu(Q_T) \leqslant \frac{1}{10}\Big(2T + \frac{4}{T} + \frac{1}{T^3}\Big)$$

由此就得出当 $T \geqslant 1$ 有

$$I(T) \geqslant \frac{1}{T}\int_{[T,2T]/Q_T} e^{-10B}du \geqslant \frac{e^{-10B}}{T}(T - \mu(Q_T))$$

$$\geqslant e^{-10B}\Big(1 - \frac{9}{10}\Big) = :c > 0$$

解答 2

我们证明如果 $g:[1,\infty) \to (0,\infty)$ 是可测的并且是局部可积的,此外对每个 t 成立

$$\int_1^t g(s)\mathrm{d}s \leqslant B_1 t^2 \quad (B_1 \text{ 是常数})$$

那么

$$\int_1^\infty \frac{\mathrm{d}s}{g(s)} = \infty$$

实际上,设 $T > 1$ 是任意实数,那么由 Bunyakovski – Schwarz 不等式就得出

$$T^2 = \Big(\int_T^{2T} 1\mathrm{d}t\Big)^2 = \Big(\int_T^{2T} \sqrt{g(t)}\frac{1}{\sqrt{g(t)}}\mathrm{d}t\Big)^2$$

$$\leqslant \Big(\int_T^{2T} g(t)\mathrm{d}t\Big)\Big(\int_T^{2T} \frac{1}{g(t)}\mathrm{d}t\Big) \leqslant B_1 \cdot 4T^2 \int_T^{2T} \frac{1}{g(t)}\mathrm{d}t$$

因此

$$\int_T^{2T} \frac{1}{g(t)}\mathrm{d}t \geqslant \frac{1}{4B_1} \quad (T > 0)$$

由此即可得出我们的断言.

设

$$g(t) := \frac{e^{H(t)}}{\displaystyle\int_0^t e^{H(u)}\mathrm{d}u} \quad (t \geqslant 1)$$

按照问题的要求,我们必须证明

$$\int_1^\infty \frac{1}{g(t)}\mathrm{d}t = \infty$$

根据上面的注记,我们只需对适当的常数 B_1 验证不等式

$$\int_1^t g(s)\,\mathrm{d}s \leqslant B_1 t^2 \quad (t \geqslant 1)$$

即可. 而这是简单的

$$\int_1^t g(s) = \int_1^t \frac{\mathrm{e}^{H(s)}}{\int_0^t \mathrm{e}^{H(u)}\,\mathrm{d}u}\,\mathrm{d}s$$

$$= \ln\int_0^t \mathrm{e}^{H(u)}\,\mathrm{d}u - \ln\int_0^1 \mathrm{e}^{H(u)}\,\mathrm{d}u$$

由于 H 是单调递增的,因此就得出

$$\int_1^t g(s) \leqslant \ln\left[\, t\mathrm{e}^{H(t)}\,\right] = \ln t + H(t)$$

$$\leqslant Bt^2 + \ln t \leqslant B_1 t^2$$

其中 B_1 是适当的常数.

问题 F.57 考虑方程 $f'(x) = f(x+1)$,证明:

(1) 它的每个解 $f:[0,\infty) \to (0,\infty)$ 是指数阶增长的,即存在数 $a > 0, b > 0$,满足 $|f(x)| \leqslant a\mathrm{e}^{bx}, x \geqslant 0$.

(2) 存在解 $f:[0,\infty) \to (-\infty,\infty)$ 是非指数增长的.

解答

在问题的陈述中缺少了一个常数 c. 实际上,下面的陈述才是正确的:

$f'(x) = cf(x+1)$,其中 $0 < c \leqslant \dfrac{1}{\mathrm{e}}$.

那样,存在一个常数 $\lambda > 0$ 使得 $\lambda = c\mathrm{e}^\lambda$,因此 $\mathrm{e}^{\lambda x}$ 是一个正解. 另一方面,方程 $f'(x) = f(x+1)$ 没有正解 f. 如果它有,那么 f 将是严格递增的,那样由 Lagrange 中值定理就会得出 $f(1) > f(1) - f(0) = f'(\xi) = f(\xi+1) > f(1)$,矛盾. 当且仅当 $c \leqslant \dfrac{1}{\mathrm{e}}$ 时,方程 $f'(x) = cf(x+1)$ 在 $[0,\infty)$ 上有正解.

(见 T. Krisztin, Exponential bound for positive solutions of functional differential equations,未发表的手稿.)

(1) 指数阶增长的证明. 如果 $f:[0,\infty) \to (0,\infty)$ 满足方程 $f'(x) = cf(x+1)$,令 $\alpha(x) = \dfrac{f'(x)}{f(x)}$,那么

$$f(x) = f(0)\exp\left(\int_0^x \alpha(s)\,ds\right)$$

以及

$$\alpha(x) = c\exp\left(\int_x^{x+1} \alpha(s)\,ds\right) > 0$$

也就是

$$\ln\frac{\alpha(x)}{c} = \int_x^{x+1} \alpha(s)\,ds \quad (x \geq 0)$$

选择 k 使得 $k \geq \alpha(0)$ 并且 $k \geq \ln\frac{k}{c}$. 用下面的方式定义一个序列 $\{x_n\}_{n=0}^{\infty}$

$$x_0 = 0, \quad x_1 = \max\{x \in (0,1]: \alpha(x) \leq k\}$$

由于

$$\int_0^1 \alpha(s)\,ds = \ln\frac{\alpha(0)}{c} \leq \ln\frac{k}{c} \leq k$$

因此 x_1 是良定义的. 设 $x_0, \cdots, x_n$ 已经给定, 令

$$x_{n+1} = \max\{x \in (x_n, x_n+1]: \alpha(x) \leq k\}$$

由于

$$\int_{x_n}^n \alpha(s)\,ds = \ln\frac{\alpha(x_n)}{c} \leq \ln\frac{k}{c} \leq k$$

所以 x_{n+1} 是良定义的. 由于在 $(x_{n+1}, x_n+1]$ 上 $\alpha(x) > k$, 这就得出 $x_{n+2} > x_n + 1$, 因此

$$[0,n] \subseteq \bigcup_{l=1}^{2n} [x_{l-1}, x_l]$$

所以, 如果 $x \in [n-1, n)$, 那么就有

$$\int_0^x \alpha(s)\,ds \leq \int_0^n \alpha(s)\,ds \leq \sum_{l=1}^{2n} \int_{x_{l-1}}^{x_i} \alpha(s)\,ds$$

$$\leq \sum_{l=1}^{2n} \int_{x_{l-1}}^{x_{l-1}+1} \alpha(s)\,ds = \sum_{l=1}^{2n} \ln\frac{\alpha(x_{l-1})}{c}$$

$$\leq 2n\ln\frac{k}{c} \leq 2nk \leq 2xk + 2k$$

由此就得出

279

$$f(x) = f(0)\exp\left(\int_0^x \alpha(s)\,\mathrm{d}s\right) \leqslant f(0)\mathrm{e}^{2k}\mathrm{e}^{2kx} \quad (x \geqslant 0)$$

(2) 存在一个不恒等于 0 的函数 $\phi \in C^\infty[0,1]$ 使得 $\phi^{(n)}(0) = \phi^{(n)}(1) = 0, n = 1,2,\cdots$,例如 $x \in (0,1), \phi(x) = \mathrm{e}^{\frac{1}{x((x-1))}}, \phi^{(n)}(0) = \phi^{(n)}(1) = 0, n = 0, 1,2,\cdots$(译者注:验证这些性质留给读者作为一道习题. 提示:可以把 $\phi(x)$ 看

成 $\phi(x) = \begin{cases} \psi(x), x \in (0,1) \\ 0, 其他 \end{cases}$,其中 $\psi(x) = \mathrm{e}^{\frac{1}{x((x-1))}}$,那么 $\phi(x)$ 就是一个在全

数轴上有定义的有紧支集的钟形曲线,和两边的直线有光滑连接. 当 $n = 0$ 时,

直接看出当 $x \to 0 +$ 和 $x \to 1 -$ 时,$\dfrac{1}{x(x-1)} \to - \infty$,因此 $\psi(x) \to 0$,因而

$\phi(0) = \phi(1) = 0$. 当 $n = 1$ 时,注意 $\dfrac{1}{x(x-1)} = \dfrac{1}{x-1} - \dfrac{1}{x}$,因此 $\phi^{(n)}(x) =$

$\psi(x)(P_{1n}(x) - P_{2n}(x)), n \geqslant 1$,其中 $P_{1n}(x)$ 和 $P_{2n}(x)$ 分别是 $\dfrac{1}{x-1}$ 和 $\dfrac{1}{x}$ 的多

项式,由于当 $x \to 0 +$ 和 $x \to 1 -$ 时,$\psi(x)$ 是指数式地趋于 0, 这就得出

$\phi^{(n)}(0) = \phi^{(n)}(1) = 0, n = 1,2,\cdots$. 参看:丁勇. 现代分析基础. 北京:北京师范大学出版社,2008,定理 1. 1. 5;张筑生. 数学分析新讲(第二册). 北京:北京大学出版社,1990. 在 Daboul S,Mangaldan J,Spivey,et al. The Lah Number and nyh Deribative of exp$(1/x)$. Math Magazine,2013,86(1):39 – 47 中,作者用 5 种方法给出了 $\mathrm{e}^{\frac{1}{x}}$ 的导数公式),那么公式

$$f(x + n) = \frac{1}{c^n}\phi^{(n)}(x) \quad (n = 0,1,\cdots;x \in [0,1])$$

定义了方程 $f'(x) = cf(x+1)$ 的解. 设 $x \in (0,1)$ 使得 $\phi(x) \neq 0$,那么由 Taylor 定理可知,存在 $\eta \in (0,x)$ 使得

$$\phi(x) = \sum_{l=0}^{n-1} \frac{\phi^{(l)}(0)}{l!}x^l + \frac{\phi^{(n)}(\eta)}{n!}x^n = \frac{\phi^{(n)}(\eta)}{n!}x^n$$

因此

$$|f(\eta + n)| = \frac{1}{c^n}|\phi^{(n)}(\eta)| = |\phi(x)|\frac{n!}{(cx)^n}$$

当 $n \to \infty$ 时,它增长得比 ae^{bn} 要慢,因而 f 的增长是非指数阶的.

3.4　几　　何

问题 G.1　求一个所有的面都与一个单位球面相切的直棱柱底面边长的和的最小值.

解答

如果棱柱的边与球面相切,则棱柱的每个面的边与球面相交于一个和边相切的圆,因此,每个面都是一个圆外接多边形.

沿着棱柱把一个基本多边形生成子平移到另一个基本多边形的生成子,则此平移把第一个多边形的内切圆移动到第二个多边形的内切圆.由于棱柱的侧面的边是相等的和平行的,因此这些圆是全等的并且平行的面.由于平移使得两个全等且平行的圆重合,并且在球面中,把两个全等的和平行的圆中的一个移动到另一个的圆的平面是垂直于圆所在的平面的,因此棱柱的生成子是垂直于底面的,所以问题中的棱柱是一个直棱柱.

直棱柱的边构成矩形.由于它们也是圆外接矩形,而圆外接矩形只能是正方形,因此棱柱的每一侧是一个正方形.故基底和生成子的边具有相同的长度,因此基底是正多边形并且棱柱的边长之和是基底周长的 3 倍.

用一个穿过球体中心并且平行于底面的平面切割棱柱和球面,那么棱柱被切成一个和底面全等的多边形,球体被切成一个大圆.大圆包含正交于大圆的面的球体的每条切线的切点.因此,它包含每个生成子的一个点.我们得出底面是内接于一个单位圆的多边形.由于底面的边是相等的,故它是一个正多边形.最后我们的结论是满足规定条件的棱柱是直棱柱,其生成子的长度等于底面的长度,并且在尺度上,底面多边形的外接圆的半径等于 1.

反过来,每一个这种类型的棱柱都满足问题的条件,由于这样的棱柱的中心到每个边的距离都等于 1. 事实上,从生成子到中心的距离显然是等于 1 的.另外,中心到侧面的正交投影是侧面的中心,而这个侧面是一个正方形.因此,正方形的边到中心的距离是相等的.

为了得到这样一个棱柱的边的长度之和,我们必须把内接于单位圆的正多边形的周长乘以 3. 剩下的事是要确定这些正多边形中哪一个的周长最短.

内接于单位圆的正 n 形边的周长等于

$$2n\sin\frac{\pi}{n} = 2\pi\frac{\sin\alpha}{\alpha}$$

其中 $\alpha = \frac{\pi}{n}$. 由于 $\sin x$ 在区间 $(0,\pi)$ 上是上凸的,所以连接原点和点 $(x,\sin x)$ 的弦的斜率随着 x 的增加而减小. 因此,当 $\alpha = \frac{\pi}{n}$ 最大时,即 n 最小时 $\frac{\sin\alpha}{\alpha}$ 最小. 因此,最小值在正三角形时达到. 对于侧面为正方形,底为正三角形的正棱柱,边的长度之和达到最小值,最小值为 $3\cdot 6\cdot\sin 60° = 9\sqrt{3}$.

问题 G.2 证明一个四面体的任意平面截面的周长小于该四面体的某一个面的周长.

解答

假如交叉处不与四面体的面重合,则四面体的每个面至多包含一条交叉的边,因此显然四面体的平面截面是三角形或四边形. 四边形的情况可以简化为三角形的情况. 即我们证明,如果我们沿着两个方向平移四边形的截面直到它通过最近的顶点,那么平移的截面之一将与四面体相交成三角形(可能是退化的边),其周长不短于四边形的周长. 如果两个平移的截面都与四面体相交成三角形,则引入图 G.1 所示的符号,并用两个三角形的边表示四边形的边. 由于 3 个截面是互相平行的,所以被这些截面截出来的直线段的比例对于所有直线都是相同的. 令

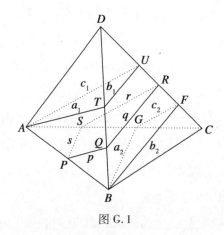

图 G.1

$$\lambda = \overline{BP} : \overline{AB} = \overline{BQ} : \overline{BT} = \overline{FR} : \overline{UF} = \overline{GS} : \overline{AG}$$

那么对于对应的边,我们就有

$$p = \lambda a_1, q = b_1 + (1 - \lambda)(b_2 - b_1) = \lambda b_1 + (1 - \lambda) b_2$$

$$r = c_2 + \lambda(c_1 - c_2) = \lambda c_1 + (1 - \lambda) c_2, s = (1 - \lambda) a_2$$

从上面的式子就得出

$$p + q + r + s = \lambda(a_1 + b_1 + c_1) + (1 - \lambda)(a_2 + b_2 + c_2)$$

那就是说

$$K = \lambda K_1 + (1 - \lambda) K_2$$

其中

$$K = p + q + r + s, K_1 = a_1 + b_1 + c_1, K_2 = a_2 + b_2 + c_2$$

上式蕴含

$$K \leqslant \max\{K_1, K_2\}$$

即使 $\triangle AUT, \triangle BGF$ 之一退化成线段 $\overline{AD}$ 或 $\overline{BC}$,或者二者都退化成线段,只要设 $K_1 = 2\overline{AD}$ 或 $K_2 = 2\overline{BC}$,那么上面的不等式仍然成立. 这样,我们就得到四面体的 4 个面中的一个面的周长要大于四边形截面的周长.

因此,只需考虑三角形截面的情况即可. 我们可以假设截面三角形与四面体有一个共同的顶点,否则我们可以平移截面三角形以达到这种情况(图 G. 2).

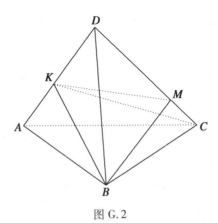

图 G. 2

平移的截面和四面体相遇于一个与原来的三角形相似的三角形,它们的相

283

似比大于 1 并且通过四面体的不相交面的最接近于截面的顶点.

如果截面是平行于不与它相遇的四面体的面的,那么断言是平凡的. 否则我们证明 $\triangle KBM$ 的周长要小于 $\triangle KBC$ 和 $\triangle KBD$ 的周长的较大者. 为此,考虑以 K 和 B 为焦点并包含 C 和 D 的最小的椭圆. 由于 M 是它的内点,我们就得出

$$\overline{KM} + \overline{MB} < \max\{\overline{KC} + \overline{CB}, \overline{KD} + \overline{DB}\}$$

但是那样一来,或者 $k_{\triangle KBM} < k_{\triangle KBD} < k_{\triangle ABD}$,或者 $k_{\triangle KBM} < k_{\triangle KBC}$,其中 $k_{\triangle PQR}$ 表示 $\triangle PQR$ 的周长. 在第一种情况下,断言已经得证,而第二种情况可以通过反复应用前面的论证而结束.

问题 G.3 证明平面中一个凸区域的重心至少平分该区域的 3 条弦.

解答

用 T 表示此区域,S 表示其重心. 设 X 是 T 的边界曲线 G 上的一点,那么用 $Y(X)$ 表示直线 XS 与曲线 G 的第二个交点. 设 $f(X) = \overline{XS} - \overline{Y(X)S}$,那么对任何 $X \in G$,我们都有 $f(X) = -f(Y(X))$. 由于当 X 跑过圆弧 $\overset{\frown}{XY(X)}$ 时,$f(X)$ 是连续变化的,因此它可以达到 $f(X)$ 和 $-f(X)$ 之间的任意一个值. 这蕴含存在一个点 $X_1 \in G$ 使得 $\overline{X_1S} = \overline{Y(X_1)S}$,如果 X_1S 是仅有的被 S 平分的 T 的截线,那么 f 沿着弧 $\overset{\frown}{X_1Y(X_1)}$ 将取正值. 关于 S 反射这个弧,那么反射弧和 $\overset{\frown}{X_1Y(X_1)}$ 弧一起将围成一个区域 T_1. 由于 T_1 位于被一条通过 S 的直线分成的半平面内,因此 T_1 的重心不是 S,所以并集 $T_2 = T_1 \cup T$ 的重心也不是 S,另一方面,T_2 关于 S 是中心对称的,因此其重心在关于 S 的反射下是不变的,这说明 T_2 的重心还是 S,矛盾.

同样的论证表明,如果 f 只有有限的零点,那么它就不可能在 G 的半弧上是非负的. 假设只有两条直线被 S 平分,其一个端点分别是 X_1 和 X_2. 根据前面的论证,f 必须在弧 $\overset{\frown}{X_2Y(X_1)}$ 和弧 $\overset{\frown}{X_1Y(X_2)}$ 上为负(或正);由于 f 的符号在这两条弧的两端是互相相反的,这就得出矛盾,因此至少有 3 条弦被 S 平分. 一般来说,我们不可能证明一定存在 4 条弦被 S 平分. 一个反例是一个一般的三角形.

问题 G.4 设 $A_1, A_2, \cdots, A_n$ 是一个连续编号的凸 n 边形 K 的顶点. 证明至少有 $n-3$ 个顶点 A_i 具有以下性质:A_i 关于 $\overline{A_{i-1}A_{i+1}}$ 的中点的反射点包含在 K 内

（下标在模 n 意义下理解）.

解答

我们将称 K 的顶点 P 关于 K 是可反射的,如果它关于连接 P 的两个相邻顶点的线段的中点的反射点属于 K.

(1) 让我们从第一个非平凡的情况,即四边形开始. 对于两对相对的边,位于两边之间的角度的和,有一个角度的和至少是 π. 用 A 表示这两条边的公共顶点,并以逆时针方向依次把其他的顶点标记为 B,C,D(图 G.3),我们证明 A 关于四边形是可反射的. 通过点 D 作 AB 的平行线,由于 $\angle ADC + \angle BAD \geqslant \pi$,因此它与 BC 交于一点 E. 过 B 作 AD 的平行线,由于 $\angle DAB + \angle ABC \geqslant \pi$,因此它与 DE 交于一点 A',所以 A' 在四边形 $ABCD$ 内部. 这就证明了 A 关于四边形是可反射的.

(2) 如果我们证明在凸多边形 K 的任意 4 个顶点中,至少有一个关于 K 是可反射的,那么问题的断言就已被证明了,我们称多边形的顶点 P 在相邻的顶点 R 之前,如果从 P 开始沿着向 R 方向对 K 的旋转是正定向的运动. 考虑 K 的 4 个任意顶点并应用前面的符号,即设 $\angle ADC + \angle BAD \geqslant \pi$, $\angle DAB + \angle ABC \geqslant \pi$(图 G.4). 如果 K 的跟随 A 的顶点 E 不是 B,那么 E 是 3 个半平面 S_1,S_2 和 S_3 的交的内点,其中 S_1 是由直线 AD 所界的并包含 $ABCD$ 的半平面,S_2 是由直线 BC 所界的并包含 $ABCD$ 的半平面,S_3 是由直线 AB 所界的不包含 $ABCD$ 的半平面. 类似地,如果 A 前面的顶点 F 不是 D,那么 F 是区域 $T = T_1 \cap T_2 \cap T_3$ 的内点,其中 T_1 是由 AB 所界的包含 $ABCD$ 的半平面,T_2 是由直线 CD 所界的并包含 $ABCD$ 的半平面,T_3 是由直线 AD 所界的不包含 $ABCD$ 的半平面. 只需证明 A 关于四边形 $AECF$ 是可反射的即可,那样一来它关于 K 也是可反射的. 为此目的只需证明 $\angle EAF + \angle AFC \geqslant \pi$ 以及 $\angle FAE + \angle EAC \geqslant \pi$ 即可. 为证明第一个不等式,我们有

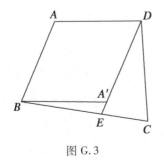

图 G.3

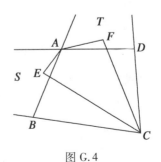

图 G.4

$$\angle EAF + \angle AFC = \angle EAC + (\angle CAF + \angle AFC)$$

$$= \angle EAC + \pi - \angle ACF \geqslant \angle BAC + \pi - \angle ACD$$

$$= \angle BAC + (\angle CAD + \angle ADC) = \angle BAD + \angle ADC \geqslant \pi$$

第二个不等式可类似证明,这就证明了问题的断言.

注记

1. 这一断言无法改进;那也就是说,对于所有的 n,存在一个凸的 n 边形,它恰有 $n-3$ 个可反射的顶点.事实上,考虑一个凸的没有平行边的四边形 $ABCD$.容易看出这个四边形只有一个可反射的顶点,用 A 表示.现在考虑凸 n 边形 K,使得 B,C 和 D 是 K 的顶点,而 K 的其他顶点位于 A 的半径为 ε 的邻域之内(显然,对于任何 n 都存在这样的凸 n 边形).容易看出,如果 ε 充分小,则 B,C 和 D 关于 K 是不可反射的.

2. 此问题的断言对凹的多边形不成立.

问题 G.5　是否在任意一个同胚于开圆盘的曲面上都存在两条全等的同胚于一个圆周的曲线?

解答

答案是否定的:存在一个与不包含两条同胚于圆的全等曲线的同胚于开圆盘的曲面.

我们通过一个例子证明这一点.

我们从最小曲面开始,即从一个使得 $H = \dfrac{g_1 + g_2}{2} = 0$ 的曲面开始(其中 H 表示 Minkowski 曲率,g_1 和 g_2 是曲面的主曲率).尽管不必要,我们仍然要解释一下为什么我们要在最小曲面中寻找反例.如果曲面的两个全等的复制曲面交于一条封闭曲线,那么用其中一个曲面去覆盖另一个曲面就会在曲面上得出两条全等的曲线,在一般情况下,它们是不同的.如果两个复制的曲面相切于一个孤立的公共点,那么稍微移动一下其中一个曲面可以使它们沿着一条曲线彼此相交.选择最小曲面的原因是,如果在曲面的某个点上 $H > 0$,则我们总是可以找到一个与其全等的曲面,使得这一点是它们的孤立的公共点.我们可以通过在所述点处的切平面中反射原始的曲面,然后围绕曲面的法线旋转 $90°$.由于

286

不等式

$$g_1\cos^2\varphi + g_2\sin^2\varphi > -g_2\cos^2\varphi - g_1\sin^2\varphi$$

从 Euler 定理就可以得出原始曲面的法向截面的曲率总是大于变换曲面的对应的法向截面的曲率,因此在一个小邻域里(从法向量的方向看它们),第一个曲面总是位于第二个曲面的上方.

现在我们表明,在极小曲面的充分小的区域中,任何两条全等的封闭曲线总是围成了曲面上的全等区域. 为此,复制两个曲面,并移动其中一个使得全等的曲线互相重合. 假设最小表面的一部分充分小使得能保证两个曲面可以分别用单值函数 $z = f_1(x,y)$ 和 $z = f_2(x,y)$ 表出. 由封闭曲线所围成的区域的面积可以在同一区域上分别作为向量 $\boldsymbol{m}_1(-1,p_1,q_1)$ 和 $\boldsymbol{m}_2(-1,p_2,q_2)$ 的长度的积分而得出(这里 p_i 和 q_i 分别表示 f_i 的偏导数).

这里我们用到了下述事实:极小曲面的曲面面积的变分等于0,也就是说,如果把最小曲面嵌入到一个具有相同边界的单参数曲面族中去,那么这些曲面的面积关于参数的变分在极小曲面上等于0. 考虑由 $z = \lambda f_1 + (1-\lambda)f_2$ 定义的单参数曲面族. 这个族的成员的面积可以作为向量 $\lambda \boldsymbol{m}_1 + (1-\lambda)\boldsymbol{m}_2$ 的大小的某个数量函数的积分而得出,当 $\boldsymbol{m}_1 \neq \boldsymbol{m}_2$ 时,这个数量函数是参数 λ 的严格凸的函数,而当 $\boldsymbol{m}_1 = \boldsymbol{m}_2$ 时是不依赖于 λ 的. 因此,作为积分 λ 的凸函数而得出的面积本身也是 λ 的凸函数. 当且仅当这个函数是常数时,它的变分在 $\lambda = 0$ 和 1 时才会变成 0,而这仅仅只能在区域的任一点处,$\boldsymbol{m}_1 = \boldsymbol{m}_2$ 时,即曲面的两片重合时才会发生.

根据这一观察,只需找到一个不含有不同的全等小片的极小的曲面即可. 由于两个不可约的具有公共区域的代数曲面是重合的,因此只需举出一个没有或只有有限个不同于恒同的自同构的代数极小曲面即可(曲面的自同构是一个曲面到自身的双射,它可以扩展到空间中的全等). 如果曲面只有有限的自同构,则在一个不同于其自同构像的点的小邻域中就没有与恒同不同的自同构.

实际上,只要不是旋转曲面,任何代数极小曲面都可以作为例子. 不过,我们只需要找到一个就够了. 简单的计算表明,对于曲面

$$x = u^3 - 3uv^2 + 3u$$

287

$$y = v^3 - 3u^2v + 3v$$

$$z = 6uv$$

$H = 0, K = -\dfrac{9}{4}(u^2 + v^2 + 1)^2$（$K$ 是 Gauss 曲率）. 后者当且仅当 $u = v = 0$ 时达到最小值. 因而这一点和在这一点处的 Dupin 指标在曲面的任何自同构下都是不变的. 由于 $K < 0$, 因此 Dupin 指标是双曲的, 故只可能有有限个那种自同构.

问题 G.6　平面被 n 条一般意义下的直线分成了若干区域, 其中 $n \geqslant 3$. 确定这些区域中角域的最大可能和最小可能的数目.

解答

角域的最小数量是 3 个. 实际上, 直线交点的凸包是至少具有 3 个顶点的凸多边形.

其中每个顶点都是两条直线和这些直线中的那种半直线的一个交点, 这种半直线通向凸包的外面. 由于它们之间没有交点, 所以这些半直线确定了所考虑的子分划的角域.

另一方面, 我们总是可以在平面上用 $n \geqslant 3$ 条直线构造出恰有 3 个角域的图形. 这样的一个图形由一个四分之一圆的 n 条切线给出(图 G.5).

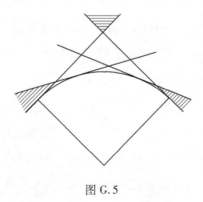

图 G.5

角域的最大数量为

$$n + \frac{(-1)^{n+1} - 1}{2}$$

个, 也就是说, 如果 n 是奇数, 则此数目为 n; 如果 n 是偶数, 则此数目为 $n - 1$. 事实上,每条直线被其他的直线分成两条半直线和一些线段部. 角域只能由这些半直线界定,并且每条半直线只能界定最多一个角域(否则将有一个点位于3条直线上). 因此,$2n$条半直线不能确定多于n个的角域.

对于奇数n,我们可以用n条直线和n个角域给出一个(本质上唯一的)图形:考虑正n边形的最长的对角线. 这n条直线处于一般的位置. 在多边形的每一个顶点处有一个角域. 这些角域的数目是n(图 G.6).

图 G.6

我们证明如果一般位置上的n条直线界定了n个角域,则n必是一个奇数. 从所考虑的上述每条直线中去掉两条半直线后给出n条线段. 这种线段的任何端点恰好由两条线段共享. 如果两条线段具有不同的端点,那么它们彼此交叉,由于它们所在的直线的交点既不能位于线段的外侧,也不能位于线段的端点. 因此这些线段的并集产生一个(或多个)自相交的封闭的断线. 在每条断线上固定一个方向,并考虑其中一条断线上的3个相继的线段a,b和c. 由于a和c相交,它们位于b的同一侧,去掉a和b的端点(也就是说,3个点),我们可以用下述方式让其余的顶点两两配对,如果P与a和c位于b的同一侧,而Q是在包含P的断线上按照固定的方向跟在P后面的相邻的顶点,那么就把P,Q配成一对. 因此,顶点数n是一个奇数.

在n是偶数的情况下,角域的最大数$n-1$可以达到. 这可从图 G.6 直接得出. 如果我们去掉一条直线,角域的数量就减少 2.

译者注:题目中 n 条直线处于一般的位置这一条件暗含了不考虑 3 条以上的直线交于一点的特殊情况,如果允许出现这些特殊情况,将可能出现更多的角域,比如说 3 条交于一点的直线将产生 6 个角域,并且难于给出一般规律,比如这种规律可能不只依赖于直线的数目,还要考虑只有两条直线相交的点的数目,有 3 条直线相交的点的数目,等等.

问题 G.7 设 $A = A_1 A_2 A_3 A_4$ 是一个四面体,并设对每个 $j \neq k$,$[A_j, A_{jk}]$ 是一条从 A_j 到 A_k 方向的长度为 ρ 的线段. 设 p_j 是平面 $[A_{jk} A_{jl} A_{jm}]$ 和平面 $[A_k A_l A_m]$ 的交线. 证明存在无限多条直线,使得它们同时和直线 p_1, p_2, p_3, p_4 相交.

解答

很自然地,我们在射影空间中讨论此问题,它可以通过把理想元素添加到 Euclid 空间而得出.

首先排除奇异情况,并假设四面体没有长度为 ρ 的边. 设 $\{j, k, l, m\} = \{1, 2, 3, 4\}$. 用 B_{jm} 表示直线 $A_k A_l$ 与 $A_{jk} A_{jl}$(译者注:A_{jk} 和 A_{jl} 分别是根据题目中 $[A_j, A_{jk}]$ 的定义"$[A_j, A_{jk}]$ 是一条从 A_j 到 A_k 方向的长度为 ρ 的线段"所确定的点)的交点. 显然,B_{jm} 是 A_m 对面的平面 $S_m = [A_j A_k A_l]$ 和直线 p_j 的交点. 现在考虑平面 S_j(图 G.7),反复应用 Menelaus 定理易于看出 B_{kj} 是直线 e_j 上与 B_{lj}, B_{mj} 相邻的点. 这蕴含 e_j 同时与 p_1, p_2, p_3, p_4 相交(实际上点 B_{kj}, B_{lj}, B_{mj} 分别属于 p_k, p_l, p_m,而 p_j 和 e_j 是共面的). 直线 e_j 不是四面体的边,由于这属于排除的情况. 直线 e_1, e_2, e_3, e_4 是两两不同的,由于它们位于四面体的不同的面上,但没有一个是四面体的边.

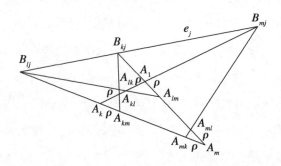

图 G.7

因此,直线 p_1, p_2, p_3, p_4 同时与 4 条不同的直线相交. 如果两条直线 p_i($i =$

1,2,3,4）相交,则它们的共同点必须包含在由另外两条直线所张成的平面内；因此我们可以很容易地找到无限多条直线和所有 4 条直线相交.

如果 p_1, p_2, p_3, p_4 互相不平行,那么我们取其中 3 条直线,比如 p_1, p_2, p_3. 众所周知与这 3 条直线相交的直线扫出一个双参数的二阶曲面. 此曲面上的一族直线是由与 p_1, p_2, p_3 相交的直线给出的,而 p_1, p_2, p_3 属于另一个族. 直线 p_4 和曲面有两个以上的共同点,因此它也是曲面的生成子,并且与第一个族中的每条直线相交.

现在来讨论奇异情况.

（1）如果从一个顶点 A_k 发出的 3 条边具有长度 ρ,那么 p_k 不是良定义的,而其他 3 条直线是与 A_k 相邻的. 由于 p_k 不能确定,因此问题不适用这种情况. 然而,如果我们将 p_k 定义为两个重合的平面中的一条任意的直线,这个定义就显然是合理的.

（2）如果从顶点 A_k 发出的两条边的长度为 ρ,则用 A_l 表示不位于这些边上的第 4 个顶点. 容易看出在这种情况下,p_k 是平面 S_k 和 S_l 的交点,$p_l \subseteq S_l$,而另外两条直线 p_j, p_m 通过 A_k. 这表示任意使得 $A_k \in e \subseteq S_l$ 的直线 e 与所有的直线 p_i 相交.

（3）现在假设四面体恰好有一条长度为 ρ 的边.

在这种情况下,有一条直线 e_i 与这条边重合,因此我们只能说在 $e_1, e_2, e_3,$ e_4 之中有 3 条不同的直线. 但是,为应用一般情况下的论证,只要有 3 条和直线 p_1, p_2, p_3, p_4 都相交的直线就够了.

（4）最后,假设四面体有两条长度为 ρ 的边,其中一条和另一条是相对的边,比如说 $A_1A_3 = A_2A_4 = \rho = a$. 引入符号 $A_1A_2 = b, A_2A_3 = c, A_3A_4 = d$, $A_1A_4 = f$（图 G.8）. 应用 Menelaus 定理,我们得到以下分比

$$(A_1A_3B_{24}) = \frac{b-a}{a-c}, \quad (A_1A_3B_{42}) = \frac{f-a}{a-d}$$

$$(A_2A_4B_{31}) = \frac{c-a}{a-d}, \quad (A_2A_4B_{13}) = \frac{b-a}{a-f}$$

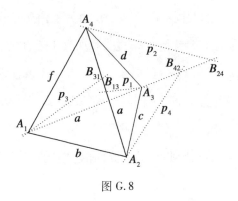

图 G.8

转成交比

$$(A_1A_3B_{24}B_{42}) = \frac{(b-a)(a-d)}{(a-c)(f-a)} = (A_2A_4B_{13}B_{31})$$

但是那样一来就有

$$(A_1A_3B_{24}B_{42}) = (B_{31}B_{13}A_4A_2)$$

不妨设 A_1 和 B_{31} 位于 p_3 上；A_3 和 B_{13} 在 p_1 上；B_{24} 和 A_4 位于 p_2 上；B_{42} 和 A_2 位于 p_4 上. 我们刚刚得到的等式表示 p_1,p_2,p_3,p_4 把不平行的斜线 A_1A_3 和 A_2A_4 割成了两个具有相同交比的四元组. 因而这些直线属于双参数二阶曲面上的同一族生成子. 这就蕴含了问题中的命题.

问题 G.8 考虑一个曲面在两个共轭方向上（关于 Dupin 指标）的一个点 P_0 的法曲率半径,证明它们的和不依赖于共轭方向的选择.（我们在双曲点的情况下排除选择渐近的方向.）

解答

如果 P_0 是抛物点,那么它的特征曲线则是一对平行线,不平行于它们的方向只有两个方向(即渐近方向). 法向曲率的半径在渐近方向上是无限的,而在任何其他方向上是有限的,所以两个共轭方向上的法向曲率的半径之和总是无穷的.

已知法向曲率半径的绝对值等于沿给定方向从 P_0 到特征点的线段的长度的平方. 根据这一事实,我们只需证明 Dupin 特征的共轭半直径长度的平方之和(对于椭圆情况)或差(对于双曲情况)不依赖于共轭直径的选择即可.

Apollonius 的一个定理表明,在一个椭圆点处,特征曲线是一个椭圆.

现在假设 P_0 是双曲点，也就是说，特征曲线是一对共轭双曲线，在适当选择的坐标系中其方程为

$$\frac{x^2}{a^2} - \frac{y^2}{b^2} = \pm 1$$

用 s_1 和 s_2 表示它们的公共渐近线（图 G.9），设 S 是其中一条双曲线上的一个点而 e_1 是双曲线在 S 处的切线.

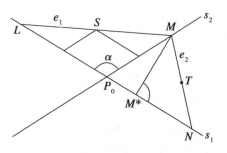

图 G.9

这条切线在点 L 处与 s_1 相交，在点 M 处与 s_2 相交. 作从 M 到另一条双曲线的切线（不同于 s_2）. 此切线在点 T 接触双曲线，在点 N 穿过 s_1，众所周知，由渐近线和切线包围的三角形的面积等于 ab. 因此，$\triangle P_0 LM$ 和 $\triangle P_0 MN$ 的面积相等，由于它们的高 MM^* 是相同的，所以 $\overline{P_0 L} = \overline{P_0 N}$. 还已知 S 平分 $\overline{LM}$，T 平分 $\overline{MN}$，因此 $\triangle P_0 ST$ 是 $\triangle LMN$ 的中位三角形；因此，$P_0 S /\!/ e_2$ 以及 $P_0 T /\!/ e_1$. 然而，这表示 $P_0 S$ 和 $P_0 T$ 是共轭的半直径. 对 $\triangle P_0 LM$ 和 $\triangle P_0 MN$ 应用余弦定律，并利用等式 $\overline{P_0 L} = \overline{P_0 N}$，我们得到

$$4(\overline{P_0 T}^2 - \overline{P_0 S}^2) = \overline{LM}^2 - \overline{NM}^2$$

$$= \overline{LP_0}^2 + \overline{P_0 M}^2 - 2\,\overline{LP_0}\,\overline{P_0 M}\cos\alpha -$$

$$\left[\overline{NP_0}^2 + \overline{P_0 M}^2 - 2\,\overline{NP_0}\,\overline{P_0 M}\cos(\pi - \alpha)\right]$$

$$= -4\,\overline{LP_0}\,\overline{P_0 M}\cos\alpha = -16\,\frac{\overline{LP_0}}{2}\,\frac{\overline{P_0 M}}{2}\cos\alpha$$

其中 $\dfrac{\overline{LP_0}}{2}$ 和 $\dfrac{\overline{P_0 M}}{2}$ 是向量 $\overrightarrow{P_0 S}$ 在渐进线方向上的两个单位向量组成的基下的坐标. 它们的积（众所周知）是不依赖于双曲线上的点 S 的选择的. 因此，$(\overline{P_0 T}^2$

$- \overline{P_0S})^2$ 是不依赖于 S 的,也就是说,是不依赖于共轭直径对的选择的.

问题 G.9 证明一段长度为 h 的线段可以至多穿过或与 $2\left[\dfrac{h}{\sqrt{2}}\right]+2$ 个不重叠的单位球体相切.

解答

用 e 表示给定的长度为 h 的线段所在的直线,将球体的中心投影到这条直线上并在 e 上考虑以投影点为中心长度为 $\sqrt{2}$ 的开区间. 我们断言 e 上的任何一点都不属于多于两个这样的区间. 如果不是这样,则存在半径为 1,高为 $m < \sqrt{2}$ 的圆柱体,它包含 3 个点 A,B 和 C(球体的中心),它们彼此相距至少 2 个单位. 我们将证明这是不可能的.

在下文中,我们将使用术语"点的平面"来表示与 e 正交并通过这一点的平面. A 的平面与圆柱体相交于一个以 K 为中心的圆. 把 B 和 C 投影到 A 的平面上去,设投影所得的点分别为 B' 和 C'(图 G.10),那么我们有

$$m^2 + \overline{B'A}^2 \geqslant 2^2$$

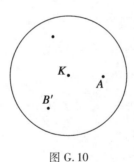

图 G.10

由此得出

$$\overline{B'A}^2 \geqslant 2^2 - m^2 > 2$$

因此,$\triangle B'KA$ 在点 K 的角是钝角,由于圆的半径等于 1,所以如果我们把 A 沿着半径 KA 的方向移动一个圆的周长 $\overline{AB'}$ 后,$\overline{AB}$ 将增加(同理,移动 $\overline{AC'}$ 后 $\overline{AC}$ 将增加). 其他几点也是一样,所以我们可以假设 A,B 和 C 位于圆柱体表面上,距离 e 为 1. 由于我们仅要求圆柱的高满足 $m < \sqrt{2}$,我们还可假设,其中一个点,比如说 A 位于圆柱体的上底部,而另一个点,比如 C,位于下底部.

294

考虑 B 的平面,设 B_1 是 B 在 e 上的反射点,A' 和 C' 是 A 和 C 分别在 B 的平面上的投影(图 G.11). 由于 A,B 和 C 的平面之间的距离小于 $\sqrt{2}$,而这些点的投影之间的距离不小于 $\sqrt{2}$. 这些点的投影之间的距离大于 $\sqrt{2}$,这就蕴含端点 A' 和 C' 是位于由 B 和 B_1 所确定的不同的弧上的. 如果我们沿着弧线向着 B 移动 A' 和 C',并且用相应的方式移动 A 和 C,我们就可以得到 $\overline{AB} = \overline{CB} = 2$. 但是在这种情况下,$\overline{A'B_1}$ 恰是 A 和 B 的平面之间的距离,而 $\overline{C'B_1}$ 恰是 C 和 B 的平面之间的距离. 因此

$$\overline{A'B_1} + \overline{C'B_1} \leqslant m < \sqrt{2}$$

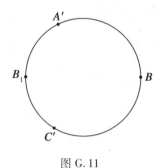

图 G.11

所以

$$\overline{A'C'} \leqslant \overline{A'B_1} + \overline{C'B_1} < \sqrt{2}$$

因而

$$\overline{AC}^2 = m^2 + \overline{A'C'}^2 < 2 + 2$$

所以 $\overline{AC} < 2$,这和已证明的性质矛盾.

将长度为 h 的线段在两个方向上延长长度等于 $\sqrt{2}$ 的一段. 由于这个线段穿过球体或与球体相切,因此与球体相连的线段将完全被包含在这个放大的线段之中. 由于放大的线段中的每个点至多被两条线段所覆盖,我们就得到球体的数量至多为

$$2\left[\frac{h + 2 \cdot \dfrac{1}{\sqrt{2}}}{2}\right] = 2\left[\frac{h}{\sqrt{2}}\right] + 2$$

为了看出这一点,我们按照区间的左端点用递增的顺序排列这些区间(这

种排序并不总是唯一的),那么奇数(或偶数)位置的区间必然是不相交的,因此区间的数目至多为

$$\left[\frac{h}{\sqrt{2}}\right] + 1 + \left[\frac{h}{\sqrt{2}}\right] + 1$$

由此也可看出,这一估计是最好的(由于可以达到).

问题 G.10 设有 n 条共面的直线,问应如何安置这些直线才能使每两对直线之间的夹角之和达到最大?

解答

首先不妨设所有直线都经过一个点. 这可以通过先在平面上任意取一点,然后再把每条直线平移使得它们都经过这一点而做到. 设这些平移为 $T_1, \cdots, T_n$. 从任意直线开始,对这些直线按逆时针方向进行编号(重合的直线的顺序为任意):$e_1, \cdots, e_n$. 对 $1 \le i \le \left[\frac{n}{2}\right]$,称 e_l 是 e_k 的第 i 个邻居,如果

$$l \equiv k + i \pmod{n}$$

我们将用 e_k^i 表示 e_k 的第 i 个邻居,用 (e, f) 表示直线 e 和 f 之间的角度,用 $\langle e, f \rangle$ 表示从 e 到 f 的按逆时针方向旋转所得的角度. 对固定的 i,我们有

$$(e_1, e_1^i) + \cdots + (e_n, e_n^i) \le \langle e_1, e_1^i \rangle + \cdots + \langle e_n, e_n^i \rangle$$
$$= i(\langle e_1, e_2 \rangle + \langle e_2, e_3 \rangle + \cdots + \langle e_n, e_1 \rangle) = i\pi$$

等号当且仅当对所有的 k

$$\langle e_k, e_k^i \rangle \le \frac{\pi}{2} \tag{1}$$

满足时成立. 因而对奇数 n,所有直线对之间的角度之和可以估计如下

$$\sum_{i=1}^{\frac{n-1}{2}} \left[(e_1, e_1^i) + \cdots + (e_n, e_n^i) \right] \le \sum_{i=1}^{\frac{n-1}{2}} i\pi = \frac{n^2-1}{4} \cdot \frac{\pi}{2} \tag{2}$$

等号当且仅当对 $k = 1, 2, \cdots, n$ 和 $i = 1, 2, \cdots, \frac{n-1}{2}$,式(1)都满足时成立. 为此,只需要求

$$\langle e_k, e_k^{(n-1)/2} \rangle \le \frac{\pi}{2} \tag{3}$$

对 $k = 1, 2, \cdots, n$ 满足即可.

对偶数 n,角度之和是

$$\sum_{i=1}^{\frac{n}{2}-1}\left[\,(e_1,e_1^i)\,+\cdots+(e_n,e_n^i)\,\right]+\frac{1}{2}\left[\,(e_1,e_1^{n/2})\,+\cdots+(e_n,e_n^{n/2})\,\right]$$

$$\leqslant\sum_{i=1}^{\frac{n}{2}-1}i\pi+\frac{n}{2}\frac{\pi}{2}=\frac{n^2}{4}\frac{\pi}{2}$$

而等号当且仅当对 $k=1,\cdots,n$,有

$$\langle e_k,e_k^{n/2}\rangle\leqslant\frac{\pi}{2}$$

满足时成立. 对偶数 n,这些不等式蕴含了所需的特征,由于当且仅当

$$\langle e_k,e_k^{n/2}\rangle\geqslant\frac{\pi}{2}$$

时,不等式

$$\langle e_k,e_k^{n/2}\rangle\leqslant\frac{\pi}{2}$$

和

$$\langle e_{k+n/2},e_{k+n/2}^{n/2}\rangle\leqslant\frac{\pi}{2}$$

才能同时满足.

那就是说第 $\frac{n}{2}$ 个邻居彼此垂直. 总之,在 n 是偶数的情况下,如果直线族构

成 $\frac{n}{2}$ 个彼此垂直的直线对,则它们的角度之和达到最大值并且任何由 $\frac{n}{2}$ 个正

交对组成的直线族产生角度的最大和.

回到 n 是奇数的情况,我们观察到可以把正交的直线对从直线族中移去,

由于每去掉一对互相垂直的直线后角度之和就减少 $(n-1)\frac{\pi}{2}$ 并且

$$\frac{n^2}{4}-\frac{(n-2)^2}{4}=n-1$$

假设去除正交对后,还剩余 $2m+1$ 条直线. 这些直线必定是不同的,由于如

果 e 是一条两条直线重合成的直线,则 e 的第 m 个邻居 f 的第 m 个邻居将是 e,

这表示 e 和 f 是垂直的. 如果 e 是 $2m+1$ 条直线中的一条任意的直线,则条件(3)

表示由 e 和与它垂直的直线确定的平面的每个象限必须恰有 m 条直线相遇. 把任意互相垂直的直线对加入这样一个由奇数条直线组成的奇怪的直线族中之后, 根据 (2) 我们就得出了所有的产生角度之和最大的构形, 且最大值等于

$$\frac{n^2 - 1}{4} \cdot \frac{\pi}{2}.$$

最后, 对这个角度之和达到最大值的都经过一点的直线族实行 n 次平移 $T_1^{-1}, \cdots, T_n^{-1}$ (为一开始所做的平移 $T_1, \cdots, T_n$ 的逆变换), 即可得出我们实际需要的构形.

问题 G.11 设 $f(n)$ 表示由 n 个共面的点确定的直角三角形的最大可能数目, 证明

$$\lim_{n \to \infty} \frac{f(n)}{n^2} = \infty$$

并且

$$\lim_{n \to \infty} \frac{f(n)}{n^3} = 0$$

解答

下界的估计. 我们将证明下面的最佳结果: 存在一个常数 c 使得

$$f(n) > cn^2 \log n \quad (n \geqslant 3)$$

首先假设 $n = (3k + 1)^2$, 其中 k 是一个正整数. 考虑顶点为 $(0, 0)$, $(0, 3k)$, $(3k, 3k)$ 和 $(3k, 0)$ 的正方形边上和内部的坐标为非负整数的格点, 显然, 这些格点的数目等于 $(3k + 1)^2$. 我们只计数那些直角顶点 (q, r) 满足 $k \leqslant q \leqslant 2k$, $k \leqslant r \leqslant 2k$ 的, 并且它的其他两个顶点位于中心在 (q, r), 边长为 $2k$ 的直角三角形. 显然, 所有这些直角三角形对我们都是有用的.

我们必须确定顶点为 $(-k, -k)$, $(-k, k)$, (k, k) 和 $(k, -k)$ 的正方形边上和内部的格点生成的使得直角三角形的顶点位于 $(0, 0)$ 的直角三角形的数目.

直角三角形的直角边位于由公式 $ix = jy$ 和 $jx = -iy$ 给出的直线上, 其中 $(i, j) = 1$, $-k \leqslant i, j \leqslant k$. 显然, 如果我们只考虑也满足条件 $0 \leqslant i \leqslant j$ 的直线, 我们就估计出了这些直角三角形的下界. 在这种情况下, 每条直线 $ix = jy$ 和 $jx = -iy$ 包含 $2\left[\dfrac{k}{j}\right]$ 个不同于 $(0, 0)$ 的格点, 因此由它们确定的直角三角形的

数目就是

$$4\left[\frac{k}{j}\right]^2 \geqslant \frac{k^2}{j^2}$$

对固定的 j,我们至少能找出

$$\varphi(j)\frac{k^2}{j^2}$$

个直角三角形(φ 表示 Euler 的 φ 函数),这就给出一共有

$$k^2 \sum_{j=1}^{k} \frac{\varphi(j)}{j^2}$$

个直角三角形. 现在回到原来的问题,用 $(3k+1)^2$ 个点,至少可以构造出

$$(2k+1)^2 k^2 \sum_{j=1}^{k} \frac{\varphi(j)}{j^2}$$

个直角三角形.

引入函数

$$\Phi(x) = \sum_{j \leqslant x} \varphi(j)$$

把各部分加起来,我们就得出

$$f((3k+1)^2) \geqslant (2k+1)^2 k^2 \sum_{j=1}^{k-1} \frac{\Phi(j)(2j+1)}{j^2(j+1)^2}$$

以上结果再加上众所周知的不等式

$$\Phi(x) > c_1 x^2 \qquad (1)$$

就得出

$$f((3k+1)^2) \geqslant c_2(2k+1)^2 k^2 \sum_{j=1}^{k-1} \frac{1}{j} \geqslant c_3 k^4 \log k$$

现在设 n 是一个任意的数,令 $k = \left[\frac{\sqrt{n}-1}{3}\right] > \frac{\sqrt{n}}{4}$,那么

$$f(n) \geqslant f((3k+1)^2) \geqslant c_3 k^4 \log k \geqslant c n^2 \log n$$

上界的估计. 我们将再证明一个最佳的结果:应用"无穷递降法",我们将证明

$$f(n) \leqslant n^2 \sqrt{n} \qquad (2)$$

299

对 $n = 1,2,3,4,5$,命题是平凡的(对这些值,$n^2 \sqrt{n} > C_n^3$). 如果(2)不成立,那么将有一个最小的自然数 n 使得

$$f(n) > n^2 \sqrt{n}$$

因此 $n > 5$.

在生成 $f(n)$ 个直角三角形的平面上取 n 个点 $P_1, \cdots, P_n$,我们断言必定存在一条直线,在它上面含有这 n 个点中的至少 $2\sqrt{n}$ 个点. 考虑所有可能的有序对 (P_i, P_j),并对每个有序对数出直角为 P_i 的 $\mathrm{Rt}\triangle P_i P_j P_k$ 的数目. 这个数和在直线上在 P_i 处垂直于 $P_i P_j$ 的点的数目是不同的. 这些数之和是直角三角形数目的两倍,因此至少为 $2n^2 \sqrt{n}$. 由于被加数的个数为 $n(n-1)(<n^2)$,因此其中必有一个被加数至少是 $2\sqrt{n}$,因此其中一条垂直线至少包含 $2\sqrt{n}$ 个点.

现在去掉这条直线上的点,看看最多会有多少个直角三角形会被这个操作所破坏. 我们把被破坏的三角形分为两类:

A. 去掉直角顶点的三角形.

B. 具有直角顶点和其他一个在临界直线上的顶点的三角形.

我们可以用以下方法给出 A 类三角形的数目的上界,对一个 A 类三角形,我们有 $\dfrac{n(n-1)}{2}$ 种方式去选择它的斜边并且每一条线段 $P_i P_j$ 最多可作为两个 A 类直角三角形的斜边(Thales 圆),因此 A 类三角形的数量至多为 $n(n-1) < n^2$.

在 B 类三角形的情况下,对不需要位于临界直线上的顶点,我们有 $\dfrac{n(n-1)}{2}$ 种方式去选择并且在临界直线上至多可选择两个点再加上一个固定的点对 $P_i P_j$ 去构成一个 B 类的直角三角形,因此直角顶点是 P_i 或者 P_j. 这就得出 B 类的直角三角形的数目也至多为 $n(n-1) < n^2$.

用上面的去掉临界直线上的点的方法至多破坏 $2n^2$ 个直角三角形;因此,剩下的至多 $n-2$ 个点至少生成 $n^2 \sqrt{n} - 2n^2$ 个直角三角形,根据归纳法假设就有

$$n^2 \sqrt{n} - 2n^2 \leqslant (n - 2\sqrt{n})^2 \sqrt{n - 2\sqrt{n}} \leqslant (n - 2\sqrt{n})^2 \sqrt{n}$$

300

从上面的不等式就得出

$$2n^2 \leqslant 4n\sqrt{n}$$

也就是

$$n \leqslant 4$$

这与前面的 $n > 5$ 矛盾,所得的矛盾就证明了我们要证的命题.

注记

1. 我们本可以避免使用(1)而只使用 $\varphi(p) = p - 1$ 这一关于素数的初等事实. 然而,由此只能得出估计

$$f(n) \geqslant c_4 n^2 \log \log n$$

其中 c_4 是一个适当的正常数.

2. László Lovász 指出,存在正常数 c_5 使得在解得第一部分中所描述的格子结构中的直角三角形的数目至多为

$$c_5 n^2 \log n$$

3. Béla Bollobás 用下述更一般的方式证明了问题的陈述:用 $f(n,k)$ 表示由 $k(k \geqslant 2)$ 维空间的 n 个点生成的直角三角形的最大数目,其中的最大是对点的所有可能的配置而取的,那么

$$cn^2 \log n \leqslant f(n,k) \leqslant d_k n^{3-2^{1-k}}$$

其中 c 和 d_k 都是正常数. 由于 $f(n,k) \geqslant f(n,2)$,所以从我们前面的论述可以得出下界.

我们证明 $k = 3$ 的上界. 用 R 表示三维空间中 n 个点的集合,并用 p 表示含有 R 的多于 $3\sqrt{n}$ 个点的直线的数目. 设这些直线是 $e_1, e_2, \cdots, e_p$. e_1 至少包含 $3\sqrt{n}$ 个 R 中的点, e_1 和 e_2 合在一起包含至少 $3\sqrt{n}(3\sqrt{n} - 1)$ 个点,两条不同的直线至多可以有一个公共点,依此类推,对任意 $p' \leqslant p, e_1, \cdots, e_{p'}$ 至少包含

$$\sum_{i=1}^{p'-1} (3\sqrt{n} - 1) \geqslant p'3\sqrt{n} - p'^2$$

个 R 中的点. 因此,$p \leqslant \sqrt{n}$. 我们证明如果我们去掉至多 $\sqrt{n}$ 条"大"的直线,那么直角三角形的数目至多减少 $4n^{\frac{5}{2}}$ 个. 设 e 是一条"大"的直线,那么至少有一个顶点在 e 上的直角三角形可以被分成两类:

A. 在 e 上有两个顶点的三角形. 那种三角形的第三个顶点可以从至多 n 个

点中选出. 这个点连同 e 上的点, 只有两种可能的选法, 因此, 这类的直角三角形的数目至多为 $2n^2$.

B. 在 e 上只有一个顶点的三角形. 对其余两个顶点, 我们有 $\dfrac{n(n-1)}{2} < \dfrac{n^2}{2}$ 种方法选择, 这两个顶点加上 e 上的至多 4 个点构成了直角三角形. 因而这种类型的直角三角形的数目要小于 $\dfrac{4n^2}{2} = 2n^2$. 由于最多有 $\sqrt{n}$ 条"大"的直线, 去掉它们所导致的变化不会多于 $\sqrt{n}4n^2 = 4n^{\frac{5}{2}}$ 个直角三角形. 去掉这些"大"的直线后, 每条直线至多包含 $3\sqrt{n}$ 个点. 用 q 表示经过点 P 和剩余的直线族的至少 $6n^{\frac{3}{4}}$ 个点的平面的数目剩余的家庭. 根据上面使用的想法, 对于所有的 $q' \le q$, 由于两个平面至多有 $3\sqrt{n}$ 个公共点. 我们就得出

$$q'6n^{3/4} - q'^2 3\sqrt{n} \le n$$

由此得出, $q \le n^{\frac{1}{4}}$. 少于 $n^{\frac{1}{4}}3\sqrt{n}$ 的直角三角形满足直角顶点位于 P 处, 其一条直角边位于这些"大"平面上, 而另一条垂直于平面. 顶点在 P 处而不满足上述条件的直角三角形的数目可以用和 $\sum\limits_{i=1}^{l} f_i s_i$ 来估计, 其中 l 表示穿过点 P 的直线和垂直于这条直线的平面的直线 – 平面对的数目, 这些平面和直线都至少包含一个不同于点 P 的点. 而 f_i, s_i 分别表示平面上不同于 P 的点的数目以及第 i 对直线的数目. 但那样就有

$$\sum f_i s_i \le 6n^{3/4} \sum f_i \le 6n^{7/4}$$

从而 R 中的直角三角形的数目要小于

$$4n^{5/2} + 6n^{7/4}n \le 10n^{11/4}$$

需要注意的是, 在 $k > 3$ 的情况下, 不仅需要考虑直线和 $l(l < k)$ – 维线性子空间, 还需要考虑圆和球体.

问题 G.12 设平面的有界子集 S 是全等的、位似的、闭的三角形的并. 证明 S 的边界可被有限个可求长的弧所覆盖.

解答

解答 1 用 H 表示 S 的边界, 并设 $P \in H$ 是一个任意的点, 那么我们可以找

302

到一个收敛到点 P 的，点的序列 $\{P_n\}$ 使得每个点 P_n 都位于构成 S 的三角形 $\triangle_n$ 的边界上.

我们不妨假设每个点 P_n 在三角形 $\triangle_n$ 的边界上都处于同样的位置上（那就是说，把 $\triangle_n$ 变成为 $\triangle_m$ 的变换将 P_n 变成 P_m）.（这可以通过我们的假设来显示. 把三角形 $\triangle_n$ 变换成一个固定的三角形；用 Q_n 表示对应于 P_n 的点，由于序列 $\{Q_n\}$ 是有界的，因此它收敛的子序列 $\{Q_{n_k}\}$ 趋于 Q. 把 $\triangle$ 变换回 $\triangle_{n_k}$，Q 对应于 P'_{n_k}. 显然 $P'_{n_k} \to P$，并且点 P'_{n_k} 位于 $\triangle_{n_k}$ 的同样的位置上.）显然，每个三角形 $\triangle_n$ 都包含一个相似的一半大小的三角形 $\triangle'_n$，使得 P_n 是 $\triangle'_n$ 的顶点并且对所有的 n 位于同样的位置上. 这些三角形收敛到一个以 P 为顶点的相似三角形 $\triangle'_P$ 上使得 $\triangle'_P$ 的内部不包含 H 的点.

我们对相似于 $\triangle_n$ 的三角形的 3 个顶点进行编号，这给了相似于 $\triangle_n$ 的三角形的顶点的一个自然的顺序. 我们用下述方式定义集合 $H_i \subseteq H(i = 1,2,3)$，当且仅当 P 是 $\triangle'_P$ 的第 i 个顶点时，称点 $P \subseteq H$ 属于 H_i. 显然 $H = H_1 \cup H_2 \cup H_3$.

让我们研究 H_1. 用 α 表示 $\triangle'_P$ 的第一个顶点处的角度. 以 α 的角平分线方向作为 y 轴，用 α 的补角方向作为 x 轴建立坐标系. 用平行于 x 轴的直线把平面分成无数个宽度相等的带状区域. 如果带的宽度选择得足够小（例如，小于 $\triangle'_P$ 的通过点 P 的角平分线），那么 H_1 和其中一个闭的带状区域的交就是函数 $y = f(x)$ 的图像，其中 f 定义在 x 轴的有界子集上并满足常数为 $k = \cot\left(\dfrac{\alpha}{2}\right)$ 的 Lipschitz 条件. 这使得有可能把它扩展到原始区域的闭包. f 的扩展仍然是 $k -$ Lipschitz 的. 之后，以线性方式将 f 扩展到其定义域的开的补集所在的组成部分上去，我们就在足够大的有界区间上得到 f 的 $k -$ Lipschitz 扩展. 此扩展的图像是一条覆盖了 H_1 和所考虑的带状区域的交的可求长曲线. 由于 S 是有界的，因此它只穿过有限的带状区域；所以，H_1 可以被有限个可求长的曲线弧所覆盖. 同理，对于 H_2 和 H_3 我们也可以这样做，这就证明了这个定理.

解答 2 设 $\mathbb{R}^2$ 是二维的 Euclid 向量空间，并且设 $H \subseteq \mathbb{R}^2$ 是一个非异的闭的三角形，其角部为区域 A_1，A_2 和 A_3

$$H = A_1 \cap A_2 \cap A_3 \qquad\qquad (1)$$

那么问题中的命题可以重述如下:

命题 如果 $M(\subseteq \mathbb{R}^2)$ 是有界的,则 $M + H$ 的边界可以被有限个可求长的弧所覆盖(从现在起,我们在复平面中操作).

由于 M 是有界的,因此存在有限个集合 $V \subseteq \mathbb{R}^2$ 使得 $M \subseteq V + \dfrac{1}{2}H$.

设 $M(v) = \left(v + \dfrac{1}{2}H\right) \cap H$,我们得出

$$M = \bigcup_{v \in V} M(v) \qquad\qquad (2)$$

因此

$$M + H = \bigcup_{v \in V} (M(v) + H) \qquad\qquad (3)$$

首先我们证明对所有的 $v \in V$ 成立

$$M(v) + H = \bigcap_{i=1}^{3} (M(v) + A_i) \qquad\qquad (4)$$

由(1)显然有

$$M(v) + H \subseteq \bigcap_{i=1}^{3} (M(v) + A_i)$$

现在设

$$p \in \bigcap_{i=1}^{3} (M(v) + A_i)$$

那么

$$p \in M(v) + A_i \quad (i = 1,2,3)$$

但是

$$(p - M(v)) \cap (A_i \backslash H) \subseteq \left(p - v - \dfrac{1}{2}H\right) \cap (A_i \backslash H) = \varnothing$$

必须对至少一个 i 满足,因而

$$(p - M(v)) \cap H \neq \varnothing$$

而这表示

$$p \in M(v) + H$$

因此

$$M(v) + H \supseteq \bigcap_{i=1}^{3} (M(v) + A_i)$$

这就证明了式(3).

用 $\mathrm{fr}(X)$ 表示集合 X 的边界. 利用 V 是有限的以及式(3) 和式(4) 就得出

$$\mathrm{fr}(M + H) \subseteq \bigcup_{v \in V} \bigcup_{i=1}^{3} \mathrm{fr}(M(v) + A_i)$$

现在只需证明下面的命题即可:

命题 设 A 是一个顶点在原点,角平分线在负 y 轴上的角度等于 $2\alpha(0 < 2\alpha < \pi)$ 的角域. 又设 $M \subseteq \mathbb{R}^2$ 是一个有界集,此外还设

$$T = \{(x,y) \in \mathbb{R}^2 : 0 \leqslant x \leqslant 1\}$$

则

$$G = \mathrm{fr}(M + A) \cap T$$

是可求长曲线.

证明 为了证明这一命题,用 $(t, g(t))$ 表示对 $0 \leqslant t \leqslant 1, G$ 的横坐标是 t 的点,也就是说,设

$$g(t) = \sup\{y - |x - t| \cot \alpha : (x,y) \in M\}$$

由于 g 满足 Lipschitz 条件

$$|g(t) - g(t')| \leqslant |t - t'| \cot \alpha$$

因此这一命题就是平凡的了.

问题 G.13 设 F 是一个曲率不等于零的曲面. 它可以在它的一个点 P 周围用幂级数表示并且关于平行于点 P 处的主方向的法平面对称. 证明关于点 P 的任意法线曲率的弧长的导数在点 P 为零. 问是否可以把上述的对称性换成较弱的条件?

解答

解答 1 由于平行于主方向的法平面是垂直的,因此 F 围绕它们的对称性蕴含 F 围绕它们的交的对称性,即围绕点 P 处的法线的对称性. 由于法截面包含了法线,因此点 P 处的法截面也围绕法线对称. 曲面的解析性保证法截面的每个点都有弧长和曲率,并且曲率是弧长的可微函数. 设 $g(s)$ 是表示成弧长函数的曲率. 对应于点 P 的参数为 s_0,那么法截面围绕点 P 处的法线的对称性给

出恒等式 $g(s_0 + s) = g(s_0 - s)$. 微分此式然后令 $s = 0$, 我们就得出 $g'(s_0) = -g'(s_0)$, 即 $g'(s_0) = 0$. 这就证明了我们要证的性质.

正如我们所看到的, 围绕平行于主方向的法平面的对称性可以换成 F 的围绕点 P 处的法线的对称性.

解答2 根据我们的假设, 我们引入原点为 P 的坐标系, 因此曲面可由以下方程给出

$$z = \sum_{i,k=0}^{\infty} a_{ik} x^i y^k$$

其中 $a_{00} = 0$. 我们还可以假设 x 轴和 y 轴在 F 的主方向上, 则在此坐标系中 $a_{10} = a_{01} = 0$, 并且 $z(x,y) = z(-x,y) = z(-x,-y) = z(x,-y)$. 这些式子当且仅当无论 i 或 k 哪个是奇数时就有 $a_{ik} = 0$ 才成立. 因此曲面的方程可写成

$$z = \sum_{i,k=0}^{\infty} a_{2i,2k} x^{2i} y^{2k}$$

点 P 处的法线可参数化如下

$$\boldsymbol{r} = \boldsymbol{r}(t): x = c_1 t, y = c_2 t$$

$$z = \sum_{i,k=0}^{\infty} a_{2i,2k} (c_1 t)^{2i} (c_2 t)^{2k} = \sum_{n=1}^{\infty} b_n t^{2n}$$

其中常数 $c_1, c_2 (c_1^2 + c_2^2 \neq 0)$ 仅依赖于法线的平面和作为 $a_{2i,2k}$ 函数的系数 b_n.

曲线 $\boldsymbol{r} = \boldsymbol{r}(t)$ 的曲率可用公式

$$g(t) = \frac{\sqrt{|\boldsymbol{r}'|^2 |\boldsymbol{r}''|^2 - (\boldsymbol{r}' \cdot \boldsymbol{r}'')^2}}{|\boldsymbol{r}'|^{3/2}}$$

计算. 根据假设 $g(0) \neq 0$, 并且由于

$$\frac{dg}{ds} = \frac{dg}{dt} \frac{dt}{ds} = \frac{dg}{dt} \frac{1}{|\boldsymbol{r}'|}$$

代替证明 $\dfrac{dg}{ds} = 0$, 我们只需证明 $g'(0) = 0$ 即可.

考虑到

$$\boldsymbol{r}' = \left(c_1, c_2, \sum_{n=1}^{\infty} 2n b_n t^{2n-1} \right)$$

306

$$\boldsymbol{r}'' = \left(0,0,\sum_{n=1}^{\infty} 2n(2n-1)b_n t^{2n-2} \right)$$

$$\boldsymbol{r}''' = \left(0,0,\sum_{n=1}^{\infty} 2n(2n-1)(2n-2)b_n t^{2n-3} \right)$$

可以通过计算直接得出 $g'(0) = 0$.

上述解表明,为了削弱对称条件,只需要求在以法线和主方向为坐标轴的坐标系中,曲面的方程 $z = \sum_{i,k=0}^{\infty} a_{ik} x^i y^k$ 不包含三次项即可.

问题 G.14 设 $\sigma(S_n,k)$ 表示内接于单位圆的凸 n 边形 S_n 的边长的 k 次幂之和. 证明对任意大于 2 的正整数,都存在一个在 1 和 2 之间的实数 k_0,使得 $\sigma(S_n,k_0)$ 对任意正 n 边形都可达到最大值.

解答

我们将证明下面的最佳结果.

如果 $1 \leqslant k \leqslant \dfrac{\tan\dfrac{\pi}{n}}{\dfrac{\pi}{n}}$,那么对任何内接于单位圆的凸 n 边形就有 $\sigma(S_n,k) \leqslant \sigma(S_n^*,k)$,其中 S_n^* 表示内接于单位圆的正 n 边形.

证明 为了证明这个命题,只需考虑那些在边界或内部包含了圆心的多边形 S_n 即可. 实际上,如果 S_n 不满足这个条件,设 $A_1,\cdots,A_n$ 是 S_n 的顶点,$A_1 A_2$ 是 S_n 的最接近于圆心的边. 用 A_2' 表示 A_1 的对径点,并考虑以 $A_1,A_2',A_3,\cdots,A_n$ 为顶点的多边形 S_n',那么 $\overline{A_1 A_2'} > \overline{A_1 A_2}$ 以及 $\overline{A_2' A_3} > \overline{A_2 A_3}$(由于在 $\triangle A_2' A_2 A_3$ 中,边 $A_3 A_2'$ 所对的角是锐角),因此显然对 $k \geqslant 1$ 就有 $\sigma(S_n',k) > \sigma(S_n,k)$.

现在设 S_n 是一个边界或内部包含了内接圆心的内接于单位圆的凸 n 边形,$x_1,\cdots,x_n$ 是对应于 S_n 的边的中心角的一半的角,那么

$$\sigma(S_n,k) = 2^k \sum_{i=1}^{n} \sin^k x_i$$

其中

$$0 < x_i \leqslant \frac{\pi}{2}, \qquad \sum_{i=1}^{n} x_i = \pi$$

对 $k = 1$ 的命题是众所周知的,因此以下仅考虑 $k > 1$ 的情况. 固定 $1 < k \leqslant$

$\dfrac{\tan \dfrac{\pi}{n}}{\dfrac{\pi}{n}}$. 由于函数 $\dfrac{\tan x}{x}$ 连续,在区间 $\left(0, \dfrac{\pi}{2}\right)$ 上严格递增,此外还有 $\lim\limits_{x \to 0} \dfrac{\tan x}{x} = 1$,

因此存在唯一的实数 $a = a(k)$ 使得 $0 < a < \dfrac{\pi}{n}, k = \dfrac{\tan a}{a}$.

考虑函数 $f(x) = \sin^k x$,由于

$$f''(x) = k(k-1)\sin^{k-2} x \cos^2 x - k \sin^k x = k \sin^{k-2} x (k \cos^2 x - 1)$$

因此容易验证 $f(x)$ 在区间 $\left(0, \arccos \dfrac{1}{\sqrt{k}}\right)$ 上是下凸的而在区间

$\left(\arccos \dfrac{1}{\sqrt{k}}, \dfrac{\pi}{2}\right)$ 上是上凸的. 由于

$$f''(a) = \dfrac{\tan a}{a} \sin^{k-2} a \left(\dfrac{\tan a}{a} \cos^2 a - 1\right) < 0$$

所以它在区间 $\left(a, \dfrac{\pi}{2}\right)$ 上是上凸的. 令

$$g(x) = \begin{cases} k \sin^{k-1} a \cos ax, & 0 \leqslant x \leqslant a \\ \sin^k x, & a < x \leqslant \pi/2 \end{cases}$$

那么显然 g 在区间 $\left[0, \dfrac{\pi}{2}\right]$ 上是连续的. 通过研究函数 $\dfrac{\sin^k x}{x}$ 的导数容易看出,它

在区间 $[0, a]$ 上是严格递增的而在区间 $\left[a, \dfrac{\pi}{2}\right]$ 上是严格递减的. 由此可以导出

g 在区间 $\left[0, \dfrac{\pi}{2}\right]$ 上是下凸的. 此外对 $x \in \left[0, \dfrac{\pi}{2}\right]$,成立 $f(x) \leqslant g(x)$. 以上事实

再加上不等式

$$\sum_{i=1}^{n} g(x_i) \leqslant n g\left(\dfrac{\pi}{n}\right)$$

以及 Jensen 不等式就得出

$$\sigma(S_n, k) = 2^k \sum_{i=1}^{n} f(x_i) \leqslant n 2^k g\left(\dfrac{\pi}{n}\right)$$

由于 $a \leqslant \dfrac{\pi}{n}$,我们有 $f\left(\dfrac{\pi}{n}\right) = g\left(\dfrac{\pi}{n}\right)$,因而

$$\sigma(S_n,k) \leqslant n2^k\sin^k\frac{\pi}{n} = \sigma(S_n^*,k)$$

这就证明了命题.

注记 很多参赛者观察到如果 $3 \leqslant n' < n$，并且 $1 \leqslant k \leqslant \dfrac{\tan\dfrac{\pi}{n}}{\dfrac{\pi}{n}}$，那么我们

也有不等式 $\sigma(S_{n'},k) \leqslant \sigma(S_n^*,k)$. 实际上考虑函数 $y = x\sin^k\left(\dfrac{\pi}{x}\right)$ 的导数，我们

看出当 $x > 2, k < (\tan(\pi/x))/(\pi/x)$ 时

$$y' = \sin^k\frac{\pi}{x} - \frac{k\pi}{x}\sin^{k-1}\frac{\pi}{x}\cos\frac{\pi}{x} = \sin^{k-1}\frac{\pi}{x}\left(\sin\frac{\pi}{x} - \frac{k\pi}{x}\cos\frac{\pi}{x}\right) > 0$$

利用关系式 $\dfrac{\pi}{n'} > \dfrac{\pi}{n}$，以及

$$\frac{\tan\dfrac{\pi}{n'}}{\dfrac{\pi}{n'}} > \frac{\tan\dfrac{\pi}{n}}{\dfrac{\pi}{n}}$$

我们就得出

$$\sigma(S_n^*,k) = 2^k n\sin^k\frac{\pi}{n} > 2^k n'\sin^k\frac{\pi}{n'} = \sigma(S_n^*,k) \geqslant \sigma(S_n,k)$$

问题 G.15 设 h 是周长为 1 的三角形，H 是一个周长为 λ 的，和 h 中心位似的三角形. 设 $h_1,h_2,\cdots$ 是 h 的平移，对于所有的 i,h_i 和 h_{i+2} 不相同且和 H 以及 h_{i+1} 相接触(即不重叠的相交). 对哪些 λ 的值可以这样选择这些三角形使得序列 $h_1,h_2,\cdots$ 是周期的?如果 $\lambda \geqslant 1$ 是那种值，确定周期链 $h_1,h_2,\cdots$ 中不同的三角形的数量以及这种三角形链环绕三角形 H 的次数.

解答

由于任何三角形都可以通过仿射变换变换成正三角形并且仿射性保持三角形的相似和接触位置以及相似三角形的周长的比,因此不妨设所给的三角形是正三角形.

设 A,B,C 为三角形 H 的顶点；P_i,Q_i,R_i 为三角形 h_i 的顶点；a,b,c 和 p_i,q_i, r_i 分别是三角形 H 和三角形 h_i 的相对于顶点 A,B,C 和顶点 P_i,Q_i,R_i 的边. 我们

把这些边看成是边 a 上排除了端点 C 的半开线段以及边 p_i 上排除了端点 R_i 的半开线段, 等等. 假设顶点 A,B 和 C 分别与相似的顶点 P_i,Q_i,R_i 相对应 (图 G.12).

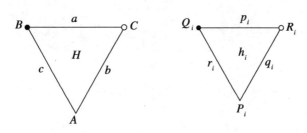

图 G.12

三角形 h_i 可以通过两种方式接触三角形 H: 一种是 H 的顶点位于 h_i 的相似对应的顶点的对边上, 另一种是 h_i 的顶点位于 H 的相似对应的顶点的对边上. 根据我们的假设, 我们总是恰有这两种情况中的一种. 在第一种情况下, 我们说 h_i 接触 H 的顶点, 在第二种情况下, 我们说 h_i 接触 H 的边. 两个三角形的公共点将被称为接触点. 我们固定三角形 h_i 和 H 的定向为 (P_i,Q_i,R_i) 和 (A,B,C).

如果 h_i 接触 H 的边, 则用 $f(h_i)$ 表示接触点与按照固定定向和接触点相邻的 H 的顶点之间的距离, 如果 h_i 接触 H 的顶点, 则用 $f(h_i)$ 表示接触点与按照固定定向相反的方向和接触点相邻的 H 的顶点之间的距离. 显然在第一种情况下 $0 < f(h_i) \leqslant \dfrac{\lambda}{3}$, 而在第二种情况下 $0 \leqslant f(h_i) < \dfrac{1}{3}$ (图 G.13).

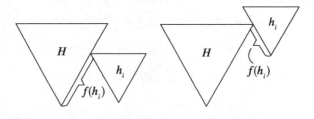

图 G.13

同样显然的是, h_i 和 h_{i+1} 的接触点被包含在 H 的一个闭的边上, 因而 H 的固定的定向给出了三角形 h_i 和 h_{i+1} 之间的一个顺序.

我们可以确定以下事实.

设 h' 表示接触 H 的一个任意的平移 h. 我们想描述同时接触 h' 和 H 并且按

照固定定向排在 h' 之后的平移 h''（图 G.14. a – e）.

（a）如果 h' 接触 H 的边并且 $f(h') > \dfrac{1}{3}$，则 h'' 是唯一的，它接触 H 的同一条边，接触点的距离为 $\dfrac{1}{3}$（因而 $f(h'') = f(h') - \dfrac{1}{3}$）（图 G.14. a）.

（b）如果 h' 接触 H 的边并且 $f(h') \leqslant \dfrac{1}{3}$，则 h'' 是唯一的，它接触 H 的按照固定定向与 h' 的接触点相邻的顶点，并且 $f(h'') = \dfrac{1}{3} - f(h')$（图 G.14. b）.

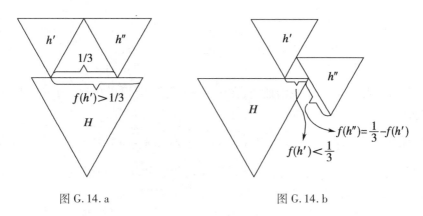

图 G.14. a   图 G.14. b

（c）如果 h' 接触 H 的顶点并且 $f(h') < \dfrac{\lambda}{3}$，则 h'' 是唯一的，它接触 H 的包含 h' 的接触点的边，并且 $f(h'') = \dfrac{\lambda}{3} - f(h')$（图 G.14. c）.

（d）如果 h' 接触 H 的顶点，并且 $f(h') = \dfrac{\lambda}{3}$，那么我们对 h'' 可以选择任意一个和 H 的与 h' 的接触点相邻的顶点接触并且满足 $f(h'') \leqslant \dfrac{1 - \lambda}{3}$ 的三角形（图 G.14. d）.

（e）最后，如果 h' 接触 H 的一个顶点并且 $f(h') > \dfrac{\lambda}{3}$，则 h'' 是唯一的，它仍然接触 H 的与 h' 的接触点相邻的顶点，并且满足 $f(h'') = \dfrac{1 - \lambda}{3}$（图 G.14. e）.

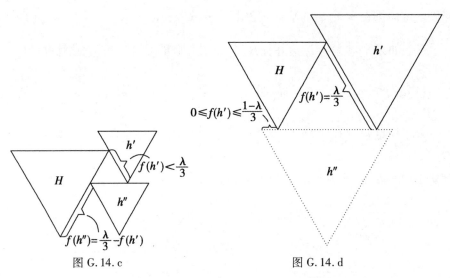

图 G.14. c   图 G.14. d

I. 首先假设 $\lambda < 1$. 我们证明,在这种情况下总是可以找到一个三角形的周期链.

设 h_1 接触 H 的顶点 A,使得 $f(h') = 1 - \lambda$. 令 $k = -\left(-\dfrac{\lambda}{1-\lambda}\right)$. 从 h_1 开始,按照固定方向,根据前面的观察(a) ~ (e),我们可以唯一地构造一个序列 h_2,$\cdots$,h_{2k+1},使得偶数编号的三角形 h_2,$\cdots$,h_{2k} 接触 H 的边而奇数编号的三角形 h_1,$\cdots$,h_{2k+1} 接触 H 的顶点,并且 $f(h_{2k+1}) \geqslant \lambda$,然后我们可以根据(d)选择 h_{2k+2} 使得 $f(h_{2k+2}) = 1 - \lambda$. 三角形 h_{2k+2} 可从三角形 h_1 围绕 H 的中心旋转 $\dfrac{2\pi i}{3}$ 而得出.

因此,从 h_{2k+2} 选择 $f(h_{4k+3}) = 1 - \lambda$ 继续构造下去,我们可以通过设置 $h_{6k+4} = h_1$ 使这条链闭合,这就完成了证明.

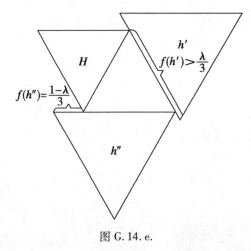

图 G.14. e.

312

II. 现在让我们来讨论 $\lambda \geqslant 1$ 的情况,那么只可能出现情况(a)(b)(c),并且每个 h'' 由 h' 唯一确定. 如果我们改变定向,那么情况是同样的. 因此,正好有两个 h 的变换使得 H 和给定的 h' 接触. 所以,给定使得 h_1 和 H 接触的 h_1 和 h_2,我们就可以连续地写出一个序列 $h_1, h_2, \cdots$.

假设我们得到一个周期为 n 的周期链 $h_1, h_2, \cdots (h_{n+1} = h_1)$ 并且这个周期链绕着 H 转了 k 次. 由于三角形 h_i 的接触点按照定向在 H 的边界上是一个跟着一个有顺序的,因此短语"链绕 H 转了 k 次"是有意义的. 我们不妨设我们的定向和方向(A, B, C) 是一致的.

观察结果(a)(b) 和(c)表明接触 H 的边的三角形 h_i 的接触点构成了一个 $n - 3k$ 个元素的绕 H 转了 k 次的循环序列,使得相邻的两个接触点之间的距离为 $\frac{1}{3}$. 因此

$$\frac{1}{3}(n - 3k) = \lambda k$$

那也就是

$$\lambda = \frac{n - 3k}{3k}, \quad n = 3k(\lambda + 1) \tag{1}$$

从这个方程式中可以得出在 $\lambda \geqslant 1$ 的情况下,周期链的存在性蕴含了 λ 的有理性. 在这种情况下这条链绕着三角形 H 旋转的次数是 3λ 的既约分数的分母,而链中所含的三角形的数目可以通过旋转的次数和 $3(\lambda + 1)$ 的乘积来得出(当然,给定了任何 n 的整数倍和旋转数 k,都存在周期为 n 的周期链).

我们仍然必须证明,如果对某个正整数 k 和 n 成立式(1),那么就存在一个周期为 n 的周期链,同时这也将证明 λ 的有理性对于周期链的存在是充分的.

此外,我们还将证明,无论我们将起始三角形 h_1 放在哪,三角形 h_i 的序列都将在围着 H 环绕 k 圈后在第 n 步闭合. 由于 h_1 或 h_2 之中必有一个接触 H 的边,我们不妨设 h_1 接触 H 的边. 如果从 h_2 开始的链在第 n 步闭合,那么从 h_1 开始的链也必在第 n 步闭合,这是由于在正反两个方向上所构造出来的序列是唯一的.

让我们构造序列的开始部分 $h_1, \cdots, h_{m+1}$,直到它围着 H 转了 k 次并且 h_{m+1}

的接触点和 h_1 的接触点之间的距离小于 $\frac{1}{3}$ 为止. 这种情况早晚必定会出现, 由于链中至多有 λ 个元素可以接触 H 的同一条边. 那样, 如上所述, 我们就有

$$0 \leqslant \left| k\lambda - \frac{m - 3k}{3} \right| < \frac{1}{3} \qquad (2)$$

把式(1)代入上式再乘以 3 就得出

$$0 \leqslant | n - m | < 1$$

上式和(2)是等价的, 它成立的充分必要条件是左边的等号成立, 即 $n = m$, 从而 $h_{n+1} = h_1$.

问题 G. 16 在一个正三角形中制定了如下的交通规则:只允许沿着平行于三角形的一条高线的线段移动. 我们定义三角形两点之间的距离是连接这两点之间的最短路径的长度. 设计一种把 C_{n+1}^2 个点放到三角形中去的方式, 使得任意两点之间的距离都达到最大.

解答

在下文中, "距离"指两点之间的通常的距离, 而斜体"*距离*"表示新度量意义下的距离. 设 ABC 为一个给定的三角形, $AB = 1$. 为了不在简单的几何事实的精确定义中隐蔽了解题思路, 我们将省略技术细节.

(a) 构造下界. 把三角形的每一边分成 $n - 1$ 个相等的线段, 用平行于 AB 的线段把 BC 的每个节点和 CA 相应的节点连接起来, 并将这些线段按照到 AB 的距离的顺序分别分成 $n - 2, n - 3, \cdots, 2, 1$ 个相等的部分. 如果我们通过 AB, BC 和 CA 的所有节点作与其他两条直线平行的直线并考虑这些直线的所有可能的交点. 人们可能会期盼这个由 C_{n+1}^2 个点组成的系统是最优的. 我们用 r_n 表示这个系统的最小距离.

(b) 定理 设 $C_n^2 < N \leqslant C_{n+1}^2$, 如果把 N 个点放到 $\triangle ABC$ 中, 则我们总可在这 N 个点之中找出两个点, 使得它们之间的距离 $\leqslant r_n$. 如果 $N = C_{n+1}^2$ 并且任意两点之间的距离至少是 r_n, 那么这些点组成的系统与(a)中构造的一致.

(c) 为了证明(b)中的定理, 我们需要下面的命题:在问题所描述的度量空间中一个半径为 r, 中心是 R 的球是一个以 R 为中心的正六边形, 其顶点是将 R 沿与三角形的一个高平行的直线移动距离 r 所得的点. 这个命题的证明留给

314

读者.

(d) 我们在这里证明,如果 $\triangle ABC$ 的某个子集的任意两点之间的距离大于 $r_n = 2c = \sqrt{3}/n - 1$,则这个子集最多包含 C_n^2 个点. 考虑在(a)中所构造的格点三角形,称与 $\triangle ABC$ 相似并且相似比为 $\frac{1}{n-1}$ 的三角形为斜三角形,而称与 $\triangle ABC$ 相似并且相似比为 $-\frac{1}{n-1}$ 的三角形为平三角形. 有 C_n^2 个斜三角形,一个半径为 c 的球是一个围绕斜三角形的中心,边长为 c 的正六边形. 这些球可以覆盖斜三角形和平三角形,由于每个平三角形被 3 个斜三角形所包围,而放在相邻的三角形中心的正六边形显然覆盖了平的三角形. 因此,所给的 C_n^2 个球覆盖了 $\triangle ABC$,那也就是说所考虑的子集的每个点都属于这些正六边形之一. 由于这种正六边形的直径是 $2c = r_n$,而一个点系的任意两点之间的距离大于 r_n 表示这个点系最多和六边形在一个点相遇;因此,它最多包含 C_n^2 个点. 这就证明了定理的第一部分.

(e) 我们可以用下述方法证明 $N = C_{n+1}^2$ 情况下的唯一性. 如果 $q < 1$,并且我们从点 A 以比率 q 收缩 $\triangle ABC$,那么我们得到一个最多包含 C_n^2 个点的 $\triangle AB'C'$. 如果 $q \to 1$,我们得到 BC 边至少包含 n 个点. 当然,BC 边包含的点不能超过 n 个,并且这些点必须将 BC 边分成 $n-1$ 个相等的部分. 设 AB^+C^+ 是 ABC 相对于 A 的比率为 $1 - \frac{1}{n-1}$ 的扩张. 围绕着 BC 边上的点,边长为 c 的正六边形覆盖了 $\triangle ABC$ 和 $\triangle AB^+C^+$ 之间的不同部分. 因此 $\triangle AB^+C^+$ 包含了 C_n^2 个点,因此任意两点之间的距离至少是 $r_n = r_{n-1}\left(1 - \frac{1}{n-1}\right) = r_{n-1}AB^+$. 由于定理对 $n = 2$ 是平凡的,因此我们可以通过归纳法来完成证明.

问题 G.17 设 C 是一条具有单调曲率的简单弧,C 和它的渐屈线恒同. 证明在适当的可微性条件下,C 是摆线或者具有极坐标方程 $r = ae^{\vartheta}$ 的对数螺线的一部分.

解答

315

设 $\boldsymbol{r}_1 = \boldsymbol{r}(s)$，$s \in [0,\ell]$ 是 C 的以弧长为参数的矢量参数方程，它的曲率半径 $\rho(s)$ 是单调递增函数，那么渐伸线 E 的参数方程就是 $\boldsymbol{r}_2 = \boldsymbol{r}(s) + \rho(s)\boldsymbol{n}(s)$，其中 $\boldsymbol{n}$ 是主法线向量. 渐伸线的位于 $\boldsymbol{r}_2(0)$ 和 $\boldsymbol{r}_2(s)$ 之间的弧长为 $\sigma(s) = \rho(s) - \rho_0$，其中 $\rho_0 = \rho(0)$. 设 Φ 是 C 和 E 的重合部分，则只有两种可能：

(1) Φ 取 $\boldsymbol{r}_2(0)$ 作 $\boldsymbol{r}(0)$.

(2) Φ 取 $\boldsymbol{r}_2(\ell)$ 作 $\boldsymbol{r}(0)$.

在第一种情况下，渐伸线在 $\boldsymbol{r}_2(s)$ 点的曲率半径为 $\rho(\rho(s) - \rho_0)$，而在第二种情况下为 $\rho(\ell - \rho(s) + \rho_0)$. 根据 Frenet 方程

$$\frac{\mathrm{d}\boldsymbol{r}_2}{\mathrm{d}\sigma} = \boldsymbol{n}, \qquad \frac{\mathrm{d}^2\boldsymbol{r}_2}{\mathrm{d}\sigma^2} = -\frac{1}{\rho(s)\rho'(s)}\boldsymbol{t}$$

在第一种情况下，我们就有 $\rho(\rho(s) - \rho_0) = \rho(s)\rho'(s)$，而在第二种情况下，我们有 $\rho(\ell - \rho(s) + \rho_0) = \rho(s)\rho'(s)$.

我们证明在第一种情况下对所有的 $s \in [0,\ell]$ 有 $s = \rho(s) - \rho_0$. 否则，在适当的可微性条件下，我们将找到一个区间 $[a,b]$ 使得 $a = \rho(a) - \rho_0$，$b = \rho(b) - \rho_0$ 并且在区间 $[a,b]$ 内部处处成立 $s > \rho(s) - \rho_0$ 或 $s < \rho(s) - \rho_0$. 然而在这种情况下，由于 $\rho(s) - \rho_0 > s$ 蕴含 $\rho(\rho(s) - \rho_0) > \rho(s)$，而 $\rho(s) - \rho_0 < s$ 蕴含 $\rho(\rho(s) - \rho_0) < \rho(s)$，因此我们将有

$$b - a = \rho(b) - \rho(a) = \int_a^b \rho'(s)\mathrm{d}s = \int_a^b \frac{\rho(\rho(s) - \rho_0)}{\rho(s)}\mathrm{d}s \neq b - a$$

矛盾. 这样我们就推出属于第一种情况的解在自然坐标下有一个形如 $s = \rho(s) - \rho_0$ 的解. 这些曲线是对数螺线，在极坐标中，它们的方程具有 $r = ae^{\vartheta}$ 的形式，并且反过来容易证明那种螺线的任意一段弧都是解.

在第二种情况下，对所有的 $s \in [0,\ell]$ 成立 $\ell - s = \rho(\ell - \rho(s) + \rho_0)$. 为看出这点，我们必须首先证明 Φ 是平面上的一个定向反转变换. 不失一般性，我们可设当 $\boldsymbol{r}(s)$ 沿着曲线 C 移动时，单位切向量 $\boldsymbol{t}(s)$ 是逆时针旋转的. 同时，当 $\boldsymbol{r}_2(s)$ 沿着渐伸线 E 移动时其单位切向量 $\boldsymbol{n}(s)$ 也是逆时针旋转的. 由于 Φ 取 $\boldsymbol{r}_2(\ell)$ 作 $\boldsymbol{r}(0)$，点 $\Phi(\boldsymbol{r}(s))$ 沿着 E 做反方向移动，而它的单位切向量是顺时针

旋转的. 因此 Φ 反转定向. 平面的反定向等距变化是滑动的反射,所以 C 的渐伸线的渐伸线 F 是 C 的平移. 设 $r_3(s)$ 表示 E 在 $r_2(s)$ 处的曲率中心. F 的位于 $r_3(\ell)$ 和 $r_3(s)$ 之间的弧长等于 $\rho(\ell - \rho(s) + \rho_0) - \rho_0$. 曲率的单调性蕴含切向量的方向唯一地刻画了向量与曲线相切的点的特征. 因此,我们得到上面的变换取 $r_3(s)$ 作为 $r(s)$. 因此,正如我们想证明的那样,成立 $\rho(\ell - \rho(s) + \rho_0) = \ell - s$. 由此,根据我们前面的论证就得出 $\rho(s)\rho'(s) = \ell - s + \rho_0$. 因而在第二种情况下,解的由曲线的弧给出的自然方程是 $\rho^2(s) + (\ell - s + \rho_0)^2 = c$. 这些曲线是由 $x = a(u - \sin u), y = a(1 - \cos u)$ 给出的摆线,其中 $a = \dfrac{1}{4}\sqrt{\rho_0^2 + (\ell + \rho_0)^2}$. 反过来,我们也可以推出在第二种情况下,表示这些弧的子弧 $\overset{\frown}{P_1 P_2}$ 的解对应于参数域 $u \in [0, \pi]$,其中 $a = \sqrt{\rho^2(P_1) + [\overset{\frown}{P_1 P_2} + \rho(P_1)]^2}$ (例如,整个符合要求的弧).

注记   我们可能会提出一个更普遍的问题：与它们的渐伸线相似的曲线是什么. 这个问题的解决涉及外摆线、内摆线和由更一般的极坐标方程 $r = ae^{c\vartheta}$ 所表示的对数螺线.

问题 G.18   在平面上给了 4 个点 A_1, A_2, A_3, A_4,设 A_4 是 $\triangle A_1 A_2 A_3$ 的重心. 在平面上求第 5 个点 A_5,使得比率

$$\frac{\min\limits_{1 \le i < j < k \le 5} T(A_i A_j A_k)}{\max\limits_{1 \le i < j < k \le 5} T(A_i A_j A_k)}$$

最大. (其中 $T(ABC)$ 表示 $\triangle ABC$ 的面积.)

解答

穿过三角形重心的中线,将平面分成 6 个角区域. 我们断言在每个区域中恰存在一个点使得问题中所述的比率达到最大值,即 $\dfrac{1}{4}$. 设 F 为 $A_2 A_3$ 的中点,设 E 表示 A_1 关于 F 的对称点,P 表示线段 $A_3 E$ 的靠近 A_3 的三等分点,最后,设 A_5 表示半直线 $A_4 P$ 上使得 $A_4 A_5 = \dfrac{3}{2} A_4 P$ 的点,则 A_5 是就是平面中产生最大值的点 (图 G.15).

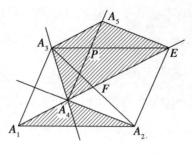

图 G. 15

设 A_5 是平面中的任意一点. 如果这个点不在 $\triangle A_3A_4E$ 内,那么利用符号 $T(A_4A_5E) = 2T(A_1A_5A_4) = 2b, T(A_3A_5A_4) = a, T(A_1A_2A_4) = c, T(A_1A_2A_5) = d$,我们可把阴影部分的面积表示成

$$a + 2b + c = d \tag{1}$$

由于这个面积是 3 个三角形的面积之和,其中每个三角形都有一条长度等于 $A_1A_2 = A_3E$ 的边,对应的高度之和等于 $\triangle A_1A_2A_5$ 的边 A_1A_2 上的高. 当 A_5 位于 $\triangle A_3A_4E$ 内时公式(1)仍然成立,这只需我们把面积取成有符号的即可. 在这两种情况下,没有符号的面积满足

$$a + 2b + c \leqslant d$$

由此得出

$$\min(a, b, c) \leqslant \frac{1}{4}d \tag{2}$$

因此,问题中的比率小于等于 $\frac{1}{4}$.

式(2)中等号成立的充分必要条件是 $a = b = c = \frac{1}{4}$. 一方面,这表示 A_5 到直线 A_1A_2 的距离是 A_4 到直线 A_1A_2 的距离的 4 倍还多,另一方面,这表示 $T(A_3A_4A_5) = T(A_1A_4A_5)$,即 $A_4A_5 \perp A_1A_3$. 当且仅当 A_5 如上所述时这两个条件才能同时满足.

通过直接计算可以看出,在这种情况下,在所有的 $\triangle A_iA_jA_k$ 中 $\triangle A_1A_2A_5$ 具有最大的面积并且对所有的 $i, j, k, T(A_iA_jA_k) \geqslant \frac{d}{4}$.

(译者注:各个 $\triangle A_iA_jA_k$ 的面积可计算如下:

318

设 S_{ijk} 表示 $\triangle A_i A_j A_k$ 的面积,其中 i,j,k 两两不同,代表数字 $1,2,3,4,5$ 或大写字母,又设 $S_{124} = S_{234} = S_{134} = s$,那么由作图可知

$$\frac{PE}{A_3 P} = \frac{A_4 P}{P A_5} = 2 \Rightarrow \triangle A_3 P A_5 \backsim \triangle A_4 P E,相似比为 2$$

因此

$$A_4 E = 2 A_3 A_5,且 A_3 A_5 // A_4 E // A_1 A_4$$

设 H 是 $A_4 E$ 的中点,则

$$A_4 H = \frac{1}{2} A_4 E$$

$$= \frac{1}{2}(EF + A_4 F) = \frac{1}{2}(A_1 F + A_4 F)$$

$$= \frac{1}{2}(3 A_4 F A + A_4 F) = 2 A_4 F = A_1 A_4$$

$$\Rightarrow A_1 A_4 = A_4 H = \frac{1}{2} A_4 E = A_3 A_5$$

$A_1 A_4 // A_3 A_5, A_1 A_4 = A_3 A_5 \Rightarrow$ 四边形 $A_1 A_3 A_5 A_4$ 是平行四边形 $\Rightarrow \frac{1}{2} S_{\square A_1 A_3 A_5 A_4} =$

$S_{345} = S_{135} = S_{145} = S_{134} = S_{124} = S_{234} = s$

由上面已证的 $S_{345} = S_{135} = S_{145} = S_{134} = S_{124} = S_{234} \Rightarrow \triangle A_3 A_4 A_5$ 和 $\triangle A_3 A_4 A_2$ 等高,因此 $A_3 A_4 // A_2 A_5$.

$S_{245} = S_{235}$(等底等高)

$= 2 S_{3F5}$(由于 F 是 $A_2 A_3$ 的中点)

$= 2 S_{235}$(由于 $A_3 A_5 // A_4 F$,所以 $\triangle A_3 F A_5$ 和 $\triangle A_3 A_4 A_5$ 是等底等高的)

$= 2s$

$$S_{123} = S_{145} + S_{345} + S_{124} = s + s + s = 3s$$

$$S_{125} = S_{124} + S_{145} + S_{245} = s + s + 2s = 4s)$$

问题 G.19 设 K 是 n 维 Euclid 空间中的一个紧致的凸体. $P_1, P_2, \cdots, P_{n+1}$ 是内接于 K 的所有单纯形中体积最大的单纯形的顶点. 定义点 $P_{n+2}, P_{n+3}, \cdots$ 依次是 K 中使得 $P_1, \cdots, P_k$ 的凸包体积最大的点,用 V_k 表示这个体积. 对不同的 n,确定命题"序列 $V_{n+1}, V_{n+2}, \cdots$ 是凹的"是否正确?

解答

对 $n = 0$ 命题没有意义,对 $n = 1$ 命题显然正确. 现在考虑 $n = 2$ 的情况.

显然,起始单纯形的顶点位于 K 的边界上,否则,我们可以移动 K 内部的点离相对的超平面更远. 用二维的一般归纳法可以证明更多的点也可来自边界.

在已经证明的基本线索上,假设前 n 个点在边界上. 在这种情况下,它们是凸 n 边形的顶点,使得经过它们的每个边切断了凸形的一部分(可能是平凡的),从这些部分中选择一个新点,从而用三角形"增长"了多边形. 由于最大性,新的点必须来自边界.

为了证明凹性,我们必须证明当连续两次取序列的差时,第二个差不会超过第一个差. 如果新的点来自属于不同边的弧,那么这是显然的,否则我们必须将这些点以相反的顺序添加到序列中. 如果两个相继的点是选自前面点的凸包的一条边上的同一条弧的,那么设 A 和 B 表示这条边的两个端点,C 和 D 是添加到序列中的点. 由于先取的点是 C,因此 $\triangle ABC$ 的面积大于或等于 $\triangle ABD$ 的面积. 用 E 表示四边形 $ABCD$ 的对角线的交点,那么从不等式 $T(EAB) \geqslant T(ECD)$ 就得出命题,由于第一个差是 $T(ABC)$ 而第二个差是 $T(ABD) + T(ECD) - T(EAB)$. 我们观察到在点 A 和点 B 的支撑凸图形的半直线是位于由 AB 的包含 C 的半平面的边界上的,这两条半直线是平行或彼此相交的(图 G.16);否则,A 和 B 中的一个将被选进后一个序列,这与最大性矛盾. 过点 C 作平行于 AB 的直线. 它将与直线 BD 交于线段 $\overline{BD}$ 外部的点 D'. 因此只需证明用 D' 代替 D 的不等式即可. $\triangle ABE'$ 相似于 $\triangle CD'E'$,根据上述观察,线段 $\overline{AB}$ 不短于线段 $\overline{CD'}$,这就蕴含了命题.

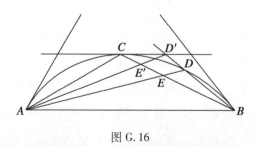

图 G.16

现在我们证明对 $n \geqslant 3$ 序列不一定是凹的. 对于 $n = 3$,可以用正八面体作为反例. 选八面体的 4 个任意的不共平面顶点作为第一个内接单纯形的顶点. 这个单纯形的体积是最大的. 事实上,假设 $ABCD$ 是与八面体具有尽可能多的公共顶点的体积最大的内接单纯形. 如果其中一个顶点,例如 A,不是八面体的顶点,那么考虑通过 A 平行于平面 BCD 的平面. 根据最大性假设,这个平面可以不包含八面体的内点,但它与八面体有非空交集,因此至少包含八面体的一个顶点,这个顶点可以代替上面已选好的 A,矛盾. 可以证明第 5 个点也可选成八面体的一个顶点. 关键是八面体的相对的面是平行的,所以与两个相邻面距离最大的点构成八面体的边. 第 6 个点必须是八面体的第 6 个顶点. 这个序列的第二个差是第一个的两倍;因此序列不是凹的.

对一般情况,考虑八面体上的棱,它们是三维八面体和八面体的补子空间中的 $(n-3)$ 维单纯形的凸包,用与上面相同的方法,我们可以证明这是一个一般情况下的适当的反例. 由于最大性,起始单纯形必须包含所有不属于八面体的顶点,并且其他点必须选自由八面体生成的三维超平面. 这个矛盾证明了我们的命题.

问题 G.20   在一个单位圆内,通过(圆所在的平面内)的直径小于 1 的连通子集把单位圆的内接正七边形的连续的顶点连接起来. 证明(在圆的平面上)的每个直径大于 4 并包含圆心的连续统必和这些连接的集合之一相交.

解答

设 $A_1, A_2, \cdots, A_7$ 是七边形的顶点,O 是外接圆的圆心,$H_1, H_2, \cdots, H_7$ 分别表示连接 A_1、A_2,A_2、A_3,$\cdots$,A_7、A_1 的连通集,C 表示问题中的连续统,D 表示圆心在 O,半径等于 2 的圆.

由假设可知 $d(H_i) < 1(i=1,2,\cdots,7)$,$H_i$ 在 D 内并且 $O \notin H_i$. 另一方面,条件 $d(C) > 4$ 和 $0 \in C$ 蕴含在 D 外存在一个点 $Q \in C$. 假设不然,那么 $\cup_i H_i$ 和 C 不相交. 这时,点 $x \in H_i$ 到不覆盖 x 的闭集 $C \cup D$ 的距离 $\delta(x)$ 是正的. 对所有的 $x \in H_i$ 考虑圆心在 x 半径为 $\delta(x)$ 的开圆盘 $U(x, \delta(x))$. 这些圆盘的并集 $\Gamma_i = \bigcup_{x \in H_i} U(x, \delta(x))$ 是开的并且是连通的,对于并集 $\Gamma = \bigcup_i \Gamma_i$ 也是如此. 集合 Γ 在 D 内;此外 $\Gamma \cap (C \cup D) = \varnothing$. 由于 Γ 是开的和连通的,因此在 Γ 内可以画出一个闭的连接 $A_1, A_2, \cdots, A_7$ 点的虚线 T^*,设 T 为 $\mathbb{R}^2 \backslash T^*$ 的包含 O 的连通

分量的边界. T 是一条 D 内的简单的闭合的虚线,使得 T 和 C 不相交,$O \in C$ 在 T 内,而 $Q \in C$ 在 T 外.

我们将证明存在这样一个 T 和 C 是连续统的事实相矛盾. 用 B 表示 T 内的点的集合,K 表示 T 外的点的集合. 由 $C \cap D = \varnothing$,我们得出

$$C = (C \cap B) \cup (C \cap K)$$

其中:

(a) $C \cap B$ 和 $C \cap K$ 在 C 的子空间拓扑中都是既开又闭的,此外

(b) 由于 $O \in C \cap B$ 以及 $Q \in C \cap K$,因此上述的两个集合都不是空的,这两个事实合在一起就和与连续统 C 的连通性相矛盾.

注记

如果在问题中仍保留 C 的连通性而放弃它也是闭的假设,则我们可以举出一个反例如下. 实际上,在正方形 $EFLJ$ 内作两条不相交的、无限的虚线,其中一条从 E 开始,另一条从 F 开始,并且二者都有覆盖线段 $\overline{LJ}$ 的闭包 T_1, T_2. 因而,$M_1 = T_1 \cup J$ 和 $M_2 = T_2 \cup J$ 是两个不相交的连通集. 收缩并移动正方形和其中所包含的图形,使得对应于点 E, F 的点 $\bar{E}, \bar{F}$ 按照 $A_7, \bar{E}, \bar{F}, A_1$ 的顺序进入线段 $A_7 A_1$ 而 $\bar{L}$ 进入七边形(我们用加杠的字母表示对应字母的像). 设 Q^* 是半直线 $\overline{OF}$ 上的一个点,它与 O 的距离大于 4,那么问题中的断言不适用于连通集 $H_j = \overline{A_j + A_{j+1}}\,(j = 1, 2, \cdots, 6)$,$H_7 = \overline{E_7 \bar{E}_1} \cup \overline{M_1} \cup \overline{LA_1}$,和有界的连通集 $C = \overline{OJ} \cup \overline{M_2} \cup \overline{FQ^*}$(这个注记是属于 László Babai 的).

问题 G.21 用有限多个半径为 1 的闭圆盘可以覆盖的最大圆盘的半径是多少?要求每个圆盘至多和另外 3 个圆盘相交.

解答

围绕一个边长等于 $\sqrt{2}$ 的正方形的每个顶点作一个半径等于 1 的闭圆盘,则这 4 个圆盘覆盖了以正方形的中心为圆心半径等于 $\sqrt{2}$ 的圆盘.

我们将证明半径大于 $\sqrt{2}$ 的圆不会有一个具有所描述性质的覆盖.

在下文中,我们将用加了撇号的字母表示一个用同一个字母表示的集合的边界(例如 A 的边界是 A'),并且"圆盘"总是指闭的圆盘.

设 K 是一个半径大于 $\sqrt{2}$ 的圆盘,假设它具有问题中所说的性质的覆盖物. 我们考虑这个覆盖物的一个具有下述性质的子系统 $A_1, A_2, \cdots, A_m$:

（i）系统 $A_1, A_2, \cdots, A_m$ 覆盖 K'.

（ii）如果去掉圆盘 $A_1, A_2, \cdots, A_m$ 中的任何一个,那么剩下的圆盘将无法覆盖 K'. 这样的子系统显然可以通过一个又一个的不必要的圆盘而得出. 由于如果一个不同于 A_i 的圆盘覆盖了 K' 的一个闭子集,使得 $K' \cap A_i$ 是一个空集或仅含一个单点,那么显然就可把 A_i 去掉,因此我们可设 $K' \cap A_i$ 之中没有单点和空集.

我们断言 $m \geqslant 5$. 显然,$K' \cap A_i$ 是一条直径不大于 2 的弧;然而,在一个半径大于 $\sqrt{2}$ 的圆盘中这种弧的中心角小于 $\dfrac{\pi}{2}$. 因此,至少需要 5 个圆盘覆盖 K'.

现在,设 X_1 和 X_2 是弧 $K' \cap A_1$ 的端点. 由于如果弧 $K' \cap A_i$ 的两个端点都被包含在圆盘 $A_j (i \neq j)$ 中,那么整个弧将被包含在 A_j 中,因此 A_i 可以去掉. 因而不失一般性,不妨设 A_2 覆盖 X_1,A_3 覆盖 X_2.

现在,如果我们假设 $((A_1' \cap K) \backslash A_2) \backslash A_3$ 不是空集,那么它是一段具有正长度的弧. 注意此弧必须仅被一个圆盘所覆盖,否则 A_1 将与 3 个以上的圆盘相交. 用 A 表示这个圆盘并考虑弧 $A_3' \cap K$. 这段弧必须被 A 和 A_1 共同覆盖. 否则,A 也会与其余部分的圆盘有一个共同点,即 A 至少与 4 个其他的圆盘相交. 因此,$A \cup A_1 \supseteq A_3' \cap K$. 但 A 覆盖 $K' \cap A_3$ 的不被 A_1 所包含的端点并且由于 4 个圆盘不能覆盖 K',所以 A 必须至少与另一个圆盘相交,这将是与 A 相交的第四个圆盘,这是不可能的.

这样我们就得出：$((A_1' \cap K) \backslash A_2) \backslash A_3 = \varnothing$,即 $A_2 \cup A_3 \supseteq A_1' \cap K$. 同理,我们可以进一步找到另外两个圆盘 A_4 和 A_5 使得 $A_1 \cup A_4 \supseteq A_3' \cap K$, $A_1 \cup A_5 \supseteq A_2' \cap K$ 并且 $A_1, \cdots, A_5$ 是不同的. 然而,这是一个矛盾,由于在这种情况下,A_1 将与 4 个以上的其他的圆盘相交.

因而,半径为 $\sqrt{2}$ 的圆盘可以有一个具有所描述性质的覆盖,但更大的圆盘则不然. 根据上述证明,我们还可以看到半径为 $\sqrt{2}$ 的圆盘的覆盖在"本质上"是唯一的(即在至多差一个旋转的意义上是唯一的).

问题 G. 22 设一个凸多面体 P 的每个面和其他的面都有公共边,证明存在一个简单的闭多边形,使得它由 P 的边组成并且通过所有的顶点.

解答

解答 1 设 S 是 P 的一个面,并设 P 在 S 上有 n 个顶点. 我们对 n 用归纳法证明问题中的命题. 对于 $n = 1$,命题显然正确;现在设 $n > 1$. 容易看出从 P 的边图中去掉 S 的边之后,我们得到一棵树.(事实上,想象 P 是一颗行星,它的边是水坝,S 充满了水,而其他的面都是空的水库并炸掉作为 S 的边界的水坝.)由此,P 有一个不属于 S 的顶点 B 使得除了一条边之外,从 B 开始的边都终止于 S. 用 C 表示例外边的终点并且按照对应于 S 的定向的顺序用 $A_1, A_2, \cdots, A_m$ 表示其他边的终点. 最后,设 A_0 是 S 在 A_1 之前的顶点,而 A_{m+1} 是按照 S 的定向位于 A_m 之后的顶点(图 G.17 显示了 $m = 3$ 的情况).

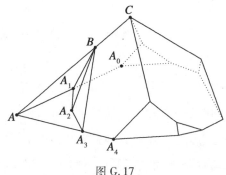

图 G.17

现在,如果半直线 $\overrightarrow{CB}$ 在点 A 处与 S 所在的平面相交,那么通过把棱 $AA_1, \cdots, A_mB$ 黏合到 P 上构造一个多面体 P',那么 P' 显然是凸的,并且满足问题的条件. 然而,B 不是 P' 的顶点,因此 P' 只有 $n - 1$ 个 S 所在的平面之外的顶点. 根据归纳法假设,P' 的边的骨架包含了一个通过 P' 的每个顶点的简单的封闭多边形. 这个多边形按照 $A_0AA_{m+1}, A_0AC, CAA_{m+1}$ 之中的一种顺序通过 A. 根据这 3 种情况,分别用路径 $A_1 \cdots A_{m-1}BA_m, A_1A_2 \cdots A_mB, BA_1A_2 \cdots A_m$ 代替 A. 我们用这种方式得出的简单封闭多边形通过 P 的每个顶点.

如果 CB 平行于 S 所在的平面,那么选择一个平面 γ 使得 γ 穿过半直线 $\overrightarrow{BC}$,但与 P 不相交. 现在向 Euclid 空间中添加了一个由无穷远点组成的平面 ω 所得的射影空间中应用 γ 到 ω 的射影 Π,那么多面体 ΠP 将完全由正常的点组成,并且半直线 $\overrightarrow{(\Pi C)(\Pi B)}$ 与平面 ΠS 的交点也是正常的;因此,我们可以应用前面的考虑.

如果半直线$\overrightarrow{BC}$与平面S相交,我们可以进行类似的处理.

解答2 设S是P的一个面,G是从由P的顶点和边组成的图中去掉了S的边所得的图,那么G是一棵树,并且G的不属于S的顶点的度数至少是3.

选择P的一个任意的面B_1,并给G的位于B_1的边界上的边着色. 假设我们已经按照下述方法选好了面$B_1,B_2,\cdots,B_r$:

(1) 如果$i \neq j(i,j = 1,2,\cdots,r)$,则$B_i$和$B_j$没有共同的顶点,并且

(2) 对于所有的$i(i = 1,2,\cdots,r)$,存在G的连接B_i到$B_1,B_2,\cdots,B_{i-1}$中的一个面的边.

利用G的连通性,我们得到如果P有一个不属于S的顶点,它不能被B_1,$B_2,\cdots,B_r$所覆盖,则在这些不属于S的顶点中存在一个顶点x通过边xy连接到$B_1,B_2,\cdots,B_r$中的某个面上去. 由于x的度数至少为3,因此x被面B_{r+1}覆盖使得xy不是B_{r+1}的边. 如果B_{r+1}的某些顶点被面$B_j(j = 1,2,\cdots,r)$所覆盖,那么这些顶点中的一个,比如z,就可以沿着G的边连接到x,而不通过B_j的点. 另一方面,根据归纳法假设,我们可以通过G中的一条路径将x和z用那种方式连接起来,使得所有我们通过的顶点都属于某个B_j,这与G是树的事实相矛盾. 因此,面$B_1,B_2,\cdots,B_{r+1}$的选择是符合要求(1) 和(2) 的. 现在给G的位于B_{r+1}的边界上的边着色.

在这个过程结束时,也给S的不属于任何面B_j的边着了色. 因而,我们得到了一个着色的边构成的系统,它覆盖了P的所有顶点并形成具有所需性质的多边形.

问题 G.23 设D是n维空间中的一个凸子集,D'是取一个正的中心扩张再平移后从D所得的集合. 还假设D和D'的体积之和为1,并且$D \cap D' \neq \varnothing$. 对所有的$D$和$D'$,确定$D \cup D'$的凸包的体积的上确界.

解答

所给的条件蕴含D和D'都是具有非空内部的有界凸集. 于是问题相当于确定量$V(\mathrm{co}(D \cup D')) \mathbin{/\!/} (V(D) + V(D'))$的上确界,其中两边都具有刚才提到的性质,$D$和$D'$具有非空的交,并且$D'$可通过一个正的中心扩张再平移后从

325

D 得出. 设扩张率是一个固定的正数 λ, 我们证明在 λ 固定的情况下, 问题中的上确界是

$$\frac{1 + \lambda + \cdots + \lambda^n}{1 + \lambda^n} = f(\lambda)$$

并且达到这个上确界. 对 $n = 1$, 这个结论是平凡的. 以下设 $n > 1$.

首先, 我们证明 $\lambda = 1$ 的情况可以从 $\lambda \neq 1$ 的情况导出. 事实上, 如果 $\lambda = 1$, 则从点 $p \in D \cap D'$ 拉伸 D', 比例为 $1 + \varepsilon$. 由于 D 和所得到的 D' 在 p 处相遇, 所以我们有

$$V(\mathrm{co}(D \cup D')) \leq V(\mathrm{co}(D \cup D_\varepsilon')) \leq f(1 + \varepsilon)(V(D) + V(D_\varepsilon'))$$

在上式中令 $\varepsilon \to 0$, 则右边趋向于 $f(1)(V(D) + V(D'))$.

现在设 $\lambda \neq 1$. 如果有必要, 交换 D 和 D' 的地位, 由于 $f(\lambda) = f(\lambda^{-1})$, 我们还不妨设 $0 < \lambda < 1$, 则 D' 可以通过一个中心扩张从 D 得出, 扩张中心 O 将选在原点.

$V(D) = \sup V(P)$, 其中上确界对 (闭) 多面体 $P \subseteq D$ 而取. 容易看出, $V(P)$ 趋向于 $V(D)$ 的充分必要条件是 $r(P, D) = \sup\limits_{x \in D} d(x, P) \to 0$, 其中 $d(x, P)$ 表示 x 和 P 之间的距离. 也不难看出, 如果 $r(P, D) \leq \varepsilon$, 则 $r(\mathrm{co}(P \cup P'), \mathrm{co}(D \cup D')) \leq \varepsilon$ (其中 P' 表示 P 在 D' 中的像). 假设 P 包含一个 D 和 D' 的公共点, 并且及其原像也有类似的关系, 则 $P \cap P' \neq \varnothing$. 取那种多面体 P, 如果 $V(P) \to V(D), V(\mathrm{co}(P \cup P')) \to V(\mathrm{co}(D \cup D'))$, 那么上确界将 $\leq f(\lambda)$, 我们可以限于考虑这种多面体.

现在设 D 是一个 (闭的) 多面体, $D' = \lambda D, p \in D \cap D'$. 我们可设 $0 \notin D$. 容易看出 $\mathrm{co}(D \cup \lambda D) = \bigcup\limits_{\lambda \leq \mu \leq 1} \mu D$. 令 $E = (\bigcup\limits_{0 \leq \mu \leq 1} \mu D) \backslash D$, 那么

$$\bigcup_{\lambda \leq \mu \leq 1} \mu D = D \cup (E \backslash \lambda E)$$

因而

$$V(\bigcup_{\lambda \leq \mu \leq 1} \mu D) = V(D) + (1 - \lambda^n) V(E)$$

我们证明 $V(E) \leq \dfrac{\lambda}{1 - \lambda} V(D)$. 设 $F_1, F_2, \cdots, F_r$ 是严格地把 O 和 D 分开的 $(n - 1)$ 维超平面, 那么连接 O 和 p 的线段与超平面 π_i 相交于点 p_i. 因此, 利用

326

符号 $q = \dfrac{1}{\lambda}p$，我们就有

$$d(O,\pi_i) = \frac{\overline{Op_i}}{\overline{qp_i}}d(q,\pi_i) \leqslant \frac{\overline{Op}}{\overline{qp}}d(q,\pi_i) = \frac{\lambda}{1-\lambda}d(q,\pi_i)$$

由于 $\overline{E}$ 是顶点为 O 的面 F_i 上的棱锥的并集，并且由于以 q 为顶点的面 F_i 上的棱锥被包含在 D 中，因此前面的不等式就给出

$$V(E) = \frac{1}{n}\sum_{i=1}^{r} d(O,\pi_i)V_{n-1}(F_i)$$

$$\leqslant \frac{\lambda}{1-\lambda}\sum_{i=1}^{r} d(q,\pi_i)V_{n-1}(F_i) \leqslant \frac{\lambda}{1-\lambda}V(D)$$

（其中 V_{n-1} 表示（$n-1$）维的体积）由此就得出

$$\frac{V(\mathrm{co}(D\cup D'))}{V(D)+V(D')} = \frac{V(\bigcup_{\lambda\leqslant\mu\leqslant1}\mu D)}{V(D)(1+\lambda^n)} = \frac{V(D)+(1-\lambda^n)V(E)}{V(D)+(1+\lambda^n)}$$

$$\leqslant \frac{1+(\lambda+\lambda^2+\cdots+\lambda^n)}{1+\lambda^n} = f(\lambda)$$

现在我们证明 $f(\lambda)$ 是一个精确的极大值. 设 D 是以 $p_1,p_2,\cdots,p_{n+1}$ 为顶点的单纯形，D' 的对应顶点是 $p'_1,p'_2,\cdots,p'_{n+1}$，并设 $p'_1 = p'_2$（对 $\lambda = 1$，我们选 D' 是 D 的平移，这时 $p'_1 = p_2$）. 在这种情况下，$\mathrm{co}(D\cup D')$ 由单纯形 D' 和一个截头棱锥构成（如果 $\lambda = 1$，则为棱锥），因此其体积为

$$\lambda^n V(D) + (1+\lambda+\cdots+\lambda^{n-1})V(D) = f(\lambda)(V(D)+V(D'))$$

剩下的事是确定 $\sup_{\lambda>0} f(\lambda)$. 我们断言 $f(\lambda) \leqslant f(1) = \dfrac{n+1}{2}$，也就是

$$(n+1)(1+\lambda^n) - 2(1+\lambda+\cdots+\lambda^n) \geqslant 0$$

然而，这只不过是下面的不等式对 $0 \leqslant i \leqslant n$ 求和的结果

$$1+\lambda^n-\lambda^i-\lambda^{n-i} = (1-\lambda^i)(1-\lambda^{n-i}) \geqslant 0$$

问题 G.24 考虑一个椭球和通过椭球中心 O 的平面 σ 的交线. 在通过点 O 并垂直于 σ 的直线上，标记两个点，使得它们到 O 的距离等于交线所围成的面积. 当 σ 遍历所有可能的平面时，确定标记点的轨迹.

解答

设 B 是一个任意的实心立体，O 是立体中的一点. 用 $\mathcal{F}(\sigma;B,O)$ 表示在 O

点垂直于 σ 的直线上的一对点 $\{P^+, P^-\}$，并且它们到 O 之间的距离都等于 σ 与 B 的交的面积：$\mathrm{Area}(\sigma \cap B)$（其中 Area 表示面积）. 设 $\Phi(B)$ 表示当 σ 变化时由点 P 形成的图形

$$\Phi(B) = \bigcup_{\sigma} \mathcal{F}(\sigma; B, O)$$

设 Σ 和 t 是点 O 互相正交的平面和直线，U 是 t 上的拉伸，拉伸比是 λ；U^* 是 Σ 上的拉伸，拉伸比是 λ（U 和 U^* 的拉伸中心都在 O）. 显然，U 和 U^* 是相似的.

引理

$$U^*(\Phi(B)) = \Phi(U(B))$$

引理的证明　设

$$\sigma' = U(\sigma), P = \mathcal{F}(\sigma; B, O)$$
$$\Lambda' = \mathcal{F}(\sigma'; U(B), O) \equiv \mathcal{F}(U(\sigma); U(B), U(O))$$

平面 σ 和 σ' 相交于位于平面 Σ 上的直线 m. 因此，P' 属于由 t 和 P 生成的平面 Λ（图 G.18 显示出了从 m 的方向在平面 Λ 上观察到的上述图形的轨迹）. 考虑位于过给定点 $N \in \Sigma \cap \Lambda$ 的垂直于 Σ 的方向上的点 $U \in \sigma$ 和 $U' \in \sigma'$（即 $UN, U'N \perp \Sigma$）. 它们满足 $\overline{NU'} = \lambda \overline{NU}$，由相似的基本性质得出

$$\frac{\overline{OP'}}{\overline{OP}} = \frac{\mathrm{Area}(\sigma' \cap U(B))}{\mathrm{Area}(\sigma \cap B)} = \frac{\overline{OU'}}{\overline{OU}}$$

（其中 Area 表示面积）. 这个方程表明，$\triangle OPP'$ 可从 $\triangle OUU'$ 在平面 Λ 上通过一个拉伸和以 O 为中心的直角旋转而得出. 考虑 $\Sigma \cap \Lambda$ 对 t 和 N 对 t 和 PP' 的交 M 的相似，由于相似性是保证对应线段之间的夹角和长度之比的，我们就得出 $PP' \perp t$ 和 $\overline{MP'} = \overline{MP}$，这就证明了引理.

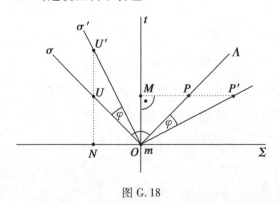

图 G.18

设 a,b,c 为椭球 $E(E(a,b,c))$ 的半轴. 在适当的坐标系中，E 的标准形式的方程就是

$$\frac{x^2}{a^2} + \frac{y^2}{b^2} + \frac{z^2}{c^2} = 1$$

考虑球心在原点，半径为 a 的球 $S^2(a)$，那么 $\Phi(S^2(a))$ 也是一个球 $S^2(a^2\pi)$. 现在设 U_1 是沿 y 轴方向的拉伸比等于 $\lambda = \dfrac{b}{a}$ 的拉伸，那么 $U_1(S^2(a))$ 是椭球 $E_1(a,b,a)$，根据引理就得出

$$\Phi(E_1) = \Phi(U_1(S^2(a))) = U_1(\Phi(S^2(a)))$$
$$= U_1^*(S^2(a^2\pi)) = E_2(ab\pi, a^2\pi, ab\pi)$$

现在设 U_2 是沿 z 轴方向，拉伸比等于 $\dfrac{c}{a}$ 的拉伸，则 $U_2(E_1)$ 是给定的椭球体 $E(a,b,c)$，再次应用引理给出

$$\Phi(E) = \Phi(U_2(E_1)) = U_2^*(\Phi(E_1)) = U_2^*(E_2) = E_3(bc\pi, ac\pi, ab\pi)$$

这就是我们要确定的量.

注记

1. 引理的命题对于 n 维立体 B 和 $(n-1)$ 维超平面也是成立的. 因此，应用这样的引理就直接给出了 n 维问题的答案.

2. 作为解的基础的引理，涉及任意的立体 B 及任意的点 O，因此可适用于更广泛的同类问题.

问题 G. 25 在实投影平面上构造一条不是直线的由简单点组成的连续曲线，使得它和一个给定的圆锥曲线的每一条切线和每一条割线都相交在一个点.

解答

从射影平面上去掉一条直线后，我们得到一个 Euclid 平面. 在其上引入 Descartes(笛卡儿)坐标 (x,y)，并用 K 表示以 $(0,-2)$ 为中心的半径为 1 的圆. K 是射影平面上的一个圆锥曲线. 射影平面中所有的圆锥曲线都是等价的，那就是说，对任意一个圆锥曲线 C，都可以找到一个射影变换 P，使得 P 把 C 变成 K. 因此如果 Γ 是问题中关于圆 K 的解，则 $P^{-1}(\Gamma)$ 是关于圆锥曲线 C 的解，由于

射影 P 及其逆 P^{-1} 是一个双射,并且它们分别把直线变成直线,把圆锥曲线的割线和切线变成割线或一条圆锥曲线的像的切线. 因此,假如 Γ 关于圆锥曲线 K 满足问题的要求,那么 $P^{-1}(\Gamma)$ 关于圆锥曲线 C 也满足问题的要求.

首先,我们在 Euclid 平面上构造一条不是直线的连续曲线 $\overline{\Gamma}$,它仅由简单点组成并且 K 的每一条不平行于 x 轴的割线和切线都交于一点. 设 $y=f(x)$ 是定义在整个 x 轴上的函数,使得

(a) f 是连续的且可微的.

(b) $0 \leqslant f(x) \leqslant 1$.

(c) $|f'(x)| < 1$.

(d) f 在 $x=0$ 的左侧增加,在右侧减少.

(e) 极限 $\lim\limits_{x\to\infty} f(x)$ 和 $\lim\limits_{x\to-\infty} f(x)$ 存在.

我们证明 f 的图像 $\overline{\Gamma}$ 的割线不与 K 相交. 事实上,假设 $\ell(x)$ 是线性函数,使得

$$\ell(x_1) = f(x_1),\ell(x_2) = f(x_2);x_1 < x_2 \tag{1}$$

$\ell(x)$ 的图像 $\overline{\ell}$ 是 $\overline{\Gamma}$ 的割线,由于 (c),我们就有

$$|\ell'(x)| = |\tan\alpha| \leqslant 1$$

其中 α 是 $\overline{\ell}$ 的方向角. 如果 $\alpha = 0$,则根据 (b),$\overline{\ell}$ 或者与 x 轴重合或者在 x 轴上方,因此它与 K 不相交. 如果 $\alpha > 0$,则根据 (b) 和 (1),ℓ 的零点 x_0 满足 $x_0 \leqslant x_1 < x_2$. 在这种情况下,假设 $0 \leqslant x_0$ 与 $\alpha > 0$ 和 (1) 一起蕴含 $f(x_1) < f(x_2)$, $0 \leqslant x_1 < x_2$,这与 (d) 矛盾. 然而,如果 $x_0 < 0$ 并且 $|\tan\alpha| \leqslant 1$,那么 $\overline{\ell}$ 将不和 K 相遇. 在 $-1 \leqslant \tan\alpha < 0$ 的情况下,我们可以类似地证明 $\overline{\ell}$ 与 K 的交集也是空集. 这样我们就得出,$\overline{\Gamma}$ 的割线不和 K 相遇,或者换句话说,K 的切线和割线与 $\overline{\Gamma}$ 至多有一个共同点. K 的平行于 x 轴的割线和切线(用 χ 表示它们的集合)显然与 $\overline{\Gamma}$ 的交集是空集. 其他方向角为非零的切线和割线与 $\overline{\Gamma}$ 相交,由于 $\overline{\Gamma}$ 将平面分成两个相连的部分,其中一个部分包含半平面 $y < 0$,而另一个部分包含半平面 $y > 1$. 一条具有非零方向角的直线在两个半平面中都有点,因此它必须穿过 f 的图像 $\overline{\Gamma}$. 因而,Euclid 平面内的曲线 $\overline{\Gamma}$ 就具有所需的性质.

通过对每个并行线族添加一个理想点,我们就把 Euclid 平面变成了射影平

面. 把 x 轴上的理想点 P_∞ 粘贴到 $\overline{\Gamma}$ 上, 我们就得到射影平面上的一条封闭曲线 Γ, 根据(e), 它是连续的, 并且由于 χ 的直线性质, 它在一个单独的点即 P_∞ 处相交. 由于连续函数 f 的图像由简单点组成, 并且由于我们通过添加一个边界点而封闭了 $\overline{\Gamma}$, 因此 $\overline{\Gamma}$ 上的点都是简单点.

最后, 我们给出一个具有性质(a) ~ (e) 的非线性函数. 例如, $y = e^{-\frac{x^2}{2}}$. 此函数给出根据之前的考虑而得出的问题的一个解. 但人们可以容易地构造出其他合适的函数. 例如一个简单的但不可微的函数, 其图像是把 x 轴换成点 $A(-2,0)$ 和 $C(2,0)$ 之间的线段而得出的虚线 ABC, 其中 B 的坐标是 $(0,1)$.

问题 G.26 设 T 是双曲平面到其自身的一个满射, 它将共线点映射到共线点. 证明 T 一定是等距的.

解答

(A) 首先我们证明 T 是一个单射. 证明由三步组成(基于 Nándor Simányi 的思想)

1. 我们断言一个点的逆像是凸的. 为此我们需要证明, 如果 $T(A) = T(B)$, 那么线段 $\overline{AB}$ 上的每个点 C 都被映射到 $T(A)$. 假如情况不是这样, 则对于某个 $C \in \overline{AB}$ 便有 $T(C) \neq T(A)$. 设 e 和 f 分别是在 $T(A)$ 和 $T(C)$ 处垂直于 $T(A)T(C)$ 的直线. 我们选择点 P 和 Q 使得它们的像分别是 e 上和 f 上不同于 $T(A)$ 和 $T(C)$ 的点(图 G.19). 在 A, B, P, Q 4 点之中, 无 3 点共线, 由于显然在它们的像 $T(A), T(B), T(P), T(Q)$ 之中无 3 点共线. 由此可知, 直线 CQ 必与 $\triangle ABP$ 的 $\overline{AB}$ 边相交于一个内点, 因而必须穿过其他两个边之一. 第二个交点的像必须既在 e 上又在 f 上, 这与 e 和 f 彼此不相交矛盾.

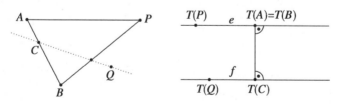

图 G.19

2. 现在我们证明一个点 X 的逆像不包含内部. 假若不是, 即假设 $T^{-1}(X)$ 的内部不是空集. 作一条穿过 X 的直线 f. 我们断言 $\text{int}(T^{-1}(f \backslash \{X\})) \neq \varnothing$. 实际上, 考虑 f 上的一个不同于 X 的点 Z, 并且用 P 表示它的前像中的一个点(图 G.20), 那么穿过 P 并与 $T^{-1}(X)$ 相交的直线的像位于 f 上. 换句话说,

$T^{-1}(f)$ 包含一个具有公共顶点 P 的对顶角中的一个角域. 由于 $T^{-1}(X)$ 被完全包含在其中一个角域中, 它与其他部分不相交; 因此, 正如我们所断言的那样 $\mathrm{int}(T^{-1}(f\setminus\{X\}))\neq\varnothing$. 现在围绕 X 旋转 f 并考虑集合 $T^{-1}(f\setminus\{X\})$. 它们构成双曲面上不相交子集的不可数族使得每个集合中都有一个内点, 这是一个矛盾.

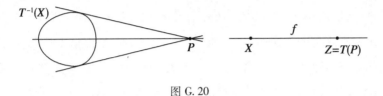

图 G. 20

3. 现在我们可以证明每个点 X 的前像 $T^{-1}(X)$ 由一个单点组成. 我们再次使用反证法, 如果 $T^{-1}(X)$ 不是一个单点, 那么根据前面的考虑, 它必是一个线段或半直线或一条直线. 在任何情况下, $T^{-1}(X)$ 都被包含在一条直线 e 中. 设 A 和 B 是 e 的映射到 X 的两个点 (图 G. 21), 容易看出 $T(e)$ 是直线 g 的一部分. 通过点 X 作一条不同于 g 的直线 f, 我们可以像上面一样的证明 $T^{-1}(f\setminus\{X\})$ 不是空集, 围绕 X 旋转 f, 我们再次得出矛盾.

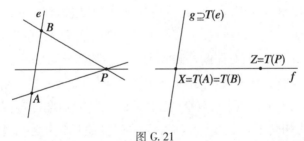

图 G. 21

(B) 证明的主要困难已经过去了. 下一步, 我们将证明非共线点的像仍然是非共线的. 事实上, 如果将非共线点 P, Q 和 R 映像到直线 e, 那么直线 PQ, QR 和 RP 的像也将被包含在 e 中, 因此, 每条穿过 $\triangle PQR$ 的边界两次的直线都将被映像为 e. 然而, 那种直线可以穿过平面上的任意一点; 因此, 整个平面的像应包含在 e 中, 这与 T 是满射的事实相矛盾.

(C) 由此可知, T^{-1} 也将共线点变为共线点; 在 T 的作用下直线的像还是直线, 并且相交直线的像仍是相交的, 不相交直线的像仍是不相交的.

(D) T 保持直线上的顺序. 事实上, 如果 A, B 和 C 是直线 e 上的 3 个不同的点, 那么, 众所周知, C 不隔开 A 和 B 的充分必要条件是可以找到 3 条分别通过 A, B 和 C 点的直线 a, b 和 c 使得 a 和 b 彼此相交, 但是 c 既不与 a 相交也不与 b

332

相交(图 G. 22). 根据(C),T 保持后一个性质,因此保持顺序.

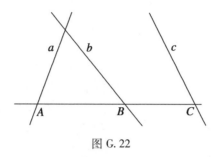

图 G. 22

(E) 因此,T 保持半平面、半直线和线段. 此外它还保持直线束的顺序. 因而,渐近的半直线的像仍是渐进的.

(F) 现在我们证明长度 d 的存在性,这使得 T 把长度为 d 的线段映射为长度为 d 的线段. 我们施行下述构造(图 G. 23. a)

我们用 f 和 g 表示由 P 所确定的 e 的两条半直线. 取一个不在 e 上的点 X 并且作两条分别从 X 出发渐近于 f 和 g 的半直线 h 和 k. 在 k 的延长线上取一个 X 点之外的点 Y;设线段 $\overline{YP}$ 交 h 于 U. 从 U 作一条对 g 的渐进半直线,并且设它与线段 $\overline{XP}$ 交于 V. 用 Q 表示 YV 和 g 的交点.

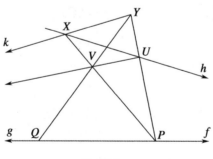

图 G. 23. a

我们断言 Q 不依赖于 X 和 Y 的选择.

在双曲几何的 Cayley – Klein 模型中易于验证这一命题(并且这一命题也是充分的,由于我们知道如果一个命题在每个 Cayley – Klein 模型中都成立,那么它就是一个双曲几何的真定理). 上述结构在模型中是一个完全四边形的构造(图 G. 23. b);因此,用 I 和 J 分别表示 f 和 g 的水平点,J,P 对和 I,Q 对是共轭的,并且点 P,J 和 I 唯一地确定了第四调和点 Q.

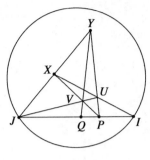

图 G.23.b

显然,线段 PQ 的长度 d 不依赖于 P 和 Q 的选择. 由于 T 将图 G.23.a 变换为类似的图形,因此就像我们所断言的那样,T 把长度等于 d 的线段变成长度等于 d 的线段.

(G)自然,长度为 nd 的线段在 T 下也是不变的,由于边为 nd 的正三角形的角度也是不变的. 由于当 n 趋于无穷大时,这些三角形的角趋于零,因此存在任意小的不变角. 由于不变角的和也是不变的,所以角的稠密集在 T 下是不变的. 考虑到 T 保持直线束的顺序,因此 T 保持角度. 然而,在双曲几何中,三角形由角度等距地确定,因此每个三角形的像在 T 下是一个与原始三角形全等的三角形,因此 T 是等距的.

问题 G.27 设 $X_1,\cdots,X_n$ 是单位正方形中的 $n(n>1)$ 个点. 设 r_i 表示 X_i 到距离它最近的点(不包括点 X_i 本身)的距离,证明

$$r_1^2 + \cdots + r_n^2 \leqslant 4$$

解答

我们将用一般归纳法来证明. 对 $n=2$ 的情况,命题是平凡的. 设 $n>2$ 并假设命题对任何由少于 n 个点组成的点系统为真. 这个假设表示如果点 $Y_1,\cdots,$ Y_k 位于一个边长为 a 的正方形内并且用 q_j 表示 Y_j 到其他点的距离,那么对于 $1<k<n$ 就有 $\sum\limits_{j=1}^{k} q_j^2 \leqslant 4a^2$.

用中线把正方形分成 4 个全等的正方形. 用 $N_1,\cdots,N_4$ 表示小正方形(图 G.24). 我们根据小正方形中的点 X_i 可能做出的贡献分成若干情况,然后分别研究每种情况. 如果一个点 X_i 位于两个正方形的公共边界上,那么任意指定一下这个点在哪个正方形中即可,点 X_i 属于哪个正方形并不重要.

334

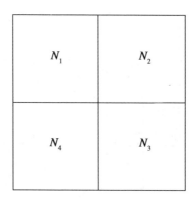

图 G. 24

情况 A 没有一个小正方形恰好包含一个点. 这里,我们可以进一步区分两种子情况:或者所有的点都在一个小正方形中,或者这些点分布在多个小正方形中. 在第一种情况下,对 $X_1, \cdots, X_{n-1}$ 应用归纳法假设,我们得出

$$\sum_{i=1}^{n-1} r_i^2 \leqslant 4\left(\frac{1}{2}\right)^2 = 1$$

由于 $r_n^2 \leqslant 2$,所以在这种情况下,问题的命题是正确的.

然而,在第二种子情况中,每个小正方形中只能含有少于 n 个的点(并且如果它只包含一个点,那么它肯定包含超过一个的点). 因此根据归纳法假设对 $1 \leqslant \nu \leqslant 4$ 就有

$$\sum_{X_i \in N_v} r_i^2 \leqslant 4\left(\frac{1}{2}\right)^2 = 1 \tag{1}$$

由此就得出问题中的命题.

情况 B 正好有一个小正方形,比如 N_1 只包含一个点,设这个点是 X_1. 在这种情况下,对 $\nu = 2, 3, 4$,不等式(1)仍然成立. 因此,如果 $r_1^2 \leqslant 1$,那么命题已成立. 因此我们可以假设 $r_1 > 1$. 当然,$r_1^2 \leqslant 2$,如果有一个小正方形是空的,那么这个估计就够了. 因此,我们可以假设每个小正方形中都包含一个点;由于 N_4 中的点,由此就得出 $r_1^2 \leqslant \dfrac{5}{4}$.

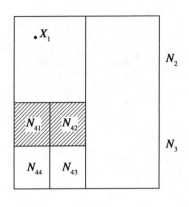

图 G. 25

利用中线再把 N_4 分成 4 个更小的正方形,并且用 N_{41},N_{42},N_{43},N_{44} 表示这些更小的正方形(图 G. 25). 由于 $r_1 > 1$,所以阴影区域不包含点. 我们将证明

$$\sum_{X_i \in N_{4j}} r_i^2 \leqslant \frac{5}{16} \quad (j = 3,4) \tag{2}$$

如果 N_{4j} 中不止包含一个点,那么根据对 N_{4j} 的归纳法假设式(2)成立,如果 N_{4j} 中恰好包含一个点,则这个点与 N_4 中其他点的距离至多为 $\frac{\sqrt{5}}{4}$,即(2)在任何情况下都成立,因此那样就有

$$\sum_{i=1}^{n} r_i^2 = r_1^2 + \sum_{X_i \in N_2} r_i^2 + \sum_{X_i \in N_3} r_i^2 + \sum_{X_i \in N_4} r_i^2$$

$$\leqslant \frac{5}{4} + 1 + 1 + 2\frac{5}{16} < 4$$

情况 C 点的数量恰好等于两个小正方形中其中一个的点数. 在这种情况下,可把正方形用下述方式合并成一对正方形:和并的正方形是相邻的,并且其中一个正好包含一个点,而另一个中的点数不止一个(图 G. 26). 例如,设 N_1 和 N_4 是一对并且 N_1 正好包含一个点. 显然,只需证明

$$\sum_{X_i \in N_1 \cup N_4} r_i^2 \leqslant 2$$

即可,这可以像在情况 B 中那样做.

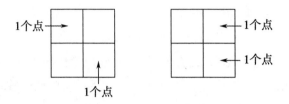

图 G.26

情况 D 恰有 3 个正方形,例如 N_1,N_2 和 N_3 包含一个点. 分别称这些点为 X_1,X_2 和 X_3. 我们把 N_4 分成 4 个小正方形,如图 G.27 所示. 首先,我们注意到 $r_2^2 \leqslant \dfrac{5}{4}$.

我们考虑 3 种子情况. 首先假设矩形 $N_{41} \cup N_{42}$ 和 $N_{43} \cup N_{42}$ 都包含一个点. 那么

$$r_1^2,r_3^2 \leqslant \left(\frac{3}{4}\right)^2 + \left(\frac{1}{2}\right)^2 = \frac{13}{16}$$

因此

$$\sum_{i=1}^{n} r_i^2 = r_1^2 + r_2^2 + r_3^2 + \sum_{x_i \in N_4} r_i^2 \leqslant \frac{13}{16} + \frac{5}{4} + \frac{13}{16} + 1 < 4$$

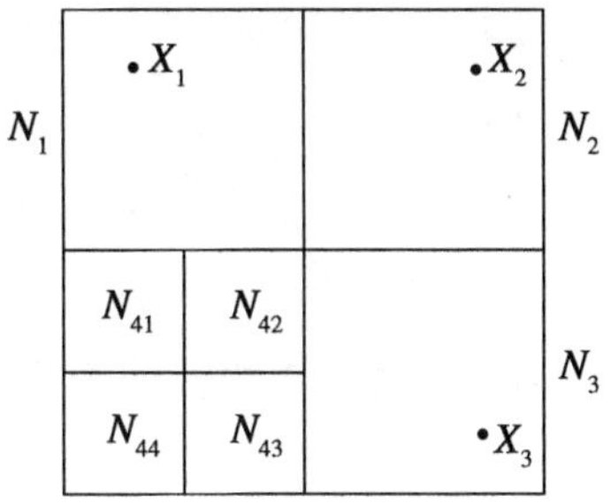

图 G.27

第二,假设如果 $N_{41} \cup N_{42}$ 不包含点,但是 N_{43} 和 N_{44} 都确实包含点. 在这种情况下,$r_3^2 \leqslant \dfrac{13}{16}$,$r_1^2 \leqslant 1 + \dfrac{1}{16}$,以及此外,(2) 现在是有效的. 因此

$$\sum_{i=1}^{n} r_i^2 = r_1^2 + r_2^2 + r_3^2 + \sum_{x_i \in N_4} r_i^2 \leqslant \frac{17}{16} + \frac{5}{4} + \frac{13}{16} + 2\frac{5}{16} < 4$$

第三,只剩下研究 N_{41} 和 N_{42} 都不包含点并且 N_{43} 和 N_{44} 之一也是空的. 对其它的(非空的) 正方形应用归纳法假设

$$\sum_{i=1}^{n} r_i^2 = r_1^2 + r_2^2 + r_3^2 + \sum_{x_i \in N_4} r_i^2 \leqslant \frac{5}{4} + \frac{5}{4} + \frac{5}{4} + \frac{1}{4} = 4$$

情况 E   最后一种情况是每个小正方形都包含一个点. 设 $X_i \in N_i$, 我们证明

$$d(X_1, X_2)^2 + d(X_2, X_3)^2 + d(X_3, X_4)^2 + d(X_4, X_1)^2 \leqslant 4 \qquad (3)$$

($d(P, Q)$ 表示 P 和 Q 之间的距离). 这已经蕴含了问题中的不等式.

把 (3) 看作是定义在集合 $\times_{\nu=1}^4 N_\nu \subseteq \mathbb{R}^8$ 上的严格的凸函数. 那种函数的极值只能在其定义域边界的极值点达到. 极值点对应的配置是, 每个 X_i 都在相应正方形 N_i 的顶点处. 由于对这些情况 (3) 可以容易地验证, 因此 (3) 在一般情况下成立.

注记   参赛选手 B. Brindza, V. Komornik, P. P. Pálfy, V. Totik 和 Zs Tuza 描述了问题中的平方和等于 4 时这些点的构型, 他们发现只有两种可能: $n = 2$ 并且点位于正方形的相对的位置, 或者 $n = 4$ 并且点位于正方形的顶点处.

问题 G. 28   在 3 维空间中构造一个具有 10 个非共面点 $P_1, \cdots, P_5, Q_1, \cdots, Q_5$ 构成的刚性系统的例子, 使得每个 P_i 和 Q_j 之间都有刚性杆连接.

解答

首先, 我们描述两种构造.

(1) 设 g 是一个刚体结构. 取一个更远的点 P, 并且用刚性杆连接 P 和 g 的 3 个点 Q_1, Q_2, Q_3 使得 P, Q_1, Q_2, Q_3 不共面, 那样我们就得到了一个刚体系统.

(2) 设 g 是刚体系统, PQ 是其中的一根杆. 在这根杆上取一点 T 并且连接它和 g 中的两个更远的点 R, S, 使得 P, Q, R, S 不共面, 则所得的系统也是刚性的.

反之, 这两个命题意味着要得到一个图 g 的刚性实现, 只要做到以下两点即可

(a) 通过从 g 中删去 3 度的点来得出图的刚性实现, 或者

(b) 从 g 中删去一个 4 度的点并用边连接它的两个相邻的点来得出图的刚性实现.

在我们的情况下刚性实现如图 G. 28 所示

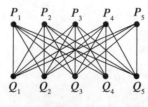

图 G. 28

我们略去边 P_1Q_1 并不画出 P_i 和 Q_j 之间的边,反复根据(b),只要实现下面的刚性化即可

$$
\begin{array}{cccc}
P_2 & P_3 & P_4 & P_5 \\
\circ & \circ & \circ & \circ
\end{array}
$$

$$\|$$

$$
\begin{array}{ccccc}
Q_1 & Q_2 & Q_3 & Q_4 & Q_5 \\
P_2 & P_3 & P_4 & P_5 \\
\circ & \circ & \circ & \circ
\end{array}
$$

$$\|$$

$$
\begin{array}{cccc}
Q_2 & Q_3 & Q_4 & Q_5 \\
P_3 & P_4 & P_5 \\
\circ & \circ & \circ
\end{array}
$$

再反复根据(a),有下面的图

$$\|$$

$$
\begin{array}{cccc}
Q_2 & Q_3 & Q_4 & Q_5 \\
 & P_3 & P_4 & P_5 \\
 & \circ & \circ & \circ
\end{array}
$$

$$\|$$

$$
\begin{array}{ccc}
Q_3 & Q_4 & Q_5 \\
 & P_4 & P_5 \\
 & \circ & \circ
\end{array}
$$

$$\|$$

$$
\begin{array}{ccc}
Q_3 & Q_4 & Q_5
\end{array}
$$

$$
\begin{array}{cc}
P_4 & P_5 \\
\circ & \circ
\end{array}
$$

$$\|$$

$$
\begin{array}{cc}
Q_4 & Q_5
\end{array}
$$

最后的图是一个四面体,它显然是刚性的.

问题 G.29   我们用以下的度量张量对 Euclid 空间 $\mathbb{E}^3$ 中的点定义一个不依赖于 z 轴的伪 Rieman 度量

$$
\begin{pmatrix}
1 & 0 & 0 \\
0 & 1 & 0 \\
0 & 0 & -\sqrt{x^2 + y^2}
\end{pmatrix}
$$

其中(x,y,z)是点在$\mathbb{E}^3$中的坐标. 证明这个 Rieman 空间的几何测地线在(x,y)平面上的正交投影是一条直线或一条焦点在原点的圆锥曲线.

解答

解答1 设α,β和γ通过指标$1,2$,并用(x^1,x^2,x^3)表示坐标(x,y,z). 我们计算测地线的微分方程. 我们可用下面的形式写出度量张量和它的逆(g^{jk})

$$g_{\alpha\beta} = \delta_{\alpha\beta}, g^{\alpha\beta} = \delta^{\alpha\beta}, g_{\alpha3} = 0, g^{\alpha3} = 0$$

$$g = \sqrt{-(x^1)^2 + (x^2)^2}, g^{33} = -\frac{1}{\sqrt{(x^1)^2 + (x^2)^2}}$$

利用公式

$$\Gamma^i_{jk} = \frac{1}{2}\sum_{h=1}^{3} g^{ih}\left\{\frac{\partial g_{jh}}{\partial x^k} + \frac{\partial g_{hk}}{\partial x^j} - \frac{\partial g_{jk}}{\partial x^h}\right\}$$

以及 Christoffel 符号,我们得出

$$\Gamma^\gamma_{\alpha\beta} = \Gamma^3_{\alpha\beta} = \Gamma^\gamma_{3\beta} = \Gamma^\gamma_{3\alpha} = 0$$

$$\Gamma^\gamma_{33} = \frac{1}{2}\frac{x^\gamma}{\sqrt{(x^1)^2 + (x^2)^2}}$$

$$\Gamma^3_{\gamma3} = \Gamma^3_{3\gamma} = \frac{1}{2}\frac{x^\gamma}{(x^1)^2 + (x^2)^2}$$

根据上面的式子,测地线方程

$$x^{i''} + \sum_{i,j}\Gamma^i_{jk}x^{j'}x^{k'} = 0$$

可以写成

$$x'' + \frac{1}{2}\frac{x}{\sqrt{x^2+y^2}}z'^2 = 0 \tag{1}$$

$$y'' + \frac{1}{2}\frac{y}{\sqrt{x^2+y^2}}z'^2 = 0 \tag{2}$$

$$z'' + \frac{x}{x^2+y^2}x'z' + \frac{y}{x^2+y^2}y'z' = 0 \tag{3}$$

曲线

$$x = as + b, \quad y = \bar{a}s + b, \quad z = c$$

满足上述方程组,它在(x,y)平面上的投影是直线. 此外,由方程看出如果

340

在积分曲线的初始点 $z' = 0$,那么沿着曲线就有 $z' \equiv 0$.

假设 $z' \neq 0$,那么第三个方程可以写成形式

$$\frac{z''}{z'} = -\frac{1}{2}\frac{\mathrm{d}}{\mathrm{d}s}\ln(x^2 + y^2)$$

因此

$$\ln z' = \ln\frac{c}{\sqrt{x^2 + y^2}}, \quad z' = \frac{c}{\sqrt{x^2 + y^2}}$$

(其中 c 是一个任意的正常数).

把此式代入方程(1) 和(2),我们得出

$$x'' + \frac{c^2}{2}\frac{x}{(x^2 + y^2)^{3/2}} = 0$$

$$y'' + \frac{c^2}{2}\frac{y}{(x^2 + y^2)^{3/2}} = 0$$

这个方程组不是别的,就是著名的 Kepler 问题的微分方程组

$$x'' = \frac{\partial}{\partial x}\left(\frac{c^2}{2}\frac{1}{\sqrt{x^2 + y^2}}\right)$$

$$y'' = \frac{\partial}{\partial y}\left(\frac{c^2}{2}\frac{1}{\sqrt{x^2 + y^2}}\right)$$

它的解就是焦点在原点的圆锥截线.

解答 2   在给定的空间内求测地线的问题等价于对对应的积分

$$\int\sqrt{\dot{x}^2 + \dot{y}^2 - \sqrt{x^2 + y^2}\dot{z}^2}\mathrm{d}t$$

的变分问题求稳态曲线的问题.

由于变分函数是变量 $\dot{x}, \dot{y}, \dot{z}$ 的正的一阶齐次函数,因此众所周知,它的那些稳态曲线满足条件

$$\dot{x}^2 + \dot{y}^2 - \sqrt{x^2 + y^2}\dot{z}^2 = 1. \tag{4}$$

与积分对应的问题的稳态曲线相符

$$\int\dot{x}^2 + \dot{y}^2 - \sqrt{x^2 + y^2}\dot{z}^2\mathrm{d}t$$

利用坐标变换公式 $x = r\cos\varphi, y = r\sin\varphi, z = z$,把系统变换到坐标系($r, \varphi$,

z）中去，我们就得出变分问题

$$\int(\dot{r}^2 + r^2\dot{\varphi}^2 + r\dot{z}^2)\,\mathrm{d}t$$

被积函数是依赖于 φ 和 z 的. 因此 Euler Lagrange 方程

$$\frac{\partial F}{\partial \varphi} = \frac{\mathrm{d}}{\mathrm{d}t}\frac{\partial F}{\partial \dot{\varphi}}, \quad \frac{\partial F}{\partial z} = \frac{\mathrm{d}}{\mathrm{d}t}\frac{\partial F}{\partial \dot{z}}$$

蕴含

$$\frac{\partial F}{\partial \dot{\varphi}} = A, \quad \frac{\partial F}{\partial \dot{z}} = B$$

（其中 A 和 B 是常数）. 那就是说，我们得出了首次积分

$$2r^2\dot{\varphi} = A, \ -2r\dot{z} = B$$

现在我们引入一个新的函数 $u(\varphi) = \dfrac{1}{r(\varphi)}$，对此，我们有

$$\dot{r} = -\frac{1}{u}\dot{u} = -\frac{1}{u^2}\frac{\mathrm{d}u}{\mathrm{d}\varphi}\dot{\varphi} = -\frac{1}{u^2}\frac{\mathrm{d}u}{\mathrm{d}\varphi}\left(\frac{A}{2r^2}\right) = -\frac{A}{2}\frac{\mathrm{d}u}{\mathrm{d}\varphi}$$

因此，根据式（4）就有

$$\begin{aligned}
1 &= \dot{r} + r^2\dot{\varphi}^2 - r\dot{z}^2 \\
&= \frac{A^2}{4}\left(\frac{\mathrm{d}u}{\mathrm{d}\varphi}\right)^2 + \frac{1}{u^2}\left(\frac{A^2}{4}u^4\right) - \frac{1}{u}\left(\frac{B^2}{4}u^2\right) \\
&= \frac{A^2}{4}\left[\left(\frac{\mathrm{d}u}{\mathrm{d}\varphi}\right)^2 + u^2\right] - \frac{B^2}{4}u
\end{aligned}$$

对 φ 微分

$$\left\{\frac{A^2}{2}\left[\frac{\mathrm{d}^2 u}{\mathrm{d}\varphi^2} + u\right] - \frac{B^2}{4}\right\}\frac{\mathrm{d}u}{\mathrm{d}\varphi} = 0$$

等式 $\dfrac{\mathrm{d}u}{\mathrm{d}\varphi} = 0$ 刻画了原点的邻域，由 $\dfrac{\mathrm{d}u}{\mathrm{d}\varphi}$ 的表达式，我们求出

$$\frac{\mathrm{d}^2 u}{\mathrm{d}\varphi^2} + u = \frac{B^2}{2A^2}$$

其通解是

$$u(\varphi) = \frac{B^2}{2A^2}(1 + e\cos(\varphi + \omega))$$

这就是

$$r(\varphi) = \frac{p}{1 + e\cos(\varphi + \omega)} \left(p = \frac{B^2}{2A^2} \right)$$

而这就是焦点在原点的圆锥曲线截线的焦点方程.

注记

类似地,一个点在保守力场中运动的轨迹可以作为一个合适的 Rieman 度量的测地线曲线在四维时空平面上的类空间投影得到.

问题 G.30　用直线将一个面积等于 1 的四边形划分为 n 个子多边形,并在每个子多边形中画一个圆. 证明所有圆的周长之和至多为 $\pi\sqrt{n}$. (直线不允许切割子多边形的内部).

解答

众所周知,一个外接于半径为 R 的圆的 n 边形的面积至少是 $R^2 n\tan\left(\dfrac{\pi}{n}\right)$.

用一条接一条的直线切割四边形就可确定由此产生的区域的数目和区域的角度之和. 当我们增加一条新的直线时,增加的多边形的数量是 k 而角度之和总和至多增加 $2k\pi$,这取决于新的直线穿过多少个以前的分解所产生的节点. 设 $k_1, k_2, \cdots, k_n$ 是用这种方式所产生的多边形的边数,那么

$$\sum_{i=1}^{n} (k_i - 4) \leqslant 0$$

用 T_i 表示第 i 个区域的面积,用 K_i 表示内接圆的周长,我们知道

$$K_i^2 \leqslant \frac{4\pi^2}{k_i \tan\dfrac{\pi}{k_i}} T_i$$

那么由 Cauchy – Schwarz 不等式就得出

$$\sum_{i=1}^{n} K_i \leqslant \pi \sum_{i=1}^{n} \sqrt{\frac{4}{k_i \tan\dfrac{\pi}{k_i}}} \sqrt{T_i} \leqslant \pi \sqrt{\sum_{i=1}^{n} \frac{4}{k_i \tan\dfrac{\pi}{k_i}}} \sqrt{\sum_{i=1}^{n} T_i}$$

因此只需证明

$$\sum_{i=1}^{n} \frac{4}{k_i \tan\dfrac{\pi}{k_i}} \geqslant n$$

即可. 因此只需证明如果 $k_i = 4$,那么和中相应的项数恰好等于 1 即可. 如果

$k_i \geqslant 5$，那么由 $\sum (k_i - 4) \leqslant 0$ 可知，这一项连同来自 $(k_i - 4)$ 的项对应的都是三角形，由于这个原因，只需看出对 $k \geqslant 5$，成立

$$\frac{4}{k\tan \dfrac{\pi}{k}} + (k - 4) \frac{4}{3\tan \dfrac{\pi}{3}} \leqslant k - 3$$

即可. 由于

$$\frac{4}{3\tan \dfrac{\pi}{3}} < 0.769\,9$$

所以只需证明对 $k \geqslant 5$，成立

$$\frac{4}{k\tan \dfrac{\pi}{k}} < 0.23k + 0.079$$

即可. 由于左边小于 $\dfrac{4}{\pi}$，所以对 $k \geqslant 6$，上式成立，而对 $k = 5$，上式左边小于 1.11，而右边大于 1.2，这就证明了要证的命题.

问题 G. 31 设 K 是 n 维实向量空间 $\mathbb{R}^n$ 中的一个凸锥. 考虑集合 $A = K \cup (-K)$ 和 $B = (\mathbb{R}^n \backslash A) \cup \{0\}$ (0 是原点). 证明可以找到 $\mathbb{R}^n$ 的两个子空间，使得这两个空间合起来可以生成 $\mathbb{R}^n$，并且一个子空间在 A 中而另一个子空间在 B 中.

解答

首先，我们证明如果 $x \in \operatorname{int} \overline{K}$，则 $x \in K$. 取一些顶点都在 $\overline{K}$ 中的复形使得 x 在 $\overline{K}$ 的内部. 显然可以通过一个小扰动使得 x 留在复形中，因而 $x \in K$.

现在我们证明，如果 $x \notin \overline{K}$，那么就存在一个 $u \in \mathbb{R}^n$ 使得 $(u, x) < 0$，但是对每一个 $y \in \overline{K}$ 有 $(u, y) \geqslant 0$.

设 k 是 $\overline{K}$ 中靠近 x 的点，连接 x 和 k 的线段的垂直平分超平面把 x 和 $\overline{K}$ 隔开，那就是说存在一个 $u \in \mathbb{R}^n$ 和 $b \in \mathbb{R}$ 使得对每一个 $y \in K$ 有 $(u, y) \geqslant b$，但是 $(u, x) < b$. 由于 $O \in \overline{K}$，$b \leqslant 0$，如果对某个 $y \in \overline{K}$ 我们有 $(u, y) = \varepsilon < 0$，那么对适当的 $\lambda > 0$ 就将有 $(u, \lambda y) = \lambda \varepsilon < b$. 因而，对每个 $y \in \overline{K}$ 就有 $(u, y) \geqslant 0$.

344

我们用归纳法证明问题中的命题. 对 $n = 0$, 命题是显然的. 假设 $n \geqslant 1$ 并且命题对 $\mathbb{R}^s (0 \leqslant s < n)$ 为真. 如果 K 的线性无关元素的最大数目是 s 并且 $s < n$, 那么 K 就被包含在一个 $(n - 1)$ 维的子空间 H 内. 在这种情况下, 设 $E_0 \subseteq K \cup (-K), F_0 \subseteq (H \backslash A) \cup \{O\}$ 是在 H 中具有所需性质的子空间.

在 E 中取 E_0, F_0 的生成集以及 F 中的一个向量 $f \in \mathbb{R}^n \backslash H$, 我们发现命题是真的. 因此我们可设 K 包含 n 个线性无关的向量, 因此它有内点.

设

$$N = \{u : 对所有的 \ x \in \overline{K} \ 有 (u, x) \geqslant 0\}$$

如果 $N = \{O\}$, 那么 $\overline{K} = \mathbb{R}^n$, 因而 $K = \mathbb{R}^n$. 因此我们可设 $N \neq \{O\}$. 在 N 中选一个最大线性无关向量组 $\boldsymbol{u}_1, \cdots, \boldsymbol{u}_k$, 设 H 是超平面

$$H = \{x : (\boldsymbol{u}_1 + \cdots + \boldsymbol{u}_k, x) = 0\}$$

如果 $H \cap K$ 是锥, 那么

$$(H \cup K) \cup (-(H \cap K)) = H \cap A, (H \backslash (H \cap A)) \cup \{O\} = H \cap B$$

因此性质可应用到 $H \cap A$ 上和 $H \cap B$ 上. 我们得出子空间 $E_0 \subseteq H \cap A$ 和 $F_0 \subseteq H \cap B$, 它们生成 H. 我们看出

$$E_0 \subseteq \{x : (u_1, x) = (u_2, x) = \cdots = (u_k, x) = 0\}$$

设 $l_1, \cdots, l_m$ 是 E_0 的一组基, $f_1, \cdots, f_l$ 是 F_0 的一组基, 我们显然可以假设 $l_1, \cdots, l_m \in K$, 此外成立 $m + l \geqslant n - 1$. $(K \backslash H)$ 至少有一个内点, 称它们中的任何一个为 e, 并设 E 是由 E_0 和 e 生成的子空间, 如果我们证明 $E \subseteq A$, 那么我们就已做到了选择 $F = F_0$.

首先, 我们证明 $E_0 \subseteq \overline{K}$. 如果 $x \in E_0$ 并且 $u \in \mathbf{N}$, 那么 $u = \lambda_1 u_1 + \cdots + \lambda_k u_k$, 并且因而

$$(u, x) = \lambda_1 (u_1, x) + \cdots + \lambda_k (u_k, x)$$

从上式得出 $x \in \overline{K}$. 现在如果 $l_0 \in E_0$, 那么 $l_0 \in \overline{K}$ 并且因此 $l_0 + e \in \overline{K}$; 因而 $l_0 + e \in \operatorname{int} \overline{K} \subseteq K$. 由此就得出, 对任意 $\lambda \in \mathbb{R}$ 有 $\lambda(l_0 + e) \in A$, 那就是说 $E \subseteq A$.

问题 G.32 设 V 是 $\mathbb{R}^n$ 中的一个有界闭凸集, 并用 r 表示其外接球的半径 (即包含 V 的半径最小的球). 证明 r 是具有以下性质的唯一的实数: 对于 V 中的

任意有限个点,存在 V 中的一个点,使得它与其他点的距离的算术平均值等于 r.

解答

(a) 由于 V 是有界的,因此易于看出存在一个包含的半径最小的球 G,用 r 表示它的半径,S 表示它的半径,O 表示它的球心(原点). 我们证明 $O \in \mathrm{co}(S \cap V)$. 假设不然,那么存在一个隔开 O 和 $S \cap V$ 的超平面 H. 由于 $S \cap V$ 是紧致的,因此我们可设

$$H = \{(x_1, \cdots, x_n) : x_n = c\}$$

其中

$$0 < c < r$$

由于 r 是最小的,因此任何半径小于 r,球心在 O_k 的球不能覆盖 V. 因此我们可以找到一些点 $a_k \in V$ 使得 $|a_k - O| \geqslant r$. 序列 $\{a_k\}$ 拥有一个收敛的子序列 $a_{k_i} \to a^*$. 显然 $a^* \in V$ 并且 $|a^*| = r$;因此 $a^* \in S \cap V$,因而 $a^* = (a_1^*, \cdots, a_n^*)$,其中 $a_n^* > c$. 那样,对 $i > i_0$,$a_{k_i} = (a_1^i, \cdots, a_n^i)$,其中 $a_n^i > c$ 并且由于 $a_k^i \in V$,所以 $\sum_{j=1}^n (a_j^i)^2 \leqslant r^2$. 由此得出

$$|a_{k_i} - O_{k_i}| = \left(\sum_{j=1}^{n-1} (a_j^i)^2 + (a_n^i - 1/k_i)^2 \right)^{1/2}$$

$$\leqslant (r^2 - 2c/k_i + 1/k_i^2)^{1/2} < r$$

但这是不可能的.

这表明 $O \in \mathrm{co}(S \cap V)$,因此也有 $O \in \mathrm{co}(V) = V$. 如果 $a_1, \cdots, a_m \in V$,那么 $|a_i| \leqslant r$,因此 O 和点 a_i 之间的距离的平均值小于等于 r. 另一方面,$s = \frac{1}{m} \sum_{i=1}^m a_i \in V$,因此由 r 的最小性可知我们可找到 $y \in V$ 使得 $|s - y| \geqslant r$,因而

$$\frac{1}{m} \sum |a_i - y| \geqslant \left| \frac{1}{m} \sum (a_i - y) \right| = |s - y| \geqslant r$$

根据 V 的收敛性得出线段 $[O, y]$ 在 V 中,因此我们在此线段上可找到一个点 z 使得 $\frac{1}{m} \sum |a_i - z| = r$.

（b）如果 $u > r$，那么令 $a_1 = O$，就不存在使得 $| a_1 - x | = u$ 的 $x \in V$.

（c）现在设 $u < r$. 由于 $O \in co(S \cap V)$，因此存在点 $a_1, \cdots, a_k \in S \cap V$ 和数 $t_1, \cdots, t_k, t_i > 0$，使得 $\sum_{i=1}^{k} t_i = 1$ 以及 $\sum_{i=1}^{k} t_i a_i = 0$. 设 $\varepsilon = \dfrac{r - u}{kr} > 0$，并且选正整数 q 和 p_i 使得

$$\sum_{i=1}^{k} p_i = q, \; | p_i/q - t_i | < \varepsilon \quad (i = 1, \cdots, k)$$

设点系 $b_1, \cdots, b_q$ 由 a_i 组成并且对每个 i 取 p_i 次 a_i，那么 $| b_j | = r$（由于 $b_j \in S$），并且

$$\left| \frac{1}{q} \sum_{i=1}^{q} b_i \right| = \left| \frac{1}{q} \sum_{i=1}^{k} p_i a_i \right| = \left| \sum_{i=1}^{k} (p_i/q - t_i) a_i \right| < \varepsilon \sum_{i=1}^{k} | a_i | = kr\varepsilon$$

我们证明，对每个 $x \in V, \dfrac{1}{q} \sum_{i=1}^{q} | b_i - x | > u$. 实际上用 (a, b) 表示点积，对 $x \in V$，我们就有

$$\frac{1}{q} \sum_{i=1}^{q} | b_i - x | \geqslant \frac{1}{q} \sum_{i=1}^{q} \frac{1}{r} (b_i - x, b_i) = \frac{1}{qr} \Big(\sum_{i=1}^{q} r^2 - \big(x, \sum_{i=1}^{q} b_i\big) \Big)$$

$$= r - \frac{1}{qr} \big(x, \sum_{i=1}^{q} b_i\big) > r - \frac{1}{qr} r \Big| \sum_{i=1}^{q} b_i \Big| > r - kr\varepsilon > u$$

问题 G. 33 证明对于任意正整数 n 和任意实数 $d > \dfrac{3^n}{3^n - 1}$，可以找到 n 个点的面积小于 d 的可覆盖住一个单位正方形的位似三角形.

解答

把平面分成正六边形的网格，再对每个六边形作相似的外接三角形，使得三角形的面积是六边形面积的 $\dfrac{3}{2}$ 倍，那么这些三角形以 $\dfrac{3}{2}$ 的密度覆盖了平面.

设其中一个三角形的内接圆的半径等于 1. 把每个三角形的边向其中心平移 ε，那么新三角形的密度等于 $\dfrac{3}{2} (1 - \varepsilon)^2$. 这样在覆盖中就产生了空隙：在每个半径为 ε 的圆外有一个倒三角形的空隙孔. 空隙的数量是三角形数量的两倍，所以空隙的密度是 $\dfrac{3}{2} \cdot 2\varepsilon^2 = 3\varepsilon^2$.

对每个空隙,用某些圆盘覆盖它,使得密度 $d > 1$,这句话的意思是圆盘的总面积是 d 倍的空隙面积. 三角形加上圆盘的密度是 $D = \frac{3}{2}(1-\varepsilon)^2 + 3d\varepsilon^2$. D 在 $\varepsilon = \frac{1}{2d-1}$ 时达到最小值 $D_{\min} = \frac{3d}{2d+1}$.

设 D_n 表示 n 个不同的相似三角形覆盖的密度的下确界. 就像我们已经看到的那样,$D_1 \leq \frac{3}{2}$. 由于上述构造中的空隙可以被 $(n-1)$ 个大小不同的相似三角形以任意接近于 D_{n-1} 的密度所覆盖,因此我们有

$$D_2 \leq \frac{3D_1}{2D_1+1}, D_3 \leq \frac{3D_2}{2D_2+1}, \cdots$$

这就是

$$D_n \leq \frac{3^n}{3^n - 1}$$

问题 G.34 设 R 是平面上一个面积等于 t 的有界区域,C 是它的重心. 用 T_{AB} 表示直径为 AB 的圆,K 表示一个包含所有 T_{AB} 的圆$(A, B \in R)$. 问一般来说,K 必包含中心在 C、面积为 $2t$ 的圆这个命题是否正确?

解答

我们将证明题目中的问题的答案是否定的. 设 R 是 (x, y) 平面上由方程 $x^2 + y^2 \leq 1, x > 0$ 定义的半圆. R 的面积是 $t = \frac{\pi}{2}$,并且面积是 $2t$ 的圆的半径等于 1. 设对某一对点 $A, B \in R$,用 T_{AB} 表示过 A, B 两点的圆,$P \in T_{AB}$. 用 $\boldsymbol{p}, \boldsymbol{a}, \boldsymbol{b}$ 分别表示点 P, A, B 的位置向量,则条件 $P \in T_{AB}$ 等价于不等式

$$\left| \boldsymbol{p} - \frac{\boldsymbol{a} - \boldsymbol{b}}{2} \right| \leq \frac{|\boldsymbol{a} - \boldsymbol{b}|}{2}$$

由于

$$\left| \boldsymbol{p} - \frac{\boldsymbol{a} + \boldsymbol{b}}{2} \right| \geq |\boldsymbol{p}| - \left| \frac{\boldsymbol{a} + \boldsymbol{b}}{2} \right|$$

我们就有

$$|\boldsymbol{p}| \leq |\boldsymbol{a} + \boldsymbol{b}|/2 + |\boldsymbol{a} - \boldsymbol{b}|/2 \leq ((|\boldsymbol{a} + \boldsymbol{b}|^2 + |\boldsymbol{a} - \boldsymbol{b}|^2)/2)^{1/2}$$
$$= ((|\boldsymbol{a}|^2 + |\boldsymbol{b}|^2 + 2(\boldsymbol{a}, \boldsymbol{b}) + |\boldsymbol{a}|^2 + |\boldsymbol{b}|^2 - 2(\boldsymbol{a}, \boldsymbol{b}))/2)^{1/2}$$

348

$$= (\mid a \mid^2 + \mid b^2 \mid)^{1/2} \leqslant \sqrt{2}$$

因此,如果我们用 K 表示以原点为中心,半径为 $\sqrt{2}$ 的圆,则 K 将包含所有的圆 $T_{AB}(A,B \in R)$. 我们计算所有的图 R 的重心 C 的坐标 (x_C,y_C). 由图的对称性可知, $y_C = 0$. 为了计算 x_C,我们使用众所周知的方法

$$x_C = \frac{1}{t}\int_0^1 x2\sqrt{1-x^2}\,\mathrm{d}x = \frac{1}{t}\Big[-\frac{2}{3}(1-x^2)^{3/2}\Big]_0^1 = \frac{2}{3t} = \frac{4}{3\pi}$$

我们将证明半径等于 1,中心在 $\left(\frac{4}{3\pi},0\right)$ 的圆不包含圆 K. 为此,只需证明

$\frac{4}{3\pi} + 1 > \sqrt{2}$ 即可. 利用 $\pi < 3.2, 2.4 \times 0.416 < 1$ 和 $(1.416)^2 > 2$,我们得到

$$\frac{4}{3\pi} + 1 > \frac{4}{3 \times 3.2} + 1 = \frac{1}{2.4} + 1 > 1.416 > \sqrt{2}$$

因此, R 实际上和问题的要求矛盾.

注记　参赛选手用了许多不同的反例否定了这一断言. 大多数的构造类似于使用圆 $x^2 + y^2 \leqslant 1$ 的并集和对适当的 ε,利用椭圆 $\frac{x^2}{(1+\varepsilon)^2} + \frac{y^2}{\varepsilon^2} \leqslant 1$.

问题 G.35　设 $M^n \subseteq \mathbb{R}^{n+1}$ 是一个嵌入在 Euclid 空间中的完备的、连通的超曲面. 证明 M^n 作为一个 Riemann 流形可以分解成非平凡的、全局的度量直积的充分必要条件是它是一个实的圆柱,即 M^n 可以分解为形如 $M^n = M^k \times \mathbb{R}^{n-k}(k < n)$ 的直积,这里 M^k 是某个 $k+1$ 维子空间 $E^{k+1} \subseteq \mathbb{R}^{n+1}$ 中的超曲面, $\mathbb{R}^{n-k}$ 是 E^{k+1} 的正交补.

解答

解答基于经典曲面理论的两个基本方程,即 Gauss equation 方程

$$R(X,Y)Z = g(Z,A(X))A(Y) - g(Z,A(Y))A(X)$$

和 Codazzi – Mainardi 方程

$$(\nabla_X A)(Y) = (\nabla_Y A)(X)$$

在这些公式中, X,Y,Z 是与超曲面相切的向量场, $g(X,Y)$ 是第一基本形式, $A(X) = d_X \boldsymbol{m}$ 是 Weingarten 映射($\boldsymbol{m}$ 是超曲面的单位法向量场, d_X 是 $\mathbb{R}^{n+1}$ 中的方向导数), $\nabla_X Y$ 是协变导数,最后, $R(X,Y)Z$ 是 Riemann 曲率张量.

$A(X)$ 是每个切线空间上的自伴线性映像,它也称为外几何的基本形式,借助于它可以描述空间中曲面的形状. 例如,下面的命题以下内容都是已知的,并且可以简单地从 Codazzi Mainardi 方程导出来.

· 设 W_p^0 是 A_p 在点 $p \in M^n$ 的核,并设在某个开子集 $U \subseteq M^n$ 上 $\dim W_p^0 = k$ 是一个常数,那么子空间 W_p^0 的分布是可积的并且积分流形是一个子空间 $\mathbb{R}^k \subseteq \mathbb{R}^{n+1}$ 的开子集.

· 超曲面 M^n 的 Riemann 曲率等于 0 的充分必要条件是 A 在任何点的秩至多为 1. 对那种曲面,设 U 表示使得 $A \neq 0$ 的点的邻域,并设 n 是 U 上的单位向量场,其中 U 由 A 的使得 $A(n) = \lambda n, \lambda \neq 0$ 的特征向量所组成. 那么,根据前面的命题,垂直于 n 的积分流形是 $\mathbb{R}^{n+1}$ 中的某个子空间 $\mathbb{R}^{n-1}$ 的开子集. 设 $c(s)$ 是积分流形上的由弧长参数化的曲线,并考虑函数 $\lambda(s) = \lambda(c(s))$. 通过简单的计算,从 Codazzi Mainardi 方程得出 $\lambda' = \varphi(s)\lambda$,其中 $\varphi(s) := -g(\dot{c}(s), \nabla_n n)$,因而

$$\lambda(s) = \lambda(0) e^{\int_0^s \varphi(t) \mathrm{d}t}$$

因此,如果在垂直于 n 的积分流形的某一个点处 $\lambda \neq 0$,则在整个积分流形及在其边界点处都有 $\lambda \neq 0$. 因此,如果 M^n 是完备的,则垂直于 n 的最大积分流形必填满整个子空间 $\mathbb{R}^{n-1}$. 考虑 $\mathbb{R}^n$ 中 Riemann 曲率等于 0 的完备的超曲面的变形(如果 M^n 不是单连通的,那么我们变形它的通有的覆盖空间). 上面的积分流形将变形成 $\mathbb{R}^n$ 的平行的超平面;因而,积分流形点之间的距离和另一个积分流形点之间的距离是一个常数. 这表示在 $\mathbb{R}^{n+1}$ 的 $(n-1)$ 维子空间 $\mathbb{R}^{n-1}$ 中积分流形本身是平行的. 否则上述距离将不是常数. 子空间 $\mathbb{R}^{n-1}$ 的正交补 $\mathbb{R}^2$ 把 M^n 切割成曲线 M^1. 显然,我们有柱形分解 $M^n = M^1 \times \mathbb{R}^{n-1}$. 综上所述,我们有以下性质.

性质 1　一个 Riemann 曲率为 0 的完备超曲面总是一个形式为 $M^n = M^1 \times \mathbb{R}^{n-1}$ 的柱体,并且 M^1 是 $\mathbb{R}^{n-1}$ 的正交补 $\mathbb{R}^2$ 上的一条 $\mathbb{R}^2$ 曲线.

性质 2　如果一个完备的超曲面 M^n 分解成了一个形如 $M^n = M^k \times M^{n-k}$ 的度量直积,则或者 M^n 的 Riemann 曲率为 0,或者 M^n 的 Weingarten 映射在流形之一的正切空间的每一点处为 0.

证明　用 T_p 表示 M^n 在 $p \in M^n$ 处的切空间，并且 $T_p = T_p^1 \times T_p^2$ 是对应于 M^n 的直积分解的切空间的分解. 由于对于度量直积来说，Riemann 曲率也以适当的方式相乘，所以 $R(T_p^1, T_p^2)X = 0$ 成立. 结合 Gauss 方程，我们得到

$$g(X, A(T_p^1))A(T_p^2) = g(X, A(T_p^2))A(T_p^1)$$

对于自伴映射 A 来说，这个使等式成立的充分必要条件是 A 的秩等于 1 或 A 沿子空间 T_p^i 之一为 0.

我们必须证明，如果曲面 M^n 的 Riemann 曲率不恒为 0，则 A 沿着 T^1 在流形的每个点处为 0.

设 $p \in M^n$ 是一个使得 $R(X,Y)Z \neq 0$ 的点，那么就像我们在上面已经看到的那样，A 在子空间 T_p^i 之一上为 0. 不妨设 $A(T_p^2) = 0$ 成立. 根据 Gauss 方程，在 p 点处，流形 M^{n-k} 的 Riemann 曲率 $R^{(2)}(X,Y)Z$ 为 0，而流形 M^k 的曲率 $R^{(1)}(X, Y)Z$ 不是 0. 由于在直积中，沿着 M^{n-k} 的每个副本，张量 $R^{(1)}(X,Y)Z$ 是常数，所以沿着 M^{n-k} 的每个通过 p 点的副本有 $A(T^2) = 0$. 这表示在 M^{n-k} 上 Riemann 曲率恒等于 0. 因此，在每个点 $q = (q_1, q_2) \in M^k \times M^{n-k}$ 的使得在 q_1 处的张量 $R^{(1)}$ 不等于 0 的地方有 $A(T_q^2) = 0$.

剩下的是证明在点 $q = (q_1, q_2)$ 的每个使得 $R^{(1)}|_{q_1} \neq 0$ 的地方也有 $A(T_q^2) = 0$.

设 $V^k \subseteq M^k$ 是在 V^k 的每个点处使得 $R^{(1)} = 0$ 的极大连通开子集，Riemann 曲率在超曲面的部分 $U = V^k \times M^{n-k} \subseteq M^n$ 为 0，并且因此 A 的秩在这里至多为 1. 我们必须证明 A 的对应于非零特征值的唯一的特征向量 $\boldsymbol{n}$ 位于正切空间 T^1 中.

假设不然，即设在某个点 p 有 $\boldsymbol{n} \notin T^1$. 设 N 是垂直于 $\boldsymbol{n}$ 并且通过 p 的最大积分流形. 由于子流形 N, V^k 和 M^{n-k} 是局部 Euclid 空间 U 的子空间（具有 0 曲率的全测地子流形）. n 和子空间 T^1 之间的夹角是恒定的并且沿着 n 是非零的. 由于 n 的特征值 λ 即使在 N 的边界处也不为 0，因此 N 的边界处 $A \neq \boldsymbol{0}$ 并且在这些点处也成立 $n \notin T^1$. 在任何情况下在那样的边界点的任何邻域中，可以找到一个点 $q = (q_1, q_2)$ 使得 $R^{(1)}|_{q_1} \neq 0$ 并且因而像 $A(T_q)$ 那样位于子空间 T_q^1 中，而在边界点处 $A(T_p)$ 不包含在 T_p^1 中. 由于这个原因，这种边界点的存在与 A 的连

续性相矛盾. 然而, 那种边界点显然存在, 否则 N 将是完备的并且它在流形 V^k 上的正交投影将给出 V^k 的一个完备的开子集. 由于 V^k 的定义, 这是不可能的, 这就证明了性质 2.

问题中的定理可以从这两个性质立即得出. 实际上清楚的是柱形可以分解成度量直积, 并且反过来如果 M^n 分解成了度量直积, 那么根据性质 1, 或者 $R(X, Y)Z \equiv 0, M^n$ 是柱体, 或者 $A(T^2) = 0$, 那么 M^{n-k} 的副本平行于 $(n-k)$ 维子空间. 在后一种情况下 M^n 显然也是柱体.

问题 G.36　在平面上的所有与每个具有单位宽度的闭凸区域相交的格点中, 哪些点的基本平行四边形的面积最大?

解答

设 r^* 是由高度等于 $\dfrac{1}{2}$ 的正三角形的顶点生成的格, 则这个格的基本平行四边形的面积等于 $\dfrac{1}{2\sqrt{3}}$.

设 r 是另一个与 r^* 不全等的格, 但是 r 的基本平行四边形的面积也等于 $\dfrac{1}{2\sqrt{3}}$, 我们将证明在这种情况下存在一个高度等于 1 的正三角形使得它和 r 没有共同点. 设 P^*, Q^* 和 P, Q 分别是 r^* 和 r 中的两个最接近的点. 显然

$$a = \overline{PQ} < a = \overline{P^* Q^*} = \frac{1}{\sqrt{3}}$$

设直线 PQ 是水平的. 把高度等于 1 的正三角形放在平面上, 使得它的一条边水平地位于 PQ 之下, 而其他两边分别经过 P 和 Q. 直线 PQ 与三角形上顶点之间的距离为 $\dfrac{a\sqrt{3}}{2}$, 而 PQ 与底边的距离为 $1 - \dfrac{a\sqrt{3}}{2}$. r 中两个点的水平距离的上界是 $\dfrac{1}{2\sqrt{3}a}$. 由于

$$1 - \frac{a\sqrt{3}}{2} < \frac{1}{2a\sqrt{3}} < \frac{a\sqrt{3}}{2} \quad \left(0 < a < \frac{1}{\sqrt{3}}\right)$$

除了 P 和 Q 之外, 三角形不包含其他格点, 把三角形稍微向下平移一下, 就得到一个单位宽度的不包含格点的三角形.

剩下的事是证明 r^* 在每个宽度为 1 的闭凸图形 k 上都有一个点. 为此,我们注意到一个宽度为 1 的凸图形的最大的内切圆半径至少为 $\frac{1}{3}$. 这可以从以下事实证明,那就是每个宽度为 1 的闭凸图形都被包含在一个三角形中或外切于图形的内切圆的带中,并且在围绕给定圆的外接三角形中以正三角形的面积最大. 因此,k 的宽度至多是其内切圆半径的 3 倍. 现在我们只需要注意每个半径为 $\frac{1}{3}$ 的圆都包含 r^* 中的格点. 因此 r^* 不仅与单位宽度的每个闭凸图形有共同点,而且还与那种图形的内切圆有共同点.

问题 G.37　设 S 是 $\mathbb{R}^n$ 中一个给定的超平面的有限集,O 是一个点. 证明存在一个包含 O 的紧致集合 $K \subseteq \mathbb{R}^n$,使得 K 的任意一点到 S 中的任意一个超平面的正交投影也在 K 中.

解答

不失一般性,不妨设 O 是空间 $\mathbb{R}^n$ 的原点,并且 S 中超平面的法向量生成 $\mathbb{R}^n$(如果后一个条件不满足,则我们可以对 S 添加进一步的条件直到达到我们所需的性质).

用 $\mathscr{P}_1$ 表示到 $\mathbb{R}^n$ 的平行于 S 中的超平面的 $(n-1)$ 维线性子空间上的正交投影的集合. 对 $i = 2,\cdots,n$,设 $\mathscr{P}_i$ 是所有那种投影算子的集合,使得它们的像是 $(n-i)$ 维的,并且可以作为 $\mathscr{P}_1$ 中的某个算子的像而和它们的像的交而得出. 那么根据 S 的有限性和我们对于超平面的法向量所做的假设就得出,对 $1 \leqslant i \leqslant n$,$\mathscr{P}_i$ 是有限并且非空的. 因而,$\mathscr{P}_n$ 是一个单元素集,$\mathscr{P}_n = \{P_n\}$,其中 P_n 是零算子. 为统一起见,设 $p_0 = \{P_0\}$,其中 P_0 是恒同变换. 如果 $P_i \in \mathscr{P}_i$ 并且和 $P_j \in \mathscr{P}_j$ 而且 P_i 的像包含 P_j 的像,或者等价地,P_i 的核被包含在 P_j 的核中,那么我们记 $P_i \geqslant P_j$.

从 S 到平面 s 的正交投影可以表示成 $x \to P_s x + p_s$,其中 $P_s \in \mathscr{P}_1$ 是到平行 s 的 $(n-1)$ 维线性子空间上的正交投影算子,并且 p_s 是从 O 所作的垂直于 s 的向量. 显然,对每个 $s \in S, P_s p_s = 0$.

引理　可以找到一个数列 $0 = R_0 < R_1 < \cdots < R_n$ 使得对任意 $1 \leqslant j \leqslant n$,$P_j \in p_j$ 和 $R \geqslant R_j$,对每个 $0 \leqslant i \leqslant j-1$,$P_j \leqslant P_i \in \mathscr{P}_i$,集合

$$G(P_j, R) := \{x \in \mathbb{R}^n : P_j x = 0 \text{ 并且 } \| P_i x \|^2 \leqslant R^2 - R_i^2\}$$

在任何到 $s \in S$ 上的投影 $x \rightarrow P_s x + \boldsymbol{p}_s$ 下把自身映为自身,其中 $P_s \geqslant P_j$.

由于 $P_n = 0$,对 $j = n$ 和 $R = R_n$ 应用引理,我们得到闭集 $K = G(0, R_n)$ 在任意到 S 中的平面的投影下被映到自身. 另外,由于这个集合被包含在以 O 为中心,以 R 为半径的球内,因此它是有界的. 那就是说它满足问题中提出的要求.

引理的证明　　我们通过对 j 做归纳法来证明引理. 对 $j = 1$,设 $P_1 \in \mathcal{P}_1$ 是任意投影,那么

$$G(P_1, R) = \{x \in \mathbb{R}^n : P_1 x = \boldsymbol{0}, \| x \| \leqslant R\}$$

如果对于某个 $s \in S$,有 $P_s \geqslant P_1$,那么,由于算子 P_1 的像和 P_s 是 $(n-1)$ 维的,所以 $P_s = P_1$. 因此,对于任意 $x_0 \in G(P_1, R)$ 有 $P_s x_0 + \boldsymbol{p}_s = \boldsymbol{p}_s$. 因而,如果我们对 R_1 取 $\sup_{s \in S} \| \boldsymbol{p}_s \|$,那么引理成立.

现在假设对 $1, 2, \cdots, j-1$ 引理成立并且数 $R_0 < R_1 < \cdots < R_{j-1}$ 已经构造好了. 设 $P_j \in \mathcal{P}_j$ 是任意投影并且 $s \in S$ 使得 $P_s \geqslant P_j$.

如果 $P_j x_0 = 0$,那么 $P_j(P_s x_0 + \boldsymbol{p}_s) = P_j x_0 + P_j \boldsymbol{p}_s = 0$. 因此,到 s 上的投影保持 $G(P_j, R)$ 的元素的定义的前一性质.

其次,我们证明如果 $R \geqslant R_{j-1}$ 并且 $\boldsymbol{x}_0 \in G(P_j, R)$,则对 $0 \leqslant i \leqslant j-2$ 和 $P_j \leqslant P_i \in \mathcal{P}_i$ 成立

$$\| P_i(P_s \boldsymbol{x}_0 + \boldsymbol{p}_s) \|^2 \leqslant R^2 - R_i^2 \tag{1}$$

如果 $P_s \geqslant P_i$,那么 $P_i(P_s \boldsymbol{x}_0 + \boldsymbol{p}_s) = P_i x_0$ 并且结论已得证.

设 $P_s \geqslant P_i$,那么用 P_{i+1} 表示像在 P_s 的像和 P_i 的像的交中的投影算子. 考虑集合

$$G(P_{i+1}, R^*) = G(P_{i+1}, \sqrt{R^2 - \| P_{i-1} \boldsymbol{x}_0 \|^2})$$

那么

$$R^{*2} = R^2 - \| P_{i+1} \boldsymbol{x}_0 \|^2 \geqslant R^2 - (R^2 - R_{i+1}^2) = R_{i+1}^2$$

并且因此 $R^* \geqslant R_{i+1}$,因而 $i + 1 \leqslant j-1$,根据归纳法假设,投影 $\boldsymbol{x} \rightarrow P_s \boldsymbol{x} + \boldsymbol{p}_s$

354

把 $G(P_{i+1}, R^*)$ 映为自身(由于 $P_s \geqslant P_{i+1}$). 然而由于 $P_{i+1}(P_0 - P_{i+1})x_0 = 0$ 和 $P_{i+1} \leqslant P_k \in \mathcal{P}_k (k = 0, \cdots, i)$, 所以 $(P_0 - P_{i+1})x_0 \in G(P_{i+1}, R^*)$, 因此我们就有

$$\| P_k(P_0 - P_{i+1})x_0 \|^2 = \| (P_k - P_{i+1})x_0 \|^2 = \| P_k x_0 \|^2 - \| P_{i+1}x_0 \|^2$$
$$\leqslant R^2 - R_k^2 - \| P_{i+1}x_0 \|^2 = R^{*2} - R_k^2$$

所以 $P_s(P_0 - P_{i+1})x_0 + p_s = (P_s - P_{i+1})x_0 + p_s$ 也被包含在 $G(P_{i+1}, R^*)$ 中,因而

$$\| P_i[(P_s - P_{i+1})x_0 + p_0] \|^2 \leqslant R^{*2} - R_i^2$$

而这就是

$$\| P_i(P_s x_0 + p_s) - P_{i+1}x_0 \|^2 \leqslant R^2 - \| P_{i+1}x_0 \|^2 - R_i^2$$

从上式就得出式(1).

为证明引理我们只需证明如果 $R \geqslant R_{j-1}$ 充分大,那么对 $i = j - 1$ 和任意 $x_0 \in G(P_j, R)$ 都使得(1)成立,并且任意 $P_{j-1} \in \mathcal{P}_{j-1}$ 使得 $P_{j-1} \geqslant P_j$.

如果 $P_s \geqslant P_{j-1}$,那么由于 $P_{j-1}(P_s x_0 + p_s) = P_{j-1}x_0$,因此结论已经得证.

设 $P_s \geqslant P_{j-1}$,那么 P_s 的像和 P_{j-1} 的像的交是 $(n - j)$ 维的,因此与 P_j 的像重合.

我们证明 $P_{j-1}P_s$ 是算子 P_j 的核上的收缩. 为此,只要证明如果 $x \neq \mathbf{0}, P_j x = 0$,则 $\| P_{j-1}P_s x \| < \| x \|$ 即可. 假设后一个不等式的两边相等得出 $\| P_s x \| = \| x \|$,由此得出 $P_s x = x$. 重复相同的论证可以得出 $P_{j-1}x = x$. 因此,x 在 P_s 和 P_{j-1} 的像也就是 P_j 的像中. 然而,这与 $x \neq \mathbf{0}, P_j x = \mathbf{0}$ 矛盾. 这表示 $P_{j-1}P_s$ 确实是一个收缩,那就是说存在一个数 $0 < q < 1$,使得 $P_j x = \mathbf{0}$ 蕴含 $\| P_{j-1}P_s x \| \leqslant q \| x \|$. 现在设我们选择数字 $r_j = r_j(P_s, P_{j-1}, P_j)$ 使得当 $R \geqslant r_j$ 时成立

$$qR + R_1 \leqslant \sqrt{R^2 - R_{j-1}^2} \tag{2}$$

(这是可能的,因为如果两边都除以 R,则当 $R \to \infty$ 时,左边趋向于 q,右边趋向于 1.)

现在,如果 $R \geqslant r_j$ 并且 $x_0 \in G(P_j, R)$,则

$$\| P_{j-1}(P_s x_0 + p_s) \| \leqslant q \| x_0 \| + \| p_s \| \leqslant qR + R_1$$

因此,由(2),对 $i = j - 1$,式(1)成立. 现在设对所有的 P_s, P_{j-1} 和 P_j,R_j 是数字 $r_j(P_s, P_{j-1}, P_j)$ 中的最大者,那么如果

$$P_j \in \mathscr{P}_j, \boldsymbol{x}_0 \in G(P_j, R), P_j \leqslant P_{j-1} \in \mathscr{P}_{j-1}$$

$$s \in S \text{ 并且 } P_s \geqslant P_j$$

则对 $R \geqslant R_j, i = j - 1$,式(1)成立. 这就完成了引理的证明.

问题 G.38 设 k 和 K 是平面上的两个同心圆,且设 k 被包含在 K 中. 假设 k 被一组顶点在 K 中的凸的角域所覆盖,证明这些角域的角度之和不小于从 K 中的一个点可以看到 k 的角度.

解答

设 O 为圆的公共中心,r 和 R 分别为 k 和 K 的半径. 我们在 k 的内部定义一个函数 F 如下. 如果从 O 到 P 的距离为 ρ,则令

$$F(P) = f(\rho) = \frac{1}{\pi(R^2 - \rho^2)} \frac{\sqrt{R^2 - r^2}}{r^2 - \rho^2}$$

如果 T 是 k 内部的可测集,则设

$$m(T) = \int_T F(P)\,\mathrm{d}P$$

函数 m 显然是 k 内部的测度. 我们证明 m 具有以下性质:

如果 g 和 h 是从 K 上的点 A 出发的半直线,使得 g 和 k 相切,h 与 k 相交,并且设 h 与 g 之间的夹角等于 α,那么界于 g 和 h 之间的角域从 k 的内部割出来一个区域 T,它的测度 m 是 α.

我们通过逐次积分来计算 $m(T)$. 设 e 是从 O 出发垂直于 h 的半直线,以 e 为极轴在平面上引入极坐标,那么点 $P(\rho, \varphi)$ 属于 T 的充分必要条件是 $d \leqslant \rho \leqslant r, -\vartheta \leqslant \varphi \leqslant \vartheta$,其中 $d = \rho\cos\vartheta = R\sin(\varepsilon - \alpha)$ 是 O 到 h 的距离,ε 是半直线 AO 和 g 之间的夹角(图 G.29),基于这些,我们得到

$$m(T) = \int_T F(P)\,\mathrm{d}P = \int_d^r \int_{-\arccos(d/\rho)}^{\arccos(d/\rho)} f(\rho)\rho\,\mathrm{d}\varphi\,\mathrm{d}\rho$$

$$= \int_d^r 2f(\rho)\arccos\left(\frac{d}{\rho}\right)\mathrm{d}\rho$$

$$= \int_{R\sin(\varepsilon-\alpha)}^r 2f(\rho)\rho\arccos\left(\frac{R\sin(\varepsilon - \alpha)}{\rho}\right)\mathrm{d}\rho$$

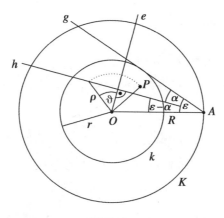

图 G. 29

因此我们必须证明对 $0 \leqslant \alpha \leqslant 2\varepsilon$ 上式

$$= \int_{R\sin(\varepsilon-\alpha)}^{r} 2f(\rho)\rho \arccos\left(\frac{R \cdot \sin(\varepsilon - \alpha)}{\rho}\right)\mathrm{d}\rho = \alpha$$

代入 $R \cdot \sin(\varepsilon - \alpha) = t$,这表示如果 $-r \leqslant t \leqslant r$,则

$$\int_{t}^{r} 2f(\rho)\rho \arccos\left(\frac{t}{\rho}\right)\mathrm{d}\rho = \varepsilon - \arcsin\left(\frac{t}{R}\right)$$

这个关系式显然对 $t = r$ 成立,因而只需证明两边对 t 的导数相同即可

$$\int_{t}^{r} \frac{2f(\rho)\rho}{\sqrt{\rho^2 - t^2}}\mathrm{d}\rho = \frac{1}{\sqrt{R^2 - t^2}} \quad (-r \leqslant t \leqslant r)$$

$$\int_{t}^{r} \frac{2f(\rho)\rho}{\sqrt{\rho^2 - t^2}}\mathrm{d}\rho = \int_{t}^{r} \frac{2}{\pi}\frac{\rho}{R^2 - \rho^2}\sqrt{\frac{R^2 - r^2}{(r^2 - \rho^2)(\rho^2 - t^2)}}\mathrm{d}\rho$$

$$= \left[\frac{2}{\pi}\frac{1}{\sqrt{R^2 - t^2}}\tan^{-1}\sqrt{\frac{R^2 - r^2}{R^2 - t^2}\frac{\rho^2 - t^2}{r^2 - \rho^2}}\right]_{\rho=t}^{\rho=r} = \frac{1}{\sqrt{R^2 - t^2}}$$

从已证的这个命题结合测度 m 的可加性就立即得出,如果两条半直线界定的角度为 α 的凸角域和 k 相交,那么它们与 k 相交的区域的测度 m 等于 α(由于它们的交可以从 k 的两条线段的差得出).

现在考虑由有限个凸角域组成的 k 的覆盖. 用 $\alpha_1, \cdots, \alpha_n$ 表示这些凸角域的角度,并且用 $T_1, \cdots, T_n$ 表示这些角域与 k 的交集. 那么,根据刚刚证明的性质就有 $\alpha_i \geqslant m(T_i)$, $i = 1, \cdots, n$(这里等号成立的充分必要条件是第 i 个角的两条边和 k 有共同点). 因此,根据测度的可加性就得出

357

$$\alpha_1 + \cdots + \alpha_n \geq m(T_1) + \cdots + m(T_n) \geq m(\bigcup_{i=1}^{n} T_i) = 2\varepsilon$$

(由于 $\bigcup_{i=1}^{n} T_i$ 充满了 k 的内部,而 k 的测度 m 正好是 2ε.) 这就完成了证明.

问题 G.39 设 $\varepsilon(E,\pi,B)(\pi:E \to B)$ 是一个实向量丛,并设

$$\tau_E = V\xi \oplus H\xi \qquad\qquad (*)$$

是 E 的切丛,其中 $V\xi = \mathrm{Ker}\, \mathrm{d}\pi$ 是 τ_E 的垂直子丛. 我们用 v 和 h 表示对应于式 $(*)$ 的分解的投影算子. 构造 $V\xi$ 上的一个线性连接 ∇ 使得

$$\nabla_X \vee Y - \nabla_Y \vee X = v[X,Y] - v[hX,hY]$$

(其中 X 和 Y 是 E 上的向量域,$[\cdot]$ 是 Lie 括号并且所有的算子都在 C^∞ 类中.)

解答

设 $C^\infty(E)$ 是无穷次可微函数 $E \to \mathbb{R}$ 的环,用 $\chi(E)$ 和 $\chi_V(E)$ 分别表示 E 上所有向量场的 $C^\infty(E)$ – 模和垂直向量场的子模. 称一个映射

$$D:\chi_V(E) \times \chi_V(E) \to \chi_V(E), (Z,W) \to D_Z W$$

为 $V\xi$ 上的伪连接,如果它具有线性连接的形式性质,那就是说,它在 Z 中是 $C^\infty(E)$ – 线性的并且在 W 中是 $\mathbb{R}$ – 线性可导的($D_Z fW = (Zf)W + fD_Z W, f \in C^\infty(E)$). 假设 $\overset{\circ}{D}$ 是一个伪连接,使得对每个 $Z,W \in \chi_V(E)$ 有

$$\overset{\circ}{D}_Z W - \overset{\circ}{D}_W Z = [Z,W]$$

定义一个映射

$$\nabla : \chi(E) \times \chi_V(E) \to \chi_V(E), (X,Y) \to \nabla_X Y$$

其中

$$\nabla_X Y := \overset{\circ}{D}_{vX} Y + v[hX,Y]$$

那么 ∇ 是线性连接. 可以立即看出,∇ 在 X 和 Y 中是 $\mathbb{R}$ – 线性的,并且对 $f \in C^\infty(E)$,我们有

$$\nabla_X fY = f\overset{\circ}{D}_{vX} Y + (vX)fY + fv[hX,Y] + v(hX)fY$$

$$= f\nabla_X Y + (vX + hX)fY = f\nabla_X Y + (Xf)Y$$

(在每个点应用线性性和 $vY = Y$). 最后,一个类似的简单计算表明 $\nabla_{fX} Y = f\nabla_X Y$. 我们证明 ∇ 满足所需的关系. 实际上

$$\nabla_X vY - \nabla_Y vX = \overset{\circ}{D}_{vX} vY - \overset{\circ}{D}_{vY} vX + v[hX,vY] - v[hY,vY]$$

$$= [vX,vY] + v[hX,vY] - v[hY,vX]$$

$$= v([vX,vY] + [hX,vY] - [hY,vX])$$

$$= v([X,Y] - [hX,vY]) = v[X,Y] - v[hX,hY]$$

剩下的事是证明"辅助"的伪连接$\mathring{D}$确实存在. 我们将通过一个简单的局部构造来证明这一点. 假设 $\dim B = n$, 秩 $\xi = r$. 根据向量丛的局部平凡性可知 B 的每个点有一个邻域 U, 使得 $\pi^{-1}(U) \to U$ 对于平凡丛 $U \times \mathbb{R}^r \to \mathbb{R}^r$ 是一个微分同胚. 如果 $\psi: \pi^{-1}(U) \to U \times \mathbb{R}^n$ 是向量丛同构, $(u^i)_{i=1}^n$ 是 U 上的局部坐标系, $(l^\alpha)_{\alpha=1}^r$ 是 $\mathbb{R}^r$ 的正则基的对偶基, 则

$$x^i := u^i \circ \pi \quad (1 \leq i \leq n)$$

$$y^\alpha := l^\alpha \circ pr_2 \circ \psi \quad (1 \leq \alpha \leq r)$$

是 $\pi^{-1}(U)$ 上的局部坐标系, 直接计算表明量向场 $\frac{\partial}{\partial y^\alpha}$ 构成 $\chi_V(E)$ 的局部基. 我们根据要求

$$\mathring{D}_{\frac{\partial}{\partial y^\alpha}} \frac{\partial}{\partial y^\beta} = 0 \quad (1 \leq \alpha, \beta \leq r)$$

定义伪连接$\mathring{D}$(根据线性连接理论的标准方法$\mathring{D}$可以这样定义), 那么对于任意两个 $\pi^{-1}(U)$ 上的向量场

$$Z = Z^\alpha \frac{\partial}{\partial y^\alpha}, \quad W = W^\beta \frac{\partial}{\partial y^\beta}$$

我们有

$$\mathring{D}_Z W = Z^\alpha \frac{\partial W^\beta}{\partial y^\alpha} \frac{\partial}{\partial y^\beta}$$

而因此$\mathring{D}_Z W - \mathring{D}_W Z = [Z,W]$, 这就完成了证明.

问题 G.40 考虑凸区域 K 的平移的铺砌的格. 设 t 是铺砌所定义的格的基本平行四边形的面积, 并设 $t_{\min}(K)$ 表示格中所有铺砌的块的面积的最小值. 问是否存在一个自然数 N 使得对于任何 $n > N$ 以及对于任何不同于平行四边形的 K, $nt_{\min}(K)$ 要比任何把 K 经过 n 次没有重叠的平移形成的凸域的面积更小? (K 的平移的铺砌的格意为沿着格的所有方向通过平移 K 所得的集合.)

解答

我们证明了这样的 N 不存在. 设 h 是平面上由方程 $xy = 1$ 定义的双曲线的位于第一象限内的分支. 设 A 是 x 轴与 h 在点 $\left(a, \frac{1}{a}\right)$ 处切线的交点, B 是 y 轴与 h 在点 $\left(\frac{1}{a}, a\right)$ 处切线的交点. 我们把双曲线位于点 $\left(a, \frac{1}{a}\right)$ 和 $\left(\frac{1}{a}, a\right)$ "以外"的弧分别换成 $A,\left(a, \frac{1}{a}\right)$ 和 $B,\left(\frac{1}{a}, a\right)$ 之间的切线段. 用 g 表示由两条线段和它们之间的双曲线弧组成的曲线, 那么任意一个由坐标轴和 h 的切线界定的三角形的面积等于 2. 另外, 如果 $x \to \infty$, 则坐标轴和 g 之间的区域的面积也趋于无穷大. 因此, 我们可以选择一个 a 使得两个面积的比等于任意小的 ε. 用曲线 g 的两个大小适当的副本从单位正方形的两个对角处割去两个面积等于 δ 的区域, 那么圆角正方形 q 的面积等于 $1 - 2\delta$. 由于 q 是中心对称的, $t_{\min}(q)$ 是 q 的最小的外接六边形的面积, 即 $t_{\min}(q) = 1 - 2\varepsilon\delta$. 另一方面, q 的 n 个平移可以被放进一个面积为 $n - 2\delta$ 的区域中去. 因此, 对于任意的 n, 我们可以选择 $\varepsilon > 0$, 使得 $\varepsilon n < 1$, 因此 $n t_{\min}(q) = n - 2\varepsilon\delta > n - 2\delta$, 矛盾.

问题 G.41 证明存在一个常数 c_k 使得对于 k 维单位球面的任何有限子集 V, 存在一个连通图 G 使得 G 的顶点集与 V 重合, G 的边是直线段, 而边长的 k 次方之和小于 c_k.

解答

解答 1 设 G 是一个连通图, 使得 G 的顶点的集合是 V, G 的边是直线段, 并且边的长度之和是最小的. 根据对 G 的特征的刻画可知 G 是一棵树. 在 G 的每条边的中点处作一个半径等于 $\dfrac{r(\sqrt{3} - 1)}{4}$ 的开球, 其中 r 是边的长度. 我们证明这些球彼此是不相交的. 假设不然, 线段 AB 和 CD 是 G 中的边, $\rho(A, B) = R$, $\rho(C, D) = rp$, 并且

$$S((A+B)/2, R(\sqrt{3} - 1)/4) \cap S((C+D)/2, r(\sqrt{3} - 1)/4) \neq \varnothing$$

其中 ρ 是距离而 $S(a, r)$ 是中心在 a, 半径为 r 的开球. 由对称性, 我们可设 $R \geqslant r$, 那么

$$\rho(A, (C+D)/2) \leqslant \rho(A, (A+B)/2) + \rho((A+B)/2, (C+D)/2)$$

360

$$< R/2 + R(\sqrt{3} - 1)/2 = R\sqrt{3}/2$$

如果 $A \neq \dfrac{C + D}{2}$，那么角 $\left(A, \dfrac{C + D}{2}, C\right)$ 和 $\left(A, \dfrac{C + D}{2}, D\right)$ 之中至少有一个不是钝角，所以我们得出

$$\min\{\rho(A, C), \rho(A, D)\} \leqslant (\rho^2(A, (C + D)/2) + r^2/4)^{1/2}$$

$$< (3R^2/4 + R^2/4)^{1/2} = R$$

如果从图 G 中去掉边 AB，则子图是两棵树的并。由对称性，我们可以假设 B 被包含在与 C（以及 D）相同的部分中。但那样从 G 中去掉边 AB 后，再把它添加到 AC 和 AD 中较短的那条线段上，由于这条线段的长度小于 R，所以我们得到满足所有要求的连通图 G，但其边的长度之和小于 G 的边的长度之和，矛盾。

由于我们构造的球是彼此不相交的，并且包含在一个半径等于 2 的球中，因此它们的总体积小于半径等于 2 的球的体积。因此

$$2^k \omega_k \geqslant \sum_{AB \text{是} G \text{中的边}} \rho^k(A, B) \left(\frac{\sqrt{3} - 1}{4}\right)^k \omega_k$$

其中 ω_k 表示 k 维单位球的体积，所以

$$\sum_{AB \text{是} G \text{中的边}} \rho^k(A, B) \leqslant \left(\frac{4}{\sqrt{3} - 1}\right)^k 2^k = c_k$$

这就是我们要证明的。

解答 2　只需证明以下断言即可。

断言　如果 T 是一个使得 T 的任意两条边的比率小于或等于 3 的盒子，并且 $V \subseteq T$ 是有限点集，则存在一个在 V 的顶点集合上的连通图 $G = G(V)$ 使得 G 的边长的 k 次幂的和满足

$$S(G) \leqslant c_k \mathrm{Vol}(T)$$

其中 c_k 是仅依赖于 k 的常数，$\mathrm{Vol}(T)$ 是 T 的体积。

对 V 中的点的数目作归纳法，我们将证明可以选 $3^{k+1} k^{\frac{k}{2}}$ 作为 c_k。设 $| V | = n$，命题对 $n = 1, 2$ 是真的，假设对 $1, 2, \cdots, n - 1$ 命题已证明了。我们收缩 T，那就是说，只要在 T 上不违反假设并且 T 包含 V，我们就去掉 T 内部的面。用这种方式，我们将在最佳的意义下（就是说其中的常数是正好的，不可能再加以改

进）证明不等式. 如果 T 已不能进一步收缩, 并设 e 是 T 中最长的边, 此外设 Q_1 和 Q_2 是垂直于 e 的面, 那么 V 在 Q_1 和 Q_2 上都有一个点（否则, 我们可以进一步收缩 T）. 设 T_1, T_2 和 T_3 是用垂直于 e 的超平面将 T 切割成 3 个相等的部分而得出的相继的盒子. 我们根据 T_2 是否包含 V 中的点分两种情况讨论.

情况 1 T_2 中没有 V 中的点. 设 $V_1 = V \cap T_2$, $V_3 = V \cap T_3$. 由于对 $i = 1$, 2, $Q_i \cap V \neq \varnothing$, 所以我们有 $|V_i| < n$. 对 T_1, V_1 和 T_3, V_3 应用归纳法假设, 我们得到了连通图 $G_1 = G(V_1)$ 和 $G_3 = G(V_3)$, 对它们有 $S(G_i) \leqslant c_k \mathrm{Vol}(T_i) = \frac{1}{3} c_k \mathrm{Vol}(T)$, $i = 1,3$. 连接 G_1 中的一个点和 G_3 中的一个点, 根据对 c_k 的选择, 我们们得到一个连通图 G, 使得

$$S(G) \leqslant S(G_1) + S(G_3) + (\sqrt{k})^k |e|^k$$

$$\leqslant \frac{2}{3} c_k \mathrm{Vol}(T) + (\sqrt{k})^k 3^k \mathrm{Vol}(T) \leqslant c_k \mathrm{Vol}(T)$$

情况 2 T_2 中有一个 V 中的点. 选 $x \in V \cap T_2$ 并用通过 x 的垂直于 e 的超平面将 T 分成两个闭的盒子 T_1^* 和 T_2^*, 那么 T_1^* 也具有任意两个边的长度的比不大于 3 的性质. 由于集合 $T_1^* \cap V$ 和 $T_2^* \cap V$ 中的点的数目都小于 n, 因此, 我们可以再次对 T_1^*, $T_1^* \cap V$ 和 T_2^*, $T_2^* \cap V$ 应用归纳法假设. 所以, 我们可以得到连通图 $G_1^* = G(V \cap T_1^*)$ 和 $G_2^* = G(V \cap T_2^*)$, 使得

$$S(G_i^*) \leqslant c_k \mathrm{Vol}(T_i^*) \quad (i = 1,2)$$

令 $G^* = G_1^* \cup G_2^*$ 得出一个在 V 的顶点集合上的连通图, 并且

$$S(G^*) = S(G_1^*) + S(G_2^*) \leqslant c_k \mathrm{Vol}(T_1^*) + c_k \mathrm{Vol}(T_2^*) = c_k \mathrm{Vol}(T)$$

注记

1. 我们也可以为 G 选择 Hamilton 回路, 但这一事实的证明更加困难.

2. 可以证明 $c_2 = 4$ 是最小的常数, 这也适用于哈密顿回路问题. 对 $k > 2$ 找到最佳常数是一个有趣的问题.

问题 G.42 在平面上以除了原点之外的每个整点为圆心画一个半径为 r 的圆, 设 E_r 表示这些圆的并. 用 d_r 表示从原点发出的但不与 E_r 相交的最长的线段的长度. 证明

$$\lim_{r\to 0}\left(d_r - \frac{1}{r}\right) = 0$$

解答

设最长线段之一的第二个端点 (x, y) 在以 (k, n) 为中心的圆周上. 以 $\left(\frac{k}{2}, \frac{n}{2}\right)$ 为中心反射线段, 我们得到一个连接点 $(k-x, n-y)$ 和 (k, n) 的线段, 它和圆心在 (k, n) 的圆只有一个共同点. 由于点 $(0, 0)$, $(k-x, n-y)$, (x, y) 和 (k, n) 是平行四边形的顶点, 它的另外两条边的长度是 r, 因此这个平行四边形的内部不包含格点. 连接原点和 (k, n) 的线段和关于其端点的圆只有一个共同点. 这个线段的长度和 d_r 的差至多是 r.

设 D_r 是连接原点和格点, 并且和关于其端点的圆只有一个共同点的线段, 正如我们所观察到的那样, $|D_r - d_r| < r$. 因此只需证明

$$\lim_{r\to 0^+}\left(D_r - \frac{1}{r}\right) = 0$$

即可. 为此, 我们将应用众所周知的格点几何定理, 这个定理说一个内部和边界上（不包括顶点）没有格点的格点三角形的面积是 $\frac{1}{2}$.

设 $V = (n, k)$ 是长度等于 D_r 的线段的端点, H 是平面上正交投影在闭线段 OV 上的点组成的区域. 由于 H 的关于向量 (n, k) 整数倍的平移覆盖整个平面, 所以如果 P 是和 O, V 不同的点, 则任何格点 $P \in H$ 到直线 OV 的距离至少为 r. 设 Q 是 H 中和 O, V 不同的格点, 使得 Q 到直线 OV 的距离最小, 那么在线段 OQ 和 OV 上以及在 $\triangle OVQ$ 的内部没有其他格点, 由于这种点比 Q 更接近 OV. 此外, 在线段 OQ 的内部也没有格点, 由于每个以不同于 O 和 V 的格点为中心, 以 r 为半径的圆和线段 OV 不相交, 因此 $\triangle OVQ$ 的面积等于 $\frac{1}{2}$, 所以 Q 到直线 OV 的距离即 $\triangle OVQ$ 的高度就等于 $\frac{1}{|OV|}$. 因此我们看出当且仅当 $|OV| \leq \frac{1}{r}$ 时, Q 与 OV 的距离至少为 r.

这产生了 D_r 的另一个特征：D_r 是连接点 O 和格点而中间不经过格点的（即端点的坐标是互素的）, 长度至多为 $\frac{1}{r}$ 的最长的线段的长度. 根据这一特征, 自

然就有

$$D_r \leqslant \frac{1}{r}$$

众所周知,对于任何 $\varepsilon > 0$,如果 n 充分大,则在 n 和 $n + \varepsilon n$ 之间存在一个素数.

设 $0 < \varepsilon < \sqrt{2} - 1$,并选择一个素数满足

$$\frac{1}{(1+\varepsilon)r} < p < \frac{1}{r} - 1$$

由上述定理可知只要 r 充分小,便存在这样的素数.

设 q 是使得下式成立的最大非负整数

$$p^2 + q^2 \leqslant \frac{1}{r^2}$$

那么将有 $q < p$,否则由 $q \geqslant p$ 和

$$\frac{1}{\sqrt{2}r} < \frac{1}{(1+\varepsilon)r} < p$$

将得出

$$p^2 + q^2 \geqslant 2p^2 > \frac{1}{r^2}$$

矛盾. 另一方面,$q \geqslant 1$, 当 $r < 1$ 时,$p^2 + 1^2 < \left(\frac{1}{r} - 1\right)^2 + 1 < \frac{1}{r^2}$. 因而, $1 \leqslant q < p$, 由于 p 是素数,所以 p 和 q 互素. 这蕴含连接原点和 (p,q) 的线段是合适的,故

$$D_r^2 \geqslant p^2 + q^2 > p^2 + \left(\sqrt{\frac{1}{r^2} - p^2} - 1\right)^2 = \frac{1}{r^2} - 2\sqrt{\frac{1}{r^2} - p^2} + 1$$

$$\geqslant \frac{1}{r^2} - \frac{2}{r}\sqrt{1 - \frac{1}{(1+\varepsilon)^2}} + 1 > \left(\frac{1}{r} - \sqrt{1 - \frac{1}{(1+\varepsilon)^2}}\right)^2$$

那就是说

$$D_r > \frac{1}{r} - \sqrt{1 - \frac{1}{(1+\varepsilon)^2}}$$

由此推出对任意 $0 < \varepsilon < \sqrt{2} - 1$ 和充分小的 r 有

364

$$\frac{1}{r} - \sqrt{1 - \frac{1}{(1+\varepsilon)^2}} < D_r < \frac{1}{r}$$

由于当 $\varepsilon \to 0$ 时

$$\sqrt{1 - \frac{1}{(1+\varepsilon)^2}} \to 0$$

由此就立即得出所需的性质.

问题 G.43　称点 (a_1, a_2, a_3) 在点 (b_1, b_2, b_3) 之上（之下），如果 $a_1 = b_1, a_2 = b_2$，并且 $a_3 > b_3 (a_3 < b_3)$. 又设 $e_1, e_2, \cdots, e_{2k}(k \geq 2)$ 是成对的和 z - 轴不平行的倾斜线. 还假设它们在 (x, y) - 平面上的正交投影没有两个平行且没有三个共面的. 问是否有可能沿着任何一条线交替地低于或高于另一条线 e_i?

解答

我们证明如果题目中的问题的答案是肯定的,则将导致矛盾.

设 $P_{i,j}$ 是 e_i 上,在直线 $e_j(1 \leq i, j \leq 2k, i \neq j)$ 之上或之下的点. 在第一种情况下,我们称 $P_{i,j}$ 为上点,而在后一种情况我们称之为低点. 在下文中,说一个点是 e_i 上的,我们是指 $P_{i,j}$ 的一个点,两个都在 e_i 的一侧的点将被称为 e_i 的"端点". 如果直线上的两个点之间没有其他的点则称它们是相邻的.

引理　每条直线至少包含两个点,它们在另一条直线的端点之上或之下.

引理的证明　显然,只考虑直线 e_1 即可. 我们还可以假设 e_1 是水平的(即平行于 (x, y) 平面),由于总是可以应用形如 $(x, y, z) \to (x, y, z + \alpha y + \beta z)$ 的变换来完成,因此变换后只剩下了未变化的上点或下点的位置. 设 S 是垂直于 e_1 的平面,并用 $f_2, f_3, \cdots, f_{2k}$ 表示直线 $e_2, e_3, \cdots, e_{2k}$ 在 S 上的正交投影(图 G.30). 我们在 S 上引入坐标系,并从 $f_2, f_3, \cdots, f_{2k}$ 中选出斜率最小者和斜率最大者,比如 f_2 和 f_3 作为水平轴和竖直轴. 我们断言如果 e_2 低于(高于) e_1,那么它的每个点相对于水平轴的正方向都位于 e_1 的负(正)侧上. 假设不然,例如 e_2 低于 e_1 并且在 e_1 的正侧有一个点(其他情况可以类似处理). 设 $P_{i_0,2}$ 是这些点中最接近 $P_{2,1}$ 的点. 由于它是下点的邻居,因此它是一个上点. 点 P_{2,i_0} 在直线 e_{i_0} 上位于这个点下面. 容易看出我们可以找到一个指标的序列 $i_1, \cdots, i_n$,使得

(1) $i_n = 1$.

(2) 点 $P_{i_j,i_{j-1}}$ 和 $P_{i_j,i_{j+1}}$ 是 $e_{i_j}(j = 1, 2, \cdots, n - 1)$ 上的邻居.

$(3) P_{i_j, i_{j+1}}$ 在 $P_{i_j, i_{j-1}}$ 的负方向上.

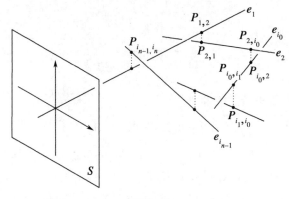

图 G.30

然而,也容易看出,在这种情况下,直线 $f_{i_1}, \cdots, f_{i_n}$ 之一的斜率小于 f_2 的斜率,矛盾.

用这种方式,我们证明了 e_2 和 e_3 的一端高于或低于 e_1,这就证明了引理.

我们做一个注记:在一条直线的上方或下方不可能有两个以上的端点,由于这表示 $2k$ 条直线将有超过 $4k$ 个的端点. 因此,每条直线上恰存在两个位于另一条直线的上方或下方,并且后一条直线是经过上述的变换和投影之后给出最小或最大斜率的直线之一.

设 e_1 的端点分别高于或低于 e_2 和 e_3. 由于直线包含 $2k-1$ 个点,即奇数个点,因此或者 e_2 和 e_3 都高于 e_1,或者两者都低于 e_1. 我们不妨设它们都在 e_1 之上. 我们还不妨设 e_2 和 e_3 都是水平的,由于这可以通过适当的形如 $(x, y, z) \to (x, y, z + \alpha y + \beta y)$ 的变换来实现. 设 S 是垂直于 e_2 的平面,如图 G.31 所示,在 S 上引入坐标系.

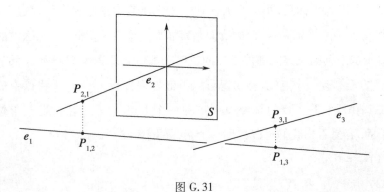

图 G.31

由前面的注记,直线 $e_j(j \neq 2)$ 在 S 上的投影之中, e_1 的斜率最大,由于 e_1 在下面通过 e_2 并且有一个点在 $P_{1,2}$ 的正方向上,还由于 e_3 的投影是水平的,因此 e_1 具有正斜率. 这蕴含 $P_{1,3}$ 高于 $P_{1,2}$ (它的 z 坐标更大). 重复同样的论述,但交换改变 e_2 和 e_3 的地位,我们得到 $P_{1,2}$ 高于 $P_{1,3}$,矛盾.

这样我们的结论就是,反面的假设是错误的:在每条直线上,上点和下点不可能交替地相随.

问题 G.44　假设 HTM 是在流形 M 的切丛 TM 的全空间上的垂直丛 VTM 的直和补,设 v 和 h 表示对应于分解 $TTM = VTM \oplus HTM$ 的投影. 构造一个丛对合 $P: TTM \to TTM$ 使得 $P \circ h = v \circ P$,并证明,对于丛 VTM 上的任何伪 Riemann 度量,存在一个唯一的度量连接 ∇,使得如果 X 和 Y 是丛 HTM 的部分,则

$$\nabla_X PY - \nabla_Y PX = P \circ h[X, Y]$$

并且如果 X 和 Y 是丛 VTM 的部分,则

$$\nabla_X Y - \nabla_Y X = [X, Y]$$

解答

像通常那样,称向量丛的截横 $VTM \to TM$ 和 $HTM \to TM$ 为 TM 上的垂直向量场和水平向量场,并且分别用 $\mathfrak{X}_V TM$ 和 $\mathfrak{X}_H TM$ 表示它们的模. 如果 $\mathfrak{X}(TM)$ 表示 $TTM \to TM$ 中向量场的模,则

$$\mathfrak{X}(TM) = \mathfrak{X}_V TM \oplus \mathfrak{X}_H TM$$

为简化起见,分别用 v 和 h 表示对应于上述分解的投影.

设 $(U, (u^1, \cdots, u^n))$ 是 M 的卡,并且对 TM 考虑诱导卡

$$(\pi^{-1}(U), (x^1, \cdots, x^n; y^1, \cdots, y^n))$$

其中 $\pi: TM \to M$ 是切丛的投影,并且

$$x^i = u^i \circ \pi, y^i(v) = v(u^i) \quad (v \in TM, 1 \leq i \leq n)$$

当这个卡固定时,存在一个唯一的光滑函数

$$N_i^k: \pi^{-1}(U) \to R \quad (1 \leq i, k \leq n)$$

使得向量场

$$\frac{\delta}{\delta x^i} = \frac{\partial}{\partial x^i} - N_i^i \frac{\partial}{\partial y^k} \quad (1 \leq i \leq n)$$

构成 $ϰ_H TM$ 的一组局部基,那么

$$\left(\frac{\partial}{\partial y^i}, \frac{\partial}{\partial x^i}\right) \quad (1 \leq i \leq n)$$

就是 $ϰ(TM)$ 中的局部基并且在坐标 $\pi^{-1}(U)$ 中,每个向量场 $X \in \mathfrak{X}(TM)$ 都可以表成

$$X = X^i \frac{\delta}{\delta x^i} + Y^i \frac{\partial}{\partial y^i}$$

的形式,其中第一项是水平的,而第二项是垂直的.

用公式

$$X^i \frac{\delta}{\delta x^i} + Y^i \frac{\partial}{\partial y^i} \mapsto Y^i \frac{\delta}{\delta x^i} + X^i \frac{\partial}{\partial y^i}$$

定义一个映射 P.

利用上述公式做一个简单的计算表明这个映射是不依赖卡的选择的. 从这个公式立即得出 $P^2 = 1$ 以及 $P \circ h = v \circ P$. 同样显然 P 是一个丛的对合.

由于 $\mathfrak{X}(TM) = \mathfrak{X}_V TM \oplus \mathfrak{X}_H TM$,并且联系 $\nabla : \mathfrak{X}(TM) \times \mathfrak{X}_V TM \to \mathfrak{X}_V TM$ 在第一个变量的函数环上是线性的,因此只要在加项 $\mathfrak{X}_V TM \times \mathfrak{X}_V TM$ 和 $\mathfrak{X}_H TM \times \mathfrak{X}_V TM$ 上定义 ∇ 即可.

情况 1 考虑由

$$F(X,Y,Z) = X\langle Y,Z\rangle + Y\langle Z,X\rangle - Z\langle X,Y\rangle -$$
$$\langle X,[Y,Z]\rangle + \langle Y,[Z,X]\rangle + \langle Z,[X,Y]\rangle$$

定义的映射 $F : (\mathfrak{X}_V TM)^3 \to \mathfrak{X}_V TM$,其中 $\langle \cdot, \cdot \rangle$ 表示在竖直丛上给出的伪 Riemann 度量. 对固定的 X 和 Y,映射 $Z \to F(X,Y,Z)$ 在函数环上是线性的,并且由于形式 $\langle \cdot, \cdot \rangle$ 是非退化的,因此存在唯一的 $\nabla_X Y \in \mathfrak{X}_V TM$ 使得对所有的 $Z \in \mathfrak{X}_V TM$ 有

$$\langle 2\nabla_X Y, Z\rangle = F(X,Y,Z)$$

用类似于 Levi – Civita 联系定理的论证表明映射 $(X,Y) \mapsto \nabla_X Y$ 满足所需.

情况 2 限制在 $\mathfrak{X}_H TM \times \mathfrak{X}_V TM$ 上的联系 ∇ 由下面的对所有的 $U \in \mathfrak{X}_H TM, Y,Z \in \mathfrak{X}_V TM$ 有意义的公式

$$\langle 2\nabla_U Y, Z\rangle = U\langle Y,Z\rangle + PY\langle Z, PU\rangle - PZ\langle PU, Y\rangle -$$

$$\langle PU, P \circ H[PY, PZ] \rangle + \langle Y, P \circ H[PZ, U] \rangle +$$
$$\langle Z, P \circ H[U, PY] \rangle$$

定义　一个简单的但是很长的计算表明这个限制的联系也满足所有需要的性质. 为了证明唯一性, 假设

$$\nabla': \mathfrak{X}_H TM \times \mathfrak{X}_V TM \to \mathfrak{X}_V TM$$

也满足问题的需要, 那么对所有 $U \in \mathfrak{X}_H TM, Y, Z \in \mathfrak{X}_V TM$, 我们有

$$U\langle Y, Z \rangle + PY\langle Z, PU \rangle - PZ\langle PU, Y \rangle \overset{(1)}{=} \langle \nabla'_U Y, Z \rangle + \langle Y, \nabla'_U Z \rangle +$$
$$\langle \nabla'_{PY} Z, PU \rangle + \langle Z, \nabla'_{PY} PU \rangle -$$
$$\langle \nabla'_{PZ} PU, Y \rangle - \langle PU, \nabla'_{PZ} Y \rangle =$$
$$2\langle \nabla'_U Y, Z \rangle + \langle \nabla'_{PY} PU - \nabla'_U Y, Z \rangle +$$
$$\langle \nabla'_U Z - \nabla'_{PZ} PU, Y \rangle + \langle \nabla'_{PY} Z - \nabla'_{PZ} Y, PU \rangle \overset{(2)}{=\!=}$$
$$2\langle \nabla'_U Y, Z \rangle - \langle P \circ H[U, PY], Z \rangle -$$
$$\langle P \circ h[PZ, U], Y \rangle + \langle P \circ H[PY, PZ], PU \rangle$$

其中在(1)中用到了 ∇ 和度量的相容性, 而在(2)中用到了假设 $\nabla'_X PY - \nabla'_Y PX = P \circ h[X, Y]$.

由此就得出

$$\langle \nabla'_U Y, Z \rangle = \langle \nabla_U Y, Z \rangle$$

那就是说对所有的 $Z \in \mathfrak{X}_V TM$ 成立

$$\langle \nabla'_U Y - \nabla_U Y, Z \rangle = 0$$

由于形式 $[\cdot, \cdot]$ 是非退化的, 蕴含 $\nabla' = \nabla$, 这就完成了证明.

问题 G.45　设 A 是维数 $d \geqslant 2$ 的 Euclid 空间中的一个有限点集. 对 $j = 1, 2, \cdots, d$, 设 B_j 表示 A 到 $d-1$ 维子空间 $x_j = 0$ 的正交投影. 证明

$$\prod_{j=1}^{d} |B_j| \geqslant |A|^{d-1}$$

解答

我们对集合 A 的元素个数做归纳法. 如果 $|A| = 0$ 或 1, 那么命题是显然的.

如果 $|A| > 1$, 则 A 在适当坐标轴上的投影包含至少两个不同的点. 不失一

般性,我们可以假设这个坐标是第 d 个. 这意味着某个方程为 $x_d = \alpha$ 的超平面将 A 分成两个不相交的非空子集:$A = X \cup Y$.

设 C_j 和 D_j 分别表示 X 和 Y 在超平面 $x_j = 0$ 上的投影,则对于每个 $j \in \{1,\cdots,d-1\}$,以及 $|C_d| \leqslant |B_d|$ 和 $|D_d| \leqslant |B_d|$,$|C_j| + |D_j| = |B_j|$.

由归纳法假设,我们有

$$|X|^{d-1} \leqslant |B_d| \cdot \prod_{j=1}^{d-1} |C_j|$$

和

$$|Y|^{d-1} \leqslant |B_d| \cdot \prod_{j=1}^{d-1} |D_j|$$

利用不等式

$$(a_1 \cdots a_k)^{\frac{1}{k}} + (b_1 \cdots b_k)^{\frac{1}{k}} \leqslant \left[\prod_{i=1}^{k} (a_i + b_i) \right]^{1/k}$$

它等价于通常的算数平均 – 几何平均不等式,我们有

$$\prod_{j=1}^{d} |B_j|^{1/(d-1)} = |B_d|^{1/(d-1)} \cdot \prod_{j=1}^{d-1} (|C_j| + |D_j|)^{1/(d-1)}$$

$$\geqslant |B_d|^{1/(d-1)} \cdot \left[\prod_{j=1}^{d-1} |C_j|^{1/(d-1)} + \prod_{j=1}^{d-1} |D_j|^{1/(d-1)} \right]$$

$$\geqslant |X| + |Y| = |A|$$

那就是

$$\prod_{j=1}^{d} |B_j| \geqslant |A|^{d-1}$$

这就是我们要证明的.

问题 G.46 设 $A_1^{(0)},\cdots,A_n^{(0)}$ 是 Euclid 平面 $\mathbb{R}^2$ 上的 n 个点,$n \geqslant 3$. 归纳地定义序列 $A_1^{(i)},\cdots,A_n^{(i)}$ $(i = 1,2,\cdots)$ 如下:$A_j^{(i)}$ 是线段 $A_j^{(i-1)} A_{j+1}^{(i+1)}$ 的中点,其中 $A_{n+1}^{(i-1)} = A_1^{(i-1)}$. 证明除了一个 Lebesgue 零测集外,对初始序列 $(A_1^{(0)},\cdots,A_n^{(0)}) \in (\mathbb{R}^2)^n$,总存在一个正整数 N,使得点 $A_1^{(N)},\cdots,A_n^{(N)}$ 是一个多边形的相继的顶点.

解答

如果 $\mathbb{R}^2$ 自然地与复平面 $\mathbb{C}$ 一致,那么我们的序列可以被认为是空间 $\mathbb{C}^n$

中的向量步长对应于线性变换

$$L(z_1, \cdots, z_n) = \left(\frac{z_1 + z_2}{2}, \cdots, \frac{z_n + z_1}{2} \right)$$

在 $\mathbb{C}^n$ 上存在一组由 L 的特征向量组成的基：我们有

$$L(\boldsymbol{e}_j) = \lambda_j \boldsymbol{e}_j \quad (j = 1, 2, \cdots, n)$$

其中向量 $\boldsymbol{e}_j = (1, \varepsilon^j, \varepsilon^{2j}, \cdots, \varepsilon^{(n-1)j})$，数量 $\lambda_j = \dfrac{1 + \varepsilon_j}{2}(j = 1, \cdots, n)$，$\varepsilon = \mathrm{e}^{\frac{2\pi\mathrm{i}}{n}}$ 是 n 次单位原根.

所有 $\mathbb{C}^n$ 中的向量 $\boldsymbol{v}$ 都可以表示成 $\boldsymbol{v} = \displaystyle\sum_{j=1}^{n} a_j \boldsymbol{e}_j$ 的形式. 由于 $\boldsymbol{e}_n = (1, 1, \cdots, 1)$ 加上向量 $a_n \boldsymbol{e}_n$ 表示我们的系统在原始平面 $\mathbb{R}^2$ 中的平移一个固定的向量. 所以，只需考虑限制在由向量 $\boldsymbol{e}_1, \cdots, \boldsymbol{e}_{n-1}$ 生成的子空间的问题即可. 假设

$$(A_1^{(0)}, \cdots, A_n^{(0)}) = v = \sum_{j=1}^{n-1} a_j \boldsymbol{e}_j$$

应用归纳步骤 N 次，我们得到

$$(A_1^{(N)}, \cdots, A_n^{(N)}) = L^N(v) = \sum_{j=1}^{n-1} a_j \lambda_j^N \boldsymbol{e}_j$$

初等的计算表明，对 $1 < j < n-1$，$|\lambda_j| < |\lambda_1|$ 以及 $|\lambda_{n-1}| = |\lambda_1|$. 因此，对于 $1 < j < n-1$，我们有当 $N \to 0$ 时，$\dfrac{|\lambda_j|^N}{|\lambda_1|^N} \to 0$. 所以，只需证明对于几乎所有的 v，向量 $a_1 \boldsymbol{e}_1 + a_{n-1} \boldsymbol{e}_{n-1}$ 对应于凸 n 边形的相继的顶点即可. 而情况确实如此，如果 $|a_1| \neq |a_{n-1}|$，由于 $\boldsymbol{e}_1$ 是对应于正 n 边形相继的向量以及利用 $\mathbb{R}^2$ 中的线性映射 $z \mapsto a_1 z + a_{n-1} \bar{z}$ 可得出向量 $a_1 \boldsymbol{e}_1 + a_{n-1} \boldsymbol{e}_{n-1}$ 对应于根据相继顶点所获得的点的序列. 由于 $z \mapsto a_1 z + a_{n-1} \bar{z} = 0$ 仅当 $z = 0$ 或 $|a_1| = |a_{n-1}|$ 才能成立，所以这个变换是非退化的，因而它将凸 n 边形变换为凸 n 边形.

综上所述，问题中所需的性质除了 $|a_1| = |a_{n-1}|$ 的情况外，对于 $\mathbb{C}^n$ 的所有向量 $\displaystyle\sum_{j=1}^{n} a_j \boldsymbol{e}_j$ 都是正确的，这个例外集合确实是一个 Lebesgue – 0 测集.

问题 G.47 假设在单位圆上给定了 n 个点，使得圆上的任何一点到这些点的距离的乘积不大于 2. 证明这些点是正 n 边形的顶点.

解答

不妨设问题中的圆是复平面上以原点为圆心的单位圆. 设 $z_1, z_2, \cdots, z_n$ 是表示此单位圆上的点的复数. 通过适当的旋转, 我们不妨设 $z_1 \cdot z_2 \cdot \cdots \cdot z_n = 1$.

考虑以下多项式

$$P(w) = (w - z_1)(w - z_2) \cdots (w - z_n)$$
$$= w^n + a_1 w^{n-1} + \cdots + a_{n-1} w + 1 = w^n + Q(w) + 1$$

那么 $|P(z)|$ 是复数 z 到给定点之间距离的乘积. 所以, 如果 z 是绝对值等于 1 的复数, 则 $|P(z)| \leqslant 2$.

设 $w_1, w_2, \cdots, w_n$ 表示 n 次单位根. 众所周知, 对 $k = 1, 2, \cdots, n-1$ 有 $w_1^k + w_2^k + \cdots + w_n^k = 0$. 这表示 $Q(w_1) + \cdots + Q(w_n) = 0$. 如果 $Q(w)$ 不恒等于 0, 则对某个 j, 复数 $Q(w_j) \neq 0$, 并且具有非负实部, 那么 $|P(w_j)| = |2 + Q(w_j)| > 2$, 这与假设矛盾.

所以, 多项式 Q 恒等于零, 即 $P(z) = z^n + 1$, 那样多项式 $P(z)$ 的根 $z_1, z_2, \cdots, z_n$ 就构成一个正 n 边形的顶点.

3.5　测度论

问题 M.1　设 f 是一个一元的有限的实函数. 设 $\overline{D}f$ 和 $\underline{D}f$ 分别表示它的上导数和下导数, 即

$$\overline{D}f(x) = \limsup_{\substack{h,k\to 0 \\ h,k\geqslant 0 \\ h+k>0}} \frac{f(x+h)-f(x-k)}{h+k}, \underline{D}f(x) = \liminf_{\substack{h,k\to 0 \\ h,k\geqslant 0 \\ h+k>0}} \frac{f(x+h)-f(x-k)}{h+k}$$

证明 $\overline{D}f$ 和 $\underline{D}f$ 是 Borel 可测的函数.

解答

显然只需证明关于 $\overline{D}f$ 的断言即可. 同样显然的是对所有的实数 c 成立

$$\{x : \overline{D}f(x) > c\} = \bigcup_{i=1}^{\infty}\bigcap_{k=1}^{\infty} A_{ik}$$

其中 A_{ik} 表示短于 $\frac{1}{k}$ 并且满足 $\dfrac{f(b)-f(a)}{b-a} > c+\dfrac{1}{i}$ 的闭区间 $[a,b]$ 的并. 我们证明 A_{ik} 是 F_σ 类型的集合, 这就证明了断言.

更一般地, 设 $\{I_\gamma\}$ $(\gamma \in \Gamma)$ 是一个开区间的系统, 并设 $A = \bigcup_{\gamma\in\Gamma}\overline{I}_\gamma$（其中 $\overline{I}_\gamma$ 表示 I_γ 的闭包）, 显然

$$A = B \cup C \cup D$$

其中 $B = \bigcup_{\gamma\in\Gamma}I_\gamma$, C 是所有至少是一个 I_γ 的左端点但不是它们中任何一个的内点的点的集合, D 是所有至少是一个 I_γ 的右端点但不是它们中任何一个的内点的点的集合. 显然, B 是一个开集. 如果 $x \in C$, 则设 r_x 是以 x 为左端点的区间 I_x 内部的有理点, 与不同的 x 对应的 r_x 是不同的, 由于如果 $x < y$, 而 $r_x = r_y$, 那么点 y 将位于以 x 开始的区间内, 因此, 类似的 D 是可数的. 因此集合 B, C, D 都是 F_σ 类型的, 因而 A 也是 F_σ 类型的.

注记

有趣的是, 对于左导数和右导数类似的定理不成立. 例如, 如果 E 是不可测的, 并且 E 及其补集都是稠密的, $f(x)$ 是 E 的特征函数, 则当 $x \in E$ 时, $\overline{D}^{+}f(x) = 0$, 而当 $x \notin E$ 时 $\overline{D}^{+}f(x) = +\infty$. 因此, $\overline{D}^{+}f(x)$ 是不可测的.

值得注意的是, 在 S. Saks 的书（Theory of the Integral, Hafner, New York,

1937,Vitali 覆盖定理,第 112 - 113 页),尽管作者利用了有力的工具,但也只证明了 $\overline{D} f$ 和 $\underline{D} f$ 的 Lebesgue 可测性,不过这一结果可以推广到任意维数的情况.

问题 M.2 设 E 是实直线的一个有界子集,而 Ω 是一组非退化的闭区间,使得对每个 $x \in E$ 都存在一个 $I \in \Omega$ 以 x 作为其左端点. 证明任给一个 $\varepsilon > 0$,在 Ω 中都存在有限个不重叠的区间,使得除去一些外测度小于 ε 的子集后,这有限个不重叠的区间可以覆盖 E.

解答 设 Δ 是一个包含 E 的有界的开区间. 用 S_n 表示 Δ 的所有那种点的集合,使得这个点有一个不包含 E 邻域,并且它们是属于 Ω 的长度大于 $\frac{1}{n}$ 的区间的起始点. 显然,S_n 是一个开集,$S_{n+1} \subseteq S_n$ 并且 $(\bigcap_{n=1}^{\infty} S_n) \cap E = 0$. 由于在 E 的每个点都至少有一个属于 Ω 的非退化区间的开始点并且如果 $\frac{1}{n}$ 已经小于后者的长度,那么这个点不可能属于 S_n. 众所周知外测度具有以下性质:对于任何集合 A,外测度 $\lambda^*(X \cap A)$ 作为 X 的函数是 Lebesgue 可测集上的一个测度. 因而,取 $A = E$,利用关系式 $S_{n+1} \subseteq S_n$ 以及 E 的外测度的有限性,我们就得到

$$\lim_{n \to +\infty} \lambda^*(S_n \cap E) = \lambda^*((\bigcap_{n=1}^{\infty} S_n) \cap E) = \lambda^*(0) = 0$$

固定 n_0 使得 $\lambda^*(S_{n_0} \cap E) < \frac{\varepsilon}{2}$. 如果集合 $E_1 = E - (S_{n_0} \cap E)$ 是非空的,这点我们不妨假设,那么在任何它的点的邻域内都存在一个既是 E 也是 E_1 的点并且它是一个长度大于 $\frac{1}{n_0}$ 的区间的开始点. 存在一个点 $a_1 \in E_1$ 使得

$$\lambda^*((-\infty, a_1) \cap E_1) < \frac{\varepsilon}{2(n_0 \lambda(\Delta) + 1)}$$

并且

$$[a_2, b_2] \in \Omega, b_2 - a_2 > \frac{1}{n_0}$$

等等. 上面的过程在有限步之后结束,即用这种方法,我们可以构造至多 $n_0 \lambda(\Delta) + 1$ 个区间 $[a_k, b_k]$(由于 $b_k - a_k > \frac{1}{n_0}$). 剩下的是 E 中这些被 $S_{n_0} \cap E$ 覆盖的区间以及不超过 $n_0 \lambda(\Delta) + 1$ 个集合 $(b_{k-1}, a_k) \cap E_1$($b_0 = -\infty$),它们的

外测度不超过 $\dfrac{\varepsilon}{2(n_0\lambda(\Delta)+1)}$，其总的外测度小于 ε，这就完成了证明.

注记

1. 除了不重叠之外，我们选择的区间是不相交的.

2. 本问题的断言不可能换成更强的命题，即至多可选择可数个不重叠的区间，使得未被它们覆盖的部分的测度为 0. 这可通过以下简单的反例说明：$E = (0,1), \Omega = \{[x,1]: x \in (0,1)\}$.

问题 M.3 设 $f(t)$ 是区间 $0 \le t \le 1$ 上的连续函数，并且定义两个点集如下

$$A_t = \{(t,0): t \in [0,1]\}, \quad B_t = \{(f(t),1): t \in [0,1]\}$$

证明所有线段 $\overline{A_tB_t}$ 的集合是 Lebesgue 可测的并且求出关于所有函数 f 的测度的最小值.

解答

我们首先证明集合 $A = \bigcup\limits_{0 \le t \le 1} \overline{A_tB_t}$ 是闭集，因此是 Lebesgue 可测的. 设 P_n 是一个由 A 中的点组成的收敛序列，$P_n \to P_0$. 根据 A 的定义，对于每一个 n 都存在一个 t_n，使得 $P_n \in \overline{A_{t_n}B_{t_n}}$. 根据 Bolzano – Weierstrass 定理，序列 t_n 包含一个收敛的子序列：$t_{n_k} \to t_0$. 从点 P_{n_k} 到线段 $\overline{A_{t_0}B_{t_0}}$ 之间的距离不大于 $\max\{|f(t_{n_k})-f(t_0)|, |t_{n_k}-t_0|\}$，而根据 $f(t)$ 的连续性，这个上界趋于 0. 由此得出 $P_0 \in \overline{A_{t_0}B_{t_0}} \subseteq A$. 由于 A 包含了任意由它的点组成的序列的收敛子序列的极限点，因此 A 是一个闭集.

简单的计算表明线段 $\overline{A_tB_t}$ 和直线 $y = c$ 的交点的横坐标是 $(1-c)t + cf(t)$，由 $f(t)$ 的连续性可知，它是 t 的连续函数. 因此，如果集合 A 的两个点都在直线 $y = c$ 上，那么 A 就包含了连接这两个点的线段.

现在我们可以确定 A 的测度的最小值. 如果 $f(t)$ 是常数，那么 A 是一个底和高都等于单位长的三角形，所以其测度为 $\dfrac{1}{2}$. $\overline{A_0B_0}$ 和 $\overline{A_1B_1}$ 不相交，那么以 A_0, B_0, A_1 和 B_1 为顶点的梯形是 A 的子集，因此 A 的测度不小于 $\dfrac{1}{2}$. 如果线段 $\overline{A_0B_0}$ 和 $\overline{A_1B_1}$ 相交于某个点 C，那么 $\triangle A_0CA_1$ 和 $\triangle B_0CB_1$ 是 A 的子集，因此 A 的测度不小于

$$t(d) = \frac{1}{2}\left(\frac{1}{1+d} + \frac{d}{1+d}d\right) = \frac{1}{2}\frac{1+d^2}{1+d}$$

其中 d 表示从 B_0 到 B_1 之间的距离. 通过简单的计算, 我们得到 $t(d)$ 在正半轴上的最小值是 $\sqrt{2}-1$. 因此 A 的测度不可能小于 $\sqrt{2}-1$. 另一方面, 对于 $f(t) = (\sqrt{2}-1)(1-t)$, A 的测度恰好是 $\sqrt{2}-1$.

注记 I. N. Berstein(Doklady Acad. Nauk. SSSR 146(1962), 11-13) 提到了问题的结果, 但他错误地把结果说成是最小值为 $\frac{1}{2}$.

问题 M. 4 在 $x-y$ 平面中 x 轴的点 A 处放置的一个"字母 T"表示在与 x 轴垂直的上半平面中的线段 AB 和一段其内部包含 B, 并且平行于 x 轴的线段 CD 的并集. 证明不可能在 x 轴的每个点放置处都一个字母 T, 使得在有理点处放置的 T 的并和放置在无理点处的 T 的并是不相交的.

解答

解答 1 称长度 CB 和 BD 的最小者是竖立在 A 处的字母 T 的宽度. 我们将无理点划分为可数多个类 $H_1, \cdots, H_k, \cdots$, 类 H_k 包括所有的那种无理点, 使得竖立在那个点处的字母 T 的宽度大于 $\frac{1}{k}$. Baire 定理蕴含所有无理点的集合不可能表示成可数多个无处稠密集的并集, 因此某些 H_k 在适当的区间 I 中稠密. 在区间 I 中任意选择一个任意有理点 A, 用 δ 表示竖立在点 A 的字母 T 的宽度, 类 H_k 包含一个元素 A_1, 使得 A_1 与 A 之间的距离小于 $\min\left\{\delta, \frac{1}{k}\right\}$. 竖立在 A 和 A_1 处的字母 T 显然互相相交, 由于它们两者的宽度都大于 A 和 A_1 之间的距离. 这就完成了证明.

解答 2 每个字母 T 在 x 轴上的投影平行于在 x 轴上的线段 CD, 用 I_x 表示投影. 投影 I_x 是一个内部包含 x 的区间. 我们证明存在一个无理数 α 和有理数 r 使得 I_x 和 I_r 分别包含 α 和 r. 这已经蕴含竖立在 α 和 r 处的字 T 是相交的.

对于每个有理数 $r = \frac{p}{q}$ (我们将把所有有理数写成既约分数的形式), 在 I_r 的内部选择一个包含 r 的闭子区间 J_r, 并且其长度不大于 $\frac{1}{q^2}$. 考虑一个有理数的序列, 使其分母是严格单调递增的, 并且每个数位于与前面的项相对应的区间 J_r 中

$$r_1 = \frac{p_1}{q_1}, r_2 = \frac{p_2}{q_2}, \cdots, r_n = \frac{p_n}{q_n}, \cdots$$

$$q_1 < q_2 < \cdots < q_n < \cdots$$

$$r_n \in J_{r_1} \cap J_{r_2} \cap \cdots \cap J_{r_{n-1}}$$

这样的序列显然是存在的,并且它是一个 Cauchy 序列,所以它有一个极限 $\lim\limits_{n \to \infty} r_n = \alpha$. 由于 J_{r_n} 包含点 $r_{n+1}, r_{n+2}, \cdots$ 并且是闭的,所以

$$| \alpha - r_n | \leqslant \frac{1}{q_n^2}$$

众所周知,根据数论知识,在这种情况下,α 只能是无理数. I_α 的内部包含 α,因此当 n 充分大时我们有 $r_n \in I_\alpha$. 另一方面,$\alpha \in J_{r_n} \subseteq I_{r_n}$. 因此,对充分大的 n,竖立在 α 处的字母 T 和竖立在 r_n 处的字母 T 互相相交.

解答3 假设断言不成立,即我们已经在实直线的每个点处竖立了字母 T,使得没有一个在有理点处竖立的字母 T 与在无理点处竖立的字母 T 是相交的. 不妨设字母 T 是对称的,那就是说,B 是线段 CD 的中点(设 C 的横坐标总是小于 D 的横坐标).

我们归纳地定义一个单调递增的数字序列 $\alpha_1, \alpha_2, \cdots, \alpha_n, \cdots,$. 设 α_1 是一个任意的实数. 如果 α_n 已经定义成一个有理数,则设 α_{n+1} 是无理数,而如果 α_n 是无理数,则令 α_{n+1} 是有理数,并且这样选择 $\alpha_{n+1} > \alpha_n$ 使得 $\alpha_{n+1} - \alpha_n$ 小于 $B_n D_n$ 长度的四分之一. 用 δ_n 表示 D_n 的横坐标. 利用竖立在 α_n 和竖立在 α_{n+1} 处的字母 T 是不相交的这一事实,我们得到以下不等式序列

$$\alpha_{n+1} < \delta_{n+1} < \alpha_n + 2(\alpha_{n+1} - \alpha_n) < \alpha_n + 2\frac{\delta_n - \alpha_n}{4} = \frac{\alpha_n + \delta_n}{2} < \delta_n$$

由此可知 $\{\alpha_n\}$ 是有界的,因此存在 $\alpha = \lim \alpha_n$,并且还有对每个 n,$\alpha < \delta_n$. 然而,对于充分大的 n,竖立在 α_n 处的字母 T 和竖立在 α 处的字母 T 相交,这与开始时的假设矛盾.

注记

1. 除了证明问题的断言外,一名参赛者还证明了在任何区间中都存在无理数 α 的连续统使得在 α 处竖立的字母 T 与在有理点处竖立的字母 T 相交. 实际上,从解答 2 的推理看出,如果 $r_1, r_2, \cdots$ 是一个有理数的序列,使得 $J_{r_1} \supseteq J_{r_2} \supseteq \cdots$ 并且 $q_1 < q_2 < \cdots$,那么显然 $\{r_n\}$ 是收敛的,并且它的极限是"合适的"无理

数. 设 $r = \dfrac{p}{q}$ 是属于区间 (a,b) 的有理数使得 $J_r \subseteq (a,b)$. 设 $r_0 = \dfrac{p_0}{q_0}$ 和 $r_1 = \dfrac{p_1}{q_1}$ 是满足条件 $q_0 > q, q_1 > q, J_{r_0} \subseteq J_r, J_{r_1} \subseteq J_r$ 并且 $J_{r_0} \cap J_{r_1} = \varnothing$. 这种 r_0 和 r_1 的存在是显然的. 一旦我们定义了有理数 $r_{i_1,\cdots,i_k}(r_1 = 0,1;\cdots;i_k = 0,1)$, 设 $r_{i_1,\cdots,i_k,0}$ 和 $r_{i_1,\cdots,i_k,1}$ 是两个有理数,使得

$$q_{i_1},\cdots,i_{k,0} > q_{i_1,\cdots,i_k}, q_{i_1,\cdots,i_k,1}$$

$$J_{r_{i_1,\cdots,i_k,0}} \subseteq J_{r_{i_1,\cdots,i_k}}, J_{r_{i_1,\cdots,i_k,1}} \subseteq J_{r_{i_1,\cdots,i_k}}$$

$$J_{r_{i_1,\cdots,i_k,0}} \cap J_{r_{i_1,\cdots,i_k,1}} = \varnothing$$

对每个数 $0 < x < 1$,我们联系一个无理数 $\alpha \in (a,b)$ 使得在 α 处竖立的字母 T 肯定与在某个有理点竖立的字母 T 相交. 如果 x 的二进无穷小数的形式是

$$x = 0. i_1 i_2 \cdots$$

对每一个 x,我们联系一个序列的极限

$$r_{i_1}, r_{i_1,i_2}, \cdots, r_{i_1,i_2,\cdots,i_k}, \cdots$$

这将是一个"合适的"无理数,并且构造的方法保证与不同的数 x_1 和 x_2 相关联的 α_1 和 α_2 也是不同的.

2. 竖立在 x 上点 A 处的垂直于 x 轴的上半平面中的线段 AB 和平行于 x 轴的线段 BC 的并集将被称为一个"「"或"⌐",这取决于 C 大于 B 的横坐标还是小于 B 的横坐标. 两名参赛者证明了如果我们在每个有理点上竖立一个"「", 而在每个无理点处竖立一个"⌐",那么"「"的并集与"⌐"的并集相交. 这个断言显然比问题更精确. 另外两名参赛者通过例子表明,可以在每个点建立处竖立一个"「",使得"「"是两两不相交的. 实际上,如果位于严格单调递减正函数的图像的"「"的点 B 以及 BC 的长度是任意的,那么显然任何两个"「"都是不相交的.

3. 容易看出,下一个定理推广了问题中的命题:设 X 是第二纲的完全度量空间,并且设 $X = P \cup Q$,其中 P 和 Q 是不相交的稠密集. 那么不可能定义一个 X 上的实函数 f 使得每个点 $p \in P$ 具有一个邻域 $V_p, x \in V_p \cap Q$ 蕴含 $f(x) < f(p)$ 并且使得每个点 $q \in Q$ 都有一个邻域 $V_q, x \in V_q \cap P$ 蕴含 $f(x) < f(q)$.

一些参赛者对完备度量空间和紧致度量空间证明了这一点. 研究还表明不能去掉完备性的假设.

问题 M.5 设 f 和 g 都是定义在区间 $[0,\infty)$ 上的连续的正函数,又设 $E \subseteq [0,\infty)$ 是一个正测度的集合. 证明由关系

$$F(x,y) = \int_0^x f(t)\,\mathrm{d}t + \int_0^y g(t)\,\mathrm{d}t$$

定义的 $E \times E$ 上的函数的值域具有非空的内部.

解答

设

$$\phi(x) = \int_0^x f(t)\,\mathrm{d}t, \quad \psi(x) = \int_0^x g(t)\,\mathrm{d}t$$

函数 ϕ 及其反函数 ϕ^{-1}(显然存在)是绝对连续的,因此它们把 0 测集映为 0 测集,所以正测度集 E 的像 $\phi(E) = A$ 是可测的并具有正测度. 类似地,集合"$\psi(E) = B$"具有正测度. 由于在 $E \times E$ 上考虑的函数 $F(x,y)$ 的值域恰好是 $A + B = \{a + b : a \in A, b \in B\}$,因此只需证明对正测度集 A 和 B,和 $A + B$ 包含某个区间即可.

设 u 和 u 分别是 A 和 B 中的密度为 1 的点,并设 $\varepsilon > 0$ 使得 $0 \le \delta \le 2\varepsilon$,$0 \le \delta' \le 2\varepsilon$,那么 $\delta + \delta' > 0$ 蕴含

$$\mu(A \cap [u-\delta, u+\delta']) > \frac{1}{2}(\delta + \delta')$$

$$\mu(B \cap [v-\delta, v+\delta']) > \frac{1}{2}(\delta + \delta')$$

其中 μ 表示 Lebesgue 测度. 我们证明 $(u + v - \varepsilon, u + v + \varepsilon) \subseteq A + B$,设 $t \in (u + v - \varepsilon, u + v + \varepsilon)$ 以及

$$A^* = t - A = \{t - a : a \in A\}$$

那么 $A^* \cap [t-u, v+\varepsilon]$ 和 $A \cap [t-v-\varepsilon, u]$ 是全等的,因此

$$\mu(A^* \cap [t-u, v+\varepsilon]) > \frac{1}{2}(u + v + \varepsilon - t)$$

$$\mu(B \cap [t-u, v+\varepsilon]) > \frac{1}{2}(u + v + \varepsilon - t)$$

由此得出 $A^* \cap B \ne \varnothing$. 设 $x \in A^* \cap B$,那么 $t - x \in A, x \in B$,并且因此 $t = (t - x) + x \in A + B$.

注记

1. 两名参赛者证明,假设 f 和 g 在每个有限区间内是可积的正函数是一个充分条件.

2. 一位参赛者给出了如下注记,如果我们只知道 E 具有正的外测度,那么问题中的命题不成立.

3. 用 A_1 和 B_1 分别表示 A 和 B 内的所有密度为 1 的点的集合,如果 $u \in A_1$, $v \in B_1$,那么由 Lebesgue 密度定理可知 u 和 v 在 A_1 和 B_1 中也分别具有密度 1. 因此根据上面的解答,$A_1 + B_1$ 包含 $u + v$ 的某个邻域. 这就表示 $A_1 + B_1$ 是一个开集. (见 J. B. H. Kemperman. A general functional equation, Trans. Am. Math. Soc. 86 (1951), 28 – 56, Theorem 2.2)

问题 M.6 在 n 维 Euclid 空间中,任意(具有正半径) 的闭球的集合的并在 Lebesgue 意义下是可测的.

解答

设 $\{G_\alpha\}$ $(\alpha \in A)$ 是任意的具有正半径的闭球的集合. 设 $H = \bigcup_{\alpha \in A} G_\alpha$,用 G 表示所有具有正半径的被包含在某个 G_α 内的闭球的集合. 显然,G 的元素在 Vitali 意义下构成 H 的一个覆盖. 因此,根据 Vitali 的覆盖定理(例如参见 S. Saks, Theory of the Integral, Hafner, New York, 1931, p. 109),我们可以选择至多可数个 G 内的两两不相交的球 $S_1, S_2, \cdots$,使得 $H \backslash \bigcup_i S_i$ 是 Lebesgue 0 测集. 由于 $S_i \subseteq H$,所以关系式

$$H = \left(H \backslash \bigcup_i S_i \right) \cup \left(\bigcup_i S_i \right)$$

蕴含 H 是 Lebesgue 可测的.

注记

1. 大多数参赛者利用 Vitali 覆盖定理解决了这个问题.

2. 一些参赛者证明了 H 可以表成至多可数个 Jordan 可测集的并.

3. 一位参赛者证明了问题的下列推广:任意具有非空内部的凸集的并在 Lebesgue 意义下是可测的.

问题 M.7 在 n 维 Euclid 空间中,有界的闭的(二维) 平面集合的二维 Lebesgue 测度的平方等于所给集合在具有 n 个坐标的超平面上的正交投影测度的平方和.

解答

解答 1　我们以广义形式解决问题,在这一形式中,H 的一个有界闭集或者一个 r 维子空间 L 被投影到一个 r 维坐标子空间.

H 是两个有界开集 $N_2 \in N_1$ 的差. 它们中的每一个都是至多可数无限多个不相交的平行六面体 t_{1i} 和 t_{2i} 的并集. 它们在线性变换 T(正交投影)下的像是一个平行六面体,其体积(勒贝格测度,用 λ 表示为)满足

$$\lambda(Tt_{1i}) = c\lambda(t_{1i}), \quad \lambda(Tt_{2j}) = c\lambda(t_{2j})$$

其中 c 是仅取决于两个子空间的位置以及投影方向的常数. 此外,由于投影分别把集合的并集和差分别变换为像集的并和差,所以从测度的可加性得出,TH 是可测的并且 $\lambda(TH) = c\lambda(H)$.

如果 $T_{i_1\cdots i_r}$ 是到坐标子空间 $[x_{i_1}, \cdots, x_{i_r}]$ 的正交投影并且 $c_{i_1\cdots i_r}$ 表示相应的常数,那么投影的测度平方和是

$$\sum_{i_1,\cdots,i_r} \lambda^2(T_{i_1\cdots i_r}H) = \sum_{i_1,\cdots,i_r} c_{i_1,\cdots,i_r}\lambda^2(H) = \lambda^2(H)\sum_{i_1,\cdots,i_r} c_{i_1\cdots i_r} \tag{1}$$

其中求和遍历由数 $1,2,\cdots,n$ 任取 r 个数的所有的组合 $i_1,\cdots,i_r$.

如果 $e_1,\cdots,e_n$ 是 n 维 Euclid 空间的笛卡尔坐标系中的单位向量,H 是 r 维正交单位向量生成的属于 L 的方体

$$u_k = \sum_{i=1}^n \alpha_i^{(k)} e_i \quad (k = 1,\cdots,r)$$

那么 $\lambda(H) = 1$,并且值 $c_{i_1\cdots i_r} = \lambda(T_{i_1\cdots i_r}H)$ 等于由矩阵列 $A = \{\alpha_i^{(k)}\}$ 的列 $i_1,\cdots,i_r$ 形成的行列式 $|A_{i_1\cdots i_r}|$. 那么,根据 Binet – Cauchy 公式得

$$\sum_{i_1,\cdots,i_r} c_{i_1\cdots i_r}^2 = \sum_{i_1,\cdots,i_r} |A_{i_1\cdots i_r}|^2 = |AA^*| = 1$$

由于(1),上式就验证了我们的断言.

解答 2　我们用前面的广义形式证明断言一个(不一定是紧的)Lebesgue 可测集 H 位于一个被投影到 r 维坐标子空间中的 r 维子空间 L 中.

设 $e_1,\cdots,e_n$ 是 n 维 Euclid 空间 E_n 中的笛卡尔系的标准正交基,而 $u_1,\cdots,u_r$ 是子空间 L 的坐标系的标准正交基. 我们不妨假设 L 包含原点,由于这可以通过变换实现,而变换等价于投影的变换,所以 H 的测度及其投影的测度保持不变. 因此,我们可以选取

$$u_k = \sum_{i=1}^n \alpha_i^{(k)} e_i \quad (k = 1,\cdots,r)$$

其中矩阵 $A = \{\alpha_i^{(k)}\}$ 满足 $|AA^*| = 1$.

用 $A_{i_1 \cdots i_r}$ 表示从 L 到 E_n 的坐标子空间 $[x_{i_1}, \cdots, x_{i_r}]$ 的正交投影算子. $A_{i_1 \cdots i_r}$ 把基向量 u_k 变换成后面的子空间中的分量为 $\alpha_{i_1}^{(k)}, \cdots, \alpha_{i_r}^{(k)}$ 的向量. 设 $(A_{i_1 \cdots i_r})$ 是这个投影算子的矩阵 (即由 A 的列 $i_1, \cdots, i_r$ 构成的矩阵), 并且设 $|A_{i_1 \cdots i_r}|$ 是这个矩阵的行列式.

H 的 Lebesgue 测度由下式给出

$$\mu = \int_L \chi_H d\lambda$$

其中 χ_H 表示 H 的特征函数. 由积分的变换公式得出 $A_{i_1 \cdots i_r} H$ 的测度是

$$\int_{[x_{i_1}, \cdots, x_{i_r}]} \chi_{A_{i_1 \cdots i_r} H} d\lambda = |A_{i_1 \cdots i_r}| \int_L \chi_H d\lambda = |A_{i_1 \cdots i_r}| \mu$$

由于当 $|A_{i_1 \cdots i_r}| = 0$ 时 $A_{i_1 \cdots i_r} H$ 位于一个至多 $(r-1)$ 维的子空间内, 所以当 $|A_{i_1 \cdots i_r}| = 0$ 时, 上面的公式仍然成立. 对所有的 r 阶组合 $i_1, \cdots, i_r$ 求和, 根据 Binet – Cauchy 公式, 我们就得出

$$\sum_{i_1, \cdots, i_r} \left\{ \int_{[x_{i_1}, \cdots, x_{i_r}]} \chi_{A_{i_1 \cdots i_r} H} d\lambda \right\}^2 = \mu^2 \sum_{i_1, \cdots, i_r} |A_{i_1 \cdots i_r}|^2 = \mu^2 |AA^*| = \mu^2$$

这就证明了断言.

问题 M.8　对一个定义在正整数的所有子集上的非负的、具有有限可加性的非负函数, 我们用 N 测度这个词来表示在有限集合上等于 0, 在整个集合上等于 1 的测度. 我们说集合的一个系统 $\mathfrak{A}$ 确定了 N 测度 μ, 如果任何在 $\mathfrak{A}$ 的所有元素上的 N 测度必定恒同于 μ. 证明存在一个 N 测度 μ, 它不可能由一个基数小于连续统的系统确定.

解答

我们需要下面的定义和引理.

定义　称由一个集合的某些子集组成的系统 A 是独立的, 如果对于 A 的任何不同的成员 $X_1, \cdots, X_j, Y_1, \cdots, Y_k$, 集合

$$X_1 \cap \cdots \cap X_j \cap \overline{Y_1} \cap \cdots \cap \overline{Y_k}$$

是无限的 (这里 $\overline{U}$ 表示 U 的闭包).

引理　任何具有独立的子集系统的可数集都有连续统的势.

引理的证明　事实上, 取下面的集合为可数基本集合. 设 M 是所有可表成

有限个具有有理数端点的闭区间的并的实数集的集合. 显然,只有可数个那种集合. 用 M_a 表示所有包含实数 a 的上述实数集的集合,那么 M 的子集的系统 $\{M_a\}$,当 a 遍历所有实数的集合时,就具有连续统的势. 容易看出 $\{M_a\}$ 是独立的. 实际上,对于集合 A 的给定的实数 $a_1,\cdots,a_j,b_1,\cdots,b_k$,有

$$M_{a_1} \cap \cdots \cap M_{a_j} \cap M_{b_1} \cap \cdots \cap M_{b_k}$$

由 M 的那种实数的元素组成,这种上述所描述的实数集,包含了 $a_1,\cdots,a_j$,但不包含 $b_1,\cdots,b_k$,这些集合的集合显然是可数无限的.

接下来,我们构造一个仅取值0和1的 N 测度. 以下,我们需要使用 Zorn 引理,所以我们的证明不是纯粹的构造性的.

称所有实数的集合 N 的子集系统为一个滤子,如果它们的有限交集是闭的,并且如果对任何集合,它也包含所有更大的集合. 为了排除由所有子集组成的滤子,我们还要求滤子不包含空集. 由于滤子的任何递增的链的并仍是滤子,因此,利用 Zorn 引理可知,对任何滤子,我们可找到一个包含它的最大滤子. 称这个最大滤子为超滤子. 如果一个滤子既不包含集合 A 也不包含 $\bar{A}$,那么它可以用 A 扩展. 如果它包含两者,那么它也将包含它们的交集即空集. 因此,超滤子恰好只包含集合 A 和 $\bar{A}$ 中的一个. 如果我们现在将 $\mathcal{M}$ 联系一个超滤子和 N 测度 μ,它在 $\mathcal{M}$ 的元素上取值1,而在它的补集上取值0,那么我们得到一个取值为0和1的集合函数,它定义在 N 的所有子集上,并且是可加的. 可加性仅当所有的集合的测度都不为0时失效,但这是不可能的:由于空集不属于超滤子,并且不存在两个测度为1的不相交的集合. 对于这种措施,我们将证明这种测度不可能由小于连续统势的集合确定.

从 N 的子集出发,按照引理所描述的方式,我们构造一个独立的功率连续统势的系统,并用 N_a 表示它的元素. 如果 c 是一个由不同的实数组成的无限序列,我们用 S_c 表示集合 N_a 的补集的并集. 由 N_a,S_c 和所有集合的有限集的补所生成的滤子包含这些集合的有限交集. 为看出后者实际上是一个滤子,我们必须证明它不包含空集. 假设不然,我们可以找出 $a_1,\cdots,a_m$ 和 $c_1,\cdots,c_n$ 使得集合

$$X = N_{a_1} \cap \cdots \cap N_{a_m} \cap S_{c_1} \cap \cdots \cap S_{c_n}$$

是有限的. 这里 c_i 是不同实数组成的无限序列,并且因此我们可以从 $c_1,\cdots,c_n$ 的元素中选出实数 $b_1,\cdots,b_n$ 使得 $a_1,\cdots,a_m$ 和 $b_1,\cdots,b_n$ 是不同的. 独立性蕴含

集合

$$N_{a_1} \cap \cdots \cap N_{a_m} \cap \overline{N_{b_1}} \cap \cdots \cap \overline{N_{b_n}} = Y$$

是无限的. 另外, 由 S_c 的定义得出 $Y \subseteq X$, 这与假设矛盾. 由此可见, 所考虑的集合系统不包含空集, 因此它是一个滤子. 将此滤子扩展成一个超滤子 $\mathcal{M}$, 并借助于后者定义一个 N 测度 μ.

我们必须证明 μ 不可能由一个小于连续统的系统 μ 确定. 如果 $\mathfrak{A}$ 是一个包含了其他的测度为 0 的集合的确定系统, 则这些集合可以换成它们的补集: 因此只需考虑由所有属于 $\mathcal{M}$ 的元素确定的系统 $\mathfrak{A}$ 即可. 取一个这种 $\mathfrak{A}$, 我们假设它包含一个小于连续统势的集合.

如果我们考虑 $\mathfrak{A}$ 中集合的有限交集, 则它们的势仍然小于连续统. 因此, 我们可以从一开始就假设那个 $\mathfrak{A}$ 对于取有限交是封闭的. 如果存在一个不包含 $\mathfrak{A}$ 的元素的 $Z \in \mathcal{M}$, 则 $\overline{Z}$ 不可能与 $\mathfrak{A}$ 中的任何集合不相交, 因此, 包含任何形式为 $\overline{Z} \cap A (A \in \mathfrak{A})$ 集合的集合将构成滤子. 这种滤子可以扩展成一个超滤子, 后者将定义一个 N 测度 v. 那样 μ 和 v 将在 $\mathfrak{A}$ 的元素处重合, 但是 $\mu(\overline{Z}) = 0$, 而 $v(\overline{Z}) = 1$, 这与 $\mathfrak{A}$ 是一个确定系统矛盾. 所以 $\mathcal{M}$ 的每个元素都包含一个来自 $\mathfrak{A}$ 的集合. 那样 $\mathfrak{A}$ 的至少一个元素 W 被包含在 $\{N_a\}$ 的无限多个元素中; 设 c 是对应下标的可数序列. 对于 c 的每个元素, 集合 N_a 与 W 不相交, 由此得出 $S_c = \cup \overline{N_a}$ 与 W 也不相交. 但这表示 $\mathcal{M}$ 包含两个不相交的集合, 这与假设矛盾. 这一矛盾是由于我们假设 μ 可被势小于连续统的集合所确定. 为完成证明, 还需证明 μ 在每个有限集上都等于 0. 这一点是显然的, 因为对有限集的补集 $D, \mu(D) = 1$.

注记

1. 如果连续统假设成立, 那么问题就变成平凡的了. 事实上, 很容易证明可数集不能确定 N 测度.

2. 要证明任何 N 测度都不可能用势小于连续统的集合来确定. 然而, 在通常集合论的 Zermelo – Fraenkel 公理系统中这是不可判定的.

3. 这个问题可以推广到其他基数上去. 对于任何基数 m, 存在一个在所有势小于 m 并且不能被小于 2^m 个子集生成的集合上的有限可加的 $0 – 1$ 测度. 为了证明这一点, 给出一个引理足够的推广即可. 一位参赛者证明了这一推广.

4. 人们可能会提出这样一个问题: 为了确定哪 2^m 个子集是必需的, 是否存在相对多或相对少的 N 测度总共有 2^{2^m} 个, 而且有同样多的 N 测度不能由少于 2^m 个集合来确定. 对原来的基本集是可数的情况, 一位参赛者证明了这一点.

问题 M.9 设 $\{\phi_n(x)\}$ 是一个属于 $L^2(0,1)$ 的函数的序列并且具有小于 1 的模, 使得对于它的任何子序列 $\{\phi_{n_k}(x)\}$, 集合

$$\left\{ x \in (0,1) : \left| \frac{1}{\sqrt{N}} \sum_{k=1}^{N} \phi_{n_k}(x) \right| \geq y \right\}$$

的测度当 y 和 N 趋于无穷大时趋于 0. 证明 ϕ_n 在函数空间 $L^2(0,1)$ 中弱收敛到 0.

解答

假设存在一个函数 $f \in L^2[0,1]$ 使得当 $n \to \infty$ 时

$$\int_0^1 \phi_n(x)f(x)\,\mathrm{d}x$$

不趋于 0, 那么根据关系式

$$\left| \int_0^1 \phi_n(x)f(x)\,\mathrm{d}x \right| \leq \|\phi_n\| \, \|f\| \leq \|f\| \quad (n = 1,2,\cdots)$$

(如果有必要, 可把 $f(x)$ 换成 $\mathrm{e}^{\mathrm{i}\vartheta}f(x)$, 其中 ϑ 是一个适当的角度.) 存在一个 $\alpha > 0$ 和子序列 $\{\phi_{n_k}(x)\}_{k=1}^{\infty}$ 使得对每个 k(其中 $\|f\|$ 表示函数 $f(x)$ 在 $L^2[0,1]$ 中的模) 成立

$$\mathrm{Re}\int_0^1 \phi_{n_k}(x)f(x)\,\mathrm{d}x \geq \alpha$$

显然, 对每个 $\varepsilon > 0$, 存在一个 $\delta > 0$ 使得关系式 $m(A) < \delta, A \subseteq (0,1)$ 蕴含 $\|\chi_A f\|^2 < \varepsilon$(这里 $m(A)$ 表示集合 A 的测度, 而 $\chi_A(x)$ 表示 A 的特征函数). 设 ε 是一个小于 α 的正数, 并设 δ 是在使得上述蕴含关系正好成立时对应于 ε 的正的值, 选 $y(\varepsilon)$ 和 $N(\varepsilon)$ 使得当 $N \geq N(\varepsilon)$ 时, 集合

$$E = \left\{ x \in (0,1) : \left| \frac{1}{\sqrt{N}} \sum_{k=1}^{N} \phi_{n_k}(x) \right| > y(\varepsilon) \right\}$$

的测度小于 δ, 那么对 $N \geq N(\varepsilon)$ 就得出

$$N_\alpha \leq \sum_{k=1}^{N} \mathrm{Re}\int_0^1 f(x)\phi_{n_k}(x)\,\mathrm{d}x$$

$$= \mathrm{Re}\int_{\bar{E}} f(x) \sum_{k=1}^{N} \phi_{n_k}(x)\,\mathrm{d}x + \mathrm{Re}\sum_{k=1}^{N} \int_E f(x)\phi_{n_k}(x)\,\mathrm{d}x$$

385

$$\leqslant \sqrt{N} \int_E |f(x)| \left| \frac{1}{\sqrt{N}} \sum_{k=1}^{N} \phi_{n_k}(x) \right| dx + \sum_{k=1}^{N} \int_E |f(x) \phi_{n_k}(x)| \, dx$$

$$\leqslant \sqrt{N} y(\varepsilon) \|f\|^2 + N \|\chi_E f\|^2 < \sqrt{N} y(\varepsilon) \|f\|^2 + N\varepsilon$$

那就是说 $\sqrt{N}(\alpha - \varepsilon) < y(\varepsilon)\|f\|^2$. 由于 $\alpha - \varepsilon > 0$, 因此当 N 充分大时, 这是不可能的. 所以, 就像问题的命题中所述的那样, 对所有的函数 $f \in L^2(0,1)$, 成立

$$\int_0^1 \phi_n(x)f(x) \, dx \to 0 \quad (n \to \infty)$$

注记

1. 两名参赛者指出, 只需要求以下条件: 对任意子序列 $\{\phi_{n_k}(x)\}$ 和任意实数 $c > 0$, 当 $N \to \infty$ 时, 集合

$$\left\{ x \in (0,1) : \left| \sum_{k=1}^{N} \phi_{n_k}(x) \right| > cN \right\}$$

的测度趋于 0, 即可保证结论成立.

2. 一名参赛者用反例说明如果去掉 $L^2(0,1)$ 中的序列 $\{\phi_n(x)\}$ 的有界性这一条件, 则断言不再成立. 他也提到, 问题的假设不能保证强收敛.

3. 另一位参赛者指出, 要求以下条件即可: 假设对于正整数的任何子序列 $\{n_k\}$, 都存在一个具有性质的函数 $f(N) \neq 0$, 当 $N \to \infty$ 时, $\frac{f(N)}{N} \to 0$, 并且当 $y \to \infty, N \to \infty$ 时, 集合

$$\left\{ x \in (0,1) : \left| \frac{1}{f(N)} \sum_{k=1}^{N} \phi_{n_k}(x) \right| > y \right\}$$

的测度趋于 0. 他也指出, 无论是在测度意义下还是在平均意义下, 序列 $\{\phi_n(x)\}$ 都不一定收敛.

4. 一位参赛者看出条件可以减弱如下: 对序列 $\{\phi_n(x)\}$ 的任何子序列, 可以选出一个子序列 $\{\phi_{n_k}(x)\}$ 使得当 $y \to \infty, N \to \infty$ 时, 集合(1)的测度趋于0.

5. 一位参赛者注意到: 如果假设序列 $\{\phi_n(x)\}$ 在 $L^p(0,1), 1 < p \leqslant \infty$ 空间中的模的有界性, 那么可以证明在问题的条件下将得出, 对所有的函数 $f(x) \in L^q(0,1)$ 成立

$$\int_0^1 \phi_n(x)f(x) \, dx \to 0 \quad (n \to \infty)$$

386

其中 $\dfrac{1}{p} + \dfrac{1}{q} = 1$.

6.4 位参赛者在复数情况下处理了这一问题.

问题 M.10 称一个定义在区间 $(0,1)$ 上的实值函数 $f(x)$ 在 $(0,1)$ 上是近似连续的,如果对任意 $x_0 \in (0,1)$ 和 $\varepsilon > 0$,点 x_0 在集合
$$H = \{x: | f(x) - f(x_0)| < \varepsilon\}$$
中的内密度是 1. 设 $F \subseteq (0,1)$ 是一个可数闭集,$g(x)$ 是定义在 F 上的实值函数. 证明存在 $(0,1)$ 上的近似连续函数 $f(x)$,使得对所有的 $x \in F, f(x) = g(x)$.

解答

解答 1 设 $F = \{c_1, c_2, \cdots\}$. 用 $I(x,n)$ 表示以 x 为中心,以 $\dfrac{1}{n}$ 为半径的闭区间. 区间 (a,b) 的"中心 p 倍"表示闭区间
$$\left[a + \frac{1}{2}(b-a)(1-p), b - \frac{1}{2}(b-a)(1-p)\right]$$

我们将归纳地定义一个区间组 J_n 使它具有以下性质:J_n 由可数多个两两不相交的闭区间组成,它们都与 F 不相交. 此外 c_n 是形成 J_n 的区间端点集合的仅有的聚点. 最后,如果 K_n 表示形成 J_n 的区间的并,则当 $m \neq n$ 时,K_m 和 K_n 不相交.

假设对 $n' < n$,我们已经定义了 $J_{n'}$,因此它们有所需的性质,那么集合 $\bigcup_{k=1}^{n-1} K_k = L_n$ 的闭包是
$$L_n \cup \{c_1, \cdots, c_{n-1}\}$$
并且它不包含 c_n. 因此,它也不会与 c_n 的合适的邻域 $I(c_n, r_n)$ 相交. 我们可以假设 $r_n \geq n$. 对于每一个 $j(j = 1,2,\cdots)$,考虑集合 $I(c_n, r_n + j) \backslash I(c_n, r_n + j + 1) \backslash F$ 的内部. 这是(有限个或)可数个开区间的并集. 显然,这些开区间的总长度等于集合 $I(c_n, r_n + j) \backslash I(c_n, r_n + j + 1) = M(n,j)$ 的测度,因此,它们之间有限个的并至少是这个测度的 $\left(1 - \dfrac{1}{j}\right)$ 倍. 取这些有限个区间的中心 $\left(1 - \dfrac{1}{j}\right)$ 倍,设这些新的区间构成组 $J_{n,j}$,并令 $J_n = \bigcup_{j=1}^{\infty} J_{n,j}$.

显然,那样得出的区间组 J_n 具有所需的性质(特别,归纳是正确的). 此外,

形成 $J_{n,j}$ 的区间填满了至少 $\left(1-\dfrac{1}{j}\right)^2$ 倍的 $M(n,j)$ 的测度. 形成 J_n 的区间的并集 K_n 在 c_n 处具有密度 1.

按以下的方式定义 f. 如果 $x \in K_n$ 或 $x = c_n$,那么设 $f(x) = g(c_n)$. 如果我们证明了集合 $\bigcup\limits_{j=1}^{\infty} K_n \cup F$ 是闭的,那么 f 可以在不属于这个集合的点上定义,即在形成这个闭集的补集的可数个不相交的开区间上定义. f 是线性的,并且在它取值的区间的端点处已经固定. 显然按照这种方式定义的函数 f 在 F 的点上是近似连续的而在所有其他点上是连续的. 为看出后者,需观察到对 $x \notin F$,从 x 到 F 的距离是正的,比如说大于 $\dfrac{1}{m}$,其中 m 是一个正整数. 因而,如果 $n > 2m$,那么由假设 $r_n \geqslant n$ 可知,K_n 不可能与 x 的 $\dfrac{1}{2m}$ 邻域相交. 因此

$$I(x,2m) \cap \left(\bigcap_{n=1}^{\infty} K_n \cup F\right) = I(x,2m) \cap \left(\bigcup_{n=1}^{2m} K_n\right)$$

然而,上式的右边是有限个闭区间的并集. 这一方面证明了 $\bigcup\limits_{n=1}^{\infty} K_n \cup F$ 是闭集,另一方面,借助于这个集合所构造的函数 f 在 $I(x,2m)$ 上的限制是一个连续的多边形函数.

解答 2

设 $F = (r_1, r_2, \cdots)$. 我们从 x 越接近于 r_i,$f(x)$ 就越应该"感觉到"它在 r_i 处的值这一想法开始,试图通过以下类型的定义来实现这一点:

$$f(x) = \frac{\displaystyle\sum_{i=1}^{\infty} \frac{g(r_i)}{u(i) \mid x - r_i \mid}}{\displaystyle\sum_{i=1}^{\infty} \frac{1}{u(i) \mid x - r_i \mid}} \quad x \notin F \tag{1}$$

我们现在对 $u(i)$ 的阶施加各种条件以确保这个级数的收敛性以及所得出的函数的近似连续性. 最后我们证明这些条件是可以满足的.

例如

$$u(i) > i^2 \mid g(r_i) \mid$$

并且

$$u(i) > i^2 \quad (i = 1, 2, \cdots) \tag{2}$$

那么级数就将总是收敛的. 实际上,对 $x \notin F$,F 的闭集性质给出 $\min\limits_i \mid x - r_i \mid >$

0.

f 在 $(0,1)\backslash F$ 的所有点处将是连续的(在小邻域中,分子和分母都是连续函数的一致收敛级数的和),因此它在那里也是近似连续的.

因此,考虑一个 r_i. 设 $d = \min\limits_{j<i} |r_i - r_j|$, $\delta < \dfrac{d}{2}$. 我们证明,在区间 $(r_i - \delta,$ $r_i + \delta)$ 中,对于充分小的 δ, (1) 中的分子一般在 $\dfrac{g(r_i)}{u(i)\ |x - r_i|}$ 左右,分母在

$\dfrac{1}{u(i)\ |x - r_i|}$ 左右. 在任何情况下都有

$$\sum_{j<i} \frac{g(r_j)}{u(j)\ |x - r_j|} = O(1)$$

以及

$$\sum_{j<i} \frac{1}{u(j)\ |x - r_j|} = O(1) \tag{3}$$

(由于 $|x - r_j| > d - \dfrac{\delta}{2} > \dfrac{d}{2}$). 我们把 x 的值分成两类. 一类是对 $j > i$, 满足以下关系的 x 的值

$$\frac{1 + |g(r_j)|}{u(j)\ |x - r_j|} < \frac{1}{j^2} \tag{4}$$

对这类 x, 由(3) 和(4) 得出

$$f(x) = \frac{\dfrac{g(r_i)}{u(i)\ |x - r_i|} + O(1)}{\dfrac{1}{u(i)\ |x - r_i|} + O(1)} = \frac{g(r_i) + O(|x - r_i|)}{1 + O(|x - r_i|)}$$

如果 δ 充分小,则它位于 $g(r_i)$ 的 ε 邻域中. 因此,我们必须使得这种 x 在 $(r_i - \delta, r_i + \delta)$ 中的测度为 $(2 + o(1))\delta$. 然而,如果(4) 不成立,那么

$$|x - r_j| < \frac{j^2}{u(j)}(1 + |g(r_j)|) = \varepsilon_j$$

在 $(r_i - \delta, r_i + \delta)$ 中"坏"的 x 的测度

$$\leqslant 2 \sum_{|r_i - r_j| < \delta + \varepsilon_j} \varepsilon_j$$

现在如果 $\varepsilon_j \leqslant \dfrac{|r_i - r_j|^2}{j^2}$,那么这个测度当 $\delta \to 0$ 时

389

$$\leqslant 2 \sum_{\substack{|r_i-r_j| < \delta + \frac{|r_i-r_j|^2}{j^2}}} \frac{|r_i-r_j|^2}{j^2} \leqslant 2\left(\frac{4}{3}\delta\right)^2 \sum_{j=1}^{\infty} \frac{1}{j^2} = O(\delta^2) = o(\delta)$$

(由于$\dfrac{|r_i-r_j|^2}{j^2} \leqslant \dfrac{|r_i-r_j|}{4}$,因此$\dfrac{3}{4} \cdot |r_i-r_j| < \delta$). 因此,算上(2),对每个$j$,

我们只施加了有限个条件,因而是可实现的.

问题 M. 11   设$\{f_n\}_{n=0}^{\infty}$是定义在$[0,1]$上的实值可测函数的一致有界序列,它满足

$$\int_0^z f_n^2 = 1$$

此外,设$\{c_n\}$是一个使得

$$\sum_{n=0}^{\infty} c_n^2 = +\infty$$

的实数序列. 证明级数$\displaystyle\sum_{n=0}^{\infty} c_n f_n$的某个重排在一个正测度集合上是发散的.

解答

我们首先证明

$$\sum_{n=0}^{\infty} c_n^2 f_n^2 \tag{1}$$

在一个正测度集合上是发散的. 假设(1)产生一个函数g,它是几乎处处有限的. 根据 Egorov 定理,存在一个集合$A \subseteq [0,1]$使得在此集合上面级数(1)是一致收敛的,并且对于它有$\lambda(A) > 1 - \dfrac{1}{2K}$,其中$K$是函数$f_n^2$的共同上界. 那么,根据一致收敛性,极限函数$g(t)$在$A$上是可积的,并且

$$\sum_{n=0}^{\infty} c_n^2 \int_A f_n^2(t)\, \mathrm{d}t = \int_A g(t)\, \mathrm{d}t < +\infty \tag{2}$$

另外

$$\int_A f_n^2(t)\, \mathrm{d}t = \int_0^1 f_n^2(t)\, \mathrm{d}t - \int_{[0,1]\setminus A} f_n^2(t)\, \mathrm{d}t \geqslant 1 - K\frac{1}{2K} = \frac{1}{2}$$

根据(2),从上式就得出

$$\frac{1}{2} \sum_{n=0}^{\infty} c_n^2 < \infty$$

矛盾.

390

第二步,我们证明级数 $\sum\limits_{n=0}^{\infty} c_n f_n$ 有一个子级数在一个正测度集合上发散. 设 $\varepsilon_1, \cdots, \varepsilon_n, \cdots$ 是在某个域 (Ω, A, P) 上的独立随机变量,以概率 $\frac{1}{2}$ 取值 0 或 1. 又设 $0 < t < 1$ 是一个使得 (1) 发散的数,那么对于随机变量 $\varepsilon_n c_n f_n(t)$,我们有

$$\sum_{n=0}^{\infty} \mathrm{Var}(\varepsilon_n c_n f_n(t)) = \sum_{n=0}^{\infty} c_n^2 f_n^2(t) = + \infty$$

因此,根据 Kolmogorov 的三级数定理, $\sum\limits_{n=0}^{\infty} \varepsilon_n c_n f_n(t)$ 以正概率发散. 因而,所有元素 (ω, t) 的集合在概率域 $(\Omega, A, P) \times [0, 1]$ 中,对它们

$$\sum_{n=0}^{\infty} \varepsilon_n(\omega) c_n f_n(t) \tag{3}$$

发散的集合具有正测度. 因此,存在 $\omega \in \Omega$,对这个 ω,级数 (3) 在一个正测度集合上是发散的.

由此得出,存在一个正测度的集合 D 的和一个无限序列 $n_1 < n_2 < \cdots$ 使得

$$\sum_{n=0}^{\infty} c_{n_k} f_{n_k}(t) \tag{4}$$

对所有的 $t \in D$ 是发散的;因此存在 $\delta(t) > 0$,使得对于任意大的下标,(4) 的部分和具有不小于 $\delta(t)$ 的振荡.

下面定义一串数 $N_1 = 1 < N_2 < \cdots$ 如下. 设 N_{k+1} 使得集合

$$D_k = \left\{ f \in D : \max_{N_k \leq v < \mu < N_{k+1}} \Big| \sum_{i=v}^{\mu} c_{n_i} f_{n_i}(t) \Big| \geq \frac{\delta(t)}{2} \right\}$$

的测度大于 $\left(1 - \dfrac{1}{2^{k+1}}\right) \lambda(D)$. 由于对充分大的 N_{k+1},所有的值 $t \in D$ 都属于 D_k,所以这样的 N_{k+1} 是存在的. 集合

$$D^* = \bigcap_{k=1}^{\infty} D_k$$

具有正测度,并且如果 $t \in D^*$ 并且 $k \geq 1$,那么

$$\max_{N_k \leq v < \mu < N_{k+1}} \Big| \sum_{i=v}^{\mu} c_{n_i} f_{n_i}(t) \Big| \geq \frac{\delta(t)}{2}$$

因此,对原始级数 $\sum\limits_{n=0}^{\infty} c_n f_n$ 的那种由相继的项 $\sum\limits_{i=N_k}^{N_{k+1}} c_{n_i} f_{n_i}$ 组成的和的重排在所有的点 $t \in D^*$ 处都是发散的.

问题 M.12　设 $\{f_n\}$ 是 $[0,1]$ 上的 Lebesgue 可积函数的序列,使得对 $[0,1]$ 的任意一个 Lebesgue 可测的子集 E,序列 $\int_E f_n$ 收敛,同时还假设 $\lim_n f_n = f$ 几乎处处存在. 证明 f 是可积的并且 $\int_E f = \lim_n \int_E f_n$. 如果 E 只是一个区间,但是我们假设 $f_n \geqslant 0$,那么上述断言是否仍然成立?如果把区间 $[0,1]$ 换成 $[0,\infty)$,结论又是什么?

解答

设 $E = [0,1]$ 或 $E = [0,\infty)$,并设 $E = \overset{\infty}{\underset{k=1}{\cup}} E_k$,其中 E_k 是具有有限测度的可测集,并且在 E_k 上序列 $\{f_n\}$ 是一致收敛的. 由 Egorov 定理可知,那种序列 $\{E_k\}$ 显然存在. 同样显然的是,对每一个 k,积分 $\int_{E_k} f$ 存在并且如果 F 是 E_k 的可测子集,则 $\int_F f = \lim_n \int_F f_n$.

公式 $\mu(G) = \lim_n \int_G f_n$ 在 E 的可测子集 G 上定义了一个有限可加的符号测度. Beppo – Levi 定理表明了 $\int_E f$ 存在性以及对每一个 E 的可测子集 G,关系式 $\mu(G) = \int_G f$ 等价于 μ 的 σ 可加性. 但是后者源于一个众所周知的事实,即一个点点收敛的有限符号测度的序列的极限是一个有限符号测度(特别,它是 σ 可加的;见 P. R. Halmos, Measure Theory, Springer,New York, 1974, p.170,关系式(14)),还可以看出 $\int_E |f_n - f| \to 0 (n \to 0)$. 因此,我们已经回答了第一个和第三个问题. 第二个问题的答案是否定的. 反例如下

如果 $0 \leqslant x \leqslant \dfrac{1}{n}$,那么令 $f_n(x) = n$,如果 $\dfrac{1}{n} < x \leqslant 1$,则令 $f_n(x) = 0$.

问题 M.13　设 $0 \leqslant c \leqslant 1, \eta$ 表示有理数集合的序型. 假设对每一个有理数 r,我们令 r 对应一个在区间 $[0,1]$ 的测度为 c 的 Lebesgue 可测子集 H_r,证明存在一个测度为 c 的 Lebesgue 可测子集 $H \subseteq [0,1]$ 使得对每个 $x \in H$,集合

$$\{r : x \in H_r\}$$

包含一个序型为 η 的子集.

解答

392

我们给出两种解答,其中每一种都要用到下面的简单引理.

引理 设 M 是一组集合,它们由区间 $(0,1)$ 的某些子集组成,并且假设对于每个 $A \in M$ 都存在 $x \in A$ 使得 $A \cap (0,x) \in M$ 以及 $A \cap (x,1) \in M$,那么 M 的每个元素都有一个 η 型的子集.

引理的证明 把 $(0,1)$ 的有理点排列成一个序列 $r_1, r_2, \cdots$. 设 $A \in M$ 是任意的,我们将归纳地定义一个具有以下性质的点 $x_n \in A$ 的序列:

1. 它和序列 $\{r_n\}$ 的排序方式相同.

2. 对每个 n,$A \cap (0,x_n) \in M$,$A \cap (x_n,1) \in M$,并且对每个对 $x_i < x_j$,$A \cap (x_i,x_j) \in M$.

根据假设,存在一个 $x_1 \in A$,使得 $A \cap (0,x_1) \in M$ 以及 $A \cap (x_1,1) \in M$. 下面假设 $x_1, x_2, \cdots, x_n$ 已被选好,并且设 $r_1, r_2, \cdots, r_n$ 中距离 r_{n+1} 最近的数是 r_i 和 $r_j, r_i < r_j$. 根据归纳法假设,我们有 $x_i < x_j$ 以及 $A \cap (x_i,x_j) \in M$,所以有一个 $x_{n+1} \in A \cap (x_i,x_j)$,使得 $A \cap (x_i,x_{n+1}) \in M$ 以及 $A \cap (x_{n+1},x_j) \in M$. 在 $r_{n+1} > r_i (i \leqslant n)$ 或 $r_{n+1} < r_i (i \leqslant n)$ 的情况下,x_{n+1} 的类似的选择是可能的. 这就完成了引理的证明.

解答 1

我们需要以下的辅助定理:

设集合 $H_n \in [0,1]$ 是可测的,并且测度不小于 $c(n = 1,2,\cdots)$,那么所有点使得序列 $\{n : x \in H_n\}$ 具有正的上密度的 x 的集合 H 也是可测的且测度不小于 c.

证明 用 f_n 表示 H_n 的特征函数并令

$$g_n = \frac{1}{n}(f_1 + f_2 + \cdots + f_n)$$

显然,当且仅当 $n \to \infty$ 时,$g_n(x)$ 不趋于 0 时,$x \in H$,这就得出了 H 的可测性. 由于对每个 $n, 0 \leqslant g_n(x) \leqslant 1$,我们有

$$\lambda(H) \geqslant \int_H g_n(x) \, \mathrm{d}x = \int_0^1 g_n(x) \, \mathrm{d}x - \int_{[0,1] \setminus H} g_n(x) \, \mathrm{d}x$$

$$= c - \int_{[0,1] \setminus H} g_n(x) \, \mathrm{d}x$$

现在 $x \in [0,1] \setminus H$ 蕴含 $\lim_{n \to \infty} g_n(x) = 0$,因此根据积分号下取极限,就得出

$$\lim_{n \to \infty} \int_{[0,1] \backslash H} g_n(x) \, \mathrm{d}x = 0$$

从而,由前面的不等式,我们就得出 $\lambda(H) \geqslant c$,这就证明了辅助定理.

设 $\{r_n\}$ 是有理点的一个排列,它们在 $(0,1)$ 中是一个一致分布的序列. 那就是说,对任意子区间 $(a,b) \in (0,1)$,序列 $\{n : r_n \in (a,b)\}$ 的密度是 $b-a$. (以下是这种排列的一个简单的例子. 我们首先固定一个任意的序列 $\{s_n\}$,然后分别在区间

$$[0,1], \left[0, \frac{1}{2}\right], \left[\frac{1}{2}, 1\right], \cdots, \left[0, \frac{1}{n}\right], \left[\frac{1}{n}, \frac{2}{n}\right], \cdots, \left[\frac{n-1}{n}, 1\right], \cdots$$

中选择一个在 $\{s_n\}$ 中具有最小下标的元素,同时确保每个元素只选择一次.)

设 $A \in (0,1)$,并设序列 $\{n : r_n \in A\}$ 有正的上测度. 我们证明 A 包含一个 η 型的子集. 根据引理,只需证明存在一个 $x \in A$ 使得 $\{n : r_n \in A \cap (0,x)\}$ 和 $\{n : r_n \in A \cap (x,1)\}$ 都具有正的上密度即可.

用 d 表示序列 $\{n : r_n \in A\}$ 的上密度,并设 $0 = x_0 < x_1 < \cdots < x_m = 1$ 是 $[0,1]$ 的比 $\frac{d}{3}$ 更窄的子分划. 由于 $\{r_n\}$ 是一致分布的,因此对每个 i,序列 $\{n : r_n \in A \cap (x_{i-1}, x_i)\}$ 的上密度小于 $\frac{d}{3}$. 因此如果用 d_i 表示序列 $\{n : r_n \in A \cap (0, x_i)\}$ 的上密度,我们就有对于 $i = 1, 2, \cdots, m, 0 < d_i - d_{i-1} < \frac{d}{3}$. 由于 $d_m = d$,因此存在一个 i 使得 $0 < d_{i-1} < d_i < d$.

那样 $d_{i-1} < d_i$ 蕴含集合 $A \cap (x_{i-1}, x_i)$ 是无限的,容易看出,对于任何元素 $x \in A \cap (x_{i-1}, x_i)$,序列 $\{n : r_n \in A \cap (0,x)\}$ 和 $\{n : r_n \in A \cap (x,1)\}$ 也具有正的上测度.

现在考虑集合 H_r,并设 H_1 是使得序列 $\{n : x \in H_{r_n}\}$ 具有正的上测度的那些 x 组成的集合. 根据之前的观察,如果 $x \in H_1$,则 $\{r : x \in H_r\}$ 包含型为 η 的子集. 对集合 H_{r_n} 的序列应用辅助定理就得出 H_1 是可测的并且 $\lambda(H_1) > c$ 就是所需的集合.

解答 2

如果集合 A 的闭包具有正测度,那么 A 包含一个 η 型的子集,由于集合组 $M = \{A \subseteq (0,1) : \lambda(\bar{A}) > 0\}$ 显然满足引理的条件. 因此只需证明

$$H_2 = \{x : \lambda(\overline{\{r : x \in H_r\}}) > 0\}$$

是可测的并且 $\lambda(H_2) \geq c$ 即可.

考虑函数 $f(x) = \lambda(\overline{\{r : x \in H_r\}})$, 显然 $0 \leq f(x) \leq 1$; 如果我们证明 $f(x)$ 是 Lebesgue 可测的并且 $\int_0^1 f(x)\,\mathrm{d}x \geq c$, 那我们就证明了结论.

对任意 $A \subseteq [0,1]$, 令

$$A_n = \bigcup_{[\frac{i-1}{2^n}, \frac{i}{2^n}] \cap A \neq \varnothing} \left[\frac{i-1}{2^n}, \frac{i}{2^n}\right]$$

显然 $A_1 \supseteq A_2 \supseteq \cdots$ 并且 $\bigcap_{n=1}^{\infty} A_n = \overline{A}$, 因此 $\lim_{n \to \infty} \lambda(A_n) = \lambda(\overline{A})$. 因此如果设 $f_n(x) = \lambda(\{r : x \in H_r\}_n)$; 那么 $f_n \searrow f$, 所以我们只需证明 $f_n(x)$ 是 Lebesgue 可积的并且 $\int_0^1 f_n(x)\,\mathrm{d}x \geq c$ 即可.

我们有关系式

$$\lambda(A_n) = \frac{1}{2^n} \sum_{i=1}^{2^n} g_{n,i}(A)$$

其中如果 $A \cap \left[\frac{i-1}{2^n}, \frac{i}{2^n}\right] \neq \varnothing$, 则 $g_{n,i}(A) = 1$, 否则 $g_{n,i}(A) = 0$. 显然

$$f_{n,i}(x) := g_{n,i}(\{r : x \in H_r\}) = \sup\left\{k_r : r \in \left[\frac{i-1}{2^n}, \frac{i}{2^n}\right]\right\}$$

其中 k_r 是 H_r 的特征函数. 函数 k_r 是可积的并且 $\int_0^1 k_r(x)\,\mathrm{d}x = c$, 因此 $f_{n,i}$ 是可积的并且 $\int_0^1 f_{n,i}(x)\,\mathrm{d}x \geq c$. 由于 $f_n = \frac{1}{2^n} \sum_{i=1}^{2^n} f_{n,i}$, 由此就得出 f_n 是可积的并且 $\int_0^1 f_n(x)\,\mathrm{d}x \geq c$.

注记

用 H_0 表示使得集合 $\{r : x \in H_r\}$ 包含一个 η 型的子集的 x 组成的集合. 设 $\{r_n\}$ 是一个固定的 $(0,1)$ 中的有理数的排列, 它是一致分布的序列. 用 H_1 表示使得序列 $\{n : x \in H_{r_n}\}$ 具有正的上密度的 x 组成的集合. 用 H_2 表示使得集合 $\{r : x \in H_r\}$ 的闭包具有正测度的 x 组成的集合. 最后用 H_3 表示使得 $\{r : x \in H_r\}$ 在 $(0,1)$ 的子区间中是稠密的 x 组成的集合. 容易看出对任何有理数的集合 A , 序

列 $\{n:r_n \in A\}$ 的上密度至多是 $\lambda(\overline{A})$，所以 $H_3 \subseteq H_1 \subseteq H_2 \subseteq H_0$ 对任意集合组 H_r 成立.（因此，解答1的结论要比解答2的结论更深刻，由于它证明了一个更窄的集合的测度至少是 c）. 另一方面，命题 $\lambda(H_3) \geq c$ 并不成立：可以证明，对于任意 $0 < c < 1$，都存在满足问题条件的集合组 H_r，并且使得集合 $\{r:x \in H_r\}$ 对于每个 $x \in [0,1]$ 都是无处稠密的，特别 $H_3 = \varnothing$.

我们还要注意到，如果集合 H_r 是可测的，那么 H_0 也是可测的. 事实上可以证明，如果 H_r 是 Borel 集（或者更一般地说是解析集），那么 H_0 是解析的，因此是可测的. 由此可以得出，H_0 在一般情况下也是可以测的.

问题 M.14 构造一个具有正测度的完满集 $H \subseteq [0,1]$ 和一个定义在 $[0,1]$ 上的连续函数 f，使得对于任何定义在 $[0,1]$ 上的二次可微函数 g，集合 $\{x \in H:f(x) = g(x)\}$ 是有限的.

解答

从区间 $[0,1]$ 的中心去掉一个长度为 $\dfrac{1}{6}$ 的区间，再从剩下的两个区间的中心各去掉一个长度为 $\dfrac{1}{18}$ 的区间. 在第 n 步后，在剩下的 2^n 个区间的中心各去掉一个长度为 $\dfrac{1}{2} \cdot 3^{n+1}$ 的区间，这是可能的，由于剩下的区间总长度是

$$2^{-n}\left(1 - \sum_{k=0}^{n-1} 2^k \cdot \frac{1}{2 \cdot 3^{n+1}}\right) > 2^{-n}\left[1 - \frac{1}{6}\sum_{k=0}^{\infty}\left(\frac{2}{3}\right)^k\right]$$

$$= 2^{-n}\left(1 - \frac{1}{2}\right) = 2^{-n-1} > \frac{1}{2 \cdot 3^{n+1}}$$

用 $I_{n,i}$（$n = 0,1,\cdots; i = 1,\cdots,2^n$）表示在第 n 步中去掉的长度为 $\dfrac{1}{2} \cdot 3^{n+1}$ 的开区间. 令 $H = [0,1] \backslash \cup I_{n,i}$，那么 H 是完美的并且测度等于 $\dfrac{1}{2}$. 用 h 表示在 H 上等于 0 的函数，对 $n = 0,1,\cdots$ 和 $i = 1,\cdots,2^n$，它在 $I_{n,i}$ 上的图像是一个高度等于 $\dfrac{1}{n}$ 的等腰三角形，那么 h 在 $[0,1]$ 上是连续的，因此函数

$$f(x) = \int_0^x h(t)\,\mathrm{d}t$$

在区间 $[0,1]$ 上是连续可微的，并且对所有的 $x \in H$ 有 $f'(x) = 0$. 设 g 是在

396

$[0,1]$ 上二次可微的函数. 我们证明集合 $A = \{x \in H: f(x) = g(x)\}$ 是有限的. 假设 A 是无限的,那么在 A 中存在一个收敛序列 $x_k \to x_0$. 由于 $f'(x_0) = 0$,我们有 $g'(x_0) = 0$. 因此由 L' Hôpital 法则得出

$$\lim_{x \to x_0} \frac{g(x) - g(x_0)}{(x - x_0)^2} = \lim_{x \to x_0} \frac{g'(x)}{2(x - x_0)}$$

$$= \lim_{x \to x_0} \frac{g'(x) - g'(x_0)}{2(x - x_0)} = \frac{g''(x_0)}{2}$$

由此得出

$$\lim_{k \to \infty} \frac{f(x_k) - f(x_0)}{(x_k - x_0)^2} = \frac{g''(x_0)}{2}$$

这与

$$\lim_{x \to x_0, x \in H} \left| \frac{f(x) - f(x_0)}{(x - x_0)^2} \right| = \infty$$

矛盾. 实际上设 $x \in H, x \neq x_0, x_0$ 是任意的. 那么存在一个一个隔开 x 和 x_0 的区间 $I_{n,i}$,设 n 是那种区间的最小的脚标,那么容易看出 $|x - x_0| < \frac{1}{2^n}$. 另一方面,比如说如果 $x > x_0$,那么

$$f(x) - f(x_0) = \int_{x_0}^x h(t)\,\mathrm{d}t \geq \int_{I_{n,i}} h(t)\,\mathrm{d}t$$

$$= \frac{1}{2} \cdot \frac{1}{2 \cdot 3^{n+1}} \cdot \frac{1}{n} = \frac{1}{12 \cdot 3^n \cdot n}$$

因此

$$\left| \frac{f(x) - f(x_0)}{(x - x_0)^2} \right| \geq \frac{1}{12 \cdot 3^n \cdot n \cdot 4^{-n}} = \left(\frac{4}{3} \right)^n \cdot \frac{1}{12n}$$

如果 $x \to x_0$,那么 $n \to \infty$,因而 $\left(\frac{4}{3}\right)^n \cdot \frac{1}{n} \to \infty$,这就证明了命题.

问题 M.15 证明如果 $E \subseteq \mathbb{R}$ 是一个具有正的 Lebesgue 测度的有界集,那么对任意充分小的正的 h 和每个 $u < \frac{1}{2}$,都可以找到一个点 $x = x(u)$ 使得

$$|(x - h, x + h) \cap E| \geq uh$$

以及

$$|(x - h, x + h) \cap (\mathbb{R} \setminus E)| \geq uh$$

解答

我们证明一个更强的命题,即对 $u = \dfrac{1}{2}$ 验证结论. 设

$$F(x) = m((-\infty, x) \cap E)$$

其中 m 是 Lebesgue 测度,那么 F 是连续递增的并且对所有的 $x, y \in \mathbb{R}$ 满足

$$|F(x) - F(y)| \leqslant |x - y|$$

由 Lebesgue 密度定理,存在 $x \in \mathbb{R}$,它是 E 中密度为 1 的点,并且因此存在一个正数 $k \in \mathbb{R}$ 使得 $F(x + k) - F(x) > \dfrac{k}{2}$. 由于对充分小的 x,我们有 $F(x + k) - F(x) = 0$,因此连续性就保证存在一个 x_0 满足 $F(x_0 + k) - F(x_0) = \dfrac{k}{2}$.

考虑函数 $G(x) = F(x) - F(x_0) - \dfrac{x - x_0}{2}$,那么 $G(x_0) = G(x_0 + k) = 0$. 由于几乎 $\mathbb{R}$ 中所有的点在 E 中或 $\mathbb{R} \backslash E$ 中的密度都是 1,所以 $a.\,e.$ 有 $|G'(x)| = \dfrac{1}{2}$,因而 G 在 $[x_0, x_0 + k]$ 上不恒同于 0,因此

$$\max_{t \in [x_0, x_0 + k]} G(t) > 0$$

或者

$$\min_{t \in [x_0, x_0 + k]} G(t) < 0$$

只需考虑第一种可能性即可,由于对第二种可能性的处理是类似的. 设 $x_1 \in (x_0, x_0 + k)$ 是 G 中的一个点,并设 $\max\limits_{t \in [x_0, x_0 + k]} G(t) > 0$,那么对每一个

$$0 < h < \min\{x_1 - x_0, x_0 + k - x_1\}$$

我们有

$$G(x_1 - h) \leqslant G(x_1) \geqslant G(x_1 + h)$$

那就是

$$F(x_1 - h) + \frac{h}{2} \leqslant F(x_1) \geqslant F(x_1 + h) - \frac{h}{2}$$

因而

$$F(x_1 + h) - F(x_1 - h) \leqslant F(x_1) + \frac{h}{2} - \left(F(x_1) - h\right) = \frac{3h}{2}$$

和

$$F(x_1 + h) - F(x_1 - h) \geqslant F(x_1) - \left[F(x_1) - \frac{h}{2} \right] = \frac{h}{2}$$

由这两个不等式，我们就得出

$$m((x_1 - h, x_1 + h) \cap E) \geqslant \frac{h}{2}$$

和

$$m((x_1 - h, x_1 + h) \cap (\mathbb{R} \setminus E)) \geqslant \frac{h}{2}$$

这就完成了证明.

注记

一位参赛者没有利用 E 的有界性和 $u = \frac{1}{2}$ 时的结论，在 E 是可测的以及 E 和 $\mathbb{R} \setminus E$ 都不是空集的情况下证明了断言. 同时也在 $E \subseteq \mathbb{R}$，$m^*(E) \neq 0$，$m_*(E) \neq 0$ 的情况下证明了断言.（这里 m^* 和 m_* 分别表示 Lebesgue 外测度和内测度.）

问题 M.16 证明存在一个紧致集合 $K \subseteq \mathbb{R}$ 和一个 F_σ 类型的集合 $A \subseteq \mathbb{R}$，使得集合

$$\{x \in \mathbb{R} : K + x \subseteq A\}$$

不是 Borel 可测的（其中 $K + x = \{y + x : y \in K\}$）

解答

设 P 和 K 分别是使得和 $x + y (x \in P, y \in K)$ 两两不相交的有界的完美集，那就是说，对于 $x_1, x_2 \in P, y_1, y_2 \in K$，那么 $x_1 + y_1 = x_2 + y_2$ 蕴含 $x_1 = x_2, y_1 = y_2$. 易于看出

$$P = \left\{ \sum_{i=1}^{\infty} \frac{a_i}{10^i} ; a_i = 0, 1 ; i = 1, 2, \cdots \right\}$$

和

$$K = \left\{ \sum_{i=1}^{\infty} \frac{a_i}{10^i} ; a_i = 0, 2 ; i = 1, 2, \cdots \right\}$$

都是这种类型的集合. 众所周知，存在一个 G_δ 类型的集合 $U \subseteq P \times K$ 使得

$$B = \{x \in P : 存在一个 y \in K, 使得 (x, y) \in U\}$$

（这个集合是 U 到 P 的投影）不是 Borel 可测的.

399

令 $V = (P \times K) \setminus U$ 和 $A = \{x + y : (x,y) \in V\}$. 映射 $\phi(x,y) = x + y(x \in P, y \in K)$ 是连续的并且根据 P 和 K 的选择,是 $1 - 1$ 的. 因此 ϕ 是紧致集合 $P \times K$ 到集合 $\{x + y : x \in P, y \in K\}$ 的同胚. 由于 V 是 F_σ 类型的,由此得出 $A = \phi(V)$ 是 $\phi(P \times K) = P + K$ 的 F_σ 类型的子集. 由于后一集合是 $\mathbb{R}$ 的闭集,所以 A 也是 $\mathbb{R}$ 的 F_σ 类型的子集.

容易看出当且仅当 $\phi^{-1}(K + x) \subseteq \phi^{-1}(A)$ 时 $K + x \subseteq A$. 那就是说如果 $x \in P$ 并且

$$(\{x\} \times K) \cap U = \varnothing$$

(那就是说,如果 $x \in P \setminus B$). 因此

$$\{x \in \mathbb{R} : K + x \subseteq A\} = P \setminus B$$

不是 Borel 可测的.

问题 M. 17 对实直线上的哪些 Lebesgue 可测的子集 E,存在一个正常数 c,使得对所有 E 上的可积函数 f 都成立

$$\sup_{-\infty < t < \infty} \left| \int_E e^{itx} f(x) \, dx \right| \leqslant c \sup_{n = 0, \pm 1, \cdots} \left| \int_E e^{inx} f(x) \, dx \right| \qquad (*)$$

解答

我们证明式 $(*)$ 对且仅对这种除了一个测度 0 的子集之外是 Lebesgue 可测的集合成立,这种 Lebesgue 可测的集合可被由闭区间的有限的并集组成的集合所覆盖,并且不包含在模 2π 下同余的点.

用 $\mathcal{E}$ 表示满足问题需要的集合的组并用 $\mathcal{F}$ 表示满足上面所描述条件的所有集合的组.

如果 $E \in \mathcal{E}$,那么 E 中的这些在 $E(\bmod 2\pi)$ 中同余的点构成一个 0 测集. 实际上,例如

$$E' = E \cap (E + 2j\pi) \cap (2k\pi, 2(k+1)\pi)$$

具有正测度($j \neq 0$ 是整数,$E + u$ 表示 E 的 u 平移),那么令

$$f(x) = \begin{cases} 1, x \in E' \\ -1, x \in E' - 2j \\ 0, 其他 \end{cases}$$

则对每个 n 成立

400

$$\int_E e^{inx}f(x)\,dx = 0$$

同时,由于 a. e. $f(x) \neq 0$

$$\sup \left| \int_E e^{itx}f(x)\,dx \right| > 0$$

对每个 $E \in \mathcal{F}$,同样的性质平凡地成立.

用 $*$ 表示具有值域为$(-\pi, \pi]$的模 2 下的约简空间. 那就是说,u^* 是 u 的最接近 2π 的倍数的偏离(如果有两个这样的倍数,那么 $u^* = \pi$),此外令

$$E^* = \{u^* : u \in E\}$$

$$h^*(x) = h(u)$$

其中 $\qquad x \in E^*, x = u^*, u \in E$

由上述性质,后一定义对 a. e. $x \in E^*$ 是正确的,由于仅有一个那种 u,所以我们可以写

$$\phi(t) = \int_E e^{itx}f(x)\,dx = \int_{E^*} (e^{itx})^*f^*(x)\,dx$$

$$\phi(t) = \int_E e^{inx}f(x)\,dx = \int_{E^*} (e^{inx})^*f^*(x)\,dx$$

$f^*(x) \in \mathcal{L}_1(E^*)$ 并且 $\mathcal{L}_1(E^*)$ 的每个元素具有 $f^*(x)$ 的形式,其中 $f(x) \in \mathcal{L}_1(E)$.

我们证明关系式

$$\left| \int_{E^*} a(x)f^*(x)\,dx \right| \leq c\max |\phi(n)| = c\max_n \int_{E^*} e^{inx}f^*(x)\,dx$$

当且仅当存在一个函数 $b(x) = \sum a_n e^{inx}$, $\sum |a_n| < +\infty$,使得对 a. e. $x \in E^*$ 有 $b(x) = a(x)$ 时对每一个函数 $f^* \in \mathcal{L}_1(E^*)$ 成立. 那样选 $c = \sum_{n=-\infty}^{\infty} |a_n|$ 是可能的.

首先假设存在一个那种 $b(x)$,那么

$$\left| \int_{E^*} a(x)f^*(x)\,dx \right| = \left| \int_{E^*} b(x)f^*(x)\,dx \right|$$

$$= \left| \sum_{n=-\infty}^{\infty} a_n \int_{E^*} e^{inx}f^*(x)\,dx \right|$$

$$= \left| \sum_{n=-\infty}^{\infty} a_n\phi(n) \right| \leq \sum_{n=-\infty}^{\infty} |a_n| \max_n |\phi(n)|$$

因此,考虑当 $|n| \to \infty$ 时趋于 0 的序列 $\{j_n\}_{n=-\infty}^{+\infty}$ 的集合,它们关于模 $\max |j_n|$ 构成一个 Banach 空间. 所有形如 $\{\phi(n)\}$ 的序列的集合是这个空间的子空间. 并且根据假设,泛函 $\int_{E^*} a(x) f^*(x) \mathrm{d}x$ 是线性的,有界的. 根据 Hahn - Banach 定理,这个泛函可以有界地扩展到所有的序列 $\{j_n\}$ 上去,但是在后者上的有界线性泛函具有形式 $\sum a_n j_n$,其中 $\sum |a_n| < +\infty$. 因此限制在序列 $\{\phi(n)\}$ 上,对每个 $f^* \in \mathcal{L}_1(E^*)$ 就有

$$\int_{E^*} a(x) f^*(x) \mathrm{d}x = \sum a_n \phi(n) = \sum_{n=-\infty}^{\infty} a_n \int_{E^*} \mathrm{e}^{inx} f^*(x) \mathrm{d}x$$

$$= \int_{E^*} b(x) f^*(x) \mathrm{d}x$$

(其中 $b(x) = \sum a_n \mathrm{e}^{inx}$). 因此对 a.e. $x \in E^*$ 有 $a(x) = b(x)$.

对固定的 t,将上面已证的命题应用于函数 $a(x) = \mathrm{e}^{itx}$. 设 $E \in \mathcal{F}$. 如果有限个覆盖 E 的区间是某种程度上的扩张,则所得到的集合将不包含任何一对模 2π 下同余的点. 设 $k(x)$ 是一个在原来的区间上等于 1,在扩充区间外等于 0 的 "充分光滑" 的函数. 最后,设

$$b(x) = \sum_{j=-\infty}^{\infty} k(x + 2j) \mathrm{e}^{it(x+2j\pi)}$$

由于在每个点,这个级数的至多一项是不等于 0 的,因此 $b(x)$ 的定义是有意义的. 此外,如果 $x \in E^*$,那么

$$b(x) = a(x)^* = (\mathrm{e}^{itx})^*$$

函数 $b(x)$ 是 2π 周期的,其 Fourier 系数为

$$b_n = \frac{1}{2\pi} \int_{-\infty}^{\infty} \mathrm{e}^{-inx} b(x) \mathrm{d}x$$

$$= \frac{1}{2\pi} \int_{-\infty}^{\infty} \mathrm{e}^{-inx} \sum_{j=-\infty}^{\infty} k(x + 2j) \mathrm{e}^{it(x+2j\pi)} \mathrm{d}x$$

$$= \frac{1}{2\pi} \int_{-\infty}^{\infty} \mathrm{e}^{itx-inx} k(x) \mathrm{d}x$$

那么

$$|b_n| \leqslant \frac{1}{2\pi} \int_{-\infty}^{\infty} |k(x)| \mathrm{d}x \leqslant c_1$$

或者,经过两次分部积分

$$| b_n | \leqslant \frac{1}{2\pi(n-t)^2} \int_{-\infty}^{\infty} | k''(x) | \, \mathrm{d}x \leqslant \frac{c_2}{(n-t)^2}$$

(对适当选择的 $k(x)$). 因此

$$\sum | b_n | \leqslant c_1 + c_2 \sum_{n=-\infty}^{\infty} \frac{1}{(n-t)^2} = c^3$$

应用前面已证的命题就得出 $E \in \mathcal{E}$.

相反, 假设 $E \in \mathcal{E}$ 我们建立 $\delta > 0$ 的存在性, 使得对 E 的任意两个 Lebesgue 稠密点 u, v, 关系式 $| u - v | \geqslant \pi$ 蕴含 $| (u - v)^* | \geqslant \delta$. 否则, 实际上存在稠密点的序列 $\{u_n\}, \{v_n\}$ 使得 $| u_n - v_n | \geqslant \pi$, 但是 $(u_n - v_n)^* \to 0$. 可以证明那样就存在一个数 t 使得 $[t(u_n - v_n)]^* \to 0$. 为看出这一点, 首先设 $u_n - v_n = w_n$ 是有界序列, 那么 $t = \dfrac{1}{\sup | u_n - v_n |}$ 就是一个适当的值. 如果 w_n 是无界的, 那么我们不妨设 $w_n \to \infty$, 并且 $\dfrac{w_{n+1}}{w_n} \to \infty$, 然后, 我们构成序列 t_n 如下

$$t_0 = 0, t_n = t_{n-1} - \frac{(t_{n-1}w_n)^* - \pi/2}{w_n} \quad (n = 1, 2, \cdots)$$

这里 $t_n - t_{n-1} = O\left(\dfrac{1}{w_n}\right)$, 并且由 w_n 的快速增长性可得序列 t_n 的极限存在.

令

$$t = \lim t_n = \sum_{n=1}^{\infty} (t_n - t_{n-1})$$

那么

$$t - t_n = O\left(\frac{1}{w_{n+1}}\right)$$

因此

$$tw_n = (t - t_n)w_n + t_nw_n = O\left(\frac{w_n}{w_{n+1}}\right) + t_{n-1}w_n - (t_{n-1}w_n)^* + \frac{\pi}{2}$$

同时, 由于 $t_{n-1}w_n - (t_{n-1}w_n)^*$ 是 2π 的倍数, 所以有

$$(tw_n)^* = O\left(\frac{w_n}{w_{n+1}}\right) + \frac{\pi}{2} = \frac{\pi}{2} + o(1) \not\to 0$$

因此这个 t 是合适的.

利用这个 t, 我们构成函数

403

$$a(x) = (e^{itx})^*, \quad (x \in E^*)$$

并且利用早先已证明的命题,并去掉一个 0 测集,那么 $a(x)$ 就可被扩展成一个 2π 周期的连续函数(甚至一个具有绝对收敛的 Fourier 级数的函数),我们用 $b(x)$ 表示这个函数. 由于

$$\left(u_n - \frac{1}{n}, u_n + \frac{1}{n}\right) \cap E$$

和它的 $*$ 都具有正测度. 再去掉一个 0 测集,同时把上面命题中的 u_n 换成 v_n 后,类似的结论也成立. 在这些集合中还剩下某些点,设 u_n', v_n' 是这些点,那么 $u_n' - u_n \to 0, v_n' - v_n \to 0$,因此 $(u_n' - v_n')^* \to 0$,并且 $a(u_n'^*) = b(u_n'^*)$, $a(v_n'^*) = b(v_n'^*)$. 所以,由 $b(x)$ 的连续性就得出 $a(u_n'^*) - a(v_n'^*) \to 0$. 但是

$$a(u_n'^*) = e^{itu_n'}, \quad a(v_n'^*) = e^{itv_n'}$$

而

$$0 = \lim[t(u_n' - v_n')]^* = \lim[t(u_n - v_n)]^*$$

这与 t 的构造矛盾,因而 δ 存在.

对于 E 的每个稠密点,考虑其半径为 $\dfrac{\delta}{4}$ 的邻域. 它们的并集 S 是开的并且几乎覆盖 E. 对于 S 中的任意两个点 u_1 和 v_1,关系式 $|(u_1 - v_1)^*| < \dfrac{\delta}{4}$ 蕴含 $|u_1 - v_1| < \dfrac{\delta}{4}$;否则(假设 $\delta < \pi$),将有 $|u_1 - v_1| > \dfrac{3}{2}\pi$. 而由 S 的构造可知, 在 E 中存在稠密点 u 和 v 使得 $|u - u_1| < \dfrac{\delta}{4}$, $|v - v_1| < \dfrac{\delta}{4}$. 因此 $|u - v| \geqslant \pi$,而 $|(u - v)^*| < |(u_1 - v_1)^*| + 2 \cdot \dfrac{\delta}{4} < \delta$,这与 δ 的性质矛盾.

因此,S 的闭包内不可能有两个在模 2π 下同余的点. 因此,也可以得出 S 的测度不超过 2π,并且由于开集 S 的每个分量的长度大于或等于 $\dfrac{\delta}{2}$,所以分量的数量必须是有限的,也就是说,S 的闭包是闭区间的有限并集. 因此,$E \in \mathcal{F}$.

问题 M.18 证明任何两个具有正长度的区间 $A, B \subseteq \mathbb{R}$ 可以可数地互相剖分,那就是说它们可被写成可数个两两不相交的集合的并 $A = A_1 \cup A_2 \cup \cdots$ 和 $B = B_1 \cup B_2 \cup \cdots$,其中对每个 $i \in \mathbb{N}$,A_i 和 B_i 是全等的.

解答

解答 1　在 $\mathbb{R}$ 中考虑如下等价关系

$$\sim = \{(x,y) \in \mathbb{R}^2 : x - y \in \mathbb{Q}\}$$

它导出一个不相交的分类 $\mathbb{R} = \cup_{\gamma \in \Gamma} Q_\gamma$. 显然每个等价类在 $\mathbb{R}$ 中是稠密的,因此 $A \cap Q_\gamma$ 和 $B \cap Q_\gamma$ 是可数无限的集合. 所以,根据选择公理,对每个 γ 存在 1—1 映射

$$\phi_\gamma : A \cap Q_\gamma \to B \cap Q_\gamma$$

那样,对每个 $\gamma \in \Gamma, x \in A \cap Q_\gamma$,就有 $\phi_\gamma(x) \sim x$.

设 $\mathbb{Q} = \{q_1, q_2, \cdots\}$ 是全体有理数,$i \in \mathbb{N}$,考虑集合

$$A_i = \bigcup_{\gamma \in \Gamma} \{x \in A \cap Q_\gamma : \phi_\gamma(x) - x = q_i\}$$

$$B_i = \bigcup_{\gamma \in \Gamma} \{\phi_\gamma(x) \mid x \in A \cap Q_\gamma, \phi_\gamma(x) - x = q_i\}$$

根据定义,我们看出

$$A = \bigcup_{i=1}^{\infty} A_i, \quad B = \bigcup_{i=1}^{\infty} B_i$$

是分划,并且对每一个 $i \in \mathbb{N}$,有 $B_i = A_i + q_i$.

解答 2

当且仅当 $\mathbb{R}$ 的两个子集组可以被可数地互相分解时称这两组子集组具有关系 σ. 容易验证 σ 是平移不变的等价关系,如果 S_n 和 T_n 分别是两两不相交的集合($n \in \mathbb{N}$)且对每个 $n, S_n \sigma T_n$,则它们满足

$$(\bigcup_{n=1}^{\infty} S_n) \sigma (\bigcup_{n=1}^{\infty} T_n)$$

我们现在看出任何区间是无限多个可数的不相交的开区间并和无限多个可数的不相交的集合的并. 根据上面的定义和性质,我们可设 $A = [0,a], B = [0,b], 0 < a \leqslant b$.

现在在 $\mathbb{R}$ 中考虑下面的等价关系

$$\sim = \{(x,y) \in \mathbb{R}^2 : x - y \in \mathbb{Q}\}$$

它的等价类在 $\mathbb{R}$ 中是稠密的,因此根据选择公理可知存在一个集合 $X \subseteq \left[0, \dfrac{a}{3}\right]$,它恰包含每个等价类中的一个元素. 设

$$Q_A = \mathbb{Q} \cap \left[0, \frac{2a}{3}\right], Q_B = \mathbb{Q} \cap \left[0, b - \frac{a}{3}\right]$$

以及

$$A^* = \bigcup_{q \in Q_A} (X + q), \quad B^* = \bigcup_{q \in Q_B} (X + q)$$

其中 $X + q$ 表示集合 X 经过一个平移 $q \in \mathbb{R}$ 后所得的集合. 显然 A^* 和 B^* 是无限多个可数的、互不相交的全等于 X 的集合, 因此 $A^* \sigma B^*$. 同时我们也容易验证下面的包含关系

$$\left[\frac{a}{3}, \frac{2a}{3}\right] \subseteq A^* \subseteq A, \left[\frac{a}{3}, b - \frac{a}{3}\right] \subseteq B^* \subseteq B$$

令

$$A^- = \left[0, \frac{a}{3}\right] \backslash A^*, \quad A^+ = \left[\frac{2a}{3}, a\right] \backslash A^*$$

$$B^- = \left[0, \frac{a}{3}\right] \backslash B^*, \quad B^+ = \left[b - \frac{a}{3}, b\right] \backslash B^*$$

简单地计算表明 $B^- = A^-, B^+ = A^+ + (b - a)$, 因此分划

$$A = A^- \cup A^* \cup A^+$$

和

$$B = B^- \cup B^* \cup B^+$$

就证明了命题.

注记

1. 这个命题的一个直接的有意义的推论是不存在一个定义在 $\mathbb{R}$ 的所有子集上的具有 $\sigma -$ 可加性和平移不变性的测度使得单位区间的测度等于 1.

2. 第一个证明可以立即应用到非离散的、可分的 Hausdorff 拓扑的 Abel 群的具有非空内部的子集上去.

3. 利用测度论的常规方法, 可以把这个命题扩展到如下的 Lebesgue 可测集. 任意具有正的 Lebesgue 测度的集合 $A, B \subseteq \mathbb{R}$ 几乎都可以被可数地互相分解, 也就是说, 它们有分划

$$A = \bigcup_{i=0}^{\infty} A_i, \quad B = \bigcup_{i=0}^{\infty} B_i$$

使得 A_0 和 B_0 的测度为 0, 而对每个 $i \in \mathbb{N}, A_i$ 和 B_i 是全等的.

4. 前面的注记不可能通过去掉测度值为 0 的集合这一条件来得到加强, 正如一位参赛者所注意到的那样, 这等价于一组 Baire 的第一范畴的集合不能被可数地分解为一组 Baire 第二范畴的集合. 然而在正 Lebesgue 测度的集合中, 存在这种例子.

问题 M.19　设 $H \subseteq \mathbb{R}$ 是一个具有正 Lebesgue 测度的可测集,证明

$$\liminf_{t \to 0} \frac{\lambda((H+t) \backslash H)}{|t|} > 0$$

其中 $H + t = \{x + t : x \in H\}$,而 λ 是 Lebesgue 测度.

解答

我们证明

$$\liminf_{t \to 0} \frac{\lambda((H+t) \backslash H)}{|t|} \geqslant 1$$

引理　对任意 $0 < \varepsilon < 1$,存在一个区间 $[a,b)$ 使得 $\lambda(H \cap [a,b)) > (1-\varepsilon)(b-a)$.

引理的证明　假设引理的结论不成立,用可数无穷多个(左闭右开的)区间覆盖 H,使得区间的长度之和小于 $\dfrac{\lambda(H)}{1-\varepsilon}$. 根据 Lebesgue 测度的定义,这是可能的. 设第 i 个区间是 $[a_i, b_i)$,那么根据我们一开始的假设就有

$$\lambda(H \cap [a_i, b_i)) \leqslant (1-\varepsilon)(b_i - a_i)$$

并且

$$\lambda(H) \leqslant \sum_{i=1}^{\infty} \lambda(H \cap [a_i, b_i)) \leqslant (1-\varepsilon) \sum_{i=1}^{\infty} (b_i - a_i) < \lambda(H)$$

矛盾. 这就证明了引理.

设 $0 < \varepsilon < 1$ 并设区间 $[a,b)$ 使得

$$\lambda(H \cap [a,b)) > (1-\varepsilon)(b-a)$$

设 $0 < t < b - a$ 以及 $n = \left[\dfrac{b-a}{t}\right] + 1$,那么

$$(1-\varepsilon)(b-a) < \lambda(H \cap [a,b)) \leqslant \sum_{k=1}^{n} \lambda(H \cap [a+(k-1)t, a+kt))$$

因此,存在整数 $k, 1 \leqslant k \leqslant n$ 使得

$$\lambda(H \cap [a+(k-1)t, a+kt)) \geqslant \frac{(1-\varepsilon)(b-a)}{n}$$

$$\geqslant \frac{(1-\varepsilon)(b-a)}{\dfrac{b-a}{t}+1} = \frac{(1-\varepsilon)t}{1+\dfrac{t}{b-a}}$$

令

407

$$A_i = H \cap [a + (k + i - 1)t, a + (k + i)t] \quad (i = 0,1,2,\cdots)$$

由于 H 是有界的，所以当 i 充分大时，A_i 是空集，所以我们有

$$\lambda((H + t) \backslash H) \geqslant \sum_{i=0}^{\infty} \lambda((A_i + t) \backslash A_{i+1}) \geqslant \sum_{i=0}^{\infty} (\lambda(A_i) - \lambda(A_{i+1}))$$

$$= \lambda(A_0) = \lambda(H \cap [a + (k-1)t, a + kt)) > \frac{(1 - \varepsilon)t}{1 + \dfrac{t}{b - a}}$$

完全类似的有

$$\lambda((H - t) \backslash H) \geqslant \frac{(1 - \varepsilon)t}{1 + \dfrac{t}{b - a}}$$

由此得出

$$\liminf_{t \to 0} \frac{\lambda((H + t) \backslash H)}{|t|} \geqslant \lim_{t \to 0} \frac{1 - \varepsilon}{1 + \dfrac{t}{b - a}} = 1 - \varepsilon$$

但是上式对每个 $0 < \varepsilon < 1$ 都成立，因此就得出

$$\liminf_{t \to 0} \frac{\lambda((H + t) \backslash H)}{|t|} \geqslant 1$$

3.6   数   论

问题N.1   设 f 和 g 都是具有有理系数的多项式,并设 F 和 G 分别表示 f 和 g 在有理数处的值的集合. 证明 $F = G$ 的充分必要条件是存在两个适当的有理数 $a \neq 0$ 和 b,使得 $f(x) = g(ax + b)$.

解答

以下的"多项式"总是指一个具有有理系数的多项式,而多项式的"值域"则表示一个多项式在有理数处所取的值的集合.

我们定义两个多项式之间的两种关系如下:如果两个多项式 f 和 g 的值域重合,则记 $f \sim g$,如果对所有的和适当的有理数 $a \neq 0, b$ 有 $f(x) = g(ax + b)$,则记 $f \approx g$. 显然,它们都是等价关系并且和乘法是相容的,那就是说,如果 $f \sim g$ 或 $f \approx g$,则 $cf \sim cg$,或 $cf \approx cg$(是有理数). 我们的目的是证明这两种关系是恒同的,其中有一种关系是显然的,那就是蕴含.

我们将分几步证明反过来的蕴含关系:

(1)只需对整系数多项式证明这一关系即可. 实际上,假设 $f \sim g$,并且设 c 是一个使得 cf 和 cg 的系数都是整数的有理数. 我们有 $cf \sim cg$,因而 $cf \approx cg$. 由于 cf 和 cg 的系数都是整数,所以 $f \approx g$.

(2)如果 $f \sim g$ 是整系数多项式,那么它们的次数必须相等. 实际上设

$$f(x) = ax^n + \cdots, \quad g(x) = bx^k + \cdots$$

其中 $a \neq 0, b \neq 0$ 并且 $n \leqslant k$. 选择一个素数 $p \nmid ab$. 我们有 $f\left(\dfrac{1}{p}\right) = \dfrac{c}{p^n}$,其中 $p \nmid c$. 根据假设 g 在某个有理数 $\dfrac{u}{v}, (u, v) = 1$ 处也取这个值. 现在,如果 $p \nmid v$,那么 p 不可能整除 $g\left(\dfrac{u}{v}\right)$ 的分母,所以 p 必须整除 v. 现在由 $(p, b) = 1$ 得出 p 在 $b\left(\dfrac{u}{v}\right)^k$ 的分母中的指数要高于 $g\left(\dfrac{u}{v}\right)$ 的任何其他项的分母中的指数,因而 $g\left(\dfrac{u}{v}\right)$ 中包含一个指数 $\geqslant k$ 的 p,这就得出 $n \geqslant k$,因此 $n = k$.

(3) 现在，只需对两个整系数多项式中至少有一个的首项系数是 1 的情况证明命题即可. 实际上设 $f \sim g$，$f(x) = ax^n + \cdots$，那么

$$a^{n-1}f\left(\frac{x}{a}\right) \sim a^{n-1}f(x) \sim a^{n-1}g(x)$$

并且 $a^{n-1}f\left(\dfrac{x}{a}\right)$ 的系数仍然是整数，而它的首项系数已成为 1. 根据假设我们推出 $a^{n-1}f(x/a) \approx a^{n-1}g(x)$，因此 $f \approx g$.

(4) 设 $f \sim g$ 是整系数多项式，$f(x) = x^n + \cdots$，$g(x) = bx^n + \cdots$. 我们断言 b 的每个素因子的指数都 $\geq n$. 为证明这点，取一个 $p \mid b$，并考虑多项式

$$f_1(x) = p^{n(n-1)}f\left(\frac{x}{p^{n-1}}\right) \sim p^{n(n-1)}f\left(\frac{x}{p^n}\right) \sim g_1(x)$$

$$= p^{n(n-1)}g\left(\frac{x}{p^n}\right)$$

我们知道 f_1 的所有系数以及 g_1 的除首项系数之外的所有系数都是整数，而 f_1 的首项系数为 1. 因此 f_1 每个值具有以下性质：如果（以既约形式）它的分母可以被 p 整除，那么它的分母可以被 p^n 整除. 由 $f_1 \sim g_1$ 得出，这一性质对 g_1 也必须成立.

现在 $g_1(1) = \dfrac{b}{p^n} + c$，其中 c 是整数，由 $p \mid b$ 可知分母中 p 的指数必须严格小于 n，因此必须为 0，这就是说 $p^n \mid b$.

(5) 现在只需证明在两个整系数多项式的首项系数都是 1 的情况下命题成立即可. 设 $f \sim g$ 是整系数多项式，$f(x) = x^n + \cdots$，$g(x) = bx^n + \cdots$. 设 c_n 是整除 b 的最大的 n 次幂. 考虑多项式

$$f_1(x) = c^{n(n-1)}f\left(\frac{x}{c^{n-1}}\right) = x^n + \cdots$$

$$g_1(x) = c^{n(n-1)}g\left(\frac{x}{c^{n-1}}\right) = \frac{b}{c^n}x^n + \cdots$$

我们有 $f_1 \sim g_1$，根据第 4 步，在 g_1 的首项系数中的任何素数的指数都必须是 0 或者 $\geq n$，并且根据 c 的定义，这个系数必须是 1 或者 -1. 对 n 是偶数的情况，可以排除 -1，由于值域在一个方向是下有界的而在另一个方向上是上有界

410

的. 最后如果 n 是奇数,那么把 c 换成 $-c$,我们可以把其中的一个 -1 变成 1,因此在这个限制下 $f_1 \approx g_1$,这就得出 $f \approx g$.

（6）我们也可以假设在两个多项式中 x^{n-1} 的系数都等于 0. 实际上如果

$$f(x) = x^n + ax^{n-1} + \cdots \sim g(x) = x^n + bx^{n-1} + \cdots$$

那么多项式

$$f_1(x) = n^n f\left(\frac{x}{n} - a\right) \sim g_1(x) = n^n g\left(\frac{x}{n} - a\right)$$

就具有这个性质,并且 $f_1 \approx g_1$ 再次蕴含 $f \approx g$.

（7）综合上面的论证,我们发现只需证明下面的命题即可:

如果 $f \sim g$ 是形如下面的整系数多项式

$$f(x) = x^n + ax^{n-2} + \cdots, \quad g(x) = x^n + bx^{n-2} + \cdots$$

那么 $f \approx g$.

证明 我们看出仅有的使得 f 和 g 都取整数值的有理数必须是整数. 由于 $f(x+1) - g(x) = nx^{n-1} + \cdots$,所以对充分大的 x 有 $g(x) < f(x+1)$,类似的有 $g(x) > f(x-1)$. 因而对充分大的正的整数 x,仅有的可使得 $f(y) = g(x)$ 成立的有理数 y 是 $y = x$. 如果 n 是偶数,那么这种 y 只可能是负数,并且类似的我们发现仅有的可使得 $f(y) = g(x)$ 成立的有理数 y 是 $y = -x$,这表示方程 $f(x) = g(x)$ 和 $f(-x) = g(x)$ 之一必须有无穷多个整数解,因此必须是恒等式,这就完成了证明.

问题 N.2 证明对每个使得 $p \equiv 3 \pmod 4$ 的素数 p 成立

$$\prod_{1 \leqslant x < y \leqslant \frac{p-1}{2}} (x^2 + y^2) \equiv (-1)^{\left[\frac{p+1}{8}\right]} \pmod p$$

（$[\cdot]$ 表示一个实数的整数部分.）

解答

解答 1 令 $p = 4k + 3$,考虑所有的和 $x^2 + y^2, 1 \leqslant x, y \leqslant 2k + 1$. 用 r 表示使得和 $\equiv 1$ 的对 x, y 的数目.

首先我们证明使得 $x^2 + y^2 \equiv -1 \pmod p$ 的对的数目是 $r + 1$. 由于每个二次剩余都有一个唯一的形式为 $x^2, 1 \leqslant x \leqslant 2k + 1$ 的表示,而每个非二次剩余都有一个唯一的形式为 $-y^2$ 的表示,所以 $x^2 + y^2 = x^2 - (-y^2) \equiv 1$ 的解的数目

可以通过计数序列 $1, 2, \cdots, p-2, p-1$ 中形式为（非剩余数，剩余数）的数的数目而得出，类似地满足方程 $x^2 + y^2 \equiv -1$ 的对对应于形式为（剩余数，非剩余数）的对. 由于这个序列最开头的数是平方剩余（记住 $p \equiv -1 (\mathrm{mod}\, 4)$），最后一个数是平方非剩余，所以第二种情况必须发生 $r+1$ 次.

下面我们证明对每个 a, $x^2 + y^2 \equiv a^2 (\mathrm{mod}\, p)$, $1 \leqslant x, y \leqslant 2k+1$ 的解数是 r. 实际上，映射 $x \equiv \pm a x_1, y \equiv \pm a y_1$，其中的符号取得使得 x, x_1, y, y_1 都落在区间 $[1, 2k+1]$ 中，给出了 $x^2 + y^2 \equiv a^2$ 的解和 $x_1^2 + y_1^2 \equiv 1$ 的解之间的一个 1—1 对应. 类似的，我们得出 $x^2 + y^2 \equiv -1$ 的解数是 $r+1$.

上面的观察表示这些和 $x^2 + y^2$ 表示二次剩余 r 次，而表示非二次剩余 $r+1$ 次. 由于这些对的总数是 $\left(\dfrac{p-1}{2}\right)^2$，而二次剩余的数目和非二次剩余的数目都是 $\dfrac{p-1}{2}$，所以我们求出 $r = \dfrac{p-3}{4} = k$.

现在，我们所要计算的乘积并不是所有这些对的乘积，而是使得 $x < y$ 的对的乘积. 考虑一个二次剩余 a. 我们知道 $x^2 + y^2 \equiv a$ 解的总数是 k. 如果在这些解中，存在 u 个使得 $x < y$ 的解，v 个使得 $x = y$ 的解，w 个使得 $x > y$ 的解. 那么由对称性可知 $u = w$，因而 v 等于 0 或 1. 因此 $u = \left[\dfrac{k}{2}\right]$. 类似地，对于一个非二次剩余的数字，使得 $x < y$ 的解数是 $\left[\dfrac{k+1}{2}\right]$.

所有二次剩余数的乘积是

$$1^2 \cdot 2^2 \cdot \cdots \cdot \left(\frac{p-1}{2}\right)^2 \equiv \left(\left(\frac{p-1}{2}\right)!\right)^2 \equiv 1 \quad (\mathrm{mod}\, p)$$

而非二次剩余数的乘积是

$$(-1^2) \cdot (-2^2) \cdot \cdots \cdot \left(-\left(\frac{p-1}{2}\right)^2\right) \equiv (-1)^{\frac{p-1}{2}} \left(\left(\frac{p-1}{2}\right)!\right)^2$$

$$\equiv -1 \quad (\mathrm{mod}\, p)$$

因此，原来的乘积就是

$$1^{[k/2]} (-1)^{\left[\frac{k+1}{2}\right]} = (-1)^{\left[\frac{p-1}{8}\right]}$$

解答 2

412

用 P 表示这个乘积. 在这个乘积中,所有二次剩余的对的和是一个乘积. 设 g 是模 p 的原根并令 $h = g^2$. 数 $1, h, h^2, \cdots, h^{2k}$ 表示每个二次剩余各一次. 因而, 我们有

$$P \equiv \prod_{0 \leqslant i < j \leqslant 2k} (h^i + h^j) \pmod p$$

这蕴含

$$P \cdot \prod_{0 \leqslant i < j \leqslant 2k} (h^i - h^j) \equiv \prod_{0 \leqslant i < j \leqslant 2k} (h^{2i} - h^{2j}) \pmod p$$

这里,每个乘积都是一个非零的 Vandermonde 行列式的值,因此上面的等式可以写成

$$P \cdot V(1, h, h^2, \cdots, h^{2k}) \equiv V(1, h^2, \cdots, h^{4k}) \pmod p$$

由于 $h^{2k+1} = g^{4k+2} \equiv 1 \pmod p$,所以第二个 Vandermonde 行列式的生成子同余于

$$1, h^2, \cdots, h^{2k}, h, h^3, \cdots, h^{2k-1}$$

因而第二个行列式可以从第一个行列式通过 $k + (k - 1) + \cdots + 2 + 1 = \dfrac{k(k + 1)}{2}$ 个行变换而得出,这就表示

$$P \equiv (-1)^{\frac{k(k+1)}{2}} \equiv (-1)^{\left[\frac{k+1}{2}\right]} \equiv (-1)^{\left[\frac{p+1}{8}\right]} \pmod p$$

问题 N.3 设 p 是一个素数,并设

$$\ell_k(x, y) = a_k x + b_k y \quad (k = 1, 2, \cdots, p^2)$$

是整系数的线性齐次多项式. 假设对每一个不能都被 p 整除的整数对 (ξ, η), $\ell_k(\xi, \eta)(1 \leqslant k \leqslant p^2)$ 恰表示了模 p 的剩余类 p 次. 证明:数对的集合 $\{(a_k, b_k): 1 \leqslant k \leqslant p^2\}$ 在模 p 下和集合 $\{(m, n): 0 \leqslant m, n \leqslant p - 1\}$ 重合.

解答

解答 1 假设命题不成立,则存在数 $i \neq j$ 使得 $a_i \equiv a_j, b_i \equiv b_j$(其中每个同余都是在 $\mathrm{mod}\, p$ 的意义下). 考虑满足

$$l_k(x, y) \equiv l_i(x, y)$$

的三元组 $(k, x, y), (x, y) \neq (0, 0)$ 的数目. 根据假设, 对于每个固定的对 $(x, y) \neq (0, 0)$,k 中的解的数目是 p,因此这些三元组的总数是 $p(p^2 - 1)$.

现在考虑 x, y 中固定 k 的解. 如果 $k = i$ 或 j,这是一个恒等式,这表示有

$2(p^2-1)$ 个解. 对于任何其他 k, 容易看出解的数量至少为 $p-1$. 这表示解的总数至少为

$$(p^2-2)(p-1) + 2(p^2-1) = p(p^2-1) + p(p-1) > p(p^2-1)$$

矛盾.

解答 2 只需证明对每个 u 和 v 恰存在一个 k 使得 $a_k \equiv u, b_k \equiv v$ 即可. 表示的一致性蕴含对每个 $(\xi, \eta) \neq (0,0)$, 我们有

$$\sum_{k=1}^{p^2} e^{\frac{2\pi i}{p}(a_k\xi + b_k\eta)} = 0$$

用 $e^{(2\pi i/p)(u\xi + v\eta)}$ 去乘上式的两边, 我们得出对 $(\xi, \eta) \neq (0,0)$ 有

$$\sum_{k=1}^{p^2} e^{\frac{2\pi i}{p}[(a_k-u)\xi + (b_k-v)\eta]} = 0$$

对 $\xi \equiv \eta \equiv 0$, 同样的和显然给出 p^2. 现在, 对所有可能的 ξ 和 η, 包括 $(0,0)$ 对这些和求和, 我们就得出

$$S = \sum_{\xi=0}^{p-1} \sum_{\eta=0}^{p-1} \sum_{k=1}^{p^2} e^{\frac{2\pi i}{p}[(a_k-u)\xi + (b_k-v)\eta]} = p^2$$

交换求和的次序, 我们得出

$$S = \sum_{k=1}^{p^2} \sum_{\xi=0}^{p-1} \sum_{\eta=0}^{p-1} e^{\frac{2\pi i}{p}[(a_k-u)\xi + (b_k-v)\eta]}$$

$$= \sum_{k=1}^{p^2} \left[\left(\sum_{\xi=0}^{p-1} e^{\frac{2\pi i}{p}(a_k-u)\xi} \right) \left(\sum_{\eta=0}^{p-1} e^{\frac{2\pi i}{p}(b_k-v)\eta} \right) \right] = p^2$$

现在, 这个乘积中的一般项将等于 0, 除非 $a_k \equiv u$ (在第一个括号中) 或 $b_k \equiv v$ (在第二个括号中). 因而, 除非 $a_k \equiv u$ 和 $b_k \equiv v$, 否则整个乘积为 0, 在这种情况下它等于 p^2. 由于这些乘积的总和是 p^2, 因此这些情况对 k 的恰好一个值发生.

注记

1. 解答 2 的方法可以用于证明以下问题的推广: 设 p 是一个素数, r 是正整数, 并且 l_k 是形如

$$l_k(x_1, \cdots, x_n) = a_1^k x_1 + \cdots + a_n^k x_n \quad (k = 1, 2, \cdots, rp^n)$$

的 n 个变量的齐次线性多项式. 假设对于整数的每一个不都能被 p 整除的 n 元

414

组$(\xi_1,\xi_2,\cdots,\xi_n)$,$l_k(\xi_1,\xi_2,\cdots,\xi_n)$的值恰表示$\bmod p$的每个同余类$rp^{n-1}$次,那么每个$n$元组$(m_1,m_2,\cdots,m_n)$在$\bmod p$下可在$k$的恰好$r$个值在系数的$n$元组$(a_1^k,a_2^k,\cdots,a_n^k)$中被表示.

2. 如果对(ξ,η),其中ξ和η都不能被p整除,放松一致性的要求,那么得出下面的断言:

断言 设$f(m,n)$表示满足$a_k\equiv m$,$b_k\equiv n$的对(a_k,b_k)的数目,那么$l_k(\xi,\eta)$的值对所有的p^2-2p+1个可行对(ξ,η)是一致分布的充分必要条件是$f(m,n)=g(m)+h(n)$.

问题 N.4 设p是一个素数,n是一个正整数,而S是基数为p^n的集合.设P是S的部分元素的组构成的族,这些部分元素的组中的元素个数都可被p整除,且任意两个组的交至多只含一个元素.问P的元素个数能有多少?

解答

解答1 这个最大值是$\dfrac{p^n-1}{p-1}$.设H是分划的集合,并设$C_1,\cdots,C_k$是元素个数都是p的倍数并且任意两个类至多只有一个公共元素的集合.考虑一个$h\in H$,并设$C_i(h)$是C_i中的包含h的类.根据假设,下面这些集合

$$C_1(h)\setminus\{h\},\cdots,C_k(h)\setminus\{h\}$$

是两两不相交的,并且其中每个集合至少有$p-1$个元素,因此我们有

$$k(p-1)\leqslant p^n-1,\text{即}k\leqslant\frac{p^n-1}{p-1}.$$

现在我们证明对应的下界估计.考虑p个元素的有限域K上的n维投影空间P_n,一个它上面的超平面σ和仿射空间$P_n'=P_n\setminus\sigma$.我们看出P_n有$\dfrac{p^{n+1}-1}{p-1}$个点,σ有$\dfrac{p^n-1}{p-1}$个点而P_n'有p^n个点.

对一个任意的点$P\in\sigma$,考虑P_n中的经过点P但不在σ上的直线,如果我们从每条那样的直线上去掉点P,那么剩下的仿射直线(作为点的集合)构成一个把仿射空间P_n'分成元素个数等于p的集合的分划C_p,这些分划的数目是和σ的点的数目一样多的,即分划的数目是$\dfrac{p^n-1}{p-1}$.

解答 2

我们把解答 1 中关于上界的估计同时用另一种方法给出下界的估计. 设 H 是在基 p 下所有 n 位数的集合. 这个集合有 p^n 个元素. 分划将给出一个整数值的函数. 设 $f(x)$ 表示所有包含一个给定的 $x \in H$ 的类的数目. 我们将定义一些带有下标 (j, a) 的函数, 其中 $j = 0, \cdots, n-1$, 对给定的 j, a 的取值为 $a = 0, \cdots, p^j - 1$. 这种 a 的个数为 p^j, 因此 a 的总数为

$$1 + p + p^2 + \cdots + p^{n-1} = \frac{p^n - 1}{p - 1}$$

我们定义函数 $f_{ja}(x)$ 如下: 设 x 和 a 在基 p 下的表示为

$$x = \xi_0 + \xi_1 p + \cdots + \xi_{n-1} p^{n-1}$$
$$a = \alpha_0 + \alpha_1 p + \cdots + \alpha_{j-1} p^{j-1}$$

设 $[m]$ 表示一个整数 m 在模 p 下的最小的非负剩余. 现在, 我们令

$$f_{ja}(x) = [\xi_0 + \alpha_0 \xi_j] + [\xi_1 + \alpha_1 \xi_j] p + \cdots + [\xi_{j-1} + \alpha_{j-1} \xi_j] p^{j-1} +$$
$$\xi_{j+1} p^j + \cdots + \xi_{n-1} p^{n-2}$$

在 $j = 0, a = 0$ 的情况下, 令

$$f_{00}(x) = \xi_1 + \xi_2 p + \cdots + \xi_{n-1} p^{n-2}$$

我们证明每个类都包含 p 个元素. 实际上, 给出了

$$f_{ja}(x) = y = \eta_0 + \cdots + \eta_{n-2} p^{n-2}$$

的一个值, 对 $k = j+1, \cdots, n$, 我们有 $\xi_k = \eta_{k-1}$, 我们可以选择一些下标, 使得 ξ_j 给出 p 个不同的值, 并且对固定的 ξ_j, 根据同余式

$$\xi_i + \alpha_i \xi_j \equiv \eta_i \pmod{p} \quad (i = 0, \cdots, j-1)$$

唯一地确定 $\xi_0, \cdots, \xi_{j-1}$ 的值.

下面, 我们必须证明两个类的交至多只有一个元素. 那就是说, 方程组

$$f_{ja}(x) = y, \quad f_{j'a'}(x) = y'$$

至多只有一个解. 首先假定 $j \neq j'$, 比如说 $j' < j$. 那么我们从第二个方程得出 $\xi_j = \eta_j'$, 那样我们就知道 $f_{ja}(x)$ 和 ξ_j 唯一地确定了 x.

最后, 考虑 $j = j'$ 的情况. 这时我们必须有 $a \neq a'$, 比如说对某个 $k \leq j-1$ 有 $a_k \neq a_k'$, 那么同余式

$$\xi_k + \alpha_k \xi_j \equiv \eta_k \quad (\bmod\, p)$$

$$\xi_k + \alpha_k' \xi_j \equiv \eta_k' \quad (\bmod\, p)$$

确定了 ξ_j, 然后它和 $f_{aj}(x)$ 一起就唯一地确定了 x.

问题 N.5 设 f 是一个具有完全乘性的数论函数, 又设存在一个正整数的无穷的递增数列, 使得

$$f(n) = A_k \neq 0$$

并且

$$N_k \leqslant n \leqslant N_k + 4\sqrt{N_k}$$

证明 $f = 1$.

解答

我们将证明一个稍微更强的命题, 即证明原命题中的 4 可换成 $2 + \varepsilon$. 假设 f 在区间 $I_k = [N_k, N_k + M_k]$ 上是一个非零的常数, 其中 $M_k = (2 + \varepsilon)\sqrt{N_k}$.

首先, 我们证明对任意的 $n, f(n) \neq 0$. 实际上, 如果 $M_k > n$, 那么对某个 x 就有 $nx \in I_k$, 因此 $f(n)f(x) = f(nx) \neq 0$. 下面, 我们利用区间的常数性质去创造另一个区间. 设 f 在区间 $I = [N, N + M]$ 上是一个常数. 如果对一个 n, 我们可以找到一个整数 x 使得 $nx, (n+1)x \in I$, 那么 $f(n)f(x) = f(nx) = f((n+1)x) = f(n+1)f(x)$, 因此 $f(n) = f(n+1)$. 现在, 这个条件可以被重新写成

$$\frac{N}{n} \leqslant x \leqslant \frac{N + M}{n + 1}$$

如果

$$\frac{N + M}{n + 1} - \frac{N}{n} \geqslant 1$$

或者, 经过整理后的条件 $n^2 + n(1 - M) + N \leqslant 0$ 成立, 那么这个整数 x 即可被找到 (或存在). 这表示 n 位于对应的二次方程的两个根之间, 那就是说 $(M - 1)^2 > 4N$ (这说明, 如果 $M = (2 - \varepsilon)\sqrt{N}$, 我们的方法将不再有效). 如果 $M = (2 + \varepsilon)\sqrt{N}$, 那么还要加上条件就得出

$$\frac{M - 1 - \sqrt{(M - 1)^2 - 4N}}{2} \leqslant n \leqslant \frac{M - 1 + \sqrt{(M - 1)^2 - 4N}}{2}$$

在上面这些条件下,上面的区间就包括了一个形式为 $I' = [c_1M, c_2M]$ 的区间,其中 $0 < c_1 < c_2$ 是只依赖于 ε 的常数.

现在,我们对区间 I' 重复上述论证,就得出在区间 $I'' = [c_3M, c_4M]$ 上的常数性质. 由于区间 I 遍历所有的区间 I_k,这些后来的区间将覆盖整个半直线 $[c_3M, \infty)$,因而,当 $n > c_3M$ 时,$f(n)$ 是一个常数. 现在,取一个任意的正整数 m,并选一个 $n > c_3M$,我们就有 $f(n) = f(mn)$,所以 $f(m) = 1$.

注记

如果把 $4\sqrt{N_k}$ 缩小到 $\exp(c\sqrt{\log N_k \log\log\log N_k})$,其中 c 是一个任意小的正数,则命题不再有效.

为看出这一点,考虑区间 $I_k = [N_k, N_k + M_k]$ 的序列,其中 $N_k > M_k > N_{k-1} + M_{k-1}$,使得每个数 $n \in I_k$ 有一个素因子 $p > M_k$. 任意选择一个数 $A_k \neq 0$. 我们断言存在一个在区间 I_k 上恒等于 A_k 的完全乘性函数 f. 如果不是这样,那么每个 A_k 都等于 1,因而我们的函数将不恒等于 1.

我们递归地构造我们的函数. 假设对每个素数 $p \leq N_{k-1} + M_{k-1}$,$f(p)$ 是固定的. 对每个 $n \in I_k$,设 $p_k > M_k$ 是 n 的最大的素因子. 由于对 $n \neq n'$,这些素数是不同的,所以我们有 $(n, m) \leq |n' - n| \leq M_k$. 对 p_n 中没有出现的每个素数,选择一个任意的 $f(p)$,然后令 $f(p_n)$ 使得 $f(n) = A_k$.

现在我们必须找到一个那样的整数序列. 假设 $I_1, \cdots, I_{k-1}$ 已经给定,取一个充分大的 N,比如说 $N > \exp N_{k-1}$,我们企图在 $\left[\dfrac{N}{2}, N\right]$ 中找到一个 I_k.

设 $R(x, y)$ 表示其素因子都小于 y 的整数 $n \leq x$ 的个数;如果 M 使得 $M(R(N, M) + 1) < \dfrac{N}{2}$,那么 $\left[\dfrac{N}{2}, N\right]$ 包含长度为 M 的不包含这些数字的子区间. 这个区间就可以作为我们的 I_k. 取 $M = \exp(c\sqrt{\log N_k \log\log\log N_k})$ 的可行性可从 Rankin 不等式

$$R(x, y) < x\exp\left(-\frac{\log\log y}{\log y}\log x + O(\log\log y)\right)$$

得出.

问题 N.6 设 c 是一个正整数,p 是一个奇素数. 问

$$\sum_{n=0}^{\frac{p-1}{2}} \binom{2n}{n} c^n \pmod{p}$$

的最小绝对剩余是什么？

解答

设 $q = \dfrac{p-1}{2}$. 利用这个记号，对每个 j，我们就有 $2j+1 \equiv -2(q-j)$，因此我们有

$$\binom{2n}{n} = \frac{(2n)!}{n!^2} = \frac{2^n \cdot n! \cdot 1 \cdot 3 \cdot \cdots \cdot (2n-1)}{n!^2}$$

$$= \frac{2^n \cdot 1 \cdot 3 \cdot \cdots \cdot (2n-1)}{n!}$$

$$\equiv \frac{2^n \cdot (-2)^n \cdot q \cdot (q-1) \cdot \cdots \cdot (q-n+1)}{n!}$$

$$= (-4)^n \binom{q}{n}$$

所以

$$\sum_{n=0}^{q} \binom{2n}{n} c^n \equiv \sum_{n=0}^{q} \binom{q}{n}(-4c)^n = (1-4c)^q$$

如果 $1-4c$ 可被 p 整除，则上式同余于 0，否则当 $1-4c$ 是模 p 的二次剩余时，它同余于 1，而当 $1-4c$ 是模 p 的非二次剩余时，它同余于 -1.

问题 N.7 求一个常数 $c > 1$，使得对任意正整数 n 和 k，$n > c^k$ 时，$\binom{n}{k}$ 的不同的素因子个数至少是 k.

解答

记 $t = [1, 2, \cdots, n]$，我们将证明当 $n \geq t + k$ 时，$\binom{n}{k}$ 的不同的素因子个数至少是 k.

取一个素数 $p \leq k$，并设 $p^s \leq k < p^{k+1}$. p 在 $k!$ 中的指数是 $\sum_{i=1}^{s} \left[\dfrac{k}{p^i}\right]$，而在 t 中的指数是 s. 在数 $n, \cdots, n-k+1$ 中，至少有 $\left[\dfrac{k}{p^i}\right]$ 个 p^i 的倍数. 对 $i \leq s$，这些倍数

也进入到对应于 $(n-j,t)$ 的分解中,因而 p 在乘积 $(n,t) \cdot (n-1,t) \cdots$ $(n-k+1,t)$ 中的指数至少要比在 $k!$ 中的指数高. 由于这对每个 p 都成立,我们就推出

$$k! \mid (n,t) \cdot (n-1,t) \cdots (n-k+1,t)$$

这蕴含

$$\prod_{i=0}^{k-1} \frac{n-i}{(n-i,t)} \,\middle|\, \binom{n}{k}$$

由于对 $i \neq j, (n-i,n-j) \mid (i-j) \mid t$,所以左边的素因子是两两互素的,并且如果 $n \geqslant t+k$,它们都是大于 1 的. 在每个数中取一个素因子,我们就得到 $\binom{n}{k}$ 的 k 个不同的素因子.

根据素数定理可知 $t = \exp(k+o(k))$,因此对充分大的 k,每个 $c > e$ 都满足问题的要求. 如果我们想找出一个对每个 k 有效的具体的 c 的值,我们可以如下进行. 利用 Chebyshev 估计

$$\prod_{p \leqslant x} p < 4^x$$

我们得出

$$t = \prod_{p^s \leqslant k < p^{s+1}} p^s \leqslant \prod_{p \leqslant \sqrt{k}} k \prod_{\sqrt{k} < p \leqslant \sqrt{k}} p < k^{\sqrt{k}-1} 4^k$$

因此由于函数 $x^{\frac{1}{\sqrt{x}}}$ 在 e^2 处取得最大值,并且这个值是 $e^{\frac{2}{e}} < 2.1$,我们就得出

$$t+k \leqslant k^{\sqrt{k}} 4^k = (4k^{1/\sqrt{k}})^k < 9^k$$

注记

通过额外的努力,值 $c = 9$ 可以进一步减小. 一个参赛者给出 $c = 4.3$. 是否对充分大的 k,有可能把 c 改进为 $c = e + \varepsilon$ 似乎是难于判定的.

如果"素数 k 组猜想"成立,那么存在任意大的 n 值使得 $\binom{n}{k}$ 恰有 k 个素因子.

问题 N.8 设 $f(n)$ 是使得 n^k 可整除 $n!$ 的最大整数 k,并设 $F(n) = \max_{2 \leqslant m \leqslant n} f(n)$. 证明

420

$$\lim_{n\to\infty} \frac{F(n)\log n}{n\log\log n} = 1$$

解答

首先,我们估计 $f(n)$ 的上界. 设 $n = \prod_{i=1}^{k} p_i^{\alpha_i}$ 是 n 的素因子分解式. 由于 $n^{f(n)} \mid n!$,我们有

$$\alpha_i f(n) \leqslant \sum_{j=1}^{\infty} \left[\frac{n}{p_i^j}\right] < \frac{n}{p_i - 1}$$

那就是说,对所有的 i 有

$$a_i\log p_i \leqslant \frac{n}{f(n)} \frac{\log p_i}{p_i - 1}$$

把上述不等式相加就得出

$$\log n = \sum a_i\log p_i \leqslant \frac{n}{f(n)} \sum \frac{\log p_i}{p_i - 1}$$

设 $q_1 < q_2 < \cdots$ 是所有素数的序列. 由于 $\frac{\log p}{p - 1}$ 是递减的,我们有

$$\sum_{i=1}^{k} \frac{\log p_i}{p_i - 1} \leqslant \sum_{i=1}^{k} \frac{\log q_i}{p_i - 1} = \log + O(1)$$

联合上面最后两个不等式,我们得出

$$f(n) \leqslant (1 + o(1)) \frac{n\log k}{\log n}$$

另一方面

$$n = p_1^{\alpha_1}\cdots p_k^{\alpha_k} \geqslant q_1\cdots q_k \geqslant 2^k$$

因此 $k << \log n, k \leqslant \log\log n + O(1)$,因而从前面关于 $f(n)$ 的估计就得出

$$f(n) \leqslant (1 + o(1)) \frac{n\log\log n}{\log n}$$

现在,我们构造一个数 $m \leqslant n$ 并使得 $f(m)$ 充分大.

用 $(m_1 + 1)! \leqslant n < (m_1 + 2)!$ 定义一个 m_1. 我们有当 $n \to \infty$ 时,$m_1 \sim \frac{\log n}{\log\log n}$. 设 p 是不超过 $\left(\frac{n}{m_1!}\right)^{\frac{1}{3}}$ 的最大素数,并设 $m = p^3 m_1!$. 显然 $m \leqslant n$ 并且

由于 $\dfrac{n}{m_1!} > m_1 \to \infty$,我们有 $p \sim \left(\dfrac{n}{m_1!}\right)^{\frac{1}{3}}$,那就是说 $m \sim n$.

由于 $(m_1!)^{\frac{m}{m_1}} \mid m!$,因此任意不同于 p 的素数的指数就像 $m!$ 对于 m 那样至少是在 $m!$ 中的指数的 $\dfrac{m}{m_1}$ 倍. p 在 $m!$ 中的指数是 $\sum\limits_{i=1}^{\infty}\left[\dfrac{m_1}{p^i}\right] < \dfrac{m_1}{p-1}$,因此在 m 中的指数要小于 $\dfrac{m_1}{p-1}+3$. 另外 p 在 $m!$ 中的指数是 $\sum\limits_{i=1}^{\infty}\left[\dfrac{m}{p^i}\right] \geqslant \left[\dfrac{m}{p}\right] > \dfrac{m}{p}-1$. 因此这些指数的商至少是

$$\frac{\dfrac{m}{p}-1}{\dfrac{m_1}{p-1}+3} \sim \frac{m}{m_1}$$

由于 $p \to \infty$,但是

$$p \leqslant (n/m_1!)^{1/3} < ((m_1+1)(m_1+2))^{1/3} = o(m)$$

因此

$$F(n) \geqslant f(m) \geqslant (1+o(1))\frac{m}{m_1} = (1+o(1))\frac{n}{m_1} = (1+o(1))\frac{n\log\log n}{\log n}$$

综合以上两个方向的不等式就得出我们所需的结果.

注记   可以证明成立以下结果

$$F(n) = \frac{n(\log\log n - \log\log\log n)}{\log n} + O\left(\frac{n}{\log n}\right)$$

问题 N.9   证明存在具有以下性质的集合 $S \subseteq \{1,\cdots,n\}$,整数 $0,1,\cdots,n-1$ 都有奇数个形如 $x-y(x,y\in S)$ 的表示的充分必要条件是 $2n-1$ 是形如 $2\cdot 4^k-1$ 的数的倍数.

解答

设 S 是具有问题中性质的集合,并令

$$f(x) = \sum_{a\in S} x^{a-1}, \quad g(x) = \sum_{a\in S} x^{n-a}$$

它们是 $GF(2)$ 上的多项式,那么根据我们对 S 所做的假设就有

$$f(x) = x^{n-1}g\left(\frac{1}{x}\right) \tag{1}$$

以及

$$f(x)g(x) = \sum_{j=0}^{2n-2} x^j \sum_{\substack{a,b \in S \\ a-1+n-b=j}} 1 = 1 + x + x^2 + \cdots + x^{2n-2} \qquad (2)$$

因此,如果 f 和 g 是 $GF(2)$ 上的并且满足(1) 和(2) 的多项式,那么集合

$$S = \{a : x^{a-1} \text{ 在 } f \text{ 中的系数是 } 1\}$$

就具有所需的性质.

现在令

$$1 + x + x^2 + \cdots + x^{2n-2} = p_1(x)p_2(x)\cdots p_l(x) \qquad (3)$$

其中因子 $p_1, \cdots, p_l$ 在 $GF(2)$ 上是不可约的. 对这些因子进行适当选择后, 根据(2) 我们有

$$f = p_1 \cdots p_r, \quad g = p_{r+1} \cdots p_l$$

我们看出 $1 + x + x^2 + \cdots + x^{2n-2}$ 的根除了 1 之外是 $2n - 1$ 个单位根,此外, 我们还有

$$(1 + x + x^2 + \cdots + x^{2n-2})' = 1 + x^2 + \cdots + x^{2n-4}$$

以及

$$(1 + x + x^2 + \cdots + x^{2n-2}) - (x + x^2)(1 + x^2 + \cdots + x^{2n-4}) = 1$$

因此这个多项式没有重根. 根据式(1) 由于 f 的根是 g 的根的倒数,所以没 有 p_i 可以有两个互为倒数的根. 反之如果 p_i 没有倒数根,那么多项式 $p_1, p_2, \cdots,$ p_l 可以被耦合,使得任何 p_i 的根是与其配对的多项式的根的倒数. 我们现在将 每个对中拿出一个元素相乘得到多项式 f,从每个对中拿出另一个元素相乘得 到 g,显然这些多项式满足式(1) 和式(2). 因此,这样的集合 S 存在的充分必要 条件是 $1 + x + x^2 + \cdots + x^{2n-2}$ 的每个根 α, α 和 $\frac{1}{\alpha}$ 属于不同的不可约因子. 我们 构造这个分解式(3).

引理 考虑由平方算子得出的方程 $x^{2n-1} - 1 = 0$ 的根的排列,设 $C_1, \cdots, C_l$ 是这个排列中的轮换,那么 $x^{2n-1} - 1$ 的不可约因子就是多项式

$$\prod_{\xi \in C_i} (x - \xi) \quad (i = 1, \cdots, l)$$

我们将在解答的末尾给出这个引理的证明,也可参看 E. R. Berlekamp,

Algebraic Coding Theory, McGraw – Hill, New York, 1968, Chapter 6.

因此我们关于 S 的存在性的条件满足的充分必要条件是对任何 $\alpha \neq 1, \alpha$ 和 $\dfrac{1}{\alpha}$ 在平方运算下不能互相变换,那就是说对所有的 $k \geqslant 0$ 和 $2n - 1$ 个单位根 $\alpha \neq 1$ 有

$$\alpha^{2^{k+1}} \neq 1$$

由于

$$(x^u - 1, x^v - 1) = x^{(u,v)} - 1$$

因此上面的结果可以重新叙述成对所有的 $k \geqslant 0$

$$(x^{2n-1} - 1, x^{2^k+1} - 1) = x - 1$$

而集合 S 存在的充分必要条件是对所有的 $k \geqslant 0$ 有

$$(2n - 1, 2^k + 1) = 1 \tag{4}$$

现在设 d 是使得 $2n - 1 \mid 2^d - 1$ 的最小的 d,那么如果 d 是偶数,就有

$$2n - 1 \mid (2^{\frac{d}{2}} - 1)(2^{\frac{d}{2}} + 1)$$

但是 $2n - 1 \nmid (2^{\frac{d}{2}} - 1)$,因而 $(2n - 1, 2^{\frac{d}{2}} + 1) > 1$,这与式(4)矛盾. 反之, 如果 d 是奇数,那么我们有

$$(2n - 1, 2^k + 1) = (2^d - 1, 2^k + 1) = 1$$

因此,S 存在的充分必要条件是 d 是奇数. 这显然等价于问题所给的条件.

引理的证明   设

$$\phi(x) = \sum_{k=0}^{N} a_k x^k$$

是任意特征为 2 的域上的多项式,则我们有

$$(\phi(x))^2 = \sum_{k=0}^{N} a_k^2 x^{2k}$$

因而,方程

$$(\phi(x))^2 = \phi(x^2)$$

是恒等式的充分必要条件是对所有的 k 成立 $a_k^2 = a_k$. 那就是说每个 a_k 是 0 或 1. 另一方面,上述条件显然等价于我们对每个 ϕ 的根 α, α^2 也是根的假设.

问题 N.10   证明一个函数值取有理数的乘性算术函数的集合和函数值取

复有理数的乘性算术函数的集合构成同构群,其中两个函数 f 和 g 的卷积运算 $f \circ g$ 由下式定义

$$(f \circ g)(n) = \sum_{d \mid n} f(d) g\left(\frac{n}{d}\right)$$

(称一个复数是复有理的,如果这个复数的实部和虚部都是有理数.)

解答

设 Q 是有理数域或复有理数域,用 G_Q 表示 Q – 等价的乘法函数群. 众所周知, G_Q 是 Abel 群. 现在我们证明对每个正整数 n 和每个 $f \in G_Q$,方程

$$\underbrace{g \circ g \circ \cdots \circ g}_{n\text{次}} = g$$

是可解的并且解是唯一的.

实际上,由可乘性我们有 $g(1) = 1$,对每个素数幂 p^k 我们有

$$f(p^k) = \sum_{k_1 + \cdots + k_n = k} g(p^{k_1}) \cdots g(p^{k_n})$$

$$= \sum_{\substack{k_1 + \cdots + k_n = k \\ k_i < n}} g(p^{k_1}) \cdots g(p^{k_n}) + n g(p^k)$$

这就产生了一个关于 $f(p^k)$ 的递推,而这就证明了唯一性. 为了证明存在性,考虑函数 g,它的值由上述的素数幂的递推定义并且由乘法可扩展到其他的数. $g \circ g \circ \cdots \circ g$ 是一个乘性函数,与 f 在素数幂处重合,因此这两个函数必须是恒同的.

因而,这两个群都是可分的、无扭的 Abel 群. 由可分的 Abel 群的基本定理可知,这两个群都同构于有理数加群的某个离散的直幂.

由于我们可以在任意的素数幂处规定乘法函数的值,我们就推出,无论 Q 表示哪种有理数域, G_Q 的基数都是 $2^{\aleph_0}$. 这蕴含在两种情况下直幂都必须有 $2^{\aleph_0}$ 个因子,这就证明了两个群的同构性.

问题 N.11　设 H 表示使得 $\tau(n)$ 整除 n 的正整数的集合,证明:

(1) 对充分大的 n, $n! \in H$.

(2) H 的密度为 0.

解答

(1) 我们证明对所有的 $n \neq 3, 5, \tau(n!) \mid n!$. 我们有

$$n! = \prod_{p \leqslant n} p^{a_p}, \quad a_p = \sum_{i=1}^{\infty} \left[\frac{n}{p^i} \right]$$

因此

$$\tau(n!) = \prod_{p \leqslant n} (a_p + 1)$$

为了证明 $\tau(n!) \mid n!$，只需求出对每个素数 $p \leqslant n$，存在一个正整数 $h(p) \leqslant n$，使得 $a_p + 1 \mid h(p)$，并且只要 $p \neq q$ 就有 $h(p) \neq h(q)$ 即可. 如果 $p \leqslant \sqrt{n}$，令 $h(p) = a_p + 1$，我们有

$$h(p) = 1 + a_p \leqslant 1 + \sum_{i=1}^{\infty} \left[n/2^i \right] < 1 + \sum_{i=1}^{\infty} n/2^i = 1 + n$$

因此 $h(p) \leqslant n$. 还有如果 $p < q \leqslant \sqrt{n}$，那么

$$\frac{n}{p} - \frac{n}{q} = \frac{(q-p)n}{pq} \geqslant \frac{n}{pq} > 1$$

因此 $\left[\dfrac{n}{p} \right] > \left[\dfrac{n}{q} \right]$，因此对每个 j，$\left[\dfrac{n}{p^j} \right] > \left[\dfrac{n}{q^j} \right]$，由此就得出 $h(p) > h(q)$.

对素数 $\sqrt{n} < p \leqslant n$，我们用递推定义 $h(p)$. 假设对每个素数 $q < p$ 已定义了 $h(q)$，我们需要求出一个 $a_p + 1$ 的倍数使得它不在已定义的数 $h(q)$ 之中. 我们看出对 $j \geqslant 2$，$\left[\dfrac{n}{p^j} \right] = 0$，因而 $a_p = \left[\dfrac{n}{p} \right]$. 因此到 n 为止的 $a_p + 1$ 的倍数是

$$\left[\frac{n}{a_p + 1} \right] = \left[\frac{n}{1 + \left[n/p \right]} \right] \geqslant \frac{n - \left[n/p \right]}{1 + \left[n/p \right]} \geqslant \frac{n - (n/p)}{1 + (n/p)}$$

$$= (p-1) \frac{n}{n+p} \geqslant \frac{p-1}{2}$$

其中除了 $p = n$ 之外都取严格的不等号. 已经定义的值的个数是 $\pi(p) - 1 \leqslant \dfrac{p-1}{2}$，除了 $p = 3, 5$ 或 7 之外，对其他的 p 都成立严格的不等号. 因而除了 $n = p = 3, 5, 7$ 的情况外，都存在一个 $h(p)$ 的倍数. 对 $n = p = 3, 5, 7$ 的情况，对 $n = 7$ 成立 $\tau(n!) \mid n!$ 而对 $n = 3, 5$ 不成立.

(2) 我们把 H 分成两部分. 选择一个参数 $K > 1$，然后把素因子分解式中每个素数的指数都小于 K 的数分到第一部分 H_1 中，把其他的数分到第二部分 H_2 中. 首先考虑一个 $n \in H_1$，那么 $n = \prod_{j=1}^{s} p_j^{a_j}$，$a_j < K$. 由 $\tau(n) \mid n$ 可知 $\tau(n) =$

$\prod (a_j + 1)$ 仅由 $\leq K$ 的素数组成,并且每个素数的指数都小于 K,因此

$$\tau(n) \leq \left(\prod_{p \leq K} p \right)^K < K^{K^2}$$

另一方面,我们有 $\tau(n) \geq 2^s$,这两个不等式合起来就蕴含

$$s \leq [K^2 \log_2 K] = r$$

众所周知,至多有 r 个素因子的数组成的数的序列的密度为 0,因此 H_1 的密度也等于 0.

H_2 的每个元素可被指数等于 K 的素数的幂整除,因此,H_2 的到 x 为止的元素的个数至多为

$$\sum_p \left[\frac{x}{p^K} \right] < x \sum_{i=2}^{\infty} i^{-K} < x \int_1^{\infty} t^{-k} \mathrm{d}t = \frac{x}{K-1}$$

因此 H 的密度至多为 $\dfrac{1}{K-1}$,由于 K 是任意的,所以 H 的密度必须等于 0.

注记 设 $H(x)$ 表示 H 中到 x 为止的元素的个数,那么可以证明对 $x > x_0(\varepsilon)$ 有

$$x(\log x)^{-(1/2+\varepsilon)} \ll H(x) \ll x(\log x)^{-1/2}$$

我们给出这个不等式的证明的一个大致的路线如下.

我们从上界的估计开始. 把 n 写成下面的形式

$$n = 2^l p_1 p_2 \cdots p_k m^2$$

其中 $p_1, \cdots, p_k$ 是奇素数,m 是奇整数. 可能的 m 的数目 $\leq \sqrt{x}$,而可能的 l 的数目的量级是 $O(\log x)$. 因此使得 $p_1 \cdots p_k < x^{\frac{1}{3}}$ 的 n 的数目的量级是 $O(x^{\frac{5}{6}} \log x) = o(x(\log x)^{-\frac{1}{2}})$. 以下,我们假设 $p_1 \cdots p_k \geq x^{\frac{1}{3}}$.

在 n 中,每个 p_j 的指数都是奇数,因此 $2^k \mid \tau(n)$. 所以如果 $n \in H$ 就有 $k \leq l$. 对固定的 l 和 m,我们有

$$p_1 p_2 \cdots p_k \leq y = \frac{x}{2^l m^2}$$

并且根据前面的假设有 $y \geq x^{\frac{1}{3}}$. 现在根据经典的 Hardy 和 Ramanujan 定理可知 $\leq y$ 的且本身是 k 个不同的素数的乘积的数的个数满足以下估计

$$\ll \frac{y}{\log y} \frac{(c + \log\log y)^{k-1}}{(k-1)!}$$

其中 c 是一个适当的常数. 由于在现在的情况下 $\log x > \log y > \frac{1}{3}\log x$, 因此上面的上界就成为

$$\ll \frac{y}{\log x} \frac{(c + \log\log x)^{k-1}}{(k-1)!}$$

我们必须对所有可能的 l 和 m 的值求和. 令 $l = k + j$, 我们知道 $j \geqslant 0$. 把这些式子代入上式就得出

$$\sum_{k,j,m} 2^{-k-j} m^{-2} \frac{x}{\log x} \frac{(c + \log\log x)^{k-1}}{(k-1)!}$$

这里遍历 m 和 j 的和数仅仅是一个常数, 而遍历 k 的和是

$$\exp \frac{c + \log\log x}{2} = c'(\log x)^{1/2}$$

的指数式幂级数. 这就完成了上界的估计.

下界的估计可由考虑形如

$$n = 2^{q-1} q p_1 \cdots p_k$$

的数而得出, 其中 $q, p_1, \cdots, p_k$ 是不同的奇素数. 这个数有 $\tau(n) = 2^{k+1} q$ 个因子. 因而如果 $k \leqslant q - 2$, 则 $n \in H$. 对固定的使得 $q < (1 - \varepsilon)\log\log x$ 的 q, 使得 $n \leqslant x$ 的 n 的数目近似于

$$q^{-1} 2^{-q} \frac{x}{\log x} \frac{(\log\log x)^{q-3}}{(q-3)!}$$

由 $q \sim \frac{1}{2}\log\log x$ 就得出下界的估计.

问题 N.12 设 a, x, y 都是非零的 p-adic 整数, 并满足 $p \mid x, pa \mid xy$. 证明

$$\frac{1}{y} \frac{(1+x)^y - 1}{x} \equiv \frac{\log(1+x)}{x} \quad (\bmod a)$$

解答

每个 p-adic 数 α 都可以唯一地表示成 $\alpha = p^{v(\alpha)} \varepsilon$ 的形式, 其中 ε 是一个单位, 而 $v(\alpha)$ 是一个整数. p-adic 整数的特征是 $v(\alpha) \geqslant 0$. 因此 $\alpha \mid \beta$ 等价于 $v(\alpha) \leqslant v(\beta)$. 特别地, 条件 $pa \mid xy$ 意味着 $1 + v(a) \leqslant v(x) + v(y)$, 而要证的

命题表示 $v(A) \geqslant v(a)$,其中

$$A = \frac{1}{y} \frac{(1+x)^y - 1}{x} - \frac{\log(1+x)}{x}$$

根据前面的观察,只需证明 $v(A) \geqslant v(x) + v(y) - 1$ 即可.

由于 $p \mid x$,C_y^n 是一个 p - adic 整数以及 $n - v(n) \to \infty$,因此级数

$$(1+x)^y = 1 + C_y^1 x + \cdots + C_y^n x^n + \cdots$$

和

$$\log(1+x) = x - \frac{x^2}{2} + \cdots + (-1)^{n-1} \frac{x^n}{n} + \cdots$$

都是收敛的. 把这些表达式代入 A 中,我们就得出

$$A = \sum_{n=2}^{\infty} B_n$$

其中

$$B_n = \left(\frac{1}{y} C_y^n - (-1)^{n-1} \frac{1}{n} \right) x^{n-1}$$

$$= \{ (y-1)(y-2)\cdots[y-(n-1)] - (-1)^{n-1}(n-1)! \} \frac{x^{n-1}}{n!}$$

这里第一个因子是 y 的多项式,其常数项是 0,因而这个多项式是 y 的倍数. 因此 $B_n = \frac{cyx^{n-1}}{n!}$,其中 c 是一个 p - adic 整数,因而

$$v(B_n) \geqslant v(y) + (n-1)v(x) - v(n!)$$

为了证明 $v(A) \geqslant v(x) + v(y) - 1$,根据前面的不等式,只需证明对每个 n,$v(B_n) \geqslant v(x) + v(y) - 1$ 即可. 这将从 $v(n!) \leqslant (n-2)v(x) + 1$ 得出. 由于根据假设有 $v(x) \geqslant 1$,我们只需证明 $v(n!) \leqslant n - 1$ 即可. 但是 p 在 $n!$ 中的指数是

$$v(n!) = \sum_{j=1}^{\infty} \left[\frac{n}{p^j} \right] < \sum_{j=1}^{\infty} \frac{n}{p^j} = \frac{n}{p-1} \leqslant n$$

由于 $v(n!)$ 必须是一个整数,所以由上式就推出 $v(n!) \leqslant n - 1$,这就完成了证明.

问题 N.13 设 $1 < a_1 < a_2 < \cdots < a_n < x$ 是使得 $\sum_{i=1}^{n} \frac{1}{a_i} \leqslant 1$ 的正整数. 又设 y 表示小于 x 且不能被任何 a_i 整除的正整数的个数. 证明

$$y > \frac{cx}{\log x}$$

其中 c 是一个适当的不依赖于 x 和数 a_i 的正常数.

解答

到 x 为止,a_j 的倍数的个数是 $\left[\frac{x}{a_j}\right]$. 因此所有的倍数的个数满足

$$\leq \sum \left[\frac{x}{a_j}\right] \leq \sum \frac{x}{a_j} \leq x$$

我们将改进这个平凡的界.

根据素数定理,我们可选择一个 x_0 使得当 $x \geq x_0$ 时,介于 $\frac{x}{2}$ 和 x 之间的素

数的个数至少是 $\frac{x}{3\log x}$. 对 $x < x_0$,我们使用平凡的估计 $y \geq 1$.

对 $x \geq x_0$,我们区分两种情况:

如果使得 $a_j > \frac{x}{2}$ 的数少于 $\frac{x}{6\log x}$,那么 $\frac{x}{2}$ 和 x 之间至少有 $\frac{x}{6\log x}$ 个素数是

不包含在 a_j 之中的. 这些素数不可能被任何 a_j 整除. 因而在这种情况下,我们有

$y \geq \frac{x}{6\log x}$.

如果使得 $a_j > \frac{x}{2}$ 的数至少有 $\frac{x}{6\log x}$ 个,那么我们有

$$\sum_{a_j \leq x/2} \frac{1}{a_j} \leq 1 - \sum_{a_j > x/2} \frac{1}{a_j} \leq 1 - \frac{1}{x} \frac{x}{6\log x} = 1 - \frac{1}{6\log x}$$

因此到 $\frac{x}{2}$ 为止的可被某个 a_j 整除的整数 w 的个数满足

$$w \leq \sum_{a_j \leq x/2} \left[\frac{x/2}{a_j}\right] \leq \frac{x}{2} - \frac{x}{12\log x}$$

这蕴含

$$y \geq \left[\frac{x}{2}\right] - w \geq \frac{x}{12\log x} - 1$$

问题 N.14 设 $\boldsymbol{T} \in SL(n, \mathbb{Z})$,$\boldsymbol{G}$ 是一个元素为整数的非异 $n \times n$ 矩阵,并

令 $\boldsymbol{S} = \boldsymbol{G}^{-1} \boldsymbol{T} \boldsymbol{G}$. 证明存在一个正整数 k,使得 $\boldsymbol{S}^k \in SL(n, \mathbb{Z})$.

解答

设 d 是 G 的行列式的绝对值,根据假设,d 是一个正整数. G^{-1} 的每个元素是一个以 d 为分母的分数. 由于我们有

$$S^k = G^{-1}T^kG = G^{-1}(T^k - I)G + I$$

因此只需证明存在一个正整数 k 使得 $T^k - I$ 的每个元素都是 d 的倍数即可(S^k 的行列式自动等于 1).

根据抽屉原理,在 $T^0, T^1, \cdots, T^{dn^2}$ 中必存在两个矩阵,比如说 T^l 和 T^m,$l > m$,使得 T^l 的每个元素都同余于 T^m 的相应的元素. 这表示 $T^l - T^m = T^m(T^{l-m} - I)$ 的每个元素是 d 的倍数. 如果我们用矩阵 T^{-m} 乘以上式,这个性质仍然保持,而根据 $T \in SL(n, \mathbb{Z})$ 可知,T^{-m} 的元素都是整数.

问题 N.15　设

$$f(n) = \sum_{\substack{p \mid n \\ p^\alpha \leqslant n < p^{\alpha+1}}} p^\alpha$$

证明

$$\limsup_{n \to \infty} f(n) \frac{\log\log n}{n\log n} = 1$$

解答

众所周知 n 的不同的素因子的数目 $\omega(n)$ 至多为 $(1 + o(1))\dfrac{\log n}{\log\log n}$. 由于显然 $f(n) \leqslant n\omega(n)$,我们立即得出

$$\limsup_{n \to \infty} f(n) \frac{\log\log n}{n\log n} \leqslant 1$$

为了证明另一个方向的不等式,我们选择一个参数 k,并试图用小于 k 的素数合成一个 n. 根据素数定理,这些素数的数量 $\sim \dfrac{k}{\log k}$. 现在另取一个数字 m,这个 m 我们稍后将用 k 来确定. 每个素数 $p \leqslant k$ 有一个幂介于 m 和 km 之间. 我们用类型为 $[m(1+\varepsilon)^{i-1}, m(1+\varepsilon)^i]$ 的区间覆盖区间 $[m, km]$,其中 $i = 1, \cdots, [c\log k]$,c 只依赖于 ε. 对于一个适当的 i,至少有 $l = \left[\dfrac{c_1 k}{(\log k)^2}\right]$ 个素数 $p \leqslant k$ 有一个幂在此区间里. 我们选择其中的 l 个,设 P 是这 l 个素数的乘积. 如果 $P <$

εm，那么在区间 $\left[m(1+\varepsilon)^i, m(1+\varepsilon)^{i+1}\right]$ 中有一个 P 的倍数，设 n 是一个这样的倍数. 我们有

$$f(n) \geqslant lm(1+\varepsilon)^{i-1} > ln(1-\varepsilon)^2$$

我们必须用 l 来估计 n. 无论如何，我们有 $P \leqslant k^l$，因而只要选 $m = k^{l+1}$ 并且 $k > \dfrac{1}{\varepsilon}$ 就能保证 $P < \varepsilon m$. 此外我们有

$$n \leqslant m(1+\varepsilon)^{i+1} < km(1+\varepsilon)^2 < k^{l+2}$$

因此 $l \geqslant \dfrac{\log n}{\log k} - 2$，同时从上面的不等式还得出 $n < k^k$，因而 $k \gg \dfrac{\log n}{\log \log n}$. 这样，我们就得出对充分大的 k 成立

$$l \geqslant (1-\varepsilon)\frac{\log n}{\log \log n}, \quad f(n) > (1-\varepsilon)^3 \frac{n\log n}{\log \log n}$$

注记 可以证明

$$\max_{n \leqslant x} f(n) \sim \frac{n\log n}{n\log \log n}$$

问题 N.16 设 a 和 b 都是正整数，当用任意一个素数 p 去除它们时，a 的余数总是小于或等于 b 的余数. 证明 $a = b$.

解答

任取一个 $p > \max(a,b)$ 立即看出 $a \leqslant b$. 假设 $a < b$ 并令

$$k = \min(a, b-a)$$

那么根据 Sylvester 和 Schur 的一个定理，存在一个素数 $p > k$ 使得 $p \mid C_b^k$. 我们证明这个素数和假设矛盾.

我们知道

$$p \mid b(b-1)\cdots(b-k+1)$$

因而 b 除以 p 的余数是 $r \leqslant k-1$. 现在如果 $a \leqslant \dfrac{b}{2}$，那么 $k = a < p$，因而 a 除以 p 的余数是 $a = k > r$，矛盾.

如果 $a > \dfrac{b}{2}$，那么我们有 $k = b-a$. 令 $b = qp + r$，我们有

$$a - (q-1)p = (b-k) - (q-1)p = p + r - k > r$$

432

而 $p + r - k \leqslant p - 1$，因而这是 a 除以 p 的余数，但它是大于 r 的，这又与条件矛盾.

问题 N.17　称集合 $\{1, \cdots, n\}$ 的子集 S 是例外的，如果 S 中的元素是两两互素的. 考虑(对固定的 n，在所有的例外集中) 元素之和最大的例外集，证明如果 n 充分大，则 S 的每个元素至多有两个不同的素因子.

解答

我们证明下面的稍微更一般的命题.

命题　称集合 $\{1, \cdots, n\}$ 的子集 S 为 k - 例外的，如果 S 的任意 k 个不同的元素是互素的. 考虑(对固定的 n，在所有的例外集中) 元素之和最大的 k - 例外集，证明如果 n 充分大，则 S 的每个元素至多有两个不同的素因子.

根据最大性，每个在 S 中的素数 $p \leqslant n$ 都必须有一个倍数. 我们将素数 $p \leqslant n$ 分为两类：把那些 $m \geqslant 1$ 并使得 $pm \in S$ 的素数放入 P 中，而把那些 p 在 S 中唯一的倍数是 p 本身的素数放入 Q 中.

我们可以估计 $p \in P, p > x$ 的数量如下. 对于每个这样的 p，取一个 $m > 1$，$pm \in S$，然后取一个素数 $q \mid m$. 这些素数满足 $q \leqslant \dfrac{n}{x}$ 并且任何素数在它们中至多可表示 $k - 1$ 次. 因而我们的 p 的个数最多为 $(k - 1) \pi\left(\dfrac{n}{x}\right)$. 因此，如果 $1 < x < y \leqslant n$，则素数 $q \in Q, x < q \leqslant y$ 的个数至少有

$$\pi(y) - \pi(x) - (k - 1)\pi(\frac{n}{x}) \tag{1}$$

现在假设有一个 $t \in S$ 至少有 3 个不同的素因子，比如说 $t = u^{\alpha} v^{\beta} w^{\gamma} r$，其中 $u < v < w$ 是素数而 α, β, γ 和 r 都是正整数. 我们的计划是找到两个合适的素数 $p, q \in Q$ 并且 t, p, q 换成 up 和 vq. 我们必须有 $p \leqslant \dfrac{n}{u}, q \leqslant \dfrac{n}{v}$，因此损失是

$$t + p + q \leqslant n + \frac{n}{u} + \frac{n}{v} \leqslant n + \frac{n}{2} + \frac{n}{3} = \frac{11}{6}n$$

如果我们可以实现 $up > cn$ 和 $vq > cn$，其中 $c = \dfrac{11}{12}$，那么 up 和 vq 的包含就抵消了这种损失. 如果在 $\left(\dfrac{cn}{u}, \dfrac{n}{u}\right]$ 和 $\left(\dfrac{cn}{v}, \dfrac{n}{v}\right]$ 二者之中都至少有 Q 的两个元素

那么这是可能的(我们需要两个元素为了保证 $p \neq q$). 根据(1)和素数定理,只需有

$$\pi \frac{n}{u} - \pi \frac{cn}{u} \geqslant (k-1)\pi \frac{u}{c} + 2$$

和

$$\pi \frac{n}{v} - \pi \frac{cn}{v} \geqslant (k-1)\pi \frac{v}{c} + 2$$

即可. 如果 $v \leqslant \delta \sqrt{n}$,其中 δ 是一个仅依赖于 k 的适当的常数(比如说 $\delta = \frac{1}{3k}$ 就是一个不错的选择),则上面的不等式成立.

如果 $v > \delta \sqrt{n}$ 使得前面的论证失效,那么我们另外论证如下.

我们有

$$u \leqslant \frac{n}{vw} < \frac{n}{v^2} < \frac{1}{\delta^2}$$

我们试图找到一个素数 $p \in Q$,并用 $u^j p$ 和 vw 替换 t 和 p,其中 j 是一个适当的指数. 如果 $p \leqslant \frac{n}{u^j}$,则新的数字是可接受的,由于损失至多为 $p+n$,而新项的总和为 $pu^j + vw \geqslant pu^j + \delta^2 n$. 因而如果 $p(u^j - 1) > (1-\delta^2)n$,这一过程就会产生一个收益. 那就是说,我们需要找到一个 $p \in Q$ 使得

$$\frac{1-\delta^2}{u^j - 1}n < p \leqslant \frac{n}{u^j}$$

由式(1)可知,如果

$$\pi\left(\frac{n}{u^j}\right) - \pi\left(\frac{1-\delta^2}{u^j - 1}n\right) > (k-1)\pi\left(\frac{u^j - 1}{1-\delta^2}\right) \tag{2}$$

成立,那么那种 p 存在.

回想一下,$u < \frac{1}{\delta^2}$,因此在区间 $(\delta^{-4}, \delta^{-6}]$ 中存在一个 u 的幂. 带着这个 u^j 式(2)的左边的阶为 $\frac{n}{\log n}$,而右边保持有界,所以(2)对于每一个充分大的 n 都成立.

问题 N.18 (1)证明对每一个正整数 k,存在 k 个正整数 $a_1 < a_2 < \cdots <$

a_k 使得对任意 $1 \leqslant i,j \leqslant k, i \neq j$ 有 $a_i - a_j$ 整除 a_i.

（2）证明存在一个绝对常数 $C > 0$ 使得对任意满足上述可除性条件的数列 $a_1, a_2, \cdots, a_k$ 有 $a_1 > k^{Ck}$.

解答

（1）对 $k = 1$，令 $a_1 = 1$. 下面我们用数学归纳法证明结论. 设 $0 < a_1 < a_2 < \cdots < a_k$ 是一个 k 个数的那种集合，令 $b = \prod\limits_{i=1}^{k} a_i$，那么 $b < b + a_1 < \cdots < b + a_k$ 便构成一个 $k + 1$ 个数的合适的集合. 实际上，对 $1 \leqslant i,j \leqslant k, i \neq j$，我们有

$$(b + a_i) - (b + a_j) = a_i - a_j \mid a_i \mid b + a_i$$

以及

$$(b + a_i) - b = a_i \mid b$$

（2）考虑任何素数 $p \leqslant k$. 如果 $a_i \equiv a_j \pmod{p}$，则由可除性条件有 $a_i \equiv 0 \pmod{p}$. 因此，至多有 $p - 1$ 个不能被 p 整除的数字 a_i. 现在考虑可被 p 整除的一个集合. 用 p 除它们，我们再次得到一个可行的集合. 因此，在它们之中至多有 $p - 1$ 个不能被 p 整除的数. 重复这一论证，我们求出如果 $p \leqslant \sqrt{k}$，那么 $A = \prod\limits_{i=1}^{k} a_i$ 中 p 的指数至少是

$$(k - (p - 1)) + (k - 2(p - 1)) + \cdots + \left(k - \left[\frac{k}{p-1}\right](p-1)\right)$$

$$= \left[\frac{k}{p-1}\right]\left(k - \frac{p-1}{2}\left(1 + \left[\frac{k}{p-1}\right]\right)\right) \geqslant \frac{k^2}{3p}$$

因此，我们有（取 $c = \dfrac{1}{3}$）

$$A \geqslant \prod_{p \leqslant \sqrt{k}} p^{ck^2/p}$$

并且因此对 $k \geqslant 4$ 有

$$a_k = \max a_j \geqslant A^{1/k} \geqslant \prod_{p \leqslant \sqrt{k}} p^{ck/p}$$

$$= \exp ck \sum_{p \leqslant \sqrt{k}} \frac{\log p}{p} \geqslant \exp c'k \log k = k^{c'k}$$

从关系式 $a_k - a_1 \mid a_1$，我们得出 $a_1 \geqslant \dfrac{a_k}{2} \geqslant 2$，因此

$$a_1 = \sqrt{a_1^2} \geqslant \sqrt{2a_1} \geqslant \sqrt{a_k} > k^{Ck}$$

其中 $C = \dfrac{c'}{2}$. 我们已经证明了当 $k \geqslant 4$ 时成立不等式 $a_1 > k^{ck}$. 对于 $k = 3$，容易看出 a_1 可能的最小值是 2，因此，如果 $C < \dfrac{\log 2}{3 \log 3}$ 不等式成立. 对于 $k = 1$ 和 2，由例子 $\{1\}$ 和 $\{1, 2\}$ 可知不等式不成立.

问题 N.19 设 $n_1 < n_2 < \cdots$ 是正整数的无穷序列，其中 $n_k^{1/2^k}$ 单调递增趋于无穷. 证明 $\displaystyle\sum_{k=1}^{\infty} \dfrac{1}{n_k}$ 是无理数.

证明这个命题在以下意义下是最好的：任给 $c > 0$，存在序列 $n_1 < n_2 < \cdots$ 使得对所有的 k 都有 $n_k^{1/2^k} > c$，$\displaystyle\sum_{k=1}^{\infty} \dfrac{1}{n_k}$ 是有理数.

解答

用反证法. 假设 $\displaystyle\sum \dfrac{1}{n_k}$ 是一个有理数，那么 $\displaystyle\sum \dfrac{1}{n_k} = \dfrac{p}{q}$，其中 p 和 q 是互素的正整数. 对任意的 k，我们有

$$\sum_{i=1}^{k} \dfrac{1}{n_i} + \sum_{i=k+1}^{\infty} \dfrac{1}{n_i} = \dfrac{p}{q}$$

用 $qn_1 \cdots n_k$ 乘以上式的两边，我们看出对所有的 k，

$$qn_1 \cdots n_k \sum_{i=k+1}^{\infty} \dfrac{1}{n_i}$$

是一个正整数. 现在我们证明

$$n_1 \cdots n_k \sum_{i=k+1}^{\infty} \dfrac{1}{n_i} \to 0 \quad (k \to \infty)$$

这与 $qn_1 \cdots n_k \displaystyle\sum_{i=k+1}^{\infty} \dfrac{1}{n_i}$ 是一个正整数矛盾. 这个矛盾就证明了假设不成立，因而 $\displaystyle\sum \dfrac{1}{n_k}$ 是一个无理数.

由单调性条件，我们有

436

$$n_{k+1}^{2^{-(k+1)}} \geqslant n_k^{2^{-k}} \geqslant n_{k-1}^{2^{-(k-1)}} \geqslant \cdots \geqslant n_1^{2^{-1}}$$

由此得出

$$n_1 \cdots n_k \leqslant n_{k+1}^{2^{-1}+\cdots+2^{-k}}$$

另外,应用不等式

$$n_{k+1}^{2^{-(k+1)}} \leqslant n_{k+2}^{2^{-(k+2)}} \leqslant n_{k+3}^{2^{-(k+3)}} \leqslant \cdots$$

和显然的估计,我们得出

$$\frac{1}{n_{k+1}} + \frac{1}{n_{k+2}} + \frac{1}{n_{k+3}} + \cdots \leqslant \frac{1}{n_{k+1}} + \frac{1}{n_{k+1}^2} + \frac{1}{n_{k+1}^{2^2}} + \cdots$$

$$< \frac{1}{n_{k+1}} + \frac{1}{n_{k+1}^2} + \frac{1}{n_{k+1}^3} + \cdots$$

$$= \frac{1}{n_{k+1} - 1}$$

这两个估计联合起来蕴含

$$n_1 \cdots n_k \sum_{i=k+1}^{\infty} \frac{1}{n_i} \leqslant \frac{n_{k+1}^{1-2^{-k}}}{n_{k+1} - 1} = \frac{n_{k+1}}{n_{k+1} - 1} \left[n_{k+1}^{-2^{-(k+1)}} \right]^2$$

当 $k \to \infty$ 时,第一项趋于 1 而第二项趋于 0,因而整个表达式趋于 0.

为解决问题的第二部分,我们企图构造一个序列,使得

$$n_k^{2^{-k}} > c \quad (k = 1,2,\cdots)$$

并且 $\sum_{k=1}^{\infty} \frac{1}{n_k}$ 是一个有理数.

任取一个整数 $n_1 > c^2 + 1$,并设对 $k = 1,2,\cdots, n_{k+1} = n_k^2 - n_k + 1$. 这个定义蕴含

$$n_{k+1} - 1 > (n_k - 1)^2 > \cdots > (n_1 - 1)^{2^k} > c^{2^{k+1}}$$

因此对所有的 $k, n_k^{2^{-k}} > c$. 另外,应用数学归纳法可以证明

$$\sum_{i=1}^{k} \frac{1}{n_i} = \frac{1}{n_1 - 1} - \frac{1}{n_k(n_k - 1)}$$

所以整个级数的和是一个有理数 $\frac{1}{n_1 - 1}$.

问题 N. 20　证明对每个正数 K,存在无限多个正整数 m 和 N 使得在 $m+1$,$m+4,\cdots,m+N^2$ 之间至少有 $\frac{KN}{\log N}$ 个素数.

解答

证明的基本思想是对 m 的一些值求平均,同时排除了被小素数整除的可能性.

设 $Q = 3 \cdot 5 \cdot \cdots \cdot p_l$ 是前 l 个奇素数的乘积,设 c 是一个 $\leq Q$ 的使得 $-c$ 是模 $3, 5, \cdots, p_l$ 的非二次剩余的正整数,那种存在性可由孙子定理保证. 我们企图在形如 $m = c + kQ$ 的整数中找到 m,其中 $1 \leq k \leq N^2$.

根据 c 的选择,我们有 $(i^2 + c, Q) = 1$,根据算术级数中的素数定理,这个级数的前 N^2 个元素中的素数是渐近于

$$\frac{1}{\phi(Q)} \frac{N^2 Q}{\log N^2 Q}$$

的. 因而对充分大的 N(对固定的 Q 值),它超过

$$\frac{Q}{3\phi(Q)} \frac{N^2}{\log N}.$$

因而,在整数

$$i^2 + c + kQ, \quad 1 \leq i \leq N, \quad 1 \leq k \leq N^2$$

之中的所有的素数(包括其倍数)至少有

$$\frac{Q}{3\phi(Q)} \frac{N^3}{\log N}$$

个素数.

因此对适当的 $m = c + kQ$ 的值,在整数 $m+1, m+4, \cdots, m+N^2$ 之中,至少存在

$$\frac{Q}{3\phi(Q)} \frac{N}{\log N}$$

个素数. 由于

$$\frac{Q}{\phi(Q)} = \prod_{i=1}^{l} \frac{p_i}{p_i - 1} > \prod_{i=1}^{l} \left(1 + \frac{1}{p_i}\right) > \prod_{i=1}^{l} \frac{1}{p_i}$$

以及 $\sum \dfrac{1}{p}$ 是发散的,我们可以选择一个 Q 使得 $\dfrac{Q}{3\phi(Q)} > K$. 然后由前面的论证就可以得出对每个充分大的 N,可以选择一个整数 m 使得在序列 $m+1$, $m+4, \cdots, m+N^2$ 中的素数多于 $K \cdot \left(\dfrac{N}{\log N}\right)$.

438

3.7 算子理论

问题 O.1 设 $a, b_0, b_1, \cdots, b_{n-1}$ 是复数，A 是一个 p 阶的复的方阵，E 是 p 阶的单位矩阵. 假设 A 的特征值已给定，确定矩阵

$$B = \begin{pmatrix} b_0 E & b_1 A & b_2 A^2 & \cdots & b_{n-1} A^{n-1} \\ a b_{n-1} A^{n-1} & b_0 E & b_1 A & \cdots & b_{n-2} A^{n-2} \\ a b_{n-2} A^{n-2} & a b_{n-1} A^{n-1} & b_0 E & \cdots & b_{n-3} A^{n-3} \\ \vdots & \vdots & \vdots & & \vdots \\ a b_1 A & a b_2 A^2 & a b_3 A^3 & \cdots & b_0 E \end{pmatrix}$$

的特征值.

解答

我们证明如果 A 的特征值是 $\lambda_1, \cdots, \lambda_p$，那么 B 的特征值将是

$$\phi(\alpha_k \lambda_j) \quad (k = 1, \cdots, n; j = 1, \cdots, p)$$

其中 $\alpha_1, \cdots, \alpha_n$ 是方程 $z^n - a = 0$ 的根，而

$$\phi(x) = b_0 + b_1 x + \cdots + b_{n-1} x^{n-1}$$

事实上，如果 $A_0, A_1, \cdots, A_{n-1}$ 是元素为复数的 p 阶的二次矩阵，a 是一个任意的复数，而

$$C = \begin{pmatrix} A_0 & A_1 & A_2 & \cdots & A_{n-1} \\ a A_{n-1} & A_0 & A_1 & \cdots & A_{n-2} \\ \vdots & \vdots & \vdots & & \vdots \\ a A_1 & a A_2 & a A_3 & \cdots & A_0 \end{pmatrix}$$

那么

$$\det C = \det M(\alpha_1) \cdots \det M(\alpha_n) \tag{1}$$

其中

$$M(x) = A_0 + A_1 x + \cdots + A_{n-1} x^{n-1}$$

对 $a = 0$，这个定理的结论是平凡的. 对 $a \neq 0$，定理的有效性可从下面的简

单事实得出

$$C = W \begin{pmatrix} M(\alpha_1) & \cdots & (0) \\ \vdots & & \vdots \\ (0) & \cdots & M(\alpha_n) \end{pmatrix} W^{-1}$$

其中 W 是 V 与用 $z^n = a$ 的根构造的 Vandermonde 矩阵 E 的 Kronecker 积，那就是说

$$W = V \otimes E = \begin{pmatrix} E & \cdots & E \\ \alpha_1 E & \cdots & \alpha_n E \\ \vdots & & \vdots \\ \alpha_1^{n-1} E & \cdots & \alpha_n^{n-1} E \end{pmatrix}$$

把式(1)应用到矩阵 $B - \lambda E$ 上去（其中 E 是 np 阶的单位矩阵），就得出

$$\det(B - \lambda \varepsilon) = \prod_{k=1}^{n} \det(\phi(\alpha_k A) - \lambda E)$$

另一方面众所周知矩阵

$$\phi(\alpha_k A) = b_0 E + b_1 \alpha_k A + \cdots + b_{n-1} \alpha_k^{n-1} A^{n-1}$$

的特征值是

$$\phi(\alpha_k \lambda_1), \cdots, \phi(\alpha_k \lambda_p)$$

这就证明了定理的断言.

注记　另一组参赛者的解决方案是基于一个仅加以陈述但没有加以证明的定理,一名参赛者用以下的一般形式的定理去证明本题:

定理　如果 p 阶二次矩阵 A 的特征值为 $\lambda_1, \cdots, \lambda_p$,此外还设 $\max_j |\lambda_j| = \lambda$ 以及 $f_{ij}(z)(i,j = 1,2,\cdots,n)$ 在圆盘 $|z| \leq \lambda$ 上是正则函数,那么矩阵

$$\begin{pmatrix} f_{11}(A) & \cdots & f_{1n}(A) \\ \vdots & & \vdots \\ f_{n1}(A) & \cdots & f_{nn}(A) \end{pmatrix}$$

的特征值由矩阵

$$\begin{pmatrix} f_{11}(\lambda_i) & \cdots & f_{1n}(\lambda_i) \\ \vdots & & \vdots \\ f_{n1}(\lambda_i) & \cdots & f_{nn}(\lambda_i) \end{pmatrix} \quad (i = 1, \cdots, p)$$

440

的特征值给出.

一位参赛者在 $f_{ij}(z)$ 是多项式的情况下证明了这个定理,这个证明也可以应用到一般情况上去.

问题 0.2 设 U 是一个 $n \times n$ 的正交矩阵,证明对任何 $n \times n$ 矩阵 A,当 $m \to \infty$ 时,矩阵

$$A_m = \frac{1}{m+1} \sum_{j=0}^{m} U^{-j} A U^{j}$$

按矩阵的元素收敛.

解答

解答 1 对一个 $n \times n$ 矩阵 A,设 $\|A\|$ 表示 A 的范数,即

$$\|A\| = \sup_{\|x\|=1} \|Ax\|$$

其中 x 在一个 n 维 Euclid 空间中变化. 如果 U 是正交的,那么 U^{-1} 也是正交的,并且

$$\|UA\| = \|AU\| = \|A\|$$

按元素收敛和按矩阵的模的序列收敛是等价的. 因而根据 Bolzano – Weierstrass 定理可知,从一个范数有界的矩阵序列中可抽出一个按范数收敛的子序列.

对一个给定的正交矩阵 U,正整数 m 和任意的矩阵 B,令

$$B_m = \frac{1}{m+1} \sum_{i=0}^{m} U^{-i} B U^{i}$$

我们将用到下面的引理

引理 对任意正整数 m,

$$\lim_{p \to \infty} \|(A_m)_p - A_p\| = 0$$

引理的证明 设 $p > m$,那么

$$(A_m)_p = \frac{1}{p+1} \frac{1}{m+1} \sum_{i=0}^{p} \sum_{j=0}^{m} U^{-i-j} A U^{i+j}$$

$$= \frac{1}{p+1} \frac{1}{m+1} \sum_{k=0}^{p+m} s(k) U^{-k} A U^{k}$$

其中

441

$$s(k) = \sum_{0 \leqslant i \leqslant p, 0 \leqslant j \leqslant m} 1 \leqslant m + 1 \quad (k = 0, \cdots, p + m)$$

如果 $m \leqslant k \leqslant p$，那么 $s(k) = m + 1$. 因此当 $p \to \infty$ 时

$$\| (A_m)_p - A_p \| = \left\| \frac{1}{p+1} \frac{1}{m+1} \sum_{k=0}^{p+m} s(k) U^{-k} A U^k - \frac{1}{p+1} \sum_{k=0}^{p} U^{-k} A U^k \right\|$$

$$= \frac{1}{p+1} \cdot \frac{1}{m+1} \left\| \sum_{k=0}^{m-1} [s(k) - m - 1] U^{-k} A U^k + \sum_{k=p+1}^{p+m} s(k) U^{-k} A U^k \right\|$$

$$\leqslant \frac{2m}{p+1} \| A \| \to 0$$

这就证明了引理.

现在问题的断言可以被证明如下. 由于对所有的正整数 m, $\| A_m \| \leqslant \| A \|$, 所以序列 $\{A_m\}$ 包含一个收敛的子序列 $\{A_{m_k}\}$, 设 $\{A_{m_k}\}$ 按范数收敛到 H. 那么当 $k \to \infty$ 时, 只要 $H = U^{-1}HU$, 我们就有

$$\| H - U^{-1}HU \| \leqslant \| H - A_{m_k} \| + \| A_{m_k} - U^{-1} A_{m_k} U \| +$$
$$\| U^{-1}(A_{m_k} - H) U \|$$

$$\leqslant 2 \| H - A_{m_k} \| + \frac{2}{m_k + 1} \| A \| \to 0$$

因而对每个正整数 p, $H_p = H$.

我们证明 $\lim\limits_{p \to \infty} \| A_p - H \| = 0$. 实际上, 对每个正整数 k, 我们有

$$\| A_p - H \| = \| A_p - H_p \| \leqslant \| A_p - (A_{m_k})_p \| + \| (A_{m_k})_p - H_p \|$$
$$\leqslant \| A_p - (A_{m_k})_p \| + \| A_{m_k} - H \|$$

根据引理就得出当 $k \to \infty$ 时

$$\limsup_{p \to \infty} \| A_p - H \| \leqslant \| A_{m_k} - A \|$$

这就证明了断言.

解答 2

在 n 维复数空间中考虑自然嵌入的 n 维实数空间. 在复空间中, 一个 $n \times n$ 实正交阵是一个酉矩阵. 因此, 如果在问题的陈述中把实正交阵换成元素为复数的酉矩阵, 那么我们就证明了更一般的结论.

所以设 $U = (U_{ij})$ 是 n 维复空间中的酉矩阵, 那么, 正如我们所知, 在适当的基上, 矩阵 U 具有形式 $(U_{ij}) = (\varepsilon_i \delta_{ij})$, 其中 δ_{ij} 是 Kronecker 符号, 并且

$|\varepsilon_1| = \cdots = |\varepsilon_n| = 1.$ 显然

$$(U^j)_{ik} = \varepsilon_i^j \delta_{ik}, (U^{-j})_{ik} = \varepsilon_i^{-j} \delta_{ik}$$

现在, 如果 $A = (a_{ik})$ 是一个任意的矩阵, 那么

$$(U^{-j}AU^j)_{ik} = \sum_{r,s} \varepsilon_i^{-j} \delta_{ir} a_{rs} \varepsilon_s^j \delta_{sk} = \varepsilon_i^{-j} a_{ik} \varepsilon_k^j = \varepsilon_i^{-j} \varepsilon_k^j a_{ik}$$

所以

$$(A_m)_{ik} = \frac{1}{m+1} \sum_{j=0}^m \varepsilon_i^{-j} \varepsilon_k^j a_{ik} = \frac{a_{ik}}{m+1} \sum_{j=0}^m \varepsilon_i^{-j} \varepsilon_k^j$$

如果 $\varepsilon_i = \varepsilon_k$, 那么 $\varepsilon_i^{-j} \varepsilon_k^j = 1$, 因此 $\lim_{m \to \infty} (A_m)_{ik} = a_{ik}$.

另一方面, 如果 $\varepsilon_i \neq \varepsilon_k$, 那么当 $m \to \infty$ 时

$$(A_m)_{ik} = \frac{a_{ik}}{m+1} \sum_{j=0}^m (\overline{\varepsilon_i} \cdot \varepsilon_k)^j = \frac{a_{ik}}{m+1} \cdot \frac{(\overline{\varepsilon_i} \varepsilon_k)^{m+1} - 1}{\overline{\varepsilon_i} \varepsilon_k - 1} \to 0$$

由于

$$\left| \frac{(\overline{\varepsilon_i} \varepsilon_k)^{m+1} - 1}{\overline{\varepsilon_i} \varepsilon_k - 1} \right| \leq \frac{2}{|\overline{\varepsilon_i} \varepsilon_k - 1|}$$

我们看出在这种情况下有 $\lim_{m \to \infty} (A_m)_{ik} = 0$.

剩下的事情是需要注意到, 如果对于矩阵序列 $(a_{ik}^{(m)})_{m=1}^\infty$, 我们知道对于每对下标 i, k, 当 $m \to \infty$ 时, $a_{ik}^{(m)}$ 趋于某个 a_{ik} 数字, 那么矩阵序列显然是按元素收敛到 (a_{ik}) 的.

解答 3

作为问题的一个推广, 我们证明下面的定理.

定理 设 H 是一个复 Hilbert 空间, U 是 H 中的酉算子. 那么对 H 中的任意紧致算子 A, 算子序列

$$\Phi_m(A) = \frac{1}{m+1} \sum_{j=0}^m U^{-j} A U^j \quad (m = 0, 1, \cdots)$$

是弱收敛的, 那就是说, 对每一对 H 中的 f, g,

$$\lim_{m,n \to \infty} ((\Phi_m(A) - \Phi_n(A)) f, g) = 0$$

其中 (f, g) 表示元素 $f, g \in H$ 的内积.

(这一命题显然包含了问题中的命题. 事实上, 问题中出现的 $n \times n$ 实正交

矩阵可看成是 n 维复 Hilbert 空间的酉算子;在这个 n 维空间中的所有线性算子,特别是由这些 $n \times n$ 矩阵导出的算子是紧致的,并且在有限维空间中弱的和按元素的收敛,即所谓的强收敛算子是一致的.)

定理的证明　为证明定理,我们首先看出映射 $A \to \Phi_m(A)(m = 1, 2, \cdots)$ 对所有的 H 中的有界算子都是有定义的,并且具有下列性质:

(1) 对任何一对 H 中的有界算子 A, B 和任何一对复数 α 和 β 成立

$$\Phi_m(\alpha A + \beta B) = \alpha \Phi_m(A) + \beta \Phi_m(B) \quad (m = 0, 1, \cdots)$$

(2) 对 H 中的任何有界算子 A,

$$\| \Phi_m(A) \| \leqslant \| A \| \quad (m = 0, 1, \cdots)$$

其中 $\| A \|$ 表示 A 的范数.

(3) 如果有界线性算子的序列 $\{A_k\}_{k=1}^{\infty}$ 一致收敛到一个有界线性算子 A,当 $k \to \infty$ 时,$\| A_k - A \| \to 0$. 并且对每个 k,序列 $\{\Phi_m(A_k)\}_{m=0}^{\infty}$ 是弱收敛的,那么序列 $\{\Phi_m(A)\}_{m=0}^{\infty}$ 也是弱收敛的.

在这 3 个性质中,仅仅 (3) 需要验证. 因此设 $\{A_k\}_{k=1}^{\infty}$ 是一个具有上述性质的算子序列,并且设 f 和 g 是 Hilbert 空间 H 中的两个元素. 不失一般性,不妨设 $\| f \| = \| g \| = 1$,则

$$| ((\Phi_m(A) - \Phi_n(A))f, g) |$$

$$= | ([\Phi_m(A) - \Phi_m(A_k) + \Phi_m(A_k) - \Phi_n(A_k) + \Phi_n(A_k) - \Phi_n(A)]f, g) |$$

$$\leqslant | (\Phi_m(A - A_k)f, g) | + | ((\Phi_m(A_k) - \Phi_n(A_k))f, g) | + | \Phi_n(A_k - A)f, g |$$

$$\leqslant 2 \| A - A_k \| + | ((\Phi_m(A_k) - \Phi_n(A_k))f, g) |$$

(我们已经应用了性质 (1),(2) 和 Schwarz 不等式)

现在设 $\varepsilon > 0$ 是任意的,那么根据序列 $\{A_k\}_{k=1}^{\infty}$ 的一个假设,存在一个下标 $k = k(\varepsilon)$ 使得

$$\| A_{k(\varepsilon)} - A \| < \frac{\varepsilon}{4}$$

下面,设 $N = N(k(\varepsilon), \varepsilon)$ 是一个正整数,对 $m, n > N$ 满足

$$| ((\Phi_m(A_{k(\varepsilon)}) - \Phi_n(A_{k(\varepsilon)}))f, g | < \frac{\varepsilon}{2}$$

根据假设,那种 N 是存在的. 那么由上述论述,对 $m, n > N$ 我们得出

444

$$| ((\Phi_m(A) - \Phi_n(A)) f, g | < \varepsilon$$

这就证明了性质(3).

众所周知,每个紧致算子都是有限秩的,而每个有限秩算子都是有限个秩 1 线性算子的组合. 因此,根据性质(1)和(3),只需对秩为 1 的算子证明我们的断言即可,所以可设 A 是一个秩为 1 的算子. 那么有两个空间 H 中的元素 ϕ 和 ψ 使得对所有 H 中的 f

$$Af = (f, \phi)\psi$$

现在,如果 h 和 g 是 H 中的任意两个元素,那么

$$(\Phi_m(A)h, g) = \frac{1}{m+1}\sum_{j=0}^{m}(AU^j h, U^j g) = \frac{1}{m+1}\sum_{j=0}^{m}(U^j h, \phi)(U^{-j}\psi, g)$$

用 $H \otimes H$ 表示 H 和本身的张量积(Hilbert 空间 $H \otimes H$ 的定义如下. 用 H_0 表示 H 和本身的张量积,众所周知,这是一个由符号 $x \otimes y (x, y \in H)$ 生成的并且具有对于算子域的复数域的自由模. 所谓 H_0 中两个元素的内积

$$\hat{\psi} = \sum_{i=0}^{n} x_i \otimes y_i, \quad \hat{\psi}' = \sum_{j=1}^{m} x_j' \otimes y_j'$$

是指

$$\langle \hat{\psi}, \hat{\psi}' \rangle = \sum_{i=1}^{n}\sum_{j=1}^{m}(x_i, x_j')(y_i, y_j') \tag{1}$$

称两个元素 $\hat{\psi}, \hat{\psi}' \in H_0$ 是恒同的,如果 $\langle \hat{\psi} - \hat{\psi}', \hat{\psi} - \hat{\psi}' \rangle = 0$. 在恒同之后出现的因子空间 $\tilde{H}_0$ 上,式(1)定义了一个范数. 在这度量意义下完备化 H_0 诱导出了这个范数. 我们得到 Hilbert 空间 $\tilde{H} = H \otimes H)$.

设 U_0 是 $\tilde{H}$ 中的算子,满足关系

$$U_0(x \otimes y) = (Ux \otimes U^{-1}y) \quad (x, y \in H)$$

U_0 是以这种方式唯一确定的,并且在 H 中是酉算子. 另一方面,显然

$$(\Phi_m(A)h, g) = \frac{1}{m+1}\sum_{j=0}^{m}(U_0^j(h \otimes \psi), \phi \otimes g)$$

根据遍历论的经典定理(例如参见 F. Riesz 和 B. Sz. Nagy,*Functional*

445

Analysis，Blackie，London，1956，§144），右边对于每对元素 $\hat{\psi},\hat{\psi}' \in \widetilde{H}$ 是收敛的，特别，对于对 $\hat{\psi} = h \otimes \psi, \hat{\psi}' = \phi \otimes g$ 是收敛的. 这就完成了证明.

问题 O.3 证明如果一个形如 $\mu e^{-\lambda s}$（λ 和 μ 是非负实数，s 是微分算子）的 Mikusiński 算子的序列在 Mikusiński 意义下收敛，则它的极限也具有这种形式.

解答

设 $\mu_n e^{-\lambda_n s}$ 是题目中所考虑的算子的收敛序列. 我们可设当 $n \to \infty$ 时 $\mu_n \to \mu, \lambda_n \to \lambda (0 \leq \mu, \lambda \leq +\infty)$. 事实上，通过子序列，我们总可以做到这点而不影响收敛性和极限算子.

由收敛的定义可知，存在一个算子 $\frac{\{p\}}{\{q\}}(\{p\}, \{q\} \in C[0,\infty), \{p\}, \{q\} \neq \{0\})$，使得

$$\mu_n e^{-\lambda_n s} \frac{\{p\}}{\{q\}} \tag{1}$$

是一个在 $C[0,\infty)$ 中的函数的几乎一致收敛序列（那就是说，在每个有限的区间内是一致收敛的）. 我们不妨设 $p(0) = 0$，否则可在(1)中用相等的表达式 $\frac{\{p\}\{1\}}{\{q\}\{1\}}$ 替换 $\frac{\{p\}}{\{q\}}$. 定义 p 在负半轴上为 0，那么 p 将是一个在整个数轴上连续但在正半轴上不恒为 0 的函数. 从式(1)得出函数序列

$$\mu_n e^{-\lambda_n s}\{p\} = \{\mu_n p(t - \lambda_n)\} \tag{2}$$

是几乎一致收敛的.

如果 $\lambda = +\infty$，那么我们看出(2)几乎一致收敛到 0 函数，因而

$$\mu_n e^{-\lambda_n s} \to 0 = 0 \cdot e^{-s} \quad (n \to \infty)$$

如果 $\lambda < +\infty$，那么我们证明 μ 也是有限的. 设 t_0 是一个使得 $p(t_0 - \lambda) \neq 0$ 的点，那么 $p(t_0 - \lambda_n) \to p(t_0 - \lambda)(n \to \infty)$. 因此如果 $\mu < +\infty$，那么 $\mu_n p(t_0 - \lambda_n)$ 可以仅是收敛的. 然而，那样 $\mu_n p(t - \lambda_n)$ 几乎一致地收敛到函数 $\{\mu p(t - \lambda)\} = \mu e^{-\lambda s}\{p\}$，所以

$$\mu_n e^{-\lambda_n s} \to \mu e^{-\lambda s} (n \to \infty)$$

问题 O.4 证明 Hilbert 空间的幂等线性算子是自伴的充分必要条件是它的模是 0 或 1.

解答

解答 1　如果 T 是一个自伴算子,那么它是一个正交投影算子.众所周知,那种算子的范数是 0 或 1.反过来设 $\|T\| \leqslant 1$,那么对空间中的任意 x 和任意数 μ,我们有

$$T(\mu Tx - (x - Tx)) = \mu Tx$$

并且因此

$$|\mu|^2 \|Tx\|^2 \leqslant \|\mu Tx - (x - Tx)\|^2$$
$$= -2\mathrm{Re}[\mu(Tx, x - Tx)] + |\mu|^2 \|Tx\|^2 + \|x - Tx\|^2$$

所以

$$\mathrm{Re}[\mu(Tx, x - Tx)] \leqslant \frac{1}{2} \|x - Tx\|^2$$

但是上式对每个 μ 成立,仅当

$$(Tx, x - Tx) = 0$$

才可能.因此,用简单的和众所周知的方法就可得出 $T^* = T$.

这一证明既可用于实空间也可用于复空间.

解答 2

根据性质 $T^2 = T$ 可知,T 的核(化零空间)和 $I - T$ 的值域重合,也就是说,它与所有形如 $(I - T)x$ 的元素的集合重合,其中 x 遍历空间的所有元素.一个众所周知并且易于验证的事实是 $I - T$ 的正交补就等于 $I - T^*$ 的核.根据众所周知的 Nagy 的结果(例如见 B. Sz. Nagy and C. Foias, Harmonic Analysis of Operators on Hilbert Space, Akademiai Kiadó and North - Holland Publ. Co. , 1970)可知从不等式 $\|T\| \leqslant 1$ 可以得出 T 的不变元素和 T^* 的相同.因此 $I - T^*$ 的核与 $I - T$ 的核相同.而 $I - T$ 的核反过来又与 T 的值域相同(后一事实可从 $(I - T)^2 = I - T$ 得出).因而,对每一个 x 成立

$$(Tx, x - Tx) = 0$$

这就完成了证明.

问题 0.5　设 T 是 Hilbert 空间 H 上的有界线性算子,并设对某个正整数 n,$\|T^n\| \leqslant 1$.证明存在一个 H 上的不变线性算子 A 使得 $\|ATA^{-1}\| \leqslant 1$.

解答

设$(\cdot,\cdot)$表示空间H中的数量积,易于验证

$$[x,y]=\sum_{i=0}^{n-1}(T^ix,T^iy)$$

定义了一个新的数量积. 设$\hat{H}$表示装备了数量积$[\cdot,\cdot]$的空间. 显然对所有的$x\in H$有

$$(x,x)\leqslant[x,x]\leqslant\left(\sum_{i=0}^{n-1}\|T^i\|^2\right)(x,x)$$

那就是说H中的范数等价于$\hat{H}$中的数.

由于 Hilbert 空间的维数就是完备集的最小的幂,即那样一种集合,它的闭的线性张成集合就是整个空间,所以H的维数就等于$\hat{H}$的维数. 但是维数相等的 Hilbert 空间是同构的,所以我们考虑一个 Hilbert 空间的同构$A:\hat{H}\rightarrow H$. 由于H和$\hat{H}$的背景空间是相同的,所以A是H上的不变算子. 设$x\in H$是任意的并令$y=A^{-1}x$,那么

$$(x,x)-(ATA^{-1}x,ATA^{-1}x)=(Ay,Ay)-(ATy,ATy)=[y,y]-[Ty,Ty]$$

$$=\sum_{i=0}^{n-1}(T^iy,T^iy)-\sum_{i=0}^{n-1}(T^{i+1}y,T^{i+1}y)=(y,y)-(T^ny,T^ny)$$

由于$\|T^n\|\leqslant1$,所以上式左边是非负的,因而我们得出对所有的$x\in H$有

$$(x,x)\geqslant(ATA^{-1}x,ATA^{-1}x)$$

那就是说 $\|ATA^{-1}\|\leqslant1$. 因此算子A满足问题的条件.

注记

一位参赛者证明了$\sum_{i=0}^{n-1}T^{*i}T^i$的正的、有界的、自伴的线性算子的正平方根可以被选择作为A.

问题 O.6 是否成立以下命题:如果A和B是复 Hilbert 空间$\mathcal{H}$中酉等价的和自伴的算子并且$A\leqslant B$,那么$A^+\leqslant B^+$(这里A^+表示A的正部).

解答

我们首先证明在$\mathbb{C}^2$中存在两个自伴算子$\hat{A}$和$\hat{B}$,其特征根分别为λ_1,λ_2和

448

λ_3, λ_4 使得 $\hat{A} \leq \hat{B}$ 但是 $\hat{A}^+ \nleq \hat{B}^+$. 例如, 设 $\hat{A}$ 和 $\hat{B}$ 分别有矩阵

$$\begin{pmatrix} 0 & -1 \\ -1 & -1 \end{pmatrix}$$

和

$$\begin{pmatrix} 1 & 0 \\ 0 & 0 \end{pmatrix}$$

那么对 $(x,y) \in \mathbb{C}^2$, 我们有

$$\langle \hat{B}(x,y), (x,y) \rangle - \langle \hat{A}(x,y), (x,y) \rangle = |x|^2 + x\bar{y} + \bar{x}y + |y|^2$$
$$= |x+y|^2 \geq 0$$

那就是说 $\hat{A} \leq \hat{B}$. 从 $\hat{A}, \hat{B}$ 的矩阵可知 $\hat{A}, \hat{B}$ 都是自伴的, $\hat{B}$ 是半正定的, $\hat{A}$ 是不定的, 因而 $\hat{B}^+ = \hat{B}$, 而 $\hat{A}^+$ 是半正定的, 且 $\hat{A}^+(0,1) \neq (0,0)$, 由于 $(0,1)$ 不是 $\hat{A}$ 的特征向量, 所以

$$\langle \hat{A}^+(0,1), (0,1) \rangle > 0$$

然而

$$\langle \hat{B}^+(0,1), (0,1) \rangle = 0$$

所以

$$\hat{A}^+ \nleq \hat{B}^+$$

现在设 $\mathcal{H} = l_2$ (复的). 为简单起见, 我们把 $\mathcal{H}$ 中的每个元素写成一个在 l_2 中收敛的级数 $\sum\limits_{n=1}^{\infty} a_n e_n$, 其中

$$e_n = (0, \cdots, 0, \overset{n.}{1}, 0, \cdots)$$

设

$$A\left(\sum_{n=1}^{\infty} a_n e_n \right) = \hat{A}(a_1, a_2) + \sum_{n=3}^{\infty} \lambda_n a_n e_n$$

其中如果 $n = 4k + s, 1 \leq s \leq 4$, 那么 $\lambda_n = \lambda_s$, 而 $\lambda_1, \lambda_2, \lambda_3, \lambda_4$ 的定义如前, e_1 和 e_2 分别等于 $(1,0)$ 和 $(0,1)$. 此外设

$$B\left(\sum_{n=1}^{\infty} a_n e_n \right) = \hat{B}(a_1, a_2) + \sum_{n=3}^{\infty} \lambda_n a_n e_n$$

449

A 和 B 都是两个半自伴算子的和,因此它们都是自伴的. 由于 $B - A = \hat{B} - \hat{A}$,我们有

$$\left\langle (B - A) \sum_{n=1}^{\infty} a_n e_n, \sum_{n=1}^{\infty} a_n e_n \right\rangle = \left\langle (\hat{B} - \hat{A})(a_1, a_2), (a_1, a_2) \right\rangle \geqslant 0$$

即 $A \leqslant B$. 类似的有 $B^+ - A^+ = \hat{B}^+ - \hat{A}^+$,所以 $\hat{A}^+ \not\leqq \hat{B}^+$.

我们现在证明 A 和 B 是酉等价的. 设

$$U_1 \left(\sum_{n=1}^{\infty} a_n e_n \right) = \hat{U}_1(a_1, a_2) + \sum_{n=3}^{\infty} a_n e_n$$

其中 $\hat{U}_1$ 表示把矩阵 $\hat{B}$ 化为对角阵的坐标变换

$$(\hat{U}_1 \hat{B} \hat{U}_1^{-1})(a, b) = (\lambda_3 a, \lambda_4 b)$$

U_1 显然是酉的,并且

$$(U_1 B U_1^{-1}) \left(\sum_{n=1}^{\infty} a_n e_n \right) = \lambda_3 a_1 e_1 + \lambda_4 a_2 e_2 + \sum_{n=3}^{\infty} \lambda_n a_n e_n$$

设

$$U_2 \left(\sum_{n=1}^{\infty} a_n e_n \right) = \sum_{n=1}^{\infty} a_{f(n)} e_n$$

其中 f 表示下面的 $\mathbb{N}$ 的置换:对 $n = 4k + 3$ 或 $n = 4k + 4, k \geqslant 1, f(n) = n - 4$,而对 $n = 4k + 1$ 或 $n = 4k + 2, k \geqslant 0, f(3) = 1, f(4) = 2, f(n) = n + 4$,那么

$$\left\langle U_2 \left(\sum_{n=1}^{\infty} a_n e_n \right), \sum_{n=1}^{\infty} b_n e_n \right\rangle = \sum_{n=1}^{\infty} a_{f(n)} \bar{b}_n$$

$$= \sum_{n=1}^{\infty} a_n \bar{b}_{f^{-1}(n)} = \left\langle \sum_{n=1}^{\infty} a_n e_n, U_2^{-1} \left(\sum_{n=1}^{\infty} b_n e_n \right) \right\rangle$$

这蕴含 U_2 也是酉的,此外,我们还有

$$(U_2 U_1 B U_1^{-1} U_2^{-1}) \left(\sum_{n=1}^{\infty} a_n e_n \right) = \sum_{n=1}^{\infty} \lambda_n a_n e_n$$

最后设

$$U_3 \left(\sum_{n=1}^{\infty} a_n e_n \right) = \hat{U}_3(a_1, a_2) + \sum_{n=3}^{\infty} a_n e_n$$

450

其中$(\hat{\pmb{U}}_3^{-1}\hat{A}\hat{\pmb{U}}_3)(a,b) = (\lambda_1 a,\lambda_2 b)$,$\hat{\pmb{U}}_3$ 是酉的. 利用第三个酉变换,我们有

$$(\pmb{U}_3\pmb{U}_2\pmb{U}_1B\pmb{U}_1^{-1}\pmb{U}_2^{-1}\pmb{U}_3^{-1})\Big(\sum_{n=1}^{\infty}a_n e_n\Big) = A\Big(\sum_{n=1}^{\infty}a_n e_n\Big)$$

这就说明 A 和 B 是酉等价的.

以上这些例子就说明问题的答案是否定的.

问题 O.7　设 K 是无限维实赋范线性空间 $(X,\parallel\cdot\parallel)$ 的紧致子集. 证明 K 可以作的一个连续函数 $g:[0,1[\to X$ 的在 1 处的所有左极限点的集合而得出 (译者注:$[0,1[$ 表示 1 是一个左极限点),那就是说,$x \in K$ 的充分必要条件是存在序列 $t_n \in [0,1[\ (n = 1,2,\cdots)$ 满足 $\lim_{n\to\infty} t_n = 1$ 和 $\lim_{n\to\infty}\parallel g(t_n) - x\parallel = 0$.

解答

对每个 $\varepsilon = \dfrac{1}{n}(n \in \mathbb{N})$,紧致集 $K \subseteq X$ 有一个有限的 ε – 网 $z_1(n)$,$z_2(n),\cdots,z_{j_n}(n) \in K$,那就是说,如果 $x \in K$,那么对某个 $1 \leqslant i \leqslant j_n$ 成立 $\parallel x - z_{i(n)}\parallel \leqslant \varepsilon = \dfrac{1}{n}$. 用 $x_0,x_1,x_2,\cdots$ 表示从有限的 $\dfrac{1}{n}$ – 网 $z_1(1),z_2(1),\cdots,z_{j_1}(1)$,$z_1(2),z_2(2),\cdots,z_{j_2}(2),z_1(3),z_2(3),\cdots,z_{j_3}(3),\cdots$ 中一个接一个地得出的数的序列. 现在已经可能去定义一个分段线性函数 $g:[0,1[\to X$ 使得 $g\Big(1 - \dfrac{1}{k}\Big) = x_k(k \in \mathbb{N})$,因此 K 的每个点都是函数 g 在 1 处的左极限点. 问题是 g 有可能还有不属于 K 的其他极限点. 因此我们必须通过插入一些新的函数序列的值 $y_0,y_1,y_2,\cdots$ 来改进上面的手续. 为定义这些新的函数序列的值,我们将需要下面的性质(就像在几乎正交向量上的众所周知的 Riesz 引理那样,这是一个基本的性质).

如果 $L \subseteq X$ 是有限维的线性子空间,那么存在一个向量 $\pmb{y} \in X \backslash L$ 使得 $\parallel \pmb{y}\parallel = 1$,并且 $\mathrm{dist}(\pmb{y},L) = 1$,其中

$$\mathrm{dist}(A,B) = \inf\{\parallel a - b\parallel:a \in A,b \in B\}$$

表示子集 $A,B \subseteq X$ 之间的距离,并且用 a 代替单元素集 $\{a\}$. 实际上,由于 X 是有限维的,所以它包含一个向量 $v \in X \backslash L$ 和有限维子空间 L 的一个子集

451

$$D = \{ u : u \in L, \| v - u \| \leqslant \| v \| \}$$

它在 L 中是有界闭的,因而 D 是紧致的. 因此 D 含有一个向量 $u_0 \in D$,它离 v 是最近的. 因而如果设 $v_0 = v - u_0$,那么

$$\| v_0 \| = \min \{ \| v - u \| : u \in D \} = \operatorname{dist}(v, L) = \operatorname{dist}(v_0, L)$$

所以向量 $y = \dfrac{v_0}{\| v_0 \|}$ 就具有所需的性质.

下面,我们用归纳法在 X 中定义一个序列. 设 $L_0 = \lin\{x_0, x_1\}$ 并利用刚才证明的性质,选择一个向量 $y_0 \in X \backslash L_0$ 使得

$$\| y_0 \| = 1 = \operatorname{dist}(y_0, L_0)$$

如果 $y_0, y_1, \cdots, y_{k-1}(k \in \mathbb{N})$ 已经定义了,那么令

$$L_k = \lin\{x_0, y_0, x_1, y_1, \cdots, x_{k-1}, y_{k-1}, x_k, x_{k+1}\}$$

再次利用前面的性质,选一个向量 $y_k \in X \backslash L_k$ 使得

$$\| y_k \| = 1 = \operatorname{dist}(y_k, L_k)$$

为简单起见,我们先定义一个连续函数 $\phi : [0, \infty[\to X$,使得它在 ∞ 处有一个极限点的集合 K. 对 $k \in \mathbb{N}_0 = \mathbb{N} \cup \{0\}$ 和 $0 \leqslant r \leqslant 1$,令

$$\phi(3k + r) = (1 - r) x_k + r(x_k + y_k)$$
$$\phi(3k + 1 + r) = (1 - r)(x_k + y_k) + r(x_{k+1} + y_k)$$
$$\phi(3k + 2 + r) = (1 - r)(x_{k+1} + y_k) + r x_{k+1}$$

让我们验证所需的性质:

(1) 根据序列 $x_0, x_1, x_2, \cdots$ 的构造,对任意 $x \in K$,存在一个收敛的子序列 $x_{k_n} \to x$,令 $\tau_n = 3k_n$,我们有

$$\lim_{n \to \infty} \phi(\tau_n) = \lim_{n \to \infty} x_{k_n} = x$$

(2) 另一方面,我们证明没有 $x \notin K$ 可以是 ϕ 在 ∞ 处的极限点. 事实上由 K 是闭集得出

$$\delta = \min\{\operatorname{dist}(x, K), 1\} > 0$$

并且如果对某个 $\tau_0 \in [3k_0, 3k_0 + 3] (k_0 \in \mathbb{N}_0)$ 我们有 $\operatorname{dist}(x, \phi(\tau_0)) < \dfrac{\delta}{3}$,那么对每个 $\tau > 3k_0 + 3$,成立关系式 $\operatorname{dist}(x, \phi(\tau)) \geqslant \dfrac{\delta}{3}$. 现在,存在一个正整数

452

$k_0 < k \in \mathbb{N}$ 使得:

（a）或者 $3k + \dfrac{2\delta}{3} < \tau < 3k + 3 - \dfrac{2\delta}{3}$，在这种情况下，关系式 $\phi(\tau_0) \in L_k$ 和

ϕ 的定义蕴含

$$\mathrm{dist}(\phi(\tau_0), \phi(\tau)) > \frac{2\delta}{3}$$

因此

$$\mathrm{dist}(x, \phi(\tau)) \geqslant \mathrm{dist}(\phi(\tau_0), \phi(\tau)) - \mathrm{dist}(x, \phi(\tau_0)) > \frac{\delta}{3}$$

（b）或者 $|3k - \tau| \leqslant \dfrac{2\delta}{3}$，在这种情况下，对 $x_k \in K$，根据 ϕ 的定义，我们就

有

$$\mathrm{dist}(x_k, \phi(\tau)) \leqslant \frac{2\delta}{3}$$

因此

$$\mathrm{dist}(x, \phi(\tau)) \geqslant \mathrm{dist}(x, K) - \mathrm{dist}(K, \phi(\tau)) \geqslant \frac{\delta}{3}$$

因而确实不存在序列 $\tau_n \to \infty$ 使得 $\phi(\tau_n) \to x$. 最后所需的函数 $g: [0,1[\to$

X 可由变换

$$g(t) = \phi\left(\frac{t}{1-t}\right) \quad (t \in [0,1[)$$

给出.

问题 O.8　分别用 $B[0,1]$ 和 $C[0,1]$ 表示区间 $[0,1]$ 上的所有有界函数
的带有最大模的 Banach 空间和所有连续函数的带有最大模的 Banach 空间. 问
是否存在一个有界线性算子

$$T: B[0,1] \to C[0,1]$$

使得对所有的 $f \in C[0,1]$ 成立 $Tf = f$?

解答

假设存在那样一个算子 T.

设 $0 < a < 1$，考虑函数

$$f_a(x) = \begin{cases} 0, & x < a \\ 1, & x \geqslant a \end{cases}$$

函数 $h_a = f_a - Tf_a$ 除了在点 a 处有一个跃度等于 1 的跳跃之外, 是连续的并且满足 $T(h_a) = T(f_a - Tf_a) = 0$.

用 $-h_a$ 替换 h_a 是必要的. 我们可设在 a 的左边或右边的一个带孔的小邻域内 $h_a > \dfrac{1}{3}$.

设 $a_1 = \dfrac{1}{2}$ 并且定义一个序列 $a_1, a_2, \cdots$ 使得 $a_i \in (0,1)$, 对 $i \geqslant 2$, 设 a_i 属于对应于 a_{i-1} 的一个小邻域. 除了在点 $a_1, \cdots, a_n$ 处的跃度等于 1 的跳跃, 以及在 a 的一个单边的带孔的小邻域中 $g_n > \dfrac{n}{3}$ 之外, 容易构造一个连续函数 f_n 满足

$$\|f_n - g_n\| \underset{x \in [0,1]}{\sup} |f_n(x) - g_n(x)| \leqslant \dfrac{1}{2}$$

(确切地说, 等号是成立的.) 那么对算子 T 的模, 我们有估计

$$\|T\| \geqslant \dfrac{\|T(f_n - g_n)\|}{\|f_n - g_n\|} \geqslant 2\|Tf_n - Tg_n\| = 2\|f_n\| \geqslant \dfrac{2}{3}n - 1$$

对每个正整数 n 成立, 所以 T 的模不可能是有界的, 由此就得出不存在满足问题所需性质的算子 T.

问题 0.9　是否存在 Hilbert 空间 H 上的有界线性算子 T 使得

$$\bigcap_{n=1}^{\infty} T^n(H) = \{0\}$$

但是

$$\bigcap_{n=1}^{\infty} T^n(H)^- \neq \{0\}$$

其中右上角的短杠表示闭包.

解答

存在一个这种算子 T. 设 H 是可数无穷维的 Hilbert 空间, 并设 $\{e_n\}_{n=1}^{\infty}$ 是 H 中的一组正交基. 我们首先利用基向量定义 T, 设

$$Te_n = \begin{cases} 0, n = 1 \\ e_{n+1}, n \geq 2,且不是完全平方数 \\ \alpha_j e_1 + \dfrac{\alpha_j}{j} e_{n+1}, n = j^2,其中 j \geq 2 是一个整数 \end{cases}$$

设在序列 $\{\alpha_j\}_{j=2}^{\infty}$ 中对每个 j 有 $0 < |\alpha_j| \leq 1$ 以及

$$\alpha = \sum_{j=2}^{\infty} |\alpha_j|^2 < \infty$$

下面,我们把 T 的定义扩展到整个 H 上去. 对任意向量 $x \in H$,令

$$Tx := \sum_{n=1}^{\infty} \xi_n Te_n$$

其中

$$\xi_n = \langle x, e_n \rangle$$

首先,我们必须证明定义 Tx 的级数是收敛的,这等价于证明级数的部分和序列是 Cauchy 序列. 设 $k < l$ 是正整数,那么

$$\left\| \sum_{n=k}^{l} \xi_n Te_n \right\|^2 \leq \sum_{n=k}^{l} |\xi_n|^2 + \left| \sum_{k \leq j^2 \leq l} a_j \xi_{j^2} \right|^2$$

由于,将定义向量 Te_n 的表达式代入和 $\sum_{n=k}^{l} \xi_n Te_n$ 后,在基向量的线性组合中,我们可让满足 $k+1 \leq n \leq l+1$ 的 e_n 的系数的绝对值小等于 1,e_1 的系数是 $\sum_{k \leq j^2 \leq l} \alpha_j \xi_{j^2}$ 而其他的基向量在线性组合中不出现. 利用 Cauchy 不等式就得出

$$\left\| \sum_{n=k}^{l} \xi_n Te_n \right\|^2 \leq \sum_{n=k}^{l} |\xi_n|^2 + \left(\sum_{k \leq j^2 \leq l} |\alpha_j|^2 \right) \left(\sum_{k \leq j^2 \leq l} |\xi_{j^2}|^2 \right)$$

$$\leq (1 + \alpha) \sum_{n=k}^{l} |\xi_n|^2$$

由于 $\sum_{n=1}^{\infty} |\xi_n|^2 = \|x\|^2 < \infty$,所以级数 $\sum_{n=1}^{\infty} \xi_n Te_n$ 收敛. 现在 T 是线性的是显然的. 并且如果在上面的不等式中令 $k = 1$,令 $l \to \infty$,就可得出 T 的有界性,即 $\|T\| \leq 1 + \alpha$.

我们证明对每个正整数 l 成立 $e_1 \in T^l(H)^-$,事实上对 $j \geq 2$ 有

$$e_{j^2} = T^{2j-2} e_{(j-1)^2+1}$$

455

因此

$$e_1 + \frac{1}{j}e_{j^2+1} = \frac{1}{\alpha_j}Te_{j^2} = T^{2j-1}\left(\frac{1}{\alpha_j}e_{(j-1)^2+1}\right) \in T^{2j-1}(H)$$

因而

$$e_1 + \frac{1}{j}e_{j^2+1} \in T^{2j-1}(H) \subseteq T^l(H) \quad (2j-1 \geq l)$$

令 $l \to \infty$, 就得出

$$e_1 = \lim_{j\to\infty}\left(e_1 + \frac{1}{j}e_{j^2+1}\right) \in T^l(H)^-$$

剩下的是证明 $\bigcap\limits_{l=1}^{\infty} T^l(H) = \{0\}$. 设 $x \in \bigcap\limits_{l=1}^{\infty} T^l(H)$. 由 T 的定义下列事实是显然的:对于任何 l 和 $2 \leq n \leq l+1$,向量 e_n 和 $T^l(H)$ 是正交的. 因此,对于所有整数 $n \geq 2$, $\langle x, e_n \rangle = 0$. 另一方面,如果对于某个 $y \in H$, $Ty \neq 0$,那么必然存在一个整数 $n \geq 2$ 使得 $\langle y, e_n \rangle \neq 0$. 然而,那样就有 $\langle Ty, e_{n+1} \rangle \neq 0$,并且,由前面的论证就有 $x = T0 = 0$.

3.8　概率论

问题 P.1　在一个单位面积的三角形中选两个一致分布的独立无关的点. 连接这些点的直线以概率 1 把三角形分成了一个三角形和一个四边形, 计算这两部分面积的期望值.

解答

首先看出仿射变换不会改变面积的比率, 因此对比率的期望不会改变. 为了以最方便的形式来达到目的, 我们将通过选择三角形的类型来利用这一事实. 用 A_1, A_2, A_3 表示所选三角形的顶点, 用 X 和 Y 表示所选的点. 由于 X 和 Y 的独立性, 连接点 X 和 Y 的直线 e 并穿过 $A_i(i = 1,2,3)$ 之一的概率等于零. 所以我们得出直线 e 把三角形分成一个三角形和四边形的概率等于 1. 用 $\mathcal{A}_i$ 表示点 A_i 是小三角形的顶点的事件. 事件 $\mathcal{A}_i(i = 1,2,3)$ 构成了一个事件的完全系. 因此根据"全期望" 定理就有

$$E\left(\frac{t}{T}\right) = \sum_{i=1}^{3} E\left(\frac{t}{T}\bigg|\mathcal{A}_i\right)P(\mathcal{A}_i)$$

如果原来的三角形是等边的, 那么 $E\left(\frac{t}{T}\big|\mathcal{A}_i\right)$ 是不依赖于 i 的(所以对 $i = 1,2,3, P(\mathcal{A}_i)$ 也是不依赖于 i 的), 因此

$$E\left(\frac{t}{T}\right) = E\left(\frac{t}{T}\bigg|\mathcal{A}_1\right)\sum_{i=1}^{3} P(\mathcal{A}_i) = E\left(\frac{t}{T}\bigg|\mathcal{A}_1\right)$$

假设现在我们有一个等腰直角三角形, A_i 是直角顶点, 并且相等的边具有单位长度. 用 $F(a,b)$ 表示边被直线 e 分成的线段 ξ 和 η 有 $\xi < a$ 和 $\eta < b$ 在条件 $\xi < 1$ 和 $\eta < 1$ 下的(条件) 概率, 那就是说

$$F(a,b) = P \quad (\xi < a, \eta < b \mid \xi < 1, \eta < 1)$$

由于 $a < 1$ 并且 $b < 1$, 所以

$$F(a,b) = \frac{P(\xi < a, \eta < b)}{P(\xi < 1, \eta < 1)}$$

设 $X = (x_1, x_2), Y = (y_1, y_2)$, 那么

457

$$P(\xi < a, \eta < b) = c\int_{\triangle(a,b)} dx_1 dx_2 dy_1 dy_2$$

其中 c 是一个不依赖于 a 和 b 的常数,而 $\triangle(a,b)$ 是四维空间中对应于使得 $\xi < a$ 和 $\eta < b$ 直线的区域. 通过替换 $x_i = ax_i', y_i = by_i'$,区域 $\triangle(a,b)$ 变换为 $\triangle(1,1)$,因此

$$P(\xi < a, \eta < b) = ca^2b^2\int_{\triangle(1,1)} dx_1' dx_2' dy_1' dy_2'$$

$$= a^2b^2 P \quad (\xi < 1, \eta < 1)$$

那就是说 $F(a,b) = a^2b^2$,因此密度函数就是

$$f(a,b) = \frac{\partial^2 F(a,b)}{\partial a \partial b} = 4ab$$

因而三角形面积的比就是

$$g(a,b) = \frac{\dfrac{1}{2}ab}{\dfrac{1}{2} \cdot 1 \cdot 1} = ab$$

比率的期望是

$$E\left(\frac{t}{T}\right) = Eg(a,b) = \int_0^1 \int_0^1 g(a,b)f(a,b)\, da\, db$$

$$= \int_0^1 \int_0^1 4a^2b^2\, da\, db = \frac{4}{9}$$

因此三角形面积和四边形面积的期望分别是 $\dfrac{4}{9}$ 和 $\dfrac{5}{9}$.

问题 P.2 在一个圆上选 n 个独立的一致分布的点. 设 P_n 是圆心在这 n 个点的凸包内部的概率. 计算 P_3 和 P_4 的值.

解答

解答 1 假设圆的周长是 1. 在圆上固定一个点,并引入弧长参数. 设 $\tau_1, \cdots, \tau_n$ 是所选的点的参数值. 用 A_n 表示圆心不在点的凸包中的事件,用 B_i 表示在弧 $\left(\tau_i, \tau_i + \dfrac{1}{2}\right)$ 中没有点的事件. 由于点是独立一致分布的,因此显然除了概率为零的事件外,B_i 是互相不相交的,并且 $A_n = B_1 + \cdots + B_n$,$P(B_i) = \dfrac{1}{2^{n-1}}$,

所以 $P_n = 1 - P(A_n) = 1 - \dfrac{n}{2^{n-1}}, P_3 = \dfrac{1}{4}, P_4 = \dfrac{1}{2}$.

解法 2　用 $\overset{\frown}{\tau_i \tau_j}$ 表示连接端点 τ_i 和 τ_j 的劣弧的长度,并用 $B_{ij}(1 \leq i < j \leq n)$ 表示所有的点都在端点为 τ_i 和 τ_j 的劣弧上的事件(如果 τ_i 和 τ_j 是一个半圆的端点,那么 B_{ij} 表示所有的点都在其中一个半圆上的事件). 显然 $A_n = \sum\limits_{i,j} B_{ij}$. 如果点是不同的,那么事件 B_{ij} 是互不相交的. 由于点是独立一致分布的,因此它们以概率 1 不重合. 故 $P(A_n) = \sum\limits_{i,j} P(B_{ij})$,此外 $P(\overset{\frown}{\tau_i \tau_j} < x) = 2x$,所以 $(P(\overset{\frown}{\tau_i \tau_j} < x))' = 2 \left(0 < x < \dfrac{1}{2}\right)$,并且 $P(B_{ij} \mid \overset{\frown}{\tau_i \tau_j} < x) = x^{n-2}$. 由全概率定理得

$$P(B_{ij}) = 2\int_0^{1/2} x^{n-2} \mathrm{d}x = \frac{1}{(n-1)2^{n-2}}$$

因此

$$P_n = 1 - P(A_n) = 1 - \binom{n}{2}\frac{1}{(n-1)2^{n-2}} = 1 - \frac{n}{2^{n-1}}$$

问题 P.3　设 $\varepsilon_1, \varepsilon_2, \cdots, \varepsilon_{2n}$ 是独立的随机变量,使得对所有的 $i, P(\varepsilon_i = 1) = P(\varepsilon_i = -1) = \dfrac{1}{2}$. 定义 $S_k = \sum\limits_{i=1}^k \varepsilon_i, 1 \leq k \leq 2n$. 设 N_{2n} 表示 $k \in [2, 2n]$ 并且使得或者 $S_k > 0$,或者 $S_k = 0, S_{k-1} > 0$ 的整数 k 的个数,计算 N_{2n} 的方差.

解答

众所周知(例如可见 W. , Feller, An Introduction to Probability Theory and Its Applications, Wiley, New York, 1957, Vol. I, p. 77), N_{2n} 的分布是

$$P(N_{2n} = 2k) = \frac{\dbinom{2k}{k}\dbinom{2(n-k)}{n-k}}{2^{2n}} \quad (k = 0, 1, \cdots, n) \qquad (1)$$

$$P(\mathbb{N}_{2n} = 2k+1) = 0 \quad (k = 0, 1, \cdots, n-1) \qquad (2)$$

分布的对称性蕴含 $E(N_{2n}) = n$,并且从 (1)(2) 推出

$$E(N_{2n}^2) = \sum_{k=0}^n (2k)^2 \frac{\dbinom{2k}{k}\dbinom{2(n-k)}{n-k}}{2^{2n}}$$

假设 $|x| < 1$，考虑函数

$$F(x) = \sum_{k=1}^{\infty} (2k)^2 \frac{\binom{2k}{k}}{2^{2k}} x^{2k}$$

和

$$G(x) = (1 - x^2)^{-\frac{1}{2}}$$

容易看出

$$G(x) = \sum_{k=0}^{\infty} \frac{\binom{2k}{k}}{2^{2k}} x^{2k} \tag{3}$$

$E(N_{2n}^2)$ 的生成函数是 $F(x)G(x)$，那就是说

$$F(x)G(x) = \sum_{k=0}^{\infty} E(N_{2n}^2) x^{2k}$$

利用(3)，易于验证

$$F(x) = x(xG'(x))'$$

上式蕴含

$$F(x) = x(x^2(1 - x^2)^{-3/2})' = 2x^2(1 - x^2)^{-3/2} + 3x^4(1 - x^2)^{-5/2}$$

所以

$$F(x)G(x) = 2x^2(1 - x^2)^{-2} + 3x^4(1 - x^2)^{-3} \tag{4}$$

简单的计算表明

$$(1 - x^2)^{-2} = \sum_{k=1}^{\infty} k x^{2k-2}$$

和

$$(1 - x^2)^{-3} = \sum_{k+1}^{\infty} \frac{k(k-1)}{2} x^{2k-4}$$

所以从(4)得出

$$F(x)G(x) = \sum_{k=1}^{\infty} 2k x^{2k} + \sum_{k=1}^{\infty} \frac{3}{2} k(k-1) x^{2k} = \sum_{k=1}^{\infty} \left(\frac{3}{2} k^2 + \frac{1}{2} k \right) x^{2k}$$

所以

$$E(N_{2n}^2) = \frac{3}{2} n^2 + \frac{1}{2} n$$

460

因此

$$\text{Var}(N_{2n}) = E(N_{2n}^2) - E^2(N_{2n}) = \left(\frac{3}{2}n^2 + \frac{1}{2}n\right) - n^2 = \frac{n(n+1)}{2}$$

问题 P.4　一个人按以下规则玩掷硬币游戏,他可以下注一笔任意金额为正数的钱,然后抛掷一枚公平的硬币,他的输赢取决于抛掷硬币的结果. 他最开始下了 x 福林的注(福林是匈牙利货币名称),其中 $0 < x < 2C$,然后按照以下策略下注:如果在一个给定的时间,他的资本是 $y < C$,那么他准备冒输光的风险下注;如果他有 $y > C$,那么他只注 $2C - y$. 如果他正好有 $2C$ 福林,那么他就退出游戏. 设 $f(x)$ 是他(在输光之前)达到 $2C$ 的概率. 确定 $f(x)$ 的值.

解答

解答 1　我们将证明 $f(x) = \frac{x}{2C}(0 < x < 2C)$. 首先,我们证明 $f(x)$ 是非递减的. 设 $0 < x_1 < x_2 < 2C$,并且设存在一个抛掷序列使他可从 x_1 达到 $2C$. 我们证明,通过同一个抛掷序列,他可以从 x_2 达到 $2C$(可能更早),所以 $f(x_2) \geqslant f(x_1)$.

让我们看看投掷一次后玩家的金额是如何变化的:

(1) 如果 $x_1 < x_2 < C$,则 $2x_1 < 2x_2$ 表示获胜,而 $0 \leqslant 0$ 表示受损.

(2) 如果 $x_1 < C < x_2$,则 $2x_1 < 2C$ 表示获胜,而 $0 < 2(x_2 - C)$ 表示受损.

(3) 如果 $C < x_1 < x_2$,则 $2C \leqslant 2C$ 表示获胜,$2(x_1 - C) < 2(x_2 - C)$ 表示受损.

因此,如果 $x_1 < x_2$,那么,对于新的量 x_1' 和 x_2',我们有 $x_1' \leqslant x_2'$.

定义 $x = \left(\frac{a}{2^n}\right) \cdot 2C (1 \leqslant a \leqslant 2^n - 1, a$ 是奇数,$n = 1, 2, \cdots)$,我们将通过归纳法证明对于这样的 $x, f(x) = \frac{a}{2^n} = \frac{x}{2C}$. 对于 $n = 1, f\left(\left(\frac{1}{2}\right) \cdot 2C\right) = f(C) = \frac{1}{2}$,由于从 C 开始,玩家将有 $\frac{1}{2}$ 的概率拥有 $2C$. 假设公式适用于 $n = k(k \geqslant 1)$,那就是说

$$f(x) = f\left(\left(\frac{a}{2^k}\right) \cdot 2C\right) = \frac{a}{2^k}$$

461

如果

$$x = \left(\frac{a}{2^{k+1}}\right) \cdot 2C$$

并且

$$a < 2^k \quad (\text{即 } x < C)$$

玩家将分别以 $\frac{1}{2}, \frac{1}{2}$ 的概率获取 $2x$ 福林的利益或输光. 因此

$$f(x) = \frac{1}{2}f\left(\frac{a}{2^k}2C\right) + \frac{1}{2}f(0) = \frac{a}{2^{k+1}} = \frac{x}{2C}$$

如果

$$x = \left(\frac{a}{2^{k+1}}\right) \cdot 2C$$

并且

$$2^k < a < 2^{k+1} \quad (\text{由于 } a \text{ 是奇数,所以 } a \neq 2^k)$$

那么不等式 $x > C$ 蕴含

$$f(x) = \frac{1}{2}f(2C) + \frac{1}{2}f\left(\frac{a-2^k}{2^k} \cdot 2C\right) = \frac{1}{2} + \frac{1}{2}\frac{a-2^k}{2^k} = \frac{a}{2^{k+1}} = \frac{x}{2C}$$

现在设 $x_0 \neq \left(\frac{a}{2^n}\right) \cdot 2C\,(1 \leqslant a \leqslant 2^n - 1, a \text{ 是奇数})$,并设 $f(x_0) \neq \frac{x_0}{2C}$,但是,

比如 $f(x_0) > \frac{x_0}{2C}$,那么就应当存在一个形如 $\frac{a}{2^n}$ 的数使得

$$\frac{x_0}{2C} < \frac{a}{2^n} < f(x_0) \tag{1}$$

这与 $f(x)$ 是非递减的矛盾,即和由于 (1),$x_0 < \left(\frac{a}{2^n}\right) \cdot 2C$ 矛盾. 另一方面

$$\frac{a}{2^n} = f\left(\frac{a}{2^n}2C\right) < f(x_0)$$

如果 $f(x_0) < \frac{x_0}{2C}$,我们类似地可以得出矛盾. 因此必须有

$$f(x) = \frac{x}{2C} \quad (0 < x < 2C)$$

解答 2 引入记号 $g(x) = f(2Cx)\,(0 \leqslant x \leqslant 1)$. 由于 $f(0) = 0$ 和 $f(2C) =$

462

1,所以 $g(0) = 0, g(1) = 1.$ 易于验证

$$g(x) = \begin{cases} \dfrac{1}{2}g(2x), x \in \left[0, \dfrac{1}{2}\right] \\ \dfrac{1}{2} + \dfrac{1}{2}g(2x - 1), x \in \left(\dfrac{1}{2}, 1\right] \end{cases} \tag{2}$$

为看出上式,我们注意如果 $x \in \left(0, \dfrac{1}{2}\right]$,那么玩家将以 $\dfrac{1}{2}$ 的概率赢得或失去 $2Cx$ 福林,因此

$$g(x) = \frac{1}{2}g(2x) + \frac{1}{2}g(0) = \frac{1}{2}g(2x)$$

如果 $x \in \left(\dfrac{1}{2}, 1\right]$,玩家将以 $\dfrac{1}{2}$ 的概率拥有 $2C$ 福林或以 $\dfrac{1}{2}$ 的概率拥有 $(2x - 1)2C$ 福林,所以

$$g(x) = \frac{1}{2}g(1) + \frac{1}{2}g(2x - 1) = \frac{1}{2} + \frac{1}{2}g(2x - 1)$$

下面我们将证明函数方程(2)的仅有的有界解是恒同函数 $g(x) = x$(由此得出和解答 1 中同样的解).

令 $h(x) = g(x) - x$,那么 $h(x)$ 是有界的,并且

$$h(x) = \begin{cases} \dfrac{1}{2}h(2x), x \in \left[0, \dfrac{1}{2}\right] \\ \dfrac{1}{2}h(2x - 1), x \in \left(\dfrac{1}{2}, 1\right] \end{cases} \tag{3}$$

我们往证 $h(x) \equiv 0.$ 由于 $h(x)$ 是有界的,因此 $M = \sup\limits_{x \in [0,1]} h(x)$ 和 $m = \inf\limits_{x \in [0,1]} h(x)$ 都是有限的,并且

$$h(x) = \begin{cases} \dfrac{1}{2}h(2x) \leqslant \dfrac{M}{2}, x \in \left[0, \dfrac{1}{2}\right] \\ \dfrac{1}{2}h(2x - 1) \leqslant \dfrac{M}{2}, x \in \left(\dfrac{1}{2}, 1\right] \end{cases}$$

M 的定义蕴含 $M \leqslant \dfrac{M}{2}$,即 $M \leqslant 0$,同理可证 $m \geqslant 0$,那就是说 $h(x) \equiv 0.$

问题 P.5 对区间 $(0,1)$ 中的实数 x,用 $n(x)$ 表示它的十进制表示

中使得

$$\overline{0,a_1(x)a_2(x)\cdots a_n(x)\cdots a_{n(x)+1}a_{n(x)+2}a_{n(x)+3}a_{n(x)+4}} = 1\,966$$

成立的最小非负整数,求 $\int_0^1 n(x)\,\mathrm{d}x.$ ($\overline{abcd}$ 表示各位数字分别为 a,b,c,d 的四位数.)

解答

解答 1 积分应理解为 Lebesgue 积分. 引进下面的记号

$$L_n = \{x : x \in (0,1), n(x) = n\}$$

$$A_n = \{x : x \in (0,1), \overline{a_{n+1}(x)a_{n+2}(x)a_{n+3}(x)a_{n+4}(x)} = 1\,966\}$$

设 λ 是 Lebesgue 测度,$\lambda_n = \lambda(L_n)$,$\alpha_n = \lambda(A_n)$,$n = 0,1,2,\cdots$. 注意 L_n 和 A_n 都是有限多个区间的并,因此它们都是可测集.

首先我们证明 $\sum\limits_{n=0}^{\infty} \lambda_n = 1$,那就是说,积分是几乎处处有定义的. 如果

$$H = \{x : x \in (0,1), \overline{a_{k+1}(x)a_{k+2}(x)a_{k+3}(x)a_{k+4}(x)} \neq 1\,966, k = 1,2,\cdots\}$$

和

$$C_n = \{x : x \in (0,1), \overline{a_{4k+1}(x)a_{4k+2}(x)a_{4k+3}(x)a_{4k+4}(x)} \neq 1\,966, k = 1,2,\cdots\}$$

那么 $H \subseteq C_n (n = 0,1,2,\cdots)$,并且

$$\lambda(C_n) = \left(\frac{10^4 - 1}{10^4}\right)^{n+1}$$

所以 $\lim\limits_{n \to \infty} \lambda(C_n) = 0$,$\lambda(H) = 0$. A_n 中区间的长度等于 $10^{-(n+4)}$,这些区间的数目是 10^n(我们可以用 10^n 种不同的方式选择前 n 位数字),因此 $\alpha_n = 10^{-4}$. 显然 $A_n \cap L_n = L_n (n = 0,1,\cdots)$,并且如果 $n-3 \leqslant k \leqslant n-1$,那么 $A_n \cap L_k = 0$ 由于上面两个关于 $1\,966$ 不可能重叠,而如果 $0 \leqslant k \leqslant n-4$,那么

$$\lambda(A_n \cap L_k) = \lambda(A_{n-k-4})\lambda(L_k) = 10^{-4}\lambda_k$$

由于我们假设仅限于在 x 的前 $(k+4)$ 个数字中时 x 在 L_k 中,所以

$$10^{-4} = \lambda(A_n) = \sum_{k=0}^{n} \lambda(A_n \cap L_k) = \sum_{k=0}^{n-4} 10^{-4}\lambda_k + \lambda_n$$

那就是说

$$10^4 \lambda_n = 1 - \sum_{k=0}^{n-4} \lambda_k$$

464

由 $\sum_{k=0}^{\infty} \lambda_k = 1$ 我们得出

$$\sum_{k=n+1}^{\infty} \lambda_k = 10^4 \lambda_{n+4} \tag{1}$$

关于 $n(x)$ 的积分，我们有

$$\int_0^1 n(x)\mathrm{d}x = \sum_{n=0}^{\infty} n\lambda_n = \sum_{n=0}^{\infty} \sum_{k=n+1}^{\infty} \lambda_k$$

因此，根据（1）就有

$$\int_0^1 n(x)\mathrm{d}x = \sum_{n=0}^{\infty} 10^4 \lambda_{n+4} = 10^4 \sum_{n=4}^{\infty} \lambda_n$$

$$= 10^4(1 - \lambda_0 - \lambda_1 - \lambda_2 - \lambda_3)$$

而由于 $\lambda_0 = \lambda_1 = \lambda_2 = \lambda_3 = 10^{-4}$，因此显然就得出

$$\int_0^1 n(x)\mathrm{d}x = 10^4 - 4 = 9\,996$$

解答 2 我们用更一般的形式来解决问题. 设 $\sigma = \overline{s_1, s_2, \cdots, s_k}$ 是一个十进制整数，对于 $x \in (0,1)$，定义一个函数 $n(x)$ 如下：$n(x)$ 是使得

$$\overline{a_{n(x)+1} a_{n(x)+2} \cdots a_{n(x)+k}} = s_1 s_2 \cdots s_k$$

成立的最小的非负整数. 我们的目的是要计算 $\int_0^1 n(x)\mathrm{d}x$. 设 $(\Omega, \mathcal{A}, P)$ 是在装备了 Lebesgue 测度的区间 $(0,1)$ 上的 Lebesgue – 可测子集的概率空间，那么在集合 $\Omega = (0,1)$ 上，数字 $a_1, a_2, \cdots, a_k, \cdots$ 是独立的，并且

$$P(a_k = i) = \frac{1}{10} \quad (k = 1, 2, \cdots; i = 0, 1, \cdots, 9)$$

在这个空间中 $n(x)$ 是一个随机变量，它的期望是

$$\int_0^1 n(x)\mathrm{d}x$$

令 $P_n = P(n(x) = n)$ 以及 $Q_n = P(\overline{a_{n+1} a_{n+2} \cdots a_{n+k}} = \sigma) = \frac{1}{10^k}(n = 0, 1, \cdots)$.

设 l 是在经过 l 个位置的平移的作用后使得在同样位置的数字重合的最小的正整数（那就是说，对所有的 $i = 1, 2, \cdots, k - l, s_i = s_{i+l}$），显然 $1 \leq l \leq k$. 设

$k = pl + r$,其中 $p \geq 0, 1 \leq r \leq l$. σ 由 p 个长度等于 l 的块 $\tau = \overline{s_1 s_2 \cdots s_l}$ 和这个块的前 r 个数字组成. 注意

$$Q_n = (P_0 Q_{n-k} + P_1 Q_{n-k-1} + \cdots + P_{n-k} Q_0) +$$
$$(P_{n-k+r} 10^{-(k-r)} + P_{n-k+r+l} 10^{-(k-r-l)} + \cdots + P_{n-l} 10^{-l} + P_n)$$
$$(n = k, k+1, \cdots) \tag{2}$$

由于事件

$$\overline{a_{n+1} a_{n+2} \cdots a_{n+k}} = \sigma$$

只可能在以下两种情况中发生:

(a) 块 σ 仅从第 $(i+1)$ 个下标 $(0 \leq i \leq n-k)$ 开始出现,并经过 $n - k - i$ 个数字后再次发生(发生这种情况的概率是 $P_i Q_{n-k-i}$).

(b) 块 σ 在第 $n - k + r + il$ 个下标处 $(i = 0, 1, \cdots, p)$ 出现,因而

$$\overline{a_{n-k+r+il+1} a_{n-k+r+il+2} \cdots a_{n+r+il}} = \sigma$$

并且在第 $(n+1)$ 个下标处再次出现. 注意除了前面的假设之外,还必须有下面的必要条件:未定义的 $k - r - il$ 个数字必须给定. 发生这种情况的概率是 $P_{n-k+r+il} 10^{k-l-il}$.

如果 $n = -1, -2, \cdots$,设 $P_n = Q_n = 0$,那么式(2)对 $0 \leq n < k$ 也成立. 用 z^n 乘以式(2),并对 n 的所有值将所得的方程相加,再引入记号

$$P(z) = \sum_{n=0}^{\infty} P_n z^n, \quad Q(z) = \sum_{n=0}^{\infty} Q_n z^n$$

就得到

$$Q(z) = z^k P(z) Q(z) + \sum_{i=0}^{p} z^{k-r-il} P(z) 10^{-(k-r-il)}$$

利用显然的公式

$$Q(z) = \sum_{n=0}^{\infty} \frac{1}{10^k} z^n = \frac{1}{10^k (1-z)}$$

我们有

$$P(z) = \frac{1}{z^k + 10^k (1-z) \sum_{i=0}^{p} z^{k-r-il} 10^{-(k-r-il)}}$$

从 $P(1) = 1$ 我们看出 $n(x)$ 是几乎处处有定义的,并且

466

$$\int_0^1 n(x)\,\mathrm{d}x = P'(1) = -k + \sum_{i=0}^{p} 10^{r+il}$$

最后的等式表明上述积分总是一个整数. 如果 $\sigma = 1\,996$，那么 $k = l = r = 4, p = 0$，因而

$$\int_0^1 n(x)\,\mathrm{d}x = 10^4 - 4 = 9\,996$$

如果 $\sigma = 1\,961$，那么 $k = 4, l = 3, p = r = 1$，因而

$$\int_0^1 n(x)\,\mathrm{d}x = 10 + 10^4 - 4 = 10\,006$$

如果 $\sigma = 1\,919$，那么 $k = 4, l = r = 2, p = 1$，因而

$$\int_0^1 n(x)\,\mathrm{d}x = 10^2 + 10^4 - 1 = 10\,096$$

最后如果 $\sigma = 1\,111$，那么 $k = 4, l = r = 1, p = 3$，因而

$$\int_0^1 n(x)\,\mathrm{d}x = 10 + 10^2 + 10^3 + 10^4 - 4 = 11\,106$$

注记

1. 此问题显然不仅适用于十进系统，而且是对任意数系的推广.

2. 我们可把问题归结为事件的循环序列的第一次回复时间的数学期望. 在这种情况下，积分值可用 Erdös，Feller 和 Pollard 的定理加以确定.

问题 P. 6　设 f 是单位区间上的连续函数. 证明

$$\lim_{n\to\infty} \int_0^1 \cdots \int_0^1 f\left(\frac{x_1 + \cdots + x_n}{n}\right) \mathrm{d}x_1 \cdots \mathrm{d}x_n = f\left(\frac{1}{2}\right)$$

以及

$$\lim_{n\to\infty} \int_0^1 \cdots \int_0^1 f\left(\sqrt[n]{x_1 \cdots x_n}\right) \mathrm{d}x_1 \cdots \mathrm{d}x_n = f\left(\frac{1}{\mathrm{e}}\right)$$

解答

解答 1　设 k 是一个任意的正整数并且 $n \geqslant k$，考虑 $\left(\sum_{i=1}^{n} x_i\right)^k$ 的多元展开式，含有所有指数不超过 1 的变量的项的数目是

$$n(n-1)\cdots(n-k+1) = n^k + O(n^{k-1})$$

这些项在单位方体

$$R_n = \{(x_1, \cdots, x_n) : 0 \leqslant x_i \leqslant 1\} \quad (i = 1, \cdots, n)$$

内的积分等于 $\dfrac{1}{2^k}$. 那些含有至少一个 x_i 且指数大于 1 的项的数目不大于

$n \cdot n^{k-2} = n^{k-1}$. 这些项在 R_n 上的积分不大于 1. 由此观察,我们得出,当 $n \to \infty$

时

$$\int_0^1 \cdots \int_0^1 \left(\frac{x_1 + \cdots + x_n}{n} \right)^k dx_1 \cdots dx_n \to \left(\frac{1}{2} \right)^k$$

简单的计算表明当 $n \to \infty$ 时

$$\int_0^1 \cdots \int_0^1 (\sqrt[n]{x_1 \cdots x_n})^k dx_1 \cdots dx_n = \prod_{i=1}^n \int_0^1 x_i^{k/n} dx_i = \frac{1}{\left(1 + \frac{k}{n} \right)^n} \to \left(\frac{1}{e} \right)^k$$

因此我们已经证明了对于函数 $f(x) = x^k$ 成立并且显然命题对于常数函数

成立,因而如果命题对两个连续函数成立,那么命题对它们的线性组合也成立.

所以我们已证明了命题对多项式成立.

如果 f 是 $[0,1]$ 上的连续函数,那么根据 Weierstrass 逼近定理,对任意正数

$\varepsilon > 0$,存在一个多项式 $p(x)$ 使得 $|f(x) - p(x)| < \dfrac{\varepsilon}{3} (0 \leqslant x \leqslant 1)$. 由于命题

对多项式成立,因此存在一个 K 使得对任意 $n > K$ 成立

$$\left| \int_0^1 \cdots \int_0^1 p\left(\frac{x_1 + \cdots + x_n}{n} \right) dx_1 \cdots dx_n - p\left(\frac{1}{2} \right) \right| < \frac{\varepsilon}{3}$$

$$\left| \int_0^1 \cdots \int_0^1 p(\sqrt[n]{x_1 \cdots x_n}) dx_1 \cdots dx_n - p\left(\frac{1}{e} \right) \right| < \frac{\varepsilon}{3}$$

所以对任意 $n > K$ 成立

$$\left| \int_0^1 f\left(\frac{x_1 + \cdots + x_n}{n} \right) dx_1 \cdots dx_n - f\left(\frac{1}{2} \right) \right|$$

$$\leqslant \left| \int_0^1 \cdots \int_0^1 f\left(\frac{x_1 + \cdots + x_n}{n} \right) - p\left(\frac{x_1 + \cdots + x_n}{n} \right) \right| dx_1 \cdots dx_n +$$

$$\left| \int_0^1 \cdots \int_0^1 p\left(\frac{x_1 + \cdots + x_n}{n} \right) dx_1 \cdots dx_n - p\left(\frac{1}{2} \right) \right| +$$

$$\left| p\left(\frac{1}{2} \right) - f\left(\frac{1}{2} \right) \right| < \varepsilon$$

类似地有

$$\left| \int_0^1 \cdots \int_0^1 f(\sqrt[n]{x_1 + \cdots + x_n})\, \mathrm{d}x_1 \cdots \mathrm{d}x_n - f\left(\frac{1}{\mathrm{e}}\right) \right| < \varepsilon$$

这就完成了证明.

解答2　设 $\xi_1, \cdots, \xi_n, \cdots$ 是 $(0,1)$ 上的互相独立的一致分布的随机变量,那么变量 $\eta_n = \log \xi_n (n = 1, 2, \cdots)$ 也是互相独立的一致分布的随机变量. 由于 $E(\xi_n) = \frac{1}{2}, E(\eta_n) = -1 (n = 1, 2, \cdots)$, Kolmogorov 的一个定理蕴含下面两个极限依概率 1 成立

$$\varphi_n = \frac{\xi_1 + \cdots + \xi_n}{n} \to \frac{1}{2}$$

以及

$$\varphi_n' = \frac{\eta_1 + \cdots + \eta_n}{n} \to -1$$

根据函数 f 在 $[0,1]$ 上有界并在 $x = \frac{1}{2}$ 处连续的假设和函数 $g(x) = f(\mathrm{e}^x)$ 在 $(-\infty, 0]$ 上有界并在 $x = -1$ 处连续的假设,利用 Lebesgue 定理,我们得出

$$E(f(\varphi_n)) \to E\left(f\left(\frac{1}{2}\right)\right) = f\left(\frac{1}{2}\right)$$

$$E(g(\varphi_n')) \to E(g(-1)) = E\left(f\left(\frac{1}{\mathrm{e}}\right)\right) = f\left(\frac{1}{\mathrm{e}}\right)$$

以及最后根据 φ_n, φ_n' 和 g 的定义就蕴含

$$f\left(\frac{1}{2}\right) = E(f(\varphi_n)) = \int_0^1 \cdots \int_0^1 f\left(\frac{x_1 + \cdots + x_n}{n}\right) \mathrm{d}x_1 \cdots \mathrm{d}x_n$$

和

$$f\left(\frac{1}{\mathrm{e}}\right) = E(g(\varphi_n')) = \int_0^1 \cdots \int_0^1 f(\sqrt[n]{x_1 \cdots x_n})\, \mathrm{d}x_1 \cdots \mathrm{d}x_n$$

注记　此命题对 f 是有界的,可积的并分别在 $x = \frac{1}{2}$ 和 $x = \frac{1}{\mathrm{e}}$ 处连续的更一般的情况下仍然成立. 在第一个命题中,我们可以去掉有界性的条件(就像 László Lovász 所指出的那样).

问题 P.7 设 $A_1, \cdots, A_n$ 是概率场中的任意事件,用 C_k 表示 $A_1, \cdots, A_n$ 中至少发生 k 次的事件. 证明

$$\prod_{k=1}^n P(C_k) \leqslant \prod_{k=1}^n P(A_k)$$

解答

我们从以下三个注释开始.

注释 1 命题对 $n = 2$ 成立,那就是说

$$P(A + B)P(AB) \leqslant P(A)P(B)$$

为看出这点,利用记号 $AB = x, A\bar{B} = y, \bar{A}B = z$,那么上面的不等式就成为

$$(P(x) + P(y) + P(z))P(x) \leqslant (P(x) + P(y))(P(x) + P(z))$$

这是显然的.

注释 2 如果 $A_1 \supseteq \cdots \supseteq A_n$,那么 $C_k = A_k$.

注释 3 C_k 等价于在事件 $A_1 + A_2, A_1 A_2, A_3, \cdots, A_n$ 中至少发生 k 次这一事件,也就是说,事件 $A_1 + A_2, A_1 A_2, A_3, \cdots, A_n$ 恰和事件 $A_1, A_2, \cdots, A_n$ 发生的一样多,这个命题是平凡的.

我们的证明基于上面的注释. 设 $A_i^0 = A_i (i = 1, \cdots, n)$,并假设事件 $A_1^\mu, \cdots, A_n^\mu$ 已定义. 下面,我们定义事件 $A_1^{\mu+1}, \cdots, A_n^{\mu+1}$ 如下:选择一对事件 $A_i^\mu, A_j^\mu, i < j$,使得 $A_i^\mu \not\supseteq A_j^\mu, A_j^\mu \not\supseteq A_i^\mu$ (那就是说 A_i^μ 和 A_j^μ 是不可比较的),并定义 $A_i^{\mu+1} = A_i^\mu + A_j^\mu, A_j^{\mu+1} = A_i^\mu A_j^\mu, A_k^{\mu+1} = A_k^\mu, k \neq i, j$. 继续此过程,直到至少存在一对不可比较的事件. 此过程将在有限多个步骤中停止,由于在每一步中不可比较的对的数是递减的. 这一观察可从以下事实得出:$A_i^{\mu+1}$ 和 $A_j^{\mu+1}$ 已变成可比较的,而任何与 $A_i^\mu + A_j^\mu, A_i^\mu A_j^\mu$ 可比较的事件至少与 A_i^μ, A_j^μ 可比的事件一样多.

由注释 1 得

$$\prod_{k=1}^n P(A_k^{\mu+1}) \leqslant \prod_{k=1}^n P(A_k^\mu) \tag{1}$$

注意注释 3 蕴含事件 C_k 保持不变,并且由于注释 2,它们恒同于最终的事件 A_i^μ,因此(1) 蕴含原来的命题.

从注释 1 的证明我们看出,如果 $\prod_{k=1}^n P(A_k^\mu) \neq 0$ 并且 $P(A_i^\mu (\bar{A}_j)^\mu) P((\bar{A}_i)^\mu A_j^\mu) \neq$

0,那么式(1)成为一个严格的不等式. 因此等式成立的充分必要条件是

$$\prod_{k=1}^{n} P(A_k) = 0$$ 或者原来的事件系统 $\{A_k\}$ 已经是"有序"的.

注记

1. 如果把乘性换成加性,那么命题中将总是成立等号,即

$$\sum_{i=1}^{n} P(C_i) = \sum_{i=1}^{n} P(A_i)$$

2. 设 $S_k(x_1, \cdots, x_n)$ 是变量 $x_1, \cdots, x_n$ 的第 k 个初等对称多项式,那么

$$S_k(P(C_1), \cdots, P(C_n)) \leqslant S_k(P(A_1), \cdots, P(A_n))$$

对上述证明稍微改变一下可以用来证明这个更一般的命题.

问题 P.8　设 A 和 B 都是 p 阶的非异矩阵,并设 ξ 和 η 是 p 维的无关的随机向量. 证明如果 ξ, η 和 $\xi A + \eta B$ 的分布相同,它们的一阶矩和二阶矩存在,它们的协方差矩阵是恒同矩阵,那么这些随机向量是正态分布的.

解答

设 $\zeta = \xi A + \eta B$. 不失一般性,我们可设 $E(\xi) = E(\eta) = E(\zeta) = 0$. 由于 ξ 和 η 是独立的,所以

$$\mathrm{Var}(\xi) = E[(\xi A + \eta B)^*(\xi A + \eta B)] = A^* \mathrm{Var}(\xi)A + B^* \mathrm{Var}(\eta)B$$

其中 $\mathrm{Var}(\xi), \mathrm{Var}(\eta)$ 和 $\mathrm{Var}(\zeta)$ 分别表示 ξ, η 和 ζ 的协方差矩阵. 由于它们是等于恒同矩阵的,所以

$$A^* A + B^* B = I$$

因而,对任意向量 t

$$(tA^*, tA^*) + (tB^*, tB^*) = (t, t)$$

而且由于 A 和 B 的正规性,所以有

$$|tA^*| < |t|, \quad |tB^*| < |t| \quad (t \neq 0) \tag{1}$$

其中 $|\cdot|$ 表示向量的 Euclid 长度.

由于 ξ 和 η 是独立的,所以

$$E(\mathrm{e}^{\mathrm{i}(t, \xi A + \eta B)}) = E(\mathrm{e}^{\mathrm{i}(tA^*, \xi)})E(\mathrm{e}^{\mathrm{i}(tB^*, \eta)})$$

用 $\varphi(t)$ 表示 ξ, η 和 ζ 的共同的特征函数,那么

$$\varphi(t) = \varphi(tA^*)\varphi(tB^*) \tag{2}$$

我们证 $\varphi(t) \neq 0$. 假设 $\varphi(t)$ 有实根,那么它的连续性蕴含存在一个绝对值最小的实根 t_0. 由于 $\varphi(0) = 1, t_0 \neq 0$,因而式(1)蕴含 $\varphi(t_0 \boldsymbol{A}^*) \neq 0, \varphi(t_0 \boldsymbol{B}^*) \neq 0$,这与式(2)矛盾.

考虑函数

$$\psi(t) = \log \varphi(t) + \frac{1}{2}(t,t)$$

并且选对数函数的一个使得 $\psi(0) = 0$ 的分支.

假设蕴含存在向量

$$\varphi'(t) = \frac{\mathrm{d}}{\mathrm{d}t}\varphi(t)$$

使得

$$\varphi'(0) = \mathrm{i}E(\boldsymbol{\xi}) = 0$$

以及矩阵

$$\varphi''(t) = \frac{\mathrm{d}^2}{\mathrm{d}t^2}\varphi(t), \varphi''(0) = -\mathrm{Var}(\boldsymbol{\xi}) = -E$$

所以

$$\left[\frac{\mathrm{d}}{\mathrm{d}t}\psi(t)\right]_{t=0} = 0, \left[\frac{\mathrm{d}^2}{\mathrm{d}t^2}\psi(t)\right]_{t=0} = 0$$

因此,当 $|t| \to 0$ 时,成立

$$\psi(t) = o((t,t)) \tag{3}$$

我们证 $\psi(t) \equiv 0$. 假设不然,那么存在一个正数 ε 和一个 $t \neq 0$ 使得 $|\psi(t)| \geqslant \varepsilon(t,t)$,由于 $\varphi(t)$ 的连续性,因此存在一个满足上述不等式的绝对值最小的 $t_1 \neq 0$. 从不等式(1),我们得出

$$|\psi(t_1 \boldsymbol{A}^*)| < \varepsilon(t_1 \boldsymbol{A}^*, t_1 \boldsymbol{A}^*)$$

和

$$|\psi(t_1 \boldsymbol{B}^*)| < \varepsilon(t_1 \boldsymbol{B}^*, t_1 \boldsymbol{B}^*)$$

从式(2)得出

$$\psi(t) = \psi(t\boldsymbol{A}^*) + \psi(t\boldsymbol{B}^*)$$

因此

472

$$| \psi(t_1) | \leqslant | \psi(t_1 A^*) | + | \psi(t_1 B^*) | < \varepsilon [(t_1 A^*, t_1 A^*) + (t_1 B^*, t_1 B^*)]$$
$$= \varepsilon(t_1, t_1)$$

上面的不等式和 t_1 的定义矛盾,因此 $\psi(t) \equiv 0$,由此就得出

$$\varphi(t) = \mathrm{e}^{-\frac{1}{2}(t,t)}$$

问题 P.9 设 $\xi_1, \xi_2, \cdots$ 是独立的随机变量,使得 $E\xi_n = m > 0$ 并且 $\mathrm{Var}(\xi_n) = \sigma^2 < \infty \ (n = 1, 2, \cdots)$. 设 $\{a_n\}$ 是使得 $a_n \to 0$ 且 $\sum\limits_{n=1}^{\infty} a_n = \infty$ 的正数的序列. 证明

$$P\left(\lim_{n \to \infty} \sum_{k=1}^{n} a_k \xi_k = \infty \right) = 1$$

解答

我们可以利用 Kolmogorov 不等式解决问题,但是在下面给出的解答中,我们仅使用 Chebyshev 不等式.

代替 $a_n \to 0$ 和 $\mathrm{Var}(\xi_n) = \sigma^2$,我们只需假设 $\{a_n\}$ 有界和 $\mathrm{Var}(\xi_n) = \sigma^2$ 即可. 例如,可设 $0 < a_n < 1$. 设 $S_n = \sum\limits_{k=1}^{n} a_k$ 并用 $S_{r_n} < n^2 \leqslant S_{r_n+1}$ 定义一个序列 $\{r_n\}$,那么

$$n^2 - 1 < S_{r_n} < n^2 \tag{1}$$

如果 $\lim\limits_{n} \sum\limits_{k=1}^{n} a_k \xi_k = \infty$ 不成立,那么就存在一个 K 使得

$$\sum_{k=1}^{n} a_k \xi_k < K \tag{2}$$

发生无穷多次.

只需证明发生此事件的概率为 0 即可,由于对 $n = 1, 2, \cdots$,这些事件的并包括了使得 $\lim\limits_{n} \sum\limits_{k=1}^{n} a_k \xi_k = \infty$ 不成立的所有事件的序列. 设 A_k 是在 r_k 和 r_{k+1} 之间存在一个 n 使得式(2)成立的事件. 注意如果有无限多个 A_k 发生,则式(2)成立无限多次. 用 P_k 表示 A_k 发生的概率. 我们必须证明仅有有限多个 A_k 发生的概率是 1. 我们通过验证 $\sum\limits_{k=1}^{\infty} P_k$ 是收敛的来证明这一点. 在这种情况下,$\sum\limits_{k \geqslant m} P_k \to$

0 并且 $\sum\limits_{k \geq m} P_k$ 大于无限多个 A_k 发生的概率. 所以,这最后的概率是等于 0 的(实际上,这里我们已经证明和用到了 Borel – Cantelli 引理).

设

$$\eta_k = \sum_{i=1}^{r_k} a_i \xi_i$$

和

$$\psi_k = \sum_{i=r_k+1}^{r_{k+1}} a_i \mid \xi_i \mid$$

假设 $k^2 m > 6K$,如果式(2)对某个 $r_k \leq z < r^{k+1}$ 成立,那么

$$\sum_{i=1}^{r_k} a_i \xi_i \leq k^2 \frac{m}{2}$$

或

$$\sum_{i=r_k+1}^{z} a_i \xi_i \leq - k^2 \frac{m}{3}$$

在后一种情况下,$\psi_k = \sum\limits_{i=r_k+1}^{r_{k+1}} a_i \mid \xi_i \mid \geq \dfrac{k^2 m}{3}$,因此不等式 $\psi_k \geq \dfrac{k^2 m}{3}$ 和 $\eta_k \leq \dfrac{k^2 m}{2}$ 之中至少有一个成立,因而

$$P_k \leq P\left(\eta_k \leq \frac{k^2 m}{2}\right) + P\left(\psi_k \geq \frac{k^2 m}{3}\right) \tag{3}$$

我们必须证明右边的两项都是小的. 由于 $a_i < 1$ 蕴含

$$\mathrm{Var}(\eta_k) \leq \sigma^2 \sum_{i=1}^{r_k} a_i^2 \leq \sigma^2 \sum_{i=1}^{r_k} a_i = \sigma^2 S_{r_k}$$

所以显然

$$E(\eta_k) = m S_{r_k}$$

并且

$$\mathrm{Var}(\eta_k) \leq \sigma^2 S_{r_k}$$

此外

$$E(\mid \xi_i \mid) < E(1 + \xi_i^2) = 1 + E^2(\xi_i) + \mathrm{Var}(\xi_i) = 1 + m^2 + \sigma^2 = A$$

以及

474

$$\text{Var}(\mid \xi_i \mid) = E(\xi_i^2) - E^2(\mid \xi_i \mid) \leqslant E(\xi_i^2) < A$$

由于独立随机变量的绝对值也是独立的,所以

$$E(\psi_k) \leqslant (S_{r_{k+1}} - S_{r_k}) \max_{r_k < i \leqslant r_{k+1}} E(\mid \xi_i \mid,) < (S_{r_{k+1}} - S_{r_k})A = O(k)$$

以及

$$\text{Var}(\psi_k) \leqslant \sum_{i=r_k+1}^{r_{k+1}} a_i^2 \max_{r_k < i \leqslant r_{k+1}} \text{Var}(\mid \xi_i \mid) \leqslant (S_{r_{k+1}} - S_{r_k})A = O(k)$$

现在我们可以使用 Chebyshev 不等式和式(1)来看出

$$E(\eta_k) \sim k^2 m, \quad \text{Var}(\eta_k) \sim k^2 \sigma$$

$$P\left(\eta_k \leqslant \frac{k^2 m}{2}\right) \leqslant P\left(\mid \eta_k - E(\eta_k) \mid\right) \geqslant \frac{k^2 m}{3}\right) = O\left(\frac{1}{k^2}\right)$$

$$P\left(\psi_k \geqslant \frac{k^2 m}{3}\right) \leqslant P\left(\mid \psi_k - E(\psi_k) \mid\right) \geqslant \frac{k^2 m}{6}\right) = O\left(\frac{1}{k^2}\right)$$

如果 k 充分大,从这些关系式即可得出 $\sum P_k$ 的收敛性.

注记

1. 通过精确化上述证明可以证明 $\sum_{k \leqslant n} a_k \xi_k$ 趋于无穷的数量级与 $\sum_{k \leqslant n} a_k$ 趋于无穷的数量级是同样的概率是 1.

2. 条件 $a_n = O(S_n)$ 是弱于有界性的,并且它不能保证依概率 1 收敛到无穷,但它稍强于条件

$$a_n = O\left(S_n^{1-(1+\varepsilon)\frac{\log\log S_n}{\log S_n}}\right)$$

(这个条件仍弱于有界性).

问题 P. 10 设 $\vartheta_1, \vartheta_2, \cdots, \vartheta_n$ 是单位区间 $[0,1]$ 上独立的、均匀分布的随机变量,定义

$$h(x) = \frac{1}{n}\#\{k : \vartheta_k < x\}$$

证明存在一个 $x_0 \in (0,1)$,使得 $h(x_0) = x_0$ 的概率等于 $1 - \frac{1}{n}$.

解答

解答 1 用 I_k 表示区间 $\left(\frac{k-1}{n}, \frac{k}{n}\right)$. 考虑对每个 $i, \vartheta_i \in I_{k_i}$ 这一基本事件,

其中对每个 i，k_i 是给定的，所以我们把原来的样本空间分解成了 n^n 个概率为 $\dfrac{1}{n^n}$ 的互不相交的事件的并（概率为 0 的事件略去）. 我们称这些事件为原子.

由于 $\dfrac{1}{n}\cdot\displaystyle\sum_{\vartheta_i<x}1=h(x)$ 是一个整数的 $\dfrac{1}{n}$ 倍，因此为了验证是否有某个 x_0 使得 $h(x_0)=x_0$，只需知道哪个区间 I_{k_i} 包含 ϑ_i 即可，那就是说知道哪个原子是实验级数的结果. 由于它们有同样的概率，因此只要确定那些没有 $k(1\leqslant k<n)$ 使得直到 k 为止，恰有 $k\vartheta_i$ 次发生的原子的数目即可. 用 $A_n(1\leqslant k<n)$ 表示那些没有 k 使得在前 k 个区间内恰包含 $k\vartheta_i$ 个值的原子的数目.

设 B_k 表示在 $\displaystyle\bigcup_{j\leqslant k}I_j$ 内恰存在 $k\vartheta_i$ 个值，但对任意 $t<k$，在 $\displaystyle\bigcup_{j\leqslant t}I_j$ 内不包含正好 $t\vartheta_i$ 的值的原子的数目. 因此每个在前 k 个区间内恰存在 $k\vartheta_i$ 个值的原子恰只属于一个 B_k. 下面，我们确定 B_k 的值. 我们可以用 $\dbinom{n}{k}$ 种不同的方式来选择属于 $\displaystyle\bigcup_{j\leqslant k}I_j$ 的 ϑ_i，同时，我们又可以用 A_k 种不同的方式选择使得前 k 个区间内包含这些 ϑ_i，最后我们可以用 $(n-k)^{n-k}$ 种不同的方式把剩下的 $n-k$ 个 ϑ_i 安排在剩下的 $n-k$ 个区间内. 所以我们有下面的递推关系

$$n^n-A_n=\sum_{k=1}^{n-1}\binom{n}{k}A_k(n-k)^{n-k}\quad(A_1=1)\tag{1}$$

我们用数学归纳法验证 $A_n=n^{n-1}$. 易于验证 $A_1=1^0$，$A_2=2^1$ 和 $A_3=3^2$. 现假设关系对 $n-1$ 成立，为了证明关系对 n 成立，我们必须证明

$$n^n-n^{n-1}=\sum_{k=1}^{n-1}\binom{n}{k}k^{k-1}(n-k)^{n-k}\tag{2}$$

易于看出，交换 k 和 $n-k$ 的地位后所得的方程等价于

$$n^{n-1}(n-1)=\sum_{k=1}^{n-1}\binom{n}{k}k^2(n-k)k^{k-2}(n-k)^{n-k-2}\tag{3}$$

我们将用众所周知的 Cayley 定理来证明这个等式. 考虑以数 $1,2,\cdots,n$ 作为顶点的树（一棵树是一个连通的不包含环的图）. 如果它们没有作为边的相同的 (i,j) 对，称两个图是不同的. 根据 Cayley 定理，存在 n^{n-2} 棵不同的这种树.

现在在每棵树上用各种可能的不同方式选择一个顶点和一条边. 我们将称这些图为顶点边符号树,我们认为它们是不同的,如果这些图的顶点或所选择的顶点边对和之前是不同的. 由于一棵树有 $n-1$ 条边,所以我们有 $n^{n-1}(n-1)$ 棵不同的顶点边符号树,而这个数恰好是式(3)的左边. 让我们用另一种方式来计数这些顶点边符号树. 通过略去已标记的边,我们得到一个有 k 个顶点的树,其中一个顶点带有符号,和一个具有 $(n-k)(k=1,2,\cdots,n-1)$ 个顶点的正规树. 另一方面,如果我们从 n 个顶点中选择 k 个,在它们上定义一棵树,选择一个顶点并用剩余的 $n-k$ 个顶点定义一棵树,再通过一条边连接这两棵树,称这条边为有符号的边,那么我们就得到一个顶点边的符号树. 因而,这两个过程是互相可逆的. 通过这种方式,我们得到

$$\sum_{k=1}^{n-1}\binom{n}{k}k\cdot k^{k-2}(n-k)^{n-k-2}k(n-k)$$

棵不同的树,而这个数恰是(3)的右边.

解答 2   解答的第一部分是相同的,但是这里我们对式(2)给出一个代数的证明.

引理 1   如果 $0<j<m$,那么

$$\sum_{k=1}^{m}\binom{m}{k}(-1)^{k}k^{j}=0$$

引理 1 的证明   设 $D(c)=0$,其中 c 是一个常数,$D(x^{k})=kx^{k}$,那么用数学归纳法易证 $D^{m}(x^{k})=k^{m}x^{k}$. 对多项式 $p(x)=(1-x)^{m}$ 应用这一命题和算子 $D^{j},j<m$,就得出

$$D^{j}((1-x)^{m})=\sum_{k=1}^{m}\binom{m}{k}(-1)^{k}k^{j}x^{k}$$

在上式中令 $x=1$ 就完成了引理 1 的证明.

引理 2

$$\sum_{k=1}^{n-1}\binom{n}{k}k^{k-1}(z-k)^{n-k}=nz^{n-1}-n^{n-1}$$

引理 2 的证明

477

$$\sum_{k=1}^{n-1}\binom{n}{k}k^{k-1}(z-k)^{n-k}$$

$$\sum_{k=1}^{n-1}\binom{n}{k}k^{k-1}\sum_{j=0}^{n-k}\binom{n-k}{n-k-j}z^{j}(-k)^{n-k-j}$$

$$=\sum_{k=1}^{n-1}\sum_{j=0}^{n-k}\frac{n!}{k!j!(n-k-j)!}z^{j}(-1)^{n-k-j}k^{n-1-j}$$

$$=\sum_{k=1}^{n-1}\sum_{j=0}^{n-k}\binom{n}{j}\binom{n-j}{k}z^{j}(-1)^{n-k-j}k^{n-1-j}$$

$$=\sum_{k=1}^{n}\sum_{j=0}^{n-k}\binom{n}{j}\binom{n-j}{k}z^{j}(-1)^{n-k-j}k^{n-1-j}-n^{n-1}$$

$$=\sum_{j=0}^{n-1}\sum_{k=1}^{n-j}\binom{n}{j}\binom{n-j}{k}z^{j}(-1)^{n-k-j}k^{n-1-j}-n^{n-1}$$

$$=\sum_{j=0}^{n-2}\sum_{k=1}^{n-j}\binom{n}{j}\binom{n-j}{k}z^{j}(-1)^{n-k-j}k^{n-1-j}n^{n-1}+nz^{n-1}$$

$$=\sum_{j=0}^{n-2}\binom{n}{j}(-1)^{n-j}z^{j}\Big[\sum_{k=1}^{n-j}\binom{n-j}{k}(-1)^{k}k^{n-j-1}\Big]-n^{n-1}+nz^{n-1}$$

$$=nz^{n-1}-n^{n-1}$$

由于根据引理 1,上式内部的和等于 0.

令 $z=n$ 就得到 (2).

问题 P.11 我们一个接一个地独立且一致地把 N 个球扔到 n 个罐中,$X_i=X_i(N,n)$ 是扔到第 i 个罐中的球的总数,考虑随机变量

$$y(N,n)=\min_{1\leqslant i\leqslant n}\left|X_i-\frac{N}{n}\right|$$

验证下面三个命题:

(1) 如果 $n\to\infty$ 且 $\dfrac{N}{n^3}\to\infty$,那么对所有的 $x>0$ 有

$$P\left(\frac{y(N,n)}{\frac{1}{n}\sqrt{\dfrac{N}{n}}}<x\right)\to1-\mathrm{e}^{-x\sqrt{2/\pi}}$$

(2) 如果 $n\to\infty$ 并且 $\dfrac{N}{n^3}\leqslant K$($K$ 是常数),那么对任意 $\varepsilon>0$,存在一个常数

$A > 0$，使得

$$P(y(N,n) < A) > 1 - \varepsilon$$

（3）如果 $n \to \infty$ 且 $\dfrac{N}{n^3} \to 0$，那么

$$P(y(N,n) < 1) \to 1$$

解答

证明的基本思想如下：X_i 是一个 $B(p,N)$（参数为 p,N 的二项式分布），其中 $p = \dfrac{1}{n}$. 如果 X_i 是独立的，那么这个命题可以容易地证明. 但是由于 $X_1 + \cdots + X_n = N$，所以它们当然不是独立的. 然而我们将证明，对充分小的 k 值，可以把其中 k 个变量看成独立的.

设 X'_i 是独立的并且它们的分布是 $B(p,N)$，设 $a_1, \cdots, a_k$ 是区间 $[0,N]$ 中的正整数.

$$\alpha = P(X_i = a_i, i = 1,2,\cdots k), \quad \alpha' = P(X'_i = a_i, i = 1,2,\cdots,k)$$

引进加法记号

$$a = \sum_{i=1}^{k} a_i, \quad a_i = pN + b_i, \quad b = \sum_{i=1}^{k} b_i$$

我们将证明在 $k = O(1), b_i = o(\sqrt{N})$ 和 $N \geq n$ 的条件下 $\alpha \sim \alpha'$.

显然

$$\alpha = \frac{N!}{(\prod_{i=1}^{k} a_i!)(N - a)!} p^a (1 - kp)^{N-a}$$

以及

$$\alpha' = \left(\prod_{i=1}^{k} \binom{N}{a_i} \right) p^a (1 - p)^{kN-a}$$

所以

$$\beta = \frac{\alpha'}{\alpha} = \frac{N!^{k-1}(N - a)!(1 - p)^{kN-a}}{\left[\prod_{i=1}^{k} (N - a_i)! \right] (1 - kp)^{N-a}}$$

β 值可用 Stirling 公式

$$t! = \sqrt{2\pi t}\, t^t e^{-t+O(1/t)}$$

479

加以估计.$\log t$ 的误差,即 β 的真值的对数和估计值的对数之差的量级可以确定为 $O\left(\dfrac{1}{t}\right)$,即

$$O\Big(\sum_{i=1}^{k} \frac{1}{N - a_i} + \frac{k - 1}{N} = \frac{1}{N - a}\Big) = O\Big(\frac{1}{N}\Big) = o(1)$$

由于

$$a_i = pN + o(\sqrt{N}),\quad a = kpN + o(\sqrt{N}),\quad p = \frac{1}{n} \to 0$$

以及 $N \geqslant n$ 蕴含 $N \to \infty$. 项 e^{-t} 和 $\sqrt{2\pi}$ 可以忽略不计,并且 $\sqrt{t}$ 的量级可以估计为

$$\sqrt{\frac{N^{k-1}(N - a)}{\prod\limits_{i=1}^{k}(N - a_i)}} = \sqrt{\frac{1 - \dfrac{a}{N}}{\prod\limits_{i=1}^{k}\Big(1 - \dfrac{a_i}{N}\Big)}} = 1 + o(1)$$

因此最后得出

$$\beta \sim \frac{N^{N(k-1)}(N - a)^{N - a}(1 - p)^{kN - a}}{\prod\limits_{i=1}^{k}(N - a_i)^{n - a_i}(1 - kp)^{N - a}}$$

$$= \frac{\Big(1 - \dfrac{a}{N}\Big)^{N - a}}{(1 - kp)^{N - a}} : \frac{\prod\limits_{i=1}^{k}\Big(1 - \dfrac{a_i}{N}\Big)^{N - a_i}}{(1 - p)^{kN - a}}$$

$$= \Big[1 - \frac{b}{N(1 - kp)}\Big]^{N - a} : \prod_{i=1}^{k}\Big[1 - \frac{b_i}{N(1 - p)}\Big]^{N - a_i}$$

由于每一项都趋于 1,我们可以应用公式 $\log(1 + \varepsilon) = c\varepsilon + O(\varepsilon^2)$. 其中第二项的值是

$$O\Big(\frac{b^2 + \sum\limits_{i=1}^{k} b_i^2}{N}\Big) = o(1)$$

第一项的值是

$$\frac{-b(N - kpN - b)}{N(1 - kp)} + \sum_{i=1}^{k} \frac{b_i(N - pN - b_i)}{N(1 - p)}$$

$$= \frac{b^2}{N(1 - kp)} - \sum_{i=1}^{k} \frac{b_i^2}{N(1 - p)} = o(1)$$

这蕴含 $\log\beta = o(1)$.

(1) 的解答:

$$\alpha_k = P\left(\mid X_i - pN\mid < x\sqrt{\frac{N}{n^3}}; i = 1, \cdots, k\right)$$

$$c = P\left(y(N,n) < x\sqrt{\frac{N}{n^3}}\right)$$

如果 $A_1, \cdots, A_n$ 是任意事件,则

$$S_j = \sum_{1 \le i_1 < \cdots < i_j \le n} P(A_{i_1}, \cdots, A_{i_j})$$

那么

$$\sum_{j=0}^{2s+1} (-1)S_j \le P(\overline{A_1}\cdots\overline{A_n}) \le \sum_{j=0}^{2s} (-1)^j S^j$$

(例如可见 K. Bognárné, J. Mogyoródi, A. Prékopa, A. Rényi, D. Szász, Exercises in Probability Theory (in Hungarian), Tankönyvkiadó, Budapest, 1971, Problem I. 2. 11. c) 因此

$$\sum_{j=0}^{2s+1} (-1)^j \binom{n}{j}\alpha_j \le 1 - c \le \sum_{j=0}^{2s} (-1)^j \binom{n}{j}\alpha_j$$

注意

$$\alpha_k \sim \alpha_k' = P\left(\mid X_i' - pN\mid < x\sqrt{\frac{N}{n^3}}; i = 1, \cdots, k\right)$$

由于当 $\mid b_i\mid < x\sqrt{\dfrac{N}{n^3}}$ 时,我们可以对任意系统 $X_i - pN = b_i$ 应用前面的逼近. 由于 $\alpha_k' = \alpha'^k$ 并且

$$\alpha' = P\left(\mid X_1' - pN\mid < x\sqrt{\frac{N}{n^3}}\right)$$

$$1 - c = \sum_{j=0}^{k} (-1)^j \binom{n}{j}\alpha'^j + O\left(\binom{n}{k+1}\alpha'^{k+1}\right) + o\left(\sum_{j=0}^{k}\binom{n}{j}\alpha'^j\right)$$

第一个和是 $(1 - \alpha')^n$ 的前 k 项,再把它们代入 $(1 - \alpha')^n$ 自己,误差项就仅是 $O\left(\binom{n}{k+1}\alpha'^{k+1}\right)$. 根据局部的 Moivre – Laplace 定理就得出

481

$$\alpha' \sim \sqrt{\frac{2}{\pi}} \frac{x}{n}$$

（这里我们用到了事实 $\frac{N}{n^3} \to \infty$）.

选一个任意小的正数 $\varepsilon > 0$. 如果 k 充分大, 那么第一个误差项小于 ε, 而第二项是 $o((1 + \alpha')^n) = o(1)$, 因此最后

$$\log(1 - \alpha') = -\alpha' + O(\alpha')^2, \quad n\log(1 - \alpha') = -\sqrt{\frac{2}{\pi}}x + o(1)$$

这就证明了断言.

（3）的解答:

我们企图证明对任意小的正数 $\varepsilon > 0$, 存在一个 $\delta > 0$ 和 n_0 使得当 $n > n_0$ 和 $\frac{N}{n^3} < \delta$ 时成立 $P(y(N,n) < 1) > 1 - \varepsilon$.

如果我们仍然希望应用前面的理由, 那么我们现在面临 $\binom{n}{k+1}\alpha'^{k+1}$ 不是充分小和如果 α' 太大, 那么 $(1 + \alpha')^n$ 不是有界的困难. 然而, 我们可以克服这些困难, 由于我们可把这些量分别换成

$$\left(\begin{bmatrix} A\sqrt{\dfrac{N}{n}} \\ k+1 \end{bmatrix}\right)\left(c\sqrt{\frac{n}{N}}\right)^{k+1}$$

和

$$\left(1 + c\sqrt{\frac{n}{N}}\right)^{\left[A\sqrt{\frac{N}{n}}\right]}$$

考虑对任意前 $\left[A\sqrt{\dfrac{N}{n}}\right]$ 个罐, $\left|X_i - \dfrac{N}{n}\right| < 1$ 的概率（如果 δ 充分小, 那么 $A\sqrt{\dfrac{N}{n}} < n$）. 这里

$$P\left(\left|X'_i - \frac{N}{n}\right| < 1\right) = c\sqrt{\frac{n}{N}}$$

其中, 对 $N \geqslant n, c$ 继续保持在两个正的界之中（我们可以这样假设, 否则断言是显然的）. 那样证明就可像在（1）的解答中一样完成.

482

(2) 的解答:

对给定的 δ,我们可以像在前一部分中那样假设 $\dfrac{N}{n^3} \geqslant \delta$,否则前面的结果蕴

含所需的不等式. 现在 $\alpha' = \dfrac{cA}{n}$,其中 c 介于两个正的界之内(这两个界依赖于 δ

和 K). 于是在这个 α' 的情况下,证明就可像在(1) 解答的末尾中那样同样完

成.

问题 P.12　求

$$\sup_{1 \leqslant \xi \leqslant 2}\big[\log E\xi - E\log \xi\big]$$

的值,其中 ξ 是随机变量,E 表示数学期望.

解答

由于 $\log \xi$ 是 ξ 对的凹函数并且 $1 \leqslant \xi \leqslant 2$,所以

$$\log \xi = \log\big[(2 - \xi) + (\xi - 1)2\big] \geqslant (\xi - 1)\log 2$$

上式蕴含

$$E(\log \xi) \geqslant \big[E(\xi) - 1\big]\log 2$$

注意 $1 \leqslant E(\xi) \leqslant 2$,因而

$$\begin{aligned}
\log E(\xi) - E(\log \xi) &\leqslant \log E(\xi) - \big[E(\xi) - 1\big]\log 2 \\
&\leqslant \max_{1 \leqslant t \leqslant 2}\big[\log t - (t - 1)\log 2\big] \\
&= \log t_0 - (t_0 - 1)\log 2 = K
\end{aligned}$$

其中 $t_0 = \dfrac{1}{\log 2} \in [1,2]$. 下面我们将证明 K 是最小的上界. 考虑由

$P(\xi_0 = 1) = 2 - t_0$ 和 $P(\xi_0 = 2) = t_0 - 1$ 定义的随机变量,那么 $E(\xi_0) = \log t_0$

并且 $E(\log \xi_0) = (t_0 - 1)\log 2$,所以 $K = -\log\log 2 - 1 + \log 2$.

注记　类似的可证如果 $\varphi(t)$ 是在区间 $[a,b]$ 上的凹的和连续的函数,那

么

$$\sup_{a \leqslant \xi \leqslant b}\{\varphi(E(\xi)) - E(\varphi(\xi))\} = \max_{a \leqslant t \leqslant b}\Big[\varphi(t) - \frac{b - t}{b - a}\varphi(a) - \frac{t - a}{b - a}\varphi(b)\Big]$$

对连续的但不一定是凹的函数,进一步的推广也是可能的.

问题 P.13　求出随机变量的序列 η_n 的极限分布,已知 η_n 的分布为

$$P\left(\eta_n = \arccos\left(\cos^2 \frac{(2j-1)\pi}{2n}\right)\right) = \frac{1}{n} \quad (j = 1, 2, \cdots, n)$$

（$\arccos(\cdot)$ 表示主值.）

解答

用下式

$$P\left(\xi_n = \frac{2j-1}{2n}\right) = \frac{1}{n} \quad (j = 1, 2, \cdots, n)$$

定义 ξ_n,那么 $\eta_n = \arccos(\cos^2 \pi \xi_n)$. 由于 $\xi_n \in (0,1)(n = 1, 2, \cdots)$,并且函数 $\arccos(\cos^2 \pi x)$ 把区间 $(0,1)$ 映为 $\left(0, \frac{\pi}{2}\right)$,对 $x \leqslant 0, P(\eta_n < x) = 0$,对 $x \geqslant \frac{\pi}{2}$,

$P(\eta_n < x) = 1$. 假设 $x \in \left[0, \frac{\pi}{2}\right]$,由于 $\cos x$ 在区间 $[0, \pi]$ 上严格递减,所以

$\arccos x$ 在区间 $[-1, 1]$ 上严格递减. ξ_n 的分布对于 $\frac{1}{2}$ 是对称的,所以

$$\begin{aligned}
P(\eta_n < x) &= P(\arccos(\cos^2 \pi \xi_n) < x) = P(\cos^2(\pi \xi_n) > \cos x) \\
&= P(\cos(\pi \xi_n) > \sqrt{\cos x}) + P(\cos(\pi \xi_n) < -\sqrt{\cos x}) \\
&= P(\pi \xi_n > \arccos(-\cos x)) + P(\pi \xi_n < \arccos(\sqrt{\cos x})) \\
&= 2P(\pi \xi_n < \arccos \sqrt{\cos x}) = 2P\left(\xi_n < \frac{\arccos \sqrt{\cos x}}{\pi}\right)
\end{aligned}$$

对 $x \in \left(0, \frac{\pi}{2}\right)$, $\arccos \sqrt{\cos x} \in \left(0, \frac{\pi}{2}\right)$,因而仅对 $y \in \left(0, \frac{1}{2}\right)$, $P(\xi_n < y)$

的值是确定的.

设 k 是使得 $\frac{k}{n} \leqslant y$ 的最大整数,那么

$$P\left(\xi_n < \frac{k}{n}\right) = \sum_{\frac{2j-1}{2n} < \frac{k}{n}} \frac{1}{n} = \frac{k}{n} \leqslant P(\xi_n < y) \leqslant P\left(\xi_n < \frac{k+1}{n}\right) = \frac{k+1}{n}$$

所以 $\lim_{n \to \infty} P(\xi_n < y) = y$,因而

$$\lim_{n \to \infty} P(\eta_n < x) = \begin{cases} 0 & , x \leqslant 0 \\ \dfrac{2}{\pi} \arccos \sqrt{\cos x} & , x \in \left(0, \dfrac{\pi}{2}\right) \\ 1 & , x \geqslant \dfrac{\pi}{2} \end{cases}$$

注记

1. 随机变量 η_n 可能两次取到同样的值.

2. 数 $\lambda_j = \cos\left(\dfrac{2j-1}{2n}\right)\pi (j=1,2,\cdots,n)$ 是 Chebyshev 多项式 $T_n = \cos(n\arccos x)$

的根,并且对应于 Cotes 数 $A_{n,j} = \dfrac{\pi}{n}$. 利用 η_n 的特征函数易于证明下面的定理.

定理 设 f 是 $[-1,1]$ 上的连续函数,ξ_n 是由下式

$$P(\xi_n = f(\lambda_j)) = \frac{1}{n} \quad (j=1,2,\cdots,n)(n=1,2,\cdots)$$

定义的随机变量,ξ 是一个密度函数在 $(-1,1)$ 上为 $\dfrac{1}{\pi\sqrt{1-x^2}}$,在其他处为 0 的

随机变量,那么序列 $\{\xi_n\}$ 弱收敛到随机变量 $f(\xi)$.

在本题中,选 $f(x) = \arccos x^2$,因此序列 $\{\eta_n\}$ 的极限分布是 $\eta = \arccos \xi^2$
的分布. 简单的计算表明 η 的密度函数是

$$\frac{\sqrt{2}}{\pi} \frac{1}{\sqrt{1 - \tan^2 \dfrac{x}{2}}}$$

如果 $x \in \left(0, \dfrac{\pi}{2}\right)$,在其他处为 0.

问题 P. 14 设 μ 和 ν 是平面上的 Borel 集上的两个概率测度. 证明存在随机变量 $\xi_1, \xi_2, \eta_1, \eta_2$ 使得:

(1)(ξ_1, ξ_2) 的分布是 μ 而 (η_1, η_2) 的分布是 ν.

(2)当且仅当对所有形如 $G = \bigcup_{i=1}^{k}(-\infty, x_i) \times (-\infty, y_i)$ 的集合有 $\mu(G) \geqslant \nu(G)$ 时才几乎处处 $\xi_1 \leqslant \eta_1, \xi_2 \leqslant \eta_2$ 成立.

解答

断言的必要性是显然的,由于如果 $\xi = (\xi_1, \xi_2)$,$\eta = (\eta_1, \eta_2)$,那么 $\eta \in G$ 蕴含 $\xi \in G$,所以

$$\nu(G) = P(\eta \in G) \leqslant P(\varepsilon \in G) = \mu(G)$$

首先,我们对 μ 和 ν 分别对有限集 $x_1, \cdots, x_m$ 和 $y_1, \cdots, y_n$ 是集中的特殊情况证明充分性. 定义一个以 $x_1, \cdots, x_m, y_1, \cdots, y_n$ 为顶点的图 G,其中当且仅当 $x_i \leqslant$

$y_j((a,b) \leqslant (c,d)$ 表示 $a \leqslant c$ 并且 $b \leqslant d$, 反之亦然) 时, 顶点 x_i 和 y_j 才通过一条边连通. 定义一个随机变量 (ξ, η), 它以概率 $a_{i,j}$ 取值 (x_i, y_j). 数 $a_{i,j}$ 满足以下关系:

(1) $a_{i,j} \geqslant 0$.

(2) $\sum_{i=1}^{m} a_{i,j} = v(y_j)$.

(3) $\sum_{j=1}^{n} a_{i,j} = \mu(x_i)$.

(4) 如果 $a_{i,j} > 0$, 那么在 x_i 和 y_j 之间存在一条边.

根据 König - Egerváry 定理, 当且仅当对于任何集合 $Y \subseteq \{y_1, \cdots, y_k\}$, 由所有与 Y 的元素相连的点 x_i 组成的集合 X 的测度 μ 至少为 $v(Y)$ 时, 这种数字 $a_{i,j}$ 存在.

假设 $Y = \{y_1, \cdots, y_k\}$, 其中 $y_i = (y'_i, y''_i)$, 以及

$$G = \bigcup_{i=1}^{k} (-\infty, y'_i) \times (-\infty, y''_i)$$

那么点 x_i 和 Y 相连的充分必要条件是 $x_i \in G$. 所以

$$\sum_{x_i \in X} \mu(x_i) = \mu(X \cap G) = \mu(G) \geqslant v(G) \geqslant v(Y)$$

因此存在具有性质 $(1) \sim (4)$ 的数 $a_{i,j}$, 并且任意以概率 $a_{i,j}$ 取值 (x_i, y_i) 的向量变量 (ξ, η) 满足定理的要求.

现在考虑一般情况. 用 $F(x, y)$ 表示背景变量 (ξ, η) 的分布函数, 并且令

$$F_\mu(x', x'') = \mu((-\infty, x') \times (-\infty, x''))$$
$$F_v(y', y'') = v((-\infty, y') \times (-\infty, y''))$$

满足:

$(1) F(x, \infty) = F_\mu(x)$;

$(2) F(\infty, y) = F_v(y)$;

$(3) F(y, y) = F_v(y)$

的分布函数 F 的存在性可解决这一问题, 由于对具有分布 F 的随机变量 (ξ, η), $\xi \leqslant \eta$ 成立的概率是 1, 由于 $F(y, y) = F(\infty, y)$.

把正方形 $[-n, n] \times [-n, n]$ 分成 n^4 个边长为 $\frac{1}{n}$ 的小正方形. 定义测度 μ_n

486

如下:把每个点的测度 μ 集中到离它最近的结点处.(更确切地,考虑平面上所有离一个给定的顶点距离最近的点的集合,并且把这个集合的测度 μ 集中到这个顶点处.如果一个点距离两个顶点或多个顶点的距离相同,那么在距离最小的顶点中,选横坐标最小的顶点.)

设类似地定义了 v_n,那么(μ_n,v_n) 满足定理的要求,由于它们在无限多个点是集中测度的.所以,存在一个变量(ξ_n,η_n) 使得 $\xi_n \leqslant \eta_n,\xi_n$ 的分布是 μ_n,η_n 的分布是 v_n.设 F_n 是(ξ_n,η_n) 的分布函数,那么

$$F_n(y,y) = F_n(\infty,y)$$

此外

$$F_n(x',x'',\infty,\infty) = \mu_n((-\infty,x')\times(-\infty,x''))$$

$$F_n(\infty,\infty,y',y'') = v_n((-\infty,y')\times(-\infty,y''))$$

设 S 是 F_v 和 F_μ 的连续点的可数且处处稠密的集合.选子序列 n_i 使得对所有的 $a,b \in S,F(a,b) = \lim_{i\to\infty} F_{n_i}(a,b)$ 存在,用关系式

$$F(x,y) = \sup\{\lim_{i\to\infty} F_{n_i}(a,b):a \leqslant x,b \leqslant y,a,b \in S\}$$

扩展 F 的定义.容易验证 F 是一个分布函数并且满足(1)(2) 和(3),这就完成了证明.

问题 P. 15　设 $X_1,X_2,\cdots,X_n$ 是离散的(不必是独立的)随机变量,证明至少存在 $\dfrac{n^2}{2}$ 个对(i,j),使得

$$H(X_i + X_j) \geqslant \frac{1}{3} \min_{1\leqslant k\leqslant n}\{H(X_k)\}$$

其中 $H(X)$ 表示 X 的 Shannon 熵.

解答

考虑顶点为 $\{1,2,\cdots,n\}$ 的图 G,并且设当且仅当不等式

$$H(X_i + X_j) \geqslant \frac{1}{3} \min_{1\leqslant k\leqslant n} H(X_k) \tag{1}$$

不成立时,顶点 i 和顶点 j 之间有一条边相连.G 中不存在环,由于对所有的 i,有

$$H(X_i + X_i) = H(X_i) \geqslant \frac{1}{3} \min_{1\leqslant k\leqslant n} H(X_k)$$

487

我们将证明 G 中不存在三角形. 设 i, j 和 l 是 $\{1, 2, \cdots, n\}$ 中的 3 个不同的元素, 显然

$$X_i = \frac{1}{2}([X_i + X_j] + [X_i + X_l] - [X_j + X_l])$$

那就是说

$$H(X_i) = H([X_i + X_j] + [X_i + X_l] - [X_j + X_l])$$
$$\leqslant H(X_i + X_j) + H(X_i + X_l) + H(X_j + X_l)$$
$$\leqslant 3\max\{H(X_i + X_j), H(X_i + X_l), H(X_j + X_l)\}$$

所以

$$\frac{1}{3}\min_{1 \leqslant k \leqslant n} H(X_k) \leqslant \frac{1}{3}H(X_i)$$
$$\leqslant \max\{H(X_i + X_j), H(X_i + X_l), H(X_j + X_l)\}$$

因此在 i, j 和 l 之中, 存在两个点不相连.

根据著名的 Pál Turán 定理 (见 Mat. Fiz. Lapok48, (1941), pp. 436 – 452) 可知, 那种图的边数不大于 $\frac{n^2}{4}$, 所以使得式 (1) 成立的对 (i, j) 的数目至少是 $n^2 - 2 \cdot \frac{n^2}{4} = \frac{n^2}{2}$.

注记 界 $\frac{n^2}{2}$ 是最好的. 设 X 是使得 $H(X) \neq 0$ 的随机变量, 定义

$$X_1 = X_2 = \cdots = X_{[\frac{n}{2}]} = X$$
$$X_{[\frac{n}{2}]+1} = \cdots = X_n = -X$$

如果 $1 \leqslant i \leqslant \frac{n}{2} < j \leqslant n$ 或者 $1 \leqslant j \leqslant \frac{n}{2} < i \leqslant n$, 那么 $H(X_i + X_j) = 0$. 于是, 那种对 (i, j) 的数目恰等于 $\left[\frac{n^2}{2}\right]$.

问题 P.16 设 $\xi_1, \xi_2, \cdots$ 是满足分布

$$P(\xi_1 = -1) = P(\xi_1 = 1) = \frac{1}{2}$$

的独立同分布的随机变量. 令

$$S_n = \xi_1 + \xi_2 + \cdots + \xi_n (n = 1, 2, \cdots), \quad S_0 = 0$$

以及

$$T_n = \frac{1}{\sqrt{n}} \max_{0 \leqslant k \leqslant n} S_k$$

证明 $\lim\limits_{n \to \infty} \inf (\log n) T_n = 0$ 的概率等于 1.

解答

用 $(S_b - S_a)^*$ 表示 $\max\limits_{a \leqslant k \leqslant b} S_k$ ，S_n^* 表示 $\max\limits_{0 \leqslant k \leqslant n} S_k$. 首先，假设我们有两个序列 $g(n)$ 和 $f(n)$ 使得

$$\sum_{n=1}^{\infty} P\{(f(n))^{-1/2} S_f^*(n) > g(f(n))\} < \infty \tag{1}$$

以及对任意 $\varepsilon > 0$

$$\sum_{n=1}^{\infty} P\left\{ \frac{(S_{f(n+1)} - S_{f(n)})^* + \sqrt{f(n)}\, g(f(n))}{\sqrt{f(n+1)}} < \frac{\varepsilon}{\log f(n+1)} \right\} = \infty \tag{2}$$

如果我们找到了那种序列，那么根据 Borel – Cantelli 引理，仅有有限多个使得

$$\frac{S_{f(n)}^*}{\sqrt{f(n)}} > g(f(n))$$

的事件发生的概率等于 1，同时有无限多个使得

$$\frac{(S_{f(n+1)} - S_{f(n)})^* + \sqrt{f(n)}\, g(f(n))}{\sqrt{f(n+1)}} < \frac{\varepsilon}{\log f(n+1)}$$

的事件发生的概率等于 1，所以有无限多个使得

$$\frac{S_{f(n+1)}^*}{\sqrt{f(n+1)}} \leqslant \frac{(S_{f(n+1)} - S_{f(n)})^* + S_{f(n)}^*}{\sqrt{f(n+1)}} < \frac{\varepsilon}{\log f(n+1)}$$

的事件发生的概率等于 1. 因此，只需找到满足式 (1) ,(2) 的序列 $g(n)$,$f(n)$ 即可.

我们将要应用下面的逼近

$$P\left(\frac{S_n^*}{\sqrt{n}} < x \right) \approx \sqrt{\frac{2}{\pi}} \int_0^x e^{-u^2/2}\, \mathrm{d}u$$

(例如可见 A. Rényi, Foundation of Probability, Holden Day, San Francisco, 1970). 如果把 x 换成 $x_n = o(n^{\frac{1}{3}})$ ，这个逼近式仍然成立，因此

$$P\left(\frac{(S_{f(n+1)} - S_{f(n)})^* + \sqrt{f(n)}\,g(f(n))}{\sqrt{f(n+1)}} < \frac{\varepsilon}{\log f(n+1)}\right)$$

$$\geq P\left(\frac{(S_{f(n+1)} - S_{f(n)})^*}{\sqrt{f(n+1) - f(n)}} < \frac{\varepsilon}{\log f(n+1)} - \frac{\sqrt{f(n)}\,g(f(n))}{\sqrt{f(n+1)}}\right)$$

$$\approx \sqrt{\frac{2}{\pi}} \int_0^A e^{-u^2/2} \mathrm{d}u \geq \frac{1}{2}A$$

其中

$$A = \frac{\varepsilon}{\log f(n+1)} - \frac{\sqrt{f(n)}\,g(f(n))}{\sqrt{f(n+1)}}$$

是充分小的,所以我们已经找到了序列 $f(n)$ 和 $g(n)$ 使得

(a) $\displaystyle\sum_{n=1}^{\infty} \frac{1}{\log f(n+1)} = \infty$.

(b) $\displaystyle\sum_{n=1}^{\infty} \sqrt{\frac{f(n)g^2(f(n))}{f(n+1)}} < \infty$.

(c) $\displaystyle\sum_{n=1}^{\infty} \int_{g(f(n))}^{\infty} e^{-\frac{u^2}{2}} \mathrm{d}u < \infty$.

易于看出,例如 $g(f(n)) = n^3$ 和 $f(n+1) = (n!)^{14}$ 满足这些关系.

问题 P.17 设随机变量 $\{X_m, m \geq 0\}$, $X_0 = 0$ 的序列是一个在带有转移概率

$$p_i = P(X_{m+1} = i+1 \mid X_m = i) > 0, i \geq 0$$

$$q_i = P(X_{m+1} = i-1 \mid X_m = i) > 0, i > 0$$

的非负整数集上的无限的随机行走. 证明对任意 $k > 0$,存在一个 $\alpha_k > 1$ 使得

$$P_n(k) = P(\max_{0 \leq j \leq n} X_j = k)$$

满足极限关系

$$\lim_{L \to \infty} \frac{1}{L} \sum_{n=1}^{L} P_n(k)\alpha_k^n < \infty$$

解答

引入记号

$$P_n^*(k) = P(\max_{0 \leq j \leq n} X_j \leq k)$$

490

$$P_{i,n}^{*}(k) = P(\max_{0 \leq j \leq n} X_j \leq k, X_n = i) \quad (0 \leq i \leq k)$$

显然 $P_n(k) \leq P_n^*(k) = \sum_{i=0}^{k} P_{i,n}^*(k)$. 容易看出成立下面的不等式

$$\sum_{i=0}^{k} P_{i,n}^*(k) p_i p_{i+1} \cdots p_{i+k+1} + P_{n+k+1}^*(k) \leq P_n^*(k)$$

定义

$$\varepsilon_k = \min_{0 \leq i \leq k} \{ p_i p_{i+1} \cdots p_{i+k+1} \}$$

那么 $0 < \varepsilon_k < 1$, 并且

$$P_{n+k+1}^*(k) \leq (1 - \varepsilon_k) P_n^*(k)$$

利用数学归纳法易于证明对所有的正整数 n 成立

$$P_n^*(k) \leq (1 - \varepsilon_k)^{1/(k+1)-2}$$

如果

$$1 < \alpha_k < \left[\frac{1}{1 - \varepsilon_k} \right]^{1/(k+1)-2}$$

那么

$$P_n^*(k) \alpha_k^n \leq (1 - \varepsilon_k)^{2n-2}$$

这个不等式就蕴含了要证的命题.

问题 P.18 设 Y_n 是满足参数为 n 和 p 的二项式分布的随机变量. 设正整数的某个集合 H 有一个密度, 并且这个密度等于 d. 证明下列命题:

(1) 如果 H 是算术级数, 则 $\lim_{n \to \infty} P(Y_n \in H) = d$.

(2) 上面的极限关系对任意的 H 不成立.

(3) 如果 H 使得 $P(Y_n \in H)$ 收敛, 则这个极限必须等于 d.

解答

(1) 根据假设

$$P(Y_n = k) = \binom{n}{k} p^k q^{n-k} \quad (q = 1 - p)$$

对给定的 k, $\lim_{n \to \infty} P(Y_n = k) = 0$, 因此当 H 的有限多个元素改变时 $\lim_{n \to \infty} P(Y_n \in H)$ 不变, 所以我们不妨设 H 关于模 D 构成完全剩余系

$$H = \{k : k \equiv a \bmod D\}$$

那样

$$P(Y_n \in H) = \sum_{k \equiv a(D)} \binom{n}{k} p^k q^{n-k} \tag{1}$$

用 ε 表示 D 次单位原根,那么众所周知

$$\sum_{v=0}^{D-1} \varepsilon^{(k-a)v} = \begin{cases} D, & k \equiv a(D) \\ 0, & k \not\equiv a(D) \end{cases}$$

我们可以把式(1)写成下面的形式

$$P(Y_n \in H) = \sum_{k=0}^{\infty} \sum_{v=0}^{D-1} \frac{1}{D} \binom{n}{k} p^k q^{n-k} \varepsilon^{(k-a)v}$$

$$= \frac{1}{D} \sum_{v=0}^{D-1} \varepsilon^{-av} \sum_{k=0}^{\infty} \binom{n}{k} (p\varepsilon^v)^k q^{n-k}$$

$$= \frac{1}{D} \sum_{v=0}^{D-1} \varepsilon^{-av} (q + \varepsilon^v p)^n \rightarrow \frac{1}{D} = d$$

由于在最后的和中,当 $v > 0$ 时,对应项的绝对值小于1,所以当 $n \rightarrow \infty$ 时,它们收敛到0.

(2)我们构造一个密度为0的序列 H 使得 $\limsup\limits_{n \to \infty} P(Y_n \in H) = 1$,$Y_n$ 的期望和方差分别为 np 和 npq,因此 Chebyshev 不等式蕴含

$$P(|Y_n - np| \geq \lambda \sqrt{npq}) \leq \frac{1}{\lambda^2}$$

如果 λ_n 是一个使得 $\lim\limits_{n \to \infty} \lambda_n = \infty$ 的序列,那么

$$\lim_{n \to \infty} P(|Y_n - np| < \lambda_n \sqrt{n}) = 1$$

设 n_k 是一个正整数的递增序列,并设

$$H = \sum_{k=1}^{\infty} (n_k - [n_k^{3/4}], n_k + [n_k^{3/4}])$$

根据前面的观察

$$\lim_{k \to \infty} P(Y_{n_k} \in H) = 1$$

所以

492

$$\limsup_{n \to \infty} P(Y_n \in H) = 1$$

最后,如果 n_k 递增得充分快(例如 $n_k = 10^k$),那么 H 的密度就是 0.

(3)大多数的参赛者验证了如果 H 具有密度 d,那么在 Cesáro 意义下 $\lim P(Y_n \in H) = d$. 那就是说

$$\frac{S_n}{n} = \frac{\sum\limits_{v=1}^{n} P(Y_v \in H)}{n} \to d \quad (n \to \infty)$$

根据这一性质即可得出原始命题,由于对于任意收敛序列,Cesáro 极限和通常的极限是一样的. 我们也可以证明,不需要 H 具有密度这一假设,由于如果 $P(Y_n \in H)$ 是收敛的,那么 H 自动地具有密度,并且这一密度就等于 $\lim\limits_{n \to \infty} P(Y_n \in H)$.

也可以验证更一般的结果:对任意正整数的集合 H,定义 $h(x) = |\{n \in H: n < x\}|$,那么

$$\lim_{n \to \infty} \frac{S_n}{n} - \frac{h(np)}{np} = 0$$

因而 H 具有密度的充分必要条件是 $P(Y_n \in H)$ 在 Cesáro 意义下是收敛的.

在上述注解下,我们可以开始证明第(3)部分. 我们要证明如果 H 的密度是 d,那么在 Abel 意义下 $p_n = P(Y_n \in H) \to d$,即 $\lim\limits_{x \to 1-0} \sum\limits_{n=0}^{\infty} (p_n - p_{n-1})x^n = d$. 如果我们证明了这个结果,那么我们就已经完成了证明. 由于 $\lim\limits_{n \to \infty} P(Y_n \in H) = c$ 蕴含在 Abel 意义下 $P(Y_n \in H) \to c$,即 $c = d$.

对 $|x| < 1$,

$$\begin{aligned}
G(x) &= \sum_{n=0}^{\infty} (p_n - p_{n-1})x^n = (1-x)\sum_{n=0}^{\infty} p_n x^n \\
&= (1-x)\sum_{n=0}^{\infty} \sum_{x \in H} \binom{n}{k} p^k q^{n-k} x^n \\
&= (1-x)\sum_{k \in H} (px)^k \sum_{n=0}^{\infty} \frac{n(n-1)\cdots(n-k+1)}{k!} (qx)^{n-k} \\
&= (1-x)\sum_{k \in H} (px)^k \frac{1}{(1-qx)^{k+1}} = \frac{1-x}{1-qx}\sum_{k \in H} \left(\frac{px}{1-qx}\right)^k.
\end{aligned}$$

做替换 $z = \dfrac{px}{1 - qx}$，那么当 $x \to 1 - 0$ 时 $z \to 1 - 0$，并且 $\dfrac{1 - x}{1 - qx} \sim 1 - z$，因此

$$\lim_{x \to 1-0} G(x) = \lim_{z \to 1-0} (1 - z) \sum_{k \in H} z^k \qquad (2)$$

只要后一极限存在.

设 a_n 是 H 的特征序列，那就是说如果 $n \in H$，则 $a_n = 1$，并且如果 $n \notin H$，则 $a_n = 0$. a_n 的极限在 Cesáro 意义下是 H 的密度，它等于 d. 那么根据 Frobenius 定理，序列 a_n 的极限在 Abel 意义下也存在并且等于 d. 而这个 Abel 极限就是式 (2) 的右边，所以 $\lim\limits_{x \to 1-0} G(x) = d$，这就是我们要证明的.

问题 P.19 设 $\{\xi_{kl}\}_{k,l=1}^{\infty}$ 是随机变量的二重序列，使得

$$E\xi_{ij}\xi_{kl} = O\big((\log(2 \mid i - k \mid + 2)\log(2 \mid j - l \mid + 2))^{-2}\big) \quad (i,j,k,l = 1,2,\cdots)$$

证明当 $\max(m,n) \to \infty$ 时

$$\frac{1}{mn} \sum_{k=1}^{m} \sum_{l=1}^{n} \xi_{kl} \to 0$$

的概率等于 1.

解答

设

$$S(b,c;m,n) = \sum_{k=b+1}^{b+m} \sum_{l=c+1}^{c+n} \xi_{kl} \qquad (1)$$

其中 $b,c \geq 0$，而 $m,n \geq 1$，利用假设式 (1) 和恒等式

$$E(S^2(b,c,m,n)) = \sum_{k=b+1}^{b+m} \sum_{l=c+1}^{c+n} E(\xi_{kl}^2) + 2\Big\{ \sum_{k=b+1}^{b+m} \sum_{l=c+1}^{c+n-1} \sum_{j=1}^{c+n-l} E(\xi_{kl}\xi_{k,l+j}) + $$

$$\sum_{l=c+1}^{c+n} \sum_{k=b+1}^{b+m-1} \sum_{i=1}^{b+m-k} E(\xi_{kl}\xi_{k+i,l}) \Big\} + $$

$$2\sum_{k=b+1}^{b+m-1} \sum_{l=c+1}^{c+n-1} \sum_{i=1}^{b+m-k} \sum_{j=1}^{c+n-l} \big(E(\xi_{kl}\xi_{k+i,l+j}) + $$

$$E(\xi_{k,l+j}\xi_{k+i,l}) \big)$$

那么容易看出

$$E(S^2(b,c,m,n)) = O\Big\{ mn \sum_{i=0}^{m-1} \sum_{j=0}^{n-1} \frac{1}{(\log(1 + 2i)\log(1 + 2j))^2} \Big\}$$

494

$$= O\left\{mn \frac{mn}{(\log 2m)^2 (\log 2n)^2}\right\} \quad (m,n = 1,2,\cdots) \quad (2)$$

令

$$M(b,c;m,n) = \max_{1 \leqslant k \leqslant m} \max_{1 \leqslant l \leqslant n} |S(b,c,k,l)|$$

和下面的结果(Theorem 4 in F. Móricz, Momemt inequalities for the maximum of partial sums of random fields, Acta. Sci. Math. 39(1977), pp. 353 – 366).

假设非负函数 $f(b,c;m,n)(b,c,m,n \in \mathbf{N})$ 对 $b \geqslant 0, c \geqslant 0$ 和 $1 \leqslant h \leqslant m$，$1 \leqslant i < n$ 满足下面的不等式

$$f(b,c;h,n) + f(b+h,c;m-h,n) \leqslant f(b,c;m,n)$$

$$f(b,c;m,n) + f(b,c+i;m,n-i) \leqslant f(b,c;m,n)$$

设 $\chi(m)$ 和 $\lambda(n)$ 是两个不减的序列,定义 K 和 Λ 如下

$$K(1) = \chi(1), \quad \Lambda(1) = \lambda(1)$$

对 $m \geqslant 2$ 和 $n \geqslant 2$

$$K(m) = \chi(h) + K(h-1), \quad h = \left[\frac{1}{2}(m+2)\right]$$

$$\Lambda(n) = \lambda(i) + \Lambda(i-1), \quad i = \left[\frac{1}{2}(n+2)\right]$$

(其中 $[x]$ 表示实数 x 的整数部分). 假设对某个 $\gamma \geqslant 1$ 和所有的 $b,c \geqslant 0$ 以及 $m,n \geqslant 1$ 成立

$$E(|S(b,c;m,n)|^\gamma) \leqslant K^\gamma(m)\lambda^\gamma(n)f(b,c;m,n)$$

那么对所有的 $b,c \geqslant 0$ 和 $m,n \geqslant 1$ 成立

$$E(M^\gamma(b,c;m,n)) \leqslant K^\gamma(m)\Lambda^\gamma(n)f(b,c;m,n)$$

在我们的情况下, $f(b,c;m,n) = mn, \chi(m) = \dfrac{\sqrt{m}}{\log 2m}, \chi(n) = \dfrac{\sqrt{n}}{\log 2n}, \gamma =$

2. 注意 $f(b,c;m,n)$ 在矩形 $[b+1,b+m] \times [c+1,c+n]$ 中是可加的集合函数. 此外对 $2^p \leqslant m \leqslant 2^{p+1}$ 有

$$K(m) \leqslant K(2^{p+1} - 1) = \sum_{k=0}^{p} \chi(2^p) = \sum_{k=0}^{p} \frac{2^{k/2}}{k+1}$$

$$= O\left(\frac{2^{p/2}}{p+1}\right) = O\left(\frac{\sqrt{m}}{\log 2m}\right)$$

495

因此

$$E(M^2(b,c;m,n)) = O\left\{mn\frac{mn}{(\log 2m)^2(\log 2n)^2}\right\} \tag{3}$$

在 $b = c = 0$ 的情况下,定义

$$S(m,n) = S(0,0;m,n) = \sum_{k=1}^{m}\sum_{l=1}^{n}\xi_{kl}$$

由于式(2),所以

$$\sum_{k=0}^{\infty}\sum_{l=0}^{\infty}\frac{1}{2^{2k}2^{2l}}E(S^2(2^k,2^l)) = O(1)\sum_{k=0}^{\infty}\sum_{l=0}^{\infty}\frac{1}{2^{2k}2^{2l}}\frac{2^{2k}2^{2l}}{(k+1)^2(l+1)^2} < \infty$$

B. Levi 的一个定理蕴含当 $\max(k,l) \to \infty$ 时

$$\frac{1}{2^k 2^l}S(2^k 2^l) \to 0 \tag{4}$$

成立的概率等于 1.

为了完成证明,我们必须证明当 $\max(k,l) \to \infty$ 时

$$\frac{1}{2^k 2^l}\max_{2^k < m \leqslant 2^{k+1}}\max_{2^l < n \leqslant 2^{l+1}}\mid S(m,n) - S(2^k,2^l)\mid \to 0 \tag{5}$$

成立的概率等于 1. 考虑下面的分解

$$S(m,n) = S(2^k,2^l) + S(2^k,0;m-2^k,2^l) +$$
$$S(0,2^l;2^k,n-2^l) + S(2^k,2^l;m-2^k,n-2^l)$$

从上面的分解我们看出式(5)的左边不大于

$$\frac{1}{2^k 2^l}\{M(2^k,0;2^k 2^l) + M(0,2^l;2^k,2^l) + M(2^k,2^l;2^k,2^l)\}$$

由式(3)得出

$$\sum_{k=0}^{\infty}\sum_{l=0}^{\infty}\frac{1}{2^{2k}2^{2l}}E(M^2(2^k,2^l;2^k,2^l)) < \infty$$

而 B. Levi 的定理再次蕴含当 $\max(k,l) \to \infty$ 时

$$\frac{1}{2^k 2^l}M(2^k,2^l;2^k,2^l) \to 0 \tag{6}$$

成立的概率等于 1. 注意

$$M(2^k,0;2^k,2^l) \leqslant \sum_{q=-1}^{l-1}M(2^k,2^q;2^k,2^q)$$

496

其中,根据定义有 $M(2^k,2^{-1};2^k,2^{-1}) = M(2^k,0;2^k,1)$,Toeplitz 引理和式(6)蕴含当 $\max(k,l) \to \infty$ 时

$$\frac{1}{2^k 2^l} M(2^k,0;2^k,2^l) \leqslant \sum_{q=-1}^{l-1} \frac{1}{2^{l-q}} \frac{1}{2^k 2^q} M(2^k,2^q;2^k,2^q) \to 0$$

成立的概率等于 1. 类似地可以证明当 $\max(k,l) \to \infty$ 时

$$\frac{1}{2^k 2^l} M(0,2^l;2^k,2^l) \to 0$$

成立的概率等于 1.

联合(4)和(5)就完成了证明.

问题 P. 20 设 P 是定义在实直线的 Borel 集上的概率分布,P 关于原点是对称的,关于 Lebesgue 测度是绝对连续的,并且它的密度函数 p 在区间 $[-1,1]$ 之外等于 0 而在此区间内部则位于正数 c 和 d 之间($c < d$). 证明不存在卷积的平方等于 P 的分布.

解答

假设存在一个那样的分布 Q,那么 $Q\left(\left[-\frac{1}{2},\frac{1}{2}\right]\right) = 1$,并且它的矩满足关系

$$| M_k | = \left| \int_{-\infty}^{\infty} x^k \mathrm{d}Q(x) \right| = \left| \int_{-1/2}^{1/2} x^k \mathrm{d}Q(x) \right| \leqslant 1$$

因而

$$\limsup_{k \to \infty} \sqrt[k]{\frac{| M_k |}{k!}} = 0$$

因此,Q 的特征函数 φ_Q 在实直线上是解析的. 由于 P 是对称的,所以 φ_P 是实的. 等式 $\varphi_P(0) = 1$ 与 φ_P 的连续性蕴含,对于任何绝对值足够小的 x,$\varphi_P(x) > 0$. 对于这种 x 值 $\varphi_P(x) = (\varphi_Q(x))^2$,所以 $\varphi_Q(x)$ 也是实的. 由于 φ_Q 是解析的,它在任何地方都是实的,这蕴含对所有的 x,$\varphi_P(x) \geqslant 0$. 根据一个众所周知的定理(例如参见 E. Hewitt, and K. Stromberg, Real and Abstract Analysis, Springer, 1965, p. 409),我们知道如果一个密度函数是有界的,并且其特征函数是非负的,则其特征函数是可积的. 因此 φ_P 是可积的,所以密度函数 p 应该是一个几乎处处连续的函数. 但是由于它在 -1 和 1 之间有一个"跳

跃",这是不可能的.

注记 许多有关的正负分解结果可参见 I. Z. Ruzsa and G. J. Székely, Algebraic Probability Theory, Wiley, New York, 1988 和 G. J. Székely, Paradoxes in Probability Theory 以及 Mathematical Statistics, Reidel (Kluwer), Dordrecht, 1986.

问题 P.21 设 $p_0, p_1, \cdots$ 是非负整数集上的概率分布. 根据这个分布, 选一个数并且独立地重复选数, 直到得出 0 或一个已经选择的数. 按照选择的顺序将所选的数写成一行, 但不写最后一个数. 在这一行下面, 重新按递增的方式写出这些数. 设 A_i 表示在两行中都在同一位置的数字 i 的事件. 证明事件 $A_i (i = 1, 2, \cdots)$ 是相互独立的, 并且 $P(A_i) = p_i$.

解答

我们将证明对任意 $k (k = 1, 2, \cdots)$ 和任意序列 $1 \leqslant i_1 < i_2 < \cdots < i_k$ 有

$$P(A_{i_1} A_{i_2} \cdots A_{i_k}) = p_{i_1} p_{i_2} \cdots p_{i_k}$$

用下述方式修改实验, 除了 0 和重复的数字之外, 不再选数字 $i_1, i_2, \cdots, i_k$. 现在考虑原来实验的一个 (有限) 的输出结果 (无限输出结果发生的概率为 0). 从原序列中略去值 $i_1, i_2, \cdots, i_k$. 用这种方法可从一个任意的序列中得出修改的序列. 另一方面, 易于看出, 只能以唯一的方式插入 $i_1, i_2, \cdots, i_k$ 使得事件 $A_{i_1} A_{i_2} \cdots A_{i_k}$ 发生, 那就是说, 数 $i_1, i_2, \cdots, i_k$ 以递增的位置放置. 这种 1 – 1 对应关系蕴含事件 $A_{i_1} A_{i_2} \cdots A_{i_k}$ 发生的概率就等于 $p_{i_1} p_{i_2} \cdots p_{i_k} \cdot 1$.

问题 P.22 设 $X_1, \cdots, X_n$ 是独立同分布的非负的随机变量, 其共同的分布是一个连续的分布函数 F. 此外还设函数 F 的逆是一个分位点函数 Q, 它也是连续的, 并且 $Q(0) = 0$. 设

$$0 = X_{0:n} \leqslant X_{1:n} \leqslant \cdots \leqslant X_{n:n}$$

是按上述随机变量的顺序选取的样本. 证明如果 EX_1 是有限的, 则随机变量

$$\Delta = \sup_{0 \leqslant y \leqslant 1} \left| \frac{1}{n} \sum_{i=1}^{[ny]+1} (n + 1 - i)(X_{i:n} - X_{i-1:n}) - \int_0^y (1 - u) \, \mathrm{d}Q(u) \right|$$

当 $n \to \infty$ 时, 依概率 1 趋于 0.

解答

引入记号

$$H_n(y) = \frac{1}{n} \sum_{i=1}^{[ny]+1} (n + 1 - i)(X_{i:n} - X_{i-1:n})$$

和

$$H_F(y) = \int_0^y (1 - u) \, \mathrm{d}Q(u)$$

那么

$$H_F(1) = E(X_1)$$

并且

$$H_n(1) = \lim_{y \uparrow 1} H_n(y) = \frac{1}{n} \sum_{i=1}^{n} X_i \qquad (1)$$

那就是说,对于非负随机变量,问题可被推广成更强的大数定律.

由于 F 的连续性,独立随机变量 $Y_i = F(X_i)$, $1 \le i \le n$ 在区间 $(0,1)$ 上是一致分布的. 用 $E_n(y) = \frac{1}{n}\{k : 1 \le k \le n, Y_k \le y\}$ 表示 $Y_1, Y_2, \cdots, Y_n$ 的实验分布函数,并设

$$U_n(y) = \begin{cases} Y_{k:n}, & \dfrac{k-1}{n} \le y \le \dfrac{k}{n}, k = 1, \cdots, n \\ Y_{n:n}, & y = 1 \end{cases}$$

是它们的数量函数. 此外设

$$F_n(x) = \frac{1}{n}\{k : 1 \le k \le n, X_k \le x\} \quad (0 \le x < \infty)$$

和

$$Q_n(y) = \begin{cases} X_{k:n}, & \dfrac{k-1}{n} \le y < \dfrac{k}{n}, k = 1, \cdots, n \\ X_{n:n}, & y = 1 \end{cases}$$

分别是原始样本的实验分布函数和数量函数.

考虑随机函数

$$G_n(x) = \int_0^{U_n(y)} (1 - E_n(u)) \, \mathrm{d}Q(u)$$

由 F 和 Q 的连续性得出

$$G_n(y) = \int_0^{Q(U_n(y))} (1 - E_n(F(x)))\,dx = \int_0^{Q_n(y)} (1 - F_n(x))\,dx$$

成立的概率等于 1,其中例外集(原始样本的重合之处)是不依赖于 y 的. 如果对某个整数 $1 \leqslant k \leqslant n$ 有 $\dfrac{k-1}{n} \leqslant y < \dfrac{k}{n}$,那么最后的积分如下

$$\int_0^{X_{k:n}} (1 - F_n(x))\,dx = \sum_{i=1}^k \int_{X_{i-1:n}}^{X_{i:n}} (1 - F_n(x))\,dx$$

其中

$$\sum_{i=1}^k \left(1 - \frac{i-1}{n}\right)(X_{i:n} - X_{i-1:n}) = H_n(y)$$

由于 $G_n(1) = H_n(1)$,其共同值由 (1) 给出,我们就推出,对 $n = 1, 2, \cdots$ 成立

$$P\left\{ \sup_{0 \leqslant y \leqslant 1} \mid H_n(y) - G_n(y) \mid = 0 \right\} = 1$$

只需证明当 $n \to \infty$ 时

$$\Delta_n^* = \sup_{0 \leqslant y \leqslant 1} \mid G_n(y) - H_F(y) \mid \to 0$$

成立的概率等于 1 即可. 显然

$$\Delta_n^* \leqslant \sup_{0 \leqslant y \leqslant 1} \mid G_n(y) - H_F(U(y)) \mid + \sup_{0 \leqslant y \leqslant 1} \mid H_F(U_n(y)) - H_F(y) \mid$$

$$= \Delta_n^{(1)} + \Delta_n^{(2)} \tag{2}$$

注意,对 $0 \leqslant y \leqslant 1$, $U_n(y)$ 在区间 $[0,1]$ 中有 n 个不同的值,所以

$$\Delta_n^{(1)} \leqslant \Delta_n^{(3)} = \sup_{0 \leqslant y \leqslant 1} \left| \int_0^y (1 - E_n(u))\,dQ(u) - \int_0^y (1 - u)\,dQ(u) \right|$$

设 $0 < \varepsilon < 1$ 是任意的,那么

$$\Delta_n^{(3)} \leqslant \int_{1-\varepsilon}^1 (1 - E_n(u))\,dQ(u) + \int_{1-\varepsilon}^1 (1 - u)\,dQ(u) +$$

$$Q(1-\varepsilon)\sup \mid y - E_n(y) \mid$$

由于 $Q(1-\varepsilon) < \infty$,所以第三项依概率 1 趋于 0(Glivenko – Cantelli 定理,例如见 A. Rényi, Probability Theory, Akadémiai Kiadó, Budapest, 1970, VII. §8). 可以把第一项($I(A)$ 表示事件 A 的特征函数)写成

$$\int_{1-\varepsilon}^1 (1 - E_n(u))\,dQ(u) = \frac{1}{n} \sum_{i=1}^n \int_{1-\varepsilon}^1 (1 - I(\{U_i \leqslant u\}))\,dQ(u)$$

根据强大数定律,这个量依概率 1 趋于 $\int_{1-\varepsilon}^{1}(1-u)\mathrm{d}Q(u)$.

综上所述,

$$P\left\{\limsup_{n\to\infty}\Delta_n^{(3)}\leqslant 2\int_{1-\varepsilon}^{1}(1-u)\mathrm{d}Q(u)\right\}=1$$

由于 $E(X_1)<\infty$,所以在上面的式子里的上界可以取得任意小,只要我们选 ε 充分小即可. 因而我们已经证明了当 $n\to\infty$ 时,式(2)中的第一项依概率 1 趋于 $0(\Delta_n^{(1)}\to 0.)$.

众所周知 Glivenko - Cantelli 定理对一致分布的样本的数量函数也成立(例如,可见 M. Csörgö and P. Révész, Strong Approximations in Probability and Statistics, Akadémiai Kiadó, Budapest, 1981, p. 162.). 所以,当 $n\to\infty$ 时

$$\sup_{0\leqslant y\leqslant 1}|U_n(y)-y|\to 0$$

成立的概率等于 1. 利用积分 $\int_0^y (1-u)\mathrm{d}Q(u)$ 是 y 的连续函数,对(2)的第二项我们得到

$$P\left\{\lim_{n\to\infty}\Delta_n^{(2)}=0\right\}=1$$

这就完成了证明.

注记　假设 n 台机器从 $t=0$ 时刻开始工作,并设 $X_{1:n}\leqslant X_{2:n}\leqslant\cdots$ 是这些机器失效的时刻,那么 $nH_n(y)$ 就是到 $([ny]+1)$ 时失效的总时间. 现在发表的最好结果只能说明逐点收敛性,即对所有固定 $0\leqslant y\leqslant 1$,当 $n\to\infty$ 时,依概率 1 有 $H_n(y)\to H_F(y)$ (N. A. Langberg, R. V. Leon, and F. Proschan, Characterization of nonparametric classes of life distribution, Annals of Probability 8(1980),pp. 1163 - 1170, Theorem 3.2).

问题 P. 23　设 $X_0,X_1,\cdots$ 是独立同分布的非退化的随机变量,$0<\alpha<1$ 是一个实数. 假设

$$\sum_{k=0}^{\infty}\alpha^k X_k$$

依概率 1 收敛. 证明和的分布函数是连续的.

解答

定义

$$Z = \sum_{k=1}^{\infty} \alpha^{k-1} X_k$$

和

$$Y = \sum_{k=0}^{\infty} \alpha^{k-1} X_k$$

那么 $Y = X_0 + \alpha Z$，其中 Y 和 Z 有相同的分布，并且 X_0 和 Z 是无关的.

假设 Y 的分布函数不是连续的. 定义

$$p = \max_a P(Y = a)$$

并用 $a_1, \cdots, a_n$ 表示使得

$$P(Y = a_j) = p$$

的点，那么

$$p = P(Y = a_j) = P(X_0 + \alpha Z = a_j)$$

$$= \sum_{P(X_0 = x) > 0} P(X_0 = x) P\left(Z = \frac{a_j - x}{\alpha} \right)$$

$$\leqslant \sum_{P(X_0 = x) > 0} P(X_0 = x) \max_i P\left(Z = \frac{a_i - x}{\alpha} \right) \leqslant p$$

所以等号几乎处处成立，这蕴含 $\sum_{x \in \mathbb{R}} P(X_0 = x) = 1$，这就是说，$X_0$ 具有离散的分布，并且如果

$$P(X_0 = x) > 0$$

则

$$P\left(Z = \frac{a_i - x}{\alpha} \right) = p$$

设

$$K = \{ x : P(X_0 = x) > 0 \}$$

$$P_a = \left\{ x : P\left(Z = \frac{a - x}{\alpha} \right) = p \right\}$$

那么

$$K \subseteq \bigcap_{j=1}^{n} P_{a_j}$$

由于 $| P_a | = n$ 和 $P_a = P_0 + a$，所以

502

$$K \subseteq P_0 + a_j$$

那就是说

$$K - a_j \subseteq P_0 \quad (j = 1, \cdots, n)$$

这个关系式仅当 $|K| = 1$,即仅当 X_0 退化时才能成立.

注记 另一个证明和某些有关的结果可见 I. Z. Ruzsa and G. J. Székely, Algebraic Probability Theory, Wiley, New York, 1988, Section 5.5.

问题 P.24 设 $X_1, X_2, \cdots$ 是独立同分布的随机变量,其共同的分布函数为

$$P(X_i = 1) = P(X_i = -1) = \frac{1}{2} \quad (i = 1, 2, \cdots)$$

定义

$$S_0 = 0, S_n = X_1 + X_2 + \cdots + X_n \quad (n = 1, 2, \cdots)$$
$$\xi(x, n) = |\{k : 0 \leq k \leq n, S_k = x\}| \quad (x = 0, \pm 1, \pm 2, \cdots)$$

以及

$$\alpha(n) = |\{x : \xi(x, n) = 1\}| \quad (n = 0, 1, \cdots)$$

证明

$$P(\liminf \alpha(n) = 0) = 1$$

并且存在一个数 $0 < c < \infty$ 使得

$$P\left(\limsup \frac{\alpha(n)}{\log n} = c\right) = 1$$

解答

将 $S_0, S_1, \cdots$ 的值在二维坐标系中表示如下:从原点开始向右走一步,如果 $X_n = +1$ 或 $X_n = -1$,则向上走一步或向下走一步.注意 $\alpha(n)$ 计数了在这个随机行走中,第二个坐标恰出现一次的点的数目.首先我们证明

$$P(\liminf \alpha(n) = 0) = 1$$

这表示事件 $A_n = \{\alpha(n) = 0\}$ 发生无限多次的概率等于 1. 在随机行走返回到零时,有无限多个这样的点的概率为 1,值 $\alpha(n)$ 至多出现一次,由于极值只能出现一次. 然而,随机行走在两次返回之间两者之间访问极值至少两次的概率是正的. 因此,在无限多个时刻之中,将有一个时刻使得 $\alpha(n)$ 的值是 0,因此将有无限多个那种时刻,使得 $\alpha(n)$ 的值是 0.

现在我们考虑第二个命题. 我们将通过一些引理来进行. 用 $\mathscr{A}_n$ 表示第二个坐标仅出现一次的点的集合, 即

$$\mathscr{A}_n = \{x : \text{存在一个 } k, 1 \leqslant k \leqslant n \text{ 使得 } S_k = x, \text{并且对 } j \neq k, S_j \neq x\}$$

因而

$$\alpha(n) = |\mathscr{A}_n|$$

引理 1 $\quad \lim_{n \to \infty} P(S_j > 0, 0 < j \leqslant n, S_n - S_j > 0, 0 \leqslant j < n) = c^* > 0$

引理 1 的证明 定义下面的条件分布

$$\mu_n(\mathrm{d}x, \mathrm{d}y) = P\left(\frac{1}{\sqrt{n}} S_n = \mathrm{d}x, \frac{1}{\sqrt{n}} \sup_{0 \leqslant k < n} S_k = \mathrm{d}y \mid S_j > 0, 1 \leqslant j < n\right)$$

如果 $n = 2m + 1$, 那么

$$P(S_j > 0, 0 < j \leqslant n, S_n - S_j > 0, 0 \leqslant j < n)$$

$$= P(S_j > 0, 0 < j \leqslant m, S_m > \sup_{m < k \leqslant n} (S_n - S_k) - (S_n - S_m),$$

$$S_n - S_j > 0, m \leqslant j < n, S_n - S_m > \sup_{0 \leqslant k \leqslant m} (S_k - S_m))$$

$$= P(S_j > 0, 0 < j \leqslant m) P(S_n - S_j > 0, m \leqslant j \leqslant n) \mu_m * \mu_m(A)$$

其中

$$A = \{(x_1, y_1, x_2, y_2) : x_1 > y_2 - x_2, x_2 > y_1 - x_1\}$$

我们知道在没有原子和在集合 $\{(x, y) : x > 0, y > 0\}$ 的开子集上有正值的测度的序列 μ_n 趋向于测度 μ^*. 另外

$$P(S_j > 0, 0 < j \leqslant m) P(S_n - S_j > 0, m \leqslant j < n) \sim \frac{9}{4\pi} \cdot \frac{1}{n}$$

因此引理对形如 $2m + 1$ 的整数成立. 对形如 $2m$ 的整数, 证明是类似的.

引理 2 假设 $k \sim \alpha \log n$, $\alpha_k(n) = \dbinom{\alpha(n)}{k}$, 那么对任意 $\eta > 0$, 存在一个 $n_0 = n_0(k, \eta)$ 使得对任意 $n > n_0$ 成立

$$[(c^* - \eta) \log n]^k < E\alpha_k(n) < [(c^* + \eta) \log n]^k$$

引理 2 的证明

令

$$C(r, t) = \{S_r < S_j < S_t, r < j < t\}$$

504

$$D_1(t) = \{S_j < S_t, 0 \leq j < t\}$$

$$D_2(t) = \{S_j > S_t, t < j \leq n\}$$

那么

$$P(C(r,t)) = P(C(0,t-r)) = \frac{c^*}{t-r}(1 + o(1))$$

$$P(D_1(t)) = \frac{K}{\sqrt{t}}(1 + o(t)) \quad \left(K = \frac{3}{2\sqrt{2\pi}}\right)$$

$$P(D_2(t)) = \frac{K}{\sqrt{n-t}}(1 + o(t))$$

又令

$$\mathscr{A}_n^+ = \mathscr{A}_n \cap \{z : z \geq 0\}$$

$$\alpha^+(n) = |\mathscr{A}_n^+|, \alpha_k^+(n) = \binom{\alpha^+(n)}{k}$$

并且对 $0 \leq j_1 < j_2 < \cdots < j_k \leq n$, 利用符号

$$B_{j_1, \cdots, j_k} = D_1(j_1) C(j_1, j_2) \cdots C(j_{k-1}, j_k) D_2(j_k)$$

那么

$$E\alpha_k^+(n) = \sum_{0 \leq j_1 < \cdots < j_k \leq n} P(B_{j_1, \cdots, j_k})$$

由于事件 $B_{j_1, \cdots, j_k}$ 表示

$$(j_1, \cdots, j_k) \subseteq \mathscr{A}_n^+$$

并且事件 $\alpha(n) = l$ 恰包含 $\binom{l}{k}$ 个那种事件. 令

$$U(j,l) = \sum_{j=j_1 < \cdots < j_k = l} P(C(j_1, j_2)) \cdot \cdots \cdot P(C(j_{k-1}, j_k)) = U(0, l-j)$$

因此

$$E\alpha_k^+(n) = \sum_{r=0}^{\infty} U(0,r) \sum_{j=0}^{n-r} P(D_1(j)) P(D_2(r+j))$$

$$\leq \text{const} \cdot \sum_{r=0}^{n} U(0,r) \sum_{j=1}^{n-r} \frac{1}{\sqrt{j}} \frac{1}{\sqrt{n-j-3}} \leq \text{const} \cdot \sum_{r=0}^{n} U(0,r)$$

$$\leq \text{const} \Big[\sum_{j=0}^{n} P(C(0,j)) \Big]^{k-1} \leq \big[(c^* + \eta) \log n \big]^k$$

505

另一方面

$$E\alpha_k^+(n) \geqslant \sum_{\substack{0 \leqslant j_1 < n/3 \\ n/3k \geqslant j_t - j_{t-1} > 0}} P(D_1(j_1)C(j_1,j_2)\cdots C(j_{k-1},j_k)D_2(j_k))$$

$$\geqslant \frac{\text{const}}{\sqrt{n}} \sum_{j=1}^{n/3} P(D_1(j)) \Big[\sum_{j=1}^{n/3} P(C(0,j)) \Big]^{k-1}$$

$$\geqslant \text{const} \Big[\Big(c^* - \frac{\eta}{2}\Big) \log \frac{n}{3k} \Big]^{k-1} \geqslant \big[(c^* - \eta) \log n \big]^k$$

由于 $k \sim \alpha \log \alpha$，所以如果 n 充分大，则

$$\big[(c^* - \eta/2)/(c^* - \eta) \big]^{\alpha \log n} > \log n$$

用类似的方法，我们对 $\mathcal{A}_n^-$ 得出同样的结果

$$\mathcal{A}_n = \begin{cases} \mathcal{A}_n^+, \text{可能再加上一个点，如果 } S_n \geqslant 0 \\ \mathcal{A}_n^-, \text{可能再加上一个点，如果 } S_n \leqslant 0 \end{cases}$$

因此对 $\alpha(n)$ 引理成立.

引理 3　对所有 $K > 0$ 和 $\varepsilon > 0$，存在一个 $n_0 = n_0(K, \varepsilon)$，使得对所有的 $n > n_0$ 有

$$n^{-(K/c^*)-\varepsilon} \leqslant P(\alpha(n) < K\log^2 n) \leqslant n^{-(K/c^*)+\varepsilon}$$

引理 3 的证明　令 $k = \dfrac{K\log n}{c^*}$，那么

$$P(\alpha(n) \geqslant K\log^2 n) = P\Big(\alpha_k(n) \geqslant \binom{K\log^2 n}{k}\Big) \leqslant \frac{E\alpha_k(n)}{\binom{K\log^2 n}{k}}$$

如果 n 充分大，我们可以应用引理 2 得出

$$P(\alpha(n) \geqslant K\log^2 n) \leqslant n^{-(K/c^*)\log((c^*e)/(c^*+\eta))} \leqslant n^{-(K/c^*)+\varepsilon}$$

为了证明下界，令 $q_m = P(\alpha(n) = m)$，那么

$$E\alpha_k(n) = \sum_m q_m \binom{m}{k}$$

再令 $k' = \Big(\dfrac{K}{c^*}\Big)(1 + \varepsilon^2)\log n$，那么当 ε 充分小时就有

$$\sum_{m > (k+\varepsilon)\log^2 n} q_m \binom{m}{k'} < \frac{1}{3} E\alpha_{k'}(n)$$

506

以及

$$\sum_{m \leqslant K\log^2 n} q_m \binom{m}{k'} < \frac{1}{3} E\alpha_{k'}(n)$$

由于如果 $k'' = \left(\dfrac{K + \varepsilon}{c^*} \right)\log n$，那么 $k'' > k'$，并且

$$\sum_{m > (K+\varepsilon)\log^2 n} q_m \binom{m}{k'} = \sum_m q_m \binom{m}{k''} \frac{\binom{m}{k'}}{\binom{m}{k''}}$$

$$\leqslant \frac{\binom{(K + \varepsilon)\log^2 n}{k'}}{\binom{(K + \varepsilon)\log^2 n}{k''}} \sum_m q_m \binom{m}{k''}$$

$$\leqslant \frac{\binom{(K + \varepsilon)\log^2 n}{k'}}{\binom{(K + \varepsilon)\log^2 n}{k''}} E\alpha_{k''}(n)$$

令 $\eta = \varepsilon^3$，再次利用引理 2，我们得出如果 n 充分大就有

$$\sum_{m > (K+\varepsilon)\log^2 n} q_m \binom{m}{k'} \leqslant (c^* \log n)^{k'} \exp\left\{ \left(-\frac{\varepsilon^2}{2Kc^*} + O(\varepsilon^2) \right)\log n \right\}$$

$$\leqslant \frac{1}{3} E\alpha_{k'}(n)$$

另一方面

$$\sum_{m \leqslant K\log^2 n} q_m \binom{m}{k'} \leqslant \frac{\binom{K\log^2 n}{k'}}{\binom{K\log^2 n}{k}} \sum_{m \leqslant K\log^2 n} q_m \binom{m}{k}$$

再次应用引理 2 得出

$$\sum_{m \leqslant K\log^2 n} q_m \binom{m}{k'} \leqslant \frac{1}{3} E_{\alpha_{k'}}(n)$$

这些不等式蕴含

$$\sum_{K\log^2 n < m < (K+\varepsilon)\log^2 n} q_m \binom{m}{k'} \geqslant \frac{1}{3} E_{\alpha_{k'}}(n)$$

因此

$$P(\alpha(n) \geqslant K\log^2 n) \geqslant \sum_{K\log^2 n < m < (K+\varepsilon)\log^2 n} q_m \binom{m}{k'} \frac{1}{\binom{(K+\varepsilon)\log^2 n}{k'}}$$

$$\geqslant \frac{1}{3} \frac{E(\alpha_{k'}(n))}{\binom{(K+\varepsilon)\log^2 n}{k'}} \geqslant \frac{1}{3} n^{-\frac{K}{c^*}(1+\varepsilon^3)\log\left[\frac{e^{-c^*}}{c^*-\eta}\frac{K+\varepsilon}{K}(1+\varepsilon^3)^{-2}\right]}$$

对 $\varepsilon > 0$ 和 $\eta > 0$, 最后的这个表达式趋于 1, 因此我们已经验证了下界. 利用上面的引理, 我们就能证明

$$P\left(\limsup \frac{\alpha(n)}{\log^2 n} = c\right) = 1$$

令

$$M_n = \inf\{j : S_j \geqslant n\}$$

那么

$$\lim \frac{M_n}{n^4} = 0$$

并且

$$M_{(n+1)^2} - M_{n^2} \geqslant 2n+1$$

考虑随机行走首次到达高度 k^2 的时刻, 从这一点起再走 k 步, 并用 U_k 表示这一状态, 那么

$$U_k = \{0, S_{M_{k^2}+1} - S_{M_{k^2}}, \cdots, S_{M_{k^2}+k} - S_{M_{k^2}}\}$$

这些行走是互相独立的. 令

$$B_k = \{\text{行走 } U_k \text{ 访问至少}(c^* - \varepsilon)\log^2 k \text{ 个具有正坐标的点恰好一次}\}$$

那么如果 k 充分大, $P(B_k) > k^{-1+\frac{\varepsilon}{2}}$, 因此 $\sum P(B_k) = \infty$, 因而 $P(\limsup A_k) = 1$. 但是对于事件 $A_k, \alpha(M_{k^2} + k) \geqslant (c^* - \varepsilon)\log^2 k$, 以及由于当 k 充分大时 $M_{k^2} + k < k^8 + k$, 所以对无限多个 n, 不等式

$$\frac{\alpha(n)}{\log^2 n} > \frac{c^* - \varepsilon}{64}$$

成立的概率等于 1.

$K = c^* + \varepsilon$ 可以作为引理 3 的上界表明

$$\sum P(\alpha(n) \geqslant (c^* + \varepsilon)\log^2 n) < \infty$$

这就是说对充分大的 n,不等式

$$\limsup \frac{\alpha(n)}{\log^2 n} \leqslant c^* + \varepsilon$$

成立的概率等于 1. 复习 Kolmogorov $0 - 1$ 律蕴含 $\frac{\alpha(n)}{\log^2 n}$ 是常数的概率等于 1,所以对适当的 $\frac{c^*}{64} \leqslant c \leqslant c^*$ 就有

$$P\left(\limsup \frac{\alpha(n)}{\log^2 n} = c\right) = 1$$

注记 遗憾的是,问题中第二个命题的原始表述是不正确的. 由于它包含的是一个对数因子,而这个因子不是 $\log^2$ 级别的. 正确命题的证明出现在 P. Major, On the set visited once by a random walk, Probab. Th. Rel. Fields 77, (1988),pp. 117 – 128. 我们现在的证明是根据这篇文献做出的.

问题 P.25 设 $(\Omega, \mathcal{A}, P)$ 是概率空间,设 $(X_n, \mathcal{F}_n)$ 是 $(\Omega, \mathcal{A}, P)$ 中相容的序列(那就是说,对 σ – 代数 $\mathcal{F}_n$,有 $\mathcal{F}_1 \subseteq \mathcal{F}_2 \subseteq \cdots \subseteq \mathcal{A}$,并且对所有的 n,X_n 是一个 $\mathcal{F}_n$ – 可测的和可积的随机变量). 假设

$$E(X_{n+1} \mid \mathcal{F}_n) = \frac{1}{2}X_n + \frac{1}{2}X_{n-1} \quad (n = 2, 3 \cdots)$$

证明 $\sup_n E\mid X_n \mid < \infty$ 蕴含当 $n \to \infty$ 时 X_n 依概率 1 收敛.

解答

令 $Y_n = X_n + \frac{1}{2}X_{n-1} (n = 2, 3, \cdots)$,那么 Y_n 是 $\mathcal{F}_n$ – 可测的并且是可积的随机变量. 此外对 $n \geqslant 2$ 有

$$E(Y_{n+1} \mid \mathcal{F}_n) = E\left(X_{n+1} + \frac{1}{2}X_n \mid \mathcal{F}_n\right) = \frac{1}{2}X_n + \frac{1}{2}X_{n-1} + \frac{1}{2}X_n = Y_n$$

那就是说 $(Y_n, \mathcal{F}_n, n = 2, 3, \cdots)$ 是一个鞅.

由于 $\sup_n E(\mid Y_n \mid) \leqslant \frac{3}{2}\sup_n E(\mid X_n \mid) < \infty$,鞅收敛定理蕴含 Y_n 是依概率 1 收敛的,并且如果 $\omega \in \Omega'$,其中 $P(\Omega') = 1$,则

$$\lim_{n \to \infty} Y_n(\omega) = Y(\omega)$$

这里 Y 是一个随机变量,它是有限的概率等于 1,因此我们可以假设对 $\omega \in \Omega'$,它是有限的.

我们将证明,对 $\omega \in \Omega'$,序列 $X_n(\omega)$ 也是收敛的.

设 $\omega \in \Omega'$ 是给定的,并设 $a_n = X_n(\omega)$. 我们将证明,如果序列 $b_n = a_n + \frac{1}{2} a_{n-1}$ 收敛到 c,那么 a_n 收敛到 $\frac{2}{3} c$. 首先假设 $c = 0$,那么对任意 $\varepsilon > 0$,存在一个 N,使得当 $n > N$ 时,$|b_n| \leqslant \frac{\varepsilon}{2}$,所以对所有的 $n \geqslant N$,成立

$$|a_{n+1}| = \left| b_{n+1} - \frac{1}{2} a_n \right| \leqslant |b_{n+1}| + \frac{1}{2} |a_n| \leqslant \frac{\varepsilon + |a_n|}{2}$$

对 $n = N, \cdots, N + k - 1$ 应用这个不等式,我们得到如果 k 充分大,就有

$$|a_{N+k}| \leqslant \frac{\varepsilon}{2} + \frac{\varepsilon}{4} + \cdots + \frac{\varepsilon}{2^k} + \frac{|a_N|}{2^k} < \varepsilon + \frac{|a_N|}{2^k} < 2\varepsilon$$

然而,对所有的 $n > N + k$,$|a_n| < 2\varepsilon$,这就表示,序列 a_n 收敛到 0.

如果 $c \neq 0$,那么对序列 $a'_n = a_n - \frac{2}{3} c$ 可同样证明它收敛到 0,这就完成了证明.

问题 P.26 设 $X_1, X_2, \cdots$ 是独立同分布的非负的随机变量. 设 $EX_i = m$,$\mathrm{Var}(X_i) = \sigma^2 < \infty$. 证明对所有的 $0 < \alpha \leqslant 1$ 成立

$$\lim_{n \to \infty} n \mathrm{Var}\left(\left[\frac{X_1 + \cdots + X_n}{n} \right]^\alpha \right) = \frac{\alpha^2 \sigma^2}{m^{2(1-\alpha)}}$$

解答

令 $S_n = X_1 + \cdots + X_n$,$\overline{X}_n = \frac{S_n}{n}$. 首先注意

$$n \mathrm{Var}\left[\left(\frac{X_1 + \cdots + X_n}{n} \right)^\alpha \right] = nE\left[\left((\overline{X}_n)^\alpha - m^\alpha + m^\alpha - E(\overline{X}_n)^\alpha \right)^2 \right]$$

$$= nE\left((\overline{X}_n)^\alpha - m^\alpha \right)^2 - n\left(E\left((\overline{X}_n)^\alpha - m^\alpha \right) \right)^2$$

首先我们证明当 $n \to \infty$ 时第二项趋于 0. $(1 + z)^\alpha$ 的带余项的二次 Taylor 多项式蕴含对 $z \geqslant -1$ 成立 $1 - (1 + z)^\alpha \leqslant (1 - \alpha)z^2 - \alpha z$. 从 Jensen 不等式和

这个关系式得出

$$0 \leqslant m^\alpha - E(\overline{X}_n)^\alpha = m^\alpha E\left(1 - \left(\frac{\overline{X}_n}{m}\right)^\alpha\right)$$

$$\leqslant m^\alpha\left[(1-\alpha)E\left(\frac{\overline{X}_n}{m} - 1\right)^2 - \alpha E\left(\frac{\overline{X}_n}{m} - 1\right)\right] = (1-\alpha)\frac{m^\alpha}{m^2}\frac{\sigma^2}{n}$$

这个不等式就蕴含上面的断言. 下面考虑第一项. 引入记号 $Z_i = \frac{X_i}{m} - 1$ 以

及 $\overline{Z}_n = \dfrac{Z_1 + Z_2 + \cdots + Z_n}{n}$, 那么 $Z_i \geqslant -1, E(Z_i) = 0, \mathrm{Var}(Z_i) = \dfrac{\sigma^2}{m^2}$. 此外, 对

任意 $0 < \varepsilon < 1$ 有

$$nE((\overline{X}_n)^\alpha - m^\alpha)^2 = m^{2\alpha}nE((1 + \overline{Z}_n)^\alpha - 1)^2$$

$$= m^{2\alpha}\left[nE\left(((1 + \overline{Z}_n)^\alpha - 1)^2 I_{|\overline{Z}_n| \leqslant \varepsilon}\right) + \right.$$

$$\left. nE\left(((1 + \overline{Z}_n)^\alpha - 1)^2 I_{|\overline{Z}_n| > \varepsilon}\right)\right]$$

下一步, 我们将应用下面的不等式. 在第一项中, 对 $|z| < 1$ 成立

$$\alpha|z|/(1 + |z|) \leqslant |(1+z)^\alpha - 1| \leqslant \alpha|z|/(1 - |z|)$$

在第二项中, 对 $z \geqslant -1$ 成立

$$|(1+z)^\alpha - 1| \leqslant |z|^\alpha$$

进一步我们看出如果 $|z| \leqslant \varepsilon$, 那么

$$\frac{|z|}{1 + |z|} \geqslant \frac{|z|}{1 + \varepsilon}$$

以及

$$\frac{|z|}{1 - |z|} \leqslant \frac{|z|}{1 - \varepsilon}$$

所以

$$m^{2\alpha}\left[n\frac{\alpha^2}{(1+\varepsilon)^2}E\left((\overline{Z}_n)^2 I_{|\overline{Z}_n| \leqslant \varepsilon}\right)\right] \leqslant nE((\overline{X}_n)^\alpha m^\alpha)^2 \leqslant$$

$$m^{2\alpha}\left[n\frac{\alpha^2}{(1-\varepsilon)^2}E\left((\overline{Z}_n)^2 I_{|\overline{Z}_n| \leqslant \varepsilon}\right)c + nE\left(|\overline{Z}_n|^{2\alpha} I_{|\overline{Z}_n| > \varepsilon}\right)\right]$$

因此, 只需证明

$$nE(\overline{Z}_n I_{|\overline{Z}_n| \leqslant \varepsilon}) \to \frac{\sigma^2}{m^2}$$

和

$$nE\left(\left(\overline{Z}_n\right)^{2\alpha}I_{|\overline{Z}_n|>\varepsilon}\right)\to 0$$

即可. 设 ϕ 是标准正态分布函数,那么对大的 n 就有

$$\frac{\sigma^2}{m^2} = nE(\overline{Z}_n^2) \geqslant nE(\overline{Z}_n^2 I_{|\overline{Z}_n|\leqslant\varepsilon}) = \frac{\sigma^2}{m^2}E\left[\left(\frac{\sqrt{n}\overline{Z}_n}{\sigma/m}\right)^2 I_{\left(\frac{\sqrt{n}\overline{Z}_n}{\sigma/m}\right)\leqslant\frac{\varepsilon\sqrt{n}}{\sigma/m}}\right]$$

$$\geqslant \frac{\sigma^2}{m^2}E\left[\left(\frac{\sqrt{n}\overline{Z}_n}{\frac{\sigma}{m}}\right)^2 I_{\frac{\sqrt{n}\overline{Z}_n}{\sigma/m}\leqslant a}\right] \to \frac{\sigma^2}{m^2}\int_{-a}^{a}y^2 \,\mathrm{d}\phi(y)$$

由于依概率 $\dfrac{\sqrt{n}\overline{Z}_n}{\dfrac{\sigma}{m}}\to\phi$,所以

$$nE(|\overline{Z}_n|^{2\alpha}I_{|Z_n|>\varepsilon}) = \varepsilon^{2\alpha}nE\left(\left|\frac{\overline{Z}_n}{\varepsilon}\right|^{2\alpha}I_{|\frac{\overline{z}_n}{\varepsilon}|>1}\right)$$

$$\leqslant n\varepsilon^{2\alpha}E\left(\left|\frac{\overline{Z}_n}{\varepsilon}\right|^2 I_{|\frac{\overline{z}_n}{\varepsilon}|>1}\right)$$

$$= n\varepsilon^{2\alpha-2}E(\overline{Z}_n^2 I_{|\overline{Z}_n|>\varepsilon})\to 0$$

由于

$$\frac{\sigma^2}{m^2} = nE(\overline{Z}_n^2) = nE(\overline{Z}_n^2 I_{|\overline{Z}_n|\leqslant\varepsilon}) + nE(\overline{Z}_n^2 I_{|\overline{Z}_n|>\varepsilon})$$

所以我们得出当 $n\to\infty$ 时,有

$$nE(\overline{Z}_n^2 I_{|\overline{Z}_n|\leqslant\varepsilon})\to\frac{\sigma^2}{m^2}$$

问题 P.27 设 F 是一个关于原点对称的概率分布函数,使当 $x\geqslant 5$ 时 $F(x) = 1 - \dfrac{K(x)}{x}$,其中

$$K(x) = \begin{cases} 1, & x\in[5,\infty)\setminus\bigcup_{n=5}^{\infty}(n!,4n!) \\[2mm] \dfrac{x}{n!}, & x\in(n!,2n!],n\geqslant 5 \\[2mm] 3-\dfrac{x}{2n!}, & x\in(2n!,4n!),n\geqslant 5 \end{cases}$$

构造一个正整数的子序列 $\{n_k\}$ 使得如果 $X_1,X_2,\cdots$ 是独立同分布的随机变

量,其共同的分布函数是 F,那么对所有的实数 x 有

$$\lim_{x \to \infty} P\left\{\frac{1}{n_k}\sum_{j=1}^{n_k} X_j < \pi x\right\} = \frac{1}{2} + \frac{1}{\pi}\arctan x$$

解答

首先注意 $X_1, X_2\cdots$ 的无关性蕴含对任意 $n_k \geqslant 1$ 和 $t \neq 0$,随机变量

$$Y_{n_k} = \frac{1}{\pi n_k}\sum_{j=1}^{n_k} X_j$$

的特征函数可以由下式给出

$$E(e^{itY_{n_k}}) = \left[1 - \frac{(1/\pi)\cdot h_{n_k}(t/\pi)\mid t\mid}{n_k}\right]^{n_k}$$

对称性的假设蕴含对任意 $s \neq 0$ 有

$$h_{n_k}(s) = \frac{n_k}{\mid s\mid}(1 - E(e^{i\frac{s}{n_k}X_1}) = \frac{n_k}{\mid s\mid}\int_{-\infty}^{\infty}\left(1 - \cos\frac{s}{n_k}x\right)dF(x)$$

$$= \frac{n_k}{\mid s\mid}\int_{-5}^{5}\left(1 - \cos\frac{s}{n_k}x\right)dF(x) - 2\int_{\frac{5\mid s\mid}{n_k}}^{\infty}(1 - \cos y)d\left(\frac{1}{y}K\left(\frac{y}{\mid s\mid}n_k\right)\right)$$

上面形式的特征函数是有用的,由于通过选择适当的子序列,我们可以保证这些函数收敛到 $e^{-\mid t\mid}$. 注意这是 Cauchy 分布的特征函数,它是问题中所给分布的极限. （见 A. Rényi, Probability Theory, Akadémiai Kiadó, Budapest, 1970, IV. §10, VI. §2.）

当 $k \to \infty, n_k \to \infty$ 时,h_{n_k} 的上述表达式中的第一项趋于 0. 易于看出如果 $K \equiv 1$,那么第二项(选 $n_k = k$)趋于极限

$$2\int_0^{\infty}\frac{1 - \cos y}{y^2}dy = \pi$$

因而,在这种情况下 $n_k = k$ 无疑是正确的选择. 所以只需选择序列 $\{n_k\}$ 使得对任意 $y > 0$ 和 $s \neq 0$,当 $k \to \infty$ 时成立 $K\left(\left(\frac{y}{\mid s\mid}\right)\cdot n_k\right) \to 1$ 即可.

设 $\{a_k\}$ 是任意正整数的序列,使得当 $k \to \infty$ 时有 $a_k \to \infty, \frac{a_k}{k} \to 0$,那么对任意 $x > 0$ 和充分大的 k 就有 $4k! < a_k k!x < (k + 1)!$,以及对任意那种 k 有 $K(a_k k!x) = 1$. 那就是说,如果我们选择 $n_k = a_k k!, k = 1, 2, \cdots$,那么 P. Lévy 的

连续性定理就蕴含当 $k \to \infty$ 时 $h_{n_k}(s) \to \pi$. 所以当 $k \to \infty$ 时,对任意 $t \neq 0$,
$E(e^{itY_{n_k}}) \to e^{-|t|}$. 反复应用连续性定理就完成了证明.

问题 P.28 设 $a \in \mathbb{C}$, $|a| \leqslant 1$. 求出所有的 $b \in \mathbb{C}$,使得存在一个以 ϕ 为特征函数的概率测度满足 $\phi(1) = b, \phi(2) = a$.

解答

如果 ϕ 是具有所需性质的特征函数,那么 $\phi(0) = 1, \phi(-1) = \bar{b}, \phi(-2) = \bar{a}$,并且自伴矩阵

$$\begin{pmatrix} \phi(0) & \phi(1) & \phi(2) \\ \phi(-1) & \phi(0) & \phi(1) \\ \phi(-2) & \phi(-1) & \phi(0) \end{pmatrix} = \begin{pmatrix} 1 & b & a \\ \bar{b} & 1 & b \\ \bar{a} & \bar{b} & 1 \end{pmatrix}$$

是正半定的,所以其行列式是实的和非负的

$$1 + \bar{a}b^2 + a\bar{b}^2 - 2b\bar{b} - a\bar{a} \geqslant 0 \tag{1}$$

设 $a = u + vi, b = x + yi$,那么可以把 (1) 重写成

$$(2 - 2u)x^2 - 4vxy + (2 + 2u)y^2 \leqslant 1 - u^2 - v^2 \tag{2}$$

设 a' 是一个平方等于 a 的复数,容易看出如果 $|a| = 1$,那么 (1) 对介于 a' 和 $-a'$ 之间的区间内的点成立(由于 $|b| \leqslant 1$, (1) 不可能在连接线上的其他点处成立). 如果 $|a| < 1$,那么式 (1) 在焦点为 a' 和 $-a'$,长轴为 $\sqrt{2 + 2|a|}$ 的椭圆内部的点成立. 我们将在下面证明这些命题. 首先设 $|a| = 1$. 定义随机变量 X 为 $\arg a'$,那么 $\phi_X(1) = a', \phi_X(2) = a'^2 = a$,因此 $b = a'$ 就满足所需. 类似的可证 $b = -a'$ 也满足所需.

下面设 $|a| < 1$, b 是上述椭圆的边界点. 在这种情况下式 (1) 取等号. 如果 $b^2 - a = re^{2\alpha i}$,那么式 (1) 蕴含

$$r^2 = (b^2 - a)(\bar{b}^2 - \bar{a}) = |b|^4 - a\bar{b}^2 - \bar{a}b^2 + |a|^2$$
$$= |b|^4 - 2|b|^2 + 1 = (|b|^2 - 1)^2$$

即 $r = 1 - |b|^2$.

令 $c = \mathrm{Re}\, e^{-\alpha i}b, \omega_1 = \alpha + \arccos c, \omega_2 = \alpha - \arccos c$,此外还设

$$p_1 = \frac{1}{2} + \frac{\mathrm{Im}\, e^{-\alpha i}b}{2\sqrt{1 - c^2}}$$

$$p_2 = \frac{1}{2} - \frac{\operatorname{Im} \mathrm{e}^{-\alpha\mathrm{i}} b}{2\sqrt{1-c^2}}$$

由于 $|b| < 1, p_1$ 和 p_2 是正的,所以可定义 X 如下

$$P(X = \omega_1) = p_1$$

以及

$$P(X = \omega_2) = p_2$$

那么 X 的特征函数 ϕ 满足

$$
\begin{aligned}
\phi(1) &= p_1 \mathrm{e}^{\omega_1\mathrm{i}} + p_2 \mathrm{e}^{\omega_2\mathrm{i}} = \mathrm{e}^{\alpha\mathrm{i}}(p_1 \mathrm{e}^{\arccos c} + p_2 \mathrm{e}^{\arccos c}) \\
&= \mathrm{e}^{\alpha\mathrm{i}}((p_1 + p_2)\cos(\arccos c) + \mathrm{i}(p_1 - p_2)\sin(\arccos c)) \\
&= \mathrm{e}^{\alpha\mathrm{i}}((p_1 + p_2)c + 2\mathrm{i}(p_1 - p_2)\sqrt{1-c}) \\
&= \mathrm{e}^{\alpha\mathrm{i}}((\operatorname{Re}\mathrm{e}^{-\alpha\mathrm{i}}b) + \mathrm{i}(\operatorname{Im}\mathrm{e}^{-\alpha\mathrm{i}}b)) = b
\end{aligned}
$$

和

$$
\begin{aligned}
\phi(2) &= p_1 \mathrm{e}^{2\omega_1\mathrm{i}} + p_2 \mathrm{e}^{2\omega_2\mathrm{i}} = \mathrm{e}^{2\alpha\mathrm{i}}(p_1 \mathrm{e}^{2\arccos c} + p_2 \mathrm{e}^{-2\arccos c}) \\
&= \mathrm{e}^{2\alpha\mathrm{i}}[(p_1 + p_2)\cos(2\arccos c) + \mathrm{i}(p_1 - p_2)\sin(2\arccos c)] \\
&= \mathrm{e}^{2\alpha\mathrm{i}}[(p_1 + p_2)(2c^2 - 1) + \mathrm{i}(p_1 - p_2)(2c\sqrt{1-c^2})] \\
&= \mathrm{e}^{2\alpha\mathrm{i}}(2(\operatorname{Re}\mathrm{e}^{-\alpha\mathrm{i}}b)^2 - 1 + 2\mathrm{i}(\operatorname{Re}\mathrm{e}^{-\alpha\mathrm{i}}b)(\operatorname{Im}\mathrm{e}^{-\alpha\mathrm{i}}b)) \\
&= \mathrm{e}^{2\alpha\mathrm{i}}((\mathrm{e}^{-\alpha\mathrm{i}}b)^2 + |\mathrm{e}^{-\alpha\mathrm{i}}b|^2 - 1) = b - \mathrm{e}^{2\alpha\mathrm{i}}(1 - |b|^2) \\
&= b^2 - r\mathrm{e}^{2\alpha\mathrm{i}} = b^2 - (b^2 - a) = a
\end{aligned}
$$

因此 $\phi(1) = b$ 而 $\phi(2) = a$. 最后我们证明,适合的 b 的集合是凸的,因此图形内部的点也是合适的. 设 b_1 和 b_2 是两个合适的点,并设 Q_1 和 Q_2 是两个使得 $\phi_{Q_1}(2) = \phi_{Q_2}(2) = a, \phi_{Q_1}(1) = b_1$ 和 $\phi_{Q_2}(1) = b_2$ 的概率分布. 定义 $Q_3 = \lambda Q_1 + (1 - \lambda)Q_2$,其中 $0 \leqslant \lambda \leqslant 1$,那么 Q_3 也是一个概率分布,并且 $\phi_{Q_3}(2) = a, \phi_{Q_3}(1) = \lambda b_1 + (1 - \lambda)b_2$.

问题 P.29　设 $Y(k)(k = 1,2,\cdots)$ 是期望为 0 的 m 维稳态 Gauss – Markov 过程,满足

$$Y(k + 1) = AY(k) + \varepsilon(k + 1) \quad (k = 1,2,\cdots)$$

设 H_i 表示假设 $A = A_i$,设 $P_i(0)$ 是 H_i 的先验概率,$i = 0,1,2.$ 假设 (1) H_1 的后验概率 $P_1(k) = P(H_1 \mid Y(1),\cdots,Y(k))$ 是使用假设 $P_1(0) > 0, P_2(0) >$

$0, P_1(0) + P_2(0) = 1$ 来计算的.

如果 H_0 成立, 刻画所有使得 $P\{\lim_{k\to\infty} P_1(k) = 1\} = 1$ 的矩阵 A_0.

解答

设 $Y(1)$ 是一个期望等于 0, 协方差矩阵为 D 的 m 维正态分布随机向量. 所谓的"白噪声" $\varepsilon(k)$, $k = 1, 2, \cdots$ 是和过去的过程 $Y(k)$ 无关的随机变量, 即 $\varepsilon(k)$ 是和 $Y(1)$ 无关并且彼此也互相无关的期望等于 0, 协方差矩阵为 Q 的 m 维正态分布随机向量.

问题的背景如下: 从假设 H_1 和 H_2 出发, 我们接受使得后验概率收敛到 1 的那个假设. 我们验证程序的稳健性, 也就是说, 如果 H_0 成立, 那么我们的决定必然会产生一个"更接近"于 H_0 的假设.

假设 Q 是正规的. 由于过程是稳态的, 因此每个 $Y(k)$ 都具有相同的协方差矩阵 D, $k = 1, 2, \cdots$ 从式(1) 我们就得到下面的矩阵方程

$$D = E(Y(k+1)Y^*(k+1)) = E([AY(k) + \varepsilon(k+1)][AY(k) + \varepsilon(k+1)]^*)$$

$$= E(AY(k)Y^*(k)A^*) = E(\varepsilon(k+1)\varepsilon^*(k+1)) = ADA^* + Q$$

因此 $Q = D - ADA^*$, 所以 D 也是正规的. 由于 Q 是正定的, D 至少是半定的, 对任意 $x \in \mathbb{R}^n$, 使得 $Dx = 0$.

$$0 \leqslant x^*Qx = x^*Dx - x^*ADA^*x = -(A^*x)^*D(A^*x) \leqslant 0$$

即 $x = 0$.

由于对所有的 $k = 1, 2, \cdots, P_1(0) + P_2(0) = 1, P_1(k) + P_2(k) = 1$, 所以 $\lim_{k\to\infty} P_1(k) = 1$ 成立的充分必要条件是 $\lim_{k\to\infty} \dfrac{P_1(k)}{P_2(k)} = \infty$. 因而 Bayes 定理蕴含对 $i = 1, 2$, 有

$$P(H_i \mid Y(1) = y_1, \cdots, Y(k) = y_k) = \frac{p_{Y(1),\cdots,Y(k)\mid H_i}(y_1, \cdots, y_k)}{p_{Y(1),\cdots,Y(k)}(y_1, \cdots, y_k)} P_i(0)$$

其中 $p_{Y(1),\cdots,Y(k)}$ (或 $p_{Y(1),\cdots,Y(k)\mid H_i}$) 表示变量 $Y(1), \cdots, Y(k)$ 的概率密度函数(或对应的在 H_i 下的条件密度函数). 这个关系式蕴含

$$\frac{P(H_1 \mid Y(1) = y_1, \cdots, Y(k) = y_k)}{P(H_2 \mid Y(1) = y_1, \cdots, Y(k) = y_k)} = \frac{p_{Y(1),\cdots,Y(k)\mid H_1}(y_1, \cdots, y_k) P_1(0)}{p_{Y(1),\cdots,Y(k)\mid H_2}(y_1, \cdots, y_k) P_2(0)} \quad (2)$$

在假设 H_i 下, 随机变量

$$Y(1) \approx N(0,\boldsymbol{D}), Y(k+1) - A_i Y(k) \approx N(0,\boldsymbol{D})$$

是无关的.（这里 $N(M,S)$ 表示期望等于 M,协方差矩阵为 $\boldsymbol{S}$ 的正态分布.）下面,我们将用 $p_{N(M,S)}$ 表示 $N(M,S)$ 的密度函数.

在这种情况下

$$p_{Y(1),\cdots,Y(k)|H_i}(y_1,\cdots,y_k)$$

$$= p_{N(0,D)}(y_1) p_{N(0,Q)}(y_2 - A_i y_1) \cdots p_{N(0,Q)}(y_k - A_i y_{k-1})$$

$$= \frac{1}{\sqrt{(2\pi)^m |\boldsymbol{D}|}} e^{-\frac{1}{2} y_1^* \boldsymbol{D}^{-1} y_1} \cdot \frac{1}{\sqrt{(2\pi)^m |\boldsymbol{Q}|}} e^{-\frac{1}{2}(y_2 - A_i y_1)^* \boldsymbol{Q}^{-1}(y_2 - A_i y_1)} \cdot$$

$$\frac{1}{\sqrt{(2\pi)^m |\boldsymbol{Q}|}} e^{-\frac{1}{2}(y_k - A_i y_{k-1})^* \boldsymbol{Q}^{-1}(y_k - A_i y_{k-1})}$$

$$= \frac{1}{\sqrt{(2\pi)^{km} |\boldsymbol{D}||\boldsymbol{Q}|^{k-1}}} e^{-\frac{1}{2}[y_1^* \boldsymbol{D}^{-1} y_1 + \sum_{j=2}^{k}(y_j - A_i y_{j-1})^* \boldsymbol{Q}^{-1}(y_j - A_i y_{j-1})]}$$

把这个关系式代入式(2)并利用变量 $Y(1),\cdots,Y(k)$,我们得到下面的后验概率的比

$$\frac{P_1(k)}{P_2(k)} = \frac{P_1(0)}{P_2(0)} \exp\left(\frac{1}{2} \sum_{j=2}^{k} (Y(j) - A_2 Y(j-1))^* \boldsymbol{Q}^{j-1}(Y(j) - A_2 Y(j-1)) \right) -$$

$$\frac{1}{2} \sum_{j=2}^{k} [Y(j) - A_1 Y(j-1)]^* \boldsymbol{Q}^{-1} [Y(j) - A_1 Y(j-1)]$$

那就是说如果假设 H_0 成立,那么以后过程的演化就由矩阵 $\boldsymbol{A}_0$ 决定.那样,对于随机变量

$$L(Y(1),\cdots,Y(k))$$

$$= \sum_{j=1}^{k-1} [(A_0 - A_2)Y(j) + \varepsilon(j+1)]^* \boldsymbol{Q}^{-1}[(A_0 - A_2)Y(j) + \varepsilon(j+1)] -$$

$$\sum_{j=1}^{k-1} [(A_0 - A_1)Y(j) + \varepsilon(j+1)]^* \boldsymbol{Q}^{-1}[(A_0 - A_1)Y(j) + \varepsilon(j+1)]$$

我们得到

$$\frac{P_1(k)}{P_2(k)} = \frac{P_1(0)}{P_2(0)} \exp\left(\frac{1}{2} L(Y(1),\cdots,Y(k)) \right)$$

因而所需解答的问题就成为:什么时候极限关系

$$\lim_{k \to \infty} L(Y(1),\cdots,Y(k)) = \infty$$

517

成立的概率等于 1?

过程 $(Y(k), \varepsilon(k+1) \quad k = 1, 2, \cdots)$ 是一个遍历的 Gauss – Markov 过程. 根据遍历定理就有

$$\lim_{k \to \infty} \frac{1}{k} L(Y(1), \cdots, Y(k))$$

$$= E([(A_0 - A_2)Y(1) + \varepsilon(2)]^* Q^{-1}[(A_0 - A_2)Y(1) + \varepsilon(2)]) -$$

$$E([(A_0 - A_1)Y(1) + \varepsilon(2)]^* Q^{-1}[(A_0 - A_1)Y(1) + \varepsilon(2)])$$

$$= \text{tr}[(A_0 - A_2)^* Q^{-1}(A_0 - A_2)D] - \text{tr}[(A_0 - A_1)^* Q^{-1}(A_0 - A_1)D] = L$$

成立的概率等于 1. 如果 $L > 0$, 那么 $\lim\limits_{k \to \infty} \dfrac{P_1(k)}{P_2(k)} = \infty$ 成立的概率等于 1, 同样,

$\lim\limits_{k \to \infty} P_1(k) = 1$ 成立的概率也等于 1.

注记 对 $L < 0$, 我们得出 $\lim\limits_{k \to \infty} P_2(k) = 1$ 成立的概率等于 1. 我们也可以证明, 对 $L = 0$, $P_1(k)$ 和 $P_2(k)$ 都不趋向于 1 的概率等于 1, 那就是说, 在 H_1 和 H_2 之间无法做出合适的决定.

问题 P.30 设 X 和 Y 是期望有限的独立同分布的实值随机变量, 证明

$$E \mid X + Y \mid \geqslant E \mid X - Y \mid$$

解答

解答 1 对任意实数 α 和 β 成立

$$\mid \alpha + \beta \mid - \mid \alpha - \beta \mid = 2\text{sign}(\alpha\beta) \min\{\mid \alpha \mid, \mid \beta \mid\}$$

所以有

$$E(\mid X + Y \mid) - E(\mid X - Y \mid) = E(\mid X + Y \mid - \mid X - Y \mid)$$

$$= 2E(\min\{\mid X \mid, \mid Y \mid\}) \text{sign}(XY))$$

$$= 2\int_0^\infty \{P(\mid X \mid \geqslant t, \mid Y \mid \geqslant t, XY \geqslant 0) -$$

$$P(\mid X \mid > t, \mid Y \mid > t, XY < 0)\} dt$$

由于 X 和 Y 是独立同分布的随机变量并且 $P(Z \geqslant t) = P(Z > t)$ 几乎处处成立, 所以

$$E(\mid X + Y \mid - \mid X - Y \mid)$$

$$= 2\int_0^\infty \{[P(X \geqslant t)]^2 + [P(X \leqslant -t)]^2 - 2P(X \geqslant t)P(X \leqslant -t)\} dt$$

$$= 2\int_0^\infty \left[P(X \geq -t) - P(X \leq -t) \right]^2 \mathrm{d}t \geq 0$$

由此就得出

$$E(|X + Y|) \geq E(|X - Y|)$$

解答 2

如果我们应用广义函数的 Fourier 变换，那么这个问题有一个简单的解. 我们可设 X 有一个好的密度函数，比如说带有有限支集的无限次可微函数，那么问题可以重写成

$$\int |x| (f*f)(x)\mathrm{d}x \geq \int |x| (f*f^-)(x)\mathrm{d}x$$

其中 " $*$ " 号表示卷积，而 $f^-(x) = f(-x)$. 如果把 $|x|$ 看成广义函数，那么上面的式子可以用 Plancherel 公式重写. 当把 $|x|$ 看成广义函数时，$|x|$ 的 Fourier 变换是 $-2\sigma^{-2}$（例如可见 I. M. Gelfand, G. E. Shilow, Verallgemeinerte Funtionen (Distributionen) I. VEB Deutscher Verlag der Wissenschaften, Berlin {1960} Vol. 1). Plancherel 公式实际上是广义函数的 Fourier 变换的定义，以及 σ^{-2} 作为广义函数的定义（见 Gelfand 和 Shilow 的书的第 60 页中的公式(5)），表明最后一个公式可以被重写为

$$-2\int_0^\infty \frac{1}{\sigma^2}\left[\tilde{f}^2(\sigma) + \tilde{f}^2(-\sigma) - 2\tilde{f}^2(0) \right]\mathrm{d}\sigma$$

$$\geq -2\int_0^\infty \frac{1}{\sigma^2}\left[\tilde{f}(\sigma)\tilde{f}^-(\sigma) + \tilde{f}(-\sigma)\tilde{f}^-(-\sigma) - 2\tilde{f}(0)2\tilde{f}^-(0) \right]\mathrm{d}\sigma$$

其中 " $\sim$ " 号表示 Fourier 变换. 简单的计算表明，上面的式子等价于

$$\int_0^\infty \frac{1}{\sigma^2}\left[\tilde{f}(\sigma) - \tilde{f}(-\sigma) \right]^2 \mathrm{d}\sigma \leq 0$$

上面的关系式显然成立，由于 $\tilde{f}(\sigma) - \tilde{f}(-\sigma)$ 是纯虚数.

问题 P. 31　设 $X_1, X_2, \cdots$ 是独立同分布的随机变量，使得对某个常数 $0 < \alpha < 1$，有

$$P\{X_1 = 2^{k/\alpha}\} = 2^{-k} \quad (k = 1, 2, \cdots)$$

通过给出它们的特征函数或用任何其他的方法确定一个无限可分的、非退

化的分布函数的序列 G_n,使得当 $n \to \infty$ 时

$$\sup_{-\infty < x < \infty} \left| P\left\{ \frac{X_1 + \cdots + X_n}{n^{1/\alpha}} \leqslant x \right\} - G_n(x) \right| \to 0$$

解答

解答 1 设 $S_n = X_1 + \cdots + X_n, n = 1, 2, \cdots$. 特征函数是

$$\varphi(t) = E(e^{itX_1}) = \sum_{k=1}^{\infty} e^{it2^{(k/\alpha)}} \frac{1}{2^k} \quad (t \in \mathbb{R})$$

引入序列 $\gamma_n = \dfrac{n}{2^{\lceil \log n \rceil}}, n = 1, 2, \cdots$,其中 $\lceil u \rceil = \min\{b \in \mathbb{N} : u \leqslant n\}$. 显然对

所有的 n 有 $\dfrac{1}{2} < \gamma_n \leqslant 1$. 独立性假设蕴含对所有的 t,随机变量 $\dfrac{S_n}{n^\alpha}$ 的特征函数是

$$\varphi_n(t) = E(e^{it(S_n/n^{1/\alpha})}) = \varphi^n(1/n^{1/\alpha}) = \left[1 + \sum_{k=1}^{\infty} \left(e^{it2^{(1/\alpha)k/n^{1/\alpha}}} - 1 \right) \frac{1}{2^k} \right]^n$$

$$= \left[1 + \frac{1}{2^{\lceil \log n \rceil}} \sum_{k=1}^{\infty} \left(e^{it2^{(1/\alpha)(k-\lceil \log n \rceil)}/\gamma_n^{1/\alpha}} - 1 \right) \frac{1}{2^{k - \lceil \log n \rceil}} \right]^n$$

$$= \left[1 + \frac{1}{n} \sum_{r = -\lceil \log n \rceil + 1}^{\infty} \left(e^{it2^{r/\alpha}/\gamma_n^{1/\alpha}} - 1 \right) \frac{\gamma_n}{2^n} \right]^n$$

对给定的 $\dfrac{1}{2} \leqslant \gamma \leqslant 1$,定义

$$h_\gamma(t) = \sum_{r = -\infty}^{\infty} \left(e^{it2^{r/\alpha}/\gamma^{1/\alpha}} - 1 \right) \frac{\gamma}{2^r} \quad (t \in \mathbb{R})$$

并令

$$\xi_\gamma(T) = e^{h_\gamma(t)} \quad (t \in \mathbb{R})$$

由于对所有的 $t \in \mathbb{R}$ 有

$$| h_\gamma(t) | \leqslant 2\gamma \sum_{r=1}^{\infty} 2^{-r} + \gamma^{1-1/\alpha} | t | \sum_{r=0}^{-\infty} 2^{(1/\alpha-1)r} \leqslant 2\gamma + \frac{\gamma^{1-1/\alpha}}{1 - 2^{1-1/\alpha}} | t |$$

所以上面的定义是合理的,并且 $\xi_\gamma(\cdot)$ 是随机变量

$$Z_\gamma = \sum_{r = -\infty}^{\infty} \frac{2^{r/\alpha}}{\gamma^{1/\alpha}} Y_r(\gamma)$$

的特征函数. 其中 $Y_r(\gamma)$ 是期望等于 $E(Y_r(\gamma)) = \dfrac{\gamma}{2^r}, r = 0, \pm 1, \pm 2, \cdots$ 的独

立的具有 Poisson 分布的随机变量. 为简单起见, 可把 Z_r 定义成部分和

$$\sum_{r=-n}^{n} \frac{2^{r/\alpha}}{\gamma^{1/\alpha}} Y_r(\gamma)$$

的分布的极限. 根据 P. Lévy 的连续性定理易于看出, 这是合理的. 显然 Z_r 是一个无限可分的随机变量.

注意对任意固定的 $t \in \mathbb{R}$, $\xi_\gamma(t)$ 作为 γ 的函数在区间 $\left[\frac{1}{2}, 1\right]$ 上是连续的 ($\xi_\gamma(t)$ 作为二元函数在区域 $\left[\frac{1}{2}, 1\right] \times \mathbb{R}$ 上是连续的).

我们将要证明由关系式

$$\xi_\gamma(t) = \int_{-\infty}^{\infty} e^{itx} dH_\gamma(x) \quad (t \in \mathbb{R})$$

唯一确定的 Z_r 的分布函数 H_γ 对所有的 $\gamma \in \left[\frac{1}{2}, 1\right]$ 在整个实直线上连续. 简单的计算表明

$$\frac{\gamma^{-1/\alpha}}{2} \int_{-\infty}^{\infty} | \xi_\gamma(t) | \, dt = \frac{1}{2} \int_{-\infty}^{\infty} \left| \exp\left(\gamma \sum_{r=-\infty}^{\infty} (e^{is2^{r/\alpha}} - 1) \frac{1}{2^r} \right) \right| ds$$

$$= \int_0^{\infty} \left| \exp\left(-\gamma \sum_{r=-\infty}^{\infty} (1 - \cos(s2^{r/\alpha})) \frac{1}{2^r} \right) \right| ds$$

$$\leqslant \int_0^{\infty} \left| \exp\left(-\gamma \sum_{k=0}^{\infty} (1 - \cos(s2^{-k/\alpha})) 2^\alpha \right) \right| ds$$

$$\leqslant \int_0^{\infty} \left| \exp\left(-\gamma \sum_{k=\kappa(s)}^{\infty} (1 - \cos(s2^{-k/\alpha})) 2^k \right) \right| ds \qquad (1)$$

其中对任意 $s > 0$, $\kappa(s)$ 表示使得 $\log\left(\frac{s}{\pi}\right) < k - 1$ 成立的最小的整数 $k \geqslant 1$. 由于 $\kappa(s) \leqslant 2 + \log\left(\frac{s}{\pi}\right)$ 以及 $s2^{-k} < \frac{\pi}{2}$, 所以对所有的 $k \geqslant \kappa(s)$, 有 $s2^{-\frac{k}{\alpha}} < \frac{\pi}{2}$. 因而利用不等式

$$1 - \cos x \geqslant \frac{4}{\pi^2} x^2 \quad (0 \leqslant x \leqslant \frac{\pi}{2})$$

我们得出

$$\sum_{k=\kappa(s)}^{\infty} (1 - \cos(s2^{-k/\alpha}))2^k \geqslant \frac{4}{\pi^2}s^2 \sum_{k=\kappa(s)}^{\infty} 2^{(1-2/\alpha)k} \geqslant \frac{4}{\pi^2}s^2 \sum_{k=\kappa(s)}^{\infty} \frac{1}{2}^k$$

$$= \frac{4}{\pi^2}s^2 2^{1-\kappa(s)} \geqslant \frac{2}{\pi}s \tag{2}$$

因此

$$\int_{-\infty}^{\infty} |\xi_\gamma(t)| \, dt \leqslant 2\gamma^{1/\alpha} \int_0^\infty e^{-2\gamma/\pi s} ds < \infty$$

这时 H_γ 的连续性就可从特征函数的反演公式得出.(例如可见 A. Rényi,
Probability Theory, Akadémiai Kiadó, Budapest, 1970.)

考虑分布函数为 $G_n(x) = H_{\gamma_n}(x), x \in \mathbb{R}$ 的随机变量 Z_{γ_n} 和特征函数
$\Psi_n(t) = \xi_{\gamma_n}(t), t \in \mathbb{R}, n = 1, 2, \cdots$.

由于当 $n \to \infty$ 时,对任意 $t \in \mathbb{R}$

$$h_{\gamma_n}(t) - \sum_{r=-\lceil \log n \rceil + 1}^{\infty} (e^{it2^{r/\alpha}/\gamma_n^{1/\alpha}} - 1)\frac{\gamma_n}{2^r} \to 0$$

所以容易看出当 $n \to \infty$ 时

$$\phi_n(t) - \psi_n(t) \to 0 \tag{3}$$

最后,引入

$$\triangle(F_n, G_n) = \sup_{-\infty < x < \infty} |F_n(x) - G_n(x)|$$

其中

$$F_n(x) = P\left\{\frac{S_n}{n^{1/\alpha}} \leqslant x\right\} \quad (x \in \mathbb{R})$$

并且考虑一个趋于 ∞ 的正整数的序列 $\{n'\}$. 由于 $\frac{1}{2} < \gamma_{n'} \leqslant 1$,根据
Bolzano – Weierstrass 定理就得出存在一个子序列 $\{n''\} \subseteq \{n'\}$ 使得当 $n'' \to \infty$
时,对某个 $\gamma \in \left[\frac{1}{2}, 1\right]$ 有 $\gamma_{n''} \to \gamma$,在这个情况下

$$\triangle(F_{n''}, G_{n''}) \leqslant \triangle(F_{n''}, H_\gamma) + \triangle(G_{n''}, H_\gamma)$$

并且当 $n'' \to \infty$ 时对所有的 $t \in \mathbb{R}$ 有 $\Psi_{n''}(t) = \xi_{\gamma_{n''}}(t) \to \xi_\gamma(t)$.

根据 Lévy 的连续性定理我们知道在极限函数的任何连续点处成立
$G_{n''}(x) = H_{\gamma_{n''}}(x) \to H_\gamma(x)$. 由于极限函数是几乎处处连续的,所以根据众所周

知的 Pólya 定理可知,它是一致收敛的.因此,当 $n'' \to \infty$ 时

$$\triangle(G_{n''}, H_\gamma) \to 0$$

关系式(3)和类似的论证蕴含当 $n'' \to \infty$ 时

$$\triangle(F_{n''}, H_\gamma) \to 0$$

由于序列 $\{n'\}$ 是任意的,所以当 $n \to \infty$ 时

$$\triangle(F_n, G_n) \to 0$$

解答 2

设随机变量的序列 Z_{γ_n} 的含义与解答 1 中的相同,即

$$\gamma_n = \frac{n}{2^{\lceil \log n \rceil}}$$

$$L_n = \lceil \log n \rceil$$

$$Z_{\gamma_n} = n^{-\frac{1}{\alpha}} \sum_{r=-\infty}^{\infty} 2^{\frac{L_n+r}{\alpha}} Y_r(\gamma_n)$$

其中 $Y_r(\gamma_n)$ 是期望为 $\dfrac{\gamma_n}{2^r} = n2^{-L_n-r}$ 的独立的 Poisson 分布随机变量."三级数"定理蕴含定义 Z_{γ_n} 的和是收敛的.估计(1)和(2)保证随机变量 Z_{γ_n} 的分布函数 $G_n(x)$ 的特征函数 $\xi_n(t)$ 是可积的,我们将利用估计(1)和(2)证明 $\xi_n(t)$ 的积分余项有不依赖于 n 的界.分布函数 $G_n(x)$ 显然是无限可分的,我们将证明它们满足问题的要求.这个断言将从下面两个命题得出.

设 $S_n = n^{-\frac{1}{\alpha}} \sum_{k=1}^{n} X_k$,又设 $F_n(x)$ 表示分布函数.

(a)存在一个正数的序列 $\varepsilon_n \to 0$ 使得对所有的 $x \in (-\infty, \infty)$ 有

$$G_n(x - \varepsilon_n) - \varepsilon_n < F_n(x) < G_n(x + \varepsilon_n) + \varepsilon_n$$

(b)对于所有的 n,存在 $G_n(x)$ 的密度函数 $g_n(x)$,并且实数 M 独立于 n,对于 $x \in (-\infty, \infty), g_n(x) < M$.实际上,我们有

$$F_n(x) - G_n(x) = F_n(x) - G_n(x + \varepsilon_n) + G_n(x + \varepsilon_n) - G_n(x) \leqslant \varepsilon_n + M\varepsilon_n$$

$$(4)$$

和

$$G_n(x) - F_n(x) = G_n(x - \varepsilon_n) - F_n(x) + G_n(x) - G_n(x - \varepsilon_n) \leqslant \varepsilon_n + M\varepsilon_n$$

$$(5)$$

由于 $\varepsilon_n \to 0$，从式(4)和(5)得出 $\underset{x}{\lim\sup}\mid G_n(x) - F_n(x) \mid \to 0$，这就是我们要证明的.

命题(b)可从估计式(1)和(2)得出.

命题(a)的证明：

设 d_n 是一个充分慢的趋近于无穷的实数序列. 令

$$Z_n^{(1)} = n^{-1/\alpha} \sum_{r=-\infty}^{L_n - d_n} 2^{(L_n + r)/\alpha} Y_r(\gamma_n)$$

$$Z_n^{(2)} = n^{-1/\alpha} \sum_{r=L_n+d_n}^{\infty} 2^{(L_n + r)/\alpha} Y_r(\gamma_n)$$

$$Z_n^{(3)} = Z_{\gamma_n} - Z_n^{(1)} - Z_n^{(2)}$$

$$S_n^{(1)} = n^{1/\alpha} \sum_{k=1}^{n} X_k I_{(X_k < 2^{(L_n - d_n)/\alpha})} Y_k(\gamma_n)$$

$$S_n^{(2)} = n^{-1/\alpha} \sum_{k=1}^{n} X_k I_{(X_k > 2^{(L_n + d_n)/\alpha})} Y_k(\gamma_n)$$

$$S_n^{(3)} = S_n - S_n^{(1)} - S_n^{(2)}$$

其中 I_A 是集合 A 的特征函数.

关系式 $P(S_n^{(2)} \neq 0) \to 0, P(Z_n^{(2)} \neq 0) \to 0, E(S_n^{(1)}) \to 0, E(Z_n^{(1)}) \to 0$ 和简单的计算表明

$$S_n - S_n^{(3)} \Rightarrow 0$$

和

$$Z_{\gamma_n} - Z_n^{(3)} \Rightarrow 0 \tag{6}$$

其中 $\Rightarrow$ 表示随机收敛.

显然 $S_n^{(3)}$ 可以写成形式

$$S_n^{(3)} = \sum_{l=L_n - d_n}^{L_n + d_n} 2^{l/\alpha} v_l n^{-1/\alpha}$$

其中 $v_l = \#\{j, 1 \leqslant j \leqslant n, x_j = 2^{\frac{l}{\alpha}}\}, j = 1, 2, \cdots$，而 $\#A$ 表示 A 的元素个数（A 是有限的情况）或势（A 是无限的情况）. 用 $F_n^{(3)}(x)$ 表示 $S_n^{(3)}$ 的分布函数并且用 $G_n^{(3)}(x)$ 表示 $Z_n^{(3)}$ 的分布函数. 我们将证明

$$\mathrm{Var}(F_n^{(3)}(x), G_n^{(3)}(x)) \to 0 \tag{7}$$

524

其中 $\mathrm{Var}(\{p_i\},\{q_i\})$ 表示离散分布 $\{p_i\}$ 和 $\{q_i\}$ 之间的距离 $\sum_i \mid p_i - q_i \mid$.

从关系式(6) 和(7) 就立即得出命题(a). 我们只需证明(7) 的收敛性.

$$\mathrm{distr}\{Y_j(\pmb{\gamma}_n),\ \mid j \mid \leq d_n\}$$

和

$$\mathrm{distr}\{v_{l+L_n},\ \mid l \mid \leq d_n\}$$

分别表示随机变量 $\{Y_j(\pmb{\gamma}_n)\}$ 和 $\{v_{l+L_n}\}$ 的联合分布($\mid j \mid \leq d_n, \mid l \mid \leq d_n$). 极限关系式(7) 可从下式的收敛性得出

$$\mathrm{Var}(\mathrm{distr}\{Y_j(\pmb{\gamma}_n),\ \mid j \mid \leq d_n\},\mathrm{distr}\{v_{l+L_n}\},\ \mid l \mid \leq d_n) \qquad (8)$$

这个最后的命题可以证明如下. 由于 d_n 充分慢地趋向于无穷. 用 $\log^2 n$ 限制式(8) 中的随机变量的值域 $\{p_l,\ \mid l \mid \leq d_n\}$,所得的误差不影响下面估计的有效性

$$P(v_{l+L_n} = p_l,\ \mid j \mid \leq d_n) = \frac{n!}{\displaystyle\prod_{l=-d_n}^{d_n} p_l!\left(n - \sum_{l-d_n}^{d_n} p_l\right)!} \cdot$$

$$\prod_{l=-d_n}^{d_n} 2^{-p_l(L_n+l)}\left(1 - \sum_{l=-d_n}^{d_n} 2^{(-L_n+l)}\right)^{n - \sum_{l=-d_n}^{d_n} p_l}$$

$$= \prod_{l=-d_n}^{d_n} \frac{(n2^{-L_n-l})^{p_l}}{p_l!}\mathrm{e}^{-n2^{-L_n-1}}\left(1 + O\left(\frac{\log^3 n}{n}\right)\right)$$

$$= \left(1 + O\left(\frac{\log^3 n}{n}\right)\right)\prod_{l=-d_n}^{d_n} P(Y_l(\pmb{\gamma}_n) = p_l)$$

$$= \left(1 + O\left(\frac{\log^3 n}{n}\right)\right)P(Y_n(\pmb{\gamma}_n) = p_l,\ \mid l \mid \leq d_n)$$

这就完成了证明.

3.9   序列和级数

问题 S.1   设函数 $f(x)$ 的 Fourier 级数

$$\frac{a_0}{2} + \sum_{k \geqslant 1}(a_k \cos kx + b_k \sin kx)$$

是绝对收敛的,并设

$$a_k^2 + b_k^2 \geqslant a_{k+1}^2 + b_{k+1}^2 \quad (k = 1, 2, \cdots)$$

证明

$$\frac{1}{h}\int_0^{2\pi}(f(x+h) - f(x-h))^2 \mathrm{d}x \quad (h > 0)$$

对 h 是一致有界的.

解答

根据 Denjoy - Lusin 定理可知 $\sum\limits_{k=1}^{\infty}(|a_k| + |b_k|) < \infty$,因此

$$\sum_{k=1}^{\infty}\rho_k < \infty \quad (\rho_k = \sqrt{a_k^2 + b_k^2}; k = 1, 2, \cdots) \tag{1}$$

我们得出 $\sum\limits_{k=1}^{\infty}\rho_k^2 < \infty$. 根据 Riesz - Fischer 定理和三角函数的完备性,前面的式子就从 $(f(x))^2$ 的可积性,因而从 $(f(x+h) - f(x-h))^2$ 的可积性得出. 一个容易的计算表明

$$f(x+h) - f(x-h) \sim 2\sum_{k=1}^{\infty}(b_k \sin kh \cos kx - a_k \sin kh \sin kx)$$

Parseval 公式蕴含

$$\int_0^{2\pi}(f(x+h) - f(x-h))^2 \mathrm{d}x = 4\pi \sum_{k=1}^{\infty}\rho_k^2 \sin^2 kh \tag{2}$$

根据条件 $\rho_k^2 \geqslant \rho_{k+1}^2 (k = 1, 2, \cdots)$,我们得出 $k\rho_k \leqslant \sum\limits_{l=1}^{k}\rho_l (k = 1, 2, \cdots)$. 因此根据式(1)就有 $k\rho_k = O(1)$. 利用 $\sin^2 x \leqslant |x|$,从式(1)就得出

$$\sum_{k=1}^{\infty}\rho_k^2 \sin^2 kh \leqslant |h| \sum_{k=1}^{\infty}k\rho_k^2 = O(h)$$

526

根据上式和(2) 就得出定理.

注记 代替 Fourier 级数的绝对收敛性和条件 $\rho_k \geqslant \rho_{k+1}(k = 1,2,\cdots)$,只需假设 $\sum_{k=1}^{\infty} k\rho_k < \infty$ 即可. Gábor Halász and Tibor Nemetz 注记过根据定理的条件,成立

$$\frac{1}{h}\int_0^{2\pi} (f(x + h) - f(x - h))^2 \mathrm{d}x = o(h)$$

问题 S. 2　设 $y_1(x)$ 是 $[0,A]$ 上的任意连续正函数,其中 A 是一个任意的正数. 又设

$$y_{n+1}(x) = 2\int_0^x \sqrt{y_n(t)}\mathrm{d}t \quad (n = 1,2,\cdots)$$

证明函数 $y_n(x)$ 在 $[0,A]$ 上一致收敛到函数 $y = x^2$ 上去.

解答

我们将不仅证明定理本身,而且还给出收敛的速度.

设 $y_1^*(x)$ 和 $y_1^{**}(x)$ 是 $[0,A]$ 上的连续函数,使得对所有的 $0 \leqslant x \leqslant A$ 有 $0 < y_1^*(x) \leqslant y_1^{**}(x)$. 用 $y_1^*(x),y_2^*(x),\cdots,y_n^*(x),\cdots$ 和 $y_1^{**}(x),y_2^{**}(x),\cdots,y_n^{**}(x),\cdots$ 表示从 $y_1^*(x)$ 和 $y_1^{**}(x)$ 出发经上述迭代所得的函数. 显然,对所有的 $0 \leqslant x \leqslant A$ 有 $y_n^*(x) \leqslant y_n^{**}(x)$. 因此只需对常函数 $C > 0$ 证明问题中的断言即可,如果我们选 C 是 $y_1(x)$ 的最大值(最小值),那么对每个 x,函数级数的第 n 个元素将是一个更大的(更小的) 常数.

所以设 $Y_1(x) \equiv C$,其中 $C > 0$ 以及 $Y_2(x),Y_3(x),\cdots,Y_n(x)$ 是迭代所得的函数,那么我们可以用数学归纳法证明

$$Y_n(x) = c_n x^{2-1/2^{n-2}}$$

其中 c_n 由下面的迭代确定

$$c_{n+1} = \frac{\sqrt{c_n}}{1 - \dfrac{1}{2^n}} \quad (n = 1,2,\cdots;c_1 = C) \tag{1}$$

在式(1) 的两边都取 2^{n+1} 方幂,就得出

$$c_{n+1}^{2^{n+1}} = c_n^{2^n} \frac{1}{\left(1 - \dfrac{1}{2^n}\right)^{2^{n+1}}}.$$

当 $n \to \infty$ 时 $c_n^{2^n}$ 右边的因子是正的并且收敛到一个有限的正值(收敛到 e^2). 因此序列 $c_1^2, c_2^{2^2}, \cdots, c_n^{2^n}, \cdots$ 的相邻元素的商保持在两个正的常数之间. 所以设逼近率为 m 和 M ,则

$$m^n < c_n^{2^n} < M^n \quad (n = 1, 2, \cdots)$$

因此由

$$m^{n/2^n} < c_n < M^{n/2^n} \quad (n = 1, 2, \cdots)$$

就得出

$$c_n = e^{o(n/2^n)} \tag{2}$$

显然

$$Y_n(x) - x^2 = x^{2-(1/2^{n-1})}(c_n - 1) + \left[x^{2-(1/2^{n-1})} - x^2 \right]$$

由式(2),对所有的 $0 \leq x \leq A$ 有

$$| x^{2-(1/2^{n-1})}(c_n - 1) | \leq A^2 | c_n - 1 | = O\left(\frac{n}{2^n} \right)$$

利用求导易于证明函数 $x^{2-1/2^{n-1}} - x^2$ 在点 $x_0 = \left(1 - \frac{1}{2^n} \right)^{2^{n-1}}$ 达到在 $(0,1)$ 中的最大值,并且

$$x_0^{2-(1/2^{n-1})} - x_0^2 = x_0^{2-(1/2^{n-1})}\left(1 - x_0^{(1/2^{n-1})} \right) < \left[1 - \left(1 - \frac{1}{2^n} \right) \right] = \frac{1}{2^n}$$

对 $A \geq 1, 1 \leq x \leq A$,

$$| x^{2-\frac{1}{2^{n-1}}} - x^2 | = x^{2-\frac{1}{2^{n-1}}} | 1 - x^{\frac{1}{2^{n-1}}} | \leq A^2 | 1 - A^{\frac{1}{2^{n-1}}} | = O\left(\frac{1}{2^n} \right)$$

因而

$$Y_n(x) - x^2 = O\left(\frac{n}{2^n} \right)$$

因此,由此就得出,从满足问题要求的 $y_1(x)$ 出发,我们就得到

$$y_n(x) - x^2 = O\left(\frac{n}{2^n} \right)$$

其中 O 中的常数仅依赖于 A 和 $y_1(x)$ 的最大最小值,这就证明了问题中的断言.

注记

1. Gábor Halász 证明了下面的推广:如果函数 $G(y)$ 是单调递增的并且对

所有的 $y \geq 0$ 是连续的，$G(0) = 0$，对 $y > 0$，$G(y) > 0$，并且

$$\int_0^1 \frac{1}{G(y)} \mathrm{d}y < +\infty$$

但是

$$\int_0^\infty \frac{1}{G(y)} \mathrm{d}y = +\infty$$

那么由递推关系

$$y_{n+1}(x) = \int_0^x G(y_n(t)) \mathrm{d}t$$

所得的函数 $y_n(x)$ 一致收敛到微分方程 $y'(x) = G(y)$ 的唯一的解，这个解趋向于 0，但是在原点的任何邻域中与常函数 $x = 0$ 不相同．

2. 如果把 $y_1(x)$ 是正的假设换成 $y_1(x)$ 是非负的假设，我们有下面的结论：设对 $0 \leq u \leq x$，x 由条件 $y_1(u) = 0$ 确定，δ 是这种 x 的上界并设 $f(x, \delta)$ 是 x 和 δ 的函数，使得对 $0 \leq x \leq \delta$，$f(x, \delta) = 0$，对 $\delta \leq x \leq A$，$f(x, \delta) = (x - \delta)^2$，那么在 $[0, A]$ 上，$y_n(x)$ 一致收敛到函数 $f(x, \delta)$ 上去．

问题 S.3 设 E 是 $I = [0, 1]$ 上所有实函数的集合．证明不可能在 E 上定义一个拓扑，使得 $f_n \to f$ 成立的充分必要条件是 f_n 几乎处处收敛到 f．

解答

设

$$I_{2^m+k} = \left[\frac{k-1}{2^m}, \frac{k}{2^m} \right] \quad (m = 0, 1, 2, \cdots; k = 1, 2, \cdots, 2^m)$$

并用 f_n 表示 I_n 的特征函数．那么 $\{f_n\}$ 将无处收敛到 0，但是如果 $\{f_{n_k}\}$ 是一个任意的子序列并且 $x_{n_k} \in I_{n_k}$，其中 $\{x_{n_{k_l}}\}$ 收敛到一个数 $x \in I$，那么显然 $\{f_{n_{k_l}}\}$ 除了 x 之外处处收敛到 0，因此 $\{f_{n_{k_l}}\}$ 是几乎处处收敛到 0 的．因此如果 T 是一个拓扑空间，$x_n \not\to x$，$x_n \in T$，$x \in T$，那么就存在一个 x 的邻域使得对某个子序列 x_{n_k}，$x_{n_k} \notin V$，因此对任何子序列 $x_{n_{k_l}}$ 有 $x_{n_{k_l}} \not\to x$．

注记

1. 这个解答表明，如果在几乎处处收敛的定义中，我们对集合系 $\mathcal{R}$，其中对任意 $x \in I$，$\{x\} \in \mathcal{R}$ 但是 $I \notin \mathcal{R}$，给出了零可测的法则，那么同样的命题成立．

2. 只要对解答稍做修改,就可以证明当 I 是实数集或一个闭区间时命题成立.

问题 S.4 设在区间 $[a,b]$ 上定义连续函数 $f_n(x)$, $n = 1,2,3,\cdots$, 使得区间 $[a,b]$ 中的每个点对某个 $n \neq m$, 都是方程 $f_n(x) = f_m(x)$ 的根. 证明存在 $[a,b]$ 的一个子区间, 使得在该子区间上的这些函数中有两个是相等的.

解答

解答 1 用 E_{nm} 表示 $f_n(x) - f_m(x)$, $n \neq m$ 的零点集合, 这些集合可以排列成

$$M_1, M_2, \cdots, M_k, \cdots$$

如果 M_1 是 $[a,b]$ 上的无处稠密集, 则存在 $[a,b]$ 的子区间 $[a_1,b_1]$, 它与 M_1 是不相交的. 如果 M_2 是 $[a,b]$ 上的无处稠密集, 则存在 $[a_1,b_1]$ 的子区间 $[a_2,b_2]$, 它与 M_2 是不相交的. 如果所有的 M_k 都是 $[a,b]$ 上的无处稠密集, 那么我们可以继续用此方法构造无穷多个闭区间

$$[a,b] \supseteq [a_1,b_1] \supseteq \cdots \supseteq [a_k,b_k] \supseteq \cdots$$

使得它们的交是非空的, 并且对任何 $n \neq m$ 不包含 $f_n(x) = f_m(x)$ 的根, 这是一个矛盾. 因此必存在 $M_{\bar{k}}$ 使得它在 $[a,b]$ 的某个部分 $[c,d]$ 上是稠密的. 那就是说, 对应的方程 $f_{\bar{n}}(x) = f_{\bar{m}}(x)$ 的根在 $[c,d]$ 上是稠密的. 根据函数的连续性就得出在 $[c,d]$ 上 $f_{\bar{n}}(x) = f_{\bar{m}}(x)$.

解答 2

解答 1 中集合 E_{nm} 的并就是区间 $[a,b]$. 如果在 $[a,b]$ 的任何子区间 $[c,d]$ 上, 集合 E_{nm} 中没有一个集合是稠密的, 那么它们的并不可能是一个区间, 由于一个区间不可能是可数多个无处稠密集的并. 因此必存在一个集合 $E_{\bar{n}\bar{m}}$, 它在 $[a,b]$ 的某个子区间 $[c,d]$ 上是稠密的. 由于这些函数是连续的, 所以 $[a,b]$ 的每个点都是根.

注记 很多参赛者利用 Baire 范畴定理来推广这一问题.

问题 S.5 如果 $\displaystyle\sum_{m=-\infty}^{+\infty} |a_m| < \infty$, 那么关于下面的表达式

$$\lim_{n \to \infty} \frac{1}{2n+1} \sum_{m=-\infty}^{+\infty} |a_{m-n} + a_{m-n+1} + \cdots + a_{m+n}|$$

530

可以说什么？

解答

由于

$$\sum_{m=-\infty}^{+\infty} |a_m| = \sigma < \infty , \quad \sum_{m=-\infty}^{+\infty} a_m = S$$

存在. 设

$$C_n = \frac{1}{2n+1} \sum_{m=-\infty}^{+\infty} |a_{m-n} + a_{m-n+1} + \cdots + a_{m+n}|$$

我们将证明 $\lim_{n \to \infty} C_n = |S|$.

设 ε 是一个任意的正数,那么存在一个正整数 M 使得

$$\sum_{|m|>M} |a_m| < \varepsilon$$

因此,对 $n > M$ 就有

$$(2n+1)C_n = \sum_{|m|>n+M} |\cdots| + \sum_{n+M \geq |m| > n-M} |\cdots| + \sum_{|m| \leq n-M} |\cdots|$$

所以

$$\sum_{|m|>n+M} |a_{m-n} + \cdots + a_{m+n}| \leq \sum_{|m|>n+M} a_{m-n} + \cdots + a_{m+n}$$

$$\leq (2n+1) \sum_{|m|>M} |a_m| \leq (2n+1)\varepsilon$$

以及

$$\sum_{n+M \geq |m| > n-M} |a_{m-n} + \cdots + a_{m+n}| \leq \sum_{n+M \geq |m| > n-M} \sigma \leq 4M\sigma$$

由于当 $|m| \leq n-M$ 时, $m-n \leq -M \leq M \leq m+n$, 所以当 $|m| \leq n-M$ 时就有

$$\left| |a_{m-n} + \cdots + a_{m+n}| - |S| \right| \leq \sum_{|m|>M} |a_m| < \varepsilon$$

所以

$$\left| \sum_{|m| \leq n-M} |a_{m-n} + \cdots + a_{m+n}| - (2n-2M+1)|S| \right|$$

$$\leq \sum_{|m| \leq n-M} \left| |a_{m-n} + \cdots + a_{m+n}| - |S| \right| \leq (2n-2M+1)\varepsilon$$

所以

$$\left| (2n+1)|C_n - (2n-2m+1)|S| \right| \leq (2n+1)\varepsilon + 4M\sigma + (2n-2M+1)\varepsilon$$

用 $2n+1$ 去除上式两边,并令 $n \to \infty$,再取极限就得出

$$\limsup_{n \to \infty} | \ C_n - | \ S \ | \ | \leq \varepsilon + \varepsilon = 2\varepsilon$$

由 ε 的任意性就得出

$$\lim_{n \to \infty} C_n = | \ S \ |$$

注记 设 (M, σ, μ) 是一个可交换的可测群,即 M 是一个可加群,σ 是 M 的子集在加法下的不变的 $\sigma -$ 代数,而 μ 是一个使得 $\mu(M) > 0$ 的不变测度. 假设函数 $S: M \times M \to M \times M$ 是一个由 $S(x, y) = (x, x + y)$ 定义的从 $M \times M$ 的可测集到 $M \times M$ 的可测集的映射.

设 $A_1, A_2, \cdots (A_i \in \sigma)$ 是一个关于 0 对称的集合的序列(即 $A_i = -A_i$)使得

$$\overset{\infty}{\underset{1}{\cup}} A_i = M, \quad A_i \subseteq A_{i+1}, \quad 0 < \mu(A_i) < \infty$$

$$\mu(A_{i+1} - A_i) = o(\mu(A_i)), \quad A_i + A_j \subseteq A_{i+j}$$

断言 如果 $f(x) \in L_1(M, \mu)$,那么

$$\lim_{n \to \infty} \frac{1}{\mu(A_n)} \int_M \left| \int_{A_t} f(x + y) \, \mathrm{d}\mu_y \right| \mathrm{d}\mu_x = \left| \int_M f \mathrm{d}\mu \right|$$

这可用类似的方法证明. Miklós Simonovits 给出了这一推广.

问题 S.6 设 $a_1, a_2, \cdots, a_n$ 是非负实数,证明

$$\left(\sum_{i=1}^n a_i \right) \left(\sum_{i=1}^n a_i^{n-1} \right) \leq n \prod_{i=1}^n a_i + (n-1) \sum_{i=1}^n a_i^n$$

解答

解答 1 如果 a_i 之一等于 0,那么命题可立即从 n 个变量的幂平均不等式得出. 由此也可以得出等号当其仅当所有的 a_j 都相等时成立. 因此我们可以假设,$a_i > 0, i = 1, 2, \cdots, n$. 用 $\sum_k$ 表示 $a_1, a_2, \cdots, a_n$ 的 k 次幂之和,S_k 表示第 k 个初等对称多项式. 我们推广不等式

$$\binom{n-1}{k-1} \sum_1 \sum_{k-1} \leq n S_k + (k-1) \binom{n}{k} \sum_k \quad (1 \leq k \leq n) \qquad (1)$$

这问题是不等式(1)在 $k = n$ 时的特殊情况.

对 $n = 1, 2, k = 1$,不等式成立. 因此我们可设 $n \geq 3, k \geq 2$. 我们引入下面

的记号:如果 $\alpha_1, \cdots, \alpha_n \geq 0$ 是实数,那么用 $[\alpha_1, \cdots, \alpha_n]$ 表示和 $\dfrac{1}{n!} \sum a_{i_1}^{\alpha_1} \cdots a_{i_n}^{\alpha_n}$,

其中求和遍历 $1, \cdots, n$ 的所有排列 $i_1, \cdots, i_n$.

引理   如果 $n \geq 3, v, \alpha_4, \cdots \geq 0, \delta > 0$ 是实数,那么

$$[v + 2\delta, 0, 0, \alpha_4, \cdots] - 2[v + \delta, \delta, 0, \alpha_4, \cdots] + [v, \delta, \delta, \alpha_4, \cdots] \geq 0 \quad (2)$$

等号当且仅当所有的 a_i 都相等时成立.

引理的证明   我们把式(2)分成 $\dbinom{n}{3}(n-3)!$ 个项,因此只需证明对任意

实数 $b_1, b_2, b_3 > 0$,有

$$b_1^{v+2\delta} + b_2^{v+2\delta} + b_3^{v+2\delta} - (b_1^{v+\delta} b_2^{\delta} + b_2^{v+\delta} b_1^{\delta} + b_1^{v+\delta} b_3^{\delta} + b_3^{v+\delta} b_1^{\delta} +$$

$$b_2^{v+\delta} b_3^{\delta} + b_3^{v+\delta} b_2^{\delta}) + b_1^{v} b_2^{\delta} b_3^{\delta} + b_1^{\delta} b_2^{v} b_3^{\delta} + b_1^{\delta} b_2^{\delta} b_3^{v} \geq 0$$

即可. 等号当且仅当 $b_1 = b_2 = b_3$ 时成立. 对 $x, y, z > 0, \mu > 0$,这可直接从下面
显然的不等式

$$x^{\mu}(x - y)(x - z) + y^{\mu}(y - x)(y - z) + z^{\mu}(z - x)(z - y) \geq 0$$

得出.

在上面的不等式中,分别把 x, y, z 和 μ 换成 $a_1^{\delta}, a_2^{\delta}, a_3^{\delta}$ 和 $\dfrac{v}{\delta}$ 即可推出引理. 证

明引理的思想来自 G. H. Hardy, J. E. Littlewood, Gy. Pólya, Inequalities,

Cambridge University Press, Cambridge, 1959.

为证明不等式(1),把它写成下面的形式

$$\binom{n-1}{k-1} \sum_{i \neq j} a_i a_j^{k-1} \leq n S_k + \left((k-1)\binom{n}{k} - \binom{n-1}{k-1} \right) \sum_k \quad (3)$$

由 $[\alpha_1, \cdots, \alpha_n]$ 的定义可知成立下面的不等式

$$\frac{1}{n(n-1)} \sum_{1 \neq j} a_i a_j^{k-1} = [k-1, 1, \underbrace{0, \cdots 0}_{n-2}]$$

$$\frac{1}{n} \sum_k = [k, \underbrace{0, \cdots 0}_{n-2}]$$

$$\frac{1}{\binom{n}{k}} S_k = [\underbrace{1, \cdots 1}_{k}, \underbrace{0, \cdots 0}_{n-k}] \quad (4)$$

如果我们把不等式(4)代入式(3)并且利用关系式 $\binom{n}{k} = \dfrac{n}{k}\binom{n-1}{k-1}$ 就可

把式(3)写成

$$(n-1)\frac{k}{n}[k-1,1,\underbrace{0,\cdots,0}_{n-2}] \leqslant [\underbrace{1,\cdots,1}_{k},\underbrace{0,\cdots,0}_{n-2}] + \left(k-1-\frac{k}{n}\right)[k,\underbrace{0,\cdots,0}_{n-1}]$$

$$(5)$$

利用 $(n-1)\left(\dfrac{k}{n}\right) = k-1-\dfrac{k}{n}+1$ 可把式(5)写成

$$[k-1,1,\underbrace{0,\cdots,0}_{n-2}] - [\underbrace{1,\cdots,1}_{k},\underbrace{0,\cdots,0}_{n-k}]$$

$$\leqslant \left(k-1-\frac{k}{n}\right)[k,\underbrace{0,\cdots,0}_{n-1}] - [k-1,1,\underbrace{0,\cdots,0}_{n-2}] \qquad (6)$$

我们引入下面的记号

$$\Delta_t^k = [t+1,1,\underbrace{1,\cdots,1}_{k-t-1},\underbrace{0,\cdots,0}_{n-k+t-1}] - [t,1,\underbrace{1,\cdots,1}_{k-t},\underbrace{0,\cdots,0}_{n-k+t-1}]$$

$$n \geqslant 3, k \geqslant 2, t = 0,1,\cdots,k-1$$

把 $v = t-1, \delta = 1$ 代入引理可以直接证明

$$0 = \Delta_0^k \leqslant \Delta_1^k \leqslant \cdots \leqslant \Delta_{k-1}^k \qquad (7)$$

等号当且仅当所有的 a_i 都相等时成立.

我们可以把式(6)写成下面的形式

$$\sum_{t=0}^{k-2} \Delta_t^k \leqslant \left(k-1-\frac{k}{n}\right)\Delta_{k-1}^k$$

这个不等式成立,由于根据式(7)

$$\sum_{t=0}^{k-2} \Delta_t^k \leqslant (k-2)\Delta_{k-1}^k$$

以及

$$k-2 \leqslant k-1-\frac{k}{n}$$

当 $n \geqslant 3$ 以及 $k \geqslant 2$ 时等号当且仅当 $k = n$ 并且所有的 a_i 都相等时成立.

注记 不等式(1)首先由 László Lovász 证明. 他还对一些 a_i 为零时证明了这一点,但他没有验证等号成立的条件. 前面的证明是 Péter Gács 证明的推广.

他用这个方法证明了 $k = n$ 的情况,即问题 S.6 的情况.

解答 2

如果 a_i 之一等于 0,那么从关于一致有序序列的 Chebyshev 不等式立即得出命题,同时也得出等号当且仅当其他不等于 0 的项 a_j 都相等时成立. 因此我们可以假设对 $i = 1, 2, \cdots, n, a_i > 0$. 设

$$F(a_1, \cdots, a_n) = n \prod_{i=1}^n a_i + (n-1) \sum_{i=1}^n a_i^n - \sum_{i=1}^n a_i \sum_{i=1}^n a_i^{n-1}$$

由于 F 是齐次的,因此只需证明当 $a_1 + \cdots + a_n = n$ 时

$$F(a_1, \cdots, a_n) \geqslant 0 \tag{1}$$

即可.

当 $n = 1, 2$ 时,$F(a_1, \cdots, a_n) = 0$,因此我们可设 $n \geqslant 3$. 只需证明对这些情况,F 在 $a_1 + \cdots + a_n = n$ 处取得局部最小值即可,那就是说对某个实数 λ 有

$$\frac{1}{n} a_i \frac{\mathrm{d}F}{\mathrm{d}a_i} = (n-1)(a_i^n - a_i^{n-1}) + \prod_{i=1}^n a_i = \lambda a_i \quad (i = 1, \cdots, n) \tag{2}$$

根据 Descartes 符号法则以及 $\prod_{i=1}^n a_i > 0$,多项式 $(n-1)x - (n-1)x^{n-1} + \lambda x + \prod_{i=1}^n a_i$ 不可能有两个以上的正根,因此由式(2) 可知只需对 $x, y > 0$ 证明

$$F(\underbrace{x, \cdots, x}_{k}, \underbrace{y, \cdots, y}_{n-k}) \geqslant 0$$

即可. 由齐次性可知,只需证明 $g(x) \geqslant 0$ 即可,其中

$$g(x) = F(\underbrace{x, \cdots, x}_{k}, \underbrace{1, \cdots, 1}_{n-k}), 0 < x \leqslant 1, g(1) = 1$$

如果我们对 $0 < x < 1, k \neq 0, k \neq 1$ 证明了 $g(x) > 0$,那么也就可以得出在 $n \geqslant 3, a_i > 0$ 的情况下,等号当且仅当所有的 a_i 都相等时成立. 设 $0 < x < 1$,$0 < k < n$,利用重排我们得出

$$g(x) = k(n-k)(x^n - x^{n-1} - x + 1) - kx^n + nx^k - n + k$$

因此

$$\frac{g(x)}{1-x} = k(n-k)(1 - x^{n-1}) - n(1 + \cdots + x^{k-1}) + k(1 + \cdots + x^{n-1})$$

$$= k(n-k) - (n-k)(1 + \cdots + x^{k-1}) + k(x^k + \cdots + x^{n-1}) -$$

$$k(n-k)x^{n-1} \geqslant 0$$

由于

$$k(n-k) \geqslant (n-k)(1 + \cdots + x^{k-1})$$

和

$$k(x^k + \cdots + x^{n-1}) \geqslant k(n-k)x^{n-1}$$

如果 $k = 1, k = n-1$, 那么上面两个不等式中的等号成立, 那也就是说, 当且仅当 $n = 2$ 时等号成立.

解答 3

由于对任意 $t, i, j = 1, 2, \cdots, n$, 有

$$(a_i - a_j)^2 (a_i^{t-2} + \cdots + a_j^{t-2}) = a_i^t + a_j^t - a_i a_j^{t-1} - a_j a_i^{t-1} \tag{1}$$

所以有

$$n \sum_{i=1}^n a_i^t - \sum_{i=1}^n a_i - \sum_{i=1}^n a_i^{t-1} = \frac{1}{2} \sum_{i=1}^n \sum_{j=1}^n (a_i - a_j)^2 (a_i^{t-2} + a_i^{t-3} a_j + \cdots + a_j^{t-2})$$

如果

$$0 \leqslant a_{n+1} \leqslant a_n \leqslant \cdots \leqslant a_1$$

并且

$$\sum_{i=1}^n a_i = 1$$

那么

$$\prod_{i=1}^n a_i = \prod_{i=1}^n (a_{n+1} + a_i - a_{n+1}) \geqslant a_{n+1}^n + a_{n+1}^{n-1} \sum_{i=1}^n (a_i - a_{n+1})$$

$$= a_{n+1}^n (1-n) + a_{n+1}^{n-1} \tag{2}$$

我们将使用数学归纳法证明上式. 对 $n = 1, 2$, 等号成立. 假设当 $n \geqslant 2$, $a_{n+1} \leqslant a_n \leqslant \cdots \leqslant a_1$ 时, 上面的不等式对 n 成立, 考虑 $n + 1$ 的情况. 由齐次性, 我们可设 $\sum_{i=1}^n a_i = 1$. 根据归纳法假设有

$$(n-1) \sum_{i=1}^n a_i^n + n \sum_{i=1}^n a_i - \sum_{i=1}^n a_i^{n-1} \geqslant 0 \tag{3}$$

我们必须证明

536

$$n \sum_{i=1}^{n+1} a_i^{n+1} + (n+1) \prod_{i=1}^{n+1} a_i - \sum_{i=1}^{n+1} a_i \sum_{i=1}^{n+1} a_i^n \geq 0 \qquad (4)$$

式(4) 的左边可以重写成

$$n \sum_{i=1}^{n} a_i^{n+1} + n a_{n+1}^{n+1} + n a_{n+1} \prod_{i=1}^{n} a_i + a_{n+1} \prod_{i=0}^{n} a_i -$$

$$(a + a_{n+1})\left(\sum_{i=1}^{n} a_i^n + a_{n+1}^n\right) \qquad (5)$$

只需证明(5) 至少像(3) 的左边的 a_{n+1} 倍那么大即可. 因此利用重排,我们必须证明

$$\left(n \sum_{i=1}^{n} a_i^{n+1} - \sum_{i=1}^{n} a_i^n\right) - a_{n+1}\left(n \sum_{i=1}^{n} a_i^n - \sum_{i=1}^{n} a_i^{n-1}\right) +$$

$$a_{n+1}\left(\prod_{i=1}^{n} a_i - (1-n)a_{n+1}^n - a_{n+1}^{n-1}\right) \geq 0 \qquad (6)$$

由式(1) 和 $a_i \geq a^{n+1}(i = 1, 2, \cdots, n)$,前两项之差是

$$\frac{1}{2} \sum_{i=1}^{n} \sum_{j=1}^{n} (a_i - a_j)^2 \left[a_i^{n-1} + a_i^{n-2}a_j + \cdots + a_j^{n-2} -\right.$$

$$\left. a_{n+1}(a_i^{n-2} + a_i^{n-3}a_j + \cdots + a_j^{n-2})\right] \geq 0 \qquad (7)$$

由式(2),第三项也是非负的.

由式(7),当 $n \geq 2$ 时,等号当且仅当 $a_1 = a_2 = \cdots = a_n$ 时成立. 如果 $a_{n+1} > 0$ 并且 $a_1 = a_2 = \cdots = a_n$,那么式(6) 的第三项仅在 $a_i - a_{n+1} = 0$ 时才能成立,否则在式(2) 中成立严格的不等号.

问题 S. 7　设 $f(x) \geq 0$ 是定义在 Abel 群 G 上的非零的有界的实函数, $g_1, \cdots, g_k$ 是 G 的给定的元素并且 $\lambda_1, \cdots, \lambda_k$ 是实数. 证明如果对所有的 $x \in G$ 成立下面的不等式

$$\sum_{i=1}^{k} \lambda_i f(g_i x) \geq 0 \qquad (1)$$

则

$$\sum_{i=1}^{k} \lambda_i \geq 0$$

解答

解答 1 我们可以假设 $f(g_1) \geqslant 0$，用 A_n 表示形如 $g_1^{\alpha_1}, g_2^{\alpha_2}, \cdots, g_k^{\alpha_k}$ 的元素的集合. 其中数 $\alpha_1, \cdots, \alpha_k$ 的绝对值的最大值是一个非负整数 $n \geqslant 0$. 用 $S(H)$ 表示和 $\sum\limits_{x \in H} f(x)$，其中 H 是一个有限集. 成立下式

$$\inf_{n > 0} \frac{S(A_{n+1}) - S(A_{n-1})}{S(A_n)} = 0$$

由于对某个 $\varepsilon > 0$ 和所有的 $n > 0$ 将有

$$\frac{S(A_n + 1) - S(A_{n-1})}{S(A_n)} > \varepsilon$$

那样

$$S(A_{n+1}) > S(A_{n-1}) + \varepsilon S(A_n) \geqslant (1 + \varepsilon) S(A_{n-1})$$

因此将有

$$S(A_{2n+1}) \geqslant (1 + \varepsilon)^n S(A_1)$$

这与

$$S(A_n) \leqslant \sup_{x \in G} f(x) (2n + 1)^k$$

矛盾.

由(1)

$$\sum_{i=1}^{k} \lambda_i \frac{S(g_i A_n)}{S(A_n)} = \frac{1}{S(A_n)} \sum_{x \in A_n} \sum_{i=1}^{k} \lambda_i f(g_i \dot{x}) \geqslant 0$$

那就是说

$$\sum_{i=1}^{k} \lambda_i \geqslant \sum_{i=1}^{k} \lambda_i \frac{S(A_n) - S(g_i A_n)}{S(A_n)}$$

因此

$$\left| \frac{S(A_n) - S(g_i A_n)}{S(A_n)} \right| \leqslant \frac{S(A_{n+1}) - S(A_{n-1})}{S(A_n)}$$

故

$$\sum_{i=1}^{k} \lambda_i \geqslant - \sum_{i=1}^{k} | \lambda_i | \frac{S(A_{n+1}) - S(A_{n-1})}{S(A_n)}$$

由此就得出

$$\sum_{i=1}^{k} \lambda_i \geqslant - \sum_{i=1}^{k} | \lambda_i | \inf_{n > 0} \frac{S(A_{n+1}) - S(A_{n-1})}{S(A_n)} = 0$$

高等数学竞赛：

1962—1991 年米克洛什·施外策竞赛

解答 2

仍像解答 1 中那样，设 $f(g_1) > 0$. 只需考虑由元素 $g_1,\cdots,g_k$ 生成的子群 G' 即可. 我们将在 G' 上定义一个离散的平移不变的测度. 设 $\varepsilon > 0$，并设 $\alpha_1,\cdots,\alpha_k$ 是整数. 对 $x = g_1^{\alpha_1}\cdots g_k^{\alpha_k}$，用 $\mu_\varepsilon(x)$ 表示数 $(1 + \varepsilon)^{-(|\alpha_1|+\cdots+|\alpha_k|)}$，$G'$ 的测度是有限的，由于

$$\sum_{x \in G} \mu_\varepsilon(x) \le 2^k \sum_{\alpha_1=0}^{\infty} \cdots \sum_{\alpha_k=0}^{\infty} (1 + \varepsilon)^{-(\alpha_1+\cdots+\alpha_k)}$$

$$= 2^k \sum_{\alpha_1=0}^{\infty} (1 + \varepsilon)^{-\alpha_1} \cdots \sum_{\alpha_k=0}^{\infty} (1 + \varepsilon)^{-\alpha_k}$$

因此

$$0 < S = \int_{G'} f(x)\,\mathrm{d}\mu_\varepsilon(x) < \infty$$

此外

$$\mu_\varepsilon(g_i x) = (1 + \varepsilon)^{\pm 1} \mu_\varepsilon(x)$$

所以

$$|\,\mu_\varepsilon(g_i x) - \mu_\varepsilon(x)\,| \le \varepsilon \mu_\varepsilon(g_i x)$$

在 G' 上积分不等式 (1)，我们得出

$$0 \le \int_{G'} \sum_{i=1}^{k} \lambda_i f(g_i x)\,\mathrm{d}\mu_\varepsilon(x) \le \sum_{i=1}^{k} \lambda_i \int_{G'} f(x)\,\mathrm{d}\mu_\varepsilon(x) +$$

$$\sum_{i=1}^{k} |\,\lambda_i\,| \int_{G'} \varepsilon f(g_i x)\,\mathrm{d}\mu_\varepsilon(g_i x) = S \sum_{i=1}^{k} \lambda_i + S\varepsilon \sum_{i=1}^{k} |\,\lambda_i\,|$$

因此，令 $\varepsilon \to 0$ 就得出

$$S \sum_{i=1}^{k} \lambda_i \ge 0$$

由此就得出

$$\sum_{i=1}^{k} \lambda_i \ge 0$$

注记

1. Péter Gács 和 András Simonovits 指出，如果 $k = 2$，那么本题的命题对任意群成立.

2. Péter Gács 和 László Lovász 证明了对非交换群命题一般不成立.

3. László Lovász, Endre Makai 和 Imre Ruzsa 证明了 $f(x)$ 必须是有界的.

4. László Lovász 讨论了逆命题成立的情况.

问题 S.8　证明对所有的 $k \geq 1$, 实数 $a_1, a_2, \cdots, a_k$ 和正数 $x_1, x_2, \cdots, x_k$ 成立下面的不等式

$$\ln \frac{\sum_{i=1}^{k} x_i}{\sum_{i=1}^{k} x_i^{1-a_i}} \leqslant \frac{\sum_{i=1}^{k} a_i x_i \ln x_i}{\sum_{i=1}^{k} x_i}.$$

解答

解答 1

由带加权的算数 – 几何不等式得

$$\frac{\sum_{i=1}^{k} x_i y_i}{\sum_{i=1}^{k} x_i} \geqslant \left(\prod_{i=1}^{k} y_i^{x_i} \right) \frac{1}{\sum_{i=1}^{k} x_i} \quad (x_i > 0, y_i > 0, i = 1, 2, \cdots, k; k \geq 1)$$

如果我们对 $i = 1, \cdots, k$, 用 $y_i = x_i^{-a_i}$ 代入并在两边取对数的 -1 倍, 就得到问题中的断言.

解答 2

我们将证明下面的问题的推广:

推广　设 (X, S, μ) 是测度空间, 其中 $\mu(x) > 0$. 设 $x(s) > 0$ 并设 $a(s)$ 是 X 上的可测函数, 并且 $x(s), x(s)^{1-a(s)}$ 和 $a(s) x(s) \ln(x(s))$ 都是 X 上的可积函数, 那么

$$\ln \frac{\int_X x(s) \, \mathrm{d}\mu}{\int_X x(s)^{1-a(s)} \, \mathrm{d}\mu} \leqslant \frac{\int_X a(s) x(s) \ln x(s) \, \mathrm{d}\mu}{\int_X d(s) \, \mathrm{d}\mu} \tag{1}$$

等号当且仅当对几乎所有的 $s \in X, x(s)^{-a(s)}$ 是常数时成立.

推广的证明　下面的不等式对所有的正数 d 成立

$$d - 1 \geqslant \ln d \tag{2}$$

令

$$u = \exp \frac{\int_X a(s)x(s)\ln x(s)\,\mathrm{d}\mu}{\int_X x(s)\,\mathrm{d}\mu}$$

作代换 $d = ux(s)^{-a(s)}$，用 $x(s)$ 乘以两边并在 X 上积分两边，我们就得到不等式

$$u\int_X x(s)^{1-a(s)}\,\mathrm{d}\mu - \int_X x(s)\,\mathrm{d}\mu \geqslant 0 \tag{3}$$

这是一个等价于推广的不等式. 式(2)中的等号当且仅当 $d = 1$ 时成立. 因此式(3)（那就是在式(1)中）中的等号当且仅当对几乎所有的 $s \in X, x(s)^{-a(s)}$ 是一个常数时成立.

问题 S.9 构造一个周期为 2π 的连续函数 $f(x)$，使得 $f(x)$ 的 Fourier 级数在 $x = 0$ 处发散，但是 $f^2(x)$ 的 Fourier 级数在 $[0, 2\pi]$ 上一致收敛.

解答

问题的背景. 下面的命题是 Wiener – Lévy 定理的一个特例. 如果一个正函数 $f(x)$ 是 2π 周期的，并且 $f^2(x)$ 的 Fourier 级数是绝对收敛的，则 $f(x)$ 的 Fourier 级数也是绝对收敛的. 于是产生了以下问题. 可以把绝对收敛性换成一致收敛性吗? 本题表明如果不假设函数的正性，那么是不能替换的. (R. Salem 构造了一个 $f(x)$，其 Fourier 级数是一致收敛的，但 $f^2(x)$ 的 Fourier 级数不是.) 还有更多的方法去解决问题. László Lovász 稍微修改了 Lipót Fejér 的已知的构造:对将 Fejér 多项式加上一个相对较强的空隙条件，他得到一个连续函数 $f(x)$，其 Fourier 级数在 $x = 0$ 处发散，而 $f^2(x)$ 的 Fourier 级数是一致收敛的. 证明 $f^2(x)$ 的 Fourier 级数的一致收敛性并不是一件平凡的工作. Lajos Pósa 和 Péter Gács 用一种本质上类似的方法解决了问题:他们考虑 $f(x)$ 时，不是用它的 Fourier 级数，而是利用以下观点:如果下面的不等式对连续的 2π 周期函数 $g(x)$ 成立，那么 $g(x)$ 的 Fourier 级数是一致收敛的:

$$|g(x) - g(y)| \leqslant \frac{1}{\left(\log \dfrac{1}{|x-y|}\right)^{1+\varepsilon}}$$

(见 I. P. Natanson, Constructive FunctionTheory 1 – 3, 1964 – 65, VII. 3 § 中

541

的 Dini – Lipschitz 条件)(译者注:有中译本 ——[1] 那汤松. 函数构造论
(上). 徐家福 译. 哈尔滨工业大学出版社,2016. [2] 那汤松. 函数构造论(中).
徐家福 译. 哈尔滨工业大学出版社,2017. [3] 那汤松. 函数构造论(下). 徐家
福 译. 哈尔滨工业大学出版社,2017.)

现在,我们证明断言.

解答 1

用 $s_n(f;x)$ 表示 $f(x)$ 的 Fourier 级数的第 n 个部分和,其中 $f(x)$ 是 2π 周期
的和可积的,那就是说

$$s_n(f;x) = \frac{1}{\pi}\int_0^\pi f(2\vartheta)\frac{\sin(2n+1)\vartheta}{\sin\vartheta}\mathrm{d}\vartheta \tag{0}$$

如果在 $[0,2\pi]$ 上

$$f_n(x) = \sin\frac{(2n+1)x}{2} \tag{1}$$

那么

$$s_n(f_n;0) = \frac{1}{\pi}\int_0^\pi \frac{\sin^2(2n+1)\vartheta}{\sin\vartheta}\mathrm{d}\vartheta > \frac{1}{\pi}\int_0^{\pi/2}\frac{\sin^2(2n+1)\vartheta}{\sin\vartheta}\mathrm{d}\vartheta$$

$$> \frac{1}{\pi}\int_0^{\pi/2}\frac{\sin^2(2n+1)\vartheta}{\vartheta}\mathrm{d}\vartheta > \frac{1}{\pi}\int_0^{n\pi}\frac{\sin^2\vartheta}{\vartheta}\mathrm{d}\vartheta > A_1\log n \tag{2}$$

其中 A_1 及以后的 $A_2,A_3,\cdots$ 等都是正的常数. 注意如果 $|g(x)|\leqslant 1$ 是可积
的,那么对所有的 x 成立

$$|s_n(g;x)| \leqslant A_2\log n \tag{3}$$

我们将要构造的函数具有以下形式

$$F(x) = \sum_{v=1}^\infty c_v\sin\frac{2n_v+1}{2}x \tag{4}$$

其中的 c_v,n_v 是待定的常数. 在 $[0,2\pi]$ 之外通过周期延拓得到 $F(x)$. 限制

$$|c_v| \leqslant 4^{-v} \quad (v = 1,2,\cdots) \tag{5}$$

和 $F(0) = F(2\pi) = 0$ 将保证 $F(x)$ 的连续性和式(4)的绝对收敛性. 设
$c_1 = 1, c_2 = \frac{1}{4}, n_1 = 1$ 并假设 $c_1,c_2,\cdots,c_{\mu-1},c_\mu$ 和 $n_1,n_2,\cdots,n_{\mu-1}$ 已定义好.

由于在(1)中定义的函数 $f_n(x)$ 是二次可微的以及它们的 Fourier 级数是

542

一致收敛的,因此当 $m > A_3$ 时,在每个 x 处成立下面的不等式

$$| s_m(f_{n_v};x) | \leqslant 2 \quad (\mu = 1,2,\cdots,v-1) \tag{6}$$

用 n_v 表示使得

$$c_\mu \log n_\mu > \frac{\mu}{A_1} \tag{7}$$

和

$$n_\mu > 2 + \max\{A_3,3n_{\mu-1}\} \tag{8}$$

成立的最小的正整数.

如果

$$c_{\mu+1} = \min\left\{\frac{c_\mu}{4},\frac{1}{\log n_\mu}\right\} \tag{9}$$

那么直接可以得出式(5),因此 $F(x)$ 已经定义好了.

我们将利用下面的数是两两不同的这一事实

$$n_i + n_k + 1 , n_j - n_m \quad (1 \leqslant i \leqslant k,1 \leqslant m < j) \tag{10}$$

由 $n_1 = 1$ 和(8),如果 $1 \leqslant i \leqslant k \leqslant 2,1 \leqslant m < j \leqslant 2$,那么上面的数是两两不同的. 如果它们对 n_i,n_k,n_j,n_m 是两两不同的,其中 i,k,j,m 都小于 μ. 那么把 n_μ 加进 n_i,n_k,n_j,n_m 后,我们得到下面的和与差

$$n_\mu + n_\mu + 1 > n_\mu + n_{\mu-1} + 1 > \cdots > n_\mu + n_1 + 1$$
$$> n_\mu - n_2 > \cdots > n_\mu - n_{\mu-1}$$

即使它们之中的最小者 $n_\mu - n_{\mu-1}$ 也要大于前一个中的最大者 $n_{\mu-1} + n_{\mu-1} + 1$,所以式(10)中的数肯定是两两不同的.

由式(4)和(5)得出

$$F^2(x) = \frac{1}{2}\sum_{\mu,v} c_\mu c_\mu [\cos(n_\mu - n_v)x - \cos(n_\mu + n_v + 1)x]$$

$$= \frac{1}{2}\sum_{i=1}^\infty c_v^2 + \sum_{1 \leqslant v < \mu} c_\mu c_v \cos(n_\mu - n_v)x -$$

$$\frac{1}{2}\sum_{v=1}^\infty c_v^2 \cos(2n_v+1)x - \sum_{1 \leqslant v < \mu} c_\mu c_v \cos(n_\mu + n_v + 1)x$$

由于式(10)中的数是两两不同的,所以上面的式子就给出了 $F^2(x)$ 的

Fourier 级数. 由式(5) 可知它是绝对收敛的. 我们下面证明 $F(x)$ 的 Fourier 级数在 $x = 0$ 处是发散的. 为看出这点, 把级数分成三部分

$$s_n(F;0) = c_\mu s_n(f_n;0) + \sum_{j=1}^{\mu-1} c_j s_n(f_{n_j};0) + \sum_{j=\mu+1}^{\infty} c_j s_{n_\mu}(f_{n_\mu};0)$$

$$= U_1 + U_2 + U_3 \tag{11}$$

由式(2) 和式(7) 得

$$U_1 > \mu \tag{12}$$

由式(6) 和式(8) 得

$$|U_2| \leq 2 \sum_{j=1}^{\mu} c_j < \frac{8}{3} \tag{13}$$

最后由式(3) 和式(5) 得

$$|U_3| < A_2 \log n_\mu \sum_{j=\mu+1}^{\infty} c_j, \quad A_4 c_{\mu+1} \log n_\mu \leq A_4 \tag{14}$$

由式(11)(12)(13) 和(14) 就得出 $F(x)$ 的 Fourier 级数在 $x = 0$ 处发散.

解答 2

我们将定义 $f(x)$ 而不是它的 Fourier 级数使得对 $f^2(x)$, $f(0) = 0$ 成立式(0) 并且

$$\limsup_{n \to \infty} \int_0^\pi \frac{\sin nt}{t} f(t) \mathrm{d}t > 0 \tag{15}$$

$f(x)$ 将是一个偶函数, 因而其在 0 处的第 n 个部分和 $S_n(0)$ 将具有如下形式

$$S_n(0) = \frac{2}{\pi} \int_0^\pi f(2t) \frac{\sin(2n+1)t}{\sin t} \mathrm{d}t$$

如果一个连续函数是收敛的, 那么它的 Fourier 级数和 Fejér 平均也将收敛到同样的值, 这个值就是函数的值. 因此为看出 $S_n(0)$ 的发散性, 只需证明 $S_n(0) \nrightarrow 0$ 即可. 为了证明这点, 我们把积分的核写成如下形式

$$\frac{\sin(2n+1)t}{\sin t} = \sin 2nt \cos t + \cos 2nt = \frac{\sin 2nt}{t} + \sin 2nt\left(\cos t - \frac{1}{t}\right) + \cos 2nt$$

$\cot t - \dfrac{1}{t}$ 可以被修改成在 0 点处连续, 因此应用 Riemann 引理两次就得出

544

$$\limsup_{n\to\infty}\int_0^{\pi}f(2t)\,\frac{\sin(2n+1)t}{\sin t}\mathrm{d}t=\limsup_{n\to\infty}\int_0^{\pi}f(2t)\,\frac{\sin 2nt}{t}\mathrm{d}t$$

$$=\limsup_{n\to\infty}\int_0^{\frac{\pi}{2}}f(2t)\,\frac{\sin 2nt}{t}\mathrm{d}t$$

$$=\limsup_{n\to\infty}\int_0^{\pi}f(t)\,\frac{\sin nt}{t}\mathrm{d}t>0$$

因而 $S_n(0)\nrightarrow 0$，那就是说如果式(15)成立，那么 $S_n(0)$ 就是发散的. 由于 $f(n)$ 是偶的，因此我们只需在 $[0,\pi]$ 上构造它即可.

设

$$a_n=\pi\mathrm{e}^{-n^3},\quad\delta_n=n^{-2},\quad p_n=\mathrm{e}^{n^2}\quad(n\geqslant 0)$$

和

$$I_n=[a_n,a_{n-1}],\quad g_n^*(x)=\delta_n\sin p_n x$$

在 $g^*(x)$ 在 I_n 的第二个根和最后一个根之间定义 $g_n(x)=g_n^*(x)$，而在其他地方定义 $g_n(x)=0$. 我们将定义 $f(x)$ 为序列 $\{g_n(x)\}$ 的子序列的和.

构造一个正整数的序列 $n_1<n_2<\cdots$ 使得

当 $f_k=\sum_{i=1}^{k}g_{n_i}$ 时

$$\left|\int_0^{\pi}\frac{\sin p_{n_{k+1}}x}{x}f_k(x)\,\mathrm{d}x\right|<\rho\tag{16}$$

和对所有的 $j\leqslant k$ 有

$$\left|\int_0^{\frac{\pi}{2}}\frac{\sin p_{n_j}x}{x}g_{n_{k+1}}(x)\,\mathrm{d}x\right|<\rho 2^{-k}\tag{17}$$

其中 ρ 是一个充分小的正常数，比如说 $\rho=10^{-5}$. 为看出那种序列的存在性，注意一方面根据 $p_n\to\infty$，$\dfrac{g_n(x)}{x}$ 的连续性和 Riemann 引理可知式(16)中的所有的项都收敛到 0，另一方面由 $\dfrac{\sin\rho_n x}{x}$ 的连续性，对任意固定的 j，式(17)中的积分收敛到 0. 定义 $f(x)=\sum_{k=0}^{\infty}g_{n_k}(x)$. 显然，$f(x)$ 是处处连续的，甚至在 0 处也是. 我们将证明 $f(x)$ 的 Fourier 级数在 $x=0$ 处不收敛到 0，那就是说，在 $x=0$

处它是发散的. 为方便起见, 用 $S_n \approx T_n$ 表示 $\dfrac{S_n}{T_n} \to 1$. 由式(16)和(17)可知

$\displaystyle\int_0^\pi \frac{\sin p_{n_k} t}{t}\mathrm{d}t$ 和 $\displaystyle\int_{a_{n_k}}^{a_{n_k-1}} g_{n_k(t)} \frac{\sin p_{n_k} t}{t}\mathrm{d}t$ 的差最大是 2ρ.

$$\int_{a_{n_k}}^{a_{n_k-1}} g_{n_k}(t) \frac{\sin p_{n_k} t}{t}\mathrm{d}t \approx \int_{\pi e^{-n_k^3}}^{\pi e^{-(n_k-1)^3}} \delta_{n_k} \sin^2 e^{n_k^3 t}\mathrm{d}t$$

$$= \delta_{n_k} \int_\pi^{\pi e^{n_k^3 - (n_k-1)^3}} \frac{\sin^2 u}{u}\mathrm{d}u$$

$$\approx \delta_{n_k} \Big(\sum_{m=1}^{e^{3n_k^2 - 3n_k - 1}} \frac{1}{m} \Big) \int_0^\pi \frac{\sin^2 u}{u}\mathrm{d}u$$

$$\approx \frac{3\pi}{2} n_k^{-2} n_k^2 = \frac{3\pi}{2}$$

因此 $f(x)$ 的 Fourier 级数在 $x = 0$ 处发散.

现在我们要证明

$$| f^2(x) - f^2(y) | = O\Big(\Big(\frac{1}{\log(|\,x - y\,|)} \Big)^2 \Big) \tag{18}$$

那就是说 $f^2(x)$ 的 Fourier 级数是一致收敛的. 设 $x > y, n \geq m, x \in I_n, y \in I_m$. 我们将 y 移动到 I_m 的正弦曲线 $\rho_n \sin \rho_n t$ 处, 使得 y 位于正弦曲线的与 x 相同的四分之一周期内, 但是 $f^2(x)$ 保持不变. 如果 $n = m$ 或 $n > m, |\,x - y\,|$ 不增. 因此我们只需仅在 x 和 y 在同一 I_n 中并且 $|\,x - y\,| \leq \dfrac{\pi}{p_n}$ 的情况下证明式(18)即可. 由 Lagrange 中值定理可知

$$| f^2(x) - f^2(y) | = \delta_n^2 |\sin p_n^2 x - \sin p_n^2 y | \leq 2\delta_n^2 p_n |\,x - y\,|$$

$$= 2\delta_n^2 p_n \frac{|\,x - y\,| \ (\log |\,x - y\,|)^2}{\Big(\log \dfrac{1}{|\,x - y\,|}\Big)^2} \tag{19}$$

由于当 $h < e^{-2}$ 时, $h(\log h)^2$ 单调递增, 由式(19), 我们只需在 $|\,x - y\,| = \dfrac{\pi}{p_n}$ 的情况下证明式(18)即可. 但是这种情况是平凡的, 这就结束了证明.

注记　解答 1 的结论是更强的, 由于它证明了 $f^2(x)$ 的 Fourier 级数是绝对收敛的.

问题 S.10 证明对每个 $\vartheta, 0 < \vartheta < 1$，都存在一个正整数的序列 $\{\lambda_n\}$ 和一个级数 $\sum\limits_{n=1}^{\infty} a_n$，使得

(1) $\lambda_{n+1} - \lambda_n > (\lambda_n)^{\vartheta}$.

(2) $\lim\limits_{r \to 1-0} \sum\limits_{n=1}^{\infty} a_n r^{\lambda_n}$ 存在.

(3) $\sum\limits_{n=1}^{\infty} a_n$ 发散.

问题的背景. András Simonovits 指出，$\lambda_{n+1} > c\lambda_n (c > 1)$ 和 $(C,1)$ 可加性共同保证了收敛性. 此外，如果我们在 G. H. Hardy, Divergent Series, Clarendon Press, Oxford, 1949，§7.13 中令 $x = e^{-y}$，则定理 114 可以表述如下. 给定常数 $c > 1$ 和一个正整数的序列使得 $\lambda_{n+1} > c\lambda_n (c > 1)$，$\sum\limits_{n=1}^{\infty} a_n r^{\lambda_n}$ 在单位圆内收敛，并且其极限在 $r \to 1 + 0$ 时存在，则 $\sum\limits_{n=1}^{\infty} a_n$ 是收敛的.

因此这个由 Littlewood 猜想，由 Hardy 和 Littlewood 证明的定理，指出 Abel 的可加性和收敛性是等价于序列满足 Hadamard 间隙条件 $\lambda_{n+1} > c\lambda_n (c > 1)$ 的. 我们的问题是阿达玛间隙条件不可能用更弱的条件代替. 参赛者对这个问题给出了两种推广. 其中一些人把 Abel 可加性换成更强的$(C,1)$ 可加性，而另一些人证明对任意满足 $\liminf\dfrac{\lambda_{n+1} - \lambda_n}{\lambda_n} = 0$ 的序列 λ_n 存在满足问题条件的序列 $\sum\limits_{n=1}^{\infty} a_n$. 后一种说法也是定理的推广，因为如果 $\lambda_n = e^{\sqrt{n}}$，那么

$$\lambda_{n+1} - \lambda_n = e^{\sqrt{n+1}} - e^{\sqrt{n}} = (e^{\sqrt{n+1}-\sqrt{n}} - 1)e^{\sqrt{n}}$$

$$= e^{\sqrt{n}}(e^{\frac{1}{\sqrt{n}+\sqrt{n+1}}} - 1) = (1 + (o(1)))\frac{e^{\sqrt{n}}}{2\sqrt{n}}$$

所以对 $\vartheta < 1$ 有

$$\frac{\lambda_{n+1} - \lambda_n}{\lambda_n} \to 0, \quad \frac{\lambda_{n+1} - \lambda_n}{\lambda_n^{\vartheta}} \to \infty.$$

解答

我们将证明下面的命题，它比上面两种推广稍微弱一些.

定理 对任意满足

$$\liminf \frac{\lambda_{k+1} - \lambda_k}{\lambda_k} = 0$$

的序列 $\{\lambda_k\}$ 都存在一个 $(C,1)$ 可加的,并且如果 $n \notin \{\lambda_k\}$,则 $a_n = 0$ 的序列 $\{a_n\}$ 使得 $\sum_{n=1}^{\infty} a_n$ 发散.

证明 设 $1 < m_1 < m_2 < m_3 < \cdots$ 是 $\lambda_1, \cdots, \lambda_k, \cdots$ 的子序列,使得

$$k \sum_{n=1}^{2k-1} m_n < m_{2k}$$

以及

$$\frac{m_{2k} - m_{2k-1}}{m_{2k}} < \frac{1}{k}$$

选 a_{m_k} 是 $(-1)^{k+1}$,其他是 0. 由于 $\sum_{j=1}^{n} a_j$ 无限多次取值 0,同时又无限多次取值 1,所以 $\sum_{j=1}^{n} a_j$ 是发散的. 用 s_n 表示 $\sum_{j=1}^{n} a_j$,由于

$$0 \leqslant t_n = \frac{s_1 + s_2 + \cdots + s_n}{n} < 1$$

t_n 在 $[m_{2k}, m_{2k+1})$ 中是单调递减的,而在 $[m_{2k-1}, m_{2k})$ 中是单调递增的. 所以为证明 $t_m \to 0$,只需证明 $t_{m_{2k}} \to 0$ 即可,但

$$t_{m_{2k}} = \frac{(m_2 - m_1) + (m_4 - m_3) + \cdots + (m_{2k} - m_{2k-1})}{m_{2k}} < \frac{1}{k} + \frac{1}{k} \to 0$$

因此 $t_m \to 0$,那就是说 $\sum_{j=1}^{n} a_j$ 是 $(C,1)$ 可加的.

问题 S. 11 设 $0 < a_k < 1, k = 1,2,\cdots$,给出对每个 $0 < x < 1$,存在一个正整数的排列 π_x 的充分必要条件,使得

$$x = \sum_{k=1}^{\infty} \frac{a_{\pi_x(k)}}{2^k}$$

解答

显然,下面的条件是充分的

$$\inf_k a_k = 0, \qquad \sup_k a_k = 1$$

我们将证明这个条件也是必要的. 设 $x \in (0,1)$ 是固定的. 对排列 π, 设 $a_{\pi(k)} = b_k$ 以及

$$d_k = 2^k \left[x - \left(\frac{b_1}{2} + \frac{b_2}{4} + \cdots + \frac{b_k}{2^k} \right) \right] \quad (d_0 = x)$$

我们选择排列 π 使得对所有的 k 有 $0 < d_k < 1$, 那么显然

$$x = \sum_{k=1}^{\infty} \frac{b_k}{2^k}$$

设 $\pi(1), \pi(2), \cdots, \pi(k)$ 已经定义的使得 $0 < d_0, d_1, \cdots, d_k < 1$, 我们企图定义 $\pi(k+1)$ 使得 $0 < d_{k+1} < 1$. 这等价于

$$2d_k - 1 < b_{k+1} < 2d_k \tag{1}$$

因此也等价于

$$2(1 - d_k) - 1 < 1 - b_{k+1} < 2(1 - d_k) \tag{2}$$

我们必须在构造时做到 a_k 恰使用一次.

设 a_l 是使得 $a_l \notin \{b_1, b_2, \cdots, b_k\}$ 的最小的下标. 如果 $2d_k - 1 < a_l < 2d_k$, 那么我们可以选 $b_{k+1} = a_l$. 如果 $a_l \geq 2d_k$, 那么设 n 是使得 $2^{n+1} d_k > a_l$ 的最小的正整数, 那么 $2^{n+1} d_k \leq 2a_l < 1 + a_l$, 因此

$$2^{n+1} d_k - 1 < a_l < 2^{n+1} d_k$$

由于 $\inf_k a_k = 0$, 所以 $b_{k+1}, b_{k+2}, \cdots, b_{k+n}$ 可以选得充分小, 使得根据 $d_{j+1} = 2d_j - b_{j+1}$, 可以做到 d_{j+n} 充分靠近 $2^n d_k$. 因此我们可以做到

$$2d_{k+n} - 1 < a_l < 2d_{k+n}$$

因而, 我们可以选 $b_{k+n+1} = a_l$.

如果 $a_l < 2d_k - 1$, 或者等价的 $1 - a_l \geq 2(1 - d_k)$, 那么我们在上面的规则中分别把 a_l, a_j, d_j 换成 $1 - a_l, 1 - a_j, 1 - d_j$ 并重复上面的过程, 并把式(1)换成式(2), 并同时使用等式 $1 - d_{j+1} = 2(1 - d_j) - (1 - b_{j+1})$. 由 $\sup_k a_k = 1$, 我们可以选 $1 - b_j$ 充分小, 那就是说, b_j 充分接近 1.

重复以上过程, 我们就得到所需的排列.

问题 S.12 设 $\lambda_1 \leq \lambda_2 \leq \cdots$ 是正数的序列, K 是一个常数, 使得

$$\sum_{k=1}^{n-1} \lambda_k^2 < K \lambda_n^2 \quad (n = 1, 2, \cdots) \tag{1}$$

证明存在一个常数 K'，使得

$$\sum_{k=1}^{n-1} \lambda_k < K'\lambda_n \quad (n = 1,2,\cdots) \tag{2}$$

解答

解答 1 我们可以假设 K 是一个整数. 我们将用数学归纳法证明，如果 $K' = 8K$，那么式(2)成立. 由于 $K > 1$，所以如果 $n > 8K$，那么定理是显然的. 设 $n > 8K$.

我们注意，根据 $\{\lambda_n\}$ 的单调性和式(1)有

$$4K\lambda_{n-4K}^2 \leqslant \sum_{k=1}^{n-1} \lambda_k^2 < K\lambda_n^2$$

因此 $\lambda_{n-4K} \geqslant \dfrac{\lambda_n}{2}$. 由此式，归纳法假设和 $\{\lambda_n\}$ 的单调性就得出

$$\sum_{k=1}^{n-1} \lambda_k = \sum_{k=1}^{n-4K-1} \lambda_k + \sum_{k=n-4K}^{n-1} \lambda_k$$

$$\leqslant 8K\lambda_{n-4K} + \sum_{k=n-4K}^{n-1} \lambda_k \leqslant 4K\lambda_n + 4K\lambda_n = 8K\lambda_n$$

这就完成了解答.

解答 2 $\{\lambda_n\}$ 的单调性是多余的，我们证明如下. 如果 $\mu_i > 0$，那么

$$\sum_{t=1}^{n-1} \mu_i < K\mu_n \quad (n = 1,2,\cdots) \tag{$*$}$$

的充分必要条件是存在一个实数 $c > 0$ 和 r 个正整数使得对每个 n 都有

$$\mu_{n+1} > c\mu_n \tag{3}$$

和

$$\mu_{n+r} > 2\mu_n \tag{4}$$

这蕴含上面的定理，由于如果 $\lambda_{n+1}^2 > c\lambda_n^2, \lambda_{n+r}^2 > 2\lambda_n^2$，那么 $\lambda_{n+1} > \sqrt{c}\lambda_n$，$\lambda_{n+2r}^2 > \lambda_{n+r}^2 > 4\lambda_n^2$，因此 $\lambda_{n+2r} > 2\lambda_n$.

式(3)是必要的，由于根据式($*$)和 $\mu_i > 0$，平凡的就有 $\mu_{n-1} < K\mu_n$，因此如果 $c = \dfrac{1}{K}$，就推出式(3)成立.

式(4)也是必要的，再次根据式($*$)有

550

$$\mu_{n+1} > \frac{1}{K}\mu_n, \mu_{n+2} > \frac{1}{K}\mu_n, \cdots, \mu_{n+r-1} > \frac{1}{K}\mu_n$$

将以上式子相加就得出

$$\mu_{n+1} + \cdots + \mu_{n+r-1} > \frac{r-1}{K}\mu_n$$

因此根据式(*) 就得出

$$\mu_{n+r} > \frac{1}{K}(\mu_{n+1} + \cdots + \mu_{n+r-1}) > \frac{r-1}{K^2}\mu_n$$

因而, 如果 $r > 2K^2 + 1$ 就得出式(4) 成立.

式(3) 和式(4) 是充分的. 定义 $\mu_0 = \mu_{-1} = \cdots = 0$, 那么

$$\sum_{i=1}^{n-1} \mu_i = \sum_{i=1}^{r} \sum_{j=0}^{\infty} \mu_{n-i-jr} < \sum_{i=1}^{r} \sum_{j=0}^{\infty} \frac{\mu_{n-i}}{2^j}$$

$$\leqslant 2 \sum_{i=1}^{r} \mu_{n-i} < 2 \sum_{i=1}^{r} \frac{\mu_n}{c^i} = K\mu_n \quad (K = 2 \sum_{i=1}^{r} c^{-i})$$

在最后一步中, 我们用到了以下事实: 式(3) 可以得出 $\mu_{m+l} > c^l \mu_m$.

这就结束了解答, 此外, 用类似的方法, 我们可以证明, 如果把指数 2 换成 $\alpha > 0$, 定理仍然成立.

问题 S. 13 给定 $(0, \infty)$ 上的一个正的单调函数 $F(x)$, 使得 $\frac{F(x)}{x}$ 是单调不减的, 而对某个正数 $d, \frac{F(x)}{x^{1+d}}$ 是单调不增的, 设 $\lambda_n > 0$, 以及 $a_n \geqslant 0, n \geqslant 1$, 证明如果

$$\sum_{n=1}^{\infty} \lambda_n F\left(a_n \sum_{k=1}^{n} \frac{\lambda_k}{\lambda_n}\right) < \infty \tag{1}$$

或

$$\sum_{n=1}^{\infty} \lambda_n F\left(\sum_{k=1}^{n} a_k \frac{\lambda_k}{\lambda_n}\right) < \infty \tag{2}$$

则 $\sum_{n=1}^{\infty} a_n$ 是收敛的.

解答

解答 1 如果 $x \geqslant 1$, 那么 $\frac{F(x)}{x} \geqslant F(1)$. 如果 $x \leqslant 1$, 那么 $\frac{F(x)}{x^{1+d}} \geqslant F(1)$,

我们可以假设 $F(1) = 1$,那么当 $x \geqslant 1$ 时

$$F(x) \geqslant x \qquad (3)$$

当 $x \leqslant 1$ 时

$$F(x) \geqslant x^{1+d} \qquad (4)$$

首先我们证明当式(1) 成立时命题成立. 用 $\sum_n'$ 表示对满足下式的那种 n 求和所得和式

$$a_n \sum_{k=1}^{n} \frac{\lambda_k}{\lambda_n} \geqslant 1$$

用 $\sum_n''$ 表示对其他的 n 求和所得的和式,那么根据(1) 和(3) 就得出

$$\infty > \sum_n' \lambda_n F\left(a_n \sum_{k=1}^{n} \lambda_k / \lambda_n\right) \geqslant \sum_n' a_n \sum_{k=1}^{n} \lambda_k \geqslant \sum_n' a_n \lambda_1$$

由于 $\lambda_1 > 0$,所以

$$\sum_n' a_n < \infty \qquad (5)$$

由式(1) 和式(4) 得出

$$\infty > \sum_n'' \lambda_n F\left(a_n \sum_{k=1}^{n} \lambda_k / \lambda_n\right) \geqslant \sum_n'' a_n^{1+d} \lambda_n^{-d} \left(\sum_{k=1}^{n} \lambda_k\right)^{1+d} \qquad (6)$$

把 $\sum_n''$ 分成两部分

$$\sum_n'' = \sum_n''{}_{(1)} + \sum_n''{}_{(2)}$$

其中第一个和中的 n 遍历满足下式的哪些 n

$$a_n < \frac{\lambda_n}{\left(\displaystyle\sum_{k=1}^{n} \lambda_k\right)^{\frac{1+d}{d}}}$$

而第二个和中的 n 遍历其他的 n.

那么,根据 Abel 和 Dini 的一个定理以及 $\dfrac{1+d}{d} > 1$,我们就得出

$$\sum_n''{}_{(1)} a_n < \sum_{n=1}^{\infty} \lambda_n / \left(\sum_{k=1}^{n} \lambda_k\right)^{(1+d)/d} < \infty \qquad (7)$$

由式(6) 得出

552

$$\infty \; > \; \sum_{n}{}''_{(2)} a_n a_n^d \lambda_n^{-d} \Big(\sum_{k=1}^n \lambda_k \Big)^{1+d}$$

$$\geqslant \; \sum_{n}{}''_{(2)} a_n \Big[\lambda_n / \Big(\sum_{k=1}^n \lambda_k \Big)^{(1+d)/d} \Big]^d \lambda_n^{-d} \Big(\sum_{k=1}^n \lambda_k \Big)^{1+d} \; = \; \sum_{n}{}''_{(2)} a_n$$

比较式(5) 和式(7) 就得出 $\sum_{n=1}^{\infty} a_n$ 是收敛的.

现在我们证明当(2) 成立时命题成立. 如果对有限多个数的和, 所有的 a_n 都等于 0, 那么定理是平凡的, 因此我们可以去掉那些其中 $a_n = 0$ 的 λ_n, a_n 的对. 所以不妨设 $a_n > 0$. 设 $X = \{ n : a_n > 1 \}$, 如果 $n \in X$, 那么

$$\sum_{k=1}^n \frac{a_k \lambda_k}{\lambda_n} \geqslant \frac{a_n \lambda_n}{\lambda_n} > 1$$

由式(2) 和式(3) 有

$$\infty \; > \; \sum_{n \in X} \lambda_n \sum_{k=1}^n \frac{a_k \lambda_k}{\lambda_k} = \sum_{n \in X} \sum_{k=1}^n a_k \lambda_k \geqslant \sum_{n \in X} a_{n_0} \lambda_{n_0}$$

其中 n_0 是 X 中最小的元素. 因此 X 是有限集并且序列 a_n 是有界的. 设 $\mu_n = a_n \lambda_n$, 那么式(2) 可以写成下面的形式

$$\sum_{n=1}^{\infty} \frac{\mu_n}{a_n} F \Big(a_n \sum_{k=1}^n \frac{\mu_k}{\mu_n} \Big) < \infty$$

根据序列 a_n 的有界性, 做替换 $\lambda_n = \mu_n$ 后式(1) 满足, 因此就像我们前面已证明的那样, 由此即可而出 $\sum_{n=1}^{\infty} a_n$ 是收敛的.

解答2 当式(2) 成立时, 我们证明命题, 但是将不使用式(1). 同解答 1 一样, 解答 2 仍通过公式(4) 来证明. 用 $\sum'_n$ 表示遍历满足以下式子的那种 n 求和所得的和式

$$\sum_{k=1}^n \frac{a_k \lambda_k}{\lambda_n} \geqslant 1 \tag{5}$$

由式(2) 和式(3) 我们得出

$$\infty \; > \; \sum_{n}{}' \lambda_n F \Big(\sum_{k=1}^n a_k \lambda_k / \lambda_n \Big) \geqslant \sum_{n}{}' \sum_{k=1}^n a_k \lambda_k$$

$$\geqslant \sum_{n \leqslant n_0}{}' a_{n_0} \lambda_{n_0} = a_{n_0} \lambda_{n_0} \sum_{n \leqslant n_0}{}' 1$$

选择 n_0 使得 $a_{n_0} \neq 0$，由此得出仅对有限多个 n，式(5) 成立。因此由式(2) 和(4) 得出

$$\infty > \sum_{n=1}^{\infty} \left(\sum_{k=1}^{n} \frac{a_k \lambda_k}{\lambda_n} \right)^{1+d} \lambda_n = \sum_{n=1}^{\infty} \lambda_n^{-d} \left(\sum_{k=1}^{n} a_k \lambda_k \right)^{1+d} \tag{6}$$

因此，假设不是所有的 a_n 都是 0 就得出

$$\sum_{n=1}^{\infty} \lambda_n^{-d} < \infty$$

所以

$$\lambda_n \to \infty \tag{7}$$

设 n_q 是使得 $2^q \leqslant \lambda_n < 2^{q+1}$ 成立的最大的正整数，如果那种 n 不存在，那么可以任意选择一个数作 n_q。后面我们将看见，在那种情况下 λ_{n_q} 的乘数是 0。从式(6) 得出

$$\infty > \sum_{n=1}^{\infty} \lambda_n^{-d} \left(\sum_{k=1}^{n} a_k \lambda_k \right)^{1+d} \geqslant \sum_{q=1}^{\infty} \lambda_n^{-d} \left(\sum_{k:2^q \leqslant \lambda_k < 2^{q+1}} a_k \lambda_k \right)^{1+d}$$

$$\geqslant \sum_{q=1}^{\infty} 2^{-d(q+1)} 2^{q(1+d)} S_q^{1+d} = 2^{-d} \sum_{q=1}^{\infty} 2^q S_q^{1+d}$$

其中

$$S_q = \sum_{k:2^q \leqslant \lambda_k < 2^{q+1}} a_k$$

所以，存在一个正数 K，使得

$$\sum_{q=1}^{\infty} 2^q S_q^{1+d} < K$$

因此，对任意正整数 q，成立

$$2^q S_q^{1+d} < K$$

所以

$$S_q < K 2^{-q/(1+d)}$$

这平凡地蕴含

$$\sum_{q=1}^{\infty} S_q < \infty$$

根据 S_q 的定义和式(7) 可知，存在一个 n_0 使得 $\displaystyle\sum_{q=1}^{\infty} S_q \geqslant \sum_{n=n_0}^{\infty} a_n$，所以

$\sum_{n=1}^{\infty} a_n < \infty$,这就完成了证明.

注记

1. 最初,László Leindler 把这个问题的第(1)部分放在了竞赛委员会的提案中. Atilla Máté 注意到结论也可以从(2)得出.

2. László Babai 对积分给出了一个类似的定理:设 $F(x)$ 是 $(0,\infty)$ 上的正的单调函数,使得 $\frac{F(x)}{x}$ 是单调不减的并且存在一个正数 d,使得 $\frac{F(x)}{x^{1+d}}$ 是单调不增的. 此外,设 $\Lambda(t)$ 和 $A(t)$ 是 $(0,\infty)$ 上的绝对连续函数,$A(t)$ 单调不减,$\Lambda'(t) > 0$ 几乎处处成立,并且 $\lim\limits_{t \to 0} A(t) = \lim\limits_{t \to 0} \Lambda(t) = 0$,那么条件

$$\int_0^{\infty} \Lambda'(t) F\left(\frac{A(t)}{\Lambda'(t)}\Lambda(t)\right)\mathrm{d}t < \infty$$

或

$$\int_0^{\infty} \Lambda'(t) F\left(\frac{1}{\Lambda'(t)}\int_0^t A'(x)\Lambda'(x)\,\mathrm{d}x\right)\mathrm{d}t < \infty$$

蕴含 $\lim\limits_{t \to \infty} A(t) < \infty$. (根据 $\frac{F(x)}{x}$ 的单调性,积分号后面的函数是可测的.)

问题 S.14   设 $f(x) = \sum_{n=1}^{\infty} \dfrac{a_n}{x + n^2}(x \geq 0)$,其中对某个 $\alpha > 2$,成立 $\sum_{n=1}^{\infty} \dfrac{|a_n|}{n^{\alpha}} < \infty$. 假设对某个 $\beta > \dfrac{1}{\alpha}$,当 $x \to \infty$ 时有 $f(x) = O(\mathrm{e}^{-x^{\beta}})$. 证明 a_n 恒等于 0.

解答

显然,定义 $f(x)$ 的级数在每个 $x \neq -n^{\alpha}(n = 1,2,\cdots)$ 处都是收敛的,所以 $f(x)$ 在整个平面上是半纯的. 设

$$F(x) = \prod_{n=1}^{\infty}\left(1 + \frac{x}{n^{\alpha}}\right), \quad h(x) = F(x)f(x)$$

由于 $\alpha > 2$,所以上面的乘积对所有的 x 都是收敛的. 简单的计算表明 $F(x)$ 是一个整函数,因此对任意 $\varepsilon > 0$ 成立

$$f(x) = O(\mathrm{e}^{|x|^{1/\alpha+\varepsilon}})$$

555

函数 $h(x)$ 也是整函数并且存在一个充分小的 $\varepsilon > 0$ 使得对 $x > 0$ 有

$$| h(x) | = | f(x) | \cdot | F(x) | = O(\mathrm{e}^{-x^\beta}) O(\mathrm{e}^{-x^{1/\alpha+\varepsilon}}) = o(1) \qquad (1)$$

此外,对任意 x 有

$$| h(x) | \leqslant \sum_{n=1}^{\infty} \frac{| a_n |}{n^\alpha} \prod_{m \neq n} \left(1 + \frac{| x |}{m^\alpha} \right) \leqslant \left(\sum_{n=1}^{\infty} \frac{| a_n |}{n^\alpha} \right) F(| x |) = O(\mathrm{e}^{| x |^{1/\alpha+\varepsilon}}).$$

因此如果设 $M(r) = \max | F(x) |$,那么就有

$$\frac{\log M(r)}{\sqrt{(r)}} = O\left(\frac{r^{1/\alpha+\varepsilon}}{\sqrt{r}} \right) = O(1) \qquad (2)$$

因此根据 Phragmèn – Lendelöf 类型的定理(见 Gy. Pólya and G. Szegö, Problems and Theorems in Analysis, Springer, Berlin, 1976, vol. I, III. 6. 332) 可知仅当 $h(x)$ 是一个常数时,式(1)和式(2)才能对整函数 $h(x)$ 成立. 因此由式(1), $h(x) = 0$. 所以如果对某个 n, $a_n \neq 0$,那么 $f(z)$ 在 $z = - n^\alpha$ 处有极点,矛盾,因此 $a_1 = a_2 = \cdots = 0$.

问题 S.15 给定一个正整数 m 和 $0 < \delta < \pi$,构造一个阶数为 m 的三角级数 $f(x) = a_0 + \sum_{n=1}^{m} (a_n \cos nx + b_n \sin nx)$ 使得 $f(0) = 1$,并且对某个通用的常数 c 有 $\int_{\delta \leqslant | x | \leqslant \pi} | f(x) | \, \mathrm{d}x \leqslant \dfrac{c}{m}$ 以及 $\max\limits_{-\pi \leqslant x \leqslant \pi} | f'(x) | \leqslant \dfrac{c}{\delta}$.

解答

解答 1 设 $\vartheta = \max\left\{ \dfrac{\delta}{2}, \dfrac{1}{m} \right\}$,把下面的函数周期地扩展到全体实数上去.

$$\varphi(x) = \begin{cases} 1 - \left| \dfrac{x}{\delta} \right|, & | x | \leqslant \vartheta \\ 0, & \vartheta \leqslant | x | \leqslant \pi \end{cases}$$

这几乎已经满足我们的目的了,只不过它还不是三角多项式. 让我们验证它的 Fourier 级数的 Fejér 核. 设

$$f(x) = c_0 \int_{-\pi}^{\pi} \varphi(x - t) K_m(t) \, \mathrm{d}t$$

其中

$$K_m(t) = \frac{\sin^2 \dfrac{m+1}{2}t}{2(m+1)\sin^2 \dfrac{t}{2}}$$

而 c_0 选的使 $f(0) = 1$. 显然

$$1 = f(0) \geqslant c_0 \frac{1}{2}\int_{-\vartheta/2}^{\vartheta/2} K_m(t)\,\mathrm{d}t \geqslant \frac{c_0}{2}\int_{-1/2m}^{1/2m} K_m(t)\,\mathrm{d}t$$

如果 $|t| < \dfrac{1}{2m}$, 上式便是平凡的, 那么

$$|K_m(t)| \geqslant \frac{m}{10}$$

因此

$$1 = f(0) \geqslant \frac{c_0}{20} \quad (c_0 \leqslant 20)$$

由于 φ 是绝对连续的, 所以

$$f'(x) = c_0 \int_{-\pi}^{\pi} \varphi'(x-t) K_m(t)\,\mathrm{d}t$$

故

$$|f'(x)| \leqslant c_0 \frac{1}{\vartheta}\int_{x-\vartheta}^{x+\vartheta} K_m(t) \leqslant \frac{c_0}{\vartheta}\int_{-\pi}^{\pi} K_m(t)\,\mathrm{d}t < \frac{80}{\vartheta}$$

对 $\vartheta = \dfrac{\delta}{2}$ 和 $\vartheta = \dfrac{1}{m}$ 这两种情况估计 $\int_{\delta \leqslant |x| \leqslant \pi} |f(x)|\,\mathrm{d}x$. 如果 $\vartheta = \dfrac{1}{m}$, 那么

$$\int_{\delta \leqslant |x| \leqslant \pi} |f(x)\,\mathrm{d}x| = 2\int_{\delta}^{\pi} |f(x)|\,\mathrm{d}x \leqslant 2\int_{\delta}^{\pi}\int_{x-\delta}^{x+\delta} K_m(t)\,\mathrm{d}t\,\mathrm{d}x$$

$$\leqslant 4\vartheta\int_{\delta-\vartheta}^{\pi+\vartheta} K_m(t)\,\mathrm{d}t \leqslant 4\vartheta\int_{-\pi}^{\pi} K_m(t)\,\mathrm{d}t = \frac{4\pi}{m}$$

如果 $\vartheta = \dfrac{\delta}{2}$, 那么

$$\int_{\delta \leqslant |x| \leqslant \pi} |f(x)|\,\mathrm{d}x \leqslant 4\vartheta\int_{\delta-\vartheta}^{\pi+\vartheta} K_m(t)\,\mathrm{d}t = 2\delta\int_{\delta/2}^{\pi} + \frac{\delta}{2}K_m(t)\,\mathrm{d}t$$

在区间 $0 \leqslant t \leqslant \pi + \dfrac{\delta}{2}(\leqslant \dfrac{3}{2}\pi)$ 上应用初等的估计得出

557

$$K_m(t) \leqslant \frac{30}{mt^2}$$

并且因此

$$2\delta \int_{\delta/2}^{\pi+\delta/2} K_m(t)\,\mathrm{d}t \leqslant 2\delta \int_{\delta/2}^{\infty} \frac{30}{mt^2}\,\mathrm{d}t = \frac{240}{m}$$

这就完成了解答.

解答 2 从函数

$$h(x) = \begin{cases} \dfrac{1}{\Delta^4}(\Delta^2 - x^2)^2, & x \leqslant \Delta \\[2mm] 0, & \Delta \leqslant |x| \leqslant \pi \end{cases}$$

开始,其中参数 Δ 待定.

设

$$h(x) = \sum_{n=-\infty}^{\infty} c_n \mathrm{e}^{\mathrm{i}nx}$$

和

$$s(x) = \sum_{n=-l}^{l} c_n \mathrm{e}^{\mathrm{i}nx}$$

我们将证明可以如此选择 Δ 使得 $f(x) = \dfrac{s^2(x)}{s^2(0)}$ 满足问题的条件. 显然 $f(x)$

是次数不高于 m 的三角多项式,并且 $f(0) = 1$. 我们将估计 $s(x)$ 和 $h(x)$ 的差.
由 Cauchy – Schwartz 不等式得出

$$|s(x) - h(x)| \leqslant \sum_{|n|>l} |c_n n| \frac{1}{|n|}$$

$$\leqslant \sqrt{\sum_{|n| \leqslant l} |c_n n|^2} \sqrt{\sum_{|n|>l} \frac{1}{n^2}}$$

$$\leqslant \sqrt{\sum_{n=-\infty}^{+\infty} (c_n n)^2} \sqrt{\frac{2}{l}}$$

由 Parseval 公式得出

$$\sum_{n=-\infty}^{+\infty} (c_n n)^2 = \frac{1}{2\pi} \int_{-\Delta}^{\Delta} |h'(x)|^2 \,\mathrm{d}x < \frac{1}{\Delta}$$

因此

$$| s(x) - h(x) | < \sqrt{\frac{2}{l\Delta}}$$

类似的

$$| s'(x) - h'(x) | < \sqrt{\frac{9}{l\Delta^3}}$$

如果

$$l\Delta \geqslant 9$$

那么

$$| s(x) | \leqslant | h(x) | + \sqrt{\frac{2}{l\Delta}} \leqslant \frac{3}{2}$$

此外

$$| s'(x) | \leqslant | h'(x) | + \sqrt{\frac{9}{l\Delta^3}} \leqslant \frac{4}{\Delta} + \frac{1}{\Delta} = \frac{5}{\Delta}$$

因此如果

$$\Delta \geqslant \delta \tag{2}$$

就足以保证

$$| f'(x) | \frac{2}{s^2(0)} | s(x) | | s'(x) | \leqslant \frac{60}{\Delta}$$

如果我们选 $\Delta = \max\left\{\delta, \frac{9}{l}\right\}$，这个不等式和式(1)也成立. $| f(x) |$ 的积分可以用两种方法估计. 如果 $\Delta = \delta$,那么

$$\int_{\delta \leqslant |x| \leqslant \pi} | f(x) | \mathrm{d}x = \frac{1}{s^2(0)} \int_{\delta \leqslant |x| \leqslant \pi} | s^2(x) | \mathrm{d}x = \frac{1}{s^2(0)} \int_{\delta \leqslant |x| \leqslant \pi} (s(x) - h(x))^2 \mathrm{d}x$$

$$\leqslant \frac{1}{s^2(0)} \int_{-\pi}^{\pi} (s(x) - h(x))^2 \mathrm{d}x = \frac{2\pi}{s^2(0)} \sum_{|n| > l} | c_n |^2$$

$$\leqslant \frac{2\pi}{l^2} \sum_{n = -\infty}^{\infty} n^2 c_n^2 < \frac{2\pi}{\Delta l^2} < \frac{1}{l}$$

如果 $\Delta = \frac{9}{l} \pm \delta$,那么

$$\int_{\delta \leqslant |x| \leqslant \pi} | f(x) | \mathrm{d}x \leqslant \int_{-\pi}^{\pi} \frac{s^2(x)}{s^2(0)} \mathrm{d}x = \frac{2\pi}{s^2(0)} \sum_{n = -l}^{l} | c_n |^2$$

$$\leqslant 2\pi \sum_{-\infty}^{\infty} |c_n|^2 = 4\int_{-\pi}^{\pi} h^2(x)\,\mathrm{d}x \leqslant 8\Delta = \frac{72}{l}$$

这就结束了证明.

问题 S.16   证明如果不等式

$$\sum_{n=1}^{m} a_n \leqslant Na_m \quad (m = 1,2,\cdots)$$

对非负实数序列 $\{a_n\}$ 和某个正整数 N 成立,则对 $i,p = 1,2,\cdots$ 成立 $\alpha_{i+p} \geqslant p\alpha_i$,
其中

$$\alpha_i = \sum_{n=(i-1)N+1}^{iN} a_n \quad (i = 1,2,\cdots)$$

解答

解答 1   由于

$$\alpha_{i+p} = \alpha_{(i+p-1)N+1} + \cdots + \alpha_{(i+p)N} \geqslant \frac{1}{N}\Big[\sum_{n=1}^{(i+p-1)N+1} a_n + \cdots + \sum_{n=1}^{(i+p)N} a_n \Big]$$

$$\geqslant \frac{1}{N}N \sum_{n=1}^{(i+p-1)N} a_n = \sum_{n=1}^{N} a_n + \sum_{n=N+1}^{2N} a_n + \cdots + \sum_{n=(i+p-2)N+1}^{(i+p-1)N} a_n$$

$$= \alpha_1 + \alpha_2 + \cdots + \alpha_{i+p-1}$$

由此得出

$$\alpha_{i+p} \geqslant \alpha_1 + \alpha_2 + \cdots + \alpha_{i+p-1}$$

因此 $\alpha_{i+1} \geqslant \alpha_i$,所以就得出

$$\alpha_{i+p} \geqslant \alpha_i + \alpha_{i+1} + \cdots + \alpha_{i+p-1} \geqslant p\alpha_i$$

解答 2   类似于前面的解,我们有

$$\alpha_i \geqslant \sum_{k=1}^{i-1} \alpha_k \tag{1}$$

我们将要证明对任意 i 和 p 成立

$$\alpha_{i+p} \geqslant 2^{p-1} \sum_{k=1}^{i} \alpha_k \tag{2}$$

实际上对 $p = 1$,式(2)就是式(1).如果对 p(2)式成立,那么由

$$\alpha_{i+p+1} \geqslant 2^{p-1} \sum_{k=1}^{i+1} \alpha_k = 2^{p-1}\Big(\alpha_{i+1} + \sum_{k=1}^{i} \alpha_k \Big) \geqslant 2^{p-1}2 \sum_{k=1}^{i} \alpha_k$$

可知对 $p+1$,式(2)也成立.由于 $\alpha_i \geqslant 0$,由此就得出 $\alpha_{i+p} \geqslant 2^{p-1}\alpha_i$.这就完成了

证明.

注记 我们可以类似地证明下面这个更一般的命题. 设 $\{a_n\}$ 是一个非负的实数序列, 使得

$$a_n \geq c \sum_{i=1}^{n-1} a_i$$

像问题中那样定义 α_i, 对所有那种序列什么是使得

$$\alpha_{i+p} \geq d_p \alpha_i$$

成立的最大的常数 d_p?

在我们的问题中 $c = \dfrac{1}{N-1}$. 首先我们将寻求一个 e_p, 使得

$$a_{n+p} \geq e_p \sum_{i=1}^{n} a_i$$

对 $p = 1, e_1 = c$ 即可. 由于

$$a_{n+p+1} \geq e_p \sum_{i=1}^{n-1} a_i \geq e_p(1+c) \sum_{i=1}^{n} a_i$$

因此选 $e_{p+1} = e_p(1+c)$ 是一个不错的主意, 那就是说 $e_p = c(1+c)^{p-1}$, 那样就有

$$\alpha_{i+p} = \sum_{n=(i+p-1)N+1}^{(i+p)N} a_n \geq \sum_{j=1}^{N} e_{(p-1)N+j} \sum_{n=1}^{iN} a_n \geq \Big(\sum_{j=1}^{N} e_{(p-1)N+j} \Big) \alpha_i$$

因此我们可选 d_p 使得

$$d_p = \sum_{j=1}^{N} c(1+c)^{(p-1)N+j-1} = (1+c)^{(p-1)N} \big[(1+c)^N - 1 \big]$$

容易看出如果我们定义 $a_1 = 1, a_n = c(1+c)^{n-2} (n \geq 2)$, 那么对任意 N 和 p, 成立 $\alpha_{p+1} = d_p \alpha_1$, 因此不等式不可能进一步改进.

就像我们在问题中所说的那样, $c = \dfrac{1}{N-1}$, 因此

$$d_p = \Big(\frac{N}{N-1} \Big)^{(p-1)N} \Big[\Big(\frac{N}{N-1} \Big)^N - 1 \Big] \geq e^{p-1}(e-1)$$

但是甚至对 $c = \dfrac{1}{N}, d_p \geq 2^{p-1}$ 也是对的.

问题 S.17　设 $S_v = \sum_{j=1}^{n} b_j z_j^v \ (v = 0, \pm 1. \pm 2, \cdots)$, 其中 b_j 是任意的而 z_j 是

非零复数. 证明

$$|S_0| \leqslant n \max_{0 < |v| \leqslant n} |S_v|$$

解答

设 $\prod_{j=1}^{n}(z - z_j) = \sum_{k=0}^{n} a_k z^k$ 以及 $\max_{0 \geqslant k \geqslant n} |a_k| = |a_m|$. 显然 $|a_m| \geqslant 1$, 那样

$$\sum_{k=0}^{n} a_k S_{k-m} = \sum_{k=0}^{n} a_k b_j z_j^{k-m} = \sum_{j=1}^{n} b_j z_j^{-m} \sum_{k=0}^{n} a_k z_j^k = 0$$

因此

$$|S_0| = \left| \sum_{k=0; k \neq m}^{n} \left(-\frac{a_k}{a_m} \right) S_{k-m} \right| \leqslant \sum_{k=0; k \neq m}^{n} |S_k - m| \leqslant \max_{0 < |v| \leqslant n} |S_v|$$

注记 我们可以证明等号成立的充分必要条件是 $b_1 = b_2 = \cdots = b_n$ 以及数 z_k 的集合就是 $\{a \cdot e^{\frac{2\pi i}{(n+1)}j}(j = 1, 2, \cdots, n)\}$, 其中 a 是一个任意的绝对值等于 1 的常数.

问题 S.18 设 $p \geqslant 1$ 是实数, $\mathbb{R}_+ = (0, \infty)$. 对什么样的连续函数 $g: \mathbb{R}_+ \to \mathbb{R}_+$ 可使得下面的函数

$$M_n(x) = \left[\frac{\sum_{i=1}^{n} g\left(\frac{x_i}{x_{i+1}} \right) x_{i+1}^p}{\sum_{i=1}^{n} g\left(\frac{x_i}{x_{i+1}} \right)} \right]^{\frac{1}{p}}$$

$$x = (x_1, \cdots, x_{n+1}) \in \mathbb{R}_+^{n+1} \quad (n = 1, 2, \cdots)$$

都是凸的?

解答

我们证明当且仅当 g 是一个常函数时, 所有的 $M_n(n = 2, 3, \cdots)$ 都是凸的. 如果 g 是一个常函数, 那么根据 Minkovsky 不等式就有

$$M_n(x + y) \leqslant M_n(x) + M_n(y) \quad (x, y \in \mathbb{R}_+^{n+1}) \tag{1}$$

再由 $M_n(\alpha x) = \alpha M_n(x)(\alpha \in \mathbb{R}_+, x \in \mathbb{R}_+^{n+1})$ 就得出 M_n 是凸的.

反过来, 如果所有的 M_n 都是凸的, 那么我们将证明如果对所有的 $u \in (1 - \delta, 1 + \delta), \delta > 0, M_2(x, u, 1)$ 是 x 的凸函数, 那么函数 g 就是一个常数.

在不等式

$$M_2(\alpha x_1 + (1 - \alpha)x_2, u, 1) \leqslant \alpha M_2(x_1, u, 1) + (1 - \alpha)M_2(x_2, u, 1)$$

$$(x_1, x_2 \in \mathbb{R}_+, u \in (1 - \delta, 1 + \delta), \alpha \in (0, 1))$$

的两边取 p 次幂并在 n 次幂的算数平均之间利用不等式

$$\alpha t + (1 - \alpha)s \leqslant [\alpha t^p + (1 - \alpha)s^p]^{1/p} \quad (t, s > 0, \alpha \in (0, 1))$$

我们得出

$$M_2^p(\alpha x_1 + (1 - \alpha)x_2, u, 1) \leqslant \alpha M_2^p(x_1, u, 1) + (1 - \alpha)M_2^p(x_2, u, 1)$$

在两边消去 $u^p = \alpha u^p + (1 - \alpha)u^p$, 对 $x_1, x_2 \in \mathbb{R}_+, u \in (1 - \delta, 1 + \delta), \alpha \in (0, 1)$, 我们得到

$$\frac{g(u)(1 - u^p)}{g\left(\frac{\alpha x_1 + (1 - \alpha)x_2}{u}\right) + g(u)} \leqslant \alpha \frac{g(u)(1 - u^p)}{g\left(\frac{x_1}{u} + g(u)\right)} + (1 - \alpha)\frac{g(u)(1 - u^p)}{g\left(\frac{x_2}{u}\right) + g(u)}$$

如果 $u < 1$, 那么用 $g(u)(1 - u^p)$ 去除并取极限 $u \to 1 - 0$. 由于 g 是连续的, 我们就得出

$$\frac{1}{g(\alpha x_1 + (1 - \alpha)x_2) + g(1)} \leqslant \alpha \frac{1}{g(x_1) + g(1)} + (1 - \alpha)\frac{1}{g(x_2) + g(1)}$$

对 $u < 1$ 应用同样的方法我们就得出相反的不等式, 所以等号成立, 故函数 $f = \dfrac{1}{g(x) + g(1)}$ 满足 Jensen 不等式

$$f(\alpha x_1 + (1 - \alpha)x_2) = \alpha f(x_1) + (1 - \alpha)f(x_2)(x_1, x_2 \in \mathbb{R}_+, \alpha \in (0, 1))$$

由于 f 是连续的和正的, 所以 $f(x) = Cx + D$, 其中 C 和 D 是非负常数, 所以

$$Cx + D = \frac{1}{g(x) + g(1)} < \frac{1}{g(1)} = 2f(1) = 2(C + D)$$

当 $C > 0$ 时, 上式对大的 x 值不可能成立, 所以必须有 $C = 0$, 因而 g 是一个常数.

注记 某些参赛者标注: 我们不必假设 g 的连续性, 由于这可从 M_n 的凸性得出. 此外, 如果对 $u \in (1 - \delta, 1 + \delta)$, $M_2(x, u, 1)$ 是 x 的凸函数, 那么 g 是连续的.

问题 S. 19 假设 $R(z) = \sum_{n=-\infty}^{\infty} a_n z^n$ 在复平面上的单位圆 $\{z: |z| = 1\}$ 的邻域内收敛, 并且 $R(z) = \dfrac{P(z)}{Q(z)}$ 是这个邻域中的有理函数, 其中 P 和 Q 都是次数

至多为 k 的多项式. 证明存在一个不依赖于 k 的常数 c,使得

$$\sum_{n=-\infty}^{\infty} |a_n| \leqslant ck^2 \max_{|z|=1} |R(z)|$$

解答

用 D 表示复平面上的单位圆盘 $D = \{z : |z| < 1\}$,并用 ∂D 表示它的边界. 我们可设在单位圆的圆周上 $|R(z)| < 1$. 因此我们必须证明 $\sum\limits_{n=-\infty}^{\infty} |a_n| < ck^2$. 如果我们证明了

$$\sum_{n=-\inf}^{-1} |a_n| \leqslant ck^2$$

那么我们可以对 $\dfrac{R\left(\dfrac{1}{z}\right)}{z}$ 应用上式,由此就可得出 $\sum\limits_{n=0}^{\infty} |a_n| < ck^2$,这就结束了证明.

我们知道

$$a_n = \frac{1}{2\pi i}\oint_{\Gamma} \frac{R(z)}{z^{n+1}} dz \tag{1}$$

其中我们可以沿着 ∂D 积分或者沿着一条那样的曲线 Γ 积分使得 $R(z)$ 在被 ∂D 和 Γ 所围的区域内没有极点. 现在我们将巧妙地选择一条 $\Gamma \subseteq D$. 由前面的结果有

$$\sum_{n=-\infty}^{-1} |a_n| \leqslant \frac{1}{2\pi}\oint_{\Gamma} |R(z)| (1 + |z| + \cdots + |z|^i + \cdots) |dz|$$

$$= \frac{1}{2\pi}\oint_{\Gamma} |R(z)| \frac{|dz|}{1 - |z|}$$

我们将找一条 Γ,使得沿着它积分时,最右边的积分不太大. 由于 $R(z)$ 的乘数是 $\dfrac{1}{1-|z|}$,我们必须使得 Γ 尽可能地远离单位圆. 唯一的问题是我们不知道 $R(z)$ 在远离 ∂D 时的任何信息.

用 $q_1, q_2, \cdots, q_h$ 表示 $R(z)$ 在单位圆盘中的极点,其中这些点被包括在一个逼近乘数的序列中. 显然,$h \leqslant k$. Blaschke 积

$$B(z) = \prod_{v=1}^{h} \frac{z - q_v}{1 - \overline{q_v} z}$$

564

在 $\overline{D}$ 中是全纯的,在点 q_v 处变为 0,并且在单位圆的每个点处绝对值不大于 1,所以 $S(z) = R(z)Q(z)$ 在 D 中是全纯的,并且在单位圆的边界上绝对值不大于 1. 因而根据最大模原理,对 $z \in \overline{D}$, $|S(z)| \le 1$,所以

$$|R(z)| \le \frac{1}{\prod_{v=1}^{h} \dfrac{z - q_v}{1 - \bar{q}_v z}} \quad (|z| \le 1) \tag{2}$$

这就是我们要找的逼近.

设

$$\Gamma = \partial\left\{z \in D : \left|\frac{z - q_v}{1 - \bar{q}_v z}\right| \ge 1 - \frac{1}{k+1}, 1 \le v \le h z : |z| = 1\right\}$$

如果 $z \in \Gamma$,那么根据式(2)就有

$$|R(z)| \le \frac{1}{\left(1 - \dfrac{1}{k+1}\right)^k} = \left(1 + \frac{1}{k+1}\right)^k < e \tag{3}$$

上面所定义的曲线不一定是一条 Jordan 曲线,但是它由有限多条闭的 Jordan 曲线所组成. 无论如何,$R(z)$ 在由 Γ 和 ∂D 所界的区域内是全纯的,所以式(1)的所有推论都成立.

显然,Γ 由曲线

$$\Gamma_v = \left\{z : \left|\frac{z - q_v}{1 - \bar{q}_v z}\right| = \frac{k}{k+1}\right\}$$

的某些子曲线组成. 如果 $q_v = 0$,那么 Γ_v 是圆弧. 但是当 $q_v \ne 0$ 时,它也是圆曲线,由于 Γ_v 是从圆弧 $|w| = \dfrac{k}{k+1}$ 通过变换

$$w = \frac{z - q_v}{1 - \bar{q}_v z} \tag{4}$$

而得出的,而每个那种变换把圆变为圆(当然 q_v 不是 Γ_v 的中心,此外,如果我们把 Q 看成双曲几何中的 Poincaré 模型,那么变换(4)就是双曲空间中的保形变换,而 q_v 就是 Γ_v 的非 Euclid 中心,Γ_v 的非 Euclid 半径是逼近于 $\log k$ 的. 见图 S.1).

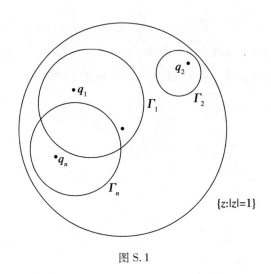

图 S.1

由于 $\Gamma \subseteq \bigcup_{1}^{k} \Gamma_{v}$,根据式(3)就有

$$\sum_{n=-\infty}^{-1} |a_n| \leqslant \frac{e}{2\pi} \oint_{\Gamma} \frac{|dz|}{1-|z|} \leqslant \frac{e}{2\pi} \sum_{v=1}^{h} \oint_{\Gamma_v} \frac{|dz|}{1-|z|}$$

后一个和可用代入式(4)来逼近,并且某些计算如下

$$\oint_{\Gamma_v} \frac{|dz|}{1-|z|} \leqslant 2\oint_{\Gamma_v} \frac{|dz|}{1-|z|^2} = 2 \oint_{|w|=\frac{k}{k+1}} \frac{|dw|}{1-|w|^2} \leqslant \frac{2}{1-\left(\frac{k}{k+1}\right)^2} 2\pi < 8\pi k$$

(这里我们必须做"某些计算"去证明上面的等号. 等号也表明曲线 $\dfrac{|dz|}{1-|z|^2}$ 在

双曲平面上的保形变换下是不变的.)所以

$$\sum_{n=-\infty}^{-1} |a_n| < 4ek^2$$

而我们注意到,由此即可得出

$$\sum_{n=-\infty}^{\infty} |a_n| < 8ek^2$$

注记 上面的不等式不是最佳的 Gábor Somorjai 给出了更好的曲线 Γ,它使得

$$\sum_{n=-\infty}^{\infty} |a_n| < ck\log k$$

问题 S.20 设 $K_n(n=1,2,\cdots)$ 是周期为 2π 的连续函数,令

$$k_n(f;x) = \int_0^{2\pi} f(t) K_n(x - t) \, dt$$

证明下列命题是等价的：

（1）对所有的 $f \in L_1[0,2\pi]$，$\int_0^{2\pi} |k_n(f;x) - f(x)| \, dx \to 0 (n \to \infty)$.

（2）对所有连续的周期为 2π 的函数 f，成立 $k_n(f;0) \to f(0)$.

解答

解答 1 （1）→（2）：用 $C[0,2\pi]$ 表示在最大模下的连续函数的空间，让我们验证算子 $k_n(\cdot;\cdot):L_1 \to L_1$ 的序列：

$$\| k_n(\cdot;\cdot) \| = \sup_{\|f\|_{L_1} \leqslant 1} \| k_n(f;\cdot) \|_{L_1}$$

$$\leqslant \sup_{\|f\|_{L_1} \leqslant 1} \int_0^{2\pi} |f(t)| \, dt \int_0^{2\pi} |K_n(x - t)| \, dt \leqslant \int_0^{2\pi} |K_n(t)| \, dt$$

$$(1)$$

另一方面，由 $K_n(t)$ 的连续性，函数

$$f_\delta(x) = \begin{cases} \dfrac{1}{\delta}, x \in [0,\delta] \\ 0, x \in (\delta,2\pi) \end{cases}$$

满足

$$\| K_n(f_\delta;\cdot) \|_{L_1} \to \int_0^{2\pi} |K_n(t)| \, dt \quad (\delta \to 0)$$

所以

$$\| K_n(\cdot;\cdot) \| = \int_0^{2\pi} |K_n(t)| \, dt$$

对序列 $\{k_n(\cdot;\cdot)\}$ 应用 Banach – Steinhaus 定理我们得出 $\int_0^{2\pi} |K_n(t)| \, dt \leqslant C$，其中 C 是一个和 n 无关的常数.

如果 f 是连续的，那么

$$|k_n(f;x) - k_n(f;x + h)| = \left| \int_0^{2\pi} [f(t) - f(t - h)] K_n(x - t) dt \right|$$

$$\leqslant C \sup_t |f(t) - f(t - h)|$$

所以函数 $k_n(f;x)$ 是等同连续的.

567

设(2)不成立.那么就存在一个连续的f,一个$\varepsilon > 0$和一个序列$\{v_n\}$使得对$n = 1, 2, \cdots$有$k_{v_n}(f; 0) > f(0) + \varepsilon$. 由$\{k_{v_n}(f; x)\}$的一致收敛性,存在一个$\delta$使得对所有的$n$,如果$0 \leqslant x \leqslant \delta (n = 1, 2, \cdots)$有$k_{v_n}(f; x) > f(x) + \dfrac{\varepsilon}{2}$,因此

$$\int_0^{2\pi} | k_{v_n}(f; x) - f(x) | \, dx \geqslant \int_0^{\delta} (k_{v_n}(f; x) - f(x)) \, dx \geqslant \delta \frac{\varepsilon}{2} \quad (n = 1, 2, \cdots)$$

这与(1)矛盾.

$(2) \rightarrow (1)$:众所周知线性算子$k_n(\cdot; 0): C[0; 2\pi] \rightarrow \mathbb{R}$ 的模是$\int_0^{2\pi} | K_n(t) | \, dt$,因此根据 Banach – Steinhaus 定理有$\int_0^{2\pi} | K_n(t) | \, dt \leqslant C (n = 1, 2, \cdots)$,其中$C$是与$n$无关的常数. 由于

$$k_n(f, x_0) = \int_0^{2\pi} f(t) k_n(x_0 - t) \, dt$$

$$= \int_0^{2\pi} f(x_0 + t) K_n(-t) \, dt = k_n(f(x_0 + t); 0)$$

对所有的f是连续的,$k_n(f, x) \rightarrow f(x)$处处成立. 但是$k_n(f; x) \leqslant C \sup(f)$,所以根据 Lebesgue 定理又有

$$\int_0^{2\pi} | k_n(f, x) - f(x) | \, dx \rightarrow 0 \quad (n \rightarrow \infty, f \in C[0, 2\pi])$$

设$f \in L_1[0, 2\pi]$以及$\varepsilon > 0$是任意的. 选一个连续函数g使得$\| g - f \|_{L_1} < \varepsilon$,那么由式(1)

$$\int_0^{2\pi} | k_n(f, x) - f(x) | \, dx \leqslant \int_0^{2\pi} | k_n(f, x) - k_n(g; x) | \, dx +$$

$$\int_0^{2\pi} | k_n(g; x) - g(x) | \, dx$$

$$\int_0^{2\pi} | g(x) - f(x) | \, dx \leqslant C \| g - f \|_{L_1} +$$

$$\int_0^{2\pi} | k_n(g; x) - g(x) | \, dx + \| g - f \|_{L_1}$$

根据前面的论证,当$n \rightarrow \infty$时,上面中间的项趋于 0. 因此对充分大的n

$$\int_0^{2\pi} | k_n(f, x) - f(x) | \, dx$$

可以任意小,这就完成了证明.

解答 2

我们将使用下面形式的 Banach Steinhaus 定理. 设 X 和 Y 是 Banach 空间,$A,A_n:X \to Y(n = 1,2,\cdots)$ 是有界线性算子. 序列 $\{A_n\}$ 点点收敛到 A 的充分必要条件是存在一个常数 C 和封闭系统 $S \subseteq X$,使得

$$\| A_n \| \leq C \quad (n = 1,2,\cdots) \tag{1}$$

$$A_n x \to A x \quad (n \to \infty) \tag{2}$$

对所有的 $x \in S$ 成立. (称 $S \subseteq X$ 是一个封闭系统,如果 S 的线性闭包在 X 中是稠的.)

设 $A_n^1:L_1 \to L_1$ 是算子 $k_n(\cdot;\cdot)$,A^1 是 L_1 上的恒同,$A_n^2:C[0,2\pi] \to \mathbb{R}$ 是函数 $k_n(\cdot;0)$,而 $A^2:C[0,2\pi] \to \mathbb{R}$ 是映射 $f \to f(0)$. 就像我们在前面的解答中所证明的那样,$\| A_n^1 \| = \| A_n^2 \| = \int_0^{2\pi} | K_n(t) | \mathrm{d}t$,因此对 $\{A_n^1\}$ 和 $\{A_n^2\}$,式(1)同时成立.

设

$$S = \{ \mathrm{e}_m = \mathrm{e}^{imx} \}_{m=1}^{\infty}$$

由于 S 在 L_1 和 $C[0,2\pi]$ 中都是闭的以及

$$(A_n^1 \mathrm{e}_m)(x) = \int_0^{2\pi} \mathrm{e}^{imt} K_n(x - t) \mathrm{d}t = \int_0^{2\pi} \mathrm{e}^{im(x+t)} K_n(-t) \mathrm{d}t$$

$$= \mathrm{e}^{imx} \int_0^{2\pi} \mathrm{e}^{imt} K_n(-t) \mathrm{d}t = \mathrm{e}_m(x) A_n^2 \mathrm{e}_m$$

这就得出

$$\| A_n^1 \mathrm{e}_m - A^1 \mathrm{e}_m \|_{L_1} = \int_0^{2\pi} | \mathrm{e}_m(x) A_n^2 \mathrm{e}_m - \mathrm{e}_m(x) | \mathrm{d}x$$

$$= | A_n^2 \mathrm{e}_m - A^2 \mathrm{e}_m | \int_0^{2\pi} | \mathrm{e}_m(x) | \mathrm{d}x$$

$$= 2\pi \| A_n^2 \mathrm{e}_m - A^2 \mathrm{e}_m \|_{\mathbb{R}}$$

因此对 $\{A_n^1\}$ 和 A^1,式(2)成立. 此外对 $\{A_n^2\}$ 和 A^2,式(2)也同时成立. 因此我们已经证明了 $A_n^1 \to A^1$ 和 $A_n^2 \to A^2$ 的点点收敛性的等价性.

问题 S.21 设对所有的 $z \in \mathbb{C}$,全纯函数的级数 $\sum\limits_{k=1}^{\infty} f_k(z)$ 是绝对收敛的.

设 $H \subseteq \mathbb{C}$ 是使得上面的和函数不正则的点组成的集合. 证明 H 是无处稠密的，但不必是可数的.

解答

设 $g_n(z) = \sum_{k=1}^{n} f_k(z)$ 以及 $g(z) = \sum_{k=1}^{\infty} f_k(z)$，那么 $g_n(z)$ 是全纯的，并且对所有的 $z \in \mathbb{C}$，$g_n(z) \to g(z)$. 为了证明命题的第一部分，我们必须证明，在 $\mathbb{C}$ 的每个圆 K 的内部都存在一个圆 k，在它里面 $g(z)$ 是全纯的. 设 $\varphi(z) = \sup_n |g_n(z)|$，根据收敛性 $\varphi(z)$ 是存在的并且对每个 $z \in \mathbb{C}$ 是有限的. 设 $A_k = \{z \in K \mid k-1 \leqslant \varphi(z) < k\}$ $(k = 1,2,\cdots)$. 根据 Baire 定理，存在一个 N 使得 A_N 在某个圆 $k \subseteq K$ 中是稠密的. 如果对某个 $z_0 \in k$ 有 $\varphi(z_0) > N$，那么对某个 n，$|g_n(z_0)| > N$，这与 A_N 在 k 中稠密矛盾. 因此如果 $z \in k$，则 $\varphi(z) \leqslant N$，因而如果 $z \in k$，则 $|g_n(z)| \leqslant N$. 根据 Vitali – Montel 定理，存在 $\{g_n(z)\}$ 的一个子序列，它在 k 中是等同收敛的. 由于 $g_n(z)$ 是收敛的，所以这个子序列收敛到 $g(z)$. 因此根据 Weierstrass 定理，$g(z)$ 在 k 中是全纯的. 这样我们就证明了 H 是无处稠密的.

注记

1. 在这个证明中，我们没有用到函数级数 $\sum_{k=1}^{\infty} f_k(z)$ 的绝对收敛性. 为了证明问题的第二部分，我们需要用到下面的结果.

Mergelyan 定理　设 K 是 $\mathbb{C}$ 的紧致集合，使得它的余集是连通的，并设 f 是 K 上的连续的复函数使得它在 K 内是全纯的，那么对任意 $\varepsilon > 0$，存在一个多项式 P 使得对所有的 $z \in K$ 都成立 $|f(z) - P(z)| < \varepsilon$. （见 W. Rudin, Real and Complex Analysis, McGraw – Hill, London, 1970. ）

设 $A = \{z \mid \text{Im}\, z < 0\}$，$B = \{z \mid \text{Im}\, z > 0\}$，$C = \{z : z \text{ 是实数}\}$. 存在紧致集合的序列 $\{A_n\}$，$\{B_n\}$ 和 $\{C_n\}$ $(n = 1,2,\cdots)$ 使得

$$A_n \subseteq A_{n+1}, \quad B_n \subseteq B_{n+1}, \quad C_n \subseteq C_{n+1}$$

并且对 $n = 1,2,\cdots$ 有

$$C \backslash (A_n \cup B_n \cup C_n)$$

是连通的.

并且有

$$\bigcup_{1}^{\infty} A_n = A, \ \bigcup_{1}^{\infty} B_n = B, \ \bigcup_{1}^{\infty} C_n = C$$

因此 $A_n \cup B_n \cup C_n$ 是紧致的,它的余集是连通的,并且

$$f(z) = \begin{cases} 1, z \in A_n \cup B_n \\ 0, z \in C_n \end{cases}$$

因此,根据 Mergelyan 定理,对任意 $\varepsilon > 0$,存在一个多项式 $P_{\varepsilon,n}$ 和 n 使得如果 $z \in A_n \cup B_n$,就有 $|1 - P_{\varepsilon,n}| < \varepsilon$,而如果 $z \in C_n$,则 $|P_{\varepsilon,n}(z)| < \varepsilon (n = 1, 2, \cdots)$. 设

$$f_1(z) = Q_1(z), f_2(z) = Q_2(z) - Q_1(z), \cdots, f_k(z) = Q_k(z) - Q_{k-1}(z), \cdots$$

其中 $Q_n(z) = P_{\frac{n}{2^n}}(z) (n = 1,2,\cdots)$ 是多项式的序列,那么 $\sum_{k=1}^{n} f_k(z) = Q_n(z)$,因此

$$\sum_{k=1}^{n} f_k(z) = \begin{cases} 1, z \ 不是实数 \\ 0, z \ 是实数 \end{cases}$$

这里 H 是实数集合,因此是不可数的. 另一方面对任意 $z \in \mathbb{C}$,存在一个 N,使得当 $n \geqslant N$ 时,就有 $z \in A_n \cup B_n \cup C_n$. 因此在这个点 z 处成立

$$\sum_{k=1}^{\infty} |f_{N+k}(z)| = \sum_{k=1}^{\infty} |Q_{N+k}(z) - Q_{N+k-1}(z)| \leqslant \sum_{k=1}^{\infty} 2\frac{1}{2^{N+k-1}} < \infty$$

所以 $\sum_{k=1}^{\infty} f_k(z)$ 在 z 点收敛.

2. 我们可以证明一个更强的命题:H 的测度可以是正的. 设 R 是实轴,I 是虚轴. 只需证明,如果 S 是 I 的无处稠密的子集,那么就存在一个满足问题条件的全纯函数的序列 $\{f(n)\}_{n=1}^{\infty}$ 并且在 H 中的 $R \times S$ 包含一个可从序列 $\{f(n)\}_{n=1}^{\infty}$ 得出的集合. 因此设 S 是 I 的无处稠密的开集,所以 $I \setminus \bar{S}$ 是 I 的稠密集,因此它是可数多个不相交的区间的并. 设这些区间是 $i_k = (a_k, b_k) (k = 1,2,\cdots)$. (我们可以假设 a_k 和 b_k 都是有限的.) 设 $\{r_l^{(k)}\}_{l=1}^{\infty}$ 是单调递减的,$\{r_l^{(k)}\}_{l=1}^{\infty}$ 是单调递增的使得 $r_l^{(k)} < l_l^{(k)}$,并且当 $l \to \infty$ 时,$r_l^{(k)} \to a_k, s_l^{(k)} \to b_k$. 设 $\{\alpha_n\}_{n=1}^{\infty}$ 是正整数的序列使得它包含每个正整数无限多次. 设 n 是一个任意的正整数,$\alpha_n = k$,用 l

表示 $\{m:m\leqslant n,\alpha_m=k\}$ 的基数并设

$$K_n=\{z\mid r_{2l-1}^{(k)}<\mathrm{Im}\,z\leqslant s_{2l-1}^{(k)},\mid\mathrm{Re}\,z\mid\leqslant n\}$$

$$A_n=\{z\mid\mathrm{Im}\,z=r_{2l}^{(k)},\mid\mathrm{Re}\,z\mid\leqslant n\}$$

$$B_n=\{z\mid\mathrm{Im}\,z=s_{2l}^{(k)},\mid\mathrm{Re}\,z\mid\leqslant n\}$$

$$L_n=\{z\mid r_{2l-1}^{(k)}\geqslant\mathrm{Im}\,z\geqslant\min(a_k-n,-n),\mid\mathrm{Re}\,z\mid\leqslant n\}$$

$$M_n=\{z\mid s_{2l-1}^{(k)}\geqslant\mathrm{Im}\,z\geqslant\max(b_k+n,n),\mid\mathrm{Re}\,z\mid\leqslant n\}$$

集合 $P_n=K_n\cup A_n\cup B_n\cup L_n\cup M_n$ 是紧致的,并且它的余集在 $\overline{\mathbb{C}}$ 中是连通的. 因此根据 Runge 定理,存在一个多项式 f_n 使得

$$\text{如果 }z\in K_n\cup L_n\cup M_n,\text{则}\mid f_n(z)\mid<\frac{1}{2^n}$$

$$\text{如果 }z\in A_n\cup B_n,\text{则}\mid f_n(z)-n\mid<\frac{1}{2^n}$$

因此:

(1) 函数 f_n 是多项式,因此在 $\mathbb{C}$ 中是全纯的.

(2) 对任意 $z\in\mathbb{C}$,存在一个 N_0,使得当 $n>N_0$ 时 $z\in K_n\cup L_n\cup M_n$,因此当 $n>N_0$ 时,$\mid f_n(z)\mid<\dfrac{1}{2^n}$,并且 $\sum\limits_{n=1}^{\infty}\mid f_n(z)\mid<\infty$.

(3) 设 $z_0\in R\times S$ 是任意的. $\varepsilon>0$ 以及 $U_\varepsilon=\{z:z-z_0\mid<\varepsilon\}$,那么存在一个下标 k_0 使得 $U_{\frac{\varepsilon}{2}}\cap(\mathbb{R}\times i_{k_0})\neq0$,因此 $U_\varepsilon\cap\{z:\mathrm{Im}\,z=a_{k_0}\}\neq0$ 或者 $U_\varepsilon\cap\{z:\mathrm{Im}\,z=b_{k_0}\}\neq0$.

假设 $U_\varepsilon\cap\{z:\mathrm{Im}\,z=a_{k_0}\}\neq0,z_1\in U_\varepsilon\cap\{z:\mathrm{Im}\,z=a_{k_0}\}$. (其他情况可类似地讨论.) 设 $n_0\geqslant\max(\mid\mathrm{Re}\,z_0\mid+\varepsilon,\mid\mathrm{Im}\,z_0\mid+\varepsilon)$ 使得如果 $n\geqslant n_0$ 并且 $\alpha_n=k_0$,就有 $K_n\cap U_\varepsilon\neq0$. 设 $g_{n_0}=\sum\limits_{n=1}^{n_0}g_n$. 由于 g_{n_0} 在 z_1 处是连续的,因此存在一个 $0<\delta<\varepsilon$ 使得对所有的 $z\in V_\delta=\{z:\mid z-z_1\mid<\delta\}$ 有 $\mid g_{n_0}(z)-g_{n_1}\mid<1$. 设 $n_1>n_0$ 使得 $\alpha_{n_1}=k_0,n_1>5+2\mid g_{n_0}(z_1)\mid$ 并且 $K_{n_1}\cap V_\delta\neq0$. 设 $\lambda_1\in A_{n_1}\cap U_\delta,\lambda_2\in\partial K_{n_1}\cap U_\delta$,其中 ∂K_{n_1} 表示 K_{n_1} 的边界.

如果 $n>n_0$ 并且 $n\neq n_1$,那么

$$|f_n(\lambda_1)| < \frac{1}{2^n}$$

并且

$$|f_{n_1}(\lambda_1) - n_1| < \frac{1}{a^n}$$

所以

$$|f(\lambda_1) - g_n(z_1) - n_1| \leqslant |g_{n_0}(\lambda_1) - g_{n_0}(z_1)| + |f_{n_1}(\lambda_1) - n_1| +$$

$$\sum_{n > n_0, n \neq n_1} f_n(\lambda_1) \leqslant 1 + \sum_{n = n_0 + 1}^{\infty} \frac{1}{2^n} \leqslant 2$$

另一方面,当 $n \geqslant n_0$ 时有

$$|f_n(\lambda_2)| < \frac{1}{2^n}$$

所以

$$|f(\lambda_2) - g_{n_0}(z_1)| \leqslant |g_{n_0}(\lambda_2) - g_n(z_1)| + \sum_{n = n_0 + 1}^{\infty} |f_n(\lambda_2)| \leqslant 2$$

因此

$$|f(\lambda_1)| \geqslant |g_{n_0}(z_1) + n_1| - |f(\lambda_1) - g_{n_0}(z_1) - n_1| \geqslant n_1 - |g_{n_0}(z_1)| - 2$$

以及

$$|f(\lambda_2)| \leqslant |f(\lambda_2) - g_{n_0}(z_1)| + |g_{n_0}(z_1)| \leqslant 2 + |g_{n_0}(z_1)|$$

因而

$$|f(\lambda_1)| - |f(\lambda_2)| \geqslant n_1 - 4 - 2g_{n_0}(z_1) > 1$$

所以 $|f|$ 在 U_ε 中的全变差大于 1. 由于 $\varepsilon > 0$ 是任意的,所以 $|f|$ 在 z_0 点不连续. 所以 $|f|$ 在 $R \times S$ 中的点处是不连续的. 那就是说 $\{f_n\}_{n=1}^{\infty}$ 满足问题的条件,而从 $\{f_n\}_{n=1}^{\infty}$ 得出的集合 H 包含 $R \times S$. 由此,注记中的命题就被证明了.

问题 S. 22 设 $f(x)$ 是 $(0, 2\pi)$ 上的非负可积函数,其 Fourier 级数是 $f(x) = a_0 + \sum_{k=1}^{\infty} a_k \cos(n_k x)$,其中没有一个正整数 n_k 能整除另一个. 证明 $|a_k| \leqslant a_0$.

解答

设 $K_n(x) = \frac{1}{2} + \left(1 - \frac{1}{n+1}\right)\cos x + \cdots$ 是第 n 个 Fejér 核. 已知 $K_n(x) \geqslant$

0. 积分之后得到 $0 \leqslant \int_0^{2\pi} f(x) K_n(n_k x) \, \mathrm{d}x = \pi\left(a_0 + \left(1 - \dfrac{1}{n+1}\right) a_{n_k}\right)$，因此当 $n \to$

∞ 时，$a_{n_k} \leqslant a_0$. $K_n(x - \pi) = \dfrac{1}{2} - \left(1 - \dfrac{1}{n+1}\right) \cos x + \cdots$，因此

$$0 \leqslant \int_0^{2\pi} f(x) K_n(n_k x - \pi) = \pi\left(a_0 - \left(1 - \dfrac{1}{n+1}\right) a_{n_k}\right)$$

所以当 $n \to \infty$ 时就得出 $a_{n_k} \leqslant -a_0$.

问题 S.23　给定了一个由 1 和 2 组成的无务序列，它具有以下性质：

(1) 这个序列的第一个元素是 1.

(2) 这个序列中没有两个连续的 2 或三个连续的 1.

(3) 如果我们把连续的 1 换成一个单独的 2，保留单独的 1，再去掉原来的 2，就得到一个覆盖原序列的序列.

问这个序列的前 n 项中有多少个 2?

解答

根据问题的条件可知序列的前 $n-1$ 个元素确定了第 n 个元素，因此序列是唯一的. 容易看出，下面的由 1 和 2 组成的序列满足问题的条件. 第 n 个 2 的下标比第 $n-1$ 个 2 的下标大 2 或 3 的充分必要条件是序列的第 n 个元素是 1 或 2.

下面的条件是等价于 (3) 的：

(3′) 如果我们把所有的 1 换成 12，把所有的 2 换成 112，那么原数列不变.

用 $f(n)$ 表示前 n 个元素中 2 的个数，我们将要证明，对所有的 n 成立

$$f(f(n) + 2n) = n \tag{a}$$

$$f(f(n) + 2n - 1) = n - 1 \tag{b}$$

$$f(f(n) + 2n + 1) = n \tag{c}$$

为证明这些式子，把前 n 个元素换成 (3′) 所描述的序列，因此我们得到 $3f(n) + 2(n - f(n)) = f(n) - 2n$ 个元素，其中 2 的个数是 n，这就证明了 (a). 由 (3′)，这 $f(n) - 2n$ 个元素的结尾是 12，而根据条件 (2) 第 $f(n) - 2n + 1$ 个元素是 1，这就得出了 (b) 和 (c). 显然

$$f(1) = 0, f(2) = 1 \tag{d}$$

现在,我们要证明如果函数 $g: \mathbb{N} \to \mathbb{N}$ 满足(a) ~ (d),那么 $g = f$.

假设对所有的 $k < n$,我们已经证明了 $f(k) = g(k)$. 由于 $h(k) = f(k) + 2k, h(k+1) - h(k) \leqslant 3$,因此存在一个正整数 $k < n$,使得 $n = f(k) + 2k + \varepsilon_n$,其中 $\varepsilon_n = 0, \pm 1$. 那么由(1),(2)或(3)以及归纳法假设就得出

$$f(n) = f(f(k) + 2k + \varepsilon_n) = \begin{cases} k, & \varepsilon_n = 0,1 \\ k-1, & \varepsilon_n = -1 \end{cases}$$

此外

$$g(n) = g(f(k) + 2k + \varepsilon_n) = g(g(k) + 2k + \varepsilon_n) = \begin{cases} k, & \varepsilon_n = 0,1 \\ k-1, & \varepsilon_n = -1 \end{cases}$$

所以 $f(n) = g(n)$.

最后,我们要证明 $g(n) = \left[(\sqrt{2} - 1)n + 1 - \dfrac{1}{\sqrt{2}} \right]$ 满足(a) ~ (d),因此

$$f(n) = \left[(\sqrt{2} - 1)n + 1 - \dfrac{1}{\sqrt{2}} \right]$$

显然 $g(1) = 0, g(2) = 1$. 为验证(a),我们把 $g(n)$ 写成

$$g(n) = \left[(\sqrt{2} - 1)n + 1 - \dfrac{1}{\sqrt{2}} \right] - \varepsilon(n)$$

其中 $\varepsilon(n) \in [0,1]$. (然而 $\varepsilon(n) = 0$ 不可能成立,但是,我们并不需要使用这一事实.)因此

$$g(g(n) + 2n) = \left[(\sqrt{2} - 1)\left((\sqrt{2} - 1)n + 1 - \dfrac{1}{\sqrt{2}} - \varepsilon(n) + 2n \right) + 1 - \dfrac{1}{\sqrt{2}} \right]$$

$$= \left[n + (1 - \varepsilon(n))(\sqrt{2} - 1) \right] = n$$

我们可以类似地验证(b)和(c).

注记 写出 $f(n)$ 的前几个元素后,我们看出 $f(n)$ 是某个线性函数的整数部分. 如果我们把 $f(n) = [an + b]$ 代入(a)和(b),我们得到(a)和(b)仅当 $a = \sqrt{2} - 1, b = 1 - \dfrac{1}{\sqrt{2}}$ 时成立.

问题 S.24 设 $a_0, a_1, \cdots$ 是非负的实数,使得

$$\sum_{n=0}^{\infty} a_n = \infty$$

对任意的 $c > 0$,设

$$n_j(c) = \min\left\{k : c \cdot j \leq \sum_{i=0}^{k} a_i\right\} \quad (j = 1, 2, \cdots)$$

证明:如果 $\sum_{i=0}^{\infty} a_i^2 < \infty$,那么存在一个 $c > 0$ 使得 $\sum_{j=1}^{\infty} a_{n_j(c)} < \infty$;如果 $\sum_{i=0}^{\infty} a_i^2 = \infty$,那么存在一个 $c > 0$ 使得 $\sum_{j=1}^{\infty} a_{n_j(c)} = \infty$.

解答

设

$$s_k = \sum_{i=0}^{k} a_i$$

用 $\chi_{k,j}$ 表示区间 $I_{k,j} = \left[\dfrac{1}{j}s_{k-1}, \dfrac{1}{j}s_k\right]$ 的特征函数. 设

$$f(c) = \sum_{j=1}^{\infty} a_{n_j(c)}; f:(0, \infty) \rightarrow (0, +\infty]$$

由于当且仅当 $n_j(c) = k$ 时 $\chi_{k,j}(c) = 1$,所以函数 $f = \sum_{k,j} a_k \chi_{k,j}$ 是 Lebesgue - 可测的. 因此

$$\int_a^b f(c) \mathrm{d}c = \sum_{k=\infty, j=p}^{\infty} a_k \lambda(I_{k,j} \cup [a, b])$$

我们将对此积分的上下界给出估计.

下界的估计我们仅对使得

$$I_{k,j} \subseteq [a, b]$$

的对 k, j 求和. 因此仅对如果

$$a \leq \frac{1}{j}s_{k-1} \leq \frac{1}{j}s_k \leq b$$

或等价地

$$\frac{s_k}{b} \leq j \leq \frac{s_{k-1}}{a}$$

对 k, j 求和.

576

注意

$$\lambda(I_{k,j}) = \frac{a_k}{j}$$

所以
$$\int_a^b f(c)\,dc \geqslant \sum_{k=0}^{\infty} \sum_j \frac{1}{j} a_k^2 \geqslant \sum_{k=0}^{\infty} a_k^2 \int_{(s_k/b)+1}^{s_{k-1}/a} \frac{1}{x}\,dx$$

$$= \sum_{k=0}^{\infty} a_k^2 \ln \frac{s_{k-1}/a}{s_k/b+1} = \sum_{k=0}^{\infty} a_k^2 \ln \frac{b\,s_{k-1}}{as_k + ab}$$

上界的估计我们仅对满足

$$I_{k,j} \cap [a,b] \neq \varnothing$$

的 k,j 求和,因此仅对满足

$$\frac{1}{j} s_{k-1} < b$$

和
$$a \leqslant \frac{1}{j} s_k$$

或等价地,满足

$$\frac{s_{k-1}}{b} < j \leqslant \frac{s_k}{a}$$

的对 k,j 求和. 所以

$$\int_a^b f(c)\,dc \leqslant \sum_{k=0}^{\infty} a_k^2 \Big(\sum_j \frac{1}{j} \Big) \leqslant \sum_{k=0}^{\infty} a_k^2 \Big(1 + \frac{1}{2} + \ln \frac{b_{s_k}}{as_{k-1} + ab} \Big)$$

如果 $\limsup a_n = \alpha > 0$,那么对无限多个 n 成立 $a_n > \dfrac{\alpha}{2}$,因此 $\sum a_k^2 = \infty$.

由于和 $\sum_{j=1}^{\infty} a_{n_j(\frac{\alpha}{2})}$ 中有无穷多个项大于 a_n,所以 $f\Big(\dfrac{\alpha}{2}\Big) = \infty$.

因此我们假设 $\lim a_n = 0$,那么 $\dfrac{s_n}{s_{n-1}} \to 1$,所以

$$\lim \ln \frac{b\,s_{k-1}}{as_k + ab} = \ln \frac{b}{a} > 0$$

$$\lim \ln \frac{b\,s_k}{as_{k-1} + ab} = \ln \frac{b}{a}$$

因此存在实数 $A > 0, B > 0, C > 0$ 和 D 使得

577

$$\sum_{k=0}^{\infty} \left(\ln \frac{b \, s_{k-1}}{a s_k + ab} \right) a_k^2 \geqslant \left(\sum_{k=0}^{\infty} a_k^2 \right) A + B$$

$$\sum_{k=0}^{\infty} \left(\frac{3}{2} + \ln \frac{b \, s_k}{a s_{k-1} + ab} \right) a_k^2 \leqslant \left(\sum_{k=0}^{\infty} a_k^2 \right) C + D$$

因此如果 $\sum a_k^2 < \infty$，那么 $\int_b^a f(c) \, \mathrm{d}c < \infty$，所以几乎处处成立 $f(c) < \infty$. 而

如果 $\sum a_k^2 = \infty$，则 $\int_b^a f(c) \, \mathrm{d}c = \infty$，因此对任意 $a < b$，集合

$$\left\{ \sum_{j=1}^{\infty} a_{n_j(c)} > m \right\}$$

对任意 m 是稠密的.

然而 $a_{n_j(c)}$ 是 c 的左上半连续函数，因此得出它的和

$$\sum_{j=1}^{\infty} a_{n_j(c)}$$

也是左上半连续的.

所以集合 $\{a_{n_j(c)} > m\}$ 是稠密的和开的，故集合 $\{f = \infty\}$ 是第二范畴集合并且是非空的.

问题 S. 25　设 $\dfrac{2}{\sqrt{5} + 1} \leqslant p < 1$ 并设实数序列 $\{a_n\}$ 具有以下性质：对每个由

0 和 ± 1 组成的并使得 $\displaystyle\sum_{n=1}^{\infty} e_n p^n = 0$ 的序列 $\{e_n\}$，都有 $\displaystyle\sum_{n=1}^{\infty} e_n a_n = 0$. 证明存在一个

数 c 使得对所有的 n 有 $a_n = c p^n$.

解答

我们从一个定义开始.

定义　设 L 表示所有使得 $L = \displaystyle\sum_{n=1}^{\infty} l_n < \infty$ 的正的严格递减的序列 $\{l_n\}$ 的

集合. 称一个序列是区间充满的，如果对每个 $x \in [0, L]$，都存在一个序列 $\varepsilon_n \in$

$\{0, 1\}$，使得 $x = \displaystyle\sum_{n=1}^{\infty} \varepsilon_n l_n$.

我们需要三个引理.

引理 1　如果一个序列 $\{l_n\} \in L$ 满足

$$\lambda_n \leqslant \sum_{i=n+1}^{\infty} \lambda_i \quad (n = 1,2,\cdots)$$

则它是区间充满的.

引理 1 的证明 对 $x \in [0,L]$,我们归纳地定义一个数 ε_n 如下

$$\varepsilon_n = \begin{cases} 1, & \sum_{i=1}^{n-1} \varepsilon_i \lambda_i + \lambda_n < x \\ 0, & \sum_{i=1}^{n-1} \varepsilon_i \lambda_i \geqslant x \end{cases}$$

对任何使得 $\varepsilon_n = 0$ 的 n,有

$$0 \leqslant x - \sum_{i=1}^{\infty} \varepsilon_i \lambda_i \leqslant x - \sum_{i=1}^{n-1} \varepsilon_i \lambda_i \leqslant \lambda_n$$

因此如果有无穷多个那种 n,则 $x = \sum_{i=1}^{\infty} \varepsilon_i \lim_{n \to 0} l_i$. 然而,如果只有有限多个那种 n,则对其中最大者成立

$$x - \sum_{i=1}^{n-1} \varepsilon_i \lambda_i \leqslant \lambda_n \leqslant \sum_{i=n+1}^{\infty} \lambda_i = \sum_{i=n+1}^{\infty} \varepsilon_i \lambda_i$$

由上式就得出

$$x \leqslant \sum_{n=1}^{\infty} \varepsilon_n l_n$$

所以甚至在这种情况下断言仍然成立.

引理 2 对 $\dfrac{2}{\sqrt{5}+1} \leqslant p < 1$,序列

$$p, p^2, p^3, \cdots$$

是区间充满的,而对任意正整数 N,序列

$$p, p^2, \cdots, p^{N-2}, p^{N-1}, p^{N+1}, p^{N+2}, \cdots$$

也是区间充满的.

引理 2 的证明 由引理 1,只需验证对所有的 $n \in \mathbb{N}$,

$$p^n \leqslant \sum_{i=n+1}^{\infty} p^i$$

和

579

$$p^{n-1} \leqslant \sum_{i=n+1}^{\infty} p^i$$

成立即可. 其中第一个式子等价于 $1 \leqslant \dfrac{p}{1-p}$, 而第二个式子等价于 $1 \leqslant \dfrac{p^2}{1-p}$, 而根据条件 $\dfrac{2}{\sqrt{5}+1} \leqslant p < 1$, 这两个式子都成立.

引理 3 设 A 和 B 是非空的、不相交的集合, 它们的并是正整数的集合. 又设 $\dfrac{2}{\sqrt{5}+1} \leqslant p < 1$, 则存在非空的集合 $A' \subseteq A, B' \subseteq B$, 使得

$$\sum_{i \in A'} p^i = \sum_{i \in B'} p^i \tag{1}$$

引理 3 的证明 设 $L = \dfrac{p}{1-p}$ 以及 $x = \sum_{i \in A} p^i$. 选 $N \in A$ 使得 $x < L - p^N$. 如果 A 是有限的, 那么可选 N 是 A 中的最大者, 否则我们可选 N 是 A 中下标充分大的任意一个元素. 根据引理 2 可知, 序列

$$p, p^2, \cdots, p^{N-2}, p^{N-1}, p^{N+1}, p^{N+2}, \cdots$$

是区间充满的, 因此存在一个集合 $C \subseteq \mathbb{N} \setminus \{N\}$ 使得

$$\sum_{i \in C} p^i = x = \sum_{i \in A} p^i$$

设 $A' = A \setminus C, B' = C \setminus A$, 那么式 (1) 显然成立. 由于 $N \in A'$ 以及 A' 是非空的, 由此和式 (1) 便得出 B' 也是非空的.

经过这些准备工作之后, 我们转向问题中的命题的证明. 对每个 $c \in \mathbb{R}$, 序列 $a_n' = a_n - cp^n$ 也满足定理的假设. 假设断言不成立, 那么我们可以选择一个实数 c, 对这个 c, 存在一个 n 使得 $a_n' > 0$ 以及另外一个 n 使得 $a_n' < 0$. 设

$$A = \{n \in N : a_n' > 0\}, B = \{n \in N : a_n' \leqslant 0\}$$

应用引理 3, 我们得到两个具有所述性质的集合 A' 和 B', 借助于它们, 我们定义

$$e_n = \begin{cases} 1, & n \in A' \\ -1, & n \in B' \\ 0, & \text{其他} \end{cases}$$

那么就有

$$\sum_{i=1}^{\infty} e_i p^i = \sum_{i \in A'} p^i - \sum_{i \in B'} p^i = 0$$

但是

$$\sum_{i=1}^{\infty} e_i a_i' = \sum_{i \in A'} a_i' - \sum_{i \in B'} a_i' > 0$$

矛盾. 所得的矛盾就证明了命题.

注记 这结果对任意 $0 < p < 1$ 都是对的(见 Z. Daróczi, 1. Kátai, T. Szabó, On Completely Additive Functions Related to Interval-filling Sequences, Arch. Math. 54(1990), 173 – 179).

问题 S.26 设 S 是使得恰存在一个满足

$$\sum_{n=1}^{\infty} a_n q^{-n} = 1$$

的 $0 - 1$ 序列 $\{a_n\}$ 的实数 q 的集合. 证明 S 的基数是 $2^{\aleph_0}$.

解答 设 $\{b_n\}$ 是一个序列,使得 $b_1 = b_2 = 1, b_{3n} = 1, b_{3n+1} = 0, b_{3n+2} = 0$ 或 1 ($n = 1, 2, \cdots$). 恰有一个数 $q > 1$ 使得

$$\sum_{n=1}^{\infty} \frac{b_n}{q^n} = 1$$

那种 q 是存在的,由于当 $|x| < 1$ 时,级数 $\sum_{n=1}^{\infty} b_n x^n$ 是收敛的、连续的,在 $x = 0$ 处取值为 0,在 $x \to 1 -$ 时趋于无穷.

我们将证明如果存在一个元素为 0 或 1 的序列 $\{a_n\}$,并且

$$\sum_{n=1}^{\infty} \frac{a_n}{q^n} = 1$$

那么对所有的 n 就有 $a_n = b_n$.

假设不然,设 k 是使得 $a_k \neq b_k$ 成立的最小的正整数值,那么

$$\sum_{n=k}^{\infty} \frac{a_n}{q^n} = \sum_{n=k}^{\infty} \frac{b_n}{q^n}$$

由于

$$1 = \sum_{n=1}^{\infty} \frac{b_n}{q^n} \geqslant \frac{1}{q} + \frac{1}{q^2} + \sum_{n=1}^{\infty} \frac{1}{q^{3n}} = \frac{q^4 + q^3 + q^2 - q - 1}{q^5 - q^2}$$

那就是说,成立 $q^5 - q^4 - q^3 - 2q^2 + q + 1 \geq 0$,并且

$$\frac{q^2 + q}{q^3 - 1} = 1 - \frac{q^3 - q^2 - q - 1}{q^3 - 1} = 1 - \frac{(q^3 - q^2 - q - 1)(q^3 - 1)}{(q^3 - 1)^2}$$

$$= 1 - \frac{q(q^5 - q^4 - q^3 - 2q^2 + q + 1) + 1}{(q^3 - 1)^2} < 1$$

所以

$$\sum_{n=1}^{\infty} \left(\frac{1}{q^{3n-2}} + \frac{1}{q^{3n-1}} \right) < 1$$

假设 $b_k = 0$ 并且 $a_k = 1$. 如果 $n > 1$,那么 b_n, b_{n+1} 和 b_{n+2} 之中至少要有一个数为 0. 因此

$$\frac{b_n}{q^n} + \frac{b_{n+1}}{q^{n+1}} + \frac{b_{n+2}}{q^{n+2}} \leq \frac{1}{q^n} + \frac{1}{q^{n+1}}$$

因此

$$\sum_{n=k}^{\infty} \frac{b_n}{q^n} = \sum_{n=k+1}^{\infty} \frac{b_n}{q^n} \leq \sum_{m=0}^{\infty} \left(\frac{1}{q^{k+3m+1}} + \frac{1}{q^{k+3m+2}} \right)$$

$$= \frac{1}{q^k} \sum_{m=1}^{\infty} \left(\frac{1}{q^{3m-2}} + \frac{1}{q^{3m-1}} \right) < \frac{1}{q^k} \leq \sum_{n=k}^{\infty} \frac{a_n}{q^n}$$

而这是一个矛盾.

下面我们假设 $b_k = 1$ 以及 $a_k = 0$. 由于 b_n, b_{n+1} 和 b_{n+2} 之中至少要有一个数为 1,则

$$\frac{b_n}{q^n} + \frac{b_{n+1}}{q^{n+1}} + \frac{b_{n+2}}{q^{n+2}} \geq \frac{1}{q^{n+2}}$$

所以

$$\sum_{n=k}^{\infty} \frac{b_n}{q^n} \geq \frac{1}{q^k} + \sum_{m=1}^{\infty} \frac{1}{q^{n+3m}} = \frac{1}{q^k} \left(1 + \sum_{m=1}^{\infty} \frac{1}{q^{3m}} \right)$$

$$> \frac{1}{q^k} \left[\sum_{m=1}^{\infty} \left(\frac{1}{q^{3m-2}} + \frac{1}{q^{3m-1}} \right) + \sum_{m=1}^{\infty} \frac{1}{q^{3m}} \right] = \frac{1}{q^k} \sum_{n=1}^{\infty} \frac{1}{q^n}$$

$$\geq \sum_{n=k+1}^{\infty} \frac{a_n}{q^n} = \sum_{n=k}^{\infty} \frac{a_n}{q^n}$$

这仍然是一个矛盾. 因此,仅有序列 $\{b_n\}$ 满足条件.

582

不同的 $\{b_n\}$ 的序列集合的基数是 $2^{\aleph_0}$. 如果两个 $\{b_n\}$ 是不同的,那么对应的数 q 也是不同的. 因此 S 的基数要大于 $2^{\aleph_0}$,但是由于所有实数的集合的基数是 $2^{\aleph_0}$,所以 S 的基数不可能大于 $2^{\aleph_0}$.

问题 S.27   给定 $a_n \geqslant a_{n+1} > 0$ 和自然数 μ,使得

$$\limsup_n \frac{a_n}{a_{\mu n}} < \mu \tag{1}$$

证明对所有的 $\varepsilon > 0$ 都存在自然数 N 和 n_0,使得对所有的 $n > n_0$ 成立下面的不等式

$$\sum_{k=1}^{n} a_k \leqslant \varepsilon \sum_{k=1}^{Nn} a_k$$

解答

我们必须求出一个自然数 n_0,使得对任意 $\varepsilon > 0$,存在一个自然数 N,使得对所有的 $n > n_0$,成立

$$\frac{1}{\varepsilon} \leqslant \frac{\displaystyle\sum_{k=1}^{nN} a_k}{\displaystyle\sum_{k=1}^{N} a_k}$$

其中条件(1)成立.

在区间 $\left(\limsup\limits_n \dfrac{a_n}{a_{n\mu}}, \mu \right)$ 中选一个实数 v. 定义一个自然数 M 使得对所有的

$n \geqslant M$,成立 $\dfrac{a_n}{a_{n\mu}} \leqslant v$. 所以对所有的自然数 $l \geqslant 0$ 和 $n \geqslant M$ 成立不等式 $\dfrac{a_n}{v^l} \leqslant a_{n\mu^l}$.

首先我们证明级数 $\displaystyle\sum_{k=1}^{n} a_k$ 是发散的. 显然

$$\sum_{k=1}^{M\mu^l} a_k \geqslant \sum_{k=1}^{M\mu^l} a_{M\mu^l} \geqslant \sum_{k=1}^{M\mu^l} \frac{a_M}{v^l} \geqslant M\mu^l \frac{a_M}{v^l} = Ma_M \left(\frac{\mu}{v} \right)^l$$

这里 M 和 a_M 是固定的. 因此当 $l \to \infty$ 时,从 $v < \mu$ 就得出不等式的右边也是趋于无穷的. 那就是说,我们通过一个发散级数从下方估计了级数 $\displaystyle\sum_{k=1}^{n} a_k$. 这个发散性给我们提供了一个数 K,使得 $\displaystyle\sum_{k=1}^{M} a_k \leqslant \sum_{k=M+1}^{K} a_k$,因此对任意 $n \geqslant K$ 有

$$\sum_{k=1}^{n} a_k \leqslant 2 \sum_{k=M+1}^{n} a_k.$$

对给定的 ε，选择 l 使得 $\dfrac{1}{\varepsilon} \leqslant \dfrac{\left(\dfrac{\mu}{v}\right)^l}{2}$，所以

$$\frac{1}{\varepsilon} \leqslant \frac{1}{2}(\mu/v)^l = \frac{\mu^l \displaystyle\sum_{k=M+1}^{n} a_k/v^l}{2 \displaystyle\sum_{k=M+1}^{n} a_k} = \frac{\displaystyle\sum_{k=M\mu^l}^{n\mu^l-1} a_{(\lfloor k/v^l \rfloor +1)}/v^l}{2 \displaystyle\sum_{k=M+1}^{n} a_k}$$

$$\leqslant \frac{\displaystyle\sum_{k=M\mu^l}^{n\mu^l-1} a_{(\lfloor k/v^l \rfloor +1)}\mu^l}{2 \displaystyle\sum_{k=M+1}^{n} a_k} \leqslant \frac{\displaystyle\sum_{k=M\mu^l}^{n\mu^l-1} a_k}{2 \displaystyle\sum_{k=M+1}^{n} a_k} \leqslant \frac{\displaystyle\sum_{k=1}^{nN} a_k}{\displaystyle\sum_{k=1}^{n} a_k}$$

584

3.10 拓 扑

问题 T.1 证明 n 维 Euclid 空间的任何不可数子集都包含一个具有以下性质的不可数子集;在这个不可数子集中不同的点对之间的距离是不同的(即对于这个子集中的任何点 $P_1 \neq P_2$ 和 $Q_1 \neq Q_2$,$\overline{P_1 P_2} = \overline{Q_1 Q_2}$ 蕴含 $P_1 = Q_1$ 且 $P_2 = Q_2$,或者 $P_1 = Q_2$ 且 $P_2 = Q_1$). 证明如果把 n 维 Euclid 空间换成(可分的)Hilbert 空间,则类似的命题不成立.

解答

为证明问题的第一个命题,称 n 维 Euclid 空间 E_n 的子集具有性质 T,如果所有这个子集中的一对点之间的距离都是不同的. 对 n 实行数学归纳法,我们证明,如果一个集合 $H \subseteq E_n$ 的所有具有性质 T 的子集都是可数的,那么集合 H 也是可数的. $n = 0$ 的情况是平凡的. 现在假设命题对 $n - 1(\geqslant 0)$ 的情况成立. 设 $H \subseteq E_n$ 是一个所有具有性质 T 的子集都是可数的集合. 根据 Tukey 引理,H 存在一个具有性质 T 的最大的子集 M. 根据 M 的最大性,$H \backslash M$ 的任意点或者与 M 的两个不同的点之间的距离相等,或者与 M 的一个点之间的距离等于 M 中的一对点之间的距离. 因此,H 被 M 的一对点的垂直平分超平面和中心通过 M 的点的球面所覆盖. 由于 M 是可数的,所以这些超平面 F_i 和球面 S_i 的集合是可数的($i = 1, 2, \cdots$),每个 $H \cap S_j$ 是一个可数集. 事实上,前面的论证不仅可以对 H 应用,而且也是可以应用于 $H \cap S_j$ 的(由于 $H \cap S_j$ 满足所有关于 H 的假设). 所以,可以用集合 S_i' 和 F_i' 代替前面的 S_i 和 F_i,并且覆盖 $H \cap S_j$ 是可数的;根据归纳法假设,$H \cap F_i'$ 和 $H \cap S_j \cap S_i'$(由于 $S_j \cap S_i'$ 被包含在 E_n 的超平面内)都是可数集. 因而 $H \cap S_j$ 是可数的,由于它可被可数集的可数族所覆盖. 此外,由归纳法假设还可得出每个 $H \cap F_j$ 是一个可数集合. 所以 H 是可数的,由于它被可数集的可数族所覆盖.

为了证明问题的第二个命题,只需构造一个由正交基里 $e_i(i = 1, 2, \cdots)$ 生成的 Hilbert 空间的不可数子集即可,在那种子集中,所有点对之间的距离的集合是可数的. 在结尾中,考虑由正整数集合的两两有限交组成的不可数集合 U,

众所周知,那种集合 U 是存在的.(例如,有理数的有界的、单调的序列就具有这一性质.)每个集合 $A(\in U)$ 确定了 Hilbert 空间中的一个向量 $\sum_{i=1}^{\infty} \dfrac{e_{\alpha_i}}{2^i}$,其中 α_i 以递增的顺序遍历 A. 这些向量的集合 K 是不可数的. 另一方面,K 的任何一对元素之间的距离是一个有理数的平方根,由于如果向量 $a = \sum_{i=1}^{\infty} \dfrac{e_{\alpha_i}}{2^i}$ 和 $a' = \sum_{i=1}^{\infty} \dfrac{e'_{\alpha_i}}{2^i}$ 是由集合 A 和 $A'(\in U)$ 确定的,那么

$$\|a - a'\|^2 = \|a\|^2 = \|a'\|^2 - 2(a,a') = \frac{2}{3} - 2\sum_{a_i = a_j} \frac{1}{2^{i+j}}$$

其中最后一项是有限和,因为 $A \cap A'$ 是有限的.

注记

István Juhász 和 Béla Bollobás 指出用类似的论证可以证明问题中第一个命题的下列推广:如果 m 是一个正规的基数,那么 n 维 Euclid 空间的基数为 m 的子集都有一个基数为 m 的由所有点对之间的距离都不同的点组成的子集. 此外他们还考虑了在其他度量空间中这一命题的推广.

问题 T. 2   在匈牙利的天气预报里经常听到以下类型的句子:"昨晚的最低气温在 $-3\,℃$ 和 $+5\,℃$ 之间." 证明只需说"$-3\,℃$ 和 $+5\,℃$ 都会出现在昨晚的最低气温中"即可(假设温度作为地点和时间的双变量函数是连续的).

注记   这个问题中的公式允许使用各种模型. 当把国家看成平面上的一个区域时,如果假定这个区域是紧致的(即有界的闭集),这时的证明是最简单的;不假设紧致性需要一个不同的证明,并产生一个更一般的定理. 如果将时间间隔换成一个(不必是可度量化的)紧致空间,则需对论证进行某些修改. 在下面的解答中,空间是连通的而时间是紧致的. 在解答 1 中,证明是在度量空间中完成的,而在解答 2 中是在任意拓扑空间中完成的.

解答

解答 1   由于连通空间的任何连续像都是连通的,以及在实直线中,只有区间是连通集,因此只需证明给每个点赋予一个在夜间达到的最低温度的函数是连续的即可.

设 E 是一个连通的度量空间,I 是一个紧致度量空间,I 是实直线并且 $f: I \to$

$\mathbb{R}$ 是一个连续函数. 对任意固定的 $x \in E$, 函数 $f(x,t)$ 在紧致空间 I 上是连续的, 所以 $g(x) = \min\limits_{t \in I} f(x,t)$ 存在. 我们证明 $g(x)$ 是连续的. 假设不然, 那么就将存在一个 $\varepsilon > 0$ 和一个序列 $\{x_k\}$ ($x_k \in E, k = 1,2,\cdots$) 使得 $x_k \to x$, 但是

$$| g(x_k) - g(x) | \geqslant \varepsilon$$

我们分两种情况讨论:

(1) $\{x_n\}$ 有一个子序列使得

$$g(x_{n_k}) \leqslant g(x) - \varepsilon$$

如果 $f(x_{n_k},t_k) = g(x_{n_k})$, 那么序列 $\{t_k\}$ 有一个聚点 $t \in I$, 并且我们可以假设 $t_k \to t$, 那么

$$f(x_{n_k},t_k) = g(x_{n_k}) \leqslant g(x) - \varepsilon \leqslant f(x,t) - \varepsilon$$

因而 f 不可能是连续的.

(2) $\{x_n\}$ 有一个子序列使得

$$g(x_{n_k}) \geqslant g(x) + \varepsilon$$

如果 $f(x,t) = g(x)$, 那么

$$f(x_{n_k},t) \geqslant g(x_{n_k}) \geqslant g(x) + \varepsilon \geqslant f(x,t) + \varepsilon$$

因而 f 不可能是连续的.

由于在上述两种情况中至少会发生一种情况, 这就得出矛盾, 这就证明了命题.

解答 2

现在设 E 是一个连通的拓扑空间, I 是一个紧致拓扑空间. 我们保留解答 1 中的其他符号.

我们仍然是证明 $g(x)$ 在 E 上是连续的. 对 $\varepsilon > 0, u \in E$ 和 $v \in I$, 设 $U(u,v)$ 和 $V(u,v)$ 分别是 u 和 v 的邻域使得对所有的 $(x,t) \in U(u,v) \times V(u,v)$, 我们有

$$| f(u,v) - f(x,t) | < \varepsilon$$

对固定的 u, 邻域 $V(u,v) (v \in I)$ 覆盖 I. 那样, 通过它的紧致化, I 被有限多个

$$V(u,v_1), V(u,v_2), \cdots, V(u,v_k)$$

这种邻域所覆盖, 那么 $U = \bigcap\limits_{i=1}^{k} U(u,v_i)$ 是 u 的邻域, 并且如果 $x \in U$, 那么

$| g(x) - g(u) | < \varepsilon$. 对 $t \in I$,那么对某个 j 就有 $t \in V(u, v_j)$,而那样,由于

$$(x, t), (u, t) \in U(u, v_j) \times V(u, v_j)$$

我们就有

$$| f(x, t) - f(u, t) | < \varepsilon$$

注记

1. 假设空间和时间都是紧致拓扑空间,Attila Máté 考虑温度,把值放在度量空间中处理并在这些条件下证明了函数 $g(x)$ 是连续的. 在这个模型中,空间的紧致化不是本质的.

2. György Vesztergombi 证明了如果夜间的定义依赖于地点(天文学的夜间),并且夜间的开始和结束是地点的连续函数,那么问题中的命题保持为真.

3. Miklós Simonovits 给出了一个例子以说明夜间的紧致化是本质的假设(如果夜间不是紧致的,那么当然,我们就必须谈论当地温度的下确界,而不是当地的最低温度). 设

$$E = [-1, +1], \quad I = (-\infty, +\infty), \quad f(x, t) = e^{-t^2 x^2}$$

那么

$$g(x) = \inf_{t \in I} f(x, t) = \begin{cases} 1, x = 0 \\ 0, x \neq 0 \end{cases}$$

而 $g(x)$ 不是连续的.

4. Juhász 和 Pósa 给出了一个例子以说明 $f(x, t)$ 的分段连续性不是充分的. Juhász 的例子如下

$$f(x, t) = \begin{cases} 1, x \leq 0 \text{ 或者 } x > 0 \text{ 并且 } t \geq 0 \\ 1 + \dfrac{t}{x}, x > 0 \text{ 并且 } -x \leq t < 0 \\ 1 + \dfrac{x}{t}, x > 0 \text{ 并且 } -1 \leq t < -x \end{cases}$$

在这种情况下

$$g(x) = \begin{cases} 1, x \leq 0 \\ 0, x > 0 \end{cases}$$

是不连续的,并且问题中的命题不成立.

问题 T.3 设 A 是带有以包含关系定义的全序（那就是说，如果 $L_1, L_2 \in A$，那么 $L_1 \subseteq L_2$ 或者 $L_2 \subseteq L_1$）的 Hilbert 空间 $H = l^2$ 的一族真的闭子空间，证明存在一个向量 $x \in H$，它不被包含在任何属于 A 的子空间 L 中。

解答

解答 1 更一般地，我们对可分的 Banach 空间证明命题. 设 B 是可分的 Banach 空间，设 R 是 B 的子空间 L 构成的系统，它满足问题的要求. 假设 $\bigcup_{L \in R} L = B$. 考虑 B 的可数的处处稠密的子集 $\{x_1, x_2, \cdots\}$. 归纳地定义一个 R 的元素的可数的、递增的序列如下：设 L_1 是 B 的一个包含 x_1 的元素，假设子空间 $L_1, \cdots$，$L_n(\in R)$ 已经定义好了，设 $L^{(n+1)}$ 是 R 的一个包含 x_{n+1} 的元素（根据假设，那种元素是存在的）. 子空间 $L_1, \cdots, L_n, L^{(n+1)}$ 之一包含所有其他的 $x_i(2 \leqslant i \leqslant n)$，设这个子空间为 L_{n+1}，那么 $L_n \subseteq L_{n+1}$ 并且 $x_n \in L_n(n = 1, 2, \cdots)$. 现在设 L 是 R 的一个任意的元素，由于 L 是 B 的一个真的闭子空间，所以它不可能包含稠密集 $\{x_1, x_2, \cdots\}$ 的所有的元素. 不妨设 $x_k \notin L$，那么由于系统 B 关于包含是有序的，所以 $L \subseteq L_k$. 这表示 $\bigcup_{i=1}^{\infty} L_i = B$.

现在，对所有的正整数 n，设 f_n 是 B 上的连续线性泛函，使得 $\|f_n\| = n$ 并且当 $x \in L_n$ 时有 $f_n(x) = 0$.（那种泛函是存在的，例如在 L_n 的余集中取一个任意的元素 y_n，由于 L_n 是闭的，所以从 y_n 到 L_n 的距离 d 是正的. 现在考虑线性子空间 $[y_n] + L_n$，其中 $[y_n]$ 是由 y_n 生成的一维线性子空间，并设

$$f_n^{(0)}(\lambda y_n - x) = n\lambda d$$

其中 $x \in L_n$ 而 λ 是一个复数. 在 $[y_n] + L_n$ 上 $f_n^{(0)}$ 显然是线性的，并且当 $x \in L_n$ 时 $f_n^{(0)}(x) = 0$，此外还有

$$\|f_n^{(0)}\| = \sup_{x \in L_n} \frac{|n\lambda d|}{\|\lambda y_n - x\|} = \sup_{x \in L_n} \frac{nd}{\|y_n - x\|} = \frac{nd}{\inf_{x \in L_n} \|y_n - x\|} = n.$$

根据 Hahn－Banach 定理，$f_n^{(0)}$ 可扩展成一个定义在整个空间 B 上的泛函 f_n，这个泛函就具有所需的性质.）现在，如果 $x \in B$，那么由于 $\bigcup_{i=1}^{\infty} L_i = B$，所以 x 被包含在某个 L_i 中，因而 $\lim_{n \to \infty} f_n(x) = 0$. 由于子空间 $\{L_n\}$ 的序列关于包含关系是递增的，所以泛函的序列 $\{f_n\}$ 是逐点收敛的. 因而，根据 Banach－Steinhaus

定理就有 $\sup\limits_n \|f_n\| < \infty$,这与 f_n 的选择相矛盾.

解答 2

我们证明下面的问题的推广.

推广 设 M 是第二 Baire 范畴的可分的拓扑空间,并设 $\mathfrak{A}$ 是 M 的以包含关系为序的无处稠密的闭子空间构成的系统,那么 $\bigcap\limits_{L\in\mathfrak{A}} L \neq M$.(显然,空间 l^2 和问题中的子空间族,更一般地,可分的 Hilbert 和 Banach 空间中的类似的子空间的族,都满足命题中的假设.实际上,这些带有范数拓扑的空间都是第二 Baire 范畴的可分的拓扑空间.在任意的这些空间中,真的闭子空间都是无处稠密的.)

证明 假设不然,则 $\bigcap\limits_{L\in\mathfrak{A}} L = M$,那么在 M 中考虑一个可数的,处处稠密的集合 $R = \{x_1, x_2, \cdots\}$. 令

$$M_k = \cup\{L\in\mathfrak{A}: x_k \in L\} \quad (k = 1, 2, \cdots)$$

那么对所有的 k,M_k 是 M 的非空的无处稠密的子集,所以 $\bigcup\limits_{k=1}^{\infty} M_k$ 是第一范畴的,并且

$$\bigcup_{k=1}^{\infty} M_k \neq M$$

另外,如果 $L\in\mathfrak{A}$,那么 $L\neq M$. L 不可能包含 R,那就是说,存在一个正整数 k 使得 $x_k \notin L$. 由于 $\mathfrak{A}$ 是以包含关系为序的,从 M_k 的定义就得出 $L\subseteq M_k$,因而

$$\bigcup_{L\in\mathfrak{A}} L \subseteq \bigcup_{k=1}^{\infty} M_k$$

矛盾.

注记 一些参赛者指出,对不可分的 Hilbert 空间,这一命题不成立. Attila Máté 给出下面的例子:设 H 是不可分的 Hilbert 空间,那么 H 同构于 Hilbert 空间 $K\oplus L^2(\omega_1)$,其中 K 是一个适当选择的 Hilbert 空间. ω_1 是在所有单元素集合的测度为 1 的离散测度空间中的可数序数的集合,那么就有

$$\bigcup_{\xi\in w_1}(K\oplus L^2(\xi)) = K\oplus L^2(w_1)$$

问题 T. 4 设 K 是一个紧致的拓扑群,F 是定义在 K 上的连续函数的集合,其基数大于连续统.证明存在一个 $x_0\in K$ 和 $f\neq g\in F$,使得

$$f(x_0) = g(x_0) = \max_{x\in K} f(x) = \max_{x\in K} g(x)$$

解答

在以下的证明中,我们要用到由 Paul Erdös 证明的下面的定理.

定理　　如果基数大于连续统的完全图的边是用正整数标记的,则存在一个不可数的完全子图,其所有边都用相同的正整数标记.

例 如,P. Erdös,A. Hajnal 和 R. Radó,Partition Relations for Cardinal Numbers, Acta Math. A cad. Sci. Hung. 16 (1965), Theorem 1.

设 F_x 表示 F 中最大值为 x 的函数系统,显然 F_x 的基数大于由某些实数 x 组成的集合,而此集合的基数大于连续统. 假设对于所有的函数对 $f \neq g \in F_x$ 都有 $f_{=x} \cap g_{=x} = \varnothing$. 考虑以 F_x 中的函数为顶点的完全图. 如果 $f \neq g \in F_x$,则存在一个正整数 n,使得 $f_{\geqslant x-\frac{1}{n}} \cap g_{\geqslant x-\frac{1}{n}} = \varnothing$;否则,闭集 $\{f_{\geqslant x-\frac{1}{n}}, g_{\geqslant x-\frac{1}{n}}\}_{n=1,2,\cdots}$ 将形成具有有限交集性质的族,其交集根据紧致性的假设,将是非空的. 但这个交集是被包含在集合 $f_{=x} \cap g_{=x}$ 中的. 根据上面引用的定理,存在一个 n 和一个不可数的 $F' \subseteq F_x$,使得 F' 的所有边都用 n 标记.

因此,集合 $\{f_{x > \frac{1}{n}}, f \in F'\}$ 是非空的、开的并且两两不相交的. 这与众所周知的 K 具有有限 Haar 测度的事实相矛盾. 因此,任何两两不相交的、非空的开集族在 K 中是可数的. 因此,问题中的命题对于某一对函数 $f \neq g \in F$ 是成立的.

事实上,我们已经证明了下面的定理:

定理　　问题中的命题对紧致空间 K 成立,如果 K 中任意两两不相交的、非空的开集族是可数的.

问题 T. 5　　证明紧致度量空间中的两个点可用一条可求长的弧连接的充分必要条件是存在一个正数 K 使得对任意 $\varepsilon > 0$,这些点可用一条不长于 K 的 ε - 链连接.

解答

设 A 和 B 是度量空间中的两个点,用 $t(A, B)$ 表示它们之间的距离. 一条从 A 到 B 的可求长的弧是指实区间 $[a, b]$ 的一个同胚的像,其中 a 和 b 分别被映射成 A 和 B,并且对任意子划分 A 和 B,$a = t_0 < t_1 < t_2 < \cdots < t_{n-1} < t_n = b$,用 T_i 表示 t_i 的像,对某个固定的 K,都有

$$\sum_{i=0}^{n-1} t(T_i, T_{i+1}) \leqslant K$$

称那种数的下确界是弧长. 所以问题的前一半是说如果两个点可被一条可求长的弧所连接，那么对任意 $\varepsilon > 0$，它们可被一个长度至多为 K 的 ε – 链连接，这是显然的.

现在假设，对任意 $\varepsilon > 0$，A 和 B 可被一个长度至多为 K 的 ε – 链连接. 设 $L = \{H_0, \cdots, H_n\}$ 是一个度量空间中的点的序列. 我们使用下面的记号

$$q(L) = \max_{1 \leqslant i \leqslant n} t(H_{i-1}, H_i)$$

和

$$K(L) = \sum_{i=1}^{n} t(H_{i-1}, H_i)$$

对 $0 \leqslant h < 1$，用 $L(h)$ 表示 H_k，使得

$$\sum_{i=1}^{k} t(H_{i-1}, H_i) \leqslant h \cdot K(L) < \sum_{i=1}^{k+1} t(H_{i-1}, H_i)$$

并设 $L(1) = H_n$，那么显然有

$$t(L(H_1) L(H_2)) \leqslant |h_1 - h_2| \cdot K(L) + q(L)$$

现在选择一个连接 A 和 B 的待改进的链的序列 S_0，使得这些链的长度不超过一个固定的常数 K. 问题的假设保证了那种链的序列的存在. 将区间 $[0,1]$ 中的有理点排列成一个序列.

设 S_k 是一条连接 A 和 B 的序列 S_0 的待改进的链的序列，使得对于 $k = 1$，$2, \cdots$，有

(1) S_k 是 S_{k-1} 的子序列.

(2) 在 k 保持固定并从 S_k 中选出链时，在前 k 个有理点中 $L(h)$ 是收敛的.（更确切地说，我们应该写 $L_{n,k}(h)$，而不是 $L(h)$，它表示 S_k 的第 n 个链中的 $L(h)$. 在 (2) 中，k 和 h 是固定的，而 $n \to \infty$.）根据空间的紧致性，链的序列 S_k 可以对所有的 k 定义. 现在用公式

$$f(h) = \lim_{n \to \infty} L_{k,n}(h)$$

定义 $[0,1]$ 中的有理数集上的函数 $f(h)$，其中 h 是前 k 个有理数之一. 根据 (1) 这个定义是一个良定义. 设 h_1 和 h_2 是 $[0,1]$ 中的两个有理数，选择 k 充分大，使

得 h_1 和 h_2 都在前 k 个有理数中. 那么

$$t(f(h_1),f(h_2)) \leq K \cdot | h_1 - h_2 |$$

由于在紧致空间中,一个定义在区间[0,1]上的稠密子集上的连续函数总可以被连续地扩展成定义在整个区间[0,1]上的函数,所以函数 $f(h)$ 是可扩展的,并且最后的估计保持有效. 区间[0,1]的像是一条连接 A 和 B 的曲线,并且从估计得出所有的逼近链的长度都至多为 K. 所以曲线是可求长的,并且长度 $\leq K$.

一般来说,得到一个弧是不正确的. 但如果我们选择上述的 K 是最小的常数,使得对于任意的 $\varepsilon > 0$,A 和 B 可用不长于 K 的 ε – 链连接,则我们得到一个弧. 实际上,否则在[0,1]中将存在 u 和 $v(u \neq v)$,使得 $f(u) = f(v)$,那么我们可以从上面构造的曲线中删去开区间 (u,v) 的像,这样我们将得到一条从 A 到 B 的可求长曲线,而其长度 K^+ 小于 K. 那样,根据我们的初始观察,对于任意 $\varepsilon > 0$,A 和 B 可以用比 K^+ 短的 ε – 链连接. 这与 K 的最小性相矛盾,这就证明了问题中的命题.

注记

1. László Lovász 证明了,代替紧致性,只假设空间的局部紧致性和完备性,这一命题仍然有效. 通过删除平面圆盘上的弦,我们得到了局部紧致空间,在这个空间中,一条弦的不同端点的两个点不能用通过它们的弧相连接,但是它们可以用任意精细的 ε – 链连接. 所以仅仅假设空间的紧致性是不充分的,同样仅仅假设空间的完备性也是不充分的.

为了证明这一点,Lovász 给出了下面的例子.

反例 设 $e_0,e_1,\cdots,e_n,\cdots$ 是 Hilbert 空间 l^2 中的正交基. 考虑向量 $e_1,e_2,\cdots$ 的端点和 0 相连的线段,并类似地考虑向量 $e_1 + e_0,e_2 + e_0\cdots$ 的端点与 e_0 相连的线段,把 e_n 和 $e_n + e_0$ 之间的线段分成 n 部分,那就是说,当 $i = 1,2,\cdots,n-1$ 时,考虑点 $e_n + \left(\dfrac{i}{n}\right)e_0$. 这些线段和点定义了 Hilbert 空间中的一个闭集,因此,它们定义了一个完备的度量空间. 在这个空间中,对任意 $\varepsilon > 0$,点 0 和 e_0 可用长度不超过 3 的 ε – 链相连接,但它们不能用弧连接. 这个空间可以通过连接

$e_n + \left(\dfrac{i-1}{n}\right)e_0$ 和 $e_n + \left(\dfrac{i}{n}\right)e_0$ 后适当选择不可求长的弧做成一个连同的反例.

2. Lovász 的一个推广的证明的梗概如下：

证明 我们称一个点为可到达的，如果对某个 t，B 和可用长度为 t 的弧连接的点，并且对于任何 $\varepsilon > 0$，这个点和 A 可用不长于 $K - t$ 的 ε - 链连接，其中 K 是上面使用的最小的常数. 对可到达点 x 和 y，我们称 x 是比 y 更细的，如果在 x 的可到达性定义中，来自 B 的弧可以被选择通过 A. 那么利用 Zorn 引理，我们可以定义一个"最细"的点 x_0，我们证明它必然是 A. 假设不然，取 x_0 的一个不包含 A 的紧致的邻域 U. 然后定义 U 的边界上的一个点 z，它是在 x_0 的可到达性的定义中从 x_0 到 A 的链中的某些点的极限点. 我们证明 z 是可到达的并且比 x_0 更细. 为此，只需看出 x_0 和 z 可用充分短的弧连接即可. 我们对 x_0 和 z 点可以应用已经得到的关于紧致空间的结果，这就证明了这一命题.

问题 T.6 设实直线上的一个点 x 的邻域基由所有在 x 处的密度等于 1 的包含 x 的 Lebesgue 可测集合所组成. 证明这一要求定义了一个拓扑，它是正规则的但不是标准的.

解答

(1) 设 $m(A)$ 表示 Lebesgue 可测集 A 的测度. 设 A 和 B 是点 x 的基本邻域. 我们证明 $A \cap B$ 也是点 x 的基本邻域. 由于 $A \cap B$ 是可测的并且 $x \in A \cap B$，所以我们只需证明它在 x 点的密度为 1 即可，也就是只需证明

$$\frac{m((A \cap B) \cap I)}{m(I)} \to 1$$

即可. 当区间 I 收缩到 x 时

$$\left| \frac{m(A \cap B \cap I)}{m(I)} - 1 \right| = \left| \frac{m(I) - m(I - (A \cap B))}{m(I)} - 1 \right|$$

$$= \left| \frac{m((I - A) \cup (I - B))}{m(I)} \right|$$

$$< \frac{m(I - A)}{m(I)} + \frac{m(I - B)}{m(I)}$$

当 I 收缩到 x 时，最后一个表达式收敛到 0，所以 $A \cap B$ 确实是 x 的邻域. 为了得到一个拓扑，我们证明 x 的任何邻域 A 包含一个 x 的邻域 B，这个邻域 B 是

594

其所有点的邻域. 设 B 是 A 中的点集,其中 A 的密度为 1. 显然, $x \in B$,并且根据 Lebesgue 密度定理, $A - B$ 的测度等于 0. 因此, B 也是可测的,并且在 B 的点处, B 和 A 有相同的密度,即 1. 所以,我们有一个拓扑结构. 用 E 表示这个新拓扑,并称其开集为 E – 开集. 类似地,我们定义 E – 闭集和闭集. 尽管并不显然,但是我们可以像如下那样证明 E – 开集是可测的这一事实:

设 H 是一个 E – 开集. 我们可以假设 H 是有界的,因而 H 的外测度 $\overline{m}(H)$ 是有限的. 现在令

$$\alpha = \sup\{m(C):C \subseteq H, C \text{ 是可测的}\}$$

对所有的 n ,选择 C_n 使得 $C_n \subseteq H$ 并且 $m(C_n) > \alpha - \dfrac{1}{n}$,那样 $S = \bigcup_n C_n$ 是 H 的子集并且每个 $H - S$ 的可测子集的测度等于 0(通常,称 S 为 H 的可测核). 如果 $V \subseteq H$ 是可测的并且 $Q = H - S$,那么 $(V \cap Q) \cup (V \cap S) = V, V \cap Q$ 是可测的,所以,其测度等于 0,因此

$$m(V) = m(V \cap S)$$

Q 可以分解成两个集合 Z 和 X 的并,其中前一个的测度等于 0,而 Q 在后者的每一点的密度都等于 1. 为了证明 H 是可测的,我们证明 Q 的测度等于 0,并且需要用到 X 是空集. 这将蕴含 H 的可测性. 假设 X 不是空集,则可设 $p \in X$. 设 I 表示一个收缩到 p 的区间,根据 X 的定义就有 $\overline{m}(Q \cap I) = (1 + o(1))m(I)$. 现在设 U 是一个包含在 H 中的 p 的 E 邻域,那么就有

$$m(U \cap I \cap S) = m(U \cap I) = (1 + o(1))m(I)$$

因此 $U \cap S$ 在 p 点的密度等于 1. 故由 $I - (U \cap S) \supseteq Q \cap I$ 就得出

$$\overline{m}(Q \cap I) \leq m(I - (U \cap S)) = o(m(I))$$

这与假设矛盾.

(2) 我们证明拓扑 E 是正规的. 假设 K 是一个 E – 闭集,并且 $x \notin K$,那么 x 有一个不与 K 相交的邻域 A . 因此 $m(A \cap I) = (1 + o(1))m(I)$,其中区间 I 收缩到 x ,因而

$$m(\overline{A} \cap I) = o(m(I))$$

(这里 $\overline{A}$ 表示集合 A 的余集). $K \subseteq \overline{A}$,因此 $m(K \cap I) \leq m(\overline{A} \cap I)$,所以

$$\frac{m(K \cap I)}{m(I)} \to 0$$

令 $x_n = x - \dfrac{1}{n}, y_n = x + \dfrac{1}{n}, n = 1, 2, \cdots$. 众所周知对任意可测集 X 和 $\varepsilon >$ 0, 存在一个开集 G 使得 $X \subseteq G$ 并且 $m(G) \leqslant m(X) + \varepsilon$. 在区间 $[x_{n-1}, x_{n+2}]$ 中选择开集 G_n 使得 $K \cap [x_n, x_{n+1}] \subseteq G_n$, 以及

$$m(G_n) \leqslant m(K \cap [x_n, x_{n+1}]) + \frac{1}{2^n}$$

成立. 对 $n = 1$, 我们要求 $G_1 \subseteq (-\infty, x_2]$. 用类似的方法在区间 $[y_{n+1}, y_n]$ 中选择一个集合 H_n. 令

$$B = (-\infty, x_1) \cup G_1 \cup G_2 \cup \cdots \cup H_1 \cup H_2 \cup \cdots \cup (y_1, \infty)$$

那么 B 是开集并且包含 K. 由于开集是 $E-$开的(由于它们在每个点的密度等于 1), 因此只需证明 B 在 x 点的密度等于 0 即可. 那样 B 的 $E-$闭集的余集将分别与 x 的 E 邻域以及 K 都不相交. 这只需证明对 $I = [x, x+k]$, 当 $k \to 0$ 时有 $\dfrac{m(I \cap B)}{m(I)} \to 0$ 即可. 由于用类似的论证可以证明对左半区间的对应的估计, 而这两个估计联合起来就蕴含对任意收缩到 x 区间成立同样的估计. 假设 $y_{m+1} \leqslant x + k < y_m$, 那么 $m(I) = k \geqslant \dfrac{1}{m+1}$, 由于对 $i < m-2, H_i \cap [x, y_m] = \varnothing$, 我们就得出 $m(B \cap I) \leqslant \displaystyle\sum_{i=m-2}^{\infty} m(H_i)$, 所以

$$m(B \cap I) \leqslant \sum_{i=m-2}^{\infty} m(K \cap [y_1 + 1, y_i]) + \sum_{i=m-2}^{\infty} \frac{1}{2^i}$$

$$= m(K \cap [x, y_n - 2]) + \frac{1}{2^{m-3}}$$

因此

$$\frac{m(B \cap I)}{m(I)} \leqslant \frac{m(K \cap [x, y_{m-2}])}{\dfrac{1}{m+1}} + \frac{\dfrac{1}{2^{m+3}}}{\dfrac{1}{m+1}}$$

如果 I 收缩到 x, 那么 $m \to \infty$, 因此最后的不等式的右边的两项都趋于 0, 对

596

第二项,这是显然的. 对第一项,利用已建立的收敛性$\dfrac{m(K \cap I)}{m(I)} \to 0$ 和当 $m \geqslant 3$

时成立$\dfrac{m+1}{m-2} \leqslant 4$ 这一事实就可以得出它也趋于0. 所以, B 在 x 点的密度确实是

0,因而空间是正规的.

（3）我们现在证明空间不是标准的,那就是说一个Baire第二范畴的 $E -$ 闭

集 K_1 和一个 $E -$ 闭集的处处稠密集合 K_2 不可能被 $E -$ 开集分离. 由于可数集

的测度等于0,因此是闭集,所以那种集合 K_2 的存在是显然的. K_1 的存在性也是

众所周知的:对每个 n,在$[0,1]$ 中存在一个测度大于 $1 - \dfrac{1}{n}$ 的无处稠密集. 这

些集合的并是测度等于1的第一范畴集. 因此这个集合在$[0,1]$ 中的余集是第

二范畴的,并且测度等于0,因而是 $E -$ 闭集的. 由于 K_1 选的具有测度0, K_2 可以

在 K_1 的余集中选,因而 K_1 和 K_2 是不相交的.

假设存在两个不相交的 $E -$ 开集 C_1 和 C_2,使得 $K_1 \subseteq C_1, K_2 \subseteq C_2$,那么对

任意 $x \in C_1$,存在一个 x 的邻域 $A \subseteq C_1$,使得

$$\frac{M(A \cap I)}{M(I)} \to 1$$

因而

$$\frac{M(C_1 \cap I)}{M(I)} \to 1$$

其中 I 收缩到 x. 由于 $K_1 \subseteq C_1$,所以对任意 $x \in K_1$,存在一个 n_0,使得当 $n > n_0$

时有

$$\frac{m(C_1 \cap [x - (1/n), x + (1/n)])}{2/n} \geqslant \frac{1}{2}$$

那就是说

$$m\left(C_1 \cap \left[x - \frac{1}{n}, x + \frac{1}{n}\right]\right) \geqslant \frac{1}{n} \quad (n > n_0)$$

如果我们把 K_1 的元素按照如果最后一个不等式从某个下标起成立的法则

分成可数个子集,则在这些子集中至少有一个子集在区间$[a,b]$ 中是稠密的.

因此存在一个 n_0,使得从 n_0 起,在区间 (a,b) 的一个处处稠密的子集上最后一

597

个不等式成立.

由于 K_2 是处处稠密的，我们可以在 (a,b) 中选 K_2 的一个元素 y. 由于 $y \in C_2$，所以存在一个 $n > n_0$，使得

$$\frac{m(C_2 \cap [\, y - (1/n)\,,\, y + (1/n)\,])}{2/n} \geqslant \frac{3}{4}$$

那也就是

$$m\left(C_2 \cap \left[\, y - \frac{1}{n}\,,\, y + \frac{1}{n}\,\right]\right) \geqslant \frac{3}{4n}$$

K_1 在 (a,b) 中稠密，因此在区间 $\left(y\,,\, y + \frac{1}{8n}\right)$ 中存在一个 x 使得

$$m\left(C_1 \cap \left[\, x - \frac{1}{n}\,,\, x + \frac{1}{n}\,\right]\right) \geqslant \frac{1}{n} \quad (n > n_0)$$

区间 $I = \left[\, y - \frac{1}{n}\,,\, x + \frac{1}{n}\,\right]$ 的长度至多为 $\frac{2}{n} + \frac{1}{8n}$. C_1 和 C_2 是不相交的并且成立

$$m(C_1 \cap I) \geqslant \frac{1}{n}$$

和

$$m(C_2 \cap I) \geqslant \frac{3}{2n}$$

所以

$$\left(2 + \frac{1}{8}\right)\frac{1}{n} \geqslant m(I) \geqslant m(C_1 \cap I) + m(C_2 \cap I) \geqslant \left(1 + \frac{3}{2}\right)\frac{1}{n}$$

矛盾，这就证明了 E 不是标准的.

注记

1. 为了解决这个问题，没有必要证明 E – 开集是可测的，但这简化了有些点的证明.

2. Lajos Pósa 利用基数证明了非标准性. 证明的梗概如下.

存在一个基数为 $c = 2^{\aleph_0}$ 而测度等于 0 的集合. 这个集合的所有子集都是 E – 闭集，所以它可以用 2^c 种不同的方式划分成两个互不相交的 E – 闭集. 如果空间是标准的，那么对每个那种分划将可找到两个互不相交的 E – 开集，使

得这两个开集把两个 E － 闭集分开. 可以证明对应于不同的分划,这个由分开的 E － 开集的 E － 闭包组成的 E － 闭集的对是不同的. 同时也易于看出每个 E － 开集的 E － 闭包等于一个 F_σ 子集的 E － 闭包,这两个 E － 闭包只差一个测度等于 0 的集合. 由于 F_σ 集合的基数只有 c,因而所有 F_σ 集合的闭包对的集合的基数也仅有 c,所以所有的 E － 开集对的集合的基数也仅有 c,矛盾.

3. László Lovász 证明了完全正规性（它要强于正规性）. 他注意到,用上面的技巧可以得出如果 A 和 B 是不相交的 E － 闭集,那么可用一个包含 B 的开集和一个包含 A 的 E － 开集分开. 这一证明应用了 Urysohn 引理.

问题 T.7 设 V 是一个不存在紧致集的可数覆盖的局部紧致的拓扑空间. 设 C 表示空间 V 的所有紧致子集的集合,$\mathcal{U}$ 表示空间的所有不被包含在任何紧致集合中的开子集的集合. 设 f 是一个从 $\mathcal{U}$ 到 C 的函数,使得对所有的 $U \in \mathcal{U}$,$f(U) \subseteq \mathcal{U}$. 证明

（1）存在一个非空的紧致集合 C,使得 $f(U)$ 不是 C 的真子集,但是 $C \subseteq U \in \mathcal{U}$,或者

（2）对于某个紧致集合 C,集合

$$f^{-1}(C) = \cup \{U \in \mathcal{U}:f(U) \subseteq C\}$$

是 $\mathcal{U}$ 的一个元素,那就是说 $f^{-1}(C)$ 不包含在任何紧致集合中.

解答

这个命题是平凡的. 实际上如果 $f^{-1}(\varnothing) = V$,那么（2）成立. 如果不是这样,则对任意 $x \in V - f^{-1}(\varnothing)$,只要取 $C = \{x\}$ 就有（1）成立（我们根本没有用到 V 不是 σ － 紧致的这一条件,只有 V 的非紧致性是必要的）.

注记 László Babai 证明了如果在问题的假设中（2）不成立,那么（1）对两个元素的集合 C 成立,这个证明是相当困难的.

问题 T.8 设 T_1 和 T_2 是集合 E 上的第二可数拓扑. 我们希望找到一个定义在 $E \times E$ 上的实函数 σ,使得

$$0 \leqslant \sigma(x,y) < +\infty , \sigma(x,x) = 0$$

$$\sigma(x,z) \leqslant \sigma(x,y) + \sigma(y,z) \quad (x,y,z \in E)$$

并且对任意 $p \in E$,集合

$$V_1(p, \varepsilon) = \{x : \sigma(x, y) < \varepsilon\} \quad (\varepsilon > 0)$$

构成 p 的关于拓扑 T_1 的邻域基,而集合

$$V_2(p, \varepsilon) = \{x : \sigma(p, x) < \varepsilon\} \quad (\varepsilon > 0)$$

构成 p 的关于拓扑 T_2 的邻域基. 证明存在那样一个函数 σ 的充分必要条件是对任意 $p \in E$ 和 T_i — 开集 $G, p \in G, i = 1, 2$,存在一个 T_i — 开集 G' 和一个 T_{3-i} — 闭集 F 使得 $p \in G' \subseteq F \subseteq G$.

解答

假设存在一个具有所需性质的函数 $\sigma(x, y)$. 设 $p \in E, G$ 是 T_i 中的开集, $p \in G$. 那么就存在 $\varepsilon > 0$,使得 $V_i(p, \varepsilon) \subseteq G$. 设 $0 < \delta < \varepsilon, G' = V_i(p, \varepsilon)$,并设 F 为 T_{3-i} — G' 的闭包. 利用三角不等式易于得出 G', F, G 确实满足假设(在这个方向上,关于第二可数性的假设是不必要的.).

下面,G 总表示一个开集而 F 总表示一个闭集. 上标指出这表示哪种拓扑结构. 例如 $\overline{G^{(1)}}^{(2)}$ 表示 T_1 — 开集 $G^{(1)}$ 的 T_2 — 闭包. 我们证明问题的假设对 σ 的存在是充分的. 证明过程是对众所周知的 Urysohn 度量定理的修改.

Tikhonov 引理   如果 $F^{(1)} \cap F^{(2)} = \varnothing$,那么存在 $G^{(1)}$ 和 $G^{(2)}$ 使得 $G^{(2)} \supseteq F^{(1)}, G^{(1)} \supseteq F^{(2)}$ 并且 $G^{(1)} \cap G^{(2)} = \varnothing$.

引理的证明   设 $p \in F^{(i)}$,那么 $p \in E - F^{(3-i)}$,这个集合是 T_{3-i} — 开的,因此根据假设存在一个 $G' = G'^{(3-i)}(p)$ 使得 $p \in G'^{(3-i)}(p)$ 并且 $\overline{G'^{(3-i)}(p)}^{(i)} \subseteq E - F^{(3-i)}$,即 $\overline{G'^{(3-i)}(p)}^{(i)} \cap F^{(3-i)} = \varnothing$.

对每个 $G'^{(j)}(p)$,指定 T_j 的可数基中的一个元素 $U^{(j)}$,使得 $T_j : p \in U^{(j)} \subseteq G'^{(j)}(p)$. 我们有可数多个集合 $U^{(j)}$,我们可把这些集合排成 $U_n^{(j)}, n = 1, 2, \cdots$, $(j = 1, 2)$. 我们也有

$$F^{3-i} \subseteq \bigcup_{n=1}^{\infty} U_n^{(i)}, \overline{U_n^{(i)}}^{3-i} \cap F(i) = \varnothing \tag{1}$$

令

$$U_{n*}^{(i)} = U_n^{(i)} - \bigcup_{k=1}^{n} \overline{U_k^{(3-i)}}^{(i)}$$

这些 $U_{n*}^{(i)}$ 是 T_i — 开集的,它们也满足(1)并且显然 $U_{n*}^{(i)} \cap U_{m*}^{(3-i)} = \varnothing$. 所以集合

$$G^{(i)} = \bigcup_{n=1}^{\infty} U_{n*}^{(i)} \quad (i = 1,2)$$

显然满足引理的要求.

Urysohn 引理　如果 $F^{(1)} \subseteq G^{(2)}$,那么存在一个 $E \times E$ 上的实函数 $\rho(x,y)$,

$$0 \leqslant \rho(x,y) \leqslant 1, \rho(x,x) = 0$$

$$\rho(x,z) \leqslant \rho(x,y) + \rho(y,z) \quad (x,y,z \in E) \tag{2}$$

集合

$$V_\rho^{(1)}(p,\varepsilon) = \{x : \rho(x,p) < \varepsilon\} \quad (\varepsilon > 0) \tag{3}$$

是 T_1 – 开的;集合

$$V_\rho^{(2)}(p,\varepsilon) = \{x : \rho(p,x) < \varepsilon\} \quad (\varepsilon > 0) \tag{4}$$

是 T_2 – 开的;并且

$$\text{如果 } x \in F^{(1)}, y \notin G^{(2)}, \text{则 } \rho(x,y) = 1 \tag{5}$$

引理的证明　引入记号 $G_0^{(2)} = \varnothing, F_0^{(1)} = F^{(1)}, G_1^{(2)} = G^{(2)}, F_1^{(1)} = E$. 设 D 是闭区间 $[0,1]$ 的可数稠密子集 $D = \{r_0, r_1, r_2, \cdots\}$,其中 $r_0 = 0, r_1 = 1$.

对 n 归纳地定义 $G_n^{(2)}$ 和 $F_n^{(1)}$ 使得 $G_n^{(2)} \subseteq F_n^{(1)}$,并且对 $r_n < r_m$ 成立 $F_n^{(1)} \subseteq G_m^{(2)}$. 这些包含关系对已经定义的情况 $(n, m = 0,1)$ 是成立的. 然后,在 $r_0, r_1, \cdots, r_{n-1}$ 中找出与 r_n 相邻的数. 设它们是 r_k 和 r_l,且 $r_k < r_n < r_l, 0 \leqslant k, l \leqslant n - 1$. 对集合 $F_k^{(1)}$ 和 $E - G_l^{(2)}$ 应用 Tychonoff 引理,由 $r_k < r_l$ 和归纳法假设可知 $F_k^{(1)} \cap (E - G_l^{(2)}) = \varnothing$,因此根据 Tychonoff 引理就得出,存在 $G_n^{(2)}$ 和 $G_{n*}^{(1)}$ 使得 $G_n^{(2)} \cap G_{n*}^{(1)} = \varnothing$,并且

$$G_n^{(2)} \supseteq F_k^{(1)}, \quad G_{n*}^{(1)} \supseteq E - G_i^{(2)}$$

那就是说,利用记号 $F_n^{(1)} = E - G_{n*}^{(1)}$ 就有

$$F_n^{(1)} \subseteq G_l^{(2)}$$

而 $G_n^{(2)} \cap G_{n*}^{(1)} = \varnothing$ 表示

$$G_n^{(2)} \subseteq F_n^{(1)}$$

显然,归纳法假设的正确性已经转移到这些集合上,因此归纳定义是正确的.

对 $x \in E$,令

$$g(x) = \inf(\{r_n : x \in G_n^{(2)}\}) \cup \{1\})$$

$$f(x) = \sup(\{r_n : x \notin F_n^{(1)}\}) \cup \{0\})$$

$(0 \leqslant f(x), g(x) \leqslant 1)$. 显然有

$$f \mid F^{(1)} = g \mid F^{(1)} \equiv 0, f \mid E - G^{(2)} = g \mid E - G^{(2)} \equiv 1$$

此外, 如果 $n \geqslant 2$, 那么

$$g(x) < r_n \Rightarrow x \in G_n^{(2)} \Rightarrow x \in F_n^{(1)} \Rightarrow f(x) \leqslant r_n$$

因此对所有的 $x \in E$ 有 $f(x) \leqslant g(x)$. 但是如果对某个 $x \in E$ 有 $f(x) < g(x)$, 那么将存在 $r_n, r_m \in D$, 使得

$$f(x) < r_n < r_m < g(x)$$

那样 $x \in F_n^{(1)}$ 而 $x \notin G_m^{(2)}$, 但是 $F_n^{(1)} \subseteq G_m^{(2)}$, 矛盾. 所以在 E 上有 $f(x) = g(x)$.

对 $x, y \in E$, 令

$$\rho(x, y) = \begin{cases} 0, & f(x) \geqslant f(y) \\ f(y) - f(x), & f(x) < f(y) \end{cases}$$

显然 $0 \leqslant \rho(x, y) \leqslant 1, \rho(x, x) = 0$, 并且 (2)(5) 成立. 为了证明 (3) 和 (4), 由 (2) 只需证明 $p \in \mathrm{int}^{(i)} V_\rho^{(i)}(p, \varepsilon)(p \in E, \varepsilon > 0)(i = 1, 2)$ 即可.

对 $i = 1$:

设 $p \in E, \varepsilon > 0$, 那么如果我们选 n 使得 $f(p) - \varepsilon < r_n < f(p)$, 那么就有

$$V_\rho^{(1)}(p, \varepsilon) = \{x : \rho(x, p) < \varepsilon\} = \{x : f(p) - f(x) < \varepsilon\} \supseteq E - F_n^{(1)} \ni p$$

在 $f(p) = 0$ 的情况下, $p \in E = V_p^{(1)}(p, \varepsilon)$, 而 $E - F_n^{(1)}$ 和 E 是 $T_1 -$ 开的.

对 $i = 2$:

如果 $g(p) < r_n < g(p) + \varepsilon$, 则

$$V_\rho^{(2)}(p, \varepsilon) = \{x : \rho(x, p) < \varepsilon\} = \{x : f(x) - f(p) < \varepsilon\}$$

$$= \{x : g(x) - g(p) < \varepsilon\} \supseteq G_n^{(2)} \ni p$$

在 $g(p) = 1$ 的情况下, $V_\rho^{(2)}(p, \varepsilon) = E$.

这就证明了 Urysohn 引理.

我们现在转向定理的证明.

设 P 是所有的对 $P(U^{(i)}, V^{(i)})$ 的集合, 其中 $U^{(i)}$ 和 $V^{(i)}$ 分别是 T_i 的可数基的且使得

$$\overline{U^{(i)}}^{(3-i)} \subseteq V^{(i)} \quad (i = 1,2)$$

成立的元素的集合,那么 P 是可数的

$$P = \{(U_1, V_1), (U_2, V_2), \cdots\}$$

现在,对 $k = 1, 2, \cdots$,我们定义一个函数 $\rho_k(x, y)$.

令

$$(U_k, V_k) = (U_k^{(i)}, V_k^{(i)})$$

如果 $i = 2$,那么对集合 $F^{(1)} = \overline{U_k^{(2)}}^{(1)}, G^{(2)} = V_k^{(2)}$ 的对应用 Urysohn 引理并称引理中给出的函数为 ρ_k. 如果 $i = 1$,那么令 $F^{(2)} = \overline{U_k^{(1)}}^{(2)}, G^{(1)} = V_k^{(2)}$,然后对这个集合对应用 Urysohn 引理,同时在应用时,把原来的 Urysohn 引理中的上标中的(1)和(2)交换,并且把所得的 $\rho(a, b)$ 换成 $\rho(b, a)$(那么(3)和(4)中也跟着进行类似的交换,而(2)保持不变),并称引理中给出的函数为 ρ_k.

令

$$\sigma(x, y) = \sum_{k=1}^{\infty} \frac{1}{2^k} \rho_k(x, y)$$

显然有 $0 \le \sigma(x, y) \le 1, \sigma(x, x) = 0$ 并且根据(2),对所有的 $x, y \in E$ 有

$$\sigma(x, z) \le \sigma(x, y) + \sigma(y, z)$$

我们证明对 $\varepsilon > 0$ 和 $p \in E$ 有

$$p \in \text{int}^{(i)} V_i(p, \varepsilon) \quad (i = 1, 2)$$

设 N 充分大,因而有 $\sum_{k=N}^{\infty} \frac{1}{2^k} < \frac{\varepsilon}{2}$,那么

$$V_i(p, \varepsilon) \supseteq \bigcap_{k=1}^{N} V_{\rho_k}^{(i)}\left(p, \frac{\varepsilon}{2}\right)$$

但是由(3)和(4),上式的右边是一个包含 p 的 T_i 开集.

剩下的是证明,如果 $p \in \text{int}^{(i)} U$,那么对某个 $\varepsilon > 0$,就有 $p \in V_i(p, \varepsilon) \subseteq U$. 由于 $p \in \text{int}^{(i)} U$,因此存在一个 $G^{(i)}$,因而根据假设,在 T_i 的可数基中存在一个 $G'^{(i)}$,使得

$$p \in G'^{(i)}, \overline{G'^{(i)}}^{(3-i)} \subseteq G^{(i)} \subseteq U$$

所以对某个 k 有 $(G'^{(i)}, G^{(i)}) = (U_k^{(i)}, V_k^{(i)}) \in P$. 因此利用 $p \in G'^{(i)}$ 和(5)就得

出

$$V_i\left(p, \frac{1}{2^k}\right) \subseteq V_{\rho_k}^{(i)}(p,1) \subseteq G^{(i)}$$

问题 T. 9　证明存在一个包含实直线作为子集的拓扑空间 T, 使得 Lebesgue 可测函数并且仅有 Lebesgue 可测函数可以连续地扩展到 T 上. 证明在这种空间 T 中, 实直线不可能是它的处处稠密的子集.

解答

1. 设 $\{f_i : i \in I\}$ 是所有 Lebesgue – 可测函数的集合, X_i 是带有通常拓扑的实直线的副本 $(i \in I)$, 并且

$$T = \prod_{i \in I} X_i$$

设 $h: \mathbb{R} \to T$ 是由

$$p_i(h(x)) = f_i(x)$$

定义的映射, 其中 p_i 是从 T 到 X_i 上的投影, 那么 h 是一个单设, 而 $h(\mathbb{R})$ 可以看成是实直线的副本, 我们证明 T 就是所需的.

设 f 是一个可测函数, 比如说 $f = f_i$, 那么 $f = p_i \mid h(\mathbb{R})$ 并且它在 T 上的连续扩张就是 p_i. 反之, 如果 $k: T \to \mathbb{R}$ 是连续的, 那么 $k \mid h(\mathbb{R})$ 是可测的. 实际上, 由一个众所周知的定理 (例如可见 R. Engelking, Outline of General Topology, PWN – Polish Sci. Publ, Warsaw, 1968, p. 98, Problem R) 可知, k 仅依赖于可数多个坐标, 那就是说 $k = k' \circ p$, 其中 $p: T \to T'$ 是从 T 到积 $T' = \prod_{i \in I'} X_i$ 上的投影, 其中 $I' \subseteq I$ 是可数的, 而 $k': T' \to \mathbb{R}$ 是连续的. 现在其中 U_c 在 T' 中是开的. 当 Y_i 是一个带有有理数端点的区间且除了有限个例外 $Y_i = X_i$ 时, 形如

$$\prod_{i \in I'} Y_i$$

的集合构成 T' 的一个可数基, 所以集合 $\{x: k(h(x) \geqslant c\}$ 可以被写成形如 $\{x: p(h(x)) \in \prod_{i \in I'} Y_i\}$ 的集合的可数并. 但是

$$\left\{x: p(h(x)) \in \prod_{i \in I'} Y_i\right\} = \{x: f_i(x) \in Y_i (i \in I)\}$$

604

是可数多个可测集的并,因而是可测的. 所以 $\{x:k(h(x)) \geq c\}$ 是可测的.

2. 假设 T 具有所需的性质,而 $\mathbb{R} \subseteq T$ 是稠密的. 由于所有的可测函数都是连续的,所以显然 T 的拓扑诱导出了 $\mathbb{R}$ 上的离散拓扑. 设 $p \in T, f^*$ 表示 $f(x) = x$ 在 T 上的扩张(由于 $\mathbb{R}$ 在 T 上是稠密的,所以这个扩张是唯一的). 进一步,考虑函数

$$g(x) = \begin{cases} 0, x = f^*(p) \\ \dfrac{1}{x - f^*(p)}, x \neq f^*(p) \end{cases}$$

并且设 g^* 是它在 T 上的连续扩张. 令

$$U_p = \left\{ q: \mid g^*(p) - g^*(q) \mid < 1, \mid f^*(p) - f^*(q) \mid < \frac{1}{g^*(q) + 1} \right\}$$

设 $x \in U_p \cap \mathbb{R}$ (由于 $\mathbb{R}$ 是稠密的,所以那种 x 是存在的);我们证明 $x = f^*(p)$. 实际上,如果 $x \neq f^*(p)$,那么

$$\mid g(x) \mid = \left| \frac{1}{x - f^*(p)} \right| > \mid g^*(p) \mid + 1$$

这与 $\mid g^*(p) - g^*(x) \mid < 1$ 矛盾,所以 $U_p \cap \mathbb{R} \mid = \{f^*(p)\}$. 由此也得出,对每个 $q \in U_p$ 有 $f^*(p) = f^*(q)$;实际上 $U_q \cap U_p \cap \mathbb{R}$ 是非空的(由于 $\mathbb{R}$ 是处处稠密的),而它的仅有的元素必须既等于 $f^*(q)$ 又等于 $f^*(p)$,所以 $f^*(p) = f^*(q)$.

现在,对任意不可测的实函数 φ,函数

$$\varphi^* = \varphi \circ f^*$$

是 φ 的连续扩张,由于在任意点 $p \in T$ 的邻域 U_p 中是常数的函数是连续的,因而不可测函数在 T 上也具有连续的扩张,矛盾.

问题 T.10 设 A 是平面上的有界闭集,而 C 表示到 A 的距离等于单位距离的点的集合. 设 $p \in C$,并设 A 和中心在 p 的单位圆 K 的交可以被一条长度短于半个 K 的周长的弧所覆盖. 证明 C 和 p 的适当的邻域的交是一条不以 p 为端点的简单弧.

解答

设 ab 是 K 的包含 $K \cap A$ 的最小弧(可能 $a = b$). 在平面中这样设置笛卡儿

坐标,使得 p 为原点,a 和 b 在左半平面内关于水平轴对称,并且在 $a \neq b$ 的情况下,b 位于上半平面中.

我们断言,对于适当的 $\delta > 0$,C 与圆心在 p,半径等于 δ 的圆在上半平面的部分的交 C_1 是一条从 p 开始,只和水平轴交于 p 的简单弧.对于下半平面类似的结论成立.这就证明了这个定理.为了证明我们的断言,只需证明,对于任何 $r \leq \delta$,集合 C 与以 p 为圆心,半径等于 r 的圆 K_r 的上半圆交于一个单个的内点即可.在这种情况下,对于 C_1 上的点,它们到 p 的距离是一个从紧致集 C_1 到区间 $[0, \delta]$ 上的拓扑映射,由于它是连续的和双射的.设 T 是一个包含 a 和 b 在其内部的,顶点位于 p 的凸的以水平轴作为对称轴的平面扇形.那么显然,$\rho(p, A - T) = 1 + \varepsilon_1 > 1$.此外存在一个 $\varepsilon_2 > 0$,使得如果 $x \in T$,比如说在上半平面中,并且 $\rho(x, p) < \varepsilon_2$,则三角形 pxb 在 p 处形成一个钝角.所以,$\rho(x, b) < \rho(p, b) = 1$,因而 $\rho(x, A) < 1$.

现在设 $\delta < \min(\varepsilon_1, \varepsilon_2)$.如果 $r < \delta$,那么 $K_r \cap C_1$ 是非空的.实际上,设 c 和 d 分别是 K_r 在左半平面和右半平面内的端点,那么上面已证 $\rho(d, A) < 1$.另一方面,如果 $x \in A - T$,那么

$$\rho(x, c) \geq \rho(p, x) - \rho(p, c) \geq 1 + \varepsilon - \delta > 1$$

而如果 $x \in A \cap T$,那么三角形 xpc 在 p 点构成钝角,因此

$$\rho(c, x) > \rho(p, x) > 1$$

因而 $\rho(c, A) > 1$.由 ρ 的连续性,在 K_r 的弧上,存在一个点 y 使得 $\rho(y, A) = 1$,那就是说 $y \in C_1$.由此也得出 $c, d \notin C_1$.

假设 $y_1, y_2 \in C_1 \cap K_r$,根据上面的论述可知 $y_1, y_2 \notin T$.设 y_1 是 y_1, y_2 中靠近 d 的点,$t \in A$ 是使得 $\rho(y_2, t) = 1$ 的点,那么 $t \in T$,由于

$$\rho(p, t) \leq \rho(p, y_2) + \rho(y_2, t) \leq 1 + \delta < 1 + \varepsilon_1$$

由于 $\rho(y_1, t) \geq 1 = \rho(y_2, t)$,所以点 t 在线段 $y_1 y_2$ 的垂直平分线(它也穿过 p 点)上和 y_2 处于同一侧.因此 $< y_2 pt$ 按正定向来量是小于 $180°$ 的并且显然大于 $90°$.因此 $\triangle y_2 pt$ 在 p 点构成钝角,所以 $\rho(y_2, t) > \rho(p, t) \geq 1$,矛盾.

问题 T.11 设 τ 是一个基数小于或等于连续统的集合 X 上的可度量化的拓扑.证明在 X 上存在一个可分的并且可度量化的拓扑,使得它是比 τ 更粗糙

的拓扑.

解答

解答 1 称一个集合 A 被一个子集族分割,如果对任意 $a,b \in A, a \neq b$. 在这个族中存在一个包含 a 但是不包含 b 的集合. 如果 A 的基数至多为连续统,那么 A 总是可被可数的子集族分隔. 实际上,将 A 嵌入 $\mathbb{R}$,然后取与具有有理端点的区间相对应的子集即可.

首先,我们证明在 X 中存在一个分割的 X 闭子集的序列. 众所周知,每个可度量空间都具有一个 σ – 离散基. 设 $B = \sum\limits_{n=1}^{\infty} B_n$ 是 X 中的基使得 B_n 由两两不相交的非空集合组成,那么 B_n 的基数小于或等于连续统,所以我们可以取一个族 $\{B_n^i : i = 1, 2, \cdots\}$（一个集合族的族）分割 B_n. 设 U_n^i 是 B_n^i 的元素的并集,那么 U_n^i 是关于拓扑 τ 的开集.

族 $\{U_n^i\}$ 分割 X. 实际上,设 $x, y \in X, x \neq y$. 由于 B 是基,因此存在一个 n 和 $V \in B_n$,使得 $x \in V$ 并且 $y \notin V$. 既可能存在也可能不存在一个 $V' \in B_n$ 使得 $y \in V'$,但是至多存在一个那种 V',由于 B_n 是一个不相交的族. 选择一个 B_n^i 使得 $V \in B_n^i$ 并且 $V' \notin B_n^i$（或者,选择一个任意的包含 V 但不包含 V' 的 B_n^i,如果它存在）. 那么显然,$x \in U_n^i$,但是 $y \notin U_n^i$. 当族 $\{U_n^i\}$ 分隔 X 时,由 U_n^i 的余集组成的族也分隔 X. 把这些余集排列成一个序列 $F_1, F_2, \cdots$,那么 $\{F_n\}$ 是一个分割 X 并且由闭集组成的族.

设 d 是 X 上的一个有界度量,它诱导出一个拓扑 τ. 考虑下面的映射 $f : X \to l^1$,则

$$f(x) = \left(\frac{d(F_1, x)}{2^1}, \frac{d(F_2, x)}{2^2}, \cdots \right)$$

那么 f 是一个单射,由于如果 $x \neq y$,那么将存在一个 F_n 使得 $x \in F_n$,但 $y \notin F_n$,因而就有 $d(F_n, x) = 0 \neq d(F_n, y)$. 映射 f 是连续的,由于如果用 D 表示 l^1 中的距离,那么

$$D(f(x), f(y)) = \sum\limits_{n=1}^{\infty} 2^{-n} \mid d(F_n, x) - d(F_n, y) \mid \leqslant \sum\limits_{n=1}^{\infty} 2^{-n} d(x, y) = d(x, y)$$

现在考虑在 X 上由 f 作为逆像的拓扑确定的拓扑. 由于 l^1 是可分的度量空间（并

且由于可分性是度量空间的遗传性质),再加上 f 是单射,所以这个拓扑是可分的和可度量的,而由于 f 是连续的,所以它比 τ 粗.

解答 2

对任何基数 $m > 0$,用 $J(m)$ 表示下面的度量空间:$J(m)$ 的点是对 (i,x),其中 $i \in I$(I 是一个任意的基数为 m 的集合),并且 $x \in [0,1]$. $J(m)$ 的度量 d 由下式定义

$$d((i,x),(j,y)) = \begin{cases} x + y, i \neq j \\ |x - y|, i = j \end{cases}$$

在下面的证明中,我们要用到一个定理,这个定理断言每个权为 m 的度量空间可以拓扑上嵌入到可数多个空间 $J(m)$ 的副本的拓扑积中(例如可见 R. Engelking, Outline of General Topology, PWN – Polish Sci. Publ, Warsaw, 1968, p. 197, Theorem 7).

设 P 表示拓扑空间 (X, τ) 的以下性质:在 X 上存在一个比 τ 更粗的可分的可度量的拓扑. 显然,一个具有性质 P 的空间的所有子空间和具有性质 P 的空间的可数族的拓扑积也具有性质 P. 同样显然的是,满足问题假设的度量空间的权要小于或等于 c(连续统). 由于,根据上面所引用的定理,权小于等于 c 的所有度量空间都可嵌入到可数多个 $J(c)$ 的副本的拓扑积中去,于是只需证明 $J(c)$ 具有性质 P 即可.

显然,$J(c)$ 同胚于一个那样的度量空间,它们的背景集合是单位圆盘,其中的两个点之间的距离,在它们的半径相同时,就是通常的距离;而在半径不同时,就是这两点的范数之和. 单位圆盘的通常的拓扑要比这个拓扑的粗,并且是可分的和可度量的.

问题 T.12 设一个拓扑空间的所有基数至多为 $\aleph_1$ 的子空间是第二可数的. 证明全空间是第二可数的.

解答

我们用反证法证明. 假设拓扑空间 X 不是第二可数的,但是它的所有的基数 $\leq \aleph_1$ 的子空间都是第二可数的. 我们构造某个基数 $\leq \aleph_1$ 的子空间 Y,而 Y 的第二可数性将导致矛盾.

608

这个子空间 Y 是一些要用超限归纳法待定义的子空间 $Y_\alpha(\alpha < \omega_1)$ 的并. 与 Y_α 一起,我们同时定义一个 X 中的开集的族 $\mathcal{G}_\alpha$,使得 $\mathcal{G}_\alpha \mid Y_\alpha$ 是 Y_α 的基(如果 $\mathcal{H}$ 是 X 中的子集族,并且 $Z \subseteq X$,那么 $\mathcal{H} \mid Z = \{H \cap Z : H \subseteq \mathcal{H}\}$ 是 Z 中 $\mathcal{H}$ 的迹). 递归的过程如下: $Y_0 = \mathcal{G}_0 = \varnothing$. 如果对 $\xi < \alpha < \omega_1$ 已经定义了可数的 Y_ξ 和 $\mathcal{G}_\xi$,那么按下述方式定义 Y_α 和 $\mathcal{G}_\alpha$. 族 $\bigcup_{\xi<\alpha} \mathcal{G}_\xi$ 是可数的但不是 X 的基. 因此存在一个点 $p \in X$ 和 p 的一个邻域 V 使得对于 $\bigcup_{\xi<\alpha} \mathcal{G}_\xi$ 的任何一个包含 p 的元素 G,我们有 $G \nsubseteq V$. 对每个那种 G,选择一个点 $p_G \in G \backslash V$,并令

$$Y_\alpha = \bigcup_{\xi<\alpha} Y_\xi \cup \{p\} \cup \left\{p_G : p \in G \in \bigcup_{\xi<\alpha} \mathcal{G}_\xi\right\}$$

显然 Y_α 是可数的,所以根据假设,它是第二可数的. 设 $\mathcal{G}_\alpha$ 是 X 中的使得 $\mathcal{G}_\alpha \mid Y_\alpha$ 是 Y_α 中的基的开集族.

考虑子空间 $Y = \bigcup_{\alpha<\omega_1} Y_\alpha$,显然它的基数小于等于 $\aleph_1$,因此它是第二可数的. 现在关键的观察是看出 $\bigcup_{\alpha<\omega_1} \mathcal{G}_\alpha \mid Y$ 是 Y 的基. 我们把这个命题的证明放到后面而先说明怎样完成解答. 我们现在假设这个观察成立.

由于 Y 是第二可数的,所以基 $\bigcup_{\alpha<\omega_1} \mathcal{G}_\alpha \mid Y$ 包含一个可数基. 所以对充分大的 α, $\bigcup_{\xi<\alpha} \mathcal{G}_\xi \mid Y$ 是 Y 的基. 因而对这种 α,族 $\bigcup_{\xi<\alpha} \mathcal{G}_\xi \mid Y_\alpha$ 是 Y_α 的基. 但是由于 $\bigcup_{\xi<\alpha} \mathcal{G}_\xi \mid Y_\alpha$ 不含有 Y_α 定义中用到的 p 点的邻域中的基,这就得出矛盾.

剩下的就是证明 $\bigcup_{\alpha<\omega_1} \mathcal{G}_\alpha \mid Y$ 是 Y 的基. 这个命题可立即从下面的引理得出.

引理 设 Y 是第二可数的拓扑空间,并设 $Y = \bigcup_{\alpha<\omega_1} Y_\alpha$,其中当 $\alpha < \beta$ 时,$Y_\alpha \subseteq Y_\beta$. 对 $\alpha < \omega_1$,设 $\mathcal{G}_\alpha$ 是 Y 中使得 $\mathcal{G}_\alpha \mid Y_\alpha$ 是 Y_α 的基的开集族,那么 $\bigcup_{\alpha<\omega_1} \mathcal{G}_\alpha$ 就是 Y 的基.

引理的证明 我们再次应用反证法证明. 假设 $\bigcup_{\alpha<\omega_1} \mathcal{G}_\alpha$ 不是 Y 的基. 我们构造一个开集的序列 $\{V_\alpha : \alpha < \omega_1\}$,它具有性质 $V_\beta \backslash \bigcup_{\alpha>\beta} V_\alpha \neq \varnothing (\beta < \omega_1)$,但是在第二可数空间中不可能存在那种序列.

集合 V_α 和点 $r_\alpha \in V_\alpha$ 的序列可用超限归纳法定义如下:由于 $\bigcup_{\alpha<\omega_1} \mathcal{G}_\alpha$ 不是 Y 的基,因此存在一个点 $q \in Y$ 和 q 的一个邻域 U 使得 $G \nsubseteq U$ 而 $q \in G \in \bigcup_{\alpha<\omega_1} \mathcal{G}_\alpha$. 令 $r_0 = q, V_0 = Y$. 设对 $\xi < \alpha < \omega_1$,已经定义好了 Y_ξ 和 r_ξ,那么,先选择一个

$\rho < \omega_1$ 使得 $Y_\rho \supseteq \{r_\xi : \xi < \alpha\}$. 由于 $\mathcal{G}_\rho \mid Y_\rho$ 是 Y_ρ 的基, 因此存在一个集合 $V_\alpha \in \mathcal{G}_\rho$ 使得 $q \in Y_\rho \cap V_\alpha \subseteq U$. 另一方面由于 $V_\alpha \nsubseteq U$, 所以我们可以选择一个点 $r_\alpha \in V_\alpha \setminus U$, 这样我们就定义了序列 $\{V_\alpha\}$, $\{r_\alpha\}$.

注意如果 $\beta < \alpha$, 那么 $r_\beta \neq V_\alpha$. 实际上 $r_\beta \in Y_\rho \setminus U$ 而 $V_\alpha \cap Y_\rho \subseteq U$, 因而 $r_\beta \in V_\beta \setminus \bigcup_{\alpha > \beta} V_\alpha (\beta < \omega_1)$. 但这和 Y 有可数基 $\{B_1, B_2, \cdots\}$ 矛盾. 实际上, 对每个 α, 选择一个 B_{n_α} 使得 $r_\alpha \in B_{n_\alpha} \subseteq V$, 由于只有可数多个 B_n, 所以存在 $\alpha > \beta$ 使得 $n_\alpha = n_\beta = n$. 但是 $r_\beta \in B_n$, 而 $r_\beta \neq V_\alpha \supseteq B_n$, 这是不可能的.

注记 不幸的是, 当这个问题被提交给竞赛委员会时文本中缺少了短语 "至多". 命题在这种缺少了短语 "至多" 的形式是不成立的. 在一个配置了非空开集是一个密度等于 1 的序列的拓扑下, 正整数的集合提供了一个反例. 这个空间不是第二个可数. 但是问题中假设是空虚的成立的. 参赛者通常会注意到这个缺陷并考虑问题的正确的修改形式.

一共给出了 7 种解决方案, 其中最好的方案是由 Emil Kiss 给出的. 在其他包含了所有证明这一命题所必需的想法中, 他对 T_3 - 空间证明了这一命题. Nándor Simányi 在连续性和空间是正规的假设下证明了这一命题. Vilmos Totik 使用了每一点都有一个基数为 $\aleph_1$ 的邻域基的假设, 而 Zoltán Szabó 假设空间是第一可数的.

问题 T. 13 假设 T_3 - 空间 X 没有孤立点并且在 X 中任何一族两两不相交非空的开集是可数的. 证明 X 可以被至多连续统多个无处稠密集所覆盖.

解答 1

对 $\alpha < \omega_1$ 使用超限递归法, 我们在 X 中定义一个开集族, 其元素是由正整数组成的长度为 α 的序列, 那就是说, 通过函数 $f : \alpha \to \omega$ 定义了那个开集族. 对于 $\alpha = 0$, 唯一的这样的函数是空集; 令 $G_\varnothing = X$. 如果 α 是一个极限序数, 并且 $f : \alpha \to \omega$, 那么令 $G_f = \text{int}(\bigcap_g G_g)$, 其中 g 的值域遍历 f 在所有更小的序数上的限制. 如果 α 具有形式 $\alpha = \beta + 1$ 并且对某个 $f : \beta \to \omega$ 有 $G_f = \varnothing$, 那么对 f 的所有延伸 $g : \beta \to \omega$, 我们可以定义 $G_g = \varnothing$. 如果 $G_f \neq \varnothing$, 那么我们可以定义一个开集的序列 $\{H_1, H_2, \cdots\}$ 使得 $\overline{H_n} \subseteq G_f$ 并且对所有的 $n \neq m$ 有 $H_n \neq \varnothing$, $H_n \cap H_m = \varnothing$ 以及 $H_1, H_2, \cdots$ 是 G_f 中最大的非空开集的系统 (这里我们用到了

X 的正规性和问题中公式化的性质. 由此容易排除系统是有限的情况). 设集合 $H_1, H_2, \cdots$ 是用 f 在 $\beta + 1$ 上的延伸 $g_1, g_2, \cdots$ 对应下标的. 那么这些基数也是可数无限的: $\{H_1, H_2, \cdots\} = \{G_{g_1}, G_{g_2}, \cdots\}$. 所以集合 G_f 是为所有函数 $f: \alpha \to \omega$ ($\alpha < \omega_1$) 有定义的. 显然, 如果有 $f, g: \alpha \to \omega, f \neq g$, 那么就有 $G_f \cap G_g = \varnothing$, 所以如果 $f \subseteq g$, 那么就有 $G_f \supseteq G_g$.

首先, 我们证明对所有的 $\alpha < \omega_1$, 没有 $p \in X$ 被包含在 G_f 中, 其中 $f: \alpha \to \omega$ 是某个函数. 假设不然, 那么, 根据前面的说明, 对于所有的 $\alpha < \omega_1$, 恰好存在一个函数 $f_\alpha: \alpha \to \omega$ 使得 $p \in G_{f_\alpha}$, 并且这些函数都是一个单个的函数 $F: \omega_1 \to \omega$ 的限制, 那么集合 G_{f_α} 中没有一个是空的, 并且如果我们用 $g_\alpha(\xi) = f_\alpha(\xi) (\xi < \alpha)$ 定义函数 $g_\alpha: \alpha + 1: \to \omega$ 以及 $g_\alpha(\alpha) = f_{\alpha+1}(\alpha) + 1$, 那么集合 G_{g_α} 是两两不相交的、非空的开集, 这与假设相矛盾.

因此, 每个点 p 在某个 ω_1 以下的水平上"消失". 因此空间 X 可以被覆盖如下

$$X = \bigcup_{\alpha < \omega_1} \bigcup_{f: \alpha \to \omega} \left(G_f - \bigcup_{\substack{g: \alpha+1 \to \omega \\ g \supseteq f}} G_g \right) \cup \bigcup_{\substack{\alpha < \omega_1 \\ \text{limit}}} \bigcup_{f: \alpha \to \omega} \left(\bigcap_{g \subsetneqq f} G_g - G_f \right)$$

由上式立即看出, 这是一个 $2^{\aleph_0}$ 个集合的覆盖. 剩下的事是证明上面的并集是无处稠密的. 集合

$$G_f - \bigcup_{\substack{g: \alpha+1 \to \omega \\ g \supseteq f}} G_g$$

是无处稠密的, 否则它将有非空的内点, 因而集合 G_g 的族不是最大的. 对其他的并集, 对 $\beta < \alpha$, 用 g_β 表示 f 在 β 上的限制, 那么我们有

$$\overline{\bigcap_{\beta < \alpha} G_{g_\beta}} \subseteq \bigcap_{\beta+1 < \alpha} \overline{G_{g_{\beta+1}}} \subseteq \bigcap_{\beta < \alpha} G_{g_\beta}$$

那就是说, 并集是一个闭集减去它的内部, 即这个并集就是这些闭集的边界是无处稠密的.

解答 2

设 $\{G_\alpha: \alpha < \lambda\}$ 是 X 的非空开集的集合的一个良序. 由于不存在孤立点, 对于每个 $\alpha < \lambda$ 都存在一个非空开集的对 $G_\alpha^{(0)}, G_\alpha^{(1)}$, 使得 $G_\alpha^{(0)} \cap G_\alpha^{(1)} = \varnothing$ 并且 $G_\alpha^{(0)} \cup G_\alpha^{(1)} \subseteq G_\alpha$. 设 $p \in X$ 是任意的, 对 α 使用超限归纳法定义集合 $H(\alpha, p)$ 如

下. 假设对于 $\beta < \alpha$ 已经定义好了集合 $H(\beta,p)$. $\underset{\beta<\alpha}{\cup} H(\beta,p) \cap G_\alpha \neq \varnothing$, 那么令 $H(\alpha,p) = \varnothing$, 如果, $\underset{\beta<\alpha}{\cup} H(\beta,p) \cap G_\alpha = \varnothing$, 并且 $p \in G_\alpha^{(0)}$, 则令 $H(\alpha,p) = G_\alpha^{(1)}$, 否则令 $H(\alpha,p) = G_\alpha^{(0)}$. 最后, 设 $F_p = X - \underset{\alpha<\lambda}{\cup} H(\alpha,p)$. 显然 F_p 是包含 p 的闭集; 此外, 它是无处稠密的, 由于如果它包含一个非空的开集, 那么它将包含另一个不包含 p 的非空开集, 比如说, G_α. 但根据构造, $G_\alpha^{(0)}$ 不是 F_p 的子集.

剩下的要证明的是, 不同的 F_p 的数量不可能比连续统更大.

对每个 p, 只可能有可数多个 α 使得 $H(\alpha,p) \neq \varnothing$, 由于集合 $H(\alpha,p)$ 是两两不相交的. 设这些集合是 $\{\alpha_\xi(p) : \xi < \varphi\}$, 其中 $\varphi = \varphi(p) < \omega_1$. 我们断言, 如果 p 和 q 是使得 $\varphi(p) = \varphi(q)$ 的点, 并且对每个 $\xi < \varphi(p)$, 如果 $H(\alpha_\xi(p),p) = G_{\alpha_\xi(p)}^{(i)}$ 蕴含 $H(\alpha_\xi(q),q) = G_{\alpha_\xi(q)}^{(i)}$ (那就是说, 对每个 $\xi < \varphi(p)$, 点 p 和点 q "向同一方向分叉"), 就有 $F_p = F_q$. 对此命题我们理所当然地可以通过下面的观察来证明它, 即由可数个下标来标记的所有 $0-1$ 序列的集合的基数是连续统; 因此不同的 F_p 的数目至多是连续统. 剩下的就是证明这一断言. 这只需用超限归纳法证明 $\alpha_\xi(p) = \alpha_\xi(q)$ 即可. 如果对所有的 $\zeta < \xi$ 都有 $\alpha_\zeta(p) = \alpha_\zeta(q)$, 那么显然 $H(\alpha_\zeta(p),p) = H(\alpha_\zeta(q),q)$, 并且 $\alpha_\xi(p)$ 是第一个使得 $\alpha \geq \sup\{\alpha_\zeta : \zeta < \xi\}$ 并且

$$G_\alpha \cap \left(\underset{\zeta<\xi}{\cup} H(\alpha_\zeta,p) \right) = \varnothing$$

成立的序数; 类似地, $\alpha_\xi(q)$ 是第一个使得

$$G_\alpha \cap \left(\underset{\zeta<\xi}{\cup} H(\alpha_\zeta,q) \right) = \varnothing$$

成立的序数, 所以

$$\alpha_\xi(p) = \alpha_\xi(q)$$

问题 T.14 构造一个不可数的 Hausdorff 空间, 在其中任何非空开集的闭包的补集是可数的.

解答

解答 1

设 X 是一个任意的不可数集合. 容易看出, 在 X 中存在一个具有所需性质

的拓扑的充分必要条件是存在一个 X 的子集族 $\mathcal{A}$ 满足:

（1）对所有的 $A \in \mathcal{A}$, $|A| = \omega$ 或 $A = \varnothing$.

（2）$\mathcal{A}$ 中的有限交是闭的.

（3）对每一个对 $a, b \in \mathcal{A}, a \neq b$, 存在 $A, B \in \mathcal{A}$ 使得 $a \in A, b \in B$, 并且 $A \cap B \neq \varnothing$.

（4）如果 $\mathcal{A}' \subseteq \mathcal{A}$ 并且 $A \in \mathcal{A} \setminus \{\varnothing\}$, 那么 $(\cup \mathcal{A}') \cap A = \varnothing$ 蕴含 $|\cup \mathcal{A}'| \leq \omega$.

实际上,如果 $\mathcal{A}$ 具有性质（1）～（4）,那么带有由基 $\mathcal{A}$ 生成的拓扑的 X 就满足问题的需要. 反之,如果 τ 是一个问题所需要的拓扑,那么所有可数的 τ – 开集的族 $\mathcal{A}$ 就满足条件（1）～（4）.

现在设 X 是可数序数的集合 ω_1, 设 $\{\langle b_\alpha, c_\alpha \rangle : \alpha \in \omega_1, b_\alpha \neq c_\alpha\}$ 是 ω_1 的所有元素对的序列,利用超限归纳法,我们构造一个所有 ω_1 的子集构成的族 $\mathcal{A}_\alpha$: $\alpha \in \omega_1$ 使得对所有的 $\alpha \in \omega_1$, 我们有

（1_α）对所有的 $A \in \mathcal{A}_\alpha$, $|A| = \omega$ 或 $A = \varnothing$.

（2_α）$\bigcup_{\beta < \alpha} \mathcal{A}_\beta \subseteq \mathcal{A}_\alpha$.

（3_α）$\mathcal{A}_\alpha$ 中的集合的有限交是闭的.

（4_α）$|\mathcal{A}_\alpha| \leq \omega$.

（5_α）存在 $B, C \in \mathcal{A}_\alpha$ 使得 $b_\alpha \in B, c_\alpha \in C$ 并且 $B \cap C = \varnothing$.

（6_α）如果 $A \in \mathcal{A}_\alpha \setminus \bigcup_{\beta < \alpha} \mathcal{A}_\beta$ 并且 $A' \in \bigcup_{\beta < \alpha} \mathcal{A}_\beta$, 那么 $|A \cap A'| = \omega$.

假设我们已经构造了一个那种序列,我们证明 $\mathcal{A} = \bigcup_{\alpha < \omega_1} \mathcal{A}_\alpha$ 满足条件（1）～（4）.（1）,（2）和（3）是显然的,为了验证（4）,设 $\mathcal{A}' \subseteq \mathcal{A}$ 并且 $A \in \mathcal{A} \setminus \{\varnothing\}$ 以及 $(\cup \mathcal{A}') \cap A = \varnothing$. 设 $\alpha \in \omega_1$ 是使得 $A \in \mathcal{A}_\alpha$ 的最小的序数. 我们将证明 $\cup \mathcal{A}' \subseteq \cup \mathcal{A}_\alpha$. 为此,我们只需看出对每个 $A' \in \mathcal{A}'$, 都存在一个 $B \in \mathcal{A}_\alpha$ 使得 $A' \subseteq B$. 设 $A' \in \mathcal{A}'$ 是任意的,并设 $\beta \in \omega_1$ 是使得 $B \in \mathcal{A}_\beta$, 并且 $B \supseteq A', B \cap A = \varnothing$ 的最小的序数（β 的这一定义是一个良定义,由于存在 $B \in \mathcal{A}$ 使得 $B \supseteq A'$ 并且 $B \cap A = \varnothing$, 例如 $B = A'$ 就是一个那样的集合）,那么 $\beta > \alpha$ 将和（6_α）矛盾,因此 $\beta \leq \alpha$, 那就是说 $\beta \in \mathcal{A}_\beta \subseteq \mathcal{A}_\alpha$.

为了构造序列 $\{\mathcal{A}_\alpha : \alpha \in \omega_1\}$, 我们需要下面的简单引理.

引理 如果 $|E| = \omega$，并且 ε 是 E 的非空的、可数的子集族，则存在 E 的子集 B 和 C 使得 $B \cap C = \varnothing$ 并且对所有的 $A \in \varepsilon$ 成立 $|B \cap A| = |C \cap A| = \omega$.

引理的证明 实际上，令 $\varepsilon = \{A_n : n \in \omega\}$（可能会多次出现），对 $n \in \omega$，设 $A_n = \bigcup_{k \in \omega} A_{nk}$ 是 A_n 的两两不相交的无限集合的分划，把集合 $A_{nk}(n, k \in \omega)$ 排成一个序列 $\{A_n' : n \in \omega\}$. 由于每个 A_n' 是无限的，由超限归纳法，我们可以定义元素 $b_n, c_n \in \omega$ 使得对所有的 $n \in \omega$ 都有 $b_n, c_n \in A_n' \setminus (\{b_k : k < n\} \cup \{c_k : k < n\})$，那么 $B = \{b_n : n \in \omega\}$ 和 $C = \{c_n : n \in \omega\}$ 就是所需的.

现在，我们转向序列 $\{A_\alpha : \alpha < \omega_1\}$ 的构造. 设 $B_0, C_0 \subseteq \omega_1$ 是两个可数无限的集合使得 $b_0 \in B_0, c_0 \in C_0$ 并且 $B_0 \cap C_0 = \varnothing$，那么 $A_0 = \{B_0, C_0, \varnothing\}$ 满足 $(1_0) \sim (6_0)$. 假设对某个序数 $\alpha \in \omega_1, \alpha > 0$，我们已经定义好了一个序列 $\{A_\beta : \beta < \alpha\}$ 使得条件 $(1_\beta) \sim (6_\beta)$ 对所有的 $\beta < \alpha$ 都满足，那么对 $E = \bigcup_{\beta < \alpha} (\cup A_\beta)$ 和 $\varepsilon = \bigcup_{\beta < \alpha} A_\beta$ 应用引理就得到存在可数无限集合 $B, C \subseteq \bigcup_{\beta < \alpha} (\cup A_\beta)$ 使得对所有的 $A \in \bigcup_{\beta < \alpha} A_\beta$ 成立 $|B \cap A| = |C \cap A| = \omega$.

如果把 A_α 定义成族 $\bigcup_{\beta < \alpha} A_\beta \cup \{B \cup \{b_\alpha\}, C \cup \{c_\alpha\}\}$ 中的有限交集，那么用例行的手续即可验证 $(1_\alpha) \sim (6_\alpha)$ 满足，这就完成了证明.

解答 2

设 D 是积空间 2^{ω_1} 的可数的稠密的子空间，其存在性可由 Marczewski - Pondiczery Marcze 定理保证. 设 $F = \{f_\alpha : \alpha \in \omega_1\} \subseteq 2^{\omega_1} \setminus D$ 使得对所有的 $\alpha, \beta, \gamma \in \omega_1, \alpha \neq \beta$ 和 $f \in D$ 成立

$$f_\alpha | (\omega_1 \setminus \gamma) \neq f_\beta | (\omega_1 \setminus \gamma)$$

以及

$$f | (\omega_1 \setminus \gamma) \neq f_\alpha | (\omega_1 \setminus \gamma)$$

选择 $D \cup F$ 是即将定义的空间 X 的背景集合. 设 D 是 X 中的开集，并且设它的子空间拓扑和来自 2^{ω_1} 的拓扑重合.

剩下的事是定义 $f_\alpha(\alpha \in \omega_1)$ 的基本邻域. 为此，设 $\mathcal{B} = \{B_\alpha : \alpha \in \omega_1\}$ 是积空间 2^{ω_1} 的基本开集族，设有限集合 $T_\alpha(\alpha \in \omega_1)$ 是 B_α 的支集，并设 $\lambda_\alpha =$

$\sup(\bigcup_{\beta < \alpha} T_\beta) + 1$，然后设 f_α 的邻域是形如 $\{f_\alpha\} \cup (B \cap D)$ 的集合，其中 B 遍历 $\mathcal{B}$ 的包含 f_α 的元素并且是 $\omega_1 \backslash \lambda$ 的支集.

易于验证我们已定义了一个 Hausdorff 拓扑. 根据构造，对所有的 $B_\alpha \in \mathcal{B}$ 我们有

$$\mathrm{cl}_X(B_\alpha \cap D) \supseteq \{f_\beta : \beta \in \omega_1 \backslash (\alpha + 1)\}$$

并且任何 X 中的非空开集的闭包有一个可数的余集.

注记 可以证明满足问题假设的空间的最大基数是 2^ω.

问题 T.15 设 W 是实直线 $\mathbb{R}$ 的稠密的开子集. 证明下面的两个命题是等价的：

（1）每个函数 $f: \mathbb{R} \to \mathbb{R}$ 在 $\mathbb{R} \backslash W$ 的所有点上是连续的并且在包含在 W 中的每个开区间上不减的函数在整个 $\mathbb{R}$ 上是不减的.

（2）$\mathbb{R} \backslash W$ 是可数的.

解答

首先假设 $F = \mathbb{R} \backslash W$ 是不可数的，然后我们构造一个连续函数 $f: \mathbb{R} \to \mathbb{R}$ 使得在 W 的每个子区间上是常数，而在整个 $\mathbb{R}$ 上不是一个常数并且是递减的.

我们可以假设 F 没有孤立点（否则我们转到凝结点的集合）. 设 $W = \cup \, \mathcal{V}$，其中 $\mathcal{V}$ 是可数的两两不相交的开集族. 考虑 $\mathcal{V}$ 的来自 $\mathbb{R}$ 的自然的序. 由于 F 是无处稠密的和完美的，所以 $\mathcal{V}$ 的这个序是稠密的（即在 $\mathcal{V}$ 的任何两个元素之间都存在一个 $\mathcal{V}$ 的另一个与这两个元素不同的元素），所以存在一个从区间 $[0, 1]$ 的有理点集 Q 到 $\mathcal{V}$ 的保序映射 $q \to V_q$. 对 $x \in \mathbb{R}$，令

$$f(x) = 1 - \sup\{q \in Q : (-\infty, x] \cap V_q \neq \varnothing\}$$

函数 f 显然在 $\mathcal{V}$ 的每个元素处是一个常数，对 $x \in V_0, f(x) = 1$，对 $x \in V_1$，$f(x) = 0$，并且 f 是单调不增的. 此外 f 取到所有的值 $t \in [0, 1]$，由于对 $x = \sup \cup \{V_q : q \in Q \cap [0, 1-t]\}, f(x) = t$. 所以 f 没有跳跃点，因而是连续的.

现在设 $\mathbb{R} \backslash W = \{a_n : n \in \mathbb{N}\}$ 是可数的. 设 $\varepsilon > 0$ 是任意的，我们证明对任意点的对 $x, y \in \mathbb{R}, x \neq y$，我们有 $f(x) < f(y) + \varepsilon$.

由于在点 $a_n (n \in \mathbb{N})$ 处 f 是连续的，所以对每个 $n \in \mathbb{N}$，存在一个 a_n 的开

邻域 U_n 使得对所有的 $u,v \in U_n$ 成立不等式 $f(u) - f(v) < \dfrac{\varepsilon}{2^{n+1}}$. 设 $W = \cup \mathcal{V}$,

其中 $\mathcal{V}$ 是使得 f 在 $\mathcal{V}$ 的任意元素上的限制不减的可数开区间的族. 族 $\mathcal{U} = \mathcal{V} \cup$ $\{U_n : n \in \mathbb{N}\}$ 是实直线 $\mathbb{R}$ 的开覆盖;考虑 $\mathcal{U}$ 的使得 $\mathcal{V}' \subseteq \mathcal{V}$ 和 $\mathcal{U}'$ 覆盖区间 $[x,y]$ 的有限子族 $\mathcal{U}' \equiv \mathcal{V}' \cup \{U_n : n \leqslant n_0\}$. 设 L 是 $[x,y]$ 中点 y' 的集合,其中对 y' 存在一个有限的序列 $x = z_0 < z_1 < \cdots < z_k = y'$ 使得 $[z_{i-1}, z_i] \subseteq U^{(i)}$ 并且对所有的 $1 \leqslant i \leqslant k$ 有某个 $U^{(i)} \in \mathcal{U}'$. 容易看出 L 是 $[x,y]$ 的包含 x 的既开又闭的子集,因此 $L = [x,y]$. 故,存在那样一个序列 $z_0, \cdots, z_k, z_k = y$ 使得

$$f(x) - f(y) = \sum_{i=1}^{k} (f(z_{i-1}) - f(z_i)) < \sum_{n=0}^{n_0} \frac{\varepsilon}{2^{n+1}} < \varepsilon$$

注记 问题中的命题 $(2) \Rightarrow (1)$ 也可以对 $\mathbb{R} \setminus W$ 的孤立点用超限归纳法证明. 联系到一些不确切的解答,似乎值得注意的是,这样的归纳并没有必然终止于第一个无限序数.

问题 T.16 设 $n \geqslant 2$ 是一个整数,X 是一个连通的 Hausdorff 空间,使得 X 的每个点都有一个同胚于 Euclid 空间 $\mathbb{R}^n$ 的邻域. 设 X 任意离散的(但不一定是闭的)子空间 D 可被一族 X 的两两不相交的开集所覆盖,使得这些开集恰包含 D 的一个元素. 证明 X 是至多 $\aleph_1$ 个紧致子空间的并集.

解答

设 X 是满足问题假设的空间. 我们首先证明命题 $(*)$:如果 F 是 X 的任意子空间,则 X 存在一个同胚于 $\mathbb{R}^n$ 的开子集族 $\mathcal{G}$ 使得 $(\cup \mathcal{G}) \cap F$ 在子空间 F 中是稠密的,并且族 $\mathcal{G}$ 是 σ – 不相交的,那就是说,$\mathcal{G}$ 是可数多个由两两不相交集合组成的族的并集.

如果 $F = \varnothing$,那么这个命题是显然的. 如果 $F \neq \varnothing$,那么考虑相对于子空间 F 的最大的两两不相交的,非空的,可分的开子集族 $\mathcal{U}$(根据 Zorn 引理,那种族是存在的). 对每个 $U \in \mathcal{U}$,设 $S(U) = \{x_n(U) : n = 0, 1, \cdots\}$ 是 U 的一个可数的稠密的子集,$S_n = \{x_n(U) : U \in \mathcal{U}\}$ 是 F 的因而是 X 的一个离散的子空间. 根据假设,存在 X 的两两不相交的开子集的族 $\mathcal{G}_n = \{G_n(U) : U \in \mathcal{U}\}$ 使得对所有的 $U \in \mathcal{U}$ 都有 $x_n(U) \in G_n(U)$. 由于 X 是局部 Euclid 空间,我们可以假设 $\mathcal{G}_n$ 是

由同胚于 $\mathbb{R}^n$ 的集合组成的. 那样族 $\mathcal{G} = \bigcup_{n=0}^{\infty} \mathcal{G}_n$ 满足 (*) 中的要求, 由于在子空间 F 中 $(\cup \mathcal{G}) \cap F \supseteq \bigcup_{n=0}^{\infty} S_n$ 的闭包, 包含在 F 中 $\cup \mathcal{U}$ 的闭包, 并且, 根据 $\mathcal{U}$ 的最大性, 集合 $\cup \mathcal{U}$ 在 F 中是稠密的.

我们用超限递归法定义一个序列 $\{\langle F_\alpha, \mathcal{G}_\alpha \rangle : \alpha \in \omega_1\}$ 如下 (像通常那样, ω_1 表示所有可数序数的集合). 设 $F_0 = X$ 和 $\mathcal{G}_0$ 是 X 的两两不相交的同胚于 $\mathbb{R}^n$ 的开子集的最大族. 如果 $\alpha \in \omega_1, \alpha > 0$ 和 $\{[F_\beta, \mathcal{G}_\beta] : \beta < \alpha\}$ 已经定义好了, 那么令 $F_\alpha = X \backslash \bigcup_{\beta < \alpha} (\cup \mathcal{G}_\beta)$ 以及 $\mathcal{G}_\alpha$ 是 X 的同胚于 $\mathbb{R}^n$ 的 σ – 不相交的使得 $(\cup \mathcal{G}_\alpha) \cap F_\alpha$ 在 F_α 是稠密的开集族 (那种族 $\mathcal{G}_\alpha$ 的存在性由 (*) 保证).

我们证明 $X = \bigcup_{\alpha \in \omega_1} (\cup \mathcal{G}_\alpha)$. 用反证法, 假设存在一个点 $x \in X \backslash \bigcup_{\alpha \in \omega_1} (\cup \mathcal{G}_\alpha)$ 并考虑一个 x 的同胚于 $\mathbb{R}^n$ 邻域 V. 由于 $(\cup \mathcal{G}_\alpha) \cap F_\alpha$ 为在 $F_\alpha = X \backslash \bigcup_{\beta < \alpha} (\cup \mathcal{G}_\alpha)$ 中的稠密集, 所以就得出集合 $V_\alpha = (\bigcup_{\beta < \alpha} (\cup \mathcal{G}_\beta)) \cap V (\alpha \in \omega_1)$ 构成 V 中序型为 ω_1 的开集的严格单调递增的序列. 这在与 $\mathbb{R}^n$ 同胚的空间中是不可能的.

因此, 族 $\mathcal{G}^* = \bigcup_{\alpha \in \omega_1} \mathcal{G}_\alpha$ 是 X 的由同胚于 $\mathbb{R}^n$ 的开集构成的覆盖, 并且 $\mathcal{G}^*$ 是至多 $\aleph_1$ 个不相交的族的并集. 由于同胚于 $\mathbb{R}^n$ 的子空间只可能与可数多的不相交的开集相遇, 所以每个 $G \in \mathcal{G}^*$ 最多与 $\aleph_1$ 个 $\mathcal{G}^*$ 的成员相遇.

最后, 考虑 $\mathcal{G}^*$ 上的等价关系, 其中 $G, G' \in \mathcal{G}^*$ 等价的充分必要条件是存在有限序列 $G_0, \cdots, G_k \in \mathcal{G}^*$ 使得 $G_0 = G, G_k = G'$ 并且 $G_i \cap G_{i+1} \neq \varnothing (i = 0, 1, \cdots, k-1)$. 利用上面最后一段的结果, 对 k 进行归纳说明, 每个等价类最多包含 $\aleph_1$ 个 $\mathcal{G}^*$ 中的集合. 另外, 如果 $\mathcal{G} \subseteq \mathcal{G}^*$ 是一个等价类, 那么 $\cup \mathcal{G}$ 在 X 中是既开又闭的, 因此根据 X 的连通性就有 $\mathcal{G} = \mathcal{G}^*$. 因此, $\mathcal{G}^*$ 的基数至多为 $\aleph_1$.

所以, X 是至多 $\aleph_1$ 个同胚于 $\mathbb{R}^n$ 的子集的并集, 因而是至多 $\aleph_1$ 个紧致集合的并集.

注记

1. 长时间以来, 最著名的不可度量拓扑流形的例子是一个满足问题假设, 但是不是可数多个紧致子空间的并集的空间.

2. 一些参赛者利用 X 的所有可分的子空间都是第二可数的假设证明了问

题中的命题. Gábor Moussong 证明存在这个假设成立的一个 ZFC 模型. 然而,值得注意的是,根据 M. E. Rudin 和 P. H. Zenor 的结果,在另外一些 ZFC 模型中,存在着满足问题假设的可分的但不是第二可数的拓扑流形.

3. 由于维数大于等于 1 的连通的拓扑流形的基数是连续统,Gábor Moussong 注意到来自连续统假设的问题的命题.

问题 T.17 设 $P(X)$ 表示 X 的所有子集的集合,称映射 $F:P(X)\to P(X)$ 是 X 上的一个封闭算子,如果对任意 $A,B\subseteq X$ 满足以下条件

(1) $A\subseteq F(A)$.

(2) $A\subseteq B\Rightarrow F(A)\subseteq F(B)$.

(3) $F(F(A))=F(A)$.

称最小值 $\min\{|A|:A\subseteq X,F(A)=X\}$ 为 F 的密度,并用 $d(F)$ 表示它,其中 $|A|$ 表示 A 的基数. 称集合 $H\subseteq X$ 是离散的如果对所有的 $u\in H$ 有 $u\notin F(H\backslash\{u\})$. 证明如果一个封闭算子 F 的密度是一个奇异基数,那么对任何非负整数 n,存在一个基数等于 n 的关于 F 的离散集. 证明当存在一个所需的无限的离散子集时,即使 F 是满足 T_1 分离公理的拓扑空间中的封闭算子,这一命题也不成立.

解答

(1) 我们通过对 n 施行超限归纳法来证明这个命题. 对于 $n=0$,这个命题是显然的. 假设命题对 n 成立. 设闭算子 F 在 X 上的密度是 λ,其中 $\mathrm{cf}(\lambda)=\kappa<\lambda$. 设 $|A|=\lambda$,$F(A)=X$ 以及良序 A 是类型 λ 的. 根据归纳法假设定义一个序列

$$B=\{x_\xi:\xi<\lambda\}$$

其中

$$x_\xi=\min(A-F(\{x_\eta:\eta<\xi\}))$$

那么

$$F(B)\supseteq F(A)=X$$

设 $C\subseteq B$ 使得 $|C|=\kappa$ 以及 C 在 B 中是共尾的,对 $Y\subseteq B$,令 $F'(Y)=F(Y\cup C)\cap B$.

容易看出 F' 是 B 上的闭算子以及 $d(F') = \lambda$. 根据归纳法假设,存在一个集合 $\{x_{\xi_i}: i < n\}$,它相对于 F' 是离散的. 设 $\xi_n > \xi_i (i < n)$ 使得 $x_{\xi_n} \in C$,那么由于

$$x_{\xi_n} \notin F(\{x_{\xi_i}: i < n\}) \subseteq F(\{x_\eta: \eta < \xi_n\})$$

以及对 $i < n$ 有

$$x_{\xi_i} \notin F(\{x_{\xi_j}: i \neq j, j \leq n\}) \subseteq F'(\{x_{\xi_j}: i \neq j, j < n\})$$

所以集合 $\{x_{\xi_i}: i \leq n\}$ 是离散的.

(2) 设 λ 是一个奇异的强极限基数,设 $\mathcal{H} \subseteq P(\lambda)$ 是最大的几乎不相交的可数集合族(根据 Zorn 引理存在一个这样的族). 称 $F \subseteq \lambda$ 是闭的,如果,对于每个 $H \in \mathcal{H}$, $|F \cap H| = \omega$ 蕴含 $F \supseteq H$. 易于看出据此已经定义了一个 T_1 拓扑空间,在这个空间中不存在无限的离散子集. 剩下的事是证明密度等于 λ. 设 $A_0 \subseteq \lambda$,其中 $|A_0| < \lambda$. 对 $\xi \leq \omega_1$,我们用以下的递归定义序列 A_ξ:如果 $\xi = \eta + 1$,则设

$$A_\xi = \cup \{H \in \mathcal{H}: |H \cap A_\eta| = \omega\}$$

而如果 ξ 是极限序数,则设

$$A_\xi = \cup \{A_\eta: \eta < \xi\}$$

由于

$$|A_{\eta+1}| \leq |A_\eta|^\omega$$

易于看出对 $\xi \leq \omega_1$ 有 $|A_\xi| \leq |A_0|^\omega < \lambda$. 另一方面,$A_{\omega_1}$ 显然是闭的,所以 A_0 不是稠密的.

问题 T.18　设 K 是一个紧致 Hausdorff 空间并且 $K = \bigcup_{n=0}^{\infty} A_n$,其中 A_n 是可度量的,并且当 $n < m$ 有 $A_n \subseteq A_m$. 证明 K 是可度量的.

解答

首先,我们证明以下引理.

引理　如果一个度量空间 A 的子空间 H 是不可分的,那么存在一个不可数的,离散的闭子空间 $Z \subseteq H$.

引理的证明　设 Z_n 是 A 的使得对所有的 $x, y \in Z_n, x \neq y$ 有 $d(x, y) \geq \dfrac{1}{n}$

619

的最大子集. 如果 $a \in A$, 那么 $d(a,x) < \dfrac{1}{2n}$ 至多在 Z_n 的一个点处可以成立, 所以 Z_n 是离散的. 另一方面根据 Z_n 的最大性, 对于每个 $h \in H$, 存在 $x \in Z_n$, 使得 $d(h,x) < \dfrac{1}{n}$, 所以 $\bigcup_{n=1}^{\infty} Z_n$ 是稠密的. 如果 H 是不可分的, 那么这蕴含对某个 n 有 Z_n 是不可数的.

现在我们证明对所有的 n, A_n 都是可分的. 事实上, 假设它是不可分的, 那么在 A_n 中就存在一个不可数的离散闭子集 Z_n; 这个集合在 A_{n+1} 中是离散的并且是不可分的, 所以在 Z_n 中存在一个不可数的离散闭子集 Z_{n+1}. 因此, 我们得一个序列 Z_m 使得对 $m_1 < m_2$ 有 $Z_{m_1} \supseteq Z_{m_2}$, 并且 Z_m 是 A_m 的不可数的离散的闭子集. 由于 K 是紧致的, 所以 Z_m 的聚点的集合 Z'_m 是非空的; 因此 $\bigcap_{m=n}^{\infty} Z'_m \neq \varnothing$. 另一方面, 由于 Z_m 在 A_m 中是离散的和闭的, 所以 $\bigcap_{m=n}^{\infty} Z'_m \cap \bigcup_{m=n}^{\infty} A_m = \varnothing$, 矛盾.

固定 k, 并考虑集合 $A_n \cap \overline{A}_k (k \leqslant n)$, 它是一个可分的度量空间, 因此具有可数基 $\{B_{n,m}: m \in \omega\}$. 设 $G_{n,m}$ 为 $\overline{A}_k$ 中的一个开集, 使得 $B_{n,m} = G_{n,m} \cap A_n$. 族 $\{G_{n,m}: n > k, m \in \omega\}$ 是关于 $\overline{A}_k$ 的 Hausdorff 拓扑的一个子基, 它比 $\overline{A}_k$ 的紧凑拓扑更粗糙. 因此, 这两种拓扑是相等的. 这表示 $\overline{A}_k$ 是第二可数的紧致的拓扑空间. 设 $\{f_{n,k}: n \in \omega\}$ 是 $\overline{A}_k$ 上把点分离开的连续函数族. 设 $F_{n,k}$ 是 K 上的使得 $F_{n,k} \mid \overline{A}_k = f_{n,k}$ 成立的连续函数 (由 Tietze 定理可知那种函数 $F_{n,k}$ 存在), 函数 $F_{n,k}$ 分离 K 的点; 因此, 由这些函数定义的度量就导出了 K 的拓扑结构.

问题 T.19　设 $U = \{f \in C[0,1]:$ 对所有的 $x \in [0,1]$ 有 $|f(x)| \leqslant 1\}$. 证明不存在 $C[0,1]$ 上的拓扑, 它连同 $C[0,1]$ 上的线性结构可使得 $C[0,1]$ 成为一个拓扑向量空间, 使得在这个空间中 U 是紧致的.

解答

假设拓扑向量空间是 Hausdorff 空间.

用反证法证明. 假设 $C[0,1]$ 是一个拓扑向量空间, 其中 U 是紧致的, 那么由于拓扑是 Hausdorff 的, 所以 U 是闭的. 对每个 $f \in C[0,1]$ 和 $\delta > 0$, 集合

$$U_{f,\delta} = \{g \in C[0,1]: |g(x) - f(x)| \leqslant \delta, \text{对所有的 } x \in [0,1]\}$$

也是紧致的和闭的.

对每个正整数 $n \geq 2$,定义函数 $f_n, g_n \in C[0,1]$ 如下

$$f_n(x) = \begin{cases} 0, 0 \leq x \leq \dfrac{1}{2} - \dfrac{1}{n} \\ nx + 1 - \dfrac{n}{2}, \dfrac{1}{2} - \dfrac{1}{n} < x < \dfrac{1}{2} \\ 1, \dfrac{1}{2} \leq x \leq 1 \end{cases}$$

$$g_n(x) = \begin{cases} 0, 0 \leq x \leq \dfrac{1}{2} \\ nx - \dfrac{n}{2}, \dfrac{1}{2} < x < \dfrac{1}{2} + \dfrac{1}{n} \\ 1, \dfrac{1}{2} + \dfrac{1}{n} \leq x \leq 1 \end{cases}$$

令 $K_n = \{g \in C[0,1] : g_n(x) \leq g(x) \leq f_n(x)$ 对所有的 $x \in C[0,1]\}$ $(n \geq 2)$,那么由于 $K_n = U_{f_n-1,1} \cap U_{g_n-1,1}$,所以 $K_2 \supseteq K_3 \supseteq \cdots$ 并且 K_n 是紧致的和闭的. 所以 $\bigcap_{n=2}^{\infty} K_n \neq \varnothing$. 设 $f \in \bigcap_{n=2}^{\infty} K_n$,那么对 $x < \dfrac{1}{2}$ 有 $f(x) = 0$,而对 $x > \dfrac{1}{2}$ 有 $f(x) = 1$. 由于 f 是连续的,这是不可能的. 这个矛盾就证明了 U 不可能是紧致的.

问题 T.20　设 Φ 是一族定义在集合 X 上的实函数,使得 $k \circ h \in \Phi$,其中 $f_i \in \Phi (i \in I)$ 和 $h: X \to \mathbb{R}^I$ 由公式 $h(x)_i = f_i(x)$ 定义,并且

(1) $k: h(X) \to \mathbb{R}$ 关于从 $\mathbb{R}^I$ 的积拓扑继承的拓扑是连续的. 证明 $f = \sup\{g_j : j \in J, g_j \in \Phi\} = \inf\{h_m : m \in M, h_m \in \Phi\}$ 蕴含 $f \in \Phi$. 如果把(1)换成下面的条件,这一命题是否仍然成立?

(2) $k: \overline{h(X)} \to \mathbb{R}$ 在 $h(X)$ 的闭包上关于积拓扑是连续的.

解答

显然,我们可以假设 J 和 M 是不相交的.

定义 $p: X \to \mathbb{R}^{J \cup M}$ 如下:对 $j \in J$,令 $p(x)_j = g_j(x)$,而对 $m \in M, p(x)_m = h_m(x)$,那么对所有的 $y \in p(X)$,我们有 $\sup\{y_j : j \in J\} = \inf\{y_m : m \in M\}$. 定义 $k: p(X) \to \mathbb{R}$ 为 $k(y) = \sup\{y_j : j \in J\} = \inf\{y_j : m \in M\}$. 那么 $f = k \circ p$,因此根据(1),我们只需证明 k 是连续依赖于 $p(X)$ 的即可.

设 $y \in p(X)$ 以及 $\varepsilon > 0$. 我们将在 $p(X)$ 中定义一个 y 的邻域 S 使得对所有的 $z \in S$ 有 $|k(z) - k(y)| < \varepsilon$. 选一个 $j_0 \in J$ 使得

$$g_{j_0}(y) > k(y) - \frac{\varepsilon}{2} = \sup\{g_j(y) : j \in J\} - \frac{\varepsilon}{2}$$

以及一个 $m_0 \in M$ 使得

$$h_{m_0}(y) < k(y) + \frac{\varepsilon}{2} = \inf\{h_m(y) : m \in M\} + \frac{\varepsilon}{2}$$

根据上确界和下确界的定义,那种 j_0 和 m_0 是存在的. 令

$$S = \left\{ z \in p(X) : |z_{j_0} - y_{j_0}| < \frac{\varepsilon}{2} \text{ 和 } |z_{m_0} - y_{m_0}| < \frac{\varepsilon}{2} \right\}$$

那么,对 $z \in S$,我们有

$$k(z) = \sup\{z_j : j \in J\} \geqslant z_{j_0} > y_{j_0} - \frac{\varepsilon}{2} > k(y) - \varepsilon$$

和

$$k(z) = \inf\{z_m : m \in M\} \leqslant z_{m_0} < y_{m_0} + \frac{\varepsilon}{2} < k(y) + \varepsilon$$

即

$$|k(z) - k(y)| < \varepsilon$$

所以,对每个 $y \in p(X)$ 和 $\varepsilon > 0$ 以及对所有的 $z \in S$ 都存在一个 y 的邻域 S 使得 $|k(z) - k(y)| < \varepsilon$,那就是说 k 是连续依赖于 $p(X)$ 的,这就解决了问题的第一部分.

如果把条件(1)换成(2),那么本题的命题不成立.

实际上,设 $X = \mathbb{N}$ 是正整数的集合,而 Φ 是由所有使得序列 $\{f(n)\}_{n=1}^{\infty}$ 收敛的函数 $f : \mathbb{N} \to \mathbb{R}$ 组成的集合,那么这就给出了一个反例.

假设 $f_i \in \Phi (i \in I)$, $h : \mathbb{N} \to \mathbb{R}$ 由 $h(n)_i = f_i(n) (i \in I)$ 定义, $k : \overline{h(x)} \to \mathbb{R}$ 是连续的. 设 b 是 $\mathbb{R}^I$ 的元素,使得 $b_i = \lim f_i$. 那么根据 h 的定义,对所有的 $i \in I$ 就有 $h(n)_i \to b_i$. 因此在积拓扑中 $h(n) \to b$. 这蕴含 b 被包含在 $h(X)$ 的闭包中,由于它是 $h(X)$ 中的序列的极限. 由 k 在 $\overline{h(X)}$ 上的连续性,我们有 $k(h(n)) \to k(\lim h(n)) = k(b)$,那就是说,序列 $k(h(n))$ 是收敛的,所以 $k \circ h \in \Phi$. 这就证明了问题的假设是满足的.

设 $J = M = \mathbb{N}$;设对 $n < j$ 和偶数的 $n,g_j(n) = 1$,否则设 $g_j(n) = 0$;设对 $n < m$ 和奇数的 $n,h_m(n) = 0$,否则设 $h_m(n) = 1$. 这些函数确实在 Φ 中,由于对所有的 $j \in J$ 和 $m \in M,g_j(n) \to 0,h_m(n) \to 1$. 另一方面由于对偶数的 n 有

$$\sup\{g_j(n):j \in J\} = \inf\{h_m(n):m \in M\} = 1$$

而对奇数的 n 有

$$\sup\{g_j(n):j \in J\} = \inf\{h_m(n):m \in M\} = 0$$

所以这个序列不是收敛的. 这就是说

$$f = \sup\{g_j(n):j \in J\} = \inf\{h_m(n):m \in M\} \notin \Phi$$

问题 T.21　刻画集合 $A \subseteq \mathbb{R}$,使得如果 $B \subseteq \mathbb{R}$ 是无处稠密的集合,则

$$A + B = \{a + b: a \in A,b \in B\}$$

是无处稠密的.

解答

我们证明具有这一性质的集合是一个具有可数闭包的有界集合. 更确切地,我们证明对一个集合 $A \subseteq \mathbb{R}$,以下的命题是等价的:

(1) 如果 $B \subseteq \mathbb{R}$ 是无处稠密的,那么 $A + B$ 也是.

(2) 对任何正数的序列 $a_n(n = 1,2,\cdots)$,存在一个有限的区间族 $I_j(j = 1,\cdots,k)$,使得它覆盖 A 并且 I_j 的长度是 $| I_j | = a_j(j = 1,\cdots,k)$.

(3)A 是有界的并且它的闭包是可数的.

(1)$\Rightarrow$(2):假设(2) 不成立. 那么存在一个由正数组成的序列 $a_n(n = 1,2,\cdots)$ 使得对任何有限的区间族 $I_j,| I_j | = a_j(j = 1,\cdots,k)$,我们有 $A \not\subseteq \bigcup_{j=1}^{k} I_j$. 利用这一点,我们将构造一个无处稠密集 B 使得 $A + B$ 包含所有的有理数,这和(1) 矛盾.

把有理数排成一个序列 $r_n(n = 1,2,\cdots)$. 现在,我们通过对 n 实行归纳法来定义两个数 x_n 和 y_n. 设 $x_1 \in A$ 是任意的,并且设 $y_1 = r_1 - x_1$. 设 $k > 1$ 并设 $y_1,y_2,\cdots,y_{k-1}$ 已经定义好了. 那么,根据我们的假设,区间

$$I_j = \left(r_k - y_j - \frac{a_j}{2},r_k - y_j + \frac{a_j}{2}\right) \quad (j = 1,2,\cdots,k - 1)$$

不能覆盖 A. 所以我们可以选择一个元素 $x_k \in A \backslash \bigcup_{j=1}^{k-1} I_j$.

最后，令 $y_k = r_k - x_k, B = \{y_k : k \in \mathbb{N}\}$，那么集合 $A + B$ 就包含了所有的有理数，由于 $r_k = x_k + y_k \in A + B$. 我们证明 B 的每个点都是孤立的. 实际上，对 $j < k$，我们有 $x_j \notin \left(r_k - y_j - \dfrac{a_j}{2}, r_k - y_j + \dfrac{a_j}{2}\right)$，所以 $y_k = r_k - x_k \notin$

$\left(y_j - \dfrac{a_j}{2}, y_j + \dfrac{a_j}{2}\right)$. 这表明在点 y_j 的半径为 $\dfrac{a_j}{2}$ 的邻域中，至多含有 j 个点，因而 y_j 是 B 的孤立点. 这就蕴含 B 是无处稠密的.

$(2) \Rightarrow (3)$：如果 (2) 成立，那么显然 A 是有界的. 我们用反证法证明.

假设 (3) 不成立，那么 A 的闭包是不可数的，并且根据 Cantor – Bendixson 定理，它包含一个非空的、有界的和完美的合集 P. 称一个正数的序列 $(a_1, a_2, \cdots)$ 是不充分的，如果对任何闭区间的族 $I_j,\ |I_j| = a_j\ (j = 1, \cdots, k)$，我们有 $P \nsubseteq \bigcup_{j=1}^{k} I_j$. 为了得出矛盾，我们用归纳法定义一个正数的无限序列 $(a_1, a_2, \cdots)$，使得它的所有有限的开头的段都是不充分的. 设 a_1 是一小于 P 的直径的正数，那么 (a_1) 显然是不充分的. 假设 $n \geqslant 1$，并且我们已经定义好了一个不充分的序列 $(a_1, \cdots, a_n)$. 我们证明存在一个数字 a_{n+1} 使得 $(a_1, \cdots, a_n, a_{n+1})$ 是不充分的. 假设不然，则对于每个 $k \in \mathbb{N}$ 和 $a_{n+1} = \dfrac{1}{k}$，存在一个区间 $I_{j,k},\ |I_{j,k}| = a_j$

$(j = 1, \cdots, n + 1)$ 的序列使得 $P \subseteq \bigcup_{j=1}^{n+1} I_{j,k}$ 成立. 我们可以假设区间 $I_{j,k}$ 都与集合 P 相遇，因而它们都被包含在一个有界集合中. 通过转移到合适的子序列，我们还可以假设当 $k \to \infty$ 时，区间 $I_{j,k}$ 的序列收敛到一个区间 I_j，那么对 $j = 1, 2, \cdots$, $n, |I_j| = a_j$，而 I_{n+1} 仅含有一个单独的点. 由于 $(a_1, a_2, \cdots, a_n)$ 是不充分的，所以集合 P 不被包含在 $\bigcup_{j=1}^{n} I_j$ 中. 此外，作为一个完美集，P 有无限多个点在 $\bigcup_{j=1}^{n} I_j$ 的余集中. 因此我们可以选择一个点 $x \in P \backslash \bigcup_{j=1}^{n+1} I_j$. 但是，对于充分大的 $k, x \notin \bigcup_{j=1}^{n+1}$ $I_{j,k}$，这与区间 $I_{j,k}$ 的选择相矛盾. 这就证明了序列 $\left(a_1, \cdots, a_n, \dfrac{1}{k}\right)$ 是不充分的. 这一矛盾就得出了所需的结论.

$(3) \Rightarrow (1)$：假设 (1) 不成立，B 是一个无处稠密集，而集合 $A + B$ 在某个区间 I 上稠密. 设 A_0 表示 A 的闭包，则 $A_0 + B$ 在 I 中也是稠密的. 定义所有可数序

数的集合 A_α 如下:如果 $\beta > 0$ 是一个使得对所有的 $\alpha < \beta$, A_α 已经定义好的序数,如果 β 是一个极限序数,则设 $A_\beta = \bigcap_{\alpha < \beta} A_\alpha$,如果 $\beta = \alpha + 1$,则设 A_β 是 A_α 的聚点的集合. 由于 A_0 是可数的,所以存在一个可数的序数 γ 使得 $A_\gamma = \varnothing$,那么显然 $A_\gamma + B = \varnothing$ 并且 $A_\gamma + B$ 在 I 中不是稠密的. 设 β 表示使得 $A_\beta + B$ 在 I 中不是稠密的最小的序数,则 $\beta > 0$. 设 J 是 I 的使得 $(A_\beta + B) \cap J = \varnothing$ 的子区间,并设 $0 < \varepsilon < \dfrac{|J|}{3}$. 设 $U(H, \delta)$ 表示集合 H 的半径为 δ 的邻域.

易于看出,对于每个集合 H 和 $\delta > 0$,成立 $U(A_\beta, \varepsilon) + B \subseteq U(A_\beta + B, \varepsilon)$. 因此,$U(A_\beta, \varepsilon) + B$ 不和 J 的中间三分之一 K 相遇.

假设 β 是一个极限序数. 由于 $\{A_\alpha : \alpha < \beta\}$ 是交为 A_β 的紧致集合的嵌套序列,所以存在 $\alpha < \beta$ 使得 $A_\alpha \subseteq U(A_\beta, \varepsilon)$. 因此 $A_\alpha + B$ 和 K 不相遇. 但是由于 $\alpha < \beta$ 以及 $A_\alpha + B$ 在 I 中是稠密的,所以这是不可能的.

最后,假设 $\beta = \alpha + 1$,则 $V = A_\alpha \backslash U(A_\beta, \varepsilon)$ 是有限的集合,由于 A_α 的所有聚点都在 A_β 中,因而集合 $V + B$ 是无处稠密的. 所以,从 $(A_\alpha + B) \cap K = (V + B) \cap K$ 就可以得出 $(A_\alpha + B) \cap K$ 是无处稠密的. 但这再次与 $\alpha < \beta$ 以及 $A_\alpha + B$ 在 I 中是稠密的相矛盾. 这就完成了证明.

问题 T.22 证明如果 Hausdorff 空间 X 的所有子空间都是 σ – 紧致的,那么 X 是可数的.

解答

由于 X 本身是可数多个紧致集合的并集,因此只需对紧致空间 X 证明命题即可.

假设 X 本身没有稠密的子集,那么在 X 中存在一个良序,其中所有初始段都是开的. 实际上,假设 $p_\beta \in X$ 已经对所有的 $\beta < \alpha$ 定义好了并且

$$X_\alpha = \{p_\beta : \beta < \alpha\} \neq X$$

则存在一个点 $p_\alpha \in X \backslash X_\alpha$,它不是 $X \backslash X_\alpha$ 的聚点,因此 $p_\alpha \in G_\alpha \subseteq X_\alpha \cup \{p_\alpha\}$ 并具有一个 p_α 的合适的开邻域 G_α. 这个递归定义了一个 X 的良序,并且

$$\bigcup_{\beta < \alpha} G_\beta \subseteq X_\alpha = \bigcup_{\beta < \alpha} \{p_\beta\} \subseteq \bigcup_{\beta < \alpha} G_\beta$$

表明对每个 α, $X_\alpha = \bigcup_{\beta < \alpha} G_\beta$ 是一个开集. 在 X 中序型 ω_1 的初始段不可能是 σ – 紧

致的,由于 X 中的紧致子集必须具有最大元素. 所以, X 是可数的.

那样,只需证明 X 不包含一个自身中稠密的子集即可. 用反证法证明,假设存在这样一个子集 Y,那么 $\bar{Y}$ 在自身中是稠密的并且是闭的. 我们定义一个连续函数 $f:\bar{Y} \to [0,1]$ 如下. 由于 $\bar{Y}$ 是紧致 Hausdorff 空间,对于任何两个不同点 p 和 q, 存在开集 G_p, G_q 和闭集 F_p, F_q 使得 $p \in G_p \subseteq F_p, q \in G_q \subseteq F_q$ 并且 $F_p \cap F_q = \varnothing$. 因此对所有有限的 $0-1$ 序列 $\{\varepsilon_i\}$, 我们可以定义一个闭集 $A_{\varepsilon_1, \cdots, \varepsilon_n} \subseteq \bar{Y}$ 使得对所有的正整数 n 和 $\varepsilon_1, \cdots, \varepsilon_n \in \{0,1\}$ 成立

$$A_{\varepsilon_1, \cdots, \varepsilon_n, 0} \cap A_{\varepsilon_1, \cdots, \varepsilon_n, 1} = \varnothing$$

并且

$$A_{\varepsilon_1, \cdots, \varepsilon_n, 0} \cup A_{\varepsilon_1, \cdots, \varepsilon_n, 1} \subseteq A_{\varepsilon_1, \cdots, \varepsilon_n}$$

对任意无限的 $0-1$ 序列 $\varepsilon_1, \varepsilon_2, \cdots$, 集合

$$A(\varepsilon_1, \varepsilon_2, \cdots) = \bigcap_{n=1}^{\infty} A_{\varepsilon_1, \varepsilon_2, \cdots, \varepsilon_n}$$

是非空的和闭的. 如果 $x \in A(\varepsilon_1, \varepsilon_2, \cdots)$, 那么令

$$f(x) = \sum_{i=1}^{\infty} \varepsilon_i \frac{1}{2^i}$$

函数 f 把 $A(\varepsilon_1, \varepsilon_2, \cdots)$ 连续地映为区间 $[0,1]$, 其中 $A(\varepsilon_1, \varepsilon_2, \cdots)$ 是闭的,由于它是闭集的交,那样 f 就可连续地延拓到 $\bar{Y}$ 使得 $\mathrm{Im} f = [0,1]$. 区间 $[0,1]$ 含有 $2^{\aleph_0}$ 个 $\sigma-$ 紧致集合(即 $F_{\sigma}-$ 集),由于在 $[0,1]$ 中,闭集的数目是 $2^{\aleph_0}$. 所以,存在一个集合 $Z \subseteq [0,1]$, 它不是 $\sigma-$ 紧致的,那么它的逆像 $f^{-1}(Z) \subseteq \bar{Y}$ 不可能是 $\sigma-$ 紧致的,这和问题的假设矛盾. 这就证明了 X 不含有自身稠密的子集.

3.11　集合论

问题 ℵ.1　是否存在取正整数为函数值的两个实变量的函数 $f(x,y)$，使得 $f(x,y) = f(y,z)$ 可以蕴含 $x = y = z$？

解答

解答 1　首先，我们证明为了对每个实数 c 构造两个满足以下条件的正整数的集合 A_c 和 B_c，题目中的条件是充分的：

（1）对所有的 c，$1 \notin A_c$，$1 \notin B_c$.

（2）对所有的 c，$A_c \cap B_c = \varnothing$.

（3）对 $c \neq d$，$A_c \cap B_d \neq \varnothing$.

实际上，令 $f(c,c) = 1$，并对 $c \neq d$，令 $f(c,d)$ 是非空集合 $A_c \cap B_d$ 中的一个任意的元素. 现在，如果

$$f(x,y) = f(y,z) = m \neq 1$$

那么

$$m \in A_x \cap B_y$$

并且

$$m \in A_y \cap B_z$$

因此

$$m \in A_x \cap B_y \cap A_y \cap B_z \subseteq A_y \cap B_y = \varnothing$$

矛盾. 但是当 $x = y = z$ 时，仅有的可能是 $m = 1$.

为了构造把有理数的集合 $\mathbb{R}$ 1 – 1 的映射到 $N = \{2,3,\cdots\}$ 的集合 A_c 和 B_c，令 $n(r)$ 表示 $r \in \mathbb{R}$ 的像. 对每个实数 c，指定一个收敛到 c 的序列 $\{r_k(c)\}_{k=1}^{\infty}$，其中这个序列项都是不同于 c 的有理数. 令

$$A_c = \{n(r_k(c)) : k = 1,2,\cdots\} \subseteq N$$
$$B_c = N \backslash A_c$$

易于看出，集合 A_c 和 B_c 满足条件（1）（2）和（3）. 因而我们已经构造出了一个具有所需性质的函数.

解答 2

把有理数排成一个序列 $r_1, r_2, \cdots$. 定义函数 $f(x, y)$ 如下:

如果 $x = y$, 令 $f(x, y) = 1$.

如果 $x < y$, 令 $f(x, y) = 2i$, 其中 i 是使得 $x < r_i < y$ 成立的最小的正整数.

如果 $x > y$, 令 $f(x, y) = 2i + 1$, 其中 i 是使得 $x > r_i > y$ 成立的最小的正整数.

我们证明 $f(x, y)$ 就是所需的函数. 显然, 对全体实数函数有定义并且此函数的值域是正整数.

假设
$$f(x, y) = f(y, z) = m$$

如果 $m = 1$, 那么只可能是 $x = y = z = 1$. 如果 $m > 1$ 并且 $m = 2i$, 那么
$$x < r_i < y$$

并且
$$y < r_i < z$$

矛盾. 同理, 如果 $m > 1$ 并且 $m = 2i + 1$, 那么
$$x > r_i > y$$

并且
$$y > r_i > z$$

矛盾, 这就得出 $x = y = z$.

解答 3

我们将平面分解成具有以下性质的可数个成对的不相交的子集族: 如果平行于 x 轴并通过点 (y, y) 的直线和这个子集对中的一个子集相交, 则它和另一个子集不相交, 除非直线 $x = y$ 是其中一个子集. 只需构造一个在直线 $x = y$ 下方的半开平面的划分即可, 由于通过对直线 $x = y$ 反射, 再加上直线 $x = y$, 我们就得到了整个平面. 令

$$A_0 = \{(x, y) : x > 0, y < 0\}$$

$$A_k^0 = \{(x, y) : x > k, k - 1 < y \leqslant k\}$$

$$A_{-k}^0 = \{(x, y) : -k < x \leqslant -k + 1, y \leqslant -k\}$$

$$A_n^k = \left\{(x, y) : \frac{2k-1}{2^n} < x \leqslant \frac{2k}{2^n}, \frac{2k-2}{2^n} < y \leqslant \frac{2k-1}{2^n}\right\}$$

$$A_{-k}^{n} = \left\{ (x,y) : \frac{-2k+1}{2^n} < x \leqslant \frac{-2k+2}{2^n}, \frac{-2k}{2^n} < y \leqslant \frac{-2k+1}{2^n} \right\}$$

其中, $k,n = 1,2,\cdots$,显然这些集合的并是直线 $x = y$ 下方的半开平面.

就像我们上面所说的那样,这个定义是整个平面的一个分划.用正整数给这个分划的集合编号,并且指定包含 (x,y) 点的那个子集的编号作为函数 $f(x,y)$ 的值.

如果 x,y,z 是使得 $f(x,y) = f(y,z)$ 的实数值,那么点 (x,y) 和点 (y,z) 在同一个子集中,但是那样 (x,y) (以及 (y,z))就在平行于 x 轴并通过 (y,y) 点的直线上,并且除了子集 $\{(x,y):x = y\}$ 之外,任意子集都只能和这些子集相遇,那就是说,必须有 $x = y = z$.

注记

1. 显然,那种函数的存在性是一个基数问题.一般来说,下述问题是有意义的.

设 A 是基数为 m 的集合, B 是基数为 n 的集合(m 和 n 都是无限的),问是否存在定义在 A 上取值在 B 上的两个变量的函数 $f(x,y)$,使得 $f(x,y) = f(y,z)$ 可以蕴含 $x = y = z$?

J. Gerlits,L. Lovász,L. Pósa 和 M. Simonovits 证明了当且仅当 $m \leqslant 2^n$ 时存在那种函数.我们在这里介绍 Pósa 的证明.

设 $m \leqslant 2^n$,只需给出基数为 2^n 的集合 A 的构造即可.设 α 是基数 n 的最小序数.我们可以假设 A 是序型为 α 的元素为 0 和 1 的序列的集合.定义函数 $f(x, y)$ 如下:

如果 $x = y$,令 $f(x,y) = 0$.

如果 $x \neq y$,则设 β 是使得 x 和 y 不同的最小序数,设 j 是 x 的第 β 个元素($j = 0$ 或 1),并令 $f(x,y) = (\beta,j)$. f 的值域是符号 0 和有序对 (β,j) 的集合,其中 $\beta < \alpha$ 并且 $j = 0$ 或 1.所以,这个集合有基数 n ,并且可以 1－1 地映射到 B 上.

$f(x,y) = f(y,z) = (\beta,j)$ 表示 β 之前的所有元素都既与 x 和 y 一致也与 y 和 z 一致,而第 β 个元素中的 x 和 y 都是 j .但是那样一来 x 和 y 的第 β 个元素就相等了,矛盾.所以 $f(x,y) = f(y,z) = 0$,这蕴含 $x = y = z$ (Bollobás 和 Juhász 也证明了问题的这一部分.).

假设 $m > 2^n$,并且存在一个具有所需性质的函数.考虑当 x 保持固定时

$f(x,y)$ 的值域. 这是一个 B 的子集, 并且由于所有可能的 x 的基数都大于 B 的所有子集的集合的基数, 因此对某个 $x_1 \neq x_2$, $f(x_1,y)$ 的值域就等于 $f(x_2,y)$ 的值域, 所以值 $f(x_1,x_2)$ 被包含在 $f(x_2,y)$ 的值域中, 那就是说, 对某个 y_0 有 $f(x_1,x_2) = f(x_2,y_0)$, 由此得出 $x_1 = x_2 = y_0$, 矛盾.

2. Béla Bollobás 和 Miklós Simonovits 注意到存在定义在实数上, 值域为正整数的函数 $F(x_1,\cdots,x_n)$ 使得

$$F(a,x_2,\cdots,x_n) = F(y_1,a,y_3,\cdots,y_n) = \cdots = F(u_1,\cdots,u_{n-1},a)$$

蕴含

$$a = x_i = y_i = \cdots = u_i \quad (i = 1,2,\cdots,n)$$

例如

$$F(x_1,\cdots,x_n) = \prod_{i,j=1}^{n} p_{ij}^{f(x_i,x_j)}$$

就是一个那样的函数, 其中 $p_{i,j}(i,j = 1,\cdots,n)$ 是不同的素数并且 $f(x,y)$ 对问题中的两个解答都有定义.

问题 $\aleph.2$ 证明存在一个有序集, 其中每个不可数的子集都包含一个不可数的良序子集, 并且这个子集不可能表示成可数个良序子集族的并.

解答

设 R 是所有基数小于 ω_1 的极限序数的集合. 对 $\alpha \in R$, 设 $f_\alpha(n)$ 是一个 (序型为 ω 的) 收敛到 α 的基数的单调递减的序列. 给 R 定义一个序如下: 如果对第一个使得 $f_\alpha(n) \neq f_\beta(n)$ 的 n 有 $f_\alpha(n) < f_\beta(n)$, 则令 $\alpha < \beta$, $\alpha,\beta \in R$.

R 的任何不可数子集 X 都包含一个关于序 $<$ 的序型为 ω_1 的良序子集. 实际上, 设

$$X \mid n = \{(\alpha_0,\alpha_1,\cdots,\alpha_n):存在 \alpha \in X, 使得对所有的 m \leqslant n$$
$$有 f_\alpha(m) = \alpha(m)\}$$

则对充分大的 n, $X \mid n$ 是不可数的, 由于对充分大的 n, 序

$$\gamma_n = \sup\{f_\alpha(n):\alpha \in X\}$$

等于 ω_1, 由 $f_\alpha(n) \to \alpha$ 得出

$$\sup\{\gamma_n : n < \omega\} = \sup\{\alpha : \alpha \in X\} = \omega_1$$

序 $X \mid n$ 可按字典顺序排序, 那就是说如果 m 是最小的使得 $\alpha_m \neq \beta_m$, 且 $\alpha_m < \beta_m$, 则令

$$(\alpha_0, \cdots, \alpha_n) < '(\beta_0, \cdots, \beta_n)$$

那样,$X \mid n$ 是良序的,并且对充分大的 n,它是不可数的,并包含一个序型为 ω_1 的良序子集. 设 X' 是 X 的子集,使得对任意

$$(\alpha_0, \cdots, \alpha_n) \in X \mid n$$

存在一个唯一的具有性质

$$f_\alpha(0) = \alpha_0, \cdots, f_\alpha(n) = \alpha_n$$

的 $\alpha \in X'$,那么序集 $(X', <)$ 和 $(X \mid n, < ')$ 是同构的. 由于我们已经看到后者包含了一个序型为 ω_1 的良序子集,对前者也成立,这就是我们要证明的.

现在我们证明 R 不是可数个良序子集族的并. 首先,我们说一点题外的话.

称一个把序数的集合映射到序数的函数为递归函数,如果对所有 f 的定义域中的 $\xi \neq 0$ 成立 $f(\xi) < \xi$. 如果 f 的定义域是 ω_1 的子集,并且集合

$$\{\xi : f(\xi) < \mu\}$$

对任意 $\mu < \omega_1$ 和 ω_1 不是共尾的,那么称 f 是发散的. 如果存在定义在 X 上的递归的发散函数,称 $X \subseteq \omega_1$ 是瘦的,否则,称它为平衡的.

集合 ω_1 是平衡的. 事实上,假设 f 是一个 ω_1 上的递归函数,那么序列

$$\xi, f(\xi), f(f(\xi)), \cdots$$

作为一个序数的递降序列,只能包含有限个不同于零的元素. 因此

$$\omega_1 = \bigcup_{n < \omega} X_n$$

其中

$$X_0 = \{0\}$$

并且

$$X_{n+1} = \{\xi : f(\xi) \in X_n\}$$

进一步假设 f 是发散的,对 n 实行归纳法表明对所有的 n 有 $\sup X_n < \omega_1$,这显然是一个矛盾.

由此容易推出作为一个基数小于 ω_1 的序数的集合 R 也是平衡的.

从定义可以快速得出可数个瘦集合的族的并也是瘦的. 此外,如果 X 是平衡的并且 f 是 X 上的递归函数,那么对某个 $\mu < \omega_1$,集合

$$X_\mu = \{\xi : f(\xi) = \mu\}$$

是平衡的(这是 Fodor 定理的特殊情况). 实际上,如果我们假设所有的 X_μ 都是

瘦的,并设 f_μ 是定义在 X_μ 上的递归的发散函数,那么在 X 上由

$$g(\xi) = \max(\mu, f_\mu(\xi)) \quad (\xi \in X_\mu, \mu < \omega_1)$$

定义的函数 g 是递归的. 它也是发散的,由于对所有的 $v < \omega_1$,集合

$$\{\xi : g(\xi) < v\} \subseteq \bigcup_{\mu < v} \{\xi : f_\mu(\xi) < v\}$$

和 ω_1 不是共尾的,由于右边的加项中没有一个和 ω_1 是共尾的,由于函数 f_μ 是发散的. 这和 X 是平衡的假设矛盾. 这就证明了我们命题.

设 $X \subseteq R$ 是平衡的. 我们证明 X 关于序 $<$ 不是良序的. 令 $Y_{-1} = X$ 并令

$$Y_n = \{\alpha \in Y_{n-1} : f_\alpha(n) = \delta_n\}$$

其中 δ_n 是使得 Y_n 是平衡的最小序数(根据上面已证的 Fodor 定理,那种 δ_n 是存在的),令

$$X' = X - \bigcup_{n < \omega} Y_n'$$

其中

$$Y_n' = \{\alpha \in Y_{n-1} : f_\alpha(n) < \delta_n\}$$

根据 δ_n 的选择可知 Y_n' 不是平衡的,因此 $X - X'$ 也不是.

再令

$$\delta = \sup\{\delta_n : n < \omega\}$$

显然 $\delta < \omega_1$. 设 $\alpha \in X'$ 大于 δ(X' 是平衡的,因此和 ω_1 是共尾的). 由于对某个 $n < \omega$ 有 $f_\alpha(n) \to \alpha$,所以我们有

$$f_\alpha(n) > \delta \geqslant \delta_n$$

因此不可能对所有的 m 成立 $f_\alpha(m) = \delta_m$. 从 $\alpha \in X'$ 就得出对使得 $f_\alpha(m) \neq \delta_m$ 的最小的 m 有 $f_\alpha(m) > \delta_m$. 因而对这个 m,在序 $<$ 下,α 要大于 Y_m 的所有元素.

令 $X_0 = X, \alpha_0 = \alpha$ 以及 $X_1 = Y_m$. 由于 Y_m 是平衡的,我们可以重复应用上面的论证用 X_1 代替 X_0,然后得出 α_1 和 X_2,然后得出 α_2 和 X_3,等等. 由于 $\alpha_0 > \alpha_1 > \alpha_2 > \cdots$,因此 X 关于序 $<$ 不是良序的,而这正是我们要证的.

现在,如果 $R = \bigcup_{n < \omega} R_n$,那么某个 R_n 是平衡的,而这个 R_n 对于序 $<$ 不是良序的,这就证明了问题的第二个命题.

注记 László Babai 证明了对每一个基数 $\kappa > \omega$,都存在一个基数为 κ 的有序集 B 使得所有的基数为 κ 的子集的集合都包含一个基数为 κ 的良序子集并且 B 不是基数小于 κ 的良序子集的并集.

问题 ℵ.3 设 ≤ 是一个有限集合 A 上的自反的、反对称的关系. 证明这个关系可扩展到 A 的适当的有限超集 B 上,使得 ≤ 在 B 上仍旧是自反的、反对称的关系,并且 B 的任意两个元素具有最小上界以及最大下界. (称关系 ≤ 可扩展到 B 上,如果 $x,y \in A, x \le y$ 在 A 中成立的充分必要条件是它在 B 中成立.)

解答

B 将由 A 的所有元素和没有恒同于对应的单元素的子集组成. 在下文中,用小写字母表示元素,大写字母表示子集.

定义 ≤ 如下

$$a \le b \text{ 就像所给的}$$
$$a \le P, \text{如果 } a \in P$$
$$P \le a, \text{如果 } a \notin P$$
$$P \le Q, \text{如果 } P \subseteq Q$$

这显然是自反的和反对称的关系. 为了证明其他的性质,只需处理不可比的元素即可,那也就是两个在 A 中的不可比的元素或者 A 中的两个没有包含关系的子集.

如果 $a, b \in A$ 是不可比的,那么 $\{a, b\}, A \setminus \{a, b\}$ 分别是最小上界和最大下界. 如果 $P, Q \subseteq A$,那么 $P \cup Q$ 和 $P \cap Q$ 就分别起了最小上界和最大下界的作用.

问题 ℵ.4 设 $\mathcal{F}$ 是基础集 X 的子集族,使得 $\bigcup_{F \in \mathcal{F}} F = X$,并且

(1) 如果 $A, B \in \mathcal{F}$,则对某个 $C \in \mathcal{F}$ 有 $A \cup B \subseteq C$.

(2) 如果 $A_n \in \mathcal{F}(n = 0, 1, \cdots), B \in \mathcal{F}$ 并且 $A_0 \subseteq A_1 \subseteq \cdots$,那么对某个 $k \ge 0$ 和所有的 $n \ge k$ 成立 $A_n \cap B = A_k \cap B$.

证明存在两两不相交的集合 $X_\gamma (\gamma \in \Gamma), X = \cup \{X_\gamma : \gamma \in \Gamma\}$ 使得每个 X_γ 都被包含在 $\mathcal{F}$ 的某个元素内.

解答

设 $<$ 是 F 的一个良序,Γ 是 F 的所有有限子集的集合. 我们给 Γ 一个序如下

$$\gamma_1, \gamma_2 \in \Gamma, \gamma_1 \ne \gamma_2, \gamma_1 = \{A_1, \cdots, A_n\}, \gamma_2 = \{B_1, \cdots, B_m\}$$
$$A_n < \cdots < A_1, B_m < \cdots < B_1, m \le n$$

如果对 $1 \leqslant i \leqslant m$ 有 $A_i = B_i$，令 $\gamma_1 > \gamma_2$，如果 $i \leqslant m$ 是使得 $A_i \neq B_i$ 的最小的数，那么当 $A_i < B_i$ 时，令 $\gamma_1 < \gamma_2$，而当 $A_i > B_i$ 时，令 $\gamma_1 > \gamma_2$. 可以直接验证这是 Γ 的一个良序. 我们注意 $\gamma_1 \leqslant \gamma_2$ 蕴含 $\gamma_1 < \gamma_2$.

对 $\gamma \in \Gamma$，我们定义 $Y_\gamma \in F$ 如下：如果 $\gamma = \{A\}$，令 $Y_\gamma = A$. 假设对 $\delta < \gamma$ 已经定义好了 Y_δ，那么设 Y_γ 是 F 的覆盖每个 $Y_\beta (\beta < \gamma)$ 的成员，由于（1），这是可以做到的.

现在设 $X_\gamma = Y_\gamma \setminus \bigcup_{\delta < \gamma} Y_\delta$. 仅有的不平凡的事情是证明每个 $A \in F$ 可被有限多个 X_β 所覆盖. 我们对 γ 使用超限归纳法来证明 Y_γ 可被有限多个 X_δ 所覆盖. 假设不然，那么存在 $\beta_1 < \beta_2 < \cdots < \gamma$ 使得 $Y_\gamma \cap X_{\beta_n} \neq \varnothing$. 设 $Y_\gamma = \{A_1, \cdots, A_k\}$，$A_1 > \cdots > A_k$. 对每一个 n，存在一个 $1 \leqslant j \leqslant k$ 使得

$$A_1, \cdots, A_{j-1} \in \beta_n, A_j \notin \beta_n$$

通过收缩，我们可以假设对每个 n,j 都是相同的. 令 $\eta_n = \max(\beta_1, \cdots, \beta_n) < \gamma$. 由于 γ 是最小的，所以 Y_{β_n} 只能遇见有限多个 X_β. 根据（2），由于 $Y_{\eta_1} \subseteq Y_{\eta_2} \subseteq \cdots$，因此存在一个 m 使得 $Y_{\eta_m} \cap Y_\gamma = Y_{\eta_{m+1}} \cap Y_\gamma = \cdots$，所以

$$Y_{\eta_m} \supseteq Y_{\eta_{m+i}} \cap Y_\gamma \supseteq Y_{\eta_{m+i}} \cap Y_\gamma \neq \varnothing \quad (i = 0, 1, \cdots)$$

那就是说 Y_{η_m} 和无限多个 $X_{\eta_m}, X_{\eta_{m+1}}, \cdots$ 相遇，矛盾.

问题 $\aleph.5$ 证明存在一个基数为 $\aleph_1$ 的竞赛 $(T, \to)$，它不含有基数为 $\aleph_1$ 的传递的子竞赛.（称结构 $(T, \to)$ 是一个竞赛，如果 $\to$ 是一个二元的、非自反的、不对称的和三分的关系. 称竞赛 $(T, \to)$ 是传递的，如果 $\to$ 是传递的，也就是说，如果它排序 T.）

解答

我们利用 Specker 型的存在性，也就是不包含任何类似于 ω_1, ω_1^* 的实数的不可数子集的基数为 $\aleph_1$ 有序集 $(A, <)$.（见 P. Erdös, A. Hajnal, A. Máté, R. Rado, Combinatorial set theory：Partition Relations for Cardinals, Akadémiai Kiadó, Budapest, 1984, p. 326）将 A 枚举为 $\{a(\alpha): \alpha < \omega_1\}$ 并设 $\{x(\alpha): \alpha < \omega_1\}$ 是 $[0,1]$ 中不同的实数. 如果 $\alpha < \beta$，则当且仅当 $x(\alpha) < x(\beta)$ 并且 $a(\alpha) < a(\beta)$ 或 $x(\alpha) > x(\beta)$ 并且 $a(\alpha) > a(\beta)$ 时，令 $\beta \to \alpha$.

设 $B \subseteq A$ 是不可数的，$X = \{\alpha < \omega_1 : a(\alpha) \in B\}$.

断言 1 存在一个 $\alpha \in X$ 使得

$$\{\beta \in X : a(\alpha) < a(\beta) \text{ 并且 } x(\alpha) < x(\beta)\}$$

是不可数的.

证明 对 $a \in B$, 设 $f(a)$ 是最小的 $t \in [0,1]$, 使得除了可数多的 $\beta \in X$, $a(\beta) > a$ 之外, 对所有的 β 都有 $x(\beta) < t$. 由于在 $(A, <)$ 上 f 是不递增的实值函数, 它只能有可数多个不同的值. 否则, 将存在一个类似于实数集的 A 的不可数子集. 因此 f 在一个不可数的 $B_0 \subseteq B$ 上是常数. 类似于 X 定义一个 X_0, 我们可以选择 $\alpha_0 \in X_0$, 使得 $\{\beta \in X_0 : x(\beta) > x(\alpha_0)\}$ 是不可数的; 否则 $(A, <)$ 将包含一个类型 ω_1^* 的子集. 现在我们可以选择 $\alpha \in X_0$, 使 $a(\alpha) > a(\alpha_0)$ 并且 $x(\alpha) < x(\alpha_0)$. 由于 $g(a(\alpha)) = g(a(\alpha_0)) > x(\alpha)$, 所以存在不可数多个 $\beta \in X$ 使得 $a(\beta) > a(\alpha)$ 并且 $x(\beta) > x(\alpha)$.

断言 2 存在不可数的 $X_0, X_1 \subseteq X$ 使得如果 $\alpha \in X_0, \beta \in X_1$, 则 $a(\alpha) < a(\beta)$ 并且 $x(\alpha) < x(\beta)$.

证明 设 U 是这种 $\alpha \in X$ 的集合, 其中的 α 使得集合

$$\{\beta \in X : a(\alpha) < a(\beta) \text{ 并且 } x(\alpha) < x(\beta)\}$$

是可数的, 而 L 是这种 $\alpha \in X$ 的集合, 其中的 α 使得集合

$$\{\beta \in X : a(\beta) < a(\alpha), x(\beta) < x(\alpha)\}$$

是可数的.

如果 U 或 L 是不可数的, 由断言 1 就得出矛盾. 因此我们可以选 $\alpha \in X \backslash U \backslash L$, 并令

$$X_0 = \{\beta \in X : a(\beta) < a(\alpha) \text{ 并且 } x(\beta) < x(\alpha)\}$$

$$X_1 = \{\beta \in X : a(\alpha) < a(\beta) \text{ 并且 } x(\alpha) < x(\beta)\}$$

对 X_0 应用断言 2 和 Specker 型 $(A, >)$, 我们可以求出 $Y_0, Y_1 \subseteq X_0$ 使得 $\alpha \in Y_0, \beta \in Y_1$ 蕴含 $a(\alpha) < a(\beta)$ 以及 $x(\alpha) > x(\beta)$. 现在选 $\alpha < \beta < \gamma$ 使得 $\alpha \in Y_0, \beta \in X_1, \gamma \in Y_1$, 那么就有 $\alpha \to \gamma$ 以及 $\gamma \to \beta \to \alpha$, 因此我们的竞赛在 B 上不是传递的.

注记 这结果是 R. Laver 首次证明的.

问题 $\aleph.6$ 假设 R 是 $\mathbb{N}^*$ 上的递归的二元关系($\mathbb{N}^*$ 表示正整数的集合), 将 $\mathbb{N}^*$ 排成 ω 序型. 证明如果 $f(n)$ 表示在这个次序下的第 n 个元素, 那么 f 不一定是递归的.

解答

我们使用下面的众所周知的事实. 存在一个集合 $A \subseteq \mathbb{N}^*$,它是递归可枚举的,即它是一个递归函数的值域,但不是递归的,即其特征函数不是递归的. 对于每个无限的递归可枚举的集合,集合 A 都有一个递归函数以一对一的方式枚举 A 的元素. 一个无穷集具有递增的枚举的充分必要条件是它是递归的.

取一个(必须是无限的)递归可枚举的但不是递归的集合 A,以及一个不重复地枚举 A 的函数 g. 当且仅当 $g(a) < g(b)$ 时,令 aRb. 显然,R 是递归的并且将 $\mathbb{N}^*$ 排序成类型 ω. 如果 $f(n)$ 为按此顺序排列的第 n 个元素,并且 f 是递归的,则递归函数 $h(n) = g(f(n))$ 将以顺序递增的方式枚举 A,这是不可能的.

问题 $\aleph$.7 设 $\mathcal{H}$ 是所有至多有 $2^{\aleph_0}$ 个顶点但不包含基为 $\aleph_1$ 的完全子图的图的类. 证明不存在 $H \in \mathcal{H}$ 使得 $\mathcal{H}$ 中的所有图都是 H 的子图.

解答

我们必须证明,如果 (V, G),一个使得 $|V| = 2^{\aleph_0}$ 的图不包含具有 $\aleph_1$ 个顶点的完全图,则存在具有这种性质的图 (W, H),它不能嵌入到 (V, G) 中.

设 W 是这种函数的集合,这种函数把可数的序数(可能 $O \neq \varnothing$)单射到 G 的完全子图. 为了定义 H,将两个这样的函数联合起来,如果其中一个可以扩展为另一个,则显然有

$$|W| = \sum_{\alpha < \omega_1} |\alpha \rightarrow V| \leq \aleph_1 \cdot (2^{\aleph_0})^{\aleph_0} = 2^{\aleph_0}$$

首先,我们证明 (W, H) 不包含一个完全的 $\aleph_1$ 边形. 假设 $\{f_\alpha : \alpha < \omega_1\}$ 是成对连接的,并且序数 $\mathrm{Dom}(f_\alpha)$ 是递增的. 根据 H 的构造,对 $\beta < \alpha$,f_α 扩展 f_β,所以 f_α 的并集在 (V, G) 中给出了一个到完全的 $\aleph_1$ 边形上的函数 $f : \omega_1 \rightarrow V$,矛盾.

下面我们证明 (W, H) 不可能被嵌入 (V, G) 中. 假设 $h : W \rightarrow V$ 是一个那样的嵌入,对 $\alpha < \omega_1$ 做超限递归,对 $\beta < \alpha$ 我们用 f_α 扩展 f_β 的方式定义 $f_\alpha : \alpha \rightarrow V$,$f_\alpha \in W$,并且 $x_\alpha = h(f_\alpha) \in V$. 令 $f_0 = \varnothing$,$f_0 \in W$. 如果 $f_\beta (\beta < \alpha)$ 已定义好了,那么

$$\{x_\beta : \beta < \alpha\} = h\{f_\beta : \beta < \alpha\}$$

就是一个完全的子图,因此我们可以定义 $f_\alpha(\beta) = x_\beta$,这显然满足所需. 但是那样 $\{x_\alpha : \alpha < \omega_1\}$ 就是 G 的完全子图,矛盾.

注记 这是 R. Laver 的未发表的结果.

问题 $\aleph.8$ 对哪些基数 κ 存在一个基数为 κ 的反度量空间?称空间 (X,ρ) 是反度量的,如果 X 是非空的集合,$\rho:X^2 \to [0,\infty)$ 是对称映射,当且仅当 $x = y$ 时 $\rho(x,y) = 0$ 并且对 X 的任意 3 个元素的子集 $\{a_1,a_2,a_3\}$ 和 $\{1,2,3\}$ 的某个置换 f 成立

$$\rho(a_{1f},a_{2f}) + \rho(a_{2f},a_{3f}) < \rho(a_{1f},a_{3f})$$

解答

对 $0 < \kappa \leqslant 2^{\aleph_0}$,首先如果 $X \subseteq R$ 非空,那么 (X,ρ) 是反对称的,其中 $\rho(x,y) = (x - y)^2$,并且显然 $|X|$ 可以在给定的区间内取任何值.

另一方面,设 (X,ρ) 是反度量的,并且 $|X| > 2^{\aleph_0}$,对 X 上的完全图用整数染色如下:当且仅当 $2^k < \rho(x,y) < 2^{k+1}$ 时,$\{x,y\}$ 得到颜色 k. 根据 Erdös – Rado 定理（见 P. Erdös, A. Hajnal, A. Máté, R. Rado, Combinatorial Set Theory：Partition Relations for Cardinals, Akadémiai Kiadó, Budapest, 1984, p. 98）,存在 x,y,z 使得 $\{x,y\}$,$\{x,z\}$,$\{y,z\}$ 得到同样的颜色,但是那样 x,y,z 就不符合反度量的要求了.

问题 $\aleph.9$ 如果 $(A, <)$ 是一个偏序集,它的维数 $\dim(A, <)$ 是使得存在一个 κ 在 A 上用 $< = \bigcap_{\alpha < \kappa} <_\alpha$ 全序化 $\{<_\alpha: \alpha < \kappa\}$ 的最小的基数 κ. 证明如果 $\dim(A, <) > \aleph_0$,那么存在不相交的 $A_0,A_1 \subseteq A$ 使得 $\dim(A_0, <)$,$\dim(A_1, <) > \aleph_0$.

解答

间接地假设 $(A, <)$ 是一个最小基数为 λ 的反例.不失一般性,可设 $A = \lambda$. 令

$$I = \{B \subseteq \lambda: \dim(B, <) \leqslant \aleph_0\}$$

显然,如果 $|B| < \lambda$,那么 $B \subseteq I$.

断言 1 如果 $B_n \in I(n = 0,1,\cdots)$,并且 B 使得 B 的每个部分都可被某个 B_n 覆盖,那么 $B \in I$.

证明 由定义直接得出.

断言 2 存在 $B_0,B_1 \in I$ 使得 $B_0 \cap B_1 = \varnothing$,但 $B_0 \cup B_1 \notin I$.

证明 如果断言不成立,那么 I 是一个包含每个基数 $< \lambda$ 的子集的 σ – 完全素理想.对于 $\alpha < \lambda$,设 $<_{\alpha,n}$ 是一个在 α 上建立 $\dim(\alpha, <) \leqslant \aleph_0$ 的全序;对

于 $\beta < \gamma < \lambda$,当 $\{\alpha < \lambda : \beta <_{\alpha, n} \gamma\} \notin I$ 时,令 $\beta <_n \gamma$,那么 $<_n$ 就建立了关系 $\dim(\lambda, <) \le \aleph_0$,矛盾.

我们可以假设上面的 B_0, B_1 选成使得 $\kappa = |B_1|$ 最小. 令

$$I_1 = \{C \subseteq B_1 : B_0 \cup C \in I\}$$

那么 $B_1 \notin I_1$,并且 B_1 的每个大小 $< \kappa$ 的子集都在 I_1 中. 重复断言2的论证我们得出,存在 $C_0, C_1 \in I_1$ 使得 $C_0 \cap C_1 = \varnothing$,并且 $B_0 \cup C_0, B_0 \cup C_1 \notin I$. 现在对 C_0, B_0 重复上面的论证,我们得出存在 $D_0, D_1 \subseteq B_0, D_0 \cap D_1 = \varnothing$ 使得 $D_0 \cup C_0$, $D_1 \cup C_0 \in I, D_0 \cup D_1 \cup C_0 \notin I$. 由于每一个对 $D_0 \cup D_1 \cup C_1$ 都被包含在 B_0 或 $D_0 \cup C_1$ 或 $D_1 \cup C_1$ 中,所以根据断言1可知 $D_0 \cup C_1$ 或 $D_1 \cup C_1$ 不在 I 中. 在前一种情况下,$D_0 \cup C_1$ 和 $D_1 \cup C_0$ 是两个不在 I 中的互不相交的集合,在后一种情况中,我们推出类似的结论.

问题 $\aleph$.10 称二元关系 $<$ 是一个拟序,如果它是自反的和传递的. 拟序 $(Q, <)$ 的下确界是满足以下性质的最大子集 $J \subseteq Q$:

(1)对每个 $B \in Q$,存在一个 $A \in J$ 使得 $A < B$;

(2)$A < B, A, B \in J$ 蕴含 $B < A$.

设 X 是有限的非空的字母表,X^* 是由 X 中的字母组成的有限单词的集合,$\mathscr{P}$ 是 X^* 的无限子集组成的集合. 对 $A, B \in \mathscr{P}$,定义 $A < B$ 表示 A 的每个元素是 B 的某个元素的(连通的)子单词,证明 $(\mathscr{P}, <)$ 有一个下确界并刻画它的元素.

解答

在下文中,子单词总是指相连的子单词. 设 $a \le b$ 表示 a 是 b 的子单词. 称 $A \in \mathscr{P}$ 是最小的,如果对所有的 $w \in A$,所有 A 的元素除了有限多个子单词外的所有子单词都包含作为子单词的 w.

断言 1 如果 A 是最小的,$B < A$,那么 $A < B$.

证明 假设 $w \in A$ 并且 k 是如此之大,使得 A 中的每个子单词的长度都大于 k,由于 $B < A$ 是子单词,所以 $w \le b$.

断言 2 如果 $A \in \mathscr{P}$ 不是最小的,那么存在一个 $B \in \mathscr{P}$ 使得 $B < A$ 但是 $A \nless B$.

证明 设 w 是 A 的一个子单词使得

638

$$H = \{h: 存在一个 \ a \in A, h \leq a, w \nleq h\}$$

是有限的. 那么 $H < A$, 但是 $A \nleq H$ 是由 w 建立的.

断言3 对每个 $A \in \mathcal{P}$, 存在一个最小的 $B < A$.

证明 那种 B 由以下算法给出. 步骤1：设 $X = \{a_1, \cdots, a_n\}$. 如果在 A 的子单词中, 有无穷多个子单词不包含 a_1, 设 H_1 是这些单词的集合, 那么 $H_1 \in \mathcal{P}$, $H_1 < A$ 并且 H_1 不包含 a_1. 依此类推利用 $a_2, a_3, \cdots$, 我们得出 $H_2, H_3, \cdots$. 如果 H_{n-1} 已经定义了, 它只可能包含一个 a_n, 因此它是最小的. 所以我们可以假设存在 H_{i-1} 使得除了有限多个子单词外的所有子单词都包含 a_i.

设 $b_1 = a_i, B_1 = H_{i-1} < A$, 然后执行步骤2. 这里步骤 k 是：如果已给出了 b_{k-1}, B_{k-1}, 以及 $b_1 < \cdots < b_{k-1}, B_{k-1} < \cdots < B_1 < A$, 并且除了有限多个子单词外的所有子单词都包含 b_t, 考虑单词 $b_{k-1}a_1$. 如果 B_{k-1} 的无穷多子单词不包含它, 设 H_1^{k-1} 是这些单词的集合, 因此 $b_{k-1}a_1$ 不是 H_1^{k-1} 的子单词. 对 $b_{k-1}a_2$ 重复这一过程, 我们得到 H_2^{k-1}, 等等. 如果我们能达到 H_{n-1}^{k-1}, 那么就存在一个自然数 m 使得在每个长度为 $2m$ 的子单词中, 可以在前 m 个位置中找到一个 b_{k-1}, 但后面必须跟着一个 a_n. 所以我们可以选择 H_i^{k-1} 作为 B_k 以及 $b_{k-1}a_i$ 作为 b_k. 通过这个过程我们得到 $b_1 < b_2 < \cdots, B_1 > B_2 > \cdots$. 令 $L = \{b_1, b_2, \cdots\}$, 则 $L < A$ 并且 L 是最小的. 事实上, 对于 $b_i \in L, b_{i+1}, b_{i+2}, \cdots \in B_i$, 所以它们中只有有限多个子单词不含 b_i.

我们得到了构成下界的最小成员. 断言3给出(1)断言1给出(2), 并且最大性成立, 由于 A 不是最小的, $B < A$ 使得 $A \nleq B$, C 是最小的, $C < B$, 那么 $C < A, A \nleq C$, 所以添加 C 将违反(2).

问题 $\aleph.11$ 对所有的函数 $f: \mathbb{R} \to \mathbb{R}$ 定义一个偏序 $<$, $f < g$ 表示对所有的 $x \in \mathbb{R}$ 成立 $f(x) \leq g(x)$. 证明这个偏序集包含一个基数大于 $2^{\aleph_0}$ 的全序子集, 但是后者的子集不可能是良序的.

解答

对于问题的第一部分, 只需找到一个 $\mathbb{R}$ 的具有全序 $\subseteq$ 的基数大于或等于 $2^{\aleph_0}$ 的子集族即可, 然后这个集族的特征函数即符合要求. 为了证明如果 κ 是一个无限基数, 那么就存在一个大小为 κ 按 $\subseteq$ 排序的集合的 κ^+ 子集族, 设 λ 是使得 $2^\lambda > \kappa$ 的最小基数. 根据 Cantor 定理, λ 存在并且是小于等于 κ 的. 如果我们找到了一个大小等于 κ^+ 的 $\aleph_0$ 全序集, 它具有基数 $\leqslant \kappa$ 的稠密子集, 则利用 Dedekind 分割就可解决问题. 对于这样一个集合, 取函数 $\lambda \rightarrow \{0,1\}$, 然后按字典顺序排列, 那么按向前的方向陆续取的函数就构成了稠密子集. 这些函数的数目是

$$\sum_{\alpha < \lambda}^{\infty} 2^{|\alpha|} \leqslant \lambda \cdot \kappa = \kappa$$

对问题的第二部分, 假设对 $\alpha < \beta < (2^{\aleph_0})^+$ 有 $f_\alpha < f_\beta$. 设 $x_\alpha \in \mathbb{R}$ 满足 $f_\alpha(x_\alpha) < f_{\alpha+1}(x_\alpha)$, 对 $(2^{\aleph_0})^+$ 多个 α 使得 $x_\alpha = x$, 因此 $f_\alpha(x)$ 是 $\mathbb{R}$ 的 $(2^{\aleph_0})^+$ 个不同的元素, 而这是不可能的.

640

有一句话是这样说的:我们肯定不欠平庸任何东西,不管它提出或代表什么集体性.

本书绝不是给平庸之辈读的,虽然大学生数学竞赛现在已经是近乎各级各类大学学生全员参与了.但我们还是固执地认为它仍然还是一项精英活动.大学生数学竞赛分许多层次,有非专业与专业之分,专业中又有国内与国外之分.本书所载的当属当代大学生所能参加的顶级赛事,只有普特南与阿里巴巴这两个赛事的难度可以与之相提并论.

> 读书必须志向高远,才能沉潜持久.钱穆说过:"为学标准贵高,所谓取法乎上仅得乎中.若先以卑陋自足,则难有远到之望.标准之高低,若多读书自见.所患即以时代群趋为是,不能上窥古人,则终为所囿.从来学者之患无不在是,诚有志者所当时以警惕也."①

国内许多大学数学课程有越开设花样越多,但似乎越来越浅的倾向,所以与本书所需知识储备并不相匹配.只有少数几所顶尖大学数学系的课程方能够应付得了.这不能不令人担忧.我们以北大为例.

北京大学数学科学学院数学系本科生开设的主要数学课程如下:

第一个模块:数学学院四高课程

(1) 数学分析(5学分+5学分+4学分) (2) 高等代数(5学分+4学分) (3) 几何学(5学分) (4) 概率论(3学分)

---

① 致唐端正书,《钱宾四先生全集》第53册,台北:联经出版事业公司,1998年,第456－457页.

编辑手记

第二个模块:数学学院四高之外的核心课程4门

(1) 抽象代数(3学分) (2) 复变函数(3学分) (3) 常微分方程(3学分) (4) 数学模型(3学分)

第三个模块:数学系专业基础课9门,其中代数类3门,几何类3门,分析类3门。

(1) 数论基础(3学分) (2) 群与表示(3学分) (3) 基础代数几何(3学分) (4) 拓扑学(3学分) (5) 微分几何(3学分) (6) 微分流形(3学分) (7) 实变函数(3学分) (8) 泛函分析(3学分) (9) 偏微分方程(3学分)

第四个模块:数学系小班课

(1) 数学分析选讲(2学分+2学分) (2) 高等代数选讲(2学分) (3) 代数讨论班(3学分) (4) 几何讨论班(3学分) (5) 分析讨论班(3学分) (6) 核心数学选讲(2学分+2学分)

第五个模块:数学系本科第二类课

(1) 数理逻辑(3学分) (2) 组合数学(3学分) (3) 密码学(3学分) (4) 模形式(3学分)

第六个模块:本科生可以选的数学系研究生第一类课15门

(1) (分析与方程类) 实分析,调和分析,复分析,泛函分析 Ⅱ,常微分方程定性理论,二阶椭圆型方程,双曲方程;动力系统,遍历论,非线性分析基础,变分学,多复变函数论等.

(2) (代数与数论类) 抽象代数 Ⅱ,交换代数,群论,群表示论,数论 Ⅰ,数论 Ⅱ,代数几何 Ⅰ,代数几何 Ⅱ;李群与李代数,同调代数,几何表示论,模形式,密码学,有限域等.

(3) (几何与拓扑类) 黎曼几何引论,同调论,微分拓扑,纤维丛与示性类,同伦论,黎曼曲面论,复几何,辛几何,双曲几何引论,低维流形,几何群论等.

(4) (数学物理类) 经典力学中的数学方法,Gromov - Witten 理论等.

所以先不要盲目乐观,认清差距,努力追赶才是,什么"清场式遥遥领先"听听也就罢了,千万别当真!

本书中的题目除了具备其他所有竞赛所必须具备的特点外,还格外地体现出如下四个特点:

（1）形易实难,往往高级的数学断言都是如此,像哥德巴赫猜想、费马大定理、庞加莱猜想、角谷静夫猜想莫不如此,看上去是那样平常,以致稍懂点数学的人都想上去一试身手.

比如本书 P586 中的问题 T. 2:

问题 T. 2　在匈牙利的天气预报里经常听到以下类型的句子:"昨晚的最低气温在 – 3℃ 和 + 5℃ 之间."证明只需说" – 3℃ 和 + 5℃ 都会出现在昨晚的最低气温中"即可(假设温度作为地点和时间的双变量函数是连续的).

注记　这个问题中的公式允许使用各种模型.当把国家看成平面上的一个区域时,如果假定这个区域是紧致的(即有界的闭集),这时的证明是最简单的;不假设紧致性需要一个不同的证明,并产生一个更一般的定理.如果将时间间隔换成一个(不必是可度量化的)紧致空间,则需对论证进行某些修改.在下面的解答中,空间是连通的而时间是紧致的.在解答 1 中,证明是在度量空间中完成的,而在解答 2 中是在任意拓扑空间中完成的.

解答

解答 1　由于连通空间的任何连续像都是连通的,以及在实直线中,只有区间是连通集,因此只需证明给每个点赋予一个在夜间达到的最低温度的函数是连续的即可.

设 E 是一个连通的度量空间,I 是一个紧致度量空间,I 是实直线并且 $f:I \to \mathbb{R}$ 是一个连续函数.对任意固定的 $x \in E$,函数 $f(x,t)$ 在紧致空间 I 上是连续的,所以 $g(x) = \min_{t \in I} f(x,t)$ 存在.我们证明 $g(x)$ 是连续的.假设不然,那么就将存在一个 $\varepsilon > 0$ 和一个序列 $\{x_k\}$($x_k \in E, k = 1,2,\cdots$) 使得 $x_k \to x$,但是

$$| g(x_k) - g(x) | \geqslant \varepsilon$$

我们分两种情况讨论:

(1)$\{x_n\}$ 有一个子序列使得

$$g(x_{n_k}) \leqslant g(x) - \varepsilon$$

如果 $f(x_{n_k}, t_k) = g(x_{n_k})$,那么序列 $\{t_k\}$ 有一个聚点 $t \in I$,并且我们

可以假设 $t_k \to t$,那么

$$f(x_{n_k}, t_k) = g(x_{n_k}) \leqslant g(x) - \varepsilon \leqslant f(x, t) - \varepsilon$$

因而 f 不可能是连续的.

(2) $\{x_n\}$ 有一个子序列使得

$$g(x_{n_k}) \geqslant g(x) + \varepsilon$$

如果 $f(x, t) = g(x)$,那么

$$f(x_{n_k}, t) \geqslant g(x_{n_k}) \geqslant g(x) + \varepsilon \geqslant f(x, t) + \varepsilon$$

因而 f 不可能是连续的.

由于在上述两种情况中至少会发生一种情况,这就得出矛盾,这就证明了命题.

解答2

现在设 E 是一个连通的拓扑空间,I 是一个紧致拓扑空间. 我们保留解答 1 中的其他符号.

我们仍然是证明 $g(x)$ 在 E 上是连续的. 对 $\varepsilon > 0, u \in E$ 和 $v \in I$,设 $U(u, v)$ 和 $V(u, v)$ 分别是 u 和 v 的邻域使得对所有的 $(x, t) \in U(u, v) \times V(u, v)$,我们有

$$|f(u, v) - f(x, t)| < \varepsilon$$

对固定的 u,邻域 $V(u, v)(v \in I)$ 覆盖 I. 那样,通过它的紧致化,I 被有限多个

$$V(u, v_1), V(u, v_2), \cdots, V(u, v_k)$$

这种邻域所覆盖,那么 $U = \bigcap\limits_{i=1}^{k} U(u, v_i)$ 是 u 的邻域,并且如果 $x \in U$,那么 $|g(x) - g(u)| < \varepsilon$. 对 $t \in I$,那么对某个 j 就有 $t \in V(u, v_j)$,而那样,由于

$$(x, t), (u, t) \in U(u, v_j) \times V(u, v_j)$$

我们就有

$$|f(x, t) - f(u, t)| < \varepsilon$$

注记

1. 假设空间和时间都是紧致拓扑空间,Attila Máté 考虑温度,把值放在度量空间中处理并在这些条件下证明了函数 $g(x)$ 是连续的. 在这

个模型中,空间的紧致化不是本质的.

2. György Vesztergombi 证明了如果夜间的定义依赖于地点(天文学的夜间),并且夜间的开始和结束是地点的连续函数,那么问题中的命题保持为真.

3. Miklós Simonovits 给出了一个例子以说明夜间的紧致化是本质的假设(如果夜间不是紧致的,那么当然,我们就必须谈论当地温度的下确界,而不是当地的最低温度). 设

$$E = [-1, +1], \quad I = (-\infty, +\infty), \quad f(x,t) = e^{-t^2 x^2}$$

那么

$$g(x) = \inf_{t \in I} f(x,t) = \begin{cases} 1, x = 0 \\ 0, x \neq 0 \end{cases}$$

而 $g(x)$ 不是连续的.

4. Juhász 和 Pósa 给出了一个例子以说明 $f(x,t)$ 的分段连续性不是充分的. Juhász 的例子如下

$$f(x,t) = \begin{cases} 1, x \leq 0 \text{ 或者 } x > 0 \text{ 并且 } t \geq 0 \\ 1 + \dfrac{t}{x}, x > 0 \text{ 并且 } -x \leq t < 0 \\ 1 + \dfrac{x}{t}, x > 0 \text{ 并且 } -1 \leq t < -x \end{cases}$$

在这种情况下

$$g(x) = \begin{cases} 1, x \leq 0 \\ 0, x > 0 \end{cases}$$

是不连续的,并且问题中的命题不成立.

（2）来源隐匿,竞赛毕竟是一种在规定时间内的比赛. 它对题目的陌生性要求很高,最理想的状态是所有参赛选手事先没有在任何数学文献中见过,与之相反的就是国内的对大量重复类型试题的训练. 在国际大赛中不排除有些选手涉猎广泛,可能读到过与命题者构思时参考的同一文献,像在 IMO 中先后考过的外森比克定理、贝蒂定理、容格定理等看似小众但总有些选手事先读过,这势必会影响公平性. 而本书中许多试题压根就选自没公开发表过的论文,从而

绝对安全.

如本书 P278 中的问题 F.57：

问题 F.57　考虑方程 $f'(x) = f(x+1)$，证明：

(1) 它的每个解 $f:[0,\infty) \to (0,\infty)$ 是指数阶增长的，即存在数 $a > 0, b > 0$，满足 $|f(x)| \leqslant ae^{bx}, x \geqslant 0$.

(2) 存在解 $f:[0,\infty) \to (-\infty,\infty)$ 是非指数增长的.

解答

在问题的陈述中缺少了一个常数 c. 实际上，下面的陈述才是正确的： $f'(x) = cf(x+1)$，其中 $0 < c \leqslant \dfrac{1}{e}$.

那样，存在一个常数 $\lambda > 0$ 使得 $\lambda = ce^{\lambda}$，因此 $e^{\lambda x}$ 是一个正解. 另一方面，方程 $f'(x) = f(x+1)$ 没有正解 f. 如果它有，那么 f 将是严格递增的，那样由 Lagrange 中值定理就会得出 $f(1) > f(1) - f(0) = f'(\xi) = f(\xi+1) > f(1)$，矛盾. 当且仅当 $c \leqslant \dfrac{1}{e}$ 时，方程 $f'(x) = cf(x+1)$ 在 $[0,\infty)$ 上有正解. （见 T. Krisztin, Exponential bound for positive solutions of functional differential equations，未发表的手稿.）

(1) 指数阶增长的证明. 如果 $f:[0,\infty) \to (0,\infty)$ 满足方程 $f'(x) = cf(x+1)$，令 $\alpha(x) = \dfrac{f'(x)}{f(x)}$，那么

$$f(x) = f(0)\exp\left(\int_0^x \alpha(s)\,\mathrm{d}s\right)$$

以及

$$\alpha(x) = c\exp\left(\int_x^{x+1} \alpha(s)\,\mathrm{d}s\right) > 0$$

也就是

$$\ln\frac{\alpha(x)}{c} = \int_x^{x+1} \alpha(s)\,\mathrm{d}s \quad (x \geqslant 0)$$

选择 k 使得 $k \geqslant \alpha(0)$ 并且 $k \geqslant \ln\dfrac{k}{c}$. 用下面的方式定义一个序列 $\{x_n\}_{n=0}^{\infty}$

646

$$x_0 = 0, \quad x_1 = \max\{x \in (0,1]: \alpha(x) \leqslant k\}$$

由于

$$\int_0^1 \alpha(s)\,\mathrm{d}s = \ln\frac{\alpha(0)}{c} \leqslant \ln\frac{k}{c} \leqslant k$$

因此 x_1 是良定义的. 设 $x_0, \cdots, x_n$ 已经给定,令

$$x_{n+1} = \max\{x \in (x_n, x_n + 1]: \alpha(x) \leqslant k\}$$

由于

$$\int_{x_n}^n \alpha(s)\,\mathrm{d}s = \ln\frac{\alpha(x_n)}{c} \leqslant \ln\frac{k}{c} \leqslant k$$

所以 x_{n+1} 是良定义的. 由于在 $(x_{n+1}, x_n + 1]$ 上 $\alpha(x) > k$,这就得出 $x_{n+2} > x_n + 1$,因此

$$[0, n] \subseteq \bigcup_{l=1}^{2n} [x_{l-1}, x_l]$$

所以,如果 $x \in [n-1, n)$,那么就有

$$\int_0^x \alpha(s)\,\mathrm{d}s \leqslant \int_0^n \alpha(s)\,\mathrm{d}s \leqslant \sum_{l=1}^{2n} \int_{x_{l-1}}^{x_i} \alpha(s)\,\mathrm{d}s$$

$$\leqslant \sum_{l=1}^{2n} \int_{x_{l-1}}^{x_{l-1}+1} \alpha(s)\,\mathrm{d}s = \sum_{l=1}^{2n} \ln\frac{\alpha(x_{l-1})}{c}$$

$$\leqslant 2n\ln\frac{k}{c} \leqslant 2nk \leqslant 2xk + 2k$$

由此就得出

$$f(x) = f(0)\exp\left(\int_0^x \alpha(s)\,\mathrm{d}s\right) \leqslant f(0)\,\mathrm{e}^{2k}\mathrm{e}^{2kx} \quad (x \geqslant 0)$$

(2) 存在一个不恒等于 0 的函数 $\phi \in C^\infty[0,1]$ 使得 $\phi^{(n)}(0) = \phi^{(n)}(1) = 0, n = 1, 2, \cdots$,例如 $x \in (0,1), \phi(x) = \mathrm{e}^{\frac{1}{x((x-1))}}, \phi^{(n)}(0) = \phi^{(n)}(1) = 0, n = 0, 1, 2, \cdots$(译者注:验证这些性质留给读者作为一道习题. 提示:可以把 $\phi(x)$ 看成 $\phi(x) = \begin{cases} \psi(x), x \in (0,1) \\ 0, \text{其他} \end{cases}$,其中 $\psi(x) = \mathrm{e}^{\frac{1}{x((x-1))}}$,那么 $\phi(x)$ 就是一个在全数轴上有定义的有紧支集的钟形曲线,和两边的直线有光滑连接. 当 $n = 0$ 时,直接看出当 $x \to 0 +$ 和 $x \to 1 -$ 时,$\frac{1}{x(x-1)} \to -\infty$,因此 $\psi(x) \to 0$,因而 $\phi(0) = \phi(1) =$

647

0. 当 $n = 1$ 时，注意 $\dfrac{1}{x(x-1)} = \dfrac{1}{x-1} - \dfrac{1}{x}$，因此 $\phi^{(n)}(x) =$

$\psi(x)(P_{1n}(x) - P_{2n}(x)), n \geq 1$，其中 $P_{1n}(x)$ 和 $P_{2n}(x)$ 分别是 $\dfrac{1}{x-1}$ 和

$\dfrac{1}{x}$ 的多项式，由于当 $x \to 0+$ 和 $x \to 1-$ 时，$\psi(x)$ 是指数式地趋于 0，这

就得出 $\phi^{(n)}(0) = \phi^{(n)}(1) = 0, n = 1, 2, \cdots$. 参看：丁勇. 现代分析基

础. 北京：北京师范大学出版社，2008，定理 1.1.5；张筑生. 数学分析新

讲（第二册）. 北京：北京大学出版社，1990. 在 Daboul S, Mangaldan J,

Spivey, et al. The Lah Number and nyh Deribative of exp(1/x). Math

Magazine, 2013, 86(1):39 − 47 中，作者用 5 种方法给出了 $e^{\frac{1}{x}}$ 的导数公

式），那么公式

$$f(x + n) = \frac{1}{c^n}\phi^{(n)}(x) \quad (n = 0,1,\cdots; x \in [0,1])$$

定义了方程 $f'(x) = cf(x+1)$ 的解. 设 $x \in (0,1)$ 使得 $\phi(x) \neq$

0，那么由 Taylor 定理可知，存在 $\eta \in (0,x)$ 使得

$$\phi(x) = \sum_{l=0}^{n-1} \frac{\phi^{(l)}(0)}{l!}x^l + \frac{\phi^{(n)}(\eta)}{n!}x^n = \frac{\phi^{(n)}(\eta)}{n!}x^n$$

因此

$$|f(\eta + n)| = \frac{1}{c^n}|\phi^{(n)}(\eta)| = |\phi(x)|\frac{n!}{(cx)^n}$$

当 $n \to \infty$ 时，它增长得比 ae^{bn} 要慢，因而 f 的增长是非指数阶的.

（3）命题及解答可能并不完美，但有逐渐完善和改进的机制和动力. 比如

本书 P509 中的问题 P.24 所做的注记.

相反，反观我们的某些竞赛是低质量的正确，毫无可讨论的空间，即便发现

错误也是指责一通便再无下文，一哄而上，一哄而散，没人关心试题，只是关心

那个结果. 真正的原因是我们将竞赛看成了什么？是目的还是手段，是关心名次

所带来的利益还是对数学之美的热爱.

问题 P.24 设 $X_1, X_2, \cdots$ 是独立同分布的随机变量，其共同的分

648

布函数为

$$P(X_i = 1) = P(X_i = -1) = \frac{1}{2} \quad (i = 1,2,\cdots)$$

定义

$$S_0 = 0, S_n = X_1 + X_2 + \cdots + X_n \quad (n = 1,2,\cdots)$$

$$\xi(x,n) = |\{k : 0 \leqslant k \leqslant n, S_k = x\}| \quad (x = 0, \pm 1, \pm 2, \cdots)$$

以及

$$\alpha(n) = |\{x : \xi(x,n) = 1\}| \quad (n = 0,1,\cdots)$$

证明

$$P(\liminf \alpha(n) = 0) = 1$$

并且存在一个数 $0 < c < \infty$ 使得

$$P\left(\limsup \frac{\alpha(n)}{\log n} = c\right) = 1$$

解答

将 $S_0, S_1, \cdots$ 的值在二维坐标系中表示如下:从原点开始向右走一步,如果 $X_n = +1$ 或 $X_n = -1$,则向上走一步或向下走一步. 注意 $\alpha(n)$ 计数了在这个随机行走中,第二个坐标恰出现一次的点的数目. 首先我们证明

$$P(\liminf \alpha(n) = 0) = 1$$

这表示事件 $A_n = \{\alpha(n) = 0\}$ 发生无限多次的概率等于1. 在随机行走返回到零时,有无限多个这样的点的概率为 1,值 $\alpha(n)$ 至多出现一次,由于极值只能出现一次. 然而,随机行走在两次返回之间两者之间访问极值至少两次的概率是正的. 因此,在无限多个时刻之中,将有一个时刻使得 $\alpha(n)$ 的值是 0,因此将有无限多个那种时刻,使得 $\alpha(n)$ 的值是 0.

现在我们考虑第二个命题. 我们将通过一些引理来进行. 用 $\mathcal{A}_n$ 表示第二个坐标仅出现一次的点的集合,即

$$\mathcal{A}_n = \{x : 存在一个 k, 1 \leqslant k \leqslant n 使得 S_k = x, 并且对 j \neq k, S_j \neq x\}$$

因而

$$\alpha(n) = |\mathcal{A}_n|$$

引理 1　$\lim\limits_{n\to\infty} P(S_j > 0, 0 < j \leqslant n, S_n - S_j > 0, 0 \leqslant j < n) = c^* > 0$

引理 1 的证明　定义下面的条件分布

$$\mu_n(\mathrm{d}x, \mathrm{d}y) = P\left(\frac{1}{\sqrt{n}} S_n = \mathrm{d}x, \frac{1}{\sqrt{n}} \sup_{0 \leqslant k < n} S_k = \mathrm{d}y \mid S_j > 0, 1 \leqslant j < n\right)$$

如果 $n = 2m + 1$, 那么

$$P(S_j > 0, 0 < j \leqslant n, S_n - S_j > 0, 0 \leqslant j < n)$$

$$= P(S_j > 0, 0 < j \leqslant m, S_m > \sup_{m < k \leqslant n}(S_n - S_k) - (S_n - S_m),$$

$$S_n - S_j > 0, m \leqslant j < n, S_n - S_m > \sup_{0 \leqslant k \leqslant m}(S_k - S_m))$$

$$= P(S_j > 0, 0 < j \leqslant m) P(S_n - S_j > 0, m \leqslant j < n) \mu_m * \mu_m(A)$$

其中

$$A = \{(x_1, y_1, x_2, y_2) : x_1 > y_2 - x_2, x_2 > y_1 - x_1\}$$

我们知道在没有原子和在集合 $\{(x, y) : x > 0, y > 0\}$ 的开子集上有正值的测度的序列 μ_n 趋向于测度 μ^*. 另外

$$P(S_j > 0, 0 < j \leqslant m) P(S_n - S_j > 0, m \leqslant j < n) \sim \frac{9}{4\pi} \cdot \frac{1}{n}$$

因此引理对形如 $2m + 1$ 的整数成立. 对形如 $2m$ 的整数, 证明是类似的.

引理 2　假设 $k \sim \alpha \log n, \alpha_k(n) = \binom{\alpha(n)}{k}$, 那么对任意 $\eta > 0$, 存在一个 $n_0 = n_0(k, \eta)$ 使得对任意 $n > n_0$ 成立

$$[(c^* - \eta) \log n]^k < E\alpha_k(n) < [(c^* + \eta) \log n]^k$$

引理 2 的证明

令

$$C(r, t) = \{S_r < S_j < S_t, r < j < t\}$$

$$D_1(t) = \{S_j < S_t, 0 \leqslant j < t\}$$

$$D_2(t) = \{S_j > S_t, t < j \leqslant n\}$$

那么

$$P(C(r, t)) = P(C(0, t - r)) = \frac{c^*}{t - r}(1 + o(1))$$

$$P(D_1(t)) = \frac{K}{\sqrt{t}}(1 + o(t)) \quad \left(K = \frac{3}{2\sqrt{2\pi}}\right)$$

650

$$P(D_2(t)) = \frac{K}{\sqrt{n-t}}(1 + o(t))$$

又令

$$\mathcal{A}_n^+ = \mathcal{A}_n \cap \{z : z \geqslant 0\}$$

$$\alpha^+(n) = |\mathcal{A}_n^+|, \alpha_k^+(n) = \binom{\alpha^+(n)}{k}$$

并且对 $0 \leqslant j_1 < j_2 < \cdots < j_k \leqslant n$,利用符号

$$B_{j_1, \cdots j_k} = D_1(j_1)C(j_1, j_2)\cdots C(j_{k-1}, j_k)D_2(j_k)$$

那么

$$E\alpha_k^+(n) = \sum_{0 \leqslant j_1 < \cdots < j_k \leqslant n} P(B_{j_1, \cdots j_k})$$

由于事件 $B_{j_1, \cdots, j_k}$ 表示

$$(j_1, \cdots j_k) \subseteq \mathcal{A}_n^+$$

并且事件 $\alpha(n) = l$ 恰包含 $\binom{l}{k}$ 个那种事件. 令

$$U(j, l) = \sum_{j = j_1 < \cdots < j_k = l} P(C(j_1, j_2)) \cdot \cdots \cdot P(C(j_{k-1}, j_k)) = U(0, l - j)$$

因此

$$E\alpha_k^+(n) = \sum_{r=0}^{\infty} U(0, r) \sum_{j=0}^{n-r} P(D_1(j))P(D_2(r + j))$$

$$\leqslant \text{const} \cdot \sum_{r=0}^{n} U(0, r) \sum_{j=1}^{n-r} \frac{1}{\sqrt{j}} \frac{1}{\sqrt{n-j-3}} \leqslant \text{const} \cdot \sum_{r=0}^{n} U(0, r)$$

$$\leqslant \text{const}\Big[\sum_{j=0}^{n} P(C(0, j))\Big]^{k-1} \leqslant [(c^* + \eta)\log n]^k$$

另一方面

$$E\alpha_k^+(n) \geqslant \sum_{\substack{0 \leqslant j_1 < n/3 \\ n/3k \geqslant j_t - j_{t-1} > 0}} P(D_1(j_1)C(j_1, j_2)\cdots C(j_{k-1}, j_k)D_2(j_k))$$

$$\geqslant \frac{\text{const}}{\sqrt{n}} \sum_{j=1}^{n/3} P(D_1(j))\Big[\sum_{j=1}^{n/3} P(C(0, j))\Big]^{k-1}$$

$$\geqslant \text{const}\Big[\Big(c^* - \frac{\eta}{2}\Big)\log \frac{n}{3k}\Big]^{k-1} \geqslant [(c^* - \eta)\log n]^k$$

由于 $k \sim \alpha\log \alpha$,所以如果 n 充分大,则

651

$$[(c^* - \eta/2)/(c^* - \eta)]^{\alpha \log n} > \log n$$

用类似的方法,我们对 $\mathcal{A}_n^-$ 得出同样的结果

$$\mathcal{A}_n = \begin{cases} \mathcal{A}_n^+, \text{可能再加上一个点,如果 } S_n \geqslant 0 \\ \mathcal{A}_n^-, \text{可能再加上一个点,如果 } S_n \leqslant 0 \end{cases}$$

因此对 $\alpha(n)$ 引理成立.

引理 3   对所有 $K > 0$ 和 $\varepsilon > 0$,存在一个 $n_0 = n_0(K, \varepsilon)$,使得对所有的 $n > n_0$ 有

$$n^{-(K/c^*) - \varepsilon} \leqslant P(\alpha(n) < K\log^2 n) \leqslant n^{-(K/c^*) + \varepsilon}$$

引理 3 的证明   令 $k = \dfrac{K\log n}{c^*}$,那么

$$P(\alpha(n) \geqslant K\log^2 n) = P\left(\alpha_k(n) \geqslant \binom{K\log^2 n}{k}\right) \leqslant \frac{E\alpha_k(n)}{\binom{K\log^2 n}{k}}$$

如果 n 充分大,我们可以应用引理 2 得出

$$P(\alpha(n) \geqslant K\log^2 n) \leqslant n^{-(K/c^*)\log((c^* e)/(c^* + \eta))} \leqslant n^{-(K/c^*) + \varepsilon}$$

为了证明下界,令 $q_m = P(\alpha(n) = m)$,那么

$$E\alpha_k(n) = \sum_m q_m \binom{m}{k}$$

再令 $k' = \left(\dfrac{K}{c^*}\right)(1 + \varepsilon^2)\log n$,那么当 ε 充分小时就有

$$\sum_{m > (k+\varepsilon)\log^2 n} q_m \binom{m}{k'} < \frac{1}{3} E\alpha_{k'}(n)$$

以及

$$\sum_{m \leqslant K\log^2 n} q_m \binom{m}{k'} < \frac{1}{3} E\alpha_{k'}(n)$$

由于如果 $k'' = \left(\dfrac{K + \varepsilon}{c^*}\right)\log n$,那么 $k'' > k'$,并且

$$\sum_{m > (K+\varepsilon)\log^2 n} q_m \binom{m}{k'} = \sum_m q_m \binom{m}{k''} \frac{\binom{m}{k'}}{\binom{m}{k''}}$$

652

$$\leq \frac{\left(\begin{array}{c}(K+\varepsilon)\log^2 n \\ k'\end{array}\right)}{\left(\begin{array}{c}(K+\varepsilon)\log^2 n \\ k''\end{array}\right)} \sum_m q_m \binom{m}{k''}$$

$$\leq \frac{\left(\begin{array}{c}(K+\varepsilon)\log^2 n \\ k'\end{array}\right)}{\left(\begin{array}{c}(K+\varepsilon)\log^2 n \\ k''\end{array}\right)} E\alpha_{k''}(n)$$

令 $\eta = \varepsilon^3$, 再次利用引理 2, 我们得出如果 n 充分大就有

$$\sum_{m > (K+\varepsilon)\log^2 n} q_m \binom{m}{k'} \leq (c^* \log n)^{k'} \exp\left\{\left(-\frac{\varepsilon^2}{2Kc^*} + O(\varepsilon^2)\right)\log n\right\}$$

$$\leq \frac{1}{3} E\alpha_{k'}(n)$$

另一方面

$$\sum_{m \leq K\log^2 n} q_m \binom{m}{k'} \leq \frac{\left(\begin{array}{c}K\log^2 n \\ k'\end{array}\right)}{\left(\begin{array}{c}K\log^2 n \\ k\end{array}\right)} \sum_{m \leq K\log^2 n} q_m \binom{m}{k}$$

再次应用引理 2 得出

$$\sum_{m \leq K\log^2 n} q_m \binom{m}{k'} \leq \frac{1}{3} E_{\alpha_{k'}}(n)$$

这些不等式蕴含

$$\sum_{K\log^2 n < m < (K+\varepsilon)\log^2 n} q_m \binom{m}{k'} \geq \frac{1}{3} E_{\alpha_{k'}}(n)$$

因此

$$P(\alpha(n) \geq K\log^2 n) \geq \sum_{K\log^2 n < m < (K+\varepsilon)\log^2 n} q_m \binom{m}{k'} \frac{1}{\left(\begin{array}{c}(K+\varepsilon)\log^2 n \\ k'\end{array}\right)}$$

$$\geq \frac{1}{3} \frac{E(\alpha_{k'}(n))}{\left(\begin{array}{c}(K+\varepsilon)\log^2 n \\ k'\end{array}\right)} \geq \frac{1}{3} n^{-\frac{K}{c^*}(1+\varepsilon^3)\log\left[e\frac{c^*}{c^*-\eta}\frac{K+\varepsilon}{K}(1+\varepsilon^3)^{-2}\right]}$$

对 $\varepsilon > 0$ 和 $\eta > 0$, 最后的这个表达式趋于 1, 因此我们已经验证了下界. 利用上面的引理, 我们就能证明

$$P\left(\limsup \frac{\alpha(n)}{\log^2 n} = c\right) = 1$$

653

令
$$M_n = \inf\{j: S_j \geq n\}$$

那么
$$\lim \frac{M_n}{n^4} = 0$$

并且
$$M_{(n+1)^2} - M_{n^2} \geq 2n + 1$$

考虑随机行走首次到达高度 k^2 的时刻,从这一点起再走 k 步,并用 U_k 表示这一状态,那么
$$U_k = \{0, S_{M_{k^2}+1} - S_{M_{k^2}}, \cdots, S_{M_{k^2}+k} - S_{M_{k^2}}\}$$

这些行走是互相独立的. 令
$$B_k = \{\text{行走} U_k \text{访问至少} (c^* - \varepsilon)\log^2 k \text{个具有正坐标的点恰好一次}\}$$

那么如果 k 充分大,$P(B_k) > k^{-1+\frac{\varepsilon}{2}}$,因此 $\sum P(B_k) = \infty$,因而 $P(\limsup A_k) = 1$. 但是对于事件 A_k,$\alpha(M_{k^2} + k) \geq (c^* - \varepsilon)\log^2 k$,以及由于当 k 充分大时 $M_{k^2} + k < k^8 + k$,所以对无限多个 n,不等式
$$\frac{\alpha(n)}{\log^2 n} > \frac{c^* - \varepsilon}{64}$$

成立的概率等于 1.

$K = c^* + \varepsilon$ 可以作为引理 3 的上界表明
$$\sum P(\alpha(n) \geq (c^* + \varepsilon)\log^2 n) < \infty$$

这就是说对充分大的 n,不等式
$$\limsup \frac{\alpha(n)}{\log^2 n} \leq c^* + \varepsilon$$

成立的概率等于 1. 复习 Kolmogorov $0-1$ 律蕴含 $\dfrac{\alpha(n)}{\log^2 n}$ 是常数的概率等于 1,所以对适当的 $\dfrac{c^*}{64} \leq c \leq c^*$ 就有
$$P\left(\limsup \frac{\alpha(n)}{\log^2 n} = c\right) = 1$$

注记　遗憾的是,问题中第二个命题的原始表述是不正确的. 由

于它包含的是一个对数因子,而这个因子不是 $\log^2$ 级别的. 正确命题的证明出现在 P. Major, On the set visited once by a random walk, Probab. Th. Rel. Fields 77, (1988),pp. 117 – 128. 我们现在的证明是根据这篇文献做出的.

再比如本书 P589 中的问题 T.3:

问题 T.3　设 A 是带有以包含关系定义的全序(那就是说,如果 $L_1, L_2 \in A$,那么 $L_1 \subseteq L_2$ 或者 $L_2 \subseteq L_1$) 的 Hilbert 空间 $H = l^2$ 的一族真的闭子空间,证明存在一个向量 $x \in H$,它不被包含在任何属于 A 的子空间 L 中.

解答

解答1　更一般地,我们对可分的 Banach 空间证明命题. 设 B 是可分的 Banach 空间,设 R 是 B 的子空间 L 构成的系统,它满足问题的要求. 假设 $\bigcup_{L \in R} L = B$. 考虑 B 的可数的处处稠密的子集 $\{x_1, x_2, \cdots\}$. 归纳地定义一个 R 的元素的可数的、递增的序列如下:设 L_1 是 B 的一个包含 x_1 的元素,假设子空间 $L_1, \cdots, L_n(\in R)$ 已经定义好了,设 $L^{(n+1)}$ 是 R 的一个包含 x_{n+1} 的元素(根据假设,那种元素是存在的). 子空间 $L_1, \cdots, L_n, L^{(n+1)}$ 之一包含所有其他的 $x_i (2 \le i \le n)$,设这个子空间为 L_{n+1},那么 $L_n \subseteq L_{n+1}$ 并且 $x_n \in L_n (n = 1, 2, \cdots)$. 现在设 L 是 R 的一个任意的元素,由于 L 是 B 的一个真的闭子空间,所以它不可能包含稠密集 $\{x_1, x_2, \cdots\}$ 的所有的元素. 不妨设 $x_k \notin L$,那么由于系统 B 关于包含是有序的,所以 $L \subseteq L_k$. 这表示 $\bigcup_{i=1}^{\infty} L_i = B$.

现在,对所有的正整数 n,设 f_n 是 B 上的连续线性泛函,使得 $\|f_n\| = n$ 并且当 $x \in L_n$ 时有 $f_n(x) = 0$.(那种泛函是存在的,例如在 L_n 的余集中取一个任意的元素 y_n,由于 L_n 是闭的,所以从 y_n 到 L_n 的距离 d 是正的. 现在考虑线性子空间 $[y_n] + L_n$,其中 $[y_n]$ 是由 y_n 生成的一维线性子空间,并设

$$f_n^{(0)}(\lambda y_n - x) = n\lambda d$$

655

其中 $x \in L_n$ 而 λ 是一个复数. 在 $[y_n] + L_n$ 上, $f_n^{(0)}$ 显然是线性的, 并且当 $x \in L_n$ 时, $f_n^{(0)}(x) = 0$, 此外还有

$$\|f_n^{(0)}\| = \sup \frac{|n\lambda d|}{\|\lambda y_n - x\|} = \sup_{x \in L_n} \frac{nd}{\|y_n - x\|} = \frac{nd}{\inf_{x \in L_n} \|y_n - x\|} = n.$$

根据 Hahn - Banach 定理, $f_n^{(0)}$ 可扩展成一个定义在整个空间 B 上的泛函 f_n, 这个泛函就具有所需的性质.) 现在, 如果 $x \in B$, 那么由于 $\overset{\infty}{\underset{i=1}{\cup}} L_i = B$, 所以 x 被包含在某个 L_i 中, 因而 $\lim_{n \to \infty} f_n(x) = 0$. 由于子空间 $\{L_n\}$ 的序列关于包含关系是递增的, 所以泛函的序列 $\{f_n\}$ 是逐点收敛的. 因而, 根据 Banach - Steinhaus 定理就有 $\sup_n \|f_n\| < \infty$, 这与 f_n 的选择相矛盾.

解答 2

我们证明下面的问题的推广.

推广 设 M 是第二 Baire 范畴的可分的拓扑空间, 并设 $\mathfrak{A}$ 是 M 的以包含关系为序的无处稠密的闭子空间构成的系统, 那么 $\bigcap_{L \in \mathfrak{A}} L \neq M$. (显然, 空间 l^2 和问题中的子空间族, 更一般地, 可分的 Hilbert 和 Banach 空间中的类似的子空间的族, 都满足命题中的假设. 实际上, 这些带有范数拓扑的空间都是第二 Baire 范畴的可分的拓扑空间. 在任意的这些空间中, 真的闭子空间都是无处稠密的.)

证明 假设不然, 则 $\bigcap_{L \in \mathfrak{A}} L = M$, 那么在 M 中考虑一个可数的, 处处稠密的集合 $R = \{x_1, x_2, \cdots\}$. 令

$$M_k = \cup \{L \in \mathfrak{A} : x_k \in L\} \quad (k = 1, 2, \cdots)$$

那么对所有的 k, M_k 是 M 的非空的无处稠密的子集, 所以 $\overset{\infty}{\underset{k=1}{\cup}} M_k$ 是第一范畴的, 并且

$$\overset{\infty}{\underset{k=1}{\cup}} M_k \neq M$$

另外, 如果 $L \in \mathfrak{A}$, 那么 $L \neq M$. L 不可能包含 R, 那就是说, 存在一个正整数 k 使得 $x_k \notin L$. 由于 $\mathfrak{A}$ 是以包含关系为序的, 从 M_k 的定义就得出 $L \subseteq M_k$, 因而

$$\underset{L \in \mathfrak{A}}{\cup} L \subseteq \overset{\infty}{\underset{k=1}{\cup}} M_k$$

656

矛盾.

注记 一些参赛者指出,对不可分的 Hilbert 空间,这一命题不成立. Attila Máté 给出下面的例子:设 H 是不可分的 Hilbert 空间,那么 H 同构于 Hilbert 空间 $K \oplus L^2(\omega_1)$,其中 K 是一个适当选择的 Hilbert 空间. ω_1 是在所有单元素集合的测度为 1 的离散测度空间中的可数序数的集合,那么就有

$$\bigcup_{\xi \in w_1} (K \oplus L^2(\xi)) = K \oplus L^2(w_1)$$

(4) 对经典定理的关注. 以往我们的许多竞赛将着眼点过多地放在了一些不重要的小技巧上,对经典数学中的著名定理缺乏关注. 有的只是浅浅地使用了一下,而真正的证明或改进某个著名定理或引理则是想都不敢想. 而本书中的许多试题则是对某一个著名结论的改进,如 P599 中的问题 T.8.

问题 T.8 设 T_1 和 T_2 是集合 E 上的第二可数拓扑. 我们希望找到一个定义在 $E \times E$ 上的实函数 σ,使得

$$0 \leqslant \sigma(x,y) < +\infty, \sigma(x,x) = 0$$

$$\sigma(x,z) \leqslant \sigma(x,y) + \sigma(y,z) \quad (x,y,z \in E)$$

并且对任意 $p \in E$,集合

$$V_1(p,\varepsilon) = \{x : \sigma(x,y) < \varepsilon\} \quad (\varepsilon > 0)$$

构成 p 的关于拓扑 T_1 的邻域基,而集合

$$V_2(p,\varepsilon) = \{x : \sigma(p,x) < \varepsilon\} \quad (\varepsilon > 0)$$

构成 p 的关于拓扑 T_2 的邻域基. 证明存在那样一个函数 σ 的充分必要条件是对任意 $p \in E$ 和 T_i – 开集 $G, p \in G, i = 1,2$,存在一个 T_i – 开集 G' 和一个 T_{3-i} – 闭集 F 使得 $p \in G' \subseteq F \subseteq G$.

解答

假设存在一个具有所需性质的函数 $\sigma(x,y)$. 设 $p \in E, G$ 是 T_i 中的开集, $p \in G$. 那么就存在 $\varepsilon > 0$,使得 $V_i(p,\varepsilon) \subseteq G$. 设 $0 < \delta < \varepsilon, G' = V_i(p,\varepsilon)$,并设 F 为 T_{3-i} – G' 的闭包. 利用三角不等式易于得出 G', F, G 确实满足假设(在这个方向上,关于第二可数性的假设是不必要的.).

下面,G 总表示一个开集而 F 总表示一个闭集. 上标指出这表示哪种拓扑结构. 例如 $\overline{G^{(1)}}^{(2)}$ 表示 T_1 - 开集 $G^{(1)}$ 的 T_2 - 闭包. 我们证明问题的假设对 σ 的存在是充分的. 证明过程是对众所周知的 Urysohn 度量定理的修改.

Tikhonov 引理 如果 $F^{(1)} \cap F^{(2)} = \varnothing$,那么存在 $G^{(1)}$ 和 $G^{(2)}$ 使得 $G^{(2)} \supseteq F^{(1)}$,$G^{(1)} \supseteq F^{(2)}$ 并且 $G^{(1)} \cap G^{(2)} = \varnothing$.

引理的证明 设 $p \in F^{(i)}$,那么 $p \in E - F^{(3-i)}$,这个集合是 T_{3-i} - 开的,因此根据假设存在一个 $G' = G'^{(3-i)}(p)$ 使得 $p \in G'^{(3-i)}(p)$ 并且 $\overline{G'^{(3-i)}(p)}^{(i)} \subseteq E - F^{(3-i)}$,即 $\overline{G'^{(3-i)}(p)}^{(i)} \cap F^{(3-i)} = \varnothing$.

对每个 $G'^{(j)}(p)$,指定 T_j 的可数基中的一个元素 $U^{(j)}$,使得 $T_j : p \in U^{(j)} \subseteq G'^{(j)}(p)$. 我们有可数多个集合 $U^{(j)}$,我们可把这些集合排成 $U_n^{(j)}$,$n = 1,2,\cdots,(j = 1,2)$. 我们也有

$$F^{3-i} \subseteq \bigcup_{n=1}^{\infty} U_n^{(i)}, \quad \overline{U_n^{(i)}}^{3-i} \cap F(i) = \varnothing \tag{1}$$

令

$$U_{n*}^{(i)} = U_n^{(i)} - \bigcup_{k=1}^{n} \overline{U_k^{(3-i)}}^{(i)}$$

这些 $U_{n*}^{(i)}$ 是 T_i - 开的,它们也满足(1)并且显然 $U_{n*}^{(i)} \cap U_{m*}^{(3-i)} = \varnothing$. 所以集合

$$G^{(i)} = \bigcup_{n=1}^{\infty} U_{n*}^{(i)} \quad (i = 1,2)$$

显然满足引理的要求.

Urysohn 引理 如果 $F^{(1)} \subseteq G^{(2)}$,那么存在一个 $E \times E$ 上的实函数 $\rho(x,y)$,

$$0 \leqslant \rho(x,y) \leqslant 1, \rho(x,x) = 0$$
$$\rho(x,z) \leqslant \rho(x,y) + \rho(y,z) \quad (x,y,z \in E) \tag{2}$$

集合

$$V_\rho^{(1)}(p,\varepsilon) = \{x : \rho(x,p) < \varepsilon\} \quad (\varepsilon > 0) \tag{3}$$

是 T_1 - 开的;集合

$$V_\rho^{(2)}(p,\varepsilon) = \{x : \rho(p,x) < \varepsilon\} \quad (\varepsilon > 0) \tag{4}$$

是 T_2 - 开的;并且

$$如果 x \in F^{(1)}, y \notin G^{(2)}, 则 \rho(x,y) = 1 \qquad (5)$$

引理的证明　引入记号 $G_0^{(2)} = \varnothing, F_0^{(1)} = F^{(1)}, G_1^{(2)} = G^{(2)}, F_1^{(1)} = E$. 设 D 是闭区间 $[0,1]$ 的可数稠密子集 $D = \{r_0, r_1, r_2, \cdots\}$, 其中 $r_0 = 0, r_1 = 1$.

对 n 归纳地定义 $G_n^{(2)}$ 和 $F_n^{(1)}$ 使得 $G_n^{(2)} \subseteq F_n^{(1)}$, 并且对 $r_n < r_m$ 成立 $F_n^{(1)} \subseteq G_m^{(2)}$. 这些包含关系对已经定义的情况 $(n, m = 0, 1)$ 是成立的. 然后, 在 $r_0, r_1, \cdots, r_{n-1}$ 中找出与 r_n 相邻的数. 设它们是 r_k 和 r_l, 且 $r_k < r_n < r_l, 0 \le k, l \le n - 1$. 对集合 $F_k^{(1)}$ 和 $E - G_l^{(2)}$ 应用 Tychonoff 引理, 由 $r_k < r_l$ 和归纳法假设可知 $F_k^{(1)} \cap (E - G_l^{(2)}) = \varnothing$, 因此根据 Tychonoff 引理就得出, 存在 $G_n^{(2)}$ 和 $G_{n*}^{(1)}$ 使得 $G_n^{(2)} \cap G_{n*}^{(1)} = \varnothing$, 并且

$$G_n^{(2)} \supseteq F_k^{(1)}, \quad G_{n*}^{(1)} \supseteq E - G_i^{(2)}$$

那就是说, 利用记号 $F_n^{(1)} = E - G_{n*}^{(1)}$ 就有

$$F_n^{(1)} \subseteq G_l^{(2)}$$

而 $G_n^{(2)} \cap G_{n*}^{(1)} = \varnothing$ 表示

$$G_n^{(2)} \subseteq F_n^{(1)}$$

显然, 归纳法假设的正确性已经转移到这些集合上, 因此归纳定义是正确的.

对 $x \in E$, 令

$$g(x) = \inf(\{r_n : x \in G_n^{(2)}\}) \cup \{1\})$$
$$f(x) = \sup(\{r_n : x \notin F_n^{(1)}\}) \cup \{0\})$$

$(0 \le f(x), g(x) \le 1)$. 显然有

$$f \mid F^{(1)} = g \mid F^{(1)} \equiv 0, f \mid E - G^{(2)} = g \mid E - G^{(2)} \equiv 1$$

此外, 如果 $n \ge 2$, 那么

$$g(x) < r_n \Rightarrow x \in G_n^{(2)} \Rightarrow x \in F_n^{(1)} \Rightarrow f(x) \le r_n$$

因此对所有的 $x \in E$ 有 $f(x) \le g(x)$. 但是如果对某个 $x \in E$ 有 $f(x) < g(x)$, 那么将存在 $r_n, r_m \in D$, 使得

$$f(x) < r_n < r_m < g(x)$$

那样 $x \in F_n^{(1)}$ 而 $x \notin G_m^{(2)}$, 但是 $F_n^{(1)} \subseteq G_m^{(2)}$, 矛盾. 所以在 E 上有 $f(x) = g(x)$.

对 $x,y \in E$,令

$$\rho(x,y) = \begin{cases} 0, f(x) \geq f(y) \\ f(y) - f(x), f(x) < f(y) \end{cases}$$

显然 $0 \leq \rho(x,y) \leq 1, \rho(x,x) = 0$,并且 $(2)(5)$ 成立. 为了证明 (3) 和 (4),由 (2) 只需证明 $p \in \text{int}^{(i)} V_\rho^{(i)}(p, \varepsilon)(p \in E, \varepsilon > 0)(i = 1, 2)$ 即可.

对 $i = 1$:

设 $p \in E, \varepsilon > 0$,那么如果我们选 n 使得 $f(p) - \varepsilon < r_n < f(p)$,那么就有

$$V_\rho^{(1)}(p, \varepsilon) = \{x : \rho(x, p) < \varepsilon\} = \{x : f(p) - f(x) < \varepsilon\} \supseteq E - F_n^{(1)} \ni p$$

在 $f(p) = 0$ 的情况下,$p \in E = V_p^{(1)}(p, \varepsilon)$,而 $E - F_n^{(1)}$ 和 E 是 $T_1 -$ 开的.

对 $i = 2$:

如果 $g(p) < r_n < g(p) + \varepsilon$,则

$$V_\rho^{(2)}(p, \varepsilon) = \{x : \rho(x, p) < \varepsilon\} = \{x : f(x) - f(p) < \varepsilon\}$$
$$= \{x : g(x) - g(p) < \varepsilon\} \supseteq G_n^{(2)} \ni p$$

在 $g(p) = 1$ 的情况下,$V_\rho^{(2)}(p, \varepsilon) = E$.

这就证明了 Urysohn 引理.

我们现在转向定理的证明.

设 P 是所有的对 $P(U^{(i)}, V^{(i)})$ 的集合,其中 $U^{(i)}$ 和 $V^{(i)}$ 分别是 T_i 的可数基的且使得

$$\overline{U^{(i)}}^{(3-i)} \subseteq V^{(i)} \quad (i = 1, 2)$$

成立的元素的集合,那么 P 是可数的

$$P = \{(U_1, V_1), (U_2, V_2), \cdots\}$$

现在,对 $k = 1, 2, \cdots$,我们定义一个函数 $\rho_k(x, y)$.

令

$$(U_k, V_k) = (U_k^{(i)}, V_k^{(i)})$$

如果 $i = 2$,那么对集合 $F^{(1)} = \overline{U_k^{(2)}}^{(1)}, G^{(2)} = V_k^{(2)}$ 的对应用 Urysohn 引理并称引理中给出的函数为 ρ_k. 如果 $i = 1$,那么令 $F^{(2)} = \overline{U_k^{(1)}}^{(2)}$,$G^{(1)} = V_k^{(2)}$,然后对这个集合对应用 Urysohn 引理,同时在应用时,把原来的 Urysohn 引理中的上标中的 (1) 和 (2) 交换,并且把所得的 $\rho(a, b)$ 换成 $\rho(b, a)$(那么 (3) 和 (4) 中也跟着进行类似的交换,而 (2) 保持

660

不变),并称引理中给出的函数为 ρ_k.

令

$$\sigma(x,y) = \sum_{k=1}^{\infty} \frac{1}{2^k} \rho_k(x,y)$$

显然有 $0 \leqslant \sigma(x,y) \leqslant 1, \sigma(x,x) = 0$ 并且根据 (2),对所有的 x, $y \in E$ 有

$$\sigma(x,z) \leqslant \sigma(x,y) + \sigma(y,z)$$

我们证明对 $\varepsilon > 0$ 和 $p \in E$ 有

$$p \in \mathrm{int}^{(i)} V_i(p,\varepsilon) \quad (i = 1,2)$$

设 N 充分大,因而有 $\sum_{k=N}^{\infty} \frac{1}{2^k} < \frac{\varepsilon}{2}$,那么

$$V_i(p,\varepsilon) \supseteq \bigcap_{k=1}^{N} V_{\rho_k}^{(i)}\left(p, \frac{\varepsilon}{2}\right)$$

但是由 (3) 和 (4),上式的右边是一个包含 p 的 T_i 开集.

剩下的是证明,如果 $p \in \mathrm{int}^{(i)} U$,那么对某个 $\varepsilon > 0$,就有 $p \in V_i(p, \varepsilon) \subseteq U$. 由于 $p \in \mathrm{int}^{(i)} U$,因此存在一个 $G^{(i)}$,因而根据假设,在 T_i 的可数基中存在一个 $G'^{(i)}$,使得

$$p \in G'^{(i)}, \overline{G'^{(i)}}^{(3-i)} \subseteq G^{(i)} \subseteq U$$

所以对某个 k 有 $(G'^{(i)}, G^{(i)}) = (U_k^{(i)}, V_k^{(i)}) \in P$. 因此利用 $p \in G'^{(i)}$ 和 (5) 就得出

$$V_i\left(p, \frac{1}{2^k}\right) \subseteq V_{\rho_k}^{(i)}(p,1) \subseteq G^{(i)}$$

本书的书名译者本来译的是《高等数学竞赛:1962—1991 年米克罗斯·施韦策竞赛》,但经过我们讨论做了一点改动,变成了现在的书名. 人名的翻译问题说大可大说小可小,没有定论,只是一种感觉,类比于地名.

外国地名译为中文,有好看好听的,也有视听效果平平的,还有不大好看或好听的. 西雅图应该属于第一种. 本来,'Seattle' 只是当年此地一名印第安酋长的名字,质朴无华,不意转译成中文,顿时诗意盎然. 不为别的,就为"西雅图"这三个字,略加联想,眼前便出现一幅《西园雅集图》:翩翩文士,依依杨柳,闲情逸致,莫此为甚. 难怪西雅图曾被评为美国最富有人文艺术氛围、最适宜居住的城市,这结果一出来,国

人便多颔首称是:这么美的地名,诗意扑面而来,能不宜居吗(摘编自《海外读书记》,程章灿著.杭州:浙江古籍出版社,2022:176.)

本书的译者冯贝叶先生为翻译此书,花费了大量的心血,相信读者们会从大量的注释中看到他认真负责的态度.

杨绛先生认为翻译是件苦差事,并将之比拟为"一仆二主":"译者同时得伺候两个主子.一个洋主子是原文作品.原文的一句句、一字字都要求依顺,不容违拗,也不得敷衍了事.另一主子是译本的本国读者.他们要求看到原作的本来面貌,却又得依顺他们的语文习惯."(《孝顺的厨子——〈堂吉诃德〉台湾版译者前言》)(原载《中华读书报》,2021年12月15日)

本书之前曾出版过影印版,笔者写过一个编辑手记,有人喜读有人厌读,好比乱作序.

顾炎武《日知录》说:"凡书有所发明,序可也;无所发明,但纪成书之岁月可也.人之患在好为人序."与此相关的还有一句话,那就是柳宗元引用孟子的名言:"人之患在好为人师."好为人序,好为人师,字面相近,两者确实也有内在联系,显而易见的是,都有站在高处指点江山的意思,这不免让人腹诽心谤.

笔者有自知之明,非好人序亦非好为人师,而是好为人友.译者之于笔者亦师亦友.故写上几笔,略表敬意!

刘培杰
2024 年 8 月 30 日
于哈工大

高等数学竞赛:
1962—1991 年米克洛什·施外策竞赛

刘培杰数学工作室
已出版(即将出版)图书目录——高等数学

书　　名	出版时间	定　价	编号
距离几何分析导引	2015—02	68.00	446
大学几何学	2017—01	78.00	688
关于曲面的一般研究	2016—11	48.00	690
近世纯粹几何学初论	2017—01	58.00	711
拓扑学与几何学基础讲义	2017—04	58.00	756
物理学中的几何方法	2017—06	88.00	767
几何学简史	2017—08	28.00	833
微分几何学历史概要	2020—07	58.00	1194
解析几何学史	2022—03	58.00	1490
曲面的数学	2024—01	98.00	1699
复变函数引论	2013—10	68.00	269
伸缩变换与抛物旋转	2015—01	38.00	449
无穷分析引论(上)	2013—04	88.00	247
无穷分析引论(下)	2013—04	98.00	245
数学分析	2014—04	28.00	338
数学分析中的一个新方法及其应用	2013—01	38.00	231
数学分析例选:通过范例学技巧	2013—01	88.00	243
高等代数例选:通过范例学技巧	2015—06	88.00	475
基础数论例选:通过范例学技巧	2018—09	58.00	978
三角级数论(上册)(陈建功)	2013—01	38.00	232
三角级数论(下册)(陈建功)	2013—01	48.00	233
三角级数论(哈代)	2013—06	48.00	254
三角级数	2015—07	28.00	263
超越数	2011—03	18.00	109
三角和方法	2011—03	18.00	112
随机过程(Ⅰ)	2014—01	78.00	224
随机过程(Ⅱ)	2014—01	68.00	235
算术探索	2011—12	158.00	148
组合数学	2012—04	28.00	178
组合数学浅谈	2012—03	28.00	159
分析组合学	2021—09	88.00	1389
丢番图方程引论	2012—03	48.00	172
拉普拉斯变换及其应用	2015—02	38.00	447
高等代数.上	2016—01	38.00	548
高等代数.下	2016—01	38.00	549
高等代数教程	2016—01	58.00	579
高等代数引论	2020—07	48.00	1174
数学解析教程.上卷.1	2016—01	58.00	546
数学解析教程.上卷.2	2016—01	38.00	553
数学解析教程.下卷.1	2017—04	48.00	781
数学解析教程.下卷.2	2017—06	48.00	782
数学分析.第1册	2021—03	48.00	1281
数学分析.第2册	2021—03	48.00	1282
数学分析.第3册	2021—03	28.00	1283
数学分析精选习题全解.上册	2021—03	38.00	1284
数学分析精选习题全解.下册	2021—03	38.00	1285
数学分析专题研究	2021—11	68.00	1574
实分析中的问题与解答	2024—06	98.00	1737
函数构造论.上	2016—01	38.00	554
函数构造论.中	2017—06	48.00	555
函数构造论.下	2016—09	48.00	680
函数逼近论(上)	2019—02	98.00	1014
概周期函数	2016—01	48.00	572
变叙的项的极限分布律	2016—01	18.00	573
整函数	2012—08	18.00	161
近代拓扑学研究	2013—04	38.00	239
多项式和无理数	2008—01	68.00	22
密码学与数论基础	2021—01	28.00	1254

— 1 —

刘培杰数学工作室
已出版(即将出版)图书目录——高等数学

书　　名	出版时间	定价	编号
模糊数据统计学	2008—03	48.00	31
模糊分析学与特殊泛函空间	2013—01	68.00	241
常微分方程	2016—01	58.00	586
平稳随机函数导论	2016—03	48.00	587
量子力学原理.上	2016—01	38.00	588
图与矩阵	2014—08	40.00	644
钢丝绳原理:第二版	2017—01	78.00	745
代数拓扑和微分拓扑简史	2017—06	68.00	791
半序空间泛函分析.上	2018—06	48.00	924
半序空间泛函分析.下	2018—06	68.00	925
概率分布的部分识别	2018—07	68.00	929
Cartan 型单模李超代数的上同调及极大子代数	2018—07	38.00	932
纯数学与应用数学若干问题研究	2019—03	98.00	1017
数理金融学与数理经济学若干问题研究	2020—07	98.00	1180
清华大学"工农兵学员"微积分课本	2020—09	48.00	1228
力学若干基本问题的发展概论	2023—04	58.00	1262
Banach 空间中前后分离算法及其收敛率	2023—06	98.00	1670
基于广义加法的数学体系	2024—03	168.00	1710
向量微积分、线性代数和微分形式:统一方法:第 5 版	2024—03	78.00	1707
向量微积分、线性代数和微分形式:统一方法:第 5 版:习题解答	2024—03	48.00	1708
受控理论与解析不等式	2012—05	78.00	165
不等式的分拆降维降幂方法与可读证明(第 2 版)	2020—07	78.00	1184
石焕南文集:受控理论与不等式研究	2020—09	198.00	1198
实变函数论	2012—06	78.00	181
复变函数论	2015—08	38.00	504
非光滑优化及其变分分析(第 2 版)	2024—05	68.00	230
疏散的马尔科夫链	2014—01	58.00	266
马尔科夫过程论基础	2015—01	28.00	433
初等微分拓扑学	2012—07	18.00	182
方程式论	2011—03	38.00	105
Galois 理论	2011—03	18.00	107
古典数学难题与伽罗瓦理论	2012—11	58.00	223
伽罗华与群论	2014—01	28.00	290
代数方程的根式解及伽罗瓦理论	2011—03	28.00	108
代数方程的根式解及伽罗瓦理论(第二版)	2015—01	28.00	423
线性偏微分方程讲义	2011—03	18.00	110
几类微分方程数值方法的研究	2015—05	38.00	485
分数阶微分方程理论与应用	2020—05	95.00	1182
N 体问题的周期解	2011—03	28.00	111
代数方程式论	2011—05	18.00	121
线性代数与几何:英文	2016—06	58.00	578
动力系统的不变量与函数方程	2011—07	48.00	137
基于短语评价的翻译知识获取	2012—02	48.00	168
应用随机过程	2012—04	48.00	187
概率论导引	2012—04	18.00	179
矩阵论(上)	2013—06	58.00	250
矩阵论(下)	2013—06	48.00	251
对称锥互补问题的内点法:理论分析与算法实现	2014—08	68.00	368
抽象代数:方法导引	2013—06	38.00	257
集论	2016—01	48.00	576
多项式理论研究综述	2016—01	38.00	577
函数论	2014—11	78.00	395
反问题的计算方法及应用	2011—11	28.00	147
数阵及其应用	2012—02	28.00	164
绝对值方程—折边与组合图形的解析研究	2012—07	48.00	186
代数函数论(上)	2015—07	38.00	494
代数函数论(下)	2015—07	38.00	495

刘培杰数学工作室
已出版(即将出版)图书目录——高等数学

书　名	出版时间	定　价	编号
偏微分方程论:法文	2015－10	48.00	533
时标动力学方程的指数型二分性与周期解	2016－04	48.00	606
重刚体绕不动点运动方程的积分法	2016－05	68.00	608
水轮机水力稳定性	2016－05	48.00	620
Lévy 噪音驱动的传染病模型的动力学行为	2016－05	48.00	667
时滞系统:Lyapunov 泛函和矩阵	2017－05	68.00	784
粒子图像测速仪实用指南:第二版	2017－08	78.00	790
数域的上同调	2017－08	98.00	799
图的正交因子分解(英文)	2018－01	38.00	881
图的度因子和分支因子:英文	2019－09	88.00	1108
点云模型的优化配准方法研究	2018－07	58.00	927
锥形波入射粗糙表面反散射问题理论与算法	2018－03	68.00	936
广义逆的理论与计算	2018－07	58.00	973
不定方程及其应用	2018－12	58.00	998
几类椭圆型偏微分方程高效数值算法研究	2018－08	48.00	1025
现代密码算法概论	2019－05	98.00	1061
模形式的 p 一进性质	2019－06	78.00	1088
混沌动力学:分形、平铺、代换	2019－09	48.00	1109
微分方程,动力系统与混沌引论:第3版	2020－05	65.00	1144
分数阶微分方程理论与应用	2020－05	95.00	1187
应用非线性动力系统与混沌导论:第2版	2021－05	58.00	1368
非线性振动,动力系统与向量场的分支	2021－06	55.00	1369
遍历理论引论	2021－11	46.00	1441
动力系统与混沌	2022－05	48.00	1485
Galois 上同调	2020－04	138.00	1131
毕达哥拉斯定理:英文	2020－03	38.00	1133
模糊可拓多属性决策理论与方法	2021－06	98.00	1357
统计方法和科学推断	2021－10	48.00	1428
有关几类种群生态学模型的研究	2022－04	98.00	1486
加性数论:典型基	2022－05	48.00	1491
加性数论:反问题与和集的几何	2023－08	58.00	1672
乘性数论:第三版	2022－07	38.00	1528
交替方向乘子法及其应用	2022－08	98.00	1553
结构元理论及模糊决策应用	2022－09	98.00	1573
随机微分方程和应用:第二版	2022－12	48.00	1580
吴振奎高等数学解题真经(概率统计卷)	2012－01	38.00	149
吴振奎高等数学解题真经(微积分卷)	2012－01	68.00	150
吴振奎高等数学解题真经(线性代数卷)	2012－01	58.00	151
高等数学解题全攻略(上卷)	2013－06	58.00	252
高等数学解题全攻略(下卷)	2013－06	58.00	253
高等数学复习纲要	2014－01	18.00	384
数学分析历年考研真题解析.第一卷	2021－04	38.00	1288
数学分析历年考研真题解析.第二卷	2021－04	38.00	1289
数学分析历年考研真题解析.第三卷	2021－04	38.00	1290
数学分析历年考研真题解析.第四卷	2022－09	68.00	1560
硕士研究生入学考试数学试题及解答.第1卷	2024－01	58.00	1703
硕士研究生入学考试数学试题及解答.第2卷	2024－04	68.00	1704
硕士研究生入学考试数学试题及解答.第3卷	即将出版		1705
超越吉米多维奇.数列的极限	2009－11	48.00	58
超越普里瓦洛夫.留数卷	2015－01	48.00	437
超越普里瓦洛夫.无穷乘积与它对解析函数的应用卷	2015－05	28.00	477
超越普里瓦洛夫.积分卷	2015－06	18.00	481
超越普里瓦洛夫.基础知识卷	2015－06	28.00	482
超越普里瓦洛夫.数项级数卷	2015－07	38.00	489
超越普里瓦洛夫.微分、解析函数、导数卷	2018－01	48.00	852
统计学专业英语(第三版)	2015－04	68.00	465
代换分析:英文	2015－07	38.00	499

— 3 —

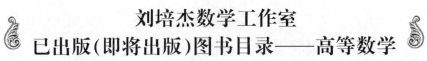

书　名	出版时间	定　价	编号
历届美国大学生数学竞赛试题集.第一卷(1938—1949)	2015—01	28.00	397
历届美国大学生数学竞赛试题集.第二卷(1950—1959)	2015—01	28.00	398
历届美国大学生数学竞赛试题集.第三卷(1960—1969)	2015—01	28.00	399
历届美国大学生数学竞赛试题集.第四卷(1970—1979)	2015—01	18.00	400
历届美国大学生数学竞赛试题集.第五卷(1980—1989)	2015—01	28.00	401
历届美国大学生数学竞赛试题集.第六卷(1990—1999)	2015—01	28.00	402
历届美国大学生数学竞赛试题集.第七卷(2000—2009)	2015—08	18.00	403
历届美国大学生数学竞赛试题集.第八卷(2010—2012)	2015—01	18.00	404
超越普特南试题:大学数学竞赛中的方法与技巧	2017—04	98.00	758
历届国际大学生数学竞赛试题集(1994—2020)	2021—01	58.00	1252
历届美国大学生数学竞赛试题集(全3册)	2023—10	168.00	1693
全国大学生数学夏令营数学竞赛试题及解答	2007—03	28.00	15
全国大学生数学竞赛辅导教程	2012—07	28.00	189
全国大学生数学竞赛复习全书(第2版)	2017—05	58.00	787
历届美国大学生数学竞赛试题集	2009—03	88.00	43
前苏联大学生数学奥林匹克竞赛题解(上编)	2012—04	28.00	169
前苏联大学生数学奥林匹克竞赛题解(下编)	2012—04	38.00	170
大学生数学竞赛讲义	2014—09	28.00	371
大学生数学竞赛教程——高等数学(基础篇、提高篇)	2018—09	128.00	968
普林斯顿大学数学竞赛	2016—06	38.00	669
高等数学竞赛:1962—1991年米克洛什·施外策竞赛	2024—09	128.00	1743
考研高等数学高分之路	2020—10	45.00	1203
考研高等数学基础必刷	2021—01	45.00	1251
考研概率论与数理统计	2022—06	58.00	1522
越过211,刷到985:考研数学二	2019—10	68.00	1115
初等数论难题集(第一卷)	2009—05	68.00	44
初等数论难题集(第二卷)(上、下)	2011—02	128.00	82,83
数论概貌	2011—03	18.00	93
代数数论(第二版)	2013—08	58.00	94
代数多项式	2014—06	38.00	289
初等数论的知识与问题	2011—02	28.00	95
超越数论基础	2011—03	28.00	96
数论初等教程	2011—03	28.00	97
数论基础	2011—03	18.00	98
数论基础与维诺格拉多夫	2014—03	18.00	292
解析数论基础	2012—08	28.00	216
解析数论基础(第二版)	2014—01	48.00	287
解析数论问题集(第二版)(原版引进)	2014—05	88.00	343
解析数论问题集(第二版)(中译本)	2016—04	88.00	607
解析数论基础(潘承洞,潘承彪著)	2016—07	98.00	673
解析数论导引	2016—07	58.00	674
数论入门	2011—03	38.00	99
代数数论入门	2015—03	38.00	448
数论开篇	2012—07	28.00	194
解析数论引论	2011—03	48.00	100
Barban Davenport Halberstam 均值和	2009—01	40.00	33
基础数论	2011—03	28.00	101
初等数论100例	2011—05	18.00	122
初等数论经典例题	2012—07	18.00	204
最新世界各国数学奥林匹克中的初等数论试题(上、下)	2012—01	138.00	144,145
初等数论(Ⅰ)	2012—01	18.00	156
初等数论(Ⅱ)	2012—01	18.00	157
初等数论(Ⅲ)	2012—01	28.00	158

刘培杰数学工作室
已出版(即将出版)图书目录——高等数学

书　名	出版时间	定价	编号
Gauss,Euler,Lagrange 和 Legendre 的遗产:把整数表示成平方和	2022－06	78.00	1540
平面几何与数论中未解决的新老问题	2013－01	68.00	229
代数数论简史	2014－11	28.00	408
代数数论	2015－09	88.00	532
代数、数论及分析习题集	2016－11	98.00	695
数论导引提要及习题解答	2016－01	48.00	559
素数定理的初等证明.第 2 版	2016－09	48.00	686
数论中的模函数与狄利克雷级数(第二版)	2017－11	78.00	837
数论:数学导引	2018－01	68.00	849
域论	2018－04	68.00	884
代数数论(冯克勤　编著)	2018－04	68.00	885
范氏大代数	2019－02	98.00	1016
高等算术:数论导引:第八版	2023－04	78.00	1689
新编 640 个世界著名数学智力趣题	2014－01	88.00	242
500 个最新世界著名数学智力趣题	2008－06	48.00	3
400 个最新世界著名数学最值问题	2008－09	48.00	36
500 个世界著名数学征解问题	2009－06	48.00	52
400 个中国最佳初等数学征解老问题	2010－01	48.00	60
500 个俄罗斯数学经典老题	2011－01	28.00	81
1000 个国外中学物理好题	2012－04	48.00	174
300 个日本高考数学题	2012－05	38.00	142
700 个早期日本高考数学试题	2017－02	88.00	752
500 个前苏联早期高考数学试题及解答	2012－05	28.00	185
546 个早期俄罗斯大学生数学竞赛题	2014－03	38.00	285
548 个来自美苏的数学好问题	2014－11	28.00	396
20 所苏联著名大学早期入学试题	2015－02	18.00	452
161 道德国工科大学生必做的微分方程习题	2015－05	28.00	469
500 个德国工科大学生必做的高数习题	2015－06	28.00	478
360 个数学竞赛问题	2016－08	58.00	677
德国讲义日本考题.微积分卷	2015－04	48.00	456
德国讲义日本考题.微分方程卷	2015－04	38.00	457
二十世纪中叶中、英、美、日、法、俄高考数学试题精选	2017－06	38.00	783
博弈论精粹	2008－03	58.00	30
博弈论精粹.第二版(精装)	2015－01	88.00	461
数学 我爱你	2008－01	28.00	20
精神的圣徒　别样的人生——60 位中国数学家成长的历程	2008－09	48.00	39
数学史概论	2009－06	78.00	50
数学史概论(精装)	2013－03	158.00	272
数学史选讲	2016－01	48.00	544
斐波那契数列	2010－02	28.00	65
数学拼盘和斐波那契魔方	2010－07	38.00	72
斐波那契数列欣赏	2011－01	28.00	160
数学的创造	2011－02	48.00	85
数学美与创造力	2016－01	48.00	595
数海拾贝	2016－01	48.00	590
数学中的美	2011－02	38.00	84
数论中的美学	2014－12	38.00	351
数学王者　科学巨人——高斯	2015－01	28.00	428
振兴祖国数学的圆梦之旅:中国初等数学研究史话	2015－06	98.00	490
二十世纪中国数学史料研究	2015－10	48.00	536
数字谜、数阵图与棋盘覆盖	2016－01	58.00	298
时间的形状	2016－01	38.00	556
数学发现的艺术:数学探索中的合情推理	2016－07	58.00	671
活跃在数学中的参数	2016－07	48.00	675

刘培杰数学工作室
已出版（即将出版）图书目录——高等数学

书　名	出版时间	定　价	编号
格点和面积	2012—07	18.00	191
射影几何趣谈	2012—04	28.00	175
斯潘纳尔引理——从一道加拿大数学奥林匹克试题谈起	2014—01	28.00	228
李普希兹条件——从几道近年高考数学试题谈起	2012—10	18.00	221
拉格朗日中值定理——从一道北京高考试题的解法谈起	2015—10	18.00	197
闵科夫斯基定理——从一道清华大学自主招生试题谈起	2014—01	28.00	198
哈尔测度——从一道冬令营试题的背景谈起	2012—08	28.00	202
切比雪夫逼近问题——从一道中国台北数学奥林匹克试题谈起	2013—04	38.00	238
伯恩斯坦多项式与贝齐尔曲面——从一道全国高中数学联赛试题谈起	2013—03	38.00	236
卡塔兰猜想——从一道普特南竞赛试题谈起	2013—06	18.00	256
麦卡锡函数和阿克曼函数——从一道前南斯拉夫数学奥林匹克试题谈起	2012—08	18.00	201
贝蒂定理与拉姆贝克莫斯尔定理——从一个拣石子游戏谈起	2012—08	18.00	217
皮亚诺曲线和豪斯道夫分球定理——从无限集谈起	2012—08	18.00	211
平面凸图形与凸多面体	2012—10	28.00	218
斯坦因豪斯问题——从一道二十五省市自治区中学数学竞赛试题谈起	2012—07	18.00	196
纽结理论中的亚历山大多项式与琼斯多项式——从一道北京市高一数学竞赛试题谈起	2012—07	28.00	195
原则与策略——从波利亚"解题表"谈起	2013—04	38.00	244
转化与化归——从三大尺规作图不能问题谈起	2012—08	28.00	214
代数几何中的贝祖定理（第一版）——从一道IMO试题的解法谈起	2013—08	18.00	193
成功连贯理论与约当块理论——从一道比利时数学竞赛试题谈起	2012—04	18.00	180
素数判定与大数分解	2014—08	18.00	199
置换多项式及其应用	2012—10	18.00	220
椭圆函数与模函数——从一道美国加州大学洛杉矶分校（UCLA）博士资格考题谈起	2012—10	28.00	219
差分方程的拉格朗日方法——从一道2011年全国高考理科试题的解法谈起	2012—08	28.00	200
力学在几何中的一些应用	2013—01	38.00	240
高斯散度定理、斯托克斯定理和平面格林定理——从一道国际大学生数学竞赛试题谈起	即将出版		
康托洛维奇不等式——从一道全国高中联赛试题谈起	2013—03	28.00	337
西格尔引理——从一道第18届IMO试题的解法谈起	即将出版		
罗斯定理——从一道前苏联数学竞赛试题谈起	即将出版		
拉克斯定理和阿廷定理——从一道IMO试题的解法谈起	2014—01	58.00	246
毕卡大定理——从一道美国大学数学竞赛试题谈起	2014—07	18.00	350
贝齐尔曲线——从一道全国高中联赛试题谈起	即将出版		
拉格朗日乘子定理——从一道2005年全国高中联赛试题的高等数学解法谈起	2015—05	28.00	480
雅可比定理——从一道日本数学奥林匹克试题谈起	2013—04	48.00	249
李天岩—约克定理——从一道波兰数学竞赛试题谈起	2014—06	28.00	349
受控理论与初等不等式：从一道IMO试题的解法谈起	2023—03	48.00	1601

刘培杰数学工作室
已出版(即将出版)图书目录——高等数学

书　名	出版时间	定　价	编号
布劳维不动点定理——从一道前苏联数学奥林匹克试题谈起	2014－01	38.00	273
伯恩赛德定理——从一道英国数学奥林匹克试题谈起	即将出版		
布查特－莫斯特定理——从一道上海市初中竞赛试题谈起	即将出版		
数论中的同余数问题——从一道普特南竞赛试题谈起	即将出版		
范·德蒙行列式——从一道美国数学奥林匹克试题谈起	即将出版		
中国剩余定理:总数法构建中国历史年表	2015－01	28.00	430
牛顿程序与方程求根——从一道全国高考试题解法谈起	即将出版		
库默尔定理——从一道IMO预选试题谈起	即将出版		
卢丁定理——从一道冬令营试题的解法谈起	即将出版		
沃斯滕霍姆定理——从一道IMO预选试题谈起	即将出版		
卡尔松不等式——从一道莫斯科数学奥林匹克试题谈起	即将出版		
信息论中的香农熵——从一道近年高考压轴题谈起	即将出版		
约当不等式——从一道希望杯竞赛试题谈起	即将出版		
拉比诺维奇定理	即将出版		
刘维尔定理——从一道《美国数学月刊》征解问题的解法谈起	即将出版		
卡塔兰恒等式与级数求和——从一道IMO试题的解法谈起	即将出版		
勒让德猜想与素数分布——从一道爱尔兰竞赛试题谈起	即将出版		
天平称重与信息论——从一道基辅市数学奥林匹克试题谈起	即将出版		
哈密尔顿－凯莱定理:从一道高中数学联赛试题的解法谈起	2014－09	18.00	376
艾思特曼定理——从一道CMO试题的解法谈起	即将出版		
一个爱尔特希问题——从一道西德数学奥林匹克试题谈起	即将出版		
有限群中的爱丁格尔问题——从一道北京市初中二年级数学竞赛试题谈起	即将出版		
糖水中的不等式——从初等数学到高等数学	2019－07	48.00	1093
帕斯卡三角形	2014－03	18.00	294
蒲丰投针问题——从2009年清华大学的一道自主招生试题谈起	2014－01	38.00	295
斯图姆定理——从一道"华约"自主招生试题的解法谈起	2014－01	18.00	296
许瓦兹引理——从一道加利福尼亚大学伯克利分校数学系博士生试题谈起	2014－08	18.00	297
拉姆塞定理——从王诗宬院士的一个问题谈起	2016－04	48.00	299
坐标法	2013－12	28.00	332
数论三角形	2014－04	38.00	341
毕克定理	2014－07	18.00	352
数林掠影	2014－09	48.00	389
我们周围的概率	2014－10	38.00	390
凸函数最值定理:从一道华约自主招生题的解法谈起	2014－10	28.00	391
易学与数学奥林匹克	2014－10	38.00	392
生物数学趣谈	2015－01	18.00	409
反演	2015－01	28.00	420
因式分解与圆锥曲线	2015－01	18.00	426
轨迹	2015－01	28.00	427
面积原理:从常庚哲命的一道CMO试题的积分解法谈起	2015－01	48.00	431
形形色色的不动点定理:从一道28届IMO试题谈起	2015－01	38.00	439
柯西函数方程:从一道上海交大自主招生的试题谈起	2015－02	28.00	440

书　名	出版时间	定　价	编号
三角恒等式	2015—02	28.00	442
无理性判定:从一道 2014 年"北约"自主招生试题谈起	2015—01	38.00	443
数学归纳法	2015—03	18.00	451
极端原理与解题	2015—04	28.00	464
法雷级数	2014—08	18.00	367
摆线族	2015—01	38.00	438
函数方程及其解法	2015—05	38.00	470
含参数的方程和不等式	2012—09	28.00	213
希尔伯特第十问题	2016—01	38.00	543
无穷小量的求和	2016—01	28.00	545
切比雪夫多项式:从一道清华大学金秋营试题谈起	2016—01	38.00	583
泽肯多夫定理	2016—03	38.00	599
代数等式证题法	2016—01	28.00	600
三角等式证题法	2016—01	28.00	601
吴大任教授藏书中的一个因式分解公式:从一道美国数学邀请赛试题的解法谈起	2016—06	28.00	656
易卦——类万物的数学模型	2017—08	68.00	838
"不可思议"的数与数系可持续发展	2018—01	38.00	878
最短线	2018—01	38.00	879
从毕达哥拉斯到怀尔斯	2007—10	48.00	9
从迪利克雷到维斯卡尔迪	2008—01	48.00	21
从哥德巴赫到陈景润	2008—05	98.00	35
从庞加莱到佩雷尔曼	2011—08	138.00	136
从费马到怀尔斯——费马大定理的历史	2013—10	198.00	I
从庞加莱到佩雷尔曼——庞加莱猜想的历史	2013—10	298.00	II
从切比雪夫到爱尔特希(上)——素数定理的初等证明	2013—07	48.00	III
从切比雪夫到爱尔特希(下)——素数定理 100 年	2012—12	98.00	III
从高斯到盖尔方特——二次域的高斯猜想	2013—10	198.00	IV
从库默尔到朗兰兹——朗兰兹猜想的历史	2014—01	98.00	V
从比勒巴赫到德布朗斯——比勃巴赫猜想的历史	2014—02	298.00	VI
从麦比乌斯到陈省身——麦比乌斯变换与麦比乌斯带	2014—02	298.00	VII
从布尔到豪斯道夫——布尔方程与格论漫谈	2013—10	198.00	VIII
从开普勒到阿诺德——三体问题的历史	2014—05	298.00	IX
从华林到华罗庚——华林问题的历史	2013—10	298.00	X
数学物理大百科全书.第 1 卷	2016—01	418.00	508
数学物理大百科全书.第 2 卷	2016—01	408.00	509
数学物理大百科全书.第 3 卷	2016—01	396.00	510
数学物理大百科全书.第 4 卷	2016—01	408.00	511
数学物理大百科全书.第 5 卷	2016—01	368.00	512
朱德祥代数与几何讲义.第 1 卷	2017—01	38.00	697
朱德祥代数与几何讲义.第 2 卷	2017—01	28.00	698
朱德祥代数与几何讲义.第 3 卷	2017—01	28.00	699

刘培杰数学工作室
已出版(即将出版)图书目录——高等数学

书　　名	出版时间	定　价	编号
闵嗣鹤文集	2011—03	98.00	102
吴从炘数学活动三十年(1951~1980)	2010—07	99.00	32
吴从炘数学活动又三十年(1981~2010)	2015—07	98.00	491
斯米尔诺夫高等数学.第一卷	2018—03	88.00	770
斯米尔诺夫高等数学.第二卷.第一分册	2018—03	68.00	771
斯米尔诺夫高等数学.第二卷.第二分册	2018—03	68.00	772
斯米尔诺夫高等数学.第二卷.第三分册	2018—03	48.00	773
斯米尔诺夫高等数学.第三卷.第一分册	2018—03	58.00	774
斯米尔诺夫高等数学.第三卷.第二分册	2018—03	58.00	775
斯米尔诺夫高等数学.第三卷.第三分册	2018—03	68.00	776
斯米尔诺夫高等数学.第四卷.第一分册	2018—03	48.00	777
斯米尔诺夫高等数学.第四卷.第二分册	2018—03	88.00	778
斯米尔诺夫高等数学.第五卷.第一分册	2018—03	58.00	779
斯米尔诺夫高等数学.第五卷.第二分册	2018—03	68.00	780
zeta 函数,q-zeta 函数,相伴级数与积分(英文)	2015—08	88.00	513
微分形式:理论与练习(英文)	2015—08	58.00	514
离散与微分包含的逼近和优化(英文)	2015—08	58.00	515
艾伦·图灵:他的工作与影响(英文)	2016—01	98.00	560
测度理论概率导论,第 2 版(英文)	2016—01	88.00	561
带有潜在故障恢复系统的半马尔柯夫模型控制(英文)	2016—01	98.00	562
数学分析原理(英文)	2016—01	88.00	563
随机偏微分方程的有效动力学(英文)	2016—01	88.00	564
图的谱半径(英文)	2016—01	58.00	565
量子机器学习中数据挖掘的量子计算方法(英文)	2016—01	98.00	566
量子物理的非常规方法(英文)	2016—01	118.00	567
运输过程的统一非局部理论:广义波尔兹曼物理动力学,第 2 版(英文)	2016—01	198.00	568
量子力学与经典力学之间的联系在原子、分子及电动力学系统建模中的应用(英文)	2016—01	58.00	569
算术域(英文)	2018—01	158.00	821
高等数学竞赛:1962—1991 年的米洛克斯·史怀哲竞赛(英文)	2018—01	128.00	822
用数学奥林匹克精神解决数论问题(英文)	2018—01	108.00	823
代数几何(德文)	2018—04	68.00	824
丢番图逼近论(英文)	2018—01	78.00	825
代数几何学基础教程(英文)	2018—01	98.00	826
解析数论入门课程(英文)	2018—01	78.00	827
数论中的丢番图问题(英文)	2018—01	78.00	829
数论(梦幻之旅):第五届中日数论研讨会演讲集(英文)	2018—01	68.00	830
数论新应用(英文)	2018—01	68.00	831
数论(英文)	2018—01	78.00	832
测度与积分(英文)	2019—04	68.00	1059
卡塔兰数入门(英文)	2019—05	68.00	1060
多变量数学入门(英文)	2021—05	68.00	1317
偏微分方程入门(英文)	2021—05	88.00	1318
若尔当典范性:理论与实践(英文)	2021—07	68.00	1366
R 统计学概论(英文)	2023—03	88.00	1614
基于不确定静态和动态问题解的仿射算术(英文)	2023—03	38.00	1618

刘培杰数学工作室
已出版(即将出版)图书目录——高等数学

书　　名	出版时间	定　价	编号
湍流十讲(英文)	2018—04	108.00	886
无穷维李代数:第3版(英文)	2018—04	98.00	887
等值、不变量和对称性(英文)	2018—04	78.00	888
解析数论(英文)	2018—09	78.00	889
《数学原理》的演化:伯特兰·罗素撰写第二版时的手稿与笔记(英文)	2018—04	108.00	890
哈密尔顿数学论文集(第4卷):几何学、分析学、天文学、概率和有限差分等(英文)	2019—05	108.00	891
数学王子——高斯	2018—01	48.00	858
坎坷奇星——阿贝尔	2018—01	48.00	859
闪烁奇星——伽罗瓦	2018—01	58.00	860
无穷统帅——康托尔	2018—01	48.00	861
科学公主——柯瓦列夫斯卡娅	2018—01	48.00	862
抽象代数之母——埃米·诺特	2018—01	48.00	863
电脑先驱——图灵	2018—01	58.00	864
昔日神童——维纳	2018—01	48.00	865
数坛怪侠——爱尔特希	2018—01	68.00	866
当代世界中的数学.数学思想与数学基础	2019—01	38.00	892
当代世界中的数学.数学问题	2019—01	38.00	893
当代世界中的数学.应用数学与数学应用	2019—01	38.00	894
当代世界中的数学.数学王国的新疆域(一)	2019—01	38.00	895
当代世界中的数学.数学王国的新疆域(二)	2019—01	38.00	896
当代世界中的数学.数林撷英(一)	2019—01	38.00	897
当代世界中的数学.数林撷英(二)	2019—01	48.00	898
当代世界中的数学.数学之路	2019—01	38.00	899
偏微分方程全局吸引子的特性(英文)	2018—09	108.00	979
整函数与下调和函数(英文)	2018—09	118.00	980
幂等分析(英文)	2018—09	118.00	981
李群,离散子群与不变量理论(英文)	2018—09	108.00	982
动力系统与统计力学(英文)	2018—09	118.00	983
表示论与动力系统(英文)	2018—09	118.00	984
分析学练习.第1部分(英文)	2021—01	88.00	1247
分析学练习.第2部分.非线性分析(英文)	2021—01	88.00	1248
初级统计学:循序渐进的方法:第10版(英文)	2019—05	68.00	1067
工程师与科学家微分方程用书:第4版(英文)	2019—07	58.00	1068
大学代数与三角学(英文)	2019—06	78.00	1069
培养数学能力的途径(英文)	2019—07	38.00	1070
工程师与科学家统计学:第4版(英文)	2019—06	58.00	1071
贸易与经济中的应用统计学:第6版(英文)	2019—06	58.00	1072
傅立叶级数和边值问题:第8版(英文)	2019—05	48.00	1073
通往天文学的途径:第5版(英文)	2019—05	58.00	1074

刘培杰数学工作室
已出版(即将出版)图书目录——高等数学

书　名	出版时间	定　价	编号
拉马努金笔记.第1卷(英文)	2019—06	165.00	1078
拉马努金笔记.第2卷(英文)	2019—06	165.00	1079
拉马努金笔记.第3卷(英文)	2019—06	165.00	1080
拉马努金笔记.第4卷(英文)	2019—06	165.00	1081
拉马努金笔记.第5卷(英文)	2019—06	165.00	1082
拉马努金遗失笔记.第1卷(英文)	2019—06	109.00	1083
拉马努金遗失笔记.第2卷(英文)	2019—06	109.00	1084
拉马努金遗失笔记.第3卷(英文)	2019—06	109.00	1085
拉马努金遗失笔记.第4卷(英文)	2019—06	109.00	1086
数论:1976年纽约洛克菲勒大学数论会议记录(英文)	2020—06	68.00	1145
数论:卡本代尔1979:1979年在南伊利诺伊卡本代尔大学举行的数论会议记录(英文)	2020—06	78.00	1146
数论:诺德韦克豪特1983:1983年在诺德韦克豪特举行的Journees Arithmetiques数论大会会议记录(英文)	2020—06	68.00	1147
数论:1985—1988年在纽约城市大学研究生院和大学中心举办的研讨会(英文)	2020—06	68.00	1148
数论:1987年在乌尔姆举行的Journees Arithmetiques数论大会会议记录(英文)	2020—06	68.00	1149
数论:马德拉斯1987:1987年在马德拉斯安娜大学举行的国际拉马努金百年纪念大会会议记录(英文)	2020—06	68.00	1150
解析数论:1988年在东京举行的日法研讨会会议记录(英文)	2020—06	68.00	1151
解析数论:2002年在意大利切特拉罗举行的C.I.M.E.暑期班演讲集(英文)	2020—06	68.00	1152
量子世界中的蝴蝶:最迷人的量子分形故事(英文)	2020—06	118.00	1157
走进量子力学(英文)	2020—06	118.00	1158
计算物理学概论(英文)	2020—06	48.00	1159
物质,空间和时间的理论:量子理论(英文)	即将出版		1160
物质,空间和时间的理论:经典理论(英文)	即将出版		1161
量子场理论:解释世界的神秘背景(英文)	2020—07	38.00	1162
计算物理学概论(英文)	即将出版		1163
行星状星云(英文)	即将出版		1164
基本宇宙学:从亚里士多德的宇宙到大爆炸(英文)	2020—08	58.00	1165
数学磁流体力学(英文)	2020—07	58.00	1166
计算科学:第1卷,计算的科学(日文)	2020—07	88.00	1167
计算科学:第2卷,计算与宇宙(日文)	2020—07	88.00	1168
计算科学:第3卷,计算与物质(日文)	2020—07	88.00	1169
计算科学:第4卷,计算与生命(日文)	2020—07	88.00	1170
计算科学:第5卷,计算与地球环境(日文)	2020—07	88.00	1171
计算科学:第6卷,计算与社会(日文)	2020—07	88.00	1172
计算科学.别卷,超级计算机(日文)	2020—07	88.00	1173
多复变函数论(日文)	2022—06	78.00	1518
复变函数入门(日文)	2022—06	78.00	1523

刘培杰数学工作室
已出版(即将出版)图书目录——高等数学

书 名	出版时间	定 价	编号
代数与数论:综合方法(英文)	2020—10	78.00	1185
复分析:现代函数理论第一课(英文)	2020—07	58.00	1186
斐波那契数列和卡特兰数:导论(英文)	2020—10	68.00	1187
组合推理:计数艺术介绍(英文)	2020—07	88.00	1188
二次互反律的傅里叶分析证明(英文)	2020—07	48.00	1189
旋瓦兹分布的希尔伯特变换与应用(英文)	2020—07	58.00	1190
泛函分析:巴拿赫空间理论入门(英文)	2020—07	48.00	1191
典型群,错排与素数(英文)	2020—11	58.00	1204
李代数的表示:通过gln进行介绍(英文)	2020—10	38.00	1205
实分析演讲集(英文)	2020—10	38.00	1206
现代分析及其应用的课程(英文)	2020—10	58.00	1207
运动中的抛射物数学(英文)	2020—10	38.00	1208
2—扭结与它们的群(英文)	2020—10	38.00	1209
概率,策略和选择:博弈与选举中的数学(英文)	2020—11	58.00	1210
分析学引论(英文)	2020—11	58.00	1211
量子群:通往流代数的路径(英文)	2020—11	38.00	1212
集合论入门(英文)	2020—10	48.00	1213
酉反射群(英文)	2020—11	58.00	1214
探索数学:吸引人的证明方式(英文)	2020—11	58.00	1215
微分拓扑短期课程(英文)	2020—10	48.00	1216
抽象凸分析(英文)	2020—11	68.00	1222
费马大定理笔记(英文)	2021—03	48.00	1223
高斯与雅可比和(英文)	2021—03	78.00	1224
π与算术几何平均:关于解析数论和计算复杂性的研究(英文)	2021—01	58.00	1225
复分析入门(英文)	2021—03	48.00	1226
爱德华·卢卡斯与素性测定(英文)	2021—03	78.00	1227
通往凸分析及其应用的简单路径(英文)	2021—01	68.00	1229
微分几何的各个方面.第一卷(英文)	2021—01	58.00	1230
微分几何的各个方面.第二卷(英文)	2020—12	58.00	1231
微分几何的各个方面.第三卷(英文)	2020—12	58.00	1232
沃克流形几何学(英文)	2020—11	58.00	1233
仿射和韦尔几何应用(英文)	2020—12	58.00	1234
双曲几何学的旋转向量空间方法(英文)	2021—02	58.00	1235
积分:分析学的关键(英文)	2020—12	48.00	1236
为有天分的新生准备的分析学基础教材(英文)	2020—11	48.00	1237

刘培杰数学工作室
已出版(即将出版)图书目录——高等数学

书　名	出版时间	定　价	编号
数学不等式.第一卷.对称多项式不等式(英文)	2021—03	108.00	1273
数学不等式.第二卷.对称有理不等式与对称无理不等式(英文)	2021—03	108.00	1274
数学不等式.第三卷.循环不等式与非循环不等式(英文)	2021—03	108.00	1275
数学不等式.第四卷.Jensen不等式的扩展与加细(英文)	2021—03	108.00	1276
数学不等式.第五卷.创建不等式与解不等式的其他方法(英文)	2021—04	108.00	1277
冯·诺依曼代数中的谱位移函数:半有限冯·诺依曼代数中的谱位移函数与谱流(英文)	2021—06	98.00	1308
链接结构:关于嵌入完全图的直线中链接单形的组合结构(英文)	2021—05	58.00	1309
代数几何方法.第1卷(英文)	2021—06	68.00	1310
代数几何方法.第2卷(英文)	2021—06	68.00	1311
代数几何方法.第3卷(英文)	2021—06	58.00	1312
代数、生物信息和机器人技术的算法问题.第四卷,独立恒等式系统(俄文)	2020—08	118.00	1119
代数、生物信息和机器人技术的算法问题.第五卷,相对覆盖性和独立可拆分恒等式系统(俄文)	2020—08	118.00	1200
代数、生物信息和机器人技术的算法问题.第六卷,恒等式和准恒等式的相等 问题、可推导性和可实现性(俄文)	2020—08	128.00	1201
分数阶微积分的应用:非局部动态过程,分数阶导热系数(俄文)	2021—01	68.00	1241
泛函分析问题与练习:第2版(俄文)	2021—01	98.00	1242
集合论、数学逻辑和算法论问题:第5版(俄文)	2021—01	98.00	1243
微分几何和拓扑短期课程(俄文)	2021—01	98.00	1244
素数规律(俄文)	2021—01	88.00	1245
无穷边值问题解的递减:无界域中的拟线性椭圆和抛物方程(俄文)	2021—01	48.00	1246
微分几何讲义(俄文)	2020—12	98.00	1253
二次型和矩阵(俄文)	2021—01	98.00	1255
积分和级数.第2卷,特殊函数(俄文)	2021—01	168.00	1258
积分和级数.第3卷,特殊函数补充:第2版(俄文)	2021—01	178.00	1264
几何图上的微分方程(俄文)	2021—01	138.00	1259
数论教程:第2版(俄文)	2021—01	98.00	1260
非阿基米德分析及其应用(俄文)	2021—03	98.00	1261

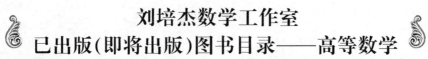
书　名	出版时间	定　价	编号
古典群和量子群的压缩(俄文)	2021—03	98.00	1263
数学分析习题集.第3卷,多元函数:第3版(俄文)	2021—03	98.00	1266
数学习题:乌拉尔国立大学数学力学系大学生奥林匹克(俄文)	2021—03	98.00	1267
柯西定理和微分方程的特解(俄文)	2021—03	98.00	1268
组合极值问题及其应用:第3版(俄文)	2021—03	98.00	1269
数学词典(俄文)	2021—01	98.00	1271
确定性混沌分析模型(俄文)	2021—06	168.00	1307
精选初等数学习题和定理.立体几何.第3版(俄文)	2021—03	68.00	1316
微分几何习题:第3版(俄文)	2021—05	98.00	1336
精选初等数学习题和定理.平面几何.第4版(俄文)	2021—05	68.00	1335
曲面理论在欧氏空间 E_n 中的直接表示	2022—01	68.00	1444
维纳—霍普夫离散算子和托普利兹算子:某些可数赋范空间中的诺特性和可逆性(俄文)	2022—03	108.00	1496
Maple中的数论:数论中的计算机计算(俄文)	2022—03	88.00	1497
贝尔曼和克努特问题及其概括:加法运算的复杂性(俄文)	2022—03	138.00	1498
复分析:共形映射(俄文)	2022—07	48.00	1542
微积分代数条和多项式及其在数值方法中的应用(俄文)	2022—08	128.00	1543
蒙特卡罗方法中的随机过程和场模型:算法和应用(俄文)	2022—08	88.00	1544
线性椭圆型方程组:论二阶椭圆型方程的迪利克雷问题(俄文)	2022—08	98.00	1561
动态系统解的增长特性:估值、稳定性、应用(俄文)	2022—08	118.00	1565
群的自由积分解:建立和应用(俄文)	2022—08	78.00	1570
混合方程和偏差自变数方程问题:解的存在和唯一性(俄文)	2023—01	78.00	1582
拟度量空间分析:存在和逼近定理(俄文)	2023—01	108.00	1583
二维和三维流形上函数的拓扑性质:函数的拓扑分类(俄文)	2023—03	68.00	1584
齐次马尔科夫过程建模的矩阵方法:此类方法能够用于不同目的的复杂系统研究、设计和完善(俄文)	2023—03	68.00	1594
周期函数的近似方法和特性:特殊课程(俄文)	2023—04	158.00	1622
扩散方程解的矩函数:变分法(俄文)	2023—03	58.00	1623
多赋范空间和广义函数:理论及应用(俄文)	2023—03	98.00	1632
分析中的多值映射:部分应用(俄文)	2023—06	98.00	1634
数学物理问题(俄文)	2023—03	78.00	1636
函数的幂级数与三角级数分解(俄文)	2024—01	58.00	1695
星体理论的数学基础:原子三元组(俄文)	2024—01	98.00	1696
素数规律:专著(俄文)	2024—01	118.00	1697
狭义相对论与广义相对论:时空与引力导论(英文)	2021—07	88.00	1319
束流物理学和粒子加速器的实践介绍:第2版(英文)	2021—07	88.00	1320
凝聚态物理中的拓扑和微分几何简介(英文)	2021—05	88.00	1321
混沌映射:动力学、分形学和快速涨落(英文)	2021—05	128.00	1322
广义相对论:黑洞、引力波和宇宙学介绍(英文)	2021—06	68.00	1323
现代分析电磁均质化(英文)	2021—06	68.00	1324
为科学家提供的基本流体动力学(英文)	2021—06	88.00	1325
视觉天文学:理解夜空的指南(英文)	2021—06	68.00	1326

刘培杰数学工作室
已出版(即将出版)图书目录——高等数学

书　名	出版时间	定　价	编号
物理学中的计算方法(英文)	2021—06	68.00	1327
单星的结构与演化:导论(英文)	2021—06	108.00	1328
超越居里:1903年至1963年物理界四位女性及其著名发现(英文)	2021—06	68.00	1329
范德瓦尔斯流体热力学的进展(英文)	2021—06	68.00	1330
先进的托卡马克稳定性理论(英文)	2021—06	88.00	1331
经典场论导论:基本相互作用的过程(英文)	2021—07	88.00	1332
光致电离量子动力学方法原理(英文)	2021—07	108.00	1333
经典域论和应力:能量张量(英文)	2021—05	88.00	1334
非线性太赫兹光谱的概念与应用(英文)	2021—06	68.00	1337
电磁学中的无穷空间并矢格林函数(英文)	2021—06	88.00	1338
物理科学基础数学.第1卷,齐次边值问题、傅里叶方法和特殊函数(英文)	2021—07	108.00	1339
离散量子力学(英文)	2021—07	68.00	1340
核磁共振的物理学和数学(英文)	2021—07	108.00	1341
分子水平的静电学(英文)	2021—08	68.00	1342
非线性波:理论、计算机模拟、实验(英文)	2021—06	108.00	1343
石墨烯光学:经典问题的电解解决方案(英文)	2021—06	68.00	1344
超材料多元宇宙(英文)	2021—07	68.00	1345
银河系外的天体物理学(英文)	2021—07	68.00	1346
原子物理学(英文)	2021—07	68.00	1347
将光打结:将拓扑学应用于光学(英文)	2021—07	68.00	1348
电磁学:问题与解法(英文)	2021—07	88.00	1364
海浪的原理:介绍量子力学的技巧与应用(英文)	2021—07	108.00	1365
多孔介质中的流体:输运与相变(英文)	2021—07	68.00	1372
洛伦兹群的物理学(英文)	2021—08	68.00	1373
物理导论的数学方法和解决方法手册(英文)	2021—08	68.00	1374
非线性波数学物理学入门(英文)	2021—08	88.00	1376
波:基本原理和动力学(英文)	2021—07	68.00	1377
光电子量子计量学.第1卷,基础(英文)	2021—07	88.00	1383
光电子量子计量学.第2卷,应用与进展(英文)	2021—07	68.00	1384
复杂流的格子玻尔兹曼建模的工程应用(英文)	2021—08	68.00	1393
电偶极矩挑战(英文)	2021—08	108.00	1394
电动力学:问题与解法(英文)	2021—09	68.00	1395
自由电子激光的经典理论(英文)	2021—08	68.00	1397
曼哈顿计划——核武器物理学简介(英文)	2021—09	68.00	1401

书　名	出版时间	定　价	编号
粒子物理学(英文)	2021−09	68.00	1402
引力场中的量子信息(英文)	2021−09	128.00	1403
器件物理学的基本经典力学(英文)	2021−09	68.00	1404
等离子体物理及其空间应用导论.第1卷,基本原理和初步过程(英文)	2021−09	68.00	1405
伽利略理论力学:连续力学基础(英文)	2021−10	48.00	1416
磁约束聚变等离子体物理:理想 MHD 理论(英文)	2023−03	68.00	1613
相对论量子场论.第1卷,典范形式体系(英文)	2023−03	38.00	1615
相对论量子场论.第2卷,路径积分形式(英文)	2023−06	38.00	1616
相对论量子场论.第3卷,量子场论的应用(英文)	2023−06	38.00	1617
涌现的物理学(英文)	2023−05	58.00	1619
量子化旋涡:一本拓扑激发手册(英文)	2023−04	68.00	1620
非线性动力学:实践的介绍性调查(英文)	2023−05	68.00	1621
静电加速器:一个多功能工具(英文)	2023−06	58.00	1625
相对论多体理论与统计力学(英文)	2023−06	58.00	1626
经典力学.第1卷,工具与向量(英文)	2023−04	38.00	1627
经典力学.第2卷,运动学和匀加速运动(英文)	2023−04	58.00	1628
经典力学.第3卷,牛顿定律和匀速圆周运动(英文)	2023−04	58.00	1629
经典力学.第4卷,万有引力定律(英文)	2023−04	38.00	1630
经典力学.第5卷,守恒定律与旋转运动(英文)	2023−04	38.00	1631
对称问题:纳维尔−斯托克斯问题(英文)	2023−04	38.00	1638
摄影的物理和艺术.第1卷,几何与光的本质(英文)	2023−04	78.00	1639
摄影的物理和艺术.第2卷,能量与色彩(英文)	2023−04	78.00	1640
摄影的物理和艺术.第3卷,探测器与数码的意义(英文)	2023−04	78.00	1641
拓扑与超弦理论焦点问题(英文)	2021−07	58.00	1349
应用数学:理论、方法与实践(英文)	2021−07	78.00	1350
非线性特征值问题:牛顿型方法与非线性瑞利函数(英文)	2021−07	58.00	1351
广义膨胀和齐性:利用齐性构造齐次系统的李雅普诺夫函数和控制律(英文)	2021−06	48.00	1352
解析数论焦点问题(英文)	2021−07	58.00	1353
随机微分方程:动态系统方法(英文)	2021−07	58.00	1354
经典力学与微分几何(英文)	2021−07	58.00	1355
负定相交形式流形上的瞬子模空间几何(英文)	2021−07	68.00	1356
广义卡塔兰轨道分析:广义卡塔兰轨道计算数字的方法(英文)	2021−07	48.00	1367
洛伦兹方法的变分:二维与三维洛伦兹方法(英文)	2021−08	38.00	1378
几何、分析和数论精编(英文)	2021−08	68.00	1380
从一个新角度看数论:通过遗传方法引入现实的概念(英文)	2021−07	58.00	1387
动力系统:短期课程(英文)	2021−08	68.00	1382

刘培杰数学工作室
已出版(即将出版)图书目录——高等数学

书　名	出版时间	定　价	编号
几何路径:理论与实践(英文)	2021—08	48.00	1385
广义斐波那契数列及其性质(英文)	2021—08	38.00	1386
论天体力学中某些问题的不可积性(英文)	2021—07	88.00	1396
对称函数和麦克唐纳多项式:余代数结构与 Kawanaka 恒等式	2021—09	38.00	1400
杰弗里·英格拉姆·泰勒科学论文集:第 1 卷.固体力学(英文)	2021—05	78.00	1360
杰弗里·英格拉姆·泰勒科学论文集:第 2 卷.气象学、海洋学和湍流(英文)	2021—05	68.00	1361
杰弗里·英格拉姆·泰勒科学论文集:第 3 卷.空气动力学以及落弹数和爆炸的力学(英文)	2021—05	68.00	1362
杰弗里·英格拉姆·泰勒科学论文集:第 4 卷.有关流体力学(英文)	2021—05	58.00	1363
非局域泛函演化方程:积分与分数阶(英文)	2021—08	48.00	1390
理论工作者的高等微分几何:纤维丛、射流流形和拉格朗日理论(英文)	2021—08	68.00	1391
半线性退化椭圆微分方程:局部定理与整体定理(英文)	2021—07	48.00	1392
非交换几何、规范理论和重整化:一般简介与非交换量子场论的重整化(英文)	2021—09	78.00	1406
数论论文集:拉普拉斯变换和带有数论系数的幂级数(俄文)	2021—09	48.00	1407
挠理论专题:相对极大值,单射与扩充模(英文)	2021—09	88.00	1410
强正则图与欧几里得若尔当代数:非通常关系中的启示(英文)	2021—10	48.00	1411
拉格朗日几何和哈密顿几何:力学的应用(英文)	2021—10	48.00	1412
时滞微分方程与差分方程的振动理论:二阶与三阶(英文)	2021—10	98.00	1417
卷积结构与几何函数理论:用以研究特定几何函数理论方向的分数阶微积分算子与卷积结构(英文)	2021—10	48.00	1418
经典数学物理的历史发展(英文)	2021—10	78.00	1419
扩展线性丢番图问题(英文)	2021—10	38.00	1420
一类混沌动力系统的分歧分析与控制:分歧分析与控制(英文)	2021—11	38.00	1421
伽利略空间和伪伽利略空间中一些特殊曲线的几何性质(英文)	2022—01	48.00	1422
一阶偏微分方程:哈密尔顿—雅可比理论(英文)	2021—11	48.00	1424
各向异性黎曼多面体的反问题:分段光滑的各向异性黎曼多面体反边界谱问题:唯一性(英文)	2021—11	38.00	1425

刘培杰数学工作室
已出版(即将出版)图书目录——高等数学

书　名	出版时间	定　价	编号
项目反应理论手册.第一卷,模型(英文)	2021—11	138.00	1431
项目反应理论手册.第二卷,统计工具(英文)	2021—11	118.00	1432
项目反应理论手册.第三卷,应用(英文)	2021—11	138.00	1433
二次无理数:经典数论入门(英文)	2022—05	138.00	1434
数,形与对称性:数论,几何和群论导论(英文)	2022—05	128.00	1435
有限域手册(英文)	2021—11	178.00	1436
计算数论(英文)	2021—11	148.00	1437
拟群与其表示简介(英文)	2021—11	88.00	1438
数论与密码学导论:第二版(英文)	2022—01	148.00	1423
几何分析中的柯西变换与黎兹变换:解析调和容量和李普希兹调和容量、变化和振荡以及一致可求长性(英文)	2021—12	38.00	1465
近似不动点定理及其应用(英文)	2022—05	28.00	1466
局部域的相关内容解析:对局部域的扩展及其伽罗瓦群的研究(英文)	2022—01	38.00	1467
反问题的二进制恢复方法(英文)	2022—03	28.00	1468
对几何函数中某些类的各个方面的研究:复变量理论(英文)	2022—01	38.00	1469
覆盖、对应和非交换几何(英文)	2022—01	28.00	1470
最优控制理论中的随机线性调节器问题:随机最优线性调节器问题(英文)	2022—01	38.00	1473
正交分解法:涡流流体动力学应用的正交分解法(英文)	2022—01	38.00	1475
芬斯勒几何的某些问题(英文)	2022—03	38.00	1476
受限三体问题(英文)	2022—05	38.00	1477
利用马利亚万微积分进行 Greeks 的计算:连续过程、跳跃过程中的马利亚万微积分和金融领域中的 Greeks(英文)	2022—05	48.00	1478
经典分析和泛函分析的应用:分析学的应用(英文)	2022—05	38.00	1479
特殊芬斯勒空间的探究(英文)	2022—03	48.00	1480
某些图形的施泰纳距离的细谷多项式:细谷多项式与图的维纳指数(英文)	2022—05	38.00	1481
图论问题的遗传算法:在新鲜与模糊的环境中(英文)	2022—05	48.00	1482
多项式映射的渐近簇(英文)	2022—05	38.00	1483
一维系统中的混沌:符号动力学,映射序列,一致收敛和沙可夫斯基定理(英文)	2022—05	38.00	1509
多维边界层流动与传热分析:粘性流体流动的数学建模与分析(英文)	2022—05	38.00	1510

刘培杰数学工作室
已出版(即将出版)图书目录——高等数学

书　　名	出版时间	定　价	编号
演绎理论物理学的原理:一种基于量子力学波函数的逐次置信估计的一般理论的提议(英文)	2022—05	38.00	1511
R² 和 R³ 中的仿射弹性曲线:概念和方法(英文)	2022—08	38.00	1512
算术数列中除数函数的分布:基本内容、调查、方法、第二矩、新结果(英文)	2022—05	28.00	1513
抛物型狄拉克算子和薛定谔方程:不定常薛定谔方程的抛物型狄拉克算子及其应用(英文)	2022—07	28.00	1514
黎曼-希尔伯特问题与量子场论:可积重正化、戴森-施温格方程(英文)	2022—08	38.00	1515
代数结构和几何结构的形变理论(英文)	2022—08	48.00	1516
概率结构和模糊结构上的不动点:概率结构和直觉模糊度量空间的不动点定理(英文)	2022—08	38.00	1517
反若尔当对:简单反若尔当对的自同构(英文)	2022—07	28.00	1533
对某些黎曼—芬斯勒空间变换的研究:芬斯勒几何中的某些变换(英文)	2022—07	38.00	1534
内诣零流形映射的尼尔森数的阿诺索夫关系(英文)	2023—01	38.00	1535
与广义积分变换有关的分数次演算:对分数次演算的研究(英文)	2023—01	48.00	1536
强子的芬斯勒几何和吕拉几何(宇宙学方面):强子结构的芬斯勒几何和吕拉几何(拓扑缺陷)(英文)	2022—08	38.00	1537
一种基于混沌的非线性最优化问题:作业调度问题(英文)	即将出版		1538
广义概率论发展前景:关于趣味数学与置信函数实际应用的一些原创观点(英文)	即将出版		1539

纽结与物理学:第二版(英文)	2022—09	118.00	1547
正交多项式和 q-级数的前沿(英文)	2022—09	98.00	1548
算子理论问题集(英文)	2022—03	108.00	1549
抽象代数:群、环与域的应用导论:第二版(英文)	2023—01	98.00	1550
菲尔兹奖得主演讲集:第三版(英文)	2023—01	138.00	1551
多元实函数教程(英文)	2022—09	118.00	1552
球面空间形式群的几何学:第二版(英文)	2022—09	98.00	1566

对称群的表示论(英文)	2023—01	98.00	1585
纽结理论:第二版(英文)	2023—01	88.00	1586
拟群理论的基础与应用(英文)	2023—01	88.00	1587
组合学:第二版(英文)	2023—01	98.00	1588
加性组合学:研究问题手册(英文)	2023—01	68.00	1589
扭曲、平铺与镶嵌:几何折纸中的数学方法(英文)	2023—01	98.00	1590
离散与计算几何手册:第三版(英文)	2023—01	248.00	1591
离散与组合数学手册:第二版(英文)	2023—01	248.00	1592

刘培杰数学工作室
已出版(即将出版)图书目录——高等数学

书 名	出版时间	定 价	编号
分析学教程.第1卷,一元实变量函数的微积分分析学介绍(英文)	2023—01	118.00	1595
分析学教程.第2卷,多元函数的微分和积分,向量微积分(英文)	2023—01	118.00	1596
分析学教程.第3卷,测度与积分理论,复变量的复值函数(英文)	2023—01	118.00	1597
分析学教程.第4卷,傅里叶分析,常微分方程,变分法(英文)	2023—01	118.00	1598
共形映射及其应用手册(英文)	2024—01	158.00	1674
广义三角函数与双曲函数(英文)	2024—01	78.00	1675
振动与波:概论:第二版(英文)	2024—01	88.00	1676
几何约束系统原理手册(英文)	2024—01	120.00	1677
微分方程与包含的拓扑方法(英文)	2024—01	98.00	1678
数学分析中的前沿话题(英文)	2024—01	198.00	1679
流体力学建模:不稳定性与湍流(英文)	2024—03	88.00	1680
动力系统:理论与应用(英文)	2024—03	108.00	1711
空间统计学理论:概述(英文)	2024—03	68.00	1712
梅林变换手册(英文)	2024—03	128.00	1713
非线性系统及其绝妙的数学结构.第1卷(英文)	2024—03	88.00	1714
非线性系统及其绝妙的数学结构.第2卷(英文)	2024—03	108.00	1715
Chip-firing中的数学(英文)	2024—04	88.00	1716
阿贝尔群的可确定性:问题、研究、概述(俄文)	2024—05	716.00(全7册)	1727
素数规律:专著(俄文)	2024—05	716.00(全7册)	1728
函数的幂级数与三角级数分解(俄文)	2024—05	716.00(全7册)	1729
星体理论的数学基础:原子三元组(俄文)	2024—05	716.00(全7册)	1730
技术问题中的数学物理微分方程(俄文)	2024—05	716.00(全7册)	1731
概率论边界问题:随机过程边界穿越问题(俄文)	2024—05	716.00(全7册)	1732
代数和幂等配置的正交分解:不可交换组合(俄文)	2024—05	716.00(全7册)	1733

联系地址:哈尔滨市南岗区复华四道街10号 哈尔滨工业大学出版社刘培杰数学工作室
邮 编:150006
联系电话:0451—86281378 13904613167
E-mail:lpj1378@163.com